新版蔬菜病虫害防治彩色图鉴

郭书普　编著

中 国 农 业 大 学 出 版 社
·北京·

编委会

主　　编　郭书普

副 主 编　张其安　陈诗平　董　伟

编写人员

郭书普　董　伟　孔绢绢　张立平　张　伟

张其安　张太明　陈诗平　方　凌　方　钰

严丛生　江洪泾　江海坤　董言香

前　言

蔬菜是人们日常生活不可缺少的重要食品。由于种植蔬菜比较效益高，国内外市场需求旺盛，菜农的生产积极性较高，蔬菜种植规模持续扩大，目前我国蔬菜种植面积已达2.79亿亩。随着新品种、新技术研发推广力度加大，蔬菜单产增加，总产大幅度提升。

为了向市场提供安全、无污染、无农药残留的蔬菜产品，各地在蔬菜生产中积极探索建立蔬菜质量安全的长效机制，进一步推行无公害标准化生产，从蔬菜生产源头控制因防治病虫害而产生的农药污染，严把蔬菜产品基地准出、市场准入关，建立质量追溯问责制度。据农业部第二次农产品质量安全例行监测结果显示，全国37个城市蔬菜农药残留监测合格率达到94.3%。

科学有效地防治蔬菜病虫害，是蔬菜安全生产的首要问题。只有正确识别病虫害，才能做到对症下药。只有正确认识病虫害的发生规律，才能做到科学用药。为了更好地满足蔬菜安全生产的需要，安全、经济、有效地控制病虫的发生为害，减少生产损失，提高蔬菜产品的质量，作者在系统拍摄蔬菜病虫害的特征图片、广泛收集蔬菜病虫害防治研究成果和认真总结前人经验的基础上，编纂了《新版蔬菜病虫害防治彩色图鉴》一书，希望对我国蔬菜的安全生产做一些贡献。

本书收录了茄果类、瓜类、豆荚类、白菜类、甘蓝类、绿叶类、葱蒜类、根菜类、薯芋类、水生菜类十大类蔬菜以及食用菌上常见的病虫害979种，其中病害794种，虫害185种。病害介绍的内容包括中文名、英文名、为害程度、发生分布、典型症状、致病病原、病害循环、发生规律、防治措施；虫害介绍的内容包括中文名、英文名、拉丁学名、分类地位、寄主、为害程度、发生分布、形态特征、生活习性、典型症状、发生规律、防治措施。书后附有农药剂型英文缩写对照表。有些病虫害条目后附有重要的参考文献。

本书编纂过程中，得到了中国农业大学、中国农业科学院、南京农业大学、华南农业大学、安徽农业大学、安徽省农业科学院和安徽省植保总站等单位教授、研究员的大力帮助，在此谨致衷心感谢。由于作者水平和经验有限，书中难免有不当和错误之处，衷心期待专家、同仁和广大读者批评指正。

作者

2009年10月30日

目　录

一、蔬菜病害

（一）茄果类蔬菜病害

1. 番茄病害 …… 3
番茄条斑病毒病 …… 3
番茄斑萎病毒病 …… 5
番茄蕨叶病毒病 …… 7
番茄花叶病毒病 …… 9
番茄曲顶病毒病 …… 11
番茄丛枝病 …… 12
番茄巨芽病 …… 12
番茄细菌性褐斑病 …… 13
番茄溃疡病 …… 14
番茄青枯病 …… 16
番茄疮痂病 …… 18
番茄假单胞果腐病 …… 19
番茄细菌性髓部坏死病 …… 20
番茄软腐病 …… 21
番茄早疫病 …… 22
番茄晚疫病 …… 25
番茄叶霉病 …… 28
番茄灰叶斑病 …… 31
番茄灰斑病 …… 32
番茄斑枯病 …… 33
番茄褐斑病 …… 35
番茄煤污病 …… 37
番茄煤霉病 …… 37
番茄斑点病 …… 38
番茄灰霉病 …… 39
番茄白粉病 …… 42
番茄猝倒病 …… 42
番茄立枯病 …… 44
番茄茎基腐病 …… 45
番茄枯萎病 …… 46
番茄黄萎病 …… 47
番茄茎枯病 …… 49
番茄疫霉根腐病 …… 50
番茄菌核病 …… 51
番茄白绢病 …… 53
番茄绵疫病 …… 53
番茄圆纹病 …… 54
番茄炭疽病 …… 55
番茄黑斑病 …… 56
番茄红粉病 …… 57
番茄绵腐病 …… 58
番茄假黑斑病 …… 59
番茄果腐病 …… 59
番茄酸腐病 …… 60
番茄果实牛眼腐病 …… 61
番茄根霉果腐病 …… 61
番茄青霉果腐病 …… 62
番茄根结线虫病 …… 62
番茄脐腐病 …… 64
番茄筋腐病 …… 65
番茄裂果 …… 66
番茄顶裂果 …… 67
番茄空洞果 …… 68
番茄变形果 …… 69
番茄畸形花 …… 70
番茄落花落果 …… 70
番茄生理性卷叶病 …… 71
番茄低温障碍和冻害 …… 71
番茄高温障碍 …… 72

番茄盐类障碍 …… 72
番茄 2,4-D 药害 …… 73
番茄茶色果和绿背果 …… 73
2. 茄子病害 …… 75
茄子病毒病 …… 75
茄子青枯病 …… 76
茄子软腐病 …… 77
茄子细菌性褐斑病 …… 77
茄子褐纹病 …… 78
茄子细轮纹病 …… 80
茄子褐轮纹病 …… 80
茄子褐斑病 …… 81
茄子早疫病 …… 81
茄子斑枯病 …… 82
茄子叶霉病 …… 83
茄子棒孢叶斑病 …… 84
茄子灰霉病 …… 84
茄子菌核病 …… 86
茄子黑枯病 …… 88
茄子猝倒病 …… 88
茄子根腐病 …… 89
茄子黄萎病 …… 90
茄子枯萎病 …… 92
茄子黑点根腐病 …… 93
茄子赤星病 …… 93
茄子褐色圆星病 …… 94
茄子炭疽病 …… 94
茄子煤斑病 …… 95
茄子红腐病 …… 95
茄子果实疫病 …… 96
茄子绵疫病 …… 96
茄子拟黑斑病 …… 98
茄子花腐病 …… 98
茄子黑根霉果腐病 …… 99
茄子裂果 …… 100
茄子落花 …… 100
茄子叶烧和果实日灼 …… 101
茄子僵果 …… 102
茄子畸形果 …… 102
3. 辣椒病害 …… 103
辣椒病毒病 …… 103
辣椒细菌性叶斑病 …… 105
辣椒青枯病 …… 106
辣椒疮痂病 …… 107
辣椒软腐病 …… 108
辣椒疫病 …… 109
辣椒早疫病 …… 112
辣椒叶枯病 …… 113
辣椒白斑病 …… 114
辣椒斑枯病 …… 115
辣椒灰霉病 …… 115
辣椒菌核病 …… 116
辣椒白星病 …… 118
辣椒猝倒病 …… 119
辣椒立枯病 …… 120
辣椒枯萎病 …… 120
辣椒根腐病 …… 121
辣椒黄萎病 …… 123
辣椒炭疽病 …… 123
辣椒黑斑病 …… 126
辣椒污霉病 …… 127
辣椒叶斑病 …… 127
辣椒叶霉病 …… 128
辣椒褐斑病 …… 129
辣椒霜霉病 …… 130
辣椒白粉病 …… 131
辣椒绵腐病 …… 132
辣椒褐腐病 …… 132
辣椒芽枝果腐病 …… 133
辣椒黑霉病 …… 134
辣椒脐腐病 …… 134
辣椒紫斑病 …… 135
辣椒日灼病 …… 136
辣椒畸形果 …… 136
辣椒"虎皮"病 …… 137
辣椒低温冷害 …… 137
辣椒高温障碍 …… 138

(二)瓜类蔬菜病害

4. 黄瓜病害 …… 139
黄瓜病毒病 …… 139
黄瓜细菌性角斑病 …… 141
黄瓜细菌性圆斑病 …… 142

黄瓜细菌性缘枯病 …… 142
黄瓜细菌性叶枯病 …… 143
黄瓜细菌性枯萎病 …… 143
黄瓜软腐病 …… 144
黄瓜猝倒病 …… 145
黄瓜立枯病 …… 146
黄瓜枯萎病 …… 146
黄瓜蔓枯病 …… 149
黄瓜霜霉病 …… 150
黄瓜白粉病 …… 153
黄瓜黑斑病 …… 154
黄瓜靶斑病 …… 155
黄瓜叶斑病 …… 156
黄瓜红粉病 …… 156
黄瓜圆叶枯病 …… 157
黄瓜斑点病 …… 158
黄瓜疫病 …… 158
黄瓜黑星病 …… 160
黄瓜灰霉病 …… 161
黄瓜炭疽病 …… 163
黄瓜菌核病 …… 164
黄瓜白绢病 …… 165
黄瓜根腐病 …… 166
黄瓜腐霉根腐病 …… 167
黄瓜灰色疫病 …… 168
黄瓜叶点霉叶斑病 …… 169
黄瓜花腐病 …… 169
黄瓜根结线虫病 …… 170
黄瓜沤根 …… 171
黄瓜生理性萎蔫 …… 172
黄瓜叶片急性凋萎 …… 173
黄瓜花打顶 …… 173
黄瓜化瓜 …… 174
黄瓜褐脉叶 …… 175
黄瓜瓜佬 …… 175
黄瓜畸形瓜 …… 176
黄瓜苗“戴帽” …… 177
黄瓜花斑叶 …… 178
黄瓜焦边叶 …… 178
黄瓜叶烧病 …… 179
黄瓜低温障碍 …… 179
黄瓜高温障碍 …… 180
黄瓜连作障碍 …… 181

5. 瓠瓜病害 …… 183
瓠瓜病毒病 …… 183
瓠瓜细菌性角斑病 …… 184
瓠瓜枯萎病 …… 184
瓠瓜蔓枯病 …… 186
瓠瓜霜霉病 …… 187
瓠瓜褐斑病 …… 187
瓠瓜黑斑病 …… 188
瓠瓜白粉病 …… 188
瓠瓜褐腐病 …… 190
瓠瓜灰霉病 …… 191
瓠瓜炭疽病 …… 191
瓠瓜煤污病 …… 192
瓠瓜果斑病 …… 193
瓠瓜绵腐病 …… 194
瓠瓜化瓜 …… 194

6. 丝瓜病害 …… 195
丝瓜病毒病 …… 195
丝瓜细菌性角斑病 …… 196
丝瓜霜霉病 …… 197
丝瓜炭疽病 …… 198
丝瓜褐斑病 …… 198
丝瓜蔓枯病 …… 199
丝瓜枯萎病 …… 199
丝瓜白斑病 …… 200
丝瓜疫病 …… 200
丝瓜白粉病 …… 201
丝瓜轮纹斑病 …… 202
丝瓜绵腐病 …… 202
丝瓜果腐病 …… 203
丝瓜根结线虫病 …… 203
丝瓜化瓜 …… 204

7. 苦瓜病害 …… 205
苦瓜病毒病 …… 205
苦瓜细菌性角斑病 …… 205
苦瓜白斑病 …… 206
苦瓜疫病 …… 207
苦瓜叶枯病 …… 207
苦瓜斑点病 …… 208
苦瓜白粉病 …… 208
苦瓜霜霉病 …… 209
苦瓜炭疽病 …… 210
苦瓜灰斑病 …… 211

苦瓜蔓枯病 …… 211
苦瓜枯萎病 …… 212
苦瓜根腐病 …… 213
苦瓜根霉果腐病 …… 213
苦瓜菌核病 …… 213
苦瓜根结线虫病 …… 214
8. 佛手瓜病害 …… 216
佛手瓜蔓枯病 …… 216
佛手瓜枯萎病 …… 216
佛手瓜白粉病 …… 217
佛手瓜叶点病 …… 217
9. 西葫芦病害 …… 219
西葫芦病毒病 …… 219
西葫芦银叶病 …… 220
西葫芦细菌性叶枯病 …… 221
西葫芦软腐病 …… 222
西葫芦白粉病 …… 222
西葫芦黑星病 …… 223
西葫芦霜霉病 …… 224
西葫芦叶点病 …… 224
西葫芦叶枯病 …… 225
西葫芦枯萎病 …… 226
西葫芦蔓枯病 …… 226
西葫芦褐斑病 …… 227
西葫芦灰霉病 …… 228
西葫芦褐腐病 …… 229
西葫芦绵腐病 …… 229
西葫芦根霉果腐病 …… 230
西葫芦化瓜 …… 231
西葫芦畸形瓜 …… 231
西葫芦日灼病 …… 231
10. 南瓜病害 …… 233
南瓜病毒病 …… 233
南瓜银叶病 …… 235
南瓜细菌性缘枯病 …… 236
南瓜白粉病 …… 236
南瓜斑点病 …… 237
南瓜霜霉病 …… 237
南瓜斑枯病 …… 238
南瓜灰斑病 …… 239
南瓜黑星病 …… 239
南瓜黑斑病 …… 240
南瓜疫病 …… 240
南瓜枯萎病 …… 241
南瓜蔓枯病 …… 242
南瓜根霉果腐病 …… 243
南瓜褐腐病 …… 243
南瓜炭疽病 …… 244
南瓜化瓜 …… 244
11. 冬瓜病害 …… 246
冬瓜病毒病 …… 246
冬瓜软腐病 …… 246
冬瓜叶斑病 …… 247
冬瓜灰斑病 …… 248
冬瓜褐斑病 …… 248
冬瓜炭疽病 …… 249
冬瓜白粉病 …… 250
冬瓜褐腐病 …… 250
冬瓜霜霉病 …… 251
冬瓜黑斑病 …… 252
冬瓜疫病 …… 252
冬瓜蔓枯病 …… 253
冬瓜枯萎病 …… 254
冬瓜菌核病 …… 255
冬瓜白绢病 …… 256
冬瓜日灼病 …… 257
12. 飞碟瓜病害 …… 258
飞碟瓜病毒病 …… 258
飞碟瓜蔓枯病 …… 259
飞碟瓜枯萎病 …… 259
飞碟瓜灰霉病 …… 260
飞碟瓜根霉果腐病 …… 260
飞碟瓜褐腐病 …… 260
飞碟瓜软腐病 …… 260
飞碟瓜脐腐病 …… 261
飞碟瓜化瓜 …… 261
13. 西瓜病害 …… 262
西瓜病毒病 …… 262
西瓜细菌性果斑病 …… 263
西瓜细菌性角斑病 …… 264
西瓜猝倒病 …… 265
西瓜疫病 …… 266
西瓜绵腐病 …… 267
西瓜蔓枯病 …… 267
西瓜枯萎病 …… 269
西瓜斑点病 …… 270

西瓜叶枯病 …… 271
西瓜黑斑病 …… 272
西瓜褐腐病 …… 272
西瓜炭疽病 …… 273
西瓜白绢病 …… 274
西瓜菌核病 …… 275
西瓜褐色腐败病 …… 276
西瓜煤污病 …… 277
西瓜化瓜 …… 277
西瓜日灼病 …… 277
西瓜畸形果 …… 278
西瓜裂果 …… 278
西瓜脐腐果 …… 279
西瓜叶白枯病 …… 279
西瓜肉质恶变果 …… 280
14. 甜瓜病害 …… 281
甜瓜病毒病 …… 281
甜瓜细菌性叶枯病 …… 281
甜瓜大斑病 …… 282
甜瓜霜霉病 …… 283
甜瓜黑斑病 …… 284
甜瓜猝倒病 …… 284
甜瓜白粉病 …… 285
甜瓜炭疽病 …… 286
甜瓜疫病 …… 286
甜瓜枯萎病 …… 287
甜瓜蔓枯病 …… 288
甜瓜瓜笄霉果腐病 …… 290
甜瓜红粉病 …… 290
甜瓜镰刀菌果腐病 …… 291
甜瓜煤污病 …… 292

(三)豆荚类蔬菜病害

15. 菜豆病害 …… 293
菜豆病毒病 …… 293
菜豆细菌性疫病 …… 294
菜豆细菌性晕疫病 …… 295
菜豆细菌性叶斑病 …… 296
菜豆红斑病 …… 297
菜豆轮纹病 …… 298
菜豆黑斑病 …… 298
菜豆斑点病 …… 299
菜豆褐斑病 …… 299
菜豆角斑病 …… 300
菜豆炭疽病 …… 301
菜豆锈病 …… 302
菜豆灰霉病 …… 303
菜豆白粉病 …… 304
菜豆菌核病 …… 305
菜豆白绢病 …… 306
菜豆腐霉病 …… 306
菜豆根霉软腐病 …… 307
菜豆茎基腐病 …… 308
菜豆炭腐病 …… 308
菜豆根腐病 …… 309
菜豆枯萎病 …… 310
16. 豇豆病害 …… 312
豇豆病毒病 …… 312
豇豆细菌性疫病 …… 313
豇豆斑枯病 …… 314
豇豆灰斑病 …… 314
豇豆红斑病 …… 315
豇豆角斑病 …… 316
豇豆轮纹病 …… 316
豇豆褐斑病 …… 317
豇豆煤霉病 …… 318
豇豆炭疽病 …… 319
豇豆锈病 …… 320
豇豆白粉病 …… 322
豇豆灰霉病 …… 323
豇豆茎枯病 …… 323
豇豆基腐病 …… 324
豇豆根腐病 …… 325
豇豆枯萎病 …… 325
豇豆疫病 …… 327
豇豆菌核病 …… 328
豇豆白绢病 …… 328
17. 豌豆病害 …… 329
豌豆细菌性叶斑病 …… 329
豌豆褐斑病 …… 329

豌豆黑斑病 …… 330
豌豆褐纹病 …… 331
豌豆炭疽病 …… 332
豌豆霜霉病 …… 332
豌豆白粉病 …… 333
豌豆灰霉病 …… 334
豌豆芽枯病 …… 335
豌豆基腐病 …… 335
豌豆黑根病 …… 336
豌豆根腐病 …… 336
豌豆萎凋病 …… 337
18. 扁豆病害 …… 339
扁豆病毒病 …… 339
扁豆细菌性疫病 …… 339
扁豆斑点病 …… 340
扁豆角斑病 …… 340
扁豆淡褐斑病 …… 341
扁豆轮纹病 …… 341
扁豆褐斑病 …… 342
扁豆红斑病 …… 343
扁豆黑斑病 …… 343
扁豆炭疽病 …… 344
扁豆茎枯病 …… 345
扁豆花腐病 …… 345
扁豆绵疫病 …… 346
19. 菜用大豆病害 …… 347
菜用大豆花叶病毒病 …… 347
菜用大豆细菌性斑疹病 …… 349
菜用大豆细菌性斑点病 …… 349
菜用大豆细菌性角斑病 …… 350
菜用大豆褐斑病 …… 351
菜用大豆紫斑病 …… 352
菜用大豆棕色叶斑病 …… 353
菜用大豆灰斑病 …… 353
菜用大豆轮纹病 …… 354
菜用大豆灰星病 …… 355
菜用大豆耙点病 …… 356
菜用大豆叶斑病 …… 357
菜用大豆黑斑病 …… 357
菜用大豆黑点病 …… 358
菜用大豆羞萎病 …… 359
菜用大豆炭疽病 …… 360
菜用大豆煤斑病 …… 361
菜用大豆霜霉病 …… 362
菜用大豆锈病 …… 363
菜用大豆白粉病 …… 364
菜用大豆荚枯病 …… 365
菜用大豆赤霉病 …… 365
菜用大豆菌核病 …… 366
菜用大豆立枯病 …… 368
菜用大豆茎枯病 …… 369
菜用大豆枯萎病 …… 369
菜用大豆根腐病 …… 370
菜用大豆菌核疫病 …… 371
菜用大豆疫病 …… 371
菜用大豆胞囊线虫病 …… 372
菜用大豆菟丝子 …… 374
20. 蚕豆病害 …… 375
蚕豆病毒病 …… 375
蚕豆叶烧病 …… 376
蚕豆茎疫病 …… 377
蚕豆锈病 …… 377
蚕豆赤斑病 …… 378
蚕豆褐斑病 …… 380
蚕豆轮纹病 …… 381
蚕豆炭疽病 …… 381
蚕豆霜霉病 …… 382
蚕豆茎基腐病 …… 383
蚕豆根腐病 …… 383
蚕豆枯萎病 …… 384

(四)白菜类蔬菜病害

21. 大白菜病害 …… 386
大白菜病毒病 …… 386
大白菜细菌性角斑病 …… 387
大白菜细菌性褐斑病 …… 387
大白菜细菌性叶斑病 …… 388
大白菜类细菌性黑斑病 …… 388
大白菜黑腐病 …… 389
大白菜软腐病 …… 390
大白菜霜霉病 …… 391
大白菜猝倒病 …… 392

大白菜白斑病 …… 392
大白菜黑胫病 …… 393
大白菜炭疽病 …… 393
大白菜褐腐病 …… 394
大白菜黑斑病 …… 395
大白菜假黑斑病 …… 396
大白菜黄叶病 …… 396
大白菜烧心病 …… 396
22. 青菜病害 …… 398
青菜病毒病 …… 398
青菜黑腐病 …… 398
青菜细菌性角斑病 …… 399
青菜软腐病 …… 399
青菜猝倒病 …… 400
青菜霜霉病 …… 400
青菜白粉病 …… 401
青菜白斑病 …… 401
青菜白锈病 …… 402
青菜褐斑病 …… 402
青菜假黑斑病 …… 403
青菜黑斑病 …… 403
青菜炭疽病 …… 404
青菜尻腐病 …… 405
青菜绵腐病 …… 406
青菜菌核病 …… 406
青菜灰霉病 …… 407
青菜黑胫病 …… 407
青菜黄叶病 …… 408
23. 黄心乌病害 …… 409
黄心乌黑腐病 …… 409
黄心乌细菌性黑斑病 …… 409
黄心乌软腐病 …… 409
黄心乌霜霉病 …… 410
黄心乌黑斑病 …… 410
黄心乌叶腐病 …… 410
24. 叶芥菜病害 …… 412
叶芥菜黑腐病 …… 412
叶芥菜霜霉病 …… 412
叶芥菜黑斑病 …… 412

(五)甘蓝类蔬菜病害

25. 青花菜病害 …… 414
青花菜病毒病 …… 414
青花菜黑腐病 …… 415
青花菜细菌性角斑病 …… 416
青花菜细菌性斑点病 …… 416
青花菜软腐病 …… 417
青花菜霜霉病 …… 418
青花菜猝倒病 …… 419
青花菜立枯病 …… 420
青花菜黑斑病 …… 421
青花菜褐斑病 …… 422
青花菜黑胫病 …… 422
青花菜灰霉病 …… 423
青花菜菌核病 …… 424
青花菜焦蕾和黄化 …… 424
青花菜夹叶花球 …… 425
青花菜不良花球 …… 425
青花菜散形花球 …… 426
青花菜花茎空心 …… 426
青花菜冻害 …… 427
青花菜茎瘤病 …… 427
26. 花椰菜病害 …… 428
花椰菜病毒病 …… 428
花椰菜黑腐病 …… 428
花椰菜细菌性黑斑病 …… 429
花椰菜软腐病 …… 430
花椰菜霜霉病 …… 430
花椰菜猝倒病 …… 431
花椰菜黑根病 …… 431
花椰菜黑斑病 …… 432
花椰菜褐斑病 …… 433
花椰菜菌核病 …… 433
花椰菜花球散花 …… 434
花椰菜毛花 …… 434
花椰菜青花 …… 434
花椰菜紫花 …… 435
花椰菜缺钼 …… 435
花椰菜缺硼 …… 435
27. 甘蓝病害 …… 436
甘蓝病毒病 …… 436
甘蓝黑腐病 …… 436

甘蓝细菌性黑斑病 …… 438
甘蓝软腐病 …… 438
甘蓝霜霉病 …… 439
甘蓝猝倒病 …… 440
甘蓝黑根病 …… 440
甘蓝黑胫病 …… 441
甘蓝灰霉病 …… 442
甘蓝黑斑病 …… 443
甘蓝黄叶病 …… 443
甘蓝菌核病 …… 444
甘蓝水肿 …… 445
28. 紫甘蓝病害 …… 446
紫甘蓝黑腐病 …… 446
紫甘蓝软腐病 …… 446
紫甘蓝菌核病 …… 447
紫甘蓝裂球 …… 447
紫甘蓝干烧心病 …… 447
29. 芥蓝病害 …… 448
芥蓝病毒病 …… 448
芥蓝黑腐病 …… 448
芥蓝软腐病 …… 448
芥蓝黑斑病 …… 449
芥蓝霜霉病 …… 449
芥蓝菌核病 …… 450

(六)绿叶类蔬菜病害

30. 芹菜病害 …… 451
芹菜病毒病 …… 451
芹菜细菌性叶斑病 …… 452
芹菜细菌性叶枯病 …… 453
芹菜软腐病 …… 453
芹菜斑枯病 …… 454
芹菜叶斑病 …… 456
芹菜黑斑病 …… 457
芹菜立枯病 …… 457
芹菜黑腐病 …… 458
芹菜叶点病 …… 459
芹菜灰霉病 …… 459
芹菜菌核病 …… 460
芹菜根结线虫病 …… 461
芹菜心腐病 …… 462
31. 香芹病害 …… 463
香芹花叶病 …… 463
香芹软腐病 …… 463
香芹斑枯病 …… 463
香芹叶斑病 …… 464
香芹根腐病 …… 464
香芹根结线虫病 …… 465
香芹肥害 …… 466
香芹白化变异 …… 466
32. 茴香病害 …… 467
茴香病毒病 …… 467
茴香细菌性疫病 …… 467
茴香软腐病 …… 467
茴香叶枯病 …… 468
茴香菌核病 …… 468
茴香枯萎病 …… 469
茴香菟丝子 …… 469
33. 菠菜病害 …… 471
菠菜病毒病 …… 471
菠菜霜霉病 …… 471
菠菜猝倒病 …… 472
菠菜炭疽病 …… 472
菠菜斑点病 …… 473
菠菜叶斑病 …… 473
菠菜心腐病 …… 474
34. 番杏病害 …… 475
番杏猝倒病 …… 475
番杏叶斑病 …… 475
番杏黑斑病 …… 475
番杏炭疽病 …… 476
番杏沤根 …… 476
35. 豆瓣菜病害 …… 478
豆瓣菜丝核菌腐烂病 …… 478
36. 蕹菜病害 …… 479
蕹菜病毒病 …… 479
蕹菜细菌性叶枯病 …… 480
蕹菜白锈病 …… 480
蕹菜轮斑病 …… 481
蕹菜叶斑病 …… 482
蕹菜褐斑病 …… 483
蕹菜炭疽病 …… 484

蕹菜根腐病 …… 484
蕹菜腐败病 …… 484
蕹菜灰霉病 …… 485
37. 落葵病害 …… 487
落葵病毒病 …… 487
落葵苗腐病 …… 487
落葵紫斑病 …… 488
落葵蛇眼病 …… 489
落葵黑斑病 …… 489
落葵茎腐病 …… 490
落葵炭疽病 …… 491
落葵褐斑病 …… 491
落葵灰霉病 …… 492
落葵软腐病 …… 492
落葵根结线虫病 …… 493
38. 茼蒿病害 …… 495
茼蒿病毒病 …… 495
茼蒿炭疽病 …… 495
茼蒿霜霉病 …… 496
茼蒿叶斑病 …… 496
茼蒿叶枯病 …… 497
39. 莴笋病害 …… 499
莴笋病毒病 …… 499
莴笋腐败病 …… 499
莴笋叶焦病 …… 500
莴笋叶缘坏死病 …… 500
莴笋软腐病 …… 501
莴笋霜霉病 …… 502
莴笋菌核病 …… 503
莴笋褐斑病 …… 504
莴笋黑斑病 …… 504
莴笋轮斑病 …… 505
莴笋灰霉病 …… 506
莴笋褐腐病 …… 507
40. 生菜病害 …… 508
生菜叶焦病 …… 508
生菜叶缘坏死病 …… 508
生菜软腐病 …… 509
生菜腐败病 …… 509
生菜褐腐病 …… 510
生菜灰霉病 …… 510
生菜菌核病 …… 511
生菜褐斑病 …… 511
生菜顶腐病 …… 512
41. 苋菜病害 …… 513
苋菜病毒病 …… 513
苋菜炭疽病 …… 513
苋菜白锈病 …… 514
苋菜幼苗猝倒病 …… 515
苋菜褐斑病 …… 515
苋菜灰霉病 …… 515
苋菜斑点病 …… 516

(七)葱蒜类蔬菜病害

42. 葱类病害 …… 517
葱病毒病 …… 517
葱锈病 …… 518
葱白色疫病 …… 519
葱霜霉病 …… 519
葱疫病 …… 520
葱紫斑病 …… 521
葱黑斑病 …… 521
葱灰霉病 …… 522
葱白腐病 …… 522
葱小菌核病 …… 523
葱软腐病 …… 523
43. 大蒜病害 …… 525
大蒜病毒病 …… 525
大蒜紫斑病 …… 526
大蒜叶枯病 …… 526
大蒜煤斑病 …… 527
大蒜锈病 …… 527
大蒜白腐病 …… 528
大蒜干腐病 …… 529
大蒜灰叶斑病 …… 530
大蒜叶疫病 …… 531
大蒜疫病 …… 531
大蒜软腐病 …… 532
大蒜红腐病 …… 532
44. 韭菜病害 …… 534
韭菜软腐病 …… 534
韭菜灰霉病 …… 534

韭菜疫病 …… 535

（八）根菜类蔬菜病害

45. 萝卜病害 …… 537
萝卜病毒病 …… 537
萝卜黑腐病 …… 538
萝卜细菌性斑点病 …… 539
萝卜软腐病 …… 539
萝卜霜霉病 …… 540
萝卜褐腐病 …… 541
萝卜黑斑病 …… 542
萝卜拟黑斑病 …… 542
萝卜白斑病 …… 543
萝卜炭疽病 …… 543
萝卜黑根病 …… 544
萝卜肉质根开裂 …… 545
萝卜糠心 …… 545
46. 胡萝卜病害 …… 547
胡萝卜花叶病 …… 547
胡萝卜软腐病 …… 547
胡萝卜黑腐病 …… 548
胡萝卜绵腐病 …… 548
47. 牛蒡病害 …… 549
牛蒡花叶病 …… 549
牛蒡白粉病 …… 549
牛蒡黑斑病 …… 550
牛蒡轮纹病 …… 550
牛蒡敌敌畏药害 …… 551

（九）薯芋类蔬菜病害

48. 生姜病害 …… 552
姜瘟病 …… 552
生姜细菌性叶斑病 …… 553
姜块茎腐烂病 …… 554
生姜叶枯病 …… 554
生姜纹枯病 …… 555
生姜白星病 …… 555
生姜炭疽病 …… 556
生姜根腐病 …… 557
49. 马铃薯病害 …… 558
马铃薯病毒病 …… 558
马铃薯早疫病 …… 559
马铃薯晚疫病 …… 560
马铃薯茎基腐病 …… 561
马铃薯粉痂病 …… 561
马铃薯枯萎病 …… 562
马铃薯疮痂病 …… 562
马铃薯干腐病 …… 563
马铃薯白绢病 …… 564
50. 山药病害 …… 565
山药炭疽病 …… 565
山药褐斑病 …… 566
山药斑枯病 …… 567
山药斑纹病 …… 567
山药根腐病 …… 568
山药青霉软腐病 …… 569
51. 甘薯病害 …… 570
甘薯病毒病 …… 570
甘薯软腐病 …… 571
甘薯黑斑病 …… 571
甘薯黑根病 …… 573
甘薯黑痣病 …… 573
甘薯青霉病 …… 574
甘薯叶斑病 …… 574
甘薯褐斑病 …… 574
甘薯枯萎病 …… 575
甘薯瘟病 …… 576
甘薯茎线虫病 …… 577
52. 菊芋病害 …… 579
菊芋褐斑病 …… 579
菊芋斑枯病 …… 579
菊芋白粉病 …… 580
53. 芋病害 …… 581
芋细菌性斑点病 …… 581
芋疫病 …… 581
芋污斑病 …… 582
芋枯萎病 …… 583
芋灰斑病 …… 584
芋轮斑病 …… 584
芋黄萎病 …… 585

芋黑斑病 …… 585
芋叶疫病 …… 586

(十)水生菜类病害

54. 莲藕病害 …… 587
莲藕病毒病 …… 587
莲藕腐败病 …… 587
莲藕根腐病 …… 588
莲藕尾孢褐斑病 …… 589
莲藕假尾孢褐斑病 …… 589
莲藕黑斑病 …… 590
莲藕炭疽病 …… 590
莲藕烂叶病 …… 591
莲藕灰斑病 …… 591
莲藕棒孢褐斑病 …… 592
莲藕叶腐病 …… 592
55. 荸荠病害 …… 594
荸荠秆枯病 …… 594
荸荠枯萎病 …… 595
56. 茭白病害 …… 596
茭白纹枯病 …… 596
茭白瘟病 …… 597
茭白胡麻斑病 …… 597
茭白黑粉病 …… 598

(十一)食用菌病害

57. 蘑菇病害 …… 600
蘑菇褐腐病 …… 600
蘑菇褐斑病 …… 601
蘑菇猝倒病 …… 601
蘑菇绿霉病 …… 602
蘑菇菌盖斑点病 …… 602
蘑菇干腐病 …… 603
蘑菇软腐病 …… 603
蘑菇细菌性斑点病 …… 603
蘑菇病毒病 …… 604
蘑菇线虫病 …… 604
蘑菇菌丝徒长 …… 605
蘑菇畸形 …… 605
蘑菇死菇 …… 606
58. 平菇病害 …… 607
平菇青霉病 …… 607
平菇软腐病 …… 607
平菇病毒病 …… 608
平菇萎菇 …… 608
平菇幼菇萎缩干枯病 …… 608
59. 香菇病害 …… 610
香菇褐腐病 …… 610
香菇蛛网丝枝霉病 …… 610
香菇绿霉病 …… 611
香菇畸形菇 …… 611
60. 鸡腿菇病害 …… 612
鸡腿菇红粉病 …… 612
鸡腿菇绿霉病 …… 612
鸡爪菌 …… 613
鸡腿菇干裂 …… 613
61. 杏鲍菇病害 …… 614
杏鲍菇青霉病 …… 614
杏鲍菇畸形 …… 614
62. 竞争性杂菌 …… 616
木霉 …… 616
青霉 …… 617
黄瘤孢霉 …… 617
可变粉孢霉 …… 618
指孢霉 …… 618
胡桃肉状菌 …… 619
束梗孢霉 …… 619
脉孢霉 …… 620
黏菌 …… 620
粪生帚霉 …… 621
鬼伞 …… 622
地碗菌 …… 623

二、蔬菜虫害

(一)食叶性害虫

63. 蛾类害虫 …… 627
小菜蛾 …… 627
菜螟 …… 629
瓜绢螟 …… 630
甜菜螟 …… 632
豆蚀叶野螟 …… 633
豆卷叶野螟 …… 634
紫苏野螟 …… 635
棉大卷叶螟 …… 635
草地螟 …… 636
银纹夜蛾 …… 637
甘蓝夜蛾 …… 638
红棕灰夜蛾 …… 639
梨剑纹夜蛾 …… 640
甜菜夜蛾 …… 640
银锭夜蛾 …… 642
斜纹夜蛾 …… 643
莴苣冬夜蛾 …… 644
毛胫夜蛾 …… 645
焰夜蛾 …… 645
棉铃虫 …… 646
黏虫 …… 647
白脉黏虫 …… 648
八点灰灯蛾 …… 649
白雪灯蛾 …… 650
红缘灯蛾 …… 650
黄领麻纹灯蛾 …… 651
人纹污灯蛾 …… 651
稀点雪灯蛾 …… 652
星白雪灯蛾 …… 652
古毒蛾 …… 653
豆毒蛾 …… 654
双线盗毒蛾 …… 655
小白纹毒蛾 …… 655
大造桥虫 …… 655
豆天蛾 …… 656
甘薯天蛾 …… 657
芋双线天蛾 …… 658
甘薯麦蛾 …… 658
扁豆羽蛾 …… 659
64. 蝶类害虫 …… 661
菜粉蝶 …… 661
东方菜粉蝶 …… 663
斑喙豆粉蝶 …… 663
茴香凤蝶 …… 664
小红蛱蝶 …… 665
直纹稻弄蝶 …… 665
65. 瓢虫类害虫 …… 667
茄二十八星瓢虫 …… 667
马铃薯瓢虫 …… 668
66. 甲虫类害虫 …… 670
黄足黄守瓜 …… 670
黄足黑守瓜 …… 671
斑鞘豆叶甲 …… 672
大猿叶甲 …… 672
小猿叶甲 …… 673
双斑萤叶甲 …… 674
二条叶甲 …… 675
甘薯叶甲 …… 676
韭萤叶甲 …… 677
葱黄寡毛跳甲 …… 678
黄曲条跳甲 …… 678
油菜蚤跳甲 …… 679
黑额光叶甲 …… 680
甘薯台龟甲 …… 681
枸杞负泥虫 …… 681
67. 象甲类害虫 …… 683
蒙古灰象甲 …… 683
绿鳞象甲 …… 683
68. 蝗虫类害虫 …… 685
短额负蝗 …… 685
散居型飞蝗 …… 686
中华稻蝗 …… 686
棉蝗 …… 687

红褐斑腿蝗 …… 688
芋蝗 …… 689
中华蚱蜢 …… 689
笨蝗 …… 690
69. 螽蟖类害虫 …… 691
广露螽蟖 …… 691
黄脊螽蟖 …… 691
70. 叶蜂类害虫 …… 692
菜叶蜂 …… 692

（二）刺吸式害虫

71. 蚜虫类害虫 …… 694
瓜蚜 …… 694
桃蚜 …… 696
豆蚜 …… 696
萝卜蚜 …… 698
甘蓝蚜 …… 699
葱蚜 …… 700
大豆蚜 …… 700
玉米蚜 …… 701
黍蚜 …… 702
豌豆修尾蚜 …… 703
胡萝卜微管蚜 …… 703
莴苣指管蚜 …… 704
莲缢管蚜 …… 704
72. 粉虱类害虫 …… 706
烟粉虱 …… 706
温室白粉虱 …… 707
73. 飞虱类害虫 …… 709
白背飞虱 …… 709
灰飞虱 …… 710
长绿飞虱 …… 710
74. 蓟马类害虫 …… 712
葱蓟马 …… 712
黄蓟马 …… 713
节瓜蓟马 …… 713
稻蓟马 …… 714
黄胸蓟马 …… 714
75. 蝽类害虫 …… 716
菜蝽 …… 716
横纹菜蝽 …… 717
斑须蝽 …… 717
茶翅蝽 …… 718
稻绿蝽 …… 719
二星蝽 …… 720
瓜褐蝽 …… 721
麻皮蝽 …… 721
赤条蝽 …… 722
小皱蝽 …… 723
长肩棘缘蝽 …… 723
稻棘缘蝽 …… 724
大稻缘蝽 …… 724
斑背安缘蝽 …… 725
红背安缘蝽 …… 725
点蜂缘蝽 …… 726
条蜂缘蝽 …… 727
筛豆龟蝽 …… 727
红脊长蝽 …… 728
豆突眼长蝽 …… 728
苜蓿盲蝽 …… 729
三点盲蝽 …… 729
中黑盲蝽 …… 730
绿盲蝽 …… 731
甘薯跳盲蝽 …… 731
赤须盲蝽 …… 732
76. 蝉类害虫 …… 733
黑尾叶蝉 …… 733
小绿叶蝉 …… 733
大青叶蝉 …… 734

（三）钻蛀性害虫

77. 潜叶蝇类害虫 …… 735
美洲斑潜蝇 …… 735
南美斑潜蝇 …… 736
番茄斑潜蝇 …… 738
豌豆彩潜蝇 …… 739
菜潜蝇 …… 740
葱斑潜蝇 …… 741
豆叶东潜蝇 …… 742

豆秆黑潜蝇 …… 742
瓜实蝇 …… 743
78. 蛾类害虫 …… 745
烟青虫 …… 745
茄黄斑螟 …… 746
豆荚野螟 …… 747
豆荚斑螟 …… 748
大豆食心虫 …… 749
大螟 …… 750
二化螟 …… 750
荸荠白禾螟 …… 751
亚洲玉米螟 …… 752
79. 象甲类害虫 …… 754
蚕豆象 …… 754
绿豆象 …… 754
豌豆象 …… 755

(四)地下害虫

80. 蛾类害虫 …… 757
小地老虎 …… 757
黄地老虎 …… 758
81. 蝇类害虫 …… 759
灰地种蝇 …… 759
萝卜地种蝇 …… 760
毛尾地种蝇 …… 761
葱蝇 …… 761
82. 蚊类害虫 …… 763
韭菜迟眼蕈蚊 …… 763
黄斑大蚊 …… 764
83. 甲虫类害虫 …… 765
小青花金龟 …… 765
斑青花金龟 …… 765
东北大黑鳃金龟 …… 766
沟金针虫 …… 767
莲藕食根金花虫 …… 768
84. 蟋蟀类害虫 …… 770
油葫芦 …… 770
蟋蟀 …… 770
85. 蝼蛄及鼠妇 …… 772
蝼蛄 …… 772
鼠妇 …… 772

(五)螨类和软体动物

86. 螨类害虫 …… 774
朱砂叶螨 …… 774
截形叶螨 …… 775
豆叶螨 …… 776
87. 软体动物类害虫 …… 777
灰巴蜗牛 …… 777
同型巴蜗牛 …… 777
野蛞蝓 …… 778
蚯蚓 …… 779
福寿螺 …… 779
薄球蜗牛 …… 780
琥珀螺 …… 781

(六)食用菌害虫

88. 蚊蝇类害虫 …… 783
中华新蕈蚊 …… 783
小菌蚊 …… 783
草菇折翅菌蚊 …… 784
平菇厉眼蕈蚊 …… 785
闽菇迟眼蕈蚊 …… 786
韭菜迟眼蕈蚊 …… 787
食菌瘿蚊 …… 787
黑腹果蝇 …… 788
89. 跳虫类害虫 …… 790
短角跳虫 …… 790
90. 螨类和软体动物 …… 791
兰氏布伦螨 …… 791
蛞蝓 …… 791

附录　农药剂型英文缩写对照表 …… 794

一、蔬菜病害

- （一）茄果类蔬菜病害
- （二）瓜类蔬菜病害
- （三）豆荚类蔬菜病害
- （四）白菜类蔬菜病害
- （五）甘蓝类蔬菜病害
- （六）绿叶类蔬菜病害
- （七）葱蒜类蔬菜病害
- （八）根菜类蔬菜病害
- （九）薯芋类蔬菜病害
- （十）水生菜类病害
- （十一）食用菌病害

（一）茄果类蔬菜病害

1. 番茄病害

番茄条斑病毒病
Tomato streak virus disease

条斑病毒病是番茄的一种重要病害。各地均有分布，局部发生。发病率5%～20%，严重时发病率可达到100%。植株发病后，茎、叶、果都可受害，严重时甚至绝产绝收。

【典型症状】 发病初期，茎、叶柄、果实等部位产生黑褐色条纹状坏死。(1) 叶片。叶背叶脉呈紫褐色油浸状条斑，其叶脉坏死或分布黑褐色油浸状坏死斑（图1-1），后沿叶柄蔓延至茎秆，扩展为坏死条斑(图1-2)，严重时植株死亡(图1-3，4)。病株上部叶片呈现或不呈现深绿色与浅绿色相间的花叶症状，下部叶片症状不明显。发病早的植株节间短，叶片小。(2) 茎秆。在植株茎秆的上、中部，初生暗绿色下陷的短条纹(图1-5)，后变为深色下陷的油浸状坏死条斑(图1-6)，再经逐渐蔓延扩大，使条斑连片，上下连接，病株逐渐黄萎枯死(图1-7)。(3) 果实。病株上的果实畸形(图1-8)、坚硬，病斑大小不一，大部分较小，浅褐色至深褐色，表皮凸凹不平(图1-9，10)。切开病果，则可见褐色条斑，严重者可变褐腐烂。番茄条斑病毒病病部变色仅局限于表皮而不深入到茎内和果实内，这一特征可与番茄筋腐病相区别。

【致病病原】 病原为马铃薯X病毒Potato virus X（PVX）、烟草花叶病毒Tobacco mosaic virus（TMV）。(1) 形态和大小。马铃薯X病毒粒子弯曲杆状，大小11.5 nm×515 nm，致死温度68～76 ℃。烟草花叶病毒病毒粒体杆状。(2) 特性。该病毒能通过蚜虫传播。钝化温度90～93 ℃ 10 min，体外存活期72～96 h，在干燥病组织内能存活30年以上。

图1-1 番茄条斑病毒病，叶片发病症状，叶脉呈褐色

图1-2 番茄条斑病毒病，叶柄上的黑褐色油浸状坏死斑

图 1-3　番茄条斑病毒病，病株叶片枯死，茎部呈现油状病斑

图 1-4　番茄条斑病毒病，植株发病后期病梢

图 1-5　番茄条斑病毒病，病茎发病初期症状

图 1-6　番茄条斑病毒病，条斑连片，病株逐渐黄萎枯死

图 1-7　番茄条斑病毒病，病茎上的油浸状坏死条斑

图 1-8　番茄条斑病毒病，病果表皮凸凹不平，病斑褐色

图 1-9　番茄条斑病毒病，发病幼果

图 1-10　番茄条斑病毒病，成熟果发病

【病害循环】（1）越冬与初侵染源。病原既能在植株活体内越冬，也能在土壤中或土壤内的病残体上越冬，还可在种子上黏附的果肉里越冬。带毒种子、病残体及土壤中病毒是初侵染源。病原可通过植物根、茎、叶的伤口直接侵入寄主。（2）传播特点。病残体、种子和接触均可传播病毒。极易由接触摩擦传毒，病叶和健叶只要轻微摩擦，叶片茸毛稍受损伤即可传毒。在生产上主要通过各项农事操作，如分苗、定植、绑蔓、整枝、打杈等人为接触传染，并在田间传播流行。操作人员手接触病株后如不洗手消毒，可连续传毒 20 株；衣服、工具都可传毒。蚜虫是该病毒病的主要传毒介体。生产上主要通过各项农事操作传播流行。

【发生规律】（1）气候条件与发病。定植后雨日多，连阴雨，降水量大，日照少，气温比常年稍偏低，是该病大发生的重要条件。如定植后遇连阴雨或生长期间降水量达到 50 mm 左右，则番茄条斑病发生加重。（2）栽培管理与发病。土壤肥力低、施用未腐熟农家肥、漫灌发病重。移苗时根部带土少、移苗过晚、伤根严重或缓苗时间长引发该病严重发生。番茄移栽后浇水过勤、地温低而根系发育迟缓时，也易重发生。深中耕则容易伤根也会促使发病。防治不及时，田间发病后不能及早防治或用药不当，延误了有利防治时机加重该病为害。蚜虫大发生时发病较重。（3）病原因素与发病。蚜虫大发生时发病较重，蚜虫是该病毒病的主要传毒媒体。当春季干旱，番茄蚜虫较多时，则番茄条斑病发生较重。病毒传播途径广，病残体、种子和接触均可传播病毒。

【防治措施】（1）种子消毒。播种前用 55～60 ℃温水，浸种 20～30 min；或用 0.1%高锰酸钾浸种 30 min，可以杀死种子内外的病毒；或者播种前用清水浸种 3～4 h，再用 10%磷酸三钠溶液或 0.1%高锰酸钾溶液浸种 20 min，然后用清水冲净，催芽播种。或将干燥的种子放在 70 ℃下干热消毒 72 h。（2）农业防治。选择土层深厚、肥力较高、不带盐碱的地块种植。实行 2 年以上轮作。结合深翻，促使带毒病残体腐烂。加强栽培管理，适期播种，培育壮苗；早中耕锄草，及时培土，促进发根，早采收。第 1 穗坐果期应及时浇水，尤其是在高温干旱季节，要勤浇水，注意改善田间小环境。坐果后浇水要注意加肥料，采用配方施肥技术，多施磷、钾肥，配以微量元素。打杈、整枝、绑蔓时先健株后病株，接触过病株的手要用肥皂水消毒，防止通过农事操作再次传播。对早发病的病株及时清除并带出田外销毁。（3）化学防治。①病毒防治剂有天然芸薹素、毒克星（盐酸吗啉胍·乙酸铜）、植病灵、抗毒丰，均可选择使用。在番茄 1～2 片真叶分苗时，将幼苗根部的土洗去，在弱毒疫苗 TMV_2N 14的 100 倍溶液中浸 30 min，然后分苗移栽。发病初期喷洒 1.5%植病灵 EC 1 000 倍液，或 20%毒克星 WP 500 倍液，或抗毒剂 1 号 200～300 倍液，或病毒制剂 50%菌诺 800 倍液，或高锰酸钾 1 000 倍液，隔7～10 d 喷 1 次，连续喷 2～3 次，即可有效地控制病毒病的为害。②由于蚜虫是病毒的传播介体，早期防治蚜虫十分重要，通过控制其传播介体来达到间接控制病害的发生。尤其是高温干旱年份要注意及时喷药治蚜，预防病毒侵染，药剂可选用菊·马、抗蚜威、蚜虱净等，参见蚜虫相关内容。

参考文献

[1]郑建秋.现代蔬菜病虫鉴别与防治手册[M].北京:中国农业出版社,2004

[2]许卫东.番茄条斑病毒病的发生与综合防治[J].陕西农业科学,2007,27(2):182-183

番茄斑萎病毒病
Tomato spotted wilt

番茄斑萎病毒病是番茄的一种重要病害。主要发生在热带地区，近年来温带地区也有发生，呈现蔓延的趋势，严重影响产量和质量。目前，这种病毒病已成为温室生产中最主要的一种病毒病。

【典型症状】（1）苗期。幼叶产生小的黑褐色斑，病株叶片褪绿为明亮黄色，茎干和叶柄上产生暗褐色的条纹，发病植株严重矮化，叶片下垂和萎蔫，生长点因系统性坏死而受严重影响，有时植株萎蔫死亡。生长初期即被侵染的植株不能结果。（2）果实。结果期被感染的植株，幼果产生浅色的环斑，未成熟的绿色果实果面局部隆起，形成斑驳、淡绿色环纹（图 1-11，12）。成熟果实出现橘黄色和红色斑，有的果实畸形（图 1-13）。果实的典型症状为果皮出现白色至黄色的同心环纹，环的中心突起而使果面不平（图 1-14）。在红色的成熟果实上有明显明亮的黄色环纹，为该病毒病的重要诊断特征（图 1-15）。该病脐部症状与脐腐病相似，但病果表皮变褐坏死有别于脐腐病。

图 1-11　番茄斑萎病毒病，绿果果面斑纹

图 1-12　番茄斑萎病毒病，绿色果病斑

图 1-13　番茄斑萎病毒病，近成熟果实上红色斑

图 1-14　番茄斑萎病毒病，果皮上出现同心环纹

图 1-15　番茄斑萎病毒病，黄色环纹

【致病病原】　病原为番茄斑萎病毒 Tomato spotted wilt virus（TSWV）。番茄斑萎病毒属（Tospo virus）病毒起源于南亚及东南亚地区，属于布尼亚病毒科，番茄斑萎病毒是该属的代表种，是该科中唯一可侵染植物的属。（1）形态和大小。番茄斑萎病毒属病毒粒子为近球形，直径 80～110 nm，具包膜，三分体单链 RNA 基因组，三个片段的 5′和 3′末端含共有的 8 个保守互补碱基，可形成假环状结构。（2）寄主。有报道称番茄斑萎病毒寄主范围包括双子叶植物 69 科，单子叶植物 15 科以及一种蕨类植物，总数多达 1 090 种。另外，番茄斑萎病毒属中西瓜银色斑驳病毒（Watermelon silver-mottle virus，WSMoV）也能侵染番茄。

【病害循环】　病毒通过汁液和种子传播。在自然环境中，番茄斑萎病毒属病毒由蓟马如西花蓟马、烟蓟马等以持久且增殖的方式传播使病害扩展蔓延。潜育期 4 d。

【发生规律】　（1）气候条件与发病。高温、干旱有利于发病和传播。（2）栽培管理与发病。田间管理差，分苗、定苗、整枝等农事操作中病健株互相摩擦碰撞，易引起发病；田间杂草丛生，发病重。（3）病原因素与发病。西花蓟马 *Frankliniella occidentalis*（Pergande）是病毒的有效传播介体，可导致病毒病的流行，在世界各地都有分布。西花蓟马的繁殖能力很强，在温室内恒定的温度下，1 年可连续发生 12～15 代。蓟马的生活史 20～30 d，杂食性，已知寄主植物多达 500 余种。在热带和亚热带地区，该介体在田间存在，而在多数温带地区主要存在于保护地栽培的作物上。有研究发现，生长季节早期西花蓟马的数量和 TSWV 引起的病害严重度间具有密切的关系。

西花蓟马在世界范围内的传播与扩散是 TSWV 在各地陆续发现的主要原因。

【防治措施】 (1) 检疫。无病区要加强对调运植株的检疫监管，严禁带有该病毒的繁殖材料调入。(2) 种子消毒。用 40%磷酸三钠 10 倍液浸种 10 min，捞出后用清水反复冲洗数次，直到种子表面不光滑为止，再进行常规浸种和催芽。(3) 农业防治。与非茄果类蔬菜轮作。农事作业时，注意手和工具的消毒。及时铲除苦苣菜、野大丽花和田间杂草。花卉仙客来是病毒繁殖的重要媒介，其繁殖的病毒在春天侵染凤仙花、四季海棠、报春花等，进而引起番茄发病。已感病毒的植株应及时清理，以防成为一个病毒源。(4) 生物防治。已从番茄上克隆抗病基因，带有该基因的植株不表现花叶症状。目前，已获得转基因抗斑萎病毒属病毒的植物有菊花、花生、烟草和番茄等，这些转基因植株表现出良好的抗性，可能为该病毒病的控制提供一条有效途径。(5) 化学防治。目前还无药可有效用于番茄斑萎病毒的防治，市场上的一些药剂一定程度上对该病防治有积极的作用，例如克毒灵、宝力丰病毒立灭、植物病毒钝化剂、菌毒清等。已有该病毒病发生的地区，加强对传毒蓟马的防治，以达到间接控制病害的目的。另外，参考其他类型病毒病的防治方法。生长季节应加强对蓟马的监控，通常使用黄色或蓝色的黏板，根据蓟马的种群变化动态及时防治。采用化学药剂防治时，可根据蓟马的生活史在其敏感时期使用杀虫剂 2～3 次，每次间隔 5 d。

参考文献

[1]程晓非，武晓云，李凡，等. 番茄斑萎病毒属病毒的多样性[J]. 云南农业大学学报，2007，22(4)：495-501
[2]洪霓. 番茄斑萎病毒的检疫技术[J]. 植物检疫，2006，20(6)：389-392

番茄蕨叶病毒病
Tomato ferny leaf

蕨叶病毒病是番茄的重要病害。各地均有分布。发病普遍。蕨叶病毒病主要发生在夏季和秋季，发病严重时，病株率可达 50%以上，甚至造成毁种绝收。

【典型症状】 多在苗期至开花期发生较重，病株表现为不同程度的矮化，顶部叶片细长，不扩展，筒状卷曲（图 1-16）。发生严重时枝叶丛生，呈螺旋状下卷（图 1-17），或叶肉退化，叶片成纤细扭曲线状（图 1-18）。中、下部叶片向上卷，严重的卷成筒状，节间缩短。病轻时植株黄花矮缩，花冠加厚成巨型花，结果小或畸形。重病株花蕾未打开即坏死，随病害发展，中下部枝叶逐渐坏死焦枯（图 1-19），拔起病株没有新根，根部坏死。

图 1-16 番茄蕨叶病毒病，花期叶片不扩展，筒状卷曲

图 1-17 番茄蕨叶病毒病，螺旋状下卷

图 1-18　番茄蕨叶病毒病，苗期矮化，叶片细长

图 1-19　番茄蕨叶病毒病，植株坏死焦枯

【致病病原】 病原为黄瓜花叶病毒 Cucumber mosaic virus（CMV）。（1）形态和大小。病毒粒体球状，直径约 35 nm。（2）特性。钝化温度 65～70 ℃，10 min，体外存活期 3～4 d，不耐干燥；与其他病毒混合侵染也会出现条斑或花叶的症状。（3）寄主。这种病原可以侵染寄主达 45 科 124 种植物，除为害茄科、藜科植物外，还为害瓜类和小麦、玉米等禾本科植物。

【病害循环】（1）越冬与初侵染源。大分部番茄种子不带病毒，在病残体上该病毒不能存活，病毒主要在多年生宿根植物或杂草上越冬。冬季温室芹菜、番茄、黄瓜及老根菠菜、多年生杂草、十字花科蔬菜种株为病毒的越冬寄主，第二年春天越冬寄主上的病毒成为田间传播的最初毒源。（2）传播特点。在田间主要由多种蚜虫的吸食和迁飞，将病毒传带到番茄植株上。田间病株多少和有翅蚜迁飞数量密切相关，蚜虫传毒是主要途径，摩擦传毒是次要的途径，种子以及土壤中的病残体不能传播病毒。

【发生规律】（1）气候条件与发病。在高温干旱条件下，有利于蚜虫的繁殖和迁飞传毒，会使蕨叶病发生严重。（2）栽培管理与发病。土壤黏重、肥力不足和排水不畅，造成植株生长不良，往往加重病害发生。管理粗放，田间杂草丛生，靠近老根菠菜和十字花科采种田等毒源或蚜源作物时，发病早而重。

【防治措施】 对病毒病治疗效果不太明显，所以生产上要采用预防为主，综合防治的方法。（1）种子消毒。先将种子放入清水中浸泡 3～4 h，再放入 10％磷酸三钠溶液中浸种 30 min，然后用清水冲洗干净，再催芽播种。或播种前先将种子放入 55～60 ℃的温水中浸泡 15 min。（2）农业防治。将前茬作物尤其病株清理干净，带出田外集中处理。保护地生产应对棚室进行彻底消毒，采用喷药、熏蒸方法，杀死病原、害虫，尤其蚜虫、白粉虱，以减少菌源。精细整地，施足农家肥做基肥，以腐熟的鸡粪为最好，每亩撒施 3 000 kg，再沟施 1 000～2 000 kg，并加入 20 kg 磷酸二铵及粉碎的饼肥 100 kg，做到氮肥、磷肥、钾肥配合施用，以培育壮秧。发现少量病株应及时拔除，带出田外处理。在绑蔓、整枝、蘸花和摘果时，都应尽量先处理健壮株，后处理发病株。接触过病株的手和工具要及时用肥皂水或磷酸三钠水冲洗、消毒。（3）物理防治。通过控制传播介体来间接控制病害的发生。定植后，在畦埂上铺 30 cm 宽的银灰色地膜，或插架后在架两侧挂 5 cm 宽的膜条。利用蚜虫的趋黄性，在涂成橘黄色的木板上涂上机油，诱杀蚜虫、白粉虱，减少病毒的传播。在通风口处用尼龙纱网罩住，防虫飞入。（4）化学防治。发病初期，每亩用 20％毒克星 WP 100～200 g，稀释成 500～600 倍液进行叶面喷雾，隔10 d 喷 1 次，全生长期喷 2～4 次，或视病情而定。从定植开始，隔 10～15 d 喷施 3％莫比朗 EC 2 000～2 500 倍液，或 10％吡虫啉 WP 1 500 倍液，防治传播介体蚜虫和粉虱等。

参考文献
[1]王洪梅，李玉霞，史彩荣. 番茄蕨叶病毒病的发生与防治[J]. 河北农业科技，2006(3)：18
[2]王学忠，邢振香. 番茄病毒病的三种类型及其防治措施[J]. 天津农林科技，2004(4)：42

番茄花叶病毒病 Tomato common mosaic

花叶病毒病是番茄的重要病害，是番茄病毒病中发生最普遍的一种。全国各地均有发生。

【典型症状】 根据花叶的轻重和叶片是否畸形可分为2种情况。(1) 轻花叶。表现出绿色深浅不匀的斑驳，叶片不变小，不畸形，植株不矮化，对产量影响不大（图1-20，21，22，23）。(2) 重花叶。叶片黄绿，花叶明显凹凸不平，新叶片变小、细长、畸形、扭曲，叶脉变紫，植株矮化，花芽分化能力减退（图1-24，25），大量落花落蕾，果小质劣呈花脸状（图1-26，27），对产量影响很大，病株比健株减产10%～30%。番茄花叶病毒病易与缺氮混淆。两者比较：缺氮先是老叶叶色失绿变黄，最后全部叶片变黄，不结果或结果少且小而黄，植株矮小，叶片黄化；番茄花叶病毒病先是嫩叶发病，失绿，大多数病叶有黄绿色的斑驳，叶片变形。

图1-20 番茄花叶病毒病，轻花叶发病初期

图1-21 番茄花叶病病毒病，轻花叶，叶片畸形、扭曲

图1-22 番茄花叶病病毒病，轻花叶

图1-23 番茄花叶病毒病，轻花叶，叶片畸形，开始枯死

图 1-24　番茄花叶病毒病，重花叶型

图 1-25　番茄花叶病毒病，植株矮化

图 1-26　番茄花叶病毒病，果实发病

图 1-27　番茄花叶病毒病，果实发病

【致病病原】 病原为烟草花叶病毒 Tobacco mosaic virus（TMV）。（1）形态和大小。病毒粒体杆状。（2）特性。钝化温度 90～93℃下 10 min，体外存活期 72～96 h，在干燥病组织内存活 30 年以上。（3）寄主。这种病原可以侵染番茄、茄子、辣椒、烟草和黎科的菠菜等，不能侵染瓜类和禾本科植物。

【病害循环】（1）越冬与初侵染源。病原能在活的植物体内越冬，也能在土壤中或土壤内的病残体上越冬，还可在种子上黏附的果肉里越冬。（2）传播特点。主要由汁液传播，故一切粗放的农事操作，都会增加病毒的传播机会，病株与健株的相互摩擦，会增加汁液传染机会。

【发生规律】（1）气候条件与发病。花叶病的发生发展与气温有密切关系。适宜发病温度为 20～25 ℃。（2）栽培管理与发病。种植过密，增加摩擦，病害加重。与茄科植物连作地块，特别是番茄连作，病害会明显加重。肥力不足和排水不畅，造成植株生长不良，往往加重病害发生。土壤中缺少钙、钾、磷等元素，花叶病发生重。黏重且含腐殖质多的土壤保毒期长，会使病害发生严重。

【防治措施】（1）种子消毒。播种前，先用清水浸泡种子 3～4 h，再放到 10%的磷酸三钠溶液中浸种 20～30 min，捞出后用清水冲洗干净后催芽播种。或将干燥的种子在 70 ℃下干热消毒 72 h。（2）农业防治。选用抗病品种，目前大多数番茄品种都抗烟草花叶病毒，各地应因地制宜选用适于本地栽培的较抗病品种。与瓜类或禾本科类作物实行 3 年以上轮作。采收完后及时清除病残体，在远离菜地、水源的地方烧毁或挖坑深埋。育苗前，苗床彻底清除枯枝残叶和杂草；定植前深翻土壤，促使病残体腐烂；对病田里用过的工具、架材要进行消毒处理。增施钙、磷、钾肥，适时早播和定植。打杈、整枝、绑蔓时先健株后病株，接触过病株的手要用肥皂水消毒，防止通过农事操作再次传播。部分粮菜混作区，将晚夏番茄定植在小麦田预留的行间，生长前期病毒病明显轻于空地块。番茄行间采取铺草保湿等措施，也有利于减轻病害。(3) 化学防治。病害始发期，用 3.85％三氮唑核苷铜锌 WP、20％毒克星 WP、20％盐酸吗啉胍锌 SPX、20％盐酸吗啉胍铜 SPX 4 种药物，可以使轻微的花叶病病情得到抑制，发病率也可以降低。

参考文献

张琦，尹元栓，张治家，等．杀病毒制剂对番茄花叶病毒病的防治效果[J]．山西农业科学 2006，34(3)：66-68

图 1-29　番茄曲顶病毒病，植株矮化，叶片变厚

番茄曲顶病毒病
Tomato apical curving

番茄曲顶病毒病又称为番茄“龙头病”，近年来越来越重，特别是搭架番茄发病率高重，为害重。

【典型症状】 病害发生早，常引起全株死亡。发病较晚的植株变黄，植株矮化，叶片变厚变脆，且向上卷曲，叶柄下弯，变成暗黄色和叶脉变紫（图 1-28，29）。果实常提早假熟。坐果后发病，病果和健果可能出现在同一茎上，未成熟果实形成暗褐色皱缩果实（图 1-30），这是该病的典型症状之一。

图 1-30　番茄曲顶病毒病，暗褐色皱缩果

图 1-28　番茄曲顶病毒病，叶柄下弯

【致病病原】 病原为番茄曲顶病毒 Tomato apical curving virus。(1) 形态和大小。病毒粒体为球状正 20 面体，直径 20 nm，局限在筛管的细胞核内。(2) 寄主。这种病原可以侵染茄科、葫芦科、十字花科、豆科、藜科植物。

【病害循环】 病原以甜菜叶蝉等刺吸式口器昆虫进行半持久性传毒。有报道，种子也可带毒。叶蝉传毒方式为循环性的，1 min 即可获毒，经 4 h 左右潜伏，2～3 d 即可发病。传毒介体主要在甜菜上栖息，但因季节循环可短时间迁飞到番茄田中，尽管时间有限，但对于其传毒已足够了，在田间不发生二次感染。

【发生规律】 带毒叶蝉在雨天迁飞时传毒。媒介昆虫带毒数量多的传播效率也高。

【防治措施】 通过控制传播介体来间接控制病害的发生，是主要的防治方法。(1) 农业防治。在带毒的甜菜叶蝉等昆虫向番茄田迁飞之前彻底铲除杂草并喷杀虫剂灭虫。栽培番茄应与甜菜保持较远的距离。(2) 化学防治。可试喷 5％菌毒清 WP 400 倍液，或 0.5％抗毒剂 1 号 AS 300 倍液，或 30％毒克星 WP 400～500 倍液，隔 7～10 d 喷 1 次，连续喷 2～3 次。

番茄丛枝病 Tomato rosette

丛枝病是番茄的一般性病害。各地均有发生，局部地区发生严重。

【典型症状】 系统症状为幼叶卷曲或顶部坏死，由此引致侧芽增生或出现丛生。病株下部叶片褪绿和变紫。（1）植株。发病初期病株顶部叶片黄化变小，花瓣变绿后迅速变成叶片状，顶部枝梢不肥大，不直立向上，但往往在叶腋处长出大量腋芽，在腋芽上又长出许多纤弱的不定芽或纤细的腋芽，致病株呈丛枝状，不能结实（图1-31）。（2）叶片。苗期发病5 d后初显环状坏死斑，叶片褪绿且迅速落叶。该病在茎组织发展很快，苗期施用氮肥过多，造成茎变软，在靠近地面处出现坏死斑，引起猝倒。（3）果实。果实除产生褪绿斑以外，还在成熟果实上产生环状或平行斑。

图1-31　番茄丛枝病

【致病病原】 病原为番茄丛矮病毒 Tomato bushy stunt virus（ToBSV）。（1）形态和大小。病毒粒体为球状，正20面多角体，直径30 nm，分散在细胞质和液泡内，有晶体排列。（2）特性。钝化温度80～90 ℃，10 min。体外存活期为几周。（3）寄主。这种病原可系统侵染番茄、曼陀罗等。局部侵染豇豆、菜豆、黄瓜、苋色藜等，产生枯斑。

【病害循环】 病原番茄丛矮病毒病通过汁液传毒，该病毒进入寄主，必须在土壤积水的条件下进行，侵染方法尚未明确，但似乎可通过损伤的根细胞侵入。ToBSV不能被消化，即使通过人、畜的消化道也不能改变其传染性。此外，在河水中也发现ToBSV，污水和淤泥作为肥料时，有可能传播该病毒。

【防治措施】 （1）检疫。番茄丛枝病是我国对外制种的检疫对象，繁种单位要特别注意。（2）种子消毒。先用清水浸泡3～4 h后再用0.1%高锰酸钾溶液浸种30 min或10%磷酸三钠溶液浸种20 min，用清水冲洗后再按常规催芽、播种，或者用40%磷酸三钠10倍液浸种10 min，捞出后用清水反复冲洗数次，直到种子表面不光滑为止，再进行常规浸种和催芽。（3）农业防治。采用配方施肥技术，防止偏施过施氮肥。（4）化学防治。在5～7月份用5%菌毒清AS 266～400 g加水喷雾，于发病初期喷雾，喷雾3～5次，隔7～10 d喷1次，可在分苗前、定植前各喷1次，定植后喷第3次。常用农药还有抗毒丰300倍液，或1.5%植病灵2号EC 1 000倍液，或20%毒克星WP 500倍液。及时防治蚜虫和白粉虱。

番茄巨芽病 Tomato big-bud

【典型症状】 病株新长出的叶片变小，顶部枝梢呈淡紫色，肥大，直立向上呈圆锥形（图1-32）。花柄肥大，花萼显著膨大，萼片联合成筒状，在叶腋处长出1个淡紫色粗短肥大的腋芽，在腋芽顶上丛生若干个直立的不定芽（图1-33），病株结果少或仅结出少量坚硬的圆锥形小果实。

图1-32　番茄巨芽病，叶片变小，枝梢肥大

图 1-33 番茄巨芽病，枝梢呈淡紫色、肥大

【致病病原】 病原为一种类病毒 Mycoplasma like organism（MLO）。

【病害循环】 可通过嫁接传染。

【防治措施】 把病芽放在四环素溶液内，浓度为 1 000 U/mL，浸 2 h，用清水洗净后，采用小芽腹接法嫁接在健康番茄上，防效优异。生产上发现该病时，可用药剂。发病初期喷医用四环素或土霉素溶液 4 000 倍液，隔 10 d 喷 1 次，喷 1 或 2 次。

番茄细菌性褐斑病
Tomato bacterial speck

番茄细菌性褐斑病又称细菌性微斑病、细菌性斑疹病、细菌性叶斑病、细菌性斑点病，是番茄的一种重要病害。各地均有发生。病株率可达到 60%以上，对产量有明显影响，可造成 5%～75%的产量损失。

【典型症状】 为害叶片、茎、果实和果柄。以叶缘及未成熟果实最明显。苗期和成株期均可染病。(1) 叶部。开始呈水渍状小点，随后扩大成不规则斑点，深褐色至黑色，直径 2～4 mm，无轮纹，四周具有或无黄色晕圈（图 1-34）。湿度大时，病斑后期可见发亮的菌脓。(2) 果实。幼嫩果染病，初现稍隆起的小斑点，果实近成熟时，围绕斑点的组织仍保持较长时间绿色（图 1-35），别于其他细菌性斑点病。后病斑周围呈黑色，中间色浅并有轻微凹陷。(3) 花蕾。在萼片上形成许多黑点，连片时，使萼片干枯，不能正常开花。(4) 茎部和叶柄。首先形成米粒状大小的水浸状斑点，病斑逐渐增多、扩大，随着病斑的扩大颜色由透明色到灰色，再到褐色，最后形成黑褐色，形状由斑点扩大为椭圆，最后病斑连片形成不规则形（图 1-36）。在潮湿条件下，病斑后期有白色菌脓出现。细菌性斑点病与细菌性疮痂病的症状相似，主要区别是受该病原侵染后果实不腐烂，茎秆、叶片维管束发病，木质部不变褐。果实近成熟时，围绕斑点的组织仍保持较长时间绿色，别于其他细菌斑点病。

图 1-34 番茄细菌性褐斑病，叶片症状

图 1-35 番茄细菌性褐斑病，发病果实

图 1-36 番茄细菌性褐斑病，茎部症状

【致病病原】 病原为丁香假单胞菌番茄叶斑病致病型 *Pseudomonas syringae* pv. *tomato*，属细菌。(1) 形态和大小。短杆状，单细胞，直或稍弯，大小(0.1～1) μm×(1.5～4) μm。(2) 特性。革兰氏染色阴性，能产生绿色荧光。(3) 寄主。这种病原可以侵染番茄、辣椒。人工接种可为害茄子、龙葵、毛曼陀罗和白花曼陀罗。

【病害循环】 (1) 越冬与初侵染源。病原在种子上、病残体及土壤里越冬。特别在干燥的种子上，病原可存活20年，并可随种子远距离传播。播种带菌种子，幼苗即可发病。(2) 传播特点。通过雨水飞溅和农事操作传播，进行初侵染和再侵染。

【发生规律】 播种带菌种子能引起幼苗发病。在环境温度25 ℃以下，相对湿度80%以上时，有利于发病。因此，保护地番茄往往造成严重的为害。

【防治措施】 (1) 检疫。该病是一个重要的种传病害，因此要加强检疫，防止带菌种子传入非疫区。(2) 种子消毒。播种前用56 ℃温水浸种30 min。还可以使用1.05%次氯酸钠浸20～40 min或硫酸链霉素200 mg/kg浸2 h，然后经水洗30 min后供播种使用。(3) 农业防治。选用耐病品种，采用无病田采种。在干旱地区采用滴灌或沟灌，避免喷灌和漫灌。收获后及时清除病残体，集中销毁，并深翻土地。与非茄科蔬菜实行3年以上的轮作。在发病初期防治前应先清除掉病叶、病茎及病果，然后再喷药。如保护地番茄发生过此病，在采收园时用硫黄熏烟。(4) 化学防治。发病初期喷77%可杀得WP 400～500倍液，或20%噻菌灵（龙克菌）SC 500倍液，或14%络氨铜AS 300倍液，或0.3%～0.5%的氢氧化铜进行防治。每隔10 d喷1次，连续喷1～2次。

参考文献

[1]王凤英，臧守杰，常传玉. 番茄细菌性斑疹病的发生与防治[J]. 西北园艺，2008(1)：34

[2]赵丽涵，谢关林，金扬秀，等. 细菌性斑疹病病原鉴定及其病实症状鉴别[J]. 植物保护，2006(6)：45-47

番茄溃疡病
Tomato bacterial canker

番茄溃疡病又称细菌性溃疡病，是番茄的一种毁灭性病害。各地均有发生。这种病害蔓延迅速，为害严重，防治困难。

【典型症状】 番茄溃疡病是一种典型的维管束病害，在植株的全生育期均可发生。番茄的叶、茎、果均受害。(1) 幼苗。叶片自上而下逐渐萎蔫，植株矮化或枯死。(2) 成株。移栽后成株下部叶片凋萎下垂、卷缩，似缺水状。病株枯萎很慢，不表现出萎蔫症状。随病情发展，叶脉和叶柄出现小白点，茎变粗，外部形成瘤状突起，内部变褐色，并自下而上扩展。发病后期茎中空乃至开裂，可见褐色条斑，易折，叶片枯死（图1-37，38，39，40）。植株上部呈青枯状，湿度大时，有褐色菌脓溢出。(3) 果实。幼果发病后皱缩、滞育、畸形，果实内的种子很小、黑色、不成熟。在暴风雨多时，果实上往往出现白色圆形小点，病情发展后变为褐色，中心粗糙，略微突起，直径约3 mm，斑点边缘围绕着白色晕圈，呈典型的“鸟眼斑”(图1-41)。溃疡病在番茄茎上的症状表现与番茄条斑病毒病极为相似，可凭下列特征区分：手捏病茎，内部中空且变为褐色的为溃疡病株；茎内不中空，髓部不变褐色的则为病毒病。

图1-37 番茄溃疡病，叶柄

图1-38 番茄溃疡病，茎裂口和茎纵切面

图1-39　番茄溃疡病，病茎发病中期

图1-40　番茄溃疡病，病茎横切面

图1-41　番茄溃疡病，病果发病初期出现“鸟眼斑”

【致病病原】 病原为密执安棒杆菌番茄溃疡病致病型 *Clavivbacter michiganense* subsp. *michiganense* (Smith) Davies et al.，属细菌。(1) 形态和大小。短杆状或棒状，大小(0.3～0.4) μm ×(0.6～1.2) μm。革兰氏染色阳性，无鞭毛，无芽孢，有荚膜，无运动性。据张爱军等观察，棒状杆菌，有时一端膨大，有时两个菌体形成分杈。革兰氏染色为紫色，即为革兰氏阳性反应。培养48 h菌落直径为针尖大。培养96 h菌落为圆形，直径达1 mm，颜色初为淡黄色，以后菌落变成明显的黄色，表面有突起，菌落边缘整齐，不透明，有一定的黏度，培养基近似于无变化。(2) 特性。为好气性的细菌。适宜生长温度25～28 ℃，最高温（极限值）为37 ℃，致死温度51 ℃。最低生长pH值为5.0，最适生长pH值为6.5～7.0，最高生长pH值为8.5。(3) 寄主。这种病原可以侵染番茄、辣椒以及龙葵、天仙子等杂草，但不为害马铃薯。

【病害循环】 (1) 越冬与初侵染源。病原可在种子和病残体上越冬，可在土壤中存活2～3年。种子带菌是新病区的主要初侵染来源。(2) 传播特点。初侵染发病后，条件合适时可发生多次再侵染，使病情逐渐加重。该菌主要由各种伤口侵入，包括损伤的叶片、幼根，也可从植株茎部或花柄处侵入，经维管束进入果实的胚，侵染种子脐部或种皮，使种子内带菌。病原借雨水和灌溉水传播，特别是连阴雨及暴风雨，通过分苗移栽及整枝打杈等农事操作进行传播。

【发生规律】 (1) 气候条件与发病。高温、大雾、重露、多雨等因素有利于病害发生，尤其是暴风雨后病害明显加重。(2) 栽培管理与发病。播种出苗后，前期阴雨，后期又遇高温高湿，使病原得以快速蔓延，甚至短暂几天就会造成植株死亡。农事操作造成了大量伤口，引致病原侵入。保护地内采用喷灌时亦可造成果实发病加重。连片种植，地块低洼，排水通风不良，利于病原的近距离大面积传播。反季番茄溃疡病发病较迟，7～8月份为发病的高峰期。

【防治措施】 防治原则是加强检疫措施，保护无病区，在疫区内采取种子消毒为主要措施的综合防控方法。(1) 检疫。严格检疫封锁疫区，严禁疫区的种子、果实、幼苗等外调。(2) 种子消毒。播种前用55 ℃的温水浸种30 min，期间要保持恒定温度，并不断搅拌，捞出后晾干播种。干燥种子放在70 ℃恒温下保持72 h，或80 ℃恒温下保持24 h，干热灭菌。或用1.3%次氯酸钠浸种30 min，再用清水冲净，晾干播种。鲜种子用0.8%的醋酸溶液、干种子用0.6%的醋酸溶液，浸泡种子24 h，然后用清水冲净，晾干后播种。(3) 农业防治。建立无病留种田，从无病植株上留种。提倡用新苗床育苗或换用新床土。与非茄科作物实行3年以上轮作。及时中耕培土，及早搭架。各种农事操作要尽量在露水干后进行。发现病株应及时拔除深埋或烧毁，并用生石灰对病穴进行消毒处理。采取高垄栽培，避免带露水进行农事操作；病后注意肥水管理，避免大水漫灌，不能偏施氮肥。保护地温湿度的调控棚室内白天温度控制在22～25 ℃，夜间控制在15～17 ℃。下午棚温降到13 ℃时关闭通风口，尽量减少夜间棚温的变化，当夜温超过13 ℃时可整夜放风。（4）化学防治。若用旧床育苗，每平方米可用40%福尔马林30 mL加水3 kg，配成溶液处理床面，用塑料膜闷盖5 d，然后揭膜使药剂散尽，15 d后再播种。发病初期要及时喷药保护，可选用73%农用链霉素3 000倍液，或60%琥·乙膦铝WP 500倍液，或50%加瑞农WP 600倍液、77%可杀得WP 600倍液、14%络氨铜AS 300倍液，交替喷雾，每隔7～10 d喷1次，连喷3～4次。在番茄定植后，喷洒1∶1∶200波尔多液进行保护性防治，每隔7～10 d喷1次，连喷3～4次。保护地番茄还可选用烟剂5号（沈阳农业大学研制），每亩棚室用350 g熏烟，每10 d熏1次，连续2次。

参考文献

[1]张爱军，常顺强，胡秀凤，等. 番茄溃疡病病原菌生物学特征的观察[J]. 内蒙古农业科技，2007(1)：53-54

[2]汤淮明. 淮南市番茄溃疡病的发生和综合防治对策[J]. 中国植保导刊，2007(2)：19-20

[3]杨建社. 反季番茄溃疡病的发生规律及防治技术[J]. 湖南农业科学，2004(2)：40，41

番茄青枯病 Tomato bacterial wilt

番茄青枯病又称细菌性枯萎病，是番茄的一种重要病害。青枯病发病急，蔓延快，发生严重时会造成植株成片死亡，造成严重减产，甚至绝收。

【典型症状】（1）叶片。苗期虽有侵染，但不表现症状。直到番茄坐果初期，病株顶部、下部和中部叶片相继出现萎蔫（图1-42），也有一侧叶片先萎蔫或整株叶片同时萎蔫的，中午明显，傍晚以后又恢复正常。发病后如果土壤干燥、气温偏高，数日后即枯死（图1-43，44）。病株萎蔫致死时间很短，死时植株仍保持绿色，仅叶片色泽稍变淡，故称青枯病。（2）茎部。病茎表皮粗糙，茎中下部增生不定根或不定芽（图1-45，46），湿度大时病茎上可见初为水浸状后变褐色的1～2 cm斑块，病茎维管束变为褐色，横切病茎，用手挤压或经保湿，切面上维管束溢出白色菌液。青枯病与枯萎病区别的重要特征是发病迅速，严重的病株经7～8 d即死亡。

【致病病原】 病原为青枯假单胞菌 *Pseudomonas sollanacearum*（Smith）Smith，属细菌。（1）形态和大小。短杆状，单胞，两端圆，单生或双生，大小（0.9～2.0）μm×（0.5～0.8）μm，极生鞭毛1～3根。（2）特性。革兰氏染色阴性。从10～40 ℃均可生长，发病的适宜温度为20～30 ℃，耐pH 6～8，最适pH 6.6。（3）寄主。这种病原可以侵染番茄、辣椒、茄子、马铃薯、烟草、芝麻、花生等。

图1-42　番茄青枯病，上部症状，雨后易发生

图1-43　番茄青枯病，发病中期

图 1-44　番茄青枯病，发病后期

图 1-45　番茄青枯病，病茎表皮粗糙

图 1-46　番茄青枯病，茎中下部增生不定根

【病害循环】（1）越冬与初侵染源。病原随病残体遗留在土壤中越冬。若无寄主也可在土壤中存活 14 个月，最长可达 6 年之久。（2）传播特点。病原通过雨水、灌溉水、地下害虫、操作工具等传播。多从寄主根部或茎基部皮孔和伤口侵入。前期属于潜伏状态，条件适宜时，即可在维管束内迅速繁殖，并沿导管向上扩展，致使导管堵塞，进一步侵入邻近的薄壁细胞组织，使整个输导器官被破坏而失去功能。茎、叶因得不到水分的供应而萎蔫。

【发生规律】（1）气候条件与发病。高温高湿易诱发青枯病发生。连阴雨天过后天气转晴，易引起病害流行。（2）土壤因素与发病。病原适于在微酸性土壤中生存，当土壤含水量达到 25%时，有利于诱发青枯病。土温 25 ℃病原开始活动，活动最盛，田间会出现发病高峰。（3）栽培管理与发病。幼苗不壮，多年连作，中耕伤根，低洼积水，控水过重，干湿不均，均可加重病害发生。

【防治措施】 应采取选用抗病品种、加强栽培管理为主，药剂防治为辅的综合防治措施。（1）农业防治。与十字花科或禾本科作物进行 4 年以上的轮作，避免与茄科作物及豆科作物连作。选择无病地育苗。夏秋育苗采用遮阳育苗。徒长或纤细的幼苗抗病弱，应淘汰。结合整地撒施适量的石灰，亩施石灰 50～100 kg，调节土壤酸碱度。采用高畦种植，幼苗定植不宜过深。适当增施氮肥和钾肥。忌大水漫灌，以防积水伤根；中耕时要避免伤根。嫁接不仅可以抗病，还具有其他方面的优点。由于砧木比接穗原株根系更发达，吸肥力强，从而使接穗生长更旺盛可获增产。（2）化学防治。①康地蕾得是一种以防治植物青枯病为主的广谱多功能生物农药，可以采取浸种，定植初期苗床泼浇，发病初期进行灌根的方法。②发病初期喷 3%中生菌素 600～800 倍液。③发病初期灌 50%敌枯双 WP 800～1 000 倍液，或 72%农用硫酸链霉素 SPX 4 000 倍液，或 50%琥胶肥酸铜 WP 400 倍液，或 77%氢氧化铜 WP 400～500 倍液，或 50%琥·乙膦铝 WP 400 倍液，或 25%络氨铜 AS 500 倍液，隔7 d 灌根 1 次，连续灌 2～3 次。

参考文献

[1]薛泽程，邓新平. 番茄青枯病的防治研究进展[J]. 植物保护，2007，20(3)：6-7
[2]缪凯，李焕秀. 番茄青枯病研究进展[J]. 广西农业科学，2007，38(5)：533-535
[3]季卫东，汪伟雄，江根华，等. 番茄青枯病的综合防治技术

[J]. 上海蔬菜，2007(1)：45-46

番茄疮痂病
Tomato bacterial scab

疮痂病是番茄的一种重要病害，病株率在10%～30%，严重时病株率可达到50%以上，对番茄产量和品质影响都很大。已成为棚室番茄的主要病害。

【典型症状】 为害番茄叶片及果实。(1) 叶片。近地面老叶先发病，逐渐向上部叶片发展。发病初期在叶背面形成水渍状暗绿色小斑，逐渐扩展成圆形或连接成不规则黄色病斑，病斑表面粗糙不平，周围有黄色环形窄晕圈，内部较薄，具油脂状光泽；后期叶片干枯质脆（图 1-47）。如条件适合，长期高温高湿时，短期内田间植株叶片呈焦枯状。(2) 茎部。茎部发病先在茎沟处出现褪绿色水渍状小斑点，扩展后形成长椭圆形黑褐色病斑，病部稍隆起，裂开后呈疮痂状（图 1-48）。(3) 果实。果实受害则主要是着色前的幼果和青果，果面初生圆形四周具较窄隆起的白色小点，后扩大呈黄褐色或黑褐色近圆形粗糙隆起环斑，呈疮痂状，直径 0.2～0.5 cm，边缘带有黄绿色晕圈（图 1-49，50），有的病斑可联结成不规则大病斑（图 1-51）。

图 1-47　番茄疮痂病，病叶

图 1-48　番茄疮痂病，病茎

图 1-49　番茄疮痂病，病果

图 1-50　番茄疮痂病，病果后期

图 1-51　番茄疮痂病，病果上较大的症斑

【致病病原】 病原为野油菜单胞菌辣椒斑点病致病型 *Xanthomonas campestris* pv. *vesicatoria* (Doidge) Dye.，属细菌。(1) 形态和大小。短杆状，两端钝圆，大小(1.0～1.5) μm×(0.6～0.7) μm，端部具1根鞭毛。(2) 特性。革兰氏染色阴性。发育适温 27～30 ℃，最高 40 ℃，最低 5 ℃，56 ℃经 10 min 致死。(3) 寄主。这种病原可以侵染番茄、甜椒、辣椒。

【病害循环】 (1) 越冬与初侵染源。病原随病株残体在地表或黏附在种子表面越冬，成为第2年初侵来源。(2) 传播特点。在田间主要随大风大雨传播，也可由昆虫传播。病原由伤口或气孔侵入叶片，环境条件适宜侵染叶片后 3～6 d 即可发病，侵染果实 5～6 d 即可发病。田间只要有10%的植株发病，其产生的菌量足够使整块田发病。

【发生规律】 (1) 气候条件与发病。高温、高湿、多雨是发病的主要条件。夏季阴雨连绵、暴风大雨或伴随钻蛀性害虫发生会给植物造成伤口，有利于病原侵入，都可能引起该病大发生。(2) 栽培管理与发病。粗放栽培管理、病田连作、追肥不及时、植株长势弱有利于病原侵染，加重病害发生。

【防治措施】 (1) 种子处理。55 ℃温水中浸泡 15 min，然后转入冷水里冷却，晾干后再播种。或者用 1∶10 农用链霉素浸种 30 min。(2) 农业防治。实行与十字花科作物或禾本科作物 2～3 年以上的轮作。设无病留种田或从无病单株采种。适时整枝打杈，及时清除病残体。雨季加强排水，降低田间湿度，保持田间通风透光。施足氮、磷、钾肥，增施菌肥、腐熟的优质有机肥，以活化土壤，增强植株的抗病能力。(3) 化学防治。发病初期，喷 47%加瑞农 WP 600 倍液，或 72%的农用链霉素 2 000 倍液，或 50%琥胶肥酸铜 WP 400～500 倍液，或 77%氢氧化铜 WP 400～500 倍液，或 25%络氨铜 AS 500 倍液，或硫酸链霉素可溶 DP 4 000～5 000 倍液，隔 7～10 d 喷 1 次，连续喷 1～2 次。

参考文献

[1]杨文才，陈佳，张晓敏，等. 番茄疮痂病病原菌分类、抗性遗传和分子标记辅助选择进展[J]. 中国农业科学，2007，40(2)：283-290

[2]王振学，王子勤，王广富. 番茄疮痂病综合防治技术[J]. 西北园艺（蔬菜），2005(7)：30

番茄假单胞果腐病
Tomato bacterial fruit rot

【典型症状】 主要为害果实。发病初期出现不规则形病斑，病斑先发白，逐渐软化而腐烂，内部果肉变为黄褐色至黑褐色，全果渐腐烂，流出黄褐色脓水，但无臭味，有别于软腐病（图 1-52，53）。

图 1-52　番茄假单胞果腐病

图 1-53　番茄假单胞果腐病

【致病病原】 病原为假单胞杆菌属的荧光假单胞菌 *Pseudomonas fluorescersbiovar* Trevisan Migula。(1) 形态和大小。菌体短杆状，短链生，极生 2 根鞭毛，有荚膜，无芽孢，大小(1.4～2.0) μm×(1.0～1.1) μm。(2) 特性。革兰氏染色阴性，好气性。肉汁胨琼脂平面上菌落白色圆形，薄且光滑，边缘整齐不透明。(3) 寄主。这种病原可以侵染茄科植物、十字花科植物、构树、女贞、杨梅、小麦、芹菜等。

【病害循环】 (1) 越冬与初侵染源。病原在土壤中越冬。(2) 传播特点。通过雨水或水滴溅射传播，也可接触传播。

【发生规律】 夏天多雨季节易发病。

【防治措施】 (1) 农业防治。与非茄科蔬菜轮作。采用避雨栽培，严禁大水漫灌，浇水时防止水滴溅起。避免各种伤口出现，是防止该病的重要措施。(2) 化学防治。发病初期喷 72%农用硫酸链霉素 SPX4 000 倍液，或 47%加瑞农 WP 800 倍液，或 30%碱式硫酸铜 SC 400 倍液，隔 7～10 d 喷 1 次，连续喷 2～3 次。采收前 3 d 停止用药。

番茄细菌性髓部坏死病 Tomato bacterial pith necrosis

【典型症状】 为害番茄茎和分枝，叶、果也可被害。被害株多在青果期表现症状。(1) 叶片。病初嫩叶褪绿，病重植株上部褪绿和萎蔫，早发病植株叶片黄枯，迟发病植株叶片青枯（图 1-54）。(2) 茎部。病重时下部茎坏死，病茎表面先出现褐色至黑褐色斑，外部变硬（图 1-55）。黑褐色病斑多在茎下部，也可在茎中部或分枝上发生，最后全株枯死。纵剖病茎可见髓部变成黑色或出现坏死，维管束褐变，这些病变多发生在植株外部无病变的地方（图 1-56）。髓部发生病变的地方则长出很多不定根。湿度大时从茎伤口和不定根溢出黄褐色菌脓，别于溃疡病。(3) 果实。果实多从果柄开始变褐，终至全果褐腐、果皮质硬，挂于枝上。湿度大时从病茎伤口或叶柄脱落处溢出黄褐色菌脓。(4) 比较。病部坏死斑不形成溃疡症状，病果上无鸟眼斑，别于番茄溃疡病；病茎髓部坏死处无腐臭味，别于软腐病；叶片无斑点，别于细菌性斑疹病。

图 1-54 番茄细菌性髓部坏死病，植株青枯

图 1-55 番茄细菌性髓部坏死病，黑褐色斑，长出不定根

图 1-56 番茄细菌性髓部坏死病，髓部坏死

【致病病原】 病原为番茄髓部坏死病假单胞菌 *Pseudomonas corrugata* Roberts et Scarlett，属非荧光假单胞细菌，菌落起皱，淡黄色，具多根极生鞭毛。这种病原可以侵染番茄、苜蓿等。

【病害循环】 (1) 越冬与初侵染源。病原随病残体在土壤中越冬。(2)传播特点。借雨水、灌溉水和农事活动传播。从伤口侵入。

【发生规律】(1)发病时期。经常在第1个坐果完成到成熟的绿果期发病,病害在田间发展速度很快。赵海棠报道宁波棚栽番茄于3月下旬初见发病,至4月份番茄青果生长期,病株增多,叶片呈萎蔫状,数日后全株青枯。露地樱桃番茄于6月上旬青果生长期发病,经15~20 d,病情扩展蔓延至全田。(2)气候条件与发病。4~6月份遇夜低温或高湿天气,容易发病。(3)栽培管理与发病。连作地、排水不良、氮肥过量的地块发病重。

【防治措施】(1)农业防治。发病地块避免连作,可与非茄科蔬菜轮作2~3年。施用腐熟的有机肥,不偏施、过量施用氮肥,增施磷、钾肥。采取高畦地膜覆盖栽培;雨后要及时排水,防止田间积水。避免在阴雨天气整枝打杈。发现病株及时拔除,在田外深埋或烧毁。(2)化学防治。田间出现发病中心株时,即应开始施药防治。可选用新植霉素200 mg/kg,20%噻菌铜SC 800倍液,或47%加瑞农WP 800倍液,57.6%氢氧化铜1 000倍液,隔10 d喷1次,连续喷2~3次。

参考文献

[1]赵海棠,安学君,胡芝莲.番茄细菌性髓部坏死病及防治方法[J].长江蔬菜,2000(10):17-18

[2]孙福在,赵廷昌,刘永.山东鱼台县发生番茄细菌性髓部坏死病[J].植物保护,2003,29(6):56-57

番茄软腐病
Tomato soft rot

【典型症状】(1)果实。多自果实的虫伤口、日烧伤处先发病。病部组织软化腐烂,发展迅速,常扩及半个果实至整个果实(图1-57)。最后病果整个果肉腐烂成浆,只外边一层果皮兜着,丧失果形(图1-58,59)。腐汁具有臭味。(2)茎秆。主要发生在棚室中,植株中、下部的茎秆、枝条上,病茎部灰褐色、长条形斑,表皮湿腐,维管束完整无损,髓部呈褐色,腐烂,有异味,病株萎蔫死亡(图1-60)。(3)比较。①髓部坏死病。病斑灰白至灰褐色,大小30~50 mm,形状为不规则条状斑块,表皮质硬;病部横切面维管束变褐,髓部褐或黑褐色坏死,挤压后有黄褐色浓液渗出,没有腐臭味。②青枯病。形状为表皮粗糙;病部横切面维管束呈褐色,挤压后有乳白色黏液渗出,没有腐臭味。③溃疡病。颜色灰白至灰褐色,形状为条状枯斑;病部横切面维管束变褐,髓部变褐变空,挤压后没有黏液,没有腐臭味。④软腐病。颜色青灰色至灰褐色,初大小20~30 mm,后扩大伸长,形状为长条梭形斑,皮层湿腐;病部横切面维管束完整无损,髓部黑褐色,变空,挤压后没有黏液,有腐臭味。

图1-57 番茄软腐病,害虫为害后腐烂

图1-58 番茄软腐病,后期丧失果形

【致病病原】 病原为胡萝卜软腐欧氏杆菌胡萝卜软腐致病型 *Erwinia carotovora* subsp. *carotovora* (Jones) Bergey et al. *Erwinia aroideae* Towns.,属细菌。(1)形态和大小。短杆状,直径(1.3~1.8) μm×(0.6~0.9) μm,着生鞭毛2~8根。(2)特性。革兰氏染色阴性。生长发育适温25~

图 1-59　番茄软腐病，外边一层果皮

图 1-60　番茄软腐病，茎秆发病

30 ℃，最高 40 ℃，最低 2 ℃，50 ℃经 10 min 致死。（3）寄主。这种病原可以侵染番茄、十字花科、茄科蔬菜及芹菜、莴苣等。

【病害循环】（1）越冬与初侵染源。病原随病残体在土壤中越冬。（2）传播特点。借雨水、灌溉水传播。从伤口侵入。病原侵入后分泌果胶酶溶解中胶层，导致细胞分崩离析，致细胞内水分外溢，引起腐烂。

【发生规律】 整枝过晚枝条过粗，或湿度大伤口难以愈合发病重。阴雨天或露水未落干时整枝打杈，或虫伤多发病重。

【防治措施】（1）种子消毒。播种前用 55 ℃温水浸种 20 min，杀灭种子上的细菌。（2）农业防治。选用无病的种子。发病田块，加强农业栽培生态管理技术措施，在晴天及时修整枝、叶，改善通风透光，调节湿度，并且及时剪除残存的果柄。加强大棚番茄的肥水管理技术，减少植株的生理开裂伤口等。（3）化学防治。将 50%多菌灵 WP 加 72%农用链霉素 SC 用水调成糊状涂抹保护伤口，可有效地防止病原侵染。在发病初期，选用 50%消菌灵 1 500 倍，47%加瑞农 800 倍或 20%噻菌酮 500 倍等喷雾，隔 7 d 喷 1 次，连续 3 次，防治效果可达 80%以上，可有效地控制病害发生流行。

参考文献

王冬生，匡开源，李琳一，等. 设施栽培番茄软腐病的鉴别、发生和防治研究[J]. 上海农业学报，2006，22(2)：5-8

番茄早疫病 Tomato early blight

番茄早疫病又称为轮纹病、夏疫病，是番茄的一种主要叶部病害。各地均有发生。一般年份茎叶发病率在 10%左右，流行年或重病田可达 100%，常年造成损失 10%～30%，流行年份或重病田损失可达 30%～40%。

【典型症状】 各生育期都可发病，为害叶片、茎、花、果等，以叶片和茎叶分枝处最易发病。（1）叶片。病初现水渍状暗褐色病斑（图 1-61，62），扩大后近圆形，有同心轮纹，边缘多具浅绿色或黄色晕环（图 1-63，64，65）。潮湿时病斑长出黑霉（图 1-66）。多从植株下部叶片开始，逐渐向上发展（图 1-67）。严重时，多个病斑连成不规则大斑，造成叶片早枯（图 1-68）。（2）叶柄。叶片发病时先从下部叶片开始，逐渐向上部叶片发展。病斑椭圆形，稍凹陷，暗褐色，有轮纹。（3）茎部。多在分枝处产生褐色至深褐色不规则圆形或椭圆形病斑，表面生灰黑色霉状物。幼苗期茎基部发病，严重时病斑绕茎 1 周。刮大风时，茎秆、枝条易从发病处折断（图 1-69）。（4）果实。青果发病多在花萼处或脐部，病斑黑褐色近圆凹陷，后期从果蒂裂缝处或果柄处发病，病斑部较硬，一般不腐烂，后期有时从病斑处开裂（图 1-70）。在果蒂附近形成圆形或椭圆形暗褐色病斑，病斑凹陷，有同心轮纹，斑面着生黑色霉层（图 1-71）。

图1-61 番茄早疫病，叶片发病初期，水渍状

图 1-62 番茄早疫病，叶片发病初期病叶叶背、叶脉有病斑

图 1-63 番茄早疫病，叶缘发病

图 1-64 番茄早疫病，叶尖和叶内发病病斑

图 1-65 番茄早疫病，干旱条件下病斑后期

图 1-66 番茄早疫病，潮湿时病斑长出黑霉

图 1-67 番茄早疫病，下部叶片先发病

图 1-68 番茄早疫病，病斑连成不规则大斑

图 1-69　番茄早疫病，茎部病斑

图 1-70　番茄早疫病，果蒂裂缝处或果柄处发病

图 1-71　番茄早疫病，果蒂裂缝发病后杂菌侵染

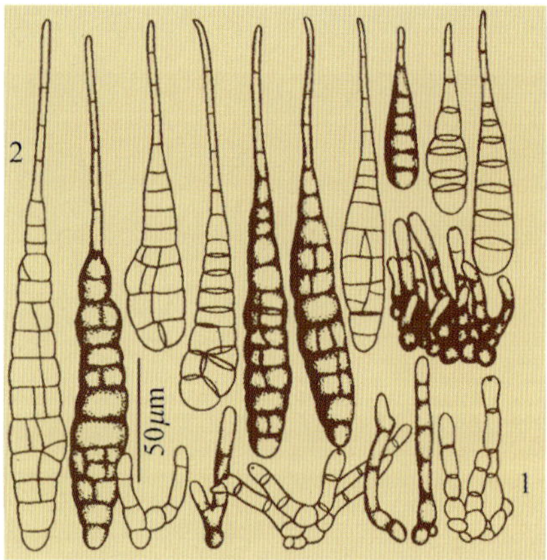

图 1-72　番茄早疫病病原菌
1. 分生孢子梗　2. 分生孢子
（据《中国农作物病虫害》）

【致病病原】　病原为茄链格孢 *Alternaria solani* (Ellis et Martin) Jones et Grout，属半知菌亚门真菌。(1) 形态和大小。病原菌在 PDA 培养基上，菌丝呈放射状生长，菌丝发达，气生菌丝灰白色。将其平铺于培养基上，菌落初为淡灰色，后转为青褐色、褐色，菌丝生长快，在 25℃下培养 7 d，菌落直径一般在 8 cm 以上。该病原菌在 PDA 等一般培养基上较难产孢，经诱导处理可产生分生孢子，分生孢子梗单生或丛生，长不超过 110 μm，分生孢子单生，褐色，倒棍棒形至长椭圆形，大小 (150～300) μm×(15～19) μm，一般有多个纵横隔膜，有长喙（一般不短于孢身长度），极少数孢子喙有分杈（图 1-72）。(2) 特性。PDA、PSA 是其最适合培养基，pH 2～12 菌丝均能生长，pH6～8 生长较快。该菌在 5～35 ℃均能生长，其中，最适温度为 25～30 ℃；在 5～35 ℃分生孢子均能萌发，适宜温度为 25～30 ℃；分生孢子致死温度为 50 ℃（10 min）。该菌对多种单糖、双糖和多糖等碳源及有机氮、无机氮等氮源都能利用。葡萄糖、蔗糖和甘露糖为最适碳源；酪氨酸、甘氨酸、天门冬酰胺为最适氮源。该菌在一般培养基上不经过特别处理，一般不产孢或很难产孢，紫外线照射促进产孢，番茄汁培养基结合紫外线照射可产生大量分生孢子。(3) 寄主。这种病原可以侵染番茄、茄子、辣椒、马铃薯等。

【病害循环】　(1) 越冬与初侵染源。病原以菌丝体或分生孢子在病残体或种子表面越冬，附着在种子上的病原可存活 2 年。(2) 传播特点。播种带菌种子，种子萌发时即可发病。在大棚内，病原主要是种子携带分生孢子成为初侵染，土壤中带有分生孢子，或者从通风口处，风携带分生孢子进入大棚，完成初侵染，潜育期 2～3 d 后出现病斑。病原通过气流、雨水、昆虫和农事操作进行多次侵染。病原从气孔、皮孔或表皮直接侵入。

【发生规律】　早疫病的发生与气温、相对湿度、降水量、叶片生理年龄及品种耐病性有直接关系。(1) 品种与发病。不同品种抗病性有相当差异。(2) 气候条件与发病。湿度是病害发生与流行的主导因素。湿度 80%以上，温度 20～25 ℃最易发病。田间发病前 5 d 均温为21 ℃，相对湿度大于 70%的时间超过 2 d，早疫病即可发生。阴雨天气造成环境高湿易发病。(3) 栽培管理与发病。连作、栽种密度过大、基肥不足、灌水多或低洼积水、结果过多、植株生长衰弱等，都有利于该病暴发流行。春季保护地栽培，番茄定植后，昼夜温差大，叶面有水膜，利于病害发生。

【防治措施】（1）种子消毒。用10%磷酸三钠浸种20 min，将种子洗净药液后再浸种，水温50～55 ℃，加热水保持水温10 min，然后加凉水冷却到30 ℃浸种，捞出种子催芽。（2）农业防治。重病区实行轮作，与其他非茄科作物进行2～3年以上的轮作。清洁田园，及时摘除病、老、黄叶，摘除病果，拔除重病株，带出棚室外深埋或烧毁。高畦覆地膜栽培。合理密植，施足粪肥，增施磷钾肥，避免偏施氮肥。盛果期后为防止早衰加重病情，要及时追肥或喷施叶面肥。灌水采用膜下暗灌、滴灌或渗灌，上午灌水，灌水后适时放风，防止湿度过大。尽量采用滴灌，禁止大水漫灌，更不能用喷灌。（3）化学防治。每亩用25%嘧菌酯水SC 24～32 mL，或10%世高（苯醚甲环唑）WG 50～70 g，或68.75%恶唑·锰锌75～95 g，加水75 kg，均匀喷雾，隔7～10 d喷1次，连喷2～3次。发病初期喷50%多·霉威WP 600～800倍液，或77%氢氧化铜WP 500～750倍液，每隔7 d喷1次药，共喷3次，可以兼治晚疫病。保护地栽培，发病初期每亩每次喷撒5%百菌清DP 1 kg，隔9 d喷1次，连续3～4次；或用45%FU百菌清或10%腐霉利FU 200～250 g等烟雾剂在傍晚熏蒸，并注意先开棚排湿20 min再进行闷棚熏蒸；或用20%二氯异氰尿酸钠SC 300～400倍液喷雾防治。

参考文献

[1]王连平，王汉荣，茹水江，等．塑料大棚番茄早疫病发生规律初步研究[J]．上海农业学报，2007，23(1)：62-64

[2]张洪，刘慧平，韩巨才，等．番茄早疫病原对杀菌剂的敏感性研究[J]．山西农业大学学报，2001(1)：36-38，40

[3]韩秀娜，岳宪化．番茄早疫病和晚疫病的识别要点与综合防治技术[J]．蔬菜，2007(7)：26-29

番茄晚疫病 Tomato late blight

番茄晚疫病又称番茄疫病，是番茄的一种主要病害。各均区均有发生。该病流行性很强，破坏性很大，常造成20%～30%的减产。

【典型症状】 叶、茎、果均可受害，但以叶片和青果受害严重。（1）幼苗。多在苗棚南边靠边部位，植株上部嫩叶出现暗绿色水渍状斑，叶柄或茎上部出现水渍状褐色腐烂，病部缢缩易折倒，潮湿时病部长出稀疏的白色霉（图1-73，74）。（2）叶片。多从植株下部叶尖或叶缘开始发病，以后逐渐向上部叶片和果实蔓延（图1-75）。初为暗绿色水浸状不整形病斑，病健交界处无明显界限，扩大后转为褐色（图1-76）。空气潮湿时，病斑会迅速扩展，叶背病斑边缘可见一层白色霉状物（图1-77）。空气干燥时病斑呈绿褐色，后变暗褐色并逐渐干枯。（3）茎

图1-73 番茄晚疫病，幼苗期发病顶部枯死

图1-74 番茄晚疫病，幼苗期发病顶部枯死

部。病斑由水渍状变暗褐色至黑褐色（图 1-78），稍向下凹陷，病茎组织变软，植株萎蔫，严重的病部折断造成茎叶枯死（图 1-79，80）。(4) 果实。多从未着色前的青果近果柄处的果面开始，病斑呈不明显的油浸状大斑（图 1-81），逐渐向四周发展，后期逐渐变为深褐色，病斑稍凹陷（图 1-82），病果质硬不软腐，边缘不变红（图 1-83），潮湿时病斑表面产生一层白色霉状物（图 1-84）。果实储藏、运输、销售期间还可继续受害，严重时可导致番茄大量毁坏。

图 1-75　番茄晚疫病，初为暗绿色水浸状不整形病斑

图 1-76　番茄晚疫病，空气干燥时发病叶片变暗褐色并逐渐干枯

图 1-77　番茄晚疫病，潮湿时可见白色霉状物

图 1-78　番茄晚疫病，茎和叶片发病初期

图 1-79　番茄晚疫病，病茎

图 1-80　番茄晚疫病，发病植株

图 1-81　番茄晚疫病，不明显的油浸状大斑

图 1-82　番茄晚疫病，病斑稍凹陷

图 1-83　番茄晚疫病，病果不软腐，边缘不变红

图 1-84　番茄晚疫病，潮湿时病斑表面产生一层白色霉状物

【致病病原】 病原为致病疫霉菌 *Phytophthora infestans*（Mont.）De Bary，属鞭毛菌亚门真菌。(1) 形态和大小。菌丝有分枝，无色无隔，多核；孢囊梗无色，单根或多根成束，由气孔伸出；孢子囊顶生或侧生，卵形或近圆形，无色，顶端有乳突，基部具短柄，孢子囊中游动孢子少于 12 个（图 1-85）。(2) 特性。菌丝发育适温 24 ℃，最高 30 ℃，最低 10～13 ℃。孢子囊在温度为 18～22 ℃、相对湿度为 100%左右时 3～10 h 成熟；

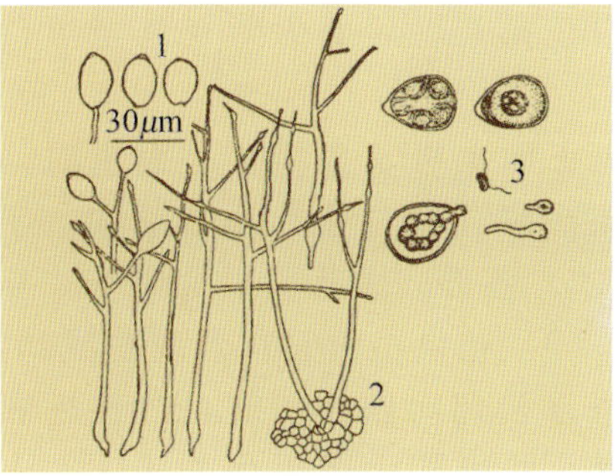

图 1-85　番茄晚疫病病原菌

1. 孢子囊　2. 孢子囊梗　3. 游动孢子

（据《中国农作物病虫害》）

当相对湿度低于 95%时，孢子囊迅速失去活力。当孢子落在持续持有水滴的寄主叶片表面时，孢子囊才能产生游动孢子或休止孢子并萌发产生芽管，侵染才能发生；如果寄主叶片失去水滴，孢子则不能继续侵染。台湾王添成博士认为孢子囊萌发有 2 种方式，取决于温度。第 1 种方式，当温度低于 21 ℃时，孢子囊在 1～3 h 内产生 8 个游动孢子，游动孢子形成的适宜温度是 12 ℃。游动孢子在水膜中游动片刻后，失去鞭毛和内胞囊，不久又产生侵染栓侵入到寄主体内。温度在 12～15 ℃时，游动孢子能迅速萌发，当温度升高至 21～24 ℃时，游动孢子能大量萌发芽管。第 2 种方式是当温度在 21～30 ℃时，孢子囊能在 8～48 h 内直接萌发产生芽管而不产生游动孢子，最适宜的温度是21 ℃。病原菌侵入叶片时直接通过表皮和外层表皮的细胞壁，侵入后在细胞间生长，并在叶肉细胞内产生吸器，侵染 2～3 h 后出现褪绿病斑，在侵染 5～7 h 时病症较为明显。病症出现后不久，孢囊柄从气孔里伸出，并产生孢子囊，此孢子囊可以作为再次侵染的侵染源。(3) 寄主。这种病原可以侵染番茄、马铃薯、

茄子。

【病害循环】 (1) 越冬与初侵染源。病原主要随病残体在土壤中越冬，也可以在冬季栽培的番茄及马铃薯块茎中越冬。(2) 传播特点。条件适宜时，借气流或雨水传播到番茄植株上，在田间形成中心病株。病原的菌丝在寄主细胞间或细胞内扩展蔓延，经 3～4 d 潜育后，病部长出菌丝和孢子囊，并借风雨传播进行多次侵染。从气孔或表皮直接侵入。菌丝发育适温 24 ℃，最高 30 ℃。

【发生规律】 (1) 发病时期。番茄各个生育期都受该病为害，幼苗期、结果期为害最重。(2) 气候条件与发病。白天气温 24 ℃以下，夜间 10 ℃以上，空气湿度在 95%以上，或有水膜存在时，发病重。持续时间越长，发病越重。遇春寒天气，温度低、日照少，病害会更加严重。(3) 栽培管理与发病。地势低洼、排水不良，致田间湿度大，易诱发此病。棚室栽培时，种植密度过大，偏施氮肥，放风不及时，发病重。棚室栽培时，白天棚室气温在 22～24 ℃，夜间 10～13 ℃，相对湿度 95%以上持续 8 h，或叶面有水膜，最易形成侵染和发病。

【防治措施】 (1) 种子消毒。种子消毒可以消灭或减少种子带的病原，常用方法有温汤浸种和多菌灵药剂处理。(2) 农业防治。选用抗病耐病品种，如中蔬 4 号、中蔬 5 号、中杂 4 号、毛粉 802、毛粉 882、L402 及渝抗系列、西粉 3 号、豫番茄 1 号等。与非茄科作物实行 3 年以上轮作，合理密植。采用高畦栽培，注意小水勤灌，选用无滴膜防止温棚滴水，合理密植，早搭架，改善株间通风透光条件，午后适当通风，防止棚室高湿条件出现。及时摘除病果病叶，打去下部老叶带出棚外深埋或烧掉，注意田间操作不要接触病株后再碰健株。(3) 化学防治。①苗期进行保护性喷药，定植后可喷 75%瑞毒霉 WP 600～800 倍液，或 70%代森锰辛 800 倍液，或 64%杀毒矾 WP 500 倍液，隔 7 d 喷 1 次，药剂交替使用，低温阴雨天采用烟雾剂熏棚。②发病初期喷 50%氟吗锰锌 800～1 000 倍液，或 68.75%氟吡菌胺霜霉威（商品名银法利）SC 800～1 200 倍液，或 10%氰霜唑 SC 1 000～1 200 倍液，或 72.2%霜霉威 AS 800 倍液，或 72%克露 WP 400～600 倍液，或 69%安克锰锌 WP 900 倍液，或 64%杀毒矾 WP 500 倍液，或 70%乙膦锰锌 WP 500 倍液，或 40%甲霜铜 700～800 倍液，或 68%精甲霜锰锌（金雷）WG 800 倍液。每隔 7 d 喷 1 次，连喷3 次。③棚室栽培苗期进行保护性喷药，定植后喷 75%甲霜灵 WP 600～800 倍液，或 70%代森锰锌 WP 800 倍液，或 64%杀毒矾 WP 500 倍液。每隔 7 d 喷 1 次。棚室中出现中心病株后，每亩用 45%百菌清 FU 200 ～ 250 g 熏治，或喷撒 50%百菌清 DPC 1 kg。

参考文献

[1]康立功，许向阳，姜景彬，等. 番茄晚疫病病原菌生物学特性研究[J]. 东北农业大学学报，2008，39(2)：168-170

[2]赵统敏，邹茶英，余文贵，等. 我国番茄晚疫病流行体系的研究进展[J]. 江苏农业科学，2006(6)：3-6

[3]石延霞，李宝聚，薛敏菊. 番茄晚疫病症状诊断、流行规律及防治[J]. 中国蔬菜，2007(2)：57-58

番茄叶霉病 Tomato leaf mold

番茄叶霉病又称黑霉病，俗称黑毛，是番茄保护地栽培的重要叶部病害。世界各地均有发生。随着保护地面积的扩大，为害越来越重。该病流行速度快，常常在短期内暴发成灾，一般损失 20%～30%，严重时可达 50%以上。

【典型症状】 主要为害叶片，严重时也为害茎、花和果实。(1) 叶片。先从中、下部叶片开始，逐渐向上部叶片扩展（图 1-86）。叶片正面现椭圆或不规则形淡黄色褪绿斑（图 1-87），晚期病部生褐色霉层或坏死（图 1-88）；叶背病部初生白色霉层，后变为紫灰色至黑色致密的绒状霉层（图 1-89，90，91，92）。条件适宜时，病斑正面也可长出霉层；病重时，叶片布满病斑或病斑连片，叶片逐渐卷曲、干枯（图 1-93）。(2) 茎部。嫩茎或果柄染病，症状与叶片类似。(3) 花果。引起花器凋萎或幼果脱落。果实病斑自蒂部向四面扩展，产生近圆形硬化的凹陷斑，并可扩大至果面的 1/3 左右，老病斑表皮下有时产生黑色针头状的菌丝块。

图 1-86 番茄叶霉病，发病中期田间症状，下部叶先发病

图 1-87 番茄叶霉病，发病初期叶面症状

图 1-88 番茄叶霉病，发病后期叶面症状

图 1-89 番茄叶霉病，发病初期叶背症状

图 1-90 番茄叶霉病，发病前期叶背症状

图 1-91 番茄叶霉病，发病中期叶背症状

【致病病原】 病原为番茄叶霉菌 *Cladosporium fulvum* (Cooke) Cif.，属半知菌亚门丝孢目暗色孢科褐孢霉属真菌。(1) 形态和大小。分生孢子梗成束地从气孔中伸出，暗橄榄色，稍具分枝，有1～10个隔膜，许多细胞上端向一侧膨大，其上产生分生孢子，产孢细胞单芽生或多芽生，合轴式分枝，分生孢子串生，孢子链通常分枝，孢子圆柱形或椭圆形，淡褐色至深褐色，光滑，具1～

图 1-92　番茄叶霉病，发病后期叶背症状

图 1-93　番茄叶霉病，发病后期叶片逐渐卷曲、干枯

3 个隔膜，大小（10～45）μm×（5.0～8.8）μm（图 1-94）。（2）特性。温度和湿度对菌丝生长和孢子的萌发具有较大的影响。菌丝在 10～35 ℃之间均能生长，最适生长温度为 20～25 ℃。在 PDA 和 PSA 培养基上生长缓慢，但菌丝层厚；在燕麦培养基和玉米粉培养基上生长迅速，但菌丝层薄。在适宜的温度下，分生孢子在 5～30 ℃的温度范围内均能萌发产生芽管，以 20～25 ℃最适宜。在一定温度下，空气相对湿度在 85%以上时，分生孢子能够萌发。相对湿度增大，萌发率提高，在水中萌发率最高。分生孢子在 pH 2.2～9.0 之间均能萌发，以 pH 3.5～5.5 萌发最好。

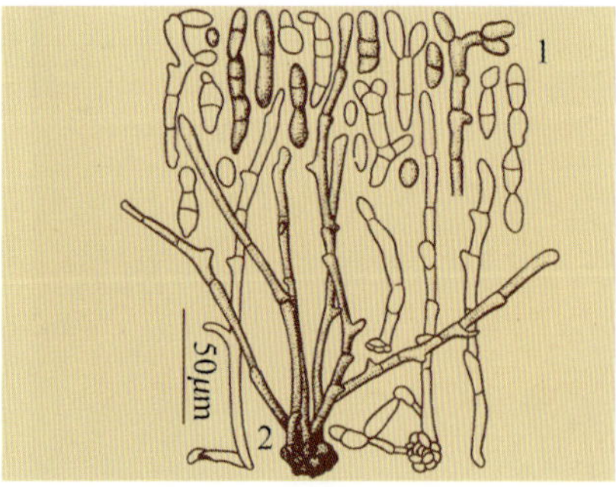

图 1-94　番茄叶霉病病原
1. 分生孢子　2. 分生孢子梗
（据《中国农作物病虫害》）

【病害循环】（1）越冬与初侵染源。病原以菌丝体或菌丝块在病残体内或种子上越冬。（2）传播特点。第 2 年如遇适宜的条件，产生分生孢子，借气流传播，侵入寄主后菌丝蔓延于细胞间，产生吸器伸入细胞内，吸收寄主的养分和水分，后在病斑上又产生分生孢子进行再侵染。病原从幼苗或成株叶片、萼片、花梗的气孔侵入。病原发育温度为9～34 ℃，最适温度为 20～25 ℃。

【发生规律】（1）品种与发病。病原的专化性较强，不同品种对叶霉病的抗病性差异显著。（2）气候条件与发病。高湿适温有利发病。气温 22 ℃左右，湿度 90%以上，发病重。连阴雨天气，大棚通风不良，棚内湿度大或光照弱，叶霉病扩展迅速。（3）栽培管理与发病。定植密度大，连茬种植以及管理不当易发病。

【防治措施】 采取科学管理，充分利用温室设施可控制性，创造一个有利于番茄生育而不利于病原生育的环境条件，控制该病的发生和流行。（1）种子消毒。种子用 53 ℃温水浸种 30 min，晾干播种。育苗床要换用无病新土。使用旧床育苗，要在播种前用 50%多菌灵 WP 500 倍液喷洒土壤表面，消毒。（2）农业防治。选用抗病品种。发病重地区应与瓜类、豆类蔬菜实行 3 年以上的轮作。加强棚内温度和湿度管理，适时通风，适当控制浇水，浇水后及时排湿；做到苗期轻浇，定植时灌透，开花前不灌，开花时轻灌，结果后重灌。前期做好保温，后期加强通风，以降低湿度，防止叶面结露。适当密植，及时整枝打杈，去掉老病叶。病情发展时，可选择晴天中午，密闭棚室使温度上升到 36～38 ℃，保持 2 h 可抑制病情发展。（3）物理防治。在番茄定植前，高温消毒，提前 15 d 扣好薄膜，密封温室，使温度可上升至

50～70 ℃，维持 10 d 左右，利用高温闷棚，杀死病原。(4) 化学防治。在播种前用 50%多菌灵 WP 500 倍液喷洒土壤消毒。重病温室、大棚，在定植前要进行环境消毒，即密闭后按每 100 m^2 用硫黄 0.25 kg、锯末 0.5 kg，混匀后分几堆点燃熏蒸 1 夜。也可以每亩用 2.5 kg 硫黄粉分成 3～4 堆，架在枯枝败叶上点燃发烟。发病前及发病初期喷 40%氟硅唑 EC 10 000 倍液，或 25%金力士 EC 4 000 倍液，或 10%世高 WG 1 000 倍液，或 2%武夷菌素 AS 100～150 倍液，或 70%甲基托布津 WP 800～1 000 倍液，或 60%防霉宝（多菌灵盐酸盐）DP 600 倍液。由于叶霉病原易产生抗药性，在使用氟硅唑、金力士等专性杀菌剂时提倡与保护剂同时使用或轮换使用，如 50%加瑞农 WP 500 倍液，或 52%克菌宝 WP、65%普德金 WP、80%保加新 WP 600～800 倍液都是可用的保护剂。防治时每亩药液用量 50～65 L，隔 7～10 d 喷 1 次，连续喷 2～3 次。在保护地中，每亩还可使用 45%百菌清 FU 250～300 g，点燃熏 1 夜；喷撒 7% DPC 叶霉净，或 5%DPC 百菌清，或 10%DPC 敌托，用量 1 kg，隔 8～10 d 喷 1 次，连续或交替轮换施用。

参考文献

[1]白庆荣，翟亚娟，王丽梅，等．番茄叶霉病重要流行环节的初步研究——Ⅰ．孢子萌发侵染、病斑潜育显症[J]．吉林农业大学学报，2007，29(6)：623-627，632

[2]孙毅民．番茄叶霉病防治研究进展[J]．北方园艺，2006(2)：126-127

[3]曹广丽，李启云，董英山．保护地番茄叶霉病的发生与防治研究综述[J]．中国农学通报，2006，22(4)：352-354

番茄灰叶斑病 Tomato gray leaf spot

灰叶斑病是番茄的一种重要病害。可引起番茄减产 20%左右，有的甚至减产 80%，同时造成番茄果实质量下降。

【典型症状】 主要为害叶片、叶柄、花梗、花萼、花瓣，以叶片为重，叶柄少见，不侵害果实。番茄灰叶斑病流行时，植株上、下部叶片同时发病。(1) 叶片。叶片上出现 2～4 mm 的灰褐色近圆形小病斑（图 1-95），病斑沿叶脉逐渐扩展呈不规则形，后期干枯易穿孔，叶片逐渐枯死（图 1-96）。(2) 茎部。茎发病多在叶发病重的地方出现 2 mm 左右灰褐色近圆凹陷病斑，并逐渐干枯，造成植株不能正常生长（图 1-97）。(3) 花朵。发病主要在花萼和花柄上出现 2 mm 左右灰褐色病斑。在花未开之前发病引起落花，不能坐果。(4) 果实。因叶片枯死，造成果实不能膨大，成熟时果实变黄红色，缺乏光泽。挂果后花萼发病不引起落果，但造成果蒂干枯。

图 1-95 番茄灰叶斑病，病叶

图 1-96 番茄灰叶斑病，病斑沿叶脉扩展呈不规则形

【致病病原】 病原为茄葡柄霉 *Stemphylium solani* Weber，属半知菌亚门葡柄霉属真菌。有性态称番茄格孢腔菌 *Pleospora lycopersiri* El. & Em. Marchal，属子囊菌亚门真菌。分生孢子梗多隔，单生或束生，色暗。分生孢子砖格形，生于分生孢子梗顶，大小（24.86～52.83）μm×（13.76～23.62）μm。

【病害循环】 (1) 越冬与初侵染源。病原主要在土壤中的病残体和种子上越冬。(2) 传播特点。遇到合适的温湿度条件时，病原产生分生孢

图 1-97　番茄灰叶斑病，病茎

子，随风、水及农事操作传播。

【发生规律】（1）品种与发病。硬果型番茄品种发病重。在抗病品种中，下部衰老叶片为害重，生长旺盛叶片不发病或发病轻；在易感品种中，生长势强的地块发病明显轻于长生势弱的地块。另外，冬播番茄轻于夏播番茄，主要是冬播番茄长势强于夏播番茄。（2）气候条件与发病。在温度 20～25 ℃、相对湿度 80%以上时易发病，但不一定造成流行。温、湿度适宜而无雨时，病害只在个别地块的部分植株下部叶片发生。连续降雨 2～3 d 时大部分地块整株发病，造成灰叶斑病流行。（3）栽培管理与发病。番茄在 6 月中旬采果盛期发病流行，夏播番茄在 8 月中旬第 3 台花开花期发病流行。土壤肥力不足，植株生长衰弱，发病重。大棚温室中发生也较重。

【防治措施】（1）农业防治。增施有机肥和磷、钾肥。收获后及时清除病残体，集中烧毁。适时放风降湿，尽量使保护地前、后的排水沟内无水，以降低地下水位。加强保护地管理，增施有机肥及磷、钾肥，促新根保老根，以增强植株抗性。（2）化学防治。①棚室栽培在发病初期，每亩喷撒 5%加瑞农 DPC 或 5%灭霉灵 DPC 1 kg，或用 15%克菌灵烟霉剂（腐霉利+百菌清）200 g 熏治。露地栽培在发病初期喷 75%百菌清 WP 600 倍液，或 40%克菌丹 WP 500 倍液，或 77%氢氧化铜 WP 400～500 倍液，或 50%混杀硫 SC 500 倍液，隔 10 d 喷 1 次，连续喷 2～3 次。②病害发生前或初发生，用 20%噻菌铜 SC 500 倍液或 56.7%氢氧化铜 DP 1 000 倍液喷洒植株。在病害发生时可用 10%世高（苯咪甲环唑）1 500 倍液，或 64%杀毒矾 400 倍液喷施。每隔 7～10 d 喷 1 次，连续喷2～3 次。喷雾时尽量使用小孔径喷片，以降低叶表面湿度。已打顶的地块用 30%苯醚甲·丙环 EC 3 000 倍液加 50%硫黄 SC 1 000 倍液混合喷雾有较好的防治效果。但苯醚甲·丙环 EC 对番茄生长有抑制作用，因而在生长旺盛的地块尽量少用或不用。

参考文献

[1]刘安敏，孙家栋，陶秀珍，等. 保护地番茄灰叶斑病的发生与综合防治[J]. 中国植保导刊，2004，24(4)：23-24

[2]魏明山. 露地番茄灰叶斑病流行表现与防治措施[J]. 中国植保导刊，2006(8)：21-22

[3]李菀群，廖晨鹭，魏明山. 高山地区延晚番茄灰叶斑病综合防治技术[J]. 长江蔬菜，2006(5)：33

番茄灰斑病
Tomato gray spot

灰斑病是番茄的一种普通病害。仅局部地区发生。保护地发生较重。病株率为 20%～40%，对产量影响较小；严重时发病率达 60%以上，部分叶片因病坏死，对产量有一定影响。

【典型症状】为害番茄叶片、茎和果实。（1）叶部。病叶上先出现褐色小点，渐发展为近圆形大病斑，轮纹不明显（图 1-98）。后期病斑迅速扩大，轮纹不明显（图 1-99）。病斑上着生小黑点，呈轮纹状排列，边缘暗色，易破裂或脱落（图 1-100）。（2）茎部。多从中上部的枝杈处发病，开始为暗绿色水浸状，后变为黄褐或灰褐色不规则形斑，病部粗糙，边缘褐色，也有小黑点，轮纹不明显，易折断或半边枯死（图 1-101）。严重的茎髓部腐烂、中空或仅残留维管束组织。（3）果实。发病果实蒂部附近呈水浸状黄褐色凹陷斑，并产出深褐色轮状排列小点后果实腐烂（图 1-102）。

图 1-98　番茄灰斑病，病叶病斑

图 1-99　番茄灰斑病，病叶病斑扩大

图 1-100　番茄灰斑病，病斑上小黑点轮纹状排列

图 1-101　番茄灰斑病，茎部发病

图 1-102　番茄灰斑病，果实蒂部黄褐色凹陷斑

【致病病原】 病原为番茄壳二孢菌 *Ascochyta lycopersici* Brun，属半知菌亚门真菌。(1) 形态和大小。分生孢子器球形，褐色，先埋生于表皮下，后露出叶面，直径 100～250 μm。分生孢子近圆形，双胞，分隔处缢缩，大小 (4.5～15) μm×(2.5～5) μm。(2) 特性。适温 20 ℃以上，适宜空气潮湿。

【病害循环】 (1) 越冬与初侵染源。病原以分生孢子器随病残体在土壤内及地表越冬。(2) 传播特点。第 2 年遇雨及灌溉水时产生分生孢子，侵染植株。

【发生规律】 保护地气温上升至 20 ℃以上，空气潮湿时，利于病害发生流行。植株生长衰弱，种植过于茂密，易发病。

【防治措施】 (1) 农业防治。及时清除病果及病残体，集中烧毁、深埋，减少初侵染源。与非茄科作物实行 2 年以上轮作。(2) 化学防治。露地栽培在发病初期喷 75%百菌清 WP 600 倍液，或 50%克菌丹 WP 500 倍液，或 77%氢氧化铜 WP 400～500 倍液，或 50%乙烯菌核利 WP 或 50%扑海因 WP 1 000 倍液，或 80%新万生 WP 800 倍液，每隔 10 d 左右 1 次，连续喷 2～3 次。棚室栽培在发病初期每亩喷撒 5%DP 加瑞农，或 7%DP 防霉灵，或 5%DP 灭霉灵 1 kg，也可以用 15%克菌灵 DP 200 g 熏治。

番茄斑枯病
Tomato septoria leaf spot

番茄斑枯病又称鱼目斑病、斑点病、白星病，是番茄叶部的一种主要病害。各地均有发生。引起叶片大量脱落，结果期间发病对产量影响很大。一般能降低产量 20%～30%，发病严重时降低产量 50%。

【典型症状】 整个生长期都可发病，结果初期发病集中。一般先从下部老叶开始发病，然后由下向上发展。主要为害番茄叶片，其次为茎、花萼、叶柄和果实。(1) 叶片。发病初期叶背面出现水渍状小圆斑，以后叶子两面出现圆形或近圆形的病斑，边缘深褐色，中部灰白色，稍凹陷，病斑直径 3 mm 左右，以后在灰白色部分长出小黑点（图 1-103，104）。严重时病斑汇合形成大的枯斑，有时病部组织坏死穿孔，甚至中下部叶片干枯或脱落。番茄斑枯病在田间表现两种症状，即大斑型和小斑型。感病品种上表现出大斑型，发病初期叶片上的坏死斑点很小，通常在老叶上出现，一般是 1～2 mm 大小的水浸状斑点，然后逐渐变成椭圆的、大小 2～5 mm 的坏死斑点，最后中间变成灰白色，其上散生很多分生孢子，大斑型是常见的类型；抗病寄主表现出小斑型，小斑型的定义很严格，斑点很小，通常针尖大小，直径一般小于 1 mm，深红棕色，有少量或没有分生孢子。偶尔小斑型中也会有直径 2 mm，中央灰白色的类型，这种类型被定义为中间类型。(2) 叶柄和茎。斑近圆形或椭圆形，略凹陷，褐色，其上长有黑色小粒点。叶柄上的小斑汇合成大的枯斑，有时病组织脱落造成穿孔，严重时中下部叶片全部干枯，仅剩下顶端少量健叶。(3) 果实。果实上病斑圆形，褐色，但一般很少见到（图 1-105）。

图 1-103　番茄斑枯病，病叶症状

图 1-104　番茄斑枯病，病叶症状

图 1-105　番茄斑枯病，病果

【致病病原】 病原为番茄壳针孢菌 *Septoria lycopersici* Speg.，属半知菌亚门真菌。(1) 形态和大小。分生孢子器黑褐色，球形，壁薄，孔口部色深，无乳突，埋生于表皮下，发生后期部分突破表皮，外露呈小黑点状。分生孢子无色，线形，微弯，针状，顶部较尖，基部钝圆，长度变幅很大，宽度一般稳定。有隔膜 3～9 个，大小 (45～90) μm×(2.3～2.8) μm，数量大，成熟后由孔口逸出。番茄斑枯病原在 PDA 培养基上的菌落为黑色秕粒状，致密，隆起，生长缓慢局限，少或无气生菌丝。(2) 特性。病原发育适温 22～26 ℃。分生孢子 52 ℃经 10 min 致死。高湿利于分生孢子从器内逸出，病原生长适温为 22～26 ℃，适宜相对湿度 92%～94%。若温度高于 30 ℃，病原则不能生长。(3) 寄主。这种病原可以侵染番茄、茄子、马铃薯，以及茄科蔬菜及杂草。

【病害循环】 (1) 越冬与初侵染源。病原以菌丝和分生孢子器在病残体、多年生茄科杂草上或附着在种子上越冬，成为第 2 年初侵染源。分生孢子被雨水反溅到番茄植株上，孢子萌发后从气孔侵入，菌丝在寄主细胞间隙蔓延，以分枝的吸胞穿入细胞内吸取养分，使组织破坏或死亡，并延这些组织蔓延扩大。菌丝成熟后又产生新的分生孢子器，进而又形成新的分生孢子，从分生孢子飞散到新的分生孢子形成只需半个月左右。(2) 传播特点。分生孢子器吸水后，器内胶质物溶解，分生孢子逸出。传播介体主要有昆虫、风雨、灌溉水和农事操作等。病原的分生孢子借助风雨近距离扩大侵染。

【发生规律】 (1) 气候条件与发病。分生孢子器必须有水滴才能释放分生孢子，所以雨水在传播上起很大作用。当气温上升到 15 ℃以上时，田间开始发病。当温度 25 ℃、相对湿度达到饱和时，病原在 4 h 内就可侵入寄主，潜育期 8～10 d。多雨，特别是雨后转晴易发病。(2) 栽培管理与发病。当土壤缺肥时，植株生长势衰弱，抵御病害的能力减弱；番茄不同品种抗病性差异也不同，野生品种类型抗病力较强，普通的栽培品种抗病力较差；高畦与平畦，高畦栽培植株根部不易积水，通气性也很好，温度低，减少发病的机会，而平畦恰好相反，土壤积水，氧气缺乏，发病较重。(3) 病源因素与发病。初侵染源一般为带有病株残体的土壤和肥料、带菌的种子、带菌的多年生杂草，如酸浆、曼陀罗属及茄属等作物。老病区的病残体对第 2 年的发病起关键作用。

【防治措施】 (1) 种子消毒。先将种子晾晒 1～2 d 之后，用 50 ℃温水浸种 30 min，并不断搅拌，随后取出晾干催芽播种。(2) 农业防治。采用与非茄科作物进行 3～4 年以上的轮作方式。在育苗时，采用 3 年内未种过茄科类菜的土壤育苗，可有效避免苗期发病。应合理使用肥料，增施磷、钾肥，增强植株抗性。经常检查，及早摘除发病器官；收获后彻底清除田间病株残物和田边杂草，集中沤肥，经高温发酵和充分腐熟后方能施入田内。搭架后避免遮光蔽荫；采用高畦栽培，清沟沥水，降低湿度。(3) 化学防治。发病前，喷施 75%百菌清 WP 1 200 倍液，或 70%代森锰锌 1 500 倍液，隔 10～15 d 喷1 次，连喷 2～3 次。发病高峰期，喷施 80%新万生 WP 1 000 倍液，或 64%杀毒矾 WP 500 倍液，或 58%甲霜灵锰锌 500 倍液，隔 7～9 d 喷1 次，连喷 2～3 次。

参考文献

王秋霜，李景富，许向阳. 番茄斑枯病研究概述[J]. 东北农业大学学报，2006，37(2)：254-257

番茄褐斑病 Tomato target leaf spot

番茄褐斑病又称芝麻斑病、黑枯病，是番茄的一种普通病害。部分年份发生严重。主要分布在黄河以南至长江流域。

【典型症状】 主要为害叶片，叶片上病斑近圆形或椭圆形，大小 1～10 mm，边缘明显，灰褐色，较大病斑有时出现轮纹（图 1-106）。病斑中央变薄凹陷，有光泽，尤其叶背面更为明显（图 1-107）。湿度大时病斑表面生有深褐色霉状物。有时叶柄（图 1-108）、果柄、茎（图 1-109）也可发病，病斑多条状，大小不等，灰褐色，凹陷，湿度大时斑面长有黑色霉状物（图 1-110，111）。

图 1-106　番茄褐斑病，发病叶片

图 1-107　番茄褐斑病，发病叶背

【致病病原】 病原为番茄长蠕孢 *Helminthosporium carposapeum* Pollack.，属半知菌亚门真菌。(1) 形态和大小。菌丝无色或黄褐色。分生孢子梗单生，有隔膜 4～10 个，褐色，大小为 (118.7～166.6) μm×(7～8.5) μm；分生孢子褐色，梭形、拟棍棒形，有隔膜 3～5 个，大小为 (39.6～69.3) μm× (14.9～24.8) μm。菌落初为灰白色，后期变为褐色。(2) 特性。发育适温 25～28 ℃，适宜 pH6.5～7.5。菌丝生长的最适宜

图 1-108　番茄褐斑病，发病叶柄

图 1-109　番茄褐斑病，发病茎部

图 1-110　番茄褐斑病，发病青果

图 1-111　番茄褐斑病，发病红果

培养基为 PSA 培养基，最适温度范围为 20～25 ℃，最适 pH 7～9，光照对该菌的生长几乎没有影响；产孢量在 25 ℃，pH 7，查彼（Czapek）培养基上达到最大；分生孢子萌发的最适温度为 20～25 ℃。适宜 pH 6.5～7.5，相对湿度 86%～100%，致死温度为 55 ℃。（3）寄主。这种病原可以侵染番茄等茄科植物，以及菜豆、大豆、芝麻等。

【病害循环】（1）越冬与初侵染源。病原在病残体中越冬。（2）传播特点。条件适宜时产生分生孢子借气流传播形成初侵染，潜育期 2～3 d，后出现病斑。从气孔侵入。

【发生规律】（1）气候条件与发病。高温高湿，特别是多雨高温季节易流行。（2）栽培管理与发病。田间潮湿，植株生长衰弱，种植过密，通风透光差，施肥不足，发病重。

【防治措施】 该病潜育期短，适宜条件下流行速度快，应以预防为主。（1）农业防治。低洼或易积水地采取高畦深沟种植。合理密植，改善田间通透性。采收后，及时清除病残体。（2）化学防治。发病初期喷 25%络氨铜 AS 500 倍液，或 77%氢氧化铜 WP 400～500 倍液，或 50%混杀硫 SC 500 倍液，或 50%多硫 WP 600 倍液，隔 10 d 喷 1 次，连续喷 2～3 次。

参考文献

[1]徐瑞富，吴利民，陆宁海. 番茄褐斑病病原菌鉴定及生物学特性研究[J]. 河南农业大学学报，2005，39(3)：312-316

[2]陆宁海，徐瑞富，吴利民，等. 番茄褐斑病原的侵染条件及致病性研究[J]. 西北农林科技大学学报(自然科学版)，2005，33(增刊)：91-94

[3]廖咏梅，廖宪成，陆高峰，等. 番茄褐斑病的诊断及其有关特性的研究[J]. 广西植保，2000，13(2)：1-4

番茄煤污病
Tomato sooty blotch

煤污病是番茄的一种普通病害。各地均有分布，主要在保护地中发生。一旦发病病株率可达60%以上，对产量和质量都有影响。

【典型症状】 主要为害叶片，也为害果实。(1) 叶片。病初在叶面和叶背产生平铺状白色霉堆，以后渐变成灰黑色至黑褐色的霉堆（图 1-112）。随病情发展，病叶黄化，霉斑背面叶肉组织坏死，形成大小不等的病斑。严重时叶片上病斑密布，短期内叶片枯死（图 1-113）。(2) 果实。病原侵染果肉，也会在表面产生平铺状白色霉堆，后期变黑，影响果实着色品质（图 1-114）。

【致病病原】 病原为多主枝孢 *Cladosporium herbarnm* Link et Fr. 和大孢枝孢 *Cladosporium macrocarpum* Preuss.，均属半知菌亚门真菌。多主枝孢分生孢子梗褐色，椭圆形，直立，上部稍弯曲；分生孢子有隔膜 1～3 个，大小 (10～18)μm×(5～8)μm。大孢枝孢菌分生孢子梗褐色，簇生或单枝，微弯曲；分生孢子淡褐色，椭圆形。

图 1-112 番茄煤污病，病叶

图 1-113 番茄煤污病，发病株

图 1-114 番茄煤污病，病果

【病害循环】 病原以菌丝和分生孢子在病叶、土壤及植物残体上越冬。春天产生分生孢子，借风雨及蚜虫、介壳虫、粉虱等传播蔓延。

【发生规律】 荫蔽湿度大棚室易发病。梅雨季节发病重。

【防治措施】 (1) 农业防治。收获后及时清除病残体，以减少田间菌源。棚室要通风透气，雨后及时排水，防止湿气滞留。(2) 化学防治。在点片发生阶段喷 40%灭菌丹 WP 400 倍液，或 40%大富丹 WP 500 倍液，或 40%多菌灵 SC 600 倍液，或 50%多霉灵 WP 1 500 倍液，隔 15 d 喷 1 次，根据发病情况防治 1～2 次。采收前 3 d 停止用药。及时防治蚜虫、粉虱及介壳虫等传播介体，可以有效预防病害的发生。

番茄煤霉病
Tomato cercospora leaf mold

煤霉病是番茄的一种普通病害。各地均有分布，南方普遍发生，北方主要在保护地中发生。

【典型症状】 主要为害叶片，也能为害茎和叶柄。叶片发病，先在叶背产生褪绿色病斑，扩大后叶背病斑淡黄色，近圆形或不规则形，边缘不明显，条件适宜时霉层扩展迅速，使叶片被霉层覆盖，发病严重时病叶枯萎死亡。叶面初期症状不明显，后叶面产生褪绿色至黄绿色斑，边缘不明显，病斑逐渐变褐色（图 1-115）。田间湿度高时，叶背病部产生一层厚密的褐色霉层（图 1-116）。

图 1-115　番茄煤霉病，叶片发病中期

图 1-116　番茄煤霉病，叶片发病后期

【致病病原】 病原为煤污孢 *Cercospora fuliginea* Roldan，属半知菌亚门真菌。(1) 形态和大小。分生孢子褐色，生于叶背，呈铺展状。分生孢子梗成束，稍弯曲，粗短，褐色，末端钝圆，渐收缩呈尖突，有隔膜 2 个，大小 (25～27) μm×(3.5～5) μm。分生孢子倒棍棒状至圆柱状，无色，隔膜 3～5 个，大小(15～120) μm×(3.5～5) μm。(2) 特性。王福妹等对番茄煤污尾孢霉进行了生物学特性测定。病原在不同培养基上菌丝生长速度存在明显差异，以燕麦片培养基、番茄叶煎汁培养基为最适，其次为马铃薯葡萄糖琼脂(PDA) 培养基和番茄煎汁培养基；病原菌丝生长温度范围 5～35 ℃，最适为 25 ℃；病原菌丝体致死温度为 55 ℃，10 min。病原在 pH 3～12 范围均可生长，以 pH 3～4 为最适；光照对病原菌丝生长影响较小，病原在黑暗条件下较易产孢。病原分生孢子萌发温度为 10～40 ℃，最适为 25 ℃，高温对孢子萌发有抑制作用；分生孢子在 1% 的木糖、果糖、葡萄糖中萌发较好，但在水滴中萌发率较低；pH 2～12 范围均可萌发，pH 6 为最适；病原分生孢子致死温度为 54 ℃，10 min。

【病害循环】 (1) 越冬与初侵染源。病原主要以菌丝体及分生孢子随病残体在地面上越冬。遇适宜条件时菌丝体产出分生孢子形成初侵染。(2) 传播特点。病部产出的分生孢子，借气流或雨水传播，进行再侵染。

【发生规律】 气温高于 25 ℃，遇阴雨天气，特别是阵雨转晴，或气温高、田间湿度大，利于发病。

【防治措施】 (1) 农业防治。包括清洁田园，销毁病残体；翻晒土壤，高畦深沟整平畦面以利于雨季排水；施优质的有机底肥，增施磷、钾肥增强植株抗性；及时整枝绑架以利通风透光降湿；因地制宜选种抗病品种。保护地栽培，要调节好棚室中的温度和湿度，注意通风。露地选择通风、远离保护地的田块，采取高畦栽植。(2) 化学防治。发病初期及时喷施 40% 多硫 SC 800 倍液，或 50% 甲基托布津 WP 500 倍液，或 50% 混杀硫 SC 500 倍液，隔 10 d 喷 1 次，连续喷 2～3 次。

参考文献

[1]王福妹，宋云锦，刘志恒，等. 番茄煤霉病原生物学特性研究[J]. 沈阳农业大学学报，2006，37(2)：186-190

[2]王福妹，樊慧梅，闫建芳，等. 番茄煤霉病原致病毒素提取及其活性测定[J]. 安徽农业科学，2006，34(5)：938-939，941

番茄斑点病
Tomato corynespora leaf spot

【典型症状】 主要为害叶片，也可为害茎及果实。叶片先出现细小的坏死斑点，后坏死斑点逐渐扩大，病斑呈灰黄色至黄褐色，有紫褐色轮纹或边缘周围有一圈黄晕，病斑大小不一致（图 1-117，118）。潮湿时病斑表面现暗灰色霉状物。严重时叶片枯死凋落。

图 1-117　番茄斑点病，病叶

图 1-118　番茄斑点病，病叶

【致病病原】　病原为番茄匍柄霉 *Stemphylium lycopersici*（Enjoji）Yamamoto.，属半知菌亚门真菌。分生孢子梗大小 140 μm×（6～7）μm，膨大部位直径 8～10 μm。分生孢子短锥状，具柄隔膜 1～8 个，若干个纵隔膜，通常在 3 条主柄隔处缢缩，光滑或具微瘤，大小（50～74）μm×（16～23）μm。

【病害循环】　病原以菌丝体或分生孢子在病部随病残体遗落土中越冬。第 2 年以分生孢子借气流传播，进行初侵染和再侵染。

【发生规律】　温暖高湿的天气发病重。

【防治措施】　（1）农业防治。有机肥要充分腐熟。灌溉时要避免浇水过量，棚室浇水应在上午，注意通风，防止湿度过高。（2）化学防治。发病初期喷 30%碱式硫酸铜 SC 400 倍液，或 14%络氨铜 AS 300 倍液，或 77%氢氧化铜 WP 500 倍液，或 47%加瑞农 WP 800～900 倍液，隔 10 d 喷 1 次。采收前 3 d 停止用药。

番茄灰霉病 Tomato gray mold

灰霉病是番茄上的一种重要病害，特别是冬春季节保护地内低温、高湿，内外气候条件变化较大，往往发病严重，造成减产 20%～40%。

【典型症状】　主要发生在花期和结果期，可为害花、果实、叶片和茎。（1）幼苗。叶片和叶柄上产生水浸状腐烂，之后干枯，表面产生灰霉，严重时可扩展到幼茎，使幼茎产生灰黑色病斑，腐烂折断（图 1-119）。（2）叶片。叶尖开始出现水浸状浅褐色病斑，病斑呈“V”字形（图 1-120），向内发展，潮湿时病部长出灰霉，边缘不规则（图 1-121），干燥时病斑呈灰白色。（3）茎部。初期产生水浸小点，后扩展成长条形病斑，高湿时长出灰色霉层，上部植株枯死（图 1-122，123）。（4）果实。主要在青果期，先侵染残留的柱头或花瓣，后向果面和果梗发展，果皮变成灰白色、水浸状、软腐，病部长出灰绿色绒毛状霉层（图 1-124），后期病部产生黑褐色鼠粪状菌核。储藏时番茄灰霉病鬼斑症状（图 1-125）。（5）花萼。花萼变为暗褐色，随后干枯（图 1-126，127）。

图 1-119　番茄灰霉病，发病嫩叶

图 1-120　番茄灰霉病，发病叶片，湿度小时霉层淡

图 1-121　番茄灰霉病，发病叶片，潮湿时有大量霉层

图 1-122　番茄灰霉病，病茎

图 1-123 番茄灰霉病，发病嫩梢

图 1-124 番茄灰霉病，发病果，病部长出霉层，果面发白

图 1-125 番茄灰霉病，鬼斑症状

图 1-126 番茄灰霉病，发病花

图 1-127 番茄灰霉病，发病花序

【致病病原】 病原为灰葡萄孢菌 *Botryti scinerea* Pers.，属半知菌亚门真菌。(1) 形态和大小。分生孢子梗细长，深褐色，数根丛生，顶端具 1～2 次分枝，分枝顶端簇生分生孢子成葡萄穗状，梗大小 (960～1 200) μm×(16～22) μm。分子孢子单胞，无色，短椭圆形，大小 (12～18) μm×(9～13) μm，聚集成堆时呈灰色。菌核由菌丝组成，形状不规则，大小 (1～40) mm×(1～7) mm，多产生于寄主表皮层下面 (图 1-128)。(2) 特性。病原为弱寄生菌，腐生性强，可在有机物上腐生。分生孢子在 13.7～29.5 ℃均能萌发，但产生分生孢子与孢子萌发的适温为 21～23 ℃。分生孢子抗旱力强，在自然条件下能存活 138 d。(3) 寄主。这种病原可以侵染番茄、辣椒、黄瓜、草莓、莴苣、韭菜、花生等。

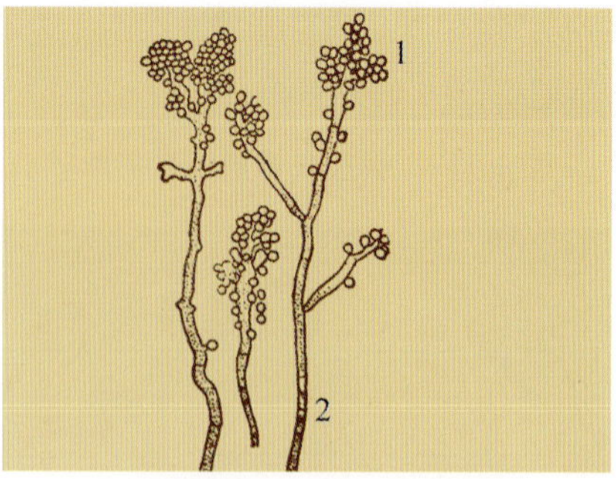

图 1-128 番茄灰霉病病原
1. 分生孢子 2. 分生孢子
(据《中国农作物病虫害》)

【病害循环】 (1) 越冬与初侵染源。病原主要以菌核在土壤中或以菌丝及分生孢子病残体上

越冬或越夏。条件适宜，菌核萌发，产生菌丝体和分生孢子梗及分生孢子。(2) 传播特点。分生孢子成熟后脱落，借气流、雨水或露珠及农事操作进行传播。萌发时产出芽管从寄主伤口或衰老的器官及枯死的组织上侵入。

【发生规律】 (1) 发病时期。在日光温室中发病流行过程可划分为 3 个时期。定植后 3 月初至 4 月上旬为叶部灰霉病的始发期，该时期病情平稳发展；4 月上旬至 4 月下旬，为叶部灰霉病的上升期，此时病害发展迅速；4 月下旬至 5 月下旬为该病发生高峰期。病果发生时期：番茄定植后 20～25 d (3 月末) 第 1 层果开始发病，之后病果迅速上升，4 月中旬至 5 月初为盛发期；以后随着温度上升温室开始大放风，病情下降；第 2 层果在 4 月 10 日开始发病，之后病果率迅速增长，4 月末至 5 月初达到高峰；第 3 层果在第 2 层果发病后 15 d 开始发病，病果增至 5 月初后下降。(2) 气候条件与发病。温暖湿润是灰霉病流行为害的主要条件。灰霉病原发育适温为 20～23 ℃，相对湿度要求 95%以上。早春棚室的生态条件恰好温暖湿润，很容易引起发病。连阴天、寒流天、浇水后湿度增大易发病。(3) 栽培管理与发病。植株徒长、棚室透光差、光照不足易发病。管理不当、粗放耕作、过于密植、氮肥不足或过量、领秧绑架过晚、灌水后放风排湿不及时、阴雨天灌水、施用未腐熟的农家肥、病果及病叶不及时清理等易发病。

【防治措施】 (1) 农业防治。及时摘除病叶、病果，放入塑料袋内拿出棚外集中烧毁或深埋，尤其在番茄坐果后及早摘除残留的花瓣。收获后彻底清理病残体。与非寄主植物轮作，苗期不可与生菜等寄主蔬菜间套，避免灰霉病原先在生菜等间套寄主上大量繁殖，待番茄开花时传播到番茄上为害。通风换气，控制棚室内的温、湿度。白天当棚室温度达 33 ℃时，开始放风，使上午温度下降至 25～28 ℃，下午温度保持在 20～25 ℃，相对湿度维持在 60%～70%。在日落后应短时间放风，当温度降至20 ℃时，关闭通风口，使夜间温度保持在 15 ℃左右。采用滴灌或膜下灌水，降低棚室相对湿度。浇水应在晴天上午进行，浇水后马上关闭通风口，使棚温升到 33 ℃，保持 1 h，然后迅速放风排湿 3～4 h 后。若棚温降到 25 ℃，可再闭棚升温至 33 ℃持续 1 h 再放风。(2) 物理防治。在 7～8 月份高温季节，密闭大棚 15～20 d，利用太阳能使棚内温度达到50～60 ℃，最高达到 70 ℃，高温闷棚消毒。烤棚可以全面杀死棚内的病原，减轻病害的发生。(3) 化学防治。①在番茄苗定植移栽前喷 1 次药，以确保无病苗进入棚室。一般用 50%多菌灵 WP 500 倍液，或 50%速克灵 WP 2 000 倍液。②定植后结合蘸花施药，在蘸花稀释液里，加入 0.1%的 50%扑海因 WP 或 50%多菌灵 WP 后再进行蘸花。③灌催果水前或发病初期施药，可采取多种施药方法，轮换用药或混合用药，以利延缓病原抗药性的发生。喷雾药剂可选用 50%速克灵 WP 2 000 倍液、50%扑海因 WP 1 500 倍液、70%甲基托布津 WP 1 000 倍液、50%多菌灵 WP 500 倍液等。为降低棚室内湿度也可施用烟雾剂，45%百菌清烟雾剂或 10%速克灵烟雾剂，每次每亩用药量 250 g。根据病情和棚室内的生态环境，选择适当的施药方法和药剂种类，每7～10 d 用药 1 次，连续喷 2～3 次。每次喷药前将番茄的老叶、黄叶、病叶及病果清除出棚，既减少病原基数，又利于植株下部通风透光。喷洒药剂时要周到细致，对植株基部、大棚地面、棚膜、山墙、后墙及棚内空间都要喷药。大棚前檐湿度高易发病，靠大棚南部的植株要重点喷；中心病株周围的植株重点喷；植株中、下部叶片及叶的背面要重点喷。及早发现中心病株，及早防治。要注意几种药剂交替轮换，以免病原产生抗药性。

参考文献

[1]蔡银杰，周小林，杨献娟，等.大棚番茄灰霉病发生的影响因子初步研究[J].中国植保导刊，2007，27(10)：21-23

[2]蔡银杰，周小林，杨献娟，等.设施栽培番茄灰霉病(*Botryti scinerea* Pers.)发生规律初步研究[J].安徽农业科学，2007，35(30)：9583-9584，9586

[3]陈芝兰，张涪平，周晓英.林芝地区温室番茄灰霉病发生规律及病原菌生物学特性研究[J].中国农学通报，2005，21(10)：291-295

T番茄白粉病
Tomato powdery mildew

白粉病是番茄的一种普通病害。局部地区分布。病情较轻，对生产影响不大。个别棚室发病重，引起植株早衰死亡。

【典型症状】 病害发生在叶片、叶柄、茎及果实上。发病初期在叶面出现褪绿小点，后扩大为不规则形病斑，表面着生白色粉状物，是病原的菌丝、分生孢子梗及分生孢子，起初粉层稀疏，后期逐渐加厚（图 1-129）。病斑扩大连片或覆盖整个叶面，其正面为边缘不明显的黄绿色斑，发病后期病叶变褐黑并逐渐枯死。叶柄、茎、果实染病时，发病部位也产生白粉状病斑。

图 1-129　番茄白粉病，发病叶片

【致病病原】 病原有 2 种：鞑靼内丝白粉菌 *Leveillula taurica*（Lev.）Arn.，属子囊菌亚门真菌；番茄粉孢 *Oidium lycopersici* Cooke et Mass.，属半知菌亚门真菌。(1) 形态和大小。据王媛媛观察，菌丝分布于表皮，不穿透叶肉组织。初生分生孢子形状不规则，基部略平截，表面粗糙，有各种小突起，大小(53.24～26.46) μm×(3.53～12.0) μm。次生分生孢子棍棒状或柱形，无色，表面有各种条状纹饰，串生于分生孢子梗顶端，有少量单生，也有次生分生孢子着生在初生分生孢子上。次生孢子着生部位略有缢缩，基部平截，大小（27～51）μm×(13～20) μm。分生孢子梗直立，不分枝，无色，多为 2～4 个隔，长为 81～154 μm。吸器为球形，色深，着生于顶部膨大略似马鞍状的附着胞上。闭囊壳埋生于菌丝中，近球形，内生子囊近 10～14 个，子囊近卵形，少数近球形，有明显的柄或无柄，其中多含子囊孢子 2 个，一般卵圆形或椭圆形。(2) 特性。番茄粉孢分生孢子萌发适温 20～25 ℃；鞑靼内丝白粉菌为 15～30 ℃。

【病害循环】 (1) 越冬与初侵染源。在北方病原主要在冬作茄科蔬菜上越冬。南方番茄常年种植区，病原无明显越冬现象，分生孢子不断产生，辗转为害。(2) 传播特点。病原随气流传播蔓延，侵染新生的叶丛，以后又在病部产出分生孢子，成熟的分生孢子脱落后通过气流进行再侵染。

【发生规律】 在干燥的条件下易发病。

【防治措施】 (1) 农业防治。采收后及时清除病残体，减少越冬菌源。保护地要防止棚室中湿度过低。(2) 化学防治。发病前或发病初期喷药保护，可选用 62.25%腈菌·锰锌 WP（金歌）5 000 倍液，或 40%氟硅唑 EC（品星）8 000～10 000 倍液，30%多·唑酮 WP（翠康）4 000 倍液，或 80%新万生 WP 500 倍液，或 70%甲基托布津 WP 1 000 倍液，或 15%三唑酮 EC 1 000 倍液，或 50%硫黄 SC 200～300 倍液，或 50%嗪胺灵 EC 500～600 倍液，隔 7～15 d 喷 1 次，连续喷2～3 次。棚室可选用粉尘法或烟雾法，于傍晚喷撒 10%多百 DPC，每亩次 1 kg 或施用 45%FU 百菌清，每亩次 250 g，用暗火点燃熏 1 夜。

参考文献

陈林年，张玉梅，史登玉，等. 不同药剂防治加工番茄白粉病试验研究初报[J]. 农业科技与信息，2007(2)：30-31

T番茄猝倒病
Tomato damping-off

番茄猝倒病俗称歪脖子，又叫绵腐病，南方地区称为小脚瘟，是番茄苗期的重要病害。

【典型症状】 在种子萌发后、幼苗尚未出土前，有时在 2 片子叶至 2～3 片真叶的小苗上也可发病，侵染严重时造成烂种，不能出土。在腐烂的种子表面常有灰白色棉絮状物。苗期发病，幼苗茎基病部呈水渍状病斑，接着病部变黄褐色，后缢缩成为线状，引起幼苗猝倒或枯死（图 1-130）。由于病害发展很快，幼苗子叶尚未凋萎，仍为绿色时幼苗就迅速倒伏，即猝倒。有时种子刚发芽或未出土幼苗即染病，腐烂在土内，造成缺苗（图 1-131，132）。苗床开始时只见个别幼苗发病，以后迅速向四周扩展，引起幼苗成片猝倒死亡（图 1-133）。低温多湿时病苗上或病苗附近的土面上长出白色絮状菌丝。

图 1-130 番茄猝倒病，病苗

图 1-131 番茄猝倒病，病苗

图 1-132 番茄猝倒病，发病处特写

图 1-133 番茄猝倒病，田间死苗状

【致病病原】 病原为瓜果腐霉菌 *Pythium aphanidermatum*（Eds.）Fitzp.，属鞭毛菌亚门真菌。(1) 形态和大小。菌落呈放射状，主菌丝宽 6.2 μm，孢子囊球形或近球形，多间生，个别顶生或切生，大小 19～24 μm。藏卵器球形，光滑，多顶生，个别间生，大小 20～23 μm。雄器 1～3 个，多为 1 个，呈囊状弯曲，典型同丝生，无柄，紧挨藏卵器，少数异丝生，具柄，大小（9.2～12.3）μm×（5.5～7.7）μm。卵孢子球形，大小 16～19 μm，内含储物球，折光体各 1 个。(2) 特性。病原生长适温为 15～16 ℃。菌丝生长适温 32 ℃，最高 36～40 ℃，最低 4 ℃。(3) 寄主。这种病原可以侵染番茄、茄子、辣椒等茄果类蔬菜幼苗。

【病害循环】 (1) 越冬与初侵染源。病原在土壤中越冬，或在土中的病残组织和腐殖质上营腐生生活。第 2 年春天遇合适条件即可萌发产生孢子囊，并释放出游动孢子或直接生产芽管侵入寄主，或以菌丝体在病残组织中或腐殖质上过腐生生活，次春产生孢子囊游动孢子侵染幼苗，造成幼苗发病猝倒。(2) 传播特点。病原借雨水和灌溉水进行传播，施用带菌肥料、移栽等农事活动也能传播病原。

【发生规律】 (1) 发病时期。在幼苗第 1 片真叶出现前后最易发病。(2) 气候条件与发病。在冬春育苗期遇连续阴雨、下雪或夏季播种后遇大雨，会引起猝倒病大发生。(3) 栽培管理与发病。在育苗期间，由于长期 15 ℃以下低温、高湿、光照不足、通风不良、苗床管理不当或幼苗徒长等都极易引发猝倒病。

【防治措施】 (1) 种子消毒。播前种子用55 ℃温水浸泡 10 min，经催芽后采用营养盘或营养钵等育苗方式。(2) 农业防治。冬春季育苗应在日光温室内采用电热温床育苗，在铺好的电热线上垫上 15 cm 厚的育苗营养土，打足底水后，均匀喷洒适量 40%苗病清 WP 600～800 倍药液，然后进行播种。苗床应选在地势高、排水良好的地方。选用无病新土或风化的河泥作床土。播种要均匀，不宜过密。播种后盖土要浅，以利于出苗。浇水量不宜过多，并注意通风透气，以控制苗床温度和湿度。在严冬和早春，必须做好保温工作，防止冷风和低温，以免幼苗受冻。病初要早分苗和间苗，培育壮苗，提高幼苗抗病能力。(3) 化学防治。发病初期，用

72%克露 WP 600 倍液，或 69%安克·锰锌 WP 800 倍液，或 64%杀毒矾 WP 500 倍液，隔 7～10 d 喷 1 次，喷1～2次。

参考文献

[1]李敏侠,陈永顺.蔬菜苗期猝倒病与立枯病的区别及防治[J].西北园艺,2008(1):26

[2]吕书文,李海涛,许文奎,等.防止茄果类蔬菜苗期猝倒病有新法[J].当代蔬菜,2004(1):36

番茄立枯病 Tomato rhizoctonia rot

立枯病是番茄的一种重要病害。各地均有发生。造成大量死苗，田块死株率达 30%～40%，发病重的可达 80%。

【典型症状】 刚出土幼苗及大苗均能受害，但多发生于育苗的中后期。发病幼苗茎基部产生椭圆形暗褐色病斑，早期病苗白天萎蔫，夜晚恢复（图 1-134）。病斑逐渐凹陷，扩大后绕茎 1 周，茎基部缢缩变细，地上部的茎叶萎蔫干枯，整株死亡，不倒伏，呈立枯状（图 1-135，136）。大苗或成株受害，使茎基部呈溃疡状，在湿度大时，病部产生淡褐色稀疏丝状体（图 1-137）。地上部变黄、衰弱、萎蔫，以至死亡（图 1-138）。

图 1-134 番茄立枯病，发病初期

图 1-135 番茄立枯病，根茎处枯死

图 1-136 番茄立枯病，发病苗

图 1-137 番茄立枯病，大苗发病呈溃疡状

图 1-138 番茄立枯病，发病苗地上部衰弱

【致病病原】 病原为立枯丝核菌 *Rhizoctonia solani* Kühn，属半知菌亚门真菌。有性阶段为丝核薄膜革菌 *Pellicularia filamentosa*（Pat.）Rogers.，属担子菌亚门真菌。(1) 形态和大小。菌丝无色，老菌丝黄褐色，分枝基部缢缩。菌核近球形，直径0.1～0.5 mm，无色，后为黑褐色。(2) 特性。病原腐生性强，在土壤中可存活 2～3 年。病原 5～40 ℃均可生长，25～30 ℃生长良好。(3) 寄主。这种病原可以侵染的寄主范围极广，为害 50 科 200 余种植物。

【病害循环】 (1) 越冬与初侵染源。该菌不产生孢子，主要以菌丝体传播和繁殖。病原在土壤中或病残体中越冬。(2) 传播特点。通过雨水、流水、农具以及堆肥传播。在适宜条件下，可直接侵入寄主。在秋棚内 10 月上旬始发病，10 月中下旬至 11 月上旬是发病高峰。

【发生规律】 (1) 气候条件与发病。气温在 15～21 ℃，尤其在 18 ℃以上时发病最多。(2) 栽培管理与发病。温暖多湿、播种过密、浇水过多、施用未腐熟肥料，有利于发病。重茬栽培地和温室中易发病。

【防治措施】 (1) 农业防治。用新土育苗。注意提高地温，适时放风，增强光照，避免苗床高温高湿出现。喷洒 0.1%的磷酸二氢钾溶液，以提高抗病力。(2) 化学防治。苗床可用 50%多菌灵 WP 8 g/m²，加营养土 10 kg 拌匀成药土进行育苗，播前一次浇透底水，待水渗下后，取1/3 药土撒在畦面上，把催好芽的种子播上，再把余下的 2/3 药土覆盖在上面，即下垫上覆使种子夹在药土中间。定植后发病，及时用药防治，选用 20%甲基立枯磷 1 200 倍液或 5%井冈霉素 AS 1 500 倍液，或 50%扑海因 WP 1 000～1 500 倍液，交替使用，隔 7 d 灌药 1 次，连灌3～4 次。

参考文献

[1]司越，司凤举，吴仁锋. 蔬菜苗期猝倒病与立枯病的识别及防治[J]. 长江蔬菜，2001(1)：31

[2]张艳秋，刘伟，凤舞剑，等. 大棚番茄立枯病和茎基腐病的发生与防治[J]. 蔬菜，2003(8)：25-26

番茄茎基腐病
Tomato root-stem rotton

茎基腐病是番茄的一种重要病害。发病率10%，常造成缺苗断垄，或成株期根颈部腐烂，植株枯死。

【典型症状】 幼苗期及成株期均可为害，主要为害即将定植的大苗和已植番茄的茎基部或地下部主、侧根。(1) 苗期。幼苗发病后，首先茎基部变褐，随后病部收缩变细即发生缢缩现象，进而中上部茎叶逐渐发生萎蔫下垂和枯死现象（图 1-139），开始，发病苗白天萎蔫，夜晚可恢复，数日后，当病斑环绕茎一周时，幼苗便逐渐枯死，不倒伏（图 1-140）。(2) 成株期。植株发病后，病部初亦呈暗褐色，后绕茎基部或根部扩展，致皮层腐烂，地上部叶、花、果逐渐变色停止生长。在果实膨大后期发生该病，植株迅速萎蔫枯死（图 1-141），似青枯症状，但患病部位无菌脓。另外，发病部位常出现具同心轮纹的椭圆形或不规则形褐色病斑；后期易出现淡褐色霉状物或大小不一的黑褐色菌核。

图 1-139 番茄茎基腐病，苗期发病

图 1-140 番茄茎基腐病，根茎部缢缩枯死

图 1-141　番茄茎基腐病，成株发病

【致病病原】　病原为立枯丝核菌 *Rhizoctonia solani* Kühn.，属半知菌亚门真菌。(1) 形态和大小。菌丝无色，老菌丝黄褐色，分枝基部缢缩。菌核近球形，直径 0.1～0.5 mm，无色，后为黑褐色。(2) 特性。该菌不产生孢子，主要以菌丝体传播和繁殖。病原腐生性强。病原发育适温24 ℃，最高温度 40～42 ℃，最低温度 13～15 ℃。(3) 寄主。这种病原可以侵染 50 科 200 余种植物。

【病害循环】　病原主要以菌丝和菌核传播和繁殖，在土壤中越冬，腐生性强，可在土壤中存活 2～3 年。病原借水流、农具传播和蔓延。

【发生规律】　阴雨天气，苗床或棚室温度高，施用未腐熟肥料，土壤湿度大，通风透光条件差，茎基有损伤，连茬种植，易发病。冬春茬日光温室番茄的定植期一般在 9 月中、下旬，时值秋雨绵绵，气温偏高，如栽植时茎基部皮层受伤，栽植过深，土壤湿度偏大，连阴天持续时间较长，且放风、排湿不及时，则会造成番茄茎基腐病的发生和流行。

【防治措施】　(1) 种子消毒。种子在清水中浸泡 3～4 h 后，移入 0.3%～0.5%硫酸铜溶液中浸泡 5 min，捞出后清水冲洗干净，可催芽播种。或者用种重 0.2%拌种双 WP 拌种。(2) 农业防治。番茄定植前 10～15 d，选择晴天无风扣棚，不要关闭风口。要敞开风口，在大棚内进行施肥、翻地、起垄等农事操作。采取大小行、小高垄方式种植。减少植株定植深度，以高出育苗钵 1 cm 左右为宜，切勿定植过深以诱发茎基腐病。(3) 化学防治。①用 25%WP 甲霜灵、53%WG 甲霜灵·锰锌、64%WP 杀毒矾进行苗床处理。以营养钵分苗，移栽前用 3%恶霉·甲霜（秀苗）SLX 400 倍液灌根后分苗定植。②幼苗发病喷 75%百菌清 WP 600 倍液，或 50%福美双 WP 500 倍液。定植后至成株期发病，每平方米用 40%拌种双 WP 9 g 与表土混合后施于病株基部。也可以喷 75%百菌清 WP 600 倍液，或 40%拌种双 DP 800 倍液，或 36%甲基托布津 SC 500 倍液。还可用 50%福美双 WP 600 倍液喷淋茎基部。棚室中采用 45% FU 百菌清或 15% FU 速克灵进行熏杀防治。

参考文献

[1]张建文，许永峰，陈秀蓉. 张掖市番茄茎基腐病田间发病规律及防治研究[J]. 植物保护，2007，33(2)：123-127

[2]杜丽红，高振茂. 冬春茬日光温室番茄茎基腐病早期无公害防治技术[J]. 中国瓜菜，2006(4)：33

番茄枯萎病
Tomato fusarium wilt

番茄枯萎病又称半边枯、萎蔫病，是番茄的一种土传病害。各地均有分布。对产量造成很大影响。

【典型症状】　主要为害茎部维管束，在花期或结果期开始发病。病初植株下部叶片开始发黄，并向上发展，植株中、下部叶片在中午时呈褐色萎蔫，早晚恢复正常，随病害发展，植株中、上部更多叶片开始发病萎蔫，但不脱落，至最后全株叶片萎蔫发黄，最后整株枯死。病症有时仅出现在茎的一边，或一片叶一边发黄而另一边正常（图 1-142）。剖视茎、叶柄及果柄，可见其维管束均呈褐色（图 1-143）。潮湿环境下，病株茎基部产生粉红色霉层，为病原菌的菌丝和分生孢子（图 1-144）。病程进展较慢，15～30 d 才枯死，无乳白色黏液流出，有别于青枯病。

图 1-142　番茄枯萎病，田间发病状

图 1-143　番茄枯萎病，病根维管束均呈褐色

图 1-144　番茄枯萎病，病根

【致病病原】 病原为番茄尖镰孢菌番茄专化型 *Fusarium oxysporum* (Schl.) F. sp. *lycopersici* (Sacc.) Snyder et Hansen.，属半知菌亚门真菌。(1) 形态和大小。分生孢子有大小 2 型。大型分生孢子镰刀形，有隔膜 3～5 个，以 3 个隔膜较多，大小 (27～46) μm×(3～5) μm。小型分生孢子无色，单胞，椭圆形，大小 (5～12) μm×(2.2～3.5) μm。(2) 特性。生育适温 27～28 ℃，最高 38 ℃，最低 5 ℃。(3) 寄主。这种病原可以侵染番茄、辣椒，茄子发病轻。

【病害循环】 (1) 越冬与初侵染源。病原以菌丝体或厚垣孢子随病残体在土壤中或附着在种子上越冬。(2) 传播特点。病原通过水流或灌溉水传播蔓延。从幼根或伤口侵入寄主，进入维管束，堵塞导管，并产出有毒物质镰刀菌素，扩散开来导致病株叶片黄枯而死。

【发生规律】 播种带病种子，可引起幼苗发病。土壤湿度过低或过高，不适宜植株生长，有利发病。表土层浅，底土层板结，透水性能差的田块发病重。土壤线虫为害番茄根部造成伤口，易引起并发病。连作地，移栽或中耕时伤根多，植株生长势弱的发病重。酸性土壤及线虫取食造成伤口利于本病发生。

【防治措施】 (1) 种子消毒。用 0.1%硫酸铜浸种 5 min，洗净后催芽播种。(2) 农业防治。与非茄果类作物实行 3 年以上轮作。发病初期要及时拔除病株，带到田外深埋或烧掉。施用充分腐熟的有机肥，配方施肥，适当增施钾肥。采用新土育苗。(3) 物理防治。高温闷棚，利用夏季土地休闲期间，每亩施入 500～1 000 g 石灰，进行耕翻灌溉，把土壤调整为微碱性，然后将大棚覆盖后密闭，选择晴天闷晒增温，可达 60～70 ℃，连续高温闷棚 5～7 d，可有效杀灭土壤中的多种病虫害。(4) 生物防治。木霉菌剂是一种很好的生物杀菌剂，移栽时每株施用木霉菌剂 2 g。(5) 化学防治。床面用 50%多菌灵 WP 8～10 g/m^2，加土 4～5 kg 拌匀，先将 1/3 药土撒在畦面上，播种后再把其余药土覆在种子上。发病初期，可喷洒 50%WP 多菌灵或 36%甲基托布津 SC 500 倍液。此外，可用 10%双效灵 AS 或 12.5%增效多菌灵 WP 200 倍液灌根，每株灌对好的药液 100 mL，隔 7～10 d 灌 1 次，连续灌 3～4 次。

参考文献

[1]莫贱友. 番茄枯萎和青枯病的诊断与防治[J]. 长江蔬菜，2004(5):28-29

[2]郑贵彬，王发科. 西安地区番茄枯萎病尖镰孢菌的生理型鉴定[J]. 植物病理学报，2000，30(3):36

番茄黄萎病 Tomato verticillium wilt

黄萎病是番茄的一种重要病害。可以大幅度降低产量外，还严重降低番茄果实的品质。

【典型症状】 番茄的整个生育期都能侵染，多发生在番茄生长的后期。叶片由下向上逐渐变黄，先是叶边缘变色，变色沿着叶脉扩大，轮廓清晰，成为“V”形黄斑（图 1-145），一般表现为一片叶片的半边正常，半边变黄枯死，或者整个植株半边的叶片正常，而另半边的叶片变黄枯死（图 1-146），以后植株下部叶片明显枯死，发病重的植株结果小或不能结果。病株茎的维管束变浅变褐，病株并不迅速枯死，而是渐进落叶，表现为慢性的向上枯死（图 1-147，148）。

图 1-145 番茄黄萎病，病叶"V"形病斑

图 1-146 番茄黄萎病，病叶一半枯死

图 1-147 番茄黄萎病，病株

图 1-148 番茄黄萎病，病株

【致病病原】 病原为大丽花轮枝孢 *Verticillium dahliae* Kleb.，属半知菌亚门真菌。(1) 形态和大小。菌丝体无色，分生孢子梗长 110～200 μm，直立，分枝 1～5 个轮，轮枝长 10～35 μm。分生孢子椭圆形，单胞，无色，大小 (3～7) μm×(1.5～3) μm。(2) 特性。土壤中病原可存活 6～8 年。病原发育适温 20～25 ℃，最适 22.5 ℃，最低 5 ℃；孢子萌发温度为 5～30 ℃，最适温度为 25 ℃；菌丝、菌核 60 ℃经 10 min 致死。病原菌丝在 pH 5.3～7.2 都能生长，最适 pH 5。(3) 寄主。这种病原可以侵染锦葵科、茄科、豆科、葫芦科、菊科、大戟科、唇形科、藜科等 20 科 80 种植物。

【病害循环】 (1) 越冬与初侵染源。病原以休眠菌丝、厚垣孢子和微菌核随病残体在土壤中越冬，可在土壤中长期存活。(2) 传播特点。病原借风、雨、流水或人畜及农具传到无病田。病原从伤口侵入。

【发生规律】 (1) 气候条件与发病。气温低，定植时根部伤口愈合慢，利于发病。(2) 栽培管理与发病。地势低洼，施用未腐熟的有机肥，灌水不当及连作地发病重。棚室栽培时发病重。

【防治措施】 (1) 种子消毒。种子用 0.2% 的 50%多菌灵 WP 浸种 1 h，移入冷水中冷却后催芽播种。(2) 农业防治。选用抗病品种。与非茄科作物实行 4 年以上轮作，如与葱蒜类轮作效果较好，水旱轮作更理想。(3) 化学防治。定植田，每亩用 50%多菌灵 2 kg，土壤消毒。苗期或定植前期，喷施 50%多菌灵 WP 600～700 倍液。发病初期喷 10%治萎灵 AS 300 倍液，隔 10～15 d 喷 1 次，连喷 2 次。或浇灌 50%苯菌灵 WP 1 000 倍液，或 50%琥胶肥酸铜 WP 350 倍液，或 12.5%增效多菌灵浓可溶性 200～300 倍液。

参考文献
[1]尤海波,李景富,许向阳,等. 番茄黄萎病病原研究[J]. 植物保护,2004,30(6):68-70
[2]尤海波,李景富,许向阳,等. 番茄抗黄萎病育种研究进展[J]. 北方园艺,2003(1):60-62
[3]许向阳. 番茄黄萎病的发生与防治[J]. 北方园艺,2002(5):67-68

番茄茎枯病 Tomato stem blight

番茄茎枯病又称黑霉病。发病株造成茎枝、果实干腐，对番茄的产量和质量都有较大影响。

【典型症状】 主要为害茎和果实，也可以为害叶和叶柄。(1) 茎部。茎部出现伤口易染病，病斑初呈椭圆形，褐色凹陷溃疡状（图 1-149），后沿茎向上下扩展到整株，严重时病部变为深褐色干腐状，并可侵入到维管束中（图 1-150）。(2) 果实。果实发病，侵染绿果或红果，初为灰白色小斑块，后随病斑扩大凹陷，颜色变深变暗，长出黑霉，引起果实腐烂（图 1-151）。(3) 叶片。植株上部叶脉两侧的叶组织褪绿干枯，叶面布满不规则褐斑，病斑继续扩展，致叶缘卷曲，最后叶片干枯或整株枯死（图 1-152）。

图1-149　番茄茎枯病，病茎褐色凹陷溃疡斑

图 1-150　番茄茎枯病，病茎深褐色干腐状

图 1-151　番茄茎枯病，病果症状

图 1-152　番茄茎枯病，病叶症状

【致病病原】 病原为细交链孢 *Alternaria alternata*（Fries）Keissl.，属半知菌亚门真菌。病原菌的分生孢子倒棒状，卵形或椭圆形，淡黄褐色，常具短喙，其长度不超过孢子长度的 1/3；分生孢子梗簇生。

【病害循环】 病原主要以菌丝体及分生孢子在病残体中越冬，也可黏附在种子表面越冬。病原以分生孢子借风雨传播，进行初侵染和再侵染。孢子从伤口侵入。

【发生规律】 高湿多雨或多露易发病。茎部出现伤口易发病。

【防治措施】 (1) 农业防治。收获后及时清洁菜园。(2) 化学防治。发病初期喷 75%百菌清 WP 600 倍液，或 64%杀毒矾 WP 400 倍液，或 70%乙膦·锰锌 WP 500 倍液。

参考文献
王晓娟,尹同萍,牛蕴华,等. 番茄黑霉病的发生及早期预防[J]. 蔬菜,2002,(1):26

番茄疫霉根腐病
Tomato phytophthora root rot

番茄疫霉根腐病是一种土传病害。棚室栽培发病重，病株率20%～40%，重病地病株率可达70%～80%。该病发病快，周期短，蔓延流行迅速，给防治工作带来很大困难。

【典型症状】 各生育期均可发生，主要发生在苗期与花果盛期。(1) 苗期。主要病部在幼苗根颈处。叶部发病开始有水渍状病斑，后扩展、腐烂，使叶片萎蔫、枯死。茎部发病产生水渍状病斑，形成从上往下病斑，皮层变褐腐烂，直至枯萎。根颈部发病开始有水渍状病斑，嫩叶在中午时萎蔫，早晚恢复正常，后根颈部表皮呈水渍状环斑时，地上嫩叶萎蔫，早晚也不恢复正常，老叶从叶尖开始变黄，严重时导致地上部老叶枯黄，嫩叶绿色萎蔫，最后整株死亡（图1-153）。(2) 成株期。病症表现和幼苗期一样，但发生蔓延速度更快。成株病症主要表现在根颈、根和果实上。从根颈开始有水渍状病斑后，3～4 d迅速扩展，地上部分由早晚可以恢复正常变成全天萎蔫（图1-154）；根系褐色腐烂（图1-155），4～5 d后可扩展到全园甚至整个种植区。在果实上表现为褐色腐败，湿度大时，病部长出白色霉状物，后逐渐扩大形成同心轮纹（图1-156）。

图1-153 番茄疫霉根腐病，苗期症状

图1-154 番茄疫霉根腐病，成株期症状

图1-155 番茄疫霉根腐病，根颈有水渍状病斑

图1-156 番茄疫霉根腐病，病果症状

【致病病原】 病原为寄生疫霉 *Phytophthora parasitica* Dast.，属鞭毛菌亚门真菌。(1) 形态和大小。菌丝生于主细胞内或细胞间，直径3～9 μm。孢子囊顶生或间生，卵圆形或球形；厚垣

孢子球形，黄色。(2) 寄主。这种病原可以侵染番茄、烟草等90多种植物。

【病害循环】 (1) 越冬与初侵染源。病原以卵孢子或厚垣孢子在病残体上越冬。(2) 传播特点。通过灌溉水或雨水传播蔓延。在条件适宜时，潜育期短，可引起多次重复侵染。

【发生规律】 (1) 发病时期。大棚番茄5月中旬初见病株，6月上中旬为发病盛期。如果灌水迟、量少，高峰期可推迟20～30 d，植株从发病到枯死7～15 d。(2) 品种与发病。与品种的抗病性关系密切，毛粉802、强丰、L402发病轻，早丰、西粉3号发病较重。(3) 气候条件与发病。高温、高湿有利于病害的发生与流行。棚内温度在28～31 ℃，相对湿度90%以上时极易发生流行。夏季土温过高也易引起发病。(4) 栽培管理与发病。新建大棚种植番茄，疫霉根腐病不发生或发生很轻，具有3年以上番茄栽培历史或与茄子、辣椒接茬种植大棚番茄的发病重，而与蒜、韭菜轮作或间作套种的发病轻。连作、平畦栽培的发病重，高垄栽培的发病轻。灌水量大或大水漫灌、灌水次数多的发病重。保护地栽培的，中午高温时灌水发病重。灌水后或遇连阴天未能及时放风、排湿的发病重。

【防治措施】 该病病程短，发病速度快，毁灭性强，一旦发病极难控制。应采取以农业预防为主，辅以药剂防治的防治策略。(1) 种子消毒。播种前，可用种子重量0.3%的70%恶霉灵WP加种子重量0.3%的50%福美双混匀后拌种，或用种子重量0.12%的95%敌克松拌种。(2) 农业防治。番茄生长期和收获后及时清除田间病株和病残体，严禁将病株和病残体随意丢弃在棚内外、水渠中，应集中烧毁或深埋。田间病株拔除后在病穴中撒入草木灰或生石灰。病原卵孢子在土壤中可存活2～3年，轮作倒茬是减少菌源积累的重要途径，应尽量减少重茬，避免与茄科蔬菜连作或套种，宜与葱、蒜等作物间作或套种。采用无病基质育苗，保证秧苗健壮不带病。对酸性、微酸性土壤，在种植前要进行改土，使土壤表现为中性。采取高垄栽培，可提高地温，降低湿度，调节土壤肥力，增加透性，壮大根系，增强植株抗病能力，垄高15～20 cm。灌水要及时适当。播种或定植后要浇足保苗水或定植水。严禁大水漫灌，避免灌后积水，以小水勤浇为宜。灌水时间以早、晚为佳。夏季覆膜要在缓苗后适当晚盖，避免土温过高，湿度过大。定植后做好棚室内温湿度及地温管理，湿度大时放风排湿，地温低时松土提温。夏季覆膜要在缓苗后适当晚盖，避免土温过高，湿度过大。(3) 物理防治。利用太阳热进行土壤消毒，对病害重的连作苗床及栽培地块在7～8月期间利用“太阳热＋石灰＋有机物＋地膜（大中棚采用设施密闭）＋灌水”的处理方法处理土壤30～50 d，能起到土壤消毒，防治土传病虫害，培肥地力及除草的作用。(4) 化学防治。沿用旧苗床育苗时，用58%WP甲霜灵·锰锌，或50%甲霜·铜WP 8～10 g/m^2，与半干细土4～5 kg混拌均匀，在苗床浇足底水的前提下，先取1/3毒土撒在床面上，播种后再将剩余的2/3毒土覆上。幼苗出土7 d后开始用多菌灵加代森锌或甲霜灵锰锌等喷雾，轮换用药，每周1次，共2～3次。药剂防治关键在于定植后30 d内，定植时用50%的多菌灵500倍液加代森锌500倍液作定根水灌根，7 d后进行第2次灌根。随后在雨前和雨后用波尔多液进行地上部分保护，波尔多液可用硫酸铜：生石灰：水为1：1：200，但7～10 d内不能喷代森锰锌。早期发病可选用58%甲霜灵·锰锌WP 500倍液，或69%安克·锰锌WP 600～800倍液，或72.2%普力克（霜霉威盐酸盐）AS 600倍液，成株期发病施用72%克露WP 400倍液，连续2～3次，穴灌量200～250 mL，间隔期7～10 d。

参考文献

[1]谢燕青，陈慧，梁朝晖，等. 番茄疫霉根腐病的识别与综合防治[J]. 长江蔬菜，2008(4)：22-23

[2]于凌春，张乃琴，冯建英. 番茄疫霉根腐病的发生规律及防治技术[J]. 植保技术与推广，2001，21(11)：25-29

番茄菌核病
Tomato sclerotinia rot

菌核病是番茄的一种普通病害。部分老菜区棚室中发生。零星发生，引起植物坏死，引起烂果，对产量有明显影响。

【典型症状】 番茄叶片、果实和茎等部位均受害。(1) 叶片。叶片染病始于叶缘，呈水浸状，淡绿色，湿度大时长出少量白霉，病斑呈灰褐色，蔓延速度较快，导致叶片枯死（图1-

157）。（2）茎部。茎染病多由叶柄基部侵入，病斑灰白色稍凹陷，后期表皮纵裂，边缘水渍状，病斑长达株高的4/5（图1-158）。除在茎表面形成菌核外，剥开茎部，可发现大量菌核，严重时植株枯死（图1-159）。（3）果实。果实染病，始于果柄，并向果面蔓延，未成熟果实似水烫状。

图1-157　番茄菌核病，病叶

图1-158　番茄菌核病，病茎

图1-159　番茄菌核病，病茎

【致病病原】　病原为核盘孢 *Sclerotinia sclerotiorum*（Lib.）De Bary。（1）形态和大小。菌核长圆形至不规则形，初为白色后变黑色，内部粉红色，大小（1～30）mm×（0.5～8）mm，一般为2 mm×6 mm左右，全部由菌丝组成，表面无绒毛。菌核萌发后长出1至多个具长柄的肉质子囊盘，子囊盘浅肉色至褐色，初呈杯状，展开后呈盘状，直径2～6 mm。盘状子囊盘上着生一层子囊和侧丝。（2）特性。菌丝生长发育的温度范围是0～30 ℃，适温为18～25 ℃。最适相对湿度在85%以上，70%以下停止生长。菌核耐干热、低温，但不耐湿热。菌核萌发和形成子囊盘的温度为5～25 ℃，最适温度因各地环境而异，一般为8～20 ℃。

【病害循环】　病原以菌核在土中或混在种子中越冬或越夏，是该病的初侵染源。菌核干燥条件下，存活4～11年，水田经1个月腐烂。菌核遇有适宜条件萌发，借风雨随种苗或病残体传播。病原首先侵入衰老叶和尚未脱落的花瓣，发病组织腐烂，再侵染由病健部接触传染。

【发生规律】　（1）发病时期。北方菌核多在3～5月份萌发；南方则有2个时期，即2～4月份和10～12月份。（2）气候条件与发病。当气温在20 ℃左右，相对湿度在85%以上时，发病严重。多雨季节易发病流行。（3）栽培管理与发病。病地连作，地势低洼，排水不良，偏施氮肥，发病重。

【防治措施】　（1）农业防治。与禾本科作物实行3～5年轮作。深翻土地，使菌核不能萌发；未发病的温室或大棚忌用病区培育的幼苗。及时清除田间杂草。覆盖地膜可以抑制菌核萌发及子囊盘出土。发现子囊盘出土，及时铲除，集中销毁。注意通风排湿，减少传播。（2）化学防治。保护地栽培，在发病初期每亩用10%腐霉利FU 250～300 g熏1夜，或喷撒5%百菌清DPC 1 kg，隔7～9 d喷撒1次。露地栽培，在发病初期喷50%农利灵DF 1 500～2 000倍液，或50%翠贝DF 2 500～3 000倍液，或43%好力克SC 3 000～3 500倍液，或53.8%可杀得DF 800倍液，或50%速克灵WP 1 000倍液，40%菌核净WP 500倍液，或65%甲硫·霉威WP 500～800倍液，或50%腐霉利WP 1 500～2 000倍液，或80%多菌灵WP 600倍液，隔7～10 d喷1次，连续喷3～4次。

参考文献

[1]李雅珍，陶燕华，王志良．番茄菌核病防治用药筛选试验

[J]. 上海蔬菜，2007(4)：62-63
[2]韦刚. 番茄菌核病及其防治[J]. 广西植保，1994(3)：31

T番茄白绢病 omato southern blight

白绢病是番茄的一种土传性病害。长江流域及以南地区都有分布。

【典型症状】 发病部位主要在近地面的茎基部。(1) 茎基部。病部初呈褐色病斑，逐渐扩大，稍凹陷，生有辐射状白色绢丝状的菌丝体，病株下部叶片变黄或萎蔫。后期病部生出许多茶褐色油菜籽状的菌核（图 1-160）。天气潮湿时，菌丝体会扩展到根部周围的地表和土隙中，结生菌核，茎基部皮层完全腐烂，露出木质部，或在腐烂部上方长出不定根。(2) 果实。发病果实呈软腐状，表面密生白色绢丝体和菜籽状的菌核。

图 1-160　番茄白绢病，发病部位布满菌核

【致病病原】 病原为齐整小核菌 *Sclerotium rolfsii* Sacc.，属半知菌亚门真菌。有性阶段为白绢薄膜革菌 *Pellicularia rolfsii*（Sacc.）West.，属担子菌亚门真菌。(1) 形态和大小。菌丝无色，有隔膜。菌丝扭结成菌核，外有皮层，初为白色，老熟后黄褐色，圆形，直径 1～2 mm，酷似油菜籽，黄褐色，表面光滑，容易脱落。(2) 特性。菌核抗逆性强，耐低温，在－10 ℃或通过家畜消化道后尚可存活，自然条件下经 5～6 年仍具萌发力，但在水中仅能存活 3～4 个月。菌丝不耐干燥，发育适温 32～33 ℃，最高 40 ℃，最低 8 ℃，耐酸碱度范围 pH 1.9～8.4，最适 pH 5.9。(3) 寄主。这种病原可以侵染番茄、桑、茶等 62 科 200 多种植物。

【病害循环】 (1) 越冬与初侵染源。病原主要以菌核在土壤中越冬，菌丝体也可以随病残组织遗留在土中越冬。病原菌核的抗逆性很强，在干燥条件下保存 10 年仍不死，在灌水的情况下，经 3～4 个月方可全部死亡。(2) 传播特点。菌核萌发产生菌丝后从寄主茎基部或根部侵入，潜育期 3～10 d，出现中心病株后，地表菌丝向四周蔓延。

【发生规律】 (1) 气候条件与发病。高温多湿易发病。新垦荒地种植番茄或番茄与大豆轮作，都容易受到白绢病原的侵染。(2) 栽培管理与发病。酸性土壤，沙质土壤，栽植过密行间通风透光不良，施用未充分腐熟的有机肥及连作地，发病重。土壤酸、沙质重的田块，发病重。前作为大豆、花生和茄科蔬菜等，发病重。

【防治措施】 (1) 农业防治。与禾本科作物轮作，水旱轮作效果更好。有机肥要充分腐熟并深施；收获后深翻土层。早期发现病株要及时拔除，并在病株穴内撒施石灰粉。地膜覆盖，采用滴灌或膜下暗灌，加强棚内通风，控制棚内湿度。(2) 化学防治。移栽成活后，用 50%多菌灵 WP 800～1 000 倍液或 75%百菌清 WP 1 000～1 500 倍液灌根，隔 15 d 再灌 1 次，连续 2 次。发病初期，喷施 50%腐霉利 WP 1 000 倍液，或 50%扑海因 WP 1 000 倍液，或 50%苯菌灵 WP 1 500 倍液，或 50%利得 WP 800 倍液，隔 7～10 d 后再喷施 1 次。

参考文献

韦刚. 番茄白绢病介绍[J]. 广西植保，1994(3)：33

T番茄绵疫病 omato brown rot

番茄绵疫病又称褐色腐败病、番茄掉蛋，是番茄的一种普通病害。零星发生，个别地块发病率高。

【典型症状】 主要为害果实，也可以为害茎、叶等全株各个部位，各生育期均可发病。(1) 果实。发病果实先出现污褐色病斑，湿润状，不定型（图 1-161），后迅速向四周扩展，显出深污褐和浅污褐色的轮纹，最后病斑可覆盖大部分至整个果实表面，果肉腐烂变软（图 1-162）。病斑上长出许多白色絮状的霉层，为病原的菌丝、孢囊梗和孢子囊。(2) 叶片。叶片染病亦可产生污褐色不定型病斑，多从叶缘先发病，迅速扩展至全叶变黑枯死、腐烂，潮湿时亦长出白色霉层。

图 1-161　番茄绵疫病，发病果初期症状

图 1-162　番茄绵疫病，发病果后期症状

【致病病原】 病原有 3 种，分别是寄生疫霉 *Phytophthora parasitica* Dast.、辣椒疫霉 *P. capsici* Leonian、茄疫霉 *P. melongenae* Sawada.，均属鞭毛菌亚门真菌。(1) 形态和大小。菌丝体丝状、无隔膜。孢囊梗简单、丝状、无色，长35～500 μm。孢子囊顶生、单胞、卵圆形，顶端有乳头状突起，大小(28～59) μm×(24.8～43.5) μm，孢子囊萌发长出有双鞭毛的游动孢子。厚壁孢子球形、单胞、淡黄色。卵孢子圆球形，直径约 30 μm。(2) 寄主。这种病原可以侵染茄科、葫芦科等。

【病害循环】 (1) 越冬与初侵染源。病原以卵孢子或厚垣孢子随病残体越冬，借雨水溅到近地面的果实上，从果皮侵入而发病。(2) 传播特点。病原通过雨水及灌溉水进行传播再侵染。

【发生规律】 (1) 气候条件与发病。阴雨连绵、相对湿度在 85%以上，平均气温在 25～30 ℃的天气条件，特别是雨后转晴天，气温骤升，最有利于绵疫病的流行。7～8 月份高温多雨季节易发病。(2) 栽培管理与发病。菜田低洼、土质黏重、整地和管理粗放、种植过密田间通风透光性差等，均有利于绵疫病流行。

【防治措施】 (1) 农业防治。与非茄科作物轮作，与葱蒜类或水稻轮作效果较好。选排水良好地块。定植前精细整地，沟渠通畅，做到深开沟、高培土，降低土壤含水量。及时整枝打杈，去掉老叶、膛叶，使果实四周空气流通。采用地膜覆盖栽培，避免病原通过灌溉水或雨水反溅到植株下部叶片或果实上。及时摘除病果，深埋或烧毁。(2) 化学防治。植株进入开花结果阶段，又值潮湿多雨高温季节，应作一次预防性喷药，一旦发现病害应立即加强喷药防治。可选喷下列药剂：58%甲霜灵·锰锌 WP 500 倍液，或 64%杀毒矾 WP 500 倍液，或 69%安克·锰锌 WP 1 000 倍液，或 30%绿叶丹 WP 800 倍液，或 50%甲霜铜 WP 600 倍液，或 60%琥·乙膦铝 WP 500 倍液。靠近地面的部位要重点喷药，保护果穗，适当喷地面。

参考文献

王诗玲，李玉静，甄洁，等. 2006 年沛县露地番茄绵疫病大发生原因与防治对策[J]. 吉林蔬菜，2007(3)：51

番茄圆纹病 Tomato fruit rot

番茄圆纹病又称实腐病，是番茄的一种普通病害。

【典型症状】 主要为害果实及叶片。(1) 叶片。叶片染病，初呈褐色或淡褐色斑，病斑圆形或近圆形，大小(1.5～22) mm×(1.3～17) mm。有时几个病斑连片占叶面的 1/3～1/2，病斑上有整齐的近圆形轮纹，病斑不像早疫病那样易受叶脉限制，轮纹较平滑，突起不明显，后期生不明显小黑点（图 1-163）。(2) 果实。果实染病初呈淡褐色后转褐色凹陷斑，扩大后可发展到果面的1/3，病斑不软腐，略收缩干皱，具轮纹（图 1-164），湿度大时可长出白色菌丝层（图 1-165），后病斑渐变黑褐色，表面着生许多小黑点，病斑下果肉紫褐色，有的与腐生菌混生导致果实腐烂（图 1-166）。

图 1-163　番茄圆纹病，病叶症状

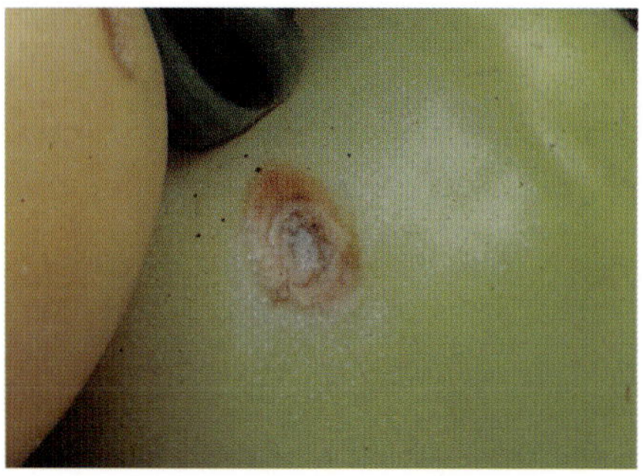

图 1-164　番茄圆纹病，病果初期症状

图 1-165　番茄圆纹病，病果中后期症状

图 1-166　番茄圆纹病，病果后期症状，与腐生菌混生

【致病病原】 病原为实腐茎点霉 *Phoma destructiva* Plowr.，属半知菌亚门真菌。

【病害循环】 病原以分生孢子器随病残体留在地表越冬。第 2 年散出分生孢子萌发后，产出芽管侵入寄主，形成初侵染。后又在病部产生分生孢子器及分生孢子，借风雨传播蔓延，再侵染。

【发生规律】 气温 21 ℃利其发生或流行。

【防治措施】 （1）农业防治。与非茄科作物实行 2 年以上轮作。收获后彻底清除病残体，集中烧毁或深翻土地。（2）化学防治。发病初期喷施 50%多菌灵 WP 500 倍液，或 75%百菌清 WP 500 倍液，或 77%氢氧化铜 WP 500 倍液，或 50%琥胶肥酸铜 WP 400～500 倍液，隔 10 d 喷 1 次，连续喷 1～2 次。

参考文献

曾令基，梁承愈，吴定华. 番茄圆纹病病原菌侵入、扩展及叶斑形成的研究[J]. 华南农业大学学报，1994，15(1)：98-103

番茄炭疽病
Tomato anthracnose

炭疽病是番茄的一种普通病害。各地均有分布。露地和保护地中均有发生。

【典型症状】 只为害果实，尤其是成熟果实。病部初生水浸状透明小斑点（图 1-167），扩大后呈黑色，略凹陷，有同心轮纹（图 1-168，169，170）；其上密生黑色小点，并分泌淡红色黏质物，后引起果实腐烂或脱落。

【致病病原】 病原为番茄刺盘孢 *Colletotrichum coccodes*（Wallr.）Hughes.，属半知菌亚门真菌。

【病害循环】 病原主要以菌丝体随病残体遗留在土壤中越冬，也可以潜伏在种子上。

【发生规律】 （1）气候条件与发病。低温多雨的年份病害严重，烂果多。发病最适温为 24 ℃左右，空气相对湿度 97%以上。气温30 ℃

以上的干旱天气停止扩展。（2）栽培管理与发病。重茬地，地势低洼，排水不良，氮肥过多，植株郁蔽或通风不良，植株生长势弱的地块发病重。

图 1-167　番茄炭疽病，发病初期果实上出现水渍状透明小斑

图 1-168　番茄炭疽病，病果受伤形成的病斑

图 1-169　番茄炭疽病，病果受日灼后形成的病斑

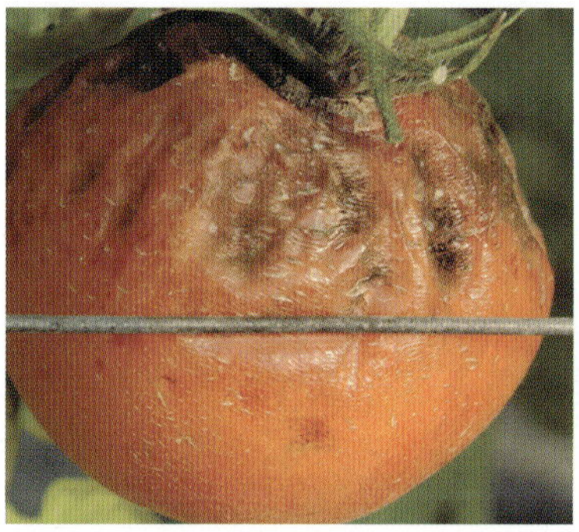

图 1-170　番茄炭疽病，病果受伤形成的病斑

【防治措施】（1）种子消毒。用 52 ℃温水浸种 30 min。（2）农业防治。与非茄果类蔬菜实行 3 年以上轮作。施用充分腐熟有机肥，采用高畦或起垄栽培。及时清除病残果，带出田外集中处理。保护地要避免高温高湿条件出现。（3）化学防治。绿果期开始喷 75%百菌清 WP 400 倍液，或 50%利得 WP 500 倍液，或 36%甲基托布津 SC 500 倍液，或 50%多菌灵 WP 600 倍液，或 80%炭疽福美 WP 800 倍液。

番茄黑斑病 Tomato nail head spot

番茄黑斑病又称钉头斑病、指斑病，是番茄的一种普通病害。

【典型症状】 果实发病出现近圆形病斑，灰褐色至褐色，稍凹陷，边缘明显，病斑上有黑色霉状物（图 1-171，172）。

图 1-171　番茄黑斑病，病果

图 1-172　番茄黑斑病，病果

【致病病原】 病原为番茄钉头斑交链孢霉菌 *Alternaria* Tomato（Cke.）Weber.，属半知菌亚门真菌。(1) 形态和大小。分生孢子梗束生，暗褐色，顶端色淡，不分枝，隔膜很多，大小(111～128) μm×(6～8) μm。分生孢子倒棒状，单生，褐色，有4～12个横隔膜，大小(39～69) μm×(15～24) μm。(2) 寄主。这种病原可以侵染番茄等。

【病害循环】 病原随病残体遗落土中越冬。第2年春天病原借气流传播，进行初侵染和再侵染。

【发生规律】 温暖多湿的天气对该病发生有利。植株生长衰弱或果实有伤口才受病原侵害。

【防治措施】 (1) 农业防治。加强水肥管理，使植株稳生稳长。(2) 化学防治。从青果期开始喷施50%利得 WP 800倍液，或80%新万生 WP 600倍液，或50%扑海因 WP 1 000～1 500倍液，隔7～10 d喷施1次。棚室中每亩每次用45%百菌清 FU 200 g熏治。

番茄红粉病
Tomato pink-mold rot

红粉病是番茄的一种普通病害。零星发生。已成为大棚番茄栽培中值得重视的病害之一。发病后减产5%～10%，发病严重的减产30%以上。

【典型症状】 主要为害果实，也可以为害叶片。(1) 果实。发病果实的蒂部产生水渍状病斑，后变褐色至深褐色，不凹陷，逐渐扩展并环绕果蒂，后期可扩展至整个果面。湿度大时可产生致密的白色霉层，不久其上长满一层绒状浅粉红色霉层，病果最后腐烂（图1-173，174，175）。(2) 叶片。环境条件适宜时可为害叶片，发病叶片上产生小圆形至椭圆形浅褐色病斑，后逐渐扩展。

图1-173 番茄红粉病，病果出现白色霉层

图1-174 番茄红粉病，病果出现浅粉红色霉层

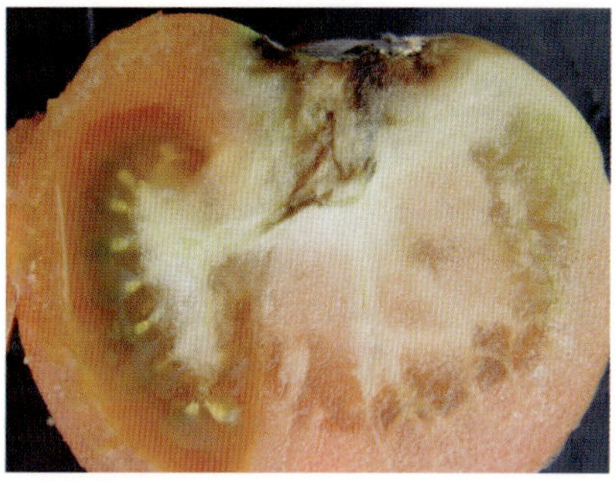

图1-175 番茄红粉病，病果切面

【致病病原】 病原为粉红单端孢 *Trichothecium roseum*（Bull.）Link.，属半知菌亚门真菌。(1) 形态和大小。分生孢子梗直立，无色，大小(162.5～200) μm×(2.5～4.5) μm。分生孢子倒洋梨形，双胞，初期无色，后期浅粉红色，大小(15～28) μm×(8～15.5) μm。据王勇等将病原分离后经PDA培养，菌落初呈白色，后渐变为粉红色，气生菌丝较繁茂，绒毡状，产孢量大。培养4 d时菌落直径35.75 mm。病原分生孢子梗直立，无色，顶端有时稍大。分生孢子顶生，多聚集成头状，浅橙红色，倒洋梨形，无色或半透明，具1个隔膜，隔膜略缢缩。(2) 特性。病原发育适温25～30 ℃。(3) 寄主。这种病原可以侵染番茄、菜豆、棉花、苹果、梨、瓜类、柚、芋、甘薯、葡萄和水稻等。

【病害循环】 (1) 越冬与初侵染源。病原以菌丝体或孢子随病残体留在土壤中越冬。春天产生分生孢子传播到番茄果实上，由伤口、自然孔口等侵入，形成初侵染。(2) 传播特点。发病后病部又产生大量分生孢子，借风雨或灌溉水传播蔓延进行再侵染。

【发生规律】 生产上灌水过多，湿度过大，放风不及时，易发病；番茄栽植过密，偏施氮肥，发病重。棚室栽培多在2～4月份，春季温度高、光照不足、通风不良的大棚或温室易发生。大棚栽培番茄一般是中下部果实先发病。

【防治措施】 (1) 农业防治。在保证番茄生长适温的前提下，应及时放风降湿。保持土壤湿润而水分含量又不高，可以采取滴灌和膜下浇水。保护地栽培番茄，种植密度宜每亩 3 300 株左右，避免种植过密。生长过程中应及时整枝、打杈，中后期适时摘去下部老叶。棚室要加强放风排湿，使相对湿度低于 85%。在病果尚未长出粉红色霉层之前摘除病果，装入塑料袋内，带出棚外。(2) 化学防治。发病前或发病初期喷洒 50%咪鲜胺·锰盐 WP 1 000～1 500 倍液，或 10%世高 WG 2 000 倍液，或 72%霜脲·锰锌 WP 800 倍液，或 3%多抗霉素 WP 300 倍液，7～10 d 喷 1 次，于番茄采收前7 d 停止用药。

参考文献

[1]马桂芝,张道明.大棚番茄红粉病的防治及建议[J].北方园艺,2002(2):16-17

[2]张保贤,孙丽娟,孙杰.大棚番茄红粉病发生现状及药剂防治[J].蔬菜,1998(6):22

[3]王勇,王万立,刘春艳,等.保护地番茄红粉病的发生与防治[J].中国蔬菜,2007(12):57

番茄绵腐病
Tomato cottony leak

绵腐病是番茄的一种普通病害。分布较广，零星发生。

【典型症状】 幼苗期引起猝倒。成株期为害果实。多近地面果实易发病，裂果的成熟果实发病重（图 1-176）。发病果实出现水浸状黄褐色或褐色大斑，并迅速软化、发酵，使整个果实腐烂，密生白色霉层（图 1-177，178）。病果多脱落，很快烂光。

图 1-176 番茄绵腐病，发病青果症状

图 1-177 番茄绵腐病，发病红果症状

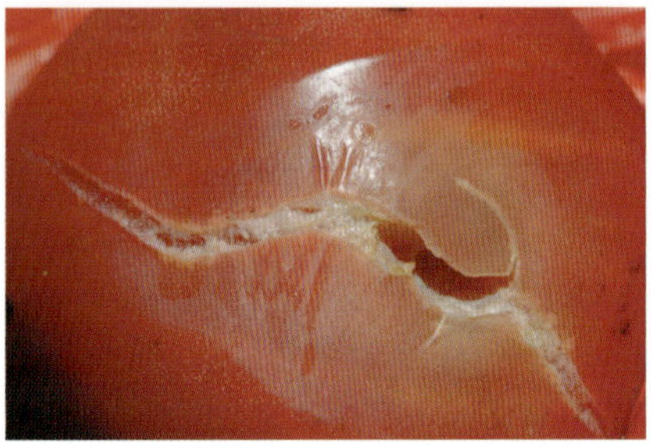

图 1-178 番茄绵腐病，病果裂纹

【致病病原】 病原为瓜果腐霉菌 *Pythium aphanidermatum* (Eds.) Fitzp.，属鞭毛菌亚门真菌。(1) 形态和大小。菌落呈放射状，主菌丝宽 6.2 μm，孢子囊球形或近球形，多间生，个别顶生或切生，大小 19～24 μm。(2) 特性。温度在 10～30 ℃均可发病，但要求空气相对湿度在 95%以上。菌丝生长适温 32 ℃，最高 36～40 ℃，最低 4 ℃。(3) 寄主。这种病原可以侵染茄子、番茄、辣椒、黄瓜、莴苣、芹菜、洋葱、甘蓝等。

【病害循环】 (1) 越冬与初侵染源。病原在土壤中越冬。第 2 年春天遇合适条件即可萌发产生孢子囊，并释放出游动孢子或直接长出芽管侵入寄主，或以菌丝体在病残组织中或腐殖质上过腐生生活，次春产生孢子囊游动孢子侵染幼苗，造成幼苗发病猝倒。(2) 传播特点。借雨水反溅传播。

【发生规律】 主要发生在雨季，仅个别发病果实或积水地块发病重。生理裂果多时发病也较重。

【防治措施】 (1) 农业防治。高畦覆膜栽培，种植密度要适宜。要及早整枝、搭架。合理施用氮、磷、钾肥，注意增施钾肥。合理、均匀灌水，切忌大水漫灌，降雨后要及时排水。防止生理裂果产生，番茄成熟后要及时采收。(2) 化学防治。不需要单独防治，可结合防治其他病害时兼治。发病后喷 25%甲霜灵 WP 800 倍液，或 40%乙膦铝 WP 250 倍液，或 64%杀毒矾 WP 500 倍液，或 15%恶霉灵 AS 450 倍液，或 72.2%霜霉威 AS 800 倍液，隔 7～8 d 喷 1 次，连续喷 2～3 次。

参考文献

李永，周广欣. 番茄绵腐病的发生及防治技术[J]. 现代化农业，2002(11)：22

番茄假黑斑病 Tomato alternaria black spot

假黑斑病是番茄生长后期的一种重要病害。各地均有分布。

【典型症状】 为害果实，成熟的果实最易发病。病斑多在果梗附近、果面被日光灼伤处或裂果的裂痕处（图 1-179）。病斑形状不规则，凹陷，黑褐色，病斑处变硬，密生一层黑色霉状物（图 1-180，181）。发病后期，病果容易因杂菌侵染而腐烂。

图 1-179　番茄假黑斑病，病果症状

图 1-180　番茄假黑斑病，病果后期症状

图 1-181　番茄假黑斑病，病果切面

【致病病原】 病原为链格孢菌 *Alternaria tenuis* Ness.，属半知菌亚门真菌。(1) 形态和大小。分生孢子倒棍棒状，喙胞不明显或短，具横隔膜 3～4 个，有的仅有横隔膜无纵隔膜。(2) 特性。发病的适宜温度为 23～27 ℃，相对湿度 90%以上。

【病害循环】 病原在病残体上越冬。病原腐生性强，多从伤口处或衰弱部位侵入。病原借风雨传播。

【发生规律】 收获末期发病重，伤果裂果多发病重。在成熟期若浇水过多或通风不及时会加重发病。

【防治措施】 (1) 农业防治。加强水肥管理，控制好棚室内的湿度，及时通风排湿。减少果实受伤。果实成熟后及要及时采收，摘除病果，清理落地果。(2) 化学防治。发病初期及时喷施 75%百菌清 WP 600 倍液，或 50%敌菌灵 WP 500 倍液，或 50%扑海因 WP 1 500 倍液，或 68%利得 WP 800 倍液。

番茄果腐病 Tomato fruit rot

番茄果腐病有镰刀菌果腐病和丝核菌果腐病两种。各地均有发生，部分地区近年病情加重。

【典型症状】 (1) 镰刀菌果腐病。为害成熟果实。果实发病初期表面出现淡色斑，逐渐变为褐色，病斑形状不定，没有明显的边缘，后扩展遍及整个果实（图 1-182）。有伤口时多先从伤口处发病。湿度大时，病部密生略带红色棉絮状菌丝体，引起果实腐烂，大多脱落（图 1-183）。(2) 丝核菌果腐病。只发生在成熟的果实上。近地面成熟果实脐部或肩部先发病，初呈水浸状淡色斑，扩展后斑块呈暗褐色略凹陷，表面生褐色蛛丝状霉（图 1-184）。后期病斑中心常裂开，果实腐烂。

图 1-182　番茄镰刀菌果腐病，病果

图1-183　番茄镰刀菌果腐病，病果上絮状菌丝

图 1-184　番茄丝核菌果腐病，病果

【致病病原】 病原为镰刀菌 *Fusariu oxysporum* Schlecht.，丝核菌 *Rhizoctonia solani* Kühn，属半知菌亚门真菌。分生孢子多是大型孢子，形状为镰刀形，顶胞钝圆形，底胞脚胞明显。

【病害循环】 (1) 越冬与初侵染源。镰刀菌在土壤中或病残体上越冬。丝核菌不产生孢子，主要以菌丝体传播和繁殖。病原存在于土壤中，遇有适宜温湿度即可侵染果实。多由伤口侵入。(2) 传播特点。病原通过雨水、灌溉水传播。

【发生规律】 15 ℃即开始为害，保护地内温度在 24～28 ℃时最适宜该病发生及为害。因此保护地番茄后期、早春番茄前期该病发生严重。黏土地块、连年种植茄果类蔬菜作物的地块发病重，保护地内空气湿度大会加重病情。灌水过多，湿度过大，容易发病。果实与地面接触易发病，特别是有生理裂果或有伤口时，更易发病。

【防治措施】 (1) 农业防治。采取地膜覆盖栽培，避免果实与地面接触。控制浇水，雨后及时排水，果实成熟后要及时采收。摘除病果，集中处理。(2) 化学防治。果实着色前喷 50%多菌灵 WP 500 倍液，或 25%络氨铜 AS 500 倍液，或 40%多·硫 SC 500 倍液，或 55%霉菌净 1 500 倍液。果实着色前喷 25%嘧霉胺 WP 500～600 倍液，或 50%加纳金 WP 500 倍液，或 70%甲基托布津 WP 1 000～1 200 倍液等。全叶喷雾，重点喷洒果实。预防期每 10 d 喷 1 次，发病后每 3 d 喷 1 次。

参考文献

王振学，盛振庆，王启丽. 番茄果腐病综合防治技术[J]. 西北园艺，2007(9)：29

番茄酸腐病 Tomato water soft rot

番茄酸腐病又称水腐病，是番茄的一种普通病害。

【典型症状】 在绿果上常从果蒂边首先发病。病斑暗淡，油渍状，后污白色，病果后期暗白色，水渍状（图 1-185）。散发出酸味，并在表皮破裂处产生白色厚粉状的病原菌。成熟或正成熟的果实上，受侵染的组织变软，果皮常爆裂，其上长白色厚粉状的菌丝体和节孢子（图 1-186）。腐烂发展迅速，细菌性软腐病往往跟着酸腐病后发生，更加速果实腐败，增加酸臭味。

【致病病原】 病原为寄生酸腐节卵孢 *Oospora lactis* Fr. var. *parasitica* Pritch. et Porte，属半知菌亚门真菌。(1) 形态和大小。分生孢子梗无色，较短。分生孢子椭圆形，无色，两端平切，大小(8.4～16.8) μm×(4.9～6.3) μm。(2) 特性。适宜温度 23～28 ℃，相对湿度高于 85%；病原腐生性较强。

图 1-185　番茄酸腐病，病果

图 1-186　番茄酸腐病，表皮破裂处产生白色厚粉状物

【病害循环】　病原在土壤中或附着在棚室里越冬或越夏。春天借气流传播，从生活力衰弱的部位或伤口侵入，发病后病部又产生大量病原进行再侵染。

【发生规律】　雨季或田间湿度大发病重。采收后堆放或储运中病健果直接接触，可引起传染蔓延。伤口多或大量储运时，易发病。

【防治措施】　(1) 农业防治。注意通风降湿，雨后及时排水，降低棚室湿度。采收时避免造成伤口，棉铃虫为害严重地区，要及时防虫，减少虫伤。(2) 化学防治。发病初期喷 14%络氨铜 AS 400 倍液，或 77%氢氧化铜 WP 500 倍液，或 75%百菌清 WP 500 倍液，隔 10 d 喷 1 次，连续喷 1～2 次。采收前 3 d 停止用药。

番茄果实牛眼腐病
Tomato phytophthora fruit rot

果实牛眼腐病是番茄的一种普通病害。

【典型症状】　未成熟的果实易感病，病斑圆形或近圆形，褐色，边缘不明显，扩展后形成深褐与浅褐相间的大型斑，有的达果实的一半，形成带轮纹的牛眼状斑，病果不变形，皮部光滑，果实坚硬（图 1-187）。但病部变色的组织向内扩展，潮湿时长出白色棉絮状菌丝，导致病果腐败。晚疫病病果具明显边缘、表面粗糙，易区别。

【致病病原】　病原为烟草疫霉 *Phytophthora nicotianae* van Bredade Haan 等多种真菌或细菌。病原生长适温 24～28 ℃。

【病害循环】　病原以卵孢子在土壤中越冬。第 2 年条件适宜时以烟草疫霉菌为主，伴有其他几种真菌或细菌侵染番茄果实。

图 1-187　番茄果实牛眼腐病

【发生规律】　果实表面结露常为病原侵入提供了有利条件，天气暖和易发病。

【防治措施】　(1) 农业防治。与非茄科、瓜类等实行 3 年以上轮作。避免果实受伤，减少裂口，浇水要均匀，避免果面结露。避免果实与地面接触。施用酵素菌沤制的堆肥或充分腐熟的有机肥，采用配方施肥技术，合理密植，加强田间管理，及时整枝、打杈。(2) 化学防治。发现病株后，浇灌 56%靠山 WG 800 倍液，或 47%加瑞农 WP 800～900 倍液，或 72%克露或 72%克霜氰、69%安克・锰锌 WP 1 000 倍液，或 72%霜脲・锰锌 WP 800～1 000 倍液，或 18%甲霜胺・锰锌 WP 600 倍液。每隔 7～10 d 喷 1 次，灌根时每株灌加好的药液 0.3 L，每隔 10 d 灌 1 次，连续 2～3 次。采收前 3 d 停止用药。保护地采用烟雾法，每亩用 45%百菌清 FU 200～250 g 熏烟；或在棚室封闭条件下喷撒 5% DPC 百菌清，每亩 1 kg，每隔 9 d 喷 1 次。

番茄根霉果腐病
Tomato rhizopus fruit rot

根霉果腐病是番茄的一种普通病害。各地均有分布。通常零星发生，对生产无明显影响，严重时造成部分果实腐烂，影响商品价值。

【典型症状】　主要为害果实。以下部过度成熟果或有生理裂口的果实容易发病。病果呈大面积灰褐色水渍状软腐。在病组织表面产生初为灰白色后变成灰褐色毛状物，上有灰白至灰黑色小粒点（图 1-188）。经过一段时间后在白色霉层上生出黑蓝色球状的菌丝体，病果迅速腐烂。

图 1-188　番茄根霉果腐病，病果从蒂部发病

【致病病原】 病原为匍枝根霉 *Rhizopus stolonifer*（Ehrenb.）Lind.，属接合菌亚门真菌。（1）形态和大小。孢子囊梗丛生在匍匐菌丝上，直立，无分枝，顶生球状孢子囊，褐色至黑色，大小65～350 μm。孢子近球形至卵形或多角形，褐色至蓝灰色，表面具线纹，呈蜜枣状，大小（5.5～13.5）μm×（7.5～8）μm。接合孢子球形或卵形，黑色，具瘤状突起，大小 160～220 μm。有拟接合孢子，无厚垣孢子。（2）特性。病原喜温暖潮湿的条件，适宜生长温度 24～29 ℃，相对湿度高于 80%。

【病害循环】 （1）越冬与初侵染源。病原孢囊孢子可附着在棚室墙壁、门窗及塑料棚骨架、架杆等处越冬，遇有适宜的条件，病原从伤口或生活力衰弱的部位侵入，形成初侵染。（2）传播特点。病原产孢量大，可借气流传播蔓延，形成再侵染。

【发生规律】 （1）气候条件与发病。温暖潮湿条件，特别是连续阴雨，易发病。（2）栽培管理与发病。棚室浇水过量，湿度大，放风不及时，果实过熟，易发病。

【防治措施】 （1）农业防治。及时采收成熟果实。控制田间和棚室内湿度。避免产生伤口。（2）化学防治。发病初期喷 50%多菌灵 WP 500 倍液，或 77%氢氧化铜 WP 500 倍液，或 30%碱式硫酸铜 SC 400～500 倍液，隔 10 d 喷 1 次，连续喷 2～3 次。采收前 3 d 停止用药。

番茄青霉果腐病
Tomato blue mold fruit rot

青霉果腐病是番茄的一种普通病害。

【典型症状】 只为害果实。多发生于成熟或储藏期的果实。发病果实上产生大小不等的圆形水浸状褐色凹陷病斑（图 1-189），病斑逐渐扩大，病部软化，长出白色霉状物，后出现黑色丝状霉层，病果迅速腐烂（图 1-190）。

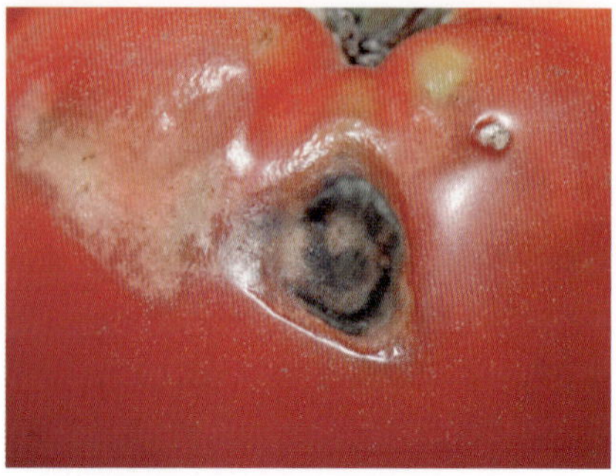

图 1-189　番茄青霉果腐病

图 1-190　番茄青霉果腐病

【致病病原】 病原为扩展青霉 *Penicillium expansum*（Link）Thom.，属半知菌亚门真菌。

【病害循环】 该菌腐生在多种有机物上，产生分生孢子，借气流传播，通过各种伤口侵入，也可通过病健果的接触传染。

【发生规律】 储运时可通过病健果接触传染。

【防治措施】 （1）农业防治。合理施肥，适时浇水。及时采收，避免产生伤口。储运时要剔除病果、伤果；储藏窖温控制在 5～9 ℃，相对湿度 90%左右；储藏窖要用硫黄粉或福尔马林消毒。（2）化学防治。发病初期喷 50%多菌灵 WP 500 倍液，或 50%苯菌灵 WP 1 500 倍液。

番茄根结线虫病
Tomato root-knot nematode

根结线虫病是番茄的一种重要根部病害。棚室中发生较重。发病田块植株生长缓慢，严重影响果实品质和产量，减产可达 30%～50%，有的甚至造成绝产。

【典型症状】 为害番茄根部，从苗期到成株期均可造成为害。(1) 根部。病株根部产生肥肿畸形瘤状结，使根部畸形。细根上有许多结节状球形或圆锥形大小不等的瘤状物，初为乳白色，后变为褐色，表面常有龟裂（图1-191）。解剖根结有很小的乳白色线虫埋于其内。在根结之上可生出细弱新根，再度发病，则形成根结状肿瘤。(2) 地上部。轻病株症状不明显，重病株矮小，生育不良，结实少，干旱时中午萎蔫或提早枯死（图1-192）。前期受害不明显，中后期表现生长缓慢，叶色发黄，果实脱落，干旱时萎蔫枯死。

图1-191 番茄根结线虫病，根部症状

图1-192 番茄根结线虫病，病株

【致病病原】 病原为南方根结线虫 *Meloidogyne incognita* Chitwood.，属植物寄生线虫。(1) 形态和大小。南方根结线虫虫体很小，肉眼看不到。雌雄成虫形状不同。雌成虫呈鸭梨形固定在寄主根内，乳白色，表皮薄，有环纹，大小(0.44～1.59) mm×(0.26～0.81) mm。头部与身体接合部往往弯侧一边。卵产在尾端分泌的胶质卵囊内。卵囊长期留在衰亡的作物侧根、须根上。卵囊圆球形，1个卵囊内有卵100～300粒。幼虫细长，蠕虫状，共4龄。雄成虫线状，尾端稍圆，无色透明，大小(1.0～1.5) mm×(0.03～0.04) mm。(2) 特性。雄虫在植物组织内与雌虫交配，有时雄虫在侵入根组织后不久即死亡。线虫在植物幼根内生活，刺激幼根膨大成瘤状，植株枯死后，以卵囊或以2龄幼虫在土壤中越冬。遇到适宜条件，孵化出幼虫，在土粒间水中游动，2龄幼虫为侵染虫态，侵入根部后，引起植株发病。(3) 寄主。南方根结线虫可以侵染番茄、黄瓜、芹菜等。

【病害循环】 (1) 越冬与初侵染源。病原以成虫、2龄幼虫或卵随病残体遗留在土壤中越冬，可存活1～3年。初侵染源主要是病土、病苗及灌溉水。主要分布在土表10 cm土层内。(2) 传播特点。以幼虫侵入寄主，刺激根部细胞增生，形成根结或瘤。线虫发育至4龄时交尾产卵，雄虫离开寄主进入土中。卵在根结里孵化发育，2龄后离开卵壳，进入土中进行再侵染或越冬。

【发生规律】 (1) 气候条件与发病。成虫喜温暖湿润环境。(2) 栽培管理与发病。棚室保护地栽培，提高了土温，增加了土壤湿度，更易于根结线虫的繁殖，受害逐年上升。地势高燥、沙质土易发病，重茬地发病重。地势低洼、长期积水、板结、干燥情况下不易发病。

【防治措施】 以农业防治为主，药剂防治为辅，消灭虫源，减轻为害。(1) 农业防治。无土栽培番茄不仅杜绝了虫源，同时又可减少土传病害的发生。轮作2～3年，降低土中根结线虫量；重病田与禾本科作物轮作效果好，尤其是水旱轮作。根结线虫多分布在3～9 cm表土层，将土壤深翻25～30 cm，把虫卵翻入深层。收获后，条件允许时，可灌水淹地几个月。夏季高温天气，利用太阳能提高地温，土壤消毒。大棚栽培棚膜不撤，每亩用麦秸或稻草1 000 kg，然后翻耕铺平、灌水，再密闭大棚15～20 d。及时清除田间病残株，连根挖出，深埋或焚烧。重施腐熟有机肥，增施磷、钾肥，提高植株抗病力。基肥中增施生石灰，叶面追施过磷酸钙浸出液。(2) 化学防治。在栽苗前开沟每亩直接施入5%丁硫克百威颗粒剂5～7 kg。或用3%米乐尔颗粒剂撒施在定植穴中。每亩用5%灭线磷颗粒剂6 kg，或5%根线灵颗粒剂2.5 kg，或1.8%阿维EC 200 mL，或0.3%印楝素EC 100 mL，或0.15%阿维·印楝素颗粒剂4 kg，用湿细土拌匀后撒施于垄上沟内，盖土后移栽。

参考文献

[1]于力，朱为民，薛林宝，等. 番茄根结线虫病的研究进展

[J].中国蔬菜,2006(11):35-38
[2]冯明祥,王佩圣,姜瑞德,等.丁硫克百威颗粒剂防治番茄根结线虫病药效试验[J].山东农业科学,2007(5):89-90
[3]钱省,史明武,华小平,等.5%灭线磷颗粒剂防治番茄根结线虫病试验[J].上海蔬菜,2007(5):115

番茄脐腐病
Tomato blossom end rot

番茄脐腐病又称蒂腐病、尻腐病，俗称贴膏药病，是番茄的一种重要的生理性病害。露地栽培中发生普遍，温室栽培有时也会发生。

【典型症状】 发生初期首先在果实顶端出现一个或几个凹陷的斑点，渐渐变为暗绿色的斑块（图 1-193）。从发病开始大约 1 周后，病斑扩展到最大面积，最后收缩或萎陷，在胎座的顶端形成一凹陷的革质状枯斑，病斑附近的果皮也从褐色逐渐变为黑褐色（图 1-194）。有的病斑中心有同心轮纹，果皮和果肉柔软，不腐烂，严重时扩展到小半个果实（图 1-195）。多发生在 1、2 穗果上，同一花序上的果实几乎同时发病。在潮湿环境下病部常产生黑绿色或粉红色霉状物（图 1-196）。病果会提前变红成熟，并且比正常的果实小。

图 1-193　番茄脐腐病，不同时期症状

图 1-194　番茄脐腐病，红果发病

图 1-195　番茄脐腐病，病果有同心轮纹

图 1-196　番茄脐腐病，病部黑绿色或粉红色霉状物

【发生规律】 引起发病因素较多。一般说脐腐病的初始发病期是在开花后的 12～15 d，这一时期果实体积增长相对较快，对钙的需求量相对较大，容易引起局部缺钙，导致脐腐病的发生。光照弱、生产时间长、土壤含水量高，会引起发病。生育期间水分供应不均或不稳定，尤其干旱时，水分供应失常，易形成脐腐。干旱条件下喷洒波尔多液发病重。施用未腐熟的有机肥或施肥过多引起烧根造成发病。沙质土壤或黏重土壤易发病。

【防治措施】 （1）农业防治。对过黏或含沙过多的土壤，应结合深耕多施有机肥，增强保水能力。避免施用未腐熟的有机肥料，或施用肥料的浓度过高。基肥以有机肥为主，结合整地施用过磷酸钙。追肥时应注意氮、磷、钾肥的配合使用，勿偏施氮肥。对于酸性土壤，要加施石灰，保证土壤不缺钙。番茄定植前应对土壤提前灌水满墒，早春定植时不宜浇大水。缓苗后，视土壤墒情可适当浇 1 次缓苗水。结果期保证水分供应，当温度急剧上升时的结果中期切勿缺水干旱。生产中应及时整枝打杈，摘除病老黄叶，不仅利于果实对钙的吸收，也利于植株通风透光。还要注意进行疏花疏果，花序上坐果过多的，要适量摘除一些，一般保留基部 4～5 个坐果早的好果，这样不仅可减轻果实间对钙的争夺，也利于提高果实的整齐度和商品性。(2) 化学防治。番茄着果后 1 个月内是吸收钙的关键时期。喷 1%的过磷酸钙，或 0.5%氯化钙加 5 mg/kg 萘乙酸、0.1%硝酸钙及爱多收 6 000 倍液，或从初花期开始，隔 15 d 喷 1 次，连续喷 2 次。第 1 穗果坐果时或定植后 15 d 施用 0.2%脐腐灵 1 号或脐腐宁 1 小袋，加水 60 kg 喷湿植株，隔 10～15 d 喷 1 次，连续喷 3～4 次。

参考文献

[1]史庆华，朱祝军. 番茄脐腐病发生原因的研究进展[J]. 长江蔬菜，2003(3)：34-36

[2]陈建忠. 番茄脐腐病的症状与防治[J]. 上海蔬菜，2003(6)：55

番茄筋腐病
Tomato brown streak

番茄筋腐病又称条腐病或带腐病，是番茄的一种重要生理性病害。保护地栽培中发生重，发病严重时病果率可达 60%以上，降低产量和品质。

【典型症状】 幼果期开始发生，多发生于植株下部。果实膨大期果面着色不均，局部褐变。切开果实，可看到果皮内的维管束呈黑褐色或茶褐色。发病较轻的果实，部分维管束变褐坏死，果实外形无变化，但维管束褐变部位不转红（图 1-197，198）；发病较重的果实，果肉维管束全部呈黑褐色，果面凹凸不平（图 1-199，200）。该病一般只发生在果实上，茎、叶无明显异常。但重病时，有时可见植株顶部弯曲，小叶中肋突出。剖开植株，在距根部约 70 cm 处的茎部，可见输导组织有褐色病变。

图 1-197 番茄筋腐病，青果

图 1-198 番茄筋腐病，病果维管束变褐

图 1-199 番茄筋腐病，病果表面着色不均

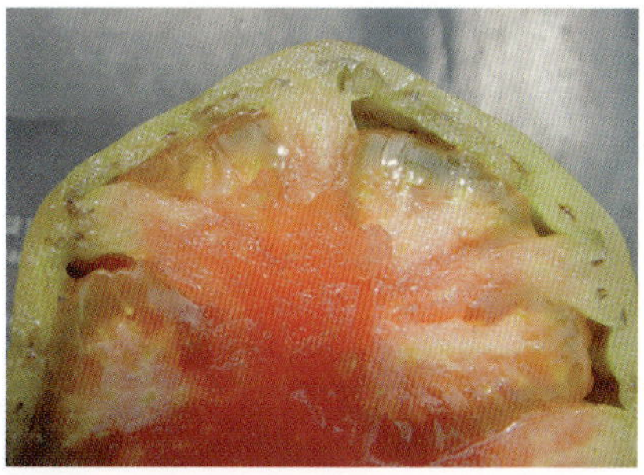

图 1-200 番茄筋腐病，病果维管束变褐

【发生规律】 该病的病因较复杂。番茄植株体内碳水化合物不足和碳氮比下降，引起代谢失调，致使维管束木质化是发病的直接原因，而许多不良环境条件，如光照不足、低温、多湿、空气不流通、二氧化碳不足、夜间温度高、地温低、土壤湿度过大等，均会造成植株体内碳水化合物不足。偏施、过量施氮肥，特别是氨态氮过剩时，缺钾、缺硼等微量元素，也会使植株体内碳水化

合物与氮的比值下降。另外，灌水过多、土壤潮湿、通透性不好，均会妨碍番茄植株根系吸收营养，导致植株体内养分失去平衡，阻碍铁的吸收和转移，也是产生褐色筋腐果的原因。

【防治措施】 (1) 选用抗病品种。注意轮作换茬，可选用一些抗病力强、果皮较薄、植株叶片不太大的品种。(2) 施肥改土。充分腐熟沤制的有机肥料作基肥，有利于均衡土壤养分，改善土壤结构，增强土壤的通透性和排水性。进入结果期，追肥更要注意营养元素的均衡合理，尤其是磷、钾肥与氮肥的合理搭配，微肥可在进入结果期后，每 15 d 喷施 1 次，连喷 2～3 次。(3) 调节湿度。棚内浇水时一次不宜过多，以少量多次为宜，最好不要大水漫灌。冬季气温低，蒸发量不大，只要保持棚内土壤湿润和空气相对湿度在 75% 即可。遇晴天，可适当掀开棚膜以调节空气湿度，改善棚内空气状况。(4) 调节光照和温度。选用透光性能强、保温性好的薄膜建棚。遇长期阴雨天气，可采用白炽灯泡照明以增强光照，番茄开花结果期温度低于 10 ℃或高于 30 ℃会影响光合作用，应适时调节控制棚内温度。及时整枝疏叶，除去病残和过密过弱的叶片，既能减轻病害的传播蔓延，又可减少植株的养分损耗，同时还可改善通风透光条件。

参考文献

[1]孙桂华.保护地番茄筋腐病果和脐腐病果的识别与防治[J].中国植保导刊,2007,27(3):23-24

[2]李会远,马春光,杨哲.保护地番茄筋腐病的发生与防治[J].吉林蔬菜,2005(4):31

番茄裂果 Tomato cracking fruit

裂果是番茄的一种常见的生理性病害。各地均有分布。影响番茄的品质，严重时裂果率可达 30% 以上。

【典型症状】 果实脐部及其周围果皮开裂，有时胎座组织及种子随果皮外翻裸露，成熟果实脐部几乎全裂，又可分为放射形、同心圆形、条纹形、横裂形和混合形。(1) 放射形。以果蒂为中心向果肩部延伸，呈放射状开裂，多始于果实绿熟期，出现轻微裂纹，转色后裂纹明显加深加宽（图 1-201）。(2) 同心圆形。以果蒂为中心，产生同心圆状断续的微细裂纹，重时呈环状开裂，多在果实将要成熟时出现（图 1-202，203）。(3) 条纹形。在果实的底部、顶部和侧面发生纵向、横向或不规则开裂（图 1-204）。(4) 横裂形。在果实的侧面有一条由果柄部向果顶部走向的弥合线条，轻者在线条上出现小裂口，重者形成大裂口，有时胎座种子外露（图 1-205）。

【发生规律】 (1) 畸形花。畸形花花柱开裂会造成裂果。畸形花的产生主要是花芽形成过程中环境条件的不适造成的。一般情况下，播后 25～30 d，真叶展出 2～4 片，茎粗 2 mm 时，生长点开始分化花芽。第 1 穗花芽分化后到第 2 穗花芽分化间若遇到低温，生育迟缓，着花节位低，夜温低于 15 ℃，易形成畸形花。(2) 品种。一般说大型果、圆形果、木栓层厚的品种比中小型品种、高桩型果、木栓层薄的品种更易裂。(3) 环境因素。果实发育后期或转色期，遇高温、强光照射、干旱，特别是久旱后灌水过多，果皮的生长与果肉组织的膨大速度不同步时，膨压增大，则出现裂果。(4) 激素。应用激素不当导致裂果。利用 2,4-D 等激素进行保花保果时，浓度过大，水肥跟不上，也易形成子房畸形发育，或者造成局部生理机能旺盛，引起生理失调而裂果。

图 1-201　番茄裂果，放射状

图 1-202　番茄裂果，细碎纹同心圆形

图 1-203　番茄裂果，同心圆形

图 1-204　番茄裂果，条纹形

图 1-205　番茄裂果，横裂形

【防治措施】 (1) 通风遮阴。保护地要加强通风，阳光过强可采用遮阳网覆盖。防止阳光直射果皮而导致果皮老化。在秋延迟栽培及早春栽培后期，下部叶片不要过早打掉，可为果实起到遮阴作用。(2) 温度。保护地内白天，当温室内温度长时间超过 35 ℃时，可以通过通风、屋顶喷淋的方法来降低温室内温度，晚上夜温不要过低，不能长时间低于 16 ℃。(3) 水分管理。棚内土壤见干见湿，要小水勤浇，不要大水漫灌，以防止土壤水分急剧变化而造成裂果。增施有机肥及质量好的生物肥，以改良土壤结构，提高土壤的保水能力，也可减少裂果。尤其是结果期不可过干过湿。(4) 养分管理。定期叶面喷施钙肥、硼肥。种肥应以硝酸钾或钾宝为主，因番茄喜钾肥，增施钾肥，可使番茄果皮增厚，以减少裂果。缺钙时可用 0.5％硼砂喷洒叶面，每隔 7～10 d 喷次，连续喷 2～3 次。用 2％～4％的比久 (B_9) 喷施生长中的果实，或用 1％的氯化钙溶液涂生长中的果实。(5) 整枝打杈。避免养分集中供应果实而造成裂果。(6) 激素使用。在使用 2,4-D 蘸花时，浓度不宜过大，避免出现裂果。

参考文献

[1]王久兴. 几种番茄裂果的诊治[J]. 蔬菜，2007(8)：26

[2]邱建伟. 温室番茄裂果的常见原因及防治措施[J]. 农业科技通讯，2008(3)：105-106

番茄顶裂果
Tomato cracking fruit apex

顶裂果是番茄的一种常见生理性病害。

【典型症状】 在果实脐部或周围果皮开裂，有的胎座组织及种子随果皮外翻，使果实在成熟时脐部像猫爪的掌面一样，失去商品价值（图 1-206，207）。

图 1-206　番茄顶裂果

图 1-207　番茄顶裂果

【发生规律】 主要是畸形花花柱开裂的结果。直接原因是番茄开花时，对花器供给的养分不足造成的。生产中在低温季节或在大棚中定植过早尤其严重。

【防治措施】 为防止产生顶裂果，要避免过施氨态氮和钾肥。定植时间不宜过早，不能长期夜温过低，土壤不宜过干，以利于钙的吸收和利用。发现土壤中缺钙时，每亩可施石灰 50～70 kg。此外，也可喷 0.5%的氯化钙。

番茄空洞果 Tomato empty fruit

空洞果是番茄一种生理性病害，是果皮生长发育过快、胎座发育跟不上而形成的空腔果实，或胎座发育不良，心室数少，隔壁、果皮很薄的空洞果实。

【典型症状】 番茄空洞果指果皮与果肉胶状物之间有空洞的果实。常见三种类型：(1) 胎座果不良，果皮、心室隔壁很薄看不见种子，果实形成空腔（图 1-208，209)。(2) 果皮生长发育快，胎座发育跟不上而出现空洞（图 1-210，211)。(3) 果皮、心室隔壁生长过快及心室少的品种，节位高的花序易见到。

图 1-208　番茄空洞果，胎座果不良

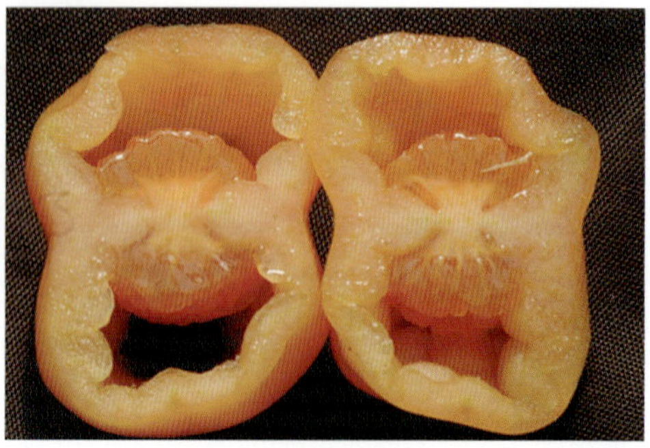

图1-209　番茄空洞果，胎座果不良，没有种子

图 1-210　番茄空洞果，果皮生长发育快

图 1-211　番茄空洞果，种子很少

【发生规律】 (1) 品种。心室数目少的品种易发生番茄空洞果，早熟品种心室数目少，中晚熟的大果型品种心室数目多。(2) 受精。花粉形成遇到 35 ℃的高温，且持续时间较长，授粉受精不良，果实发育中果肉组织的细胞分裂和种子成熟加快，与果实生长不协调也会形成空洞果。(3) 激素。激素蘸花用药浓度过大、重复蘸花或蘸花时花蕾幼小都易产生空洞果。(4) 光照。由于光合产物

减少，向果实内运送的养分供不应求，造成生长不协调形成空洞果。（5）管理。盛果期和生长后期肥水不足营养跟不上，碳水化合物积累少，也会出现空洞果。（6）迟开花果。同一花序中迟开花形成的果实，由于营养物质供不上易形成空洞果。

【防治措施】 选用多心室品种。正确使用激素，避免在蕾期使用或浓度过大。创造果实发育的良好光温条件。加强生长后期的水肥管理，及时补肥，以防植株早衰。

番茄变形果 Tomato deformed fruit

【典型症状】 变形果是指与正常果实不一样的果实，统称其为变形果。除有尖顶果、畸形果、空洞果外，还有多种类型。（1）穿孔果。茎叶生长正常，果实上面有洞，从外面能看到果肉内胶状物质（图 1-212，213）。（2）裂开果。果实一部分裂开露出果腔，有的称为草莓果（图 1-214）。（3）指突果。在果实花萼附近形成指形状的突起（图 1-215）。（4）多蕊果和双子果。前者似多个果实聚集在一起，整个果实不完整。双子果是多蕊果中较简单一种，两个果实并在一起，似双身果（图 1-216）。（5）菊型果。果实的心室里果肉凸起，心室内凹陷，形成多心室的菊花型果实（图 1-217）。（6）椭圆形果。比正常果扁些，呈椭圆状，果实较大，心室多。（7）偏心果。不像椭圆形果左右对称，中心偏向一侧。

图 1-212　番茄变形果，穿孔果

图 1-213　番茄变形果，穿孔果

图 1-214　番茄变形果，裂开果

图 1-215　番茄变形果，指突果

图 1-216　番茄变形果，多蕊果

图 1-217　番茄变形果，菊型果

【发生规律】（1）穿孔果。花芽分化阶段遇到低温、日照不足，尤其是夜温低花芽发育不良，易形成穿孔果。（2）裂开果。顶裂型是花柱痕迹的中心处开裂，多出现在椭圆形和多蕊型果实上，遇有适合裂果的条件，就会形成裂开果，其发生与缺钙有关，夜温低或昼间气温高于35℃，施用氮、磷肥料过多，易产生裂开果。（3）指突果。多发生在氮肥多和夜温低的条件下。（4）多蕊果和双子果、椭圆果和偏心果及菊型果。心室数目多，施用氮、磷肥过量或缺钙及硼时，易出现椭圆果、偏心果及菊型果；缺硼时易形成多蕊果和双子果。生产上遇有夜温低的干燥条件发生重。

【防治措施】 选用耐低温弱光的品种。做到科学施肥，防止偏施、过施氮肥，使植株花芽、花器得到发育需要的适量营养物质，防止分化出多心皮或带状扁形花。加强苗期管理。番茄发芽后25 d 2～3片真叶期进入第1花序分化期，夜温控制在12～16℃，要防止温度过低，白天保持25～28℃，适时适量浇水，浇水不能过多。使用植物生长刺激素严格掌握用量，蘸花药量不宜过多，不能重复蘸花，花蕾未全开的花不能蘸花，蘸花后要及时追肥浇水，保证果实正常发育，并注意把各花序上易产生鬼花的第1朵花疏掉。

番茄畸形花
Tomato deformed flower

【典型症状】 棚室保护地及反季节或露地栽培的番茄，有时出现畸形花。番茄的花器由萼片、花瓣、雌蕊、雄蕊组成，且数目相等，正常番茄花基数为5～7，基数5的多为小果形品种，基数6～7的多为中、大型果，所谓畸形花基数多为8以上，基数为8的还可长成一个稍扁圆形的多心室大果，不影响上市；基数大于9的，所结果实产生畸形（图1-218）。

【发生规律】 花芽分化期，遇有低温，生育迟缓，着花节位低，夜温低于15℃，易形成畸形花，有利于花朵数增加、花朵增大。均温高于25℃，花朵数减少、花朵小，花药发育不全、空药、柱头细长，花蕾停止生长变黄。此外，地温、光照、营养也都有一定的影响。

图1-218 番茄畸形花，番茄雌蕊带花

【防治措施】 加强苗期温度管理，幼苗长到2～4片叶时进入花芽分化期，苗床气温白天保持24～25℃，夜间15～17℃，温差8～10℃，地温18～22℃。一直维持到定植前半个月。当苗高15 cm时开始控水。采用塑料钵育苗的，分苗时把底水浇足，苗高15 cm时也可根据叶色管理。进入花芽分化期后，出现叶色浅、叶片薄、茎细等缺肥症状时，可浇稀薄的尿素和磷酸二氢钾营养液。育苗畦覆盖材料透光要好，要注意经常清除积尘，蒲帘、草苫要早揭晚盖，使苗受光时间达8 h以上。

番茄落花落果
Tomato blossom and fruit drop

【典型症状】 在早春或高温季节栽培番茄，落花、落果常普遍而严重，有时第1穗花果可能全部脱落，第2穗花果大部分脱落（图1-219，220，221）。

【发生规律】 由于番茄是强光植物，而冬季光照又较弱，尤其遇上连阴雪天，再加上多层覆盖，使光照明显减弱，这是造成落花落果的主要

图1-219 番茄落花

图 1-220　番茄落果

图 1-221　番茄落果，田间症状

原因。开花期温度低，尤其花期夜温低于 15 ℃时间过长，影响授粉受精，使之坐不住果而落花。营养生长过旺或植株生长衰弱，花期遇干旱缺水或供肥不足，激素分泌减少，易形成离层而落花落果。

【防治措施】 选用透光率高的无滴膜，在温室后面挂聚酯镀铝反光幕，白天尽可能早揭晚盖覆盖物，勤清扫棚膜，阴雪天也要争取散射光，在不受冻害的前提下，使植株尽可能多见光。控制好温室内温度，白天保持在 20～30 ℃，夜间不低于 15 ℃，以免发生冷害。对生长过旺的苗子以控为主，少浇水少施肥；对生长过弱的小苗，以促为主。花期不旱不浇水，不施肥，保持植株的营养生长和生殖生长平衡。应用植物生长调节剂 2,4-D 和防落素蘸花，同时加入 1%速克灵，以防灰霉病。

番茄生理性卷叶病
Tomato non-infectious leaf roll

【典型症状】 番茄采收前或采收期，第 1 果枝叶片稍卷，或全株叶片呈筒状，变脆（图 1-222，223），致果实直接暴露于阳光下，影响果实膨大，或引致日灼。此病有时突然发生。

图 1-222　番茄生理性卷叶

图 1-223　番茄生理性卷叶

【发生规律】 主要与土壤、灌溉及管理有关。当气温高或田间缺水时，叶片气孔关闭而出现卷叶。

【防治措施】 定植后进行抗旱锻炼；适时适量施肥，保证土壤水分充足；采用遮阳网覆盖栽培；及时做好整枝打杈；选用抗性品种；正确使用植物激素；及时防治蚜虫。

番茄低温障碍和冻害
Tomato low-temperature injury and freezing injury

【典型症状】 （1）幼苗。幼苗遇低温，子叶上举，叶背向上反卷，叶缘受冻部位逐渐枯干或个别叶片萎蔫干枯。（2）成株。低温持续时间长，叶片暗绿无光（图 1-224，225），顶芽生长点受冻（图 1-226），根系生长受阻或形成畸形花，造成低温落花或畸形果。（3）果实。果实不易着色成熟，严重的茎叶干枯而死（图 1-227）。

图 1-224 番茄低温为害

图 1-225 番茄冷害

图 1-226 番茄冻害

图 1-227 番茄冻害

【发生规律】 番茄起源于热带，气温低于13 ℃时不能正常坐果，夜温低于15 ℃造成落花落果，气温在10 ℃或低于10 ℃易发生冷害，长时间低于6 ℃植株将死亡。番茄果实遇－1 ℃会发生冻害。

【防治措施】 低温锻炼。选择晴天定植，以利于根系恢复生长。采用地面覆盖，必要时临时加温。据天气预报，于傍晚喷洒巴姆兰丰收液膜250倍液，或27％高脂膜EC 100倍液。选用耐低温品种。

番茄高温障碍 Tomato high-temperature injury

【典型症状】 塑料大棚或温室栽培番茄，常发生高温为害。(1) 叶片。初叶片褪色或叶缘呈漂白状，后变黄色。轻的仅叶缘呈烧伤状，重的波及半叶或整个叶片，终致永久萎蔫或干枯（图1-228）。(2) 花果。花芽分化时遇高温持续时间长，则表现为花小，发育不良，或产生花粉粒不孕，花粉管不伸长，不受精，致落花，或影响果实正常色素的形成及坐果。

图 1-228 番茄高湿障碍

【发生规律】 其影响程度因基因型及湿度和土壤水分等环境条件而异。当白天温度高于35 ℃，或40 ℃高温持续4 h，夜间高于20 ℃，就会引起茎叶损伤及果实异常。

【防治措施】 加强通风，使叶面温度下降；阳光照射强烈时，可采用部分遮阴法，或使用遮阳网防止棚内温度过高；喷水降温。

番茄盐类障碍 Tomato salt injury

【典型症状】 从植株生育初期可见叶色深绿，有硬化感，植株矮化；心叶卷翘；果肩部深绿，与果脐、果蒂部形成明显对照（图1-229），严重的植株呈萎蔫状态，叶缘枯萎。

图 1-229　番茄盐类障碍

【发生规律】 当土壤 EC 值>1.5 时，说明发生了盐类生理障碍，这与施用的肥料过多和肥料难以淋溶有关，造成每茬作物都有养分积累，尤其是棚室易发生，生产上施用畜粪尿多的有机肥，致氯化铵、氯化钾盐类浓度增高所致，此外土壤中含氯化钠高也易发生。

【防治措施】 选用不易增加盐类浓度的肥料。发现盐类障碍，可增加浇水量。有条件的采用种植绿肥或休闲、灌水排盐等方法。

番茄 2,4-D 药害
Tomato 2,4-D injury

【典型症状】 受害番茄叶片或生长点向下弯曲，新生叶不能正常展开，多变得细长，且叶缘扭曲畸形（图 1-230）；花朵变褐畸形（图 1-231），形成畸形果（图 1-232）。

图 1-230　番茄 2,4-D 药害，为害叶

图 1-231　番茄 2,4-D 药害，为害花

图 1-232　番茄 2,4-D 药害，为害果

【发生规律】 蘸花时施用 2,4-D 过量。

【防治措施】 严格掌握 2,4-D 合理使用浓度和方法。蘸花要适时，蘸花过早易形成僵果，过晚易裂果。前期气温低，花数少，隔 2～3 d 蘸1 次；盛花期最好每天或隔天蘸。防止重复蘸花，以免造成浓度过高，出现裂果或畸形果。定植后气温 15～20 ℃，2,4-D 的浓度以 10～15 mg/kg 为宜。气温升高后，据当时天气条件及不同番茄品种，浓度可降为 6～8 mg/kg。使用 2,4-D 时，防止直接蘸到嫩枝或嫩叶上，严禁喷洒。

番茄茶色果和绿背果
Tomato dark brown fruit and green back fruit

番茄茶色果和绿背果各地均有发生，是番茄果实成熟着色后显现的不正常情况，均系生理病害。

【典型症状】（1）茶色果。果实成熟后变红，但在红色果面上显露出褐色或污茶褐色，致果实发污，光泽度差，影响果实外观（图 1-233）。（2）绿背果。番茄多数品种果实成熟后，粉色果变为粉红色，红色果变为红色，黄色果变成黄色，但绿背果变成粉红色或红色后，果肩部或果蒂附近却残留绿色斑块或绿色区，一直不变红，看上去红绿相间，但绿色区果肉变硬，果肉酸，品质下降（图 1-234）。

图 1-233　番茄茶色果

【发生规律】（1）茶色果。多在偏施氮肥、气温低的条件下发生。（2）绿背果。多发生在偏施氮肥、缺少钾肥及硼素，土壤干燥条件下。

图 1-234　番茄绿背果

【防治措施】 充分腐熟有机肥，注意氮、磷、钾配合，必要时喷洒含硼的复合微肥。采用滴灌或喷灌，适时适量浇水，防止土壤过分干燥。果实成熟期，注意增光提温，白天棚温控制在25～30 ℃。

2. 茄子病害

茄子病毒病
Eggplant mosaic

【典型症状】 病叶呈花叶（图 2-1，2）或皱叶（图 2-3，4），有紫褐色坏死斑，有的病叶呈轮斑状坏死（图 2-5），严重时植株矮小、丛生。烟草花叶病毒、黄瓜花叶病毒主要引起花叶型症状，蚕豆萎蔫病毒引起轮点状坏死，马铃薯 X 病毒引起大型轮点。番茄斑萎病毒引起叶片上出现黄绿不均花斑叶或形成斑驳状，老叶上产生不规则形暗绿色斑纹。植株矮缩，结果少或不结果。

图 2-1　茄子病毒病，花叶

图 2-2　茄子病毒病，花叶

图 2-3　茄子病毒病，皱叶

图 2-4　茄子病毒病，皱叶

图 2-5　茄子病毒病，轮斑状坏死

【致病病原】 病原主要有烟草花叶病毒（TMV）、黄瓜花叶病毒（CMV）、蚕豆萎蔫病毒（BBWV）、马铃薯 X 病毒（PVX）、番茄斑萎病毒（TSWV）等。

【病害循环】 病原主要靠蚜虫传播，汁液摩擦接种也能传毒。

【发生规律】 高温干旱，管理粗放，田边杂草多，蚜虫发生量大，发病重。

【防治措施】（1）种子消毒。用 10%磷酸三钠浸种 20～30 min。（2）农业防治。选无病株留种。加强肥水管理，铲除田间杂草，提高寄主抗病力。(3) 物理防治。塑料大棚悬挂银灰膜条或畦面铺盖灰色尼龙纱避蚜。(4) 化学防治。喷 5% 菌毒清 WP 400～500 倍液或 20%毒克星（盐酸吗啉胍·铜）WP 400～500 倍液，或 0.5%抗毒剂 1 号AS 300 倍液，或 10%混合脂肪酸 AS 100 倍液，隔 7～10 d 喷 1 次，连续喷 2～3 次。采收前 3 d 停止用药。及时防治蚜虫和螨虫。

参考文献

王振东，房德纯，刘玉乐，等. 茄子花叶病新毒原[J]. 中国病毒学，1994，9(3)：276-277

茄子青枯病 Eggplant bacterial wilt

茄子青枯病又称细菌性枯萎病，是茄子的一种主要病害。长江流域普遍受害，可减产 20%～30%，严重时达 50%～60%。

【典型症状】 病株苗期不表现症状，到开花结果期才开始发病。(1) 整株。发病初期个别枝条的顶部叶片萎蔫，随后下部叶片凋萎，中部叶片凋萎最迟，但叶片仍保持绿色。病株最初仅白天萎蔫，傍晚以后恢复正常，后逐渐扩展到整株（图 2-6，7）。初期叶片枝条呈淡绿色，中后期植株呈青枯状凋萎，后期变褐焦枯。2～3 d 病株即行死亡，若气温较低，土壤含水量较大或连日阴雨的条件下，病株可持续 1 周左右才枯死。(2) 茎基部。病株茎基木质部变褐，后发展到上面枝条的木质部，枝条髓部大多腐烂空心。湿度大时或经过保湿，病茎横切面用手挤压有乳白色的黏液渗出（图 2-8），这是本病重要特征。

图 2-6 茄子青枯病，发病植株

图 2-7 茄子青枯病，发病植株

图 2-8 茄子青枯病，根茎部发病部位有大量脓液

【致病病原】 病原为青枯假单胞菌 *Pseudomonas solanacearu*（Smith）Smith，属细菌。(1) 形态和大小。短杆状，单胞，两端圆，大小（0.9～2.0）μm×（0.5～0.8）μm，极生鞭毛 1～3 根。(2) 特性。革兰氏染色阴性，病原能利用多种糖产生酸，不能液化明胶，能使硝酸盐还原。病原生长适温 30～37 ℃，最高 41 ℃，最低 10 ℃，52 ℃经 10 min 致死。病原在种子或寄主体内可存活 200 d 左右，一旦脱离寄主只能存活 2 d，但在土壤中则可存活 14 个月至 6 年之久。

【病害循环】 病原主要在土壤中越冬。第 2 年随雨水、灌溉水及土壤传播。从寄主根部或茎基部伤口侵入，在导管里繁殖蔓延。

【发生规律】 (1) 气候条件与发病。高温高湿是该病发生条件。土温 25 ℃时，田间发病出现高峰。(2) 栽培管理与发病。保护地蔬菜栽培中发生严重。酸性土壤发病重，连作及灌水不当、定植伤根、地下害虫多，发病重。

【防治措施】 (1) 种子处理。种子用 50%琥胶肥酸铜 WP 500 倍液浸种 10～15 min，洗净后催芽播种。或先将种子在冷水中预浸 3～4 h，再放入体积为其 5～6 倍的 55 ℃温水中，连续搅拌 15 min 后，取出种子立即用清水降温后冲洗干净，晾干播种或催芽后播种。(2) 农业防治。棚室栽培时要进行土壤处理，在农闲时，深翻晾晒以往发病的棚室，可用碳酸氢铵进行土壤消毒。具体方法是先将菜畦浇湿，每亩用碳酸氢铵50 kg均匀撒在土表上，并覆盖塑料薄膜，5～7 d后揭开薄膜即可。也可结合整地每亩施生石灰10～50 kg进行土壤改良和消毒。实行与十字花科或禾本科作物4年以上轮作，最好进行水旱轮作。选用无病种子或耐病品种。用无病土育苗，选择前茬未种过茄科作物的地块育苗，最好用营养钵或营养袋育苗，减少定植伤根。采用大垄双行栽培。结合整地，每亩施消石灰100～150 kg，与土壤充分混匀后定植茄苗。及时拔除病株，防止病害蔓延，在病穴上撒少许石灰防止病原扩散。(3) 化学防治。防治茄子青枯病以预防为主，播种前用50%多菌灵WP 1 000倍液喷洒苗床，定植后用青菱散DP 500倍液，或72%农用链霉素SPX 15 g/亩，或72%新植霉素WP 15 g/亩对水灌根。每隔10 d灌1次，连续3～4次。

参考文献

[1]肖敏，王运勤. 几种药剂防治茄子青枯病田间药效试验[J]. 安徽农学通报，2008，14(1)：172-173

[2]陈文燕，王文瑞，程静. 棚室茄子青枯病的发生特点及防治对策[J]. 中国植保导刊，2006(5)：21-22

茄子软腐病 Eggplant soft rot

软腐病是茄子的一种普通病害，主要为害果实。

【典型症状】 主要发生在茄子生长的中后期，为害茄子果实，病果初生水渍状斑，引起果实腐烂，有恶臭，外果皮变褐色（图2-9），失水后干缩，挂在枝杈或茎上。

图 2-9 茄子软腐病

【致病病原】 病原为胡萝卜软腐欧氏菌胡萝卜软腐致病变种 *Erwinia carotovora* subsp. *carotovora* (Jones) Bergey et al.（Erwiniaaroideae Towns.）Holland，属细菌。参见番茄软腐病。

【病害循环】 病原随病残体在土壤中越冬。借雨水、灌溉水及昆虫传播。从伤口侵入。

【发生规律】 阴雨天或露水未落干时整枝打杈，或虫害伤口多，发病重。

【防治措施】 参见番茄软腐病。

茄子细菌性褐斑病 Eggplant bacterial leaf spot

【典型症状】 主要为害叶片和花蕾。(1) 叶片。先在叶缘产生点状小斑，大小2～5 mm，褐色，病斑逐渐扩大汇合，成为较大的病斑，病叶最后干枯脱落（图2-10，11）。(2) 花蕾。萼片先发病，出现灰色斑，逐渐扩展到整个花器。(3) 嫩枝。病部变灰腐烂，病部以上枝叶凋萎（图2-12）。(4) 果实。发病始于果实脐部（图2-13）。

图 2-10 茄子细菌性褐斑病，褐色大斑

图 2-11 茄子细菌性褐斑病，病叶特写，病部变薄

图 2-12　茄子细菌性褐斑病，嫩枝发病

图 2-13　茄子细菌性褐斑病，病果

【致病病原】 病原为菊苣假单胞菌 *Pseudomonas cichorii*（Swingle）Stapp.，属细菌。菌体杆状，具极生鞭毛多根。

【病害循环】（1）越冬与初侵染源。病原在土壤中越冬。（2）传播特点。通过水滴溅射传播，接触也可传播病原。病原从水孔或伤口侵入进行初侵染和再侵染。病原生长适温 30 ℃，41 ℃不生长。

【发生规律】 发病适宜温度 17～23 ℃，生产上多发生在低温期。

【防治措施】（1）农业防治。轮作换茬。棚室栽培时要注意提高棚温和地温，避免低温、高湿条件出现。浇水时要防止水滴溅射，以减少传播。（2）化学防治。发病初期用药液灌根，常用农药有 72%农用硫酸链霉素 SPX 4 000 倍液，或 30%碱式硫酸铜 SC 400 倍液，隔 7～10 d 灌 1 次，连续灌 2～3 次。采收前 3 d 停止用药。

参考文献

牟喜涛. 茄子细菌性褐斑病的防治[J]. 吉林蔬菜，2007(1):35

茄子褐纹病 Eggplant phomopsis rot

茄子褐纹病又称干腐病，是茄子的三大病害之一。各地均有分布。苗期为害造成缺苗，严重时缺苗率可达 40%以上。果实发病引起烂果，可造成 20%～30%烂果，有时可达 50%以上。

【典型症状】 苗期发病造成缺株，结果期发病引起果实腐烂，引起死苗枯枝，以果实腐烂的损失最大。（1）苗期。多在幼茎基部先产生水浸状梭形或椭圆形病斑，稍后病斑逐渐变褐至黑褐色并长有许多小黑点，当病斑环绕茎周时，病部凹陷，使幼苗猝倒，大苗立枯。（2）成株。病叶先出现水浸状白色小斑点，后逐渐扩大成不规则病斑，边缘呈暗褐色，中间灰白色并轮生许多小黑点（图 2-14，15）。（3）茎枝。病茎基部和病枝杈上病斑的边缘深褐色，中间灰白色、稍凹，轮生许多黑褐色小点，严重时许多病斑汇合坏死，使皮层脱落，露出木质部，遇大风时易折断枯死（图 2-16，17）。（4）果实。先出现淡褐色圆形、椭圆形或不规则病斑，后稍凹陷并成暗褐色大斑，逐渐扩大到半果甚至全果，使表皮皱缩出现许多轮纹小黑点，最后病果腐烂脱落或干腐挂枝（图 2-18，19）。（5）种子。染病种子多呈灰白色，无光泽，种脐变黑。

图 2-14　茄子褐纹病，发病叶片

图 2-15　茄子褐纹病，发病叶片潮湿状态下的症状

图 2-16　茄子褐纹病，植株枯死

图 2-17　茄子褐纹病，发病茎症状

图 2-18　茄子褐纹病，发病果实后期干腐状

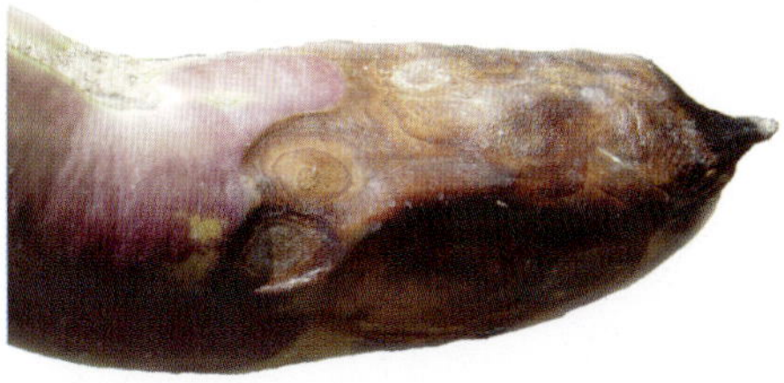

图 2-19　茄子褐纹病，发病果实

【致病病原】 病原无性态为茄褐纹拟茎点霉 *Phomopsis vexans*（Sacc. et Syd）Harter，属半知菌亚门真菌。有性态为茄间座壳菌 *Diaporthe vexans*（Sacc. et Syd.），属子囊菌亚门真菌。（1）形态和大小。分生孢子器埋生表皮下，成熟后突破表皮外露。孢子器近球形，凸出孔口，壁厚而黑。分生孢子无色，单胞。（2）特性。生育适温 28～30 ℃，湿度 80%以上。

【病害循环】 （1）越冬与初侵染源。病原主要在土表病残体中越冬，也可在种子内外越冬，并能存活 2 年以上。（2）传播特点。若播种带菌种子，则引起幼苗发病，引起幼苗猝倒和立枯，土壤带菌常引起茎基部溃疡。发病后数天，即可在病部产生分生孢子，靠风雨、昆虫和农事操作传播，在田间引起再侵染，使植株叶、茎和果实发病。病害远距离传播主要靠带菌种子的调运。

【发生规律】 （1）气候条件与发病。田间气温 28～30 ℃，相对湿度高于 80%，持续时间比较长，或连续阴雨，此病易流行。特别是在高温多雨条件下，为害更重。（2）栽培管理与发病。种子带菌是引起幼苗猝倒、立枯的主要原因，同时也是病害远距离传播的媒介。土壤中病残体带菌多造成植株的基部溃疡，再侵染引起叶片和果实发病。坐果期发病重。连作地、密度过大、氮肥过多或脱肥使植株长势较弱，或地势低洼而排水不良，夏季多雨等，都可引起发病或加重为害。

【防治措施】（1）种子消毒。用 55 ℃的水浸种 10～15 min。用福尔马林浸种 15 min，再用清水冲洗后催芽播种。（2）农业防治。选用抗病品种。一般长茄较圆茄抗病。白皮茄、绿皮茄较紫皮茄抗病。与水稻轮作 1～2 年，与非茄科蔬菜轮作 2～3 年，苗床和大田应实行 1 年轮作换茬。选择排水良好的沙壤土田块种植。采取深沟高畦，降低田间湿度。以有机肥为主，施足基肥，增施磷、钾肥，不偏施氮肥。实行小水勤灌，畦面要见干见湿。定植后可在茎基部撒施草本灰或石灰粉。合理密植，及时疏叶整枝，提高通风透气性。（3）化学防治。播种时用 50%多菌灵 WP 10 g/m^2 拌细土 2 kg 制成药土，取 1/3 撒在畦面上后播种，然后将其余药土覆盖在种子上面。苗期发病可喷施 60%福美锌 500 倍液，或 50%克菌丹 500 倍液，隔 5～7 d 喷 1 次。定植前，苗床喷 1∶1∶240 倍式波尔多液。成株期特别是结果的雨后，喷施 80%新万生 WP 500～800 倍液，或 65%万霉灵 WP 500～800 倍液，或 40%氟硅唑 EC 5 000～6 000 倍液，或 58%甲霜灵·锰锌 WP 500 倍液，或 70%乙膦·锰锌 WP 500 倍液，隔 10 d 喷 1 次，连续喷 2～3 次。

参考文献

[1]李锋，张永佳. 大棚茄子褐纹病的发生特点及防治技术[J]. 江西农业科技，2001(2)：30-31

[2]曹春田，臧学斌，张棋，等. 茄子褐纹病的发生特点与防治[J]. 河南农业，2006(3)：27

茄子细轮纹病 Eggplant phoma leaf spot

细轮纹病是茄子的一种普通病害。

【典型症状】 主要为害叶片。发病初期，叶片上出现轮纹斑，大小 5～10 mm，褐色至深褐色，从叶背看病斑不明显（图 2-20）。该病病斑上的轮纹十分细密，叶背面没有病斑，别于交链孢菌引起的早疫病和褐轮纹病。

【致病病原】 病原为仁果茎点霉 *Phoma pomarum* Thüm.，属半知菌亚门真菌。分生孢子器深褐色，圆形球；分生孢子单胞，无色透明。

【病害循环】 病原以菌丝体和分生孢子器在病残体上越冬。条件适宜时产生分生孢子，从叶

图 2-20　茄子细轮纹病，病叶上病斑

片侵入进行初侵染和再侵染。

【发生规律】 冬季清园不彻底，排水不良，偏施过施氮肥，易发病。

【防治措施】（1）农业防治。收获后及时清除病残体。合理施肥，适时适量追肥，雨后及时排水。（2）化学防治。参见茄子褐纹病。

茄子褐轮纹病 Eggplant ascochyta leaf spot

茄子褐轮纹病又称轮纹灰心病。

【典型症状】 主要为害叶片。发病初期，叶片上出现圆形病斑，大小 2～15 mm，褐色至暗褐色，有同心轮纹（图 2-21）。发病后期，病斑的中心变为灰白色。病斑容易破裂或穿孔（图 2-22）。

图 2-21　茄子褐纹病，病叶症状

图 2-22　茄子褐轮纹病，发病后期叶片症状

【致病病原】 病原为茄壳二孢 *Ascochyta melongenae* Padman.，属半知菌亚门真菌。分生孢子器球形，黄褐色，轮纹状排列；分生孢子双胞，无色透明，椭圆形，中间生一隔膜，分隔处稍收缩。

【病害循环】 病原以分生孢子器和分生孢子在病残体上越夏或越冬。气温上升湿度增加时病原从孔口侵染叶片，并进行多次再侵染。

【发生规律】 春季和夏季在阴湿田块中易发病。

【防治措施】 （1）农业防治。雨后及时排水和通风。发病地块实行轮作。（2）化学防治。参见茄子褐纹病。

茄子褐斑病 Eggplant phyllosticta brown leaf spot

茄子褐斑病又称叶点病。

【典型症状】 中下部叶片容易发病，也可以为害果实。发病初期叶面上的病斑为小点状，水浸状，淡褐色。随病情的发展，病斑逐渐扩大，形成不规则形或近圆形斑，中央灰褐色至灰白色，边缘褐色至深褐色（图 2-23）。后期病斑中央有很多小黑点，病斑周围有较宽的黄色晕圈。发病重时病斑连成片或满布叶片，出现干枯或脱落（图 2-24）。

图 2-23 茄子褐斑病，发病叶片

图 2-24 茄子褐斑病，发病叶片

【致病病原】 病原为茄叶点霉 *Phyllosticta melongenae* Sawada，属半知菌亚门真菌。分生孢子器球形，黑色，叶面生，大小 73～112 μm。分生孢子椭圆形，无色，单胞，平滑，大小（9～13）μm×（6～7.5）μm。

【病害循环】 （1）越冬与初侵染源。病原以菌丝体或分生孢子器随病残体在土壤中越冬。春天产生分生孢子，从伤口或气孔侵入。（2）传播特点。病原孢子借风雨传播，进行多次重复侵染。

【发生规律】 病原喜高温高湿条件，温度 24～28 ℃，相对湿度高于 85%时易发病。连阴雨、多露，利于病害流行。

【防治措施】 （1）农业防治。实行轮作，适时适量控制浇水，雨后及时排水。打去下部老叶，增加通透性。（2）化学防治。发病初期喷 50%乙烯菌核利 DF 1 000～1 300 倍液，或 75%百菌清 WP 500 倍液，或 64%杀毒矾 WP 500 倍液，或 68%精甲霜灵·锰锌 WG 300 倍液，隔 7～10 d 喷 1 次，连续喷 3～4 次。

茄子早疫病 Eggplant early blight

早疫病是茄子的一种重要病害。保护地栽培发病率高，特别是苗期受害尤为严重。

【典型症状】 在育苗期开始发病，成株期也可发病。发病初期，叶片上的病斑为圆形的点状病斑，褐色至黑色，后逐渐扩大到直径 2～10 mm，中央灰褐色，边缘深褐色，具同心轮纹（图 2-25，26）。湿度大时病斑上长出微细的灰黑色霉状物。后期病斑中央易裂（图 2-27）。病斑自下而上逐渐蔓延，发病严重时病叶早期脱落。

图 2-25 茄子早疫病，发病中期叶片症状

图 2-26　茄子早疫病，叶片背面

图 2-27　茄子早疫病，产生大型病斑

【致病病原】 病原为茄链格孢 *Alternaria solani*（Ell. et Mart.）Jones et Grout.，属半知菌亚门真菌。(1) 形态和大小。分生孢子梗圆柱形，单生或丛生，有隔膜 1～5 个，大小(31.08～74.58) μm×(6.22～9.32) μm。分生孢子长棍棒状，黄褐色，有横隔 6～12 个，大小(127.41～217.53) μm×(16.6～21.75) μm。(2) 寄主。这种病原可以侵染番茄、茄子、辣椒、马铃薯等。

【病害循环】 病原在病残体或种子上越冬。在育苗期开始发病，成株期也可发病。

【发生规律】 茄子早疫病的适温范围广，温暖多湿病重。管理粗放，底肥不足，生长衰弱发病重。

【防治措施】 (1) 种子消毒。用 52 ℃温水浸种 30 min，移入冷水中冷却，然后再催芽播种。(2) 农业防治。生长期和收获后，清除病残体，深埋或烧毁。与豆科和十字花科作物实行 3 年以上轮作。(3) 化学防治。发病初期喷 50%多霉灵 WP 600～800 倍液，或 80%新万生 WP 600 倍液，或 70%加瑞农 WP 500 倍液，或 20%优氯特 SC 300～400倍液，隔 7 d 喷 1 次药，共喷 3 次。

茄子斑枯病
Eggplant septoria spot

茄子斑枯病又称斑点病。

【典型症状】 为害叶片、叶柄、茎和果实。发病时先在在茄子叶片背面出现小圆斑，水浸状，逐渐扩展到叶片的正面和果实上（图 2-28）。发病中期，叶片上的病斑为圆形，直径 1.5～4.5 mm，中间灰白色，边缘深褐色。发病后期，斑面上有许多黑色小粒点（图 2-29）。

图 2-28　茄子斑枯病，病叶

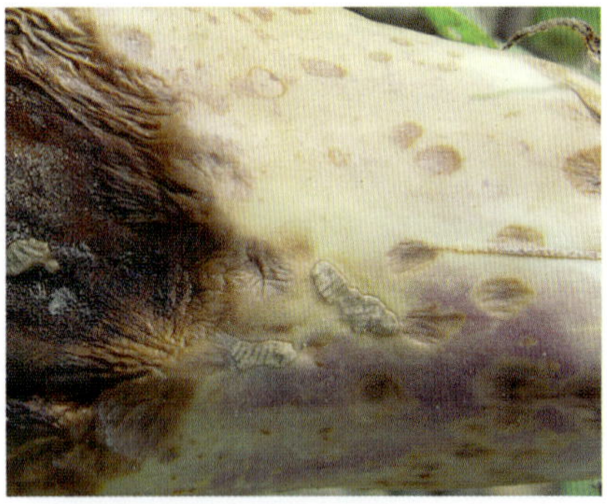

图 2-29　茄子斑枯病，病果

【致病病原】 病原为番茄壳针孢 *Septoria lycopersici* Speg.，属半知菌亚门真菌。特征特性参见番茄斑枯病。寄主有番茄、茄子、马铃薯及茄科杂草。

【病害循环】 (1) 越冬与初侵染源。病原以菌丝和分生孢子器在病残体、多年生茄科杂草上或附着在种子上越冬，成为初侵染源。(2) 传播特点。病原借风雨传播或被雨水反溅到茄子上，从气孔侵入，病部产生病原扩大为害。

【发生规律】 多雨季节，特别是雨后转晴及茄子生长衰弱、肥料不足，易发病。气温 20～25 ℃，潜育期 4 d 左右。

【防治措施】 (1) 种子消毒。用 50 ℃温水浸种 25 min，晾干后播种。(2) 农业防治。重病地要与非茄科作物实行 3～4 年轮作，最好与豆科或禾本科作物轮作。采用高畦栽培，避免畦内积水，降低田间湿度。增施磷、钾肥。收获后，要彻底清除田间病株残余物和田边杂草，集中沤肥，经高温发酵和充分腐熟后，方能施入田内。(3) 化学防治。参见茄子褐纹病。

茄子叶霉病 Eggplant fulvia leaf mold

叶霉病是茄子的一种常见病害，在一些地区已成为主要病害，常年病田率 20%～35%。

【典型症状】 主要为害叶片，严重时也为害叶柄和嫩茎。(1) 叶片。中、下部叶片先发病，逐渐向上蔓延。病叶正面出现圆形或不规则形斑点和斑块，淡黄色褪绿。病斑大小不等，直径 3～10 mm，不整形至近圆形，具有明显的轮纹。后期病斑处变褐枯死，严重时病斑连片，叶片干枯。病叶背面在病部生出霉层，初为白色，后渐变为紫灰色或灰褐色，霉层十分明显（图 2-30）。条件合适时叶片正面也会长出霉层。(2) 叶柄和茎部。严重时为害叶柄和嫩茎，症状与叶部相同。(3) 果实。果实极少被害。果实发病多从叶柄蔓延而来，果面上出现白色斑块，成熟果实病斑黄色下陷，后渐变黑色，最后成为僵果（图 2-31）。

图 2-30 茄子叶霉病，发病叶片

图 2-31 茄子叶霉病，发病果实

【致病病原】 病原为褐孢霉菌 *Fulvia fulva* (Cooke) Cif.，属半知菌亚门真菌。(1) 形态和大小。菌丝体疏散，分生孢子梗由子座伸出，不分枝或偶尔分枝，直或弯曲，基部狭窄，向上渐宽，孢子梗一侧有节状膨大，能侧生为短型侧枝，淡褐至榄褐色，光滑。产孢细胞单芽生或多芽生，合轴或延伸，棍棒形或圆筒形，有疤痕。分生孢子串生，孢子链常分枝，具 0～9 个分隔，两端钝圆，淡褐到榄褐色，表面光滑，有时脐部稍凸出。分生孢子大小(12.5～58.8) μm×(5.0～8.0) μm，有 1～4 个隔膜，最多可达 7 个。孢子梗宽3～7.5 μm，长100 μm 以上，往往数根成丛聚集一起。(2) 特性。菌丝在 10～40 ℃之间均可生长，以 30 ℃为最适，低于5 ℃和高于 45 ℃时不能生长。

【病害循环】 (1) 越冬与初侵染源。病原主要以菌丝体在病残体或以菌丝潜伏在种子中或以分生孢子附着于种子上越冬。病原分生孢子生出芽管，主要从寄主叶背气孔侵入。第 2 年遇适宜环境条件即产生分生孢子，以后病斑上又产生分生孢子进行再侵染，在成株期病害蔓延最迅速。(2) 传播特点。病原借气流、流水或其他农事操作传播。

【发生规律】 (1) 气候条件与发病。多发生于早春茬各类保护地种植的中后期，连阴雨天气，气温升高，易发病。(2) 栽培管理与发病。浇水过多，管理粗放，保护地内光照过弱，通风不良而湿度长期较高，有利于叶霉病的扩展和加重为害。

【防治措施】 (1) 种子消毒。种子播前应先在阳光下晒 2～3 d，然后用 55 ℃温水浸种15～20 min，并不断搅拌，再晾干备播。用 1%高锰酸钾 800 倍液浸种 30 min，捞出冲净后催芽。(2) 农业防治。与非茄科作物实行 2～3 年以上轮作，以减少初侵染源。保护地栽培，应加强温度和湿度的管理，适时通风，适当控制浇水并及时排湿。点片发生时，及早摘除病叶并带出田外销毁。应及时整枝，增加透光性，合理施用氮肥，增施钾肥、硼肥和钙肥，提高植株抗病能力。保护地在定植前，可每亩用生石灰 75～80 kg 撒施地面，然后深翻 2 遍，利用石灰杀菌，并有补充钙元素的作用。(3) 化学防治。发病初期喷药防治，喷药要安排在上午。常用农药有 40%氟硅唑 EC 9 000 倍液，或 65%甲霉灵 WP 1 000 倍液，或 50%多菌灵 WP 800 倍液，或 47%加瑞农 WP 800～1 000 倍液，隔 10 d 喷 1 次，连续喷 2～3 次。保护地定植前，用硫黄粉熏蒸大棚或温室。每 430 m^2 大棚（棚高 2.8 m）可用 225～230 g 硫黄粉加 500 g 干锯末混均匀后，用煤球点燃密闭熏蒸 1 夜。

参考文献

[1]刘志恒,刘薇薇,王成明,等.茄子叶霉病原生物学特性及药剂抑菌效果研究[J].沈阳农业大学学报,2003,4,34(2):95-98

[2]刘永.茄子叶霉病综合防治技术[J].植保技术与推广,2001,21(10):17,24

茄子棒孢叶斑病 Eggplant corynespora leaf spot

【典型症状】 主要为害叶片、茎和果实。(1) 叶片。发病初期叶片生褐色小点，扩大后呈星状，边缘不整齐。在潮湿条件下病斑扩大呈近圆形至不整齐形，有时病斑有少量的轮纹，边缘无明显的晕圈。在叶面形成大小不等的病斑，大的直径可达15 mm，病斑数量多时引起植株早期落叶（图2-32）。(2) 茎基部。初为淡褐色，稍后表面凹陷，最后呈干腐状，表面生浓密黑色霉层，严重时引起上部萎蔫（图2-33）。(3) 果实。在果面形成具有紫色边缘的褐斑，湿度大的条件下病斑扩大，呈灰色，表面被以白色的菌丝，引起的腐烂可深入果肉2.5 mm处（图2-34）。

图 2-32 茄子棒孢叶斑病，病叶

图 2-33 茄子棒孢叶斑病，病茎

【致病病原】 病原为山扁豆生棒孢 *Corynespora cassiicola* (Berk. et Curt.) Wei，属半知菌亚门真菌。

图 2-34 茄子棒孢叶斑病，发病果

(1) 形态和大小。菌丝无色至暗褐色，分隔，直径3.75～50 μm。分生孢子梗直或微弯，不分枝，中间有时有膨大的节，褐色，基部细胞较大，顶端稍膨大，大小 (60～960) μm× (3.75～7.5) μm。分生孢子通常单生，棒状，直或略弯，偶有分枝，淡橄褐色。有4～19个分隔，分隔处不缢缩，有时在顶部略缢缩，将上段分割成1个小孢子，孢子大小 (60～240) μm× (10～15) μm。在PDA上菌落深灰色，偶生孢子，孢子较小，45 μm× (7.5～10) μm。(2) 特性。病原在6～30 ℃均能发育，发病适宜温度20～25℃。(3) 寄主。这种病原可以侵染茄子、辣椒、番茄、大豆、蓖麻、棉花、豇豆、黄瓜、菜豆、小豆、芝麻、西瓜等多种作物。

【病害循环】 病原在植株或种子上越冬，成为初侵染源。

【防治措施】 (1) 种子消毒。播种前种子用55 ℃温水浸种15 min或52 ℃温水浸30 min，再放入冷水中冷却后催芽。(2) 农业防治。苗期注意放风，不能灌水过量，雨季要清沟沥水，降低湿度。(3) 化学防治。发病初期喷50%甲基托布津WP 500倍液，或50%多菌灵WP 600倍液，或50%混杀硫SC 500倍液，或50%苯菌灵WP 1 500倍液，隔7～10 d喷1次，连续喷2～3次。

参考文献

李明远,李兴红,张涛涛,等.辽宁发生茄子棒孢叶斑病[J].植物保护,2001,27(6):48-49

茄子灰霉病 Eggplant gray mold

灰霉病是茄子的一种重要病害。保护地内普遍发生，流行时造成减产20%～30%，重者可达50%。

【典型症状】 苗期和成株期均可发病，为害果实、叶片和茎部，但主要为害果实。(1) 苗期。苗期发病，茎秆缢缩变细，或顶芽变色呈水渍状，严重时，植株死亡。(2) 成株。成株期发病，叶、花、果均可受害。叶片受害多从叶尖或叶缘开始，初呈褪绿水渍状，后向叶内扩展，形成“V”字形病斑(图 2-35，36)。花器受害，花瓣萎蔫(图 2-37)。果实受害，多从果实与花瓣粘连处开始，或直接从花托处侵入，初呈水渍状，最后褐腐，病健部分界明显，不会自然脱落；湿度大时，病叶、病果、花器等均可长出灰色霉状物(图 2-38，39)。

图 2-35 茄子灰霉病，叶尖发病，形成“V”字形病斑

图 2-36 茄子灰霉病，叶片中部发病症状

图 2-37 茄子灰霉病，花发病症状

图 2-38 茄子灰霉病，果蒂处发病

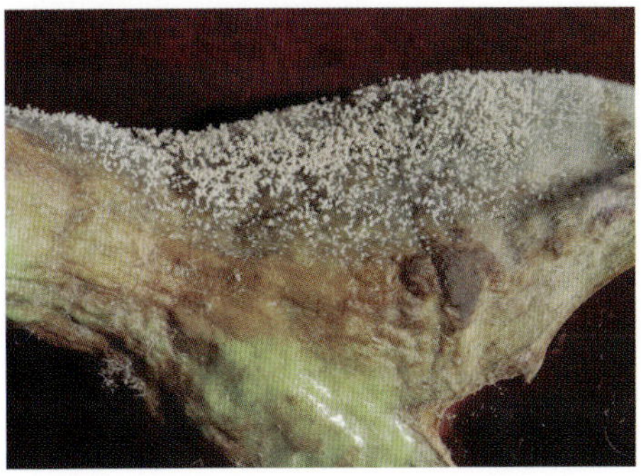

图 2-39 茄子灰霉病，霉层特写

【致病病原】 病原为灰葡萄孢 *Botrytis cinerea* Pers.，属半知菌亚门真菌。有性阶段为富克尔核盘菌 *Sclerotinia fuckeliana* (de Bary) Fuckel，属子囊菌亚门真菌。病原特征特性参见番茄灰霉病。这种病原可以侵染茄子、葱、白菜、莴苣、番茄、黄瓜、辣椒、蚕豆、西瓜、草莓、菜豆和韭菜等。

【病害循环】 病原以菌核、菌丝体或分子孢子随病残体遗留在土壤中越冬或越夏。病原在遇适宜环境条件时，产生分生孢子或菌丝体，借助气流和人农用操作传播，以后病斑上又产生分生孢子或菌丝体进行再侵染。

【发生规律】（1）气候条件与发病。发病最适温度是18～22 ℃。适温高湿有利于其发生，春季连绵阴雨，或持续晴雨相间，发病率上升。（2）栽培管理与发病。连年种植茄子或茄科作物，使灰霉病原基数较高，气候条件一旦适宜，即引起病害。栽培过密，植株徒长，管理粗放等，均利于发病。

【防治措施】（1）种子消毒。用1%福尔马林水溶液，将种子浸泡15～20 min，捞出后用湿布包裹放入密闭容器中，闷2～3 h再用清水将种子淘洗干净，然后浸种、催芽。或用种子量的0.3%的2.5%适乐时悬浮种衣剂拌种，拌匀晾干后播种。（2）农业防治。重病田实行稻茄轮作，轮作期3年以上。增施腐熟的有机肥，实行配方施肥，重视磷、钾肥的施用。苗期浇水宜选择晴天的傍晚进行、避免在阴雨天浇水，同时要控制浇水量，最大限度降低湿度，中后期以排水防渍为主。遇长时间干旱时，灌溉跑马水补充水分，浇水时可结合施肥。合理密植，适时中耕除草，及时整枝摘叶，调整株形，改善通风透光条件，降低湿度。对病叶、病果和病虫枝叶要及时摘除，装在塑料袋内，带出田间。晴天中午闭棚，使棚内温度上升到33～35 ℃，持续2 h，每周2次，抑制病原的侵染及孢子形成，缓解病情扩展。（3）化学防治。①播种前苗床用55%敌克松WP 10 g/m^2 加水稀释成800倍液，浇透畦面。②在起苗定植前，用3%绿亨育苗壮AS 500倍液浇淋茄子苗，带药下田。定苗前7～8 d每平方米用硫黄4 g加80%敌敌畏0.1 g和锯末8 g，混匀后点燃密闭1昼夜，以杀灭病原，减免病害的发生。③在茄子生长前期，每亩用10%腐霉利FU 200～250 g，分点布放，于傍晚用暗火点燃后立即盖膜密闭烟熏1夜，次日早晨揭膜通风。茄子开花后每隔8～10 d，每亩用45%百菌清或15%速克灵FU 50 g，于傍晚进行熏蒸，连续4～5次。④棚室内因高温或低温的影响，落花落果现象发生严重。在利用番茄灵或2,4-D保花保果时，向其水溶液中加入0.1 g速克灵，防效达90%以上。⑤晴天棚室中可以叶喷50%腐霉利WP 2 000倍液，或45%噻菌灵SC 3 000～4 000倍液，或50%扑海因WP 1 500倍液，或60%多菌灵超微粉600倍液喷。⑥发病初期用50%速克灵WP 1 500倍液，或50%乙烯菌核利WP 1 000倍液，或0.2%武夷菌素AS 100倍液喷雾。应该特别注意的是茄子灰霉病对杀菌剂极易产生抗药性，所以应采取轮换用药的方法，一般每隔7～10 d交替喷施3～4次。

参考文献

[1]李宝聚，岑喆鑫，石延霞. 茄子灰霉病的症状诊断及综合防治[J]. 中国蔬菜，2006(3)：49-50

[2]孙迅，刘晓辉. 无公害茄子灰霉病的发生与防治技术[J]. 吉林蔬菜，2007(3)：52

茄子菌核病 Eggplant sclerotinia rot

菌核病是茄子一种普通病害。在各地均有分布。重病田块病茎率5%～12.5%，门茄受害率30%～60%。

【典型症状】（1）苗期。茎基部发病呈水渍状病斑，浅褐色，湿度大时病部长出白色棉絮状菌丝。（2）叶片。病斑水渍状，后变为褐色圆斑，潮湿时长出白色菌丝，健叶碰到菌丝也会发病（图2-40）。（3）茎部。发生在门茄果柄着生处附近或对茄所在侧枝上，多由开败的花或幼果上的病原扩散所致，病部初呈水渍状且上下扩展，稍凹陷，后呈浅灰黄色，皮层腐烂（图2-41），后期纵剖茎秆可见髓部有黑色鼠粪状菌核（图2-42）。（4）花蕾、花、花柄。发病时呈现水渍状湿腐，后脱落。（5）果实。常始于果面残留的花瓣处，初呈水渍状斑，后变黄褐色腐烂，湿度大时长出白色菌丝体，后期形成菌核。

图2-40　茄子菌核病，病叶

图 2-41　茄子菌核病，病茎，菌丝干燥后灰白色

图 2-42　茄子菌核病，菌核

【致病病原】 病原为核盘菌 *Sclerotinia sclerotiorum*（Lib.）De Bary，属子囊菌亚门真菌。(1) 形态和大小。菌核初为白色，老熟后变黑色鼠粪状，由菌丝体扭集在一起形成。子囊盘浅褐色，盘状或扁平状。子囊盘柄的长度 3～15 mm，伸出土面为乳白色，渐展开呈杯状。子囊盘成熟后子囊孢子呈烟雾状弹射。子囊棍棒状，无色，内生子囊孢子 8 个。子囊孢子单胞，无色，椭圆形，大小(10～15) μm×(5～10) μm。(2) 特性。菌丝生长及菌核形成最适温度 20 ℃，最高 35 ℃。(3) 寄主。这种病原可以侵染茄子等作物。

【病害循环】 (1) 越冬与初侵染源。病原主要以菌核在田间或塑料棚土壤内越冬。(2) 传播特点。春天茄子定植后菌核萌发，抽出子囊盘即散发子囊孢子，随气流传播到寄主上。由伤口或自然孔口侵入。棚内 3 月底开始发病，5 月上旬达发病高峰。

【发生规律】 (1) 气候条件与发病。早春连续阴雨、棚内低温高湿、种苗及土壤带菌是茄子菌核病发生的重要条件。棚内 3 月底开始发病，5 月上旬达发病高峰，随气温迅速上升病情减轻。(2) 栽培管理与发病。地膜覆盖栽培良好的大棚，发病较少。覆膜不平，膜下杂草丛生，利于菌核萌发，加重病害发生。病健株接触，可引起发病。

【防治措施】 (1) 种子消毒。种子用 52 ℃温水浸种 30 min，杀死菌核。用种子重量 0.3%～0.5%的多菌灵 WP 或 50%腐霉利 WP 拌种。(2) 农业防治。菌核病严重的田块，应实行水旱轮作或与禾本科作物轮作，避免与茄果类或十字花科蔬菜连作。定植前耕翻土壤20～25 cm，埋没菌核；定植时全面覆盖地膜，阻止子囊盘出土。选用无滴膜覆盖，可明显减少水滴。早春追施粪水宜选择在晴天上午进行，忌阴天或下午施粪水，避免夜间棚内湿度过大。晴天上午保持较高棚温，让水珠雾化，下午适当延长放风时间，夜间注意覆盖保温，防止叶片结露。及时拔掉病株或剪下病枝，打去病叶，疏掉病花烂果，带出田外集中深埋，切忌随处乱扔，以免重复侵染为害。(3) 化学防治。用 25%多菌灵 WP 20 g/m²，加干细土 0.5～1 kg 撒施于大棚畦面上，然后播种、假植或定植。定植后用 50%多菌灵 WP 1 000 倍液灌根。田间出现中心病株时，用 50%多菌灵 WP 500 倍液，或 70%甲基托布津 WP 1 000 倍液，或 50%腐霉利 WP 2 000 倍液，或 50%扑海因 WP 1 500 倍液，或 50%乙烯菌核利 WP 1 000 倍液，或 40%菌核净 WP 1 000 倍液，交替使用，隔 15 d 喷 1 次，连喷 3～4 次。连续阴雨天发病，每亩用 10% FU 腐霉利或 45%FU 百菌清 250～300 g，于傍晚均匀布点，闭棚熏 1 夜。每隔 7～10 d 熏 1 次，连续熏 2 次。

参考文献

[1]陈宝宽. 茄子菌核病的发生及防治对策[J]. 北京农业，1998(8):22

[2]王卫玉，施永军. 茄子菌核病的发生与综合防治技术[J]. 上海蔬菜，2006(3):22-23

茄子黑枯病 Eggplant black rot

保护地茄子黑枯病日益严重，导致茄子的品质和产量严重下降。

【典型症状】 为害叶片、茎和果实，主要为害叶片。(1) 叶片。病斑分小型病斑和大型病斑两种。小型病斑紫黑色，圆形或近圆形，直径为0.5～1.0 cm，周围为紫黑色，中央稍浅为浅褐色，有时从中部破裂（图2-43）。大型病斑直径常达1.0 cm以上，也为紫黑色，中央颜色稍浅，常常带有轮纹，但病斑上不形成黑色小点(图2-44)。发病重时一片叶上有许多病斑，常常造成早期落叶。病斑有时可在叶脉形成，条件适宜时长出灰褐色霉层。也可在叶片基部发生，导致整片叶枯死，而且茎上也能产生病斑。(2) 果梗。果梗病斑呈褐色，病部下凹或龟裂。(3) 果实。果实发病少，发病时在果实表面形成无数水泡状的小隆起，导致果实商品价值下降。

图2-43 茄子黑枯病，小斑型发病叶片

图2-44 茄子黑枯病，大斑型发病叶片

【致病病原】 病原为茄棒孢菌 *Corynespora melongenae* Takimoto.，属半知菌亚门丝孢目棒孢属真菌。菌丝体有分枝，无色到淡褐色，具隔膜。分生孢子梗细长，初呈淡褐色，后变为深紫黑色，大小(200～400) μm×(6～8) μm。分生孢子多数单生于分生孢子梗上，直或略弯，孢子呈淡褐色至深紫黑色，棒槌状，普通的有8～10个隔膜，孢子大小(80.0～252.5) μm×(10.0～16.3) μm。(2) 特性。该病原发育的适宜温度为25～28 ℃，5～35 ℃均可生长，寄主范围狭窄。在PDA培养基上长势较慢，产孢量少，菌落初期为白色近圆形，向上生长，后期颜色加深变为灰色。

【病害循环】 (1) 越冬与初侵染源。病原以菌丝或分生孢子随病叶、茎等病残体在土壤中残留、越冬，分生孢子也可附于种子或塑料棚、温室等资材上越冬，成为第2年的初侵染源。种子也可带菌。(2) 传播特点。病斑上形成的分生孢子可通过风雨传播，飞散到周围植株上使病情加重，并进行多次再侵染。

【发生规律】 病原的发病受气象条件的影响较大。高温、多湿条件下易发病，5～6月份晴天保护地内温度上升，温度管理不严格时，发病程度增加。

【防治措施】 (1) 种子消毒。使用无病种子，或种子消毒处理。可用52 ℃温水浸种30 min后催芽。(2) 农业防治。合理控制栽培密度，苗床要注意放风。严格控制温湿度，防止保护地内出现高温多湿现象，切忌灌水过量，雨季要注意排水降湿。保护地特别要做好放风排湿工作。及时摘除初发病病株的病叶，减少田间菌源。采收后彻底清洁田园。(3) 化学防治。发病初期及时进行药剂防治，可选用50%甲基托布津WP 500倍液，或50%福美双WP 500倍液，或75%百菌清WP 600倍液，或25%咪鲜胺EC 1 500倍液，隔7～10 d喷雾1次，连续喷2～3次。

参考文献

岑喆鑫,李宝聚,范青山,等.保护地茄子黑枯病的识别与防治[J].中国蔬菜,2006(10):49

茄子猝倒病 Eggplant damping-off

猝倒病是茄子苗期的主要病害，可使幼苗成片死亡。

【典型症状】 在种子萌发后、幼苗尚未出土前发病，造成烂种，不能出土，在腐烂的种子表面常有灰白色棉絮状物。幼苗出土、子叶开始舒展而真叶尚未展开时染病，茎基部呈水浸状后变黄褐色，病斑很快绕茎一周，病部收缩成线状而后倒伏死亡（图 2-45）。猝倒病发病速度快，往往子叶不蔫病幼苗就已折倒地面。倒伏幼苗在短期内仍为绿色，易拔出，触摸病部，表皮很易脱落。严重时苗畦大片死亡。

图 2-45　茄子猝倒病

【致病病原】 病原为德巴利腐霉 *Pythium debaryanum* Hesse.，属鞭毛菌亚门真菌。此外还有德里腐霉 *P. deliense* Meurs.，刺腐霉 *P. spinosum* Sawada.，终极腐霉 *P. ultimum* Trow 和瓜果腐霉 *P. aphanidermatum*（Eds.）Fitzp.，但各地优势种不同。病原菌特征特性参见番茄猝倒病。寄主有番茄、茄子、辣椒等茄果类蔬菜幼苗。

【病害循环】（1）越冬与初侵染源。该病原腐生性很强，可在土壤中长期存活，在病株残体上及土壤中越冬。（2）传播特点。条件适宜萌发侵染幼苗引起猝倒，病原靠灌水或雨水冲溅传播。

【发生规律】（1）气候条件与发病。低温、高湿，土壤中含有机质多，施用未腐熟的粪肥等均有利于发病。在育苗期间，由于长期 15 ℃以下低温、高湿、光照不足、通风不良、苗床管理不当或幼苗徒长等都极易引发猝倒病。（2）栽培管理与发病。在冬春育苗期遇连续阴雨、下雪或夏季播种后遇大雨，会引起猝倒病大发生。

【防治措施】 以加强苗期苗床管理为主，药剂防治为辅。（1）种子处理。用 55 ℃温水浸种，边浸边搅拌，保持水温恒定，15 min 后放在常温下浸种 24 min，将种子捞出洗净后放在 25～30 ℃条件下催芽。（2）农业防治。选用无病新土或风化的河泥作床土。有机肥要充分腐熟。幼苗出土后应往意苗床保温。（3）化学防治。用旧苗床育苗，应对床土消毒，用 65%的代森锌 DP 60 g/m^3，混合拌匀后用薄膜覆盖 2～3 d，撤去薄膜待药味挥发后使用。发病初期用 72%克露 WP 600 倍液，或 69%安克锰锌 WP 800 倍液，或 75%百菌清 WP 600 倍液，或 64%杀毒矾 WP 500 倍液。每隔 7～10 d 用 1 次，视病情程度防治 1～2 次。

茄子根腐病
Eggplant root rot

根腐病是茄子的一种重要的土传性病害。引起大面积死秧，发病率达 40%，个别地块达 90%。

【典型症状】 病株表现为叶片萎缩、发黄，根部软腐，但不缢缩（图 2-46），严重的整株萎蔫枯死（图 2-47）。晴天中午棚内温度高时，症状表现尤为突出。

图 2-46　茄子根腐病，病株根部枯死

图 2-47　茄子根腐病，病株枯死

【致病病原】 病原为茄病镰刀菌 *Fusarium solani*（Mart.）Sacc.，无性时期属于半知菌亚门，有性时期为子囊菌亚门。（1）形态和大小。病原菌产生大、小两种类型分生孢子。小型分生孢子为卵形或肾形，无隔或偶有一隔，大小为（8.0～

20.5) μm×(2.5～5.5) μm。大型分生孢子较宽，最宽处在中线上部，两端较钝，顶胞稍尖，基胞圆形，壁较厚，具2～5个分隔，大小（25.0～50.0) μm×(3.2～7.0) μm。产孢细胞在气生菌丝上长出，为长筒形单瓶梗，少分枝。在分生孢子座上长出的分枝多，成簇，长短不一。厚垣孢子圆球形，单生或对生，个别产生小菌核，黄褐色。(2) 特性。温度对病原有一定的影响，23～30 ℃适于孢子产生，温度低于20 ℃或高于35 ℃，均会抑制孢子产生，在35 ℃条件下，孢子还发生畸形现象。中性条件下菌落生长最快，最适pH 6～8，pH过低或过高皆会影响菌落生长，pH低于2或高于11，茄病镰刀菌及其蓝色变种皆停止生长。

【病害循环】 病原在土壤中及病残体上越冬，可在土中长期存活。病原从根部伤口侵入。

【发生规律】 高温、高湿有利于发病。连作地、低洼地、土壤黏重，发病重。

【防治措施】 (1) 农业防治。与十字花科、百合科蔬菜轮作。高畦栽培，平整土地，防止大水漫灌，雨后及时排水。苗期发病及时松土，增强土壤透气性。采用嫁接技术，能有效地控制茄子根腐病的发生（图2-48）。(2) 化学防治。发病前或发病初期，用10%AS双效灵，或12.5%增效多菌灵LD 200倍液灌根，隔7～10 d灌根1次，连续灌2～3次。

图2-48　茄子嫁接，劈接法

参考文献

[1]王勇，杨依军，杨秀荣，等.茄根腐病致病病原——茄病镰孢菌及其蓝色变种的分离与鉴定[J].天津农业科学，2000,6(3):4-6

[2]王勇，杨秀荣，杨依军，等.茄根腐病致病病原——茄病镰刀菌及其蓝色变种的生物学特性研究[J].天津农学院学报，2002,9(6):21-25

茄子黄萎病
Eggplant verticillium wilt

茄子黄萎病又称半边疯、茄子黑心病，是茄子的主要病害。各地均有分布。一般发病率为10%～20%；发病率为50%～70%，减产20%～30%；重病地发病率可达90%以上，减产40%。

【典型症状】 主要在定植以后开始表现症状，坐果后症状更明显。病株较矮，多自下而上或从一边向全株发展，以后发展成半边变黄，因此该病俗称为"半边疯"（图2-49）。发病叶片先是叶脉间、叶尖或叶缘褪绿、变黄，逐渐发展至整片叶变黄或黄化斑驳（图2-50，51）；发病严重时，早期病株晴天高温时病叶萎蔫，早晚或天气阴凉时恢复，后期病株彻底萎蔫，叶片黄萎、卷曲、脱落（图2-52，53），严重时只剩下茎秆或心叶，植株死亡。但是一般不出现整株枯死的现象，仅从一侧的几片叶开始出现病症，待病害发展到晚期，植株方才枯死。

图2-49　茄子黄萎病，发病初期"半边疯"症状

该病为全株性病害，典型症状有枯死型、黄斑型、黄色斑驳型3种类型。剖检病根、茎、分枝及叶柄可见维管束变褐色。①黄色斑驳型。植株不矮化，仅少数叶片出现黄色的斑驳，一般叶片不枯死。②黄斑型。植株稍矮化，叶片由下向上形成掌状黄斑，仅下部叶片枯死，一般植株不死亡。③枯死型。植株严重矮化，叶片皱缩、凋萎、枯死、脱落，病情扩展很快，常导致整株死亡。

【致病病原】 病原为大丽花轮枝孢 *Verticillium dahliae* Kleb.，属半知菌亚门真菌。(1) 形态和大小。菌丝体初生无色，老熟时变褐色，有隔膜。分生孢子梗较长，直立，110～200 μm，第1次分枝2～3出或互生，第2次分出轮枝，在1个主轴上

图 2-50　茄子黄萎病，叶片萎蔫状

图 2-51　茄子黄萎病，发病叶片症状

图 2-52　茄子黄萎病，发病叶片后期

形成 1～5 个轮层，每个轮层有轮枝 1～3 根，轮枝长 7.5～31.2 μm，轮距 12.43～24.86 μm，顶枝长 12.4～37.3 μm，顶枝和轮枝顶端着生分生孢子，有水滴时，多个分生孢子会聚集在顶端。分生孢子椭圆形，单胞无色，有时浅黄色，大小为 (2.50～6.25) μm×(2.00～3.00) μm。(2) 特性。发育适温 19～24 ℃，最高 30 ℃，最低 5 ℃。生长最适 pH 5.3～7.2，在 pH 3.6 条件下，生长良

图 2-53　茄子黄萎病，发病株中后期症状

好。(3) 寄主。这种病原可以侵染茄子、辣椒、番茄、棉花、马铃薯、瓜类、蚕豆、白菜等 270 多种植物。

【病害循环】 (1) 越冬与初侵染源。病原以休眠菌丝、厚垣孢子和微菌核随病株残体在土中越冬，土壤中病原可存活 6～8 年，因此土壤带菌是该病的主要初侵染来源。病原也能以菌丝体和分生孢子在种子内、外越冬。病原通过根部伤口或幼根表皮及根毛直接侵入，首先在根部维管束内繁殖，再蔓延到茎、叶和果实中。(2) 传播特点。常随种子调运而作远距离传播。带菌肥料和带菌土壤借助风、流水、人、畜及农具等途径，将病原传到无病田。因此在未种过茄子的田块也可能发病，只是发病较轻。

【发生规律】 (1) 气候条件与发病。病原属于中低温病害。一般气温低，定植时根部伤口愈合慢，适合病原的发育，有利于病原从伤口侵入。如果从定植到开花期，日均温低于 15 ℃，持续时间长，则发病早而重；如此期间气温较高，雨水调和，病害明显减轻。(2) 栽培管理与发病。地势低洼、施用未腐熟有机肥、浇水不当及连作地发病重；特别是有的地方直接使用冰凉的井水灌溉，也可导致病情加重。

【防治措施】 茄子黄萎病是一种比较难防治的病害，应采取农业防治为主，药剂防治为辅的综合防治措施。(1) 种子消毒。用 50% 多菌灵 WP 500 倍液浸种 1 h，然后用流水冲洗 20～30 min。或用 55 ℃热水浸种 15 min，移入冷水中冷却后催芽播种。(2) 农业防治。与葱、蒜等非茄科作物实行轮作 5 年以上，与水田轮作 1 年即很有效。苗期施足磷肥和腐熟有机肥，开花结果期增施钾肥和氮肥，棚室内增施二氧化碳气肥。嫁接栽培可有效控制茄子黄萎病为害，以托鲁巴姆、日本赤

茄、刺茄作砧木，采用劈接法或靠接法嫁接。10 cm 地温升至 15 ℃以上时开始定植。严重的病株要及时拔除。(3) 物理防治。夏季高温季节，先将田块表土层耕翻耙碎并喷水至湿润，用无色透明塑料薄膜覆盖严实，设施栽培可同期密闭棚室 15 d 以上。对于发病严重的田块可考虑太阳光高温消毒与化学药剂熏蒸结合使用。(4) 化学防治。苗床用 50%多菌灵 WP 10 g/m³，加细干土拌匀，撒于畦面，划锄入土，再播种育苗。重茬地和重病地，也可以用多菌灵进行土壤消毒处理。定植前用 50%多菌灵 WP 600～700 倍液，或 70%甲基托布津 WP 600～700 倍液，或 60%防霉宝(多菌灵盐酸盐) 600 倍液喷施或灌根。定植后用 50%多菌灵 WP 500～1 000 倍液，按每株 250 mL 灌根，连续灌 2 次。发病初期每株用 70%黄萎绝 WP 600～700 倍液 100 mL 灌根，每隔 5～7 d 灌 1 次，连灌2～3 次。或用 50%多菌灵 WP 500 倍液，或 70%甲基托布津 WP 600 倍液，或 60%防霉宝 600 倍液，或 12.5%增效多菌灵浓可溶剂 500 倍液灌根防治，每株灌药液 0.25 L，隔 5 d 灌 1 次，连灌 2 次。

参考文献

[1]刘峰. 设施栽培茄子黄萎病与青枯病的区别及药剂防治[J]. 上海蔬菜，2007(5)：101-102

[2]李明远. 茄子黄萎病的识别及防治[J]. 中国蔬菜，2007(6)：57-58

茄子枯萎病
Eggplant fusarium wilt

茄子枯萎病又称茄子萎蔫病。各地均有分布，茄子发病较轻，但也可达 10%左右。

【典型症状】 多发生在成株期。发病初期顶部叶片似缺水萎蔫，后萎蔫加重，植株下部叶片开始叶脉变黄，枯萎而死（图 2-54，55）。病情严重时，整株叶片枯黄，黄枯的叶片不脱落（图 2-56）。症状多表现在一、二层分枝上，也有同一叶片仅半边变黄，另一半健全如常，劈开病茎，病部维管束变深褐色（图 2-57），易与黄萎病混淆。果皮发干，光泽度不好，品质下降。枯萎的病程较长，15～30 d 枯死。

图 2-54　茄子枯萎病，发病初期

图 2-55　茄子枯萎病，田间发病症状

图 2-56　茄子枯萎病，发病株枯死

图 2-57　茄子枯萎病，维管束变褐

【致病病原】 病原为茄尖镰孢菌茄专化型 *Fusarium oxysporum* f. sp. *melongenae* (Matuo et Ishigami) Schlecht.，属半知菌亚门真菌。

【病害循环】 (1) 越冬与初侵染源。病原以菌丝体或厚垣孢子随病残体或种子上越冬，可营腐生生活。病原从幼根或伤口侵入植株，进入维管束，堵塞导管，并产生有毒物质，引起叶片黄枯而死。(2) 传播特点。病原通过水流或灌溉水传播蔓延。

【发生规律】 温度达 25～28 ℃，土壤潮湿时，极利于发病。连作地，移栽或中耕时伤根多，植株生长势弱，发病重。

【防治措施】 (1) 种子消毒。用 0.1%硫酸铜浸种 5 min 消毒，洗净后催芽播种。(2) 农业防治。实行 3 年以上轮作，实行轮作时不要与茄科蔬菜如番茄、辣椒等连作。最好选择前茬为葱蒜类或禾本科作物的地块栽培种植。选用抗病品种，可有效控制枯萎病的发生。采用新土育苗或床土消毒。施用充分腐熟的有机肥，适当增施钾肥。育苗时采用营养钵分苗，便于培育壮苗，定植时不伤根，定植后缓苗快。以托鲁巴姆作为茄子嫁接砧木，嫁接苗高抗枯萎病、青枯病、黄萎病和线虫病，多采用劈接法。在缓苗后要及时进行打底叶，整枝打杈，以利于通风透光，使植株生长健壮。适当多中耕，提高土壤透气性，使根系苗壮，增强抗病性。天气干旱时要及时浇水，定植后到开花期间，因土温较低，要采取隔垄浇水的方法，结果盛期要小水勤浇。雨量偏多时，要注意排水，不能使地面积水。(3) 化学防治。①苗床用 50%多菌灵 WP 10 g/m^3，加土 4～5 kg 拌匀，先将 1/3 的药土撒在床面上，然后播种，再将其余的药土撒在种子上。②每亩用 50%多菌灵WP 4 kg，混入细干土，拌匀后施于定植穴内。③发病初期用 50%多菌灵 WP 500 倍液，或 36%甲基托布津 SC 500 倍液灌根。

参考文献

林玲.贺州市茄子枯萎病综合防治试验[J].广西农业科学，2007,38(1):51-54

茄子黑点根腐病

Eggplant black-dot root rot

【典型症状】 主要为害根部。病初根部表皮现褐色病斑，随病情发展病部腐烂，并长出许多黑色小粒点（图 2-58）。

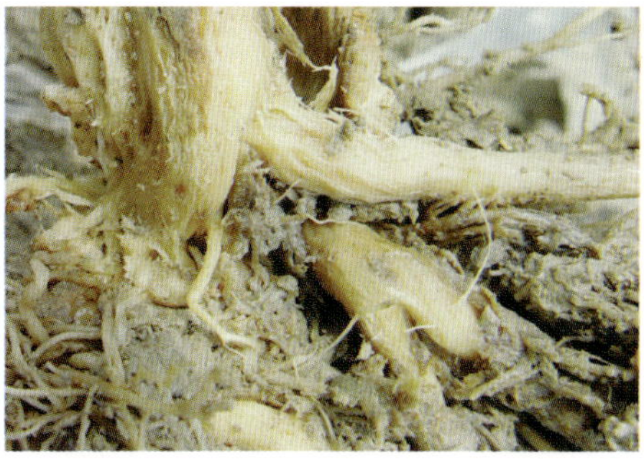

图 2-58 茄子黑点根腐病，发病根

【致病病原】 病原为墨色刺盘孢 *Colltotrichum atramentarium* (Berkeley et Broome) Taubenhaus.，属半知菌亚门真菌。

【病害循环】 病原在病部越冬，成为第 2 年初侵染源。生长期产生分生孢子在田间或无土栽培时借培养液循环传播。

【发生规律】 土壤湿度高利于发病。连作地发病重，植株生长衰弱病情明显加重。

【防治措施】 (1) 农业防治。与非茄科蔬菜轮作，切勿大水漫灌。雨后排除田间积水。初见病株及时拔除，烧毁或深埋。(2) 化学防治。发病初期，用 50%多菌灵 WP 500 倍液，或 36%甲基托布津 SC 500 倍液灌根。

茄子赤星病

Eggplant septoria leaf spot

【典型症状】 主要为害叶片。发病初期叶片褪绿，出现苍白色至灰褐色小病斑，逐步扩展成直径为 3～8 mm 的病斑，圆形，中心暗褐色至红褐色（图 2-59），病斑上有很多轮纹状排列黑色小粒点。病斑背面黄褐色。后期病斑相互汇合成不规则形大斑，受叶脉限制，边缘有黄晕，易破裂穿孔（图 2-60）。

【致病病原】 病原为茄壳针孢 *Septoria melongenae* Saw.，属半知菌亚门真菌。(1) 形态和大小。分生孢子器扁球形，黑色，埋生，直径70～150 μm，孔口直径 15～23 μm。分生孢子细圆筒形，无色，大小 (13～18) μm× (1～1.5) μm。(2) 寄主。这种病原可以侵染番茄、茄子、马铃薯及茄科杂草。

图 2-59　茄子赤星病，病叶病斑

图 2-60　茄子赤星病，病叶后期症状

【病害循环】（1）越冬与初侵染源。病原以菌丝体和分生孢子随病残体留在土壤中越冬。条件适宜产生分生孢子进行初侵染。（2）传播特点。病部不断产生分生孢子，借风雨传播蔓延，进行再侵染。

【发生规律】温暖潮湿，连阴雨天气多的年份或地区易发病。

【防治措施】（1）种子消毒。用 50%苯菌灵 WP 和 50%福美双 DP 各 1 份，加 3 份泥粉混匀后，用种子重量 0.1%的药土拌种。或者播种前种子用 55 ℃温水浸 15 min，或 52 ℃温水浸 30 min，再放入冷水中冷却，晾干后播种。（2）农业防治。实行 2～3 年以上轮作。培育壮苗。施足基肥，促进早长早发。（3）化学防治。参见茄子褐纹病。

茄子褐色圆星病
Eggplant cercospora leaf spot

【典型症状】叶片上病斑圆形、近圆形，直径 2～7 mm，中央灰褐色，边缘红褐色，有不明显的轮纹。病斑边缘产生灰白色霉状物，生于叶面和叶背。病斑多时连成大斑，叶片枯死，后期严重时病斑破裂穿孔（图 2-61）。

图 2-61　茄子褐色圆星病，发病叶片

【致病病原】病原为茄尾孢 *Cercospora solantmelongenae* Chupp.，属半知菌亚门真菌。（1）形态和大小。病原子实体生于叶片正面和背面。子座无或少数褐色细胞组成。分生孢子梗束生，密集，顶端呈膝状。菌丝无色有分隔。分生孢子鞭形，倒棒形、圆柱形，淡橄榄色，直或微弯曲，基部近截形，顶端较钝，较圆。1～10 个横隔膜。（2）特性。在光照条件下，PDA 培养产孢量、孢子体积、孢子分隔数与黑暗条件下比较差异很大。光照条件，孢子数量多，体积大，分隔多，而黑暗条件则相反。

【病害循环】病原以分生孢子或菌丝块在被害部越冬。第 2 年产出分生孢子，借气流或雨水溅射传播蔓延。

【发生规律】温暖多湿的天气或低洼潮湿，株间郁闭，易发病。

【防治措施】（1）农业防治。合理密植，清沟排渍，增施磷、钾肥。（2）化学防治。发病初期喷 50%多菌清 WP 800 倍液，或 40%多·硫 SC 600 倍液，或 36%甲基托布津 SC 500 倍液，隔 7～10 d 喷 1 次，连续喷 2～3 次。

参考文献

关天舒，李凤云，赵奎华，等. 茄子褐色圆星病在辽宁抬头[J]. 辽宁农业科学，1999(2)：31

茄子炭疽病
Eggplant anthracnose

【典型症状】主要为害茄果。果斑近圆形至椭圆形，径长达数厘米，边缘深褐色，中部淡褐色至褐色，有的稍凹陷，或隐现轮纹，斑面出现朱红色小点或小黑粒（图 2-62）。病斑向纵深发展，致果肉变褐腐烂，病果不能食用。

图 2-62　茄子炭疽病

【致病病原】 病原为辣椒刺盘孢和辣椒丛刺盘孢 *Colletotrichum capsici*（Syd.）Butl.，属半知菌亚门真菌。(1) 形态和大小。分生孢子盘直径 149～161.46 μm，生有刚毛。分生孢子单胞，无色，新月形，大小（15.95～27.55）μm×（2.9～3.77）μm。(2) 寄主。这种病原可以侵染辣椒、番茄、茄子。

【病害循环】 病原以菌丝体和分生孢子盘在病残体上越冬，也可以分生孢子黏附种子表面越冬。第 2 年由分生孢子盘产出分生孢子，借雨水溅射或小昆虫活动传播，进行初侵染和再侵染。

【发生规律】 (1) 气候条件与发病。发病的最适宜温度为 24 ℃左右，相对湿度 97%以上。低温多雨的年份病害严重，烂果多。(2) 栽培管理与发病。重茬地，地势低洼，排水不良，氮肥过多，植株郁蔽或通风不良，植株生长势弱的地块发病重。多发生在生活力弱的果实上。

【防治措施】 (1) 种子消毒。用 55 ℃温水浸种 10 min 后，放入冷水中冷却后催芽播种。(2) 农业防治。与非茄果类蔬菜实行轮作。施用充分腐熟有机肥。(3) 化学防治。发病初期喷 50%苯菌灵 WP 1 500 倍液，或 50%多菌灵 500 倍液，或 80%炭疽福美 500 倍液。棚室栽培，每亩喷 8%克炭灵 DPC 1 kg。

茄子煤斑病
Eggplant pseudocercospora leaf spot

【典型症状】 主要为害叶片。发病始于植株下部叶片，逐渐向上发展。发病初期叶片上出现黄色圆形病斑，大小 2～3 mm，后扩展成大病斑，大小 5～10 mm，甚至更大，病斑变为黄褐色。后期病斑边缘为黄色，中间褐色，病部密生灰褐色煤烟状霉，严重的叶片枯黄脱落。

【致病病原】 病原为酸浆假尾孢 *Pseudocercospora deightonii* Minter.，属半知菌亚门真菌。(1) 形态和大小。分生孢子梗浅褐色，簇生，分枝少，常弯曲，具隔膜 2～5 个。分生孢子单生，倒棍棒状，无色，有隔膜 2～10 个。(2) 寄主。这种病原可以侵染茄子、鸡蛋果等。

【病害循环】 病原以菌丝体或分生孢子在病叶上越冬或越夏。第 2 年产生分生孢子，借风雨传播蔓延进行初侵染和再侵染。

【发生规律】 该病属于高温型病害，当气温在 24～28 ℃，并且湿度较大时，易发病。棚室栽培易发生。

【防治措施】 (1) 农业防治。防止长时间高温高湿是防病的基础措施。生产中要加强棚室通风换气，适当降温排湿，防止湿气滞留，浇水要适量，避免浇水过勤过多。(2) 化学防治。发现病株或点片发生时喷药防治，常用药剂有 70%甲基托布津 SC 800～1 000 倍液，或 50%多霉威 WP 1 000 倍液，或 60%防霉宝 WP 800 倍液，或 50%苯菌灵 WP 1 500 倍液，隔 7～10 d 喷 1 次，连续喷1～2次。采前 7 d 停止用药。

茄子红腐病
Eggplant fusarium rot

【典型症状】 苗期、成株均可染病。主要为害茎基部和果柄。发病初期，病部色泽变暗，皮层腐烂。发病后期病部产生粉红色霉状物（图 2-63）。病株黄化、矮小，严重时萎凋死亡，但不落叶。

图 2-63　茄子红腐病，发病果实

【致病病原】 病原为串珠镰孢中间品种 *Fusarium moniliforme* var. *intermedium* Neish et Leggett.，属半知菌亚门真菌。

【病害循环】 病原以菌丝、分生孢子在病残体及土壤中越冬，种子也可带菌。条件适宜时分生孢子萌发长出芽管从伤口侵入，进行初侵染和再侵染。带菌种子发芽时即染病。

【发生规律】 苗期、成株均可染病，种子发芽时，分生孢子萌发，长出芽管，从伤口侵入，引起发病。适温 22～28 ℃，在发病期间降雨多，相对湿度大易发病。

【防治措施】 （1）农业防治。实行 3～4 年以上轮作。（2）化学防治。发病重的地区，在定植时采用 10%放线酮适量与土混匀后撒入定植穴，后定植。发病初期喷淋 50%苯菌灵 WP 1 500 倍液，或 60%防霉宝 WP 600～700 倍液。采收前 3 d 停止用药。

茄子果实疫病 Eggplant phytophthora fruit rot

【典型症状】 主要为害果实，有时也为害幼苗和嫩梢。（1）苗期。幼苗发病，先在基部产生暗褐色水渍状斑，后期缢缩或倒伏，无立枯现象。（2）果实。果实发病果面先出现 1 cm 大小凹陷斑，圆形至椭圆形，后期变褐软腐，扩展迅速（图 2-64）。潮湿时病部长出白色棉毛状物。严重时常造成落果。（3）储运。运输储藏期，病部继续扩展腐烂，有时产生灰褐色霉层。

图 2-64 茄子果实疫病

【致病病原】 病原为致病疫霉 *Phytophthora infestans* (Montagne) De Bary.，属鞭毛菌亚门真菌。

【病害循环】 病原可在马铃薯块茎上越冬。条件适宜时产生孢子囊经风雨传到番茄、茄子上，成为初侵染源。病斑上产生分生孢子后借风雨传播蔓延，进行再侵染。

【发生规律】 田间降雨后出现发病高峰，长江流域 5～6 月份梅雨和 8～9 月份秋雨，北方 7～8 月份雨季均易发病。高温（28～30 ℃）条件利于发病，尤其是在高湿或连续阴雨条件下，该病扩展迅速。生产上连作地或地势低洼、排水不良、氮肥过多发病重。在收获、运输、储存及销售过程中通风不良或遇雨、湿度大、堆积过多、储存时间过长，果堆内部呼吸作用旺盛造成温度升高、湿度大利于该病发生和蔓延。

【防治措施】 （1）农业防治。施用充分腐熟的有机肥，避免偏施、过施氮肥。采用高畦或起垄种植，合理密植，雨后及时排水，防止湿气滞留。（2）化学防治。雨季来临前及时喷洒 30%碱式硫酸铜 SC 300～400 倍液，或 77%氢氧化铜 WP 500 倍液。发病高峰期喷洒 72%克露 WP 800～1 000 倍液，或 70%乙膦锰锌 WP 500 倍液，或 69%安克锰锌 WP 或 WG 1 000 倍液，隔 10 d 喷 1 次，连续喷 2～3 次。采收前 3 d 停止用药。

茄子绵疫病 Eggplant phytophthora rot

绵疫病是茄子的一种重要病害。各地均有发生。茄子各生育期皆可受害，一般减产 20%～30%，发病严重时损失超过 50%。

【典型症状】 主要为害茄果，也能为害叶茎等部。棚室茄子幼苗也容易受害。（1）幼苗。胚茎基部呈水渍状，发展很快，常出现猝倒，致使幼苗枯死（图 2-65）。（2）果实。近地面果实先发病。病初产生圆形褐色水浸状病斑，稍凹陷，并逐渐扩大，且果实内部变黑褐色腐烂。在天气潮湿时，病部长出茂密的白色棉絮状菌丝（图 2-66，67，68）。（3）叶片。发病多从叶尖或叶的边缘开始，病斑初呈暗绿色，后变为褐色不规则形病斑（图 2-69），潮湿时病部也生稀疏白霉。（4）嫩枝。发病初呈水浸状，后变褐缢缩以致折断，其上部枝叶萎蔫枯死（图 2-70）。

图 2-65　茄子绵疫病，苗期发病初期症状

图 2-66　茄子绵疫病，发病果实白色棉絮状菌丝

图 2-67　茄子绵疫病，发病果实，干燥时果实干缩

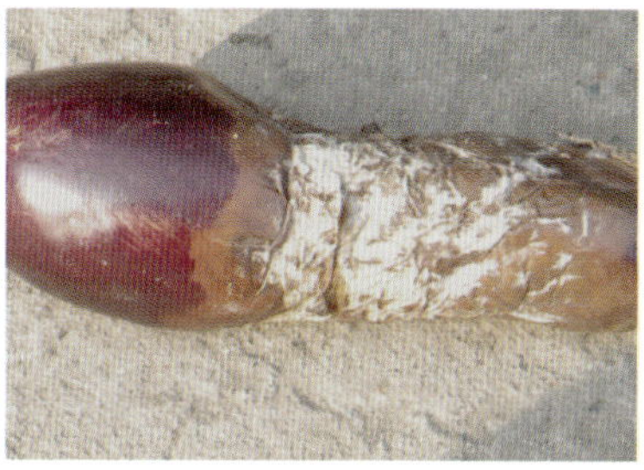

图 2-68　茄子绵疫病，储运期发病

图 2-69　茄子绵疫病，发病叶片

图 2-70　茄子绵疫病，植株嫩茎枯死

【致病病原】 病原为寄生疫霉 *Phytophthora parasitica* Dast.，属鞭毛菌亚门真菌。(1) 形态和大小。菌丝棉絮状，白色，无隔，分枝多，气生菌丝发达。孢囊梗纤细，无色，无隔膜。孢子囊长卵圆形，近无色，大小(30～70) μm×(20～50) μm。孢子大小 5.8 μm×6.2 μm，顶端有乳头状突起。(2) 特性。发育温度 8～38 ℃，以 25～30 ℃为最适。相对湿度 85%以上，有利于孢子形成，95%以上菌丝生长旺盛。(3) 寄主。这种病原可以侵染茄子、番茄、西瓜、辣椒、黄瓜、马铃薯等蔬菜。

【病害循环】 (1) 越冬与初侵染源。病原以卵孢子随病残组织在土壤中越冬。第 2 年卵孢子经雨水溅到茄子果实上，萌发长出芽管，芽管与茄子表面接触后产生附着器，从其底部生出侵入丝，穿透寄主表皮侵入。(2) 传播特点。病斑上产生孢子囊，萌发后形成游动孢子，借风雨传播，进行再侵染。

【发生规律】 (1) 品种与发病。果皮厚的品种较抗病，长茄系品种较圆茄系品种易发病。(2) 气候条件与发病。盛果期高温多雨，利于发病。雨季早，降雨多，尤其是连阴雨，天气闷热，发病早且重。(3) 栽培管理与发病。地势低洼，土壤黏重，雨后田间易积水，过度密植，通风不良，易引起发病。

【防治措施】 (1) 种子消毒。用 55 ℃的温水浸种 15 min，或 50 ℃的温水浸种 30 min。或用福尔马林 300 倍液浸种 15 min 后，用清水洗净后播种。(2) 农业防治。与非茄果类、非瓜类蔬菜轮作 3 年以上，重病地块轮作的时间还应更长一些。选择地势较高、排水良好的地块种植。在低洼地则要采用高畦或半高畦栽培。实行宽行密植，适当整枝，及时打去下部老叶，以增加田间的通风透光。及时排水。施足腐熟的农家肥，增施磷、钾肥。清理烂果和病叶，收获后收集病株残体烧毁或深埋。(3) 化学防治。幼苗期选用75%百菌清 WP 600 倍液，或 40%乙膦铝 WP 200 倍液，或 65%代森锌 WP 500 倍液喷洒保护，7 d左右喷 1 次，连续喷 2～3 次。定植时用 70% WP 甲基托布津，或 75%敌克松 WP 1∶100 配成药土，每亩穴施或沟施药土 80～100 kg。在结果期，特别是雨季前要喷药防治病害发生。发病初期应立即拔除病株烧毁并喷药保护，药剂用 64%杀毒矾 WP 或 58%甲霜·锰锌 WP 500 倍液，或 72%霜脲·锰锌WP 600倍液，或 69%安克锰锌 WP 800 倍液喷雾，效果好，7～10 d 防治 1 次，视病情防治 3～4 次，为防止产生抗药性，采用不同种类药剂交替使用。

参考文献

薛德乾.早茬茄子绵疫病大发生原因和防治对策[J].当代蔬菜,2006(4):40-41

茄子拟黑斑病 Eggplant black spot

【典型症状】 主要为害叶片和果实。茄子生长后期易发生。(1) 叶片。叶上产生不规则形至近圆形斑点，多在侧脉间出现，大小 3～10 mm，具轮纹，后期表面生明显黑色霉层，叶片提早枯死（图 2-71）。(2) 果实。病斑圆形或不规则形，黑色，大小 15 mm 以上，稍凹陷，果肉稍变褐，呈干腐状，迟收果实常见（图 2-72）。

图 2-71 茄子拟黑斑病，后期出现大量黑色霉层

图 2-72 茄子拟黑斑病，发病果实

【致病病原】 病原为细交链孢 *Alternaria alternata*（Fr.）Keissl.，属半知菌亚门真菌。

【病害循环】 病原主要以菌丝体及分生孢子在病残体中越冬，也可黏附在种子表面越冬。病原以分生孢子借风雨传播，进行初侵染和再侵染。孢子从伤口侵入。

【发生规律】 在育苗期开始发病，成株期也可发病。

【防治措施】 (1) 种子消毒。用 52 ℃温水浸种 30 min，移入冷水中冷却，然后再催芽播种。(2) 农业防治。与豆科和十字花科作物实行 3 年以上轮作。清除病残体。(3) 化学防治。发病初期喷 50%扑海因 WP 1 000 倍液，或 75%百菌清 WP 600 倍液，或 80%新万生 WP 600 倍液，或 50%加瑞农 WP 500 倍液，隔 7～10 d 喷 1 次，连续喷 2～3 次。

茄子花腐病 Eggplant choanephora blossom rot

【典型症状】 主要为害花和果实。(1) 花。发病的花枯萎，后变褐腐烂（图 2-73）。(2) 果实。幼果发病后变褐，软腐，果梗病部为褐色，似油渍状，病部失水后干缩（图 2-74，75）。潮湿时病部长出灰白色茸毛状物，顶生大头针状黑粒点。

图 2-73　茄子花腐病，病花

图 2-74　茄子花腐病，病果

图 2-75　茄子花腐病，病果

【致病病原】 病原为茄笄霉 *Choanephora mandshurica*（Saito. et Nagamoto）Tai.，属接合菌亚门真菌。

【病害循环】 病原随病残体或留在土壤中越冬。病原腐生性强，只能从伤口侵入生活力衰弱的花和果实。病原借风雨或昆虫传播。

【发生规律】 遇有高温高湿及生活力衰弱或低温、高湿条件，日照不足、雨后积水、伤口多易发病。

【防治措施】（1）农业防治。选择地势高燥地块种植，施用充分腐熟的有机肥。注意通风，雨后及时排水，严禁大水漫灌。及时摘除残花病果。（2）化学防治。开花至幼果期喷 50%苯菌灵 WP 1 500 倍液，或 75%百菌清 WP 600 倍液，或 68%精甲霜灵·锰锌 WG 300 倍液，隔 10 d 喷 1 次，连续喷 2～3 次。

茄子黑根霉果腐病
Eggplant rhizopus fruit rot

【典型症状】 主要为害果实。病果上病斑呈水浸状褐色斑，并迅速扩展到整个果实，果实和果柄变褐软腐，湿度大时病部表面产生灰白色霉层（图 2-76），后出现黑色毛状霉（图 2-77）。病果多脱落，个别干缩成僵果挂在茄株上。病部密生的蓝黑色丝状物，似大头针状，即病原的孢子囊梗和孢子囊（图 2-78）。

图 2-76　茄子黑根霉果腐病，病果上灰白色霉层

图 2-77　茄子黑根霉果腐病，病果上黑色毛状霉

【致病病原】 病原为匍枝根霉 *Rhizopus stolonifer* Lind.，属接合菌亚门真菌。孢子囊梗丛生在匍匐菌丝上，无分枝，直立，与假根成反方向生长，顶生球状孢子囊，褐色至黑色，大小 65～350 μm，囊轴球形至椭圆形或不规则形。孢子近球形至卵形或多角形，褐色至蓝灰色，表面具线纹，呈蜜枣状，大小(5.5～13.5) μm×(7.5～8) μm；接合孢子球形或卵形，黑色，具瘤状突起，大小 160～220 μm。

图 2-78　茄子黑根霉果腐病，蓝黑色丝状物，似大头针状

【病害循环】 条件适宜时病原靠风雨传播，从伤口或生活力衰弱或遭受冷害等部位侵入。

【发生规律】 气温 23～28 ℃，相对湿度高于 80%时易发病。雨水多或大水漫灌，田间湿度大，整枝不及时，株间郁闭，果实伤口多发病重。

【防治措施】 (1) 农业防治。采取高畦或起垄栽培，雨后及时排水，严禁大水漫灌。及时整枝或去掉下部老叶，保持通风透光。果实成熟后及时采收。棚室要及时放风，防止湿气滞留。(2) 化学防治。发病初期喷 30%碱式硫酸铜 SC 400～500 倍液，或 77%氢氧化铜 WP 500 倍液，或 50%混杀硫 SC 500 倍液，或 36%甲基托布津 SC 600 倍液，或 56%靠山 WG 700～800 倍液，或 47%加瑞农 WP 800～1 000 倍液，隔 10 d 喷 1 次，连续喷 2～3 次。采收前 5 d 停止用药。

茄子裂果
Eggplant cracking fruit

茄子裂果是茄子的一种生理性病害。

【典型症状】 茄子果实形状不正，产生双子果或开裂，在保护地发生较多，在露地条件下主要发生在门茄坐果期。开裂部位始于花萼下端，为害较重（图 2-79，80）。

图 2-79　茄子裂果

图 2-80　茄子裂果

【发生规律】 主要是温度低或氮肥施用过量，浇水过多致生长点营养过盛，造成花芽分化和发育不充分而形成多心皮的果实或雄蕊基部分开而发育成裂果。此外，在露地栽培条件下，白天高温、干旱，晚上浇水时易发病，有时果实与枝叶摩擦，果面产生伤疤，浇水后果肉膨大速度快，容易引起开裂。在棚室保护地条件下，棚室中加热炉燃料燃烧不充分，产生一氧化碳，致果实膨大受抑制，这时浇水过量就会产生裂茄。

【防治措施】 育苗选择肥料充足肥沃的土壤。气温控制在 20～30 ℃，夜间 20 ℃以上，地温不低于 20 ℃，初期和中期注意防止低温，后期气温逐渐升高，又要防止高温多湿，昼夜温差不要小于5 ℃，保持土壤湿润，花芽分化早，日照长花芽分化快，利于长柱花形成。苗龄 70～80 d，要求茎粗短，节紧密，叶大叶厚，叶色深绿，须根多，苗期温度白天控制在 28～30 ℃、夜间 18～20 ℃，同时注意光照。苗子长到一叶一心时移植，使其在花芽分化前缓苗，使花芽分化充分。定植前 1 d 浇透苗床，第 2 天用杈子把苗杈起，把茄苗带土提起，尽量少伤根，这样定植后不仅缓苗快，还可防止落花落果及产生畸形果，此外还可有效地预防黄萎病和僵果。

茄子落花
Eggplant deflorating

茄子落花是茄子的一种生理性病害。

【典型症状】 茄子开花后 3～4 d，花从离层处脱落，尤其是短柱花，落花不能结实（图 2-81）。

图 2-81 茄子落花

【发生规律】 开花授粉后遇有光照减少，持续时间长，易形成短柱花，不易授粉受精，没有受精的花，发育锐减，花从离层处脱落，造成落花。生产上即使是正常花，如果不进行人工授粉也会落花。总之，子房内生成的生长素多，生长素从子房向基部运送，养分从茎叶向子房供应充分，就不会落花。

【防治措施】 参见茄子裂果。定植后，把 10 万 U 的防落素配成 30 mL/kg 水溶液，对门茄进行喷花，可有效地防止保护地或露地茄子产生裂果。棚室栽培茄子进入高温季节，棚膜应逐渐全部揭开，防止高温为害或产生畸形花。提倡施用促丰宝活性液肥Ⅱ号 600～800 倍液。

茄子叶烧和果实日灼
Eggplant sunscald and leaf burn

茄子叶烧和果实日灼是茄子的一种生理性病害。

【典型症状】 （1）日灼。果实向阳面出现褪色发白的病变，后略扩大，白色或浅褐色，致皮层变薄，组织坏死，干后呈革质状（图 2-82，83），以后易引起腐生真菌侵染，出现黑色霉层；湿度大时，常引致细菌侵染而发生果腐。（2）叶烧。茄子育苗或棚室栽培茄子有时发生叶烧，特别是上、中部叶片易发病。发生叶烧后，轻则叶尖或叶缘变白，卷曲，重则整个叶片变白或枯焦（图 2-84）。

图 2-82 茄子日灼病

图 2-83 茄子日灼病

图 2-84 茄子叶烧

【发生规律】 （1）日灼。茄子果实暴露在阳光下，致果实局部过热引起的，早晨果实上出现大量露水珠，太阳照射后，露珠聚光吸热，可致果皮细胞灼伤；炎热的中午或午后，土壤水分不足、雨后骤晴都可致果面温度过高，引起日灼病。生产上密度不够、栽植过稀或管理不当易发病。（2）叶烧。主要是阳光过强或棚室放风不及时，造成棚室内光照过强，温度过高而形成的高温为害。棚温高，水分不足或土壤干燥会加重叶烧发生。

【防治措施】 采用遮阳网覆盖，避开太阳光直接射照。在高温季节或高温条件下，要适时灌溉补充土壤水分，使植株水分循环处在正常状态，防止植株体温升高，以免发生日灼和叶烧。合理密植，尽量采用南北垄，使茎叶相互掩蔽，使果实少受阳光直接照射。

茄子僵果 Eggplant stiff fruit

茄子僵果是茄子的一种生理性病害。

【典型症状】 茄子果形不正，果体不长（图2-85）。

图 2-85 茄子僵果

【发生规律】 产生僵茄原因主要是苗的素质不好。茄子根系发育缓慢，吸水范围窄，尤其幼苗不耐干燥，温度高于 30 ℃，短柱花增多，是落花及发生僵茄的原因之一。当昼夜温度都过高时，致使苗质变劣。如光照不足，生长发育缓慢，形成花的时期及开花期推迟，引起花器素质下降。温度低于 17 ℃，高于 35 ℃，茄子受精受阻，花粉萌发趋缓，定植时遇有低温，即使花粉落到雌蕊上，花粉管伸长不良，即形成僵茄。

【防治措施】 育苗期白天保持 26～30 ℃，夜温 17 ℃；二叶期后控制在 14～15 ℃。育苗时使用玻璃或透光充分的塑料薄膜，有利于提高苗的素质。

茄子畸形果 Eggplant malformed fruit

茄子畸形果是茄子的一种生理性病害。

【典型症状】 茄子畸形果有双子茄、扁平果、毛边果等（图 2-86）。

图 2-86 茄子畸形果

【发生规律】 畸形果主要是温度低，氮肥施用过多，灌水过量，引起生长点营养过多，花芽分化和发育不充分，形成多心皮果实，雄蕊基部分开发育成毛边果。

【防治措施】 参见茄子僵果。

3. 辣椒病害

P 辣椒病毒病
Pepper mosaic

病毒病是辣椒的一种主要病害。各地均有分布。露地栽培常年减产20%～30%，流行年份发病率高达50%以上。保护地栽培发病较轻。

【典型症状】 主要为害叶片和枝条，常见有花叶、黄化、坏死和畸形4种症状。(1) 花叶型。顶部嫩叶叶片皱缩，出现凹凸不平的花斑（图3-1）。发病初期，嫩叶叶脉呈明脉。(2) 黄化型。整株叶片褪绿呈金黄色，落叶早、早衰（图3-2）。(3) 坏死型。花、蕾、嫩叶变黑枯死脱落，顶枯（图3-3，4，5）。茎秆上出现褐色坏死条斑（图3-6）；果实上出现黑褐色大型环纹，果实顶端变黄（图3-7）。(4) 畸形。叶片细长，叶脉上冲呈蕨叶状（图3-8，9，10）；植株矮化，茎节缩短、僵果，叶片暗绿色。植株矮小，枝条多，呈丛枝状（图3-11），结果少。大田生产中以花叶型发生较多，多数情况几种类型混合发生。

图3-1 辣椒病毒病，凹凸不平的花斑

图3-2 辣椒病毒病，黄化株

图3-3 辣椒病毒病，顶端丛生坏死

图3-4 辣椒病毒病，顶枯病株

图 3-5　辣椒病毒病，花蕾枯死

图 3-6　辣椒病毒病，顶枯，茎有褐色坏死条斑

图 3-7　辣椒病毒病，病果（TMV）

图 3-8　辣椒病毒病，叶片上冲呈蕨叶状

图 3-9　辣椒病毒病，叶片变形扭曲

图 3-10　辣椒病毒病，叶片细长

【致病病原】 辣椒病毒病的毒源有 10 多种，我国已发现 7 种，包括黄瓜花叶病毒（CMV），烟草花叶病毒（TMV），马铃薯 Y 病毒（PVY），烟草蚀纹病毒（TEV），马铃薯 X 病毒（PVX），苜蓿花叶病毒（AMV），蚕豆萎蔫病毒（BBWV）。其中黄瓜花叶病毒可划分为 4 个株系，即重花叶株系、坏死株系、轻花叶株系及带状株系。黄瓜花叶病毒和烟草花叶病毒是我国辣椒上的主要毒源，黄瓜花叶病毒占 55%，烟草花叶病毒占 26%。黄瓜花叶病毒可引致辣椒系统花叶、畸形、蕨叶、矮化等，有时产生叶片枯斑或茎部条斑。烟草花叶病毒引起急性型坏死枯斑或落叶，后心叶呈系统花叶，或叶脉坏死，茎部斑面或顶梢坏死。马铃薯 Y 病毒引起系统性轻花叶和斑驳，植株表现

图 3-11　辣椒病毒病，丛枝状

为花叶、矮化、果少等症。马铃薯 X 病毒引起重花叶和叶脉深绿。苜蓿花叶病毒产生系统花叶或褪绿黄斑。蚕豆萎蔫病毒引起叶片系统性褪绿、斑驳，花蕾变黄，顶枯，茎部坏死及整株萎蔫。

【病害循环】 病毒可在其他寄主上越冬，种子也可带毒。病毒传播主要可分为虫传和接触传染两大类。

【发生规律】 (1) 发病时期。露地栽培于 5 月中旬至下旬开始发生，6～7 月份盛发，8 月份高温干旱后，病情加重。(2) 品种与发病。不同类型的品种之间的抗病性不同，有些品种虽不抗病，但“耐病”性较好。早熟品种比晚熟品种耐病。(3) 气候条件与发病。温度 33 ℃以上，湿度 60%以下，强光照和多雾的条件下发病较重。高温、日照较多、干旱少雨的天气条件有利于辣椒病毒病的发生和流行。(4) 栽培管理与发病。定植过早，温度低，缓苗慢，长势弱，抗病性降低，从而发病愈重。土壤缺肥或氮肥过多病情加重。田间管理粗放，整枝打杈次数太多，操作粗糙，都会增加汁液接触传染。连作茄科作物，辣椒与其他寄主作物间作套种，椒田周围有多量病毒和蚜虫的寄主植物等情况下辣椒发病加重。

【防治措施】 (1) 种子消毒。播种前用 0.1%高锰酸钾液或 10%磷酸三钠液浸种15～20 min，捞出后用清水冲洗干净，催芽播种。(2) 农业防治。每畦辣椒可套种一行玉米，利用玉米阻挡蚜虫迁入传毒。定植时，用 0.1%高锰酸钾液或 10%磷酸三钠液洗手消毒，工具最好也要消毒。在进行整枝、打杈、摘果等操作中，手和工具也要用肥皂水冲洗。与非茄科作物进行 3 年以上轮作。采收后，彻底清园及清理田边杂草，尽可能减少毒源及传毒蚜虫。选择肥力较好的沙壤土种植，采取高畦深沟栽培，促使幼苗早长旺长，提高抗耐病能力。旱季要特别注意勤浇水，不能大水漫灌，防止土壤干旱。(3) 物理防治。高温干旱时，利用遮阳网、防虫网、化纤网等设施育苗栽培，能减少蚜虫侵入，还能防止高温为害。铺挂银灰色膜避蚜，利用蚜虫有趋黄色的特点，黄色诱板诱杀，也能起到灭蚜防病效果。(4) 化学防治。分苗定植前喷 0.1%～0.3%硫酸锌溶液。发病初期喷 3.85%病毒必克 EW 500 倍液，或 1.5%植病灵 AS 600 倍液，或 20%毒克星 WP 500 倍液，或 5%菌毒清 AS 500 倍液，隔 10 d 喷 1 次，连续喷 3～4 次。及时防治蚜虫。

参考文献

[1]陈丽，樊民周，卫军锋，等. 陕西辣椒病毒病的毒源鉴定及化学防治药剂筛选[J]. 西北农林科技大学学报(自然科学版)，2007，35(1)：121-126

[2]李钦存，程国发. 辣椒病毒病及多种类似症状的诊断与防治[J]. 辣椒杂志，2007(2)：20-22

[3]张玉琴. 陇东温室辣椒病毒病发生规律及无公害防治[J]. 辣椒杂志，2007(2)：23-26

辣椒细菌性叶斑病 Pepper bacterial spot

细菌性叶斑病是辣椒保护地生产中的一种重要病害。部分地区分布。引起辣椒大量落叶、落果、落花。发病率 10%～30%，严重时病株达 60%以上。

【典型症状】 主要为害叶片。发病初期，叶片上出现褪绿色小斑点，不规则形，水浸状（图 3-12）。发展后为褐色至铁锈色，病斑大小不等，叶肉凹陷，呈薄膜状（图 3-13）。病斑部位质脆，有穿孔。会造成大量落叶，最后引起整株死亡。

【致病病原】 病原为丁香假单胞杆菌适合致病型 *Pseudomonas syringae* pv. *aptata*（Brown et Jamieson）Young. Dye & Wilkie，属细菌。短杆状，两端钝圆，大小（0.8～2.3）μm×（0.5～0.6）μm，极生鞭毛 1～3 根，长 3～10 μm。

【病害循环】 病原在种子和病残体上越冬。

图 3-12 辣椒细菌性叶斑病，发病初期

图 3-13 辣椒细菌性叶斑病，发病中后期

在田间借风雨或灌溉水传播。从叶片伤口处侵入。当温湿度适合时，病株大批出现并迅速蔓延，否则很难找到病株，系非连续性为害。

【发生规律】 (1) 气候条件与发病。雨后易发病。高温高湿蔓延快。(2) 栽培管理与发病。排水不良，土壤贫瘠缺肥的地块，发病重。保护地没有消毒或消毒不彻底，棚室内的病残体清理不净，种子带菌，发病重。棚室内灌水后没有及时通风排湿，导致棚室内高温高湿，发病重。前茬收获后，土壤不进行深翻暴晒，直接进行下一茬栽培，发病重。

【防治措施】 (1) 种子消毒。播种前用种子重量 0.3%的 50%WP 琥珀酸铜，或 50%敌克松 WP 拌种。(2) 农业防治。与非辣椒、非十字花科蔬菜轮作 2～3 年。平整土地，垄作或高畦栽培。雨后及时排水，防止积水，避免大水漫灌。棚室中在灌水后及时升高棚室内温度，要通风排湿。棚室内的蓄水池要覆盖薄膜，防止室内温度上升后增加空气湿度。收获后，及时清除病残体或及时深翻。(3) 化学防治。发病初期喷 50%琥珀酸铜 WP 500 倍液，或 47%加瑞农 WP 600 倍液，或 14%络氨铜可湿性微粒 DP 300 倍液，或 57.6%氢氧化铜干粒剂 600 倍液，或 72%农用硫酸链霉素 SPX 4 000 倍液，隔 7～10 d 喷 1 次，连续喷 2～3 次。

参考文献

高振江，彭秀芝，张冬梅，等. 辣椒细菌性叶斑病发生条件与防治技术[J]. 内蒙古农业科技，2000(3)：45

辣椒青枯病

Pepper bacterial wilt

辣椒青枯病又称细菌性枯萎病，是辣椒一种典型的土传性病害。

【典型症状】 一般在坐果初期发病。发病株顶部叶片萎蔫下垂，随后下部叶片凋萎，最后中部叶片凋萎。发病初期植株中午萎蔫，早晚能恢复，拔出植株可发现多数须根坏死，茎基部产生不定根或不定芽，部分病茎可见 1～2 cm 大小褐色病斑。纵剖茎部，可见维管束变褐。严重时横切面保湿后可见乳白色黏液溢出，有异味。死株仍保持绿色，但色泽稍淡（图 3-14，15）。

图 3-14 辣椒青枯病

【致病病原】 病原为青枯假单胞杆菌 *Pseudomonas solanacearum* (Smith) Smith，属细菌。(1) 形态和大小。短杆状，单胞，两端圆，单生或双生，大小 (0.9～2.0) μm× (0.5～0.8) μm，极生鞭毛 1～3 根。(2) 特性。革兰氏染色阴性。10～40 ℃均可生长，发病的适宜温度为 20～30℃，耐 pH6～8，最适 pH 6.6。(3) 寄主。这种病原可以侵染辣椒、茄子、番茄、马铃薯、烟草、花生等 50 多个科的数百种植物。

【病害循环】 (1) 越冬与初侵染源。病原随寄主病残体遗留在土壤中越冬。可在土壤中存活 14 个月，最长可达 6 年之久。多从寄主根部或茎

图 3-15　辣椒青枯病

基部皮孔和伤口侵入。前期属于潜伏状态，条件适宜时，即可在维管束内迅速繁殖，使整个输导器官被破坏而失去功能。茎、叶因得不到水分的供应而萎蔫。(2) 传播特点。病原通过雨水、灌溉水、地下害虫、操作工具等传播。

【发生规律】 (1) 气候条件与发病。当土壤温度达到 20～25 ℃，气温 30～35 ℃，田间易出现发病高峰，尤其大雨或连阴雨后骤晴，气温急剧升高，水分蒸腾量大，易促成病害流行。(2) 栽培管理与发病。连作重茬地，缺钾肥，低洼地，酸性土壤，利于发病。

【防治措施】 (1) 农业防治。尽可能与瓜类或禾本科作物轮作，坚持 4 年以上不与茄科、豆科作物重茬。整地时施用草木灰或石灰等碱性肥料，使土壤显微碱性。增施钾肥，也可抑制青枯病原的繁衍。育苗钵护根育苗。移栽时尽量少伤根系，培育壮苗。本田采取高垄深沟栽培，使排水通畅。浇水时要小水勤浇，使田间不旱不涝。田间发现零星病株，立即拔除。(2) 化学防治。在出现发病条件但还未发病时，喷 70%琥珀酸铜 WP 500 倍液，或 70%琥·乙膦铝 WP 500～600 倍液，隔7～10 d 喷 1 次，连续喷 2～3 次。零星发病后拔除病株，病穴用 20%福尔马林液或者 20%石灰水液浇灌消毒。连片发病时，用浓度为100～200 mg/kg的农用链霉素或新植霉素灌根，隔 7～10 d 灌 1 次，连续灌 2～3 次。灌根的同时喷施 50%绿乳铜 EC 500 倍液，或 14%络氨铜水 300 倍液，或 77%氢氧化铜 WP 500 倍液。

参考文献

曾忠坚.辣椒青枯病的综合防治[J].广西植保，2003，16(1)：13-14

辣椒疮痂病
Pepper bacterial spot

辣椒疮痂病又称细菌性斑点病，是辣椒的一种主要病害。各地均有分布。发病率为 20%～30%，重病地可达 100%。引起大量落叶、落花、落果，甚至毁种，使辣椒产量锐减。

【典型症状】 主要为害叶片，茎蔓、果实和果柄处也会发病。(1) 幼苗。育苗后期幼苗长出3～4 片真叶时始发病，下部叶片现银白色水浸状的小病斑，后变为暗色凹陷病斑，如防治不及时会引起落叶，重病株下部叶片全落光，只留下苗尖。(2) 成株。开花盛期发病，叶片上形成很多水浸状圆形或不规则形病斑，病斑深褐色渐变为黄褐色，边缘色深，中部颜色较淡略凹陷，有时有轮纹 (图 3-16)。在连续晴好的天气中形成的病斑边缘隆起呈疮痂状，病斑直径 0.2～1.2 mm (图 3-17，18)。在阴雨天气或是暴雨过后的叶片上的病斑少而大。如果病斑沿叶脉发生常造成叶片畸形。受害的叶片边缘叶尖常变深褐色，不久脱落。茎部先现水浸状不规则的条斑，扩展后互相连接，暗褐色，隆起，纵裂呈疮痂状 (图 3-19)。果实产生圆形或长圆形稍隆起的黑色疮痂斑，边缘产生裂口，潮湿时有菌脓溢出 (图 3-20)。

图 3-16　辣椒疮痂病，病叶

图 3-17　辣椒疮痂病，干燥条件下的病斑

图 3-18　辣椒疮痂病，果柄发病

图 3-19　辣椒疮痂病，病茎

图 3-20　辣椒疮痂病，果实发病

【致病病原】 病原为野油菜黄单胞菌辣椒斑点病致病型 *Xanthomonas campestris* pv. *Vesicatoria*（Doidge）Dye Xanthomonas vesicatoria（Doidge）Dowson，属黄单胞杆菌属细菌。（1）形态和大小。杆状菌，两端钝圆，大小（1.0～1.5）μm×（0.6～0.7）μm，具极生单鞭毛，能游动。（2）特性。发育适温 27～30 ℃，最高 40 ℃，最低 5 ℃，59 ℃经10 min 致死。（3）寄主。这种病原可以侵染辣椒、番茄。

【病害循环】（1）越冬与初侵染源。病原在种子、病残体上越冬，成为初侵染源，也可随病残体在田间越冬。病原与植株叶片接触后，从气孔或伤口侵入，在细胞间繁殖，致使表皮组织增厚形成疮痂状。（2）传播特点。病原通过风雨或昆虫传播蔓延。带菌种子可作远距离传播。

【发生规律】（1）品种与发病。品种间抗病性差异大，以甜椒和粗牛角形的辣椒发病最重。（2）气候条件与发病。在高温多雨的 6～7 月份，尤其在暴风雨过后，伤口增加，有利于细菌的传播和侵染，是发病的高峰期。雨后天晴极易流行。（3）栽培管理与发病。氮肥用量过多，磷、钾肥不足，加重发病。种植过密，生长不良，容易发病。

【防治措施】（1）种子消毒。先将种子放入 55 ℃温水中浸种 10 min，捞起再用 1%硫酸铜溶液浸泡 5 min。或用 500 万 U 农用链霉素 500 倍液浸种 30 min，洗净后催芽播种。（2）农业防治。选用抗病品种。重病田块应与非茄科蔬菜实行2～3 年的轮作。培育壮苗，合理密植，定植后注意松土，增施磷、钾肥，促进根系生长。改善田间通风条件，雨后及时排水，降低湿度。生长期及时清洁田园，清除枯枝落叶，收获后，病残体集中烧毁。（3）化学防治。发病初期喷 500 万 U 农用链霉素 4 000 倍液，或 47%加瑞农 WP 600 倍液，或 60%琥·乙膦铝 WP 500 倍液，或 14%络氨铜 AS 300 倍液，或 77%氢氧化铜 WP 500 倍液，或 65%代森锌 WP 500 倍液，隔 7～10 d 喷 1 次，连续喷 2～3 次。

参考文献

[1]董国堃，陈海平，莫云彬. 辣椒疮痂病发生原因及其防治[J]. 长江蔬菜，2004(5)：26

[2]李建良，王浩. 无公害辣椒疮痂病综合治理技术[J]. 北京农业，2006(12)：14

辣椒软腐病
Pepper soft rot

辣椒软腐病在局部地区发生严重。个别田块病株率达 80%以上，损失率达 30%，对品质影响也较大。

【典型症状】 主要为害果实，发生部位从伤口处开始，初呈水渍状，暗绿色（图 3-21），后变为暗褐色（图 3-22），除果皮的角质不受细菌侵染，完整不破，果内全部腐烂，并发出恶臭（图 3-23）。病果脱落或残留在枝上，残留果逐渐失水变成灰白色或白色，仅余果皮，中空，状似“灯笼”（图 3-24）。

图 3-21　辣椒软腐病，发病初期病果褪绿

图 3-22　辣椒软腐病，病果暗褐色，腐烂，果面有虫孔

图 3-23　辣椒软腐病，果内全部腐烂，并发出恶臭

图 3-24　辣椒软腐病，果实表皮成为一层薄纸样

【致病病原】 病原为胡萝卜软腐欧氏菌胡萝卜软腐致病型 *Erwinia carotovora* subsp. *carotovora* (Jones) Bergey et al.，属细菌。(1) 形态和大小。菌体短杆状，无荚膜，周生鞭毛 2～8 根，不产生芽孢。培养基上的菌落为灰白色，圆形或不定型，边缘清晰，稍带荧光。(2) 特性。革兰氏染色阴性。生长发育适温 25～30 ℃，最高 40 ℃，最低2 ℃，50 ℃经 10 min 致死。病原在4～36 ℃之间都能生长繁殖，但最适温度为 27～30 ℃。病原在缺氧条件下也能生长发育。病原不耐阳光和干燥，在日光下暴晒 2 h，大部分死亡。病原脱离寄主在土中只能存活 15 d 左右。病原通过猪的消化道后则完全死亡。(3) 寄主。这种病原可以侵染茄科、十字花科、葱类、芹菜、胡萝卜、莴苣等。

【病害循环】 (1) 越冬与初侵染源。病原随病残体在土壤中越冬，成为初侵染源。病原从伤口侵入。(2) 传播特点。病原通过灌溉水或雨水飞溅传播。发病后病原又可通过烟青虫及风雨传播，使病害在田间蔓延。

【发生规律】 (1) 气候条件与发病。田间低洼易涝，钻蛀性害虫多或连阴雨天气多，湿度大易流行。(2) 栽培管理与发病。任何能引起伤口以及影响伤口愈合速度的因素都与此病的发生流行有密切关系。在田间，昆虫的为害是重要发病条件；在储藏和运输中主要为机械损伤。

【防治措施】 防虫治虫，保证果实不产生伤口是防治的重要原则。消灭田间害虫是防治该病的主要措施。(1) 农业防治。发病重的地方可适时推迟播期。采用深沟高畦栽培，田间病株要及时清理，雨后及时排水，降低田间湿度。(2) 物理防治。运输和储藏时要尽量避免机械损伤。及时检出受害果和带伤果，以保证其品质。(3) 化学防治。雨后及时喷施 50%代森铵 600～800 倍液，或农用链霉素 200 mg/kg，或 70%琥·乙膦铝 2 500 倍液，或 50%敌克松原粉 500～1 000 倍液，隔 7～10 d 喷 1 次，连续喷 2～3 次。为害辣椒果实的害虫主要有棉铃虫、烟青虫及螨类等，一经发现，应立即喷药防治。

辣椒疫病
Pepper phytophthora blight

疫病是辣椒的一种土传病害，是辣椒生产上

的主要病害。各地均有分布。全生育期均可发病。发病周期短，流行速度迅猛异常。田块株发病率20%～30%，发病田块达70%以上，严重影响辣椒产量，甚至绝收。

【典型症状】 叶片、茎和果实均可发病。(1) 叶片。发病多在叶缘和叶柄连接处出现不规则暗绿色病斑，水渍状，边缘为黄绿色(图3-25)，多雨高湿条件下发展迅速，常造成叶片腐烂，干燥条件下病斑干枯易破碎。(2) 茎基部和茎节。茎基部和茎节分杈处发生成段暗绿色病斑，水渍状（图3-26，27，28）。茎部多在近地面处发病，病斑初期为暗绿色，水渍状，后出现环绕表皮扩展的暗褐色或黑褐色条斑（图3-29，30），病部易缢缩折倒，病部以上茎梗也易凋萎死亡（图3-31）。(3) 果实。受害多从蒂部开始，病斑呈暗绿色水渍状软腐，边缘不明显，很快扩展到全果实，引起腐烂（图3-32)，潮湿时病部覆盖白色霉层（图3-33），干燥后形成暗褐色僵果。

图3-25 辣椒疫病，叶部症状

图3-26 辣椒疫病，果柄发病初期

图3-27 辣椒疫病，茎梢部症状

图3-28 辣椒疫病，嫩枝发病症状

图3-29 辣椒疫病，茎基部症状

图3-30 辣椒疫病，茎基部症状

图3-31 辣椒疫病，田间病株枯死状

图 3-32 辣椒疫病，果实发病症状

图 3-33 辣椒疫病，储运期果实发病

【致病病原】 病原为辣椒疫霉 *Phytophthora capsic* Leonian，属鞭毛菌亚门真菌。(1) 形态和大小。孢囊梗简单，菌丝状，淡色。孢子囊顶生，长椭圆形，淡色，顶端有乳头状突起，大小 (27.6～55.8) μm× (15.5～31.6) μm。萌发时产生多个有双鞭毛的游动孢子。卵孢子圆球形，黄褐色，直径为 15～28 μm。病原还能产生球形的厚壁孢子，淡黄色、单胞。在 CA 培养基上生长良好，气生菌丝中等，无隔膜，孢囊梗分枝不规则，孢子囊形状、大小变异较大，近球形、椭圆形、长椭圆形、卵圆形或不规则形，乳突较明显，大多 1 个，偶有 2 个，其厚度均小于 5 μm，孢子囊成熟后易脱落，具长柄，孢子囊在水中易释放游动孢子，游动孢子肾形，带有鞭毛。(2) 寄主。这种病原可以侵染辣椒、番茄、茄子、南瓜、西瓜、白兰瓜、甜瓜、黄瓜、菜瓜等。

【病害循环】 (1) 越冬与初侵染源。病原主要以卵孢子、厚垣孢子在病残体或土壤及种子上越冬，其中土壤中病残体带菌率高，是主要初侵染源。北方寒冷地区病原不能在种子上越冬，其主要来源是土壤中和在病残体上越冬的卵孢子。主要是病残体在土壤中带菌传染，随浇水传播。线虫为害造成根部伤口，病原很容易从伤口进入，造成植株迅速发病。(2) 传播特点。条件适宜时，越冬后的病原经雨水飞溅或灌溉水传到茎基部或近地面果实上，引起发病。重复侵染主要来自病部产生的孢子囊，借雨水传播为害。中心病株出现到全田发病仅 7 d 左右时间。中心病株的出现是全田发病的信号。中心病株出现后，在湿度满足的条件下可扩大侵染。

【发生规律】 (1) 发病时期。中心病株出现时间，保护地辣椒在 4 月上、中旬，露地辣椒在 6 月上旬左右。(2) 气候条件与发病。高温、高湿有利发病，雨季或大雨后天气突然转晴，气温急剧上升，或浇水后土壤湿度大易积水，发病迅速。大棚内湿度大或棚膜上凝水结露的情况下，易发病。(3) 栽培管理与发病。大水漫灌或雨后淹水的田块，凡浸泡在水中的茎、叶、果实都严重发病。偏施氮肥，磷、钾肥不足，微量元素缺乏，种植过密，通风透光不良，连年重茬的田块发病重。

【防治措施】 (1) 种子消毒。将种子用 55 ℃ 温水浸泡 30 min。或用 10%福尔马林溶液浸泡 30 min，药液以浸没种子 5～10 cm 为宜，捞出水洗后催芽即可播种。或用高锰酸钾 500 倍液浸种 30 min，洗净后催芽。用 64%杀毒矾 WP 500 倍液浸种消毒。(2) 农业防治。生长期和收获后，要及时清除田间病株和病残体，严禁将病株和病残体随意堆放，应集中烧毁。发病田不要与瓜类、茄果类蔬菜连作，可与十字花科、豆科等蔬菜轮作，最好采取水旱轮作。疫病是土传病害，彻底消灭土壤中病原，是减少发病的首要因素。移栽前深翻晒土，增加土壤透气性，促进定植后快缓苗，壮大根系，增强植株抗病能力，提倡高垄栽培。底肥以充分腐熟的有机肥为主，磷、钾肥作基肥，苗期少施氮肥，花蕾期加强追肥。定植后，要浇足定植水；缓苗发根时，要适当控制水分，促根深扎土层；盛果期要充分供水。避免大水漫灌，严禁灌后积水。(3) 化学防治。由于疫病发病周期短，蔓延流行迅速，一旦发病极难控制。因此，对于菜椒疫病防治，要力争在发病前期进行预防。一般在初花期用药较好。用 58%甲霜灵·锰锌 WP，或 69%安克·锰锌 WP 8～10 g/m^3 与细土4～5 kg 混拌均匀，在苗床浇足底水的前提下，先取 1/3 毒土撒在床面上，播种后再将 2/3 毒土覆上。重病地用乙膦铝·锰锌 10 g/m^3，加 10 倍细干土拌匀，撒于全棚地面，耕翻入土。定植时，用乙膦铝·锰锌 1～2 kg/m^2，加 20～30 kg 细干土拌匀，撒于沟内或穴内。发病前，每亩用20%吡吗啉 SC 有效成分 20 g 对水进行叶面喷雾，每间隔 7 d 喷 1 次药。发病初期，用 44%精甲霜灵·百菌清 SC 500～650 倍稀释液，或 68%精甲霜灵·锰锌 WG 300 倍液，或 75%百菌清 WP 300 倍液，喷施 2～3 次，间隔 7 d。

参考文献

[1]张海英,刘永刚,吕和平,等.河西地区辣椒疫病原的形态特征及其致病力的初步研究[J].西北农业学报,2008,17(1):74-76

[2]杜玉宁,王国珍,高丽.20%吡吗啉悬浮剂防治辣椒疫病田间药效试验[J].现代农药,2008,7(1):44-46

[3]汪晓红,李新宏.44%精甲霜灵·百菌清悬浮剂防治辣椒疫病的研究[J].农药科学与管理,2007,28(11):37-39

辣椒早疫病
Pepper early blight

早疫病是辣椒的一种常见病害。各地均有分布，发病普遍，发病轻时对产量无明显影响，发病重时在一定程度上影响产量。

【典型症状】 (1) 苗期。早疫病是辣椒育苗中期引起烂叶死尖的病害。多在辣椒幼苗 3～5 叶期发生，引起叶尖和顶芽腐烂，形成无顶苗，或向下蔓延，烂至苗床上面。在塑料小拱棚或大棚内因湿度大，往往病害发展迅速，数日内便可使全部幼苗受害。(2) 叶片。叶片初呈针尖大小黑点，后发展扩大成圆形或不规则病斑，病斑褐色至黑褐色，边缘多具浅绿色或黄色晕环，中部具有突起的同心轮纹（图 3-34，35）。潮湿时病斑长出灰黑色霉状物，严重时，多个病斑可融合成不规则形大斑，造成叶片早枯（图 3-36，37）。叶柄病斑呈椭圆形，稍凹陷，暗褐色，有轮纹。

图 3-34 辣椒早疫病，发病叶片症状

图 3-35 辣椒早疫病，露地栽培发病叶片症状

图 3-36 辣椒早疫病，潮湿条件下病叶片症状

【致病病原】 病原为茄链格孢 *Alternaria solani*（Ell. et Mart.）Jones et Grout.，属半知菌亚门真菌。(1) 形态和大小。分生孢子梗暗褐色，单生或丛生，有隔膜 3～6 个，大小(80～224) μm×(6.4～12.8) μm。分生孢子倒棍棒状，有横隔膜 2～6 个，淡黄褐色，大小(19.89～64.07) μm×(6.84～14.29) μm。(2) 特性。病原发育温限 1～45 ℃，26～28 ℃最适。分生孢子在 6～24 ℃水中经 1～2 h 即萌发，在 28～30 ℃水中萌发时间只需 35～45 min。每个孢子可产生芽管 5～10 根。(3) 寄主。这种病原可以侵染辣椒、番茄、茄子、马铃薯等。

【病害循环】 (1) 越冬与初侵染源。病原在病残体或种子上越冬。通过气孔、皮孔或表皮直接侵入，形成初侵染。(2) 传播特点。病部又产生出病原通过气流、雨水传播，多次重复侵染。

【发生规律】 早春定植时昼夜温差大，白天 20～25 ℃，夜间 12～15 ℃，相对湿度高达 80%以上，易结露，利于发病和蔓延。

【防治措施】 (1) 种子消毒。用 55 ℃温水浸种 5 min 后，立即移入冷水中冷却，晾干后催芽播种。或用 50%多菌灵 500～600 倍液浸种 20 min，用清水冲洗干净后晾干播种。(2) 农业防治。重病区尽量与非茄科蔬菜实行轮作。选择地势高、向阳的田块，或离水源近的缓坡地种辣椒，以便

图 3-37　辣椒早疫病，潮湿条件下叶背症状

雨季易排水，旱季易抗旱。要求氮、磷、钾合理搭配，做到前轻后重，持久供肥，以保证前期不疯长，植株健壮，抗逆性强；后期不早衰。棚室栽培，宜采用滴灌或暗灌方式灌水。调整好棚内温度和湿度，尤其是定植初期，闷棚时间不宜过长，防止棚内湿度过大、温度过高。发病早期及时拔除病株或摘除病叶。(3) 化学防治。幼苗期喷药，带药定植。播种时可用50%多菌灵按 1∶（300～500）的比例拌干细土灰，播撒适量药土覆种。待辣椒出苗后每隔 10 d 左右，撒施少量药土。棚室栽培在发病初期，每亩喷撒 75%百菌清 DPC 1 kg，隔 9 d 喷撒 1 次，连续喷3～4次。或每亩施用 45%百菌清 FU 或 10%腐霉利 FU 200～250 g。露地栽培在发病前，开始喷 50%利得 WP 800 倍液，或 50%多菌灵 WP 500 倍液，或 50%多・硫 SC 500 倍液，或 68%精甲霜灵・锰锌 WG 300 倍液，或 44%精甲霜灵・百菌清 SC 500～650 倍液。药剂防治宜早，要喷在叶背，隔 7～10 d 喷 1 次，连续喷 3～4 次。

辣椒叶枯病

Pepper stemphylium leaf blight

辣椒叶枯病又称灰斑病，是辣椒的一种重要病害。发病田病株率可达 90%以上，叶片脱落严重，植株矮小，严重时田块毁种。

【典型症状】 在苗期及成株期均可发生，主要为害叶片，有时为害叶柄及茎。病叶自下而上出现，初期叶片正背两面出现散生的褐色小斑点，扩大后中央灰白，边缘暗色，呈圆形或不规则形，大小 2～10 mm 不等（图 3-38）。叶面病斑浅褐色至黄褐色，湿度大时叶背对应部位生有致密灰黑色至近黑色绒状物，病斑上有暗褐色细线圈，病斑外围有浅黄色晕圈（图 3-39）。后期病斑中央坏死处常脱落穿孔（图 3-40），病叶易脱落，严重时整株叶片脱光成秃枝（图 3-41）。

图 3-38　辣椒叶枯病，早期发病叶片

图 3-39　辣椒叶枯病，发病叶片上有黑色绒状物

图 3-40　辣椒叶枯病，发病叶片，病斑开裂

图 3-41　辣椒叶枯病，发病株叶片脱落

【致病病原】 病原为茄匐柄霉 *Stemphylium solani* Weber.，属半知菌亚门真菌。菌丝无色，有分枝，具隔、分枝；分生孢子梗褐色，单生或丛生，具隔，顶端稍膨大；分生孢子褐色，壁砖状分隔，拟椭圆形。

【病害循环】 （1）越冬与初侵染源。病原以菌丝体或分生孢子在土中的病残体上，或以分生孢子黏附种子上越冬。在南方无明显越冬期，全年辗转传播蔓延。（2）传播特点。病原以分生孢子借气流传播，进行初侵染。随着雨水增多，病害迅速发展，如遇阴雨连绵，病原随风雨在田间传播形成再侵染。

【发生规律】 （1）气候条件与发病。黄河流域4月上中旬叶片上病斑增多，引起苗期落叶，成株期在6月上旬出现中心病株，随着雨水增多，病害迅速发展，6月中下旬进入高峰期。如遇阴雨连绵，造成严重落叶，病原随风雨在田间传播为害。（2）栽培管理与发病。施用未腐熟厩肥或旧苗床育苗，气温回升后苗床不能及时通风，温度和湿度过高，利于发病。田间管理不当，偏施氮肥，前期生长过盛，田间积水，易发病。

【防治措施】 （1）种子消毒。用55 ℃温水浸种5 min后，立即移入冷水中冷却，然后催芽播种。将种子在冷水中预浸6～15 h，然后移入1%硫酸铜溶液中浸5 min，取出后拌适量的消石灰，再行播种。（2）农业防治。用腐熟厩肥作底肥。合理使用氮肥，增施磷、钾肥。及时清除病残体。定植后，及时松土，追肥，雨季及时排水。及时通风，控制苗床温度和湿度。（3）化学防治。发病初期用68%精甲霜灵·锰锌 WG 300倍液，或44%精甲霜灵·百菌清 SC 500～650倍液，或80%新万生 WP 800倍液，或75%百菌清 WP 600倍液，隔10～15 d喷1次，连喷2～3次。

辣椒白斑病
Pepper stemphylium leaf spot

辣椒白斑病是辣椒的一种常见病害。

【典型症状】 苗期及成株期均可发生，主要为害叶片。（1）叶片。发病叶片初生褐色小点，很快发展为圆形或近圆形病斑，边缘棕褐色，中央灰白色，略凹陷（图3-42）。嫩叶易发病。空气干燥时病斑中央坏死处常脱落穿孔，后期病叶易脱落（图3-43）。湿度大时病斑汇合成不规则形斑，引起病叶黄化或脱落。病斑多时，造成严重落叶，甚至整株叶片落光成秃枝。（2）茎部。发病形成5～10 mm的长形斑。

图3-42 辣椒白斑病，叶片病斑

图3-43 辣椒白斑病，发病叶片穿孔

【致病病原】 病原为番茄匍柄霉 *Stemphylium lycopersici*（Enjoji）Yamamoto.，属半知菌亚门真菌。（1）形态和大小。病原分生孢子梗大小140 μm×（6～7）μm，膨大部位直径8～10 μm；分生孢子短锥状，具柄隔膜1～8个，若干个纵隔膜，通常在3条主柄隔处缢缩，光滑或具微瘤，大小（50～74）μm×（16～23）μm。（2）寄主。这种病原可以侵染甜椒、辣椒、番茄。

【病害循环】 病原在土壤中的病残体或种子上越冬。温湿度适宜时，病原入侵形成初侵染。病部产生的病原，通过风雨传播形成再侵染。

【发生规律】 温暖潮湿、阴雨天及结露持续时间长是发病的重要条件。土壤肥力不足，植株生长衰弱，发病重。

【防治措施】 （1）农业防治。增施有机肥及磷、钾肥。收获后，及时清除病残体，集中烧毁。（2）化学防治。发病初期喷75%百菌清 WP 600倍液，或77%氢氧化铜 WP 400～500倍液，或80%新万生 WP 800倍液，隔10 d喷1次，连续喷2～3次。采收前7 d停药。

辣椒斑枯病
Pepper septoria leaf spot

【典型症状】 发病叶片上出现白色至浅灰黄色圆形病斑，病斑直径2～4 mm，边缘明显，病斑中央具许多小黑点（图3-44，45）。

图3-44 辣椒褐斑病

图3-45 辣椒斑枯病

【致病病原】 病原为番茄壳针孢 *Septoria lycopersici* Speg.，属半知菌亚门真菌。参见番茄斑枯病。

【病害循环】 病原以菌丝和分生孢子器在病残体、多年生茄科杂草上或附着在种子上越冬，第2年从气孔侵入成为初侵染源。分生孢子器吸水后，器内胶质物溶解，分生孢子逸出，借风雨传播或被雨水反溅到茄子植株上。

【发生规律】 高温高湿利于发病，若湿度达不到则不发病。如遇多雨，特别是雨后转晴易发病。生长衰弱、肥料不足，易发病。

【防治措施】 （1）种子消毒。用52 ℃温水浸种30 min，取出晾干催芽播种。（2）农业防治。苗床用新土或2年内未种过茄科蔬菜的阳畦或地块育苗。实行3～4年轮作。高畦栽培，适当密植，注意田间排水降湿，保持田间通风透光及地面干燥。合理用肥，增施磷、钾肥。采收后把病残物深埋或烧毁。（3）化学防治。参见番茄斑枯病。

辣椒灰霉病
Pepper gray mold

灰霉病是辣椒苗期的一种常见病害。各地均有分布。主要在保护地内发生。

【典型症状】 （1）叶片。现半圆形至近圆形淡褐色轮纹斑，病部腐烂，有的长出灰色霉状物，上部叶片腐烂，植株叶缘出现水浸状病斑，逐渐变褐，形成椭圆形或近圆形浅黄色轮纹斑，密生灰色霉层（图3-46）。（2）茎秆和叶柄染病，产生灰白色霉状物，病枝向下蔓延至分杈处（图3-47，48，49，50）。（3）花器。染病花瓣呈褐色，水浸状，上密生灰色霉层（图3-51）。（4）果实。染病幼果果蒂周围局部先产生水浸状褐色病斑，逐渐扩大后呈暗褐色，凹陷腐烂，表面产生不规则轮状灰色霉层（图3-52）。

图3-46 辣椒灰霉病，发病叶片

图3-47 辣椒灰霉病，发病嫩茎

【致病病原】 病原为灰葡萄孢 *Botrytis Cinerea* Pers.，属半知菌亚门真菌。病原特征特性参见番茄灰霉病。这种病原可以侵染辣椒、葡萄、番茄、黄瓜、草莓、莴苣、韭菜、花生、地瓜等100多种植物。

图 3-48 辣椒灰霉病，发病茎

图 3-49 辣椒灰霉病，果柄处发病

图 3-50 辣椒灰霉病，发病株

图 3-51 辣椒灰霉病，发病花

图 3-52 辣椒灰霉病，发病果

【病害循环】 （1）越冬与初侵染源。病原以菌核在土壤中，或以菌丝、分生孢子在病残体上越冬。（2）传播特点。分生孢子随气流及雨水传播蔓延。病原发育适温 23 ℃。

【发生规律】 （1）气候条件与发病。12 月份至第 2 年 5 月份连续多湿状态易发病。低温、高湿、弱光有利于发病。（2）栽培管理与发病。植株密度过大，生长旺盛，管理不当都会加快此病扩展。南方春播露地，低温多雨时也常严重发生蔓延。大棚内湿度持续较大是发病的主导因素，尤其在春季连阴雨天气多，气温偏低，放风不及时，棚内湿度大，能引起灰霉病发生和蔓延。

【防治措施】 （1）农业防治。保护地要加强通风管理，上午尽量保持较高的温度，使棚顶露水雾化；下午适当延长放风时间，加大放风量，以降低棚内湿度；夜间要适当提高棚温，减少或避免叶面结露；发病初期要减少浇水，若要浇水一定要在上午进行，降低夜间棚内湿度。发病后，及时摘除病果、病叶和侧枝，集中烧毁或深埋。种植密度不宜过大。种植多年的大棚，因病原积累比较多，在夏季 7～8 月份进行深翻蓄水，地面覆盖 7 d，利用高温杀菌。（2）化学防治。参见番茄灰霉病。

参考文献

张德咏，陈文勇，谭新球，等. 50%CHORUS WG 防治辣椒灰霉病药效试验初报[J]. 辣椒杂志，2005(2)：30-31

辣椒菌核病
Pepper sclerotinia rot

菌核病是辣椒冬春保护地栽培中的毁灭性病害。各地均有分布。严重时发病率可达到 30% 以上，对产量有明显的影响。

【典型症状】 苗期和成株期均能染病。（1）成株期。主要发生在主茎或侧枝的分杈处，病斑环绕分杈处，表皮呈灰、白色，从发病分杈处向上的叶片青萎，剥开分杈处，内部往往有鼠粪状的小菌核（图 3-53，54，55，56，57，58）。果实染病，往往从脐部开始呈水渍状湿腐，逐步向果蒂扩展至整果腐烂，湿度大时果表长出白色菌丝团（图 3-59）。（2）幼苗。苗期发病在茎基部呈水渍状病斑，以后病斑变浅褐色，湿度大时病部易腐烂，无臭味，干燥条件下病部呈灰白色，病苗立枯而死。

图 3-53 辣椒菌核病，枝杈处发病，菌核状

图 3-54 辣椒菌核病，嫩茎发病

图 3-55 辣椒菌核病，枝梢发病，已形成菌核

图 3-56 辣椒菌核病，主茎发病

图 3-57 辣椒菌核病，茎基部发病

图 3-58 辣椒菌核病，植株枯死

【致病病原】 病原为核盘菌 *Sclerotinia sclerotiorum*（Lib.）De Bary，属子囊菌亚门真菌。(1) 形态和大小。菌核初为白色，老熟后变黑色鼠粪状，由菌丝体扭集在一起形成。子囊盘浅褐色，盘状或扁平状。子囊盘柄的长度 3～15 mm，伸出土面为乳白色，渐展开呈杯状。子囊盘成熟后子囊孢子呈烟雾状弹射。子囊棍棒状，无色，内生子囊孢子 8 个。子囊孢子单胞，无色，椭圆形，大小（10～15）μm×（5～10）μm。(2) 特性。菌丝生长及菌核形成最适温度 20 ℃，最高 35 ℃。(3) 寄主。这种病原可以侵染茄科、葫芦科等多种蔬菜。

图 3-59　辣椒菌核病，病叶和病果

【病害循环】（1）越冬与初侵染源。病原以菌核遗落在土中或混杂在种子中越夏或越冬。（2）传播特点。温湿度适宜时萌发产生子囊盘和子囊孢子，子囊孢子借气流传播到植株上形成初侵染。发病后通过接触形成再侵染。菌丝从伤口侵入，或其芽管直接穿过寄主失去膨压的表皮细胞间隙，侵入致病。

【发生规律】南方 2～4 月份和 10～12 月份菌核有两次萌发高峰期，北方多在 3～5 月份发生。夏季气温升高，病情稍缓和，但如遇有 3 d 以上的连阴雨，病情又回升。

【防治措施】（1）种子消毒。带菌种子用 52 ℃温水浸种 30 min，把菌核烫死，后移入冷水中冷却。用种子重量 0.4%～0.5%的 50%扑海因 WP，或 50%多菌灵 WP 拌种。（2）农业防治。用消毒过的育苗土育苗，确保幼苗生长健壮。整地前，清除大棚内残枝、落叶、病残果及杂草。每亩撒施石灰 80 kg，翻地后放水 1 周后晒干，再次翻地。定植前 10 d，整畦后盖好黑色地膜，使畦内土温迅速提高，可以进一步杀死土壤中的病原。上午闭棚提温，下午放风排湿，创造不利于病原萌发、侵染的温湿度条件。（3）化学防治。苗床土用 25%多菌灵WP 10 g/m^3 拌细干土 1 kg，撒在土表，耙入土中后播种。预治菌核病有 3 个重要时期：一是定植前，在辣椒育苗盘上喷施 70%百菌清 WP 600 倍液，预防辣椒苗上的病原带入大棚内；二是定植后，及时用 50%敌克松 WP 800 倍液浇穴；三是“门椒”幼果长到 1 cm 时，及时用 50%腐霉利 WP 1 500 倍液喷雾。另外，在浇灌催果水前 1d，此时植株正值结果盛期，易发病，喷 70%甲基托布津 WP 1 000 倍液加 50%腐霉利 WP 1 500 倍液，可在果实和茎秆表面形成一层保护膜。发病初期及时施药防治。用 50%速克灵 WP 1 000 倍液，或 50%农利灵 WP 1 000 倍液，或 40%菌核净 WP 1 000倍液，或 60%防霉宝超微粉 600 倍液喷雾。如棚室内发病株数较少，也可用 50%速克灵 WP 50～100倍液涂抹病部，可起到治疗病株和控制病害蔓延的双重作用。

参考文献

刘志恒，邵丹，杨红，等. 辣椒菌核病原生物学特性的研究[J]. 沈阳农业大学学报，2008(5)：556-560

辣椒白星病 Pepper phyllosticta blight

辣椒白星病又称斑点病，是辣椒的一种普通病害。各地均有发生。发病较轻，对生产影响不大，严重时造成落叶，对产量有一定影响。

【典型症状】主要为害叶片。病斑初为圆形或近圆形，边缘呈深褐色小斑点，直径 5 mm 左右，稍隆起，中央白色或灰白色，散生黑色小粒点（图 3-60）。病斑中间有时脱落，发病严重的造成大量落叶（图 3-61）。

图 3-60　辣椒白星病，发病叶片

【致病病原】病原为辣椒叶点霉 *Phyllosticta capsici* Speg.，属半知菌亚门真菌。（1）形态和大小。分生孢子器黑褐色，近球形，直径 91～126 μm。（2）寄主。这种病原侵染辣椒、番茄、茄子、马铃薯及多种茄科杂草。

【病害循环】病原以分生孢子器随病残体在土壤中或在种子上越冬。病原以分生孢子借风雨传播蔓延，形成初侵染和再侵染。

【发生规律】高温、高湿的条件下，易发病。

【防治措施】（1）农业防治。隔年轮作。采收后及时清除病残叶，集中烧毁。（2）化学防治。发病初期喷 50%琥珀酸铜（DT）WP 500 倍液，

图 3-61　辣椒白星病，发病叶片

或 14%络氨铜 AS 300 倍液，或 77%氢氧化铜 WP 500 倍液，或 75%百菌清 WP 600 倍液，隔 10 d 喷 1 次，连续喷 2～3 次。

辣椒猝倒病
Pepper damping-off

辣椒猝倒病又称绵腐病，俗称歪脖子，南方地区称为小脚瘟，是辣椒苗期的一种重要病害。各地均有分布。发病严重时，常造成幼苗成片倒伏死亡。

【典型症状】 幼苗出土前发病，造成烂种、烂芽。幼苗出土后，真叶未展开前侵染，幼茎基部病部呈水渍状病斑，接着病部变黄褐色，后缢缩成为线状（图 3-62），引起幼苗猝倒或枯死。由于病害发展很快，幼苗子叶尚未凋萎，仍为绿色时幼苗就迅速倒伏（图 3-63）。苗床开始时只见个别幼苗发病，以后迅速向四周扩展，引起幼苗成片猝倒死亡（图 3-64）。低温多湿时病苗上或病苗附近的土面上长出白色絮状菌丝。

【致病病原】 病原为瓜果腐霉菌 *Pythium aphanidermatum*（Eds.）Fitzp.，属鞭毛菌亚门真菌。病原菌的特征特性参见番茄猝倒病。这种病原可以侵染辣椒、番茄、茄子、瓜类、莴苣、芹菜、白菜、甘蓝、萝卜、洋葱等多种蔬菜。

【病害循环】（1）越冬与初侵染源。病原以卵孢子在土壤中越冬和度过不良环境，或以菌丝体在病残组织中或腐殖质上过腐生生活。（2）传播特点。第 2 年春天遇合适条件即可萌发产生孢子囊，并释放出游动孢子或直接产生芽管侵入寄主，侵染幼苗时造成幼苗发病猝倒。病原借雨水和灌溉水进行传播，施用带菌肥料、移栽等农事活动也能传播病原。

图 3-62　辣椒猝倒病

图 3-63　辣椒猝倒病

图 3-64　辣椒猝倒病

【发生规律】（1）发病时期。在幼苗第 1 片真叶出现前后最易发病。（2）栽培管理与发病。苗期管理不当也常为病害发生提供条件，如播种过密、大水漫灌、保温放风不当、秧苗徒长、受冻等。地势低洼、排水不良和黏重土壤及施用未腐熟堆肥，也容易发病。

【防治措施】（1）农业防治。苗床应选在地势高、排水良好的地方。选用无病新土或风化的河泥作床土。有机肥要充分腐熟。播种要均匀，不宜过密。播种后盖土要浅，以利出苗。浇水量不宜过多，并注意通风透气，以控制苗床温湿度。在严冬和早春，必须做好保温工作，防止冷风和低温，以免幼苗受冻。病初要早分苗和间苗，培育壮苗，提高幼苗抗病能力。(2) 化学防治。参见番茄猝倒病。

参考文献

黄绍岗.辣椒猝倒病的识别及防治[J].广西植保,1994(3):23-24

辣椒立枯病 Pepper rhizoctonia rot

辣椒立枯病是辣椒的一种常见病害。

【典型症状】 刚出土的幼苗和大苗都会发病，但多发生于育苗的中后期。(1) 幼苗。茎基部产生椭圆形暗褐色病斑，早期病苗白天萎蔫，夜晚恢复，病斑逐渐凹陷，扩大后绕茎1周，最后病部收缩干枯，整株死亡。在湿度大时，病部产生淡褐色稀疏丝状体。(2) 大苗或成株。茎基部呈溃疡状，地上部变黄、衰弱、萎蔫，以至死亡（图3-65）。

图3-65 辣椒立枯病，发病株

【致病病原】 病原为立枯丝核菌 *Rhizoctonia solani* Kühn.，属半知菌亚门真菌。(1) 形态和大小。菌丝无色，老菌丝黄褐色，分枝基部缢缩。菌核近球形，直径0.1～0.5 mm，无色，后为黑褐色。(2) 特性。这种病原不产生孢子，主要以菌丝体传播和繁殖。病原腐生性强。(3) 寄主。这种病原可以侵染辣椒、番茄、棉花等50科200余种植物。

【病害循环】 (1) 越冬与初侵染源。该菌不产生孢子，主要以菌丝体传播和繁殖。病原在土壤中或病残体中越冬，腐生性强，在土壤中可存活2～3年。在适宜条件下，可直接侵入寄主。(2) 传播特点。通过雨水、流水、农具以及堆肥传播。

【发生规律】 温暖多湿、播种过密、浇水过多，有利于发病。气温在15～21 ℃，尤其在18 ℃以上时发病最多。

【防治措施】 (1) 农业防治。用新土育苗。注意提高地温，适时放风，增强光照，避免苗床高温高湿出现。(2) 化学防治。育苗时进行土壤消毒，苗床可用50%多菌灵 WP 8 g/m^3，加营养土10 kg拌匀成药土进行育苗，播前1次浇透底水，待水渗下后，取1/3药土撒在畦面上，把催好芽的种子播上，再把余下的2/3药土覆盖在上面，即下垫上覆使种子夹在药土中间。生长期可同时喷洒0.1%的磷酸二氢钾溶液，以提高抗病力。发病初期喷5%井冈霉素 AS 1 500倍液，或36%甲基立枯磷 EC 1200倍液，或36%甲基托布津 SC 500倍液。

参考文献

魏海明,张庆平,李子钦,等.30%多·福可湿粉防治辣椒立枯病试验[J].内蒙古农业科技,2000(增刊):155-156

辣椒枯萎病 Pepper fusarium wilt

辣椒枯萎病又称萎蔫病，是辣椒的一种主要病害。各地均有发生。北方连作地的病株死亡率为15%左右。

【典型症状】 主要幼苗期或开花坐果期发生，为害根部或根颈处。初期病部出现水渍状褐色斑点，下部叶片黄化，嫩芽和嫩叶生长缓慢，色泽暗，叶片出现半边枯黄，半边绿色，中午萎蔫，晚上恢复，可持续2～3 d。随病情加重，根颈处及主根、侧根基部皮层干腐纵裂，容易剥落，植株下部叶片大量脱落，茎秆和叶片迅速凋萎（图3-66）。病害扩展后，病根出现腐烂，髓部变为暗褐色或略带紫红，茎基部近地面3 cm左右整段干腐，或半边出现纵向枯死的长条斑（图3-67）。湿度大时，病部长出白色菌丝或蓝绿色霉状物。后期病株侧根很少，容易拔起。折断茎秆可见根颈部维管束变褐，外部也常呈褐色。根系呈水浸状软腐，皮层极易剥落，木质部变成暗褐色至煤烟色。

图 3-66　辣椒枯萎病，植株枯死

图 3-67　辣椒枯萎病，病根出现腐烂

【致病病原】 病原为辣椒镰孢霉 *Fusarium oxysporum* Schlecht. f. sp. *vasinfectum* Snyd. et Hans.，属半知菌亚门真菌。(1) 形态和大小。在 PDA 上，气生菌丝茂盛，呈白色絮状，后变为淡紫色至深色。分生孢子梗分枝，产孢细胞单瓶梗具枝。小型分生孢子，团生，卵圆形到椭圆形，大小为(4.0～7.6) μm×(1.5～2.0) μm。大型分生孢子纺锤形至刀形，通常顶端细胞呈钩状，基部有足细胞 2～5 分隔，以 3 分隔为主，大小为(25.5～50.0) μm×(2.0～6.0) μm；4 分隔的大小为(38.5～50.0) μm×(4.0～6.0) μm。小分生孢子量大，大分生孢子数量很少。厚垣孢子淡黄色，直径为 710 μm，间生或顶生，偶尔串生，球形或椭圆形，壁光滑。(2) 特性。发育适温 24～28 ℃。最高 37 ℃，最低 17 ℃。(3) 寄主。这种病原可以侵染甜椒、辣椒。也有报道辣椒枯萎病是由尖孢镰刀菌辣椒专化性 *Fusarium oxysporum* f. sp. capcicum 侵染所致，只为害辣（甜）椒。

【病害循环】 (1) 越冬与初侵染源。病原主要以厚垣孢子在土中越冬，营腐生生活，可在土壤中存活多年。(2) 传播特点。通过灌溉水传播，或随病土借风传播。

【发生规律】 (1) 气候条件与发病。高温高湿的环境下发病严重。夏季阴雨天发病偏重，雨后晴天病情发展迅速。(2) 农业防治。在土壤潮湿、黏重、微酸、排水不良、多年连作、偏施氮肥等情况下易发病。土壤中根结线虫为害严重时，可以加剧病害的发展。在地膜覆盖、温室大棚和深植条件下更容易发病。

【防治措施】 (1) 农业防治。用无病土育苗，选用 3 年以上没有种过茄科蔬菜的地做苗床。若用旧床，应换土或进行土壤消毒，可在 7 月份高温季节，将床土深翻后灌水，覆盖地膜暴晒 40 d。与其他作物轮作。田间要排水良好，避免田间过湿或雨后积水。出现病株时及时拔除。(2) 化学防治。定植前用敌克松可湿性剂 1 000 倍液进行土壤消毒；移栽时用敌克松 800 倍液或抗枯灵 WP 600 倍液、恶毒灵 3 000 倍液浸根 10～15 min 后移栽。发病初期喷 50%多菌灵 WP 500 倍液，或 25%咪鲜胺 EC 2 000 倍喷雾，50%抗枯灵 WP 1 000 倍液，40%多·硫 SC 600 倍液，或 50%琥珀酸铜 WP 400 倍液，连续喷 2～3 次。也可以用 50%多菌灵 WP 500 倍液，或 14%络氨铜 AS 300 倍液灌根。

参考文献

[1]黄炜，巩振辉. 辣椒枯萎病的田间识别及其防治措施[J]. 西北园艺，2006(5)：27

[2]梁建根，王建明. 辣椒枯萎病病原的初步研究[J]. 山西农业大学学报，2002，22(1)：29-32

辣椒根腐病
Pepper root rot

辣椒根腐病是一种土传病害，是辣椒的常见病害。各地均有分布，发生普遍。发病率较低，严重时发病率可达 30%～50%，可导致绝产。

【典型症状】 主要为害辣椒根部及维管束，多发生于定植后。(1) 种子和幼苗。病原侵染萌动的种子或幼苗的根茎部时，可引起种子腐烂或幼苗猝倒；病原侵染种子后，使种子发芽率下降 44%～60%，或形成不正常的幼苗。(2) 定植后植株。病初病株枝叶特别是顶部叶片稍见萎蔫，傍晚至次日早晨恢复，症状反复数日后，叶片全部萎蔫，但叶片仍呈绿色；病株的根茎部及根部皮层呈淡褐色及深褐色腐烂（图 3-68），极易剥离，露出木质部；横切茎观察，可见维管束变褐色（图 3-69），后期潮湿时可见病部长出白色至粉红色霉层（图 3-70）。

图 3-68 辣椒根腐病，根颈部褐色腐烂

图 3-69 辣椒根腐病，病根维管束变褐色

图 3-70 辣椒根腐病，病根部霉层

【致病病原】 病原为腐皮镰孢霉 *Fusarium solani*（Mart.）App. et Wollenw，属半知菌亚门真菌。(1) 形态和大小。腐皮镰孢分生孢子有大小 2 型。大型分生孢子新月形，无色，有 2～4 个横隔膜，大小(14.0～16.0) μm×(2.5～3.0) μm。小型分生孢子椭圆形，无色，大小 (6～11) μm×(2.5～3.0) μm。病原还能产生近圆形、淡褐色的厚壁孢子。(2) 特性。在土壤可以存活 10 年以上。(3) 寄主。这种病原可以侵染寄主范围较广。

【病害循环】 病原以菌丝体和厚垣孢子在病残体或土壤中越冬，种子也可带菌越冬。在土壤可以存活 10 年以上。第 2 年病原萌发产生分生孢子，直接侵染植株根系，病部不断产生分生孢子进行再侵染。从伤口侵入致病，带菌种子萌发直接侵染幼苗。部分分生孢子可随雨水、灌溉水传播。

【发生规律】 秋冬季棚内白天温度较高，夜间温度较低，空气相对湿度较大，发病较重。与茄果类蔬菜连作发病重。阴雨天、大水漫灌发病重。多发生在辣椒定植后至采果盛期。

【防治措施】 (1) 种子消毒。种子先用 0.2%～0.5%的碱液清洗，再用清水浸种 8～12 h，然后捞出放入配好的 1%次氯酸钠溶液中浸泡5～10 min，冲洗干净后催芽播种。播种前采用温汤浸种，水温 55～60 ℃，浸 15 min，然后用 10%磷酸三钠液浸 30 min，再用 5%丙烯酸-恶霉-甲霜 AS 浸种10 min，种子洗净后播种。(2) 农业防治。收获后要及时清除田间病残株，并烧毁或深埋。与甘蓝、大白菜、大蒜、大葱等蔬菜实行 5 年以上轮作。高垄栽培，并用塑料薄膜覆盖。生长期严禁雨水进入棚内，浇水要选择晴天上午进行，不要大水漫灌，有条件可进行滴灌，保持土壤半干半湿状态；及时增施磷、钾肥。棚室栽培，要适时通风换气，降低棚室内的湿度。苗期适当控制氮肥，开花结果期注意追施磷、钾肥，并注意叶面补肥。(3) 化学防治。播种前用甲基托布津或多菌灵8～10 g/m^3 处理苗床播种后，用药土下铺上盖；或用 5%丙烯酸-恶霉-甲霜 AS 1～2 mL/m^{3}稀释至 1 000～1 500 倍喷洒苗床，防止幼苗带菌。定植时用抗枯灵 WP 900 倍液，或恶霉灵 WP 300 倍液浸根 10～15 min。定植后结合浇水每亩施入硫酸铜 1.5～2 kg，可减轻发病。定植缓苗后，开始浇灌第 1 次药，每株250 mL，每天浇灌 1 次，连续浇灌 2 次。由于根腐病是土传性病害，一定要提前浇灌药液预防病害的发生。如发病后再施药，效果甚微。药剂可用 20%优氯特 SC 加水稀释 300～400 倍。

参考文献

[1]刘丽云. 辣椒根腐病发病影响因素研究[J]. 北方园艺，2008(5)：213-214

[2]刘丽云，刘晓林，刘志恒，等. 辣椒根腐病病原生物学特性研究[J]. 沈阳农业大学学报，2007，38(1)：54-58

P 辣椒黄萎病
Pepper verticillium wilt

【典型症状】 多发于生长中后期，感病后植株矮化，节间缩短。发病初期植株枯萎，下部叶片上卷，叶缘或叶尖变黄，而后变为褐色。随着病情的发展，整株植物永久性萎蔫，叶片黄化、脱落（图 3-71）。茎基部的木质部维管束组织变褐，向上扩展到枝条下端。

图 3-71　辣椒黄萎病，病株

【致病病原】 病原为大丽花轮枝孢 *Verticillium dahliae* Kleb.，属半知菌亚门真菌。(1) 形态和大小。分生孢子梗直立，有轮枝 1～5 个层，长 110～200 μm。分生孢子椭圆形，无色，单胞，大小 (3～7) μm× (1.5～3) μm（图 3-72）。(2) 特性。土壤中病原可存活 6～8 年。病原生长最适温度为 22.5 ℃，在 30 ℃下，尚能缓慢生长，最适 pH 5.3～7.2。(3) 寄主。这种病原可以侵染茄科、豆科、葫芦科、菊科、锦葵科、大戟科、唇形科、藜科等 20 科 80 种植物。

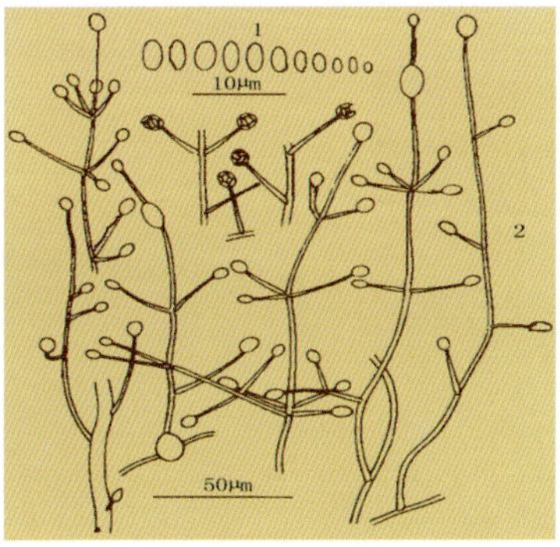

图 3-72　辣椒黄萎病病原
1. 分生孢子　2. 分生孢子梗
（据李明远原图）

【病害循环】 病原以休眠菌丝、厚垣孢子和微菌核随病残体在土壤中越冬。土壤中病原可存活 6～8 年。病原从根部的伤口或直接从幼根表皮或根毛侵入，后在维管束内繁殖，并扩展到枝叶。病原借风、雨、流水或人畜及农具传到无病田，成为第 2 年的初侵染源。

【发生规律】 苗期和定植后低于 15 ℃持续时间长，易发病。

【防治措施】 (1) 农业防治。与禾本科作物实行 4 年以上轮作，有条件的地方最好能实行水旱轮作。当土壤 10 cm 处的温度达到 15 ℃以上时，辣椒开始定植，最好铺光解地膜。灌溉时要选择在晴天进行，要避免用过冷的井水浇灌，以免地温下降幅度过大。生长期间宜勤浇小水，保持地面湿润。(2) 化学防治。用 40%棉隆 10～15 g/m³ 与 15 kg 过筛细干土充分拌匀，撒在畦面上，然后耙入土中深约 15 cm，耙平浇水，覆盖地膜，10 d 以后播种或分苗。在苗期或定植前，喷施 50%多菌灵 WP 600～700 倍液。每亩定植田用 50%多菌灵 2 kg 进行土壤消毒。发病初期浇灌 10%治萎灵 AS 300 倍液，或 80%防霉宝 WP 600 倍液，或 50%苯菌灵 WP 1 000 倍液，或 50%琥胶肥酸铜 WP 350 倍液。

P 辣椒炭疽病
Pepper anthracnose

炭疽病是辣椒的一种主要病害。各地均有分布。主要在生长中、后期发生，造成大量落叶烂果，损失可达 20%～30%。

【典型症状】 果实上病斑近圆形，发生中心凹陷，病斑上产生轮状排列的小黑点。(1) 黑色炭疽病。果实及叶片均能受害，特别是成熟的果实及老叶易被侵害。果实病斑为褐色、水渍状的长圆形或不规则形、凹陷、有稍隆起的同心环纹斑，病斑上生出无数的黑色小点，周缘有湿润性的变色圈，干燥时病斑常干缩似羊皮纸易破裂（图 3-73，74）。叶片上病斑初呈褪绿水渍状斑点，逐渐变成褐色（图 3-75），稍呈圆形斑而中间为灰白色，上面轮生黑色小点（图 3-76）。病叶易脱落。茎及果梗上产生褐色病斑（图 3-77），稍凹陷，不规则形，干燥时容易裂开（图 3-78，79）。(2) 黑点炭疽病。成熟果实受害严重，病斑很像黑色炭疽病，但病斑上生出的小黑点较大，色更深，潮湿条件下小黑点处能溢出黏质物（图 3-80，

81)。(3) 红色炭疽病。成熟果及幼果均能受害。病斑圆形，黄褐色，水渍状，凹陷，斑上着生橙红色小点略呈同心环状排列，潮湿条件下整个病斑表面溢出淡红色黏质物（图 3-82，83)。

图 3-73 辣椒炭疽病，朝天椒病症

图 3-74 辣椒炭疽病，黑色炭疽病病果

图 3-75 辣椒炭疽病，病叶发病初期

图 3-76 辣椒炭疽病，叶片发病中后期

图 3-77 辣椒炭疽病，病茎

图 3-78 辣椒炭疽病，果柄处发病初期症状

图 3-79　辣椒炭疽病，近果蒂处病斑

图 3-80　辣椒炭疽病，黑点型病果

图 3-81　辣椒炭疽病，黑点型病果

图 3-82　辣椒炭疽病，红色型果柄处症状

图 3-83　辣椒炭疽病，红色型病果

【致病病原】 病原为红色炭疽病原 *C. gloeosporioides*，黑色炭疽病原 *C. coccodes* 和黑点炭疽病原 *C. capsici*，均为半知菌亚门真菌。(1) 形态和大小。红色炭疽病原在成熟果和幼果上发病，病斑黄褐色，呈水渍状，上密生红色小点，同心环状排列，湿润时整个病斑表面溢出淡红色物质，分生孢子盘无刚毛，分生孢子椭圆形，大小(12.5～15.7) μm×(3.8～5.8) μm；黑色炭疽病原在果、叶，特别是成熟果上发病，病斑褐色，水渍状不规则形有稍隆起的同心环纹，其上密生小点，周缘有湿润性变色圈，分生孢子盘生暗褐色刚毛，分生孢子长椭圆形，大小 (14～21) μm× (3～5) μm；黑点炭疽病原在成熟果发病，病斑很像黑色炭疽病，但其上的小点较大，颜色更黑，分生孢子盘周缘及内部密生刚毛，内部刚毛特大，刚毛暗褐色，分生孢子新月形，大小 (23.7～26) μm×(2.5～5) μm。(2) 特性。发育温度为 12～33 ℃，最适温度为 27 ℃，孢子萌发要求相对湿度在 95%以上。(3) 寄主。这种病原可以侵染辣椒、茄子。

【病害循环】 (1) 越冬与初侵染源。病原以分生孢子附着在种子表面或以菌丝潜伏在种子内越冬。也可以菌丝体、分生孢子，特别是分生孢子盘在病株残体上遗留在土壤中越冬。孢子萌发后，其芽管多由伤口侵入，而红色炭疽病原还可以从寄主表皮直接侵入，成为第 2 年的初侵染来源。(2) 传播特点。发病后病斑上产生新的分生孢子，通过雨水、昆虫等媒介物的传播进行再次侵染。

【发生规律】 (1) 气候条件与发病。高温高湿有利于此病发生。如平均气温 26～28 ℃，相对湿度大于 95%时，病原侵入后 3 d 就可以发病。

(2) 栽培管理与发病。地势低洼、土质黏重、排水不良、种植过密通透性差、施肥不足或氮肥过多、管理粗放引起表面伤口，或因叶斑病落叶多，果实受烈日暴晒等情况，都易于诱发此病害。果实受日灼的炭疽病严重。

【防治措施】 防治辣椒炭疽病宜以加强栽培管理为主，适当配合药剂防治。(1) 种子消毒。用 55 ℃温水浸种 20 min。或用 50%多菌灵 WP 500 倍液浸种 1 h。或用种子重量 0.3%的 50%多菌灵 WP 加 50%福美双可湿性粉，按种子重量的 0.3%的药量拌种后播种。(2) 农业防治。从无病田或无病株上采集种子。实行 3 年以上的轮作，发病严重的田块可进行水旱轮作或与瓜类、豆类蔬菜轮作。采用营养钵培育壮苗，适时定植，合理密植，采用高畦地膜覆盖栽培。雨后及时清沟排水，降低田间湿度，并预防果实日灼；推广配方施肥，适当增施磷、钾肥，增强植株抗性。及时打掉下部老叶，使田间通风透气；采收后，应及时清除田园中的病残体，集中烧毁或深埋，减少病原。(3) 化学防治。田间发现病株，及时喷 25%嘧菌酯 SC 1 500 倍液，或 50%多菌灵 WP 600倍液，或 70%甲基托布津 WP 800 倍液，或 80%炭疽福美 WP 800 倍液，或 50%苯菌灵 WP 1 000～1 500 倍液，或 80%新万生 WP 800～1 000 倍液，或 75%百菌清 WP 600 倍液，或 40%氟硅唑 5 000～6 000 倍液，或 10%世高 WG 800～1 000 倍液等。视田间病情，隔 7～10 d 喷 1 次，连续喷2～3次。

参考文献

[1]汪爱娥，丁克坚，马珂. 辣椒炭疽病的研究进展[J]. 安徽农业科学，2005，33(3)：508-509

[2]马荣群，黄粤，宋正旭，等. 辣椒炭疽病抗性资源筛选[J]. 北方园艺，2008(9)：186-187

辣椒黑斑病
Pepper black spot

黑斑病是辣椒的一种常见病害。各地均有分布。发生普遍。对生产有一定的影响，严重时病果率可达 30%以上。

【典型症状】 主要为害果实。果实发病初期病斑为淡褐色，不规则形，稍凹陷。果实上有 1 个大病斑，病斑直径 10～20 mm，病斑有黑色霉层（图 3-84，85）。叶片也可以发病（图 3-86）。

图 3-84 辣椒黑斑病，发病青果

图 3-85 辣椒黑斑病，红色果实发病

图 3-86 辣椒黑斑病，发病叶片

【致病病原】 病原为细交链孢 *Alternaria alternata*（Fr.）Keissl.，属半知菌亚门真菌。(1) 形态和大

小。菌丛灰黑色至黑色，分生孢子梗单生，或数根束生，不分枝或偶有分枝，浅褐色至橄褐色，有的上部色浅，基部细胞稍大，具隔膜 1～4 个，大小（12～71）μm×（2.5～6）μm。分生孢子形状差异较大，椭圆形至圆筒形，或倒棍棒形至倒梨形，或卵形至肾形，浅褐色至暗褐色，5～10 个串生，孢身具横隔膜 1～9 个，纵隔膜 1～6 个，分隔处缢缩，大小（10～62）μm×（5～19）μm。（2）特性。该菌在 5～40 ℃范围内均可生长，26 ℃最适，分生孢子萌发温限 10～37 ℃，26 ℃最适，菌丝生长发育最适 pH6.5～6.7；可利用淀粉、纤维素等碳源。（3）寄主。这种病原国内报道可以侵染 8 科 14 种，国外报道为 400 多种植物。

【病害循环】 病原主要以菌丝体及分生孢子在病残体中越冬，也可黏附在种子表面越冬。孢子从伤口侵入。病原以分生孢子借风雨传播，进行初侵染和再侵染。

【发生规律】 该病的发生与日灼病有关，多发生在日灼处。高湿多雨或多露易发病。

【防治措施】 （1）农业防治。防止发生日灼病。适时采收，防止果实过度成熟。在开花结果期应及时、均匀浇水，保持地面湿润，增施磷、钾肥，促进果实发育，减轻病害。（2）化学防治。发病初期喷 58%甲霜灵·锰锌 WP 500 倍液，或 60%琥·乙膦铝 WP 500 倍液，或 75%百菌清 WP 600 倍液，或 64%杀毒矾 WP 500 倍液，或 40%克菌丹 WP 400 倍液，隔 7～10 d 喷 1 次，连续喷 2～3 次。

辣椒污霉病

Pepper cladosporium grease (leaf) mold

辣椒污霉病又称煤污病，是棚室辣椒上的特有病害。

【典型症状】 主要为害叶片、叶柄及果实。叶片染病叶面初生污褐色圆形至不规则形霉点，后形成煤烟状物，可布满叶面（图 3-87）、叶柄及果面（图 3-88），严重时几乎看不见绿色叶片及果实，到处布满黑色霉层，影响光合作用。引起病叶提早枯黄或脱落，果实提前成熟但不脱落。

【致病病原】 病原为辣椒斑点芽枝霉菌 *Cladosporium capsici*（Marchet Stey.）Kovachersky，属半知菌亚门真菌。分生孢子梗 50～60 根成束，长约 65 μm；分生孢子单生成链，暗色，1～2 个细胞，间有多细胞的，大小（10～85）μm×（3～5）μm。

图 3-87 辣椒污霉病，发病中后期霉点

图 3-88 辣椒污霉病，花蕾和茎上的霉层

【病害循环】 病原以菌丝和分生孢子在病叶、土壤中或病残体上越冬。第 2 年条件适宜时产生分生孢子借风雨、粉虱等传播蔓延。

【发生规律】 湿度大、粉虱多，易发病。

【防治措施】 （1）农业防治。棚室栽培，要调控好湿度。露地栽培，选择通风、高燥的田块，采取深沟高畦栽培。（2）化学防治。发病初期及时喷药，常用农药有 40%多·硫 SC 800 倍液，或 50%甲基托布津 WP 500 倍液，或 50%混杀硫 SC 500倍液，或 50%苯菌灵 WP 1 000～1 500 倍液，或 65%甲霉灵或 50%多霉清 WP 800～900 倍液，隔 10 d 喷 1 次，连续喷 2～3 次。

辣椒叶斑病

Pepper phaeoramularia leaf spot

【典型症状】 主要为害叶片。病斑出现在叶片的正背两面，近圆形或不规则形，直径 2～12 mm，叶面病斑浅褐色至黄褐色，湿度大时叶背对应部位生有致密灰黑色至近黑色绒状物，病斑上有暗褐色细线圈，病斑外围有浅黄色晕圈（图 3-89，90）。

图 3-89　辣椒叶斑病，叶背病斑

图 3-90　辣椒叶枯病，叶面病斑

【致病病原】　病原为辣椒色链隔孢 *Phaeoramularia capsiciola* (Vassiljevskiy) Deighton，属半知菌亚门真菌。子实体生于叶背，菌丝内生，子座生在气孔下，褐色，近球形。分生孢子梗紧密丛生，浅青黄色，不分枝，直立或稍弯，大小（21.3～70）μm×（3.8～6.3）μm。产孢细胞与分生孢子梗合生。分生孢子线形链生，有的具枝链，浅青黄色，直立或略曲，顶端圆锥状，基部倒圆锥形，0～6 个横隔膜，1～3 个，大小(15～75) μm×（3.8～6.5）μm（图 3-91）。

【病害循环】　病原主要在种子上越冬，也可以菌丝块在病残体上或以菌丝在病叶上越冬，成为初侵染源。

【发生规律】　发病始于苗床。高温高湿持续时间长，利于病害扩展。

【防治措施】　（1）农业防治。采收后彻底清除病残体，集中烧毁。实行隔年轮作。（2）化学防治。发病初期喷 75％百菌清 WP 500～600 倍液，或 50％多・硫 SC 或 36％甲基托布津 SC 500 倍液，或 50％多・霉威 WP 1 000 倍液，或 50％多霉灵 WP 1 000 倍液，隔 7～10 d 喷 1 次，连续喷 2～3 次。采收前 7d 停止用药。

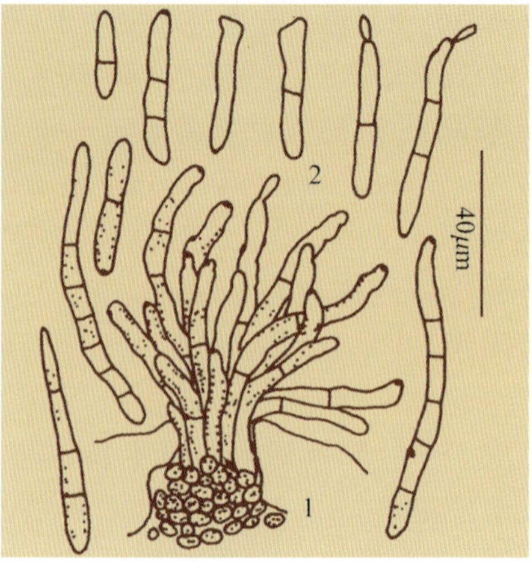

图 3-91　辣椒叶斑病病原

1. 分生孢子梗　2. 分生孢子

（据郭英兰原图）

辣椒叶霉病
Pepper leaf mold

叶霉病是辣椒的一种普通病害，发病呈逐年上升趋势。由于发病初期症状与霜霉病极相似，易造成误诊，错过了最佳防治时期，对产量和经济效益产生较大影响。

【典型症状】　主要为害叶片。最初在叶片上表现为浅黄色不规则形褪绿斑块，叶背部初生浅白色霉层；不久叶正面变为浅黄色至黄色大斑，且数量较多，不受叶脉限制（图 3-92），叶背部霉层逐渐变为浅灰色至黑褐色绒毛状（图 3-93）。随病情扩展，叶片由下向上逐渐变成花斑，严重时变黄干枯（图 3-94）。与霜霉病相比，叶霉病病叶无明显变脆增厚和上卷现象，后期叶片也很少脱落。叶霉病发病初期由下部叶片开始，而霜霉病多由中部叶片开始。

图 3-92　辣椒叶霉病，病叶上褪绿浅黄色大斑

【致病病原】　病原为褐孢霉菌 *Fulvia fulva*

图 3-93　辣椒叶霉病，病叶上长出黑霉

图 3-94　辣椒叶霉病，叶片发病后期

(Cooke) Cif.，属半知菌亚门真菌。(1) 形态和大小。分生孢子梗多数丛生，暗橄榄色，顶端淡色，上生1～3个孢子再向上生长30～60 μm，后再生1次孢子。次生孢子孢子梗膨大呈节状，大小(140～365) μm×(4～6) μm。分生孢子卵形至椭圆形或长椭圆形，无色或暗橄榄色，具0～3个隔膜，单细胞的大小(5～11) μm×(3～5) μm，双细胞的(6～19) μm×(4～8) μm，3～4个细胞的(11～22) μm×(5～7) μm。(2) 特性。发生温度以20～25 ℃，相对湿度高于85%时为最适，低于10 ℃或高于35 ℃，且干燥的条件下，发病迟缓或停止扩展。

【病害循环】 病原主要以菌丝体和分生孢子在病残体或以菌丝潜伏在种子中或以分生孢子附着于种子上越冬。第2年如遇适宜环境条件即产生分生孢子，并借气流、流水或其他农事操作传播，病原分生孢子产生芽管，主要从寄主叶背气孔侵入。以后病斑上又产生分生孢子进行再侵染。

【发生规律】 (1) 发病时期。多发生于早春茬各类保护地种植的中后期。(2) 气候条件与发病。气温升高，浇水过多，管理粗放发生重。连阴雨天气，保护地内光照过弱，通风不良而湿度长期较高，有利于叶霉病的扩展和加重为害。(3) 栽培管理与发病。植株栽培过密，田间生长郁闭，忽干忽湿交替进行，或有白粉虱等虫害发生时，均易感染此病。病原孢子随风传播极为迅速。

【防治措施】 (1) 种子消毒。种子播前应先在阳光下晒2～3 d，然后用55 ℃温水浸种15～20 min，并不断搅拌，再晾干备播。用1%高锰酸钾800倍液浸种30 min，捞出冲净后催芽。(2) 农业防治。选用抗病品种，如寿光长羊角椒、中蔬4号、中蔬5号、苏椒5号等。发现病株及病叶应早清除，集中深埋或烧毁；收获后及时清除植株残体。尽量避免忽干忽湿现象出现，严禁大水漫灌，注意降低田间湿度，尤其是保护地中空气湿度。实行与葱、蒜或水稻轮作。整地时，每亩撒施生石灰150～200 kg。施用的有机肥要充分腐熟。发现病情较晚时，可先进行36～38 ℃高温闷棚。棚室在定植前，每亩可用生石灰75～80 kg撒施地面，然后深翻两遍，利用石灰杀菌，并有补充钙元素的作用。(3) 化学防治。棚室定植前，用硫黄粉熏蒸大棚或温室。发病前或发病初期喷47%加瑞农WP 800倍液，或10%宝丽安800倍液，或65%万霉灵WP 1 000倍液，或75%百菌清600倍液，隔7～10 d喷1次，连续喷3～4次。保护地内除喷雾防治外，还可使用6.5%甲霉灵DPC或5%百菌清DPC，每亩用量为1.5～1.8 kg。也可使用45%百菌清FU。

参考文献

张中，刘永. 保护地甜、辣椒叶霉病的发生与综合防治[J]. 蔬菜，2003(7)：16

辣椒褐斑病
Pepper brown leaf spot

褐斑病是辣椒的一种普通病害，全国各地均有发生。病情较轻时对产量无明显影响，发病重时对产量有一定的影响。

【典型症状】 病斑的表面稍隆起，病斑为圆形或近圆形，有一层层的轮纹，中间有一处灰白色的小点，四周黑褐色，就像是鱼的眼睛似的(图3-95，96，97)。严重时病叶变黄脱落，影响辣椒的正常生长。

【致病病原】 病原为辣椒尾孢 *Cercospora capsici* Heald. et Wolf.，属半知菌亚门真菌。分生孢子梗束生，榄褐色，无分枝，尖端色较淡，有隔膜1～3个。分生孢子无色，大小(30～200) μm×(2.5～4.0) μm。

图 3-95　辣椒褐斑病，病叶上鱼眼斑

图 3-96　辣椒褐斑病，病叶背面鱼眼斑

图 3-97　辣椒褐斑病，病果，病斑中央有一个浅色中心

【病害循环】 病原可在种子上越冬，也可以菌丝块在病残体上或以菌丝在病叶上越冬，成为初侵染源。

【发生规律】 病害常始于苗床。高温高湿持续时间长，有利于该病扩展。

【防治措施】 (1) 农业防治。与非茄果类蔬菜实行隔年轮作。采收后，彻底清除病残株及落叶。在夏季高温空闲季节，耕翻棚室内的土壤，浇水、覆盖塑料薄膜，或每亩用稻草 100 kg，切成 4～6 cm 小段，撒在地面，再撒施石灰 100 kg，然后翻地、灌水、覆膜，最后封闭棚室闷棚，利用太阳能进行消毒。(2) 化学防治。木架结构棚室用硫黄粉熏蒸，用硫黄粉 2.5 g/m^2 加 5 kg 干锯末，点燃后密闭棚室闷 1 夜。钢架结构棚室用百菌清 FU 38 g/100 m^2 熏蒸。发病初期喷 25%斯克 WP 700 倍液，或 75%百菌清 WP 400～500 倍液，或 1∶1∶200 倍式波尔多液，或 50%多・硫 SC 或 36%甲基托布津 SC 500 倍液，隔 7～10 d 喷 1 次，连续喷 2～3 次。

辣椒霜霉病
Pepper downy mildew

【典型症状】 为害叶片、叶柄及嫩茎。(1) 叶片。叶片发病时有不规则病斑，叶背有稀疏的白色薄霉层，病叶变脆较厚，稍向上卷，后期病叶易脱落（图 3-98）。(2) 叶柄、嫩茎。病斑呈褐色水渍状，病部也现白色稀疏的霉层。该病田间症状与白粉病近似，必要时需镜检病原鉴别。

图 3-98　辣椒霜霉病

【致病病原】 病原为辣椒霜霉 *Peronospora capsici* sp. nov. Tao et Li，属半知菌亚门真菌。孢囊梗单生或 1～4 枝丛生，无色，长 211～516 μm，基部常稍膨大，顶端杈状分枝 4～8 次。孢子囊卵形至椭圆形，无色，大小 (9.4～18.8) μm × (9.4～14.1) μm。卵孢子生于叶组织中，黄褐色，球形到近球形，大小 28～53 μm。

【病害循环】 病原以卵孢子越冬。第 2 年以游动孢子借风雨传播蔓延，进行再侵染。

【发生规律】 雨季，气温 20～24 ℃，发病重。

【防治措施】 (1) 农业防治。选用抗病品种。实行 2 年以上轮作。病残体集中烧毁。配方施肥，合理密植。(2) 化学防治。发病初期喷 72%克霜氰 WP 800 倍液，或 72%克露 WP 800 倍液，或 90%霜疫灵 WP 500 倍液，或 60%琥·乙膦铝 WP 500 倍液。

参考文献

陶家凤，李天春. 霜霉一新种：辣椒霜霉[J]. 植物病理学报，1981(1)：28

辣椒白粉病 Pepper powdery mildew

辣椒白粉病以前发生量很小，不需要防治。近年来不少保护地都有发生。

【典型症状】 主要是叶片受害。发病初期叶正面出现边缘不明显的黄斑，有时黄斑中会出现一些坏死的组织，甚至形成坏死斑，此时叶背可见到白色的霉层（图 3-99）。初发时霉层稀疏，往往受到叶脉的限制，形成许多三角形的白斑，后期白色的斑点连接成片，使整个叶背成为白色。甜椒白粉病往往会引起叶片的脱落，严重时仅剩下植株顶部的少数叶片，使果实暴露在阳光下，引起日灼病。在病叶脱落后，如果环境条件不适合病害的发生，病害会明显减轻或停止发生，植株康复。

图 3-99 辣椒白粉病，病叶背面症状

【致病病原】 病原为鞑靼内丝白粉菌 *Leveillula taurica*（Liv.）Arn.，属子囊菌亚门真菌。无性阶段为辣椒拟粉孢霉 *Oidiopsistaurica*（Lev.）Salm.，属半知菌亚门真菌。(1) 形态和大小。菌丝内外兼生，其菌丝上有吸器，伸入细胞内吸取营养。分生孢子梗散生，由气孔伸出，大小（112～240）μm×（3.2～6.4）μm。分生孢子单个，顶生于孢子梗的顶端，倒棍棒形或烛焰形，无色透明，大小（44.8～72）μm×（9.6～17.6）μm。初生的分生孢子为烛焰状，顶端尖，基部缢缩；次生分生孢子多是圆柱形或长椭圆形。(2) 特性。营养生长阶段菌丝都藏在叶片里面，产生繁殖体的时候，才伸出叶面。分生孢子形成和萌发的适宜温度是 15～30 ℃，侵入和发病温度为 15～18 ℃。

【病害循环】 病原以闭囊壳随病残体在地表越冬，或在保护地中蔬菜上循环为害。在田间以分生孢子借气流传播，病原在叶片中不断扩展。当叶片上出现白粉状物已是发病晚期。在营养生长阶段菌丝都藏在叶片里面，等到产生繁殖体的时候，才伸出叶面。孢子萌发后从寄主叶背的气孔侵入。

【发生规律】 (1) 发生时期。露地多发生于 6～7月份或 9～10 月份，保护地则多见于 3～6 月份或 10～11 月份。(2) 气候条件与发病。在 25～28 ℃和 50%～80%的相对湿度以及弱光照该病易流行。白天温暖、夜间凉爽、重露凝集以及田块潮湿等发病重。南方春季气候温暖而潮湿，辣椒极易感染白粉病，但长时间的降雨可抑制病害的发生。(3) 栽培管理与发病。土壤过干或氮肥过多，植株抗病力差发病也重。

【防治措施】 (1) 农业防治。避免植株过密，改善植株间通风条件。生长期和采收后，及时清除病残体，减少病原的传播。出现大量的落叶，应立即清除病残体，并将已长足的青果采下，避免日灼病的发生，同时增施水肥，以促进新一茬果实的生长。对棚室要注意控制温度，防止棚室湿度过低和空气干燥。(2) 化学防治。采用以防为主的防治策略。收获后每亩用 3～5 kg 硫黄熏烟，将病残株上病原杀死，间隔数日再行处理。辣椒挂果时喷保护性杀菌剂，如 50%硫黄 SC 500 倍液，或 75%百菌清 WP 500 倍液，或 80%新万生 WP 500 倍液。每 7～10 d 喷 1 次，连续喷 2 次。在发生季节到来时，使用保护剂 50%硫黄 SC 200～300 倍液进行预防。发病后使用内吸性杀菌剂，如 50%多菌灵 WP 500 倍液，或 70%甲基托布津 WP 1 000 倍液，或 15%三唑酮 EC 1 000 倍液，或 40%氟硅唑 EC 8 000～10 000倍液，或 10%世高 WG 2 000～3 000 倍液，或 25%腈菌唑 EC 500～600 倍液，或 40%百菌清 SE 800～1 000 倍液，或 65%甲霉灵 WP 800 倍液，或 30%氟菌唑 WP 1 500～2 000 倍液，或 50%嗪胺灵 EC 500～600 倍液，或 65%甲霉灵（甲硫·霉威）WP 800 倍液，或 25%敌力脱 EC 3 000 倍液，或 15%三唑酮 WP 2 000 倍液加 25%敌力脱 EC 4 000 倍液，或 25%金力士 EC 5 000～7 500 倍液。复配剂有 40%多·硫 SC 400～500 倍液。棚室中傍晚每亩喷撒 10%多·百 DP 1 kg，也可用 45%百菌清 FU 3.75 g、50%百菌清 DP 1 kg 熏 1 夜。

参考文献

李明远.茄科蔬菜白粉病的发生与防治[J].中国蔬菜,2004(6):57-58

辣椒绵腐病 Pepper soft stale disease

绵腐病是辣椒的一种普通病害。各地均有分布。零星发生。

【典型症状】 苗期即可发生，主要在近地面的茎基部，初呈暗褐色病斑，后逐渐扩大，稍缢缩腐烂，其上有白色绢丝状的菌丝体长出，导致植株死亡。成株期主要为害果实，引起果腐，在潮湿条件下病部生大量白霉（图 3-100）。

图 3-100　辣椒绵腐病

【致病病原】 病原为德里腐霉 *Pythium deliense* Meurs.，属鞭毛菌亚门真菌。(1) 形态和大小。孢子囊呈菌丝状膨大，分枝不规则。藏卵器光滑、球形，顶生。(2) 寄主。这种病原可以侵染茄子、番茄、辣椒、马铃薯及瓜类蔬菜等。

【病害循环】 病原腐生性很强，可在土壤中长期存活，在病株残体上及土壤中越冬。病原靠灌水或雨水冲溅传播。

【发生规律】 低温、高湿，土壤中含有机质多利于发病。苗床通风不良，光照不足，湿度偏大，不利于幼苗根系的生长和发育，施用未腐熟的粪肥等，易发病。

【防治措施】 不需要单独防治，可结合防治其他病害时兼治。(1) 农业防治。选择地势高、地下水位低、排水良好的地做苗床，用无病的新土、塘土或稻田土，播前 1 次灌足底水，出苗后尽量不浇水。采用快速育苗，避免低温、高湿的环境条件出现。果实发病重的地区，要采用高畦，防止雨后积水，定植后，前期宜少浇水，多中耕，以减轻发病。(2) 化学防治。播种前 15 d 翻松床土，用 40%的福尔马林原液 30 mL/m^2 加水 2～4 L 喷施，喷液后覆盖薄膜 4～5 d 后揭开，耙松放气。发病初期喷 72.2%霜霉威 AS 400 倍液，或 64%杀毒矾 WP 500 倍液，或 58%瑞毒锰锌 600 倍液，或 50%多菌灵 WP 500 倍液，隔 7～10 d 喷 1 次。

辣椒褐腐病 Pepper brown rot

辣椒褐腐病又称笄霉疫病，是辣椒的一种普遍病害。各地均有分布。发病率 5%左右，对产量有轻微影响。

【典型症状】 主要为害果实及植株顶端生长点。发病组织变褐，脱落。湿度大时病部密生白色或灰白色的毛状物，顶生肉眼可见的大头针状、球状体，即孢囊梗或孢子囊。果实染病，变褐软腐，果梗呈灰白色或褐色（图 3-101，102，103）。

图 3-101　辣椒褐腐病，果实腐烂

【致病病原】 病原为茄笄霉 *Choanephora mandshurica* (Saito. et Nagamoto) Tai，属接合菌亚门真菌。(1) 形态和大小。大小孢子囊都产生，多生在同一菌丝上。大孢子囊生在直立不分枝的孢囊梗顶端；分生孢子梗直立；主轴顶端呈双杈状分枝，孢子囊直径为 30～60 μm，孢囊孢子两端

图 3-102　辣椒褐腐病，果梗灰白色至褐色

图 3-103　辣椒褐腐病，高温干燥时症状

各具一束纤毛。(2) 寄主。这种病原可以侵染茄果类、瓜类、豆类等蔬菜。

【病害循环】 病原随病残体或留在土壤中越冬，借风雨或昆虫传播。病原腐生性强，只能从伤口侵入生活力衰弱的花和果实。

【发生规律】 低温高湿，日照不足，雨后积水，植株伤口多，易发病。

【防治措施】 (1) 农业防治。选择地势高燥的地块种植，施用充分腐熟的有机肥。注意通风，雨后及时排水，严禁大水漫灌。生长季节，要及时摘除残花病果。(2) 化学防治。开花至幼果期喷药，可选用50%苯菌灵 WP 1 500 倍液，或 75% 百菌清 WP 600 倍液，或 58%甲霜灵·锰锌 WP 500 倍液，隔 10 d 喷 1 次，连续喷 2～3 次。

辣椒芽枝果腐病

Pepper cladosporium fruit rot

【典型症状】 只为害果实。病初果面产生褐色水浸状小斑点，后病斑渐进扩大，呈湿状（图 3-104）。病斑圆形或近圆形，大小 10～30 mm，甚至更大，淡褐色（图 3-105）。湿度大时病部密生白色绒丝状霉层，后变为黑色。病果最后干缩腐烂。

图 3-104　辣椒芽枝果腐病，发病初期

图 3-105　辣椒芽枝果腐病，发病后期

【致病病原】 病原为辣椒斑点芽枝霉 *Cladosporium casici*（March et Stey.）Kovachersky，属半知菌亚门真菌。分生孢子梗 50～60 根成束，长约 65 μm；

分生孢子单生成链，暗色，1～2个细胞，间有多细胞的，大小（10～85）μm×（3～5）μm。

【病害循环】 病原以菌体随病残体在土壤中越冬。田间发病后，病部产生的分生孢子借气流、田间操作传播。

【发生规律】 病原对环境条件要求较严，发病适温20～24 ℃，适宜空气湿度为85%以上，喜弱光环境，果实将要成熟时易发病。

【防治措施】 （1）农业防治。培育无病壮苗，适时定植。加强肥水管理，施足粪肥，及时追肥，控制灌水，加强通风，降低湿度。使用无滴膜，提高透光率。果实成熟时及时采收。发现病果摘除并带出田外。（2）化学防治。发病初期喷80%新万生WP 200倍液，或68%倍得利600倍液，或47%加瑞农800倍液，或70%甲基托布津800倍液，或50%多·霉威1 000倍液，或2%武夷霉素200倍液。

辣椒黑霉病
Pepper black fruit mold

【典型症状】 多从果顶发病，开始病部变浅，无光泽，果肉失水，果面收缩，渐生出绿黑色或黑色绒状霉，即病原菌（图3-106）。叶片也会发病（图3-107）。

图3-106　辣椒黑霉病，发病果

【致病病原】 病原为匍柄霉菌 *Stemphylium botryosum* Wallroth，属半知菌亚门真菌。（1）形态和大小。分生孢子梗单生或束生，褐色。分生孢子着生在梗顶端或分枝上，褐色，两端钝圆，略呈卵圆形，具纵横隔膜，隔膜处缢缩，无喙胞，大小（13.2～47.5）μm×（10.6～24.6）μm（图3-108）。（2）特性。孢子萌发的最适温度为24～27 ℃，低于

图3-107　辣椒黑霉病，病叶

12 ℃不发病。（3）寄主。这种病原可以侵染辣椒、芦笋、洋葱、大蒜、紫苜蓿、番茄等。

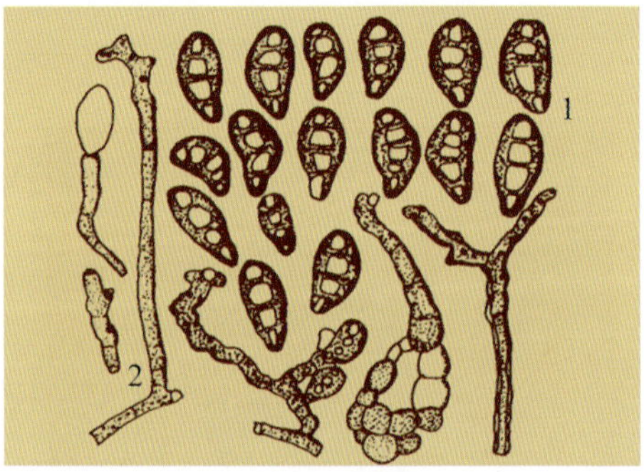

图3-108　辣椒黑霉病病原

1.分生孢子　2.分生孢子梗

（据张宏原图）

【病害循环】 （1）越冬与初侵染源。病原在病残体上越冬。（2）传播特点。开春气温回升后，产生分生孢子，通过风雨传播，侵入寄主，并产生大量分生孢子进行再侵染。多在果实近成熟或成熟期发生。

【发生规律】 温暖潮湿适宜病害发生。连阴雨天、植株长势弱、田间管理粗放等是诱发本病的条件。

【防治措施】 病情较重时，喷75%百菌清WP 600倍液，或80%利得WP 800倍液，或58%甲霜灵·锰锌WP 500倍液，或50%腐霉利WP 1 000倍液。

辣椒脐腐病
Pepper blossom end rot

辣椒脐腐病又称蒂腐病、顶腐病，是辣椒常见的生理性病害，各地均有发生。为零星发生，严重时发病率达10%以上，直接影响产量和质量。

【典型症状】 在果实脐部附近发生。果实表皮发黑，逐渐成水浸状病斑，病斑中部呈革质化，扁平状（图 3-109）。有的果实在病健交界处开始变红，提前成熟（图 3-110）。

图 3-109 辣椒脐腐病

图 3-110 辣椒脐腐病

【发生规律】（1）气候条件与发病。进入结果期外界气温明显升高，叶片蒸腾加剧，水分和养分供应失调，引起发病。（2）栽培管理与发病。定植时有机肥不足，生长期偏施氮肥，导致生长后期从土壤中吸收的钙素不能满足果实发育的需要，会引起发病。

【防治措施】 保证水分的均匀供应，特别在初夏温度急剧上升时，注意保持土壤间干间湿，田间浇水宜在早晨或傍晚进行。定植前施肥以有机肥为主，结合施用过磷酸钙；重病区辣椒落花后开始喷施 0.1%氯化钙。果实膨大期注意增施钙肥，高温干燥的天气，避免氮肥过多。适时摘心，促进生殖生长，避免植株徒长，使钙更多转入果实内。

参考文献

郝永娟，王万立，刘春艳，等. 辣椒脐腐病的发生与防治[J]. 蔬菜，2002(7)：26

辣椒紫斑病 Pepper cyanidine

辣椒紫斑病又称花青素症。

【典型症状】 果实在绿果面上出现紫色斑块，斑块没有固定形状，大小不一。一个果实上紫色少则一块，多则数块。严重时甚至半个果实表面上布满紫斑。有时植株顶部叶片沿中脉出现扇形紫色素，扩展后成紫斑（图 3-111）。

图 3-111 辣椒紫斑病

【发生规律】 由于植株根系吸收磷素困难，出现花青素所致。缺磷发生在多年种菜的老菜地中。土壤中水分不足或气温较低，会导致土壤有效磷供应不足或吸收困难，特别是地温低于 10 ℃，极易造成植株根系吸收磷素困难。

【防治措施】 保护地春提早或秋延迟栽培时，做好增温、保温工作，把地温提高到 10 ℃以上，就不会再产生花青素形成紫斑。多施农家肥，提高土壤中磷的有效供给。注意施用镁肥，由于缺镁会抑制对磷的吸收。在果实生长期，适时喷布磷酸二氢钾200～300倍液。

辣椒日灼病 Pepper sunscald

辣椒日灼病又称日烧病，是由阳光直接照射引起的一种生理性病害。

【典型症状】 辣椒果实向阳面褪绿变硬，病部表皮失水变薄易破（图3-112，113）。病部易引发炭疽病或被一些腐生菌腐生，并长黑霉或腐烂。

图3-112 辣椒日灼病，肩部灼伤

图3-113 辣椒日灼病，脐部灼伤

【发生规律】 由于太阳直射，使表皮细胞灼伤而引起。在天气干热、土壤缺水，或忽雨忽晴、多雾等条件下容易发病。

【防治措施】 因地制宜选用耐热品种。使叶面温度下降。阳光照射强烈时，可采用部分遮荫法，或使用遮阳网防止棚内温度过高。喷水降温。移栽大田时采用双株合理密植，密植不仅可遮荫，还可降低土温，以免产生高温为害。与玉米等高秆作物间作，利用花荫凉降温。

辣椒畸形果 Pepper deformed fruit

辣椒畸形果又称变形果，是辣椒的重要生理性病害。各地均有发生，发病轻时对生产影响不大，严重时病果率可达50%以上，对产量有明显的影响。

【典型症状】 指不同于正常果形的果实，如果实扭曲、皱缩、僵小果等（图3-114，115）。横剖可见果实里种子很少或无（图3-116，117），有的果皮内侧变褐，失去商品价值。

图3-114 辣椒变形果，果实扭曲、皱缩

图3-115 辣椒畸形果，僵小果

图3-116 辣椒变形果，无籽果

【发生规律】 该病为生理性病害。花粉萌发适宜温度20～30 ℃，高于这个范围引起花粉萌发率降低，容易产生不正形果；当温度低于13 ℃时，基本上不能正常受精，出现单性结实，形成僵果。当出现雌蕊比雄蕊短的短花柱花时，容易形成单性结实的变形果。肥水不足，光照不良，果实得到的养分少或不均匀，也会产生变形果。遇有根系发育不好，容易出现顶端变尖的变形果实。

【防治措施】 做好温度管理，白天温度控制在23～30 ℃，夜间温度不低于15～18 ℃，地温保持在20 ℃左右。加强肥水管理，增施磷肥，坐果后喷洒0.1%磷酸二氢钾溶液。

图 3-117 辣椒变形果，果实里种子很少或无

辣椒“虎皮”病 Pepper fade

【典型症状】 病果一侧变白，变白部位边缘不明显，内部不变白或稍带黄色，无霉层；病果斑上稍发红，果内无霉层（图 3-118）；辣椒表面现斑驳状橙黄色花斑（图 3-119），病斑中有黑点，果实内有的生黑灰霉层。

【防治措施】 选用成熟期较集中的品种，以减少果实在田间暴露的时间，及时采收成熟的果实。

辣椒低温冷害 Pepper chilling and freezing injury

【典型症状】 辣椒在生长发育过程中遇有轻微低温，出现叶绿素减少或在近叶柄处产生黄色花斑，病株生长缓慢，产生低温冷害。遇有冰点以上较低温度，叶尖和叶缘出现水浸状斑块，叶

图 3-118 辣椒虎皮病，果实症状

图 3-119 辣椒虎皮病，果实症状

组织变成褐色或深褐色（图 3-120，121），后呈现青枯状，有的导致落花、落叶和落果。果实遇0～2 ℃也能发生冻害，0 ℃持续12 d果面出现灰褐色大片无光泽凹陷，似开水烫过（图 3-122），12～15 ℃萼片萎缩，褪色或腐烂。

【发生规律】 辣椒冷害临界温度因品种及成熟度不同，在5～13 ℃之间，8 ℃根部停止生长。

【防治措施】 苗床和定植地要采用分层施肥法，施用充分腐熟的有机肥，以保持土壤疏松和地温提高。采用双层膜或三层膜覆盖，要注意提高苗床或棚室地温，地温要稳定在13 ℃以上。低

图 3-120　辣椒低温冷害，叶肉组织变褐

图 3-121　辣椒低温冷害，叶肉组织变褐，叶片背面

图 3-122　辣椒冻害

温锻炼，适期蹲苗。辣椒生长点或 3～4 片真叶受冻时可以剪掉受冻部分，然后提高地温，通过加强管理，90%以上的植株都能从节间长出新的枝蔓，继续生长发育。

辣椒高温障碍

Pepper high temperature injury

【典型症状】 塑料大棚或温室栽培甜、辣椒，常发生高温为害。叶片受害，初叶绿素褪色，叶片上形成不规则形斑块或叶缘呈漂白状，后变黄色。轻的仅叶缘呈烧伤状，重的波及半叶或整个叶片，终致永久萎蔫或干枯（图 3-123）。

图 3-123　辣椒高温障碍

【发生规律】 （1）保护地。主要是棚室温度过高，当白天棚温高于 35 ℃，或 40 ℃左右高温持续时间超过 4 h，夜间高于 20 ℃，湿度低或土壤缺水，放风不及时或未放风，就会灼伤叶片，致茎叶损伤，叶片上出现黄色至浅黄褐色不规则形斑块或果实异常。（2）露地。田间在干旱的夏季，植株未封垄，叶片遮荫不好，土壤缺水及暴晒，也可引起高温障碍。

【防治措施】 因地制宜选用耐热品种。使叶面温度下降。阳光照射强烈时，可采用部分遮荫法，或使用遮阳网防止棚内温度过高。喷水降温。移栽大田时采用双株合理密植，密植不仅可遮荫，还可降低土温，以免产生高温为害。与玉米等高秆作物间作，利用花荫凉降温。

（二）瓜类蔬菜病害

4. 黄瓜病害

黄瓜病毒病 Cucumber mosaic

黄瓜病毒病又称花叶病，是黄瓜的一种重要病害。各地均有分布，夏秋季发病较重，病株率可达30％以上，对产量和质量有明显的影响。

【典型症状】（1）叶片。发病初期叶脉透明，几天后成为花叶，并形成黄绿或深绿泡斑（图4-1，2，3，4），叶面常皱缩不平，出现各种畸形，明显变窄（图4-5，6，7）；有的病叶粗糙呈革质，绒毛脱落；有的叶基变长，侧翼变狭变薄，呈现绷紧状态，叶尖细长，呈“鼠尾状”；有的病叶叶缘向上卷曲。有时叶脉出现深褐色坏死，或沿叶脉出现坏死。（2）植株。早期受侵染的病株强烈矮化，高度不及健株的1/2，根系发育不良（图4-8）。

图4-1　黄瓜病毒病，绿斑花叶

图4-2　黄瓜病毒病，黄斑花叶

图4-3　黄瓜绿斑病毒病

图4-4　黄瓜病毒病，泡泡病叶

图 4-5　黄瓜病毒病，发病叶片变形

图 4-6　黄瓜病毒病，嫩梢皱缩

图 4-7　黄瓜病毒病，病株变形

图 4-8　黄瓜病毒病，发病株矮化

【致病病原】 病原主要是黄瓜花叶病毒 Cucumber mosaic virus（CMV）、甜瓜花叶病毒 Muskmelon mosaic virus（MMV）、烟草花叶病毒 Tobacco mosaic virus（TMV）、黄瓜绿斑花叶病毒 Cucumber green mottle mosaic virus（CGMMV）。（1）黄瓜花叶病毒。病毒颗粒球状，直径 28～30 nm。病毒汁液稀释限点 1 000～10 000 倍，钝化温度 60～70 ℃经 10 min，体外存活期 3～4 d，不耐干燥，在指示植物普通烟、心叶烟及曼陀罗上呈系统花叶，在黄瓜上也现系统花叶。（2）甜瓜花叶病毒。钝化温度 60～62 ℃，稀释限点 2 500～3 000 倍，体外存活期 3～11 d。是西北瓜类病毒病的重要毒源。（3）烟草花叶病毒。病毒粒体杆状。钝化温度 90～93 ℃经 10 min，体外存活期 72～96 h，在干燥病组织内存活 30 年以上。（4）黄瓜绿斑花叶病毒。粒体杆状，粒子大小 300 nm×18 nm，超薄切片观察，细胞中病毒粒子排列成结晶形内含体，钝化温度80～90 ℃ 经 10 min，稀释限点 1 000 000 倍，体外存活期 1 年以上。可经汁液摩擦、土壤传播。

【病害循环】 黄瓜种子不带毒，主要在多年生宿根植物上越冬，蚜虫开始活动或迁飞，成为传播该病主要传播个体。黄瓜绿斑花叶病毒可经汁液摩擦、土壤传播。该病毒很容易通过手、刀子、衣物及病株污染的地块及病毒汁液借风雨或农事操作传播，进行多次再侵染。田间遇有暴风雨，造成植株互相碰撞，枝叶摩擦或锄地时造成的伤根都是侵染的重要途径。

【发生规律】（1）气候条件与发病。发病适宜温度 20 ℃，气温高于 25 ℃多表现隐症。温度高、日照强、干旱的气候条件，缺水、缺肥、棚室中间杂草丛生发病重。（2）栽培管理与发病。附近有番茄、辣椒等茄科作物和甘蓝、芥菜、萝卜、菠菜、芹菜等作物，都会加重病害的发生。

【防治措施】（1）农业防治。当地晚霜过后，即应定植。发现病株时，要及时拔除病株。在打杈、绑蔓、授粉、采收等农事操作时，要注意减少植株间的碰撞；中耕时要减少伤根。浇水要适时适量，防止土壤过干。（2）化学防治。发病初期喷药，常用农药有 5%菌毒清 WP 300 倍液，或 3%三氮唑核苷 AS 500 倍液，或 0.5%抗毒剂 1 号 AS 250～300 倍液，或 20%毒克星（盐酸吗啉胍・铜）WP 500 倍液，或 20%康润 1 号 WP 500 倍液，或 20%病毒丹 WP 500 倍液。及时防治蚜虫。有试验表明，0.5%菇类蛋白多糖 AS 300～500 倍液对黄瓜病毒病的防效达 65%以上。

参考文献

[1]李爱民，薛林宝，张永泰，等. 黄瓜花叶病毒病防治策略研究进展[J]. 长江蔬菜，2004(3)：38-42

[2]庄占兴，韩书霞，王德红. 菇类蛋白多糖对烟草、番茄和黄瓜病毒病防治效果研究[J]. 农药科学与管理，2006，25(11)：38-41

黄瓜细菌性角斑病 Cucumber angular leaf spot

细菌性角斑病是黄瓜生产上的主要病害。全国各地均有发生，东北、华北发生重。随着塑料大棚栽培的普及，该病的为害日趋严重。一些老菜区减产 10%～30%，严重的减产 50%以上，甚至绝收。

【典型症状】 苗期至成株期均可受害。主要为害叶片，也可侵染茎、叶柄、卷须、果实等。(1) 叶片。先是叶片上出现水浸状的小病斑，病斑扩大后因受叶脉限制而呈多角形，黄褐色，带油光，叶背面无黑色霉层，后期病斑中央组织干枯脱落形成穿孔（图 4-9，10）。(2) 果实和茎。病斑初期呈水浸状，湿度大时可见乳白色菌脓。果实上病斑可向内扩展，沿维管束的果肉逐渐变色，果实软腐有异味。(3) 卷须。严重时病部腐烂折断。

图 4-9　黄瓜细菌性角斑病

【致病病原】 病原为丁香假单胞杆菌黄瓜角斑病致病型 *Pseudomonas syringae* pv. *lachrymans* (Smith et Bryan) Young, Dye & Wilkie，属细菌。(1) 形态和大小。菌体短杆状相互呈链状连接，具端生鞭毛 1～5 根，大小 (0.7～0.9) μm×(1.4～2) μm，有荚膜，无芽孢，革兰氏染色阴性，在金氏 B 平板培养基上，菌落白色，近圆或略呈不规则形，扁平，中央凸起，污白色，不透

图 4-10　黄瓜细菌性角斑病

明，具同心环纹，边缘一圈薄且透明，菌落直径 5～7 mm，外缘有放射状细毛状物，具黄绿色荧光。(2) 特性。生长适温 24～28 ℃，最高 39 ℃，最低 4 ℃，48～50 ℃经 10 min 致死。(3) 寄主。这种病原可以侵染黄瓜、葫芦、西葫芦、丝瓜、甜瓜、西瓜等。

【病害循环】 (1) 越冬与初侵染源。病原在种子内或随病残体存留在土壤中越冬，成为第 2 年初侵染源。(2) 传播特点。主要以种子带菌远距离传播，也可随病残体遗留在土壤中作为初侵染源。病原通过水溅或其他接触，从幼苗子叶或真叶水孔或伤口侵入，引起发病。真叶染病，细菌经扩繁后，通过维管束可导致其他叶片染病，直至进入幼瓜导致瓜种带菌，往往初发阶段，带有系统发病现象，即一株黄瓜从下部到中部均有症状，而且随着叶片的增加，病叶也逐渐增加，这说明病原可在维管束内移动。

【发生规律】 带菌种子是发病的主要条件。田园不洁，连茬或连套种植，以及根茬过多，施肥未经充分腐熟等均有利于该病的发生和流行。棚室内湿度过大，叶面结露或叶缘吐水，光照不足或长时间阴雨，有利于病原的扩展与蔓延。温度 20～28 ℃，相对湿度大于 70%，叶面结露或叶缘吐水，则发病快，另外，棚室前缘及棚内低凹处和有水滴处，往往形成发病中心，连阴雨天往往造成较高的发病率。

【防治措施】 (1) 种子消毒。用 70 ℃恒温干热灭菌 72 h。50 ℃温水浸种 20 min，捞出晾干后催芽播种。用次氯酸钙 300 倍液浸种 30～60 min，或 40%福尔马林 150 倍液浸 1.5 h，或 100 万 U 硫酸链霉素 500 倍液浸种 2 h，冲洗干净后催芽播种。(2) 农业防治。加强黄瓜制种基地的无病生产，选无病田，无病瓜留种。培育无病壮苗用无病土苗床育苗。注意适时放风，降低棚室温度，增加

光照。增施腐熟有机肥，发病后控制灌水，促进根发育。推广使用高垄、覆膜、暗浇水的栽培技术。注意适当轮作，清除病残体，及时翻晒土壤。(3) 化学防治。发病初期用72%克露 WP 600～750 倍液，叶面喷雾，每隔 7 d 喷 1 次药，共喷4～6次。常用农药还有农用链霉素 250 mg/kg 液，新植霉素 200 mg/kg 液，14%络氨铜 AS 300 倍液，3%克菌康 WP 800～1 000 倍液，50%甲霜铜 WP 600 倍液。保护地每亩每次喷撒 10%乙滴 DPC 或 5%百菌清或 10%脂铜 DPC 1 kg。

参考文献

[1]陈坚忠.温室黄瓜细菌性角斑病的发生与防治[J].北方园艺,2007(9):223

[2]赵学宁,王秋红,胡廷宝,等.综合防治黄瓜细菌性角斑病实用技术[J].上海蔬菜,2008(1):80

黄瓜细菌性圆斑病 Cucumber bacterial round spot

【典型症状】 主要为害叶片，也为害幼茎或叶柄。叶片发病时先出现黄化，背面有水浸状的小斑点，后发展成圆形或近圆形病斑，黄色至褐黄色，很薄，中间半透明，病部四周有黄色晕圈，菌脓不明显（图 4-11，12）。幼茎发病时病部开裂。

图 4-11　黄瓜细菌性圆斑病，叶片发病

【致病病原】 病原为黄瓜细菌斑点病黄单胞菌 *Xanthomonas campestri* spv. *Cucurbitae*（Bryam）Dye，属细菌。

【病害循环】 病原由种子传带，也可随病残体遗留在土壤中越冬，从幼苗的子叶或真叶的水孔或伤口侵入，引起发病。真叶发病后，细菌进入维管束，引起叶片发病然后病原蔓延至茎部维管束，进入瓜条，使种子带菌。

图 4-12　黄瓜细菌性圆斑病，叶片发病

【发生规律】 棚室中湿度大，温度高，叶面结露，叶缘吐水，利于病原侵入和病害蔓延。

【防治措施】 参见黄瓜细菌性角斑病。

黄瓜细菌性缘枯病 Cucumber marginal blight

细菌性缘枯病是大棚黄瓜的一种重要病害。

【典型症状】 叶片、叶柄、茎蔓、卷须、果实均可受害。(1) 叶片。病斑为点状斑点，生于叶缘水孔附近，水浸状，扩大后为淡褐色不规则形斑，周围有晕圈，严重时产生大型水渍状病斑，由叶缘向叶中间扩展，呈楔形（图 4-13，14）。(2) 叶柄、茎、卷须。病斑呈褐色水浸状。(3) 瓜条。瓜条多由瓜柄处侵染，形成病斑，黄化凋萎，脱水后僵硬，空气湿度大时，病部溢出菌脓。

图 4-13　黄瓜细菌性缘枯病，叶片发病早期

【致病病原】 病原为边缘假单胞菌边缘假单胞致病型 *Pseudomonas marginalis* pv. *marginalis*（Brown）Stevens，属细菌。(1) 形态和大小。菌落黄褐色，表面平滑，边缘波状。革兰氏染色阴性，短杆状，无芽孢，极生鞭毛 1～6 根。(2) 寄主。这种病原可以侵染黄瓜、南瓜。

图 4-14　黄瓜细菌性缘枯病，叶片发病后期

【病害循环】（1）越冬与初侵染源。病原在种子上或随病残体留在土壤中越冬，成为第 2 年初侵染源。病原从叶缘水孔等自然孔口侵入。（2）传播特点。病原借风雨、田间操作传播蔓延和重复侵染。

【发生规律】叶面结露时间长，缘枯细菌病的水浸状病斑出现越多，有的在病部可见菌脓。黄瓜叶缘吐水是引起该病流行的重要水湿条件。

【防治措施】参见黄瓜细菌性角斑病。

黄瓜细菌性叶枯病 Cucumber bacterial leaf spot

【典型症状】主要侵染叶片。叶片发病时先出现圆形水浸状褪绿病斑，逐渐扩大成近圆形或多角形的褐色斑，直径 1～2 mm，边缘具褪绿变黄晕圈（图 4-15，16）。病叶背面不易见到菌脓，可与细菌性角斑病区别。

图 4-15　黄瓜细菌性叶枯病，发病叶片

【致病病原】病原为野油菜黄单胞菌黄瓜叶斑病致病型 *Xanthomonas campestris* pv. *cucurbitae* (Bryan) Dye.。

图 4-16　黄瓜细菌性叶枯病，病叶上病斑特写

【病害循环】病原主要通过种子带菌传播蔓延。该菌在土壤中存活非常有限。

【发生规律】叶色深绿的品种发病重，棚室保护地发病重。

【防治措施】参见黄瓜细菌性枯萎病。

黄瓜细菌性枯萎病 Cucumber bacterial wilt

黄瓜细菌性枯萎病又称青枯病、细菌性萎蔫病，是保护地嫁接黄瓜的一种新病害。发病轻的大棚植株死亡率为 30%，严重的全棚枯死。

【典型症状】在嫁接黄瓜上发病快，自根栽培的较慢。苗期、成株期均可发病，开花结瓜期发病严重。初发病株基部茎蔓收缩变细，下部叶片光泽暗淡、萎蔫，中午明显（图 4-17）。病情逐渐发展，收缩茎蔓向上扩展，叶片向上渐次萎蔫，似缺水状，3～5 d 后整株青枯死亡（图 4-18）。根茎外表症状不明显，横剖观察根部及茎基部（嫁接口附近）（图 4-19），维管束变褐色，横切面挤压后流出乳白色黏质物，手指蘸液后慢慢移开，黏液被拉出半寸长丝。严重时靠地面茎部腐烂，且周围可见白色菌脓，有恶臭味，病部导管一般不变色，根部未见腐烂。

【致病病原】病原为嗜维管束欧文氏菌（黄瓜萎蔫欧文氏菌）*Erwinia amylovora* var. *tracheiphila* (Smith) Dy，属细菌。（1）形态和大小。杆状菌，单生或双生，大小（1.2～2.5）μm×（0.5～0.7）μm。（2）特性。革兰氏染色阴性，好气性或兼性嫌气性。最适生长温度 25～30 ℃，最高 34～35 ℃。（3）寄主。这种病原可以侵染黄瓜、甜瓜、西葫芦、南瓜等，很少为害西瓜以及小麦等禾谷类。

【病害循环】病原随病残体遗留在土壤中越

图 4-17　黄瓜细菌性枯萎病，植株上部萎蔫

图 4-18　黄瓜细菌性枯萎病，病株

冬。病原从根部伤口侵入，有时也可从茎基部侵入，引起黄瓜发病；种子带菌，引起黄瓜发病。黄瓜条叶甲与黄瓜十二星叶甲携带病原，取食的同时，将病原传到黄瓜上。

【发生规律】（1）气候条件与发病。低温高湿的环境，病害易发生。持续阴天，雨雪天气较多，造成棚内温度极低，加之光照少，通风换气不良，棚内湿度过大，相对湿度在85%以上，这种条件下，大棚发病率多在30%～45%。（2）栽培管理与发病。邻作是小麦或上茬是甜瓜、南瓜、西葫芦等，则发病重。自然条件下，自根栽培的黄瓜没见发生此病，而嫁接栽培的黄瓜均有发生。

图 4-19　黄瓜细菌性枯萎病，病根

【防治措施】（1）种子消毒。在70 ℃的恒温干热条件下，灭菌72 h，或用50 ℃温水浸种20 min，或用次氯酸钙300倍液浸种30～60 min，或用40%福尔马林150倍液浸1.5 h，或用100万U硫酸链霉素500倍液浸种2 h，然后冲洗干净，催芽播种。（2）农业防治。实施轮作，与非瓜类蔬菜实行2年以上轮作。生长期和收获后清除病叶，及时深埋。雨天及时排水，浇水要少浇勤浇，防止大水漫灌。增施有机肥，减少化肥施用量。在开花结果盛期增施钾肥，可以在叶面喷施0.2%磷酸二氢钾等，以提高植株抗病能力。（3）化学防治。每亩用50%多菌灵2～4 kg，与细土混合后，均匀施入土壤，大田消毒。发病初期，及时喷施14%络氨铜AS 300～400倍液，或72%农用链霉素4 000倍液，或新植霉素4 000倍液，隔7～10 d喷1次，连续喷3～4次。或用60%琥·乙膦铝500倍液，或72%农用链霉素WP 4 000倍液灌根，每株用150～200 mL，隔10 d灌根1次，连续2～3次。

参考文献

王娜瑄.黄瓜细菌性枯萎病的发生与防治[J].上海蔬菜，2003(4):38-39

黄瓜软腐病

Cucumber bacterial soft rot

软腐病是黄瓜的一种普通病害。

【典型症状】 主要发生在采收后运输储藏过程中，染病瓜先在病部产生褪绿圆斑，后渐凹陷，发软，病部渐扩大，内部软腐，表皮破裂崩溃，从内向外淌水，整个果实腐败分解，散发出臭味（图 4-20）。

图 4-20 黄瓜软腐病，发病瓜

【致病病原】 病原为胡萝卜软腐欧文氏菌胡萝卜软腐致病变种 *Erwinia carotovora* subsp. *Carotovora* (Jones) Bergey et al.，属细菌。

【病害循环】 病原在病残体上或土壤中越冬。经伤口或自然裂口侵入，靠接触传播蔓延。

【防治措施】 (1) 农业防治。注意田间通风透光，降低田间湿度，以减少田间病原的侵染机会。发现病株时，要及时拔除，并用石灰消毒，这样可以控制病原蔓延，减少田间的再侵染。避免大水漫灌。采收、装卸时要轻拿轻放，防止碰撞造成伤口。(2) 化学防治。发病前，喷施 50% 琥胶肥酸铜 WP 500倍液，或 14%络氨铜 AS 300 倍液。

黄瓜猝倒病
Cucumber damping-off

猝倒病是黄瓜苗期主要病害。保护地育苗期最为常见，特别是在气温低、土壤湿度大时发病严重，可造成烂种、烂芽及幼苗猝倒。

【典型症状】 (1) 幼苗。种子萌芽后至幼苗未出土前受害，造成烂种、烂芽。出土幼苗茎基部受害呈现水渍状黄色病斑，后为黄褐色，缢缩呈线状，倒伏（图 4-21）。幼苗一拔就断，病害发展很快，子叶尚未凋萎，幼苗即突然猝倒死亡。湿度大时在病部及其周围的土面长出一层白色棉絮状物。(2) 瓜条。瓜条受害瓜面出现水渍状大斑，严重时瓜腐烂，表面长出一层白色絮状物，称绵腐病（图 4-22）。

【致病病原】 病原为瓜果腐霉菌 *Pythium aphanidermatum* (Eds.) Fitzp.，属鞭毛菌亚门真菌。菌丝体白色棉絮状，菌丝无隔膜，直径 2.3～7.1 μm。孢子囊呈丝状或呈不规则膨大，大小 (63～725) μm× (4.9～14.8) μm，内含 6～26 个游动孢子。藏卵器球形，直径 14.9～34.8 μm。卵孢子球形，平滑，不满器，直径 14.0～22.0 μm。

图 4-21 黄瓜猝倒病

图 4-22 黄瓜猝倒病，成株期引起绵腐

【病害循环】 (1) 越冬与初侵染源。病原腐生性很强，可在土壤中长期存活，在病株残体上及土壤中越冬。条件适宜即萌发侵染瓜苗引起猝倒。(2) 传播特点。病原靠灌水或雨水冲溅传播。

【发生规律】 低温、高湿利于发病。苗床通风不良，光照不足，湿度偏大，易诱导猝倒病发生。土壤中含有机质多，施用未腐熟的粪肥等有利于发病。在黄瓜生长成熟期，田间应严格控水，避免水淹瓜条，否则瓜条腐烂，易发生绵腐病。

【防治措施】 (1) 农业防治。选择地势高、地下水位低、排水良好的地块做苗床。用无病的新土、塘土或稻田土做苗床土，不要用带菌的旧苗床土、菜园土或庭院土育苗。播种前，苗床要灌足底水，出苗后尽量不浇水。必须浇水时一定要选择晴天进行。果实发病重的地区，要采取高畦栽培，防止雨后田间积水。黄瓜定植后，前期宜少浇水，多中耕。注意及时插架引蔓，使瓜条不要着地坐果，以减轻发病。(2) 生物防治。木霉菌剂药效持久稳定，无残留，对人畜和生态环境无害，是发展生态绿色农业较理想的生物菌剂，具有很好的推广和应用价值。育苗时先把木霉菌剂用鼓皮或米糠稀释100倍，搅拌均匀。然后按每平方米20～30 g与黄瓜种子散撒在苗圃床上，再在上面盖厚3～4 cm的浮土；在秧苗移栽时，每穴坑中放入2～3 g木霉菌剂再栽入秧苗，培好土即可。(3) 化学防治。播种前15 d翻松床土，用40%的福尔马林原液30 mL/m²，加水2～4 L，喷施后覆盖薄膜4～5 d后再揭开，耙松放气。在幼苗的发病初期，及时喷施72.2%普力克AS 400倍液，或64%杀毒矾WP 500倍液，或70%敌克松WP 800倍液，或25%瑞毒霉WP 600～800倍液，或58%瑞毒锰锌WP 600陪液，隔7～10 d喷1次。

参考文献

[1]田连生，张根伟，黄亚丽，等. 黄瓜猝倒病的发生与木霉菌剂生物防治[J]. 农业科技通讯，2002(9)：47

[2]谭荫初. 棚室瓜类猝倒病的综防要点[J]. 植物医生，2002，15(12)：15

黄瓜立枯病 Cucumber rhizoctonia rot

【典型症状】 主要发生在幼苗茎基部位。(1) 茎基部。发病初期，茎基部出现暗褐色病斑，近椭圆形，边缘明显，当病斑绕茎1周时，茎基部萎缩干枯，不倒伏。(2) 根部。多在根颈处发病，出现变褐色或腐烂症状（图4-23）。(3) 整株。瓜苗白天萎蔫，夜间恢复，经数日反复后，病株萎蔫枯死。

【致病病原】 病原为立枯丝核菌 *Rhizoctonia solani* Kühn，属半知菌亚门真菌。初生菌丝无色，后为黄褐色，具隔，粗8～12 μm，分枝基部缢缩，老菌丝常呈一连串桶形细胞。菌核近球形或无定形，0.1～0.5 mm，无色或浅褐至黑褐色。担孢子近圆形，大小(6～9) μm×(5～7) μm。

【病害循环】 病原在土壤中越冬，可存活2～3年。在条件适宜时病原从根部或茎基部伤口处侵入，或直接从表皮侵入。病原借雨水、灌溉水传播。

【发生规律】 多在床温较高或育苗后期发生。

【防治措施】 (1) 种子消毒。用55 ℃温水浸

图4-23 黄瓜立枯病，发病初期

种子15 min。(2) 农业防治。床苗排湿降温，加强通风，增加光照。(3) 化学防治。苗床土壤用土壤消毒散6 g加细土地5 kg/m²，拌匀后下垫上盖。发病初期喷淋3.2%恶甲AS 300倍液，或15%恶霉灵AS 450倍液，或20%甲基立枯磷EC 1 200倍液，或72.2%霜霉威AS 400倍液。

黄瓜枯萎病 Cucumber wilt

黄瓜枯萎病又称黄瓜萎蔫病、黄瓜死秧病，是瓜类蔬菜的一种重要病害。发生普遍，发病率高，毁灭性强。减产30%～50%，重者绝收。

【典型症状】 该病有潜伏侵染的现象，在幼苗期被枯萎病原侵染，到成株期开花结瓜后才表现症状。黄瓜从幼苗期到成株期均可发病，以结瓜期为发病盛期。(1) 幼苗。子叶先变黄，茎基部或茎部变褐缢缩或呈立枯状。(2) 叶片。初期基部叶片褪绿，成黄色斑块，逐渐全叶发黄，随之叶片由下向上凋萎，似缺水症状，中午凋萎，早晚恢复正常，3～5 d后，全株凋萎（图4-24，25，26，27）。(3) 根和茎。病株的主根或侧根呈褐色腐烂，极易拔断（图4-28），或瓜蔓基部近地面3～4节处开裂流胶（图4-29），开始出现黄褐色条斑，在高湿环境下，病部常产生白色或粉红色霉状物，在已枯死病株茎上则更为明显，且不限于基部，可达中部，有时病部可溢出少许琥珀色胶质物（图4-30）。纵剖茎基部，维管束呈黄褐色至深褐色（图4-31）。

【致病病原】 病原主要为尖镰孢菌黄瓜专化型

Fusarium oxysporum (Schl.) f. sp. *cucumerinum* Owen.，属半知菌亚门真菌。有报道对辽宁、吉林和黑龙江三省枯萎病病病原菌鉴定，确定有6种镰孢菌，以尖孢镰孢为主，占40.66%，另处有木贼镰孢(4.61%)、腐皮镰孢(2.24%)、半裸镰孢(1.45%)、串珠镰孢(0.26%)和锐顶镰孢(0.26%)。(1)形态和大小。小型分生孢子0～1分隔，卵圆形或肾形，假头生，(5～17.5) μm×(2～5) μm；大型分生孢子纺锤形或稍弯，较匀称，基细胞足跟明显，具2～5个隔膜，(22.5～40) μm×(2.5～6) μm；厚垣孢子大量产生，单生或对生，间生、顶生或串生，球形或椭圆形，直径7.5～15 μm；产孢细胞单瓶梗，较短，单生或具分枝，(5～25) μm×(2.5～5) μm；可产生浅黄色分生孢子座和蓝色至蓝黑色的菌核。在PSA上

图4-24 黄瓜枯萎病，潮湿时叶片症状

图4-25 黄瓜枯萎病，潮湿时叶片症状

图4-26 黄瓜枯萎病，发病株上部叶片开始萎蔫

图4-27 黄瓜枯萎病，田间后期发病状

图4-28 黄瓜枯萎病，发病后期茎基部症状

图4-29 黄瓜枯萎病，根颈部症状

图 4-30　黄瓜枯萎病，病部出现琥珀色胶质物

图 4-31　黄瓜枯萎病，维管束呈黄褐色至深褐色

25 ℃ 4 d 的菌落直径 35 mm，菌株之间形态差异较大，气生菌丝白色、粉色至紫色，丝绒状，羊毛状至毡状，培养基表面无色或淡紫色；菌落背面粉色或紫色。(2) 特性。病原发育和侵染适温 24～25 ℃，最高 34 ℃；最低 4 ℃；土温 15 ℃潜育期 15 d，20 ℃ 9～10 d，25～30 ℃ 4～6 d，适宜 pH 4.5～6。(3) 寄主。这种病原可以侵染黄瓜、西瓜、西葫芦、南瓜等。

【病害循环】 (1) 越冬与初侵染源。菌以菌丝体、厚垣孢子、菌核在土壤中病残体内越冬，也可以在未腐熟的肥料和种子表面越冬，成为第 2 年发病的初侵染来源。病原从根部伤口或根毛顶端细胞间侵入，后进入维管束发育繁殖堵塞导管，病原产生毒素引起植株中毒，失去输导作用，引起萎蔫。(2) 传播特点。播种带菌的种子，苗期即发病。地上部的重复侵染主要通过整枝或绑蔓引起的伤口侵入。

【发生规律】 (1) 气候条件与发病。空气相对湿度高，发病最快。降水多，空气湿度大，发病多，且雨水利于病原传播。降水少，相对湿度小，发病亦少；排水不良或浇水过多的瓜地，发病重。(2) 栽培管理与发病。秧苗老化，连作地，有机肥不腐熟，土壤过分干旱或排水不良，土壤偏酸，是发病的主要条件。伤口为黄瓜枯萎病病原侵染创造了有利条件。土壤、肥粪、种子带菌是发病的重要条件。(3) 菌源与发病。枯萎病是一种土传病害，发病的轻重决定于当年初侵染的菌量，再侵染不起主要作用。

【防治措施】 应以抗病品种为主，合理轮作倒茬，清除病株残体，培育无病壮苗，并辅之以药物防治。(1) 种子消毒。用 55 ℃的温水浸种10 min；或在 70 ℃的恒温条件下，将种子处理72 h；或用有效成分 0.1%的 60%防霉宝超微粉加 0.1%平平加或 50%多菌灵 500 倍液浸种 1 h，捞出后冲净催芽。(2) 品种。选用抗病品种，较抗病的有长春密刺、津研 7 号、早丰等。(3) 农业防治。与禾本科作物轮作，可以减少田间含菌量。育苗时，对苗床土进行硝化处理，或换上无菌新土，培育无病壮苗。施入的有机肥要充分腐熟。在结瓜后，要适当增加浇水的次数和浇水量，但切忌大水漫灌。在夏季的中午前后不要浇水。多中耕，可以提高土壤的透气性，使植株根系茁壮，以提高抗病能力，但要注意减少伤口。(4) 嫁接换根。利用南瓜根系发达，对黄瓜枯萎病原有较强抗性的特点，将南瓜做砧木，黄瓜做接穗，进行嫁接换根，防治效果达 90% 以上（图 4-32，33）。(5) 化学防治。每平方米苗床用 50%多菌灵 WP 8 g 处理畦面。每亩用 50%多菌灵 WP 4 kg，混入细干土，拌匀后施于定植穴内。用 30%恶霉灵 AS 600～800 倍液，在播种时喷淋 1 次，播种后 10～15 d 再喷淋 1 次，本田灌根 2 次，在移栽时灌根 1 次，15 d 后再灌根 1 次。发病初或发病前，用 50%多菌灵 WP 500 倍液或 2%农抗 120 AS 200 倍液灌根，每株用药液 0.25 kg，隔 7～10 d 灌 1 次，连灌 3 次，防治效果较好。另据室内抑菌试验表明，菇渣和鸡粪浸提液对黄瓜枯萎病的抑菌效果较好。

参考文献

[1]杨晓贺，吕国忠，赵志慧，等.东北地区蔬菜大棚内黄瓜枯萎病病株上镰孢菌的分离和鉴定[J].沈阳农业大学学报，2007，38(3)：308-311

[2]方宪武.黄瓜枯萎病的发生与无公害防治[J].陕西农业科学，2008(1)：123-124

[3]郝永娟，刘春艳，王勇，等.利用有机质防治黄瓜枯萎病[J].中国蔬菜，2007(6)：26-28

图 4-32　黄瓜枯萎病防治方法，嫁接

图 4-33　黄瓜枯萎病防治方法，嫁接苗

黄瓜蔓枯病
Cucumber gummy stem blight

黄瓜蔓枯病又称蔓割病、黑腐病。各地均有发病。常造成20%～30%的减产。

【典型症状】 主要为害茎蔓，也为害叶片和果实等部位。(1) 茎蔓。茎蔓发病时，靠近节部呈现油渍状病斑，椭圆形或菱形，灰白色，稍凹陷（图 4-34），有时溢出琥珀色树脂样胶状物（图 4-35）。干燥时病部干缩纵裂，表面散生大量小黑点，潮湿时病斑扩散较快，绕茎1圈便使上半部植株萎蔫枯死，病部腐烂。(2) 叶片。叶片被害时产生近圆形或不规则形的大病斑，有的病斑自叶缘向内发展呈“V”字形或半圆形（图 4-36），淡褐色，后期病斑易破碎，常龟裂，干枯后呈黄褐色至红褐色，病斑上密生黑色小点。(3) 果实。果实多在幼瓜期花器感染，果肉淡褐色软化，呈心腐症（图 4-37）。蔓枯病多从茎蔓的表皮向内部扩展，但维管束不变色，这与枯萎病不同，病害仅造成局部烂蔓。

图 4-34　黄瓜蔓枯病，茎蔓发病症状，出现白色、稍凹陷的病斑

图 4-35　黄瓜蔓枯病，病部溢出琥珀色树脂样胶状物

图 4-36　黄瓜蔓枯病，病叶“V”字形症状

【致病病原】 病原为西瓜壳二孢 *Ascochyta citrallium* Smith.，属半知菌亚门真菌，有性时期称甜瓜球腔菌 *Mycosphaerella melonis* (Pass.) Chiu et Walker.，属子囊菌亚门真菌。(1) 形态和大小。病原在 PDA 培养基上生长速度缓慢，菌落近圆形，初为乳白色，后期变为淡黄色，气生菌丝发

图 4-37　黄瓜蔓枯病，病株结的瓜条

达。分生孢子器球形至扁球形，直径为 182.8～188.6 μm，孔口明显。分生孢子椭圆形或圆筒形，无色，双细胞，大小(11.2～11.4) μm×(4.1～4.3) μm。子囊座半埋生于寄主茎蔓表皮下，子囊座中形成 1 个子囊腔。子囊腔球形至扁球形，直径为 128.4～133.2 μm，顶部略外露，壁膜质，黑褐色，孔口周缘壁深黑色，孔口直径为 26.6～30.6 μm。子囊多圆筒形，无拟侧丝，无色，稍弯，大小(100.9～108.9) μm×(11.1～11.5) μm。子囊孢子椭圆形，无色，双胞，两细胞大小相等，分隔处缢缩明显，子囊孢子大小(13.7～14.1) μm×(6.8～7.0) μm（图 4-38）。(2) 特性。菌丝生长适宜的温度范围是 20～30 ℃，最适温度为 25 ℃，低于20 ℃、高于 30 ℃菌丝生长速度明显下降。分生孢子萌发的适宜温度范围是 20～30 ℃，最适温度为 30 ℃左右，低于 20 ℃、高于 30 ℃孢子萌发率明显下降。分生孢子的致死温度为 45.5 ℃。病原分生孢子在 pH 3～8 范围内均能萌发，最适为 pH 5～6，pH 高于 6 或低于 5 时，孢子萌发率迅速下降。(3) 寄主。这种病原可以侵染黄瓜、冬瓜、西葫芦、南瓜、西瓜、苦瓜等。

【病害循环】 病原以分生孢子器或子囊壳随病残体在土中，或附在种子、架杆、棚架上越冬。通过风雨及灌溉水传播，从气孔和水孔或伤口侵入。

【发生规律】 (1) 气候条件与发病。平均气温 18～25 ℃，相对湿度高于 85%时易发病。田间高温多雨发病重。(2) 栽培管理与发病。保护地适温高湿，通风不良利于发病。连作地、平畦栽培、排水不良、密度过大、光照不足、植株生长衰弱，发病重。

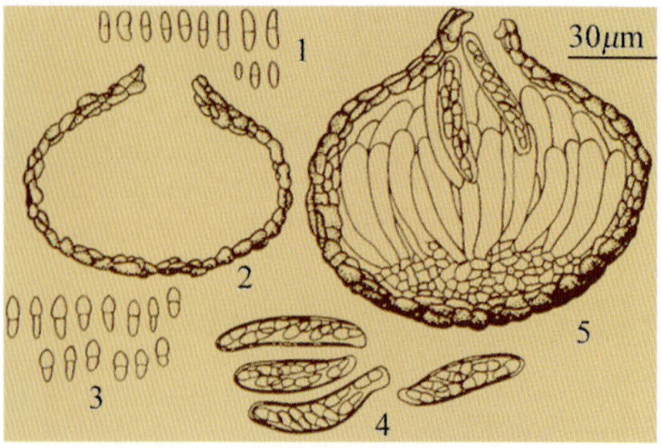

图 4-38　黄瓜蔓枯病病原

1.分生孢子　2.分生孢子器　3.子囊孢子
4.子囊　5.子囊壳
（据《中国农作物病虫害》）

【防治措施】 (1) 种子消毒。用 55 ℃恒温水浸种 15 min，捞出后放入冷水中冷却后播种。(2) 农业防治。实行 2～3 年轮作，最好实行水旱轮作。及时清除病株，深埋或烧毁。深耕土地，施入的有机肥要充分腐熟，浇足底水。增施磷、钾肥。采取地膜覆盖，高畦栽培，膜下浇水，这样可以降低田间湿度，同时要注意棚室的放风。(3) 化学防治。保护地内的棚架、农具在使用前要用福尔马林 20 倍液熏蒸 24 h。发病初期喷 40%氟硅唑 EC 8 000 倍液，或 75%百菌清 WP 600 倍液，或 50%混杀硫SC 500～600 倍液，隔 3～4 d 后再喷 1 次。

参考文献

[1]孙斌. 黄瓜蔓枯病的发生与防治[J]. 吉林蔬菜，1999(2)：23
[2]中国农业科学院植物保护研究所. 农作物病虫害[M]. 北京：农业出版社，1979

黄瓜霜霉病
Cucumber downy mildew

黄瓜霜霉病是保护地黄瓜栽培中发生最普遍、为害最严重的病害。病情来势猛，病害重，传播快，如不及时防治，将给黄瓜生产造成毁灭性的损失。在流行年份受害地块黄瓜减产 20%～30%，严重流行时损失达 50%～60%，甚至绝收。

【典型症状】 苗期和成株期均可发病。主要为害功能叶、卷须、蔓和花梗，老叶发病重。(1) 子叶。发病初期子叶出现褪绿色黄斑，后变黄干枯，湿度大时出现紫黑色霉（图 4-39）。(2) 叶片。发病初期只是出现水浸状小斑点（图 4-40，41，42），病斑不断扩大，形成后因受叶脉限制的多角形病斑，黄褐色（图 4-43）。潮湿时背面长出紫黑色霉层。后期病斑破裂或连片，引起叶缘卷缩干枯（图 4-44），仅留心叶。发病品种病斑大，易连接成大块黄斑后迅速干枯（图 4-45）；抗病品种病斑小，褪绿斑持续时间长，在叶面形成圆形或多角形黄褐色斑，扩展速度慢，病斑背面霉层稀疏或很少（图 4-46）。

图 4-39　黄瓜霜霉病，苗期发病症状

图 4-40　黄瓜霜霉病，叶片发病初期症状

图 4-41　黄瓜霜霉病，发病叶片对光时病斑处症状

图 4-42　黄瓜霜霉病，发病叶片背面症状

图 4-43　黄瓜霜霉病，发病后期病叶症状

图 4-44　黄瓜霜霉病，田间发病植株症状

图 4-45　黄瓜霜霉病，感病品种发病叶片症状

图 4-46　黄瓜霜霉病，抗病品种发病叶片症状

【致病病原】 病原为古巴假霜霉菌 *Pseudoperonospora cubensis*（Berk. et Curt.）Rostov.，属鞭毛菌亚门真菌。(1) 形态和大小。孢囊梗，单生或 2～4 根束生，从气孔伸出，无色，主干 144.2～545.9 μm，上部有 3～5 次锐角分枝。孢子囊柠檬形，淡褐色，单胞，顶端有突起，大小 (18.1～41.6) μm×(14.5～27.2) μm。(2) 特性。孢子囊萌发后长出芽管，低温时孢子囊释放出游动孢子，1～8 个，在水中游动后形成休止孢子，产生芽管。产生孢子囊适温 15～20 ℃，萌发适温 15～22 ℃。(3) 寄主。这种病原可以侵染黄瓜、香瓜、南瓜、丝瓜、葫芦等。

【病害循环】 周年种植黄瓜地区，病原在病叶上越冬或越夏。北方冬季不种黄瓜地区，则靠季风从邻近地区将孢子囊吹去。孢子囊可直接萌发，长出芽管，低温时，孢子囊释放出游动孢子 1～8 个，在水中游动片刻后形成休止孢子，再产生芽管。从寄主气孔或细胞间隙侵入，在细胞间蔓延，靠吸器伸入细胞内吸取营养。

【发生规律】 (1) 气候条件与发病。温、湿度是病害发展流行的主要条件。高湿是发病的重要条件，叶面没有水滴或水膜，孢子囊不能萌发和侵入，病害就不会发生。温度低于 15 ℃或高于 28 ℃，不利于病害的发生。温室大棚内通风不良，湿度过高，结露多，有利于孢子囊的形成和病原的萌发、侵入，湿度过高，结露多，叶面有水滴或水膜，易于病害的发生流行。(2) 栽培管理与发病。早春保护地栽培易发病。地势低洼，土壤质地差，肥料不足，栽培过密，通风不良或浇水次数过多都能导致病害加重发生。

【防治措施】 (1) 种子消毒。用 50～55 ℃的温水浸种 10～15 min。(2) 农业防治。选用抗病品种是最经济有效的防害措施，各地可因时因地选用。育苗温室和生产温室必须分开，以免苗期感染。采用无菌沙土或沙壤土育苗，培育无病壮苗。与南瓜进行嫁接换根栽培，增强抗病性。苗期发现病株，要立即拔除。合理增施有机肥和磷、钾肥，并采取叶面追肥，定期喷施用 0.1%尿素和 0.3%磷酸二氢钾的混合水溶液。采用地膜覆盖栽培。苗期应尽量少浇水，以降低保护地内空气湿度。采用膜下沟灌，以降低棚内空气湿度。选用透光率高、无滴效果好的塑料膜。结瓜后及时打去底部老叶，增加田间通透性。保护地栽培，在采摘期要尽量少施药，采取控制温度和湿度来防止病害的发生和蔓延。棚内局部发病重，但瓜秧较健壮，可以在晴天上午浇水后将棚室封严，迅速使黄瓜生长点部位的温度升高到 42～45 ℃，2 h 后多点通风。(3) 化学防治。苗期和生长前期，当发现中心病株时要及时用药防治。保护地栽培，应当尽量用烟剂熏蒸或粉尘法防治，每亩用 45%百菌清 FU 250 g，分别均匀放在垄沟内，然后将棚密闭，点燃烟熏。出现中心病株每亩用 50%氟吗・锰锌 WP 4～5 g，或 25%嘧菌酯 SC 30～40 g，68%精甲霜・锰锌 WG 或 70%代森联 DF 100～120 g，10%氰霜唑 SC 50～60 mL 或 18%百菌清・霜脲氰 SC 150～155 mL，加水喷雾。还可以用 72%霜脲・锰锌 WP 600～750 倍液，或 68.75%氟吡菌胺・霜霉威(商品名银法利) SC 800～1 200 倍液，或 72.2%普力克 AS 650 倍液，或 72%代森锰锌・霜脲氰 WP（克霉清）400 倍液，或 20%二氯异氰尿酸钠 SPX 300～400 倍液。

参考文献

[1]刘春艳，郝永娟，王勇，等. 氟吡菌胺・霜霉威(银法利)悬浮剂对番茄晚疫病和黄瓜霜霉病的防治效果[J]. 中国蔬菜，2008(1)：26-27

[2]张政兵，刘年喜，郭海明. 黄瓜霜霉病防治现状及综合防治措施[J]. 长江蔬菜，2007(5)：29-30

[3]郝永娟，刘春艳，王勇，等.利用有机质防治黄瓜枯萎病[J].中国蔬菜，2007(6):26-28

黄瓜白粉病 Cucumber powdery mildew

黄瓜白粉病又称白霉病、白毛，是保护地黄瓜的一种重要病害。各地均有分布。通常在黄瓜生长中、后期发病严重，造成黄瓜的产量损失，甚至提前拉秧。

【典型症状】 病害先出现在下部叶片正面或背面，开始为白色小粉点，后扩大为粉状圆形斑（图 4-47）。条件适宜时，白色粉状斑点继续扩展，连接成片，成为边缘不明显的大片白粉区，直至布满整个叶片，看上去又像长了一层白毛，所以俗称白毛病。其后叶片逐渐变黄、发脆，白毛由白色转变为灰白色，最后叶片失去光合作用功能。受害的叶柄和茎症状与叶片基本相似。

图 4-47 黄瓜白粉病，发病初期病叶症状

【致病病原】 病原为单丝白粉菌 *Sphaerotheca fuliginea*（Schlecht）Poll.，属子囊菌亚门真菌。(1) 形态和大小。分生孢子梗圆柱形，不分枝，无色。分生孢子椭圆形，单胞，无色，大小 (30.2～39.5) μm×(7.38～22.12) μm。闭囊壳褐色，球形，直径 67.5～122.4 μm，无孔口，表面有附属丝（图 4-48）。(2) 特性。该菌系专性寄生菌，只在活体寄主上存活。(3) 寄主。这种病原可以侵染黄瓜、西葫芦、南瓜、冬瓜、甜瓜以及西瓜、苦瓜、瓠瓜。

【病害循环】 病原以闭囊壳随病残体在土中越冬，或以菌丝体、分生孢子在棚室保护栽培的作物上越冬。越冬的闭囊壳在气温达到 20～25 ℃时散发出子囊孢子，或由菌丝形成分生孢子梗及分生孢子，借气流或雨水传播。发病后病斑上产生分生孢子在田间进行多次再侵染。

【发生规律】 该病喜温湿、耐干燥。温度 10～30 ℃，相对湿度 25%～85%，其孢子均可萌发。发病最适温度 16～24 ℃，最适相对湿度为 75%。温度高于 30 ℃，湿度超过 95%，则病情受到抑制。雨后干燥，或少雨，但田间湿度大，白粉病流行的速度加快，尤其当高温干旱与高温高湿交替出现又有大量白粉菌源时很易流行。

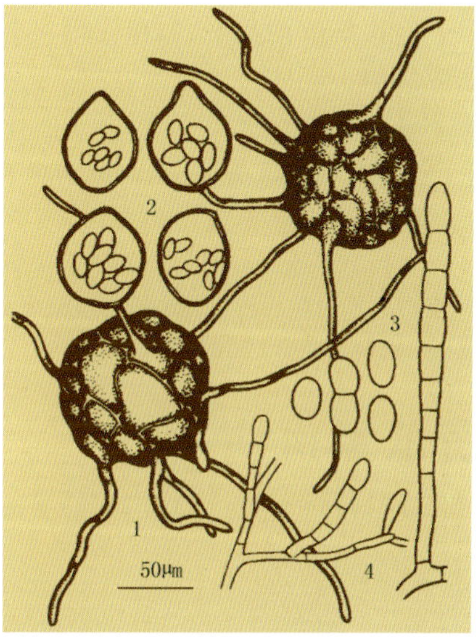

图 4-48 黄瓜白粉病病原

1. 子囊壳 2. 子囊 3. 分生孢子 4. 分生孢子梗

（据《中国农作物病虫害》）

【防治措施】 (1) 种子消毒。用 1%抗枯宁悬浊液 20 mL 加水 10 kg，浸种 1 h。(2) 农业防治。注意选用抗病品种。清除棚室中的杂草、残株。育苗时，床土用 50%多菌灵进行消毒，控制湿度在 60%以下，并保证有足够的光照和温差。棚室内要注意通风、透光，降低湿度。挑选健壮的幼苗定植。切忌大水漫灌，可以采用膜下软管滴灌、管道暗浇、渗灌等灌溉技术。定植后，要尽量少浇水，以防止幼苗徒长。不要偏施氮肥，要注意增施磷、钾肥。结瓜期，可加大肥水的用量，适时喷施叶面微肥，以防植株早衰。保护地内要注意通风、透光，降低湿度，遇有少量病株或病叶时，要及时摘除。(3) 化学防治。定植前棚室熏烟，将硫黄粉和锯末混合均匀，分放几处，晚上密闭温室，点燃熏蒸1夜，也可以利用硫黄蒸发器防治。发病初期及时喷药，可用30%氟菌唑WP 3 500～5 000倍液，或2%农抗120 AS 200倍液，或2%武夷菌素AS 200倍液，或15%三唑酮WP 1 500倍液，或40%氟硅唑EC 8 000倍液，或40%多·硫SC 500～600倍液，或50%硫黄SC 250～300倍液，或3%好力克SC 3 000倍液，隔6～7 d喷1次，连续喷3～4次。据近年药效试验表明，8%氟硅唑ME、6%嘧肽菌净AS、50%翠贝（醚菌酯）DF、25%粉星水SC、5%己唑醇ME对黄瓜白粉病有较好的防治效果。白粉病原易产生抗性，最好在1个生长季节内用2～3种作用机制不同的药剂，交替使用。

参考文献

[1]马建华，吴晓燕，张蓉，等．黄瓜白粉病的化学防治现状及新防治药剂筛选[J]．北方园艺，2007(1)：12-14

[2]张雪辉．室内黄瓜白粉病防治方法研究[J]．河北师范大学学报(自然科学版)，2005，29(2)：190-192

黄瓜黑斑病 Cucumber alternaria blight

黄瓜黑斑病又称疮痂病，是黄瓜的一种重要病害。各地均有发生。发病率高，主要发生在夏、秋季节露地栽培的植株上，因病减产20%～30%，严重时可达80%～100%。

【典型症状】 主要为害叶片。发病从下部叶片开始，严重时病株最后仅剩下顶端几片绿叶，病株似火烤状。叶片上的病斑开始为圆形的小斑点，污绿色，后发展为圆形病斑，中央灰白色，边缘清晰为淡黄色（图4-49）。叶面上病斑稍有突起，表面粗糙；叶背面的病斑水渍状，周围常有褪绿晕圈。病斑多发生在叶脉之间，湿度大时生有黑色的霉层。病斑扩大可以连接成大病斑，严重时叶肉组织枯死，叶缘向上卷起，叶子焦枯，但不脱落（图4-50）。

【致病病原】 病原为瓜链格孢菌 *Alternaria cucumerina* (Ell. et Ev.) Elliott.，属半知菌亚门真菌。(1) 形态和大小。分生孢子梗橄褐色，单生或数根束生，顶端色淡，不分枝，直或膝状，有隔膜1～7个，大小(20～67.5) μm×(4～6) μm。分生孢子倒棒状，榄褐色，单生，有隔膜2～9个，隔膜处缢缩，大小（57～87）μm×(18～21) μm。(2) 特性。该菌5～40 ℃均可萌发，25～32 ℃萌发率最高，菌丝生长最快。(3) 寄主。这种病原可以侵染黄瓜、甜瓜、角瓜、南瓜、西瓜等。

图4-49　黄瓜黑斑病，叶片上病斑

图4-50　黄瓜黑斑病，病斑扩大，叶缘向上卷起

【病害循环】 病原在病残体上或在种子表面越冬，成为初侵染源。病原借气流或雨水传播，直接侵入叶片，经3 d潜育后显症，产生病原进行再侵染。

【发生规律】 (1) 气候条件与发病。高温高湿是发病的重要条件，当气温25～32 ℃，空气相对湿度80%以上时易发病。坐瓜后遇高温、高湿该病易流行，特别是浇水或风雨过后病情扩展迅速。(2) 栽培管理与发病。保护地内高温高湿，通风透气不良则发病快而重。

【防治措施】 (1) 种子消毒。用55 ℃恒温水浸种 15 min 后，立即放入冷水中冷却然后播种。用 40%多菌灵 SC 浸种 30 min，或用种子重量 0.3%的 50%灭霉灵 WP 拌种，或 50%福美双 WP 拌种。(2) 农业防治。选用无病种瓜留种。轮作倒茬。施足有机肥作基肥，严防大水漫灌。保护地栽培要通风透气，排湿降温。(3) 化学防治。喷药最好在发病前进行，病情严重时，雨后喷药可减轻为害。药剂选用 68%精甲霜·锰锌 WG 或 68.75%氟吡菌胺·霜霉威（银法利）SC 800～1 200 倍液，或 50%扑海因 WP 1 500 倍液，或 75%百菌清 WP 600 倍液，或 50%大富丹 WP 500～600 倍液，或 80%新万生 WP 500～600 倍液。棚室栽培每亩喷 5%百菌清 DP 1 kg，或于傍晚每次点燃 45%百菌清 FU 200～250 g。

黄瓜靶斑病
Cucumber corynespora target leaf spot

黄瓜靶斑病又称褐斑病。各地均有发生，保护地中发生普遍。一般病田叶发病率为 10%～25%，严重时可达 60%～70%，甚至 100%。

【典型症状】 田间主要为害叶片，以中下部叶片受害严重。叶上初现淡褐色圆形病斑（图 4-51），后变褐绿色，直径 6～12 mm（图 4-52）。病斑扩展受叶脉限制呈不规则形，有的斑中部呈灰白色至灰褐色（图 4-53），病斑上生有灰黑色霉状物。严重时病斑汇合，叶片枯死。保护地栽培，多在进入采瓜期初见发病，仅限于个别温室和个别植株；进入盛瓜后期，病情迅速蔓延，发病程度加重，致使部分棚内黄瓜提前拉秧。

图 4-51 黄瓜靶斑病，叶片病斑特征

图 4-52 黄瓜靶斑病，发病叶片特征

图 4-53 黄瓜靶斑病，发病叶片特征

【致病病原】 病原为瓜棒孢霉菌 *Corynespora cassiicola*（Berk. & Curt.）Wei.，属半知菌亚门真菌。(1) 形态和大小。在 PDA 平板上培养 5 d 后，菌落直径 2～2.8 cm，中央 0.1～0.2 cm 范围内颜色变深，呈浅褐色，菌丝生长紧密，且向上突起，而菌落外围颜色较浅，生长疏松。8 d 后菌落颜色明显加深，中央黄褐色至深褐色，外围白色至灰白色，整个菌落生长较均匀，菌丝绒毛状或毛发状。10 d 后菌落直径可达 10 cm 左右。菌丝无色，具分枝和隔膜。分生孢子梗直或屈曲，浅褐色，不分枝，有分隔，基部有时膨大，大小为（100～850）μm×（4～11）μm。分生孢子顶生，浅褐色，常单生，少数 2～6 个串生，倒棍棒形，壁厚，基部膨大，顶部钝圆，有 10～20 个隔膜，大小（39.6～164.8）μm×（11.8～17.2）μm。(2) 特性。生长适温为 30 ℃左右，产孢适温为 25 ℃，分生孢子萌发适温为 30 ℃，孢子形成和萌发需要高湿。光照能促进菌丝的生长。病原生长和孢子萌发的 pH 5～6，但对孢子的产生有抑制作用。(3) 寄主。这种病原可以侵染的寄主范围广，为害十字花科、葫芦科、茄科等蔬菜 20 余种。

【病害循环】 病原以分生孢子丛或菌丝体在土中的病残体上越冬。病原借气流或雨水飞溅传播，进行初侵染和再侵染。

【发生规律】 (1) 发病时期。保护栽培多在进入采瓜期初见发病，仅限于个别温室和个别植株；进入盛瓜后期，病情迅速蔓延，发病程度加重，引起部分棚内黄瓜提前拉秧。春保护地一般在3月中旬开始发病，4月上中旬后病情迅速扩展，至5月中旬达发病高峰。(2) 气候条件与发病。高湿或通风透气不良的条件下易发病；气温25～27 ℃，湿度饱和的条件下发病重；温差大也有利于发病。(3) 栽培管理与发病。土壤肥沃，底肥充足，黄瓜植株生长健壮的田块，靶斑病发生较轻；肥力不足，土壤贫瘠，植株长势较弱，叶片色黄，质地较薄，则发病严重。大水漫灌，放风不及时，田间湿度较大的田块，往往发病较重；保护地中缓冲室及过道附近发病明显较轻；灌后遇雨，发病重。

【防治措施】 (1) 种子消毒。在播种前将种子浸入55 ℃水中10 min进行热消毒处理，有利于消灭种传病原。(2) 农业防治。与非瓜类作物实行2～3年以上轮作。彻底清除病残株，减少初侵染源。搞好棚内温湿度管理，注意放风排湿，改善通风透气性能。(3) 化学防治。发病初期开始茎叶喷50%乙烯菌核利DF 1 000～1 300倍液，或75%百菌清WP 800倍液，或50%多菌灵WP 500倍液，或50%苯菌灵WP 1 500倍液，隔7～10 d喷1次药，共喷3～4次。保护地栽培，每亩每次用45%百菌清FU 250 g熏烟，或喷撒5%百菌清DPC 1 kg。

参考文献

[1]刘鸣韬，徐瑞富，蒋学杰，等. 黄瓜靶斑病研究初报[J]. 河南农业科学，2003(8)：33-34

[2]刘鸣韬，张定法，孙化田. 黄瓜靶斑病药剂防治研究[J]. 中国农学通报，2003，19(10)：126-128

黄瓜叶斑病
Cucumber leaf spot

【典型症状】 主要为害叶片。叶片病斑圆形或不规则形，大小差异较大，褐色至灰褐色，病斑边缘明显或不大明显（图4-54）。湿度大时病斑表面有灰色霉层。

【致病病原】 病原为瓜类尾孢菌 *Cercospora citrullina* Cooke，属半知菌亚门真菌。分生孢子

图4-54 黄瓜叶斑病，发病叶片病症

褐色，梗单生或束生，直或弯，不分枝，隔膜0～4个，顶端平切，孢痕明显。分生孢子无色或淡色，鞭形。

【病害循环】 病原以菌丝块或分生孢子在病残体及种子上越冬。病原借气流及雨水传播，从气孔侵入，经7～10 d发病后产生新的病原进行再侵染。

【发生规律】 多雨季节易发生和流行。

【防治措施】 参见黄瓜霜霉病。

黄瓜红粉病
Cucumber pink mold rot

红粉病是黄瓜的一种新病害，发病率已呈逐年上升趋势。

【典型症状】 发生在黄瓜生育中后期，黄瓜长至15～20片真叶开始发病。主要为害叶片，由下向上发生，在叶片上产生圆形、椭圆形或者不规则形状的浅黄褐色病斑，病健部界限明显（图4-55）。病斑直径2～50 mm，病斑处变薄，后期容易破裂（图4-56）。从单株发病情况看，下部叶片病斑大，呈椭圆形或不规则形，病斑边缘呈浅黄褐色，中部灰白色，易破裂，常常两个或几个病斑连在一起（图4-57）；中部叶片病斑较小，病斑数量较多，病斑呈圆形或椭圆形，浅黄褐色；上部叶片病斑呈圆形，小且少。高湿时间长时，病斑部出现浅橙色霉状物。发生严重时，可造成叶片大量枯死，引起化瓜。

【致病病原】 病原为粉红单端孢菌 *Trichothecium roseum*（Bull.）Link，属半知菌亚门真菌。(1) 形态和大小。分生孢子梗无色，直立，不分

图 4-55　黄瓜红粉病，叶片病斑

图 4-56　黄瓜红粉病，病斑处变薄，开裂

图 4-57　黄瓜红粉病，病斑连在一起

枝，大小(162.5～200) μm×(2.5～4.5) μm。分生孢子顶生，单独形成，多可聚集成头状，呈浅橙红色，分生孢子倒洋梨形，无色或半透明，成熟时具一隔膜，隔膜处略缢缩，大小(15～28) μm×(8～15.5) μm。(2) 寄主。这种病原可以侵染黄瓜、棉花、玉米、小麦、大麻、紫苑、枣等。

【病害循环】 病原以菌丝体随病残体留在土壤中越冬。当条件适宜时以分生孢子传播到叶片上，由伤口侵入。病原借风雨或灌溉水传播蔓延。

【发生规律】 (1) 气候条件与发病。发生在棚室黄瓜，露地黄瓜在夏季多雨高湿条件下也可发生。气温 25～30 ℃，相对湿度高于 85%时，易发病。(2) 栽培管理与发病。春季棚室中温度高，光照不足，通风不良，易发病。露地黄瓜在夏季多雨高湿条件下也可发生。

【防治措施】 (1) 农业防治。棚室栽培的黄瓜，可通过适当稀植，及时摘除病老叶，采取膜下沟灌，及时排湿等栽培措施，来避免病害的发生和控制病害的蔓延。(2) 化学防治。发病初期喷 64%杀毒矾 WP 500～600 倍液，或 80%炭疽福美 WP 800 倍液，或 10%世高 WG 1 000～1 500 倍液，隔 5～7 d 喷 1 次，连续喷 3 次。露地栽培的黄瓜，要在高温多雨季节，用 50%多菌灵 WP 500～600 倍液喷雾预防。

参考文献

李利平，张建英，杜自海. 黄瓜红粉病的发生为害及防治方法[J]. 植保技术与推广，2003，23(11)：21

黄瓜圆叶枯病
Cucumber circle leaf blight

【典型症状】 主要为害保护地栽培的黄瓜叶片。发病时叶片上产生暗绿色水浸状病斑，圆形，直径 10～30 mm，病斑渐渐变为褐色，病健交界不明显，有的病斑有黄晕（图 4-58）。湿度大时病斑表面产生黑褐色的霉层，即病原分生孢子梗和分生孢子。

图 4-58　黄瓜圆叶枯病，叶片发病症状

【致病病原】 病原为黄瓜叶枯长蠕孢菌 *Helminthosporium cucumerinum* Garbowski，属半知菌亚门真菌。(1) 形态和大小。分生孢子梗具隔膜，单枝或分枝，梗长 88～188 μm。分生孢子梭形至长椭圆形，或倒棍棒状，向一边弯曲，大小(36～104) μm× (10～20) μm，具 4～10 个隔膜。

(2) 特性。病原发育适宜温度 25～28 ℃。

【病害循环】 病原以菌丝体随病残体越冬。条件适宜时产生分生孢子借气流、雨水反溅到植株上，从气孔侵入，经过 2～3 d 的潜育即出现症状。

【发生规律】 (1) 气候条件与发病。高温高湿，特别是多雨的高温季节易流行。在德州保护地内于 4 月初左右开始发生，5 月份出现发病高峰。(2) 栽培管理与发病。菜地潮湿，黄瓜生长衰弱，种植过密，通风透光差，肥料不足，均易引起发病。

【防治措施】 (1) 农业防治。低洼或易积水地应采用高畦深沟种植，不宜过密，改善田间通风透光性。采收后清除病残体，及时深翻。实行 2 年以上轮作；采收后清除病残体，烧毁或深埋；及时深翻，以消灭初侵染；田间生长期间发现病叶及时摘除。增施有机肥，植株缓苗后在黄瓜叶片上每 7 d 左右喷施磷酸二氢钾 300 倍液。定植前灌足底水。(2) 化学防治。出现长期阴雨绵绵的天气，亩用百菌清 FU 250 g，均放在 5 处，用暗火点燃，发烟时闭棚，第 2 天早晨揭棚放风。晚上进行，每隔 10 d 1 次，连熏 3 次。发病初期喷 25%络氨铜 AS 500 倍液，或 77%氢氧化铜 WP 400～500 倍液，或 35%碱式硫酸铜 SC 400～700 倍液，或 1∶1∶200 倍式波尔多液，或 50%混杀硫 SC 500 倍液，或 50%多·硫 SC 600 倍液，或甲基托布津 WP 600 倍液，或 60%防霉宝 WP 800 倍液，隔 10 d 喷 1 次，连续喷 2～3 次。采收前 3 d 停止用药。

参考文献

耿建芬，于凌春．黄瓜圆叶枯病的发生规律及综合防治研究[J]．农化新世纪，2006(2)：21

黄瓜斑点病 Cucumber leaf blotch

【典型症状】 主要为害叶片，多发生在生育后期下部叶片上。叶片上病斑水浸状，渐变淡褐色，中部颜色较淡，病斑周围有水浸状淡绿色晕环（图 4-59），后期病斑中部呈薄纸状，淡黄色或灰白色，易破碎（图 4-60）。病斑上有少数不明显的小黑点。

【致病病原】 病原为瓜灰星霉菌 *Phyllosticta cucurbitacearum* Sacc.，属半知菌亚门真菌。

【病害循环】 病原主要以菌丝体和分生孢子器随病残体在土中越冬。以分生孢子进行初侵染和再侵染。病原借雨水溅射传播蔓延。

图 4-59　黄瓜斑点病，叶片发病初期症状

图 4-60　黄瓜斑点病，叶片发病后期症状

【发生规律】 温暖多湿的气候条件，有利于发病。

【防治措施】 (1) 农业防治。实行轮作。加强田间的后期管理。(2) 化学防治。发病初期，喷 70%甲基托布津 WP 1 000 倍液加 75%百菌清 WP 1 000 倍液，隔 7～10 d 喷 1 次，连续喷 2～3 次。

黄瓜疫病 Cucumber blight

疫病是黄瓜的一种重要病害。来势猛、蔓延快，常造成黄瓜大面积死亡，甚至毁种。南方主要在春夏雨季流行，北方主要在夏末秋初的雨季发病，发病田损失可达 15%～30%，严重地块损失可达 50%以上，对产量有明显的影响。

【典型症状】 苗期至成株期均可发生，主要为害茎基部。(1) 茎基部。发病初期，茎基部呈暗绿色水渍状。苗期病部变软缢缩，成丝线状，植株倒伏。成株期表皮腐烂，木质部外露，呈丝麻状（图 4-61），茎基病部稍缢缩（图 4-62）。其上部叶片逐渐萎蔫，最后全株枯死（图 4-63，64）。剖茎维管束不变色。(2) 嫁接苗。①砧木叶片萎蔫，接口以下茎明显缢缩、变细、变软，不腐烂，维管束也不变色。病株根系变褐，侧根很少，根毛变成褐色。②接穗茎蔓顶端呈水浸状萎蔫，最后干枯秃顶（图 4-65）。叶片上产生暗绿色水浸状病斑，圆形或不规则形，边缘不明显。

图 4-61　黄瓜疫病，表皮腐烂呈丝麻状

图 4-62　黄瓜疫病，茎基病部稍缢缩

图 4-63　黄瓜疫病，病梢萎蔫下垂

图 4-64　黄瓜疫病，全株枯死

图 4-65　黄瓜疫病，嫁接苗症状

【致病病原】 病原为甜瓜疫霉菌 *Phytophthora melonis* Katsura，属鞭毛菌亚门真菌。(1) 形态和大小。菌丝无色。多分枝，幼菌丝无隔，老熟菌丝长出不规则球状体。孢囊梗从菌丝或球状体上长出，平滑，个别形成隔膜。孢子囊顶生，长椭圆形，大小 (36.4～71.0) μm×(23.1～46.1) μm。游动孢子近球形。藏卵器球形，淡黄色，雄器球形，无色。卵孢子黄褐色。(2) 特性。病原生长发育适温 28～32 ℃，最高 37 ℃，最低 9 ℃。(3) 寄主。这种病原可以侵染黄瓜、冬瓜、葫芦、瓠瓜、菜瓜、甜瓜、西瓜等。

【病害循环】 病原以菌丝体、卵孢子及厚垣孢子随病残体在土壤或粪肥中越冬。当条件适宜时产生孢子囊，借风雨和灌溉水传播蔓延。病原在有水条件下经 4～5 h 产生大量孢子囊和游动孢子，田间进行多次再侵染，使病害迅速扩散。

【发生规律】 (1) 气候条件与发病。在适宜温度内，土壤水分是发病的关键因素。多雨时，特别是旬降水量超过 100 mm 以上，有大暴雨，病害蔓延快，为害重。(2) 栽培管理与发病。连作地，地势低洼，排水不良，浇水过多的黏土地，施入带菌有机肥的地块，易发病。

【防治措施】 (1) 种子消毒。用 55 ℃恒温水浸种 15 min，捞出后立即放入冷水中冷却。用 72.2%霜霉威 AS 800 倍液，或 25%甲霜灵 WP 600 倍液，或福尔马林 100 倍液，浸种 30 min，后洗净催芽。用种子重量 0.3%的 25%甲霜灵 WP 800 倍液拌种。(2) 农业防治。病害严重的地块，与非瓜类作物实行 4 年轮作。选择地势高燥、排灌方便的地块种植黄瓜。春黄瓜采用地膜覆盖栽培。利用嫁接方法防病，黄瓜的最佳嫁接砧木瓜类是圆瓠瓜和黑籽南瓜。采用配方施肥，避免偏施氮肥，施足底肥，及时追肥。采取高畦栽培，加强雨季防涝排渍。苗期控制浇水，结瓜后做到见湿见干。但进入结瓜盛期要及时供给所需水量，严禁雨前浇水。发现中心病株，及时拔除并深埋。(3) 化学防治。苗床用 25%甲霜灵 WP 8 g/m^2，与适量土拌匀后，撒在苗床上。大棚栽培在定植前用 25%甲霜灵 WP 750 倍液喷淋地面。发病始期开始施药。药剂可用 50%甲霜·铜 WP 600 倍液，58%甲霜·锰锌 WP 500 倍液，69%锰锌·烯酰 WP（或 69%WG）600～700 倍液，70%锰锌·乙铝 WP 500 倍液，72.2%普力克 AS 600～700 倍液，72%霜脲·锰锌 WP 600～700 倍液，75%百菌清 WP 600 倍液，78%波·锰锌 WP 500 倍液等进行喷雾。施药间隔 7～10 d，视病情决定施药次数。在前期喷药时宜注意植株根颈部并适当顾及地面；关注天气预报，在雨前喷药，在药前清除病残体并妥善处理，是提高药剂防治效果的关键。

参考文献

[1]高锦凤，卞觉时，王红娟. 长江下游黄瓜疫病的发生与防治对策[J]. 上海农业科技，2004(5)：101-102

[2]司凤举，司越. 武汉郊区黄瓜疫病的发生与防治[J]. 长江蔬菜，2007(5)：22-24

黄瓜黑星病 Cucumber scab

黑星病是黄瓜的一种毁灭性病害。为害广泛，难以铲除，严重影响黄瓜的产量和质量，减产可达 50%以上，直至绝产。

【典型症状】 黄瓜整个生育期均可发病。黄瓜植株地上各部位均可发病，而且以幼嫩部分如嫩叶、嫩茎、幼瓜被害最重。典型症状为叶片病斑星状开裂穿孔；茎、瓜条、叶柄、果柄的病斑龟裂呈疮痂状和病斑处流出琥珀色胶状物以及长出灰黑绿色霉层。(1) 叶片。叶片发病初期为褪绿色小斑点，后发展为近圆形病斑，直径 1～3 mm，少数可达 5 mm，病斑不受叶脉限制，淡黄褐色，后期病斑易星状开裂穿孔，孔洞边缘为长短不等的锯齿状（图 4-66）。病斑周围有时有黄色晕圈，后期不明显，受害严重、病斑多时，叶片常常破碎不堪。叶脉受害后病斑处组织生长受阻，周围健部继续生长，因而使病斑周围叶组织扭皱。叶脉病斑一般为长纺锤形，后形成木栓化组织龟裂。(2) 茎蔓。病斑长梭形，大小不等，最长可达 4 cm 左右，淡黄褐色，中间开裂下陷，少数病斑开裂深度可达 2～3 mm。病斑处开始有透明分泌物，随即变为琥珀色胶状物，胶状物脱落后病斑龟裂成疮痂状。空气湿度大时，病斑长出灰黑绿色霉层。(3) 瓜条。发病初期产生暗绿色圆形至椭圆形病斑进而龟裂成疮痂状，病斑处溢出半透明胶状物，不久变为琥珀色，以后病斑逐渐扩大，胶状物增加（图 4-67)。病斑凹陷，一般深2～3 mm，最深可达 5 mm，空气干燥时胶状物易脱落。空气湿度大时，病斑长出灰黑绿色霉层。病瓜一般不腐烂，5 月中下旬田间病瓜最易出现流胶症状。(4) 卷须。卷须顶端及中间易被侵染，病斑长梭形，受害部分变为褐色或黑褐色，很快一段段萎蔫直至整个卷须干枯，失去功能。(5) 整株。幼苗期严重发病的植株停止生长，心叶枯萎，全株枯死。成株期茎尖端受害后，轻者长出的新叶扭皱畸形，严重时心叶不能正常展开，常常造成植株秃顶，生长发育停止（图 4-68)。

图 4-66 黄瓜黑星病，发病叶片症状

【致病病原】 病原为瓜疮痂枝孢霉菌 *Cladosporium cucumerinum* Ell. et Arthur.，属半知菌亚门真菌。(1) 形态和大小。PDA 培养基上培养 4 d 后，开始形成灰白色菌落，4 周后菌落呈不规则形或圆形，直径约 20 mm，平铺状。菌丝白色至灰色，有

图 4-67 黄瓜黑星病，瓜条发病症状

图 4-68 黄瓜黑星病，心叶枯萎

时被茸毛，有隔。分生孢子梗细长，丛生，直立或略弯，顶端有分枝，有时基部膨大，淡褐色至深褐色或榄褐色；分生孢子串生，椭圆形或柠檬形，淡褐色，单胞，少数双胞，具 0～1 隔膜，偶具 2 个或 2 个以上隔膜，分隔处略缢缩。(2) 特性。在 pH 5.5 的 PDA 培养基上，黄瓜黑星菌在 10～30 ℃下菌丝可生长及产孢，适宜温度 15～25 ℃，最适为 20 ℃，低于 0 ℃和高于 35 ℃停止生长。黄瓜黑星病原在 pH 4.5～10.0 范围的 PDA 培养基上均能生长和产孢，适宜 pH 5.0～6.5，以 pH 6 最有利于病原菌落生长和产孢。(3) 寄主。这种病原可以侵染黄瓜、西葫芦、南瓜、甜瓜、冬瓜等。

【病害循环】 (1) 越冬与初侵染源。病原以菌丝体随病残体在土壤中或者附着在架材上越冬，也可以分生孢子附着在种子表面或以菌丝在种皮内越冬。(2) 传播特点。越冬后土壤中的菌丝在适宜的条件下，产生出分生孢子借风雨在田间传播，成为初侵染源。发病后又产生大量的分生孢子，靠气流、雨水、灌水或农事操作等传播，再侵染。分生孢子萌发后，长出芽管，主要从植物叶片、果实、茎蔓的表皮直接侵入，也可从气孔和伤口侵入。

【发生规律】 该病害发生要求低温高湿条件，棚顶及植株叶面结露，是该病发生和流行的重要条件。种植密度大，光照少，通风不良，保护地大灌水，重茬地，肥料少等情况下，发病重。

【防治措施】 (1) 种子消毒。用 55～60 ℃的温水浸种 15 min。或用 50%多菌灵 WP 500 倍液浸种 20 min 后，冲净再催芽；或用种子重量 0.3%的 50%WP 多菌灵拌种，洗净后催芽播种。(2) 农业防治。病害重发区或常发区，应选用抗病或耐病品种。用无病的新土育苗。育苗时床土要用药剂消毒。采取地膜覆盖栽培。定植后至结瓜期，要控制浇水，降低棚室内的湿度。保护地栽培，尽可能采用生态防治方法，尤其要注意温度和湿度的管理。白天温度控制在 28～30 ℃，夜间在 15 ℃左右，相对湿度要控制在 90%以下。采用放风排湿，控制灌水等措施降低棚内湿度，减少叶面结露。(3) 化学防治。苗床土用 50%多菌灵 8 g/m^2 处理土壤后播种。保护地栽培，在定植前 10 d，用硫黄粉加锯末混合后，分放数处，点燃后密闭棚室熏 1 夜。发病初期，每亩喷施撒 10%多百 DPC 或 5%防黑星 DPC 1 kg，或点燃 45%百菌清 FU 200 g。连续熏 3～4 次。发病初期可喷 40%氟硅唑 EC 8 000～10 000 倍液，50%多菌灵 WP 600 倍液，或 25%凯克星 WP 500～600 倍液，或 80%敌菌丹 WP 500 倍液，或 80%多菌灵 WP 600 倍液，或 80%新万生 WP 500～600 倍液，隔 7～10 d 喷 1 次，连续喷 2～3 次。每亩用 20%腈菌唑·福美双 WP 100～130 g，或 12.5%腈菌唑 EC 24 mL，对水喷雾防治。发病中后期施用 40%信生 WP 8 000 倍液，或 10%世高 WJ 6 000 倍液，隔 5～7 d 施 1 次，视病情连续喷施 2～3 次。可轮换用药，同时严格控制施药浓度，防止产生药害。

参考文献

[1]王育水，王玉，许会才. 黄瓜黑星病原的生物学特性研究[J]. 湖北农业科学，2008，48(1)：62-64
[2]李秀文. 黄瓜黑星病检疫检验技术的研究与探讨[J]. 天津农林科技，2007(5)：4-6
[3]李恩萍，王海旺，李秀文. 黄瓜黑星病的发生与防治[J]. 西北园艺，2007(11)：23

黄瓜灰霉病
Cucumber gray mold

灰霉病是黄瓜的一种重要病害。70%～80%的保护地中均有发生，发病轻时减产 10%，一般减产 20%～30%。严重时植株下部腐烂，茎蔓折断，整株死亡。

【典型症状】 为害黄瓜的花、瓜条、叶、茎。(1) 花。病原多从开败的雌花侵入，致花瓣腐烂，并长出灰褐色霉层。随着病情的发展，逐步向幼瓜扩展，被害花和幼瓜的蒂部初呈水渍状，褪色，病部逐渐变软、萎缩、腐烂，表面密生灰褐色霉状物，以后花瓣枯萎脱落。(2) 瓜条。组织先变黄并生有灰霉，随着病情的发展霉层逐渐变为淡灰色，被害瓜条停止生长，烂去瓜头，重病瓜条腐烂或脱落（图 4-69)。(3) 叶片。发病一般是脱落的烂花、烂瓜或病卷须附着在茎上、叶片上，引起茎、叶片发病，叶部病斑初为水渍状，后为淡灰褐色。叶片上可明显见到被害的花落在叶片上，后形成直径 20～25 mm 大型病斑，近圆形或不规则形，病斑中间有时生有灰色霉层，边缘明显（图 4-70)。(4) 茎。发病后常造成茎节腐烂，严重时瓜蔓腐烂折断，植株枯死，被害部位生有灰褐色霉状物。

图 4-69 黄瓜灰霉病，瓜条

图 4-70 黄瓜灰霉病，叶片从边缘发病

【致病病原】 病原为灰葡萄孢菌 *Botrytis cinerea* Pers.，属半知菌亚门真菌。有性世代为富克尔核盘菌 *Sclerotinia fuckeliana* (de Bary) Fuckel，属子囊菌亚门真菌。(1) 形态和大小。孢子梗数根，褐色，丛生，顶端有分枝 1～2 轮，分枝顶端的小柄上生大量分生孢子。分生孢子单细胞，近无色，椭圆形，大小（5.5～16）μm ×（5.0～9.25）μm。(2) 寄主。这种病原可以侵染黄瓜、番茄、茄子、菜豆、莴笋、辣椒等多种蔬菜。

【病害循环】 (1) 越冬与初侵染源。病原以菌丝、分生孢子或菌核随病残体在土壤中越冬。病原分生孢子在适温和有水滴的条件下，萌发出芽管，从寄主伤口、衰弱和枯死的组织侵入，萎蔫花瓣和较老的叶片尖端坏死部分最容易被侵染，引起发病。(2) 传播特点。病原随气流、雨水及农事操作进行传播蔓延。

【发生规律】 (1) 时期。苗期和花期较易发病，开花至结瓜期是该病侵染和烂瓜的高峰期。(2) 气候条件与发病。温度 18～23 ℃，相对湿度 90%以上，连阴天多，光照不足，易发病。高湿（棚内湿度 90%以上)，春季阴雨天气较多，气温偏低，较低温在 20 ℃以下，棚内湿度大，结露时间长，放风不及时，是灰霉病发生蔓延的重要条件。气温高于 30 ℃或低于 4 ℃，相对湿度在 90%以下，病害停止侵染蔓延。(3) 栽培管理与发病。棚内湿度大，结露持续时间长，放风不及时，发病重，易流行。

【防治措施】 (1) 农业防治。收获后彻底清除病残体。出现病花病瓜时及时摘除，带出田外深埋。棚室要通风透光，降低温度，注意保温增温，防止冷空气侵袭。生长前期及发病后，适当控制浇水，适时晚放风，提高棚温至 33 ℃则不产孢，降低湿度，减少棚顶及叶面结露和叶缘吐水。采用垄作地膜覆盖，膜下暗灌，防止湿度过高。生长前期及发病后，减少浇水，闭棚增温至 33 ℃，控制病情蔓延。(2) 化学防治。在始花末期及发病初期喷 65%甲硫·霉威 WP 600～1 000 倍液，或 2 亿活孢子/g 木霉菌 WP 300～600 倍液，或 50%乙烯菌核利 WP 1 000～1 300 倍液，或 50%腐霉利 WP 2 000 倍液，或 40%嘧霉胺 SC 600～800 倍液，或 50%扑海因 WP 1 000～1 500 倍液，或 65%甲霉灵 WP 1 000 倍液，或 50%多·霉威 WP 800 倍液，或 50%得益

WP 600 倍液，或 20% 菌核净 EW 5 000 倍液，或 50%灰霉宁 WP 500～800 倍液，隔 7～10 d 喷 1 次，连续喷 3～4 次。棚室中每亩用 10%腐霉利 FU 200～250 g，或 45%百菌清 FU 250 g，熏 3～4 h。或于傍晚每亩喷撒 5%百菌清 DP、5%灭霉灵 DP、6.5%甲霉灵 DP 1 kg，隔 9～11 d 喷 1 次。

参考文献

刘峰．黄瓜灰霉病的发生规律与综合防治[J]．植物医生，2007，20(6)：16-17

黄瓜炭疽病 Cucumber anthracnose

炭疽病是黄瓜保护地栽培中的一种严重病害。全国各地均有发生。对黄瓜生产影响较大。

【典型症状】 幼苗至成株均可染病。主要为害叶片和果实，典型症状是病部呈红褐色或褐色，着生许多黑色小粒点，潮湿时病部产生粉红色黏稠状物。(1) 幼苗。多在子叶缘处发病，病斑呈半圆形，淡褐色，上生黑色小粒点或淡红色黏稠状物，茎基部黑褐色缢缩，严重时造成瓜苗倒伏(图 4-71)。(2) 成株。叶片上出现黄褐色、圆形、背面水浸状小斑点，逐渐扩大成近圆形红褐色病斑，中央颜色淡，边缘有黄色晕圈(图 4-72，73)，后期病斑上有小黑点和橙红色胶状物。干燥时，病斑龟裂穿孔(图 4-74)，潮湿时斑面生粉红色黏稠物(图 4-75，76)。瓜条上病斑不深入果肉部分，水渍状，褐色或黑褐色，上生许多小黑点，病果后期弯曲变形和开裂，潮湿时常在病斑上产生粉红色黏稠状物。茎和叶柄上病斑长圆形，稍凹陷，初水浸状，淡黄色逐渐变成灰白色至深褐色，病斑扩展至茎或叶柄 1 周，可导致整个叶片和全株死亡。

图 4-71　黄瓜炭疽病，苗期子叶上的病斑

图 4-72　黄瓜炭疽病，干燥条件下叶片上的病斑

图 4-73　黄瓜炭疽病，干燥条件下叶片上的病斑

图 4-74　黄瓜炭疽病，发病后期叶片上的病斑

图 4-75 黄瓜炭疽病，潮湿条件下叶片上的病斑

图 4-76 黄瓜炭疽病，潮湿条件下叶片上的病斑

【致病病原】 病原为葫芦科刺盘孢 *Colletotrichum orbiculare*（Berk. & Mont.）Arx，属半知菌亚门真菌。分生孢子盘红褐色，埋生，突破表皮后呈黑褐色。分生孢子梗圆筒状，无色，单胞，大小(20～25) μm×(2.5～3.0) μm。分生孢子单胞，无色，长圆形，大小(14～20) μm×(5.0～6.0) μm。萌发产生芽管 1～2 根，顶端生附着胞，附着胞暗色，近圆形。(2) 寄主。这种病原可以侵染黄瓜、冬瓜、南瓜、西瓜、甜瓜、苦瓜等。

【病害循环】 (1) 越冬与初侵染源。病原主要以菌丝体或拟菌核在病株残体上、种子上或田间越冬，或在温室大棚中的棚架上越冬。越冬病原是初侵染源之一，带菌种子可以直接引起种子发病，病斑上的红色黏稠物是分生孢子，是重复侵染菌源。(2) 传播特点。病原主要靠气流、水流传播。

【发生规律】 大棚栽培重发期在初瓜期至盛瓜期。高温高湿是发病和流行的主要条件。管理粗放，连茬，偏施氮肥，排水及通风不良，瓜秧衰弱，均利于发病。

【防治措施】 (1) 种子消毒。用 50～55 ℃的温水浸种 20 min 或用冰醋酸 100 倍液浸 30 min，然后用清水冲洗干净，再进行催芽。(2) 农业防治。实行 3 年以上轮作。采取地膜覆盖栽培，可减少病原传播和侵染的机会。增施磷、钾肥，可以增强植株的抗病能力。棚室栽培，要进行通风排湿，使棚内湿度保持在 70%以下，减少叶面结露和吐水。采收要在露水干后进行，以减少人为传播病原，引起病情蔓延。(3) 化学防治。发病初期每亩用 20%氟硅唑・咪鲜胺 EW 55～66 mL 对水喷雾，每隔 7～8 d 施药 1 次，施药 3～4 次。还可选用 40%多・福・溴菌 WP 400～600 倍液，或 50%咪鲜胺 WP 1 000～2 000 倍液，或 50%甲基托布津 WP 700 倍液加 75%百菌清 WP 700 倍液，或 50%克菌丹 WP 600 倍液，或 36%甲基托布津 SC 500倍液，或 50%苯菌灵 WP 1 500 倍液，或 80%多菌灵 WP 600 倍液，或 50%混杀硫 SC 500 倍液，或 80%炭疽福美 WP 800 倍液，隔 7 d 喷 1 次。棚室栽培，用 45%百菌清 FU 250 g 熏烟；或在傍晚，每亩喷撒 6.5%甲霉灵超细粉尘剂 1 kg，隔 9～11 d 喷 1 次。

参考文献

[1]魏红，董秋. 大棚黄瓜炭疽病的综合防治技术[J]. 吉林蔬菜，2007(2)：31

[2]胡敏，张强. 20%氟硅唑・咪鲜胺水乳剂防治黄瓜炭疽病田间药效试验[J]. 天津农林科技，2006(2)：11-12

黄瓜菌核病
Cucumber sclerotinia rot

菌核病在黄瓜全生育期均能发生，是日光温室黄瓜生产中为害比较严重的病害之一。常引起黄瓜烂瓜、烂蔓，产量损失很大。

【典型症状】 主要为害果实和茎蔓。(1) 茎蔓。在近地面的茎蔓发病时出现淡绿色水浸状小斑点，后变为淡褐色病斑，高湿条件下病茎软腐，长出白色棉毛状菌丝。病茎髓部遭破坏腐烂中空，或纵裂干枯。(2) 叶柄、叶、幼果。病初呈水浸状并迅速软腐，后长出大量白色菌丝，菌丝密集形成黑色鼠粪状菌核。(3) 瓜条。多在残花部，先呈水浸状腐烂，并长出白色菌丝（图 4-77），后菌丝纠结成黑色菌核（图 4-78）。

【致病病原】 病原为核盘菌 *Sclerotinia sclerotiorum*（Lib.）de Bary，属子囊菌亚门真菌。(1) 形态和大小。菌核初为白色，老熟后变黑色鼠粪状。子囊盘柄长 3～15 mm，伸出土面为乳白

图 4-77　黄瓜菌核病，发病初期瓜条腐烂

图 4-78　黄瓜菌核病，发病后期长出菌核

色，渐展开呈杯状。子囊棍棒状，无色，内生子囊孢子 8 个。子囊孢子单胞，无色，椭圆形，大小 (10～15) μm× (5～10) μm。(2) 特性。菌丝生长及菌核形成最适温度 20 ℃，最高 35 ℃。(3) 寄主。这种病原可以侵染黄瓜、番茄、辣椒、莴苣、芹菜、菜豆、甘蓝、白菜等多种蔬菜。

【病害循环】 (1) 越冬与初侵染源。病原以菌核遗留在土中，或混杂在种子中越冬或越夏。(2) 传播特点。混在种子中的菌核，随播种带病种子进入田间，或遗留在土中的菌核遇有适宜温湿度条件即萌发产出子囊盘，放散出子囊孢子随气流传播蔓延，侵染衰老花瓣或叶片，长出白色菌丝，开始为害柱头或幼瓜。0～35 ℃菌丝能生长。

【发生规律】 南方 2～4 月份及 11～12 月份适其发病，北方 3～5 月份发生多。相对湿度高于 85%，温度在 15～20 ℃利于发病。在田间带菌雄花落在健叶或茎上经菌丝接触，易引起发病。

【防治措施】 (1) 种子消毒。用 50 ℃温水浸种 10 min，即可杀死菌核。在播种前，用 10%盐水漂种 2～3 次，汰除菌核。(2) 农业防治。实行轮作，最好是水旱轮作，或在夏季将病田灌水浸泡半个月。收获后，及时深翻土地 20 cm，将菌核埋入深层，抑制子囊盘出土。高畦覆膜栽培可以抑制子囊孢子出土。棚室栽培，上午以闷棚提温为主，下午及时放风排湿。发病后可适当提高夜温，以减少结露。早春日均温控制在 29～31 ℃高温，相对湿度低于 65%，防止浇水过量。(3) 化学防治。出现子囊盘时，每亩用 10%腐霉利 FU 或 45%百菌清 FU 250 g，熏 1 夜，隔 8～10 d 熏 1 次。或每亩喷撒 5%百菌清 DPC 1 kg；或在黄瓜盛花期和满架期用 6.5%万霉灵 DPC 各施 1 次药，共施 2 次，每次用量 1 kg。盛花期喷雾防治，常用农药有 20%腐霉利 SC 600～800 倍液，或 50%农利灵 WP 1 000 倍液，隔 8～9 d 喷 1 次，连续喷3～4次。

参考文献

[1]朱建兰.黄瓜菌核病发病因素的研究[J].甘肃农业大学学报,2001,36(2):172-175

[2]陈勇兵,胡丽秋,许美良.20%腐霉利悬浮剂防治黄瓜菌核病的田间药效试验[J].安徽农业科学,2007,35(25):7 881,7 920

黄瓜白绢病

Cucumber stem and fruit rot

黄瓜白绢病主要为害近地面的茎基部或果实。长江流域以南各地发生较多。

【典型症状】 为害茎基部或果实。发病初期长出白色绢丝状菌丝体，多呈辐射状。后期病部长出茶褐色菜籽样小菌核。可以引起植株枯死 (图 4-79)。

图 4-79　黄瓜白绢病

【致病病原】 病原为齐整小核菌 *Sclerotium rolfsii* Sacc.，属半知菌亚门真菌。

【病害循环】 病原主要以菌核或菌丝体在土壤中越冬。菌核萌发产生菌丝，从寄主茎基部或根部侵入，潜育期 3～10 d，出现中心病株后，地表菌丝向四周蔓延。

【发生规律】 发病适温 30 ℃，特别是高温及时晴时雨利于菌核萌发。连作地、酸性土或沙性地发病重。

【防治措施】 （1）农业防治。每亩施用消石灰 100～150 kg，调节土壤酸碱度。发现病株，要及时拔除。（2）化学防治。参见菜豆白绢病。

黄瓜根腐病
Cucumber root rot

黄瓜根腐病是一种毁灭性土传病害。各地普遍发生。该病一般在结瓜期发病，蔓延快、为害重、损失大，发病率轻者 30%～40%，重者 70%～80%。

【典型症状】 主要为害根部。（1）根和根茎部。发病初期呈水浸状，后呈浅褐色湿腐（图 4-80），主根受害后引起根茎部缢缩（图 4-81），病部腐烂处的维管束变褐，但不向上扩展，可与枯萎病相区别。后期病部往往变糟，组织破碎，仅留下丝状维管束（图 4-82）。病株地上部初期症状不明显，随病情发展中午叶片萎蔫，早晚恢复，严重的则多不能恢复而枯死，植株呈现青枯状（图 4-83）。（2）嫁接株。摘心后至收获起发病。病情进展较慢，初期叶片失去活力，晴天中午叶片萎蔫，早、晚或阴天恢复原状，持续数天后下部叶片开始枯黄。用作砧木的黑籽南瓜茎基部呈水渍状变褐腐烂（图 4-84），引起全株枯死。

图 4-80　黄瓜根腐病，茎基部水渍状

图 4-81　黄瓜根腐病，根部发病症状

图 4-82　黄瓜根腐病，根部发病侧根全部枯死，易拔出

图 4-83　黄瓜根腐病，发病植株

图 4-84 黄瓜根腐病，嫁接株茎基部水渍状

【致病病原】 病原为瓜类腐皮镰孢菌 *Fusarium solani* (Mart.) App. et Wollenw. f. *cucurbitae* Snyder et Hansen，属半知菌亚门真菌。有报道，引起天津地区主要致病原是甜瓜疫霉 *Phytophthora meloni*。(1) 形态和大小。①瓜类腐皮镰孢菌。分生孢子有大小型之分。小型分生孢子椭圆形，大小(6～11) μm×(2.5～3) μm。大型分生孢子无色，梭形，两端较钝，具 2～4 个隔膜，大小(14.0～16.0) μm×(2.5～3.0) μm。②甜瓜疫霉。孢子囊卵形或长椭圆形，顶生式，单生，不易脱落，有层出现象，孢子囊有乳头状突起，但突起较低，较扁平，黄褐色，大小为(45～55) μm×(27.5～37.5) μm。菌丝易产生瘤状或节状膨大菌丝体，为姜瓣状或不规则的圆形或近圆形，有时形成结节状菌丝，菌丝间不形成厚垣孢子。(2) 寄主。这两种病原可以侵染黄瓜、南瓜等葫芦科植物。

【病害循环】 病原以菌丝体、厚垣孢子或菌核在土壤中及病残体上越冬。尤其厚垣孢子可在土中存活 5～6 年或长达 10 年，成为主要侵染源。病原从根部伤口侵入，后在病部产生分生孢子。病原借雨水或灌溉水传播蔓延进行再侵染。

【发生规律】 高温、高湿利其发病。连作地、低洼地、黏土地或下水头发病重。嫁接黄瓜在露地和保护地均有发病，以保护地发生最为严重。

【防治措施】 (1) 农业防治。与十字花科、百合科作物实行 3 年以上轮作。育苗床土壤覆盖塑料膜，利用太阳能进行土壤消毒，土温控制在 38～40 ℃，消毒 24 h；控制在 42 ℃，消毒 6 h 即可奏效。提高嫁接技术水平，选用抗病品种做砧木。采用高畦栽培，防止大水漫灌及雨后田间积水，苗期发病害及时松土，增强土壤透气性。(2) 化学防治。发病初期喷洒或浇灌 50%甲基托布津 WP 500 倍液，或 50%多菌灵 WP 500 倍液。也可以配成药土撒在茎基部。

参考文献

[1]王惠哲，李淑菊，马德华，等. 黄瓜根腐病致病病原的鉴定[J]. 华北农学报，2003，18(2)：74-77

[2]刘冲，谢加花，党菲菲，等. 冬春茬嫁接黄瓜根腐病的成因及对策[J]. 陕西农业科学，2006(4)：100

黄瓜腐霉根腐病
Cucumber pythium root rot

【典型症状】 在根瓜采收期发病最为严重。(1) 幼苗期。根茎部呈水浸状，茎基或根部产生褐斑，逐渐扩大后凹陷（图 4-85），严重时病斑绕茎基部或根部 1 周，地上部逐渐枯萎（图 4-86）。纵剖茎基或根部，导管变为深褐色，后根茎腐烂，不长新根，植株枯萎而死。(2) 成株期。发病初期，黄瓜植株上部叶片萎蔫，似缺水状，而周围未发病株则表现健挺。发病植株萎蔫症状以中午最明显，早晚稍微减轻，但植株不能恢复正常。几天后，植株萎蔫程度加重，但整个植株仍为绿色（图 4-87）。拔出病株，植株根毛呈水浸状，颜色为淡褐色，根毛区无新生的白细根毛。发病的部位先从根毛处开始向主根和根茎处发展，发病严重植株根茎处呈水浸状腐烂。自根苗和嫁接苗的根系均能发病。

图 4-85 黄瓜腐霉根腐病，根茎部褐斑

【致病病原】 病原为瓜果腐霉菌 *Pythium aphanidermatum* (Edson) Fitzpatrick.，属鞭毛菌亚门真菌。

【病害循环】 病原以卵孢子或菌丝体在土壤中存活。春天，遇有适宜条件萌发产生孢子囊，以游动孢子或直接长出芽管侵入寄主。田间的再

图 4-86　黄瓜腐霉根腐病，幼苗枯萎

图 4-87　黄瓜腐霉根腐病，成株期发病

侵染靠病株上的游动孢子借灌溉水继续传播。

【发生规律】（1）气候条件与发病。田间持水量在 80%以上，白天地温在 18～21 ℃，夜晚地温在 15～16 ℃，最易发病。萌发的游动孢子从根尖处侵入寄主。如果遇到连阴天后天气突然转晴，日光温室的温度变幅较大，此时将加重根腐病的发生。（2）栽培管理与发病。在大水漫灌或滴灌后就覆盖地膜，往往造成发病严重。

【防治措施】（1）农业防治。浇水要在晴天上午进行，最好采用滴灌方式，要避免大水漫灌。浇水后，温室要进行适当通风。在根瓜坐瓜后覆盖地膜。遇连阴天、地温一般在 15～17 ℃时，要进行补光，有条件的温室可同时进行增温处理，并喷施叶面肥料。（2）化学防治。黄瓜在定植前，可用 95%恶霉灵（土菌消）50 g 掺细土 10 kg，撒在定植穴中。缓苗后 15 d 可用 95%恶霉灵 3 000 倍液进行灌根处理，每株灌药液量 200～250 mL。若发现田间植株发病中心后，应立即拔除病株，并在病株周围撒石灰消毒，同时避免大水漫灌，以防病害传播。发病初期可用 95%恶霉灵或 77%多宁 500 倍液及生根剂进行交替灌根处理，每株灌药液量 300～500 mL，隔 5～7 d 1 次，连续灌根 3～4 次。

参考文献

曹齐卫，孙小镭，王志峰，等. 越冬茬日光温室黄瓜腐霉根腐病的发生与防治[J]. 山东农业科学，2006(1)：60

黄瓜灰色疫病

Cucumber phytophthora rot

【典型症状】 主要为害黄瓜叶片、茎蔓和瓜条。（1）叶片。病斑圆形，暗绿色，叶片软腐状下垂。（2）茎蔓。茎蔓变细、发霉（图 4-88），或呈暗绿色软腐，后期稍微开裂（图 4-89），病部生白色粉状霉。（3）瓜条。病斑暗绿色，圆形，水浸状，凹陷，逐渐产长密集的白色霉状物（图 4-90）。

图 4-88　黄瓜灰色疫病，幼嫩茎发病症状

图 4-89　黄瓜灰色疫病，病茎症状

【致病病原】 病原为辣椒疫霉菌 *Phytophthora capsici* Leonian，属鞭毛菌亚门真菌。（1）形态和大小。孢囊梗简单，菌丝状，淡色。孢子囊顶生，长椭圆形，淡色，顶端有乳头状突起，大小 (27.6～55.8) μm×(15.5～31.6) μm。萌发时产生多个有双鞭毛的游动孢子。卵孢子圆球形，黄褐色，直径为 15～28 μm。病原还能产生球形的厚壁孢子，淡黄色、单胞。（2）特性。生长最适温度 24～

图 4-90　黄瓜灰色疫病，发病瓜条症状

28 ℃，最高36.5 ℃，最低 7 ℃。(3) 寄主。这种病原可以侵染瓜类、辣椒、番茄、茄子、木瓜等。

【病害循环】 病原以卵孢子、厚垣孢子在病残体或土壤及种子上越冬。土壤中病残体带菌率高，是主要初侵染源。病原借雨水飞溅或灌溉水传播到茎基部或近地面果实上，引起发病。再侵染主要来自病部产生的病原，借雨水传播为害。

【发生规律】 (1) 气候条件与发病。田间温度 25～30 ℃，相对湿度高于 85%时发病重。雨季或大雨后天气突然转晴，气温急剧上升，病害易流行。(2) 栽培管理与发病。易积水的菜地，定植过密，通风透光不良发病重。

【防治措施】 (1) 农业防治。收获后，及时耕翻土地 15～20 cm。高温多雨季节，要注意清沟沥水。在气温高于 32 ℃的季节，暴雨后要特别注意排除积水。(2) 化学防治。出现中心病株后，要及时喷药防治，药剂可选用 72%克露 WP 700 倍液，或 80%新万生 WP 800 倍液，或 69%安克·锰锌 WP 1 000 倍液，或 64%杀毒矾 WP 500 倍液，或 60%甲霜·锰锌 500～1 500 倍液，或 58%甲霜灵·锰锌 500～1 500 倍液。

黄瓜叶点霉叶斑病 Cucumber phyllosticta leaf spot

【典型症状】 主要为害黄瓜叶片。发病初期病斑呈水浸状，中部色较浅，后干枯。病斑的边缘出现浅绿色水浸状晕环，直径 15～20 mm（图 4-91)。后期病斑中间呈薄纸状，浅黄色，易破碎（图 4-92)。多发生在生长后期。

【致病病原】 病原为葫芦科叶点霉菌 *Phyllosticta cucurbitacearum* Sacc.，属半知菌亚门真菌。

图 4-91　黄瓜叶点霉叶斑病，病叶症状

图 4-92　黄瓜叶点霉叶斑病，病叶后期症状

【病害循环】 病原随病残体在土壤中越冬。病原借风雨传播，经气孔或从伤口侵入，进行初侵染和再侵染。

【发生规律】 该病为喜高温高湿型病害，发病适宜温度 25～28 ℃，在相对湿度高于 85%的棚室中，易发病。

【防治措施】 (1) 农业防治。实行 2 年以上轮作。采取覆盖地膜栽培，可减少初侵染的机会。施足充分腐熟的有机肥。适时适量控制浇水，雨后及时排水。必要时打去下部叶片，以增加通透性。(2) 化学防治。发病初期喷 75%百菌清 WP 600倍液，或 70%代森锰锌 WP 500 倍液，或 64%恶霜灵·锰锌（福乐尔）WP 500 倍液，或 50%苯菌灵 WP 1 500 倍液

黄瓜花腐病 Cucumber blossom blight

花腐病多在保护地塑料大棚栽培的黄瓜上发生，为害有蔓延上升的趋势。

【典型症状】 （1）症状。从花蒂部侵染，向上蔓延到幼瓜。发病初期，黄瓜花呈褐色腐烂状，幼瓜的瓜顶部分呈水浸状，其表面可见稀疏白色毛状物，毛状物中间可见黑色头点状物（图 4-93）。空气干燥时，病瓜外部变褐色（图 4-94）。（2）比较。花腐病易与灰霉病和菌核病相混淆。①灰霉病。被害状是使黄瓜幼瓜变软、萎蔫、腐烂，病部表面密生淡灰色绒毛，其上没有黑色点状物，较大瓜受害时，组织变黄并有浓厚霉层，轻者生长停止，重者整瓜腐烂。②菌核病。被害状为幼瓜被侵染处呈水渍状，菌丝白色，其上有老鼠粪状菌核。

图 4-93　黄瓜花腐病

图 4-94　黄瓜花腐病

【致病病原】 病原为瓜笄霉 *Choanephora cucurbitarum*（Berk. et Rav.）Thaxt.，属接合菌亚门真菌。

【病害循环】 病原主要以菌丝体在病残体上越冬，也可以接合孢子在土壤中越冬。春天侵染黄瓜的花和幼瓜，发病后病部长出大量孢子，借风雨或昆虫传播。从伤口侵入生活力衰弱的花和果实。

【发生规律】 棚室栽培的黄瓜，遇有高温高湿及生活力衰弱或低温、高湿条件，日照不足、雨后积水、伤口多，易发病。

【防治措施】 （1）农业防治。选择高燥地块，施足酵素菌沤制的堆肥或有机肥，加强田间管理，增强抗病力。与非瓜类作物实行 3 年以上轮作。采用高畦栽培，合理密植。注意通风排湿。严禁大水漫灌。白天温度控制在 23～28 ℃，相对湿度控制在 60%～75%。夜间温度控制在 13～15 ℃，相对湿度控制在 80%～95%。坐果后及时摘除残花病瓜，集中深埋或烧毁。（2）化学防治。开花至幼果期开始喷 69%安克·锰锌 WP 600 倍液，或 64%杀毒矾 WP 400～500 倍液，或 50%苯菌灵 WP 1 500 倍液，或 75%百菌清 WP 600 倍液，或 68%精甲霜灵·锰锌 WG 300 倍液，或 60%防霉宝 WP 800 倍液。每亩喷对好的药液 70～75 L，隔 10 d 喷 1 次，连续喷 2～3 次。采收前 3 d 停止用药。

参考文献

[1]王秋梅，史东生，韩金伟. 黄瓜花腐病的识别及防治[J]. 辽宁农业科学，2004(2)：53
[2]袁海生，郑太波，张翠红. 冬春茬黄瓜花腐病的成因及防治对策[J]. 吉林蔬菜，2003(1)：15-16

黄瓜根结线虫病
Cucumber root knot nematode

根结线虫病是黄瓜的一种毁灭性病害。严重发生地块病株率达 100%，造成产量损失 30%～50%，严重的达 50%以上。

【典型症状】 仅为害黄瓜根部。被害的须根和侧根形成串珠状瘤状物，使整个根肿大，粗糙（图 4-95）。瘤状物初为白色，表面光滑较坚实，后期根结变成淡褐色腐烂。剖开瘤状物，可见里面有半透明白色针头大小的颗粒，即雌成虫。由于根部被破坏，影响正常的吸收机能，所以地上部生长发育受阻，轻者症状不明显，重者生长缓慢，植株比较矮小，生育不良，结瓜小而且少。在中午气温较高时，地上部植株呈萎蔫状态；早晚气温较低或浇水充足时，暂时萎蔫又可恢复正常。随着病情的发展，植株逐渐枯死。黄瓜根系被害后，常诱发土壤中某些病原如镰刀菌属及丝核菌属等真菌的侵染，使根系加速腐烂，植株提早枯死。

图 4-95　黄瓜根结线虫病

【致病病原】 病原为南方根结线虫 *Meloidogyne incognita* Chitwood，属植物寄生线虫。(1) 形态和大小。雄成虫线状，尾端钝圆，无色，大小(1.0～1.5) mm×(0.03～0.04) mm。雌成虫梨形，乳白色，大小(0.44～1.59) mm×(0.26～0.81) mm。(2) 特性。线虫的发育适温为 25～30 ℃，当低于 5 ℃或高于 40 ℃时，线虫很少活动。(3) 寄主。这种病原可以侵染黄瓜等多种植物。

【病害循环】 (1) 越冬与初侵染源。病原以成虫或卵在病组织里或以幼虫在土壤中越冬。条件适宜时，孵化的幼虫在土壤中移动寻找根尖，多从嫩根侵入，刺激寄主细胞增殖，形成肿瘤，幼虫继续繁殖钻出寄主再侵染。线虫很少活动。(2) 传播特点。病根、病土、病苗及灌溉水是主要传播途径。

【发生规律】 (1) 气候条件与发病。雨季，有利于卵的孵化和线虫侵染；在干燥或过湿土壤中，线虫的活动受到抑制。田间土壤的含水量是影响卵的孵化和线虫繁殖的重要条件，土壤湿度为 40%～70%条件下线虫繁殖很快，容易在土壤中大量积累。(2) 栽培管理与发病。在早春期间，大棚中容易形成有利于线虫发生的温度和湿度条件，所以棚室中在 5 月上旬容易造成线虫大发生。根结线虫分布在 20 cm 的土层内，以 3～10 cm 的土层内线虫数量最多。在生产中，地势高燥，土壤疏松，盐分低，重茬地，都有可能使线虫发生较重。尤其是在沙性土壤的大棚中，更易暴发成灾。

【防治措施】 (1) 农业防治。温闷棚、低温冷冻、轮作倒茬是防治线虫的有效方法。试验表明，在温室黄瓜拔蔓后 7 月份进行高温闷棚，防治根结线虫病的效果很好，闷棚 8 d 防治效果达到 100%，第 3 年防治效果仍达 96.2%。低温冷冻法是使作物休闲期调整到最寒冷的季节，可有效控制根结线虫病，适宜在冬季温度低于－15 ℃持续 20 d 以上的地区推广应用。轮作可经切断食物链，使根结线虫饥饿死亡。具有成本低，防治效果好，不污染环境等特点。(2) 化学防治。在黄瓜播种或移植前 15 d，每亩用 0.2%高渗阿维菌素 WP 4～5 kg 或 10%噻唑膦（福气多）GR 2 kg，加细土 50 kg 混匀撒到地表，深翻 25 cm，进行土壤处理，均可达到控制线虫为害的效果。发病初期可用 1.8%阿维菌素 EC 1 000～1 200 倍液或 50%辛硫磷 EC 1 000～1 500 倍液等药剂灌根。每株灌药液 250～500 mL，每隔7～10 d 灌 1 次，灌 2～3 次。

参考文献

[1]陈志杰，张锋，张淑莲，等. 温室黄瓜根结线虫病非化学防治技术研究初报[J]. 中国农学通报，2008，24(1)：367-370

[2]史红星，叶拴曹，田丽. 黄瓜根结线虫病的发生与无公害防治技术[J]. 陕西农业科学，2007(4)：167-168

黄瓜沤根
Cucumber steeping root

黄瓜沤根是一种生理性病害。

【典型症状】 幼苗或成株根部不发新根或不定根，根皮发锈后腐烂（图 4-96），容易拔起，皮层易脱落（图 4-97），地上部分萎蔫，地上部叶缘枯焦（图 4-98）。严重时成片干枯。

图 4-96　黄瓜沤根，根腐烂

【发生规律】 土温长期低于 12 ℃，再加上浇水过量或遇连阴雨天气，光照不足，瓜苗根系在低温、过湿、缺氧状态下，呼吸受阻，吸水能力下降，生长机能被破坏，植株出现萎蔫，萎蔫持续时间一长，就会发生沤根。

图 4-97　黄瓜沤根，根部症状

图 4-98　黄瓜沤根，枯死植株

【防治措施】 避免苗床地温过低或过湿，苗床温度应控制在 16 ℃左右，不宜低于 12 ℃。苗床土要疏松，平整，播种时 1 次浇足底水，以后适当控水，防止苗床过湿。要增加光照，适时适量放风。发生轻微沤根后，要及时松土，提高地温，待新根长出后再转入正常管理。

参考文献

李保华. 温室黄瓜沤根及防治[J]. 蔬菜，1995(2)：28

黄瓜生理性萎蔫

Cucumber non-infectious wilt

【典型症状】 采瓜初期至盛期，植株生长发育一直正常，有时在晴天中午，突然出现急性萎蔫枯萎症状，到晚上又逐渐恢复，这样反复数日后，植株不能再复原而枯死（图 4-99）。从外观上看不出异常，切开病茎，导管也无病变（图 4-100，101）。

图 4-99　黄瓜生理性萎蔫，发病株前期

图 4-100　黄瓜生理性萎蔫，病根

【发生规律】 主要是瓜田低洼，雨后积水使黄瓜较长时间浸在水中或大水漫灌后土壤中含水量过高，造成根部窒息或处在嫌气条件下，土壤中产生有毒物

图 4-101　黄瓜生理性萎蔫，病根纵切面，没有出现褐变

图 4-102　黄瓜叶片急性凋萎

质，使根中毒也可引起发病，此外，嫁接黄瓜嫁接质量差或砧木与接穗的亲和性不高或不亲和均可发生此病。在北方露地栽培的秋瓜易发病。

【防治措施】 选用高燥或排水良好、土壤肥沃的地块，雨后及时排水，严禁大水漫灌。及时中耕，保持土壤通透性良好。在晴天，湿度低、风大，蒸发量也大时要增加浇水量。此外，要注意选择性状优良适宜的砧木和接穗，千方百计保证嫁接苗的质量。

参考文献

银兰. 黄瓜生理性萎蔫症状的识别与防治[J]. 农村科技，2007(5):36

黄瓜叶片急性凋萎
Cucumber acute leaf wilt

【典型症状】 在短时间内，黄瓜整株叶片突然萎蔫，失去结瓜能力（图 4-102，103）。

【发生规律】 夏季中午和下午地温高，瓜叶的蒸腾作用旺盛，根系吸水跟不上叶片蒸腾。如果这时突然降暴雨后转晴时，大气气温很高，造成瓜叶蒸腾作用受阻，再加上气温、土温居高不下，引起黄瓜整株叶片突然萎蔫。

【防治措施】 加强通风换气，使棚温保持在 30 ℃以下，夜间控制在 18 ℃左右，相对湿度低于 85%。生产上有时即使把棚室的门窗全部打开，温度仍居高不下，这时要把南侧的底边揭开，使棚温降下来，同时要注意浇水，最好在上午 8～10 时进

图 4-103　黄瓜叶片急性凋萎

行，晚上或阴天不要浇水，同时注意水温与地温差应在 5 ℃以内。黄瓜生育适宜相对湿度为 85%左右，棚室相对湿度高于 85%时应通风降湿。傍晚气温 10～15 ℃，通风 1～2 h，降低夜间湿度，防止徒长，避免高温障碍。生产上第 1 批坐瓜少的易引起徒长，形成生长发育过旺局面。为此，可用保果灵激素 100 倍液喷花或点花，既可促进早熟增产又可防止徒长。遇有持续高温或天气干旱，棚室黄瓜蒸发量大，呼吸作用旺盛，这时消耗水分很多，持续时间长就会发生打蔫等情况，这时要适当增加浇水次数。

黄瓜花打顶
Cucumber blossom top

【典型症状】 黄瓜生长点附近的节间缩短，生长点形成雌花和雄花间杂的花簇（图 4-104）。开花幼瓜不长，也生出心叶（图 4-105）。主要出现在棚室中。

图 4-104 黄瓜花打顶

图 4-105 黄瓜花打顶

【发生规律】 高温干旱，土壤缺水，或肥料过多而水分不足，或出现沤根，夜间温度低，根系受到伤害，吸收养分受阻，定植时伤根，缓苗时间过长，都会出现花打顶。

【防治措施】 对烧根出现的花打顶，应及时浇水，浇水后及时中耕，生产上浇水适时适量，不久即可恢复正常生长。对沤根出现的花打顶，棚室或露地地温要提高到 10 ℃以上，发现根系出现灰白色水浸状症状时，要停止浇水，及时中耕降低土壤含水量。对夜温低出现的花打顶，要设法提高夜温，前半夜气温要求达到 15 ℃，持续 4～5 h，后半夜保持在 10 ℃上下即可。对伤根造成花打顶，中耕时尽量少伤根。

参考文献

[1]张健，苏永贵. 温室黄瓜“花打顶”形成原因及防治对策[J]. 蔬菜，2007(3)：29

[2]赵建社. 黄瓜花打顶的预防与解除[J]. 西北园艺，2006(3)：43

黄瓜化瓜 Cucumber abortion

黄瓜化瓜发生十分普遍，尤其是日光温室栽培黄瓜，由于管理不当，化瓜现象十分严重，有时高达 30%。

【典型症状】 花受精后没有膨大，最后干瘪干枯，或刚坐下的幼瓜在膨大过程中停止生长，由瓜尖到全瓜逐渐变黄、干瘪，最后干枯（图 4-106）。

图 4-106 黄瓜化瓜

【发生规律】 黄瓜化瓜可以由多种因素引起。（1）高温。白天温度高于 32 ℃，夜间高于 18 ℃，光合作用受阻，呼吸消耗骤增，造成营养不良化瓜。同时高温造成雌花不能正常发育，出现畸形瓜。（2）密度。密度大，化瓜率高。黄瓜根系主要集中在近地表，密度大，根系竞争土壤中养分，而地上部茎叶竞争空间，透光、透气性降低，光合效率低，消耗增加。（3）低温。早春日照时数少，当遇到连续阴天低温时，光合作用及根系吸收能力受到影响，造成营养不良而化瓜。（4）气体。黄瓜喜温耐光，生物学产量比较高，这就决定了它对气体浓度非常敏感。温室黄瓜进行二氧化碳施肥，能提高产量 18%以上。（5）水肥。光合作用是以根系吸收水肥为原料进行的，同化物质的运转也是以水分为介质进行的。如果水肥供应不足，光合产物减少，可引起化瓜。反之，高温、氮素肥料供应过剩、黄瓜徒长也易引起化瓜。（6）底部瓜。黄瓜从开花到收瓜一般需要 6～10 d，当商品瓜成熟时，如果不及时采收，就会吸收大量的同化产物，使上部的雌花养分供应不足而造成化瓜。（7）病虫害。霜霉病、白粉病、角斑病等叶部病害直接为害叶片，造成叶片坏死，使得光合作用无法进行而引起化瓜。蚜虫等害虫通过吸取黄瓜汁液，同时分泌一些黏液，造成黄瓜生长不良而引起化瓜。

【防治措施】 对于高温引起的化瓜，在栽培上应加强放风管理，白天当温室温度高达 25 ℃时便开始通风，夜间在温室温度不低于 15 ℃的前提下，尽可能地延迟闭风时间。由密度过大引起的化瓜，根据黄瓜品种确定合理的密度，每亩种植3 000～3 300株。因为连续阴天低温引起的化瓜，采取叶面喷肥、适当放风等措施，可以得到一定的缓解。由于气体浓度引起的化瓜，在温室中进行二氧化碳施肥，能提高产量18%以上。因水肥引起的化瓜，在栽培上要合理浇水施肥，才能夺取高产。因底部瓜不及时采收引起的化瓜，要及时采收。因病虫害引起的化瓜，在黄瓜生长期间，应搞好病虫害的防治，以便获得较高的产量和经济效益。

参考文献

李素伶.日光温室春黄瓜化瓜原因及防治对策[J].蔬菜，2006(4):25-26

黄瓜褐脉叶 Cucumber brown vein

黄瓜褐脉病又称褐色小斑病、锰过剩症。棚室保护地易发生。

【典型症状】 保护地早春栽培的黄瓜易发病。多在真叶展开14～15片后，在中下部的叶片上发生。发病叶片先是在大叶脉边出现白色至褐色的条斑，发生早期条斑受叶脉限制而不连片，条斑紧靠大叶脉（图4-107）。条斑处叶肉坏死，大叶脉的叶肉上还有零星的褐色斑点（图4-108）。叶片背面的叶片条斑对应位置呈白色。在田间有时与霜霉病、细菌性角斑病混发，但本病在湿度大条件下既不长霉状物，也不分泌乳白色至琥珀色菌脓，别于角斑病和霜霉病。

图4-107 黄瓜褐脉叶

【发生规律】 该病的发生可能由以下因素引起。（1）锰过剩。叶片内锰的含量过高，一般先从网状支脉开始出现褐变，然后发展到主脉，形成"褐脉叶"，如果锰的含量继续增高，则叶片上的刚毛变黑，叶片开始枯死。锰过剩可能

图4-108 黄瓜褐脉叶

因为土壤中的锰被激活成可吸收的状态，但也有的是因为施用含锰过高的农药所致。（2）低温多肥。在低温多肥的条件下，沿叶脉出现黄色小斑点，并渐扩大为条斑，近似于褐色斑点。其发病多在下部老叶，而且是从叶片的基部主脉附近的叶肉开始，集中几条主脉上，呈向外延伸状。

【防治措施】 选用喜短日照且耐低温、耐弱光的品种；调整土壤的酸碱度为中性；施用充分腐熟的农家肥，增施钙肥。黄瓜定植后，注意增温保温，适量浇水，土壤不能过干过湿。

黄瓜瓜佬 Cucumber"little"fruit

【典型症状】 在瓜秧上结出的黄瓜很小，形状像小香瓜样（图4-109，110）。

图4-109 黄瓜瓜佬

【发生规律】 瓜佬是完全花结的瓜。因为黄瓜花芽具有雌、雄两种原基，最后何种发育由环

图 4-110　黄瓜瓜佬

境条件定。一般条件下，利于雌蕊发育不利于雄蕊发育正常结瓜。但也在个别的情况下，同一花芽分化雌雄蕊都得到发育，在这种情况下结出的瓜即瓜佬。

【防治措施】（1）选择品种。选择雌蕊结实强的品种作主栽品种。（2）温湿度管理。促进雌蕊的发育，白天保持 25～30 ℃、夜间 13～15 ℃，对雌花分化最有利。不能让夜温太高，高不过 15 ℃，否则雄花会增多。增加土壤和空气的湿度，湿度增大，有利于雌花形成。（3）光照管理。长日照有利于雄花的形成，8 h 的光照有利于雌花的形成，生产中尽量保持光照时间 8 h。（4）增加二氧化碳。增加二氧化碳浓度可提高光合效率，增加雌花，保持二氧化碳浓度 1 000～1 500 mg/kg 为宜，如不足，要人工补充。（5）疏花。疏去完全花。

黄瓜畸形瓜
Cucumber deformed fruit

由于病虫害及环境因素或栽培管理不当，常常出现畸形瓜，不仅降低了黄瓜的产量，也严重地影响了黄瓜的商品质量和经济价值，造成经济效益低下。

【典型症状】 黄瓜畸形瓜包括：（1）弯曲瓜。茎叶过密，特别是行距窄，植株郁闭，通风透光不良；或肥料不足，干旱缺水，引起植株生长衰弱、营养不良，均易产生弯曲瓜（图 4-111）。但有些瓜弯曲是由于卷须缠绕、架材和茎蔓阻挡等机械原因造成，应予区别。（2）大肚瓜。授粉但受精不完全时可形成大肚瓜（图 4-112）。不经受精单性结成的瓜若形成大肚瓜时，多数是由于植株生长势弱，营养不良，特别是缺钾等原因造成。瓜在膨大过程中，如前期与后期缺水，而中期不缺水也可形成大肚瓜。（3）尖嘴瓜。大棚内单性结实或连续高温、干旱情况下或植株生长势弱，营养不良，使瓜条从中部到顶端部分膨大不良，果实长度也小得多，于是形成尖嘴瓜（图 4-113）。（4）蜂腰瓜。瓜条中部细如蜂腰，纵切瓜条可见变细部分果肉已经空洞，整个果实变得发脆（图 4-114）。高温干旱，植株本身长势弱、养分供应不及时、浇水不均匀而使瓜不能正常生长发育所致。（5）瘦肩瓜。果梗变得特短，肩部变得瘦而长如瓶状的畸形瓜。营养过剩而过分偏向于结瓜生长的生理状态易引起此类瓜产生。这种生理状态在摘心后更容易发生。（6）钩子瓜。瓜先端弯曲如钩。主要是由于养分集中到茎叶中去而不能充分供应给果实，或因病虫害影响植株生长所致（图 4-115）。

图 4-111　黄瓜畸形瓜，弯曲瓜

图 4-112　黄瓜畸形瓜，大肚瓜

【发生规律】（1）弯曲瓜。产生曲形瓜有生理和物理原因。生理因素，如茎叶过密，特别是

图 4-113　黄瓜畸形瓜，尖嘴瓜

图 4-114　黄瓜畸形瓜，蜂腰瓜

图 4-115　黄瓜畸形瓜，钩子瓜

行距窄，植株郁闭，通风透光不良；或肥料不足，干旱缺水，引起植株生长衰弱、营养不良，均易产生弯曲瓜。物理因素，如卷须缠绕、架材和茎蔓阻挡等，也能造成弯曲瓜。（2）尖嘴瓜和大肚子瓜。早春保护地中传粉昆虫少，黄瓜不经授粉，也能结实，这是单性结实，没有种子。这种瓜营养条件好，能发育成正常果实，反之则形成尖嘴瓜。当雌花授粉不充分，授粉的先端先膨大，营养不足，水分不均，就会形成大肚瓜。（3）蜂腰瓜。当营养和水分有时好，有时供应不正常，反应在同化物质积累不均匀，就会出现细腰瓜。

【防治措施】（1）选用品种。主要根据不同的栽培季节和栽培设施合理选用抗病、高产、不易早衰的品种，如新泰密刺、长春密刺、中农 5 号等。（2）温湿度管理。要根据黄瓜的生长发育需要进行调整，避免温度低于 13 ℃或长期高于 30 ℃，结瓜期适宜温度白天 28～30 ℃，夜间 18～20 ℃；湿度尽量保持稳定，避免生理干旱的发生；合理密植，做到通风透光，棚室要经常擦拭棚膜，保持清洁，增强光照；黄瓜整个生长发育时期需水量较大，尤其是结瓜盛期，因此要及时补充足额的水分，但要避免土壤水分忽高忽低，波动太大。（3）施肥。按氮、磷、钾 5∶2∶6 比例施用，防止偏施氮肥引起植株旺长、营养失调。同时要配合喷施磷酸二氢钾等叶面肥料，这样能够及时快速补充营养。（4）植株管理。要防止卷须、架材、茎叶阻挡等机械原因引起的畸形瓜，主要是及时发现及时调整。发现畸形瓜及早摘除，减少养分消耗。

参考文献

[1]丁原书.春黄瓜畸形瓜的成因及无公害综合控制[J].北方园艺,2003(6):23-24

[2]刘敏德.温室水果型黄瓜畸形瓜的产生及防治[J].中国蔬菜,2005(12):58

黄瓜苗“戴帽”

Cucumber seedling “cap”

【典型症状】 在黄瓜育苗出土时，经常遇有种皮夹在子叶上而不脱落的情况，俗称“戴帽”（图 4-116）。发生这种情况子叶被种皮夹住不易张开，致光合作用受到影响，造成幼苗生长不良或形成弱苗。

图 4-116　黄瓜苗“戴帽”

【发生规律】 种皮干燥，盖土太干燥，致种皮容易变干。过早揭掉覆盖物或在晴天中午揭膜时，致种皮在脱落前已变干。播种太浅，覆土厚度不够。种子成熟度不好，生活力弱，也会出现“戴帽”情况。

【防治措施】 播前要浇足底水。播种后覆土不宜过干，覆土厚度要适宜，一般一立指即可，不可过薄。必要时加盖塑料薄膜或草进行保湿，使种子发芽到出苗期间保持湿润状态，幼苗刚出土时过于干燥，可用喷壶洒点水，发现覆土太薄可补撒一层湿润细土，即可保持种皮柔软易脱落。

黄瓜花斑叶
Cucumber blotch leaf

黄瓜花斑叶是一种生理性病害。

【典型症状】 主要在叶片上表现症状，开始在叶脉间出现黄绿花斑，后病叶加厚，黄色部分渐变黄褐色，表面凹凸不平，病叶变硬（图 4-117，118）。

图 4-117 黄瓜花斑叶，初期症状

图 4-118 黄瓜花斑叶，后期症状

【发生规律】 黄瓜叶片光合作用形成的同化产物输送受阻，形成糖积累在叶片中。钙、硼缺乏，也能影响碳水化合物在植株中的运转和积累引起花斑叶。

【防治措施】 提高棚温和地温，以利于根系发育、增强对肥水吸收能力。采用配方施肥。灌水要均匀，不宜过分控水。

参考文献

刘晓霞，李瑞国，高念，等. 棚室黄瓜生理性病害的识别及防治[J]. 农民科技培训，2006(1)：26-27

黄瓜焦边叶
Cucumber border die leaf

黄瓜焦边叶影响植株的正常生长，造成植株抗病虫能力降低，严重时可造成 10%～20%的减产。

【典型症状】 黄瓜焦边叶主要出现在叶片上，尤以中部叶片居多。叶片的边沿呈现黄色后干枯黄化，围绕叶片 1 周，故称“焦边叶”（图 4-119）。严重时引起叶缘干枯或卷曲（图 4-120）。

图 4-119 黄瓜缘枯病，叶缘干枯黄化

图 4-120 黄瓜缘枯病，叶缘干枯卷曲

【发生规律】 在高温高湿条件下突然放风导致叶片失水过急过快，无土栽培基质的盐分含量

过高造成盐害，喷洒药剂时浓度过高或药量过大聚集在叶缘造成化学伤害等都可以造成焦边叶。在温室中发生黄瓜“焦边叶”的主要原因是冬季地温过低造成的。

【防治措施】 温室放风时要适时适量，温室内外温差过大时不要突然放风，要尽量通顶风。基质无土栽培盐分含量过大时可适当用清水冲洗，但时间不可过长。要做到科学合理用药，浓度不要轻易加大，叶面湿润不滴即可，尽可能采用小孔径喷雾器，喷雾要均匀。

参考文献

[1]刘明清.冬季黄瓜“焦边叶”的防治[J].中国农村科技，2005(2):19

[2]徐丽萍.黄瓜焦边叶和缺钾症的辨别与防治[J].西北园艺,2006(1):46-47

黄瓜叶烧病 Cucumber leaf burn

黄瓜叶烧病是保护地新出现的生理性病害，棚室发生较多。

【典型症状】 棚室栽培中多见，主要是黄瓜叶片接近棚膜，由高温引起。开始时叶片颜色变淡变黄，出现小的白色斑块，形状不规则或呈多角形，扩大后呈白色至黄白色斑块（图 4-121），轻的仅叶缘烧焦，重的致半叶以上乃至全叶烧伤（图 4-122）。

图 4-121 黄瓜叶烧病前期

【发生规律】 由高温诱发的生理病害。黄瓜对高温忍耐力较强，在土壤水分充足，相对湿度高于 85%以上短时间棚温达到 42～45 ℃，也不会造成多大伤害。但当相对湿度低于 80%，遇有 40 ℃左右的高温，就会产生高温伤害，尤其是在强光照条件下更易造成高温伤害。中午不放风或放风量不够或高温闷棚时间长均易产生叶烧病。

图 4-122 黄瓜叶烧病后期

【防治措施】 选用耐热品种。加强棚室管理，超过黄瓜生长发育正常温度，要立即通风降温。如阳光照射过强，棚室内外温差大不便放风时，可采用放铺席或使用遮阳网遮阴，有条件的采用反光幕。棚底温度过高，湿度低时应少量洒水或喷冷水雾进行临时降温。

黄瓜低温障碍 Cucumber low temperature injury

黄瓜长时间处在生育适温以下的环境中，或短时间受到低温的影响，使黄瓜发生生理障碍，延迟黄瓜生育或造成减产，称为低温生理病，有时甚至发展成冷害。

【典型症状】 播种后遇到气温、地温过低，种子发芽和出苗延迟；苗黄苗弱，沤籽或发生猝倒病、根腐病等。出土幼苗子叶边缘出现白边，叶片变黄，根系不烂也不长。幼苗生长缓慢，叶色浅，叶缘枯黄。生长出现停滞，植株不长，幼苗萎蔫，叶缘枯黄，结瓜少且小。成株受害较轻时，叶片组织褪绿呈黄白色（图 4-123）；长时间持续低温，植株往往不发根或不分化花芽。严重时部分叶肉组织坏死导致部分叶片枯死。严重受害株开始呈水渍状，以后干枯死亡（图 4-124）。植株受寒流袭击时，幼嫩组织呈水渍状坏死，中部叶片受害初期沿叶脉形成黄褐色水渍状，以后形成掌状黄脉。

【发生规律】 低温造成植株光合作用减弱，呼吸强度下降，影响对矿物质营养的吸收和利用，

图 4-123　黄瓜低温障碍

图 4-124　黄瓜低温障碍

影响养分运转，同时低温还引起黄瓜生理生化的一系列变化。黄瓜根毛原生质 10～12 ℃开始停止流动，低温时根细胞原生质流动缓慢，细胞渗透压下降，造成水分供应失衡。当温度低到冻结状态时，细胞间隙的水分结冰，致细胞原生质的水分析出，冰块逐渐加大，造成细胞脱水或使细胞涨离而死亡。此外，植株上存冰核细菌，可使植株细胞溶液在－5～－2 ℃时结冰而发生冻害。

【防治措施】 （1）农业防治。选用发芽快、出苗迅速、幼苗生长快的耐低温品种。把泡涨后快发芽的种子置于 0 ℃冷冻 24～36 h 后播种。施用充分腐熟有机肥。在揭膜前 4～5 d 加强夜间炼苗，只要是晴天，夜间应逐渐把膜揭开，由小到大逐渐撤掉。在低温锻炼的同时采用干燥炼苗及蹲苗。春季定植时应选择冷空气过后回暖的天气，待下次寒流侵袭时已经缓苗，南方最好选有连续3 d 以上晴天定植。棚膜应选用无滴膜，盖蒲帘，提倡采用地膜、小棚膜、草袋、大棚膜等多重覆盖，做到前期少通风，中期适时、适量放风。（2）化学防治。喷洒 47%加瑞农 SPX 500 倍液，或新植霉素 5 000 倍液杀灭冰核细菌，预防霜冻发生。

参考文献

[1]朱芳.设施黄瓜低温障碍的防治[J].山西农业(致富科技),2007(12):39-41

[2]尹旭彬,纪效云,宋金萍.日光温室黄瓜低温障碍的防御[J].农业科技通讯,1997(10):14-15

黄瓜高温障碍

Cucumber high temperature injury

【典型症状】 在幼苗期遇高温时，幼苗出现徒长现象，子叶小，下垂，有时还会出现花打顶；成苗期遇高温，叶色浅，叶片大而薄，不舒展，节间伸长或徒长；成株期受害时，叶片上先出现 1～2 mm 近圆形至椭圆形褪绿斑点，后逐渐扩大，3～4 d 后整株叶片的叶肉和叶脉自上而下均变为黄绿色（图 4-125），植株上部发病严重，严重时植株停止生长。当棚室气温达 48 ℃时，短时间内会导致黄瓜的生长点附近小叶萎蔫，叶缘变黑。时间较长时，整株叶片萎蔫，如水烫状。

图 4-125　黄瓜高温障碍

【发生规律】 温室内的温度超过了其生长适宜温度而造成高温障碍。由于上午气温不高，致使工作人员忽略了通风降温，等到了中午及午后温室内气温猛然升高到 48 ℃，空气相对湿度降低，若持续时间短，叶片受伤，若时间过长，整个植株都会枯死。

【防治措施】 加强通风换气。黄瓜各个阶段都有它合适的温度。育苗时，床内温度白天应保持25～30 ℃，夜间 16～18 ℃；80%的幼苗出土后，温度须及时降低，白天 20～25 ℃，夜间 14～16 ℃；定植后，缓苗期白天温度达 30～35 ℃，夜间不低于16～18 ℃；缓苗后白天使室温达到 30 ℃左右，夜间达 14～16 ℃；结瓜期，白天使棚温保持在28～30 ℃，夜间控制在 16～18 ℃，相对湿度低于 85%。温室相对湿度高于 85%时应通风降湿。遇有持续高温或大气干旱，温室黄瓜蒸发量大，呼吸作用旺盛，这时消耗水分很多，持续时间长就会出现打蔫等现象，这时要适当增加浇水次数，浇水时要一次浇透，隔 2 d 再浇 1 次，使秧苗充分吸足水分。适当增施磷、钾肥，也可喷施多元复合有机活性液肥或 0.2%磷酸二氢钾溶液或 0.1%尿素溶液作根外追肥 2～3 次，可有效提高植株的抗热能力。

参考文献

王秀琴,杨金龙.温室黄瓜高温障碍及其对策[J].农村实用工程技术(温室园艺),2006(3):45

黄瓜连作障碍
Cucumber continuous cropping injury

大棚在使用一定年限后，使大棚这一特殊的内部生态环境，尤其是土壤理化性状发生了很大变化，并且已出现了一些障碍问题。主要表现为土壤贫瘠，植株生长发育受抑制，产量降低。

【发生原因】 黄瓜连作障碍是多种因素共同作用的结果。(1) 土壤养分不均衡。在同一块地上连续种植某种作物，就可导致土壤中某些元素过度消耗。黄瓜是镁元素需求量比较高的作物，黄瓜连作首先导致土壤中镁元素亏缺。连续大量施用性质相同或相似的肥料，由于特定作物对肥料的选择性吸收，使一些养分急剧减少，而另一些养分日益积聚，造成土壤养分不均衡，特别是微量元素缺乏引起生育障碍。同时，温室连作的盐类障害也会增加铁、铝、锰的可溶性，降低钙、镁、钾、钼的可溶性，以及离子的拮抗作用等也可诱发作物发生营养元素缺乏或过剩，造成生育障碍。(2) 盐渍化（图 4-126）。随着种植年限的增加，土壤表层出现盐类积累，盐渍化可能是造成大棚蔬菜连作障碍的主要因子之一。温室条件改变了自然状态下土壤水分平衡和溶质的传输途径，得不到自然降雨对土壤溶质的冲刷和淋洗，使得盐分在土壤表层聚集。(3) 土壤水分亏缺。由于大棚内气温和地温均较高，容易形成较为干燥的生态环境，导致地面蒸发作用强烈，使土体内水分沿着毛管孔隙由下至上向土表运动，造成土体中的水分亏乏。有时土表并不缺水，但土体中出现干旱状态。(4) 土壤 pH 降低（图 4-127，128）。温室连作，常超量施用氮素肥料，氮肥分解后形成的硝酸积累于土壤中使之酸化。同时过量施用生理酸性肥料如氯化钾、硫酸钾等也会加重土壤的酸化。(5) 土壤酶活性的变化。(6) 土壤微生物区系的变化。黄瓜连作导致土壤养分不均衡，水分亏缺，土壤 pH、酶活性等变化，引起土壤中优势种群发生变化。

图 4-126 黄瓜连作障碍

图 4-127 黄瓜连作障碍

图 4-128 黄瓜连作障碍

【防治措施】 (1) 除盐。①生物除盐。利用温室夏季高温休闲期种植生长速度快、吸肥能力强的苏丹草或玉米，可从土壤中吸收大量游离的氮素，从而降低土壤溶液浓度。②换土除盐。如果盐类障碍难以消除，可用大田或其他优质土壤更换温室内土壤，以消除盐害。③深翻和淋雨。利用休闲期深翻，使含盐多的表层土与含盐少的深层土混合，起到稀释耕层土壤盐分的作用。或在夏季揭开薄膜，利用雨水淋盐。④合理施肥与轮作。进行测土配方施肥，根据土壤情况，不同生育时期进行配方施肥，以较少的肥料投入，产生更好的环境效果，尽量多施有机肥，少施化肥，改善土壤物理结构，增加土壤有益微生物和土壤缓冲力，减少盐类为害。同时与耐盐作物如结球生菜、番茄等轮作，通过净化植物吸收多余盐分来降低盐分浓度。(2) 自毒作用克服。可增加土壤中有益微生物，如多施有机肥等，利用土壤中有益微生物分解自毒物质。也可利用自毒物质对瓜类蔬菜生长具有促进作用，来进行嫁接克服自毒作用。(3) 土传病虫害治理。轮作与间套作是解决连作障碍的最为简单有效的方法，通过与病原菌非寄主植物的轮作、间套作，土壤中病原数量可显著降低。利用太阳能或蒸汽在夏季高温季节温室休闲期间提高土壤温度，从而起到灭菌作用。

参考文献

[1]杨建霞.日光温室黄瓜连作障碍研究及防治对策[J].甘肃农业,2005(11):209

[2]吕卫光,张春兰,袁飞,等.嫁接减轻设施黄瓜连作障碍机制初探[J].华北农学报,2000,15(增刊):153-156

5. 瓠瓜病害

瓠瓜病毒病
Bottle gourd mosaic

【典型症状】 黄瓜花叶病毒引起的病毒病，发病初期在叶片上现浓淡不均的嵌花斑，扩展后呈深绿和浅绿色相间的花叶（图 5-1，2）。病叶小，略皱缩或畸形，植株矮小。轻病株结瓜还正常，重病株不结瓜或结畸形瓜。瓠瓜绿斑花叶病是系统性感染的病害。田间被感染的植株叶片变小，呈现出明显的黄绿嵌纹，严重的绿色部分皱褶凸起，节间缩短，开花少，结果明显减少，在温室中接种后 10～15 d 新叶可见轻微斑驳，后期叶片变小并呈现明显嵌纹（图 5-3）。

图 5-1　瓠瓜病毒病，黄瓜花叶病毒引起

图 5-2　瓠瓜病毒病，黄瓜花叶病毒引起

【致病病原】 病原为黄瓜花叶病毒（CMV）、黄瓜绿斑花叶病毒（CGMMV）。

图 5-3　瓠瓜病毒病，黄瓜绿斑花叶病毒引起

【病害循环】（1）越冬与初侵染源。①黄瓜花叶病毒。种子不带毒，主要靠桃蚜、棉蚜等活动或迁飞传毒。②黄瓜绿斑花叶病毒。种子和土壤传毒，种皮上的病毒可传到子叶上，20 d 左右致幼嫩叶片显症。（2）传播特点。该病毒易通过手、刀具、衣物及病株污染的地块及病毒汁液借风雨或农事操作传毒，进行多次再侵染。

【发生规律】（1）气候条件与发病。冬季气温偏高，蚜虫越冬后基数较大，迁入瓜田的时间早，使发病早且重，所以病毒病很快大流行。（2）栽培管理与发病。沙质壤土田种植，因有线虫传毒，病毒病比在黏土田种植发病严重。苗期上架之前，过量偏施氮素化肥，发病程度比较重。不少菜农为了丝瓜早上市，忽视了合理施肥，助长了病害的大流行。

【防治措施】（1）种子消毒。种子经 70 ℃处理 72 h 可杀死毒源，或用 10%磷酸三钠浸种20 min 后，用清水冲洗 2～3 次后晾干备用或催芽播种。（2）农业防治。施用无病毒的有机肥，培育壮苗；及时拔除病株。采种要注意清洁，防止种子带毒。打杈、绑蔓、授粉、采收等农事操作注意减少植株碰撞，中耕时减少伤根，浇水要适时适量，防止土壤过干。（3）化学防治。发病初期开始喷 5%菌毒清 WP 300 倍液，或 0.5%抗毒剂 1 号AS 250～300 倍液，或 20%毒克星 WP 500 倍液。

瓠瓜细菌性角斑病
Bottle gourd angular leaf pot

【典型症状】 主要为害叶片和果实。(1) 叶片。病斑圆形或多角形，水浸状，灰白色至灰褐色，后期中间变薄或脱落穿孔，病斑上常有菌液溢出（图 5-4）。(2) 果实。先出现圆形或近圆形水浸状凹陷斑，绿褐色，病斑能相互汇合，变为黑褐色大斑，轻的皮层腐烂或开裂，严重的内部组织腐烂（图 5-5）。

图 5-4 瓠瓜细菌性角斑病，叶片发病初期症状

图 5-5 瓠瓜细菌性角斑病，病果症状

【致病病原】 病原为丁香假单胞杆菌流泪致病变种 *Pseudomonas syringae* pv. *lachrymans* (Smithet-Bryan) Young，Dye & Wilkie，属细菌。(1) 形态和大小。菌体短杆状相互呈链状连接，具端生鞭毛 1～5 根，大小 (0.7～0.9) μm× (1.4～2) μm，有荚膜，无芽孢，革兰氏染色阴性，在金氏 B 平板培养基上，菌落白色，近圆形或略呈不规则形，扁平，中央凸起，污白色，不透明，具同心环纹，边缘一圈薄且透明，菌落直径 5～7 mm，外缘有放射状细毛状物，具黄绿色荧光。(2) 特性。生长适温 24～28 ℃，最高 39 ℃，最低 4 ℃，48～50 ℃经 10 min 致死。(3) 寄主。这种病原可以侵染葫芦、西葫芦、冬瓜、节瓜、丝瓜、甜瓜、西瓜、笋瓜等。

【病害循环】 病原在种子内外或随病残体在土壤中越冬，成为初侵染源。病原由叶片或果实伤口、自然孔口侵入。播种带菌种子，出苗后子叶发病。露地病原随雨水、浇水和气流传播，引起发病。

【发生规律】 温度 24～28 ℃，相对湿度 70% 以上时易发病。昼夜温差大，结露重且持续时间长，发病重。

【防治措施】 (1) 种子消毒。用 70 ℃恒温干热灭菌 72 h，或 50 ℃温水浸种 20 min，捞出晾干后催芽播种。或用次氯酸钙 300 倍液浸种 30～60 min，或 40%福尔马林 150 倍液浸 1.5 h，冲洗干净后催芽播种。(2) 农业防治。与非瓜类作物实行 2 年以上轮作。用无病土育苗。施足基肥。生长期及收获后清除病叶，及时深埋。大棚内覆盖地膜，有条件的使用滴灌；深沟高畦栽培。大棚撤膜前要炼苗 1 周左右，让瓠瓜逐渐适应外部环境，同时叶面喷施 0.3%的磷酸二氢钾液。(3) 化学防治。发病初期喷 72%农用硫酸链霉素 SPX 4 000～5 000 倍液，或新植霉素 4 000～5 000 倍液，或 47%加瑞农 WP 800～1 000 倍液，或 72%霜脲氰·代森锰锌 WP 600～750 倍液，隔 7 d 喷 1 次药，共喷 4～6 次。棚室栽培，每亩喷撒 10%乙滴 DPC 或 5%百菌清 DPC 1 kg。

瓠瓜枯萎病
Bottle gourd fusarium wilt

瓠瓜枯萎病又称蔓割病、萎蔫病，是瓠瓜的一种主要病害。病株率在 10%～30%，重者达 80%～90%，重茬地甚至造成绝产。

【典型症状】 瓠瓜枯萎病表现为 2 种症状。(1) 初侵染。田间发病较早的植株，为越冬病原初侵染茎基部或根部引起的，初发病茎基部症状不明显，或呈水渍状淡褐色斑，此时植株的叶片自下向上开始萎蔫，中午前后萎蔫更为明显，早晚可恢复常态，数日后不再恢复，从下向上逐渐枯萎（图 5-6，7）；发病后期植株茎基部稍缢缩，呈淡褐色或不明显，有的纵裂，潮湿时可见白色或粉红色霉状物（图 5-8），即病原的分生孢子丛及分生孢子，有时病部溢出琥珀色胶质物（图 5-9），纵剖病茎可见维管束变褐色（图 5-10）。（2）再侵染。田间发病较迟的植株，为病原再侵染主茎的中下部分枝或节附近而引起的，初发病茎部症状不明显，病部以上叶片陆续萎蔫，最后枝叶枯萎，病部以下叶片或分枝不萎蔫，拔起植株，茎基部及根部不变褐色，但根系不发达，须根少，纵剖病茎，可见病部以上维管束变褐色（图 5-11），而病健交界处以下维管束不变褐色。

图 5-6　瓠瓜枯萎病，发病株

图 5-7　瓠瓜枯萎病，果实发病

图 5-8　瓠瓜枯萎病，粉红色霉状物

图 5-9　瓠瓜枯萎病，琥珀色胶质物

图 5-10　瓠瓜枯萎病，根颈部维管束变褐色

图 5-11　瓠瓜枯萎病，病茎维管束变褐色

【致病病原】 病原为尖镰孢菌葫芦专化型 *Fusarium oxysporum* Schl. f. sp. *lagenariae* Matuo et Yamamoto，属半知菌亚门真菌。分生孢子。有大型和小型之分。①小型分生孢子。生于气生菌丝中，产生快，无色，单胞，椭圆形，大小（7.5～20.0）μm×（2.5～5.0）μm。②大型分生孢子。镰刀形，无色，两端渐尖，有 1～5 个分隔，多为 3 个分隔，大小（27.5～45.0）μm×（5.5～

10.0) μm。

【病害循环】 病原主要以菌丝体和厚垣孢子随病残体遗落土中或在未腐熟的带菌肥料及种子上越冬。厚垣孢子在土中能存活5～10年。病土和病肥中存活的病原，成为第2年主要初侵染源。病原从根部自然裂口或伤口侵入，在根茎维管束内生长发育，通过堵塞维管束和分泌毒素，破坏植株正常输导机能而引起萎蔫。

【发生规律】 品种间抗性有一定差异。发病温限8～34 ℃，最适24～28 ℃。连作或土质黏重、地势低洼、排水不良、地温低、耕作粗放、土壤过酸（pH 4.5～6）和施肥不足或偏施氮肥，或施用未腐熟肥料，致植株根系发育不良，都会使病害加重。

【防治措施】 (1) 农业防治。选用抗病品种。用无病新土育苗，采用营养钵分苗。选择5年以上未种过瓜类蔬菜的地块种植，与其他蔬菜实行轮作。施用充分腐熟肥料，减少伤口。浇水时做到小水勤浇，避免大水漫灌。结瓜期应分期施肥，忌施入未腐熟的人粪尿。(2) 化学防治。苗床用50%多菌灵 WP 8 g/m² 处理畦面。参见黄瓜枯萎病。

瓠瓜蔓枯病
Bottle gourd gummy stem blight

【典型症状】 主要为害茎蔓、叶柄和叶片。(1) 茎蔓和叶柄。先出现长梭形灰白色至褐色条斑，后扩展为长条形斑，后期病斑上布满小黑点（图5-12）。(2) 叶片。先出现不整齐褪绿病斑，沿叶脉扩展，后变成浅黄褐色，边缘深褐色，病斑上生有小黑点（图5-13，14）。

【致病病原】 病原为瓜黑腐小球壳菌 *Mycosphaerella melonis* (Pass.) Chiuet Walk.，属子囊菌亚门真菌。

【病害循环】 病原以分生孢子器、子囊壳随病残体在土中越冬。病原靠灌溉水、雨水传播蔓延，从伤口和自然孔口侵入，病部产生病原进行重复侵染。种子也可带菌，引起幼苗发病。

【发生规律】 土壤含水量高，气温18～25 ℃，空气相对湿度85%以上，易发病。重茬地，植株过密，通风透光差，生长势弱，发病重。

图 5-12 瓠瓜蔓枯病，病蔓和横切面

图 5-13 瓠瓜蔓枯病，苗期子叶发病

图 5-14 瓠瓜蔓枯病，叶片发病症状

【防治措施】 (1) 种子消毒。用种子重量0.3%的50% WP福美双拌种。(2) 农业防治。与非瓜类作物实行2～3年轮作。采取高畦栽培，地膜覆盖；雨季要加强排水。(3) 化学防治。发病初期喷40%新星 EC 9 000倍液，或36%甲基托布津SC 400～500倍液，或77%氢氧化铜 WP 500倍液。

瓠瓜霜霉病
Bottle gourd downy mildew

霜霉病是瓠瓜的一种常见病害。各地均有发生，对生产有一定的影响。

【典型症状】 主要为害叶片。发病初期，叶片的正面先出现黄绿色点状病斑，逐渐发展成多角形的浅褐色病斑（图 5-15）。湿度大时，病斑背面长出灰黑色霉层。后期病斑汇合成大病斑，整个叶片干枯。

图 5-15　瓠瓜病霜病，叶片发病症状

【致病病原】 病原为古巴假霜霉菌 *Pseudoperonopora cubensis*（Berk. et Curt.）Rostov.，属鞭毛菌亚门真菌。(1) 形态和大小。孢囊梗从气孔伸出，单生或束生，无色。孢子囊淡褐色，柠檬形，单胞，顶端有突起。(2) 寄主。这种病原可以侵染南瓜、葫芦、茭瓜、金瓜、佛手瓜、西瓜、甜瓜、香瓜、黄瓜、西葫芦、丝瓜和苦瓜等。

【病害循环】 全年种植瓜类地区，病原在病株上辗转为害。在北方病原有可能从南方随风吹来，借风雨传播进行多次再侵染。冬春保护地瓠瓜霜霉病的初侵染来源主要是秋露地瓜秧和保护地病秧，以及来自苗床的带病苗。孢子囊萌发时直接产生芽管或游动孢子，从气孔或表皮侵入，病害潜育期为 3～7 d，后又在病部产生孢子囊，通过气流和雨水传播，着落于叶片表面，引起再侵染。病原孢子囊形成要求有高湿环境，萌发和侵入过程则只有在水膜、水滴的条件下才能完成。

【发生规律】 (1) 气候条件与发病。温、湿度是病害发展流行的主要条件。高温、高湿、叶缘吐水和叶面结露利于发病，叶面没有水滴或水膜，孢子囊不能萌发和侵入，病害就不会发生。雨季易发病。发病适宜温度为 27 ℃，温度低于 15 ℃或高于 28 ℃，不利于病害的发生。(2) 栽培管理与发病。田间湿度大，通风不良，植株生长衰弱，发病重。地势低洼，土壤质地差，肥料不足，栽培过密，通风不良，浇水次数过多，都能引起病害加重发生。温室大棚内通风不良，湿度过高，结露多，有利于孢子囊的形成和病原的萌发、侵入，易引起病害的发生和流行。

【防治措施】 (1) 农业防治。搭架栽培。雨后注意排水降湿，及时摘除病叶，加强通风透光。(2) 化学防治。发病初期喷 70%乙膦·锰锌 WP 500 倍液，或 58%雷多米尔·锰锌 WP 500～600 倍液，或 64%杀毒矾 WP 500 倍液，或 50%甲霜铜或甲霜铝铜 600 倍液，或 72%霜脲·锰锌 WP 800 倍液，或 69%安克·锰锌 WP 1 000 倍液，或 47%加瑞农 WP 800～1000 倍液，或 56%靠山 WG 700～800 倍液。

瓠瓜褐斑病
Bottle gourd cercospora leaf spot

【典型症状】 主要为害叶片。在叶片上形成较大的黄褐色至棕黄褐色病斑，大小 10～22 mm，形状不规则（图 5-16）。病斑周围水浸状，后褪绿变薄或出现浅黄色至黄色晕环，严重的病斑汇合成片，最后破裂或大片干枯（图 5-17）。

图 5-16　瓠瓜褐斑病，病叶初期症状

【致病病原】 病原为瓜类尾孢 *Cercospora citrullina* Cooke.，属半知菌亚门真菌。

【病害循环】 病原以分生孢子丛或菌丝体随

图 5-17 瓠瓜褐斑病，病叶后期症状

病残体遗落在土中越冬。第 2 年春天产生分生孢子借气流和雨水溅射传播，引起初侵染。发病后病部又产生分生孢子进行多次再侵染，致使病害逐渐扩展蔓延。

【发生规律】 湿度高，通风不良，光照少，易发病。

【防治措施】 发病初期喷 40%甲霜铜 WP 600～700 倍液，或 60%琥·乙膦铝 WP 500 倍液，或 64%杀毒矾 WP 500 倍液，或 30%绿得保 SC 400 倍液，或 30%氧氯化铜 SC 800 倍液，或 50%多·霉威（多霉灵）WP 1 000～1 500 倍液，每隔 10 d 喷 1 次，喷 1 或 2 次。采收前 5 d 停止用药。

瓠瓜黑斑病 Bottle gourd phyllosticta spot

黑斑病是瓠瓜的一种普通病害。分布广泛，发生和为害都较轻。

【典型症状】 主要为害叶片和花轴。叶片上的病斑近圆形（图 5-18），后发展为大型病斑（图 5-19），有的呈“V”字形大斑（图 5-20），灰白色至浅黄色，常有黄色晕环，病斑处易破裂。潮湿时，病斑四周呈水渍状。后期在病斑上密生黑色小点。

【致病病原】 病原为正圆叶点霉 *Phyllosticta orbiccularis* Ell. et Ev.，属半知菌亚门真菌。

【病害循环】 病原以分生孢子或菌丝体随病残体在土壤中越冬。条件适宜时以分生孢子进行初侵染和再侵染，借雨水溅射传播。

【发生规律】 高温、高湿利于病害发生。地势低洼，植物郁闭，通风不良，发病重。

【防治措施】 (1) 农业防治。收获后及时清除植株残体，减少田间菌源。清沟沥水，避免田间积水。棚室栽培要加强通风散湿。(2) 化学防治。发病初期喷 75%百菌清 WP 600 倍液，或 50%扑海因 1 000 倍液，或 50%倍得利 500 倍液。每隔 7 d 喷 1 次，连续喷 2～3 次。

图 5-18 瓠瓜黑斑病，叶片发病初期症状

图 5-19 瓠瓜黑斑病，病叶症状

图 5-20 瓠瓜黑斑病，“V”字形大斑

瓠瓜白粉病 Bottle gourd powdery mildew

白粉病是瓠瓜的一种重要病害。各地均有发生。瓠瓜生长的中、后期发病重。

【典型症状】 主要为害瓠瓜叶片，茎蔓、叶柄、卷须也可被侵染。(1) 叶片。先出现近圆形白色小粉斑，病斑不断扩大，数量增多，病斑相互汇合，最后形成边缘不明显的大片白粉区，严重时全叶布满白粉，后期白粉变为灰白色（图 5-21，22)，重病叶最后呈灰黄褐色，并从叶缘干枯死亡，叶片卷曲。病初可见叶面无明显的白色粉状物，而呈现边缘不明显的黄色圆斑，其叶背则生白色粉状斑（图 5-23)。在老病斑霉层中间可呈现浅灰褐色。因病原仅以吸器直接穿透寄主表皮细胞吸取营养，造成了白粉病一般在病叶上不出现坏死斑。(2) 茎蔓、叶柄及卷须。病斑与叶上相似。在植株生长晚期有时病斑上可出现黑褐色小粒点。病害严重时，植株仅有梢部及长出不久的侧藤嫩叶保持绿色。

图 5-21　瓠瓜白粉病，叶片症状

图 5-22　瓠瓜白粉病，发病株

【致病病原】 病原为瓜类单囊壳 *Sphaerotheca cucurbitae* (Jacz.) Z. Y. Zhao，属子囊菌亚门真菌。(1) 形态和大小。分生孢子梗圆柱形，不分枝，无色。分生孢子椭圆形，单胞，无色，大小 (30.2～39.5) μm×(7.38～22.12) μm。闭囊壳褐色，球形，直径 67.5～122.4 μm，无孔口，表面有附属丝。(2) 特性。该菌系专性寄生菌，只在活体寄主上存活。(3) 寄主。这种病原可以侵染

图 5-23　瓠瓜白粉病，病叶背面症状

瓠瓜、黄瓜、笋瓜、南瓜、西葫芦、西瓜、甜瓜、矮瓜、葫芦、茅瓜等。

【病害循环】 低温干燥地区，病原以子囊壳随病残体遗留在田间越冬；在终年都有瓠瓜或其他寄主植物种植的温暖地区或温室，病原能辗转为害，无明显的越冬现象。越冬的闭囊壳在气温达到 20～25 ℃时散发出子囊孢子，或由菌丝形成分生孢子梗及分生孢子，借气流或雨水传播。发病后，发病部位产生大量分生孢子，在田间进行多次再侵染。子囊孢子和分生孢子主要靠气流传播，雨水也能传病。至晚秋，在一些地方的病株中下部老熟叶片上可形成有性世代闭囊壳。

【发生规律】 (1) 气候条件与发病。发病条件要求不严格，一般在气温 16～24 ℃，空气相对湿度 45%～75%时，病势发展快，超过 95%会抑制病害蔓延。尤以高温时晴雨交替，天气闷热，或连阴雨天易于流行。温室及大棚容易造成湿度较大、空气不流通的小气候，故常较露地发病早而重。(2) 栽培管理与发病。凡枝叶荫蔽，通风不好，光照不足，排水不良，株间湿度大，植株长势弱，氮肥施用过多及邻近温室、大棚的田块易于发病。

【防治措施】 (1) 农业防治。选择地势较高、排灌良好的地块种植瓠瓜。合理密植，摘除下部老叶、病叶，注意田间通风透光；科学浇水，降低植株间空气湿度；施足底肥，增施磷、钾肥，生长中后期及时追肥，促使植株稳健生长，增强抗病力。(2) 化学防治。发病初期开始施药。药剂可选用 15%三唑酮 WP 1 500 倍液，或 20%三唑酮 EC 2 000 倍液，施药间隔 15～20 d；或 62.25%腈菌·锰锌 WP 600 倍液，安全间隔期为18 d；或 75%百菌清 WP 700 倍液，或 50%福美双 WP 700 倍液，或 40%多·硫 SC 500～600 倍液，或 2%嘧

啶核苷类抗菌素（农抗 120）AS 200 倍液，间隔 7～10 d。在产生抗药性而不易防治的地区，可用 30%氟菌唑 WP 2 000 倍液，间隔 20 d。视病情决定施药次数。白粉病原对一些药剂易产生抗性，应注意药剂的选择和轮换使用。有些瓜类或不同品种对硫制剂的敏感程度不同，在气温过高或植株生长幼嫩时易产生药害。为避免产生药害，在气温超过32 ℃时不宜喷药；若遇闷热天气，喷药时药液浓度亦应适当降低。

瓠瓜褐腐病
Bottle gourd brown rot

褐腐病是瓠瓜的一种重要病害。

【典型症状】 主要为害花和幼瓜。病原侵染幼瓜多始于花蒂部，从花蒂部侵入后，向全瓜扩展。病瓜外部变褐，病部可见白色茸毛状菌丝蔓延于瓜毛之间，以后隐约可见到棉毛状霉的顶部有灰白色至黑色头状物（图 5-24）。湿度大时，病情扩展快，干燥条件下，果实局部或半个果实变褐色至黑褐色，病瓜逐渐软化腐败（图 5-25，26）。

图 5-24　瓠瓜褐腐病，幼果发病初期症状

【致病病原】 病原为瓜笄霉菌 *Choanephora cucurbitarum* (Berk. et Rav.) Thaxt.，属接合菌亚门真菌。(1) 形态和大小。分生孢子梗不分枝，直立在寄主病部表面上，长 3～6 mm，无色、无隔，端部宽基部渐狭，长 29.86 μm，顶端产生头状膨大的泡囊，其上又生小枝，小枝末端又膨大为小泡囊，后又生小梗，顶端生出孢子，分生孢子单胞，柠檬状或梭形，褐色或棕褐色，表面具纵纹，大小 (12.5～21.3) μm×(8.8～12.5) μm。(2) 寄主。这种病原可以侵染黄瓜、瓠瓜、西葫芦、冬瓜、节瓜、金瓜、豇豆、烟草、辣椒、甘薯等。

图 5-25　瓠瓜褐腐病，果实发病

图 5-26　瓠瓜褐腐病，果实发病

【病害循环】 (1) 越冬与初侵染源。病原为弱寄生性，主要随病残体或在土壤中越冬。病原腐生性强，只能从伤口侵入生活力衰弱的花和果实。(2) 传播特点。春天侵染花和幼瓜，借风雨或昆虫传播进行再侵染。

【发生规律】 棚室栽培，遇有高温高湿及生活力衰弱，或低温高湿条件，日照不足，雨后积水，伤口多，易发病。

【防治措施】 (1) 农业防治。与非瓜类作物实行 3 年以上轮作。施用腐熟的堆肥或有机肥。采用高畦栽培，注意通风，雨后及时排水，严禁大水漫灌。坐果后及时摘除残花病瓜。集中深埋或烧毁。(2) 化学防治。开花至幼果期开始喷 64%杀毒矾 WP 400～500 倍液，或 50%苯菌灵 WP 1 500倍液，或 75%百菌清 WP 600 倍液，或 68%精甲霜灵·锰锌 WG 300 倍液，或 60%防霉宝 WP 800 倍液，隔 10 d 喷 1 次，连续喷 2～3 次。

瓠瓜灰霉病
Bottle gourd gray mold

灰霉病是瓠瓜的一种重要病害。主要在棚室中发生，对产量有明显的影响。

【典型症状】 主要为害的花、叶片、果实。(1) 花和幼果。病初呈水浸状，逐渐软化，表面有浓密的灰绿色霉层（图 5-27，28）。(2) 茎蔓。脱落的病花黏附在茎蔓上时能引起茎部的腐烂，严重时引致蔓折断，植株枯死。(3) 叶片。病花落到叶面上以后，引起叶片发病，形成大型近圆形至不规则形病斑，表面生少量灰霉（图 5-29）。

图 5-27 瓠瓜灰霉病，花器发病症状

图 5-28 瓠瓜灰霉病，果实发病症状

【致病病原】 病原为灰葡萄孢 *Botrytis cinerea* Pers.，属半知菌亚门真菌。有性世代为富克尔核盘菌 *Sclerotinia fuckeliana* (de Bary) Fuckel，属子囊菌亚门真菌。(1) 形态和大小。病原的孢子梗数根丛生，褐色，顶端具 1～2 次分枝，分枝顶端密生小柄，其上生大量分生孢子。分生孢子圆形至椭圆形，单胞，近无色，大小(5.5～16) μm×(5.0～9.25) μm，孢子梗(811.8～1772.1) μm×(11.8～19.8) μm。(2) 寄主。这种病原可以侵染瓜类蔬菜、番茄、茄子、菜豆、莴笋、辣椒等。

图 5-29 瓠瓜灰霉病，叶片发病症状

【病害循环】 病原以菌丝体或菌核附着在病残体上或遗留在土壤中越冬。病原随气流、雨水及农事操作传播。

【发生规律】 病原发育适宜温度 10～23 ℃。持续 90%以上的高湿条件利于发病。春季连阴天多，气温低易发病，棚温高于 31 ℃，病情不扩展。棚内温度低，湿度大，结露持续时间长，放风不及时，发病重。

【防治措施】 (1) 农业防治。棚室栽培要控制水分，适时适量放风，降低湿度。及时摘除病残体。(2) 化学防治。结合激素点花，在激素溶液中按 0.1%浓度加入 50%速克灵或灰霉净 WP 进行防治。棚室栽培在发病初期每亩用 15%速克灵 FU 200～250 g，或 45%百菌清 FU 250 g，熏 3～4 h。可以在傍晚喷撒 10% DPC 灭克，或 5% DPC 百菌清，或 10%杀霉灵 DPC 1 kg，每隔 9～11 d 防治 1 次。发病前喷药预防，常用农药有 50%速克灵 WP 1 500 倍液，50%扑海因 WP 1 000～1 500 倍液，60%防霉宝超微可温性粉剂 800 倍液，50%得益 WP 600 倍液，50%灰霉宁 WP 500 倍液，76%灰霉特 WP 500 倍液，65%甲霉灵 WP 1 000～1 500 倍液，50%多霉灵 WP 1 000～1 500 倍液。发病后用药，应适当加大用药量。

瓠瓜炭疽病
Bottle gourd anthracnose

炭疽病是瓠瓜的一种普通病害。

【典型症状】 为害叶、茎和果实。(1) 叶片。叶片发病时先出现淡黄色病斑，圆形，直径 5～20 mm，边缘不清晰（图 5-30），后期中央破裂

（图 5-31）。（2）茎蔓和叶柄。发病时病斑为梭形，淡褐色。（3）果实。果实发病时先出现水浸状小点，淡绿色（图 5-32），后发展为近圆形的深褐色病斑，中间凹陷，有时表面溢出橙色胶状物（图 5-33）。

图 5-30　瓠瓜炭疽病，发病叶片症状

图 5-31　瓠瓜炭疽病，病斑破裂

图 5-32　瓠瓜炭疽病，发病果实初期症状

图 5-33　瓠瓜炭疽病，发病果实溢出橙色胶状物

【致病病原】 病原为葫芦科刺盘孢 *Colletotrichum orbiculare*（Berk. &Mont.）Arx.，属半知菌亚门真菌。（1）形态和大小。分生孢子盘初为埋生，红褐色，后突破表皮。呈黑褐色。分生孢子梗圆筒状，无色，单胞，大小（20～25）μm×（2.5～3.0）μm。分生孢子单胞，无色，长圆形，大小（14～20）μm×（5.0～6.0）μm。萌发产生芽管 1～2 根，顶端生附着胞，附着胞暗色，近圆形。（2）特性。病原萌发适宜温度 22～27 ℃。

【病害循环】（1）越冬与初侵染源。病原在种子上或随病残株在田间越冬，在棚室中存活，成为初侵染源。带菌种子可引起幼苗发病。（2）传播特点。病原通过雨水传播。

【发生规律】（1）气候条件与发病。气温 10～30 ℃时均可发病。在适宜温度范围内，空气湿度大，易发病。（2）栽培管理与发病。连作地，氮肥过多，大水漫灌，通风不良，植株衰弱发病重。

【防治措施】（1）农业防治。实行 3 年以上轮作。采用无病种子。无病土育苗。采用地膜覆盖栽培可减少病原传播机会。增施磷、钾肥。在棚室栽培要将湿度控制在 70%以下，减少叶面结露和吐水。田间操作均应在露水落干后进行。（2）化学防治。每亩每次用 45%百菌清 FU 250 g 熏烟，每隔 9～11 d 熏烟 1 次；或于傍晚喷撒 6.5%DPC 甲霉灵，5%DPC 百菌清，8%DPC 克炭疽，每亩次 1 kg。发病初期喷药，常用农药有 50%甲基托布津 WP 700 倍液加 75%百菌清 WP 700 倍液，36%甲基托布津 SC 500 倍液，50%苯菌灵 WP 1 500 倍液，80%多菌灵 WP 600 倍液，50%混杀硫 SC 500 倍液，80%炭疽福美 WP 800 倍液，25%溴菌清 WP 500 倍液，2%农抗 120 或 2%武夷菌素 AS 200 倍液。每隔 7～10 d 防治 1 次，连续防治 2～3 次。

瓠瓜煤污病
Bottle gourd sooty mold

煤污病是瓠瓜的一种普通病害。

【典型症状】 为害瓠瓜叶片、茎蔓和果实。叶片上初生黑色点状霉，分布在叶面的局部或叶脉附近，严重时覆盖整个叶面（图 5-34，35）。

图 5-34　瓠瓜煤污病，茎部症状

图 5-35　瓠瓜煤污病，叶片症状

【致病病原】 病原为煤污尾孢 *Cercospora fuligena* Roldanl.，属半知菌亚门真菌。

【病害循环】 病原以菌丝体和分生孢子随病残株在田间越冬，在棚室中能存活，成为初侵染源。通过雨水及蚜虫传播。

【发生规律】 光照弱，空气湿度大，易发病。高温高湿，遇连阴雨，特别是阵雨转晴，易发病。

【防治措施】 (1) 农业防治。保护地栽培时，注意调节棚室小气候，提高透光性和保温性。(2) 化学防治。发病初期，及时喷 50%甲基托布津·硫黄 SC 800 倍液，50%苯菌灵 WP 1 500 倍液，80%多菌灵 WP 600 倍液，50%混杀硫 SC 500 倍液，每隔 7～10 d 防治 1 次，连续防治 2～3 次。

瓠瓜果斑病
Bottle gourd fruit blotch

【典型症状】 主要为害瓠瓜果实。病斑圆形或近圆形，褐色至深褐色，大小 4～8 mm，病健交界不明显（图 5-36）。严重时常相互汇合，形成大的病斑，后期在病部生许多黑色小粒点（图 5-37）。

图 5-36　瓠瓜果斑病，果实症状

图 5-37　瓠瓜果斑病，果实症状

【致病病原】 病原为亚膜茎点霉 *Phoma subvelata* Sacc.，属半知菌亚门真菌。分生孢子器聚生，突破表皮，球形或扁球形，器壁膜质暗褐色，大小 144～220 μm；器孢子圆柱状，个别矩圆形，单胞，无色透明，正直或稍弯，有 2 个油球，大小 (6～8) μm×(2～2.5) μm。

【病害循环】 病原在病残体上越冬。第 2 年借风雨传播蔓延，经伤口或皮孔侵入，引致果斑病。

【发生规律】 水肥条件差，管理不善，植株生长势弱易染病。

【防治措施】 (1) 农业防治。定植前施足充分腐熟的有机肥，生长期不要追施速效氮肥，苗期及时松土、锄草，促进根系发育，甩蔓后及时压蔓、盘蔓。浇水宜少不宜多，雨后及时排水。与瓜类作物实行 3 年以上轮作，注意选择高燥地块或采用高畦栽培。收获后及时清洁田园，发现病瓜及时摘除，集中深埋。(2) 化学防治。发病初期开始喷 30%绿得保 SC 400 倍液，或 25%络氨铜 AS 500 倍液，或 47%加瑞农 WP 800 倍液，或 1∶(0.5～1)∶240 倍式波尔多液，或氯霉素 4 000～5 000 倍液，隔 7～

10 d喷 1 次，连续喷 2～3 次。采收前 3 d 停止用药。

瓠瓜绵腐病
Bottle gourd cottony leak

【典型症状】 苗期表现为猝倒病（图 5-38）。成株期主要为害果实，地面上的果实先发病，初为褐色水浸状，后变软（图 5-39）。湿度大时，病部长出白色菌丝（图 5-40）。

图 5-38 瓠瓜绵腐病，苗期子叶发病病状

图 5-39 瓠瓜绵腐病，干旱高温时果实发病症状

图 5-40 瓠瓜绵腐病，棚室中潮湿时果实发病症状

【致病病原】 病原为瓜果腐霉 *Pythium aphanidermatum*（Eds.）Fitzp.，属鞭毛菌亚门真菌。菌丝体白色棉絮状，菌丝无隔膜，直径 2.3～7.1 μm。孢子囊呈丝状或呈不规则膨大，大小(63～725) μm×(4.9～14.8) μm，内含 6～26 个游动孢子。藏卵器球形，直径 14.9～34.8 μm。卵孢子球形，平滑，不满器，直径 14.0～22.0 μm。

【病害循环】 病原在土壤中越冬，主要分布在表土层内，雨后或湿度大，病原迅速增加。适宜条件下直接长出芽管侵入植株。后在病残体上产生病原，借雨水或灌溉水传播，为害果实。

【发生规律】 平均气温 22～28 ℃，连阴雨，湿度大，利于病害的发生和蔓延。

【防治措施】 (1) 农业防治。清沟沥水，高畦栽培，防止雨后畦面积水。定植穴施入充分腐熟的有机肥。果实不要与地面接触，注意通风，防止湿气滞留。(2) 化学防治。苗期发病前或发病初期，喷 72.2%普力克 AS 600～700 倍液，或 68%精甲霜灵·锰锌 WG 300 倍液，或 64%杀毒矾 WP 500 倍液，或 70%乙膦·锰锌 WP 500 倍液。生长中期，可喷施 18%甲霜胺·锰锌或 47%加瑞农 WP 800～1 000 倍液，隔 10 d 喷 1 次，连续喷 2～3 次。采收前 5 d 停止用药。

瓠瓜化瓜
Bottle gourd physiological abortion

【典型症状】 瓠瓜生长过程中，雌花开放不长时间，瓜胎变黄、脱落，或者本已开始膨大的瓜突然中止生长，且瓜胎逐渐变黄、变软（图 5-41）。

图 5-41 瓠瓜化瓜

【发生规律】 参见黄瓜化瓜。

【防治措施】 参见西葫芦化瓜。

6. 丝瓜病害

丝瓜病毒病 Sponge gourd mosaic

病毒病是丝瓜的重要病害。常造成大面积减产，甚至绝收。

【典型症状】 丝瓜幼叶感病呈浓淡不均、叶面不平整的泡斑，叶片细小（图 6-1），有的叶片明显皱缩（图 6-2）。成叶感病出现黄色环斑（图 6-3）或黄绿相间花叶，类型较多（图 6-4，5）。发病严重的叶片变硬、发脆，叶缘缺刻加深。病株生长迟缓，结瓜果能力差，所结瓜果细小或扭曲。

图 6-1 丝瓜病毒病，叶片细小

图 6-2 丝瓜病毒病，叶片皱缩

图 6-3 丝瓜病毒病，花叶症状

图 6-4 丝瓜病毒病，花叶症状

【致病病原】 多种病毒侵染引起，以黄瓜花叶病毒（CMV）为主，此外还有甜瓜花叶病毒（MMV）、烟草环斑病毒 Tobacco ring spot virus（TRSV）、西瓜花叶病毒 Watermelon mosaic virus（WMV）、甜瓜叶脉黄化病毒（MVYV）、甜瓜坏死斑点病毒（MNSV）等。

【病害循环】 （1）越冬与初侵染源。CMV 可在菜田多种植株或杂草上越冬。（2）传播特点。在丝瓜生长期间，除蚜虫传毒外，农事操作及汁液接触也可传播蔓延。MMV 除种子带毒外，其他传播途径与 CMV 类似。WMV 种子带毒率低。MVYV 主要靠棉蚜传播。MNSV 可由土壤、种子、农事操作传播。TRSV 主要靠汁液摩擦传毒。

【发生规律】 （1）品种与发病。品种之间，病情有明显的差异。早熟丝瓜品种，病情最重；中熟品种，病情较轻；迟熟品种，病情最轻。

图 6-5 丝瓜病毒病，花叶症状

（2）气候条件与发病。冬季气温偏高，蚜虫越冬后基数较大，迁入瓜田的时间早，使发病早且重，所以病毒病很快大流行。（3）栽培管理与发病。沙质壤土田种植，因有线虫传毒，病毒病比在黏土田种植发病严重。苗期上架之前，过量偏施氮素化肥，发病程度比较重。

【防治措施】（1）种子消毒。播种前种子用0.5%肥皂水或0.1%磷酸二氢钠溶液浸泡 24 h，或用 60～62 ℃的温水浸种 10 min，然后移入冷水中冷却，晾干后播种。也可以用 10%磷酸三钠溶液浸种 20 min 后，再用清水冲洗干净，催芽播种。（2）农业防治。大棚丝瓜宜选用植株生长旺盛、耐寒、适应性强的品种，主要有长线丝瓜、白玉霜丝瓜、济南棱丝瓜、广乐八棱丝瓜、夏棠一号等品种。不偏施氮肥，以免瓜苗贪青发病。有条件的地方每亩用草木灰 30～40 kg，在露水未干前叶面撒施，可使病毒失毒。选择土质黏重的田块栽种丝瓜，可以避免线虫传毒染病，减轻病毒病的发生。不与黄瓜、甜瓜混种，也不要在以前种过瓜类的田块种植丝瓜。适当早播或晚播，苗期避开蚜虫迁飞高峰期。培育壮苗，适期定植，在当地晚霜过后，即应定植，保护地可适当提早。（3）化学防治。从育苗开始，就要注意及时防治蚜虫和线虫。从发病初期起，用 20%毒克星 600 倍液，或用 5%菌毒清 AS 500 倍液，或用 20%菌毒清・霜霉威 AS 800 倍液喷雾，隔 7 d 喷 1 次，连续喷 3 次以上。喷药后，如遇雨要抢晴补喷。

参考文献

苏小俊，袁希汉，高军，等. 丝瓜病毒病分级标准和种质抗性鉴定的研究[J]. 江苏农业科学，2008(1)：37-39

丝瓜细菌性角斑病
Sponge gourd angular leaf spot

【典型症状】 主要为害叶、叶柄、茎、卷须及果实。（1）叶片。病初现透明状小斑点，扩大后形成具黄色晕圈的灰褐色斑，中央变褐或呈灰白色穿孔破裂（图 6-6），湿度大时病部产生乳白色菌脓。（2）茎和果实。病斑初呈水浸状，后溢出白色菌脓，干燥时变为灰色，常形成溃疡。

图 6-6 丝瓜细菌性角斑病

【致病病原】 病原为丁香假单胞杆菌黄瓜角斑病致病变种 *Pseudomonas syringa* (Smith et Bryan) Young，Dye & Wilkie.，属细菌。（1）形态和大小。菌体短杆状相互呈链状连接，具端生鞭毛 1～5 根，大小(0.7～0.9) μm×(1.4～2) μm，有荚膜，无芽孢，革兰氏染色阴性，在金氏 B 平板培养基上，菌落白色，近圆形或略呈不规则形，扁平，中央凸起，污白色，不透明，具同心环纹，边缘一圈薄且透明，菌落直径 5～7 mm，外缘有放射状细毛状物，具黄绿色荧光。（2）特性。生长适温 24～28 ℃，最高 39 ℃，最低 4 ℃，48～50 ℃ 经 10 min 致死。

【病害循环】（1）越冬与初侵染源。病原在种子上或随病残体在土壤中越冬，成为初侵染源。病原在种子内存活 1 年，在土壤中可存活 3～4 个月。（2）传播特点。病原从伤口或自然孔口侵入，形成初侵染。播种带菌种子，出苗后子叶发病。借气流或雨水逐渐扩展开来，一直延续到结瓜盛期，后随气温下降，病情缓和。

【发生规律】 发病适宜温度 24～28 ℃，适宜相对湿度70%以上。

【防治措施】（1）种子消毒。用次氯酸钙300倍液浸种30～60 min，或用40%福尔马林150倍液浸1.5 h，浸种后用清水冲洗干净，再催芽播种。或瓜种放在70 ℃的恒温下，灭菌72 h。或用50 ℃的温水浸种20 min，捞出晾干后，再催芽播种。（2）农业防治。与非瓜类作物实行2年以上轮作。从无病瓜上选留种。无病土育苗。及时清除病叶。（3）化学防治。棚室栽培，每亩喷撒10%乙滴DPC或5%百菌清DPC 1 kg。露地栽培，在发病初期喷药，常用药为72%农用硫酸链霉素SPX 4 000～5 000倍液，或47%加瑞农WP 800～1 000倍液，或12%绿乳铜EC 600倍液，或77%氢氧化铜WP 500倍液。

丝瓜霜霉病
Sponge gourd downy mildew

霜霉病是丝瓜的一种主要病害。各地均有分布，普遍发生。病株率10%～30%，严重时发病率可达60%以上，对产量和质量有明显的影响。

【典型症状】主要为害叶片。发病初期，叶片的正面产生不规则的褐黄色病斑，逐渐发展成多角形的黄褐色病斑（图6-7）。湿度大时，病斑背面长出灰黑色霉层。后期病斑连片，整个叶片枯死（图6-8）。

图6-7 丝瓜霜霉病，叶片症状

图6-8 丝瓜霜霉病，后期叶片枯死

【致病病原】病原为古巴假霜霉菌 *Pseudoperonospora cubensis*（Berk. et Curt.）Rostov.，属鞭毛菌亚门真菌。（1）形态和大小。孢囊梗，单生或2～4根束生，从气孔伸出，无色，主干144.2～545.9 μm，上部有3～5次锐角分枝。孢子囊柠檬形，淡褐色，单胞，顶端有突起，大小(18.1～41.6) μm×(14.5～27.2) μm。（2）特性。孢子囊萌发后长出芽管，低温时孢子囊释放出游动孢子，1～8个，在水中游动后形成休止孢子，产生芽管。产生孢子囊适温15～20 ℃，萌发适温15～22 ℃。

【病害循环】温暖地区病原在病叶上越冬或越夏。北方地区病原是借季风从南方吹来的，进行初侵染和再侵染。

【发生规律】结瓜期阴雨连绵，湿度大发病重。

【防治措施】（1）农业防治。选用抗病品种，如夏棠1号、八棱丝瓜等。增施有机肥和磷、钾肥。清沟排渍，降低田间湿度。（2）化学防治。丝瓜下部叶片初发病时开始施25%阿米西达SC 833～1 250倍液，每隔7 d施药1次，连续施药3次，可兼治炭疽病。还可以选用70%乙膦·锰锌WP 500倍液，或72%克露WP 600倍液，或72.2%普力克AS 800倍液，或58%雷多米尔·锰锌WP 600～700倍液，或72%霜霸WP 700倍液，或75%百菌清WP 600倍液，或64%杀毒矾WP 400倍液。棚室栽培，每亩用45%百菌清FU 250 g，分散多处用暗火点燃，闭棚熏1夜，隔7 d烟熏喷1次。

参考文献

[1]彭埃天，欧阳主才，林森馨，等. 25%阿米西达悬浮剂防治丝瓜霜霉病药效试验[J]. 广东农业科学，2007(9)：64-65，75

[2]陈忠夫. 丝瓜霜霉病防治药剂筛选试验[J]. 宁波农业科技，2007(3)：8-9

丝瓜炭疽病 Sponge gourd anthracnose

【典型症状】 为害叶片、叶柄、茎蔓及果实。苗期至成株期均可受害。(1) 叶片。发病初期为近圆形小斑点，淡黄色（图 6-9），后扩大变为黑褐色，有轮纹（图 6-10）。干燥时病斑中央易穿孔破裂（图 6-11）。严重时，叶片提早枯死，造成植株枯萎死亡。(2) 叶柄、茎蔓。瓜蔓及叶柄感病，病斑为椭圆形，深褐色凹陷。(3) 果实。呈水浸状圆形病斑，凹陷。湿度大时各病部可溢出近粉红色黏液。病斑上有轮纹是该病后期的主要特征。

图 6-9　丝瓜炭疽病，发病初期叶症状

图 6-10　丝瓜炭疽病，发病后期叶症状

【病害循环】 病原在种子上或随病残株越冬，也可以在温室或塑料大棚旧木料上存活。越冬后的病原产生大量分生孢子，成为初侵染源。

【发生规律】 气温 10～30 ℃均可发病。当气温稳定在 24 ℃左右时，发病重。

【防治措施】 (1) 农业防治。实行 3 年以上轮作。增施磷、钾肥。通风排湿，使棚内湿度保持在 70%以下，减少叶面结露和吐水。田间操作应在露水落干后进行。(2) 化学防治。棚室中每亩用 45%百菌清 FU 250 g，隔 9～11 d 烟熏 1 次。露地栽培在发病初期喷 50%甲基托布津 WP 700 倍液加 75%百菌清 WP 700 倍液，或 50%苯菌灵 WP 1 500 倍液，或 80%多菌灵 WP 600 倍液，或 80%炭疽福美 WP 800 倍液，或 25%溴菌清 WP 500 倍液，隔 7～10 d 喷 1 次，连续喷 2～3 次。

图 6-11　丝瓜炭疽病，后期病斑

丝瓜褐斑病 Sponge gourd leaf spot

【典型症状】 为害丝瓜叶片，病斑褐色至灰褐色，圆形或不规则形，直径 0.5～13 mm，边缘有时现褪绿至黄色晕圈。早晨日出或晚上日落时，病斑上可见银灰色光泽（图 6-12）。

图 6-12　丝瓜褐斑病，发病中期叶片症状

【致病病原】 病原为瓜类尾孢菌 *Cercospora citrullina* Cooke，属半知菌亚门真菌。分生孢子褐色，梗束生，直或弯曲，不分枝，具隔膜 0～4 个，顶端平切，大小(27.5～90) μm×(4.25～5) μm。分生孢子针形，无色，直或弯曲，有 4～21 个隔膜，大小(22.5～175) μm×(2.75～5) μm。

【病害循环】 病原在土中病残体上越冬。病原借气流传播蔓延，以分生孢子进行初侵染和再侵染。

【发生规律】 温暖高湿发病重。偏施氮肥，连作地发病重。

【防治措施】 (1) 农业防治。清洁田园。做好菜田开沟排水工作，防止积水。(2) 化学防治。发病初期喷 40%甲霜铜 WP 600～700 倍液，或 60%琥·乙膦铝 WP 500 倍液，或 47%加瑞农 WP 600 倍液，或 64% 杀毒矾 WP 500 倍液，或 1∶1∶240波尔多液，隔 10 d 喷 1 次，连续喷 1～2 次。

丝瓜蔓枯病 Sponge gourd gummy stem blight

【典型症状】 主要为害丝瓜茎蔓，也可为害叶片和果实。(1) 叶片。发病先出现褐色病斑，圆形或近圆形（图 6-13）。(2) 茎蔓。病斑椭圆形，边缘褐色，有时溢出琥珀色树脂胶质状物。(3) 果实。病斑近圆形，灰白色，发病严重时出现不规则的褪绿斑，后期变灰色至黑色。

图 6-13 丝瓜蔓枯病，叶片症状

【致病病原】 病原为西瓜壳二孢菌 *Ascochyta citrullina* Smith.，属半知菌亚门真菌。有性阶段为甜瓜球腔菌 *Mycosphaerella melonis* (Pass.) Chiu et Walker.，属子囊菌亚门真菌。有性阶段不常见。分生孢子器黑褐色，球形，顶部有突起。分生孢子无色，单胞，圆柱形，两端钝圆，大小 (6～10) μm×(2～3) μm。

【病害循环】 病原以菌丝体或分生孢子器随病残体在土壤中，或以分生孢子器附着在种子上越冬。分生孢子萌发生芽管从气孔、水孔或伤口侵入，形成初次侵染和再次侵染，经 7～8 d 潜育期后发病。菌源靠雨水反溅传播，发病后田间的分生孢子借风雨及农事操作传播。

【发生规律】 病原喜温、湿条件，温度在 20～25 ℃，相对湿度在 85%以上，土壤湿度大时极易发病。偏施氮肥发病重。

【防治措施】 (1) 农业防治。增施磷、钾肥，避免偏施氮肥。注意清沟排渍，调节株间的通透性。(2) 化学防治。棚室栽培，每亩用 45%百菌清 FU 250 g，隔 9～11 d 熏 1 次；或于傍晚喷撒 6.5%甲霉灵超细粉尘剂 1 kg。露地栽培，在发病初期喷 80%多菌灵 WP 600 倍液，隔 7～10 d 喷 1 次，连续喷 2～3 次。

丝瓜枯萎病 Sponge gourd fusarium wilt

【典型症状】 (1) 苗期。子叶先变黄，茎部或茎基部变褐缢缩成立枯状（图 6-14）。(2) 成株。主要发生在开花结瓜后，先是中午有部分叶片萎蔫下垂，似缺水状，早晚恢复，后萎蔫叶片不断增多，逐渐遍及全株，整株枯死。主蔓基部纵裂，纵切病茎可见维管束变褐（图 6-15）。湿度大时，病部表面现白色或粉红色霉状物。有时病部溢出少许琥珀色胶质物。

图 6-14 丝瓜枯萎病，苗期病状

【致病病原】 病原为尖镰孢菌丝瓜儿专化型 *Fusarium oxysporum* (Schl.) f. sp. *luffae* Owen.，属半知菌亚门真菌。(1) 形态和大小。①大型分生孢子梭形或镰刀形，无色透明，两端渐尖，顶细胞圆锥形，有时微呈钩状，基部倒圆锥截形或有足细胞，具横隔 0～3 个或 1～3 个。②小型分生孢子多生于气生菌丝中，椭圆形至近梭形或卵形，无色透明，大小(7.5～20.0) μm×(2.5～5.0) μm。(2) 特

图 6-15　丝瓜枯萎病，根部枯死

性。病原发育和侵染适温 24～25 ℃。

【病害循环】　病原在土壤和未腐熟的带菌有机肥中越冬，成为初侵染源。病原从根部伤口或根毛侵入。播种带菌的种子出苗后即可染病。地上部的重复侵染主要通过整枝或绑蔓引起的伤口侵入。

【发生规律】　（1）气候条件与发病。病原发育和侵染适温 24～25 ℃。高温有利于该病的发生和扩展，空气相对湿度 90％以上易发病。（2）栽培管理与发病。秧苗老化、连作、有机肥不腐熟、土壤过分干旱或质地黏重的酸性土，是引起该病发生的主要条件。

【防治措施】　（1）农业防治。与非瓜类作物实行 5 年以上的轮作。选用抗（耐）病品种。酸性土壤应施入消石灰，调节土壤的酸碱度。采用营养钵育苗。（2）化学防治。坐瓜后，在发病前或发病初期，用药液灌根防治。常用农药有 10％双效灵 AS 200 倍液，或 60％防霉宝 WP 600 倍液，或 50％苯菌灵 WP 1 500 倍液，或 20％甲基立枯磷 EC 1 000 倍液，或 60％琥・乙膦铝 WP 350 倍液，隔 10 d 再灌 1 次，连续灌 2～3 次。

丝瓜白斑病
Sponge gourd cercospora leaf spot

丝瓜白斑病又称白星病、叶斑病，是丝瓜的一种主要病害。

【典型症状】　叶片发病后出现湿润状白色斑点，后渐扩大变为黄白色至灰白色或黄褐色病斑，直径 0.5～7 mm，边缘紫色至深褐色（图 6-16）。严重的全叶变黄枯死。

图 6-16　丝瓜白斑病，叶片发病症状

【致病病原】　病原为瓜类尾孢菌 *Cercospora citrullina* Cooke，属半知菌亚门真菌。菌丛生于叶两面，叶面多，子座无或小。分生孢子梗 10 根以下，簇生，淡褐色至浅橄榄色，直或略屈曲，具隔 0～3 个，顶端渐细，孢痕明显，无分枝，大小（7.5～72.5）μm×（4.5～7.75）μm。分生孢子无色或淡色，倒棍棒形或针形至弯针形，具隔 0～16 个，端钝圆或亚尖，基部平截，大小（15～112.5）μm×（2～4）μm。

【病害循环】　病原在病残体及种子上越冬。病原借气流及雨水传播，经 5～6 h 结露才能从气孔侵入，经 7～10 d 发病后产生新的病原进行再侵染。

【发生规律】　多雨季节易发生和流行。

【防治措施】　（1）种子消毒。用 55 ℃的温水浸种 15 min。（2）农业防治。与非瓜类蔬菜实行 2 年以上轮作。（3）化学防治。发病初期喷 50％多霉・威 WP 1 000 倍液，或 50％苯菌灵 WP 1 500 倍液，或 60％防霉宝 WP 800 倍液，或 50％多硫 SC 600 倍液，隔 10 d 喷 1 次，连续喷 2～3 次。采收前 5 d 停止用药。

丝瓜疫病
Sponge gourd phytophthora blight

【典型症状】　主要为害果实，有时茎蔓及叶片也受害。（1）果实。果实发病多从花蒂开始，病斑凹陷，初为水渍状暗绿色（图 6-17），湿度大时瓜条很快软腐，并有白色霉状物。（2）茎蔓。茎蔓发病主要在嫩茎或节间部位，初为水渍状，扩大后整段湿腐，暗褐色。（3）叶片。叶片发病初为水渍状黄褐色斑，湿度大时着生白色霉层，干燥时呈青白色，容易破碎。

【致病病原】　病原为寄生疫霉 *Phytophthora*

图 6-17　丝瓜疫病，发病果实

图 6-18　丝瓜白粉病，叶面症状

图 6-19　丝瓜白粉病，叶背症状

parasitica Dast.，属鞭毛菌亚门真菌。

【病害循环】 病原以菌丝体及卵孢子在种子上或随病残体在土壤中越冬。病原借风雨及灌溉水传播。

【发生规律】 遇阴雨或湿度大发病重。成株坐瓜后，雨水多，湿度大易发病。土壤黏重、地势低洼、重茬地发病重。

【防治措施】 中心病株出现后，及时喷洒 72%霜脲·锰锌 WP 800 倍液，或 72%克露 WP 800～1 000 倍液，或 56%靠山 WG 800 倍液，或 18%甲双胺·锰锌 WP 600 倍液，或 70%乙膦·锰锌 WP 500 倍液，隔 10 d 喷 1 次，连续喷 2～3 次。

丝瓜白粉病
Sponge gourd powdery mildew

白粉病是丝瓜的一种常见病害。各地均有分布。零星发生。发病初期不易发现，严重后防治困难，影响产量。

【典型症状】 主要为害叶、叶柄和茎。叶背处先出现白色粉状圆斑，后叶片两面都长出白粉状霉，病部变黄干枯（图 6-18，19）。

【致病病原】 病原为瓜白粉菌 *Erysiphe cucurbitacearum* Zheng Chen，属子囊菌亚门真菌。菌丝体生于叶两面，现不定型污白色粉斑片，后相互汇合；分生孢子柱形，大小（17.8～27.9）μm×（12.2～15.2）μm。子囊果主要生在叶背，扁球形，聚生，暗褐色，直径 85～137 μm，多为 95～122 μm。子囊 5～13 个，多为 7～11 个，长卵至矩圆形或卵形至椭圆形或其他不规则形，具柄或短柄，个别近无柄，大小（48.3～68.6）μm×（25.4～35.6）μm。子囊孢子 2 个，卵形，带黄色，大小（18.8～22.9）μm×（12.5～15.2）μm。

【病害循环】 病原在病残体上或在棚室作物上越冬，成为初侵染源。病原借气流或雨水传播，在田间形成再侵染。由于病原繁殖速度很快，易导致流行。

【发生规律】 叶面结露持续时间长，能抑制病原生长发育。

【防治措施】（1）农业防治。选用抗病品种，如夏棠 1 号、天河夏丝瓜。（2）化学防治。发病初期喷 20%三唑酮 EC 2 000 倍液，或 6%乐必耕 WP 1 000～1 500 倍液，或 12.5%烯唑醇 WP 2 500 倍液，或 5%三泰隆 WP 2 000 倍液，或 40%氟硅唑 EC 8 000～10 000 倍液。

参考文献

李彬，苏小俊，袁希汉. 丝瓜的主要病虫害及其防治[J]. 长江蔬菜，2001(10)：25

丝瓜轮纹斑病
Sponge gourd diplodia leaf spot

【典型症状】 主要为害叶片，病部初呈水渍状褐色斑，边缘呈波纹状，若干个波纹形成同心轮纹状，病斑四周褪绿或出现黄色区，湿度大时表面现污灰色菌丝，后变为橄榄色，有时病斑上可见黑色小粒点（图 6-20）。

图 6-20　丝瓜轮纹斑病

【致病病原】 病原为蒂腐色二孢或蒂腐壳色单隔孢 *Diplodia natalensis* Pole Evans.，属半知菌亚门真菌。分生孢子器洋梨形或扁球形，黑色，光滑，大小 290～522 μm。分生孢子梗圆柱形，不分枝，无色，大小(8.4～19) μm×(2.8～5.6) μm，分生孢子成熟时褐色，长椭圆形，双胞，表面具纵行条纹，大小(21～29.4) μm×(11.9～15.4) μm。

【病害循环】 病原以菌丝体和分生孢子器在病残体上越冬。条件适宜时，分生孢子器内释放出分生孢子从叶片侵入，通过风雨在田间传播蔓延。

【发生规律】 气温 27～28 ℃，湿度大，或干湿与冷热变化大时，易发病。

【防治措施】（1）农业防治。选择高燥地块种植，施用酵素菌沤制的堆肥，加强田间管理，提高抗病力。注意及时防治守瓜类、蟒象类害虫，防止造成伤口。雨后及时排水，防止湿气滞留。（2）化学防治。发病初期开始喷 30%碱式硫酸铜 JG 300 倍液，或 36%甲基托布津 SC 500 倍液加 75%百菌清 WP 1 000 倍液，或 50%苯菌灵 WP 1 500 倍液。每亩喷对好的药液 60～70L，隔 7～10 d 喷 1 次，连续喷 2～3 次。采收前 7 d 停止用药。

参考文献

刘文珍，高振江，吕佩珂，等. 茄子、丝瓜的两种新病害[J]. 植保技术与推广，1996，16(4)：39

丝瓜绵腐病
Sponge gourd cottony leak

绵腐病在丝瓜果实生长期发生重，长江以南尤为普遍。

【典型症状】（1）苗期。发病引起猝倒（图 6-21），出苗后子叶上形成具轮纹的病斑（图 6-22）。（2）成株。主要引起果实绵腐，多发生在植株下部，尤其是接触地面的果实易发病。果实多从脐部或伤口附近发病，先现水渍状斑点，扩展后变为黄色或褐色水浸状大病斑，与健部分界明显，后半个或整个果实腐烂，并在病部外围长出一层茂密的白色棉絮状菌丝体，最后引致全果腐烂（图 6-23）。

图 6-21　丝瓜绵腐病，苗期发病引起猝倒

图 6-22　丝瓜绵腐病，苗期发病子叶上形成的病斑

【致病病原】 病原为瓜果腐霉 *Pythium aphanidermatum*（Eds.）Fitzp.，属鞭毛菌亚门真

图 6-23 丝瓜绵腐病，病瓜

菌。在 CMA 上菌丛白色棉状，菌丝体发达，具分枝，无隔膜，菌丝宽 3～7 μm。游动孢子囊顶生，膨大成形状不规则的姜瓣状，萌发后形成球状泡囊，泡囊内含游动孢子 8～29 个，游动孢子肾形双鞭毛，休止时呈球状，大小 11～12 μm。藏卵器顶生，球状，无色，大小 18～36 μm，雄器同丝或异丝生，近椭圆形；卵孢子球形光滑，不满器，浅黄色，直径 17～28 μm。

【病害循环】 病原以卵孢子在土壤中越冬，也可以菌丝体在土壤中腐生生活。第 2 年当温度达到 10～30 ℃、相对湿度达到 95%以上时，若遇有水滴，卵孢子萌发或土中菌丝都会产生孢子囊，孢子囊萌发释放出游动孢子，借雨水和灌溉水传播，与植株下部的触地果实接触，侵入后引起发病。病部不断释放出游动孢子进行重复侵染。

【发生规律】 结瓜期阴雨连绵、湿气滞留易发病。地势低洼，地下水位高，雨后积水的地块，发病严重。

【防治措施】 (1) 农业防治。平整土地，做到雨后或灌水后地面无积水。高畦栽培，地面覆地膜，或雨季来临前地面铺草，阻隔土壤孢子释放。及时绑架、整蔓，适度打掉植株下部老叶，增强通风透光，降低株间湿度。及时采收植株下部丝瓜。(2) 化学防治。发病初期及时喷药防治，可选用 25%甲霜灵 WP 800 倍液，或 72.2%霜霉威 AS 400 倍液，或 72.2%普力克 AS 400 倍液，或 68%精甲霜灵·锰锌 WG 300 倍液，或 72%霜脲·锰锌 WP 800～1 000 倍液，或 77%氢氧化铜 WP 500 倍液，或 80%新万生 WP 800 倍液，要着重喷布植株下部和地面。

丝瓜果腐病
Sponge gourd rhizopus fruit rot

果腐病又称丝瓜黑根霉果腐病。

【典型症状】 只为害果实，尤其是近地表的果实，开始没有明显病变，发病后出现大面积软化，随后病部密生白色霉层，不久在白色霉层上长出密集的蓝黑色菌丝状物，致果实腐烂(图 6-24)。

图 6-24 丝瓜果腐病

【致病病原】 病原为黑根霉 *Rhizopus nigricans* Ehrenb.，属接合菌亚门真菌。

【病害循环】 病原腐生性很强，分布普遍。从伤口侵入，以菌丝状态营腐生生活。在伤口处易产生孢子囊，湿度大条件下为害更大。病原产生孢子随气流传播，进行再侵染。

【发生规律】 适宜生长温度 23～28 ℃，相对湿度高于 80%发病重。田间灌水多、湿气滞留易发病，落地果实发病重。

【防治措施】 (1) 农业防治。前茬收获后及时清除病残体，集中深埋或烧毁。及时防治瓜类蔬菜害虫，精心操作，避免各种伤口产生。(2) 化学防治。发病初期及时喷 36%甲基托布津 SC 500 倍液，或 50%苯菌灵 WP 1 500 倍液，或 50%混杀硫 SC 500 倍液，或 50%利得 WP 800 倍液。视病情隔 10 d 喷 1 次，喷 1 或 2 次。采收前 3 d 停止用药。

丝瓜根结线虫病
Sponge gourd root-knot nematode

根结线虫病是丝瓜的一种重要病害。一般病株率为 26%～48%，死亡率 9.5%。

【典型症状】 植株地上部生长缓慢，影响生长发育，植株发黄矮小，气候干燥或中午前后地上部打蔫，拔出病株，可见根部产生大小不等的瘤状物或根结（图 6-25，26），剖开根结可见其内生有许多白色细小的梨状雌虫。

图 6-25 丝瓜根结线虫病，根颈部症状

图 6-26 丝瓜根结线虫病，根部症状

【致病病原】 病原为南方根结线虫 *Meloidogyne incognita* Chitwood。形态和大小及特性参见番茄根结线虫病。

【病害循环】 线虫多在土壤 5～30 cm 处生存，以卵或 2 龄幼虫随病残体遗留在土壤中越冬。病土、病苗及灌溉水，是主要的传播途径。

【发生规律】 雨季有利于孵化和侵染，但在干燥或过湿土壤中，其活动受到抑制。在棚室中，单一种植几年后，引起植物抗性衰退，根结线虫也得以积累。土壤湿度适合蔬菜生长，也适于根结线虫活动，沙性土壤，为害常较重；pH 4～8 的土壤环境，有利于发病。

【防治措施】 (1) 农业防治。最好与禾本科作物、葱蒜类轮作，轮作 2～3 年，能收到一定效果。丝瓜根结线虫 3～10 cm 土壤中最多，可翻耕晒杀线虫。定植前灌透水，淹杀土中线虫。彻底挖除病残体，集中烧毁，病坑用石灰消毒。(2) 化学防治。每亩用 50%辛硫磷 GR 2～2.5 kg，拌细土 30～50 kg 沟施或穴施；或用 1.8%爱福丁 EC 400～500 mL，对水适量，拌细土 20～30 kg，匀撒地表，浅耕 10 cm，有效期可达 60 d；或用 10%力满库 GR 2.5～3 kg，定植和生长期穴施、沟施，亦可在灌水后施用。生长期防治，可对病株用 70%辛硫磷 EC 1 000～1 500 倍液灌根，每隔 7～10 d 灌 1 次，连灌 2～3 次，每株灌药液 300～500 mL。

丝瓜化瓜
Sponge gourd abortion

化瓜是丝瓜的一种普通病害。

【典型症状】 花受精后没有膨大，最后干瘪干枯，或刚坐下的幼瓜在膨大过程中停止生长，由瓜尖到全瓜逐渐变黄、干瘪，最后干枯（图 6-27，28）。

图 6-27 丝瓜化瓜

图 6-28 丝瓜化瓜

【发生规律】 参见黄瓜化瓜。

【防治措施】 参见黄瓜化瓜。

7. 苦瓜病害

苦瓜病毒病 Balsam pear mosaic

病毒病为苦瓜的一种主要病害。分布广泛。以夏秋露地种植发病较重。病株率5%～10%，病重时达15%以上，明显影响产量和品质。

【典型症状】 全株受害，尤以顶端幼嫩茎蔓症状明显，早期感病株叶片变小，皱缩，节间缩短，植株明显矮化，不结瓜或结瓜少；中期至后期染病，中上部叶片皱缩，叶色浓淡不均，幼嫩蔓梢畸形，生长受阻，瓜小或扭曲，产量锐减，严重时造成绝收（图7-1）。

图7-1 苦瓜白斑病，病叶症状

【致病病原】 病原为黄瓜花叶病毒（CMV）、西瓜花叶病毒（WMV），单独或复合侵染引起。

【病害循环】 2种病毒均在活体寄主上越冬，借汁液和蚜虫传染。土壤不能传染，种子有可能传染，蚜虫发生量大时，发病较重。

【发生规律】 高温、干旱、日照强发病重。一般有利于蚜虫繁殖的气候条件，对本病发生和传播有利。缺肥发病重。

【防治措施】 （1）种子处理。播种前种子用0.5%肥皂水或0.1%磷酸二氢钠溶液浸泡24 h。（2）农业防治。合理施肥，多施农家肥，不偏施氮肥。及早拔除病株。（3）化学防治。喷洒1.5%植病灵EC 1 000倍液，或0.1%高锰酸钾水溶液，或抗毒剂1号300倍液。

苦瓜细菌性角斑病 Balsam pear angular leaf spot

细菌性角斑病是苦瓜的一种常见病害。分布较广，发病率30%～50%，重时达80%以上，影响苦瓜生产。

【典型症状】 主要为害叶片、叶柄、茎蔓、卷须及果实。（1）叶片。发病初期，叶片上出现透明状的小斑点，扩大后形成具黄色晕圈的灰褐色斑，中央变褐或呈灰白色穿孔破裂。湿度大时，病部产生乳白色菌脓（图7-2）。（2）茎和果实。病斑初呈水浸状，后期溢出白色菌脓。干燥时病斑变为灰色，常形成溃疡。该病可溢出白色菌脓，不形成小黑粒点，别于蔓枯病。

图7-2 苦瓜细菌性角斑病，病叶症状

【致病病原】 病原为丁香假单胞杆菌黄瓜角斑病致病变种 *Pseudomonas syringae* pv. *lachrymans*（Smith et Bryan）Young et al.，属细菌。发育适温25～28℃，最高35℃，最低1℃。

【病害循环】 病原在种子上或随病残体留在土壤中越冬。播种带菌的苦瓜种子，发芽后子叶上产生病斑，后扩展到真叶上，借雨水飞溅进行传播蔓延。湿度大时，病部溢出菌脓进行再侵染。病原经气孔或水孔或伤口侵入。

【发生规律】 发病的适宜温度为 24～28 ℃，适宜的相对湿度为 70%以上。随着气温的下降，病情逐渐缓和。重茬田块，地势低洼，排水不良，易发病。管理粗放或大水漫灌发病重。

【防治措施】 (1) 种子消毒。播种前，用 56 ℃的温水浸种至室温后，再浸 24 h，然后捞出晾干，置于 30～32 ℃条件下催芽，芽长 3 mm 时播种。(2) 农业防治。选用无病种子。采用高畦地膜覆盖栽培，不仅能降低田间湿度，还能减少病原传播，减少发病。与瓜类作物实行 2～3 年的轮作。种植密度要适宜，雨后要及时排水。(3) 化学防治。发病前进行预防性防治，常用农药有 72%农用硫酸链霉素 SPX 4 000 倍液，或 56%靠山 WG 800 倍液，或 47%加瑞农 WP 1 000 倍液，或 30%碱式硫酸铜 SC 400 倍液。

苦瓜白斑病 Balsam pear cercospora leaf spot

苦瓜白斑病又称褐斑病，是苦瓜的一种普通病害，分布较广。发生较轻病株率 30%～50%，重时达 80%以上。影响苦瓜质量和缩短采收期，造成减产。

【典型症状】 主要为害叶片。叶片发病，早期出现褪绿变黄的圆形小斑点，逐步扩展成近圆形或不规则形的病斑，直径 1～4 mm，灰褐色至褐色病斑，边缘较明显（图 7-3）。病斑的中间为灰白色，呈多角形或不规则状，病斑易穿孔（图 7-4）。病斑上生有稀疏浅黑色的霉状物，在潮湿时容易看见（图 7-5）。

图 7-3 苦瓜白斑病，叶片发病症状

图 7-4 苦瓜白斑病，叶片发病症状

图 7-5 苦瓜白斑病，病斑穿孔

【致病病原】 病原为苦瓜尾孢 *Cercospora momordicae* Menedoza.，属半知菌亚门真菌。分生孢子梗筒状，浅褐色，直或膝曲，具 1～4 个隔膜，顶端平截，大小（25～103）μm×（3～5）μm。分生孢子鞭状，无色，顶端较尖，隔膜较多，大小（47～153）μm×（2～4）μm。

【病害循环】 病原以菌丝体或分生孢子在病残体上越冬，为第 2 年的初侵染源。病原通过气流或雨水传播到苦瓜叶片上，形成初侵染，引起发病。病斑上产生的分生孢子，继续借气流或雨水传播，进行再侵染。

【发生规律】 在 5～9 月份的高温期发生，多数瓜田在第 1 批瓜膨大或收获后开始发病。高温多雨季节易发病。缺乏有机底肥、偏施化肥、土壤板结的瓜田发病较严重。

【防治措施】 (1) 农业防治。搞好田间清洁，清除销毁病残体，减少田间病原的积累。施足有机肥，改良土壤，增强肥力，保证苦瓜根深株壮，提高抗病力。在苦瓜第 1 轮结瓜时及时追肥，保证营养生长和生殖生长同时获得足够营养，追施叶面肥，补充必要的微量元素，并适当疏除侧芽。(2) 化学防治。定期喷药预防，可选用 70%福・甲硫 WP 800～1 000 倍液，或 75%百菌清 WP 600～700倍液，隔 7～10 d 喷 1 次，连续喷3～4次。

苦瓜疫病
Balsam pear phytophthora blight

疫病是苦瓜的一种常见病害。局部地区有分布，多在夏秋季发生，个别地块发病严重。

【典型症状】 主要为害植株茎基部和幼嫩部位，也为害瓜条。多在开花以前显症。(1) 叶片。叶片发病先失去光泽，后呈水烫状萎凋下垂（图7-6），沿叶缘形成灰绿色不规则形大斑，以后叶片腐烂或干枯。下部叶片先发病，后逐渐向上蔓延。(2) 茎基。茎蔓部染病病部凹陷呈水浸状，变细变软，致病部以上枯死，病部产生白色霉层。(3) 瓜条。呈水渍状灰绿至灰褐色坏死，病斑不规则，边缘多为水渍状，随病害的发展，病斑上产生白色霉层，很快病瓜腐烂。

图 7-6 苦瓜疫病，叶片似水烫，瓜条呈水渍状灰绿至灰褐色坏死

【致病病原】 病原为甜瓜疫霉 *Phytophthora melonis* Katsural.，属鞭毛菌亚门真菌。游动孢子囊梗从菌丝或球状体上生出，直立，中间偶现单轴分枝，个别形成隔膜，顶生游动孢子囊。游动孢子囊卵形或长椭圆形。

【病害循环】 病原以菌丝体、厚垣孢子及卵孢子随病残体在土壤中越冬。春天菌丝接触到寄主，或土壤中的卵孢子、厚垣孢子经雨水溅到寄主上萌发后，直接穿透表皮侵入。病部产生的病原借风、雨及灌溉水传播，重复侵染。

【防治措施】 (1) 农业防治。与非瓜类作物实行2年以上的轮作。用无病土育苗。施用充分腐熟的有机肥。采用高畦地膜覆盖栽培。合理施肥，避免偏施氮肥，增施磷、钾肥，雨后及时排水，避免田间积水。定植后适当控水，发病后浇水更应严格控制。出现发病株及时拔除，带出田外妥善处理。(2) 化学防治。重病地要进行土壤消毒，每亩可用硫酸铜 9～15 kg 拌适量细土，在定植前均匀地撒在定植沟或定植穴中。采用27%高脂膜 EC 80～100 倍液，于发病初期喷洒，叶面上形成一层薄膜，可防止病原侵入。发病初期喷15%三唑酮 WP 1 000～1 500 倍液，或58%甲霜灵·锰锌 WP 500～600 倍液，或64%杀毒矾 WP 500 倍液，或30%氧氯化铜 SC 400～500 倍液，隔 7～10 d 喷 1 次，连续喷 3～4 次。

苦瓜叶枯病
Balsam pear alternaria blight

【典型症状】 主要为害叶片。发病初期在叶片出现圆形褐色的轮纹病斑，直径 2～5 mm（图7-7）。病情严重的，病斑汇合成片，叶片干枯（图7-8）。

图 7-7 苦瓜叶枯病，叶片病斑

图 7-8 苦瓜叶枯病，叶片干枯

【致病病原】 病原为瓜链格孢 *Alternaria cucumerina*（Ell. et Ev.）Elliott.，属半知菌亚门真菌。(1) 形态和大小。分生孢子梗单生或3～5根束生，褐色或顶端色浅，基部细胞稍大，具隔膜1～7个；分生孢子倒棒状或卵形至椭圆形，褐色，孢身具横隔膜8～9个，纵隔膜0～3个链生，常分枝，隔膜处缢缩。(2) 特性。该菌生长温限3～45 ℃，25～35 ℃较适，28～32 ℃最适。

【病害循环】 病原在病残体上或在病组织上或种子表面越冬，成为初侵染源。病原借气流或雨水传播，直接侵入叶片，并进行再侵染。

【发生规律】 (1) 气候条件与发病。气温14～36 ℃，相对湿度高于80%开始发病。雨日多，雨量大，相对湿度高于90%，易发病。(2) 栽培管理与发病。连作地，偏施氮肥，排水不良，湿气滞留，发病重。

【防治措施】 (1) 农业防治。选用无病种瓜留种。轮作倒茬。施用充分腐熟的有机肥，提高植株的抗病力。同时要注意严防大水漫灌。(2) 化学防治。棚室栽培，在发病初期于傍晚每亩喷撒5%百菌清DPC 1 kg，或点燃45%百菌清FU 200～250 g熏1夜。露地栽培，发病初期喷75%百菌清WP 600倍液，或50%扑海因WP 1 500倍液，或80%新万生WP 600倍液，或40%灭菌丹或70%代森锰WP 400～500倍液，隔7～10 d喷1次，连续喷3～4次。在生产中，雨后及时喷药，可以减轻为害。采收前7 d停止用药。

苦瓜斑点病 Balsam pear phyllosticta leaf spot

斑点病为苦瓜的一种常见病害。各地均有发生。病株率20%～40%，严重时可达80%～100%，部分叶片坏死影响生产。

【典型症状】 主要为害叶片。开始呈现近圆形褐色小斑，后扩大为椭圆形至不定型，色转呈灰褐色至灰白色（图7-9），严重时病斑汇合，使叶片局部干枯，潮湿时斑面出现小黑点，斑面常易破裂或穿孔（图7-10）。

【致病病原】 病原为正圆叶点霉 *Phyllosticta orbicularis* Ell. et Ev.，属半知菌亚门真菌。分生孢子器球形至扁球形，黑褐色，散生或聚生，具

图7-9 苦瓜白斑病，病叶症状

图7-10 苦瓜白斑病，病斑破裂或穿孔

孔口。分生孢子单胞、无色，椭圆形，大小(5～7) μm×(2～3) μm。

【病害循环】 病原以菌丝体和分生孢子器随病残体在土中越冬，而在温暖地区病原辗转为害。病原借雨水溅射传播，进行初侵染和再侵染。

【发生规律】 高温多湿的天气有利发病。连作地，低洼田，田间郁蔽，偏施过施氮肥，发病重。

【防治措施】 (1) 农业防治。避免施过量氮肥，适当增施磷、钾肥。在重病区避免连作。清沟排渍。及时清理田间病残体。(2) 化学防治。发病初期喷70%甲基托布津WP 800倍液加75%百菌清WP 800倍液，或40%多·硫SC 500倍液。

苦瓜白粉病 Balsam pear powdery mildew

白粉病是保护地中苦瓜的一种主要病害，造成的产量损失常达20%以上。

【典型症状】 苗期至收获期均可发病。主要为害叶片，叶柄和茎次之，果实较少发病。叶片发病初期，产生白色粉状小圆斑，后逐渐扩大为

不规则的白粉状霉斑（图 7-11）。病斑可以连接成片，受害部分叶片逐渐发黄（图 7-12），后期病斑上产生许多黄褐色小粒点。发生严重时，病叶变为褐色而枯死。植株生长衰弱，结瓜减少，生育期缩短。

图 7-11　苦瓜白粉病，病叶初期白粉状霉斑

图 7-12　苦瓜白粉病，病斑连片

【致病病原】 病原为单丝壳白粉菌 *Sphaerotheca fuliginea*（Sch.）Poll. 和二孢白粉菌 *Erysiphe cichoracearum* DC.，均属子囊菌亚门真菌。该菌系专性寄生菌，只在活体寄主上存活。分生孢子梗圆柱形，不分枝，无色。分生孢子椭圆形，单胞，无色，大小(30.2～39.5) μm×(7.38～22.12) μm。闭囊壳褐色，球形，直径 67.5～122.4 μm，无孔口，表面有附属丝。

【病害循环】（1）越冬与初侵染源。病原以菌丝体或闭囊壳在病残体上越冬。温暖地区病原辗转为害。（2）传播特点。第 2 年形成子囊孢子进行初侵染，后病部产生分生孢子进行再侵染，引起病害蔓延扩展。

【发生规律】（1）发病时期。盛发期主要在 4 月上中旬至 7 月下旬和 9～11 月份。（2）气候条件与发病。冬春季多雨雪或阴天，寒流次数多，造成棚室内温度偏低和高湿环境，易导致病害流行。（3）栽培管理与发病。栽培密度过大，浇水过量或浇水后遇阴天，偏施氮肥，棚室通风不及时，苦瓜长势衰弱或生长过旺，均能促使发病。

【防治措施】（1）农业防治。收获后要及时清除病残体。保护地要注意通风透光，降低湿度。露地栽培，在雨后要及时排水。（2）化学防治。定植前几天将棚室密闭，用硫黄粉 2.5 g/m^2，锯末 5 g，拌匀后分别装入小塑料袋中，分放在室内，于晚上点燃烟熏 1 夜。发病初期喷 30%氟菌唑 WP 3 500～5 000 倍液，或 15%三唑酮 WP 1 500 倍液，或 40%氟硅唑 EC 8 000 倍液，或 40%多·硫 SC 500～600 倍液，或 50%硫黄 SC 250～300 倍液，隔 10 d 后喷第 2 次药。

苦瓜霜霉病
Balsam pear downy mildew

苦瓜对霜霉病抗性较强，但近年该病也有上升趋势。

【典型症状】 主要为害叶片。发病初期叶面出现浅黄色小斑，病斑扩大受叶脉限制呈不规则形，颜色由黄色逐渐变为黄褐色（图 7-13），能汇合为大病斑（图 7-14）。湿度大时在叶背面长出白色霉状物，天气干燥时则很少见到霉层。

图 7-13　苦瓜霜霉病，病叶症状

【致病病原】 病原为古巴假霜霉菌 *Pseudoperonospora cubensis*（Berk. et Curt.）Rostov.，属鞭毛菌亚门真菌。病原特征特性参见黄瓜霜霉病。

【病害循环】 在温暖地区该病辗转发生，寒

图 7-14　苦瓜霜霉病，病叶后期症状

冷地区病原在温室或大棚活体植株上存活，从温室或大棚向露地植株传播侵染。病原孢子悬浮于空气中，借气流和风雨传播，当叶片上有水膜时病原孢子最容易萌发，从细胞间隙和气孔侵入，形成初侵染。

【发生规律】 低温阴雨易诱发该病。气候温暖、雨水多，或昼夜温差大、早晨雾大露重条件下发生流行严重。华南地区一般发生在 5～6 月份和 9～10 月份。

【防治措施】 (1) 农业防治。选用抗病良种。清沟排渍，降低田间湿度。棚室栽培要控制湿度。定植后结瓜前应控制浇水，并适时中耕，提高地温。结瓜期及时清除老叶、病叶，以利通风透光；增施磷、钾肥，提高植株抗病性。(2) 化学防治。发病初期喷药防治，可选用 72% 霜脲・锰锌 WP 1 000倍液，64% 卡霉能 WP 800 倍液，58% 瑞毒霉锰锌 WP 800 倍液，40% 百可宁 SC 600 倍液，70% 乙膦・锰锌 WP 500 倍液，58% 雷多米尔・锰锌 WP 500～600 倍液，64% 杀毒矾 WP 500 倍液。棚室中在发病初期每亩用 45% 百菌清 FU 200～250 g，分放在棚内 4～5 处，暗火点燃，发烟时闭棚，熏 1 夜，次晨通风，隔 7 d 熏 1 次。

苦瓜炭疽病 Balsam pear anthracnose

炭疽病是苦瓜的一种主要病害。分布广泛。病株率为 8%～20%，严重可达 30%～50%，减产 10% 左右，严重时损失 30% 以上。

【典型症状】 (1) 幼苗。幼苗期发病时，子叶边缘呈现褐色半圆形或圆形病斑，稍凹陷。(2) 成株。成株期叶片发病，叶部病斑近圆形，大小不等，初为水渍状，很快干枯呈红褐色，边缘有黄色晕圈，常常几个小病斑连在一起，呈不规则大病斑。病斑上轮生黑色小点，潮湿时，病斑上生有粉红色黏稠物质，在干燥条件下，病斑常开裂、穿孔。茎上病斑灰白色至深褐色，稍凹陷，表面有粉红色小点。幼瓜、成瓜均可发病，病斑近圆形，初为淡黄褐色，后变红褐色至褐色，稍凹陷（图 7-15）。湿度大时，病斑有淡粉红黏液溢出。发病严重时，病部扩展，可引起瓜条腐烂。

图 7-15　苦瓜炭疽病，瓜条病斑近圆形，褐色，凹陷

【致病病原】 病原为瓜类炭疽菌 *Colletotrichum orbiculare* (Berk. & Mont.) V. Arx，属半知菌亚门真菌。分生孢子盘初为埋生，红褐色，后突破表皮，呈黑褐色。分生孢子梗圆筒状，无色，单胞，大小(20～25) μm×(2.5～3.0) μm。分生孢子单胞，无色，长圆形，大小(14～20) μm×(5.0～6.0) μm。萌发产生芽管 1～2 根，顶端生附着胞，附着胞暗色，近圆形。

【病害循环】 (1) 越冬与初侵染源。病原以菌丝体、拟菌核在种子上、病残株或棚架上越冬，成为初侵染源。种子上的菌丝体可直接侵入子叶，使苗期发病。(2) 传播特点。病原通过雨水传播。

【发生规律】 湿度是诱发该病重要因素。早春塑料棚温度低，湿度高，叶面结有大量水珠，苦瓜吐水或叶面结露，易发病和流行。通风条件差，连作地，施氮肥过多，大水漫灌，植株衰弱，发病重。

【防治措施】 (1) 种子消毒。用 50% 双氧水浸种 3 h，然后用清水冲净后播种。或将种子放于 56 ℃的温水中浸泡，当冷却到室温后再继续浸泡 24 h，然后置于 30～32 ℃条件下催芽，芽长 3 mm 时播种。(2) 农业防治。与非瓜类蔬菜作物实行 3

年以上轮作。选用抗病性强的品种。合理施肥，注意氮、磷、钾三要素配合施用。合理密植，及时引蔓上架并整枝。棚室栽培要加强通风排湿，使棚内湿度保持在70%以下，减少叶面结露和吐水。（3）化学防治。发病初期喷药防治，药剂可选用50%甲基托布津WP 700倍液加75%百菌清WP 600倍液，或80%炭疽福美WP 500倍液，或80%代森锌800倍液。每7 d喷1次，连续喷2～3次。

参考文献

林惠梅，江绍琳，蒋军喜．苦瓜炭疽病病原菌鉴定[J]．江西植保，2007，30(4)：156-157

苦瓜灰斑病
Balsam pear gray leaf spot

【典型症状】 主要为害叶片。叶上开始出现褪绿的小斑点，后中间形成褐色坏死斑，边缘不明显，直径为0.5～1.5 cm（图7-16）。

图7-16 苦瓜灰斑病

【致病病原】 病原为瓜类尾孢 *Cercosporacitrullina* Cooke.，属半知菌亚门真菌。

【病害循环】 病原以菌丝块或分生孢子在病残体及种子上越冬。借气流及雨水传播，从气孔侵入，形成初侵染，引起发病。发病部位产生分生孢子，经气流和雨水传播后，形成再侵染。

【发生规律】 多雨季节，该病易发生和流行。

【防治措施】（1）种子消毒。播种前，种子放在56 ℃温水中浸泡，当水温降到室温后再浸24 h，然后置于30～32 ℃条件下催芽，芽长3 mm即可播种。（2）农业防治。与非瓜类蔬菜实行2年以上轮作。适期播种，苦瓜喜温，温度低于10 ℃，植株生长受抑，因此播种不宜过早。（3）化学防治。发病初期喷50%多霉威WP 1 000～1 500倍液，或50%混杀硫SC 500～600倍液，隔10 d喷1次，连续喷2～3次。棚室栽培，每亩用45%百菌清FU或30%一熏灭FU 200～250 g，烟熏防治；或喷撒5%百菌清DPC 1 kg，隔7～9 d喷1次，视病情防治1～2次。

苦瓜蔓枯病
Balsam pear gummy stem blight

【典型症状】 主要为害茎蔓部，也可为害叶片和果实。（1）瓜蔓。发病轻时茎蔓结合部附近龟裂，严重时造成茎蔓病部表皮黑腐，出现褐色凹陷斑，后茎蔓干枯死亡。蔓上病斑褐色斑，并分泌出琥珀色胶状物，病斑发展至绕茎一周时形成枯蔓（图7-17）。（2）叶片。病斑圆形或近圆形，褐色。（3）果实。初期形成水渍状斑并逐渐下陷，造成果腐。后期病部上会生出黑色小粒点（图7-18）。

图7-17 苦瓜蔓枯病，病蔓

【致病病原】 病原为泻根亚隔孢壳菌 *Didymella bryoniae*（Auersw.）Rehm.，属子囊菌亚门真菌。假囊壳球形至近球形，黑褐色，顶部具乳突状突起，大小96～156 μm。子囊束生，圆筒形至棍棒形，大小（60～85）μm×（6～12）μm。子囊孢子无色，近梭形，中间具隔膜1个，隔膜处略缢缩，大小（9～16）μm×（4.5～8）μm。

【病害循环】 病原以分生孢子器、子囊壳随病残体留在土壤中或在种子上越冬。第2年病原靠风雨传播，从气孔、水孔或伤口侵入。播种带菌种子苗期即可发病，田间发病后病部产生病原进行再侵染。

【发生规律】 气温20～25 ℃，相对湿度高于85%，土壤湿度大，易发病。高温多雨，种植过密，通风不良的连作地，易发病。蔓枯病的发病

图 7-18　苦瓜蔓枯病，病瓜

高峰期主要在苦瓜的初收期。

【防治措施】（1）种子处理。种子用 55～60 ℃的温水浸种 20 min 后再选用 40%甲醛 150 倍液浸种 30 min，或用 50%多菌灵 WP 500 倍液浸种 1 h 后捞起用清水冲洗。（2）农业防治。用苦瓜作接穗、丝瓜作砧木嫁接。播种前种子先消毒，再把苦瓜、丝瓜种子播在营养钵中，待丝瓜长出 3 片真叶时，采用舌接法把苦瓜苗切断接入丝瓜切口处，伤口愈合后剪断丝瓜枝蔓，待苦瓜长出 4 片真叶时再定植。在瓜地整畦前，每亩撒生石灰 50～100 kg 后整畦。与非瓜类作物合理轮作，及时清除病残体，多施充分腐熟的有机肥，避免偏施化学氮肥。保护地种植应注意棚室的温湿度调控，露地种植也要注意通风降湿，有条件的可采用地膜覆盖，尽量降低环境湿度。（3）化学防治。发病初期喷 10%双效灵 200 倍液，或 56%靠山 WG 800 倍液，或 50%苯菌灵 WP 1 000 倍液，隔 10 d 左右 1 次，连续防治 2～3 次。也可用 49%瓜枯宁 1 000 倍液，或 58%甲霜灵·锰锌 WP 500 倍液于定植时灌根，隔 7～10 d 灌 1 次，连灌 2 次。

参考文献

王基国，沈希华. 温棚苦瓜三大病害发病规律与综合防治[J]. 西北园艺，2006(7)：31-32

苦瓜枯萎病
Balsam pear fusarium wilt

枯萎病是苦瓜的一种主要病害。各地均有分布。发生普遍。

【典型症状】整个生育期均可发病，表现为生长缓慢，下面叶片发黄并逐渐向上发展，初期植株白天呈现枯萎状，夜间恢复正常。为害严重时，地上部全株表现枯萎，病株茎基部及根部维管束组织变褐，患部软化缢缩以至腐烂，最终全株死亡（图 7-19）。

图 7-19　苦瓜枯萎病

【致病病原】病原为尖镰孢苦瓜专化型 *Fusarium oxysporum* f. sp. *momodicae* Sun & Huang，属半知菌亚门真菌。分生孢子有大型和小型之分。小型分生孢子肾形、椭圆形和圆形，大小为(8.7～12) μm×(2.0～2.5) μm。大型生孢子镰刀形，壁薄，两端尖，顶端细胞稍弯曲，基部有足细胞或近似足细胞，大多数 3 个隔膜，少数 4 个隔膜或 5 个隔膜，3 个隔膜者为(30～45) μm×(2.8～3.5) μm，大多数为(30～37) μm×(2.28～3.5) μm，4 个隔膜的为(40～45) μm×(2.8～3.5) μm，5 个隔膜的为(42～50) μm×(3～4) μm。产孢细胞瓶梗状，单苗或多苗。厚垣孢子很多，无色单胞，偶尔双胞，球形或椭圆形，单生于侧枝上，壁光滑，大多数顶生，极少数间生，直径为 7.5～10.5 μm。

【病害循环】病原以厚垣孢子或菌丝体在土壤、肥料中越冬，成为第 2 年主要初侵染源。通过灌溉水或雨水传播，从植株地上部的伤口侵入，进行再侵染，而地下部当年很少再侵染。

【发生规律】天气湿闷发病重。连作地或施用未充分腐熟的土杂肥，地势低洼，植株根系发育不良易发病。

【防治措施】参见苦瓜蔓枯病。

参考文献

朱天圣，戚佩坤. 苦瓜枯萎病病原菌研究[J]. 华南农业大学学报，1998，19(4)：14-18

苦瓜根腐病
Balsam pear fusarium root rot

【典型症状】 主要侵染根及茎部。发病初期病根部呈水浸状，发展后腐烂，维管束变褐。后期病部变褐，留下丝状维管束（图 7-20）。病株地上部初期症状不明显，后期叶片中午萎蔫，早晚尚能恢复，多数不能恢复而枯死。

图 7-20 苦瓜根腐病，根及茎部腐烂，维管束变褐，后期病部变褐，留下丝状维管束

【致病病原】 病原为瓜类腐皮镰孢菌 *Fusarium solani*（Mart.）App. et Wollenw. f. *cucurbitae* Snyder et Hansen，属半知菌亚门真菌。分生孢子有大小型之分。小型分生孢子椭圆形，大小（6～11）μm×(2.5～3) μm。大型分生孢子无色，梭形，两端较钝，具 2～4 个隔膜，大小（14.0～16.0）μm×(2.5～3.0) μm。

【病害循环】 病原以菌丝体、厚垣孢子或菌核在土壤中及病残体上越冬。病原可在土中存活 5～6 年，成为主要侵染源。病原从根部伤口侵入，在病部繁殖后借雨水或灌溉水传播蔓延，再侵染。

【发生规律】 高温、高湿利其发病。连作地、低洼地、黏土地或下水头发病重。

【防治措施】（1）农业防治。采用高畦栽培，防止大水漫灌及雨后田间积水，苗期发病及时松土，增强土壤透气性。施用充分腐熟的有机肥。科学管理水分，防止水分过多，避免高湿条件出现，可减少发病。(2) 化学防治。用 40%拌种双 DP 8 g/m^2 处理土壤。发病初期喷药或灌药，药剂选用 50%甲基托布津 WP 500 倍液，或 50%多菌灵 WP 500 倍液，或 60%防霉宝 WP 800 倍液，或 50%苯菌灵 WP 1500 倍液。采收前 3 d 停止用药。

苦瓜根霉果腐病
Balsam pear rhizopus fruit rot

果腐病是苦瓜的一种常见病害，病瓜率为 5%～10%，严重时达 20%以上，明显影响生产。

【典型症状】 主要为害果实。果实发病初呈湿润腐烂状，中后期病部长出浓密霉层，病果腐烂，汁液从病部流出（图 7-21）。

图 7-21 苦瓜根霉果腐病

【致病病原】 病原为黑根霉 *Rhizopus nigricans* Ehrb.，属接合亚门真菌。参见西葫芦根霉果腐病。

【病害循环】 病原为弱寄生菌，腐生性很强。在土壤中、田间以及物架上普遍存在。

【发生规律】 湿度大发病重。果实与土壤接触易发病。

【防治措施】 参见西葫芦根霉果腐病。

苦瓜菌核病
Balsam pear sclerotinia rot

【典型症状】 主要为害果实和茎蔓。(1) 花。残花先被侵染，呈水浸状，后长出白色菌丝。(2) 果实。果实发病多从花器感染，花瓣初期呈水浸状软化，其表面密生绒毛状白霉，后期亦产生黑色菌核（图 7-22）。（3）茎蔓。发病时，初在病部产生褐色水浸状斑，后长出菌丝，病部以上叶、蔓萎凋枯死。另外也可为害老叶（图 7-23）。

图 7-22　苦瓜菌核病，病果

图 7-23　苦瓜菌核病，病叶

【致病病原】 病原为核盘菌 *Sclerotinia sclerotiorum*（Lib.）de Bary，属子囊菌亚门真菌。（1）形态和大小。菌核初为白色，老熟后变黑色鼠粪状，由菌丝体扭集在一起形成。子囊盘浅褐色，盘状或扁平状。子囊盘柄的长度 3～15 mm，伸出土面为乳白色，渐展开呈杯状。子囊盘成熟后子囊孢子呈烟雾状弹射。子囊棍棒状，无色，内生子囊孢子 8 个。子囊孢子单胞，无色，椭圆形，大小(10～15) μm×(5～10) μm。（2）特性。0～35 ℃菌丝能生长，菌丝生长及菌核形成最适温度 20 ℃，最高 35 ℃。（3）寄主。这种病原可以侵染葫芦科、茄科、十字花科、豆科等多种蔬菜。

【病害循环】 病原菌核遗留在土中或混杂在种子中越冬或越夏。菌核萌发后通过空气传播，从花和衰老叶片侵入。病原以分生孢子和健株接触进行再侵染。

【发生规律】 低温、湿度大、早春或晚秋多雨，利于发病和流行。连年种植葫芦科、茄科及十字花科蔬菜的田块，排水不良的低洼地或偏施氮肥或霜害，发病重。

【防治措施】（1）种子消毒。用 50 ℃的温水浸种 10 min，杀死菌核。（2）农业防治。实行轮作，最好是水旱轮作。也可以在夏季，把病田灌水浸泡半个月。收获后，要及时深翻 20 cm，将菌核埋入土壤深层，可以抑制子囊盘出土。（3）化学防治。定植前每亩用 20％甲基立枯磷 0.5 kg，配成药土，耙入土中。棚室栽培，每亩用 15％腐霉利或 45％百菌清 FU 250 g，烟熏 1 夜，隔 8～10 d 熏 1 次；或者每亩喷撒 5％百菌清 DPC 1 kg。在盛花期喷 50％腐霉利 WP 1 500 倍液，或 50％扑海因或 50％农利灵 WP 1 000 倍液，或 60％防霉宝超微粉 600 倍液，或 20％甲基立枯磷 EC 1 000 倍液，或 50％扑海因 WP 1 500 倍液加 70％甲基托布津 WP 1 000 倍液，隔 8～9 d 喷 1 次，连续喷 3～4 次。

苦瓜根结线虫病
Balsam pear root-knot nematode

根结线虫病是苦瓜的一种重要病害。局部地区发病。一旦发病，发病率可达 80％～100％，减产 30％～60％，甚至绝收。

【典型症状】 主要为害苦瓜根部，受害植株侧根和须根比正常植株多，须根上形成球形或不规则形瘤状物（图 7-24）。瘤状物初为白色，质地柔软，后呈褐色或暗褐色，表面粗糙。轻病株地上部分症状表现不明显，重病株植株生长不良、矮小，叶片由下向上变黄、萎蔫、坏死，瓜表面无棱或瘤突，或是部分无棱或瘤突，植株逐渐萎蔫枯死。

图 7-24　苦瓜根结线虫病

【致病病原】 病原为南方根结线虫 *Melido-*

gyne incognita (Kofoid White) Chitwood。形态和大小及特性参见番茄根结线虫病。

【病害循环】 南方根结线虫可在多种蔬菜上越冬。北方菜区主要以雌成虫在根结内排出的卵囊团随病残体在土壤中越冬。线虫主要靠带有线虫的病株残体、地面流水等作近距离传播，带病的幼苗可作远距离传播，线虫本身在土壤中移动很慢。越冬卵孵化成幼虫，遇到寄主便从幼根侵入，导致寄主细胞分裂增生形成根瘤。

【发生规律】 线虫属于好气性，故地势高燥而土质结构疏松的沙质土壤适合线虫活动而发病重，土质黏重而潮湿，不利于线虫活动的田块发病轻。

【防治措施】 （1）农业防治。无病土育苗，施用不带病残体的腐熟有机肥。收获后清除病残体，深翻土壤，利用日光高温消毒。实行轮作，大葱、韭菜、辣椒是抗耐病菜类，病田种植抗耐病蔬菜可减少损失，降低土壤中线虫量，减轻下茬受害。有条件地区对地表 10 cm 或更深土层淤灌几个月，可在多种蔬菜上起到防止根结线虫侵染的作用。（2）化学防治。播种或定植前，每亩用 1.8%虫螨克 EC 2～3 L 对水均匀施于苗床，或施于定植沟或定植穴。

8. 佛手瓜病害

佛手瓜蔓枯病
Chayote ascochyta stem blight

蔓枯病是佛手瓜的一种常见病害，发生普遍，以夏、秋季露地栽培发生较重，发病率在10%左右，大发生时对产量影响较大。

【典型症状】 主要为害叶片，也为害茎蔓和果实，当茎蔓发病为害较大。多在成株期发生。(1) 叶片。病斑初为点状褐色小斑点，后发展成近圆形病斑，灰褐色，边缘色较深，有同心圆(图8-1)。发病后期病斑上产生黑色小点，即病原菌的分生孢子器(图8-2)。(2) 茎蔓。病斑长圆形至不规则形，灰褐色，有时病斑上溢出琥珀色胶状物，引起病部以上茎蔓枯死。(3) 果实。病情严重时，影响果实生长发育，造成果实发病不良，萎缩(图8-3)。

图8-1 佛手瓜蔓枯病，病叶症状

图8-2 佛手瓜蔓枯病，病叶症状

图8-3 佛手瓜蔓枯病，病株上结的瓜

【致病病原】 病原为西瓜壳二孢 *Ascochyta citrullina* Smith，属半知菌亚门真菌。参见瓠瓜蔓枯病。

病害循环、发生规律、防治措施参见瓠瓜蔓枯病。

佛手瓜枯萎病
Chayote fusarium wilt

枯萎病是佛手瓜的一种普通病害。零星发生。

【典型症状】 佛手瓜生长中后期发病，开始病株下部叶片褪绿，植株开始萎蔫，最后病株枯死(图8-4，5，6)。剖茎可见维管束变褐，潮湿时病部产生白色至粉红色霉状物。

图8-4 佛手瓜枯萎病，病株症状

图 8-5 佛手瓜枯萎病，病株枯死

图 8-6 佛手瓜枯萎病，病株上结的瓜

【致病病原】 病原为镰孢霉 *Fusarium* sp.，属半知菌亚门真菌。

病害循环、发生规律、防治措施参见瓠瓜枯萎病。

佛手瓜白粉病 Chayote powdery mildew

白粉病是佛手瓜的一种常见病害。

【典型症状】 主要为害叶片。叶面初生白色小粉斑，后逐渐扩展汇合，严重时整个叶面覆一层白色粉霉状物，持续一段时间后，致叶缘上卷，叶片逐渐干枯死亡。叶柄和茎蔓均可染病，症状与叶片相似(图 8-7，8)。

图 8-7 佛手瓜白粉病，发病初期叶片症状

图 8-8 佛手瓜白粉病，发病后期叶片症状

【致病病原】 病原菌为瓜白粉菌 *Erysiphe cucurbitacearum* Zheng & Chen，属子囊菌亚门真菌。

病害循环、发生规律、防治措施参见瓠瓜白粉病。

佛手瓜叶点病 Chayote phyllosticta leaf spot

叶点病是佛手瓜的一种常见病害。夏、秋季多见。

【典型症状】 主要为害叶片。病叶上病斑为褐色小斑点，后病斑近圆形至不规则形，中央灰白色，边缘清晰，褐色，病斑中心变薄，易碎，中央散生褐色小粒点(图 8-9)。

图 8-9 佛手瓜叶点病

【致病病原】 病原为正圆叶点霉 *Phyllosticta orbicularis* Ell. et Ev.，属半知菌亚门真菌。

病害循环、发生规律、防治措施参见瓠瓜白粉病。

9. 西葫芦病害

西葫芦病毒病
Summer squash mosaic

西葫芦病毒病又称花叶病，是西葫芦的一种重要病害。露地栽培发生严重，损失20%左右，流行年份可达50%以上。棚室栽培发病较轻。

【典型症状】 在西葫芦生长各个时期都有发病。苗期受害，子叶变黄枯萎，真叶出现浓淡绿色相间的花叶。(1) 花叶型。叶片呈现黄、绿相间花斑(图9-1)，叶面凹凸不平，新叶畸形(图9-2)，蔓先端节间短缩状(图9-3)。(2) 蕨叶型。表现矮化症状，叶片皱缩、扭曲，新叶狭长，呈鸡爪状或线状(图9-4)。(3) 混合型。表现为花叶、蕨叶2种病症兼而有之(图9-5)。发病植株发育不良，花发育不好，难以坐瓜，就是坐瓜也小，瓜面有瘤状突起，表面凹凸不平，失去食用价值(图9-6，7)。

图9-1 西葫芦病毒病，花叶病株

图9-2 西葫芦病毒病，苗期病叶出现皱缩

图9-3 西葫芦病毒病，病茎短缩

图9-4 西葫芦病毒病，蕨叶型

图9-5 西葫芦病毒病，混合型病叶

图 9-6　西葫芦病毒病，果实发病症状

图 9-7　西葫芦病毒病，果实发病症状

【致病病原】 病原为黄瓜花叶病毒、甜瓜花叶病毒（MMV）和烟草花叶病毒。特征特性见黄瓜病毒病。

【病害循环】 种子带毒传染。带病毒的蚜虫、灰飞虱等传染。田间作业时与发病植株接触后，再与无病植株接触，无病植株被感染。

【发生规律】 在强日照、高温、高湿或严重干旱的自然环境中，病害蔓延迅速。

【防治措施】 (1) 种子消毒。播种前，先将种子放入55～60 ℃的温水中浸泡15 min，再放入10%磷酸三钠溶液中浸泡20～30 min，然后捞出用水冲洗干净，催芽播种。(2) 农业防治。选择3年内未种过瓜类、茄果类作物和烟草的地块种植。播种时要尽量使西葫芦易发病阶段避开高温高湿的季节，避开蚜虫、灰飞虱成虫活动盛期。每亩施充分腐熟农家肥5 000 kg以上，沟施三元复合肥40 kg，同时加强田间肥水管理，促使植株健壮生长。采取高畦栽培，在行间铺30 cm宽的银灰色地膜，地膜反光，对传毒蚜虫和灰飞虱等有驱避作用。高温期间，在傍晚或夜间灌水降温。田间作业应禁止吸烟；接触过病株的手和工具要及时用肥皂水或磷酸三钠水溶液冲洗消毒。为减少蘸花时病毒通过接触传播，应将用2,4-D蘸花改为用防落素喷花。(3) 化学防治。抓住西葫芦出苗前这一关键时期，喷药防治田间和地块周围杂草上的蚜虫、灰飞虱、白粉虱等，连续1～2次。出苗后还要继续喷药，隔7 d喷1次。出苗后，喷施10%混合脂肪酸AS和抗毒剂1号，隔7 d喷1次，连喷5～7次，两药交替使用。一旦发病，于初期喷洒毒克星或植病灵等药剂。定植前清洁温室，清扫前茬作物残枝落叶，进行温室空间消毒，每亩用硫黄粉2 700 g、75%百菌清700 g、敌敌畏700 g，混入干锯末或麦草中点燃，密闭温室1昼夜。发病初期喷药，常用农药有20%盐酸吗啉胍·铜（毒克星）WP 500倍液，3.95%病毒必克WP 500倍液喷雾。每隔10 d左右防治1次，连续防治2～3次。及时防治蚜虫、线虫、蚜虫，迁飞期苗床应喷药。

参考文献

[1]郭尚，王秀英，马蓉丽，等. 棚室西葫芦病毒病的发生及其综防技术[J]. 上海蔬菜，2005(4)：69-70

[2]袁东征，王帆. 秋延迟西葫芦病毒病综合防治技术[J]. 西北园艺，2007(9)：28-29

西葫芦银叶病
Summer squash silverleaf disease

银叶病是西葫芦的一种重要病害，发生普遍，平均感病率在50%以上，严重时感病率达100%，温室西葫芦严重减产。该病一旦发生，过程较快，甚至整棚一夜变白。

【典型症状】 被害植株生长势弱，株型偏矮，叶片下垂，生长点叶片皱缩，半停滞状态，茎部上端节间短缩，茎及幼叶和功能叶柄褪绿。(1) 叶片。初期叶片出现白色小点，沿叶脉变为银色，随后扩大至全叶变为银色，使植株对光的反射增强，在阳光照耀下闪闪发光，似银镜，故名“银叶反应”（图9-8）。严重时全株除心叶外多数叶片布满银白色膜，导致生长减缓，叶变薄，叶脉、叶柄变白发亮，呈半透明状，且附着在叶面上，擦不掉。叶背未见异常，常见有白粉虱成虫或若虫。(2) 果实。幼瓜变白，或白绿相间，丧失商品价值，幼瓜易化瓜，造成西葫芦大幅度减产。

【致病病原】 病原为粉虱传双生病毒 Whitefly-transmitted geminivirus (WTG)，属双生病毒科菜豆金黄花叶病毒属病毒。病毒粒子为孪生颗粒状，大小为 18 nm × 30 nm，基因组为单链状DNA。

图 9-8　西葫芦银叶病，叶片布满银白色膜

【病害循环】 西葫芦银叶病由银叶粉虱（B型烟粉虱）为害引起。银叶症状产生的原因，主要是银叶粉虱唾液分泌物对植物有毒害，且是内吸传导性的。

【发生规律】 成叶感病始于叶脉，幼叶感病始于叶尖或叶脉。子叶和1～4片真叶几乎不感病，一般病叶始于第5片真叶，功能叶感病最重。早播苗感病重于晚播苗；移栽田感病重于直播田。感病迅速，植株2～3 d即表现明显的银叶症状；无显感病中心和系统侵染症状；感病普遍，80%以上的大棚普遍感病。使用新棚膜的感病重于使用旧棚膜的；使用蓝色棚的很少感病。

【防治措施】 西葫芦银叶病是由银叶粉虱取食为害所引起的，因此防治该病应首先控制银叶粉虱的发生。把育苗房和生产温室分开，育苗前和移栽前彻底熏杀棚室内残余虫口。加强苗期管理，发现银叶粉虱及时用吡虫啉等烟雾剂熏杀，培育无虫苗。科学施肥，增施有机肥。在晴天9～11时可施用二氧化碳，增强光合作用。严格控制银叶粉虱侵入温室。清洁温室，杜绝虫源。清洁物应妥善处理，彻底销毁，最好是深埋沤肥，不要随处堆放。秋冬茬可栽种银叶粉虱不喜食的耐寒性越冬蔬菜，如芹菜、生菜、韭菜或大蒜、洋葱等，在越冬期切断烟粉虱的生活史，压低越冬虫口基数。

参考文献

[1]王桂清. 温室西葫芦银叶病的发生与防治[J]. 安徽农业科学,2007,35(5):1 400-1 401

[2]蔡文兵,孙朝晖,袁士荣. 西葫芦银叶病发生因素浅析及防治对策探讨[J]. 上海蔬菜,2007(5):94-95

西葫芦细菌性叶枯病
Summer squash bacterial leaf spot

细菌性叶枯病是西葫芦的一种重要病害，在保护地中发生较露地重。近年来，随种子传播，发病范围不断扩大。

【典型症状】 为害叶片、叶柄和幼茎。苗期生长点发病，可造成幼苗死亡。幼茎发病时茎基部有的裂开。嫩叶发病时，叶面出现黄色病斑，叶片背面出现水浸状点状，后发展为黄色至黄褐色病斑，圆形，病斑直径1～2 mm。病斑四周有黄色晕圈，中间半透明(图9-9)。

图 9-9　西葫芦细菌性叶斑病

【致病病原】 病原为油菜黄单胞菌黄瓜叶斑病致病变种 *Xanthomonas campestris* pv. *cucurbitae* (Bryen) Dye.，属细菌。发育适温25～28 ℃，36 ℃能生长，40 ℃以上不能生长。

【病害循环】 病原主要通过种子带菌传播蔓延。病原在土壤中存活非常有限。

【发生规律】 棚室保护地发病重。

【防治措施】 (1) 种子消毒。在70 ℃恒温条件下，灭菌72 h；或用50 ℃温水浸种20 min，捞出晾干后催芽播种。用次氯酸钙300倍液浸种30～60 min，或用40%福尔马林150倍液浸种1.5 h，用清水冲洗干净后催芽播种。(2) 农业防治。与非瓜类作物实行2年以上轮作。及时清除病叶。保护地要降低棚内湿度，加大放风，尽量防止结露过多或时间过长。(3) 化学防治。保护地栽培，每亩用 10%乙滴 DPC 1 kg 喷粉。露地栽培，应注意天气变化，如遇大雨大风天气，要提早喷药防治。在发病初期喷洒 72%农用硫酸链霉素 SPX 4 000～5 000 倍液，或新植霉素 4 000～5 000 倍液，或 47%加瑞农 WP 800～1 000 倍液，或 77%氢氧化铜 WP 500 倍液，隔 7 d 喷 1 次，连喷 2～3 次。

西葫芦软腐病 Summer squash bacterial soft rot

软腐病是保护地西葫芦的重要病害。造成保护地西葫芦大面积死亡。

【典型症状】 主要为害西葫芦的根茎部及果实。(1) 根茎。根茎部受害，髓组织溃烂。湿度大时，溃烂处流出灰褐色黏稠状物，轻碰病株即倒折(图 9-10)。(2) 果实。幼果在病部先出现褐色水浸状，后迅速软化腐烂如泥(图 9-11)。该病扩展速度很快，病瓜散出臭味是识别该病的重要特征。

图 9-10 西葫芦软腐病，病茎在潮湿条件下腐烂

图 9-11 西葫芦软腐病，果实发病

【致病病原】 病原为胡萝卜软腐欧氏杆菌胡萝卜软腐亚种 *Erwinia carotovora* subsp. *carotovora* (Jones) Bergey et al.。(1) 形态和大小。菌体短杆状，周生 2～8 根鞭毛。(2) 特性。革兰氏染色阴性。生长发育适温 25～30 ℃，最高 40 ℃，最低 2 ℃，50 ℃经 10 min 致死。

【病害循环】 病原随病残体在土壤中越冬。第 2 年借雨水、灌溉水及昆虫传播，由伤口侵入。病原侵入后分泌果胶酶溶解中胶层，导致细胞分崩离析，致使细胞内水分外溢，引起腐烂。

【发生规律】 阴天或露水未落干时整枝打杈，虫伤多发病重。

【防治措施】 (1) 农业防治。采用黑籽南瓜作砧木进行嫁接栽培，可使植株根系强大，耐低温能力提高，抗病性增强。在重病区或田块，宜与葱蒜类蔬菜及水稻实行轮作。难以实行轮作的地块，每亩施石灰 100～150 kg，深翻晒土或灌水浸田一段时间后再整地。及时腾地，夏季深翻地，争取长时间晒垡，促进病残体分解，杀死部分致病原。采取高畦地膜覆盖栽植。施用充分腐熟的堆肥，雨后及时排水。有条件的地方采取膜下滴灌，禁止大水漫灌，注意通风透光。结瓜初期，要防止湿气滞留。加大行距，缩小株距，这样有利于田间操作，避免人为造成植株伤害。同时整枝打杈应选择晴天的中午进行。发现病株要及时摘除，并撒石灰或淋灌病穴。(2) 化学防治。发病初期喷 70%绿得保 SC 300 倍液，或 50%琥胶肥酸铜 WP 500 倍液，或 47%加瑞龙 WP 800 倍液。棚室栽培，每亩喷撒 5%防细菌粉尘 1 kg，隔 7～10 d 喷 1 次，连续 2～3 次。及时防除地下害虫和黄守瓜等害虫，尽量减少伤口。采收前 3～5 d 停止用药。

西葫芦白粉病 Summer squash powdery mildew

白粉病是西葫芦的一种主要病害。各地均有分布。以春、秋两季发生最为普遍，发病率30%～100%，对产量有明显的影响，减产 10%左右，严重时可减产 50%以上。

【典型症状】 主要为害叶片。发病初期主要是下部叶片上产生白色近圆形小粉斑(图 9-12)，逐渐扩展成较大的粉斑，发病严重的病斑可布满整个叶面(图 9-13)。病斑逐渐褪色变黄，后期呈黄褐色坏死，病斑上的霉层变成褐色。发病严重时茎、叶柄也可同时发病。

图 9-12　西葫芦白粉病，病叶症状

图 9-13　西葫芦白粉病，病叶症状

【致病病原】 病原为单丝壳白粉菌 *Sphaerotheca fuliginea* (Schlecht) Poll. 和瓜类单丝壳菌 *S. cucurbitae* (Jacz.) Z. Y. Zhao，属子囊菌亚门真菌。(1) 形态和大小。单丝壳白粉菌分生孢子梗无色，圆柱形，不分枝；分生孢子串生，无色，单胞，椭圆形至长圆形，有的呈腰鼓状；闭囊壳球形，褐色，无孔口，表面生菌状浅褐色附属丝，子囊孢子椭圆形，单胞，无色，或浅黄色，表面光滑。(2) 寄主。这种病原可以侵染葫芦科植物。

【病害循环】 病原以闭囊壳随病残体在土壤中越冬，或在棚室中寄主上越冬，成为第 2 年初侵染源。以分生孢子借气流或雨水传播。病原繁殖速度很快，易导致流行。在 10～25 ℃均可发生，能否流行，取决于湿度和寄主的长势。

【发生规律】 雨后干燥，或少雨但田间湿度大，易发病。高温干旱与高湿条件交替出现，又有大量白粉菌源及发病的寄主，易流行。

【防治措施】 (1) 农业防治。培育壮苗，定植时施足底肥，增施磷、钾肥，避免后期脱肥。生长期要注意通风透光，保护地提倡使用硫黄熏蒸器定期熏蒸预防。(2) 化学防治。发病初期喷 12%腈菌唑 EC 3 000 倍液，或 12%灭菌强 EC 3 000 倍液，或 15%三唑酮 WP 1 000 倍液，或 40%氟硅唑 EC 8 000 倍液，或 10%世高可湿性微粒剂 1 000 倍液，或 40%氟硅唑 EC 8 000～10 000 倍液，或 12.5%敌力康 WP 800～1 000 倍液，或菌力克 SC 8 000 倍液。每亩每次喷药液 80 kg，每隔 7 d 喷 1 次，连喷 3 次。另外，目前已筛选出植物内生放线菌防治瓜类白粉病的生防菌株，具有开发应用潜力和前景。

参考文献

程伯瑛，李海真，贾长才，等. 西葫芦白粉病发生特点及药剂防治技术研究[J]. 北方园艺，2006(5)：166-167

西葫芦黑星病
Summer squash scab

黑星病是西葫芦的一种重要病害，多在保护地内发生。一旦发病就比较严重，明显影响西葫芦生产。

【典型症状】 为害叶、茎及果实。(1) 叶片。病斑污点状，水浸状，后发展为褐色，病斑易穿孔(图 9-14，15)。(2) 茎。病斑椭圆形，凹陷，黑色，中部易龟裂。(3) 果实。病斑多出现在幼果上，暗绿色，凹陷，果实多发展成畸形瓜。病斑后期多疮痂状，有龟裂或孔洞，分泌出半透明胶质物，干后变为琥珀色块状。湿度大时，所有的病部表面都会长出浓密的煤色霉层。

图 9-14　西葫芦黑星病，叶片发病症状

图 9-15　西葫芦黑星病，叶片发病症状

【致病病原】 病原为瓜疮痂枝孢霉菌 *Cladosporium cucumerinum* Ell. et Arthur.，属半知菌亚门真菌。(1) 形态和大小。菌丝白色，有分隔。分生孢子梗丛生，细长，淡褐色，大小(160～520) μm×(4～5.5) μm。分生孢子串生，长梭形，淡褐色，单胞，有0～2个隔膜。(2) 特性。病原生长发育温限2～35℃，适温20～22℃。(3) 寄主。这种病原可以侵染黄瓜、西葫芦、南瓜、甜瓜、冬瓜等。

【病害循环】 病原主要以菌丝体或分生孢子丛随病残体在土中或种子上越冬，为初侵染源。病原以分生孢子借气流、雨水溅射传播进行再侵染，多从气孔侵入致病。

【发生规律】 气温20℃左右，相对湿度90%以上易发病。植株郁闭、多湿，易发病。

【防治措施】 参见黄瓜黑星病。

西葫芦霜霉病
Summer squash downy mildew

霜霉病是西葫芦的一种常见病害。病瓜率为5%～10%，严重时达20%以上，明显影响生产。

【典型症状】 主要为害叶片。发病初期在叶片的背面产生水渍状的小点，叶面上的病斑为浅黄色。病斑沿叶脉发展，形成多角形病斑，清晨叶面上有结露或吐水时，病斑呈水渍状，后期病斑变成浅褐色或黄褐色多角形斑(图9-16)。在连续降雨条件下，病斑迅速扩展或汇合成大斑块，致使叶片上卷或干枯，下部叶片全部干枯，有时仅剩下生长点附近几片绿叶(图9-17)。

图9-16 西葫芦霜霉病，发病叶片

图9-17 西葫芦霜霉病，发病叶片

【致病病原】 病原为古巴假霜霉 *Pseudoperonospora cubersis* (Berk. et Curt) Rostov.，属鞭毛亚门真菌。孢囊梗从寄生气孔伸出，多单生。孢囊呈卵形至水滴形，浅褐色，单胞。

【病害循环】 病原随病残体越冬或越夏。条件适宜时产生分生孢子借气流传播，形成初侵染。发病后再产生孢子囊飘移扩散，进行再侵染。

【发生规律】 温暖湿润时利于发病，叶片背面有水膜有利于病原侵染。在高湿条件下，20～24℃病害发展快，易造成流行。

【防治措施】 (1) 农业防治。收获后及时清除植株残体，减少田间菌源。采用地膜覆盖和高畦栽培。多雨季节，要注意雨后及时排水，控制浇水；如果地面湿度过大，要把瓜垫起来，以免与地面直接接触。(2) 化学防治。参见黄瓜霜霉病。

西葫芦叶点病
Summer squash phyllosticta spot

叶点病是西葫芦的一种普通病害，分布广泛，发生和为害都较轻。

【典型症状】 主要为害叶片和花轴。叶片上的病斑近圆形，后发展为大形病斑，有的呈“V”字形大斑，灰白色至浅黄色，常有黄色晕环，病斑处易破裂(图9-18)。潮湿时，病斑四周呈水渍状。后期在病斑上密生黑色小点(图9-19)。严重时病斑相互汇合，引起叶片局部枯死。发病的花轴呈黑褐色水渍状，最后腐烂(图9-20)。

图 9-18 西葫芦叶点病，病叶症状

图 9-19 西葫芦叶点病，病叶上密生黑点

图 9-20 西葫芦叶点病，花轴发病症状

【致病病原】 病原为正圆叶点霉 *Phyllosticta orbiccularis* Ell. et Ev.，属半知菌亚门真菌。分生孢子器散生或聚生，球形至扁球形，黑褐色，直径 95～140 μm。分生孢子椭圆形，单胞，无色，大小(3～5) μm×(1.5～2.5) μm。

【病害循环】 病原在以分生孢子或菌丝体随病残体在土壤中越冬。条件适宜时以分生孢子进行初侵染和再侵染，借雨水溅射传播。

【发生规律】 高温、高湿利于病害发生。地势低洼、植物郁闭、通风不良，发病重。

【防治措施】 (1) 农业防治。收获后及时清除植株残体，减少田间菌源。清沟沥水，避免田间积水。棚室栽培要加强通风散湿。(2) 化学防治。发病初期喷 75% 百菌清 WP 600 倍液，或 50% 扑海因 1 000 倍液，或 50% 倍得利 500 倍液。每隔 7 d 喷 1 次，连续喷 2～3 次。

西葫芦叶枯病
Summer squash alternaria spot

叶枯病是西葫芦的一种常见病害。分布广泛，零星发生，一般仅部分叶片发病，发生严重时，可以造成叶片大量枯死。

【典型症状】 多在生长后期发生，为害叶片，老叶发生较多。发病初期出现黄褐色坏死小斑点，主要分布在叶缘和叶脉间，周围有黄色晕环，以后变成圆形小病斑，有不明显的轮纹，很快连成不规则形的大斑，最后叶片枯死(图 9-21，22)。

图 9-21 西葫芦叶枯病，发病叶片

图 9-22 西葫芦叶枯病，发病叶片

【致病病原】 病原为交链孢 *Alternaria* sp.，属半知菌亚门真菌。分生孢子梗深褐色，单生，有分隔，顶端串生分生孢子。分生孢子椭圆形或棍棒形，淡褐色，喙状细胞较短，有纵横隔膜。

【病害循环】 病原随病残体在土壤中越冬。条件适宜时以分生孢子进行初侵染和再侵染，借雨水溅射传播。

【发生规律】 潮湿有利于病害发生。多在露地栽培发生。生长前期雨水天气较多，管理粗放，发病重。

【防治措施】 （1）农业防治。收获后及时清除植株病残体，减少田间菌源。重病地与非瓜类蔬菜轮作。增施有机肥，中后期适当追肥。（2）化学防治。发病初期喷 50%扑海因 WP 1 200 倍液，或 75%百菌清 WP 600 倍液，或 65%多果定 WP 1 000 倍液。每隔 7 d 喷 1 次，连续喷 2～3 次。

西葫芦枯萎病
Summer squash fusarium wilt

枯萎病是西葫芦的一种普通病害，局部地区分布。病株率为 5%～10%，对生产有一定影响。

【典型症状】 苗期、成株期均可发病。（1）幼苗。子叶无光泽，暗绿色，变黄，生长变缓或停止生长，最后枯死。（2）成株。主蔓先出现暗绿色纵纹，后发展为黄褐色纵裂，纵剖病茎维管束变为黄褐色。湿度大时病部表面有白色至粉红色霉状物，有时病部溢出少量红褐色胶质物（图 9-23）。发病植株一侧或基部叶片边缘变黄，随植株生长变黄的叶片不断增多，严重时遍及全株，致使整株枯死（图 9-24）。

图 9-23 西葫芦枯萎病，有纵纹和粉红色霉状物

图 9-24 西葫芦枯萎病，植株开始枯死

【致病病原】 病原为尖镰孢菌黄瓜专化型 *Fusarium oxysporum*（Schl.）f. sp. *cucumerinum* Owen.，属半知菌亚门真菌。参见黄瓜枯萎病。

【病害循环】 病原随病残体留在土壤中越冬，病原在土壤中可存活 5～10 年，成为初侵染源。病原从根部侵入，地上部重复侵染主要靠灌溉水。

【防治措施】 参见黄瓜枯萎病。

西葫芦蔓枯病
Summer squash gummy stem blight

蔓枯病是保护地中西葫芦的一种重要病害，日光温室发生最为严重，轻者减产 10%左右，重者达 20%以上。

【典型症状】 （1）苗期。多在茎的下部，病部呈油浸状，后变黄褐色，稍凹陷，表皮龟裂，常分泌出黄褐色树脂状物，严重时病茎折断，导管不变色。（2）成株。病茎表皮呈黄白色，枯干（图 9-25），潮湿时变黑褐色，后密生小黑点。叶片上病斑黄褐色，圆形，有不明显的同心轮纹，上生小黑点，病斑扩展至叶面 1/3 以上时叶片即干枯（图 9-26）。叶脉和叶柄出现梭形病斑，稍凹陷（图 9-27，28）。

图 9-25 西葫芦蔓枯病，茎蔓发病

图 9-26 西葫芦蔓枯病，叶片发病

图 9-27 西葫芦蔓枯病，叶脉发病

图 9-28 西葫芦蔓枯病，叶柄发病

【致病病原】 病原为泻根亚隔孢壳 *Didymella bryoniae*（Auersw.）Rehm.，无性态为西瓜壳二孢 *Ascochyta citrullina* Smith，属半知菌亚门真菌。参见黄瓜蔓枯病。

【病害循环】 (1) 越冬与初侵染源。病原以分生孢子器、子囊壳在病残体及架材上越冬和越夏。种子表面也可带菌，发芽后病原直接为害子叶。(2) 传播特点。借风雨传播，引起初次侵染，以后在病斑上产生病原继续传播蔓延，引起再侵染。病原发育适温为 20～24 ℃。

【发生规律】 (1) 气候条件与发病。高温多湿、天气闷热时，发病迅速。(2) 栽培管理与发病。重茬地，低洼地雨后积水，大水勤浇，缺肥，生长衰弱的地块，发病均重。温室及塑料大棚栽培，过度密植、光照不足、通风不良时容易发病。

【防治措施】 (1) 种子消毒。用 50% 的多菌灵 WP 1 000 倍液浸种 35 min，也可用种子重 0.15% 的 50% WP 多菌灵拌种。(2) 农业防治。建造温室要选择地势较高、排水良好的地块，温室内加强通风透光，降低棚内湿度。加强肥水管理：底肥中增施过磷酸钙和钾肥，在结瓜以前、雨后及浇水后及时中耕，发病后适当控制浇水，降低土壤及空气湿度。在整个生长期间，要多次追肥，一般盛瓜期隔一水施一次肥，防止早衰，增强抗寒力。发现病株及时拔除，收获后要清洁田间，将病残体清除。(3) 化学防治。苗床用 50% 多菌灵 WP 8 g/m^2 进行床上消毒。温室及大棚在定植前要进行消毒，用福尔马林对等量水加热熏蒸 6 h。发病初期用 75% 百菌清 WP 600 倍液、47% 加瑞农 600～800 倍液、64% 杀毒矾 WP 600～800 倍液喷雾，叶蔓要喷布均匀。

西葫芦褐斑病

Summer squash cercospora leaf spot

【典型症状】 主要发生在叶片上，自下而上发病，病斑圆形，中间黄白色，边缘黄褐色(图 9-29)。叶面病斑稍隆起，表面粗糙，叶背面水渍状，有褪绿晕圈。

图 9-29 西葫芦褐斑病，叶片发病症状

【致病病原】 病原为瓜类尾孢 *Cercospora citrullina* Cooke.，属半知菌亚门真菌。子座不明或微小；分生孢子梗单生或束生，褐色，直或弯，不分枝，无膝状节，具隔膜 0～4 个，顶端平切，孢痕明显，梗大小(12.0～27) μm×(8～10) μm；分生孢子鞭形，无色或淡色。

【病害循环】 病原在种子上或病残体上存活，随气流和浇水传播。

【发生规律】 高温、高湿造成病害流行。

【防治措施】 (1) 种子消毒。用 55 ℃温水浸种 15 min。(2) 农业防治。棚室栽培要加强通风散湿。(3) 化学防治。发病初期喷 75% 百菌清 WP 600 倍液，或 50% 扑海因 1 000 倍液，或 50% 倍得利 500 倍液。每隔 7 d 喷 1 次，连续喷 2～3 次。

西葫芦灰霉病
Summer squash gray mold

灰霉病是西葫芦棚室栽培中的一种重要病害。可造成减产20%左右，严重的可达80%以上，甚至造成毁棚。

【典型症状】 主要为害花、幼果、叶、茎或较大的果实。(1) 花、幼果。病原首先从凋萎的雌花开始侵入，侵染初期花瓣呈水浸状，后变软腐烂并生长出灰褐色霉层，造成花瓣腐烂、萎蔫、脱落，后病原逐渐向幼果发展，受害部位先变软腐烂，后着生大量灰色霉层(图9-30，31，32)。

图9-30　西葫芦灰霉病，幼果发病

图9-31　西葫芦灰霉病，病部有大量灰色霉层

图9-32　西葫芦灰霉病，病部有大量灰色霉层

(2) 叶片、茎蔓。发病组织如果落在叶片或茎蔓上，也可导致茎叶发病。叶片上形成不规则大斑，中央有褐色轮纹，湿度大时可见灰色霉层。茎蔓发病出现灰白色病斑，绕茎一周后可造成茎蔓折断。

【致病病原】 病原为灰葡萄孢 *Botrytis cinerea* Pers.，属半知菌亚门真菌。有性世代为富克尔核盘菌 *Sclerotinia fuckeliana* (de Bary) Fuckel.，属子囊菌亚门真菌。孢子梗丛生，褐色，分枝1～2次，分枝顶端密生小柄。分生孢子单胞，无色，近圆形，大小(5.5～16) μm×(5.0～9.25) μm。

【病害循环】 (1) 越冬与初侵染源。病原主要以菌核在土壤中或以菌丝及分生孢子在病残体上越冬或越夏。分生孢子在病残体上可存活4～5个月。条件适宜，菌核萌发，产生菌丝体和分生孢子梗及分生孢子。从寄主伤口或衰老的器官及枯死的组织上侵入，成为初侵染源。(2) 传播特点。分生孢子成熟后脱落，借气流、雨水或露珠及农事操作进行传播。

【发生规律】 病原萌发时，必须有一定的湿度，相对湿度在88%～100%时均可以萌发，以92%～95%时萌发最好。春季阴雨天气较多，光照不足，气温偏低（20 ℃以下），棚内湿度90%以上，结露持续时间长，放风不及时，是灰霉病发生蔓延的重要条件。

【防治措施】 西葫芦开花期是病原侵入的关键时期，生产要抓住关键时期，及时开展综合防治。(1) 农业防治。与非瓜果类作物轮作。冬春茬提早20 d扣棚，可利用高温闷棚杀菌。棚膜用紫光膜，能使灰霉病原不易萌发。及时清除棚面尘土，增强光照。采用高畦地膜覆盖栽培，铺设地膜提高地温，采用滴灌或膜下浇水控制棚内湿度。种植密度要适当，而且应吊蔓。及时摘除残花和病残体。西葫芦开败的花，是灰霉病原最主要的侵染点。棚室中增温、控水、放风、降湿。晴天上午晚放风，使棚温迅速升高。当棚内西葫芦病害严重时，应采取高温闷棚措施。闷棚前1 d要灌水，选择晴天中午关闭棚室，使棚内温度上升到36～38 ℃，保持2 h，然后逐渐放风降温，恢复常态。(2) 化学防治。参见黄瓜灰霉病。

参考文献

张伟. 温室西葫芦灰霉病综合防治技术[J]. 中国植保导刊, 2006,26(12):21-22

西葫芦褐腐病 Summer squash brown rot

褐腐病是保护地中西葫芦的一种重要病害，造成大量幼瓜腐烂，严重减产。

【典型症状】 主要为害幼瓜，也能为害花和茎。多从已开的花发病，变褐软腐，俗称“花腐”。病菌侵染幼果多自花蒂部侵入，并由此向全瓜蔓延(图 9-33)。病瓜外部变褐，迅速软腐(图 9-34)。湿度大时，病瓜发病部位长出白色棉毛，后在其中隐约可看到棉毛状霉顶有灰白色或黑色霉状物(图 9-35)。幼瓜最后可全部烂掉。少数情况下，成熟果实也可局部变褐，软化腐烂。茎和叶柄染病时呈水浸状褐色软腐。

图 9-33　西葫芦褐腐病，幼果发病

图 9-34　西葫芦褐腐病，病瓜变褐软腐

图 9-35　西葫芦褐腐病，黑色霉状物

【致病病原】 病原为瓜笄霉 *Choanephora cucurbitarum* (Berk. et Rav.) Thaxt.，属接合菌亚门真菌。分生孢子梗直立，无色，顶端膨大成大头针状泡囊，直径 40～50 μm。寄主包括西葫芦、黄瓜、冬瓜、豇豆、烟草、辣椒、薯等。

【病害循环】 病原以菌丝体随病残体在土壤中越冬，腐生性强。春天侵染花和幼果，只能从伤口侵入，可借风雨或昆虫传播。

【发生规律】 保护地栽植，当低温高湿，浇水后放风不及时，放风量不够，日照不足，连续阴雨，易发病和流行。露地栽培病害流行与否主要取决于结瓜期植株茂密程度、雨日的多少和雨量大小、田间积水等情况。生产上栽植过密，株间郁闭发病重。

【防治措施】 (1) 农业防治。与非瓜类作物实行 3 年以上轮作。采取高畦栽培；合理浇水，严禁大水漫灌，雨后要及时排水；合理密植，注意通风，防止湿气滞留。采用搭架栽培法，改善通风透光条件。坐果后要及时摘除残花和病果，集中深埋或烧毁。(2) 化学防治。开花至幼果期喷 64%杀毒矾 WP 400～500 倍液，或 68%精甲霜灵·锰锌 WG 300 倍液，或 18%甲霜胺·锰锌 WP 600 倍液，或 75%百菌清 WP 600 倍液，或 70%乙膦·锰锌 WP 500 倍液，或 72%克露 WP 800 倍液，或 69%安克·锰锌 WP 1 000 倍液，或 47%加瑞农 WP 800～1 000 倍液。棚室栽培，每亩用 45%百菌清 FU 250 g，烟熏 1 夜。

西葫芦绵腐病 Summer squash damping-off

绵腐病是保护地栽培中西葫芦的一种重要病害，呈迅速蔓延的趋势。

【典型症状】 主要为害果实，有时其他部位也会发病。(1) 果实。病斑水浸状暗绿色，椭圆形。干燥时病斑稍凹陷，仅皮下果肉变褐腐烂(图 9-36)。气温高湿度大时，病斑扩展迅速，果实变褐，软腐，表面布满白色霉层。(2) 叶片。病斑暗绿色水浸状，圆形或不整形，湿度大时软腐。

图 9-36 西葫芦绵腐病，病瓜变褐软腐

【致病病原】 病原为瓜果腐霉菌 *Pythium aphanidermatum* (Eds.) Fitzp.，属鞭毛菌亚门真菌。菌丝体生长繁茂，棉絮状，白色；菌丝无色，无隔膜，直径 2.3～7.1 μm。孢子囊丝状，大小(63～725) μm×(4.9～14.8) μm。泡囊球形，内含游动孢子 6～26 个。藏卵器球形，直径 14.9～34.8 μm。卵孢子球形，平滑，不满器，直径14.0～22.0 μm。

【病害循环】 病原以卵孢子在土壤中越冬。适宜条件下直接长出芽管侵入植株。后在病残体上产生病原，借雨水或灌溉水传播，为害果实。

【发生规律】 病原主要分布在表土层内，雨后或湿度大，病原迅速增加。土温低，湿度大，利于发病。

【防治措施】 (1) 种子消毒。用 50%多菌灵 WP 2 000 倍液浸种 30 min，捞出用清水冲净后，再按常规方法催芽。(2) 农业防治。选用抗病品种，当前生产中较抗绵腐病的品种主要有早青一代、阿太一代等早熟品种。采用深沟高畦方式栽培，避免大水漫灌，防止棚室内积水。在地面过湿时，可用干草把瓜垫起，减少病原侵染几率。应尽量避免与黄瓜等作物连作，以免相互传染，实行 2～3 年以上轮作可有效预防该病发生。(3) 化学防治。发病前用 75%百菌清 WP 800 倍液，或 77%氢氧化铜 WP，或 50%琥·乙膦铝 WP 等进行喷雾。发病高峰期喷洒 64%杀毒矾 WP 1 000 倍液，或 58%甲霜灵·锰锌 600 倍液。

参考文献

闫华，张培勇，姚峰，等. 保护地西葫芦绵腐病的发生与防治[J]. 吉林蔬菜，2004(1)：21

西葫芦根霉果腐病
Summer squash fruit rhizopus rot

果腐病是西葫芦的一种常见病害，又称西葫芦果腐病或烂蛋。病瓜率为 5%～10%，严重时达 20%以上，明显影响生产。

【典型症状】 主要为害花和幼瓜，病菌先从萎蔫的花器侵入，然后再从花蒂逐蔓延至幼果，被侵袭的果实从脐部向瓜条迅速腐烂(图 9-37)，同时霉菌出现在腐烂部位，病菌长出的孢子和菌丝似黑色大头针着生于果实上(图 9-38)，致使果实迅速腐烂。

图 9-37 西葫芦根霉果腐病，幼果腐烂

图 9-38 西葫芦根霉果腐病，黑色大头针状霉层

【致病病原】 病原为黑根霉 *Rhizopus nigricans* Ehrb.，属接合亚门真菌。病原菌假根发达，常从匍匐丝与寄主基质接触处生出，多分枝。孢囊梗直立，无分枝，2～8 根丛生于假根上，粗壮，顶端着生较大的球状孢子囊，大小(380～450) μm×(30～40) μm。孢子囊球形或卵圆形，直径 80～285 μm，孢囊内生有许多圆形孢囊孢子。

【病害循环】 病原为弱寄生菌，腐生性很强。在土壤中、田间以及物架上普遍存在。

【发生规律】 湿度大发病重。果实与土壤接触易发病。

【防治措施】（1）农业防治。施用充分腐熟的有机肥；采用地膜覆盖和高畦栽培。多雨季节，要注意雨后及时排水，控制浇水。如果地面湿度过大，要把瓜垫起来，以免与地面直接接触。加强田间管理，防止果实产生伤口。发现病果，要及时采摘深埋。（2）化学防治。发病后喷施50%苯菌灵 WP 1 500 倍液，或 36%甲基托布津 SC 500～600 倍液，或 47%加瑞农 WP 700～800 倍液，隔10 d 喷1 次，连续喷 2～3 次。

西葫芦化瓜
Summer squash physiological abortion

【典型症状】 西葫芦生长过程中，雌花开放不长时间，瓜胎变黄、脱落，或者本已开始膨大的瓜突然中止生长，且瓜胎逐渐变黄、变软（图 9-39）。

图 9-39 西葫芦化瓜

【发生规律】 营养生长过旺，抑制了生殖生长，二者的平衡遭到破坏，往往只开花不结果，这种情况多发生在定植缓苗后，过早追肥灌水，促使叶片生长过旺。温度偏高，特别是夜温偏高，白天光照不足更易徒长。环境条件不适造成受精不良。植株结瓜太多，负担过重，养分不足，各瓜之间争夺养分，必然有一部分瓜停止生长而化掉。

【防治措施】 定植缓苗后降低温度，加大昼夜温差，控制水分，提高光照强度，进行促根控秧。通过人工辅助授粉或激素处理来防止化瓜。激素处理浓度，应严格按产品说明来进行配制，不得随意加大或减小浓度。疏掉一部分未开花的花蕾和发育不良的畸形瓜，同时增加采收频率。

西葫芦畸形瓜
Summer squash deformed fruit

【典型症状】 西葫芦畸形瓜包括蜂腰瓜、尖嘴瓜、大肚瓜（图 9-40）。

图 9-40 西葫芦畸形瓜，尖嘴瓜

【发生规律】 不受精或土壤干旱，盐类溶液浓度障碍，吸收养分、水分和光照不足等易形成尖嘴瓜。植株衰弱，遭受病害，受精不完全易形成大肚瓜。缺钾、生育波动等原因易出现蜂腰瓜。

【防治措施】 适时追肥灌水，搞好土壤耕作，维持植株长势，提高叶片同化机能。冬季注意增强光照，保持适宜的生长发育温度。发现有畸形瓜产生应及早摘除，以免影响下一个瓜的生长。用激素处理雌花时，要注意溶液浓度和喷花时间，高温时溶液浓度要小，低温时溶液浓度要适当增大，喷花时要将雌花的花托花柱都喷到喷匀。适时采收，避免瓜与瓜之间的养分争夺。

西葫芦日灼病
Summer squash sunscald

日灼病是西葫芦的一种生理性病害，主要发生在露地，零星发生。

【典型症状】 日灼主要发生在果实上，果实向阳面被日光长时间直射灼伤，褪绿坏死，变为浅黄白色至灰白色的革质坏死斑。病斑表面失水变薄发硬，略下陷(图 9-41)。空气潮湿时，常在病斑表面腐生灰黑色霉状物。

图 9-41　西葫芦日灼病

【发生规律】 主要是因叶片较少，使日光长时间直接照射，使表皮组织坏死所致。

【防治措施】 适当加大种植密度，使果实能有叶片遮阴。也可以采用遮阳网覆盖。

10. 南瓜病害

P 南瓜病毒病 Pumpkin mosaic

病毒病是南瓜的一种主要病害。

【典型症状】 南瓜病毒病的症状有3种类型。(1) 花叶型。症状严重的花叶，叶片黄绿相间，绿色部分凸起(图 10-1)，形成疱斑，植株矮化，叶片及果实小而畸形，并有许多瘤状突起，果面凹凸不平。(2) 蕨叶型。叶片除具花叶症状外，叶片像被撕裂成条，呈鸡爪或叶片皱缩呈鸡冠状(图 10-2)。(3) 矮化。植株节间缩短，矮化，顶端皱缩，叶片发黄，导致逐渐干枯死亡(图 10-3)。

不同病毒引起的症状是不一样的。(1) 黄瓜花叶病毒。新叶斑驳、花叶、扭曲、皱缩(图 10-4)。叶片向下卷曲，果实斑驳长成瘤状、畸形，被侵染的果实发白，有点淡淡的绿色(图 10-5)。(2) 西瓜花叶病毒2号。叶脉带绿，叶片畸形，花叶明显，绿色部分往往凸起(图 10-6)。(3) 小西葫芦黄化花叶病毒。病叶黄化带有严重花叶，叶缘坏死(图 10-7)，果实表面瘤状凸凹不平、畸形(图 10-8)。(4) 南瓜花叶病毒。感病严重的植物通常叶片变形、有系统花叶。(5) 中国南瓜曲叶病毒。叶缘向上卷曲，新叶或新芽向上卷曲生长，生长严重受阻，叶脉变厚并且扭曲，脉间斑驳(图 10-9)，发病株花小并且不能正常发育，果实畸形(图 10-10)。

图 10-1 南瓜病毒病，花叶型

图 10-2 南瓜病毒病，蕨叶型

图 10-3 南瓜病毒病，矮化

图 10-4 南瓜病毒病，黄瓜花叶病毒引起苗叶扭曲

图 10-5 南瓜病毒病，黄瓜花叶病毒引起的病瓜

图 10-6 南瓜病毒病，西瓜花叶病毒 2 号引起花叶

图 10-7 南瓜病毒病，小西葫芦黄化花叶病毒引起的病叶

图 10-8 南瓜病毒病，小西葫芦黄化花叶病毒引起的病瓜

图 10-9 南瓜病毒病，中国南瓜曲叶病毒引起的病叶

图 10-10 南瓜病毒病，中国南瓜曲叶病毒引起的病瓜

【致病病原】 病原为黄瓜花叶病毒(CMV)、西瓜花叶病毒 2 号(WMV-2)、番木瓜环斑病毒(PaRSV)、南瓜花叶病毒(SqMV)、小西葫芦黄化花叶病毒(ZYMV)、中国南瓜曲叶病毒(SLCV)，某些病毒株系分化明显。(1) 黄瓜花叶病毒。属黄瓜花叶病毒组，有 3 条单链功能的 RNA，病毒粒子呈球状，直径约 28 nm，病毒汁液稀释限点 1 000～10 000 倍，钝化温度 60～70 ℃。(2) 西瓜花叶病毒 2 号。属马铃薯 Y 病毒组，病毒粒体线状，长约 750 nm，含 1 条单链 RNA。病毒汁液稀释限点10 000～100 000 倍，钝化温度 65 ℃，体外存活期 20～25 d。(3) 番木瓜环斑病毒。属马铃薯 Y 病毒组中的一种病变型，病毒粒子为 600～800 nm，略为弯曲的线状病毒，病叶超薄切片可见到病毒颗粒主要在海绵组织薄壁细胞靠近细胞壁的原生质中，数百条集成一束，平行排列。在细胞质还可见到风轮状内含体，风轮长轴 200 nm，短轴约 130 nm。钝化温度 50～55 ℃，稀释限点 100～1 000 倍，体外存活期 8～16 h。(4) 南瓜花叶病毒。属豇豆花叶病毒组，病毒为等轴状质粒，粒子直径 30 nm，含 1 条单链 RNA，单链的 RNA 两个功能片段。病毒汁液限点 10 000～100 000 倍，

钝化温度 65～70 ℃，体外存活期 5～6 d（20 ℃）。（5）小西葫芦黄化花叶病毒。属马铃薯 Y 病毒组，病毒粒子长 750 nm，宽 12 nm，含 1 条单链 RNA，感病树脂包埋和超薄切片可见风轮状内含体。稀释限点 1～1 000 倍，室温储藏 4 d 仍具侵染性，60 ℃经 10 min 致死。（6）中国南瓜曲叶病毒。从广西南宁的南瓜上分离到一株可经烟粉虱传播的南瓜曲叶病毒。EL ISA 测定和分子杂交试验进一步证实是南瓜曲叶双生病毒。

【病害循环】 黄瓜花叶病毒可由 60 多种蚜虫传播并很容易由机械传播。南瓜花叶病毒由种子传毒，黄条跳甲等甲虫在 5 min 内可获毒，并可传毒达 20 多 d。小西葫芦黄化花叶病毒以多种蚜虫和机械方式传播，种子偶尔传毒。

【发生规律】 田间管理作业中的摩擦极易传播病毒，且病毒病多由复合侵染引起。田间种子带毒率高，管理粗放，虫害多，发病重。

【防治措施】（1）种子消毒。瓜种放入45～50 ℃温水浸种，浸种时不断搅拌。待水温降至 35 ℃时，浸泡 2 h 再用 0.02％的高锰酸钾浸泡 15 min 消毒后，用清水冲洗净，滤干。然后用湿毛巾包好置于 25～30 ℃的温度下，经过 24 h 催芽，待芽露白即可播种于营养袋。（2）农业防治。从无病株上选留种子，防止种子传毒。瓜苗定植成活后，应即时施磷酸二氢钾 500 倍液，间隔 5～6 d 再追施 1 次，促进早生根快长，使植株生长健壮。上架坐果前，还应清除瓜地和地埂周围的杂草，以减少病毒中间寄生。田间作业时，避免践踏茎蔓，整枝时，应用剪刀剪蔓，忌用手接触保留的瓜蔓，以减少摩擦传毒。（3）化学防治。育苗期移栽前 5～7 d，用 46％毒克星或小叶灵 800 倍液交替喷雾瓜苗 1～2 次。大田定植成活至上架坐果前，在做好传毒媒介害虫防治的同时，用 3.95％病毒必克或 18％抑毒星 800～1 000 倍液，间隔 1 周交替喷雾预防。同时，叶面喷施磷酸二氢钾 300 倍液，以增强植株抗病力。育苗期及大田期坐果前应抓好蚜虫、蓟马、盲蝽、甲虫、斑潜蝇等害虫的防治，可用 10％大功臣 800～1 000 倍液或 40％二嗪磷 EC 800 倍液喷雾防治。

参考文献

李凤梅，崔崇士，杨国慧. 南瓜病毒病的研究进展[J]. 东北农业大学学报，2002，33(1)：1-7

南瓜银叶病
Pumpkin silverleaf disease

银叶病是南瓜的一种重要病害，发生普遍。一旦发生，很快会形成大面积为害，影响产量。

【典型症状】 株型偏矮，叶片下垂，生长点叶片皱缩，呈半停滞状态，茎部上端节间短缩；茎、幼叶和功能叶叶柄褪绿，叶片叶绿素含量降低，叶片初期表现为沿叶脉变为银色或亮白色（图 10-11），以后全叶变为银色，在阳光照耀下闪闪发光（图 10-12），但叶背面叶色正常。幼瓜及花器柄部、花萼变白，半成品瓜、商品瓜也白化，呈乳白色或白绿相间，丧失商品价值。

图 10-11　南瓜银叶病，病叶沿叶脉变为银色

图 10-12　南瓜银叶病，病叶全部变为银色

【致病病原】 病原为粉虱传双生病毒 Whitefly-transmitted geminivirus（WTG），属双生病毒科菜豆金黄花叶病毒属病毒。病毒粒子为孪生颗粒状，大小为 18 nm × 30 nm，基因组为单链状 DNA。

【病害循环】 南瓜银叶病由银叶粉虱为害引起。银叶症状产生的原因，主要是银叶粉虱唾液分泌物对植物有毒害，且是内吸传导性的。

发生规律、防治措施参见西葫芦银叶病。

南瓜细菌性缘枯病 Pumpkin marginal blight

【典型症状】 南瓜的叶、叶柄、茎、卷须和果实均可受害，初在水孔附近产生水浸状小斑点，后扩大为淡褐色不规则形斑，周围有晕圈。严重的产生大型水浸状病斑，由叶缘向叶中间扩展呈楔形，叶柄、茎等上病斑亦呈水浸状，褐色（图10-13）。果实染病先在果柄上形成水浸状病斑，后变褐色，果实黄化凋萎，脱水后成干缩状。湿度大时病部溢出菌脓。

图 10-13 南瓜细菌性缘枯病

【致病病原】 病原为边缘假单胞菌边缘假单胞致病型 *P. seudomonas marginalis* pv. *marginalis* (Brown) Stevens.，属细菌。参见黄瓜细菌性缘枯病。

【病害循环】 病原在种子上或随病残体留在土壤中越冬，成为第 2 年初侵染源。病原从叶缘水孔等自然孔口侵入，靠风雨、田间操作传播蔓延和重复侵染。

【发生规律】 发生主要受降雨引起的湿度变化及叶面结露影响。当湿度上升到 70%以上达 6～8 h 即可发病，结露时间越长发病越重。

【防治措施】 (1) 种子处理。用 50 ℃温水浸种 20 min，捞出晾干后催芽播种，还可以用次氯酸钙 300 倍液浸种 2 h 或 100 万 U 硫酸链霉素 500 倍液浸种 2 h，冲洗干净后催芽播种。(2) 农业防治。选无病土育苗，与非瓜类作物实行 2 年以上轮作，加强田间管理，及时清除病叶。(3) 化学防治。发病初期或蔓延开始期可选用 50%甲霜铜WP 600 倍液，也可选用 72%农用链霉素 4 000 倍液或 1∶2∶(300～400) 倍式波尔多液喷雾。

南瓜白粉病 Pumpkin powdery mildew

白粉病是南瓜的一种主要病害。各地均有分布，发生普遍，一旦发生发展很快，致使叶片枯死。

【典型症状】 从苗期到成株期均可发生，以生长中后期为害较重。主要侵染叶片，叶柄和茎也有发病。初期叶片两面出现近圆形白色粉状小霉点，以叶面为多，后渐扩大，白粉斑连成大块，发病严重时全叶布满白粉，白粉下面的叶组织先为淡黄色，后变褐色，后期变成灰白色，叶片干枯卷缩。叶柄和嫩茎的症状与病叶相似，但白粉较少（图 10-14，15，16）。

图 10-14 南瓜白粉病，新叶症状

图 10-15 南瓜白粉病，叶片症状

【致病病原】 病原为单丝壳白粉菌 *Sphaerotheca fuliginea* (Sch.) Poll.，和二孢白粉菌 *Erysiphe cichoracearum* DC.，均属子囊菌亚门真菌。分生孢子梗圆柱形，不分枝，无色。分生孢子椭圆形，单胞，无色，大小(30.2～39.5) μm×

图 10-16　南瓜白粉病，老叶症状

(7.38～22.12) μm。闭囊壳褐色，球形，直径67.5～122.4 μm，无孔口，表面有附属丝。

【病害循环】 这 2 种病原随病残体在土表越冬，春天放射出子囊孢子，进行初侵染。温暖地区或棚室中病原主要在植株上越冬。条件适宜时产生孢子，形成再侵染。病原通过气流传播蔓延。

【发生规律】 苗期和成株期均可发病，植株生长后期受害重。田间湿度大，气温 16～24 ℃，干湿交替出现，发病重。

【防治措施】 (1) 种子消毒。播前先在阳光下晒种 1～2 d，以杀灭表皮杂菌，提高发芽势。用50～55 ℃温水浸种 8～12 h，再放入 1%高锰酸钾溶液消毒 20～30 min，冲净后在 28～30 ℃下催芽48～72 h，露白时播种。(2) 农业防治。最好与禾本科作物实行 2～3 年轮作。每亩施腐熟农家有机肥 5 000～7 000 kg、三元复合肥 20 kg、氯化钾15 kg、尿素 5 kg。伸蔓期一般不追肥，果实膨大期每亩追施硫酸钾复合肥 20 kg，并保持土壤湿润，雨后及时清沟排水。及时摘除基部病、老黄叶，并深埋或集中烧毁。加强田间通风透光，增强植株抗逆性。(3) 化学防治。适时用药防治，病害发生前可选用 53.8%可杀得 2000 型 DF 1 000 倍液，或 27.12%铜高尚 SC 500 倍液预防，隔 7～10 d 喷 1 次，连续喷 2～3 次。发病初期可选用10%世高 WG 1 500 倍液，或 40%氟硅唑 EC 8 000倍液，或 43%好力克 SC 5 000 倍液，或 12.5%烯唑醇 WP 2 000 倍液，或 2%加收米 AS 600 倍液进行喷雾，隔 7～10 d 喷 1 次，连续喷 2～4 次。保护地用硫黄熏烟消毒。病初期，每亩用 45%百菌清 FU 200 g，分放在棚内 4～5 处，用暗火点燃，发烟时闭棚，熏 1 夜，次日清晨通风。

参考文献

[1]陈方景，程义华，刘赵康，等. 日本南瓜白粉病的综合防治[J]. 中国蔬菜，2005(2)：52

[2]李淑琴，刘运华，于军华. 南瓜白粉病药剂防治技术的研究[J]. 吉林农业科学，2006，31(1)：53-55

南瓜斑点病 Pumpkin leaf spot

【典型症状】 为害叶片和花轴。(1) 叶片。病斑圆形或不定型，边缘黑褐色，病健部交界处湿润状，湿度大时病斑上生小黑点，严重的病斑汇合，叶片局部枯死(图 10-17)。(2) 花轴或花。发病呈黑褐色腐烂。

图 10-17　南瓜斑点病

【致病病原】 病原为正圆叶点霉 *Phyllosticta orbicularis* Ell. et Ev.，属半知菌亚门真菌。

【病害循环】 病原以分生孢子器或菌丝体随病残体在土中越冬。春天病原借雨水溅射传播，进行初侵染和再侵染。

【发生规律】 高温多湿的天气是发病的重要条件，多始见于高温多湿季节。地势低洼或株间郁闭，发病重。

【防治措施】 (1) 农业防治。避免在低洼地种植，注意改善株间通透性。(2) 化学防治。发病初期喷 70%甲基托布津 WP 800 倍液加 75%百菌清 WP 800 倍液，或 40%多·硫 SC 600 倍液，或 50%敌菌灵 WP 400～500 倍液，或 50%扑海因WP 1 500 倍液，隔 10～15 d 喷 1 次，注意喷匀喷足，连续喷 2～3 次。

南瓜霜霉病 Pumpkin downy mildew

南瓜霜霉病是南瓜的一种常见病害。各地均有分布。为害较轻。

【典型症状】 主要为害叶片。发病初期叶片上先出现淡绿色病斑，后变黄色，病斑发展受叶脉限制(图 10-18)，直径 2～6 mm，湿度大时叶背面可见淡灰色稀疏的菌丛(图 10-19)。

图 10-18　南瓜霜霉病，叶片症状

图 10-19　南瓜霜霉病，叶片症状

【致病病原】 病原为古巴假霜霉病原 *Pseudoperonospora cubensis*（Berk. et Curt.）Rostov.，属藻状菌纲霜霉目霜霉科真菌。

【病害循环】 病原在温暖地区可在瓜类蔬菜上辗转为害。北方冬季棚室栽培，发病后能不断产生孢子囊，是第 2 年主要初侵染源。露水存在 2～3 h 病原孢子才能侵入。

【发生规律】 在棚室栽培条件下，夜间湿度逐渐升高，引起叶面结露。结露持续的时间长，易发病。

【防治措施】 （1）农业防治。棚室栽培，要控制好湿度，避免叶片结露。（2）化学防治。发病前喷药，常用农药有 18%甲霜胺・锰锌 WP 600 倍液，或 75%百菌清 WP 600 倍液，或 70%乙膦・锰锌 WP 500 倍液，或 64%杀毒矾 WP 400～500 倍液，或 72%克露 WP 800～900 倍液，或 69%安克・锰锌 WP 1 000 倍液，隔 10 d 喷 1 次，视病情防治 1～2 次。棚室栽培，还可采用 7%防霉灵 DPC，或 5%百菌清 DPC 喷粉。

南瓜斑枯病 Pumpkin spot blight

南瓜斑枯病又称南瓜壳针孢角斑病。

【典型症状】 主要为害叶片。叶片上病斑多角形，受叶脉限制，大小 1～5 mm，初呈淡褐色，后中间变灰白色，边缘明显，中心稍下凹(图 10-20)。后期病斑正背面长出很多小黑点。发病严重时，病斑汇合成片，致使叶片早枯。

图 10-20　南瓜斑枯病，叶片症状

【致病病原】 病原为瓜角斑壳针孢 *Septoria cucurbitacearum* Sacc.，属半知菌亚门真菌。分生孢子器单生或聚生于叶面，圆形或近圆形，暗褐色，大小(49.7～111.9) μm×(49.7～87.0) μm。分生孢子无色透明，针形，直立或稍弯曲，基部稍钝，顶端略尖，具 1～5 个分隔，大小(25～77.5) μm×(2.3～3.0) μm。

【病害循环】 病原以菌丝体和分生孢子器随病残体在土壤中越冬。条件适宜时产生分生孢子，靠风雨传播蔓延，进行初侵染和再侵染。

【发生规律】 病原喜高温高湿条件，当气温 24～28 ℃，相对湿度 90%以上适于发病，分生孢子扩散传播需叶面有水滴存在。田间多雨，高温高湿持续时间长，易发病且病情重。

【防治措施】 选择地势较高、排水良好地块种植。密度要适宜，避免过于密植；施足基肥，增施磷、钾肥。合理灌水，控制田间湿度；药剂防治可选用 64%杀毒矾 WP 500 倍液、50%琥胶肥酸铜 WP 500 倍液、60%琥・乙膦铝 WP 500 倍液、30%绿得保胶悬剂 400 倍液、47%加瑞农 WP 800 倍液、80%新万生 WP 600 倍液、20%利克菌 WP 1 000 倍液。

南瓜灰斑病
Pumpkin cercospora leaf spot

【典型症状】 多见于秋季，主要为害叶片。初在叶面上产生褪绿黄斑，长圆形至不规则形，有时沿脉扩展，病斑大小不一，直径 0.5～2 mm（图 10-21）。后期病斑汇合连成一片，褐色或深褐色，老病斑边缘褐色，中间灰色，有时长出灰色霉状物，即病原菌分生孢子梗和分生孢子(图 10-22)。

图 10-21　南瓜灰斑病，叶片症状

图 10-22　南瓜灰斑病，叶片症状

【致病病原】 病原为瓜类尾孢 *Cercospora citrullina* Cooke.，属半知菌亚门真菌。

【病害循环】 (1) 越冬与初侵染源。南瓜灰斑病原以菌丝及分生孢子在病残体或种子上越冬或越夏。(2) 传播特点。条件适宜时，产生分生孢子，借气流、雨水或露珠及农事操作等传播。经 5～6 h 结露才能从气孔侵入。经 7～10 d 发病后产生新的分生孢子，进行再侵染。多雨季节易发生和流行。

【发生规律】 多雨季节易发病和流行。在气温 18～23 ℃、相对湿度 90%以上的高湿、弱光条件下极易发病，气温低于 15 ℃及高于 25 ℃发病明显减轻，高于 30 ℃基本不发病。

【防治措施】 (1) 种子消毒。用 55 ℃的温水浸种 15 min。(2) 农业防治。采取高畦深沟地膜覆盖栽培方式。科学管理大棚的生态环境，灌水后应及时通风换气，降低大棚湿度、温度，避免棚内高温高湿。(3) 化学防治。发病初期喷药防治，常用的药剂有 50%多霉・威 WP 1 000 倍液，或 50%苯菌灵 WP 1 500 倍液，或 60%防霉宝 WP 800 倍液，或 50%多・硫 SC 600 倍液，隔 10 d 喷 1 次，连续喷 2～3 次。

参考文献

宋荣浩，杨红娟，马坤，等. 西洋南瓜主要病害的发生及综合防治技术[J]. 中国蔬菜，2007(4)：33-35

南瓜黑星病
Pumpkin scab

【典型症状】 (1) 幼苗。子叶上产生黄白色近圆形斑，扩展后全叶干枯。(2) 叶片。初为污绿色近圆形斑点，穿孔后孔的边缘不整齐，有黄晕，病斑直径 1.5 mm 左右(图 10-23)。病斑扩展后连成片，后期呈星状，多边形，病部组织脱落，留下黑色边缘的星状孔 (图 10-24)。(3) 茎蔓。病部中间凹陷，形成疮痂状病斑，表面生灰黑色霉层。(4) 果实。病初流胶，渐扩大为暗绿色凹陷斑，病部呈疮痂状，病部停止生长，形成畸形瓜。

图 10-23　南瓜黑星病，叶片症状

图 10-24　南瓜黑星病，叶片症状

【致病病原】 病原为瓜枝孢 *Cladosporium cucumerinum* Ell. et Arthur，属半知菌亚门真菌。(1) 形态和大小。菌丝白色至灰色，具分隔。分生孢子梗细长，丛生，褐色或淡褐色，形成合轴分枝，大小(160～520) μm×(4～5.5) μm。分生孢子近梭形至长梭形，串生，有 0～2 个膜隔，淡褐色。单胞，分生孢子大小(11.5～17.8) μm×(4～5) μm；双胞，分生孢子大小(19.5～24.5) μm×(4.5～5.5) μm。(2) 特性。病原生长发育温限 2～35 ℃，适温 20～22 ℃。(3) 寄主。这种病原可以侵染冬瓜、西葫芦、南瓜、甜瓜、黄瓜等。

【病害循环】 病原在种子或病残体上越冬。春天萌发进行初侵染和再侵染，借气流和雨水传播蔓延。

【发生规律】 湿度大，夜温低，可加重病害扩展。

【防治措施】 (1) 种子消毒。用 50%多菌灵 WP 500 倍液浸种 30 min 后，洗净再催芽。或用 0.3%的 50%WP 多菌灵拌种。(2) 农业防治。选留无病种子。采用覆盖地膜栽培。定植后至结瓜期控制浇水。(3) 化学防治。苗床土用 50%多菌灵 WP 8 g/m^2 处理土壤后播种。棚室栽培，定植前 10 d 用硫黄粉熏 1 夜。发病初期喷 75%百菌清 WP 600 倍液，或 40%氟硅唑 EC 8 000～10 000 倍液，或 80%新万生 WP 500～600 倍液，或 25%凯克星 WP 500～600 倍液，或 80%敌菌丹 WP 500 倍液，或每亩用 20%腈菌唑・福美双 WP 100～125 g，或 12.5%腈菌唑 EC 24 mL，或 30%氟菌唑 WP 1 500～2 000 倍液，隔 7～10 d 喷 1 次，连续喷3～4 次。

南瓜黑斑病
Pumpkin alternaria black spot

【典型症状】 主要发生在南瓜生长中后期或储藏期。为害叶片、茎蔓和果实。(1) 叶片。下部老叶发病生具不明显轮纹的褐斑(图 10-25)。(2) 果实。多发生在果实日灼或其他病斑上，病部布满一层黑色霉状物。严重时造成果实腐烂，整个瓜内充满黑色病原。

【致病病原】 病原为链格孢菌 *Alternaria alternata* (Fr.) Keissl.，属半知菌亚门真菌。该菌在 5～40 ℃范围内均可生长，26 ℃最适，分生孢子萌发温限 10～37 ℃，26 ℃最适。

图 10-25 南瓜黑斑病

【病害循环】 病原主要在病残体上越冬。

【发生规律】 与日灼病有联系，多发生在日灼处。

【防治措施】 (1) 农业防治。防止发生日灼。(2) 化学防治。发病初期喷 80%新万生 WP 500～600 倍液，或 58%雷多米尔・锰锌 WP 800～1 000 倍液，或 58%甲霜灵・锰锌 WP 500 倍液，隔 7～10 d 喷 1 次，连续喷 2～3 次。

南瓜疫病
Pumpkin phytophthora blight

疫病是南瓜的一种主要病害。对南瓜的产量和品质产生较为严重的影响，造成较大的经济损失。

【典型症状】 整个生育期发生，为害南瓜的根、茎、叶、果，主要为害南瓜的茎和果，造成茎和果实腐烂，叶片发黄，以至全株萎蔫枯死。(1) 茎部。病部初呈水渍状，淡褐色，后渐渐变褐色，湿腐，病部有粉状的白色小点，为其游动孢子囊，再从叶柄蔓延至叶片，叶片呈暗绿色水渍状腐烂，亦有从叶缘开始发生，向内扩展，随后扩展成圆形或不规则的大病斑，呈暗绿色水渍状腐烂，造成整个植株萎蔫死亡。(2) 叶片。发病初期出现圆形暗色水浸状斑，软腐，下垂(图 10-26)。干燥时呈灰褐色，易脆裂。(3) 根部。先根尖变褐，后整条根渐渐变褐，腐烂，失去根的功能，导致整个植株萎蔫死亡。(4) 果实。主要是爬地栽培的南瓜果实，病斑初呈暗绿色水渍状，后渐湿腐，病部表面有粉状的白色小点。

图 10-26　南瓜疫病

【致病病原】 病原为辣椒疫霉 *Phytophthora capsici* Leonian，属鞭毛菌亚门真菌。(1) 形态和大小。在 OMA、CMA 和 CA 上生长良好，菌落为不均匀型，呈绒毛状或放射状，菌丝茂盛，较粗，分枝，无隔膜，气生菌丝中等至旺盛；孢囊梗不规则分枝，孢子囊顶生，其形态、大小变化甚大，近球形、椭圆形、长椭圆形、卵形、肾形或不规则形，有明显的乳突，有的孢子囊则不止一个乳突，孢子囊成熟后易脱落，并带有长的孢囊柄，在水中极易释放出游动孢子，游动孢子肾形。孢子囊在发病的南瓜上，大小为(20～75) μm×(17～65)μm，长宽比为 1.39～2.10，乳突高度大于 5.0 μm；孢子囊在瓠瓜汁、南瓜汁培养基上，大小为(15～70) μm×(13～55) μm，长宽比为 1.35～21.0，乳突高度大于 5.0 μm；孢子囊在 Petri's 溶液中，大小为(19～80) μm×(14～55) μm，长宽比为 1.35～2.10，乳突高度大于 5.0 μm。(2) 特性。最适生长温度为 25～30 ℃，最高生长温度大于 35 ℃。(3) 寄主。这种病原可以侵染瓜类、番茄、茄子、辣椒、木瓜等。

【病害循环】 病原在病残体上和土壤中越冬是主要初侵染源。条件适宜时病原经雨水或灌溉水传到茎基部或近地面果实上，引起发病。

【发生规律】 气温 25～30 ℃，相对湿度高于 85%发病重。雨季或大雨后天气突然转晴，气温急剧上升，病害易流行。积水菜地，定植过密，通风透光不良发病重。

【防治措施】 (1) 农业防治。选用早熟抗逆性强的品种。选择高岗地、坡地种植，防止雨季田间积水。与禾本科等非寄主作物进行 4～5 年轮作。防止过密，以利于通风透光，降低土壤湿度，减少发病机会。及时铲耥、除草、追肥、整枝压蔓，促进早熟。在多雨季节里，把垄沟里瓜拿到垄台上。大雨过后排除田间积水，降低土壤温度。增高地温，促进瓜株健壮生长，提高抗病性。病残体要及时清出田外，集中深埋或烧毁。(2) 化学防治。选用无病土育苗，用 25%瑞毒霉 WP 或 64%杀毒矾 WP 按 8 g/m² 加 10～15 kg 干细土混匀，将 1/3 药土施入床内，播种后用剩余的 2/3 药土覆盖苗床。苗期发病前或发病初期用 58%甲霜灵·锰锌 WP 500 倍液，或 64%杀毒矾 WP 500 倍液，或 75%百菌清 WP 600 倍液，或 25%甲霜灵 WP 500～700 倍液，进行全田喷药。喷药应每隔 5～7 喷 1 次，连喷 2～3 次。

参考文献

[1]文景芝，贾文香，张明厚. 黑龙江省南瓜死秧烂瓜病原菌的研究[J]. 东北农业大学学报，1997，28(3)：223-227

[2]王汉荣，茹水江，王连平，等. 浙江省南瓜疫病的病原菌鉴定及生物学特性研究[J]. 浙江农业学报，2003，15(1)：13-18

[3]程庆田，赵艳丽，周宏，等. 南瓜疫病的症状、发生特点及防治技术[J]. 农业与技术，2007(2)：121

南瓜枯萎病 Pumpkin fusarium wilt

枯萎病又称南瓜红腐病，较少发生。

【典型症状】 (1) 幼苗。子叶先变黄，幼苗萎蔫或枯萎，茎基部或茎部变褐缢缩或呈立枯状。(2) 成株。在开花结果后期发病，发病初期叶片从老叶向前端逐渐萎蔫似缺水状，中午尤为明显，早晚可恢复，3～6 d 后，整株叶片枯萎下垂，不能复原，最后全株枯死(图 10-27)。植株茎蔓基部缢缩，有的病部出现褐色病斑(图 10-28)。病根变褐腐烂，茎基部纵裂，病茎纵切面上维管束变褐。

图 10-27　南瓜枯萎病，植株萎蔫

图 10-28　南瓜枯萎病，根颈部症状

【致病病原】 病原为尖镰孢菌黄瓜专化型 *Fusarium oxysporum*（Schl.）f. sp. *cucumerinum* Owen.，属半知菌亚门真菌。分生孢子有大型和小型之分。(1) 形态和大小。小型分生孢子生于气生菌丝中，产生快，无色，单胞，椭圆形，大小(7.5～20.0) μm×(2.5～5.0) μm。大型分生孢子镰刀形，无色，两端渐尖，有 1～5 个分隔，多为 3 个分隔，大小(27.5～45.0) μm×(5.5～10.0) μm。(2) 寄主。这种病原可以侵染西葫芦、南瓜、黄瓜等。

【病害循环】 病原主要以菌丝体和厚垣孢子或菌核在未腐熟的有机肥或土壤中越冬，能在土壤中存活 3 年，其菌核、厚垣孢子存活能力更强，能抵抗高、低温和干燥环境，即使通过家畜消化道后仍具生活力。采种时厚垣孢子可粘于种子上，播种带病种子，发芽后病原即侵入幼苗，成为次要侵染源。根系的分泌物刺激厚垣孢子萌发，从根毛顶端细胞间或根部伤口侵入，先在细胞内或薄壁细胞间生长后进入维管束，在导管内发育，分泌果胶酶和纤维素酶，破坏细胞，阻塞导管，干扰新陈代谢，致植株萎蔫枯死。

【发生规律】 发病程度取决于当年侵染的菌量和环境条件。发病多在果实近成熟期。空气相对湿度 90%以上，易染病。连作地，有机肥未充分腐熟，土壤过分干旱，质地黏重是引起发病的主要条件。

【防治措施】 (1) 种子消毒。用有效成分 0.1%的 60%防霉宝超微粉溶液浸种 60 min，捞出后冲净催芽。或把干燥的种子置于 70 ℃恒温处理 72 h，但要注意品种间耐温性能及种子含水量确保发芽率。(2) 农业防治。选择 5 年以上未种过瓜类蔬菜的土地，与其他蔬菜实行轮作。生产上推行与葫芦科、十字花科、茄科 3 年轮作。选用无病新土育苗，采用营养钵分苗。避免大水漫灌；适当中耕，提高土壤透气性，使根系茁壮，增强抗病力。结瓜期，应分期施肥，切忌用未腐熟的人粪尿追肥。(3) 化学防治。苗床用 50%多菌灵 WP 8 g/m^2 处理畦面。定植前用多菌灵药土穴施。掌握在发病前或发病初期用药，常用农药有 10%治萎灵 AS 300 倍液，或 60%防霉宝 WP 500～600 倍液，或 50%苯菌灵 WP 1 500 倍液，或 50%甲基托布津 WP 500 倍液。采取灌根效果较好，每株用药液 0.3～0.5 L，隔 10 d 后再灌 1 次，连续灌 2～3 次。

南瓜蔓枯病
Pumpkin gummy stem blight

【典型症状】 主要为害茎蔓和叶片，果实也可受害。(1) 叶片。叶片受害时，病斑多从叶缘开始向叶内扩展，形成圆形或"V"字形、黄褐色至黑褐色病斑，后期易溃烂(图 10-29)。(2) 茎蔓。起初茎基部出现水渍状、长圆形斑点，灰褐色，边缘褐色，有时溢出琥珀色的树脂状胶质物(图 10-30)，严重时造成蔓枯(图 10-31)。(3) 果实。发病轻的形成近圆形灰白色斑，大小 5～10 mm，具褐色边缘。发病重的开始时形成不规则褪绿或黄色圆斑，后变灰色至褐色或黑色，最后病原进入果皮引起干腐，一些腐生菌趁机侵入引致湿腐，为害整个果实。

图 10-29　南瓜蔓枯病，叶片症状

图 10-30　南瓜蔓枯病，病茎症状

图 10-31　南瓜蔓枯病，病茎症状

【致病病原】 病原为瓜类黑腐小球壳菌 *Mycosphaerellamelonis*（Passerini）Chiu et Wqllker.，属半知菌亚门真菌。适于菌丝生长和孢子萌发温限为24～28 ℃，在此温度范围内孢子萌发率高，在 8～24 ℃孢子萌发率随温度升高而增加。

【病害循环】 病原以分生孢子器、子囊壳随病残体或在种子上越冬。条件适宜时病原可穿透表皮直接侵入幼苗，对老的组织或果实多由伤口侵入，在南瓜果实上也可由气孔侵入。

【防治措施】 （1）农业防治。实行 2～3 年轮作，采用配方施肥技术，施足充分腐熟有机肥。（2）化学防治。在发病初期全田用药，隔3～4 d 后再防 1 次，以后视病情变化决定是否用药。采果前 7 d 停止用药。药剂选用 75%百菌清 WP 600 倍液，或 50%混杀硫 SC 500～600 倍液，或 40%新星 EC 9 000 倍液，或 56%靠山 WG 600～800 倍液，或 47%加瑞农 WP 700 倍液，或 36%甲基托布津 SC 400～500 倍液。保护地栽培时，每亩喷 5%黑霉 DPC 1 kg。

南瓜根霉果腐病
Pumpkin rhizopus fruit rot

根霉果腐病是南瓜的普通病。病瓜率为 5%～10%，对产量有一定的影响。

【典型症状】 主要为害果实。果实发病初呈湿润腐烂状，中后期病部长出浓密的刺状霉层，顶端有黑色小点(图 10-32，33)。病果腐烂，汁液从病部流出。

图 10-32　南瓜根霉果腐病

图 10-33　南瓜根霉果腐病

【致病病原】 病原为黑根霉 *Rhizopus nigricans* Ehrb.，属接合亚门真菌。参见西葫芦根霉果腐病。

【病害循环】 病原为弱寄生菌，腐生性很强。在土壤中、田间以及物架上普遍存在。

【发生规律】 湿度大发病重。果实与土壤接触易发病。

【防治措施】 参见西葫芦根霉果腐病。

南瓜褐腐病
Pumpkin brown rot

褐腐病是南瓜的一种常见病害，露地和保护地栽培都有发生。

【典型症状】 主要为害花和幼果，先从花蒂侵入后逐渐蔓延到幼果，被侵入的幼果从顶部向下腐烂，最后果实迅速腐烂(图 10-34)。

【致病病原】 病原为瓜笄霉 *Choanephora*

图 10-34　南瓜褐腐病，发病果实症状

cucurbitarum（Berk. et Rav.）Thaxt.，属接合菌亚门真菌。分生孢子梗直立，无色，顶端膨大成大头针状泡囊，直径 40～50 μm。寄主包括西葫芦、黄瓜、冬瓜、豇豆、烟草、辣椒、薯等。

【病害循环】 病原以菌丝体随病残体在土壤中越冬，腐生性强。春天侵染花和幼果，只能从伤口侵入，可借风雨或昆虫传播。

【发生规律】 保护地栽植，当低温高湿，浇水后放风不及时，放风量不够，日照不足，连续阴雨，易发病和流行。露地栽培病害流行与否主要取决于结瓜期植株茂密程度、雨日的多少和雨量大小、田间积水等情况。生产上栽植过密，株间郁闭发病重。

【防治措施】 参见西葫芦褐腐病。

南瓜炭疽病 Pumpkin anthracnose

【典型症状】（1）幼苗。病苗子叶上出现褐色圆形病斑，蔓延至幼茎，茎基部缢缩而造成猝倒。（2）病叶。初呈水浸状圆形病斑，后呈黄褐色，偶有同心轮纹，外围有一紫黑色晕圈（图 10-35）。（3）茎或叶柄。病斑长圆形凹陷，初呈水浸状黄褐色后变成黑色，病斑蔓延茎周围，则植株枯死。（4）果实。病斑初呈暗绿色水浸状小斑点，扩大后呈圆形或椭圆形，暗褐至黑褐色，凹陷，龟裂，湿度大时中部产生红色黏质物（图 10-36）。

图 10-35　南瓜炭疽病，叶片症状

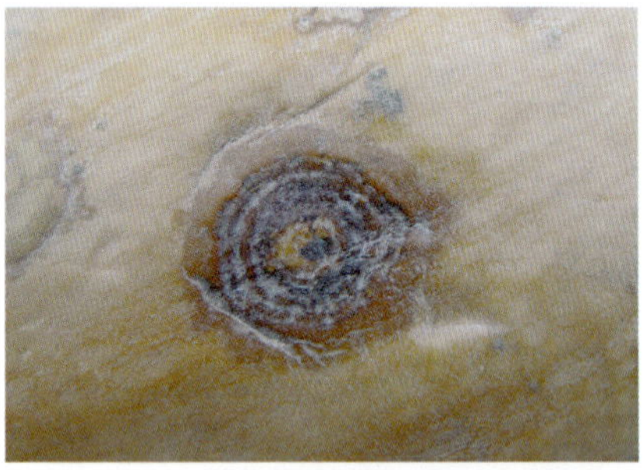

图 10-36　南瓜炭疽病，果实症状

【致病病原】 病原为葫芦科刺盘孢 *Colletotrichum orbiculare*（Berk. & Mont.）Arx.。孢子萌发适温 22～27 ℃，病原生长适温 24 ℃，8 ℃以下 30 ℃以上即停止生长。

【病害循环】（1）越冬与初侵染源。侵染病原主要以菌丝体或拟菌核在种子上或随病残株在田间越冬。第 2 年条件适宜时，产生大量分生孢子，成为初侵染源。后病部又能形成分生孢子盘及分生孢子，进行再次侵染。（2）传播特点。病原分生孢子传播主要依靠雨水或地面流水的冲溅，故一般贴近地面的叶片首先发病。

【发生规律】 湿度是发病的主要因素。持续 87%～95%的高湿时，病原潜育期只需 3 d，湿度越低，则病原潜育期越长。覆膜种植的南瓜比未覆膜的发病轻。防治不及时，2～3 d 后病害明显加重。

【防治措施】（1）农业防治。采用地膜覆盖栽培技术，可减轻病害。（2）化学防治。发病初期每亩可用 50%多菌灵 WP 100 g 对水喷雾，每隔 7 d 喷1 次，共喷 2～3 次。

南瓜化瓜 Pumpkin physiological abortion

化瓜是南瓜的一种生理性病害。不能正常坐

果，导致南瓜落瓜落蕾（图 10-37）。

图 10-37　南瓜化瓜

【发生规律】（1）花期气温不适。不适的温度条件会严重影响南瓜授粉结实。在气温超过 32 ℃时，随着温度升高，花器发育不正常，花粉粒机能不断下降，如遇到 40 ℃高温时，花粉粒的萌发和花粉管的伸长显著下降，花粉粒寿命短，引起受精障碍，由此导致落瓜。当子房发育及开花期气温低于 15 ℃时，形成的果实多为畸形，空心，种子量少。（2）花期多阴雨、少光照。南瓜开花期遇阴雨天气影响正常授粉，引起落瓜落蕾，尤其是阴雨天持续时间长更难坐瓜。主要原因是雨天多，子房及花器的发育受到影响，加之雨水极易冲去雌花柱头上的花粉或使花粉破裂失去发芽能力，难以完成授粉过程。另外，连续阴雨天光照少，影响养分运输，营养不足引起落蕾。（3）营养生长和生殖生长失调。整枝和留蔓不合理，种植密度过大，蔓叶郁蔽，通风透光差，营养生长过旺，或者植株长势弱，授粉受精不良，也是造成落蕾或化瓜的原因。（4）肥水管理不当，会使植株营养失调，茎叶发生徒长，造成落蕾或化瓜。尤其是氮肥用量过大，磷、钾肥不足时，很容易使植株徒长，并易得炭疽病，降低坐瓜率。

【防治措施】 适期早播，花期避开高温多雨的汛期。合理密植，增加通风透光量，定植密度应与整枝留蔓方式相结合。加强人工授粉，确保授粉质量。南瓜为雌雄异花授粉植物，依靠昆虫传粉才能结瓜。为提高南瓜坐瓜率，需进行人工辅助授粉。授粉时，用雄花花蕊在雌花柱头上轻轻涂抹，使花药均匀分布在雌花柱头上，授粉后及时扎口或套袋。一般每朵雄花授三四朵雌花。肥水管理上，控制氮素化肥用量，增施有机肥和磷、钾肥，减少浇水次数，授粉期间不追肥、不浇水，控制营养生长。幼瓜坐住后，结合浇水追一次膨瓜肥，促进果实膨大。出现雌花时，及时打顶抹杈，促进幼瓜生长。瓜前压蔓，促进坐瓜在瓜前一节，轻轻把茎捏扁，削弱顶端优势，使养分集中供应幼瓜。根际盘蔓，控制徒长。当发现瓜田植株生长过旺，在雌花出现前，结合打杈将茎蔓轻轻拉回盘绕在根周围，这样既控制了茎蔓徒长，又增加了通风透光量，同时便于人工授粉等农事操作。

11. 冬瓜病害

W 冬瓜病毒病 Wax gourd mosaic

【典型症状】 早期病株明显矮化，节间缩短（图 11-1），叶片变小或畸形。中后期发病株的病叶呈浓淡相间的斑驳（图 11-2）或叶面现泡状突起、皱缩（图 11-3，4）。病瓜畸形，瓜面现泡状突起或浓淡斑驳状。

图 11-1 冬瓜病毒病，矮缩

图 11-2 冬瓜病毒病，花叶

图 11-3 冬瓜病毒病，皱缩

图 11-4 冬瓜病毒病，坏死

【致病病原】 病原为黄瓜花叶病毒（CMV）。（1）形态和大小。病毒颗粒球状，直径 28～30 nm。（2）特性。病毒汁液稀释限点 1 000～10 000倍，钝化温度 60～70 ℃，10 min，体外存活期 3～4 d，不耐干燥，在指示植物普通烟、心叶烟及曼陀罗上呈系统花叶，在黄瓜上也现系统花叶。（3）寄主。这种病原可以侵染冬瓜、黄瓜等。

【病害循环】 种子不带毒，主要在多年生宿根植物上越冬，由桃蚜、棉蚜传毒。每当春季发芽后，蚜虫开始活动或迁飞，成为传播该病主要媒介。

【发生规律】 第 2 年春天由蚜虫传播，病毒汁液接触也能传毒。发病适宜温度 20 ℃，气温高于 25 ℃时表现隐症。

【防治措施】 （1）农业防治。集中育苗，在田间铺银灰膜避蚜。（2）化学防治。发病初期喷抗毒丰 250～300 倍液，或 20% 毒克星 WP 500 倍液，或 1.5% 植病灵 EC 1 000 倍液，隔 10 d 喷1 次，连续喷 2～3 次。及时防治蚜虫。

W 冬瓜软腐病 Wax gourd bacterial soft rot

【典型症状】 发病瓜呈水浸状，变软，组织腐烂，病瓜有恶臭（图 11-5）。

图 11-5 冬瓜软腐病

【致病病原】 病原为胡萝卜软腐欧氏杆菌胡萝卜软腐亚种 *Erwinia carotovora* subsp. *carotovora* (Jones) Bergey et al.，属细菌。(1) 形态和大小。短杆状，周生鞭毛 2～8 根。(2) 特性。革兰氏染色阴性。生育适温 25～30 ℃，最高 40 ℃，最低 2 ℃，50 ℃经 10 min 致死。(3) 寄主。这种病原可以侵染冬瓜以及十字花科、茄科蔬菜及芹菜、莴苣等。

【病害循环】 病原随病残体在土壤中越冬。病原借雨水、灌溉水及昆虫传播，从伤口侵入。病原侵入引起果实腐烂。

【发生规律】 阴天或露水未落干时整枝打杈，虫害伤口多，发病重。

【防治措施】 (1) 农业防治。农事操作时避免产生伤口；及时防治冬瓜害虫，减少虫伤。及时摘除病瓜。重病区或田块宜实行与葱蒜类蔬菜及水稻轮作。难于实行轮作的地块每亩施石灰 100～150 kg，深翻晒土或灌水浸田一段时间后再整地。采用高畦地膜覆盖栽植；施用充分腐熟堆肥；及时防除地下害虫和黄守瓜等害虫，尽量减少伤口。雨后及时排水，发现病株随时摘除，并撒石灰或淋灌病穴。禁止大水漫灌，注意通风透光，尤其是结瓜初期进入雨季要防止湿气滞留。(2) 化学防治。发病时喷碱式硫酸铜 SC 300～400 倍液，或 50%琥胶肥酸铜 WP 500 倍液，或 72%农用硫酸链霉素 SPX 4 000倍液，或 77%氢氧化铜 WP 500 倍液，或 47%加瑞农 WP 800～1 000 倍液，隔 7～10 d 喷 1 次，连续喷 2～3 次。棚室栽培每亩喷撒 5%防细菌 DP 3 kg。

冬瓜叶斑病 Wax gourd leaf spot

【典型症状】 (1) 黄瓜壳二孢引起的叶斑病。病斑圆形或近圆形，深褐色，直径 10 mm 以上，病斑上有淡淡的轮纹(图 11-6)。生长后期病斑上生出黑色小粒点。(2) 葫芦科叶点霉菌引起的叶斑病。发病初期叶片上产生圆形至不规则形的病斑，灰白色或较浅，病斑上生有黑色小粒点(图 11-7，8)。

图 11-6 冬瓜叶斑病，黄瓜壳二孢叶斑病叶面症状

图 11-7 冬瓜叶斑病，叶点霉叶斑病初期症状

图 11-8 冬瓜叶斑病，叶点霉叶斑病后期症状

【致病病原】 病原有 2 种，一种是黄瓜壳二孢 *Ascochyta cucumis* Fautr. et Roum.，另一种是葫芦科叶点霉菌 *Phyllosticta cucurbitacearum* Sacc.，属半知菌亚门真菌。葫芦科叶点霉菌分生孢子器凸镜形，大小 80～100 μm；分生孢子无色，圆筒形稍弯曲，大小(5～6) μm×2.5 μm。

【病害循环】 病原在病株残体上或土表越冬。借气流传播，形成初侵染和再侵染。

【发生规律】 温暖多湿有利于发病。

【防治措施】 (1) 农业防治。收获后及时清园，把病残株集中在一起沤肥或烧毁。(2) 化学防治。发病初期喷 36%甲基托布津 SC 500 倍液，或 50%多菌灵 WP 600 倍液，或 40%混杀硫胶悬剂 600 倍液，或 50%苯菌灵 WP 1 500 倍液，或 60%防霉宝 WP 800 倍液，隔 10 d 喷 1 次，连续喷 2～3 次。

冬瓜灰斑病 Wax gourd gray leaf spot

【典型症状】 为害叶片。发病叶片上先出现褪绿变黄病斑，长圆形至不规则形(图 11-9)，渐变为浅褐色至褐色(图 11-10)，老病斑中央灰色，边缘褐色，直径 0.5～2 mm，后期病斑汇合连片，有时生出灰色毛状物(图 11-11)。

图 11-9　冬瓜灰斑病，发病叶片症状

图 11-10　冬瓜灰斑病，发病叶片症状

图 11-11　冬瓜灰斑病，发病叶面（左）和叶背（右）症状

【致病病原】 病原为瓜类尾孢 *Cercospora citrullina* Cooke.，属半知菌亚门真菌。

【病害循环】 病原以菌丝块或分生孢子在种子上或随病残体在田间越冬。条件适宜时从气孔侵入，借气流及雨水传播，形成初侵染和再侵染。

【发生规律】 多雨季节易发生和流行。

【防治措施】 (1) 种子消毒。播种前，用 50%多菌灵 WP 500 倍液浸种 30 min。(2) 农业防治。与非瓜类蔬菜实行 2 年以上轮作。(3) 化学防治。发病初期喷 50%混杀硫 SC 500～600 倍液，或 50%多·硫 SC 600～700 倍液，隔 10 d 喷 1 次，连续喷 2～3 次。保护地栽培，每亩用 45%百菌清 FU 200～250 g，烟熏防治；或每亩喷撒 5%百菌清 DPC 1 kg，隔 7～9 d 喷 1 次，视病情防治 1～2 次。

冬瓜褐斑病 Wax gourd corynespora leaf spot

冬瓜褐斑病又称冬瓜靶斑病。

【典型症状】 为害叶片、叶柄和茎蔓。叶片上的病斑圆形或不规则形，可分为大小型 2 种。小型病斑黄褐色，中央颜色稍浅，直径 3～5 mm。大型病斑深黄褐色，直径 20～30 mm(图 11-12)。湿度大时，叶片正面和背面长出灰黑色霉状物。

图 11-12　冬瓜褐斑病

【致病病原】 病原为瓜棒孢霉 *Corynespora melonis* (Cooke) Lindau，属半知菌亚门真菌。(1) 形态和大小。菌丝无色，有分枝；分生孢子梗褐色，单生，不分枝，有 1～7 个分隔，大小 (150～650) μm×(5～8) μm。分生孢子棍棒状，着生在梗顶，大小(41.3～286.7) μm×(8.5～17) μm。(2) 寄主。这种病原可以侵染冬瓜、节瓜、黄瓜、南瓜、甜瓜、西瓜、瓠瓜等，引起黄

瓜等的靶斑病或称褐斑病。

【病害循环】 病原以分生孢子丛或菌丝体随病残体留在土壤中越冬。春天条件适宜时借气流或雨水传播蔓延，形成初侵染，经6～7 d潜育后显症。病原侵入植株后，形成多次再侵染，病情不断加重。

【发生规律】 发病适宜温度25～28 ℃，相对湿度100%。昼夜温差大易发病。植株衰弱，偏施氮肥易发病。

【防治措施】 (1) 种子消毒。播种前用50 ℃的温水浸种30 min，捞出后冷却晾干，再催芽播种。(2) 农业防治。与非瓜类作物实行2～3年以上轮作。及时清除病残体，深翻土地。施入的有机肥要充分腐熟，注意搭配磷、钾肥。保护地栽培，要加强温度和湿度管理，科学灌水，最好采用膜下滴灌，及时放风排湿。(3) 化学防治。用75%百菌清 WP 600倍液，或75%百菌清 WP 1 000倍液加50%甲基托布津 WP 1 000倍液，或60%多菌灵 WP 800倍液，或75%百菌清 WP 800倍液加50%福美双 WP DP 800倍液，隔7～10 d喷1次，连续喷2～3次。

冬瓜炭疽病 Wax gourd anthracnose

【典型症状】 为害子叶、真叶、叶柄、主蔓、果实等部位。以果实症状最为明显，为害性也大。(1) 果实。发病时在顶部出现水浸状小点，扩大后出现圆形褐色凹陷病斑，湿度大时病斑中部长出粉红色粒状物(图11-13，14)。病斑连片致皮下果肉变褐，严重时腐烂。(2) 叶片。病斑为圆形，直径3～30 mm，褐色或红褐色，周围有黄色晕圈，中央色淡，病斑多时叶片干枯(图11-15)。

图11-13 冬瓜炭疽病，触地果面病斑

图11-14 冬瓜炭疽病，阳面果皮上的病斑

图11-15 冬瓜炭疽病，叶片症状

【致病病原】 病原为瓜类刺盘孢菌 *Colletotrichum orbiculare* (Berk. & Mont.) Arx，属半知菌亚门真菌。分生孢子盘初为埋生，红褐色，后突破表皮，呈黑褐色。分生孢子梗圆筒状，无色，单胞，大小(20～25) μm×(2.5～3.0) μm。分生孢子单胞，无色，长圆形，大小(14～20) μm×(5.0～6.0) μm。萌发产生芽管1～2根，顶端生附着胞，附着胞暗色，近圆形。

【病害循环】 病原以菌丝体、拟菌核在种子上或随病残株在田间越冬，也可以在温室或塑料大棚旧木料上存活，成为初侵染源。带病种子可引起幼苗发病。病原通过雨水传播。

【发生规律】 温度在10～30 ℃范围内均可发病，24 ℃时发病最重。适温范围内，空气湿度大，易发病。

【防治措施】 (1) 种子消毒。用50～55 ℃的温水浸种20 min。或用冰醋酸100倍液浸30 min后，用清水冲洗干净后催芽。(2) 农业防治。实行3年以上轮作。苗床用无病土或进行苗床土壤消毒，地膜覆盖栽培，增施磷、钾肥。棚室栽培，要注意通风排湿，使棚内的湿度控制在70%以下，减少叶面结露和吐水。(3) 化学防治。发病初期开始喷施25%阿米西达 SC 833～1250倍液，或36%甲基托布津 SC 500倍液，或50%苯菌灵 WP 1 500倍液，或80%炭疽福美 WP 800倍液，或

25%溴菌清 WP 500 倍液，连续施药 3 次，每次间隔 7 d。棚温栽培，在发病初期，每亩用 45%百菌清 FU 250 g，烟熏防治，隔 9～11 d 烟熏 1 次。或者于傍晚，每亩喷撒 6.5%甲霜灵超细 DPC 或 8%克炭疽 DPC 1 kg。

参考文献

彭埃天，刘景梅，陈霞，等. 25%阿米西达悬浮剂防治冬瓜炭疽病药效试验[J]. 广东农业科学，2007(4)：63-64

冬瓜白粉病 Wax gourd powdery mildew

白粉病是冬瓜的一种重要病害。各地均有分布，发生普遍。生长中、后期叶片枯死，引起减产。

【典型症状】 主要为害叶片、叶柄和茎蔓，也为害果实。发病初期叶片两面和叶柄上，先产生白色近圆形星状小粉斑，向四周扩展后形成边缘不明显的连片白粉，严重时布满整个叶面（图 11-16）；秋季白色霉斑因菌丝老熟，逐渐变成灰色，病叶黄枯，有的病部长出成堆的黄褐色小粒点，后变黑。

图 11-16　冬瓜白粉病

【致病病原】 病原为瓜白粉菌 *Erysiphe cucurbitacearum* Zheng & Chen 和瓜单囊壳 *Sphaerotheca cucurbitae*（Jacz.）Z. Y. Zhao，均属子囊菌亚门真菌。（1）形态和大小。分生孢子梗圆柱形，不分枝，无色。分生孢子椭圆形，单胞，无色，大小(30.2～39.5) μm×(7.38～22.12) μm。闭囊壳褐色，球形，直径 67.5～122.4 μm，无孔口，表面有附属丝。（2）特性。该菌系专性寄生菌，只在活体寄主上存活。

【病害循环】 （1）越冬与初侵染源。病原在病残体上或在棚室作物上越冬，成为初侵染源。病原在低湿条件下可萌发，而在高湿条件下萌发率明显提高。（2）传播特点。病原借气流或雨水传播，在田间形成再侵染。由于病原繁殖速度很快，易导致流行。

【发生规律】 雨后干燥，或少雨，但田间湿度大时，白粉病流行速度加快。当高温干旱与高湿条件交替出现，又有大量白粉菌及发病的寄主此病即流行。叶面结露持续时间长，能抑制病原生长发育。

【防治措施】 结瓜盛期喷 12.5%烯唑醇 WP 1 500 倍液，或 25%敌力脱 EC 1 000 倍液，或 10%世高 WG 1 000 倍液。发病初期喷 20%三唑酮 EC 2 000倍液，或 60%防霉宝 2 号 1 000 倍液，或 6%乐必耕 WP 1 000～1 500 倍液，或 12.5%烯唑醇 WP 2 500 倍液，或 40%氟硅唑 EC 8 000～10 000倍液，隔 20 d 喷 1 次。保护地栽培，每亩喷施 5%百菌消 DPC 1 kg。依天得是以枯草芽孢杆菌 BS-208 为主要成分的保护性杀菌剂，发病初期喷依天得 WP 800～1 200 倍液，隔 5～7 d 喷 1 次，全生育期施药 2～3 次。

参考文献

潘礼增，黎柏棠，潘容花，等. 生物制剂依天得防治冬瓜白粉病药效试验[J]. 广东农业科学，2004(4)：57-58

冬瓜褐腐病 Wax gourd brown rot

褐腐病又称冬瓜花腐病。

【典型症状】 主要为害花和幼瓜。已开的花染病，病花变褐腐败。病原侵染幼瓜多始于花蒂部，从花蒂部侵入后，向全瓜扩展（图 11-17）。致病瓜外部变褐，病部可见白色茸毛，以后隐约可见棉毛状霉顶具灰黑色至黑色霉状物。

图 11-17　冬瓜褐腐病

【致病病原】 病原为瓜笄霉菌 *Choanephora*

cucurbitarum (Berk. et Rav.) Thaxt，属鞭毛菌亚门真菌。(1) 形态和大小。分生孢子梗直立在寄主上，无色透明，无隔膜，不分枝，顶端膨大成大头针状泡囊，泡囊上又生许多小分枝，小分枝末端膨大成大孢子囊或小孢子囊，大孢子囊大，直径 40～50 μm，小孢子囊生在球状泡囊上，小孢子囊大小(13～14) μm×(11～12) μm，小孢子囊含 2～5 个孢子，多为 3 个，大小(10～13) μm×(5～8) μm，多为单胞，柠檬形至梭形，褐色或棕褐色，表皮具纵纹。(2) 寄主。这种病原可以侵染西葫芦、黄瓜、冬瓜、豇豆、烟草、辣椒、薯等。

【病害循环】 病原随病残体或留在土壤中越冬。病原腐生性强，只能从伤口侵入生活力衰弱的花和果实。春天侵染花和幼瓜后产生大量病原，借风雨或昆虫传播。

【发生规律】 棚室栽培，遇有高温高湿及生活力衰弱或低温，高湿条件，日照不足，雨后积水，伤口多，易发病。

【防治措施】 (1) 农业防治。与非瓜类作物实行 3 年以上轮作。选择地势高燥地块。采用高畦栽培，注意通风，雨后及时排水，严禁大水漫灌。(2) 化学防治。开花至幼果期，喷施 64%杀毒矾 WP 400～500 倍液，或 68%精甲霜灵・锰锌 WG 300 倍液，或 50%苯菌灵 WP 1 500 倍液，隔 10 d 喷 1 次，连续喷 2～3 次。

冬瓜霜霉病
Wax gourd downy mildew

霜霉病是冬瓜的一种普通病害。各地均有分布。冬瓜对霜霉病有一定的抗性，不会造成严重为害。严重时引起植株早衰，造成明显减产。

【典型症状】 发病初期，叶片上的病斑为淡绿色，后变为黄色，受叶脉限制形成多角形(图 11-18，19)。

【致病病原】 病原为古巴假霜霉菌 *Pseudoperonospora cubensis* (Berk. et Curt.) Rostov.，属鞭毛菌亚门真菌。(1) 形态和大小。孢囊梗单生或 2～4 根束生，从气孔伸出，无色，主干 144.2～545.9 μm，上部有 3～5 次锐角分枝。孢子囊柠檬形，淡褐色，单胞，顶端有突起，大小(18.1～41.6) μm×(14.5～27.2) μm。(2) 特性。孢子囊萌发后长出芽管，低温时孢子囊释放出游动孢子，1～8 个，在水中游动后形成休止孢子，产生芽管。产生孢子囊适温 15～20 ℃，萌发适温 15～22 ℃。(3) 寄主。这种病原可以侵染南瓜、金瓜、佛手瓜、西瓜、甜瓜、香瓜、黄瓜、西葫芦、葫芦、丝瓜和苦瓜等。

图 11-18 冬瓜霜霉病，发病叶片

图 11-19 冬瓜霜霉病，发病叶片

【病害循环】 温暖地区终年发生。北方冬季棚室中栽培的瓜类，是主要初侵染源。

【发生规律】 冬瓜在棚室栽培条件下，夜间湿度逐渐升高，引起叶面结露，当湿度 100%时，结露急剧增加。结露持续的时间长，易发病。露水存在 2～3 h 病原孢子才能侵入，否则即使相对湿度 100%，只要叶面不结露，霜霉菌游动孢子囊基本不能移动，则不发病。主要在夏秋季冬瓜结果期和露水多、雾气重的季节发生。

【防治措施】 (1) 农业防治。棚室栽培应注意选用耐热冬瓜品种。(2) 化学防治。气温在 24～32 ℃，忽晴忽雨、多雨潮湿、昼夜温差大、露水多、雾气重的夏秋季节应及时进行药剂防治。早期预防可选用保护性杀菌剂，病害流行期可重点使用 25%阿米西达 SC，以便有效地控制该病，延缓植株衰老，达到增产增收的效果。方法是发病初期开始喷施 25%阿米西达 SC 833～1 250 倍液，或 58%雷多米尔·锰锌 800 倍液，隔为 7 d 施 1 次，连续施药 3 次。

冬瓜黑斑病 Wax gourd alternaria blight

【典型症状】 为害葫芦科蔬菜叶片或果实。病部初生水渍状小圆斑，褐色，后逐渐扩展为深褐色至黑色病斑(图 11-20)。

图 11-20　冬瓜黑斑病，发病果

【致病病原】 病原为瓜链格孢 *Alternaria cucumerina*（Ell. et Ev.）Elliott.，属半知菌亚门真菌。

【病害循环】（1）越冬与初侵染源。病原以菌丝体和分生孢子在病残体上或在病组织上或种子表面越冬，成为初侵染源。（2）传播特点。在田间借气流或雨水传播。

【发生规律】 该病的发生与田间生态条件关系密切，坐瓜后遇高温、高湿易发病。田间管理粗放、肥力差发病重。

【防治措施】 发病初期喷 50%大富丹 WP 500 倍液，或 80%新万生 WP 600 倍液。棚室栽培，还可使用粉尘剂或烟雾剂。

冬瓜疫病 Wax gourd phytophthora blight

【典型症状】 整个生育期均可发病。（1）茎部。发病初期，病部周围出现暗绿色萎缩的病斑，后期病部以上叶片萎蔫，整株枯死(图 11-21)。（2）叶片。多从叶缘或叶尖开始发病，病斑水渍状，圆形或不规则形，严重时整片叶腐烂(图 11-22)。（3）果实。病斑初为水渍状，扩展迅速，几天后内部软腐，天气潮湿时，表生大量白色霉层(图 11-23)。

图 11-21　冬瓜疫病，病梢

图 11-22　冬瓜疫病，病叶

图 11-23　冬瓜疫病，病瓜

【致病病原】 病原为甜瓜疫霉 *Phytophthora melonis* Katsura.，属鞭毛菌亚门疫霉属真菌。（1）形态和大小。菌丝无色。多分枝。幼菌丝无隔，老熟菌丝长出不规则球状体，内部充满原生质。孢囊梗从菌丝或球状体上长出，平滑，个别形成隔膜。孢子囊顶生，长椭圆形，大小(36.4～71.0) μm×(23.1～46.1) μm。游动孢子近球形。藏卵器，球形，淡黄色，雄器球形，无色。卵孢子黄褐色。（2）特性。病原生长发育适温 28～32 ℃，最高 37 ℃，最低 9 ℃。

【病害循环】 病原随病残体在土壤中越冬。病原借雨水、灌溉水传播。

【发生规律】 降雨多年份发病重。不合理灌溉，地势低洼，排水不良，重茬地，施用未腐熟厩肥及偏施氮肥，发病重。

【防治措施】（1）种子消毒。冬瓜种子催芽前用72.2%普力克AS或53%甲霜灵·锰锌WG 1 000倍液浸种30 min，也可用55 ℃温水浸种15 min或用40%福尔马林150倍液浸种30 min，之后在常温下浸种4～6 h并用清水冲洗干净后催芽。（2）农业防治。与非瓜类作物实行3年以上轮作。收获后，及时清洁田园。施入的有机肥一定要充分腐熟，并作为基肥施入，避免施入的氮肥过多。雨后要及时排水。结瓜后垫草，或采取搭架栽培，避免瓜接触地面；雨季适当提前采收。用云南黑籽南瓜为砧木培育嫁接苗。（3）化学防治。苗床用95%敌克松SPX 400 g/m² 加细土15～20 kg；或用25%甲霜灵WP 8 g/m² 与土拌匀撒在苗床上；定植时用65%敌克松1 500倍液淋瓜穴作为定根水。

参考文献

[1]李卫民，晏卫红，黄思良，等.广西黑皮冬瓜疫病的病原菌鉴定及其生物学特性[J].植物病理学报，2007，37(3)：333-336

[2]陆少峰，吴永官，黄思良，等.冬瓜疫病防治研究进展[J].中国农学通报，2007，23(11)：301-304

[3]陆少峰，吴永官，黄思良，等.9种杀菌剂对黑皮冬瓜疫病病原室内毒力测定[J].广西农业科学，2007，38(5)：527-529

冬瓜蔓枯病
Wax gourd gummystem blight

蔓枯病是冬瓜的一种主要病害。

【典型症状】（1）茎蔓。茎节最易染病，病部初呈暗褐色后变黑色，病部生有许多小黑粒点，即病原的分生孢子器，这是诊断该病害的重要特征之一。严重时病茎还会溢出琥珀色胶状物（图11-24）。后期病茎会干缩，纵裂似乱麻状，植株上部萎蔫枯死（图11-25）。（2）叶片。叶部病斑多在叶缘处，向内扩展成"V"字形或半圆形的黄褐色至淡褐色大病斑，晕圈不明显，后期病斑上散生小黑点（图11-26）。

图11-24 冬瓜蔓枯病，病茎不同发病时期的症状

图11-25 冬瓜蔓枯病，田间病株

图11-26 冬瓜蔓枯病，叶片发病症状

【致病病原】 病原为瓜球腔菌 *Mycosphaerella melonis* (Passerini) Chiu et Walker，属子囊菌亚门真菌。无性阶段为西瓜壳二孢 *Ascochyta citrullina* Smith，属半知菌亚门真菌。（1）形态和大小。分生孢子器聚生，球形，直径68.25～156 μm，淡褐色；器孢子圆柱形，无色，正直，初为单胞，后生一隔膜，大小(6.13～17.15) μm×(2.94～4.9) μm。（2）寄主。这种病原可以侵染多种葫芦科植物。

【病害循环】（1）越冬与初侵染源。病原以分生孢子器或子囊壳随病残体在土壤中或架材上越冬。从伤口或自然孔口侵入，形成初侵染。种子也可带菌，引起子叶发病。（2）传播特点。病原靠灌溉水、雨水传播蔓延，病部产生分生孢子进行重复侵染。

【发生规律】 土壤含水量高，气温 18～25 ℃，相对湿度 85%以上，易发病。重茬地，植株过密，通风透光差，生长势弱发病重。

【防治措施】 (1) 种子消毒。用种子重量 0.3%的 50%WP 福美双拌种。(2) 农业防治。与非瓜类作物实行 2～3 年轮作。采取地膜覆盖，高畦栽培；雨季加强排水。(3) 化学防治。发病初期喷 40%氟硅唑 EC 8 000 倍液，或 50%甲基托布津 WP 800 倍液，或 36%甲基托布津 SC 400～500 倍液，隔 7～10 d 喷 1 次，连续喷 2～3 次。

冬瓜枯萎病 Wax gourd fusarium wilt

枯萎病是冬瓜的一种主要病害。各地均有分布，发生普遍。

【典型症状】 苗期、成株期均可发病。主要为害茎蔓和叶片。(1) 幼苗。子叶不均匀黄化，不久干枯，幼茎、叶片、叶柄及生长点萎蔫或根茎基部变褐、缢缩或猝倒。(2) 成株。发病初始时病株下部叶片褪绿、变黄，茎基部纵裂或部分叶片中午萎蔫，傍晚又逐渐恢复的症状(图 11-27)。如此反复，并往上部叶片发展，几天后植株枯死(图 11-28)。茎基先出现水浸褐色病斑，茎和叶柄上的维管束呈水浸状变褐色。后期茎基部凹陷纵裂(图 11-29)，有时有琥珀色胶状物溢出(图 11-30)。潮湿时病部产生白色或粉红色霉状物，即病原的菌丝体和分生孢子。横向剖开病茎可见维管束呈黄褐色至深褐色。有的植株出现半边枯萎、半边正常的现象，是由于植株的部分维管束受感染的缘故。病茎在室温下保湿，1～2 d 内可长出大量的白色霉状物。

图 11-27 冬瓜枯萎病，叶片枯死

图 11-28 冬瓜枯萎病，病株开始从茎的前端枯死

图 11-29 冬瓜枯萎病，病茎开裂

图 11-30 冬瓜枯萎病，病茎上有胶状物

【致病病原】 病原为尖镰孢菌黄瓜专化型 *Fusarium oxysporum* (Schl.) f. sp. *cucumerinum* Owen.，属半知菌亚门真菌。据报道，此菌有生理分化，但国内各地多为同一菌系。大型分生孢子镰刀形，无色，顶细胞圆锥形，具 0～3 个横隔，3 个隔膜的大小(27.5～44.0) μm×(5.5～10.0) μm。小型分生孢子椭圆形，生于气生菌丝中，无色，大小(7.5～20.0) μm×(2.5～5.0) μm。

【病害循环】 (1) 越冬与初侵染源。病原随病残体留在土壤中越冬，从根部入侵，成为初侵染源。(2) 传播特点。地上部重复侵染主要靠灌溉水，地下部当年很少重复侵染。

【发生规律】 轮作倒茬的地块发病较轻，连年栽种的地块发病较重。嫁接换根苗种植的发病较轻，没有嫁接种植的实生苗发病较重。采用高垄、直播或排水条件好的地块发病较轻，平畦、移栽或浸水的地块发病较重。中性、弱碱性的地块发病较轻，酸性强的地块发病较重。苗期和冬瓜成熟后期发病较轻，开花期、坐瓜期和气温在20～30 ℃又多雨的季节发病较重。

【防治措施】 （1）种子消毒。催芽前用2.5%咯菌腈 FS 1 500 倍液浸种 30 min，捞出经清水洗净后催芽，或在催芽后用种子重量 0.3%的 50%WP 福美双拌种后播种。（2）农业防治。选用抗病良种。对土壤 pH 7.0 以下的田块，可结合整地，撒施石灰粉。采用丝瓜、南瓜或西葫芦作砧木与冬瓜接穗进行嫁接。嫁接方法采用插接法或靠接法。有条件的地方 3～5 年或2～3 年轮作1 次。没条件的地方当年水旱轮作1 次。可采用高垄种植，开设环田排水沟，雨后及时清沟排水。实行直播或药土营养钵育苗，畦面覆盖稻草或地膜，避免移栽或中耕锄草时造成根部伤口使病原侵染。收获后及时清除烧毁病株残体。用云南黑籽南瓜为砧木培育嫁接苗。（3）化学防治。用50%多菌灵 WP 1.5 kg 拌 50 kg 火烧细土作成药土营养钵育苗。定植时用同样配制的药土护苗。从瓜苗 5～8 叶期开始，用 50%多菌灵 WP 1 500 倍液，或 2.5%适乐时 2 000 倍液，或 50%百菌清 WP 300 倍液进行交替灌根，每穴灌 0.5～1 kg 药液，间隔 20～30 d 浇 1 次，至盛花坐瓜期共灌3～4 次。

冬瓜菌核病
Wax gourd sclerotinia rot

菌核病是冬瓜的一种常见病害。

【典型症状】 主要为害果实和茎蔓。苗期至成株期均可发病。（1）果实。多在残花部发病，呈水浸状腐烂，后期病部长出白色菌丝，并纠结成黑色菌核（图 11-31）。（2）茎蔓。病初在近地面的茎部产生褪色水浸状病斑，后逐渐扩大并呈褐色，高湿条件下病茎软腐，长出白色棉毛状菌丝。病茎髓部腐烂中空，纵裂干枯。（3）叶柄、叶、幼果。病初呈水浸状并迅速软腐，后长出大量白色菌丝，菌丝密集形成黑色鼠粪状菌核（图 11-32）。

图 11-31 冬瓜菌核病，病果

图 11-32 冬瓜菌核病，病茎

【致病病原】 病原为核盘菌 *Sclerotinia sclerotiorum*（Lib.）de Bary，属子囊菌亚门真菌。（1）形态和大小。菌核初白色，后表面变黑色鼠粪状，大小不等，(1.1～6.5) mm×(1.1～3.5) mm，由菌丝体扭集在一起形成。干燥条件下，存活 4～11 年，水田经 1 个月腐烂。5～20 ℃，菌核吸水萌发，产出 1～30 个浅褐色盘状或扁平状子囊盘，系有性繁殖器官。子囊盘柄的长度与菌核的入土深度相适应，3～15 mm，有的可达 6～7 cm，子囊盘柄伸出土面为乳白色或肤色小芽，逐渐展开呈杯状或盘状，成熟或衰老的子囊盘成暗红色或淡红褐色。子囊盘中产生很多子囊的侧丝，子囊盘成熟后子囊孢子呈烟雾状弹射，高达 90 cm，子囊无色，棍棒状，内生 8 个无色的子囊孢子。子囊孢子椭圆形，单胞，大小(10～15) μm×(5～10) μm。不产生分生孢子。（2）特性。0～35 ℃菌丝能生长，菌丝生长及菌核形成最适温度 20 ℃，最高35 ℃，50 ℃经 5 min 致死。（3）寄主。这种病原可以侵染葫芦科、茄科、十字花科、豆科等多种蔬菜。

【病害循环】 病原以菌核遗留在土中或混杂在种子中越冬或越夏。混在种子中的菌核，随播种进入田间传播蔓延。病原通过空气传播，从花和衰老叶片侵入，病健株接触进行再侵染。

【发生规律】 (1) 发病时期。南方菜区多在2～4月份及11～12月份发病，北方菜区多在3～5月份及9～10月份发病。(2) 气候条件与发病。该病对水分要求较高；相对湿度高于85%，温度在15～20 ℃利于病原生长。低温、湿度大或多雨的早春或晚秋有利于该病发生和流行，菌核形成时间短，数量多。(3) 栽培管理与发病。连年种植葫芦科、茄科及十字花科蔬菜的田块，排水不良的低洼地或偏施氮肥或霜害、冻害条件下发病重。

【防治措施】 (1) 种子消毒。播前用10%盐水漂种2～3次，汰除菌核。或用50 ℃温水浸种10 min，可杀死菌核。(2) 农业防治。最好实行水旱轮作。夏季病田灌水浸泡半个月，收获后及时深翻土地20 cm。覆盖地膜抑制子囊盘出土。棚室上午以闷棚提温为主，下午及时放风排湿，发病后可适当提高夜温以减少结露，早春日均温控制在29～31 ℃高温，相对湿度低于65%可减少发病。(3) 化学防治。定植前每亩用20%甲基立枯磷500 g配成药土耙入土中。在盛花期喷50%农利灵WP 1 000倍液，或60%防霉宝超微粉600倍液，或50%扑海因WP 1 500倍液加70%甲基托布津WP 1 000倍液，隔8～9 d喷1次，连续喷3～4次。病情严重时，除正常喷雾外，还可把上述杀菌剂对成50倍液，涂抹在瓜蔓病部，可控制病情扩展。棚室或露地出现子囊盘时，每亩用15%腐霉利FU 250 g，熏1夜，或50%腐霉利WP 1 500倍液喷雾。

冬瓜白绢病

Wax gourd stem and fruit rot

白绢病是冬瓜的一种常见病害。长江流域以南各地发生较多。

【典型症状】 为害茎基部或果实。发病初期长出白色绢丝状菌丝体，多呈辐射状(图11-33)。后期病部长出茶褐色菜籽样小菌核(图11-34)。可以引起植株枯死(图11-35)。

图11-33 冬瓜白绢病，病茎症状

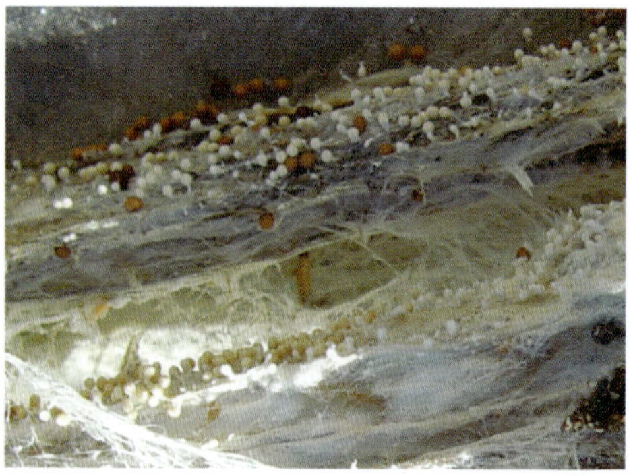

图11-34 冬瓜白绢病，病茎上的小菌核

图11-35 冬瓜白绢病，病株枯死

【致病病原】 病原为齐整小核菌 *Sclerotium rolfsii* Sacc.，属半知菌亚门真菌。

【病害循环】 参见黄瓜白绢病。

【发生规律】 发病适温30 ℃，特别是高温及时晴时雨利于菌核萌发。连作地、酸性土或沙性地发病重。

【防治措施】 (1) 农业防治。每亩施用消石灰100～150 kg，调节土壤酸碱度。发现病株要及时拔除。(2) 化学防治。参见菜豆白绢病。

W 冬瓜日灼病
Wax gourd sunscald

【典型症状】 向阳面果实的果皮呈黄白色或黄褐色，形状不规则，斑面略皱缩，后期呈皮革状，病部略向下陷，果实仍坚硬不腐烂(图 11-36)。

图 11-36　冬瓜日灼

【发生规律】 田间果实缺少叶片覆盖，太阳光直接照射在果面上而引起。

【防治措施】 间作套种，高矮作物间作，避免阳光直射在果实上。可用瓜叶自身叶片覆盖。在高温干旱天气条件下，每亩用云大 120 15 mL 加惠满丰活性肥液 100 mL，对水 50 kg 喷雾。

12. 飞碟瓜病害

飞碟瓜病毒病 Patisson mosaic

病毒病是飞碟瓜的一种主要病害。各地均有发生。零星发生时对生产有一定的影响，大发生时对产量和质量均有明显的影响。

图 12-1　飞碟瓜病毒病，茎短缩

图 12-3　飞碟瓜病毒病，发病叶片畸形

图 12-5　飞碟瓜病毒病，幼瓜发病

【典型症状】 整个生育期都发生，典型症状是花斑、畸形。苗期发病植株黄化矮缩，并且不能正常开花结果。中后期发病植株新叶花叶、黄化、皱缩，产生明脉及褪绿斑点，重病株矮化(图 12-1)，畸形(图 12-2)，有的叶片呈蕨叶状(图 12-3)。果实上出现黄绿斑点(图 12-4)，或有突起(图 12-5，6)。

图 12-2　飞碟瓜病毒病，茎极度矮缩，花叶畸形

图 12-4　飞碟瓜病毒病，病瓜

图 12-6　飞碟瓜病毒病，成熟瓜发病表面呈瘤状

【致病病原】 病原为黄瓜花叶病毒(CMV)、西瓜花叶病毒2号(WMV-2)、番木瓜环斑病毒(PaRSV)、南瓜花叶病毒(SqMV)、小西葫芦黄化花叶病毒(ZYMV)、中国南瓜曲叶病毒(SLCV)。参见南瓜病毒病。

病害循环、发生规律、防治措施参见南瓜病毒病。

飞碟瓜蔓枯病
Patisson stem blight

蔓枯病是飞碟瓜的一种重要病害。各地均有发生。大发生时，对产量和质量均有明显的影响。

【典型症状】 为害叶片、茎蔓，果实也可受害，茎蔓发病时对生产为害很大。(1) 叶片。病斑多从叶缘向叶内扩展，形成圆形或“V”字形、黄褐色大斑，有边缘黄晕，后期腐烂(图12-7)。(2) 茎蔓。初呈水渍状，长圆形斑点，灰褐色，边缘褐色(图12-8)，有时溢出琥珀色的树脂状胶质物，严重时造成蔓枯(图12-9)。(3) 果实。发病轻的形成近圆形灰白色斑，边缘褐色。

图12-7　飞碟瓜蔓枯病，病叶

图12-8　飞碟瓜蔓枯病，病茎

图12-9　飞碟瓜蔓枯病，琥珀色胶状物

【致病病原】 病原为瓜类黑腐小球壳菌 *Mycosphaerella melonis* (Passerini) Chiu et Wqllker.，属子囊菌亚门真菌。

病害循环、发生规律、防治措施参见南瓜蔓枯病。

飞碟瓜枯萎病
Patisson fusarium wilt

枯萎病是飞碟瓜的一种普通病害。各地均有零星发生，对生产有一定的影响。

【典型症状】 多在开花结果后期发病。发病初期叶片从老叶向前端逐渐萎蔫似缺水状，中午尤为明显，早晚可恢复，3～6 d后，整株叶片枯萎下垂，不能复原，最后全株枯死。植株茎蔓基部缢缩，有的病部出现褐色病斑(图12-10)。病根变褐腐烂，茎基部纵裂，病茎纵切面上维管束变褐。

图12-10　飞碟瓜枯萎病，发病株

【致病病原】 病原为尖镰孢菌黄瓜专化型 *Fusarium oxysporum* (Schl.) f. sp. *cucumerinum* Owen.，属半知菌亚门真菌。参见南瓜枯萎病。

病害循环、发生规律、防治措施参见南瓜枯萎病。

飞碟瓜灰霉病 Patisson gray mold

灰霉病是飞碟瓜的一种常见病害，主要在棚室中发生，露地也有发生，对产量有一定的影响。

【典型症状】 为害花、叶片、果实。病初呈水浸状，逐渐软化，表面有浓密的灰绿色霉(图 12-11)。病花落到叶面上以后，引起叶片发病，形成大型近圆形至不规则形病斑，表面生少量灰霉(图 12-12)。

图 12-11　飞碟瓜灰霉病，病瓜

图 12-12　飞碟瓜灰霉病，病叶

【致病病原】 病原为灰葡萄孢 *Botrytis cinerea* Pers. 属半知菌亚门真菌。参见瓠瓜灰霉病。

病害循环、发生规律、防治措施参见瓠瓜灰霉病。

飞碟瓜根霉果腐病 Patisson rhizopus fruit rot

果腐病是飞碟瓜的一种普通病害，病瓜率为5%～10%。

【典型症状】 主要为害果实。果实发病初呈湿润腐烂状，中后期病部长出白色略带粉红色浓密霉层，病果腐烂，汁液从病部流出(图 12-13)。

图 12-13　飞碟瓜根霉果腐病，潮湿时长出黑毛

【致病病原】 病原为黑根霉 *Rhizopus nigricans* Ehrb.，属接合亚门真菌。

病害循环、发生规律、防治措施参见西葫芦根霉果腐病。

飞碟瓜褐腐病 Patisson brown rot

褐腐病是飞碟瓜的一种普通病害。

【典型症状】 主要为害花和幼果，先从花蒂侵入后逐渐蔓延到幼果，被侵入的幼果从顶部向下腐烂，随后腐烂部位出现黑色大头针似的霉菌(孢子)，最后果实迅速腐烂(图 12-14)。

图 12-14　飞碟瓜褐腐病，病瓜

【致病病原】 病原为瓜笄霉 *Choanephora cucurbitarum* (Berk. et Rav.) Thaxt.，属接合菌亚门真菌。

病害循环、发生规律、防治措施见西葫芦褐腐病。

飞碟瓜软腐病 Patisson bacterial soft rot

【典型症状】 发病瓜或茎呈水浸状，变软，组织腐烂，病瓜有恶臭(图 12-15，16)。

图 12-15　飞碟瓜软腐病，病瓜

图 12-16　飞碟瓜软腐病，病茎

【致病病原】　病原为胡萝卜软腐欧氏杆菌胡萝卜软腐亚种 *Erwinia carotovora* subsp. *carotovora* (Jones) Bergey et al.，属细菌。

病害循环、发生规律、防治措施参见冬瓜软腐病。

飞碟瓜脐腐病 Patisson blossom end rot

脐腐病是飞碟瓜的重要生理性病害。普遍发生，一般发病率在10%，严重时可达80%以上，对产量有显著的影响。

【典型症状】　多在生长后期发生，为害果实。发病时幼果坏死，或脐部出现褐色凹陷，并向瓜柄扩展(图 12-17)。最后整个瓜坏死腐烂(图 12-18)。

图 12-17　飞碟瓜脐腐病，发病初期

图 12-18　飞碟瓜脐腐病，发病后期

【发生规律】　主要是水肥管理不当，田间突然缺水，湿度低，植株内大量水分蒸发，瓜盘内水分倒流，使脐部组织坏死。偏施氮肥，造成缺钙，也是发病的因素之一。

【防治措施】　充分施入有机肥，前期注意中耕和适当控水，要避免草荒，开花前进行2～3次铲地松土，中耕除草，以促进根系发育。生育期内共追肥3次，第1次在缓苗后，第2次在盛花期，第3次在盛果期，追施稀粪水即可。

飞碟瓜化瓜 Patisson abortion

化瓜是飞碟瓜的一种生理性病害，十分普遍。

【典型症状】　花受精后没有膨大，最后干瘪干枯，或刚坐下的幼瓜在膨大过程中停止生长，由瓜尖到全瓜逐渐变黄、干瘪，最后干枯(图 12-19)。

图 12-19　飞碟瓜化瓜

发生规律、防治措施参见黄瓜化瓜。

13. 西瓜病害

W西瓜病毒病 Watermelon mosaic

病毒病是西瓜上的一种重要病害。各地均有发生。发病轻的田块减产10%～20%，发病重的田块减产50%以上。严重影响了西瓜的产量和质量，甚至造成绝收。

【典型症状】 主要有花叶型和蕨叶型。(1) 花叶型。新叶出现褪绿斑点，后变为皱缩畸形，逐渐蔓延为系统性斑驳花叶，斑驳深浅不一，黄绿相嵌(图13-1)，叶面凹凸不平，叶片变小、畸形(图13-2)。植株顶端节间短缩，生长点上翘，植株矮化(图13-3)。幼果期发病，果面上有油浸状褪绿斑驳(图13-4)，果面凹凸不平(图13-5)。(2) 蕨叶型。新叶狭长，皱缩扭曲(图13-6)。果实发病时形成深绿色和浅绿色相间的斑驳，呈不规则突起。不论是哪种类型，幼苗期至坐果前发生病毒病，新叶抽生缓慢或不能抽生，植株生长受阻。坐果期发病，花器发育不良，花瓣变短，呈浅黄绿色，不能正常开放，或花器不育，开放后雄花无花粉或散粉推迟，造成坐果困难。幼果期感病，幼果膨大受阻，并呈现斑驳和突起，易出现畸形瓜，致使产量大幅下降，外观和品质变劣，失去商品价值。

【致病病原】 病原为西瓜花叶病毒 Watermelon mosaic virus (WMV)、黄瓜花叶病毒 Cucumber green mottle mosaic virus (CMV)、黄瓜绿斑花叶病毒 Cucumber green mottle mosaic virus (CGMMV)、烟草花叶病毒 (TMV)。(1) 西瓜花叶病毒。病毒粒体线状，长约750 nm，病毒汁液稀释限点2 500倍，钝化温度60～65 ℃，体外存活期74～250 h。种子带毒率低。侵染葫芦科、豆科

图13-1　西瓜病毒病，花叶症状

图13-2　西瓜病毒病，叶片变小皱缩

图13-3　西瓜病毒病，蔓梢矮缩

图13-4　西瓜病毒病，果面呈油浸状

图 13-5　西瓜病毒病，发病果实

图 13-6　西瓜病毒病，叶片狭长皱缩

植物。(2) 黄瓜花叶病毒。病毒颗粒球状，直径 28～30 nm。病毒汁液稀释限点 1 000～10 000 倍，钝化温度 60～70 ℃经 10 min，体外存活期 3～4 d，不耐干燥，在指示植物普通烟、心叶烟及曼陀罗上呈系统花叶，在黄瓜上也现系统花叶。可侵染葫芦科、茄科等 39 科 117 种植物。(3) 黄瓜绿斑花叶病毒。病毒粒体杆状，粒子大小 300 nm×18 nm，超薄切片观察，细胞中病毒粒子排列成结晶形内含体。病毒钝化温度 80～90 ℃经 10 min，体外存活期 1 年以上。可经汁液摩擦、土壤传播，体外存活期数月至 1 年。侵染黄瓜、西瓜、瓠瓜及甜瓜等。(4) 烟草花叶病毒。病毒粒体杆状。钝化温度 90～93 ℃经 10 min，体外存活期 72～96 h，在干燥病组织内存活 30 年以上。侵染番茄、茄子、辣椒、烟草和黎科的菠菜等。

【病害循环】 病毒通过蚜虫传毒，也可通过摩擦传播。蚜虫吸食发病植株汁液，再迁飞到无病植株上，短时间即可完成传毒。

【发生规律】 (1) 气候条件与发病。高温、干旱、光照充足季节，蚜虫繁殖快，数量多，成群聚集在西瓜蔓叶上，吸取汁液传毒，并引起植株营养不良。(2) 栽培管理与发病。病毒病的发生还与播期早晚、西瓜品种、水肥管理、西瓜长势和田间杂草多少等因素有关。

【防治措施】 (1) 种子消毒。用 50%多菌灵 600 倍液或 70%甲基托布津 1 000 倍液浸种 4～6 h，隔 2 h 翻动 1 次，浸后将种子置于 25～30 ℃的条件下催芽。或用 55～60 ℃温水浸种 20 min，然后放入冷水中冷却，捞出晾干备播。(2) 农业防治。苗床应选在背风向阳、地势高燥的地方，床土应是 3 年未种过瓜类的新土，肥料应充分腐熟，播种前种子和土壤应进行消毒处理。冬前深翻地 30 cm，冻土晒垡，有利于培育壮苗；平衡施肥，增施磷、钾肥。播种后盖地膜，及时间苗、定苗，中耕锄草 3～4 次，松土保墒，促进根系生长，铲除田间杂草，消灭蚜虫等害虫。及时浇水追肥，促进西瓜健壮生长；对长势弱的植株增施肥水，使田间植株健壮均匀。西瓜、甜瓜不宜混种，以免相互传毒。(3) 化学防治。发病初期用 20%病毒星 WP 500 倍液，或 1.5%植病灵 EC 1 000 倍液，或抗毒剂 1 号 300 倍液，交替用药，每 7～10 d 防治 1 次，连防 2～3 次。及时防治蚜虫。

参考文献

[1]霍治邦，刘宏，张国民，等. 开封地区西瓜病毒病发生原因与防治对策[J]. 中国蔬菜，2007(12)：55-56

[2]马建祥，张显，张勇，等. 陕西西瓜病毒病的发生规律及防治措施[J]. 北方园艺，2008(1)：218-219

[3]阎志红. 西瓜病毒病防治研究进展[J]. 长江蔬菜，2006(5)：39-41

西瓜细菌性果斑病
Watermelon bacterial fruit blotch

西瓜细菌性果斑病又称细菌性斑点病、水浸病、果实腐斑等，是一种危险性病害。分布在南方。主要导致果实表面产生病斑甚至腐烂，降低其商品价值和食用价值。

【典型症状】 (1) 子叶。造成水渍状病斑，并沿主脉逐渐发展为黑褐色坏死病斑。(2) 叶片。形成不明显的褐色小斑，周围有黄色晕圈。通常沿叶脉发展，对植株的直接影响不大，但却是感染果实的重要病原来源。植株生长的中期，叶片上的病斑很少，通常不显著，暗褐色，略呈多角形，病叶很少脱落。开花后 14～21 d 的果实容易感染。(3) 果实。典型的病症是在西瓜果实朝上的表皮，首先出现水渍状小斑点，随后扩大成为不规则的大型橄榄色水渍状斑块（图 13-7）。发病初期病变只局限在果皮，果肉组织仍然正常，但将严重影响西瓜的商品价值。发病中期以后，病原可单独或随同腐生菌蔓延到果肉，使果肉变成水渍状。发病后期受感染的果皮经常会龟裂，并因杂菌感染而向内部腐烂。有些品种果实受感染后，在果实上仅出现龟裂的小褐斑，而无明显的橄榄色水渍状斑块，但病原已侵入果肉组织，造成严重的水渍状病症。病斑上常有黏稠、褐色的菌脓溢出。接触地面的果面无病斑。(3) 瓜蔓、叶柄和根部。通常不被侵染。

图 13-7　西瓜细菌性果斑病

【致病病原】 病原为类产碱假单胞菌西瓜亚种 *Pseuomonas pseudoalcaligenes* subsp. *citrulli* (Schaad et al., 1978)，1992 年改名为燕麦食酸菌西瓜亚种 *Acidovoroax avenae* subsp. *citrulli* (Willems et al., 1992)，属 rRNA 组 I。不产生荧光和其他色素，单根极生鞭毛，严格好氧。不产生精氨酸水解酶，能在 41 ℃以下生活。这种病原可以侵染西瓜、甜瓜、蜜露洋香瓜和网纹洋香瓜等。人工接种也可以感染其他葫芦科及番茄、辣椒、茄子等。

【病害循环】 (1) 越冬与初侵染源。病原附着在种子或病残体上越冬，种子带菌是第 2 年主要初侵染源。病原在病残体上能存活 2 年。带病原的种子散落田间后，长出的瓜株、残留在田间的染病瓜皮，以及田间可能带菌的葫芦科杂草都是感染下茬西瓜的重要菌源。(2) 传播特点。在田间借风雨及灌溉水传播，从伤口或气孔侵入，果实发病后病原在病部大量繁殖，通过雨水或灌溉水向四周扩展，多次重复侵染。

【发生规律】 多雨、高湿、大水漫灌，西瓜容易发病。在炎热、强光照及雷雨过后，叶片和果实上的病斑迅速扩展。

【防治措施】 (1) 检疫。加强检疫，不用病区的种子，杜绝带菌种子传播，发现病种应在当地销毁，严禁外销。(2) 种子消毒。用 40%福尔马林 150 倍液浸种 30 min 后，用清水冲净浸泡 6～8 h，再催芽播种。国外试验表明，采种时种子与果汁、果肉一同发酵 23～48 h 后，随即以 1%的盐酸浸渍种 5 min，或以 1%次氯酸钙浸渍 15 min，接着水洗、风干，都可以有效去除种子携带的病原，大幅度降低田间发病率，对种子发芽无不良影响。(3) 农业防治。在田间管理方面，合理的灌溉方式是预防本病的关键。由于喷灌会传播病原且造成果实上积水，有利于病原侵入感染。因此，应尽量改用滴灌或降低水压，让灌溉水仅喷及根围。病害一旦出现后，应随时清除病苗和病果，以免遗留田间成为二次感染源。另外，彻底清除田间杂草，也是减少该病发生的重要措施。注意轮作倒茬，在常发病区，至少 3 年内不得在同一田块或相近田块种植西瓜或其他葫芦科作物。(4) 化学防治。发病重的田块或地区，在进入雨季时掌握在发病前开始喷 47%加瑞农 WP 800 倍液，或靠山水 WG 600～800 倍液，或 50%琥胶肥酸铜杀菌剂 500 倍液，或 77%氢氧化铜 WP 500 倍液，或 30%碱式硫酸铜 SC 400～500 倍液，隔 10 d 喷 1 次，连续喷 2～3 次。

参考文献

赵廷昌，孙福在，王兵万. 西瓜细菌性果斑病研究进展[J]. 植保技术与推广，2001，21(3)：37-39

西瓜细菌性角斑病

Watermelon bacterial angular spot

【典型症状】 (1) 子叶。初呈水浸状近圆形凹陷斑，后干枯。(2) 叶片。初呈鲜绿色水浸状病斑，渐变为淡褐色，背面受叶脉限制呈多角形黄褐色斑，潮湿时病斑上溢出白色菌脓，干枯时病斑脆裂穿孔（图 13-8）。(3) 茎、叶柄、果实。初为水浸状圆斑，后为灰白色，也有白色菌脓，茎、果实形成溃疡和裂纹，果实病斑可扩展到内部，使种子带菌（图 13-9）。

图 13-8　西瓜细菌性角斑病，病叶症状

图 13-9　西瓜细菌性角斑病，茎蔓

【致病病原】 病原为丁香假单胞杆菌黄瓜角斑病致病型 *Pseudomonas syringae* pv. *lachrymans* (Smith et Bryan) Young, Dye & Wilkie。(1) 形态和大小。短杆状，革兰氏染色阴性，顶端有 1～5 根鞭毛，有荚膜，无芽孢。(2) 特性。生长适温 24～28 ℃。(3) 寄主。这种病原可以侵染黄瓜、葫芦、西葫芦、丝瓜、甜瓜、西瓜等。

【病害循环】 (1) 越冬与初侵染源。病原在种子内或随病残体存留在土壤中越冬，成为第 2 年初侵染源。病原从气孔、水孔及自然伤口侵入。(2) 传播特点。病原侵染黄瓜后，在适宜条件下发病并产生菌脓。菌脓随雨水、灌溉水及大棚膜水珠下落，结露和叶缘吐水滴落，飞溅蔓延，进行多次重复再侵染。

【发生规律】 适宜发病温度为 24～28 ℃，大棚高湿有利于发病。昼夜温差大，结露重且持续时间长，发病重。低洼地、重茬地发病也重。

【防治措施】 (1) 种子消毒。用 70 ℃恒温干热灭菌 72 h。或 50 ℃温水浸种 20 min，捞出晾干后催芽播种。或用次氯酸钙 300 倍液浸种 30～60 min，冲洗干净后催芽播种。(2) 农业防治。与非瓜类作物实行 2 年以上轮作，选用耐病品种。施足基肥，生长期及收获后清除病叶，及时深埋。大棚内覆盖地膜，有条件的使用滴灌，深沟高畦栽培，降低田间湿度，及时调节棚内温湿度。浇水一定要在晴天上午进行，浇水后及时放风排湿，阴雨天不浇水。(3) 化学防治。在发病初期用 72%克露 WP 600～750 倍液，或 50%甲霜铜 WP 600 倍液进行叶片喷雾，隔 7 d 喷 1 次药，共喷4～6 次。

西瓜猝倒病
Watermelon damping-off

猝倒病是西瓜苗期的一种主要病害。各地均有发生。

【典型症状】 初期时在幼苗根颈部（根与茎的接合部）出现像开水烫过一样、呈腐烂状态的病斑，然后病部变成黄褐色而干枯收缩，子叶尚未凋萎，幼苗即倒地。猝倒病多发生在幼苗子叶期出土至 2 片真叶展平阶段，该病蔓延很快，出现中心病株几天后即引起幼苗成片猝倒。在高温多湿的情况下，幼苗发病部位及其附近的地面上，出现一层白色絮状的菌丝(图 13-10)。

图 13-10　西瓜猝倒病

【致病病原】 病原为瓜果腐霉 *Pythium aphanidermatum* (Eds.) Fitzp. 和德里腐霉 *P. deliense* Mours.，属鞭毛菌亚门真菌。

【病害循环】 病原以卵孢子在土壤中越冬，并在土中长期存活。春天遇有适宜条件萌发产生孢子囊，以游动孢子或直接长出芽管侵入寄主。再侵染主要靠病苗上产出孢子囊及游动孢子，借灌溉水或雨水溅射传播蔓延，病原侵入后，在皮层薄壁细胞中扩展，菌丝蔓延于细胞间或细胞内，后在病组织内形成卵孢子越冬。

【发生规律】 多发生在土壤潮湿和连阴雨多的地方，与其他根腐病共同为害。

【防治措施】 (1) 种子消毒。用种子量 0.3%的 45%WP 代森锌，或 50%WP 福美双拌种，也可用种子重量0.2%的50%二氯萘醌DP拌种。(2) 农业防治。用无病新土、塘土或稻田土育苗。育苗时避免低温、高湿条件出现。为培育壮苗防止猝倒病，播种后应盖一层营养土，浇足水后盖膜保温保湿。出苗后喷0.2%～0.3%磷酸二氢钾2～3次。(3) 化学防治。床土可用1份硫酸铜，10份生石灰，掺土100份，或65%代森锌WP 1份掺土1 000份作为种子覆土。移栽时用双多SC 600～700倍液灌穴，每穴灌对好的药液400～450 mL。出苗后发病的可喷洒72.2%普力克AS 400倍液。必要时可喷洒69%安克·锰锌WG 1 000～1 200倍液。采用直播的可用20%甲基立枯磷EC 1 000倍液对细干土100 kg制成药土撒在种子上覆盖一层，然后再覆土。

西瓜疫病

Watermelon phytophthora blight

西瓜疫病又称疫霉病，是西瓜的一种主要病害。减产20%～30%，严重发病时可达50%以上，甚至绝收。

【典型症状】 西瓜整个生长期均可发病，以蔓茎基部和嫩节部发病较多。(1) 叶片。初期发病叶片像开水烫过一样，多在叶边缘形成深绿色或黑色大斑，圆形或近圆形。死后叶片呈青绿色干枯，一碰就碎。(2) 茎蔓。茎蔓基部或节部出现水浸状斑，呈暗绿色(图13-11)。中期症状节部缢缩，造成植株上半部蔓叶枯萎死亡(图13-12)。

图13-11　西瓜疫病，病茎

图13-12　西瓜疫病，病茎

图13-13　西瓜疫病，病瓜

图13-14　西瓜疫病，病瓜

(3) 果实。病瓜初期在花蒂部呈暗绿色水浸状凹陷斑。瓜上水烫状皱缩腐烂，有腥臭味，病部表面长有白色霉状物(图13-13，14)。

【致病病原】 病原为甜瓜疫霉 *Phytophthora melonis* Katsura，属鞭毛菌亚门真菌。(1) 形态和大小。菌丝无色。多分枝。幼菌丝无隔，老熟菌丝长出不规则球状体，内部充满原生质。孢囊梗从菌丝或球状体上长出，平滑，个别形成隔膜。孢子囊顶生，长椭圆形，大小(36.4～71.0) μm×(23.1～46.1) μm。游动孢子近球形。藏卵器球形，淡黄色，雄器球形，无色。卵孢子黄褐色。(2) 特性。病原生长发育适温28～32 ℃，最高37 ℃，最低9 ℃。(3) 寄主。这种病原可以侵染西瓜、甜瓜、黄瓜、南瓜、西葫芦、冬瓜等。

【病害循环】 病原以菌丝体或卵孢子随病残体在土壤中或粪肥里越冬。种子虽可带菌，但带菌率不高。第2年病原借气流、雨水或灌溉水传播，湿度大时，病斑上产生孢子囊及游动孢子进行再侵染。

【发生规律】 (1) 品种与发病。品种间和同一品种不同生育期发病性存在差异，如无籽西瓜比普通西瓜抗病性强，苗期、伸蔓期比果实膨大期抗病力强。(2) 气候条件与发病。雨季来得早，雨日持续久，降雨量大，则发病早，病情重。所以发病高峰往往紧接在雨量高峰之后。(3) 栽培管理与发病。浅畦和畦面高低不平，雨后积水的田块，连作地，施用未腐熟垃圾肥疫病发生严重。

【防治措施】 (1) 种子消毒。种子用 55 ℃温水浸种 15 min，或用 50 ℃温水浸种 30 min 进行消毒。或用 40%福尔马林 150 倍液浸种 30 min，冲洗干净后，再浸种催芽播种。或用 25%WP 瑞毒霉按种子量的 0.3%拌种。(2) 农业防治。与非瓜类作物实行 3 年轮作。增施有机肥料。用黑籽南瓜作砧木对黄瓜进行嫁接换根。夏季进行高温闷棚。深翻可使有的病原翻入土中。用管道浇水或膜下暗灌，及时放风排湿，避免灌溉水漫灌。及时清除田间杂草、病残体。搭架栽培，结瓜后把瓜吊起来或垫高。(3) 化学防治。由于疫病潜育期短，蔓延迅速，所以在发病前要喷药保护，特别是每次大雨后应喷 1 次，以后每隔 5～7 d 喷1 次。在发病初期喷 68%金雷 1 500 倍液，或 57.6%冠菌清 800 倍液，或 77%多宁 WP 400 倍液，或 80%新万生 WP 400 倍液，或 72%霜霉疫净 800 倍液，或 85%疫霜灵 500 倍液，或 60%琥・乙膦铝 WP 500 倍液，或 58%瑞毒霉锰锌 WP 500 倍液，或 72%克露 WP 700 倍液，或 72%霜霉清 WP 700 倍液，或 70%乙膦・锰锌 WP 500 倍液。必要时还可用上述杀菌剂灌根，每株灌对好的药液 0.4～0.5 L。

参考文献

郑果. 西瓜疫病化学防治药剂筛选[J]. 中国西瓜甜瓜，2005 (3)：18-19

W 西瓜绵腐病
Watermelon damping-off

绵腐病是西瓜的一种常见病害。各地均有分布，发生普遍。主要在露地栽培时发生，多雨季节发病重，零星发生，影响生产。

【典型症状】 主要为害果实，贴在地面上的果实易发病，病部先为褐色水浸状，变软变褐。潮湿时发病部位长出白色菌丝(图 13-15)。

图 13-15　西瓜绵腐病，果实腐烂

【致病病原】 病原为瓜果腐霉 *Pythium aphanidermatum* (Eds.) Fitzp.，属鞭毛菌亚门真菌。菌丝体白色棉絮状，菌丝无色，直径 2.3～7.1 μm。孢子囊丝状或呈不规则膨大，大小(63～725) μm×(4.9～14.8) μm。卵孢子球形，平滑，不满器，直径 14.0～22.0 μm。

【病害循环】 病原主要分布在表土层内，在土壤中越冬。病原主要分布在表土层内，雨后或湿度大，病原迅速增加。适宜条件下侵入植株，并在病残体上产生孢子囊及游动孢子，借雨水或灌溉水传播，侵害果实。

【发生规律】 土温低，高湿利于发病。雨后或湿度大，病原迅速增加。

【防治措施】 (1) 农业防治。施用充分腐熟有机肥。高畦栽培，避免大水漫灌，大雨后及时排水，必要时可把瓜垫起。(2) 化学防治。发病初期喷洒 14%络氨铜 AS 300 倍液，或 50%琥・乙膦铝 WP 500 倍液，隔 10 d 左右防治 1 次，连续喷 2～3 次。

W 西瓜蔓枯病
Watermelon gummy stem blight

蔓枯病是西瓜的一种重要病害。各地均有发生。发病株率一般为 15%～25%，严重时高达 60%～80%。病害流行时可使瓜田出现大量死藤，减产 30%以上，严重影响西瓜的产量和品质。

【典型症状】 西瓜整个生育期均可发病，引起叶片、蔓枯死和果实腐烂。(1) 幼苗。子叶受害初呈水渍状小点，渐扩大为黄褐色或青灰色圆形或不规则形斑，不久扩展至整个子叶，引起子叶枯死。茎部受害，初现水渍状小斑，后迅速向上、下扩展，并可环绕幼茎，引起幼苗枯萎死亡。(2) 成株。发病多见于茎蔓基部分枝处，病斑初为水渍状，表皮淡黄色，后变灰色到深灰色，其上密生小黑粒点，随病势发展病部渐溢出琥珀色胶状物，干后为赤褐色小硬块，表皮纵裂脱落(图 13-16，17，18)。潮湿时表皮腐烂，露出维管束，呈麻丝状。茎节部也易受害，产生黄白色病斑，潮湿时软化、变黑，后密生小黑粒点，流出胶状物质。叶柄发病产生褐色不规则病斑，表面粗糙，有小黑粒点，下雨后病部腐烂，易折断。叶部发病多从叶缘开始，产生“V”字形或半圆形黄褐色到深褐色大病斑，多具或明或隐的轮纹，后期产生小黑粒点，病斑易干枯破碎(图 13-19)。西瓜果实上发病，初呈油渍状小斑点，后变暗褐色圆形大凹陷斑，表面干裂，内部木栓化，常呈星裂状，后期病斑上密生小黑粒点(图 13-20)。卷须受害后迅速失水变褐枯死。

图 13-16　西瓜蔓枯病，茎蔓发病

图 13-17　西瓜蔓枯病，发病初期田间症状

图 13-18　西瓜蔓枯病，茎蔓开裂

图 13-19　西瓜蔓枯病，叶片发病症状

图 13-20　西瓜蔓枯病，果实发病

【致病病原】 病原为瓜类球腔菌 *Mycosphaerella melonis* (Pass.) Chiu et Walker，属子囊菌亚门真菌。无性世代为西瓜壳二孢 *Ascochyta citrullina* Smith，属半知菌亚门真菌。分生孢子器聚生，球形，直径 68.25～156 μm，淡褐色；器孢子圆柱形，无色，正直，初为单胞，后生一隔膜，大小(6.13～17.15) μm×(2.94～4.9) μm。发育适温 20～24 ℃。

【病害循环】 病原以菌丝体、分生孢子器和子囊座随植物病残组织在地表、土壤及附着在架材上越冬。在适宜的环境条件下，借风、雨和浇水传播蔓延，可直接侵染或从伤口侵入。

【发生规律】 (1) 气候条件与发病。发生为害程度与温度、湿度和栽培管理技术关系密切。在 10～34 ℃范围内，病原的潜育期随温度升高而缩短，空气相对湿度超过 80%以上易发病。多雨的年份发病快流行迅速，发病后 7～10 d 可以毁园，造成惨重损失。(2) 栽培管理与发病。瓜类连作，地势低洼，雨后积水，缺肥和生长较弱，西瓜发病重，病情发展快。温室和大棚栽培，过度密植，通风不良，湿度过高易发病。

【防治措施】（1）种子消毒。用36%三唑酮·多SC 100倍液浸种30 min，晾干后直播。或用种子重量的0.5%的37% WP抗菌灵拌种。（2）农业防治。最好与非瓜类作物实行2～3年轮作，并选择排水良好的高燥地种植。同时选用抗耐病品种。施足基肥，基肥以饼肥、优质复合肥为主，平衡配方施肥，勿偏施氮肥。雨季到来之前开好“三沟”以利于排水降湿。结瓜期适当追肥，防止脱肥早衰。植株发病后及时摘除病叶，收获后彻底清理瓜园病残株及其地边杂草，集中深埋或烧毁。（3）化学防治。移栽前3～5 d每亩用三唑铜·多SC 500倍液喷雾，带药移栽。苗期4叶龄前用10%世高WG 1 200倍液，或75%敌克松SPX 1 000倍液灌根。发病初期喷36%三唑酮·多SC 500倍液，或20%丙硫多菌灵2 000倍液，或每亩用10%世高WG 50～80 g，或57.6%冠菌清WP 1 600倍液，隔5～7 d喷1次，轻发病田1次即可，重病田2～3次。对于发病较重的植株，可用70%甲基托布津50倍液，或10%世高WG 300倍液，25%使百克150倍液，用毛笔涂抹病茎、病株的病斑。

参考文献

陈倩，毕扬，云晓敏，等. 西瓜蔓枯病及其防治[J]. 中国蔬菜，2007(1)：56-57

西瓜枯萎病 Watermelon fusarium wilt

枯萎病是西瓜的一种重要病害。各地均有发生。是造成西瓜产量损失和品质下降的一个重要原因。

【典型症状】 全生育期均能发病，以伸蔓期至开花坐果期发病最为严重。（1）苗期。发病后幼苗茎基部变褐缢缩，子叶和幼叶萎蔫下垂，随后幼苗全株瘫软倒伏，发病后1 d即可死亡。（2）成株。病株生长缓慢，下部叶片发黄，逐渐向上发展。开始白天萎蔫，早晚恢复，数日后全株萎蔫枯死（图13-21，22）。病蔓基部常有褐色条斑或发生表皮纵裂，并伴有树脂状胶质溢出，茎部维管束变褐色（图13-23）。潮湿时，茎部呈水浸状腐烂，表面出现白色至粉红色霉状物。

图13-21 西瓜枯萎病，病株萎蔫

图13-22 西瓜枯萎病，病株枯死

图3-23 西瓜枯萎病，根茎处症状

图13-24 西瓜枯萎病防治方法，嫁接苗

【致病病原】 病原为尖孢镰刀菌西瓜专化型 *Fusarium oxysporum* f. sp. *niveum* (E. F. Smith) Snyder et Hansen，属半知菌亚门真菌。(1) 形态和大小。分生孢子有大型和小型之分。小型分生孢子生于气生菌丝中，产生快，无色，单胞，椭圆形，大小(7.5～20.0) μm×(2.5～5.0) μm。大型分生孢子镰刀形，无色，两端渐尖，有 1～5 个分隔，多为 3 个分隔，大小(27.5～45.0) μm×(5.5～10.0) μm。(2) 特性。病原萌发和生长的适宜土温 24～30 ℃。病原在 8～34 ℃气温条件下均能生长，以 24～28 ℃为最适。厚垣孢子能抵抗高低温或干燥，在水分 70%的壤土或红壤土中存活好。(3) 寄主。这种病原可以侵染西瓜、甜瓜。

【病害循环】 (1) 越冬与初侵染源。病原主要以菌丝、厚垣孢子或菌核在未腐熟的有机肥或土壤中越冬，成为第 2 年的主要侵染源。种子、粪便、流水等均可带菌传播。病原生活力很强，其中厚垣孢子可在旱地土壤中存活 10 年以上，甚至通过牲畜的消化道后依然可以存活。病原可从根部伤口及根毛顶端侵入，后在导管内发育，分泌毒素，填塞导管，影响水分的正常运输，引起植株萎蔫死亡。(2) 传播特点。种子、粪便、流水等均可带菌传播。

【发生规律】 高温高湿，病情重。土壤偏酸发病快。连茬种植，偏施氮肥，排灌不良及肥料未腐熟等均会引起或加重枯萎病的发生。黄守瓜及地下害虫为害重，均易诱发此病。

【防治措施】 (1) 种子消毒。播种前种子用 20%使百克 EC 4 000 倍液浸种 30～40 min。或用 50%多菌灵 WP 1 000 倍液，浸种 30～40 min。(2) 农业防治。用南瓜或葫芦作砧木嫁接，这是目前防止枯萎病蔓延最有效的方法(图 13-24)。避免重茬。土壤呈酸性，每亩施 100 kg 石灰改土。控制浇水，禁止大水漫灌，增施磷、钾肥。(3) 化学防治。播种前或定植前用 50%的多菌灵药土，沟施或穴施进行土壤消毒。定植时用 10%的双效灵 500 倍液灌穴每穴 500 mL，然后定植、覆土。坐果初期喷 50%苯菌灵 WP 800～1 000 倍液，或 10%双效灵 AS 200 倍液，或 32%乙蒜酮(克菌) 600 倍液，或 40%多混氨酮(枯萎必克) 800 倍液。或用 50%苯菌灵 WP 1 000 倍液灌根。

西瓜斑点病
Watermelon cercospora leaf spot

西瓜斑点病又称叶斑病，是西瓜的一种普通病害。分布较广。病株率为 20%～30%，对生产有轻度影响，发病重时病株率可达 60%～80%，影响产量。

【典型症状】 多在西瓜生长中后期发生，主要侵染叶片，初在叶片上出现暗绿色近圆形病斑，略呈水渍状，以后发展成黄褐至灰白色不定型坏死斑(图 13-25)，边缘颜色较深，病斑大小差异较大，空气潮湿时病斑上产生灰褐色霉状物(图 13-26)。严重时叶片上病斑密布，短时期内致使叶片坏死干枯。

图 13-25　西瓜斑点病，发病叶片症状

图 13-26　西瓜斑点病，发病叶片症状

【致病病原】 病原为瓜类尾孢 *Cercospora citrullina* Cooke，属半知菌亚门真菌。病菌丛生于叶两面，子座无或小；分生孢子梗 10 根以下，簇生，淡褐色至浅榄色，直或略屈曲，具隔 0～3 个，顶端渐细，孢痕明显，无分枝，大小(7.5～72.5) μm×(4.5～7.75) μm；分生孢子无色或淡色，倒棍棒形或针形至弯针形，具隔 0～16 个，端钝圆或亚尖，基部平截，大小(15～112.5) μm×(2～4) μm。

【病害循环】 病原以菌丝块或分生孢子在病残体及种子上越冬。第 2 年病原借气流及雨水传播，从气孔侵入，经 7～10 d 发病后产生新的分生孢子进行再侵染。

【发生规律】 多雨季节易发病和流行。

【防治措施】 (1) 种子消毒。种子用 50%多菌灵 WP 500 倍液浸种 30 min。(2) 农业防治。实行与非瓜类蔬菜 2 年以上轮作。(3) 化学防治。发病初期及时喷 50%混杀硫 SC 500～600 倍液，或 50%多·硫 SC 600～700 倍液，隔 10 d 左右防治1 次，连续喷 2～3 次。棚室栽培每亩可用 45%百菌清 FU 200～250 g 熏烟，隔 7～9 d 用药 1 次，防治1～2 次。

西瓜叶枯病

Watermelon alternaria blight

叶枯病是为害西瓜的一种重要病害。在西瓜生长的中、后期，特别是多雨季节或暴雨后，往往发病急且发展快，使瓜叶迅速变黑焦枯，严重影响西瓜的品质和产量。

【典型症状】 多发生在西瓜生长中后期，主要为害叶片，也为害叶柄、瓜蔓和果实。(1) 子叶。先在子叶边缘处出现点状病斑，水浸状，渐发展为圆形或半圆形病斑，水浸状，淡褐色至褐色(图 13-27)。(2) 叶片。叶片背面的叶缘或叶脉间出现明显的点状水浸状，湿度大时叶片呈青枯状(图 13-28)。湿度小、气温高时，形成 2～3 mm 圆形病斑，褐色，布满全叶，渐汇合成大病斑，形成枯叶现象(图 13-29)。(3) 茎蔓。发病的茎蔓病斑为梭形或椭圆形，稍凹陷(图 13-30)。(4) 果实。果面上病斑为圆形凹陷病斑，褐色，深入后引起果肉腐烂，湿度大时长出黑霉(图 13-31)。

图 13-27 西瓜叶枯病，子叶症状

图 13-28 西瓜叶枯病，病叶症状

图 13-29 西瓜叶枯病，病叶症状

图 13-30 西瓜叶枯病，病茎症状

【致病病原】 病原为瓜链格孢 *Alternaria cucumerina* (Ell. et Ev.) Elliott.，属半知菌亚门真菌。(1) 形态和大小。分生孢子梗褐色或顶端色浅，单生或数根束生，有 1～7 个隔膜，大小 (23.5～70) μm×(3.5～6.5) μm。分生孢子褐色，单生，椭圆形，有分枝。(2) 特性。生长温限 3～45 ℃，25～35 ℃较适，28～32 ℃最适，在 pH 3.5～12 均可生长。pH 6 最适。(3) 寄主。这种病原可以侵染西瓜、甜瓜、黄瓜、冬瓜、南瓜、葫芦、丝瓜、苦瓜等多种葫芦科植物。

图 13-31　西瓜叶枯病，病瓜症状

【病害循环】 病原以菌丝体和分生孢子在病残体、土壤、种子上越冬，成为第 2 年初侵染源。生长期间病部产生的分生孢子通过风雨传播，多次重复再侵染，传播蔓延很快。

【发生规律】 (1) 气候条件与发病。病原在气温 10～36 ℃，相对湿度高于 80%条件下均可发病。多雨天气，相对湿度高于 90%，易流行或大发生。(2) 栽培管理与发病。连作地、偏施或重施氮肥及土壤瘠薄或积水，植株抗病力弱，发病重。

【防治措施】 (1) 种子消毒。种子用 55 ℃温水浸种 15 min，再用 75%百菌清 WP 或 50%扑海因 WP 1 000 倍液浸种 2 h，冲净后催芽播种。(2) 农业防治。选用适宜当地栽培的抗病品种，生长势较强的绿皮、花皮品种比较抗病。收获后清洁田园，集中烧毁或深埋。不要在田边堆放病残体，及时清理田园，翻晒土地。避免偏施过量氮肥。(3) 化学防治。发病初期或降雨前喷 50%速克灵 WP 1 500 倍液，或 75%百菌清 WP 800 倍液，或 70%代森锰锌 WP 600 倍液，或 50%扑海因 WP 1 000 倍液，或 80%新万生 WP 600 倍液，或 10%世高 WG 3 000～6 000 倍液等，每隔 7 d 喷 1 次，连续喷 2～3 次。

西瓜黑斑病 Watermelon black leaf spot

黑斑病是西瓜的一种常见病害。分布广泛。发病率 10%～30%，轻度影响西瓜生产，严重时可达 80%以上，显著影响西瓜生产。

【典型症状】 主要为害叶片。(1) 叶片。发病初期叶片的叶缘或叶脉间生水浸状小斑点，后发展为圆形至近圆形病斑，暗褐色，边缘稍隆起，病健处明显，有淡淡的轮纹(图 13-32，33)。发病后期病斑汇合为大斑，引起叶片枯黄。湿度大时病斑扩展迅速，引起全株叶片枯萎。(2) 果实。病斑水渍状，暗色，后凹陷，引起果实腐烂。

图 13-32　西瓜黑斑病，发病叶片症状

图 13-33　西瓜黑斑病，发病叶背症状

【病害循环】 病原以菌丝体随病残体在土壤中或种子上越冬。第 2 年春天西瓜出苗后，遇适宜温湿度时即可进行初侵染，后病部又产生分生孢子，通过风雨传播，进行多次再侵染。

【防治措施】 (1) 农业防治。收获后清除病残体，集中深埋或烧毁。露地栽培的西瓜在雨后要特别注意开沟排水，防止湿气滞留。(2) 化学防治。在发病前未见病斑时开始喷 50%腐霉利 WP 1 500 倍液，或 50%扑海因 WP 1 000 倍液，或 75%百菌清 WP 600 倍液，或 80%新万生 WP 600 倍液，隔 7～10 d 防治 1 次，连续喷 3～4 次。

西瓜褐腐病 Watermelon brown rot

褐腐病是西瓜的一种常见病害。各地均有分布，一些地区苗期发病较重，病株率 15%左右，严重的温室瓜苗发病株率超过 30%，对瓜苗的生长影响很大。

【典型症状】 为害子叶和真叶。(1) 叶片。病斑开始为点状，褐色，水渍状，后发展成不规则形软腐斑，浅褐色或褐色，病斑可以连接大斑，叶片干枯。(2) 果实。果面有不明显的暗褐色病变，皮下变褐(图 13-34)。

图 13-34 西瓜褐腐病

【致病病原】 病原为蒂腐色二孢 *Diplodianatalensis* Pole Evans，属半知菌亚门真菌。(1) 形态和大小。分生孢子器扁球形，光滑，黑色，大小 290～522 μm。分生孢子梗圆柱状，无色，大小(8.4～19.0) μm×(2.8～5.6) μm；成熟的分生孢子暗褐色，椭圆形，大小(21～29) μm×(12～15.4) μm。(2) 寄主。这种病原可以侵染西瓜、柑橘、桑树等。

【病害循环】 病原以分生孢子器随病残体在土壤或田间草丛中越冬。第 2 年条件适宜时病原通过风雨传播到西瓜叶片上，病原萌发侵入后引起初侵染和再侵染。

【发生规律】 西瓜植株受冻或缺肥及运输储藏过程中果皮擦伤，容易诱发此病。

【防治措施】 (1) 种子消毒。用种子重量 0.3%的 50%WP 福美双拌种。(2) 农业防治。与非瓜类作物实行 2～3 年轮作。施用充分腐熟有机肥。高畦栽培，地膜覆盖，雨季要加强排水。(3) 化学防治。发病初期喷 50%腐霉利 WP 600 倍液，或 36%甲基托布津 SC 400～500 倍液，或 77%氢氧化铜 WP 500 倍液，隔 7 d 防治 1 次，连续喷 2～3 次。

西瓜炭疽病 Watermelon anthracnose

炭疽病是西瓜的一种主要病害。发病田块损失 10%～30%，重的田块损失在 60%以上，严重时能导致绝收。

【典型症状】 整个生育期均可发病，以中后期发病较重，主要为害叶片、茎蔓和果实。(1) 幼苗。近地表茎基部变为黑色，发病部位缢缩，导致幼苗猝倒死亡。(2) 叶片。病斑为黄色水浸状圆形斑点，后发展为褐色或黑色晕圈，长有黑色小粒或淡红色黏状物，有时出现同心轮纹，干燥时病斑易破碎穿孔(图 13-35)。(3) 蔓和叶柄。病斑为黑色，圆形或纺锤形，凹陷，病斑上有许多黑色小斑点，即病原的分生孢子盘，最后引起全株死亡(图 13-36)。(4) 果实。果面出现暗绿色水渍状小点，扩大后呈圆形或椭圆形凹陷(图 13-37)，暗褐色至黑褐色，凹陷处龟裂(图 13-38)。在潮湿的条

图 13-35 西瓜炭疽病，发病叶片症状

图 13-36 西瓜炭疽病，发病茎症状

图 13-37 西瓜炭疽病，发病果实

图 13-38 西瓜炭疽病，果实开裂

件下，病斑中部可产生粉红色黏稠物，即病原的分生孢子堆，严重时病斑连片，出现腐烂，幼瓜畸形或脱落腐烂。

【致病病原】 病原为葫芦科刺盘孢 *Colletotrichum orbiculare*（Berk. & Mont.）Arx，属半知菌亚门真菌。分生孢子盘初为埋生，红褐色，后突破表皮，呈黑褐色。分生孢子梗圆筒状，无色，单胞，大小(20～25) μm×(2.5～3.0) μm。分生孢子单胞，无色，长圆形，大小(14～20) μm×(5.0～6.0) μm。萌发产生芽管1～2根，顶端生附着胞，附着胞暗色，近圆形。

【病害循环】（1）越冬与初侵染源。病原以菌丝体或拟菌核在土壤中的病残体或种子上越冬。越冬后的病原能很快发育，产生分生孢子，成为初侵染源。种子带菌可存活2年，播种带菌种子，出苗后子叶受侵染。西瓜染病后病部又产出大量分生孢子，借风雨及灌溉水传播，重复侵染。（2）传播特点。病原主要依靠雨水的飞溅和流动传播。

【发生规律】（1）气候条件与发病。湿度较大的连阴雨天气十分有利该病发生。气温20～24 ℃，相对湿度90%～95%适其发病。气温高于28 ℃，湿度低于54%，发病轻或不发病。（2）栽培管理与发病。地势低洼、排水不良，或氮肥过多、通风不良、重茬地发病重。重病田或雨后收获的西瓜在储运过程中也发病。

【防治措施】（1）种子消毒。用50～55 ℃温水烫种10 min。播前用福尔马林100倍液浸种30 min。或用50%多菌灵500倍液浸种1 h，清水冲洗干净后催芽播种。（2）农业防治。与非瓜类作物实行3年以上轮作。施用腐熟的堆肥。保证排灌畅通，防止积水，雨后及时排水。培育壮苗，栽植后及时理蔓整枝，果实下垫麦秸避免直接接触土壤。拉秧后及时销毁病残体。夏季高温期深翻土壤25 cm，然后铺地膜，持续10～15 d，地温可达50 ℃以上，可较好地杀死土壤中的炭疽病原。（3）化学防治。发病初期喷2.5%溶菌灵WP 800倍液，隔7～10 d喷1次。或25%嘧菌酯（阿米西达）1 500倍液或10%世高WG 1 000倍液，对水喷雾，喷液量每亩约50 L。或用50%施保功WP 1 200倍液，或25%溴菌清WP 500倍液，或40%多·福·溴菌WP 400～600倍液，或50%咪鲜胺WP 1 000～2 000倍液喷雾，隔7～10 d喷1次，连续喷2～3次。保护地栽培西瓜，可采用烟雾法或粉尘法，发病初期每亩用45%百菌清FU 250 g熏烟，隔9～11 d熏1次。或在傍晚喷撒5%百菌清DPC或6.5%甲霉灵超细粉尘剂。

参考文献

[1]张锋，陈志杰，张淑莲. 棚室西瓜炭疽病发生规律与综合防治措施[J]. 西北园艺，2005(3)：35-36

[2]李敏尧. 药剂防治西瓜炭疽病田间试验初报[J]. 中国植保导刊，2005(7)：37-38

西瓜白绢病
Watermelon stem and fruit rot

白绢病为西瓜的一种重要病害。主要在我国南方发生。保护地、露地都有发生，造成零星烂瓜或死秧，在一定程度上影响西瓜生产。严重时病株率可达20%，显著影响西瓜生产。

【典型症状】 主要为害近地面的茎蔓或果实。（1）茎基部。茎蔓染病，多从茎基部或贴地面茎蔓开始发病，初呈暗褐色坏死，以后腐烂，在病部表面产生辐射状菌丝体，致病株萎蔫或枯死，后期亦转变成茶褐色油菜籽状菌核（图13-39）。（2）果实。果实染病，病部呈灰褐至红褐色坏死，表面产生绢丝状白色菌丝层，并进一步向四周辐射扩展，后期转变成红褐至茶褐色油菜籽状菌核（图13-40）。随病害发展病瓜腐烂，干燥时病瓜失水干腐。

图13-39　西瓜白绢病，病茎上长满白色菌丝

【致病病原】 病原为齐整小核菌 *Sclerotium rolfsii* Sacc.，属半知菌亚门真菌。病原发育适温32～33 ℃。

图 13-40　西瓜白绢病，病瓜上布满白色菌丝

【病害循环】 病原以菌核或菌丝体在土壤中越冬。条件适宜时菌核萌发产生菌丝，从植株茎基部或根部侵入，潜育期 3～10 d，出现中心病株后，地表菌丝向四周蔓延。

【发生规律】 发病适温 30 ℃，特别是高温及时晴时雨利于菌核萌发。连作地、酸性土或沙性地发病重。

【防治措施】 （1）农业防治。施用消石灰调节土壤酸碱度为中性。发现病株及时拔除，集中销毁。（2）化学防治。发病初期用 40％五氯硝基苯 WP、15％三唑酮 WP 或 50％甲基立枯磷 WP 1 份，加细土 100～200 份，撒在病部根茎处。或喷洒 20％甲基立枯磷 EC 1 000 倍液。

西瓜菌核病 Watermelon sclerotinia rot

【典型症状】 整个生育期地上部分均可发生，主要引起叶片、茎蔓枯死和果实腐烂。（1）子叶。初呈水渍状，逐渐扩大呈圆形或不规则形斑，不久扩展至整个子叶，引起子叶枯死，幼苗猝倒，并以此病株向四周扩展，形成明显的病块。（2）成株期。多见于瓜蔓枝交叉或叶柄处，病斑初呈水渍状，表皮暗绿色，后逐渐长出棉絮状菌丝，潮湿时，菌丝生长迅速呈浓密绒毡状，随着病部的扩大和菌丝的生长，5～7 d 后形成菌核，包裹着病部，病部以上部分失水枯死。叶片发病，多呈圆形或近圆形水渍状斑，后逐渐扩大，多具明显或隐或现的轮纹，随病斑的扩大叶片软腐，向叶柄、蔓上黏附感染，干旱时病叶病斑易破碎。（3）果实。多从蒂部形成油渍状斑点，后变为暗绿色圆形凹陷，并逐渐扩大，其病部上长出棉絮状菌丝，后期整个果实湿腐形成大块不规则黑色菌核（图 13-41，42）。

图 13-41　西瓜菌核病

图 13-42　西瓜菌核病

【致病病原】 病原为核盘菌 *Sclerotinia sclerotiorum*（Lib.）de Bary，属子囊菌亚门真菌。（1）形态和大小。菌核初白色，后表面变黑色鼠粪状，大小不等，（1.1～6.5）mm×（1.1～3.5）mm。干燥条件下，存活 4～11 年，水田经 1 个月腐烂。5～20 ℃，菌核吸水萌发，产出 1～30 个浅褐色盘状或扁平状子囊盘，系有性繁殖器官。子囊盘柄的长度与菌核的入土深度相适应，3～15 mm，有的可达 6～7 cm，子囊盘柄伸出土面为乳白色或肤色小芽，逐渐展开呈杯状或盘状，成熟或衰老的子囊盘成暗红色或淡红褐色。子囊盘中产生很多子囊的侧丝，子囊盘成熟后子囊孢子呈烟雾状弹射，高达 90 cm，子囊无色，棍棒状，内生 8 个无色的子囊孢子。子囊孢子椭圆形，单胞，大小（10～15）μm×（5～10）μm。不产生分生孢子。（2）特性。0～35 ℃菌丝能生长，菌丝生长及菌核形成最适温度 20 ℃，最高 35 ℃，50 ℃经 5 min 致死。（3）寄主。这种病原可以侵染葫芦科、茄科、十字花科、豆科等多种蔬菜。

【病害循环】 病原以菌核遗留在土中或混杂在种子中越冬或越夏。混在种子中的菌核，随播种带病种子进入田间传播蔓延。该病属分生孢子气传病害类型，以气传的分生孢子从寄生的花和衰老叶片侵入，以分生孢子和健株接触进行再侵染。侵入后，长出白色菌丝，开始为害柱头或幼瓜。在田间带菌雄花落在健叶或茎上经菌丝接触，易引起发病，并以这种方式进行重复侵染，直到条件恶化，又形成菌核落入土中或随种株混入种子间越冬或越夏。

【发生规律】 (1) 发病时期。南方 2～4 月份及 11～12 月份适其发病，北方 3～5 月份及 9～10 月份发生多。(2) 气候条件与发病。相对湿度高于 85%，温度在 15～20 ℃利于菌核萌发和菌丝生长、侵入及子囊盘产生。低温、湿度大或多雨的早春或晚秋有利于该病发生和流行。(3) 栽培管理与发病。连年种植葫芦科、茄科及十字花科蔬菜的田块，排水不良的低洼地或偏施氮肥或霜害、冻害条件下发病重。

【防治措施】 (1) 种子消毒。播前用 10%盐水漂种 2～3 次，汰除菌核。(2) 农业防治。与水生作物轮作。夏季把病田灌水浸泡半个月。收获后及时深翻。棚室上午以闷棚提温为主，下午及时放风排湿，发病后可适当提高夜温以减少结露，早春日均温控制在 29 ℃或 31 ℃高温，相对湿度低于 65%可减少发病。防止浇水过量，土壤湿度大时，适当延长浇水间隔期。(3) 化学防治。定植前用 20%甲基立枯磷配成药土耙入土中，每亩用药 0.5 kg 对细土 20 kg 拌匀。发病初期喷 50%扑海因 SC 800～1 000 倍液，或 50%速克灵 WP 1 000 倍液，或 50%农利灵 1 000～1 200 倍液，喷雾水量不能过多，视病情发展每隔 7～10 d 轮换交替，连用 2～3 次。棚室可用 25%速克灵 FU 或 45%百菌清 FU，每亩 250 g，熏 1 夜，隔 7～10 d 熏 1 次，连续或与其他方法交替防治 2～3 次。

西瓜褐色腐败病
Watermelon phytophthora brown rot

【典型症状】 苗期、成株期均可发生。(1) 苗期。为害根茎部，引起根腐。(2) 叶片。病斑先为暗绿色，水渍状，后变软腐败，病叶下垂，不久变为暗褐色，易干枯脆裂。(3) 茎部。病斑暗褐色，纺锤形，水渍状，后茎变细，产生灰白色霉层，引起病部枯死。蔓的先端最易被侵染，引起侧枝增多，在低洼处的蔓尤为明显。(4) 果实。病斑直径 1 cm 左右，圆形，凹陷斑，水渍状，暗绿色，后变成暗褐色至暗赤色，斑面形成白色紧密的绒状菌丝层，别于西瓜疫病(图 13-43，44)。该病扩展迅速，即使很大的西瓜，也会在 2～3 d 腐烂掉。

图 13-43 西瓜褐腐病，幼瓜发病

图 13-44 西瓜褐腐病，成熟瓜发病

【致病病原】 病原为辣椒疫霉 *Phytophthora capsici* Leonian，属鞭毛菌亚门真菌。菌丝无色，无分隔，直径 3.7 μm。游动孢子囊大小 38 μm×17.8 μm，内含大量游动孢子。游动孢子卵形或圆形，直径 4.1 μm。

【病害循环】 病原以卵孢子在病残体上和土壤中越冬，是主要初侵染源。越冬后的病原经雨水飞溅或灌溉水传到茎基部或近地面果实上，引起发病。重复侵染主要来自病部产生的孢子囊，借雨水传播为害。

【发生规律】 田间 25～30 ℃，相对湿度高于 85%发病重。

【防治措施】 (1) 农业防治。施用充分腐熟有机肥，配方施肥，减少化肥施用量。前茬收获后及时翻地。采用营养钵育苗的，移栽时用西瓜重茬剂 300～350 倍液灌穴。(2) 化学防治。棚室栽培，在发病初期每亩用 45%百菌清 FU 200～250 g 分放在棚内 4～5 处，暗火点燃，发烟时闭棚熏 1 夜，隔 7 d 熏 1 次。也可采用粉尘法，常用药剂有 5%百菌清 DPC、10%多百 DPC、10%防霉灵 DPC，每亩 1 kg，于发病初期傍晚用喷粉器喷撒，隔 9～11 d 喷 1 次。发现中心病株后喷 70%乙膦·锰锌 WP 500 倍液，或 72%普力克 AS 800 倍液，或 15%庄园乐 AS 200 倍液，或 30%绿得保 SC 500 倍液，或 72%克露 WP 800～900 倍液，或 18%甲霜胺·锰锌 WP 600 倍液，隔 10 d 左右防治 1 次，连续喷 2～3 次。

西瓜煤污病 Watermelon sooty mold

【典型症状】 为害叶、茎和果实。发病部位初生黑色点状霉，后覆盖一层黑色霉状物(图 13-45，46)。

图 13-45　西瓜煤污病，发病瓜症状

图 13-46　西瓜煤污病，发病叶片症状

【致病病原】 病原为煤污尾孢 *Cercospora fuligena* Roldanl.，属半知菌亚门真菌。

病害循环、发生规律、防治措施参见瓠瓜煤污病。

西瓜化瓜 Watermelon sponge abortion

【典型症状】 有的刚开过花子房就发黄、软化而停止生长发育。有的虽看似已坐住，但仍很快化掉；有的上边长、下边化(图 13-47)。

图 13-47　西瓜化瓜

【发生规律】 西瓜同株异花，在开花期间，若遇连阴雨，必然导致生理代谢不正常及无法授粉受精而坐不住瓜。湿度较大，昼夜温差相对较小，因而迟迟坐不住瓜。施肥过量，营养生长旺盛而不坐瓜。不能及时打药防治蚜虫，造成植株叶片卷缩，或有的用药不合理，杀死蜜蜂等传粉昆虫。浇水早、水量大、次数多，整枝不合理，易化瓜。

【防治措施】 参见西葫芦化瓜。

西瓜日灼病 Watermelon sunscald

【典型症状】 日灼是日光长时间直射果面，造成灼伤，褪绿坏死，变为浅黄白色至灰白色的革质坏死斑。病斑表面失水变薄发硬(图 13-48)。

【发生规律】 主要是因叶片较少，日光长时间直接照射，使表皮组织坏死所致。

【防治措施】 适当加大种植密度，使果实能有叶片遮荫。或用田间杂草盖瓜。

图 13-48　西瓜日灼，果实症状

西瓜畸形果 Watermelon odd-shaped fruit

【典型症状】（1）尖嘴瓜。瓜果的花蒂部位变细，果梗部位膨胀。主要是植株叶片光合机能下降，瓜果膨大时得不到充足养分形成的。坐果过多或坐果较晚，也易产生尖嘴瓜。（2）葫芦（大肚）瓜。瓜果的顶部接近花蒂部位膨大，而靠近果梗部较细，呈葫芦状。主要是由于昆虫活动破坏了正常的受精过程，使种子生长集中于顶部部位，造成瓜顶端膨大(图 13-49)。（3）扁形瓜。瓜的横径大于纵径，使瓜呈扁平状，有肩，果皮增厚。低节位雌花坐瓜或坐瓜期气温较低，易形成扁形瓜(图 13-50)。（4）偏头瓜。表现为果实发育不平衡，一侧发育正常，而另一侧停滞，是授粉不均匀造成的(图 13-51)。

图 13-49　西瓜畸形果，葫芦（大肚）瓜

图 13-50　西瓜畸形果，扁形瓜

图 13-51　西瓜畸形果，偏头瓜

【发生规律】西瓜在花芽分化阶段，养分和水分供应不均衡，影响花芽分化；或者花芽发育时，土壤供应或子房吸收的锰、钙等矿质元素不足；或在干旱条件下坐瓜以及授粉不均匀，均易产生畸形果。

【防治措施】加强苗期管理，避免花芽分化期受低温影响。控制坐瓜部位，在第 2～3 朵雌花留瓜。采取人工辅助授粉，每天早上 7：30～9：30 用刚开放的雄花涂抹雌花，尽量用异株授粉或用多个雄花给 1 朵雌花授粉。授粉量大，涂抹均匀利于瓜形周正。适期追肥，防止生产中脱肥。在 70%的西瓜长到鸡蛋大小时，及时浇膨瓜水，施膨瓜肥、增施磷、钾肥。防止瓜蝇为害。

西瓜裂果 Watermelon fruit cracking

裂瓜是西瓜一种常见的生理性病害，时有发生。

【典型症状】从花蒂处产生龟裂，幼果到成熟均可发生。通常果皮薄的品种和小型品种易发生(图 13-52，53)。

图 13-52　西瓜裂果

图 13-53　西瓜裂果

【发生规律】 土壤极度干旱后浇水，以及高温多雨天均易产生裂果。

【防治措施】 实行深耕，促根系发育，吸收耕作层底部水分，并采取地膜覆盖保湿；果实成熟期禁止大水漫灌，避免水分突然增加。

W 西瓜脐腐果 Watermelon navel rot

脐腐果是西瓜的一种生理病害。

【典型症状】 果实顶部凹陷，变为黑褐色，后期湿度大时，遇腐生霉菌寄生会出现黑色霉状物(图 13-54)。

图 13-54　西瓜脐腐病

【发生规律】 在天气长期干旱的情况下，果实膨大期水分、养分供应失调，叶片与果实争夺养分，引起果实脐部大量失水，使其生长发育受阻；或者由于氮肥过多，导致西瓜吸收钙素受阻，使脐部细胞生理紊乱，失去控制水分的能力；或者施用激素类药物干扰了瓜果的正常发育，均易产生脐腐病。

【防治措施】 瓜田深耕，多施腐熟有机肥，促进保墒。均衡供应肥水。叶面喷施 1% 过磷酸钙，隔 15 d 喷 1 次，连喷 2～3 次。

W 西瓜叶白枯病 Watermelon leaf white dried up

叶白枯病是西瓜的一种生理病害。该病发生普遍。

【典型症状】 西瓜进入果实膨大期至西瓜生长中后期，基部叶片和叶柄的表皮硬化，粗糙，叶片绿色变淡，逆光透视可见叶脉间具浅黄色斑点，后叶肉黄化部位变褐，几天后似出现一层白霜，由于形状和不规则浓淡色差，叶片形成凹凸不平白色斑(图 13-55，56)。

图 13-55　西瓜叶白枯病

图 13-56　西瓜叶白枯病

【发生规律】 西瓜进入生长中后期以后，随体内细胞激素活性降低，出现的一种老化现象。此病与土壤化学性质、土质、灌溉等因素关系不大，但与整枝打杈、侧蔓摘除节位高低有关，一般摘除节位越高越易发病，当根的机能下降，细胞激动素活性下降时，发病重。

【防治措施】 为确保叶数，防止根的机能下降，摘除侧蔓从植株基部起，限制在 10 节以内为宜。对历年发病重的地块，施用充分腐熟有机肥。

西瓜肉质恶变果
Watermelon flesh go bad

肉质恶变果是西瓜的一种生理病害。

【典型症状】 果肉呈水渍状，紫红色至黑褐色，严重时种子四周的果肉变紫溃烂，失去食用价值(图 13-57)。

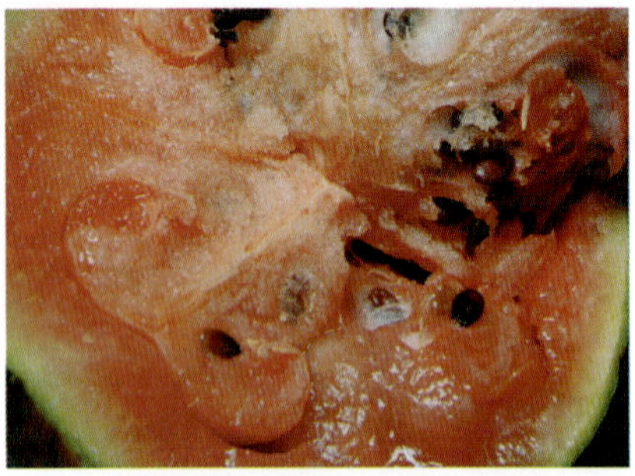

图 13-57　西瓜果肉恶变果

【发生规律】 果实长时间受到高温和阳光照射，引起养分、水分的吸收和运转受阻；持续阴雨天后突然转晴，或土壤忽干忽湿，水分变化剧烈，植株产生生理障碍时发病重。西瓜后期脱肥，植株早衰。出现叶烧病、病毒病的植株易产生肉质恶变果。

【防治措施】 深翻瓜地，多施有机肥，保持土壤良好的通气性。叶面喷施 0.3%磷酸二氢钾，每隔 7～10 d 喷 1 次，连喷 2～3 次，防止植株早衰。夏季高温阳光直射的天气，叶面积不足果实裸露时，可用草苫遮盖果实。

14. 甜瓜病害

甜瓜病毒病 Muskmelon mosaic

病毒病是甜瓜的一种主要病害。各地均有分布，发生普遍，发病率5%～10%，严重时发病率可达20%以上，对甜瓜产量和质量有明显的影响。

【典型症状】 主要有花叶、黄化皱缩及两种复合侵染的混合型。(1) 花叶型。新叶产生褪绿斑点，叶片上出现黄绿镶嵌花斑，叶面凹凸不平(图14-1)。新叶畸形、变小，植株端节间缩短，植株矮化(图14-2)。发病愈早，对产量和品质影响愈大。(2) 黄化皱缩型。新叶狭长，皱缩扭曲，花器不发育，难以坐果，即使坐果也发育不良，易形成畸形果。果实受害时，果实表面形成浓绿色与淡绿色相间的斑驳，并有不规则突起。

图14-1 甜瓜病毒病，花叶型

图14-2 甜瓜病毒病，植株矮化

【致病病原】 病原为西瓜花叶病毒 Watermelon mosaic virus (WMV)、黄瓜花叶病毒 Cucumber green mottle mosaic virus (CMV)、烟草花叶病毒 (TMV)。参见西瓜病毒病。

【病害循环】 这些病毒主要是通过种子、蚜虫、接触等方式传染。

【发生规律】 与瓜类作物邻作，田间管理粗放，蚜虫发生量大发病重。

【防治措施】 (1) 农业防治。间苗时发现病苗及时拔除，以减少毒源。打杈摘顶时要注意防止人为传毒。(2) 化学防治。发病初期开始喷20%病毒宁水溶性粉剂500倍液，或5%菌毒清WP 500倍液，或0.5%抗毒丰AS 300倍液，或20%毒克星WP 500倍液，隔10 d喷1次，连续喷2～3次。及时防治蚜虫。

甜瓜细菌性叶枯病 Muskmelon bacterial leaf spot

细菌性叶枯病是甜瓜的一种普通病害。分布较广，为零星发生，对甜瓜生产影响不大，仅在部分地区发生较重，影响甜瓜的产量和品质。

【典型症状】 全生育期均会发生，主要侵染叶片，有时也为害茎和叶柄。叶片上初现圆形小斑，水浸状褪绿斑，叶背病斑为水渍状小点，扩大呈近圆形或多角形的褐色斑，直径1～2 mm，周围具褪绿晕圈，以后坏死，呈黄色至黄褐色，有的很薄(图14-3，4)。病斑中央半透明，病叶背面不易见到菌脓，别于细菌性角斑病。

图14-3 甜瓜细菌性叶枯病，叶面症状

图 14-4　甜瓜细菌性叶枯病，叶背面症状

【致病病原】 病原为油菜黄单胞菌黄瓜叶斑病致病变种 *Xanthomonas campestris* pv. *cucurbitae* (Bryan) Dye。(1) 形态和大小。菌体两端钝圆，杆状，大小 0.5 μm×1.5 μm，极生鞭毛 1 根。(2) 特性。革兰氏染色阴性。发育适温 25～28 ℃，36 ℃能生长，40 ℃以上不能生长，耐盐临界浓度 3%～4%。对葡萄糖、甘露糖、半乳糖、阿拉伯糖、海藻糖、纤维二糖氧化产酸。不能还原硝酸盐，接触酶和卵磷脂酶阳性，氧化酶和脲酶阴性，水解淀粉和七叶灵，能液化明胶。(3) 寄主。这种病原可以侵染甜瓜、西瓜、黄瓜等瓜类作物。

【病害循环】 病原主要通过种子带菌传播蔓延，在土壤中存活非常有限。

【发生规律】 保护地内平畦沟灌，无地膜覆盖，发病较重。

【防治措施】 (1) 种子消毒。用次氯酸钙 300 倍液浸种 30～60 min，或 40%福尔马林 150 倍液浸种 1.5 h，或用 100 万 U 硫酸链霉素 500 倍液浸种 2 h，冲洗干净后催芽播种。(2) 化学防治。在发病初期喷 72%农用硫酸链霉素 SPX 4000～5 000 倍液，或新植霉素 4 000～5 000 倍液，或 47%加瑞农 WP 800～1 000 倍液，或 12%绿乳铜 EC 600 倍液，或 77%氢氧化铜 WP 500 倍液。

甜瓜大斑病
Muskmelon alternaria leaf blight

大斑病是甜瓜的一种常见病害，发生普遍，重病田叶片焦枯、发紫，提前枯死，严重影响糖分积累，商品性大大降低。

【典型症状】 为害叶片、茎蔓和果实。(1) 叶片。下部老叶先发病，叶片上的病斑近圆形，褐色，有不明显的轮纹，病斑上有稀疏霉层(图 14-5)。(2) 果实。多在日灼或其他病斑上，被为害的瓜果形成褐色、稍凹陷的圆斑，直径 2～16 mm，外有淡褐色的晕环，有时内有轮纹，渐扩大变黑，病斑上有一层黑色霉状物，形成果腐。

图 14-5　甜瓜大斑病，叶片症状

【致病病原】 病原为多格链格孢菌 *Alternaria peponicola* (Ragerhorst) Simmous.，属半知菌亚门真菌。(1) 形态和大小。分生孢子椭圆形，单生，大小(26～53) μm×(4.5～7.5) μm。(2) 特性。菌丝最适生长温度 25～31 ℃。(3) 寄主。这种病原可以侵染甜瓜、黄瓜、丝瓜。人工接种侵染黄瓜、西瓜、籽瓜、金瓜、葫芦、苦瓜等植物。

【病害循环】 病原以菌丝及分生孢子在病叶组织内外越冬，成为第 2 年的初侵染源。

【发生规律】 主要发生在甜瓜生长中后期。病害发生程度与湿度密切相关。开花前浇第 1 水时发病重，而坐瓜后再浇水时则发病轻。

【防治措施】 (1) 种子消毒。用 55 ℃温水浸种 15 min。或用 40%拌种双 200 倍液浸种 24 h，冲洗干净后催芽播种。(2) 农业防治。推迟瓜田浇第 1 水时间。清除病残组织，减少初侵染源。种植蜜露原种、河套蜜瓜等抗性较强的品种。与棉花或麦类作物轮作。棚室栽培甜瓜，应重点调整好棚内温湿度，避免结露，尤其是定植初期，闷棚时间不宜过长，防止棚内湿度过大，温度过高，减缓该病发生蔓延。(3) 化学防治。棚室栽培，于傍晚每亩喷撒 5%百菌清 DPC 1 kg，或于傍晚点燃 45%百菌清 FU 200～250 g，隔 7～9 d 喷 1 次，连续或交替轮换使用。发病初期喷 40%百菌清 SC 500 倍液，或 50%扑海因 WP 1 500 倍液，或 50%腐霉利 WP 1 500～2 000倍液，或 70%代森锰锌干悬粉 500 倍液，或 64%杀毒矾 WP 500 倍液，或 80%新万生 WP 600 倍液，隔 7～10 d 喷 1 次，连续喷 2～3 次。

甜瓜霜霉病 Muskmelon downy mildew

霜霉病是甜瓜的一种主要病害，在各地普遍发生，尤以夏秋露地栽培田块发病较重，轻者严重减产，重者绝收。

【典型症状】 主要为害叶片，自下而上发病。(1) 叶片。病初叶脉间出现淡黄色斑块，不久后叶片背面出现受叶脉限制而形成的多角形黄色病斑，病斑多时叶片向上卷曲，并很快干枯破碎（图 14-6，7）。(2) 瓜蔓。自下而上干枯、死亡。在连续降雨条件下，病斑迅速扩展或汇合成大斑块，有时仅剩下生长点处几片绿叶。该病蔓延极快，能在 8～15 d 内造成全田叶片枯死。果实发育期进入雨季病势扩展迅速。

图 14-6　甜瓜霜霉病，叶面病斑

图 14-7　甜瓜霜霉病，叶背面症状

【致病病原】 病原为古巴假霜霉菌 *Pseudoperonospora cubensis*（Berk. Curt.）Rostov.，属鞭毛菌亚门真菌。(1) 形态和大小。孢囊梗 1～2 枝或 3～4 枝从气孔伸出，长 165～420 μm，多为 240～340 μm，主轴长 105～290 μm，占全长的 2/3～9/10，粗 5～6.5 μm，基部稍膨大，上部呈双状分枝 3～6 次；末枝稍弯曲或直，长 1.7～15 μm，多为 5～11.5 μm。孢子囊淡褐色，椭圆形至卵圆形，具乳突，大小（15～31.5）μm×（11.5～14.5）μm；以游动孢子萌发；卵孢子生在叶片的组织中，球形，淡黄色，壁膜平滑，直径 28～43 μm。(2) 寄主。这种病原可以侵染南瓜、茭瓜、金瓜、佛手瓜、西瓜、甜瓜、香瓜、黄瓜、西葫芦、葫芦、丝瓜和苦瓜等。

【病害循环】 5～6 月份病原在早春大棚甜瓜和黄瓜上繁殖，借空气传播到露地甜瓜上。7～8 月份正值夏秋甜瓜开花坐果期，抵抗力最弱时，迅速感染发病。在空气相对湿度达 80%以上时，病斑上可产生大量病原孢子，传播到健叶上，3～4 d 就可出现新的病斑。

【发生规律】 (1) 气候条件与发病。天气忽冷忽热，雨后空气湿度大及昼夜温差大预示着该病将可能会发生和快速蔓延。尤其是气温在15～25 ℃时正处于结果期的甜瓜，极易遭到假霜霉病原侵袭。(2) 栽培管理与发病。浇水过量，浇水后下雨，地下水位高，株叶密集，甜瓜易发病。

【防治措施】 (1) 农业防治。选用抗霜霉病的品种，如黄河蜜瓜、红肉网纹甜瓜、白雪公主、随州大白甜瓜等。避免与瓜类作物邻作或连作，尤其是不要与黄瓜、菜瓜等连作、邻作或混作。7～8 月份要注意雨前不能浇水，雨后及时清沟排水。合理施肥，以有机肥为主，适当配施氮、磷、钾化肥。合理密植，并及时整枝打杈，防止生长过旺，影响通风透光。每亩用 0.1%尿素加 0.3%磷酸二氢钾混合液 50 kg 喷施，隔 5～6 d 喷 1 次，连喷 3～4 次。(2) 化学防治。发病初期喷 47%加瑞农 WP 700～800 倍液，或 60%琥・乙膦铝 WP 500 倍液，或 70%乙膦・锰锌 WP 500 倍液，或 18%甲霜胺・锰锌 WP 600 倍液，或 64%杀毒矾 WP 400～500 倍液，或 72%克抗灵 WP 800 倍液，或 56%靠山 WG 800 倍液，或 72.2%普力克 AS 600 倍液，或 15%消灭灵 AS 600 倍液，或 69%安克・锰锌 WG 或 WP 1 000 倍液，隔 7～10 d 喷 1 次，连续喷 3～4 次。喷后 4 h 遇雨须补喷。采收前 3 d 停止用药。

甜瓜黑斑病 Muskmelon alternaria spot

黑斑病多发生在甜瓜生长的中、后期，严重影响甜瓜的品质和产量。

【典型症状】 为害叶片，偶尔也为害叶柄。(1) 叶片。发病初期叶片上产生小黄点，褪绿色，后扩展成圆形至椭圆形病斑，病斑褐色，中央灰白色，边缘深褐色至紫褐色，微微隆起，外缘油渍状(图 14-8)。后期中部有稀疏霉层。病斑大小 0.1～0.2 mm，病叶上斑点数目很多。严重时叶片卷曲、枯死，病株呈红褐色。此病在坐瓜后期开始出现，通常在中上部叶片发生。(2) 茎蔓。产生菱形或椭圆形稍有凹陷的病斑。(3) 果实。病斑圆形，褐色，凹陷，常有裂纹，病原可逐渐侵入果肉，造成果实腐烂(图 14-9)。

图 14-8 甜瓜黑斑病，叶片症状

图 14-9 甜瓜黑斑病，果实症状

【致病病原】 病原为瓜链格孢 *Alternaria cucumerina* (Ell. et Ev.) Elliott，属半知菌亚门真菌。(1) 形态和大小。分生孢子梗单生或 3～5 根束生，褐色或顶端色浅，基部细胞稍大，具隔膜1～7 个；分生孢子倒棒状或卵形至椭圆形，褐色，孢身具横隔膜 8～9 个，纵隔膜 0～3 个链生，常分枝，隔膜处缢缩。(2) 特性。该菌 5～40 ℃均可萌发，25～32 ℃萌发率最高，菌丝生长最快。

【病害循环】 (1) 越冬与初侵染源。病原主要以休眠菌丝体、分生孢子在种子和病残体及其他寄主上越冬，成为第 2 年初侵染源。(2) 传播特点。生长期间病部产生的分生孢子，通过风雨、气流、昆虫及农事操作等进行传播，形成反复侵染。

【发生规律】 (1) 气候条件与发病。发病的最适温度为 25～32 ℃，但温度在 10～36 ℃，相对湿度在 80%以上时均有利于病害的发生和蔓延。尤其遇高湿闷热天气，此病最易发生，并造成流行。(2) 栽培管理与发病。土壤瘠薄，生长弱的瓜田，发病重。

【防治措施】 (1) 种子消毒。先用 55 ℃温水浸种 15 min，然后用 40%福尔马林 100 倍液浸种 15～20 min，捞出后用清水洗净，再催芽播种。或用种子量 0.3%的 40%拌种双 WP 拌种。(2) 农业防治。轮作倒茬，深翻改土。采用无土育苗或无菌土育苗方式，培育壮苗。采取高畦宽垄栽培，合理密植，科学整枝，以利于通风透光。加强温湿度调控，既要注意保温防寒，又要注意通风降温，以减轻病害的发生。加强肥水管理。合理施用腐熟的粪肥，增施磷、钾肥及微肥。生长期或收获后应及时清理田园，病残体不能堆放在棚边，要集中深埋或焚烧，以减少病原侵染来源。(3) 化学防治。苗床用 50%WP 多菌灵 8～10 g/m²，与适量细干土混合均匀，取 1/3 撒入苗床或播种沟内，剩余的 2/3 撒于播后的种子上。注意苗床表土要保持湿润，以免发生药害。发病后及时喷 75%百菌清 WP 500 倍液，或 28%灰霉速克 WP 700～800 倍液，或 70%甲基托布津 WP 800 倍液，或 30%绿叶丹 WP 500～1 000 倍液，或 58%甲霜灵·锰锌 WP 500 倍液，或 40%大富丹 WP 400 倍液，或 80%新万生 WP 600 倍液，隔 7～10 d 喷1 次，连续喷 4～5 次。病情严重时，雨后补喷可提高防效。

甜瓜猝倒病 Muskmelon damping-off

猝倒病是甜瓜苗期一种常见病害，种植甜瓜

的地区都有不同程度发生。

【典型症状】 种子在萌发出土前受侵染，可造成烂种、烂芽。苗期露出土表的茎基部呈水浸状，继而绕茎扩展，后呈黄褐色缢缩为线状，常常子叶尚未萎缩，幼苗即贴伏地表，表现为突然猝倒(图 14-10)。湿度大时，病株附近长出白色棉絮状菌丝，有别于立枯病。

图 14-10 甜瓜猝倒病

【致病病原】 病原为德巴利腐霉 *Phthium debar yanum* Hesse 和瓜果腐霉 *P. aphanidermatum* (Eds.) Fitzp.，属鞭毛菌亚门真菌。

【病害循环】 病原在土壤中越冬。适宜条件下侵入植株，并在病残体上产生孢子囊及游动孢子，借雨水或灌溉水传播，侵害果实。

【发生规律】 土温低、高湿利于发病。病原主要分布在表土层内，雨后或湿度大，病原迅速增加。

【防治措施】 参见黄瓜猝倒病。

甜瓜白粉病 Muskmelon powdery mildew

白粉病是甜瓜的一种重要病害。各地均有分布。生长后期发病严重，发病率 30%～100%，产量损失达 20%～30%，而且严重影响产品质量。

【典型症状】 主要侵染植株叶片，其次侵染茎蔓、叶柄。发病初期，叶片上出现细小圆形白色小粉点，后扩大为白色粉斑(图 14-11)，条件适宜时，病斑连成片，使叶片、茎蔓上布满白粉，以后白粉变为灰白色，严重时叶片枯萎卷缩，但不脱落(图 14-12)。

图 14-11 甜瓜白粉病，发病叶片

图 14-12 甜瓜白粉病，后期叶片症状

【致病病原】 病原为单丝壳白粉菌 *Sphaerotheca fuliginea* (Scll.) Poll，属子囊菌亚门真菌。分生孢子梗圆柱形，无色，无分枝，顶端串生分孢子。分生孢子单胞，无色，椭圆形。

【病害循环】 病原以菌丝体或闭囊壳在寄主上或在病残体上越冬。以子囊孢子进行初侵染，后病部产生分生孢子进行再侵染，病害蔓延扩展。

【发生规律】 通常温暖湿闷的天气，施用氮肥过多或肥料不足，植株生长过旺或不良发病重。

【防治措施】 (1) 农业防治。及时整枝打杈，保持田间通风透光，增施磷、钾肥。开花坐果前保持适中的土壤湿度，结果前期、中期保持土壤中有充足的水分。收获后注意清洁田园，将病残体集中烧毁。(2) 化学防治。发病初期及时喷 20%三唑酮 EC 2 000 倍液，或 40%氟硅唑 EC 8 000 倍液，或 12.5%腈菌唑 EC 800～1 000 倍液，或 12.5%烯唑醇 WP 600～800 倍液。喷药时，叶正面、背面都必须均匀着药，否则很大程度上会影响防治效果，隔 5～7 d 喷 1 次，共用药 2～3 次。

甜瓜炭疽病 Muskmelon anthracnose

炭疽病为甜瓜的一种普通病害，分布较广，病株率10%～30%，严重时达80%以上，在一定程度上影响甜瓜生产。

【典型症状】 (1) 叶片。叶片出现许多近圆形病斑，黄褐色，后为黑褐色病斑。病斑上面有许多小黑点，破裂后成为孔洞，潮湿时产生粉红色黏液，严重时叶片枯死(图14-13)。(2) 茎和叶柄。病斑长圆形，稍凹陷。幼苗发病，子叶上产生半圆形黄褐色病斑，茎基缢缩，引起倒伏。(3) 果实。发病果实病部凹陷开裂，湿度大时溢出粉红色黏稠物(图14-14)。幼瓜畸形或脱落。

图 14-13　甜瓜炭疽病，叶片症状

图 14-14　甜瓜炭疽病，果实症状

【致病病原】 病原为葫芦科刺盘孢 *Colletotrichum orbiculare* (Berk. & Mont.) Arx.，属半知菌亚门真菌。分生孢子盘初为埋生，红褐色，后突破表皮。呈黑褐色。分生孢子梗圆筒状，无色，单胞，大小(20～25) μm×(2.5～3.0) μm。分生孢子单胞，无色，长圆形，大小(14～20) μm×(5.0～6.0) μm。萌发产生芽管1～2根，顶端生附着胞，附着胞暗色，近圆形。

【病害循环】 (1) 越冬与初侵染源。病原主要以菌丝或拟菌核随病残体在土壤中越冬，菌丝也可在种子上越冬。第2年产生大量分生孢子，从甜瓜植株的伤口和表皮进入体内，引起发病。(2) 传播特点。借雨水或地面流水传播。

【发生规律】 发病最适温度23 ℃左右，湿度90%左右。氮肥过量，植株过密，保护地不及时放风，露地遇风，都会促进发病。

【防治措施】 (1) 种子处理。播种前用50 ℃温水浸种20 min，经清水冷却后，晾干直播或催芽播种。(2) 农业防治。实行3年轮作，并用无菌土进行营养钵育苗。定植施足底肥，增施磷、钾肥。露地盖膜栽培，保护地适时放风。注意平整土地，防止积水，雨后及时排水，合理密植，及时清除田间杂草。(3) 化学防治。在发病初期喷50%多菌灵WP 500倍液，或50%甲基托布津WP 500倍液，或50%炭疽福美WP 500倍液，或65%代森锌WP 500倍液，或50%多菌灵WP 800倍液加75%百菌清WP 800倍液，或2%农抗120AS 200倍液，25%咪鲜胺EC 1 200～1 500倍液，防治效果好，隔7～10 d喷1次，连续喷2～3次。棚室栽培可采用烟雾法或粉尘法。

甜瓜疫病 Muskmelon stem and fruit rot

疫病是甜瓜的一种重要土传性病害。高温、高湿容易发病，特别是在雨后病害来势凶猛，短短几天内瓜秧全部萎蔫死亡，一旦发病就难以控制。

【典型症状】 主要为害茎蔓及嫩茎节，成株期受害重。(1) 茎蔓。发病的茎基部呈暗绿色水浸状，渐渐缢缩软腐，呈暗褐色。病部叶片萎蔫，不久全株萎蔫枯死，病株维管束不变色。(2) 叶片。叶片受害产生圆形或不规则形水渍状大病斑(图14-15，16)，发展速度快，边缘不明显(图14-17)。干燥时呈青枯，叶脆易破裂。(3) 果实。瓜部受害软腐凹陷，潮湿时病部表面长出稀疏的白色霉状物。

图 14-15　甜瓜疫病，初期叶面症状

图 14-16　甜瓜疫病，叶片背面症状

图 14-17　甜瓜疫病，后期叶面症状

【致病病原】 病原为疫霉 *Phytophthora melonis* Katsura.，属鞭毛菌亚门真菌。(1) 形态和大小。孢子囊下部圆形，大小(43～69) μm×(19～36) μm。藏卵器近球形，无色，直径 18～31 μm；卵孢子淡黄色，球形，直径 16～28 μm。(2) 特性。生育适温 28～32 ℃，最高 37 ℃，最低 9 ℃。(3) 寄主。这种病原可以侵染甜瓜、苦瓜、甜菜、马铃薯、番茄、西瓜、黄瓜、葫芦、南瓜等葫芦科及茄科作物。

【病害循环】 (1) 越冬与初侵染源。病原以菌丝体、卵孢子等随病残体在土壤或粪肥中越冬成为第 2 年主要初侵染源，种子也能带菌，但带菌率较低。条件适宜孢子萌发长出芽管，直接穿透表皮侵入体内。(2) 传播特点。在田间靠风雨、灌溉水及肥料、农具等传播。

【发生规律】 (1) 气候条件与发病。当旬平均气温为 23 ℃开始发病，在适温范围内，高湿(相对湿度 85%以上)是本病流行的决定因素。气温高的年份病害重。进入雨季开始发病，遇有大暴雨迅速扩展蔓延，造成流行。(2) 栽培管理与发病。连年栽种瓜类作物的田块发病重。施用带病残物或未腐熟的厩肥容易发病。追肥伤根者，发病重。生产上与瓜类作物连作，采用平畦栽培易发病，长期大水漫灌，浇水次数多，水量大发病重。

【防治措施】 (1) 种子消毒。播种前种子用 25%瑞毒霉 1 000 倍液浸种 24 h。(2) 农业防治。实行水旱轮作，与不同科的作物轮作，选用 5 年未种过葫芦科、茄科作物的地块，以及沙壤土新荒地种植。高畦栽培，清沟排水，降低田间水位；采用地膜覆盖，也有较好的防病效果；植株生长前期和发病初期要严格控制灌水，中午高温时不要浇水，严禁串灌，防止田间积水。增施磷、钾肥，适当控制氮肥。尽量使瓜坐在垄上或高畦的畦面上。发现病株立即拔除，并撒生石灰消毒；收获完毕后要及时清除田间残留物。(3) 化学防治。出现中心病株后，灌根或喷施 25%瑞毒霉 WP 800～1 000 倍液，或 72%霜脲·锰锌 WP 800 倍液，或 72%克霜氰 WP 800～1 000 倍液，或 18%甲霜胺·锰锌 WP 600 倍液，或 70%乙膦·锰锌 WP 500 倍液，隔 5～7 d 灌 1 次，连续喷 3～4 次。采收前 3 d 停止用药。

甜瓜枯萎病 Muskmelon fusarium wilt

枯萎病是甜瓜的一种重要病害。各地均有分布，保护地中发生严重。发病率 3%～5%，严重时发病株可达到 30%以上，明显影响产量。

【典型症状】 发病初期叶片从老叶向前端逐渐萎蔫似缺水状，中午尤为明显，早晚恢复，3～6 d 后整株叶片枯萎下垂，不能复原，最后全株枯死(图 14-18)。植株茎蔓基部缢缩，有的病部出现褐色病斑或琥珀色胶状物(图 14-19)。病根变褐腐烂，茎基部纵裂，病茎纵切面上维管束变褐(图 14-20)。湿度大时病部表面生出粉红色霉状物。

图 14-18　甜瓜枯萎病，植株枯死

图 14-19　甜瓜枯萎病，茎蔓基部症状

图 14-20　甜瓜枯萎病，茎基部维管束变褐

【致病病原】 病原为尖镰孢菌甜瓜专化型 *Fusarium oxysporum*（Schl.）f. sp. *melonis*（Leach et Currence）Snyder et Hansen，属半知菌亚门真菌。有报道尖镰孢菌丝瓜专化型 *F. oxysporum* f. sp. luffae（Kawai）Suzuki et Kawai.，也为害甜瓜引起枯萎病。(1) 形态和大小。大型分生孢子梭形或刀型，无色透明。小型分生孢子无色，椭圆形，大小(7.5～20.0) μm×(2.5～5.0) μm。(2) 特性。病原发育和侵染适温 24～25 ℃，最高 34 ℃；最低 4 ℃。(3) 寄主。这种病原可以侵染甜瓜、香瓜、黄瓜。

【病害循环】 病原主要以菌丝体和厚垣孢子或菌核在未腐熟的有机肥或土壤中越冬。从根毛顶端细胞间或根部伤口侵入。

【发生规律】 (1) 气候条件与发病。日照少，连阴雨天，降雨量大，发病较重。(2) 栽培管理与发病。土壤黏重，地势低，排水不良，管理粗放地，发病较重。氮肥过量，磷、钾肥不足，施用未腐熟的带菌有机肥，或土壤中含钙量高，黄守瓜及地下害虫为害重，易诱发此病。

【防治措施】 (1) 种子消毒。种子可用 40%福尔马林 150 倍液浸种 30 min，捞出后用清水冲洗干净再催芽播种；或用 50%甲基托布津浸种 30～40 min；或用种子重量 0.2%～0.3%的 40%拌种双 DP 拌种。(2) 农业防治。与非瓜类作物进行5 年以上轮作。施用充分腐熟的堆肥。酸性土壤施用消石灰，把土壤 pH 调到中性。(3) 化学防治。采用营养钵育苗，移栽时用西瓜重茬剂 300～350 倍液灌穴，每穴 0.5 kg，每亩用药 1 kg。枯萎病一定要早防早治，结瓜后发病前或发病初期灌根。对直播的在播种和甜瓜 5～6 片真叶时分别灌双多 SC 600～700 倍液，每穴灌对好的药液0.5 kg，每亩用药 1 kg，分 2 次使用。

甜瓜蔓枯病
Muskmelon gummy stem blight

甜瓜蔓枯病又称黑腐病，是甜瓜的一种主要病害。各地都有发生。病株率 5%～8%，重病地块病株达 25%以上，显著影响甜瓜生产。

【典型症状】 主要为害茎蔓基部、茎节处以及叶柄。(1) 茎蔓。病蔓开始在近节部呈淡黄色。油浸状斑，稍凹陷，病斑椭圆形至梭形，病部龟裂，并分泌黄褐色胶状物(图 14-21)，干燥后呈红褐色或黑色块状(图 14-22，23)。生产后期病部逐渐干枯，凹陷，呈灰白色，表面散生黑色小点，即分生孢子器及子囊壳(图 14-24)。(2) 叶片。叶片上病斑黑褐色，圆形或不规则形，其上有不明显的同心纶纹，叶缘病斑上有小黑点，病叶干枯呈星状破裂(图 14-25)。(3) 果实。果实上初期生水渍状病斑，后期病斑中央变褐枯死，呈星状开裂，引起瓜腐烂(图 14-26)。

图 14-21 甜瓜蔓枯病，茎部油浸状斑

图 14-22 甜瓜蔓枯病，红褐色胶状物

图 14-23 甜瓜蔓枯病，枯死株

图 14-24 甜瓜蔓枯病，后期病部呈灰白色

图 14-25 甜瓜蔓枯病，病叶

图 14-26 甜瓜蔓枯病，病果

【致病病原】 病原为泻根亚隔孢壳 *Didymella bryoniae*（Auersw.）Rehm.，属子囊菌亚门真菌。(1) 形态和大小。分生孢子器球形，褐色，埋生，大小 95～137.5 μm。分生孢子梗无色，单胞，大小(7.5～15.5) μm×(2.5～4) μm。张艳苓对甜瓜蔓枯病原的培养表明，PDA 培养基病原气生菌丝边缘稀疏，为灰白色，中间稠密，为灰黑色；基内菌丝灰黑色，呈放射状，不形成黑色小点（分生孢子器）。(2) 特性。在 KCl＋甜瓜茎叶煎汁琼脂平板皿和玉米粉琼脂平板皿上，菌丝生长均很旺盛，菌落平坦、薄，气生菌丝稀疏，由灰白色转青灰色，基内菌丝为蓝黑色，呈放射状。(3) 寄主。这种病原可以侵染甜瓜、西葫芦、西瓜、籽瓜等葫芦科植物。

【病害循环】 病原以分生孢子及子囊壳随病残体在土壤中越冬。第 2 年经风雨传播，病原由茎蔓的节间、叶片和叶缘的水孔及伤口侵入。

【发生规律】 病原生长温度 5～35 ℃，适宜温度 20～30 ℃，当棚内相对湿度高于 85%，温度在 18～25 ℃时适宜发病。高温、高湿、通风不良的情况下，容易发生蔓枯病。在厚皮甜瓜开花至膨大期发生，可使植株早衰，严重影响瓜的品质和产量。阴天潮湿或整枝过迟造成伤口，往往引起蔓枯病流行。

【防治措施】 (1) 种子消毒。可用 52～55 ℃温水浸种 20～30 min 后催芽播种。或用 40%福尔马林 150 倍液浸种 30 min，捞出后用清水冲洗干净再催芽播种。或用 50%甲基托布津 WP 浸种 30～40 min。或用种子重量 0.2%～0.3%的 50%WP 多菌灵拌种。(2) 农业防治。合理轮作倒茬，有条件的地区实行 2～3 年与非瓜类作物轮作。深翻改土，培育壮苗。收获后应彻底清理田园，集中焚烧。采取高畦宽垄栽培，合理密植与科学整枝，以利于通风透光，并且要严格掌握晴天整枝，避免伤口侵染。最大限度地降低棚内空气湿度，缩短茎叶表面结露时间。把握好科学浇水，做到小水勤灌，切忌大水漫灌，浇后加强通风换气，减少棚内湿度，避免病害流行。施用充分腐熟的有机肥，适当增施磷肥和钾肥，生长中后期注意适时追肥，避免脱肥。(3) 化学防治。发病后要及时喷 50%扑海因 WP 800～1 000 倍液，或 10%世高 WG 6 000 倍液，或 77%氢氧化铜 WP 500～800 倍液，或 70%甲基托布津 700～800 倍液，或 20%利克菌 WP 1 000 倍液，或 40%氟硅唑 EC 8 000 倍液，隔 8～10 d 喷 1 次，共喷 2～3 次。棚室栽培时可喷撒 5%防黑霉 DPC，每亩用药 1 kg。或用 75%百菌清 WP 50 倍液涂抹茎蔓上的病斑。发病初期还可以在根颈部或全株喷洒 24.9%待克利 EC 3 000 倍液，隔 8～10 d 喷1 次，连续喷 2～3 次。采收前 4 d 停止用药。

甜瓜瓜笄霉果腐病 Muskmelon fruit rot

【典型症状】 为害花和幼瓜。花器枯萎，湿度大时呈湿腐状(图 14-27)，上生一层白霉，梗端着生头状黑色孢子。扩展后蔓延到幼果，引起果腐(图 14-28)。

图 14-27 甜瓜瓜笄霉果腐病，花器枯萎

图 14-28 甜瓜瓜笄霉果腐病，果腐

【致病病原】 病原为瓜笄霉 *Choanephora cucurbitarum* (Berk. et Rav.) Thaxt.，属接合菌亚门真菌。

【病害循环】 (1) 越冬与初侵染源。病原主要以菌丝体随病残体或产生接合孢子留在土壤中越冬。第 2 年春天侵染瓜类作物的花和幼瓜，发病后病部长出大量孢子，从伤口侵入生活力衰弱的花和果实。(2) 传播特点。病原借风雨或昆虫传播。

【发生规律】 棚室栽培遇有高温高湿或低温、高湿条件，日照不足，雨后积水，伤口多易发病。

【防治措施】 (1) 农业防治。选择地势高燥地块，增施有机肥，增强抗病力。与非瓜类作物实行 3 年以上轮作。采用高畦栽培，合理密植，注意通风，雨后及时排水，严禁大水漫灌。坐果后及时摘除残花病瓜，集中深埋或烧毁。(2) 化学防治。开花至幼果期开始喷 64%杀毒矾 WP 400～500 倍液，或 50%苯菌灵 WP 1 500 倍液，或 75%百菌清 WP 600 倍液，或 68%精甲霜灵·锰锌 WG 300 倍液，或 60%防霉宝 WP 800 倍液，隔 10 d 喷 1 次，连续喷 2～3 次。

甜瓜红粉病 Muskmelon pink mold rot

红粉病为甜瓜的一种普通病害。分布较广。通常零星发生，严重时病瓜率可达 10%左右，明显影响甜瓜生产。

【典型症状】 主要为害叶片和果实。(1) 叶片。由下向上发生，在叶片上产生圆形、椭圆形或者不规则形状的浅黄褐色病斑，病健部界限明显，病斑直径 2～50 mm，病斑处变薄，后期容易破裂(图 14-29)。从单株发病情况看，下部叶片病斑大，呈椭圆形或不规则形，病斑边缘呈浅黄褐色，中部灰白色，易破裂，常常两个或几个病斑连在一起；中部叶片病斑较小，病斑数量较多，病斑呈圆形或椭圆形，浅黄褐色；上部叶片病斑呈圆形，小且少。高湿时间长时，病斑部出现浅橙色霉状物。发生严重时，可造成叶片大量枯死，引起化瓜。病斑上不产生黑色小颗粒，可与炭疽病和蔓枯病相区别。(2) 果实。初现褐色大型水浸状斑，湿度大时长出茂密的白色棉絮状霉，后变为浅粉红色绒状霉，病果腐烂，无法食用(图14-30)。病斑上不产生黑色小颗粒，可与炭疽病和蔓枯病相区别。

图 14-29　甜瓜红粉病，病叶

图 14-30　甜瓜红粉病，病果

【致病病原】 病原为粉红单端孢菌 *Trichothecium roseum* (Bull.) Link.，属半知菌亚门真菌。特征特性参见番茄红粉病。

【病害循环】 (1) 越冬与初侵染源。病原以菌丝体随病残体留在土壤中越冬。当条件适宜时以分生孢子传播到叶片上，由伤口侵入。(2) 传播特点。病原借风雨或灌溉水传播蔓延。

【发生规律】 气温 25～30 ℃，相对湿度高于85%时，易发病。春季棚室中温度高，光照不足，通风不良，易发病。

【防治措施】 (1) 农业防治。合理密植，及时整枝、绑蔓，注意通风透光。适当控制浇水，及时放风，降低棚室湿度，抑制发病。(2) 化学防治。发病后要及时喷 80%炭疽福美 WP 800 倍液，或 50%苯菌灵 WP 1 500 倍液，或 64%杀毒矾 WP 500～600 倍液，或 10%世高 WG 1 000～1 500 倍液，隔 5～7 d喷 1 次，连续喷 3 次。采收前 3 d 停止用药。在高温多雨季节用 50%多菌灵 WP 500～600 倍液喷雾预防。

甜瓜镰刀菌果腐病
Muskmelon fusarium fruit rot

甜瓜镰刀菌果腐病又称镰孢霉红粉病，是甜瓜的一种普通病害。局部地区零星发生，对甜瓜品质有一定的影响，对甜瓜储存有严重影响。

【典型症状】 多在甜瓜生长后期发生。主要为害半成熟和成熟果实，严重时亦为害茎蔓和叶柄。(1) 果实。发病初期出现褐色至深褐色水浸状病斑，病斑的大小 1.5～3 cm，深约 1.5 cm(图 14-31)。病情扩展后内部开始腐烂，病组织白色或玫瑰色，以后变褐坏死，组织腐烂，湿度大或住储运中，病部长出白色至粉红色霉(图 14-32)。(2) 茎蔓和叶柄。染病亦呈水渍状坏死腐烂，病部产生粉红色霉层。

图 14-31　甜瓜镰刀菌果腐病，病果初期症状

图 14-32　甜瓜镰刀菌果腐病，病果后期症状

【致病病原】 病原为粉红镰孢 *Fusarium roseum* Link. Snyder et Hansen 和尖镰孢 *F. oxysporum*

Schlecht.，均属半知菌亚门真菌。粉红镰孢大型分生孢子镰刀形，两端细削，橙红色。尖镰孢大型分生孢子梭形或镰刀形，无色，两端渐尖削，具隔膜，3个，大小(19～46) μm×(3～5) μm；小型分生孢子卵形，无色，具一隔膜，大小（13～24）μm×(2.5～4) μm。

【病害循环】 病原随病残体在土壤中越冬。果实与土壤接触，遇有适宜发病条件即可引起发病。

【发生规律】 高温多雨季节或湿度大发病重。一般夏季多雨或保护地内浇水过大易发病。植株下部或近地面瓜易受侵染，尤其具有生理裂口或生长势极度衰弱的瓜果最易发病。

【防治措施】 (1) 农业防治。施用充分腐熟的有机肥，采用地膜覆盖和高畦栽培。多雨季节要注意雨后及时排水，适当控制浇水，地表湿度大时要把瓜垫起来，避免与土壤直接接触。加强田间管理，防止果实产生人为或机械伤口，发现病果及时采摘深埋。(2) 化学防治。发病后喷50%苯菌灵 WP 1 500 倍液，或 60%防霉宝 WP 800～1 000 倍液，或 36%甲基托布津 SC 500～600 倍液，或 40%多硫 SC 500 倍液，或 40%百菌清 SC 500 倍液，或 47%加瑞农 WP 700～800 倍液，隔 10 d 喷 1 次，连续喷 2～3 次。

甜瓜煤污病 Muskmelon sooty mold

【典型症状】 为害叶、茎和果实。发病部位初生黑色点状霉，后覆盖一层黑色霉状物（图 14-33，34）。

图 14-33 甜瓜煤污病，叶片症状

图 14-34 甜瓜煤污病，蔓和果实症状

【致病病原】 病原为煤污尾孢 *Cercospora fuligena* Roldanl.，属半知菌亚门真菌。

病害循环、发生规律、防治措施参见瓠瓜煤污病。

（三）豆荚类蔬菜病害

15. 菜豆病害

菜豆病毒病 Bean mosaic

病毒病是菜豆的一种重要病害，发病严重时会直接影响菜豆结荚，导致产量降低。以秋季露地栽培的蔓生菜豆发生为害严重。

【典型症状】 幼苗至成株期均可发病。因种植的菜豆品种、受侵染植株的生长情况、侵染的病毒种类、环境条件等的不同，病毒病在田间表现出不同的受害症状。（1）叶片。幼叶先发病，表现为叶脉褪绿（图 15-1）、叶片不均匀褪绿（图 15-2）、叶面凹凸不平、叶皱缩、叶片边缘向下弯曲（图 15-3）等，严重时叶片扭曲畸形。（2）豆荚。植株结荚少，荚果小，病荚有时覆盖深绿色的斑点，成熟期比健荚推迟（图 15-4）。（3）植株。矮缩，生长点坏死，开花迟缓，落花严重。

图 15-1　菜豆病毒病，叶脉褪绿

图 15-2　菜豆病毒病，花叶症状

图 15-3　菜豆病毒病，皱缩症状

图 15-4　菜豆病毒病，豆荚皱缩症状

【致病病原】 病原主要有3种，即菜豆普通花叶病毒 Bean common mosaic virus（BCMV）、菜豆黄花叶病毒 Bean yellow mosaic virus（BYMV）和黄瓜花叶病毒菜豆株系 Cucumber mosaic virus phaseoli（CMVP）。单一侵染或混合侵染。（1）形态和大小。菜豆普通花叶病毒粒子呈弯曲线状，长700～770 nm，宽12～15 nm，螺旋对称。（2）特性。稀释限点100～100 000倍，钝化温度50～60 ℃，体外存活期3～6 d。（3）寄主。这种病原自然条件下可以侵染多种菜豆属的植物，据统计能侵染9个科44个属的100多种植物。

【病害循环】 播种带病毒种子长出的幼苗，条件适宜时即可发病。病毒在田间的传播途径多样，可通过机械接种传毒，也可由蚜虫以非持久性方式传毒，还可以通过种子和花粉传毒。（1）菜豆普通花叶病毒。马铃薯病毒属的一种病毒，病毒粒子可以在菜豆种子中长时间存活，主要靠种子传毒，也可通过桃蚜、蚕豆蚜、菜缢管蚜、棉蚜及豆蚜等传毒，若蚜和无翅蚜比有翅蚜传毒率高，传毒蚜虫越多，造成的为害越大。（2）菜豆黄花叶病毒。马铃薯病毒属的一种，主要借助蚜虫和汁液传毒，种子不带毒。（3）黄瓜花叶病毒菜豆株系。黄瓜花叶病毒属的一种，主要借助蚜虫和汁液传毒，也可通过种子传毒，但传毒效率不高。

【发生规律】 （1）气候条件与发病。该病受环境条件影响；26 ℃以上高温，多表现重型花叶、矮化或卷叶，18 ℃显症轻，只表现轻微花叶，20～25 ℃利于显症，光照时间长或强度大，症状尤为明显。（2）栽培管理与发病。土壤中缺肥、菜株生长期干旱发病重。

【防治措施】 （1）种子处理。播种前用10%磷酸三钠溶液浸种20 min，药剂消毒后要用清水冲净种子，以免影响种子发芽率。若播种了带毒种子，出苗后应及时拔除病株。（2）农业防治。在田间最好不要大面积连片种植同一菜豆品种，防止病毒病相互传染。栽培地宜深耕，以消灭田间的次生苗。适时播种，尽量使菜豆最易受害的幼苗期避开蚜虫发生的高峰期。喷灌法可以抑制有翅蚜的活动。施足底肥、培育壮苗，可以提高菜豆植株对病毒的抵抗能力。尽量减少农事操作时病毒的接触传播；及时清除田间地头的杂草。（3）化学防治。结合苗期根外追肥用药，常用药剂有毒克星、NS-82增抗剂、植病灵、菌毒清等，每10 d左右喷1次，连续防治3～4次。植株感病后，最好将抗病毒剂与磷、钾肥等结合施用，可提高植株的抗病力。

参考文献

车海彦，续卫利. 菜豆花叶病发生原因及综合防治[J]. 西北园艺，2006(1)：32-33

菜豆细菌性疫病
Bean bacterial blight

菜豆细菌性疫病又名火烧病、火疫病，是菜豆的一种常见病害。各地均有发生，局部地区发生严重。轻者减产10%～20%，发病重时减产40%左右，严重影响了菜豆的产量和品质。

【典型症状】 主要为害叶片、茎蔓、豆荚和种子。（1）幼苗。病苗出土后子叶呈红褐色溃疡状，在着生小叶的节上及第2片叶柄基部产生水浸状斑，扩大后为红褐色，病斑绕茎扩展，幼苗即折断干枯。（2）叶片。病叶多从叶尖或叶缘开始，初呈暗绿色油渍状小斑点，后扩大为不规则形（图15-5，6），病部干枯变褐，半透明，周围有黄色晕圈（图15-7）。病部常溢出淡黄色菌脓，干后呈白色或黄白色菌膜。重者叶上病斑很多，常引起全叶枯凋，但暂不脱落，经风吹雨打后，病叶碎裂。高温高湿环境下，部分病叶迅速萎凋变黑。（3）茎蔓。病斑呈红褐色溃疡状条斑，中央稍凹陷，当病斑围茎蔓一周时，其上部茎叶萎蔫枯死（图15-8）。（4）豆荚。豆荚上的病斑呈圆形或不规则形，红褐色，后为褐色，病斑中央稍凹陷，常有淡黄色菌脓，病重时全荚皱缩（图15-9）。（5）种子。种子发病时表面上出现黄色或黑色凹陷小斑点，种脐部常有淡黄色菌脓溢出。

图15-5 菜豆细菌性疫病，雨天叶片发病症状

图 15-6　菜豆细菌性疫病，雨天叶片从中部发病症状

图 15-7　菜豆细菌性疫病，叶片发病症状

图 15-8　菜豆细菌性疫病，植株发病症状

图 15-9　菜豆细菌性疫病，豆荚发病症状

【致病病原】 病原为野油菜黄单胞菌菜豆疫病致病型 *Xanthomonas campestris* pv. *phaseoli* (E. F. Smith) Dye.，属细菌。(1) 形态和大小。短杆状，极生鞭毛 1 根，大小 (0.3～0.8) μm×(0.5～3.0) μm，有荚膜。(2) 特性。革兰氏染色阴性，发育适温 30 ℃，最适 pH 7.3。(3) 寄主。这种病原可以侵染菜豆、豇豆、扁豆、小豆、绿豆等多种植物。

【病害循环】 (1) 越冬与初侵染源。病原主要在种子内部或附在种子外表越冬。病原在种子内能存活 2～3 年。播种带菌的种子，幼苗长出后即会发病。病原经植株的气孔、水孔和伤口侵入。(2) 传播特点。病原侵染子叶和幼茎后能产生菌脓，经风雨及昆虫传播。

【发生规律】 高温多雨，尤其是暴风雨容易引起病害的发生和流行；多雾和露重天气发病也较重。叶片上有水滴是发病的重要条件。经常大水漫灌，肥力不足，偏施氮肥，植株徒长，生长势弱，田间杂草丛生，均易引起发病。保护地通风不良，温度高，湿度大易发病。蚜虫、红蜘蛛和茶黄螨等发生严重的田块，发病重。

【防治措施】 (1) 种子消毒。播种前种子用 45 ℃恒温水浸种 10 min。用种子重量的 0.3%的 50%福美双或敌克松原粉拌种，或用 72%硫酸链霉素 SC 500 倍液浸种 24 h。(2) 农业防治。选用抗病品种，蔓生种较矮生种抗病；从无病的植株上选留种子；与非豆科蔬菜实行 2～3 年轮作；及时除草，合理施肥和浇水；拉秧后应清除病残体，集中烧毁或深埋；采取高垄地膜栽培，提高早春地温，增加土壤通透性，定植到结荚前，以保根壮秧为主，增加植株的抗病力。(3) 化学防治。对旧支架用前要放在 50%代森铵 1 000 倍液中进行消毒处理。在菜豆苗期、甩蔓至结荚期及时拔除弱苗、病苗，并用药预防 2～3 次；齐苗后要重点对发病中心株及周围植株进行防治，可用1∶1∶200 倍式波尔多液，或 14%络氨铜 AS 300 倍液，或 50%琥胶肥酸铜或 77%氢氧化铜微粒 WP 500 倍液。发病前或发病初期喷 14%络氨铜 AS 300 倍液，或 77%氢氧化铜 WP 500 倍液，或 72%农用硫酸链霉素 SPX 3 000～4 000 倍液，或新植霉素 4 000 倍液，隔 7～10 d 喷 1 次，连续喷 2～3 次。及时防治蚜虫、红蜘蛛和茶黄螨等刺吸式害虫。

参考文献

张艳秋，刘伟. 菜豆细菌性疫病的发生规律与综合防治[J]. 植物医生，2005，18(1)：12-13

菜豆细菌性晕疫病
Bean bacterial halo-blight

细菌性晕疫病是菜豆的一种危险性病害。广

泛分布于矮生菜豆种植的地区，北方地区发生较多。

【典型症状】 (1) 叶片。上部叶片或新生叶先发病，病斑较小，初期为水渍状（图 15-10），后逐渐变褐色并坏死，病斑周围有宽的黄色褪绿晕圈（图 15-11）。叶片发病表现为叶脉坏死，易穿孔或皱缩。该病为系统侵染，可引起花叶和叶片畸形。(2) 茎部。病斑亦为水渍状，有时有菌脓渗出，可引起茎的环状剥皮或萎蔫。(3) 果荚。在豆荚上，尤其在豆荚的果缝处，病斑通常表现为类似脂点的暗绿色斑点，被侵染豆荚的种子会皱缩，白籽品种的种皮上有奶黄色的斑块。

图 15-10　菜豆细菌性晕疫病，初期症状

图 15-11　菜豆细菌性晕疫病，中后期症状

【致病病原】 病原为丁香假单胞杆菌菜豆晕疫病致病型 *Pseudomonas syringae* pv. *phaseolicola* (Burkh.) Young, Dye & Wilkie.，属细菌。(1) 形态和大小。菌体杆状，大小为（1.2～30）$\mu m \times 0.5\ \mu m$，具1～3根极生鞭毛。(2) 特性。革兰氏阴性。明胶液化缓慢，不水解淀粉，不还原硝酸盐，尿酶阴性，在蛋白胨水中不形成二氧化硫。可以从葡萄糖、阿拉伯糖、蔗糖、甘露醇中产酸，不能从乳糖、棉子糖、卫矛醇产酸。(3) 寄主。这种病原可以侵染扁豆、赤豆、木豆、多花菜豆、月豆、菜豆、豌豆、葛、野葛、绿豆、斑豆、大豆等豆科植物。

【病害循环】 主要通过种子传播。有报道种子带菌率 0.02%，就可造成该病流行。生长期内该病主要通过气孔或机械伤口侵入，有时能造成系统侵染。

【发生规律】 冷凉、潮湿地区易发病。在16～20 ℃较低温度下，潜育期 2～3 d 后，出现典型症状。在 28～32 ℃高温条件下，潜育期长达6～10 d，病状轻微，晕圈消失，但寄主内病原数量较多。

【防治措施】 (1) 检疫。严格检疫，防止种子带菌传播蔓延。(2) 农业防治。菜豆不同品种具明显抗性差异，应选育种植抗病品种。(3) 化学防治。发病初期喷 72%农用硫酸链霉素 SPX 4 000倍液，或 50%琥胶肥酸铜 WP 500 倍液，或 77%氢氧化铜 WP 500～600 倍液，隔 7～10 d 喷 1 次，连续喷 1 或 2 次。

参考文献

[1] 魏亚东. 菜豆晕疫病[J]. 天津农林科技，1994(5)：30-31
[2] 王淑秋，葛泉卿. 菜豆晕疫病原的分离与鉴定[J]. 山东农业科学，1997(1)：41-42

菜豆细菌性叶斑病
Bean bacterial leaf spot

菜豆细菌性叶斑病又称细菌性褐斑病，是菜豆的一种常见病害。

【典型症状】 主要为害叶片，也为害其他部位。(1) 叶片。叶片染病，初现黄绿色水渍状小斑，逐渐扩大成多角形至不规则黄色至浅褐色斑，最后变成红褐色或黑褐色，边缘具有明显黄色晕环，病斑背面常溢出白色菌脓（图 15-12）。数个病斑相互汇合成枯死大斑块，常破裂穿孔（图 15-13）。有时沿叶脉产生无数小斑，天气干燥抑制其发展。(2) 茎和叶柄。病斑长条形，初水渍状，后呈黑褐色。(3) 荚。病斑初呈水渍状，后变成红褐色至黑褐色不正形，多集中在豆荚合缝处。荚上的斑较叶斑小些。(4) 种子。病斑不规则形，褐色。空气潮湿时，病斑上均溢出白色细菌黏液，成灰色或褐色薄膜覆在病斑上。

图 15-12　菜豆细菌性叶斑病，病叶症状

图 15-13　菜豆细菌性叶斑病，病叶症状

【致病病原】 病原为丁香假单胞菌丁香致病变种 *Pseudomonas syringae* pv. *syringaevan* Hall.，属细菌。4 ℃以上能生长，超过 41 ℃不能生长，生长最适温度 25～28 ℃。

【病害循环】 病原可在种子及病残体上越冬。借风雨、灌溉水传播蔓延。

【发生规律】 苗期至结荚期阴雨或降雨天气多，雨后易见此病发生和蔓延。

【防治措施】 (1) 农业防治。建立无病留种田，选用无病种子。加强田间管理。(2) 化学防治。发病初期喷 14%络氨铜 AS 350 倍液，或 30%碱式硫酸铜 JG 400 倍液，或 72%农用硫酸链霉素 SPX 3 000 倍液，或新植霉素 4 000～5 000 倍液，隔 7～10 d 喷 1 次，连续喷 2～3 次。采收前 4 d 停止用药。

菜豆红斑病
Bean cercospora leaf spot

【典型症状】 (1) 叶片。病斑近圆形，大小 3～10 mm，红色或红褐色，背面密生灰色霉层（图 15-14）。有时受叶脉限制形成不规则形病斑（图 15-15）。(2) 豆荚。病斑红褐色，较大，中心为黑褐色，后期着生灰黑色霉层（图 15-16）。

图 15-14　菜豆红斑病，病叶初期

图 15-15　菜豆红斑病，叶部后期病斑

图 15-16　菜豆红斑病，荚部病斑

【致病病原】 病原为变灰尾孢菌 *Cercospora canescens* Ell. et Mart.，属半知菌亚门真菌。分生孢子梗丝状，橄榄色，2～28 根束生。分生孢子线状，近无色，顶端渐细而略尖锐。

【病害循环】 病原以菌丝体和分生孢子在种子或病残体中越冬，成为第 2 年的初侵染源。生长季节先侵染叶片，病部产生病原进行多次再侵染。

【发生规律】 高温高湿有利于发病和流行。秋季多雨的连作地发病最重。

【防治措施】 (1) 种子消毒。播前用 55 ℃温水浸种 10 min 消毒。(2) 农业防治。采收结束后，及时销毁病残体。有条件的地方，最好实行轮作倒茬栽培。(3) 化学防治。发病初期喷 50%多霉・威 WP 1 000～1 500 倍液，或 75%百菌清 WP 600 倍液，或 50%混杀硫 SC 500～600 倍液，或

14%络氨铜 AS 300 倍液，或 1∶1∶200 倍式波尔多液，或 30%碱式硫酸铜 SC 400 倍液，隔 7～10 d 喷 1 次，连续喷 2～3 次。

菜豆轮纹病 Bean zonate spot

菜豆轮纹病又称褐斑病、叶煤病、褐纹病，是菜豆的一种常见病害。

【典型症状】 主要为害叶片。病斑近圆形至不规则形，直径 3～11 mm，颜色为绿褐色至黄褐色，边缘分明，病斑上生有明显轮纹，中央赤褐色至灰褐色，边缘色略深（图 15-17）。湿度大时叶背病斑上产生灰色霉层，即病原分生孢子梗和分生孢子（图 15-18）。

图 15-17 菜豆轮纹病，叶片上的病斑

图 15-18 菜豆轮纹病，叶片上的病斑破裂

【致病病原】 病原为小豆壳二孢菌 *Ascochyta phaseolorum* Sacc.，属半知菌亚门真菌。分生孢子梗近无色至淡褐色，直或波纹状，偶尔分枝，具 0～4 个隔膜，顶端圆锥形。分生孢子器黑褐色，球形，直径 100～200 μm。分生孢子无色，椭圆形，双胞，分隔处稍缢缩，大小（7～10）μm×（3～4）μm。

【病害循环】 病原以菌丝体和分生孢子器在病部或病残体上越冬或越夏。以分生孢子借助雨水溅射传播，进行初侵染和再侵染。

【发生规律】 生长季节天气温暖高湿，植株间过密、湿度大，均利于该病发生。偏施氮肥植株长势过旺，肥料不足植株长势衰弱，使植株抗病力下降，发病重。

【防治措施】 （1）农业防治。及时收集病残体，带出田外烧毁。（2）化学防治。发病初期，及早喷药防治。常用农药有 75%百菌清 WP 1 000倍液，或 40%多·硫 SC 500 倍液，或 50%复方硫菌灵 800 倍液，隔 10 d 喷 1 次，连续喷 2～3 次。

菜豆黑斑病 Bean leaf spot

菜豆黑斑病是菜豆的一种常见病害。各地均有发生。多发生在生长后期，对生产无明显影响，严重时可使部分叶片坏死，轻度影响生产。

【典型症状】 主要为害叶片。病斑为圆形或近圆形，直径 2～6 mm，褐色，微有同心轮纹，病斑上生有细微的黑色霉点（图 15-19，20）。发病叶上有多个病斑。由链格孢菌引起的病害发病从叶尖或叶缘开始，产生褐色不规则形叶斑，后期病斑表面长出微细黑色霉层（图 15-21）。

图 15-19 菜豆黑斑病，发病叶片症状

图 15-20 菜豆黑斑病，发病叶片症状

图 15-21　菜豆（链格孢）黑斑病，病叶症状

【致病病原】 病原为芸薹链格孢菜豆变种 *Alternaria brassicae*（Berk.）Sacc. var. *phaseoli* Brun.、簇生链格孢菌 *A. fasciculata*（Cooke et Ell.）Jones et Grout、链格孢菌 *A. tenuissima*（Fr.）Wiltsh，均属半知菌亚门真菌。(1) 形态和大小。链格孢菌分生孢子梗暗褐色、弯曲，具隔膜 1～7 个，大小（25～89）μm×（3.5～5）μm；分生孢子 2～4 个串生，卵形至纺锤形或倒棒状，暗褐色，具横隔 1～6 个，纵隔 0～5 个，壁光滑或具小圆瘤。(2) 寄主。这种病原可以侵染菜豆、大豆、芹菜、甘蓝、莴苣、萝卜等多种作物。

【病害循环】 病原以菌丝体和分生孢子丛在病部或病残体中越冬。病原以分生孢子借助气流或雨水溅射传播，进行初侵染和再侵染。

【发生规律】 温暖多湿易发病。种植过密，利于该病发生和蔓延。

【防治措施】 (1) 种子消毒。播种前种子用 75%百菌清 WP 1 000 倍液浸种 2 h，冲洗干净后催芽播种；或 50%扑海因 WP 1 000 倍液浸种 2 h，冲洗干净后催芽播种。(2) 农业防治。清沟沥水，合理密植。大棚栽培要通风，降低棚内湿度。生长季节结束，病残物要收集烧毁。(3) 化学防治。发病后喷效果较差。发病前喷 80%新万生 WP 600 倍液，或 50%扑海因 WP 1 000倍液，或 75%百菌清 WP 600 倍液，或 50%腐霉利 WP 1 500 倍液，或 58%甲霜灵·锰锌 WP 500 倍液，或 64%杀毒矾 WP 500 倍液，或 40%大富丹 WP 400 倍液，或 50%得益 WP 600 倍，隔7～10 d 喷 1 次，连续喷 3～4 次。

菜豆斑点病
Bean phyllosticta leaf spot

【典型症状】 主要为害叶片。病斑圆形，大小 5～20 mm，病斑边缘褐色，中部淡褐至灰褐色，具有轮纹，潮湿时生有小黑点（图 15-22，23）。

图 15-22　菜豆斑点病，发病初期病叶症状

图 15-23　菜豆斑点病，发病后期病叶症状

【致病病原】 病原为豆类叶点霉菌 *Phyllosticta phaseolina* Sacc. 和赭斑叶点霉 *P. noackiana* *Allesch.*，均属半知菌亚门真菌。

【病害循环】 病原以菌丝体和分生孢子器随病残体遗落土中越冬。南方周年种植菜豆地区，病原辗转传播为害，无明显越冬期。条件适宜时进行初侵染和再侵染。病原以分生孢子借雨水溅射传播蔓延。

【发生规律】 温暖多湿季节易发病。植地低洼，株间郁闭，利于发病。

【防治措施】 (1) 农业防治。注意清沟排渍，改善植株间通透性。做好田间卫生，及时清除初发病叶，减少菌源。(2) 化学防治。发病初期及时喷 40%多·硫 SC 500 倍液，或 70%甲基托布津 WP 600～700 倍液，或 50%复方硫菌灵 WP 1 000 倍液，或 77%氢氧化铜 WP 600 倍液，隔 10 d 喷 1 次，连续喷 3～4 次。

菜豆褐斑病
Bean cercospora leaf spot

菜豆褐斑病又称叶煤病、褐纹病、污煤病，

是菜豆的一种严重病害。造成叶片干枯脱落，影响植株结荚，使产量损失严重。

【典型症状】 主要为害叶片。病斑为圆形至不规则形，直径 4～10 mm，绿褐色至黄褐色或锈褐色至血红色，边缘清晰，病斑上生有明显轮纹，中央赤褐色至灰褐色，边缘色略深，湿度大时病斑背面有灰色霉层（图 15-24）。

图 15-24　菜豆褐斑病

【致病病原】 病原为菜豆假尾孢菌 *Pseudocercospora cruenta*（Sacc.）Deighton.，属半知菌亚门真菌。有性态为豆类煤污球腔菌 *Mycosphaerella cruenta*（Sacc.）Lath.，属子囊菌亚门真菌。子实层多生在叶背，灰褐色至榄褐色，分生孢子梗近无色至淡榄褐色，直或波纹状，偶尔分枝，具 0～4 个隔膜，顶端圆锥形，大小（10～75）μm×（2.5～5）μm；分生孢子无色至淡榄褐色，倒棍棒形或圆筒形，具 4～14 个隔膜，大小（25～150）μm×（2～5）μm。

【病害循环】 病原主要以菌丝块随病残体越冬。温暖湿润的地区病原辗转传播蔓延。病原靠气流传播，从植株表皮侵入，引起初侵染。病部不断产生病原，经风雨传播进行再侵染。

【发生规律】 高温多雨季节易发病。连作栽植，种植过密，偏施氮肥等，均易引起发病。

【防治措施】（1）农业防治。收获后及时清除病残体，集中深埋或烧毁。施用充分腐熟的有机肥。防止大水漫灌，雨后及时排水。合理密植，保持通风良好。（2）化学防治。发病初期喷 50%多·霉威 WP 1 000 倍液，或 75%百菌清 WP 600 倍液，或 75%百菌清 WP 1 000 倍液加 70%甲基托布津 WP 1 000 倍液，或 50%复方硫菌灵 800 倍液，或 50%苯菌灵 WP 1 500 倍液，或 40%多·硫 SC 500 倍液，隔 10 d 喷 1 次，连续喷 2～3 次。棚室用百菌清 FU 熏治。采收前 7 d 停止用药。

菜豆角斑病
Bean angular leaf spot

【典型症状】 为害叶片，产生小且受叶脉限制的多角形病斑，病斑初期为淡褐色或灰色，后期呈暗褐色（图 15-25）。病斑常在花期及结荚期出现，病斑可互相愈合造成叶片黄化、落叶（图 15-26）。豆荚亦可被感染产生大型褐色斑点（图 15-27）。

图 15-25　菜豆角斑病，叶片发病初期

图 15-26　菜豆角斑病，叶片发病后期

图 15-27　菜豆角斑病，豆荚病斑

【致病病原】 病原为灰拟棒束孢 *Isariopsis griseola* Sacc.，属半知菌亚门真菌。分生孢子梗无色，不分枝，直立，顶端钝圆，大小（68.6～134.75）μm×（2.7～4.4）μm。分生孢子圆筒形，倒棍棒形，顶部略细，无色，隔膜 0～5 个，大小（26.95～66.15）μm×（4.9～7.35）μm。

【病害循环】 病原以菌丝块或分生孢子在种

子上越冬，成为第 2 年初侵染源。生长季为害叶片，并产生分生孢子进行再侵染，扩大为害，秋季为害豆荚，并潜伏在种子上越冬。

【发生规律】 秋季发生重。

【防治措施】 (1) 种子消毒。用 45 ℃温水浸种 10 min，进行种子消毒，然后再播种。(2) 农业防治。发病重的地块收获后深耕，有条件地方进行轮作。(3) 化学防治。发病初期喷 77%氢氧化铜 WP 500 倍液，或 64%杀毒矾 WP 500 倍液，或 60%琥·乙膦铝 WP 500 倍液，隔 7～10 d 喷 1 次，连续喷 1～2 次。

菜豆炭疽病 Bean anthracnose

炭疽病是菜豆的一种常见病害。各地均有分布。影响菜豆的产量和质量，在运输和储藏期间可继续为害。

【典型症状】 幼苗期即开始发病，为害叶片、茎蔓及豆荚。(1) 子叶。子叶受害后出现红褐色近圆形病斑。(2) 叶片。叶片发病从叶背开始，发病初期叶脉初呈红褐色，之后渐成为黑褐色，并扩展为多角形网状斑（图 15-28）。(3) 叶柄。叶柄发病呈褐锈色细条形斑，全叶萎蔫（图 15-29）。(4) 茎部。茎部发病形成条状锈色斑，凹陷并龟裂，常使幼苗茎折断（图 15-30）。(5) 豆荚。豆荚发病时产生褐色小点，渐扩大为长圆形病斑，中心凹陷，黑褐色，边缘为粉红色，数个病斑能汇合为大病斑（图 15-31）；潮湿时病斑常产生粉红色黏稠物。(6) 种子。种子上的病斑为黑褐色或红褐色及黄褐色，形状不规则，大小不确定，种子容易腐烂。

图 15-28 菜豆炭疽病，叶片发病症状

图 15-29 菜豆炭疽病，叶柄发病症状

图 15-30 菜豆炭疽病，茎部发病症状

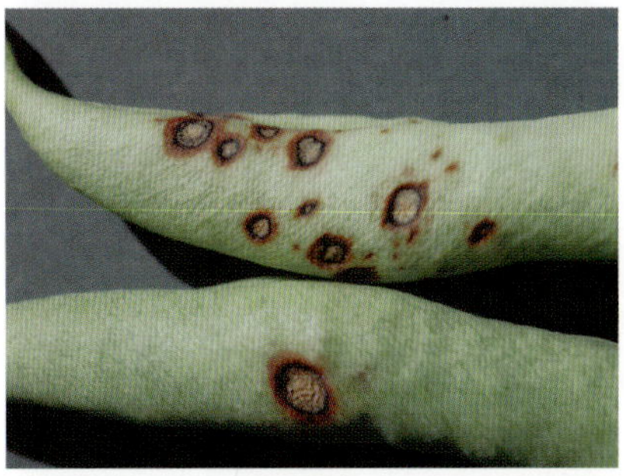

图 15-31 菜豆炭疽病，豆荚发病症状

【致病病原】 病原无性态为菜豆炭疽菌 *Colletotrichum lindemuthianum* (Sacc. et Magn.) Br. et Cav.，属半知菌亚门真菌。(1) 形态和大小。分生孢子盘黑色，埋生于表皮下，后突破表皮外露，圆形或近圆形。盘上散生黑色刺状刚毛。分生孢子梗密集，短小，单胞，无色。分生孢子圆形或卵圆形，单胞，无色，两端较圆，孢子内含 1～2 个近透明的油滴。(2) 特性。生长发育适温 21～23 ℃，最高 30 ℃，最低 6 ℃。(3) 寄主。这种病原可以侵染菜豆、扁豆、豇豆、蚕豆、绿豆等。

【病害循环】 病原以潜伏在种子内和附在种子上的菌丝体越冬，也可在病残体内越冬。带菌种子播种后会引起幼苗发病，发病幼苗上产生的病原借助雨水、昆虫等传播到植株上，并从表皮侵入形成初侵染，病原经4～7 d潜育后出现发病症状，病株上的病原可以形成再侵染。在大田中病原靠风雨、昆虫传播蔓延。

【发生规律】 (1) 气候条件与发病。病原在温度17 ℃左右，湿度近100%的条件下最易传播。当温度高于27 ℃，相对湿度低于92%时则很少发生。温凉多雨季节发病重。(2) 栽培管理与发病。地势低洼窝风，种植过密的田块，容易发病。

【防治措施】 (1) 种子消毒。播前用45 ℃温水烫种10 min后，洗净晾干再播种。或用种子重量0.4%的50%WP多菌灵，或0.4%的50%WP福美双拌种。或用40%多·硫SC 600倍液，或60%多菌灵超微粉600倍液浸种30 min，洗净晾干后播种。(2) 农业防治。与十字花科、百合科、茄科、伞形花科蔬菜实行2～3年的轮作，或与非豆科粮食作物轮作2年。深翻土壤，施入充分腐熟的有机肥，增施磷、钾肥。清沟沥水，高畦栽培，防止大水漫灌。棚室栽培要加强通风，降低湿度。发病后要及时摘除病叶病荚。(3) 化学防治。棚室栽培时对旧架材要用50%代森铵AS 800倍液进行消毒。在花期或在发病初期喷生物农药2%农抗120AS 200倍液，隔5 d喷1次，共喷3～4次。或喷施75%百菌清WP 600倍液，或70%甲基托布津WP 500倍液，或30%绿叶丹WP 800倍液，或80%炭疽福美WP 800倍液，隔7～10 d喷1次，连续喷2～3次。棚室栽培还可以发病初期于傍晚每亩喷施8%克炭灵DP 1kg。

菜豆锈病 Bean rust

锈病是菜豆的一种主要病害。各地均有分布，发生普遍。发病猛，传播快。发病率可达到100%，为害严重。

【典型症状】 主要侵害叶片，严重时茎蔓、叶柄及豆荚均可发病。病初叶上生黄绿色或灰白色小斑点，随后凸起，变成黄褐色小疱（图15-32）。扩大病斑后，表皮破裂，散出红色粉末（夏孢子）（图15-33，34）。发病后期夏孢子堆转变为黑色的冬孢子堆（图15-35）。发病叶片会变形早落。

图15-32　菜豆锈病，叶片初期症状

图15-33　菜豆锈病，叶片中后期症状

图15-34　菜豆锈病，夏孢子堆

图15-35　菜豆锈病，冬孢子堆

【致病病原】 病原为疣顶单胞锈菌 *Uromyces appendiculatus* (Pers.) Ung.，属担子菌亚门真菌。夏孢子椭圆形，浅黄色，单胞，表面有稀疏微刺，有1～3个芽孔，大小(20～30) μm×(17.5～22.5) μm。冬孢子长圆形，褐色，单胞，表面光滑，大小(26.3～35.5) μm×(20～25.75) μm。

【病害循环】 (1) 越冬与初侵染源。寒冷地区病原以冬孢子随病残体越冬。温暖地区可以夏孢子越冬。南方病原主要以夏孢子越季，成为本病的初侵染源，一年四季辗转传播蔓延。病原萌发后从植株的表皮和气孔侵入。(2) 传播特点。田间主要通过气流传播，人畜、工具的接触能传播。

【发生规律】 (1) 发病时期。华南地区在任何种植季节都能发生，其中以 4～7 月份发生最重；华北地区 7～8 月份为发病盛期。北方该病主要发生在夏秋两季，尤其是叶面结露及叶面上的水滴是锈菌孢子萌发和侵入的先决条件。(2) 气候条件与发病。菜豆进入开花结荚期，气温 20 ℃左右，高湿、昼夜温差大及结露持续时间长，易流行。低洼地，排水不良，种植过密，通风不畅的地块，发病重。

【防治措施】 (1) 农业防治。选用抗病品种，合理轮作，实行高垄栽培，合理密植，清理田园病残体并集中深埋或烧毁，调整播期避过重发病期。(2) 化学防治。发病初期病斑未破裂前即应当进行防治，药剂有选用 50%萎锈灵 800～1 000 倍液，或 50%多菌灵 WP 800～1 000 倍液，或 40%多·硫 SC 400～500 倍液，或 15%粉锈宁 EC 1 000 倍液，或 2%武夷霉素 AS 150～200 倍液，或 75%百菌清 WP 600 倍液，或 70%代森锰锌 400 倍液，或 80%新万生 WP 500 倍液，或 40%氟硅唑（新星）EC 8 000～10 000 倍，每隔 7～10 d 喷药一次，连喷 2～3 次即可。

菜豆灰霉病 Bean gray mold

灰霉病是菜豆的一种常见病害，是保护地栽培中的一种重要病害。各地均有分布，发生普遍。

【典型症状】 主要为害茎蔓、叶片、花和豆荚。(1) 苗期。子叶水渍状下垂，边缘产生白色霉层。(2) 叶片。往往是发病的花落到叶片上，引起发病。病斑较大，湿腐，有轮纹斑，病斑上生有灰色霉层（图 15-36），后期易破裂（图 15-37）。(3) 根茎。保护地栽培根茎处产生云纹斑，病斑边缘深褐色，中间淡棕色到浅黄色（图 15-38）；湿度大时，上生有灰色毛霉层。有的病原从茎蔓分枝处侵入，使分枝呈水渍状凹陷，甚至萎蔫（图 15-39）。(4) 豆荚。败落的花先受到侵染，后扩展到豆荚，病斑初淡褐至褐色后软腐，表面生灰霉（图 15-40）。

图 15-36 菜豆灰霉病，发病叶片

图 15-37 菜豆灰霉病，发病叶片开裂

图 15-38 菜豆灰霉病，根茎处云纹斑

图 15-39 菜豆灰霉病，细茎和老茎发病症状

图 15-40 菜豆灰霉病，发病豆荚症状

【致病病原】 病原为灰葡萄孢菌 *Botrytis cinerea* Pers.，属半知菌亚门真菌。(1) 形态和大小。分生孢子聚生，无色，单胞，大小 (3.2～12.8) μm× (3.2～9.6) μm。孢子梗浅棕色，多隔，大小 (896～1 088) μm× (16～20.8) μm。(2) 特性。生长温限 4～32 ℃，最适温度 13～21 ℃。(3) 寄主。这种病原可以侵染番茄、辣椒、菜豆等多种蔬菜。

【病害循环】 (1) 越冬与初侵染源。病原以菌丝、菌核或分生孢子越夏或越冬。可以在病残体中营腐生生活，不断产出致病孢子侵染植株。条件不适时病原以菌核在田间较长时间存活。当条件适宜时，菌核长出菌丝直接侵入或产生孢子，借雨水溅射传播为害。(2) 传播特点。病原可随病残体、水流、气流、农具及衣物传播。

【发生规律】 该病为低温高湿型病害，在气温 20 ℃、相对湿度 95% 以上，发病重。重茬栽培，保护地通风不良，浇水过多易发病。病果、病叶以及败落的病花落在健部即可发病。

【防治措施】 (1) 农业防治。与十字花科、百合科蔬菜或大田农作物实行 2～3 年轮作。用无病原的新苗床或大田育苗，培育无病壮苗。保护地栽培，要控制好温度和湿度。早晨要先放风，降低湿度，然后闭棚增温，下午放风降低湿度，把湿度降到 75% 以下，防止夜晚叶片结露。应在晴天早上浇水，浇后立即闭棚，使温度升到 30～35 ℃，再通风降湿。发现病株、病叶、病荚，及时清除，带出田外深埋或烧毁。(2) 化学防治。发病前或发病初期，可喷施生物农药 2% 农抗 BO-10 200 倍液，隔 4～5 d 喷 1 次，连续喷 3～4 次。保护地栽培，在发病初期每亩用 3.3% 特克多（噻菌灵）FU 250 g，傍晚进行密闭烟熏，隔 7 d 熏 1 次，共熏治 3～4 次。露地栽培，可在发病初期喷药防治，药剂可选用 45% 特克多 SC 600 倍液，或 50% 腐霉利 WP 1 000～1 500 倍液，或 50% 多霉灵 WP 900 倍液，隔 7 d 喷 1 次，连续喷 3～4 次。

菜豆白粉病 Bean powdery mildew

【典型症状】 主要为害叶片，也可为害茎、荚。叶片受害，先在叶片上产生近圆形粉状白霉（图 15-41），后汇合成粉状斑，严重时布满全叶，致叶片枯死或脱落。茎荚受害，茎干缩、枯黄，荚也干缩变小。最后病斑上出现小黑点，即闭囊壳。

图 15-41 菜豆白粉病，发病叶片

【致病病原】 病原为菜豆单囊壳 *Sphaerotheca astragali* Junell var. *phaseoli* Z. Y. Zhao，属子囊菌门真菌。

【病害循环】 (1) 越冬与初侵染源。病原以闭囊壳在土表病残体上越冬。翌春条件适宜时产生子囊孢子进行初侵染。(2) 传播特点。发病后病部产生分生孢子，靠气流传播，进行再侵染。

【发生规律】 潮湿、多雨或田间积水，植株生长茂密易发病。干旱少雨植株往往生长不良，抗病力弱，分生孢子仍可萌发侵入，尤其是干、湿交替利于该病扩展，发病重。保护地日暖夜凉温差大，湿度高，易结露，易发病。

【防治措施】 (1) 农业防治。选用抗白粉病品种。收获后及时清除病残体，集中深埋或烧毁。(2) 化学防治。发病初期开始，喷洒 2% 武夷菌素 200 倍液，或 10% 施宝灵 JG 1 000 倍液，或 20% 三唑酮 EC 2 000 倍液，或 6% 乐必耕 WP 1 000～1 500 倍液，或 12.5% 烯唑醇 WP 2 000～2 500 倍液，或 40% 氟硅唑 EC 9 000 倍液。采收前 7 d 停止用药。

菜豆菌核病
Bean sclerotinia rot

菌核病是菜豆的一种普通病害。各地均有分布。主要发生在保护地或南方露地菜豆上。是老菜区和保护地菜豆的主要病害。

【典型症状】 为害茎、叶片和豆荚（图15-42，43）。多始于近地面茎基部或第1分枝处，发病部位初呈水渍状，后逐渐变为灰白色，皮层组织发干崩裂，呈纤维状。叶片发病初期呈水浸状，渐长生白色毛状物，湿度大时在茎的病组织中腔内生鼠粪状黑色菌核，病部白色菌丝生长旺盛时也长黑色菌核（图15-44）。

图15-42 菜豆菌核病，植株发病症状

图15-43 菜豆菌核病，豆荚发病症状

图15-44 菜豆菌核病，病株上产生菌核

【致病病原】 病原为核盘菌 *Sclerotinia sclerotiorum*（Lib.）de Bary，属子囊菌亚门真菌。(1) 形态和大小。菌核初为白色，老熟后变黑色鼠粪状，由菌丝体扭集在一起形成。子囊盘浅褐色，盘状或扁平状。子囊盘柄的长度3～15 mm，伸出土面为乳白色，渐展开呈杯状。子囊盘成熟后子囊孢子呈烟雾状弹射。子囊棍棒状，无色，内生子囊孢子8个。子囊孢子单胞，无色，椭圆形，大小（10～15）μm×（5～10）μm。(2) 特性。菌丝生长及菌核形成最适温度20 ℃，最高35 ℃。(3) 寄主。这种病原可以侵染菜豆、十字花科、葫芦科、茄果科以及芹菜、莴苣等多种蔬菜。

【病害循环】 病原以菌核在土壤中、病残体上或混在堆肥及种子中越冬。菌核在潮湿土壤中菌核只存活1年，土壤长期积水时菌核只能存活1个月，而在干燥土壤中能存活3年多以上。越冬菌核在适宜条件下萌发，菌核萌发时先产生小突起，约经5 d伸出土面形成子囊盘，开盘经4～7 d放射孢子，随风传播。病株上的菌丝具较强的侵染力，成为再侵染源扩大传播。发病在开花后发生，病原先在衰老的花上取得营养后才能侵染健部。

【发生规律】 较冷凉潮湿条件下发生，适宜温度5～20 ℃，最适温度为15 ℃。菌核萌发要求高湿及冷凉的条件，萌发后形成的子囊需要有连续10 d的水分供应，才能正常生长。

【防治措施】 (1) 种子消毒。当种子中混有菌核及病残体时，在播种前用10%盐水浸种，洗去菌核和病残体后，再用清水冲洗播种。(2) 农业防治。有条件的地方可与禾本科作物轮作，最好是水旱轮作。收获后深耕，把菌核埋在土表3 cm以下的土层中，能遏制菌核的萌发。在子囊盘出土盛期中耕，后灌水覆地膜闭棚升温，利用高温杀死部分菌核。勤松土、除草，摘除老叶及病残体。避免偏施氮肥，增施磷、钾肥。棚室栽培要控制好湿度，通过控湿、保温、通风等生态防治措施，达到防病目的。(3) 化学防治。播种前3周，用40%福尔马林25～30 mL/m²，加水2～4 L处理土壤，用塑料膜覆盖4～5 d后晾2周后再播种。开花后喷施50%农利灵WP 1 000倍液，或50%扑海因WP 1 000～1 500倍液，或50%腐霉利WP 1 500～2 000倍液，隔10～15 d喷1次，连续喷3～4次。重点喷淋花器和老叶。

参考文献

刘春艳,王勇,郝永娟,等.保护地菜豆菌核病病原鉴定及其生物学特性[J].植物保护科学,2007,23(12):316-319

菜豆白绢病 Bean southern blight

白绢病是菜豆的一种普通病害。主要分布在高温、多雨、湿度大的地区。

【典型症状】 主要为害茎基部和豆荚，发病时在茎基部或豆荚上先出现辐射状扩展的白色绢丝状菌丝体（图 15-45），后在病部上形成菜籽状褐色菌核，引起豆荚湿腐（图 15-46）。茎基部皮层变褐腐烂，最后植株萎蔫死亡。

图 15-45　菜豆白绢病，茎下部产生白色菌丝

图 15-46　菜豆白绢病，发病后期病部产生小菌核

【致病病原】 病原为齐整小核菌 *Sclerotium rolfsii* Sacc，属半知菌亚门真菌。(1) 形态和大小。菌丝体白色，疏松或集结成束状，辐射状扩展，后产生菌核。菌核椭圆形，直径 0.5～3 mm，初为白色，后变为褐色或茶褐色。(2) 寄主。这种病原可以侵染菜豆、豇豆等豆科蔬菜，以及瓜类、茄果类蔬菜。

【病害循环】 (1) 越冬与初侵染源。病原以菌核或菌丝遗留在土中或病残体上越冬。菌核抗逆性强，耐低温，在－10 ℃的条件下或通过家畜消化道后尚可存活，自然条件下经 5～6 年仍具萌发力。菌核萌发后产生菌丝，从根部或近地表茎基部侵入，形成中心病株。(2) 传播特点。病部表面生白色绢丝状菌丝体及圆形小菌核，再向四周扩散。田间病原主要通过雨水、灌溉水、肥料及农事操作等传播蔓延。

【发生规律】 土壤湿度大，栽植过密，行间通风透光不良，施用未充分腐熟的有机肥及连作地发病重。

【防治措施】 (1) 农业防治。发病重的地块，应与禾本科作物实行轮作，有条件的地方最好是水旱轮作。深翻土地，把病原翻到土壤下层。及时拔除发病株，并在病穴中撒入石灰消毒。施用充分腐熟的有机肥，适当追施硫酸铵、硝酸钙，可以减少发病。结合整地，施入消石灰，使土壤呈中性至微碱性。(2) 化学防治。发病初期喷施 50%混杀硫 SC 500 倍液，或 36%甲基托布津 SC 500 倍液，或 20%三唑酮 EC 2 000 倍液，隔 7～10 d 喷施 1 次。或用 20%利克菌 EC 800 倍液灌穴或淋施 1～2 次，间隔期 15～20 d。

菜豆腐霉病 Bean pythium rot

【典型症状】 主要为害植株茎基部和根部。发病初期在近地面处茎部出现无色至暗褐色湿腐（图 15-47），严重的植株萎蔫或枯死（图 15-48）。剖开病茎，茎内中空呈管状，别于茎基腐病。

【致病病原】 病原为终极腐霉菌 *Pythium ultimum* Trow.，菌丝生长适温 32 ℃，最高 36～40 ℃，最低 4 ℃。

【病害循环】 病原随病残体在土壤中越冬，可营腐生生活。条件适宜时病原借雨水或灌溉水传播到幼苗上，从茎基部侵入，潜育期 1～2 d。湿度大时，病苗上的病原扩散后进行再侵染。

图 15-47 菜豆腐霉病，茎部产生深色水渍病症

图 15-48 菜豆腐霉病，茎部枯死

【发生规律】 当苗床温度低，幼苗生长缓慢，再遇高湿，光照不足，幼苗生长衰弱，则发病重。育苗期如遇寒流侵袭，不注意放风则会加剧猝倒病的发生。当幼苗皮层木栓化后，真叶长出，则逐步进入抗病阶段。

【防治措施】 (1) 农业防治。苗床应避风向阳，排水顺畅，便于调节床土温度，有利于采光。选用耐低温弱光、早熟品种。育苗床必要时更新床土，施用充分腐熟的有机肥。(2) 化学防治。在播种前 15～20 d，苗床用 40%的拌种灵 DP 和 50%福美双 DP 按 1∶1 比例混合，取药 8 g/m^2 混入 40 kg 细干土中，拌成药土。播种前先浇透底水，待水渗下后，取 1/3 拌好的药土撒在床面上，然后再把催好芽的种子播好，最后把余下的 2/3 药土覆盖在种子上。发现病苗立即拔除，并及时喷 69%安克·锰锌 WP 1 000 倍液，或 58%甲霜灵·锰锌 WP 800 倍液，或 72.2%普力克 AS 400 倍液。

菜豆根霉软腐病
Bean rhizopus soft rot

菜豆根霉软腐病又称腐烂病，是菜豆的一种常见病害。

【典型症状】 主要为害豆荚和荚柄。发病多始于残花与荚柄结合处，初现水渍状褪绿斑，随病情逐渐向两端扩展，变成褐色斑块（图 15-49）。湿度大或植株生长势弱时，病害扩展很快，引起果荚、荚柄甚至茎成湿腐状，后期病部长出灰色霉层（图 15-50）。脱落的病花落到健康的荚或叶上即可引起发病。

图 15-49 菜豆根霉软腐病，病花

图 15-50 菜豆根霉软腐病，病荚

【致病病原】 病原为黑根霉 *Rhizopus stolonifer*（Ehrenb.）Lind.，属接合菌亚门真菌。

【病害循环】 病原在病残体上越冬。第 2 年春天条件适宜时，病原从伤口或残花及长势衰弱处侵入，并分泌果胶酶，使植株细胞遭到破坏，引起腐烂。在腐烂处产生的病原经风雨和农事操作传播进行再侵染。

【发生规律】 高温高湿或阴雨连绵的夏秋季易发病。田间积水，湿气滞留，株植过密及管理不善的田块发病重。

【防治措施】（1）农业防治。合理密植，要求田间通风透光。清沟沥水，发现中心病株及时拔除。（2）化学防治。发病前或发病初期喷 36%甲基托布津 SC 500 倍液，或 40%多·硫 SC 500 倍液。注意防治害虫，减少伤口的产生。

菜豆茎基腐病 Bean rhizoctonia rot

【典型症状】 幼苗出土前即开始发病。播下的种子发病时，发生烂种。幼苗发病时，近土表的茎部呈水渍状，幼苗萎蔫状或死亡（图 15-51）。大苗发病时，茎基部出现溃疡病斑，稍凹陷，红褐色，茎内组织变成褐红色（图 15-52）。

图 15-51 菜豆茎基腐病，茎基部发病

图 15-52 菜豆茎基腐病，茎基部发病

【致病病原】 病原为立枯丝核菌 AG-5 菌丝汇合群 *Rhizoctonia solani* Kühn.，属半知菌亚门真菌。（1）形态和大小。病原群不产生孢子，以菌丝体传播和繁殖。初生菌丝无色，后为黄褐色，具隔，粗 8～12 μm，分枝基部缢缩，老菌丝常呈一连串桶形细胞。菌核近球形或无定形，直径 0.1～0.5 μm，无色或浅褐至黑褐色。（2）特性。病原发育适宜温度 24 ℃，最高 40～42 ℃，适宜 pH 3～9.5。（3）寄主。这种病原可以侵染菜豆等多种作物。

【病害循环】 病原在土中越冬，可在土中腐生 2～3 年。菌丝能直接侵入植株。通过水流、农具传播。

【发生规律】 播种过密，间苗不及时，温度过高，易诱发该病。

【防治措施】（1）种子消毒。用种子重量 0.2%的 40%拌种双拌种。（2）农业防治。加强苗床管理，科学放风，防止苗床或育苗盘高温高湿条件出现。苗期喷施 0.1%～0.2%磷酸二氢钾溶液，以增强抗病力。（3）化学防治。发病初期喷 5%井冈霉素 AS 1 500 倍液，或 10%恶霉灵水悬剂 300 倍液，或 15%恶霉灵 AS 450 倍液。

菜豆炭腐病 Bean charcoal rot

炭腐病是菜豆的一种主要病害。各地均有发生。一般发病率为 5% ～ 15%，发病率高时达 43%。

【典型症状】 主要为害茎基部。发病初期茎基部褪绿，皮层组织腐烂，开始白天中午萎蔫，早晚还能恢复，几天后整天萎蔫，不再复原，全株枯死，容易拔起，根部没有新根，根须全部腐烂或枯死（图 15-53）。茎基部生出褐色至灰褐色不规则形病斑，后期病茎部产生黑色小点（图 15-54）。病部变成暗褐色，病斑绕茎一圈后，全株枯死，豆荚干瘪。

【致病病原】 病原为菜豆壳球孢菌 *Macrophomina phaseoli*（Maubl.）Ashby.，属半知菌亚门真菌。分生孢子器暗褐色，球形，直径 89～275 μm。分生孢子无色，纺锤形或圆柱形，单胞，大小（16～32）μm×（5～10）μm。菌核黑色，坚硬，直径 5～100 μm。

图 15-53　菜豆炭腐病，根部病症

图 15-54　菜豆炭腐病，茎部病症

【病害循环】 病原以菌丝或菌核随病残体在土壤中越冬。条件适宜时产生分生孢子，借雨水溅射传播，孢子萌发进行初侵染，引起幼苗或成株发病。病部产生的分生孢子借风雨传播进行多次再侵染。

【发生规律】 田间高温多湿，地势低洼，土壤湿度大，利于发病。

【防治措施】 (1) 农业防治。收获后，及时清除病残体，集中深埋或烧毁。有条件的地方，最好能与禾本科作物轮作。增施钾肥，可以增强植株抗病力。(2) 化学防治。必要时喷洒 30%碱式硫酸铜 SC 400 倍液，或 80%新万生 WP 600 倍液，隔 10 d 喷 1 次，连续喷 2～3 次。采收前 3 d 停止用药。

菜豆根腐病 Bean fusarium root rot

根腐病是菜豆的一种主要病害。各地均有分布，发生普遍。轻者减产 10%～20%，重者达 30%以上。

【典型症状】 主要侵染根部或茎基部。病部初为褐色及黑褐色，形状不规则，有时形成红色条斑，病斑稍凹陷，有时病斑表面开裂，并深入皮层内（图 15-55）。春菜豆开花结荚期植株才显症，下部叶片发黄，边缘开枯萎，病叶自下向上蔓延，不脱落（图 15-56）。秋菜豆高温季节，种子发芽后染病，胚根产生赤褐色长条形病斑，渐呈暗褐色。茎部嫩叶先变褐，萎缩、畸形，下部老叶暂时保持正常。病根侧根少，植株矮化，主根腐烂或死亡后引起地上面茎叶枯萎，植株枯死（图 15-57），维管束呈红褐色。

图 15-55　菜豆根腐病，苗期根部发病症状

图 15-56　菜豆根腐病，苗期植株症状

图 15-57　菜豆根腐病，成株病根症状

【致病病原】 病原为菜豆腐皮镰孢菌 *Fusarium solani*（Mart.）App. et Wollenw. f. sp. *phaseoli*（Burkh.）Snyder et Hansen，属半知菌亚门真菌。菌丝具隔膜。（1）形态和大小。分生孢子分大小 2 型：大型分生孢子纺锤形，无色；小型分生孢子椭圆形。（2）特性。生育适温 29～30 ℃，最高 35 ℃，最低 13 ℃。（3）寄主。这种病原可以侵染菜豆、豇豆、小红豆。

【病害循环】 （1）越冬与初侵染源。病原可在病残体或堆肥中存活多年。种子不带菌。初侵染源主要是带菌肥料和土壤。先从伤口侵入，引起皮层腐烂。（2）传播特点。通过工具、雨水及灌溉水传播蔓延。

【发生规律】 土壤含水量大，土质黏重，易发病。

【防治措施】 （1）农业防治。与白菜或葱蒜类蔬菜实行 2 年以上轮作。平整土地，防止积水，雨后及时排水。（2）化学防治。发病初期喷 70% 甲基托布津 WP 500 倍液，或 40% 多・硫 SC 800 倍液，或 77% 氢氧化铜 WP 500 倍液，或 14% 络氨铜 AS 300 倍液，或 50% 多菌灵 WP 1 000 倍液加 75% 百菌清 WP 1 000 倍液混合喷洒，隔 10 d 喷 1 次，连续喷 2～3 次。

菜豆枯萎病 Bean fusarium wilt

菜豆枯萎病俗称萎蔫病、死秧，是一种重要的土传病害。各地均有分布，发生普遍。发病率 30%～50%，个别重病田病株率高达 90% 以上，引起菜豆成片枯死。

【典型症状】 多在初花期开始发病，结荚盛期植株大量枯死。（1）叶片。发病初期先在下部叶片的叶尖、叶缘出现不规则形褪绿斑块，似开水烫伤状，无光泽（图 15-58），后全叶失绿萎蔫（图 15-59），变成黄色至黄褐色（图 15-60），并由下叶向上叶发展，3～5 d 后整株凋萎，叶片变黄脱落。有时仅少数分枝枯萎，其余分枝仍正常。（2）根、茎。病株根系不发达，变色腐烂，容易拔起。根颈处有纵向裂纹（图 15-61）。剖视主茎、分枝或叶柄，可见维管束变褐色至暗褐色，有的荚果腹背合线也呈现黄褐色。严重时植株成片枯死（图 15-62）。潮湿时茎基部常产生粉红色霉状物（图 15-63）。

图 15-58　菜豆枯萎病，发病初期叶尖出现褪绿斑

图 15-59　菜豆枯萎病，叶片褪绿枯萎

图 15-60 菜豆枯萎病，叶片褪绿斑开始卷缩

图 15-61 菜豆（矮生型）枯萎病，茎基部枯死

图 15-62 菜豆枯萎病，植株枯死

图 15-63 菜豆枯萎病，生粉红色霉状物

【致病病原】 病原为镰刀菌属尖孢镰刀菌菜豆专化型 *Fusarium oxysporum* f. sp. *phaseoli* Kendrick and Snyder.，属半知菌亚门真菌。(1) 形态和大小。菌丝棉絮状，白色。大型分生孢子圆筒形或镰刀形，无色，顶端尖细，一般有隔膜2～3个，大小 (25～33) μm×(3.5～5.6) μm。小型分生孢子卵形，无色，单胞，(6～15) μm×2.5 μm。(2) 特性。生长发育适温 28 ℃。

【病害循环】 (1) 越冬与初侵染源。病原以菌丝、厚垣孢子或菌核在病残体或带病原堆肥中越冬，成为第 2 年的初侵染源。病原能在土壤中营腐生生活。还可附着在种子上越冬。病原经伤口或根毛侵入。(2) 传播特点。在田间病原主要靠流水传播，也可随病土借风吹和黏附在农具上传到远处。

【发生规律】 (1) 发病时期。华东地区于 4 月上中旬的初花期开始发病，5 月中下旬的盛花至结荚期发病最多。(2) 气候条件与发病。当平均气温达 20 ℃以上时，田间开始出现病株；日平均气温上升到 24～28 ℃时，发病最多。相对湿度 80%以上，病害发展迅速，特别是结荚期如遇雨后暴晴或时晴时雨天气，病情常迅速发展。(3) 栽培管理与发病。地势低洼，平畦种植，灌水频繁，田间湿度大，肥力不足，管理粗放，连作地发病较重。

【防治措施】 (1) 种子消毒。用 60%防霉宝 WP 600 倍液加 0.01%平平加浸种 1 h；或用 36%多·硫 SC 50 倍液或 40%甲醛 300 倍液浸种 3～4 h，捞出后种子用清水反复冲洗后催芽播种。或用种子重量 0.5%的 50%WP 多菌灵拌种。(2) 农业防治。重病田应与非豆科作物轮作 3～5 年以上，或与水稻轮作 1 年以上。种植抗病品种。从无病地或无病株上采种。施足腐熟的有机肥，增施磷、钾肥；低洼地可采取高畦或半高畦地膜覆盖栽培，适当控制浇水，避免大水漫灌，雨后及时排水，防止田间积水。及时清除病株，可减少病原在田间传播。(3) 化学防治。每亩用 50%多菌灵 WP 2 kg，加上细土 50～100 kg，拌匀后撒在播种沟内，盖上一层细土后播种。田间发现病株后，立即用 50%多菌灵 WP 500 倍液，或 60%防霉宝 WP 600 倍液，灌根防治。每株灌药液 250 mL，隔 7～10 d 灌 1 次。

16. 豇豆病害

C豇豆病毒病
Cowpea mosaic

病毒病是豇豆的主要病害，主要是指豇豆花叶病。各地均有发生，为害较大。苗期发病率10%左右，初秋季节发病重，发病率可达70%～80%，对产量和质量影响很大。

【典型症状】 嫩叶出现花叶（图16-1）、明脉（图16-2）、黄化（图16-3）、褪绿（图16-4）或畸形（图16-5）等症状，新生叶片上浓绿部位稍突起呈疣状（图16-6）；有的病株产生褐色凹陷条斑，叶肉或叶脉坏死（图16-7）。病株生长不良、矮化（图16-8）、花器变形、结荚少（图16-9），豆粒上产生黄绿花斑；有的病株生长点枯死，或从嫩梢开始坏死。

图16-1　豇豆病毒病，花叶

图16-2　豇豆病毒病，明脉

图16-3　豇豆病毒病，黄化

图16-4　豇豆病毒病，褪绿

图16-5　豇豆病毒病，畸形

图16-6　豇豆病毒病，疣状

图 16-7　豇豆病毒病，叶脉坏死

图 16-8　豇豆病毒病，矮化

图 16-9　豇豆病毒病，花器变形

【致病病原】 病原主要有 3 种：黄瓜花叶病毒（CMV）、豇豆蚜传花叶病毒 Cowpea aphid borne mosaic virus（CAMV）和蚕豆萎蔫病毒（BBWV）。浙江省豇豆球状病毒为黄瓜花叶病毒。

【病害循环】 (1) 越冬与初侵染源。豇豆蚜传花叶病毒可通过种子系统侵染，种子带毒率高达 17%，成为初侵染源。(2) 传播特点。田间发病主要由蚜虫、叶蝉传播和汁液接触传染。

【发生规律】 夏秋季节干旱易发病。苗期缺水、蚜虫数量多及重茬地等均有利于发病。

【防治措施】 (1) 农业防治。选用耐病品种。加强栽培管理，提高植株抗病力。(2) 化学防治。发病前或发病初期，开始喷 1.5%植病灵Ⅱ号 EC 1 000倍液，隔 10 d 喷 1 次，连续喷 2～3 次。及时防治传播介体蚜虫。可以有效控制病害的发生。

参考文献

陈炯，郑红英，程晔，等. 豇豆病毒病病原的分子鉴定[J]. 病毒学报，2001，17(4)：368-371

豇豆细菌性疫病 Cowpea bacterial common blight

豇豆细菌性疫病又称叶烧病，是豇豆的一种普通病害。

【典型症状】 主要为害叶片，也为害茎和荚。(1) 叶片。病斑较小，暗绿色，水渍状，从叶尖或边缘开始发病。病斑扩大后呈不规则形，坏死，褐色，边缘有黄晕，病部变硬，薄而透明，易脆裂（图 16-10）。叶片干枯如火烧状。新叶发病皱缩，变形，易脱落。(2) 茎蔓。病斑水渍状，后发展成条形病斑，褐色，凹陷，环绕茎一周后，引起病部以上枯死。(3) 豆荚。病斑近圆形，褐红色，稍凹陷（图 16-11）。种子上病斑黄褐色，凹陷。潮湿时有黄色菌脓溢出。

图 16-10　豇豆细菌性疫病，病叶症状

图 16-11　豇豆细菌性疫病，病荚症状

【致病病原】 病原为豇豆细菌疫病黄单胞菌 *Xanthomonas campestris* pv. *Vignicola*（Burkholder）Dye.，属细菌。杆状，大小（0.4～0.7）μm×（0.7～1.8）μm。革兰氏染色阴性，具单极生鞭毛。

【病害循环】（1）越冬与初侵染源。病原主要在种子内或黏附在种子上越冬。病原在种子内能存活 2～3 年，在土壤中当病残体腐烂后即死亡。带菌种子萌芽后，先从其子叶发病，并在子叶上产生菌脓。病原从气孔、水孔或伤口侵入，经 2～5 d 潜育出现症状。（2）传播特点。病部渗出的菌脓借风雨或昆虫传播。

【发生规律】（1）气候条件与发病。当气温在 24～32 ℃，叶片上有水滴时易发病。高温高湿、雾大露重或暴风雨后转晴的天气，最易诱发该病。（2）栽培管理与发病。栽培管理不当，大水漫灌，肥力不足，偏施氮肥，长势差，会加重发病。

【防治措施】（1）种子消毒。用农用链霉素 4 000 倍液浸泡 2～4 h，再用清水洗净。播种前种子用 45 ℃恒温水浸种 15 min，捞出后移入冷水中冷却。（2）农业防治。实行 3 年以上轮作。施用充分腐熟的堆肥。选留无病种子。加强栽培管理，避免田间湿度过大，减少田间结露的条件。（3）化学防治。发病初期喷 72%农用硫酸链霉素 SPX 3 000～4 000 倍液，或 14%络氨铜 AS 300 倍液，或 77%氢氧化铜 WP 500 倍液，或 47%加瑞农 WP 800 倍液，或 30%碱式硫酸铜 SC 400 倍液，或 50%琥胶肥酸铜 WP 500 倍液，隔 7～10 d 喷 1 次，连续喷 2～3 次。采收前 7 d 停止用药。

豇豆斑枯病 Cowpea septoria leaf spot

【典型症状】 主要为害叶片。病斑初期暗绿色，后逐渐转变为紫红色，多为不规则形，大小 2～5 mm（图 16-12）。后期病斑中部灰白色，常数个病斑汇合为大斑，引起叶片早枯（图 16-13）。后期病部正背两面可见针尖状小黑点。

图 16-12　豇豆斑枯病，初期病斑

图 16-13　豇豆斑枯病，后期病斑

【致病病原】 病原为菜豆壳针孢菌 *Septoria phaseoli* Maubl. 和扁豆壳针孢菌 *S. dolichi* Berk. et Curt.，属半知菌亚门真菌。

【病害循环】 病原以菌丝体和分生孢子器随病残体遗落土中越冬或越夏。以分生孢子借助雨水溅射传播蔓延，进行初侵染和再侵染。

【发生规律】 在温暖高湿的天气条件下有利于发病。

【防治措施】（1）农业防治。摘除发病叶片，并集中深埋或烧毁。（2）化学防治。发病初期喷 30%爱苗 EC 3 000 倍液，或 75%百菌清 WP 1 000 倍液加 70%甲基托布津 WP 1 000 倍液，或 40%多·硫 SC 500 倍液，或 50%复方硫菌灵 800 倍液，隔 10 d 喷 1 次，连续喷 2～3 次。

豇豆灰斑病 Cowpea corynespora leaf spot

【典型症状】 生长后期发生，主要为害叶片，有时也为害茎和荚。叶片上的病斑开始为褪绿色，后渐发展为黄色至黄褐色，大小不等（图16-14）。有的病斑发展褐色至紫褐色轮纹斑（图16-15），相互汇合成大斑（图16-16）。

图 16-14　豇豆灰斑病，黄褐斑

图 16-15　豇豆灰斑病，紫褐色轮纹斑

图 16-16　豇豆灰斑病，病斑汇合

【致病病原】 病原为山扁豆生棒孢菌 *Corynespora cassiicola*（Berk. et Curt.）Wei.，属半知菌亚门真菌。

【病害循环】 病原以分生孢子丛或菌丝体随病残体在土壤中越冬。病原借气流或雨水传播，进行初侵染。病部产生新的病原进行再侵染，使病害逐渐蔓延。

【发生规律】 高湿或通风透气不良，易发病。当气温25～27℃，湿度100%的条件下发病重。温差大有利于发病。生长后期发病重。

【防治措施】 （1）农业防治。彻底清除病残体，减少初侵染源。与非豆类作物实行2～3年轮作。选用抗病品种。搞好温度和湿度管理，注意排湿，改善通风透气性能。（2）化学防治。发病前或发病初期喷30%爱苗EC 3 000倍液，或50%多菌灵WP 500倍液，或75%百菌清WP 700倍液，或50%苯菌灵WP 1 500倍液。

豇豆红斑病
Cowpea cercospora leaf spot

豇豆红斑病又称灰星病、叶斑病，是豇豆的一种常见病害。主要为害夏播豇豆。

【典型症状】 下部老叶先发病，逐渐向上蔓延。初期病斑较小，紫红色，发展受叶脉限制形成多角形或不规则形（图16-17）。病斑大小不等，直径3～18 mm，紫红色至紫褐色，边缘为灰褐色，后期中部变为暗灰色，叶背面密生灰黑色霉层（图16-18）。

图 16-17　豇豆红斑病，叶片发病初期

图 16-18　豇豆红斑病，叶片发病后期

【致病病原】 病原为变灰尾孢菌 *Cercospora canescens* Ell. et Mart.，属半知菌亚门真菌。分生

孢子梗生于叶背，灰至黑色；分生孢子梗褐色，直立，大小（158～306.9）μm×（4.95～6.93）μm，孢痕大且清晰。分生孢子无色，针状，底部截形，大小（62.5～220）μm×（2.5～4.5）μm。

【病害循环】 病原以菌丝体或分生孢子在种子或病残体中越冬。生长季节分生孢子萌发侵入叶片，形成初侵染和多次再侵染。

【发生规律】 高温高湿有利于该病发生和流行。秋季多雨连作地或反季节栽培地发病重。

【防治措施】 （1）种子消毒。播前用45 ℃温水浸种10 min消毒。（2）农业防治。收获后清洁田园，深耕。有条件的实行轮作。（3）化学防治。发病前或发病初期喷50%多霉·威WP 1 000～1 500倍液，或30%爱苗EC 3 000倍液，或75%百菌清WP 600倍液，或30%碱式硫酸铜SC 400倍液，隔7～10 d喷1次，连续喷2～3次。

豇豆角斑病 Cowpea angular leaf spot

【典型症状】 主要为害叶片。（1）叶片。发病叶片上出现多角形灰色斑，大小5～8 mm，随病情发展病斑逐渐变为灰褐色至紫褐色，潮湿时叶背丛生灰紫色霉层（图16-19）。（2）豆荚。病斑灰褐色至紫褐色，较大，不凹陷，潮湿时长出霉状物。

图16-19　豇豆角斑病

【致病病原】 病原为灰拟棒束孢菌 *Isariopsis griseola* Sacc. 和褐柱丝霉菌 *Phaeoisariopsis griseola*（Sacc.）Fr.，属半知菌亚门真菌。

【病害循环】 病原以菌丝块或分生孢子潜伏在种子上越冬。条件适宜时以分生孢子进行初侵染和再侵染。

【发生规律】 秋季发病重，多在开花期后发病。

【防治措施】 （1）种子消毒。种子带菌可用45 ℃温水浸种10 min进行消毒。（2）农业防治。有条件的地方实行轮作，发病重的地块，收获后及时深翻。（3）化学防治。发病前或发病初期喷药防治，药剂可选用30%爱苗EC 3 000倍液，或30%碱式硫酸铜SC 400倍液，或77%氢氧化铜WP 500倍液，或60%琥·乙膦铝WP 500倍液，或64%杀毒矾WP 500倍液，隔7～10 d喷1次，连续喷1～2次。

豇豆轮纹病 Cowpea zonate leaf spot

轮纹病是豇豆的一种常见病害。分布广泛，以鲜荚采收期发生较多，在生产上造成的损失较小。

【典型症状】 主要为害叶片、茎蔓及豆荚。（1）叶片。病斑深紫色，较小，后发展成近圆形褐色斑，大小4～8 mm，有同心轮纹（图16-20，21，22）。湿度大时生稀疏暗色霉状物。（2）茎蔓。病斑条状，浓褐色，绕茎一圈后病部以上的茎叶枯死（图16-23）。（3）豆荚。病斑紫褐色，有轮纹，病斑数量多时荚呈赤褐色（图16-24）。

图16-20　豇豆轮纹病，发病叶片症状

图16-21　豇豆轮纹病，发病叶片症状

图 16-22 豇豆轮纹病，发病叶片背面症状

图 16-23 豇豆轮纹病，病茎

图 16-24 豇豆轮纹病，豆荚

【致病病原】 病原为豇豆尾孢菌 *Cercospora vignicola* Kaw.，属半知菌亚门真菌。

【病害循环】 (1) 越冬与初侵染源。病原以菌丝体和分生孢子梗在病部、土中或种子表面越冬或越夏，也可以菌丝体在种子内或以分生孢子黏附在种子表面越冬或越夏。南方周年辗转传播为害。(2) 传播特点。病原随风雨传播，进行初侵染和再侵染，病害不断蔓延扩展。

【发生规律】 高温多湿的天气发病重。栽植过密，通风差及连作低洼地发病重。

【防治措施】 (1) 农业防治。发病地块在收获后，彻底将病残物集中深埋或烧毁，深耕晒土。有条件时实行轮作。施用的堆肥要充分腐熟。(2) 化学防治。发病前或发病初期喷 30%爱苗 EC 3 000 倍液，或 77%氢氧化铜 WP 500 倍液，或 40%多·硫 SC 500 倍液，隔 7～10 d 喷 1 次，共喷 2～3 次。

豇豆褐斑病 Cowpea brown leaf spot

豇豆褐斑病又称褐缘白斑病。

【典型症状】 主要为害叶片。病斑不定型，中间为褐色，边缘红褐色（图 16-25），后期病斑灰褐色至灰白色（图 16-26）。潮湿时病斑背面有暗灰色至灰黑色霉状物（图 16-27）。

图 16-25 豇豆褐斑病，叶片病斑

图 16-26 豇豆褐斑病，后期病斑

图 16-27 豇豆褐斑病，潮湿时生有黑霉

【致病病原】 病原为豆煤污球腔菌 *Mycosphaerella cruenta* (Sacc.) Lath.，属子囊菌亚门真菌。子囊座球形，黑色，初埋生，后外露，大小 (52～70) μm×(63～87) μm。子囊束生，圆形或棍棒形，大小 (35～52) μm×(7～11) μm。子囊孢子无色，双胞，上方的略大，大小 (11～19.2) μm×3.5 μm。分生孢子梗丛生，直立，褐色，大小 (10～75) μm×(3～6) μm。分生孢子鞭状，浅褐色，具 3～15 个隔膜，大小 (25～118) μm×(2～6) μm。

【病害循环】 病原以子囊座随病残组织在地表越冬。借气流和雨水传播，进行初侵染和再侵染。

【发生规律】 高温多雨，栽植过密，通风不良，偏施氮肥发病重。

【防治措施】 (1) 农业防治。施用堆肥要充分腐熟，最好采取配方施肥。防止大水漫灌，雨后及时排水。合理密植，保持通风良好，棚室中要控制好湿度。收获后及时清除病残体，集中深埋或烧毁。(2) 化学防治。发病前或发病初期喷 50%多·霉威 WP 1 000 倍液，或 5%百菌清 WP 600 倍液，或 50%复方硫菌灵 800 倍液，或 50%苯菌灵 WP 1 500 倍液，隔 10 d 喷 1 次，连续喷 2～3 次。采收前 7 d 停止用药。

豇豆煤霉病
Cowpea cercospora leaf spot

豇豆煤霉病又称叶霉病。各地均有发生。发病严重时叶片干枯、早落，常造成较大的损失。春季大棚发生和为害严重。

【典型症状】 主要为害叶片，严重时也为害藤蔓、叶柄及豆荚，从下向上发展。病斑初为不明显的近圆形黄绿色斑，继而黄绿斑中出现由少到多、叶两面生的紫褐色或紫红色小点，后扩大为直径 0.5～2 cm 的近圆形或受较大叶脉限制而呈不整形的紫褐色或褐色病斑，病斑边缘不明显 (图 16-28)。在变黄的叶上，病斑周围仍可保持绿色 (图 16-29)。湿度大时病斑表面生暗灰色或灰黑色煤烟状霉，尤以叶背密集 (图 16-30)。病斑可相互融合形成不定型较大斑块。病害严重时，病叶屈曲、干枯早落，仅存梢部幼嫩叶片 (图 16-31)。

图 16-28 豇豆煤霉病，初期症状

图 16-29 豇豆煤霉病，后期症状

图 16-30 豇豆煤霉病，叶背黑色霉层

图 16-31 豇豆煤霉病，发病植株症状

【致病病原】 病原为豆类煤污尾孢菌 *Cercospora vignae* F. et E. 和菜豆尾孢 *C. cruenta* Sacc.，均属半知菌亚门真菌。(1) 形态和大小。分生孢子梗从气孔伸出，丛生，褐色，丝状，有隔膜 1～4 个，大小 (15～52) μm×(2.5～6.2) μm。分生孢子淡褐色，上端细，下端大，有隔膜 3～17 个，大小 (27～127) μm×(2.5～6.2) μm。(2) 特性。发育温限 7～35 ℃，最适 30 ℃。最高 35 ℃，最低 7 ℃。(3) 寄主。这种病原可以侵染豇豆、菜豆、蚕豆、豌豆、大豆等豆科作物。

【病害循环】 病原以菌丝块附在病残体上于田间越冬。病原通过气流传播，成为初侵染来源。侵染病株以后，又在病斑上下不断产生病原在田间进行重复侵染。

【发生规律】 (1) 发病时期。春季大棚豇豆煤霉病在 4 月中旬开始发病，6 月上、中旬至 7 月上、中旬为发病高峰期。(2) 气候条件与发病。高温、高湿有利于发病。(3) 栽培管理与发病。连作地发病重。春播豇豆比晚播豇豆发病重，其中尤以春季播种较晚的豇豆发病重。

【防治措施】 (1) 农业防治。选用抗病品种。合理密植，保持田间通风透光良好，防止湿度过大；多雨季节，加强田间排水工作。增施磷、钾肥，提高植株抗病力。发病初期及时摘除病叶，收获后及时清除田间病残体，集中烧毁或深埋。(2) 化学防治。发病前或发病初期用 30%爱苗 EC 3 000 倍液，或 70%甲基托布津 WP 800 倍液，或 50%速克灵 WP 800 倍液，或 80%新万生 WP 800 倍液，或 40%多・硫 SC 800 倍液，或 50%混杀硫 SC 500 倍液，或 78%波・锰锌 WP 500～600 倍液，或 80%多・福・锌 WP 700 倍液等进行喷雾。每隔 10 d 左右喷施 1 次，连续防治 2～3 次。或者用 36%双苯三唑醇 EC 2 000～2 500 倍液喷雾，隔 10～20 d 喷 1 次。

参考文献

[1] 高成，郭书普. 农业病虫草害防治大全[M]. 北京：北京科学技术出版社，1993

[2] 司凤举，司越. 豇豆煤霉病的发生与防治[J]. 长江蔬菜，2006(7)：35-36

豇豆炭疽病
Cowpea anthracnose

炭疽病是豇豆的一种重要病害，轻者生长停滞，重者植株死亡。

【典型症状】 苗期、成株期均可发病。(1) 苗期。苗期子叶和幼茎发病，出现短条状或梭形斑，褐色至红褐色，稍凹陷或龟裂，病斑处有小黑点 (图 16-32)。(2) 叶片。病叶上先出现淡红褐色小点 (图 16-33)，逐渐发展成圆形至不定型病斑，边缘褐色，中部淡褐色，具黄色晕圈，斑面隐现不明显云纹，后期病斑相互汇合，造成大面积枯死 (图 16-34)。也有的病斑是从叶尖开始发病，病斑迅速扩展，呈倒"V"字形大斑，病健交界明显，其上散生淡黑色小颗粒 (图 16-35)。湿度大时呈现朱红色小点病征。(3) 茎部和豆荚。茎部产生梭形或长条形病斑，初为紫红色 (图 16-36)，后色变淡，稍凹陷以至龟裂，病斑上密生大量黑点 (图 16-37)。豆荚上病斑近圆形或不规则形，深褐色，湿度大时，溢出粉红色黏稠物 (图 16-38)。

【致病病原】 病原为平头刺盘孢 *Colletotrichum truncatum* (Schw.) Andrus Moore.，属半知菌亚门真菌。形态和特性参见菜豆炭疽病。

图 16-32 豇豆炭疽病，苗期症状

图 16-33 豇豆炭疽病，叶片初期病斑

图 16-34　豇豆炭疽病，叶片后期病斑

图 16-35　豇豆炭疽病，叶片“V”字形病斑

图 16-36　豇豆炭疽病，病茎

图 16-37　豇豆炭疽病，病茎后期症状

图 16-38　豇豆炭疽病，发病豆荚症状

【病害循环】（1）越冬与初侵染源。病原主要在种子上潜伏，还可以在病残体上越冬。（2）传播特点。播种带病原的种子，出苗后幼苗即发病，在子叶或幼茎上产出分生孢子，借雨水和昆虫进行初侵染，从伤口或直接侵入，经 4～7 d 潜育出现症状，并进行再侵染。

【发生规律】 在多雨、多露、多雾、冷凉多湿地区发病重。种植过密，土壤黏重下湿地发病重。

【防治措施】（1）种子消毒。用种子重量 0.4%的 40%多·硫 SC 或 60%防霉宝超微粉 600 倍液浸种 30 min，洗净晾干播种。（2）农业防治。选用抗病品种。注意从无病荚上采种。实行 2 年以上轮作。（3）化学防治。使用旧架材时要用 50%代森铵 AS 800 倍液消毒。发病初期开始喷 30%爱苗 EC 3 000 倍液，或 75%百菌清 WP 600 倍液，或 70%甲基托布津 WP 500 倍液，或 80%炭疽福美 WP 800 倍液，或 70%甲基托布津 WP 800 倍液加 75%百菌清 WP 800 倍液，隔 7～10 d 喷 1 次，连续喷 2～3 次。

豇豆锈病 Cowpea rust

锈病是为害豇豆的一种重要病害。各地均有分布，发生普遍。以中南和西南地区为害严重，夏秋季高温多雨病害易于流行。流行季节病田中病株率可超过 90%。病情轻对产量影响不大，发病重时减产达 30%以上。

【典型症状】（1）叶片。发病初期叶片的病斑黄绿色，圆形，微凹，后渐为褐色的圆形病斑，直径1.3～4 mm，有黄绿色晕环，病斑有褐色至黑褐色的小粒点，最后褐色部分脱落，形成穿孔（图16-39，40）。随着病情的发展，叶片背面有锈孢子密集在一起，似黄白至淡黄褐色的粗绒状霉。当春播植株现蕾或初花时，近地面的成熟叶先发病，逐步向上蔓延。夏孢子堆叶两面生，近圆形，初为白色小疱斑，渐为灰褐色，成熟后多从顶部破裂，散出红褐色粉状的夏孢子（图16-41）。条件适合时夏孢子堆外可形成次生夏孢子堆（图16-42）。叶上夏孢子堆有或无黄晕，也能产生浅褐色具深褐边缘的枯斑，单个枯斑圆形或近圆形，初青枯色失水状，自然情况下不破裂穿孔，多个枯斑相连常为不定型。在变淡及发黄的叶上，夏孢子堆周围绿色，形成绿岛。其中以具黄晕的症状最为普遍。（2）叶脉、叶柄及蔓茎。病斑初期为梭形或近梭形条状，稍隆起，褪绿，水渍感，在蔓茎上有时出现纵裂，中央有褐色至黑褐色小粒点（图16-43）。蔓茎、叶柄及花梗上的夏孢子堆多为近圆形或短条状，也可围生一圈长圆形的次生夏孢子堆。随着植株衰老或天气转凉，夏孢子堆转变为黑色的冬孢子堆（图16-44），散出栗褐色粉状的冬孢子。

图16-39　豇豆锈病，春季病叶

图16-40　豇豆锈病，秋季病叶

图16-41　豇豆锈病，夏孢子堆

图16-42　豇豆锈病，次生夏孢子堆

图16-43　豇豆锈病，叶柄和茎上发病

图16-44　豇豆锈病，冬孢子堆

【致病病原】 病原为豇豆单胞锈菌 *Uromyces vignae* Barclay，属担子菌亚门真菌。（1）形态和大小。夏孢子椭圆形，黄褐色，单胞，表面具细刺，大小（21.1～31.7）μm×（18.7～24.3）μm。

冬孢子球形，褐色，单胞，大小（26.4～33.6）μm×（21.8～27.4）μm。（2）特性。气温 23 ℃，相对湿度 90%，潜育期 8～9 d。（3）寄主。这种病原可以侵染豇豆、菜豆、蚕豆、豌豆等蔬菜。

【病害循环】 病原以冬孢子在病残体上越冬。在南方夏孢子成为本病初侵染源，冬孢子虽然存在，但在病害周年循环中并不重要。春天条件适宜冬孢子萌发产生担孢子，借助气流传播为害，并在病部产生病原进行多次重复侵染。

【发生规律】 （1）气候条件与发病。高温条件下易发生流行，多阴雨高湿度的连阴雨天气，发病最严重。（2）栽培管理与发病。低洼积水，种植过密，通风不良的地块易流行。

【防治措施】 （1）农业防治。实行轮作倒茬。阴雨季节搞好菜田清沟排水，防止低洼地积水。合理密植，保证通风良好，及时搭好支架。搞好菜园清洁，收获后将病叶清除干净集中烧掉。杜绝在早豇豆地中套种迟播豇豆。迟豇豆和早播重病田应间隔一定距离，严防相邻。避免前期氮肥施用过多。合理密植，高畦栽培及拔藤后做好清洁田园工作。（2）化学防治。发病初期喷 25%烯唑醇 WP 2 000～3 000 倍液，或 75%百菌清 WP 600 倍液，或 40%氟硅唑 EC 8 000 倍液，或 50%萎锈灵 EC 800 倍液，或 50%硫黄 SC 200 倍液，或 30%固体石硫合剂 150 倍液，或 25%敌力脱 EC 4 000 倍液加 15%三唑酮 WP 2 000 倍液，隔 10～15 d 喷 1 次，连续喷 2～3 次。

参考文献

[1] 吴松.豇豆锈病发生规律与防治技术研究[J].上海蔬菜,2007(5):99-100

[2] 司凤举,司越.豇豆锈病原五个阶段的症状特征与病害防治[J].长江蔬菜,2005(7):26-27

豇豆白粉病 Cowpea powdery mildew

白粉病是豇豆的一种普通病害。各地均有分布，南方发生普遍，局部地区受害重。

【典型症状】 主要为害成株叶片。初期叶片背面产生小白斑，圆形（图 16-45）。后扩大相互连接，覆盖整个叶片，沿叶脉扩展成粉带，颜色渐变为灰白色至紫褐色（图 16-46）。严重时叶面出形成病斑，致叶片枯黄脱落。

图 16-45 豇豆白粉病，病叶症状

图 16-46 豇豆白粉病，病叶后期症状

【致病病原】 病原为蓼白粉菌 *Erysiphe polygoni* DC.，属子囊菌亚门真菌。（1）形态和大小。闭囊壳黑褐色，球形，直径 81～176 μm。子囊无色，卵形，大小（49～82）μm×（29～53）μm。子囊孢子无色，椭圆形，单胞，大小（17～30）μm×（10～19）μm。菌丝表生，丝状。分生孢子梗棒状，不分枝。分生孢子无色，椭圆形或柱形，单胞。（2）寄主。这种病原可以侵染豇豆、菜豆、豌豆、蚕豆、大豆、扁豆、番茄、茄子、甘蓝、芹菜等蔬菜。

【病害循环】 病原在温暖地区可以辗转传播为害；寒冷地区病原在多年生植物体内、花卉上或以闭囊壳在病残体上越冬。第 2 年春天产生子囊孢子进行初侵染。

【发生规律】 （1）气候条件与发病。田间病害流行的适温为 16～24 ℃，相对湿度 45%～75%。雨水偏少的年份发病较重。干旱或日夜温差大的条件下，叶面易结露，发病重。（2）栽培管理与发病。种植密度过大，特别是在窝风的地方，发病重；施肥不足，偏施氮肥，缺磷少钾，植株生长衰弱，或在酸性土壤上种植，发病较重。

【防治措施】 （1）农业防治。选用抗病品种。

收获后及时清除病残体，田间零星发病时要及时摘除病叶，集中烧毁或深埋。施足有机肥，增施磷、钾肥，提高植株抗病性。种植密度要适宜，有利于田间通风透光，降低湿度。(2) 化学防治。发病前或发病初期喷 25%腈菌唑 EC 2 500 倍液加 75%百菌清 WP 1 200 倍液，或 30%爱苗 EC 3 000 倍液，或 30%氟菌唑 WP 2 000 倍液等，隔 7～10 d 喷 1 次，连续喷 3～4 次。

豇豆灰霉病 Cowpea gray mold

【典型症状】 主要为害叶片、茎蔓、花和豆荚。(1) 茎蔓。下部茎蔓先出现症状，病斑深褐色，病斑的中部淡棕色或浅黄色，干燥时病斑表皮破裂形成纤维状，湿度大时上生灰色霉层。有时病原从茎蔓分枝处侵入，引起病部形成凹陷水浸斑，植株逐渐萎蔫（图 16-47）。(2) 叶片。苗期发病时子叶呈水浸状变软下垂，叶片边缘长出白灰色霉层。叶片上的病斑较大，有轮纹，后期易破裂（图 16-48）。(3) 豆荚。表现为病原先侵染败落的花，后扩展到豆荚，病斑初淡褐至褐色后软腐，表面生有灰霉。

图 16-47 豇豆灰霉病，发病茎

图 16-48 豇豆灰霉病，发病叶片

【致病病原】 病原为灰葡萄孢菌 *Botrytis cinerea* Pers.，属半知菌亚门真菌。分生孢子聚生、无色、单胞，两端差异大，状如水滴或西瓜子，大小 (3.2～12.8) μm×(3.2～9.6) μm。孢子梗浅棕色，多隔，大小 (896～1 088) μm×(16～20.8) μm。

【病害循环】 病原以菌丝、菌核或分生孢子越夏或越冬。越冬的病原以菌丝在病残体中营腐生生活，不断产出分生孢子侵染植株。外界条件不适时病部产生菌核，在田间存活期较长。病原借助雨水溅射或随病残体、水流、气流、农具及农事操作传播。

【发生规律】 在有病原存活的条件下，只要具备高湿和 20 ℃左右的温度条件，病害易流行。腐烂的病荚、病叶、败落的病花落在健部即可发病。

【防治措施】 (1) 农业防治。棚室降低湿度，提高棚室夜间温度，增加白天通风时间。及时拔除病株。(2) 化学防治。定植后出现零星病株即开始喷药防治。常用农药有 65%甲霉灵 WP 1 500 倍液，或 50%腐霉利 WP 1 500～2 000 倍液，50%农利灵 WP 1 000～1 500 倍液，或 50%扑海因 WP 1 000 倍液加 90%霜疫灵 WP 800 倍液，或 45%特克多 SC 4 000 倍液，或 50%混杀硫 SC 600 倍液，或 50%多菌灵 JG 800 倍液，或 75%百菌清 WP 600～800 倍液，隔 7～10 d 喷 1 次，连续喷 2～3 次。采收前 3 d 停止用药。

豇豆茎枯病 Cowpea ashy-stem blight

豇豆茎枯病又称茎腐病、炭腐病，是豇豆的一种常见病害。

【典型症状】 主要为害叶柄、茎蔓和近地面的茎基部。(1) 苗期。表现为幼苗茎基部变褐、萎蔫或枯死。(2) 成株。病斑梭形点状，黑褐色，后逐渐为中央灰色的病斑，病健分界不明显（图 16-49），发病后期病部变为不规则形的黑斑（图 16-50）。病株生长缓慢，叶片变黄，病部绕茎一周后，引起病茎以上的枝叶枯死，豆角干瘪，后期病部密生黑色小粒点。

【致病病原】 病原为菜豆壳球孢菌 *Macrophomina phaseoli* (Maubl.) Ashby.，属半知菌亚门真菌。

图 16-49　豇豆茎枯病，病茎初期症状

图 16-50　豇豆茎枯病，病茎后期症状

【病害循环】 病原以菌丝或菌核随病残体在土壤中越冬。条件适宜时以分生孢子借雨水溅射传播，进行初侵染，引起幼苗或成株发病。病部产生的病原借风雨传播，多次再侵染。

【发生规律】 高温多湿易发病。田间地势低洼、土壤湿度大，有利于发病。

【防治措施】 (1) 农业防治。收获后及时清除病残体，集中深埋或烧毁，以减少菌源。可与禾本科作物轮作。施用腐熟的堆肥，注意增施钾肥。(2) 化学防治。发病时喷药，常用农药有 30%碱式硫酸铜 SC 400 倍液，或 50%琥胶肥酸铜 WP 500 倍液，或 80%新万生 WP 600 倍液，隔10 d 喷 1 次，连续喷 2～3 次。采收前 3 d 停止用药。

豇豆基腐病 Cowpea rhizoctonia rot

豇豆基腐病又称立枯病，是豇豆的一种常见病害。

【典型症状】 主要为害幼苗。(1) 子叶。发病时子叶上产生椭圆形红褐色病斑，病斑逐渐凹陷。(2) 茎基和根。产生长条状红褐色凹陷斑(图 16-51)，逐渐扩展到绕茎一周，病部干缩或龟裂，引起病苗生长缓慢或干枯而死 (图 16-52)。

图 16-51　豇豆基腐病

图 16-52　豇豆基腐病

【致病病原】 病原为立枯丝核菌 AG-4 菌丝汇合群 *Rhizoctonia solani* Kühn，属半知菌亚门真菌。

【病害循环】 病原以菌丝或菌核在土壤中越冬。通过水流、农具等传播蔓延，当植株衰弱时侵入。

【发生规律】 生产中当土温在 10 ℃以下时，种子在土中的时间长，易发病。苗床湿度大，通风透光不良，幼苗瘦弱或徒长，发病较重。

【防治措施】 (1) 种子处理。用种子重量 0.2%的 40%拌种双拌种。(2) 农业防治。选用排水良好的向阳地块育苗。苗床土用无病原新土，育苗前床土充分晾晒。施用石灰调节土壤酸碱度，使育苗畦和种植豇豆田块酸碱度呈微碱性。苗期做好保温，防止低温和冷风侵袭，浇水要根据土壤湿度和气温确定，严防湿度过高。浇水时间最好是在上午。(3) 化学防治。①苗床或育苗盘药土处理，用 40%拌种灵与福美双 1∶1 混合 8 g/m^2。②发病初期喷 20%甲基立枯磷 EC 1 200

倍液，或10%立枯灵AS 300倍液，或15%恶霉灵AS 450倍液，或72.2%普力克AS 800倍液加50%福美双WP 800倍液喷淋。

豇豆根腐病 Cowpea fusarium root rot

根腐病是豇豆最主要的病害之一。南方发生普遍。发病最重，为害最大，防治困难。一般发病率为25%～40%，严重的在60%以上。

【典型症状】 主要为害根部和茎基部。一般出苗后7 d开始发病，21～28 d进入发病高峰。发病初期植株下部叶片变黄（图16-53）。病部产生点状病斑，由枝根蔓延至主根，引起整个根系腐烂或坏死，病株易拔起。纵剖病根，可见维管束呈红褐色，病情扩展后向茎部延伸。主根全部发病后，地上部茎叶萎蔫枯死。湿度大时，病部产生粉红色霉状物（图16-54）。

图16-53　豇豆根腐病，地上部萎蔫

图16-54　豇豆根腐病，病根症状

【致病病原】 病原为腐皮镰孢菌菜豆专化型*Fusarium solani* f. sp. *phaseoli*（Burkh.）Snyder et Hansen，属半知菌亚门真菌。（1）形态和大小。分生孢子有大小2型。大型分生孢子纺锤形，无色，有隔膜3～4个，大小（14.0～16.0）μm×（2.5～3.0）μm；小型分生孢子圆柱形，无色，有隔膜1～2个，大小（6～11）μm×（2.5～3.0）μm。厚垣孢子近圆形、淡褐色，着生在菌丝顶端或节间。（2）特性。生长适宜温度为29～30 ℃，温度范围为13～35 ℃。（3）寄主。这种病原可以侵染豇豆、菜豆。

【病害循环】 病原以菌丝体或厚垣孢子在病残体或土壤中越冬。种子不带菌。初侵染源主要是土壤、病残体和带菌有机肥。病原通过工具、雨水及灌溉水传播蔓延，先从伤口侵入引起根部皮层腐烂。

【发生规律】 施用未腐熟的有机肥，或追肥时撒施不均匀，使植株根部受伤害，易发病。地势低洼，土质黏重，雨后不及时排水，利于病原侵染和发病。豇豆根腐病每年6～10月均可发生，以秋豇豆发病最重，尤其是台风多雨年份，往往造成田间长豇豆成片枯死，严重影响产量，甚至绝收。

【防治措施】 （1）农业防治。选用抗病品种，如之豇844、早生王、华豇4号、春宝、龙星90、绿领8号等。水旱轮作，或与非豆科作物实行2年以上轮作；深沟高畦，防止积水，雨后及时排水。加强田间管理，增施磷、钾肥，提高植株抗病力。利用塑料大棚、地膜覆盖、育苗移栽种植长豇豆，可大大减轻豇豆根腐病的发生。（2）化学防治。播种前7～10 d选择阴天或晴天傍晚，用竹醋液130倍处理土壤，或用保得土壤接种剂20～40 g与基肥混施穴内或作定根水灌浇。根腐病是土传病害，一定要提前灌药预防，在发病后用药效果较差。药剂可用40%多菌灵SC 800倍液，或15%恶霉灵AS 450倍液，或45%敌磺钠WP 500倍液，或2.5%咯菌腈EC 1 000倍液，浇淋植株基部或灌根。在出苗后7～10 d或定植缓苗后，开始第1次施药，每株250 mL，隔7 d浇淋1次，连续3次。

豇豆枯萎病 Cowpea fusarium wilt

枯萎病是豇豆的一种重要病害。各地均有发

生，南方地区发生普遍。病株率可达30%以上，产量损失10%～20%，严重时可超过50%。发病植株最终枯死。

【典型症状】 春豇豆苗期可以感染，由于此时温度低，一般不表现症状。开花结荚时温度高、雨水多，发病率明显上升。秋豇豆多在苗期发病。(1) 叶片。植株发病时先从下部叶片开始，先在叶片边缘、叶尖部出现不规则水渍状病斑，继而叶片变黄枯死（图16-55），并逐渐向上部叶片发展，最后整株萎蔫死亡（图16-56）。(2) 根茎。病株根颈处皮层常开裂（图16-57），其维管束组织变褐（图16-58）。剖视病株茎基和根部，维管束组织变褐（图16-59），严重的外部变黑褐色，根部腐烂（图16-60）。湿度大时病部表面现粉红色霉层。

图16-55 豇豆枯萎病，苗期发病

图16-56 豇豆枯萎病，发病植株

图16-57 豇豆枯萎病，茎基部开裂

图16-58 豇豆枯萎病，茎基部开裂变褐

图16-59 豇豆枯萎病，发病根颈处剖视

图16-60 豇豆枯萎病，发病根颈部

【致病病原】 病原为尖镰孢菌 *Fusarium oxysporum* Schl. f. sp. *tracheiphilium* (E. F. Smith) Snyd. et Hans.，属半知菌亚门真菌。病原生长发育适温27～30℃。

【病害循环】 病原以菌丝体、厚垣孢子随病残体遗落土表越冬。该病属土传性病害，病原可在土壤中存活多年，多年种植豇豆不仅增加接种体数量，同时也提高了病原的致病力。病原经根部伤口侵入，为害维管束组织，阻塞导管，影响水分运输，同时还分泌毒素，引起植株萎蔫死亡。

【发生规律】 豇豆枯萎病春、秋两季均可发病。连作地此病发生早、病情重，严重地块发病率高达97.5%。轮作地发病迟，病情轻。在连作地、土壤黏重、偏酸性、土势低洼积水的地块发病重。

【防治措施】（1）农业防治。发病地应轮作 3 年以上，最好与禾本科作物进行轮作。选择高燥地块，采用高畦深沟栽植。在酸性黏壤土中增施石灰，可在苗期每亩沟施 100 kg 石灰。（2）化学防治。田间开始出现病株时，用 25%多菌灵 WP 500～1 000 倍液灌根，每株灌 50～150 g 药液，隔7 d 左右灌 1 次。将 25%多菌灵 WP 80 g 拌干土20 kg，沟施于播种行中。喷药防治，常用农药有 30%绿叶丹 WP 800 倍液，或 50%多・硫 SC 500～600 倍液，或 50%甲基托布津 WP 500 倍液，或 60%琥・乙膦铝 WP 500 倍液，或 47%加瑞农 WP 500 倍液。

参考文献

郭书普. 农业实用技术百科全书[M]. 北京：中国致公出版社，1996

豇豆疫病 Cowpea phytophthora blight

豇豆疫病是一种土传性病害，是长江流域及其以南地区豇豆的重要病害。为害较为严重，轻者减产 10%左右，重者达 20%以上。

【典型症状】 植株苗期和成株期均可发病，主要为害蔓茎、叶片和豆荚。（1）根颈。根颈受害水渍状缢缩变细，倒伏，呈猝倒状死亡。（2）蔓茎。第 1 复叶展开后，爬架前的蔓茎多在节或近节处发病，初暗绿色水渍状，缢缩变细，后为灰褐色、褐色或红褐色，从病处倒折，造成病部以上死亡。爬架后病部亦可出现在节间，缢缩明显与否，因蔓茎木质化程度而异。因有架材支撑，病处不倒折，颜色变浅，有时受腐生菌二次侵染出现白霉或黑霉，病部以上死亡（图 16-61）。（3）叶片。叶片受侵后产生不规则灰绿色坏死斑，病斑中间灰褐色，皱缩不平整，叶脉变细、色深，雨水多时常腐烂，晴天干燥后病处青白色，易破碎（图 16-62）。（4）叶柄、花梗。症状与蔓茎同。叶柄受侵后，其着生的叶片转为黄绿色萎垂而死亡，拖在地面的蔓茎和豆荚在落雨时易受侵染。（5）豆荚。豆荚受侵初为暗绿色水渍状斑，雨天或湿度大时可见稀疏白霉，很快致全荚软腐；天气干燥时病处失水变细，且不规则屈曲。以上发病部位边缘均不明显，病部在潮湿情况下可生稀疏白霉（图 16-63）。

图 16-61　豇豆疫病，发病植株和病茎

图 16-62　豇豆疫病，发病叶片

图 16-63　豇豆疫病，发病豆荚

【致病病原】 病原为豇豆疫霉菌*Phytophthora vignae* Purss，属鞭毛菌亚门真菌。（1）形态和大小。菌丝无隔膜，无色，直径 4～7 μm。孢子囊椭圆形，单胞，大小 53 μm×33.8 μm。卵孢子近球形，淡黄色，表面较光滑，大小（13.9～24.3）μm×（18.3～25.3）μm。（2）特性。生长适温 25～28 ℃，最高 35 ℃，最低 13 ℃。（3）寄主。这种病原可以侵染长豇豆、豇豆和饭豇豆等豇豆属作物。

【病害循环】 病原以卵孢子、厚垣孢子随病残体在土中或种子上越冬。条件适宜时萌发，以游动孢子借风雨传播，进行初侵染和再侵染。

【发生规律】 温度和湿度是发病的主导因子，当气温在 25～28 ℃，连阴雨或雨后转晴，湿度高，易发病。地势低洼或土壤潮湿、密度大、通风透光不好，发病重。

【防治措施】 (1) 种子处理。可用25%甲霜灵WP 800倍液浸种30 min后催芽。(2) 农业防治。与非豆科作物实行3年以上轮作。采用垄作或高畦深沟种植，合理密植，防止地表湿度过大，雨后及时排水。收获后将病株残体集中深埋或烧毁。(3) 化学防治。中心病株出现时开始施药。药剂可用58%甲霜·锰锌WP 500倍液，或50%甲霜·铜WP 600倍液，或78%波·锰锌WP 500倍液，或75%百菌清WP 600倍液，或70%锰锌·乙铝WP 500倍液，或40%乙膦铝WP 250倍液，或72%锰锌·霜脲WP 600～700倍液，或72.2%普力克AS 800倍液，或69%锰锌·烯酰WP 800～1 000倍液等进行喷雾，施药间隔7～10 d。施药应根据天气预报，抢在雨前喷药，并尽量做到药前清除病残体，提高药剂防治效果。

参考文献

司风举，司越. 武汉郊区豇豆疫病的发生与防治[J]. 长江蔬菜，2006(9)：19-20

豇豆菌核病 Cowpea sclerotinia blight

【典型症状】 多在开花结荚期发病。病株基部呈灰白色，引起全株枯萎（图16-64）。剖开病茎可见鼠粪状菌核。豆荚发病初期为水渍状，后逐渐变成灰白色，长出黑色菌核（图16-65）。

图 16-64　豇豆菌核病，发病茎

图 16-65　豇豆菌核病，花发病生成菌丝，左下角为菌核

【致病病原】 病原为核盘菌 *Sclerotinia sclerotiorum* (Lib.) de Bary.，属子囊菌亚门真菌。

【病害循环】 病原以菌核在土壤中、病残体上、混在堆肥及种子上越冬。条件适宜时病原随风传播。病原发展迅速，引起病部腐烂。

【发生规律】 较冷凉潮湿条件下发生。发病在开花后发生，病原先在衰老的花上取得营养后才能侵染健部，受害期较长。

【防治措施】 参见菜豆菌核病。

豇豆白绢病 Cowpea southern blight

白绢病是豇豆的一种普通病害。主要分布在高温、多雨、湿度大的地区。

【典型症状】 主要为害茎基部，发病时在茎基部出现辐射状扩展的白色绢丝状菌丝体，后在病部上形成菜籽状褐色菌核，引起豆荚湿腐（图16-66）。茎基部皮层变褐腐烂，最后植株萎蔫死亡（图16-67）。

图 16-66　豇豆白绢病，发病株下部产生小菌核

图 16-67　豇豆白绢病，发病株

【致病病原】 病原为齐整小核菌 *Sclerotium rolfsii* Sacc，属半知菌亚门真菌。参见菜豆白绢病。

病害循环、发生规律、防治措施参见菜豆白绢病。

17. 豌豆病害

豌豆细菌性叶斑病 Pea bacterial blight

【典型症状】 为害茎荚和叶片。(1)叶片。病斑紫色,圆形至多角形,半透明,水渍状(图17-1)。湿度大时,叶背产生奶油色菌脓,干燥条件下叶片变成发亮薄膜,病斑干枯,变成纸质状(图17-2)。(2)茎部和花梗。病斑褐色,条状(图17-3)。(3)荚。病斑近圆形,稍凹陷,暗绿色,后期变成黄褐色。

图 17-1 豌豆细菌性叶斑病,叶片上病斑特写

图 17-2 豌豆细菌性叶斑病,叶片在潮湿状态下症状

图 17-3 豌豆细菌性叶斑病,发病茎症状

【致病病原】 病原为假单胞杆菌丁香假单胞菌豌豆致病变种 *Pseudomonas syringae* pv. *pisi* (Sackett) Young. et al.,属细菌。生长适温28~30 ℃。

【病害循环】 病原在豌豆、蚕豆种子里越冬。条件适宜时进行初侵染和再侵染。

【发生规律】 生产上遇有低温障碍,尤其是受冻害后突然发病,扩展迅速。植株徒长、雨后排水不及时、施肥过多易发病。反季节栽培时易发病。

【防治措施】 (1)种子消毒。用种子重量0.3%的50%甲基托布津WP拌种。(2)农业防治。避免在低湿地种植豌豆,采用高畦或起垄栽培,注意通风透光,雨后及时排水。(3)化学防治。发病初期喷72%农用硫酸链霉素SPX 4 000倍液,或30%碱式硫酸铜SC 400~500倍液,或47%加瑞农WP 800倍液。采收前5 d停止用药。

豌豆褐斑病 Pea ascochyta blight

褐斑病是豌豆的一种主要病害。南方春季多雨潮湿地区发病。引起茎叶枯死,发病稍轻者豆荚上褐斑累累,卖相不好。

【典型症状】 主要为害叶、茎、荚。(1)叶片。病斑点状,水渍状,后发展为淡褐色至深褐色圆形病斑,有明显的褐色边缘。病斑上有针尖大小的黑点,即分生孢子器(图17-4)。(2)茎。病斑纺锤形或椭圆形,褐色至深褐色,稍凹陷(图17-5)。(3)荚。病斑圆形至不规则形,中央淡褐色,边缘暗褐色,后期稍凹陷,并产生黑色小粒点(图17-6)。病斑可深入种皮、子叶和胚内,使种子带菌,种子上的病斑不明显,湿度大时呈污黄色或灰褐色。花器上发病会引起落花。

图 17-4　豌豆褐斑病，病叶症状

图 17-5　豌豆褐斑病，病茎症状

图 17-6　豌豆褐斑病，病荚症状

【致病病原】 病原为豌豆壳二孢菌 *Ascochyta pisi* Libert，属半知菌亚门真菌。(1) 形态和大小。分生孢子器球形，黑褐色，大小 (100～180) μm×(100～120) μm，成熟时释放出分生孢子。分生孢子近圆形，双胞，无色，大小 (10～14) μm×(3～5) μm。(2) 特性。病原发育适温 15～26 ℃，最高 33 ℃，最低 8 ℃。(3) 寄主。这种病原可以侵染豌豆、蚕豆、扁豆和菜豆等。

【病害循环】 病原以休眠菌丝体附着在种子内外越冬，或以分生孢子器病残体在田间越冬。种子带菌是主要初侵染源。播种后，带菌种子使长出的幼苗染病。病部出现分生孢子器，产生分生孢子后借雨水传播，经表皮与气孔侵入寄主组织，进行重复侵染。一般潜育期为 6～8 d。

【发生规律】 病原发育适温 15～26 ℃，在多雨潮湿的气候条件下易发病。

【防治措施】 (1) 种子消毒。将种子在冷水中预浸 4～5 h 后，置入 50 ℃温水中浸 5 min，移入冷水中冷却、晾干播种。或用种子重量 0.3%的 50%WP 福美双拌种。(2) 农业防治。重病田与非豆科作物实行 2～3 年轮作。选择高燥地块，合理密植，配方施肥，提高抗病力。收获后及时清洁田园，将病茎、叶收拾烧毁或深翻土壤，加速病残体分解。(3) 化学防治。重点喷植株中下部。用 50%苯菌灵 WP 1 500 倍液，或 40%多·硫 SC 800 倍液，或 70%甲基托布津 WP 500 倍液，或 75%百菌清 WP 600 倍液喷雾。隔 7～10 d 喷 1 次，连续防治 2～3 次。

豌豆黑斑病
Pea ascochyta spot

黑斑病是豌豆的一种常见病害。各地均有分布。零星发生，发病率 5%～10%，对生产无明显影响；严重时发病率可达 40%以上，对产量和品质有明显影响。

【典型症状】 主要为害叶片、近地面的茎蔓和豆荚。(1) 叶片。叶片染病，初出现不规则形淡紫色小点，以后变成紫红色近圆形斑，有时具有颜色深浅相同的同心轮纹。高温高湿条件下，病斑迅速扩展，布满整个叶片，致病叶变黄枯死 (图 17-7)。后期病斑中央多产生黑色小点。(2) 叶柄和茎蔓。形成大小不等中央略凹陷的紫褐色坏死斑 (图 17-8)。(3) 豆荚。初出现许多暗褐色近圆形凹陷小点，以后呈黄褐色，相互汇合成黄褐色坏死下陷斑。严重时病原可从种荚侵入到种子内部，在种子上形成斑点，后期也可在病部产生小黑点。

图 17-7　豌豆黑斑病，发病叶片

图 17-8　豌豆黑斑病，发病茎

【致病病原】 病原为豆类壳二孢 *Ascochyta pinodes*（Berk. et Bloxam）Jones.，属半知菌亚门真菌。

【病害循环】（1）越冬与初侵染源。病原以菌丝或分生孢子在种子内或随病残体在地表越冬。越冬菌源通过风雨或灌溉水传播。用带病种子育苗，苗期可见子叶染病，后蔓延到真叶上，从气孔、水孔或伤口侵入，引致发病。（2）传播特点。田间发病后病斑上产出的病菌借风、雨或农事操作进行传播，引起再侵染。

【防治措施】（1）种子消毒。播种前用 56 ℃温水浸种 5 min，种子消毒。（2）农业防治。选用无病豆荚，单独脱粒留种。提倡高畦栽培，合理施肥，适当密植，增施钾肥，提高抗病力。（3）化学防治。发病初期喷 50%琥胶肥酸铜 WP 500 倍液，或 40%多・硫 SC 500 倍液，隔 10 d 喷 1 次，连续喷 2～3 次。

豌豆褐纹病
Pea mycosphaerella blight

褐纹病是豌豆的一种重要病害。发生比较普遍。发病较轻，个别地区发病重，发病率可达 20%～40%，严重时病株率高达 80%以上。

【典型症状】 主要为害叶片、茎蔓和豆荚。（1）叶片。病斑斑点状，不规则，淡紫色（图 17-9）。高温高湿条件下病斑迅速扩展到整个叶片，随后病叶变黄扭曲而枯死（图 17-10）。有的病斑出现不规则的轮纹斑，深褐色，中央坏死处有黑色小点。（2）叶柄及茎。病斑上没形成轮纹，中央凹陷。病原可从豆荚侵入种子内部。

图 17-9　豌豆褐纹病，病叶

图 17-10　豌豆褐纹病，病叶

【致病病原】 病原为豌豆小球腔菌 *Mycosphaerella pinodes*（Berkeley et Bloxam）Stone，属子囊菌亚门真菌。（1）形态和大小。子囊壳球形，黑色或黑褐色；子囊长圆筒形，无色，大小（55～64）μm×14μm；子囊孢子纺锤形，无色，大小（14～18）μm×8μm，具 1 隔膜。分生孢子器圆球形至扁球形，黑褐色，大小（80～130）μm×（70～80）μm，分生孢子卵圆形至长椭圆形，双胞，无色，大小（12～17）μm×（3.5～5.5）μm。（2）特性。病原发育适温 25 ℃，最高 34 ℃，最低 5 ℃。（3）寄主。这种病原可以侵染豌豆、苜蓿、苕子等。

【病害循环】 病原主要以菌丝体或分生孢子在种子上越冬。带病的种子出苗后即发病，病原借风雨传播再侵染。

【发生规律】 播种过早，遭受低温冷害袭击，土壤黏重，湿度过大，氮肥过多，生长过旺，均易发病。

【防治措施】（1）种子消毒。先把种子置于冷水中预浸 4～5 h，再移入 50 ℃温水中浸 5 min 后，放入冷水中冷却，晾干后播种。（2）农业防治。与非豆科作物实行 3 年以上轮作。选择高燥地块种植，适当密植，增施钾肥。（3）化学防治。发病初期喷 40%多・硫 SC 800 倍液，或 50%混杀硫 SC 500 倍液，或 75%百菌清 WP 600 倍液，隔 10 d 喷 1 次，连续喷 2～3 次。

豌豆炭疽病 Pea anthracnose

炭疽病是豌豆的一种常见病害。各地均有分布。一般为零星发生，部分地区发病重，叶片干枯坏死，病荚失去食用价值。

图 17-11　豌豆炭疽病，发病叶片

图 17-13　豌豆炭疽病，病荚

【致病病原】 病原菌为豌豆刺盘孢 *Colletotrichum pisi* Patouilard，属半知菌亚门真菌。

【病害循环】 病原以菌丝体或分生孢子在病残体内或潜伏在种子里越冬。春天条件适宜时，带病种子直接侵入幼苗使豆苗发病，或以分生孢子通过气流或雨水飞溅，进行初侵染和再侵染。

【发生规律】 该病主要发生在春、夏两季高温多雨条件下，随连阴雨日增多而扩展。低洼地、排水不良、植株生长衰弱发病重。

【防治措施】 参见菜豆炭疽病。

豌豆霜霉病 Pea downy mildew

【典型症状】 主要为害叶片。病初叶上现褪

【典型症状】 可为害叶片、茎蔓和豆荚。(1) 叶片。病斑较小，直径 2～4 mm，圆形或椭圆形，中间暗绿色或浅褐色，边缘深褐色，后期病斑中央密生小黑点（图 17-11）。(2) 茎蔓。病斑近梭形或椭圆形，略凹陷，中央淡褐色，边缘暗褐色（图 17-12）。(3) 豆荚。初生水浸状黄褐色至褐色小点，后发展成圆形或近圆形病斑，中间浅绿色，边缘暗绿色（图 17-13），后期密生黑色小粒点。湿度大时，病部长出粉红色黏质物（图 17-14）。

图 17-12　豌豆炭疽病，病茎

图 17-14　豌豆炭疽病，病荚

色斑，病原分布在叶背或叶面，白色至淡紫色（图 17-15）。嫩梢易发病，叶背面有淡紫色霉层，最后布满全叶，引起叶片枯黄而死（图 17-16）。

图 17-15　豌豆霜霉病，病叶

图 17-16 豌豆霜霉病，病叶

【致病病原】 病原为豌豆霜霉菌 *Peronospora viciae*（Berk.）de Bary.，属鞭毛菌亚门真菌。孢囊梗从寄主叶片气孔伸出，单生或束生，大小(250～500) μm×(6～9) μm，分枝 4～8 次，顶枝大小（4～20）μm×(2～3) μm。孢子囊椭圆形至短椭圆形，浅黄色，大小（14～24）μm×(12～21) μm，卵孢子球形，膜黄色，具网状突起，直径 26～40 μm。

【病害循环】 病原在病残体、种子上越冬。当条件适宜时从子叶下的胚茎侵入，向上蔓延，进入芽或真叶，形成系统侵染。病部产生病原借风雨传播蔓延，再侵染。经多次再侵染形成该病流行。

【发生规律】 雨季气温 20～24 ℃发病重。

【防治措施】（1）种子消毒。用种子量的 0.3%的 35%甲霜灵拌种剂拌种。（2）农业防治。实行 2 年以上轮作。清洁田园，病残体集中深埋或烧毁，及时耕翻土地。按配方施肥，合理密植。（3）化学防治。发病前或发病初期喷药防治，常用农药有 1∶1∶200 倍式波尔多液，90%霜疫灵 WP 500 倍液，或 60%琥·乙膦铝 WP 500 倍液，或 72%克露 WP 800～1 000 倍液，或 69%安克·锰锌 WP 1 000 倍液，隔 10 d 喷 1 次，连续喷1～2 次。

豌豆白粉病 Pea powdery mildew

白粉病是豌豆的一种重要病害。各地均有分布。保护地中发生严重，轻者发病率 10%～30%，重者达 40%以上，甚至 100%。

【典型症状】 主要为害叶、茎蔓和荚，多始于叶片。（1）叶片。叶正面初期现白粉状淡黄色小点，后扩大呈不规则形粉斑，互相融合，病部表面被白粉覆盖，叶背呈褐色或紫色斑块。病情扩展后波及全叶，致叶片迅速枯黄（图 17-17）。（2）茎荚。茎、荚染病也出现小粉斑，严重时布满茎荚，致茎部枯黄，嫩茎干缩。后期病部出现小黑点，即闭囊壳。

图 17-17 豌豆白粉病

【致病病原】 病原为豌豆白粉菌 *Erysiphe pisi* DC.，属子囊菌亚门真菌。（1）形态和大小。分生孢子桶形至柱形，无色，单胞，大小(25.4～38.1) μm×(12.7～17.8) μm；子囊壳暗褐色，扁球形，直径 92～120 μm，壁细胞不规则，多角形，直径 7.1～20.3 μm；附属丝丝状，12～34 根，为子囊壳的 1～3 倍；子囊 5～8 个，卵形，大小(55.9～76.2) μm×(35.6～43.2) μm；子囊孢子 3～5 个，卵形带黄色，大小（20.3～25.4）μm×(12.7～15.2) μm。（2）特性。分生孢子萌发、传播适温 10～30 ℃，最适温 16～24 ℃。（3）寄主。这种病原可以侵染豆科、茄科、葫芦科等 13 科 60 多种作物。

【病害循环】 寒冷地区病原以闭囊壳在遗落土表的病残体上越冬。温暖地区以分生孢子在寄主作物间辗转传播为害，无明显越冬期，也未见产生闭囊壳。第 2 年产生子囊孢子进行初侵染，借气流和雨水溅射传播，病部产生分生孢子进行多次重复侵染，使病害逐渐蔓延扩大，后期病原产生闭囊壳越冬。

【发生规律】（1）品种与发病。品种间抗性有差异，细荚豌豆较大荚豌豆抗病。（2）气候条件与发病。保护地日暖夜凉温差大，湿度高，易结露，适宜白粉病发生。白粉病在温暖干燥或潮湿环境都易发病，而降雨则不利于病害发生。（3）栽培管理与发病。施氮肥过多，土壤缺少钙、钾肥，造成植株生长不良，病害发生相对严重。在窝风地，植株生长过密，田间排水不畅，通风透光不良则病害传播蔓延快。

【防治措施】 (1) 种子消毒。用种子重量0.3%的70%甲基托布津拌种并密闭48～72 h后播种。(2) 农业防治。选用抗病品种，如中豌2号适于北京、浙江、湖北；晋硬1号、晋软1号适于华北及西北部分地区；绿珠豌豆、小青荚豌豆适于华北部分地区；无须豆尖1号豌豆适于西南、华南地区；杂交大荚豌豆（宁阳双花×大荚豌豆）适于华南地区。改良11号、台湾603、红大花、美国甜脆豆抗病性较强；黑龙江寒豆、荷兰红花虽发病但较耐病；台中11号和白花系列的中豌6号、四川大菜豌为高感品种。实行轮作，豌豆根系分泌物对第2年植株根瘤菌活动及根系生长有影响，故忌连作。抓好以肥水为中心的栽培防病措施。如合理密植、清沟排渍、增施磷钾肥，避免偏施氮肥，定期喷植宝素6 000～7 000倍液提高植株抗病力。科学浇水，不宜大水漫灌；加强通风，降低湿度。清洁田园，把病叶、病残体、病秧等清出田外，集中深埋或烧毁。(3) 化学防治。未发病田，喷12.5%腈菌唑EC 1 500～2 000倍液预防；每亩棚室中用45%百菌清FU200～250 g，傍晚进行熏蒸。病初期喷药27%高脂膜乳剂80～100倍液，或2%农抗B0-10AS 200倍液，或2%农抗120AS 200倍液，或45%硫黄SC 300～400倍液，或15%三唑酮WP 800～1 000倍液，或20%三唑酮EC 1 000～1 500倍液，或50%多·硫SC 600倍液，或50%混杀硫SC 500倍液，或50%苯菌灵WP 1 600倍液，隔7 d喷1次，连续喷2～3次。使用三唑酮、烯唑醇、腈菌唑等唑类药剂，会引起抗药性剧增，应轮换使用托布津、福美双、退菌特等其他类型农药。

豌豆灰霉病 Pea gray mold

灰霉病是豌豆的一种主要病害。局部地区分布。

【典型症状】 主要为害叶片、茎、荚。(1) 叶片。叶片叶端或叶面先发病，病部水渍状，有灰色霉层（图17-18）。(2) 果荚。受害由先端发病（图17-19，20），严重时果荚上密生灰色霉层（图17-21）。

图17-18　豌豆灰霉病，发病的叶片和茎

图17-19　豌豆灰霉病，发病的花

图17-20　豌豆灰霉病，发病的豆荚

图17-21　豌豆灰霉病，发病后期

【致病病原】 病原为灰葡萄孢 *Botrytis cinerea* Pers.，属半知菌亚门真菌。有性态为富克尔核盘菌 *Botryotini afuckeliana* (de Bary) Whetzel，属子囊菌亚门真菌。

【病害循环】 (1) 越冬与初侵染源。病原以菌丝、菌核或分生孢子越夏或越冬。越冬的病原以菌丝在病残体中营腐生生活，不断产出分生孢子进行再侵染。病原在田间存活期较长，遇到适合条件，即长出菌丝直接侵入或产生孢子。(2) 传播特点。病原借雨水溅射或随病残体、水流、气流、农具及衣物传播。

【发生规律】 生产上在有病原存活的条件下，只要具备高湿和 20 ℃左右的温度条件，病害易流行。露地种植的豌豆苗、棚室或反季节栽培的豌豆易发病。腐烂的病荚、病叶、病卷须、败落的病花落在健部即可发病。

【防治措施】 参见菜豆灰霉病。

豌豆芽枯病
Pea choanephora rot

豌豆芽枯病又称湿腐病、烂头病，是豌豆的一种常见病害。

【典型症状】 主要为害枝顶幼嫩部位，豆荚也会发病。(1) 嫩梢。开始发病呈水渍状，湿度大时扩展迅速，呈湿腐状腐败，茎部折曲；干燥时发病嫩梢干枯倒挂在茎顶。(2) 豆荚。豆荚下端蒂部先发病，开始呈灰褐色湿腐状（图 17-22），随病情发展病荚四周长出直立的灰白色茸毛状霉层，后期豆荚逐渐枯黄（图 17-23）。

图 17-22 豌豆芽枯病，病花

图 17-23 豌豆芽枯病，病荚

【致病病原】 病原为瓜笄霉 *Choanephora cucurbitarum*（Berk. et Rav.）Thaxt.，属接合菌亚门真菌。

【病害循环】 病原随病残体在土壤中越冬。借风雨或昆虫传播，从伤口侵入生活力衰弱的花和果实。

【发生规律】 生产上栽植过密，株间郁闭，田间湿度大，发病重。

【防治措施】 (1) 农业防治。采用高畦栽培，合理浇水，严防大水漫灌，雨后及时排水。合理密植，注意通风，防止湿气滞留。及时摘除残花、病果，集中深埋或烧毁。(2) 化学防治。发病初期喷 64%杀毒矾 WP 400～500 倍液，或 75%百菌清 WP 600 倍液，或 68%精甲霜灵·锰锌 WG 300 倍液。

豌豆基腐病
Pea rhizoctonia rot

豌豆基腐病又称苗立枯病，是豌豆的一种重要病害。各地均有分布。以露地发生较重，发病后造成死株，对产量有明显影响。

【典型症状】 主要发生在幼苗期。(1) 种子。出苗前，种子发病，引起烂种。(2) 幼苗。茎基部或根颈处出现缢缩、腐烂，病部褐色至红褐色（图 17-24）；子叶上病斑近圆形，红褐色。茎基部和根颈部产生椭圆形或长条形病斑，红褐色，后病部逐渐凹陷，当扩展到绕茎一周后，病部收缩或龟裂，幼苗生长缓慢、折倒或逐渐枯死（图 17-25）。湿度大时长出浅褐色蛛丝状霉。

【致病病原】 病原为立枯丝核菌 AG-4 菌丝汇合群 *Rhizoctonia solani* Kühn，属半知菌亚门真菌。

图 17-24 豌豆基腐病，茎基部缢缩、腐烂

图 17-25 豌豆基腐病，幼苗逐渐枯死

【病害循环】 病原以菌丝体或菌核在土中越冬，且可在土中腐生 2～3 年。菌丝能直接侵入寄主，通过水流、农具传播。

【发生规律】 播种过密，高温高湿，易发病。

【防治措施】 (1) 农业防治。豌豆忌连作，应与非豆科作物实行 3 年以上轮作。铲除前茬作物残留物和杂草，直接深埋沤肥或晒干烧毁。土壤深翻晒白或淹水 3～4 d，消灭隐藏于土中的虫和蛹，减少病虫发生基数。整地前每亩撒施石灰 40～50 kg，调整土壤 pH 预防土传病害。栽培时若发现病害，应及时拔除病株，或摘除病叶和病荚，集中处理。保持土壤湿润，雨后及时排渍。(2) 化学防治。在发病初期用 20%甲基立枯灵 EC 1 200 倍液，或 36%甲基托布津 SC 500 倍液，或 5%井冈霉素 AS 1 500 倍液，或 15%恶霉灵 AS 450 倍液喷淋。

参考文献

[1] 卢文坚. 食荚豌豆主要病虫害安全防治技术[J]. 福建农业科技，2005(5)：24-25

豌豆黑根病 Pea aphanomyces root rot

【典型症状】 主要为害茎基和主根（图 17-26）。病部水渍状，渐变软，黑褐色（图 17-27）。

【致病病原】 病原菌为根腐丝囊霉 *Aphanomyces euteiches* Drechsler，属鞭毛菌亚门真菌。

图 17-26 豌豆黑根病

图 17-27 豌豆黑根病

病害循环、发生规律、防治措施参见豌豆基腐病。

豌豆根腐病 Pea root rot

根腐病是豌豆的一种重要的土传病害。各地均有分布。普遍发生，能造成大片死苗，为害严重。病株率 5%～15%，严重时可达 60% 以上。

【典型症状】 幼苗至成株均可发病，以开花期发病多。发病豌豆的根和茎基部变黑腐烂，主根及细根大部分干缩（图 17-28）。叶片上产生黑色枯斑，严重时整片叶变黑枯死（图 17-29）。

【致病病原】 病原为根串珠霉 *Thielaviopsis basicola*（Berk. et Br.）Ferr. 和豌豆腐皮镰孢 *Fusarium solani*（Martius）f. sp. *pisi*（Jones）

图 17-28　豌豆根腐病，根部干缩

图 17-29　豌豆根腐病，植株枯死

Snyder et Hansen.，均属半知菌亚门真菌。（1）形态和大小。根串珠霉分生孢子梗瓶状；内生分生孢子无色，圆筒形；厚垣孢子串生在干菌丝顶端或侧面，基部 1～2 个细胞无色，其余褐色，壁厚，圆筒形，顶部细胞馒头形。（2）寄主。这种病原可以侵染蚕豆、豌豆、番茄、黄瓜、芹菜、莴苣、大豆、菜豆等。

【病害循环】 豌豆腐皮镰孢为土栖菌，可经土壤、病残组织及种子传播蔓延，经种皮或枝根侵入后延至主根。

【发生规律】 幼苗至成株均可发病，以开花期发病多。发病的适宜温度为 24～33 ℃，土温的影响较土壤湿度大。干旱年份发病重。

【防治措施】（1）种子消毒。用种子重量 0.4%的 2.5%适乐时，或用种子重量 0.1%的 98%恶霉灵 AS，或用种子重量 0.25%的 20%三唑酮 WP，或用种子重量 0.2%的 75%WP 百菌清，加适量水与种子均匀搅拌后播种。（2）化学防治。用 98%恶霉灵 WP 3 000 倍液，或 50%多菌灵 WP 500 倍液，或 50%敌克松 500 倍液，或 75%百菌清 WP 500 倍液，每穴 250 mL 根部浇灌，也可以采取喷淋的方法施药。必须连续使用农药 2～3 d，浇灌的间隔可以在 10～15 d，喷淋的间隔则必须在 7～10 d。注意农药的轮换使用，以延缓抗药性的产生。

参考文献

卢文坚. 食荚豌豆主要病虫害安全防治技术[J]. 福建农业科技，2005(5)：24-25

豌豆萎凋病
Pea fusarium wilt

【典型症状】 叶片卷曲褪绿后逐渐萎蔫（图 17-30），从植株下部向上部扩展，拔出植株可见根部呈浅褐色至褐色（图 17-31）。

图 17-30　豌豆萎凋病，植株萎蔫

图 17-31　豌豆萎凋病，根部症状

【致病病原】 病原为尖孢镰刀菌豌豆专化型 *Fusarium oxysporum* Schl. f. sp. *pisi*（van Hall）Snyder & Hansen.，属半知菌亚门真菌。

【病害循环】 病原以菌丝、厚垣孢子或菌核在病残体、土壤和带菌肥料中或种子上越冬。种子发芽时，病原从豌豆幼苗根部侵入。

【发生规律】 只有在低温、湿度过大，持续时间长的情况下才会发病。

【防治措施】（1）种子消毒。用种子重量 0.3%的 70%甲基托布津可湿性粉与 75%百菌清 WP 按 1∶1 混合拌种，密闭 48～72 h 后播种。

(2) 化学防治。发病初期及时用50%苯菌灵WP 1 500倍液，或40%多·硫SC 500倍液，或50%多菌灵WP 500倍液，或70%甲基托布津WP 500倍液，或75%百菌清WP 500倍液喷雾。

参考文献

卢文坚.食荚豌豆主要病虫害安全防治技术[J].福建农业科技,2005(5):24-25

18. 扁豆病害

扁豆病毒病 Hyacinth bean mosaic

病毒病是扁豆的一种常见病害。各地均有分布。发生普遍，主要在夏秋季的露地发生。发病株为5%左右，严重时发病率达10%以上，对产量有明显影响。

【典型症状】 因毒源、因品种、因地、因时，都会产生不同的田间症状，表现为花叶、斑驳、皱缩、畸形、花斑等症状，有的叶片变小或明脉，有的心叶不舒展或节间缩短。有的表现为系统环斑，病株矮小（图18-1）。

图18-1 扁豆病毒病，系统环斑

【致病病原】 主要有菜豆普通花叶病毒 Bean common mosaic virus、菜豆黄花叶病毒 Bean yollow mosaic virus、黄瓜花叶病毒菜豆系 Cucumber mosaic virus。

【病害循环】 菜豆普通花叶病毒主要靠种子传播，菜豆黄花叶病毒和黄瓜花叶病毒菜豆系初始毒源来自自然寄主，由桃蚜、豆蚜以非持久方式传播。黄瓜花叶病毒还可以通过农事操作接触摩擦传毒。

【发生规律】 气候干旱发病重。田间管理条件差、蚜量大发病重。

【防治措施】 (1) 农业防治。及时拔除病株。选用确实无病、无褐斑豆粒做种。加强肥水管理，提高植株抗病力。(2) 化学防治。及早防治传播介体蚜虫，防止病毒蔓延。

扁豆细菌性疫病 Hyacinth bean bacterial blight

扁豆细菌性疫病又称为细菌性叶烧病，是扁豆的一种主要病害。各地均有发生。发生普遍。发病率20%～40%，轻度影响生产；严重时病株率可达80%～100%，明显影响产量。

【典型症状】 主要为害叶片、茎、荚。(1) 幼苗。子叶和幼茎出现红褐色、湿润状斑块，严重时幼苗干枯。(2) 成株。多从中下部叶片先染病，由叶尖或叶缘开始逐渐向内扩展形成不规则形的褐色大斑，周围有黄色晕圈，病叶可很快枯死（图18-2，3）。(3) 茎部。染病出现红褐色短条斑，严重的亦可使茎蔓枯干，状似火熏烤过。(4) 豆荚。染病出现圆形或不规则形、稍凹陷的褐色病斑，所结籽粒不饱满。

【致病病原】 病原为野油菜黄单胞菌菜豆疫病致病变种 *Xanthomonas campestris* pv. *phaseoli* (E. F. Smith) Dye，属细菌。(1) 形态和大小。菌体短杆状，极生鞭毛1根，大小 (0.3～0.8) μm×(0.5～3.0) μm，有荚膜，革兰氏染色阴性，在PDA培养基上菌落圆形、黄色。(2) 特性。病原

图18-2 扁豆细菌性疫病，叶片局部

图 18-3　扁豆细菌性疫病，发病叶片

发育适温 30 ℃，最高 38 ℃，50 ℃经 10 min 致死，适应 pH 5.7～8.4，最适 pH 7.3。(3) 寄主。这种病原可以侵染菜豆、豇豆、扁豆、小豆、绿豆等。

【病害循环】 (1) 越冬与初侵染源。病原主要在种子内部或附在种子外表越冬。病原在种子内能存活 2～3 年，播种带菌的种子，幼苗出土即会发病。(2) 传播特点。病原经风雨及昆虫传播。从植株的气孔、水孔和伤口侵入。

【发生规律】 (1) 气候条件与发病。主要在夏、秋季发生。气温 24～32 ℃，叶片上有水滴是发病的重要条件。高温多雨，特别是暴风雨后往往病害易发生和流行。多露和露重天气发病也较重。(2) 栽培管理与发病。大水漫灌，肥力不足，偏施氮肥，植株徒长，生长势弱，田间杂草丛生，均易引起发病。

【防治措施】 (1) 种子消毒。播种前种子用 45 ℃恒温水浸种 15 min，捞出后移入冷水中冷却。或用种子重量 0.3%的 95%敌克松原粉或 50%福美双拌种；或用 72%农用硫酸链霉素 SPX 500 倍液浸种 24 h。(2) 农业防治。实行 3 年以上轮作。选留无病种子。加强栽培管理，避免田间湿度过大，减少田间结露的条件。(3) 化学防治。发病初期喷 14%络氨铜 AS 300 倍液，或 77%氢氧化铜 WP 500 倍液，或 47%加瑞农 WP 800 倍液，或 30%碱式硫酸铜 SC 400 倍液，或 50%琥胶肥酸铜 WP 500 倍液，或 72%农用硫酸链霉素 SPX 3 000～4 000 倍液，隔 7～10 d 喷 1 次，连续喷 2～3 次。采收前 3 d 停止用药。

扁豆斑点病
Hyacinth bean phyllosticta leaf spot

扁豆斑点病又称白星病，是扁豆的一种主要病害。分布广泛，发生较普遍。

【典型症状】 主要为害叶片。病斑圆形或近圆形，锈褐色，大小 2～15 mm，斑点较分散。发病后期中央逐渐变成浅褐色，边缘红褐色或暗褐色，稍隆起（图 18-4）。病部生黑色小粒点，排列成明显轮纹，有时轮纹不明显。

图 18-4　扁豆斑点病，病叶

【致病病原】 病原为豆类叶点霉 *Phyllosticta phaseolina* Sacc.，属半知菌亚门真菌。

【病害循环】 病原主要以分生孢子器在病残体上越冬。条件适宜时产生分生孢子借风雨传播蔓延进行初侵染和再侵染。

【发生规律】 多雨年份和季节易发病。缺肥田发病重。

【防治措施】 (1) 农业防治。施用充分腐熟有机肥，提高寄主抗病力。(2) 化学防治。发病初期喷 36%甲基托布津 SC 500～600 倍液，或 50%苯菌灵 WP 1 500 倍液，或 60%防霉宝 WP 800 倍液，或 50%琥胶肥酸铜 WP 500 倍液，或 30%碱式硫酸铜 SC 400 倍液，隔 10 d 喷 1 次，连续喷 2～3 次。采收前 3 d 停止用药。

扁豆角斑病
Hyacinth bean angular leaf spot

扁豆角斑病是扁豆的一种常见病害。各地均有分布，部分地区发病重。发病率 50%左右，对生产有轻度影响，严重地块发病率达 80%～100%，影响扁豆的产量和质量。

【典型症状】 多在生长的中后期发生。叶片上的病斑生灰色、多角形病斑，大小 5～8 mm，后变为灰褐色（图 18-5）。湿度大时，病斑上产生灰紫色霉层。

图 18-5　扁豆角斑病，病叶后期症状

【致病病原】　病原为灰拟棒束孢 *Isariopsis griseola* Sacc.，属半知菌亚门真菌。分生孢子梗淡黄褐色，直立，不分枝，大小（68.6～134.75）μm×(2.7～4.4) μm。分生孢子圆筒形，基部钝圆平截，顶部略细，顶生或侧生，无色至浅褐色，微弯，具 0～5 个隔膜，大小（26.95～66.15）μm×(4.9～7.5) μm。

【病害循环】　(1) 越冬与初侵染源。病原以菌丝块或分生孢子在种子上越冬。(2) 传播特点。第 2 年条件适宜时为害叶片，病部产生的分生孢子进行再侵染，扩大为害。秋季为害豆荚，侵染种子，在种子中潜伏越冬。

【发生规律】　秋季发病重，多发生在开花期后发病。

【防治措施】　(1) 种子消毒。用 45 ℃温水浸种 10 min。(2) 农业防治。有条件的应实行轮作。发病重的地块，收获后及时深翻。(3) 化学防治。发病初期喷 30%碱式硫酸铜 SC 400 倍液，或 77%氢氧化铜 WP 500 倍液，或 60%琥·乙膦铝 WP 500 倍液，或 64%杀毒矾 WP 500 倍液，隔 7～10 d 喷 1 次，连续喷 1～2 次。

扁豆淡褐斑病
Hyacinth bean ascochyta blight

【典型症状】　生长中后期发生，主要为害叶片。病斑近圆形或不规则形，大小不等，颜色较浅褐色，中央灰褐色，边缘暗灰褐至浅黑褐色，具不明显的轮纹，后期上生稀疏褐色小点（图 18-6）。

【致病病原】　病原为豌豆壳二孢 *Ascochyta pisi* Libert，属半知菌亚门真菌。(1) 形态和大小。分生孢子器球形，黑褐色，大小（100～180）μm×(100～120) μm。分生孢子无色，近圆形，双胞，大小（10～14）μm×(3～5) μm。(2) 特性。病原发育适温 15～26 ℃，最高 33 ℃，最低 8 ℃。(3) 寄主。这种病原可以侵染扁豆、蚕豆、菜豆和豌豆。

图 18-6　扁豆淡褐斑病

【病害循环】　病原以分生孢子器或菌丝体附在种子上或随病残体在田间越冬。条件适宜时以分生孢子进行初侵染。播种带菌种子，长出幼苗即染病。病原以分生孢子借雨水传播，进行再侵染。

【发生规律】　扁豆生长季节天气温暖高湿、多雨，发病较重。植株缺肥、早衰，利于发病。

【防治措施】　(1) 种子消毒。播种前将种子在冷水中预浸 4～5 h 后，置入 50 ℃温水中浸 5 min，移入冷水中冷却，晾干后播种。(2) 农业防治。重病田与非豆科蔬菜实行 2～3 年轮作。选择高燥地块，合理密植，采用配方施肥技术，提高抗病力。收获后及时清洁田园，深翻，减少越冬菌源。(3) 化学防治。发病初期喷 50%苯菌灵 WP 1 500 倍液，或 40%多·硫 SC 600 倍液，或 70%甲基托布津 WP 500 倍液，或 75%百菌清 WP 600 倍液，隔 7～10 d 喷 1 次，连续喷 2～3 次。采收前 7 d 停止用药。

扁豆轮纹病
Hyacinth bean zonate spot

扁豆轮纹病在一些地方也称为褐斑病，是扁豆的一种普通病害。部分地区发生，病株率 20%左右，少数叶片发病，对产量无明显影响。严重发生时，病株率达 60%，部分叶片枯死，对扁豆的产量有一定的影响。

【典型症状】 主要为害叶片。发病叶片先出现圆形病斑，褐色，边缘暗褐色。随病害发展，病斑中部变成灰白色至灰褐色（图 18-7）。开始时病斑上没有轮纹，随病情的发展，病斑渐出现明显的轮纹，病斑上长出黑色小粒点，即病原菌分生孢子器（图 18-8）。

图 18-7 扁豆轮纹病，叶片症状

图 18-8 扁豆轮纹病，叶片症状

【致病病原】 病原为小豆壳二孢 *Ascochyta phaseolorum* Sacc.，属半知菌亚门真菌。分生孢子器球形，黑褐色，直径 100～200 μm；分生孢子为双胞，长椭圆形，无色，分隔处稍缢缩，大小 (7～10) μm×(3～4) μm。

【病害循环】 病原以菌丝体和分生孢子器在病部或随病残体遗落土中越冬或越夏。分生孢子借雨水溅射传播，进行初侵染和再侵染。

【发生规律】 在生长季节中，如天气温暖高湿利于本病发生。偏施氮肥植株长势过旺，或肥料不足植株长势衰弱，或过度密植，株间湿度大，引致寄主抗病力下降，发病重。

【防治措施】 （1）农业防治。收获后清理病残物，烧毁，并深耕晒土。（2）化学防治。病初喷 47%加瑞农 WP 800～900 倍液。每隔 7～10 d 喷 1 次，连续喷 2～3 次。

扁豆褐斑病 Hyacinth bean brown spot

扁豆褐斑病是扁豆的一种重要病害。各地均有分布，发生普遍。病株率 50%～70%，严重地块达 100%，明显影响扁豆产量。

【典型症状】 该病主要为害叶片。病斑开始时病斑为深褐色，略发紫，大小一般为 3～10 mm，也有的病斑更大一些（图 18-9）。后期病斑的中部变为灰褐色。空气潮湿时，病斑上会长灰黑色霉层，是病原的分生孢子梗和分生孢子。

图 18-9 扁豆褐斑病，发病叶片

【致病病原】 病原为菜豆尾孢菌 *Cercospora cruenta* Sacc.，属半知菌亚门真菌。分生孢子座深褐色，直径 12.5～67.25 μm。分生孢子梗簇生，淡榄色，直立，大小 (3.75～5.5) μm×(12.5～70) μm。分生孢子无色，鞭形，大小 (2.25～3.75) μm×(31.25～132.5) μm。

【病害循环】 病原以子座组织在病残体上越冬。分生孢子借风雨传播蔓延，进行初侵染和再侵染。

【发生规律】 在夏、秋季露地发病。高温、高湿，种植密度过大，重茬栽培等因素都可能导致发病。重茬发病重。

【防治措施】 （1）农业防治。常发病地块要与非豆科作物进行轮作。收获后及时清除病残体，及时深翻。合理施肥，特别是钾肥。雨季注意排水，降低田间湿度。（2）化学防治。发病前或发病初期喷 50%苯菌灵 WP 1 500 倍液，或 50%甲基托布津 WP 500 倍液，或 50%多菌灵 WP 500～600 倍液，隔 7～10 d 喷 1 次，连续喷 2～3 次。

扁豆红斑病
Hyacinth bean cercospora leaf spot

红斑病是扁豆的一种普通病害。各地均有分布。发生普遍，发病率30%～50%，对产量有轻度影响；严重时发病率达80%以上，对产量有明显影响。

【典型症状】 全生育期都发生。主要为害叶片，严重时侵染豆荚。(1) 叶片。病斑近圆形，红褐色，大小2～9 mm（图18-10）。病斑多沿脉发展（图18-11）。后期在病斑对应的叶片背面密生灰色霉层，湿度大时叶面也会有霉层。(2) 豆荚。病斑红褐色斑，中心黑褐色，较大（图18-12）。后期长出浓密的灰黑色霉层。

图18-10 扁豆红斑病，病叶

图18-11 扁豆红斑病，病叶

图18-12 扁豆红斑病，病豆荚

【致病病原】 病原为变灰尾孢菌 *Cercospora canescens* Ell. et Mart.，属半知菌亚门真菌。分生孢子梗束生，榄褐色，每束2～28根，大小(17.5～122.5) μm×(3.75～5.75) μm，梗膝状弯曲，顶部平坦，有明显孢痕。分生孢子无色，针形，弯或直，顶端尖，基部钝，具隔膜5～11个，大小(47.5～130) μm×(3～5) μm。

【病害循环】 病原以菌丝体和分生孢子在种子或病残体上越冬。条件适宜时进行初侵染，经多次再侵染，使病害扩展蔓延。

【发生规律】 秋季多雨、高温高湿利其发生和流行。连作地块发病重。

【防治措施】 (1) 种子消毒。播前种子用45 ℃温水浸10 min消毒。(2) 农业防治。发病地采收后进行深耕，有条件的实行轮作。(3) 化学防治。发病前或发病初期喷75%百菌清WP 600倍液，隔7～10 d喷1次，连续喷2～3次。

扁豆黑斑病
Hyacinth bean alternaria blight

黑斑病是扁豆的一种常见病害。各地均有分布。发生普遍，病株率为30%，对生产无明显影响；严重时达80%以上，一定程度上影响产量和质量。

【典型症状】 主要为害叶片。病斑圆形，褐色，有同心轮纹，大小6～10 mm（图18-13）。发展到后期病斑上生有黑色霉层。

图18-13 扁豆黑斑病，叶片症状

【致病病原】 病原为芸薹链格孢菜豆变种 *Alternaria brassicae* (Berk.) Sacc. var. *phaseoli* Brun.，属半知菌亚门真菌。

【病害循环】 病原以菌丝体和分生孢子丛在病部或病残体中越冬。病原借气流或雨水溅射传播，进行初侵染和再侵染。在南方病原在植株上辗转传播。

【发生规律】 温暖多湿的天气有利于发病。

密植郁蔽的生态环境易发病。

【防治措施】 （1）农业防治。合理密植，清沟排渍。生长季节结束后，彻底收集病残物烧毁。（2）化学防治。重病地或田块应及早喷药控制，药剂可选用75%百菌清 WP 600 倍液，或 58%甲霜灵·锰锌 WP 500 倍液，或 40%大富丹 WP 400 倍液，或 50%扑海因 WP 1 500 倍液，或 50%腐霉利 WP 1 500 倍液，隔 7～10 d 喷 1 次，连续喷 3～4 次。采收前 7 d 停止用药。

扁豆炭疽病 Hyacinth bean anthracnose

炭疽病是扁豆的一种普通病害。各地均有发生。严重时病株率达 20%以上，对生产有一定的影响。

【典型症状】 各生长时期均能发病。（1）子叶。病斑出现在子叶边缘，凹陷，浅褐色，有的呈红褐色，潮湿时有粉红色黏稠物（图 18-14）。（2）叶片。病斑初为点状，黑褐色，随病情的发展呈多角形条状，赤褐色至黑色（图 18-15）。病斑一般是沿叶脉扩展。（3）叶柄和茎蔓。病斑褐色至红褐色，略凹陷（图 18-16）。（4）豆荚。病斑圆形，凹陷，中央黑褐色，边缘浅褐色或褐红色，大小 0.5～1 cm。扁豆成熟后，病斑颜色渐浅，边缘稍隆起，中央凹陷（图 18-17，18）；种子上的病斑不定型，黄褐色至暗褐色。

图 18-14　扁豆炭疽病，子叶发病

图 18-15　扁豆炭疽病，发病叶片

图 18-16　扁豆炭疽病，病茎

图 18-17　扁豆炭疽病，豆荚发病

图 18-18　扁豆炭疽病，病荚后期病状

【致病病原】 病原为豆刺盘孢菌 *Colletotrichum lindemuthianum* （Sacc. et Magn.） Bri. et

Cav.，属半知菌亚门真菌。(1) 形态和大小。子囊壳球形，直径 250～380 μm；子囊孢子圆筒形，大小 (15～22) μm×(4～6) μm。(2) 寄主。这种病原可以侵染扁豆、菜豆、大豆、绿豆、蚕豆、豌豆、豇豆等。

【病害循环】 病原在种子、病残体上越冬。幼苗子叶或嫩茎发病后，病部产生病原通过昆虫及风雨传播蔓延。

【发生规律】 多在夏、秋季露地零星发生。气温 17～20 ℃，相对湿度 100%利于发病，生产上温凉多湿或多雨、多露、多雾发病重。密度过大及地势低洼，土壤黏重易发病。

【防治措施】 (1) 种子处理。在播种前种子用 45 ℃温水浸种 10 min。或用 40%福尔马林 200 倍液浸种 30 min，然后冲净晾干播种。(2) 农业防治。选用抗病品种，选留无病种子。收获后及时清除病残体。施用充分腐熟的堆肥。重病田实行 2～3 年轮作。间苗时注意剔除病苗，加强肥水管理。(3) 化学防治。发病初期喷 80%炭疽福美 WP 900 倍液，或 50%苯菌灵 WP 1 500 倍液，或 50%多菌灵 WP 600 倍液，或 80%新万生 WP 500 倍液，或 30%碱式硫酸铜 SC 400 倍液，或 1∶1∶240 倍式波尔多液，隔 7～10 d 喷 1 次，连续喷 2～3 次。

扁豆茎枯病 Hyacinth bean stem blight

【典型症状】 主要为害茎。茎上病斑条状，灰色，后期变为灰白色至暗灰色，表面生出很多小黑粒点（图 18-19）。

图 18-19 扁豆茎枯病，不同时期的病茎

【致病病原】 病原为菜豆壳球孢 *Macrophomina phaseoli* (Maubl.) Ashby.，属半知菌亚门真菌。分生孢子器暗褐色球形，初埋生、分散，直径 89～275 μm；产孢细胞葫芦形，无色，大小 (5～13) μm×(4～6) μm；分生孢子单胞，无色，圆柱形或纺锤形，大小 (16～32) μm×(5～10) μm；菌核黑色，坚硬，直径 5～100 μm。

【病害循环】 (1) 越冬与初侵染源。病原以菌丝或菌核随病残体在土壤中越冬。第 2 年春天条件适宜时，借雨水溅射传播，进行初侵染，引起幼苗或成株发病。(2) 传播特点。病部产生的分生孢子借风雨传播，进行多次再侵染。

【发生规律】 田间高温多湿易发病。地势低洼及土壤湿度大易发病。

【防治措施】 (1) 农业防治。收获后及时清除病残体，集中深埋或烧毁。与禾本科作物轮作。施入的堆肥要充分腐熟，注意增施钾肥。(2) 化学防治。发病初期喷 30%碱式硫酸铜 SC 400 倍液，或 50%琥胶肥酸铜 WP 500 倍液，或 80%新万生 WP 600 倍液，隔 10 d 喷 1 次，连续喷 2～3 次。

扁豆花腐病 Hyacinth bean blossom rot

【典型症状】 花穗发病时出现腐烂（图 18-20），湿度大时病部有灰黄色毛状物（图 18-21）。

【致病病原】 病原为漏斗笄霉 *Choanephora infundibulifera* (Curr.) Sacc.，属接合菌亚门真菌。菌丛初白色，后黄色。分生孢子近椭圆形紫褐色，壁光滑。

【病害循环】 病原随病残体在土壤中越冬。

图 18-20 扁豆花腐病，发病初期

图 18-21 扁豆花腐病，发病后期

【发生规律】 开花期间遇有连阴雨易发病。地势低洼易发病。

【防治措施】 （1）农业防治。高畦栽培，适当密植，注意田间排水降湿。（2）化学防治。发病初期喷 64%杀毒矾 WP 400～500 倍液，或 58%甲霜灵·锰锌 WP 500 倍液，或 80%新万生 WP 800 倍液，或 75%百菌清 WP 600 倍液，隔 10 d 喷 1 次，连续喷 2～3 次。

扁豆绵疫病 Hyacinth bean brown rot

【典型症状】 豆荚上病斑水渍状斑，淡黄褐色，后期病部有白色霉状物。病叶的叶脉紫色，叶片有少量的白霉（图 18-22）。

图 18-22 扁豆绵疫病

【致病病原】 病原为菜豆疫霉 *Phytophthora phaseoli* Thaxter，属鞭毛菌亚门真菌。孢囊梗有分枝，孢子囊大小（28～42）μm×（17～27）μm，藏卵器红褐色。

【病害循环】 在种子上或病残体上越冬。生育后期，病原在病组织内形成卵孢子，进行越冬。孢子囊借风雨传播。

【发生规律】 （1）气候条件与发病。温度和湿度是发病的主要影响因素。当气温在 25～28 ℃，遇到连阴雨或雨后转晴的天气，这时空气湿度高，特别容易发病。（2）栽培管理与发病。地势低洼，土壤潮湿，如果种植密度再比较大，通风透光不好，则发病重。

【防治措施】 （1）农业防治。种植抗病品种，实行轮作，高畦深沟种植，合理密植，雨后及时排水。（2）化学防治。发病初期喷 70%乙膦·锰锌 WP 500 倍液，或 58%甲霜灵·锰锌 WP 500 倍液，或 18%甲霜胺·锰锌可湿粉 600 倍液。

19. 菜用大豆病害

菜用大豆病毒病
Soya bean mosaic

病毒病是菜用大豆的一种常见病害。发生普遍，轻者发病率10%～20%，重者发病率可达30%以上。

【典型症状】 病毒病在菜用大豆植株上表现的症状非常复杂，有多种类型，其表现与菜用大豆品种、病株环境条件的作用有关，也受播期、传播介体的影响。症状表现主要有。(1) 轻花叶型。叶片平展，呈轻型花叶，植株生长正常（图19-1）。(2) 花叶型。叶片稍有不平，黄绿斑驳相间明显，植株生长比较正常（图19-2）。(3) 黄斑花叶。叶片平整或稍有不平，有大块黄斑，或间有叶脉坏死现象（图19-3）。(4) 曲叶。最初叶缘像木耳边，叶片渐呈波状（图19-4）。(5) 疱叶。叶片形成凹凸不平的疱斑，叶色浓绿，疱斑多沿叶脉形成（图19-5）。(6) 卷叶。初期叶缘下卷，渐重后形成鸡爪叶形（图19-6）。(7) 畸形叶。复叶的3片小叶合生为1片或2片，叶色较浓，叶片增厚，有的叶片上还出现黄斑、疱凸和皱缩等症状（图19-7）。(8) 顶枯型。上部叶片褪绿，出现黄褐斑，僵脆、逐渐枯萎坏死，顶芽黄枯死亡，下部叶片浓绿，厚而脆，常出现脉坏死（图19-8）。(9) 矮化。植株矮小，节间明显缩短，叶片窄小，僵缩易脆，有的呈现黄绿相间的斑驳，荚少，小而畸形，多为光荚。(10) 皱缩。叶片明显窄小皱缩，有疱状凸起，畸形皱缩，可伴有黄绿斑驳（图19-9）。(11) 褐斑粒。病粒种皮出现褐色斑驳，从种脐向外呈放射状，或通过脐部成带状。

图 19-1　菜用大豆病毒病，轻花叶型

图 19-2　菜用大豆病毒病，花叶型

图 19-3　菜用大豆病毒病，黄斑花叶

图 19-4　菜用大豆病毒病，曲叶

图 19-5　菜用大豆病毒病，疱叶

图 19-6　菜用大豆病毒病，卷叶

图 19-7　菜用大豆病毒病，畸形叶

图 19-8　菜用大豆病毒病，顶枯型

图 19-9　菜用大豆病毒病，皱缩

【致病病原】 病原为大豆花叶病毒 Soybean mosaic virus（SMV）。（1）形态和大小。病毒粒体线状，大小（650～760）nm×18 nm。含单股RNA。感染14～21 d病叶细胞内产生的内含体为风轮状，大小12～14 nm。（2）特性。病毒在体外不稳定，钝化温度60～70 ℃，稀释限点100～1 000倍，体外存活期根据不同分离物为1～14 d。钝化pH<4或pH>9。

【病害循环】 （1）越冬与初侵染源。大豆花叶病毒在种子内越冬，为第2年初侵染源。带毒种子长出的幼苗，在条件适宜时即可发病，成为田间发病的毒源。（2）传播特点。病毒田间传播主要靠蚜虫，农事操作接触摩擦也能传毒。远距离传播靠带毒的种子。

【发生规律】 种子带毒率高，产生病苗多。早期出现的毒源多，后期病害发生较重。高温、干旱年份对蚜虫繁殖、活动有利，病毒传播快，大豆发病重。花叶病的发病适温为20～30 ℃，超过30 ℃病害出现隐症；30 ℃以上，温度越低潜育期越长。

【防治措施】 （1）种子消毒。播种前用55～60 ℃温水浸种20～30 min。或用0.1%高锰酸钾浸种30 min，可以杀死种子内外的病毒。（2）农业防治。建立无病留种田，及时拔除病株，选用确实无病、无褐斑豆粒做种。合理密植，适时灌溉，增施肥料等，增强抗病性能，拔除病苗，及时治蚜。（3）化学防治。发病初期喷1.5%植病灵Ⅱ号EC 1 000倍液，或20%毒克星WP 500倍液，隔10 d喷1次，连续喷1～2次。及早防治蚜虫，防止病毒蔓延。

参考文献

[1] 郑翠明，常汝镇，邱丽娟. 大豆花叶病毒病研究进展[J]. 植物病理学报，2000，30(2)：97-105

[2] 郭书普. 农业实用技术百科全书[M]. 北京：中国致公出版社，1996

菜用大豆细菌性斑疹病
Soya bean bacterial pustule

菜用大豆细菌斑疹病又称细菌性叶烧病，是菜用大豆的一种主要病害。各地均有分布，以南方发生较重。引起早期落叶，对产量和质量有明显影响。

【典型症状】 主要为害叶片、豆荚，也可为害叶柄和茎。(1) 叶片。病斑为浅绿色小点，渐发展红褐色多角形斑，大小为1～2 mm，病斑不断扩大，形成小疱状干枯病斑，表皮破裂，边缘无黄晕（图 19-10）。隆起的疱斑是该病害鉴别标志之一。严重时大量病斑汇合，组织变褐枯死，似火烧状。(2) 豆荚。病斑初为点状，圆形，红褐色，后为黑褐色，稍隆起（图 19-11）。斑疹病与斑点病症状相似，其主要区别在于斑疹病的病斑初期不呈水渍状，并且中央常有一凸起的小疹，病斑周围也没有黄色晕圈。

图 19-10 菜用大豆细菌性斑疹病，发病叶片症状

图 19-11 菜用大豆细菌性斑疹病，发病豆荚症状

【致病病原】 病原为油菜黄单胞菌大豆致病变种 *Xanthomonas campestri* pv. glycines (Nakano) Dye.，属细菌。(1) 形态和大小。菌体杆状，大小 (1.3～1.5) μm×(0.6～0.7) μm，无荚膜，无芽孢，极生单鞭毛。(2) 特性。病原发育适温 25～32 ℃，最高 38 ℃，最低 10 ℃。革兰氏染色阴性，好气性。

【病害循环】 (1) 越冬与初侵染源。病原主要在病种子和病残体上越冬，成为第 2 年的初侵染源。(2) 传播特点。病原在田间借风雨传播进行再侵染。

【发生规律】 开花期至收获前发生较多。从幼苗到成株均可发病。

【防治措施】 (1) 种子消毒。精选无病种子。播种前用 56 ℃温水浸种 30 min。还可以使用 1.05%次氯酸钠浸 20～40 min 或硫酸链霉素 200 mg/kg 浸 2 h，然后经水洗 30 min。(2) 农业防治。与禾本科作物实行 3～4 年以上轮作。收获后及时深翻，以减少菌源。(3) 化学防治。发病前或发病初期喷 30%碱式硫酸铜 SC 400 倍液，或 30%氧氯化铜 SC 800 倍液。

菜用大豆细菌性斑点病
Soya bean bacterial blight

菜用大豆细菌性斑点病又称细菌性疫病。各地均有有发生，北方重于南方，尤其在冷凉潮湿地区发病重。引起早期落叶，可减产 10%～20%。

【典型症状】 主要为害叶片，也为害幼苗、叶柄、茎、荚和籽粒。(1) 幼苗。幼苗发病，子叶上生半圆或近圆形病斑，褐色至黑色，周围为水渍状。(2) 叶片。叶片发病初生褪绿小点，半透明水渍状。后转变为黄色至深褐色多角形病斑，周围有黄绿色晕圈，大小 3～4 mm（图 19-12）。在湿度大时病叶背后常溢出白色菌脓，干燥后形成有光泽的膜。严重时多个病斑汇合成不规则枯死大斑，病组织易脱落，病叶呈破碎状，造成下部叶片早期脱落。(3) 茎和叶柄。茎和叶柄受害，形成褐色至黑色的水渍状长条形病斑。(4) 豆荚。豆荚上的病斑初呈红褐色小点，逐渐变成黑褐色不规则形，斑点多集中在豆荚的合缝处（图 19-13）。(5) 籽粒。种子上病斑不规则，褐色，常覆一层菌脓。

图 19-12　菜用大豆细菌性斑点病，发病叶片症状

图 19-13　菜用大豆细菌性斑点病，发病豆荚症状

【致病病原】　病原为丁香假单胞杆菌属的大豆细菌性斑点病 *Pseudomonas syringae* pv. *glycinea* (Coerper) Young，Dye & Wilkic，属细菌。病原杆状，大小 0.6～0.9 μm，有荚膜，极生鞭毛 1～3 根。革兰氏染色阴性。

【病害循环】　(1) 越冬与初侵染源。细菌在种子或病残体上越冬，可存活 7～8 个月。在未腐烂的病叶中可存活 1 年以上。第 2 年播种带菌种子，出苗后即发病，成为该病扩展中心。(2) 传播特点。病原借风雨传播蔓延，由气孔侵入寄主进行再侵染。

【发生规律】　(1) 发生时期。4 月底到 5 月初，幼苗分枝期，病情开始发展，5 月中旬至 6 月上旬开花结荚期出现高峰。6 月中下旬，鼓粒、成熟期，病情又趋缓合。此后，雨量增多又可出现 1 次小高峰。(2) 气候条件与发病。天气阴冷潮湿利于病害发展，干热天气病害受到抑制。多雨及暴风雨后，叶面伤口多，利于该病发生。(3) 栽培管理与发病。连作地发病重。

【防治措施】　(1) 种子处理。用种子重量 0.3%的 50%WP 福美双拌种。用 1 g 农用链霉素加水 5～10 kg 浸种 30～60 min，晾干后播种。(2) 农业防治。与禾本科作物进行 3 年以上轮作。合理密植，调整播期，施用充分腐熟的有机肥。及时拔出病株深埋处理。收获后清除田间病残体，及时深翻，促使病残体加速腐烂。(3) 化学防治。发病初期喷 2%菌克毒克 AS 250～300 倍液，或 1∶1∶200 倍式波尔多液，或 30%碱式硫酸铜 SC 400 倍液，或 47%加瑞农 WP 700～800 倍液。视病情每隔 7 d 喷 1 次，共喷 2～3 次。

参考文献

王玉全，李祥羽，徐鹏飞，等. 黑龙江省大豆细菌性斑点病病原菌的分离鉴定及病害分布研究[J]. 黑龙江农业科学，2006(6)：34-35

菜用大豆细菌性角斑病

Soya bean bacterial leaf spot

细菌性角斑病是菜用大豆的重要病害。局部地区发生为害。一般发生程度较轻，轻度影响生产，少数地块或局部地区发病严重，部分植株叶片枯死脱落，明显影响产量和质量。

【典型症状】　为害幼苗、叶片、叶柄、茎秆和豆荚。叶片上病斑初为圆形至多角形暗绿色小点，后扩大成深褐色至黑褐色小斑，边缘多具一狭窄的褪绿晕圈，发病严重时叶片枯死脱落（图 19-14）。幼苗、叶柄、茎秆和豆荚上症状与叶部相似。

图 19-14　菜用大豆细菌性角斑病，新叶发病症状

【致病病原】　病原为假单胞杆菌丁香假单胞

菌菜用大豆日本致病变种 *Pseudomonas syringae* pv. *glycinea* var. *japonica*，属假单胞杆菌科细菌。

【病害循环】 (1) 越冬与初侵染源。病原菌主要在病种子和病残体上越冬，成为第 2 年的初侵染源。(2) 传播特点。病原菌在田间借风雨传播进行再侵染。

【发生规律】 从幼苗到成株均可发病。开花期至收获前发生较多。

【防治措施】 (1) 农业防治。精选无病种子，播种前进行种子消毒。与禾本科作物实行 3～4 年以上轮作。收获后及时深翻，以减少菌源。(2) 化学防治。发病前或发病初期喷药，常用农药有 1∶1∶160 倍式波尔多液，或 30% 碱式硫酸铜 SC 400 倍液，30% 氧氯化铜 SC 800 倍液。

菜用大豆褐斑病 Soya bean brown leaf spot

菜用大豆褐斑病又称褐纹病、斑枯病，是菜用大豆的一种常见病害。各地均有分布，发生普遍。以秋季种植发病较重，引起叶片脱落，对产量有一定的影响。

【典型症状】 发病多从下部叶片开始，逐渐向上发展。(1) 子叶。子叶上的病斑圆形，黄褐色，略凹陷，后期在病斑的枯死部分产生轮纹，病叶两面散生小黑点，即病原的分生孢子器。(2) 叶片。叶上病斑呈多角形或不规则形，褐色或赤褐色，表面散生小黑点（图 19-15）。病重时叶片上的病斑相互汇合成褐色块斑，并使整个叶片变黄而过早脱落（图 19-16）。(3) 茎和叶柄。病茎上病斑形状不规整，暗褐色，边缘不清晰，黑点明显。(4) 荚。荚上病斑褐色，不规则形，其上也生小黑点，但不清楚（图 19-17）。

【致病病原】 病原为大豆壳针孢 *Septoria glycines* Hemmi，属半知菌亚门真菌。(1) 形态和大小。分生孢子器球形，器壁褐色，膜质，直径 64～112 μm，具孔口。埋生于叶组织里，散生或聚生。分生孢子无色，针形，直或弯曲，具横隔膜 1～3 个，大小 (26～48) μm×(1～2) μm。(2) 特性。病原发育温度 5～36 ℃，最适温度24～28 ℃。分生孢子萌发最适温度为 24～30 ℃，高于 30 ℃则不萌发。

图 19-15　菜用大豆褐斑病，发病叶片症状

图 19-16　菜用大豆褐斑病，发病叶片症状

图 19-17　菜用大豆褐斑病，发病荚症状

【病害循环】 病原以分生孢子器在被害组织内越冬，亦可以菌丝体在被害种子上越冬。种子带病是造成幼苗子叶发病的主要菌源。在病株残体上越冬的病原释放出的器孢子，借风、雨传播，首先侵染菜用大豆底层叶片，引起发病，而后扩大再侵染。

【发生规律】 (1) 气候条件与发病。温暖多雨，夜间多雾，结露持续时间长发病重，高温干燥则抑制病情发展。适宜菜用大豆褐纹病发生的温度为 24～28 ℃，最高温度为 36 ℃，最低温度为 5 ℃，病害潜育期为 10～12 d，加上适宜的降水量，有利于褐纹病发生。（2）栽培管理与发病。连作地和重迎茬发病重。种植密度大、通风透光不好、排水不良，可加重病害。

【防治措施】 （1）种子消毒。用种子重 0.3%的 50%福美双 WP，或 0.3%的 50%WP 多菌灵拌种。（2）农业防治。与玉米和其他禾本科作物实行 3 年以上轮作。合理施肥，尤其生育后期应喷多元复合叶面肥，补足营养，增强抗病性。收割后清除田间病叶及其他病残体，并进行深翻，以减少菌源。（3）化学防治。发病初期用 50%福美双 WP 500 倍液，或 75%百菌清 WP 600 倍液，50%琥胶肥酸铜 WP 500 倍液，或 14%络氨铜 AS 300 倍液，或 77%氢氧化铜 WP 500 倍液，或 47%加瑞农 WP 800 倍液，或 30%碱式硫酸铜 SC 300 倍液。隔 10 d 喷 1 次，连续喷 1～2 次。

菜用大豆紫斑病 Soya bean purple speck

紫斑病是菜用大豆的一种常见病害。各地均有分布。发生普遍，南方发生较重，影响产量和品质。

【典型症状】 叶、茎、荚、种子均能受害，以种子上的症状最明显。（1）子叶。不规则褐色斑点，云纹状（2）叶片。初生圆形紫红色小斑点，扩大后变成不规则形或多角形，褐色、暗褐色，主要沿中脉或侧脉的两侧发生，条件适宜时病斑汇合成不规则形大斑（图 19-18）。叶脉上的病斑紫褐色，长条形。严重时叶片发黄，湿度大时叶正反两面均产生紫黑色霉状物，即病原分生孢子梗和分生孢子。（3）茎秆。病斑呈长条状或梭形，红褐色，后期呈灰褐色，具光泽。严重的整个茎秆变成黑紫色，上生稀疏的灰黑色霉层（图 19-19）。（4）豆荚。病斑近圆形至不规则形，无明显边缘，病斑灰黑色，荚干燥后变黑色，生紫黑色霉状物（图 19-20）。（5）种子。病斑不规则，仅限于种皮，不深入内部，症状因品种及发病时期不同而有较大差异，多呈紫色，有的呈青黑色，在脐部四周形成浅紫色斑块，严重的整个豆粒变为紫色，有的龟裂。

图 19-18 菜用大豆紫斑病，发病叶片症状

图 19-19 菜用大豆紫斑病，发病茎症状

图 19-20 菜用大豆紫斑病，发病荚症状

【致病病原】 病原为菊池尾孢 *Cercospora kikuchii* (Matsumoto et Tomoyasu) Chupp，属半知菌亚门尾孢属。（1）形态和大小。子座小，褐色，直径 19～35μm。分生孢子梗簇生，有的多至 23 根，不分枝，暗褐色，顶端色淡，或上下色泽均匀，多隔膜，0～2 个膝状节，孢痕显著，大小 (16～192) μm×(4～6) μm。分生孢子鞭状至圆筒形，无色透明，正直或弯曲，基部截形，顶端略

尖，多隔膜可达 20 个以上，但不明显，大小(54～189) μm×(3.0～5.5) μm。病原有不同的菌丝。紫斑粒形成的菌丝产生紫红色色素，黑斑粒形成的菌丝产生暗绿色色素。(2) 特性。病原菌丝生长发育适温为 24～28 ℃；分生孢子形成适温为 23～27 ℃，萌发温度为 16～31 ℃，最适温度为 28 ℃。

【病害循环】 病原以菌丝体潜伏在种皮内，或以菌丝体和分生孢子在病残体上越冬，成为第 2 年的初侵染源。播种带菌种子，引起子叶发病。病部产生的分生孢子，借风雨传播进行初侵染和再侵染。

【发生规律】 (1) 气候条件与发病。开花期和结荚期多雨，气温偏高，均温 12.5～27 ℃，发病重；高于或低于这个温度范围，发病轻或不发病。(2) 栽培管理与发病。连作地及早熟种发病重。种植密度过大，通风透光不良，利于发病。

【防治措施】 (1) 种子消毒。播种前用种子重量 0.3%的 50%福美双 WP 拌种，也可用种子重量 0.3%的 40%大富丹 WP 或 50%克菌丹 WP 拌种。(2) 农业防治。与禾本科或其他非寄主植物进行 2 年以上轮作；剔除带病种子，适时播种，合理密植，清沟排湿，防止田间湿度过大都有利于减轻病害的发生；收获后要及时清除田间病残体，深翻土地，以加速病残体腐烂。(3) 化学防治。在开花始期、蕾期、结荚期、嫩荚期，各喷 1 次 30%碱式硫酸铜 SC 400 倍液，或 1∶1∶160 倍式波尔多液，或 50%多·霉威 WP 1 000 倍液，或 50%苯菌灵 WP 1 500 倍液，或 36%甲基托布津 SC 500 倍液，每亩喷配好的药液 55 L 左右。采收前 3 d 停止用药。

菜用大豆棕色叶斑病
Soya bean macrophoma leaf spot

【典型症状】 主要为害叶片，多从中下部叶片开始发病。初在叶上出现黄褐色小点，后扩展成圆形至近圆形棕褐色斑，周围有黄晕（图 19-21），后期病斑发展成不定型，病斑背面长出许多小黑点（图 19-22）。病叶黄化枯死。

图 19-21 菜用大豆棕色叶斑病

图 19-22 菜用大豆棕色叶斑病

【致病病原】 病原为大茎点霉 *Macrophoma* sp.，属半知菌亚门真菌。

【病害循环】 病原菌在病残体或病种子上越冬，成为初侵染源。

【发生规律】 发病与结荚期降雨量多少有关，连阴雨天气多的年份发病重。发病后以分生孢子进行重复侵染。

【防治措施】 (1) 种子处理。用种子重量 0.3%的 50%福美双或拌种双 DP 拌种。(2) 农业防治。建立无病留种田，选用无病种子。发病重的地区实行 3 年以上轮作。收获后清除病残体，减少第 2 年初侵染菌量。(3) 化学防治。在发病初期选用 70%甲基托布津 WP 600 倍液，或 40%多硫 SC 400 倍液，或 45%特克多 SC 1 000 倍液喷雾。

菜用大豆灰斑病
Soya bean cercospora leaf spot

菜用大豆灰斑病又称蛙眼病、褐斑病或斑点病，是一种间歇性流行病害。一般发生年可使大豆减产 12%～15%，严重发生年可减产 30%，个别可达 50%。

【典型症状】 整个菜用大豆生育期均可发病，主要为害叶片，也能为害茎秆、豆荚和籽粒。

（1）子叶。子叶上产生稍凹陷的圆形或半圆形病斑，深褐色。低温多雨条件下，病斑发展很快，可蔓延至生长点，使顶芽变褐枯死。（2）叶片。发病初生红褐色小圆斑，后逐渐扩展成圆形或不规则形，直径1～6 mm，中间灰色至灰褐色，病斑周围带有狭窄的暗褐色边缘，病斑与健全组织分界明显（图19-23），这是区分灰斑病与其他叶部病害的主要特征。湿度大时，叶背面病斑中间生出密集的灰色霉层，即病原的分生孢子梗和分生孢子。发病严重时，数个病斑互相汇合，使病叶干枯早落。（3）茎秆。形成深红色纺锤形病斑，中央部分淡灰色，边缘深褐色或黑色，密布微细黑点，并有不太明显的霉状物。（4）豆荚。病斑圆形至椭圆形，扩大可呈纺锤形，中央灰褐色，边缘红褐色。（5）种子。轻者只产生褐色斑点。重者产生褐色圆形至不规则形病斑，稍凸出，中央灰白，边缘褐色，病斑上霉层不明显。严重时病部表面粗糙，可凸出种子表面并生有细小裂纹。

图19-23　菜用大豆灰斑病，发病叶片症状

【致病病原】 病原为大豆尾孢 *Cercosporidium sojinum*（Hara）Liu & Guo，属半知菌亚门尾孢属真菌。（1）形态和大小。分生孢子为棍棒状或圆柱形，具隔膜1～11个，无色透明，大小（24～108）μm×（3～9）μm。分生孢子梗5～12根成束从气孔伸出，不分枝，褐色，具0～3个隔膜。（2）寄主。病原的寄主范围窄，只能侵染栽培大豆、野生和半野生大豆。

【病害循环】 （1）越冬与初侵染源。病原以菌丝体或分生孢子在病残体或种子上越冬，成为第2年初侵染源。病残体上产生的分生孢子比种子上的数量大，是主要初侵染源。（2）传播特点。种子带菌后长出幼苗的子叶即见病斑，温湿度条件适宜病斑上产生大量分生孢子，借风雨传播进行再侵染。通过气孔侵入到叶片、茎部，结荚后病原又侵染豆荚和籽粒。但风雨传播距离较近，主要侵染四周邻近植株，形成发病中心，后通过发病中心再向全田扩展。

【发生规律】 （1）发生时期。病斑出现始期为6月末至7月初，这时只见到少数病斑，病情发展缓慢，到菜用大豆鼓粒期病情发展迅速。（2）品种与发病。生产上病害的流行与品种抗病性关系密切，如品种抗性不高，又有大量初侵染菌源，花后降雨多，湿气滞留或夜间结露持续时间长很易大发生。（3）气候条件与发病。高温抑制病情发展，高湿则加速病情蔓延。气温15～30 ℃，有水滴或露水存在适于病原侵入，气温25～28 ℃有2 h结露很易流行。（4）栽培管理与发病。重迎茬和不耕翻地块会使菌源量增加，发病重。种植密度过大，田间杂草多，植株郁蔽，通风透光差，或低洼易涝地块，发病均较重。

【防治措施】 （1）种子消毒。播种前可用种子重量0.2%的50%多菌灵WP加0.2%的50%福美双WP拌种。（2）农业防治。选用抗病品种。采用水旱轮作，避免连作。及时深翻，将地表残株、落叶、荚皮深埋土中。合理密植，保证田间有良好的通风透光条件，增强抗病力。生长期间雨水较多，应及时排涝防渍，降低田间湿度。整畦时，每亩施石灰40～50 kg，既可改善土壤理化性质，又有土壤消毒的作用。收获后，应及时清除残体。（3）化学防治。田间喷施药剂的最佳时期为盛花至结荚期初期，药剂可选用50%多菌灵WP 800～1 000倍液，或40%百菌清SC 600倍液，或50%甲基托布津WP 600～700倍液，或50%苯菌灵WP 1 500倍液，或50%多霉灵WP 800倍液，或50%扑海因WP 1 200倍液。每隔10 d左右1次，防治1～2次。

参考文献

韩新华，许艳丽，李春杰，等. 大豆灰斑病的发生与综合防治[J]. 大豆通报，2007(3)：14-15

菜用大豆轮纹病
Soya bean ring leaf spot

轮纹病是菜用大豆的一种主要病害。分布广泛，发生十分普遍，常造成早期落叶，结荚较少或不结荚。

【典型症状】 从菜用大豆幼苗期到结荚后都可发病，主要为害叶片。(1) 子叶。病斑初为褐色小斑点，扩大后呈圆形、近圆形，褐色或黄褐色，并有明显同心轮纹，后期轮纹上生有许多小黑点，即病原分生孢子器。(2) 叶片。病斑初为褐色小点，散生，扩大后呈圆形或近圆形，中央褐色，周缘暗褐色，有同心轮纹，其上散生的黑色小点即病原的分生孢子器。病斑较薄，易破裂而穿孔（图 19-24）。(3) 叶柄。引起严重的早期落叶。(4) 茎部。病斑多发生在分枝处，近梭形，初为灰褐色，扩大干燥后变为灰白色，边缘不明显，病部密生很多小黑点。(5) 荚。病斑近圆形或不规则形，初为褐色，干燥后变为灰白色或灰黑色，病荚上密生小黑点，不规则或轮状排列，与炭疽病相似（图 19-25）。荚柄被害时，荚内空瘪不结实，早期干枯，重病荚常为畸形（图 19-26）。轻病荚可结粒，但豆粒瘦小；重病荚不能结粒，或虽结粒，豆粒一半或大部分变灰褐色皱缩干瘪，无光泽，粒重极轻，无发芽力。病斑特征是灰褐色，有同心轮纹与小黑点。

图 19-24 菜用大豆轮纹病，发病叶片症状

图 19-25 菜用大豆轮纹病，发病豆荚症状

图19-26 菜用大豆轮纹病，豆荚被害症状

【致病病原】 病原为大豆壳二孢 *Ascochyta glycines* Miura.，属半知菌亚门真菌。分生孢子器球形至扁球形，初生在叶表皮组织中，后突破表皮外露，散生或聚生，器壁膜质，褐色，大小 102～144 μm。分生孢子圆柱形，无色，多数正直，两端钝圆，有 1 个隔膜，隔膜处无或稍缢缩，大小（6～13）μm×（2～4）μm。

【病害循环】 病原以菌丝体和分生孢子器在病株残体上越冬，成为第 2 年的初侵染菌源，后借风雨进行传播为害。

【发生规律】 东北 6 月份发病，常造成植株底部叶片穿孔或早期落叶，7 月份以后病势趋缓。菜用大豆开花后为害荚柄和豆荚。

【防治措施】 选用较抗病的品种，播种前行种子消毒。秋收后及时清除病株残体，并秋翻土地消灭菌源。发病初期喷杀菌剂进行防治。参见菜用大豆灰斑病。

菜用大豆灰星病

Soya bean phyllosticta leaf spot

灰星病是菜用大豆的一种重要病害。分布广泛，发生普遍。一般年份对生产的影响不明显。发病严重时可造成植株叶片焦枯坏死，大量落叶。

【典型症状】 主要为害菜用大豆叶片。病斑圆形至椭圆形或不规则形，直径可达 2 cm（图 19-27，28）。幼苗期先从叶缘向叶中心扩展，形成“V”字形病斑，最初病斑浅绿色，以后变为浅灰至浅褐色，边缘有一条较窄的暗褐色或紫色带。老的病斑上产生大量黑色、针尖大小的斑点，即病原的分生孢子器。病原有时从叶片扩展到叶柄、茎及荚上。叶柄和茎上的病斑条状，浅灰色或浅褐色，边缘褐色。荚上病斑圆形，边缘红色。

图 19-27　菜用大豆灰星病，发病叶片症状

图 19-28　菜用大豆灰星病，发病叶片症状

【致病病原】 病原为大豆灰星叶点菌 *Phyllosticta sojaecola* Massal.，属半知菌亚门真菌。

【病害循环】 病原菌以分生孢子器或子囊孢子借风雨传播，成为第 2 年的初侵染源。发病后以分生孢子进行重复侵染。

【发生规律】 在菜用大豆整个生育期均可发生灰星病。高温高湿有利于发病；生长期间气温 24～30 ℃，相对湿度 85%以上，或多雨、多露容易发病。

【防治措施】 （1）种子处理。用种子量 0.3% 的 50% 福美双 WP 或 70% 敌克松 WP 拌种。（2）农业防治。菜用大豆收获后及时清除田间的病株残体。发病的地块实行 2 年以上的轮作。生长期适时浇水，雨后及时排水，降低田间温度。（3）化学防治。发病初期必要时选用 70%甲基托布津 WP 600 倍液，或 50%扑海因 WP 1 000 倍液，或 80%新万生 WP 800 倍液，或 40%多·硫 SC 400 倍液，或 45%特克多 SC 1 000 倍液喷雾。

菜用大豆耙点病
Soya bean corynespora leaf spot

受害植株早期落叶，豆荚品质下降。

【典型症状】 主要为害叶、叶柄、茎、荚及种子。（1）叶片。病斑浅红褐色，圆形至不规则形，大小 10～15 mm，四周黄晕，病斑较大时会有轮纹，造成叶片早落（图 19-29）。（2）叶柄、茎。病斑褐色，长条形。（3）豆荚。病斑圆形，稍凹陷，中间暗紫色，四周褐色，严重时豆荚上密生黑色霉状物（图 19-30）。

图 19-29　菜用大豆耙点病，发病叶片症状

图 19-30　菜用大豆耙点病，发病豆荚症状

【致病病原】 病原为山扁豆生棒孢 *Corynespora cassiicola* （Berk. et Curt.） Wei，属半知菌亚门真菌。（1）形态和大小。分生孢子梗褐色，单生或束生，有 1～20 个隔膜，大小（45.5～385）μm×（7～10.5）μm。分生孢子淡褐色，圆筒形，大小（42～210）μm×（7～14）μm，有隔膜 3～15 个。（2）寄主。这种病原可以侵染菜用大豆、豇豆、菜豆、芝麻、棉花、蓖麻、黄瓜、小豆、辣椒、番茄、西瓜等多种作物。

【病害循环】 （1）越冬与初侵染源。病原以分生孢子丛或菌丝体随病残体在土壤中越冬。（2）传播特点。条件适宜时病原借气流或雨水传播，进行初侵染。病部产生新的病原进行再侵染，使病害逐渐蔓延。

【发生规律】 多雨以及空气相对湿度在 80% 以上时利于发病。

【防治措施】 (1) 农业防治。选种抗病品种，或无病株留种。与非寄主作物实行 3 年以上轮作。收获后及时清除田间的病残体，并深翻土地。(2) 化学防治。发病初期喷 66% 敌磺・多 WP 500～600 倍液，或 70%恶霉灵 DP3 000～4 000 倍液，或 70%安泰生 WP 500 倍液。隔 10 d 喷 1 次，连续喷 2～3 次。

菜用大豆叶斑病
Soya bean leaf spot

叶斑病是菜用大豆的一种常见病害。四川、河南、山东、江苏等地都有发生。

【典型症状】 主要为害叶片，病斑不规则形，褐色至灰白色，散生，中间浅褐色，四周深褐色，大小为 2～5 mm，病、健部界限明显（图 19-31）。病斑干枯后，生黑色小粒点。最后叶片枯死脱落。

图 19-31 菜用大豆叶斑病，叶片发病

【致病病原】 病原为大豆球腔菌 *Mycosphaerella sojae* Hori.，属子囊菌亚门真菌。子囊壳黑褐色，球形至近球形，大小 70～130 μm，子囊束圆筒形至棍棒状，大小（35～73）μm×（8～13）μm，无侧丝，子囊内含有子囊孢子 8 个，排成双行，子囊孢子无色，梭形至纺锤形，具隔膜 1 个。

【病害循环】 病原以子囊孢子在病残组织里越冬，成为第 2 年初侵染源。

【发生规律】 多发生在生育后期，引致早期落叶，个别年份发病重。秋季发生较多。

【防治措施】 (1) 农业防治。选用优良品种。实行 3 年以上轮作。及时进行秋翻，把病残体埋入深土层里。收获后及时清除病残体，集中深埋或烧毁。(2) 化学防治。发病初期喷 40%多・硫 SC 500 倍液，或 70%甲基托布津 WP 600～700 倍液，或 50%复方硫菌灵 WP 1 000 倍液，或 77%氢氧化铜 WP 600 倍液，隔 10 d 喷 1 次，连续喷 3～4 次。

菜用大豆黑斑病
Soya bean alternaria leaf spot

黑斑病是菜用大豆的一种常见病害。各地均有分布。发生普遍，多在生长后期发生，对产量和质量有一定的影响。

【典型症状】 主要为害叶片、种荚。(1) 叶片。初生圆形至不规则形病斑，中央褐色，四周略隆起，暗褐色（图 19-32），后病斑扩展或破裂，叶片多反卷干枯，湿度大时表面生有密集黑色霉层，即病原菌分生孢子梗和分生孢子（图 19-33）。(2) 豆荚。生圆形或不规则形斑，密生黑霉（图 19-34，35）。

图 19-32 大豆黑斑病，发病叶片症状

图 19-33 大豆黑斑病，发病叶片症状

图 19-34 大豆黑斑病，发病荚症状

图 19-35 大豆黑斑病，发病荚症状

【致病病原】 病原为簇生链格孢 *Alternaria fasciculata*（Cooke et Ell.）Jones et Grout，属半知菌亚门真菌。分生孢子梗暗褐色，顶端色淡，不分枝，有隔膜；分生孢子串生或单生，倒棒形或椭圆形。

【病害循环】 病原以菌丝体或分生孢子在病叶上越冬，成为第 2 年初侵染源。第 2 年产生分生孢子借风雨传播，进行初侵染和再侵染。

【发生规律】 高温多湿天气有利发病。

【防治措施】 （1）种子消毒。播种前进行种子处理，可选用种子重量 0.4% 的 50% 扑海因 WP，或 50% 农利灵 WP，或 80% 新万生 WP 拌种。（2）农业防治。收获后及时清除病残体，集中深埋或烧毁；重病田实行水旱轮作。（3）化学防治。发病初期喷洒 80% 新万生 WP 500～600 倍液，或 58% 雷多米尔・锰锌 WP 500 倍液，或 60% 琥・乙膦铝 WP 500 倍液，或 75% 百菌清 WP 600 倍，或 30% 绿得保 SC 300 倍液，隔 7～10 d 1 次，连续防治 2～3 次。

菜用大豆黑点病
Soya bean black spot

菜用大豆黑点病又称茎黑点病。分布于东北及河南、山东、江苏、湖北、四川、云南等省。

【典型症状】 主要为害茎、荚和叶柄。（1）茎秆。初在茎基及下部分枝上出现灰褐色病斑，边缘红褐色，渐变为略凹陷的红褐色条纹，后变为灰白色，长条形或椭圆形，严重时扩至全茎，上生成行排列的小黑点，即分生孢子器，较其他病原的黑点为大。（2）豆荚。初生近圆形褐色斑，后变灰白色干枯而死，其上也生小黑点（图 19-36）。病荚中密生白色菌丝。（3）子粒。表面密生白色菌丝，豆粒呈苍白色萎缩僵化，失去发芽能力。

图 19-36 菜用大豆黑点病，发病荚症状

【致病病原】 病原为大豆拟茎点霉 *Phomopsis sojae* Lehman，属半知菌亚门真菌。有性态为菜豆间座壳菜用大豆变种 *Diaporthe phaseolorum* var. *sojae*（Lehman）Wehm.，属子囊菌亚门真菌。（1）形态和大小。分生孢子器球形、扁球形，大小 198～300 μm。器壁黑褐色，膜质。分生孢子器初生于表皮下，后突破表皮。分生孢子梗瓶状，较简单，无色。分生孢子有 2 种。α 型分生孢子无色梭形，β 型分生孢子无色丝状，发生较普遍。子囊壳球状，底略平，具长而末端尖细的喙。在越冬后的病茎上形成。子囊长棒状，子囊孢子释放

前子囊溶化成黏液。子囊孢子梭形，双细胞，无色。(2) 特性。寒冷干燥条件下，菌丝可在种子中存活 2 年之久。

【病害循环】 病原以分生孢子器、菌丝体或子囊壳在病残体上越冬，也可以菌丝在种子内越冬而成为的初侵染源。第 2 年在越冬残体或当年脱落的叶柄上产生分生孢子器，初夏在越冬的茎上产生子囊壳。病原侵入寄主后，只在侵染点处直径 2 cm 范围内生长，待寄主衰老时才逐渐扩展。多数发病的种子是在黄荚期受侵染引起的。

【发生规律】 菜用大豆生长后期多雨、高温则发病重。干湿交替天气促使荚衰老、开裂，利于病原侵染，发病重。感发病毒病或缺钾可加速种子腐烂。延迟收获也可加重病情。

【防治措施】 (1) 种子处理。播种前用种子重量 0.3%的 50%福美双 WP 或 50%拌种双 WP 拌种，减少因种子带菌而引起的苗期病害。(2) 农业防治。选用无病种子；重病田与禾本科作物轮作；及时收割，收获后清除田间病残体，并进行深耕。(3) 化学防治。生长后期温暖潮湿时，可用 65%代森锌 WP 500 倍液喷药保护。

菜用大豆羞萎病
Soya bean septogloeum wilt

羞萎病是菜用大豆的一种重要病害。严重时发病率可达 90%以上，早期发病可减产 70%以上。

【典型症状】 引起嫩梢死亡和豆荚大量枯死。(1) 幼苗。幼苗受害后，植株矮小，幼叶凋萎下垂早期枯死。(2) 叶片。沿脉产生细条斑，褐色至黑褐色（图 19-37，38）。(3) 叶柄。从上向下变褐，纵裂，叶柄扭曲，叶片反转下垂，基部缢缩变黑，叶片凋萎。(4) 茎秆。新梢上产生褐色长条斑（图 19-39）。潮湿时可见到白色至红色霉层（图 19-40）。(5) 豆荚。荚的边缘或荚梗处变褐，扭曲畸形，不结实或豆粒不饱满，病粒褐脐或全粒变褐皱缩（图 19-41）。

图 19-37 菜用大豆羞萎病，发病叶片症状

图 19-38 菜用大豆羞萎病，发病叶片症状

图 19-39 菜用大豆羞萎病，发病茎部症状

图 19-40 菜用大豆羞萎病，发病茎部症状

图 19-41 菜用大豆羞萎病，发病豆荚症状

【致病病原】 病原为大豆黏隔孢 *Septogloeum sojae* Yoshii et Nishiz.，属半知菌亚门真菌。(1) 形态和大小。分生孢子梗短小，不分枝。分生孢子长圆柱形至长梭形，无色透明，正直或稍弯，二端钝圆或略尖，隔膜1～4个，不明显，大小 (16～44) μm×(3～5) μm。厚壁孢子间生、端生或连生，无色，球形，直径6～8 μm。(2) 特性。分生孢子盘初埋生，后突破寄主表皮，下部组织淡褐色，上部组织无色，常数个聚生在一起。

【病害循环】 病原主要以分生孢子盘在种子和病株残体上越冬，也可以菌丝在种子上越冬，成为第2年的初侵染菌源。条件适宜时开始侵染菜用大豆。

【发生规律】 苗期发病率高低与种子发病率有关。播种带病种子发病率可高达77.8%，重茬或邻近豆茬地发病也重。

【防治措施】 (1) 种子处理。用种子重量0.4%的40%拌种双 WP 拌种，也可用种子重量0.4%的50%苯菌灵 WP 拌种。(2) 农业防治。建立无病留种田，选种无病种子；重病田实行3年以上轮作；收获后及时清洁田园，清除病残体，并且深翻土地，以减少菌源。(3) 化学防治。结荚期或发病初期喷洒50%苯菌灵 WP 1 500倍液，或36%甲基托布津 SC 600倍液，或50%多菌灵 WP 600～700倍液。

菜用大豆炭疽病
Soya bean anthracnose

炭疽病是菜用大豆的一种重要病害。各地均有分布。发病率10%～20%，对菜用大豆的产量和质量有一定的影响；严重时病株率可达30%以上，对产量和质量有明显的影响。

【典型症状】 主要为害茎秆和豆荚。带病种子发病，大部分于出苗前即死于土中。(1) 子叶。出苗后发病，子叶上初呈半圆形，褐色或暗褐色，边缘略浅，干缩后凹陷而破裂，进一步发展可使整个子叶干枯萎缩（图19-42）。气候潮湿时，子叶变水浸状，很快萎蔫、脱落。病斑可从子叶扩展到幼茎上，致病部以上枯死。(2) 叶片。病斑不规则形，暗褐色，与健部分界明显，边缘深褐色，内部浅褐色，病斑上生粗糙刺毛状黑点，即病原的分生孢子盘（图19-43）。(3) 叶柄。病斑褐色，不规则形。(4) 茎秆。初生红褐色病斑，渐变褐色，最后变灰色，不规则形，其上密布呈不规则排列的黑色小点，常包围整个茎（图19-44）。(5) 豆荚。病斑呈圆形或不规则形，小黑点呈轮纹状排列，病荚不能正常发育，种子发霉，暗褐色并皱缩或不能结实（图19-45）。

图 19-42 菜用大豆炭疽病，发病子叶症状

图 19-43 菜用大豆炭疽病，发病叶片症状

图 19-44　菜用大豆炭疽病，发病茎症状

图 19-45　菜用大豆炭疽病，发病豆荚症状

【致病病原】 病原为大豆小丛壳 *Glomerella glycines*（Hori）Lehman et Wolf，属子囊菌亚门真菌。(1) 形态和大小。子囊壳球形，聚生，直径 180～340 μm。子囊长圆形，大小（30～106）μm×(7～13.5) μm。子囊孢子无色，单胞，周生黑色刚毛。分生孢子梗无色。分生孢子镰刀形，无色，单胞，大小（16～25）μm×(3.7～4.5) μm。(2) 特性。发育适温为 25～28 ℃，高于 34 ℃或低于 14 ℃均不能发育。分生孢子萌发适温 20～29 ℃，最适 pH 7～9。

【病害循环】 (1) 越冬与初侵染源。病原以菌丝体或分生孢子盘在病株或病种上越冬。(2) 传播特点。第 2 年播种后从病种长出的病苗在潮湿条件下产生大量分生孢子，借风雨进行侵染传播。

【发生规律】 菜用大豆播种后土壤湿度大、土温低，幼苗出土慢，病害重。苗期低温，生长后期高温多雨的年份发病重。成株期温暖潮湿条件利于该菌侵染。结荚后降雨多，发病重。土壤过分干燥，菜用大豆发芽出土时间延迟，容易造成幼苗发病。

【防治措施】 (1) 种子消毒。可用种子重量 0.5%的 50%多菌灵 WP 或 50%扑海因 WP 拌种，拌后闷 3～4 h。也可用种子重量 0.3%的拌种双 WP 拌种。(2) 农业防治。选用抗病品种或无病种子，保证种子不带病原；合理密植，避免施氮肥过多，提高植株抗病力；加强田间管理，及时深耕及中耕培土。雨后及时排除积水防止湿气滞留；收获后及时清除病残体、深翻，实行 3 年以上轮作，减少越冬菌源。(3) 化学防治。开花后喷 25%溴菌清 WP 500 倍液，或 47%加瑞农 WP 600 倍液，或 1∶1∶200 倍式波尔多液，或 75%百菌清 WP 800 倍液，或 50%咪鲜胺 WP 1 000 倍液，或 10%世高 WG 1 000 倍液。隔 10 d 喷 1 次，连续喷 2～3 次。

菜用大豆煤斑病
Soya bean sooty blotch

煤斑病是菜用大豆的一种常见病害。各地均有分布。病株率 30%～60%，对产量有一定影响，严重时发病率达 80%以上，叶片失去光合功能，影响产量。

【典型症状】 整个生育期均可发生，主要为害叶片。发病初期叶片上产生浅褐色小点，渐发展成不规则红褐至灰褐色病斑，边缘不明显，大小为 1～5 mm。湿度大时，病斑背面产生浅褐色霉层。严重时病斑密布，叶片枯死脱落（图 19-46）。

图 19-46　菜用大豆煤斑病

【致病病原】 病原为菜豆尾孢霉 *Cercorpora cruenta* Sacc.，属半知菌亚门真菌。病原子实层多生于叶背面，灰黑色。分生孢子梗淡褐色，直或

小波纹状，0～4个隔膜，顶端圆锥形，有小型孢子痕，大小为（10～75）μm×(2.5～5) μm。分生孢子无色，倒棍棒形，基端倒圆锥形，顶端圆至略尖，隔膜不明显，4～14个，大小（25～120）μm×（2～5）μm。

【病害循环】 病原在病残体上越冬。病原借助气流传播，形成初侵染，病部产生分生孢子引起再侵染。

【发生规律】 多在春、秋季发生。田间高湿、高温、多雨是发病重要条件。连作地或播种过晚发病重。

【防治措施】 （1）农业防治。选用抗病品种。适当密植，田间要通风透光，降低田间湿度；增施磷、钾肥，提高植株抗病力。发病前或发病初期及时摘除病叶，收获后及时清除病残体，集中烧毁或深埋。（2）化学防治。发病前或发病初期喷70%甲基托布津WP 800倍液，或50%腐霉利WP 800倍液，或80%新万生WP 800倍液，或40%多·硫SC 800倍液，或50%混杀硫SC 500倍液，或77%氢氧化铜WP 500倍液，或50%多霉灵WP 1 000倍液，隔10 d喷1次，连续2～3次。

菜用大豆霜霉病 Soya bean downy mildew

霜霉病是菜用大豆的一种主要病害。可减产6%～15%，豆粒被害率10%左右。

【典型症状】 全生育期均可发病，为害菜用大豆幼苗、叶片、荚和子粒。最明显的症状是叶背产生霜霉状物。（1）幼苗。当幼苗第1对真叶展开后，沿叶脉两侧出现褪绿斑块，有时整个叶片变淡黄色，天气潮湿时，叶背面密生灰白色霜霉层。（2）成株期。叶片表面初呈不规则或圆形灰色病斑（图19-47），后因叶脉所限而呈多角形病斑，后变为黄褐色，周围呈深褐色，多时叶片萎凋脱落（图19-48），叶背病斑生灰白色霜状物（图19-49）。发病植株生长停滞，结荚少或根本不结荚，严重时叶片凋萎早落，最终干枯而死。（3）豆荚。表面无明显症状，但剥开豆荚，病粒表面黏附有大量灰白色的菌丝层，内含大量的病原卵孢子。

图19-47 菜用大豆霜霉病，发病叶片症状

图19-48 菜用大豆霜霉病，发病叶片症状

图19-49 菜用大豆霜霉病，发病叶片背面症状

【致病病原】 病原为东北霜霉 *Peronospora manshurica*（Naum.）Syd. ex Gaum.，属鞭毛菌亚门真菌。（1）形态和大小。孢囊梗由气孔伸出，单生或数根丛生，无色、灰色至淡紫色，呈二叉状分枝，（240～424）μm×（6～10）μm，顶端3～4次二叉分枝，主枝呈对称状，弯或微弯，无隔膜，小枝成直角或锐角，最末的小枝顶端较尖，每个小枝上着生1个孢子囊。孢子囊无色透明或淡灰紫色，单胞，椭圆形，大小（14～26）μm×（14～20）μm，无乳突。卵孢子黄褐色，近球形，壁厚，内含1个卵球，直径29～50 μm。藏卵器不正形，淡黄色。（2）特性。我国鉴定出3个生理小种。高于30 ℃或低于10 ℃不能形成孢子，不发病。卵孢子形成适温15～20 ℃，孢子囊形成的适温是10～25 ℃。

【病害循环】（1）越冬与初侵染源。病原以卵孢子在病残体上或种子上越冬。将天然病斑组织浸润3～4 d后，于室内15 ℃培养，可获得大量的卵孢子。储存8年的卵孢子仍可萌发，存活率为20%。用糠醛处理某些霜霉病原的卵孢子，可以促进萌发。以游动孢子从子叶下的胚茎侵入，菌丝随生长点向上蔓延，进入芽或真叶，形成系统侵染。随后病组织上产生大量孢子囊，萌发产生芽管后从气孔侵入寄主，在细胞间隙蔓延，再形成孢囊梗和孢子囊，如此进行多次再侵染。结荚后，病株内的菌丝通过茎和果柄的髓部侵入荚内，引起豆粒发病，并在豆粒上形成菌丝和卵孢子。（2）传播特点。由风雨、气流传播。

【发生规律】该病的发生、流行与气候条件、品种抗病性以及菌源的多少有关。其中气候条件是影响流行的主要因素。（1）品种与发病。品种间抗病性也有较大差异。大面积种植感病品种，有利于病害的流行。（2）气候条件与发病。温度20～22 ℃和高湿最利病害发展。低温、多雨或阴天发病多且重。（3）菌源因素与发病。种子带菌率高不仅苗期病重，也为成株期发病提供大量菌源，引起严重发病。菜用大豆田连作，田间越冬菌源量大，霜霉病重。（4）土壤条件与发病。菜用大豆萌芽阶段，土壤温度超过18 ℃，卵孢子就不能侵染；土温13 ℃左右，可引起40%幼苗发病。土壤湿度大，有利于霜霉病发生，经灌溉土壤含水量在80%以上，发病严重；土壤含水量在60%以下，则发病轻。

【防治措施】（1）种子消毒。用种子重量0.5%的50%福美双WP、或0.3%的70%敌克松WP、或0.2%的65%福美特WP、或0.7%的50%多菌灵WP、或0.3%的35%瑞毒霉WP拌种。（2）农业防治。选用抗病品种。从无病地留种。实行轮作。清洁田园，病残体集中深埋或烧毁，及时耕翻土地，将病残体埋入土中。（3）化学防治。发病初期及时喷50%福美双WP 500～800倍液，或75%瑞毒霉WP 500～1 000倍液，或77%可杀得WP 1 000倍液，或65%代森锌WP 500～1 000倍液，或72%克露WP 800倍液，或75%百菌清WP 500～800倍液，或69%安克·锰锌WP 900～1 000倍液，每隔10 d喷1次，连续喷雾防治3～4次。

菜用大豆锈病
Soya bean rust

锈病是菜用大豆的一种重要病害。引起豆叶变黄，枯焦，提早脱落，秕荚率高，豆粒不饱满。重病田块和重发年份，损失可达50%以上，减产10%～30%。

【典型症状】主要为害叶片、叶柄和茎，以叶片受害为主。（1）叶片。发病初期叶片上出现褐色小点，以后病斑逐渐扩大，呈黄褐色、红褐色、紫褐色或黑褐色小斑（图19-50），病部渐隆起，形成夏孢子堆，单个病斑约1 mm，病斑密集时，形成被叶脉限制的坏死斑，病斑表皮破裂，散出很多锈色夏孢子。生育后期，在夏孢子堆四周形成黑褐色多角形稍隆起的冬孢子堆。孢子堆在叶片的背面或正面，表皮不破裂。植株一般先从下部叶片感病，向上蔓延，叶片迅速发黄，并提早脱落。密布孢子堆的叶片变黄干枯，引起早期落叶。发病早的植株矮小，豆荚数显著减少，子粒不饱满。（2）叶柄和茎。叶柄和茎发病，症状与叶片相似。

图19-50 菜用大豆锈病

【致病病原】病原为豆薯层锈 *Phakopsora pachyrhizi* Syd.，属担子菌亚门真菌。（1）形态和大小。夏孢子堆为棕褐色，生在表皮下，梨形或卵圆形，内有侧丝，基部联合，顶端有孔。夏孢子堆成熟后表皮破裂，散出夏孢子。夏孢子近球形至卵形，单细胞，黄褐色，表面密生刺突，具4～5个不明显的萌芽孔，大小（22.4～35.2）μm×（14.4～25.6）μm。冬孢子堆埋没于寄主组织内，在夏孢子堆附近散生或群生，深褐色，冬孢子2～7层栅状排列于其中。冬孢子淡黄褐色至淡褐色，长柱形或不规则形，表面光滑，大小(13～25) μm×(8～12) μm。最上层孢子顶壁常变厚。虽然有诱发冬孢子萌发形成担子或担孢子的报道，但未见在自然条件下产生，而且担孢子作用不明。1个担子形成1～3个担子梗，顶生担孢子。担孢子单胞，无色，卵圆形。(2) 特性。我国已初步明确该菌有A、B、C、D 4个生理小种。夏孢子萌发温限8～28 ℃，最适温度24 ℃左右；夏孢子在22～27 ℃侵入寄主，需6～7 d完成1代循环；潜育期长短随温度而异，在15 ℃需13 d，20 ℃为7～8 d，22～30 ℃为6 d。叶片在保湿与干燥相交替各12～24 h，重复3～5次，即能诱发出冬孢子堆。(3) 寄主。这种病原可以侵染菜用大豆、其他豆科作物，现已知有33属67种。我国目前已报道的有6属11种。

【病害循环】 大豆锈病属半循环型，病原以夏孢子越冬和越夏，以夏孢子侵染大豆和其他寄主植物，或在夏大豆和秋大豆上循环侵染。在浙、闽一带，秋大豆锈病在9月下旬先在夏大豆上发生，待秋大豆花期以后相继发病。病斑先由下部叶片开始发生，经一段潜育期后产生孢子堆，大量的孢子堆很快飞散传播，引起再侵染，经15～20 d，即全面暴发为害。

【发生规律】 (1) 品种与发病。品种间抗病性有差异。目前我国现有菜用大豆资源品种中，免疫和高抗的品种较少，但具有中抗水平以上的品种则较丰富。(2) 气候条件与发病。夏孢子萌发的适宜温度为15～25 ℃，且必须在水滴中，并在弱光与黑暗里才能萌发侵染。降雨量大、降雨日数多，持续时间长发病重。在晚熟秋大豆区9、10月份若雨量达300 mm以上，雨日超过25～30 d，则可能导致流行，在早熟秋豆区9月份雨量超过150 mm，雨日在15 d以上，则可能导致流行。(3) 栽培管理与发病。在南方秋大豆播种早时发病重。从开始发病至叶片枯萎凋落约需1个月。大豆开花前不易感病，结荚后进入感病期，越接近成熟发病越重。南方豆区早播大豆较迟播的发病重。

【防治措施】 (1) 农业防治。实行倒茬轮作。合理密植，通风透光，降低湿度。收获后，清除田间病残体，并集中深埋或烧毁。(2) 化学防治。发病初期喷15%粉锈灵WP 1 500倍液，或75%百菌清WP 750倍液，或25%邻酰胺WP 250倍液，或70%代森锰锌WP 500倍液，或36%甲基托布津SC 500倍液，或50%萎锈灵EC 800倍液，或50%硫黄SC 300倍液，或25%敌力脱EC 3 000倍液，或6%乐必耕WP 1 000～1 500倍液，或40%氟硅唑EC 8 000倍液，隔10 d喷1次，连续喷2～3次。采收前7 d停止用药。

参考文献

单志慧，周新安. 大豆锈病研究进展[J]. 中国油料作物学报，2007，29(1)：96-100

菜用大豆白粉病
Soya bean powdery mildew

白粉病是菜用大豆的普通病害。发病严重时减产10%～35%。

【典型症状】 在大豆子叶、茎秆、荚和叶片上形成由菌丝体和分生孢子组成的白色、似霉状的斑点，能覆盖植株地上部所有的部分（图19-51，52）。

图19-51 菜用大豆白粉病，发病叶片症状

图19-52 菜用大豆白粉病，发病叶片症状

【致病病原】 病原为蓼白粉菌 *Microsphaera diffusa* Cke & Pk.，属子囊菌纲真菌。

【病害循环】 病原高度依靠无性阶段在田间传播、定殖使病害蔓延。

【发生规律】 在比正常季节较冷凉的条件下，

当光合作用和蒸腾作用降低时，经常造成病害的发生。

【防治措施】 有条件的地方选用抗病品种。一些用于叶部的杀菌剂可以防治菜用大豆白粉病，但不能提高产量。

菜用大豆荚枯病 Soya bean pod rot

荚枯病是菜用大豆的一种重要病害。各地均有分布。造成荚枯和霉粒。病荚不结实，病粒霉烂，丧失发芽力，味变苦，称臭豆子。

【典型症状】 多发生于生长后期，为害豆荚、豆粒、茎秆、叶片，以豆荚、豆粒受害为主。(1) 豆荚。荚上病斑初呈暗褐色，后变为灰白色，凹陷，上密生黑色小点，为病原的分生孢子器（图 19-53）。病荚多不能结实，或虽能结实，豆粒干瘪、皱缩、灰黑色，表面附有白色菌丝（图 19-54）。(2) 茎秆、叶柄。病斑不规则形，灰褐色，病部枯死并凹陷，上生有黑色小点。

【致病病原】 病原为豆荚大茎点菌 *Macrophoma mame* Hara.，属半知菌亚门真菌。分生孢子器球形，散生或聚生，黑褐色，大小 104～168 μm。分生孢子长椭圆形，单胞，无色，两端钝圆，大小 (17～23) μm×(6～8) μm。

【病害循环】 (1) 越冬与初侵染源。病原菌以分生孢子器在病荚、病茎上越冬，亦可以菌丝

图 19-53 菜用大豆荚枯病，病荚枯死

图 19-54 菜用大豆荚枯病，病荚

在病粒上越冬，为初侵染病源。(2) 传播特点。病原借风雨传播。

【发生规律】 发病与结荚期降雨量多少有关。多雨、地势低洼、田间积水，发病重。

【防治措施】 (1) 农业防治。建立无病留种田，选用无病种子；发病重的地区实行 3 年以上轮作；合理密植，保持田间通风透光好，可减轻发病；收获后深翻土地，将病残体深埋土中，可减少第 2 年的初始菌源。(2) 化学防治。播种前用药剂拌种进行种子处理，药剂可选用 50%福美双 WP、50%拌种双 WP 或 50%多菌灵 WP，用量为种子重量的 0.3%。也可于发病初期喷洒 50%多菌灵 500 倍液或 70%百菌清 500 倍液。

菜用大豆赤霉病 Soya bean fusarium blight

菜用大豆赤霉病又称粉霉病，是菜用大豆的一种重要病害。各地均有分布。发生普遍。发病较轻，对产量影响不大。严重发生时或多雨年份，对产量和质量有显著影响。

【典型症状】 主要为害豆荚、子粒、幼苗子叶（图 19-55）。豆荚上的病斑为近圆形至不整形，边缘时呈半圆形略凹陷（图 19-56）。湿度大时产生粉红色或粉白色霉状物（图 19-57）。豆荚裂开，豆粒被菌丝缠绕，表生粉红色霉状物（图 19-58）。

【致病病原】 病原为粉红镰孢 *Fusarium roseum* (Link) Snyder et Hansen 和尖镰孢 *F. oxys-*

porum Schlecht.。粉红镰孢大型分生孢子镰刀形，两端细削，橙红色。尖镰孢大型分生孢子梭形或镰刀形，无色，两端渐尖削，具隔膜，3 个，大小 (19～46) μm×(3～5) μm；小型分生孢子卵形，无色，具一隔膜，大小 (13～24) μm×(2.5～4) μm。

图 19-55 菜用大豆赤霉病，子叶发病症状

图 19-56 菜用大豆赤霉病，荚发病症状

图 19-57 菜用大豆赤霉病，荚发病症状

图 19-58 菜用大豆赤霉病，荚发病症状

【病害循环】 病原以菌丝体在病荚和种子上越冬。病原以分生孢子进行初侵染和再侵染。

【发生规律】 发病适宜温度为 30 ℃。结荚时高温多雨，湿度大，发病重。

【防治措施】 (1) 种子消毒。用种子重量 0.3%的 50%利克菌 WP，或 50%多菌灵 WP，或种子重量 0.2%的 75%萎福双 WP 拌种。(2) 农业防治。选用抗病品种，选无病种子播种；雨后及时排水，改变田间小气候，降低豆田湿度；种子收后及时晾晒，降低储藏库内湿度，及时清除发霉的豆子。(3) 化学防治。必要时喷洒 60%防霉宝水溶性粉剂 1 000 倍液，或 50%苯菌灵 WP 1 500 倍液，隔 10～15 d 喷 1 次，连喷 2 次。

菜用大豆菌核病
Soya bean sclertiniose blight

菜用大豆菌核病又称白腐病。各地均有发生，黑龙江、吉林、辽宁、内蒙古为害较重。重茬地发病率 3%～30%，个别田块发病率达 50%。

【典型症状】 为害地上部，在大豆苗期、成株期均可发病，以成株花期发生为主，主要侵染菜用大豆茎部，为害重。(1) 苗期。茎基部水渍状，褐变，有絮状白色菌丝，后病部干缩枯死（图 19-59）。(2) 叶片。下部叶片先发病，呈水渍状，暗绿色，后发展成圆形或不规则形病斑，中心灰褐色，四周暗绿色，有白色菌丝，叶片腐烂脱落（图 19-60）。(3) 茎秆。主茎中下部分杈处出现水浸状病斑，后褪为浅褐色至近白色，形状不规则，潮湿时病部生絮状白色菌丝，后期形成菌核，病茎髓部变空（图 19-61）。(4) 豆荚。病斑水浸状，不规则形，荚内外均可形成较茎内菌核稍小的菌核（图 19-62），种子腐烂、干皱、无光泽（图 19-63）。

【致病病原】 病原为核盘菌 *Sclerotinia sclerotiorum* (Lib) de Bary，属子囊菌亚门真菌。(1) 形态和大小。菌核长圆形至不规则形，初为白色后变黑色。菌核萌发后长出 1 至多个具长柄的肉质子囊盘，子囊盘褐色，初呈杯状，展开后呈盘状，直径 2～6 mm。盘状子囊盘上着生一层子囊和侧丝。子囊棍棒状或圆柱形，顶部钝圆，无囊盖，

图 19-59　菜用大豆菌核病，根颈部有白色菌丝

图 19-60　菜用大豆菌核病，发病株叶片症状

图 19-61　菜用大豆菌核病，枝条枯死

图 19-62　菜用大豆菌核病，发病荚

图 19-63　菜用大豆菌核病，豆荚上菌丝

无色，大小 (91～162) μm×(6～11) μm，内含 8 个子囊孢子。侧丝无色，丝状，夹生在子囊间。子囊孢子单胞，无色，椭圆形，具 2 核，大小 (10.2～15.3) μm×(4.6～7.0) μm。菌丝白色，丝状，有分枝和隔膜。(2) 特性。菌丝在 5～30 ℃均可生长，适温 20～25 ℃。产生菌核的温度范围是 5～30 ℃，最适温度 15～24 ℃，可耐 −4 ℃低温，并能存活多年。菌核萌发温限 5～25 ℃，适温 20 ℃。菌核萌发不需光照，但形成子囊盘柄需散射光才能膨大形成子囊盘。菌核萌发产生子囊盘的温度范围是 5～20 ℃，最适 18～20 ℃。

【病害循环】 (1) 越冬与初侵染源。病原以菌核在土壤中和混在种子内越冬，为初侵染源。菌核在土壤中可存活 2 年，环境适宜产生子囊盘，子囊孢子为初侵染源。菌核在田间土壤深度 3 cm 以内能正常萌发，深于 3 cm 则不能萌发，在 1～3 cm深度范围内，随着深度的增加菌核萌发的数量递减。(2) 传播特点。病害扩大再侵染可能通过两种方式进行，一种是由病株接触而相互感染；另一种是病叶或其他染病部分落于菜用大豆茎的分枝处而引起发病。亦有人认为扩大再侵染是通过菌丝粉来进行的。

【发生规律】 (1) 气候条件与发病。该病发生流行的适温为 15～30 ℃，相对湿度 85%以上。当旬降雨量低于 40 mm，相对湿度小于 80%，病

害流行明显减缓；旬降雨量低于 20 mm，相对湿度小于 80%，子囊盘干萎，菌丝停止增殖，病斑干枯，流行终止。（2）栽培管理与发病。菌源数量大的连作地或栽植过密、通风透光不良的地块，发病重。

【防治措施】 该病是一种土传病害，初侵染来源主要是土壤中的菌核，在防治上应以预防初次侵染为主，减少豆田中菌核数量是防治病害的关键。（1）农业防治。实行宽行双条播等措施，推迟田间郁闭时期，可减轻发病；精选种子，播种前将种子过筛以清除混杂于种间的菌核；合理轮作，避免菜用大豆重茬或与向日葵、油菜轮作或间作，应与禾本科作物实行 3 年以上轮作，水稻产区发生该病可用水旱轮作，以减轻病害；加强田间管理，勤中耕，及时排水，降低豆田湿度，避免施氮肥过多；发病田块收割后要及时深翻，将土表的菌核埋入 20 cm 以下的土层内。（2）化学防治。选用 40%菌核净 WP 800～1 200 倍液，或 50%复方菌核净 1 000 倍液，或 50%扑海因 WP 1 000～1 500 倍液，或 25%咪鲜胺 EC 1 000 倍液喷雾，或 50%农利灵 WP 1 000 倍液，或 50%腐霉利 1 500～2 000 倍液，或 80%多菌灵 WP 600～700 倍液，或 40%治萎灵 WP 1 000 倍液，或 50%混杀硫 SC 600 倍液，于花末期或发病初期喷雾防治。隔 7～10 d 再补喷 1 次。

菜用大豆立枯病
Soya bean soreshin blight

立枯病是菜用大豆的一种常见病害。各地均有分布。引起幼苗死亡，部分地区发病率达 10%～40%，产量损失 30%～40%，严重者甚至绝收。

【典型症状】 主要为害幼苗。幼苗发病，主根和靠地面的茎基部形成红褐色略显凹陷的病斑，局部隘缩，皮层开裂呈溃疡状（图 19-64）。严重时包围全茎，使基部变褐、缢缩，幼苗折倒死亡。轻病株仍能缓慢生长，但植株矮小，地上部矮黄（图 19-65）。

【致病病原】 病原为立枯丝核菌 *Rhizoctonia solani* Kühn.，属半知菌亚门真菌。（1）形态和大小。菌丝初无色，后呈褐色，分枝近直角，在分枝处稍缢缩，距分枝不远处有隔膜，菌丝宽 12～14 μm。老菌丝常呈一连串桶形细胞。菌核近球形或无定形，菌核内外均为褐色，表面粗糙，不规则形。（2）特性。病原在 7～38 ℃均能生长，以 25～29 ℃最适，27 ℃下生长迅速，4 d 开始形成菌核，低于 11 ℃或高于 37 ℃则生长缓慢，不形成菌核。酸碱度 pH 3.4～9.2 均能发育，以 pH 6.8 最适。（3）寄主。这种病原可以侵染油菜、白菜、马铃薯、棉花、红麻、黄麻、甜菜、烟草、菜用大豆、花生、茄子等 160 余种植物。

图 19-64 菜用大豆立枯病，根茎部症状

图 19-65 菜用大豆立枯病，发病株

【病害循环】 （1）越冬与初侵染源。病原以菌核在土壤中越冬，也能以菌丝体和菌核在病残体上越冬，并可在土壤中营腐生生活，成为第 2 年

初侵染菌源。(2) 传播特点。菌核萌发长出菌丝继续为害菜用大豆。后病部长出菌丝继续向四周扩展。此外该病还可通过风雨、灌溉水、肥料或种子传播蔓延。

【发生规律】 当苗期低温多雨，低洼积水，发病重；高温高湿、光照不足也易发病。与其他寄主作物重茬发病重。土质黏重，苗龄过长，田间排水不畅也是加重病害发生的主要原因。

【防治措施】 (1) 种子处理。播种前用种子重量的0.3%的50%福美双WP或0.3%的40%拌种双WP拌种。(2) 农业防治。与非寄主作物轮作3年以上；合理密植，勤中耕除草，雨后及时排出田间积水，改善田间通风透光性；收获后及时清除田间遗留的病株残体，并深翻土地，将散落于地表的菌核及病株残体深埋土里，可减少菌源，减轻下年发病；冬灌可防止春灌造成土壤过湿，提高地温，有利出苗，减少立枯病的发生。

菜用大豆茎枯病
Soya bean stem blight

茎枯病是菜用大豆的一种常见病害。主要分布在东北、华北等地。多发生在生育中后期。

【典型症状】 主要为害茎部，初发生于茎下部，后渐蔓延到茎上部。发病初期茎部产生长椭圆形病斑，灰褐色，后逐渐扩大成黑色长条斑(图19-66)。落叶后收获前植株茎上症状最为明显，形成一块块长椭圆形病斑。

图19-66 菜用大豆茎枯病

【致病病原】 病原为大豆茎点霉 *Phoma glycines* Saw.，属半知菌亚门真菌。分生孢子器球形，直径105～280 μm。分生孢子球形或椭圆形，大小(2～4) μm×(2～3) μm。

【病害循环】 病原以分生孢子器在病茎上越冬，成为第2年初侵染菌源，借风雨进行传播蔓延。

【发生规律】 连作地，高温高湿发病重。

【防治措施】 (1) 农业防治。收获后及时清除病株残体，秋翻土地将病株残体深埋土里，减少第2年初始菌源。(2) 化学防治。发病初期喷洒50%多菌灵500倍液，或70%百菌清500倍液。

菜用大豆枯萎病
Soya bean fusarium wilt

菜用大豆枯萎病又称萎蔫病、根腐病、镰刀菌凋萎病，是菜用大豆的一种土传性病害。局部地区发病有加重发展的趋势。

【典型症状】 (1) 整株。幼苗发病后先萎蔫，茎软化，叶片褪绿或卷缩，呈青枯状。不脱落，叶柄也不下垂(图19-67)。成株期病株叶片先从上往下萎蔫黄化枯死，一侧枝叶先黄化萎蔫，后全株黄化萎蔫。(2) 根系。病根发育不健全，幼苗根系腐烂坏死，呈褐色并扩展至地上3～5节。成株病根呈干枯状坏死，褐色至深褐色。剖开病部根系，可见维管束变褐(图19-68)。(3) 茎部。病茎明显细缩，有褐色坏死斑，病健部分明，在病健结合处髓腔中可见约0.5 cm宽粉红色菌丝，病健结合处以上部水渍状变褐色。后期在病株茎的基部产生白色絮状菌丝和粉红色胶状物，即病原菌丝和分生孢子。病茎部维管束变为褐色，木质部及髓腔不变色。

【致病病原】 病原为尖孢镰刀菌豆类专化型 *Fusarium oxysporum* Schl. f. sp. *tracheiphilum* Snyd. et Hans.，属半知菌亚门。菌丝无色，分隔。分生孢子有大小2型。大型分生孢子镰刀形，具3～6个隔膜；小型分生孢子椭圆形，无色，大小(5～12.5) μm×(1.5～3.5) μm。

【病害循环】 病原以菌丝体、厚垣孢子随病残体遗落土表越冬，病原可在土壤中存活多年。菌丝经根部伤口侵入，为害维管束组织，阻塞导管，影响水分运输，同时还分泌毒素，引起植株萎蔫死亡。

图 19-67　菜用大豆枯萎病，发病株

图 19-68　菜用大豆枯萎病，根部症状

【发生规律】 高温多湿条件易发病。连作地、土质黏重、播种过深、土壤板结、根系发育不良发病重。孢囊线虫密度高和根际线虫发生重的地块，枯萎病发生也较重。

【防治措施】 （1）种子消毒。用种子重量的1.2%～1.5%的35%多福克FS拌种，也可用种子重量0.2%～0.3%的3.5%满适金FS、0.2%～0.3%的2.5%适乐时FS或1.3%的2%菌克毒克AS拌种。（2）农业防治。选用抗枯萎病的品种；重病地实行水旱轮作2～3年；施用酵素菌沤制的堆肥或充分腐熟的有机肥，减少化肥施用量；闲耕时，田间覆盖塑料薄膜，利用热力进行土壤消毒；发现病株，及时拔除，带出田间销毁。（3）化学防治。田间发现病株及时拔除，然后对病株穴喷淋药剂。药剂可用50%甲基托布津SC 500倍液，或25%多菌灵WP 500倍液，或10%双效灵AS 300倍液，或70%琥胶肥酸铜WP 500倍液，每穴淋对好的药液0.3～0.5 L，每隔7 d淋1次，共淋2～3次。

菜用大豆根腐病
Soya bean fusarium root rot

根腐病是菜用大豆的一种普通病害。零星发生，造成死苗。

【典型症状】 为害根系和根颈部。发病处产生水渍状病斑，褐色至赤褐色，呈椭圆形、长条形及不规则形，凹陷或不凹陷，向下发展使根系坏死，以后变褐腐烂，并向根颈处发展（图19-69）。严重时菜用大豆须根明显减少，或未出苗即死亡，或出苗后根颈上部病斑缢缩，植株死亡。潮湿时在根颈产生少量白色至粉红色霉状物，即病原的分生孢子（图19-70）。

图 19-69　菜用大豆根腐病，根系坏死

图 19-70　菜用大豆根腐病，病根粉红色霉状物

【致病病原】 病原为镰孢霉 *Fusarium* sp.，属半知菌亚门真菌。病原分生孢子梗和分生孢子淡肉色。大型分生孢子镰刀形，多胞。小型分生孢子卵圆至长圆形，单胞。

【病害循环】 病原能在为土中生存，为初侵染源。

【发生规律】 播种过早或过深，均因土温低，幼苗出土缓慢而发病。土壤黏重，排水不良，重茬及耕作粗放的发病重。

【防治措施】 (1) 种子消毒。用种子重量0.3%的50%WP拌种双拌种。(2) 农业防治。适时早播，掌握播种深度。合理轮作。(3) 化学防治。发病前或发病初期喷75%百菌清 WP 600～700倍液，或20%甲基立枯磷 EC 1 100～1 200倍液，隔7 d喷1次，连续喷1～2次。

菜用大豆菌核疫病 Soya bean sclerotium rot

菜用大豆菌核疫病又称南方疫病、南方茎腐病、白霉病，是菜用大豆的一种次要病害。

【典型症状】 各生育期都能发病。地表和土壤表面以下的植株都能被侵染，出现淡褐色病斑，病斑很快下陷，不断扩大直到环剥下胚轴和茎秆（图19-71）。植株突然黄化或萎蔫是第一症状。发病植株叶片变褐、变干，经常悬挂在死茎上。叶部病斑圆形，棕色至褐色。最明显的特点是茎基部、落叶和围绕发病植株的土壤表面产生白色的菌丝丛（图19-72）。

图19-71 菜用大豆菌核疫病，根颈腐烂

图19-72 菜用大豆菌核疫病，长出白色菌丝

【致病病原】 病原为小菌核属齐整小菌核 *Sclerotium rolfsii* Sacc.，属子囊菌亚门真菌。

【发生规律】 菌核疫病一般发生在炎热、潮湿的气候条件下，土壤湿度大，作物遮阴，促进病害的发生。通气良好的沙土或沙壤土上发病最常见。病株一般是孤立的、分散的，在利于发病的条件下病害能很快地传播到其他植株上。

【防治措施】 与非寄主作物轮作；把作物残体翻入土壤深层内。

菜用大豆疫病 Soya bean phytophthora blight

菜用大豆疫病是一种土传性病害，幼苗期、成株期均可发病，苗期死株率轻则10%，重则80%～90%。

【典型症状】 菜用大豆各生育期均可发病。(1) 苗期。在种子萌发前可引起种子腐烂；在种子萌发后，菜用大豆种子萌发生根时即可被病原侵染，受害根及下胚轴呈棕褐色。出苗后由于近地表植株茎部出现水浸状病斑，根或茎基部腐烂而萎蔫或死亡，根变褐，软化，直达子叶节。(2) 成株。下部叶片先变黄，并向上扩展，随后上部叶片逐渐变黄并很快萎蔫，茎基有黑褐色凹陷条状病斑，并可向上扩展延至10～11节位。发病轻时症状常仅限于侧根腐烂，植株并不死亡，表现出矮化和轻度失绿，症状与缺氮相似，病株荚数明显减少，空荚、瘪荚较多，子粒皱缩。发病重时整株枯萎死亡，但植株不倒伏，叶片不脱落。剖开茎可见维管束变褐色（图19-73）。(3) 豆荚。病荚基部初期出现水浸状斑，病斑逐渐变褐并从荚柄向上蔓延至荚尖，最后整个豆荚变枯呈黄褐色，种子失水干瘪。

图 19-73 菜用大豆疫病，病株症状

【致病病原】 病原为大雄疫霉大豆专化型 *Phytophthora megasperm* f. sp. *glycinea* Kuan & Erwin，属鞭毛菌亚门真菌。(1) 形态和大小。菌落质地均匀，白色，边缘清晰整齐。菌丝致密、柔韧、无隔、近直角分枝，分枝处缢缩，菌丝可形成膨大体，部分菌丝呈现珊瑚状。孢子囊顶生，倒梨形、椭圆形或球形，孢子囊顶端未见有明显乳突，孢子囊不脱落。孢子囊长 20.0～90.0 μm，平均为 52.58 μm，宽 15.0～40.0 μm，平均为 33.23 μm，长宽比为 1.6。排孢孔直径 10.0～25.0 μm，平均为 16.51 μm。藏卵器球形，直径为 27.5～45.0 μm，平均为 38.73 μm。卵孢子圆形，壁光滑，淡黄色，直径为 22.5～37.5 μm，平均为 28.60 μm。雄器大多侧生，少数围生，大小为 (7.5～17.5) μm×(7.5～15.0) μm。(2) 特性。最高生长温度 35 ℃，最低生长温度高于 7 ℃，对孔雀绿敏感。该菌已划分出 24 个生理小种。菌株的最适生长温度为 25～28 ℃，最高为 32～35 ℃，最低为 5 ℃。产生游动孢子的最适温度为 20 ℃，最低温度为 5 ℃，最高温度为 35 ℃。孢子囊直接萌发的最适温度为 25 ℃，间接萌发的最适温度为 14 ℃。卵孢子形成和萌发的最适温度为 24 ℃。游动孢子游动缓慢，从运动到形成休眠孢子需数天。

【病害循环】 病原以卵孢子在土壤和病残体中越冬，种子也能带菌。温湿度适宜时，病原萌发长出芽管，发育成菌丝体和孢子囊。当土壤积水时产生大量游动孢子，通过土壤中的水流传播，游动孢子被吸引到发芽的种子、幼根和老根渗出液周围，并聚集在那里进行休止，然后萌发再侵入大豆根部，根系被害后向上扩展蔓延至茎部和下部侧枝。

【发生规律】 在土壤温度为 15～20 ℃时，遇大雨田间积水的病区，此病发生严重。土壤长时间积水是发病必要条件。地势低洼、土壤为黏土且排水不良，重茬地，发病重。土壤中病原线虫多，加重病害的发生。

【防治措施】 (1) 种子消毒。应用药剂拌种防治该病害效果明显，是一项行之有效的防治措施，用种子重量 0.3% 的 35% 甲霜灵 WP，或 0.3%的 72%克露 WP，或 0.3%的 69%安克·锰锌 WP 拌种。(2) 农业防治。加强田间管理，及时深耕及中耕培土。雨后及时排除积水防止湿气滞留。一切降低土壤含水量的措施都可有效防止该病害的发生。用非寄主作物与菜用大豆轮作也可以减少该病害的发生。(3) 化学防治。发病初期喷或浇灌，用 72%克露 WP 600 倍液，或 68%金雷甲霜灵锰锌 WP 500 倍液，或 70%宝福斯 WP 500 倍液，或 52.5%抑快净 WG 2 000 倍液，隔 7 d 喷 1 次，共喷 3 次。

参考文献

[1] 刘方平，高智谋，汪小福，等. 安徽省大豆疫病病原鉴定及生物学特性研究[J]. 广西农业生物科学，2006，25(1)：48-51

[2]王娥梅，刘琨，李晓雷. 大豆疫病药剂防治研究[J]. 安徽农学通报，2008，14(3)：94

菜用大豆胞囊线虫病
Soya bean cyst nematode

胞囊线虫病又称菜用大豆根线虫病、菜用大豆萎黄线虫病。各地均有发生。主要发生于偏凉地区。轻病田减产 10%，重病田可减产 30%～50%，甚至绝收。

【典型症状】 开花前后植株地上部的症状最明显。表现为生长发育不良，植株明显矮小，节间短，叶片发黄早落，花芽少，花芽枯萎，不能结荚或很少结荚，似缺肥症状（图 19-74）。被寄生主根一侧鼓包或破裂，露出白色亮晶微如面粉粒的胞囊，侧根发育不良，须根增多，甚至整个根系成为发状须根（图 19-75）。被害根很少有固氮根瘤，即使有也为无效根瘤。根表皮被线虫雌虫胀破后易感染其他微生物而发生腐烂，使植株提早枯死。病田常因线虫在土壤中的分布不均，而造成菜用大豆植株被害程度不一，呈点片发黄。

图 19-74　菜用大豆孢囊线虫病，为害状

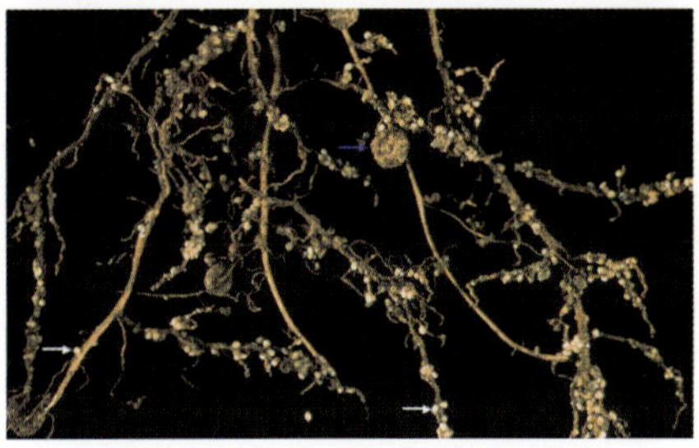

图 19-75　大豆胞囊线虫病，根系

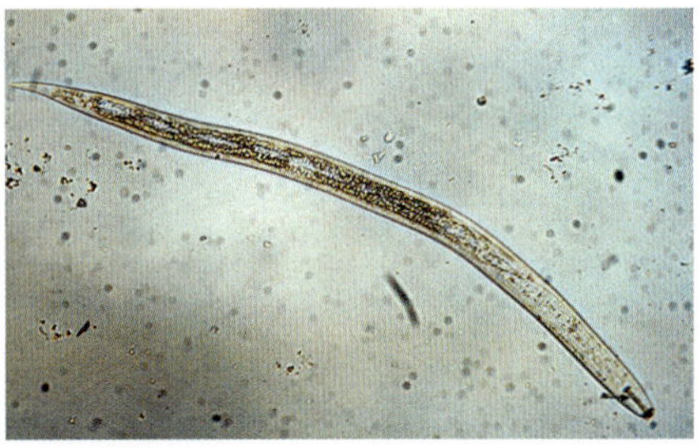

图 19-76　菜用大豆胞囊线虫

【致病病原】 病原为大豆胞囊线虫 *Heterodera glycines* Ichinohe，属线虫动物门。(1) 形态和大小。菜用大豆胞囊线虫生活史包括卵、幼虫、成虫 3 个阶段。①成虫。雌雄异形，雄虫蠕虫形，头尾钝圆，尾端略向腹侧弯曲。雌虫柠檬形，头颈部较尖，初为白色至黄白色，老熟雌虫体壁加厚，淡褐色，成为胞囊，胞囊壁上有短锯齿状花纹，呈不规则横向排列。肛门和阴门在位于阴门锥的顶端。1 个胞囊内平均有 200 多粒卵。②幼虫。分 4 龄，蜕皮 3 次后成为成虫。初龄幼虫蜷曲在卵中发育，卵孵化出的幼虫为 2 龄幼虫。2 龄幼虫卵针形，头钝尾细长。3 龄幼虫腊肠状，生殖器开始发育，雌雄可辨。4 龄幼虫在 3 龄幼虫旧皮中发育，不卸掉蜕皮的外壳（图 19-76）。③卵。长椭圆形，一侧稍凹，皮透明，大小 108.2 μm×45.7 μm。(2) 特性。成虫产卵适温23～28 ℃，最适湿度 60%～80%。卵孵化温度16～36 ℃，以 24 ℃孵化率最高。幼虫发育适温17～28 ℃，31 ℃时幼虫开始衰退，35 ℃下处理4 h，连续 6 d 后，雌虫基本不能发育，38 ℃下处理 4 d，幼虫全部死亡。幼虫侵入温度 14～36 ℃，以 18～25 ℃最适，低于 10 ℃停止活动。(3) 寄主。这种病原可以侵染大豆、小豆、绿豆、黑豆、野豌豆、羽扁豆、决明和胡枝子等豆科植物。

【病害循环】 (1) 越冬与初侵染源。病原线虫主要以胞囊在田间土壤中越冬，也可在粪肥中以及混杂于种子中的土粒内越冬，并随种子的调运而远距离传播，当春季温、湿度适宜，并在根系分泌物的刺激下，越冬胞囊内的卵孵化，以 2 龄幼虫在土中活动，寻根尖侵入主根，在其皮层内营寄生生活，经幼虫阶段后发育为成虫。雄成虫重新进入土壤中自由生活，并寻觅雌成虫交配后死亡。雌成虫与雄成虫交配后，发育成老熟雌虫，其体壁加厚成为胞囊，其受精卵就保存在胞囊内。当条件适宜时，其内的卵又孵化出幼虫，进行再侵染。胞囊对不良环境的抵抗能力很强，因而胞囊中的卵可保持生活力 3～4 年以上，有的可长达 10 年。(2) 传播特点。田间近距离传播扩散主要通过耕作时土壤的移动、农机具和人、畜黏附以及灌溉水和雨水传带含胞囊的土壤或混有胞囊的粪肥。

【发生规律】 连作重茬是菜用大豆胞囊线虫病严重发生的重要条件。土质通透性好的沙土、沙质壤土有利于线虫的生长发育和侵染，而通透性差的黏重土壤则对线虫的生长发育和侵染不利。另外，碱性土壤较酸性土壤有利于发病。

【防治措施】 (1) 种子处理。用种子重量 0.1%～0.2% 的 1.5% 菌线威 GR，对过筛细土 100～200 倍，然后进行拌种。(2) 农业防治。病田实行菜用大豆与禾本科作物或棉花等非寄主植物轮作，以水旱轮作为宜，这是防治此病最为行之有效的措施。轮作年限不能少于 3 年，5 年以上防病增产效果更好。(3) 化学防治。播种前 15～20 d，每亩用 98%棉隆 GR 5～6 kg 或 10%涕灭威 GR 2.5～5 kg，沿种植沟施入土内 20 cm 处，覆土压平密闭，半个月内不得翻动。然后开沟播种，种子播种深度应小于药剂深度。

菜用大豆菟丝子
Soya bean dodder

菟丝子又称豆寄生，是一种寄生性草本植物。作物被寄生后，生长受到严重抑制，植株矮小不育或逐渐枯死，产量损失 20%～80%。

【典型症状】 菜用大豆苗期受害，菟丝子以茎蔓缠绕菜用大豆，产生吸盘伸入寄主茎内吸取养分，致受害菜用大豆茎叶变黄、矮小、结荚少，严重的全株黄枯而死。

【致病病原】 我国为害菜用大豆的菟丝子种类有中国菟丝子 *Cuscuta chinensis* Lamb. 和欧洲菟丝子 *C. australis* R. Br.。(1) 形态和大小。①中国菟丝子。茎纤细，丝状，淡黄色。无叶，数个至十余个小花簇生，较松散，蒴果球形、稍扁，破裂时呈盖裂；种子表面较粗糙，有白霜状突起（图 19-77）。②欧洲菟丝子。于中国菟丝子相似，其区别在于：组成花序的小花数量较多，有数个至数十个簇生在一起，较紧密；花萼卵圆形，背中无脊，基部愈合；花冠大部伸出花萼。

图 19-77　菜用大豆菟丝子

(2) 特性。菟丝子萌发适宜温度为 25～35 ℃，15 ℃以下或 35 ℃以上均不能萌发。适宜的土壤湿度 15%～30%，最适宜的湿度为 20%～25%。种子在土深1 cm 左右出苗最快，6 cm 以下则不能萌发出土。(3) 寄主。这种病原可以侵染菊科、豆科、藜科、大戟科、蓼科、茄科、苋科等多种作物和杂草。

【病害循环】 (1) 越冬与初侵染源。菟丝子主要靠种子传播。田间掉落的菟丝子，是连作田菟丝子发生较重的原因。可混杂在寄主种子内及随有机肥在土壤中越冬。其种子外壳坚硬，经 1～3 年才发芽，在田间可沿畦埂地边蔓延，遇合适寄主即缠茎寄生为害。(2) 传播特点。混在豆种中是远距离传播的主要方式。还可靠河流、灌溉水和风力传播。

【防治措施】 (1) 种子处理。播种前用 48%地乐胺 EC 加水 25 倍，按种子重量的 4%～5%药液拌种。(2) 农业防治。播前对种子进行检验，若检验发现确认该批种子有菟丝子，对种子进行机械清选，通过种子清选处理后可清除 99%的菟丝子种子；掌握在菟丝子幼苗未长出缠绕茎以前中耕除草；田间发现菟丝子后，必须立即刈割被感染作物，带到田外烧毁或深埋。(3) 化学防治。菜用大豆播种后出苗前，每亩用 50%乙草胺 EC 或 40%地乐胺 EC 150～200 mL，对水 30 kg 喷洒土表，对其他单、双子叶杂草也有显著的防除作用。在菟丝子缠绕初期，可用 48%拉索 EC 150 倍液均匀喷雾。也可用鲁保一号生物制剂喷雾防治，其使用浓度要求水中含活孢子数不少于 3 000 万个/mL，每亩用量 2～2.5 L，于雨后或傍晚及阴天喷洒，隔 7 d 喷 1 次，连续防治 2～3 次。

20. 蚕豆病害

B蚕豆病毒病
Broad bean virus disease

病毒病是蚕豆的一种主要病害。各地均有分布。发生普遍，病株率10%～20%，严重时病株率可达到30%以上，对产量和品质影响较大。

【典型症状】 全株发病，因病毒株系不同，症状有差异。分花叶型、黄化型和萎蔫型。(1) 花叶型。叶片皱缩卷曲肥厚，叶肉黄绿相间呈花叶状斑驳（图20-1，2）。发病轻时病株矮缩不明显，但顶端心叶多变黄或卷缩，发病重时病株明显矮小，不开花结实（图20-3）。(2) 黄化型。病株矮小，叶片黄且薄，茎直立，不萎蔫，后期病株叶片常早衰脱落（图20-4，5）。(3) 萎蔫型。发病初期，叶面呈深浅绿相嵌花叶，不久萎蔫坏死或顶端坏死（图20-6，7，8）。有些病株不显花叶，植株矮小，叶片变黄、易落。

【致病病原】 病原为菜豆黄斑花叶病毒 Bean yellow mosaic virus（BYMV）、蚕豆萎蔫病毒 Broad bean vascula wilt virus（BBVW）、蚕豆染色病毒 Broad bean stain virus（BBSV）。菜豆黄斑花叶病毒粒体线状，病毒在体外能存活1～3 d。钝化温度55～65 ℃，稀释限点1 000～10 000倍。蚕豆萎蔫病毒粒体球形，直径25 nm，稀释限点10 000～100 000倍，钝化温度60～70 ℃，体外存活期4～6 d。

图20-1 蚕豆（BYMV）花叶病，叶片症状

图20-2 蚕豆（BYMV）花叶病，发病叶片背面

图20-3 蚕豆萎蔫病毒病，矮化花叶病叶

图20-4 蚕豆染色病毒病，发病叶片

图 20-5　蚕豆染色病毒病，发病植株

图 20-6　蚕豆萎蔫病毒病，叶片卷缩病株

图 20-7　蚕豆萎蔫病毒病，褐斑坏死病叶

图 20-8　蚕豆萎蔫病毒病，叶片卷缩病株

【病害循环】 南方病毒在豆类作物上越冬或越夏，北方主要在越冬蔬菜或温室豆类植物上越冬。第 2 年由苜蓿蚜传播，农事操作可通过接触摩擦传毒。发病后有明显的发病中心。

【发生规律】 气候干燥发病重。菜豆田或棚室栽培蚕豆易发病。播种过早，苜蓿蚜发生多，土壤干旱发病重。管理条件差，干旱，蚜虫发生量大发病重。

【防治措施】 (1) 农业防治。选种抗病品种。选择无病、健康饱满的种子播种。种植地块远离菜豆田和栽植菜豆的大棚或温室。适期播种，不宜过早。苗期发现病株要及时拔除，以防形成发病中心而蔓延开来。(2) 化学防治。及时喷药防治蚜虫，可用 50%抗蚜威 WP 2 500～3 000 倍液。采收前 3 d 停止施药。

参考文献

[1] 任海英，陈志谊，许志刚，等. 常熟地区蚕豆枯萎病病原菌鉴定及其致病力初探[J]. 植物保护，2003，29(4)：30-32

[2] 谢礼，刘文洪，洪健，等. 复合侵染的蚕豆黄花叶病病原诊断[J]. 电子显微学报，2006，25(2)：168-171

蚕豆叶烧病
Broad bean bacterial leaf blight

【典型症状】 (1) 叶片。病斑点状，深红色，渐发展成圆形或椭圆形，大小 10～15 mm。发病后期病斑中间浅褐色，边缘深红色，稍隆起。病部干而薄，易碎或脱落。病斑多分布在叶缘或主脉两侧，最后全叶黄枯而死（图 20-9）。(2) 叶柄。病斑深红色，长椭圆形（图 20-10）。(3) 茎部。病斑纺锤形，稍凹陷。湿度大时叶片基部和叶柄变黑软化。

图 20-9　蚕豆叶烧病，发病叶片症状

图 20-10　蚕豆叶烧病，叶柄发病

【致病病原】　病原为蚕豆叶烧假单胞菌 *Pseudomonas viciae* Uyede.，属细菌。(1) 形态和大小。菌体杆状，大小 (0.5～0.8) μm×(1.2～2.0) μm，极生鞭毛 2～4 根。(2) 特性。革兰氏染色阴性，好气，兼性嫌气。生长适温偏低，最高 30 ℃，最低 4 ℃，致死温度 49 ℃。

【防治措施】　(1) 农业防治。选用抗病品种。建立无病留种田，防止种子带菌传播。(2) 化学防治。发病前或发病初期喷 72%农用硫酸链霉素 SPX 4 000 倍液，或新植霉素 4 000 倍液，或 50%琥胶肥酸铜 WP 500 倍液，或 30%碱式硫酸铜 SC 400 倍液，或 77%氢氧化铜 WP 500～600 倍液，隔 7～10 d 喷 1 次，连续喷 2～3 次。采收前 3 d 停止施药。

蚕豆茎疫病
Broad bean bacterial stem blight

蚕豆茎疫病又称细菌性疫病、茎枯病，是蚕豆的一种重要病害，主要在南方发生，长江流域雨后常发病。发病率 10%～20%，个别田块达到 30%。引起全株死亡，发病率几乎等于损失率。

【典型症状】　为害茎尖、花、叶和茎秆。蚕豆茎顶端生黑色短条斑或小斑块，稍凹陷；逐渐向下蔓延，变黑萎蔫。叶片感病开始边缘变成褐色，后整叶变成黑色枯死。初感染的植株先从叶柄、茎部向下或向上扩展延伸，茎秆受害出现长条形黑褐色病斑，温度较高的晴天茎部变黑且发亮，花受害变黑枯死。高温高湿条件下，叶片及茎部病斑迅速扩大变黑腐烂（图 20-11）。

图 20-11　蚕豆细菌性茎疫病

【致病病原】　病原为蚕豆茎疫病假单胞菌 *Pseudomona sfabae* (Yu) Burkholder.，属细菌。(1) 形态和大小。杆状，大小 (1.1～2.8) μm×(0.8～1.1) μm，单生或双生，极生鞭毛 1～4 根，(2) 特性。革兰氏染色阴性。生长适温 35 ℃，最高 38 ℃，最低 4 ℃，52～53 ℃经 10 min 致死。(3) 寄主。这种病原可以侵染蚕豆、菜豆、豌豆、大豆、扁豆等。

【病害循环】　病原主要通过种子传播，从气孔或伤口侵入，经几天潜育即见发病。

【发生规律】　该病的发生和流行与蚕豆生育期以及生长季节中的雨日和雨量、土壤湿度、土壤肥力有密切关系。雨日长，利于发病。低温多湿，植株受冻，加重发病。地势低洼排水不良，种植粗放的田块，发病重；土壤肥力差的田块，易发病。增施钾肥可大大减轻病害的发生。

【防治措施】　(1) 农业防治。选用抗病品种，建立无病留种田，防止种子带菌传播。建好排灌系统，作高垄，雨季注意排水，降低田间湿度；加强栽培管理，合理施肥。及时拔除中心病株，减少再侵染。(2) 化学防治。初花期、初荚期各喷施 1 次菌毒清或农用链霉素，尤其是在大暴雨过后及时喷药保护。

参考文献

赵丽璋. 鹤庆县蚕豆茎枯病发生因素及防治技术[J]. 植保技术与推广, 2002, 22(12): 16-18

蚕豆锈病
Broad bean rust

锈病是蚕豆的一种重要病害。分布广泛，长江流域发生普遍，减产 10%～30%，对蚕豆生产有明显影响。北方零星发生，对产量有轻度影响。

【典型症状】　为害叶片、茎秆、豆荚，以叶片发病最重。田间发病早的重病田往往显现一片火烧状。叶片发病后最先出现黄白色斑点，不久变为红褐色近圆形的突起疱状斑，外围常有黄色晕圈。扩大病斑后，表皮破裂，散出红色粉末（夏孢子）（图 20-12，13）。发病后期或寄主接近衰老时，夏孢子堆转变为黑色的冬孢子堆，或在叶片上长出冬孢子堆。叶脉上如果产生夏孢子堆或冬孢子堆时，叶片变形早落。也有时在叶片正面及荚上产生黄色小斑点，以后在小点四周产生橙红色斑点，以后再继续形成夏孢子堆和冬孢子堆。

图 20-12　蚕豆锈病，发病叶片叶面

图 20-13　蚕豆锈病，发病叶片叶背

【致病病原】 病原为蚕豆单胞锈菌 *Uromyces fabae*（Pers.）de Bary，属担子菌亚门真菌。（1）形态和大小。病原单主寄生。夏孢子堆生于叶两面或叶柄和茎上，初埋生，后突破表皮，呈褐红色，大小 0.2～1.0 mm；夏孢子淡褐色，有刺，球形至椭圆形，大小（18.5～25）μm×（20～23）μm，壁厚 1.5～2.5 μm，具 3～5 个芽孔。冬孢子堆生于叶的两面或叶柄及茎上，长 1～5 mm，黑褐色或黑色；冬孢子椭圆形，顶部圆或平，下部略窄，大小（22～42）μm×（15～30）μm。（2）特性。夏孢子萌发的温度为 2～31 ℃，最适温度是 16～20 ℃，相对湿度低于 80%时很少萌发，湿度高萌发率也高。

【病害循环】（1）越冬与初侵染源。病原的冬孢子在病残体上越夏或越冬。（2）传播特点。蚕豆出苗后冬孢子萌发为担孢子，靠气流传播到蚕豆叶片上，首先形成性孢子器，再形成锈孢子器。产生的锈孢子随风飘落到蚕豆茎叶组织，然后形成夏孢子堆，产生的夏孢子再随风传播，进行多次再侵染，使病害蔓延扩大。人、畜、工具的接触也可传播。

【发生规律】（1）品种与发病。早熟品种生育期短，可避病。（2）气候条件与发病。病原喜温暖潮湿，气温 14～24 ℃，适于孢子萌发和侵染，夏孢子迅速增多，气温 20～25 ℃易流行，所以多数蚕豆产区都在 3～4 月气温回升后发病，尤其春雨多的年份易流行。冬春气温高，早播蚕豆年前即开始发病，形成发病中心，到第 2 年 2～3 月份后，雨日多，易大发生。（3）栽培管理与发病。低洼积水、土质黏重、生长茂密、通透性差发病重。植株下部的茎叶发病早且重。

【防治措施】（1）农业防治。实行倒茬轮作。合理密植，通风透光，降低湿度。适时播种，防止冬前发病，减少病原基数，生育后期避过锈病盛发期。合理密植，开沟排水，及时整枝，降低田间湿度。收获后清除田间病残体，集中烧毁或深埋。（2）化学防治。发病前或发病初期喷 30%固体石硫合剂 150 倍液，或 15%三唑酮 WP 1 000～1 500 倍液，或 50%萎锈灵 EC 800 倍液，或 50%硫黄 SC 200 倍液，隔 10 d 喷 1 次，连续喷 2～3 次。

蚕豆赤斑病
Broad bean chocolate spot

赤斑病是蚕豆的一种重要病害。各地均有发生，在长江流域发生十分严重。发病率可达 20%～30%，重病地块病株率可达 80%以上。对蚕豆产量影响较大，减产可达 30%，重者绝收。

【典型症状】 主要侵害叶部，茎部也有发生，并从茎基部蔓延至根部，还能侵害花和幼豆荚。叶片上病斑分为急性型和慢性型。（1）慢性型。近地面叶片上产生赤色小斑点，渐变成褐色或铁红色，边缘深色，病健界限明显。病斑圆形、卵圆形或椭圆形。病斑长期保护原状，不再扩大，叶片仍保持正常绿色。阴湿气候下，病斑扩大，数个病斑汇合成不规则的病斑，中央陷落，病叶逐渐变黑死亡和脱落，病部表面覆盖一层生长繁茂的灰色霉，即分生孢子梗和分生孢子（图 20-14，15，16）。发病重时病叶落尽，茎秆直立如枪，叶柄、茎秆上感病后常形成长圆形或梭状病斑，周缘深褐色，中央凹陷，呈淡赤褐色或灰色。花冠和豆荚上生有赤褐色小斑点，不扩大和腐烂。后期所形成的分蘖，衰亡较早。（2）急性型。当阴雨绵绵时，病斑急速扩大，连接成不定型铁灰色枯斑，边缘模糊，上面密生灰色霉层（图 20-17）。发生严重的植株，整个叶片、花器、幼荚及枝干都发黑、干枯，叶片大量脱落。

图 20-14　蚕豆赤斑病，病叶初期症状

图 20-15　蚕豆赤斑病，病叶中期症状

图 20-16　蚕豆赤斑病，病叶后期症状

图 20-17　蚕豆赤斑病，潮湿时长成大斑

【致病病原】 病原为蚕豆葡萄孢菌 *Botrytis fabae* Sard.，属半知菌亚门真菌。分生孢子梗淡褐色，细长，具隔膜，大小（300～2 000）μm×（9～21）mm。分生孢子淡绿色或深绿色，椭圆形，单胞，大小（12.2～22.8）μm×（10.5～15.8）μm。菌核扁平，椭圆形，表面粗糙黑色，大小（0.5～1.5）μm×（0.2～0.7）μm。

【病害循环】（1）越冬与初侵染源。病原以病茎内外或落在土表的菌核越冬和越夏，成为初侵染源。菌核在适宜条件下萌发产生分生孢子梗和分生孢子引起初侵染。（2）传播特点。越夏后的菌核在初冬即可萌发，故田间一般冬前蚕豆上即可发生赤斑病。但萌芽盛期在翌春 2～3 月份，可陆续产生大量分生孢子引起初侵染，形成水平扩展。病叶上的分生孢子借助于风雨进行再侵染。

【发生规律】（1）发病时期。该病在蚕豆生长的整个生育期均有发生。在蚕豆种植当年的 11 月中、下旬为发病前或发病初期，为害盛期在第 2 年 2 月上旬至 4 月中旬。（2）气候条件与发病。春季阴雨绵绵，田间湿度大，温度适宜，容易造成该病流行。（3）栽培管理与发病。病害在田间往往成片发生，有发病中心，离发病中心越近，发病越早越重。种子带菌未经消毒处理，条件适宜时，易造成田间发病。排水不良的酸性土及缺钾的连作田利于发病，尤以低洼稻田种蚕豆发病重。

【防治措施】（1）种子处理。播种前用 56 ℃ 温汤浸种 5 min 或 1%石灰水浸种 24 h。或用种子重量 0.3%的 50%多菌灵 WP 拌种。（2）农业防治。避免连作，合理配施磷、钾肥。收获后及时清除病残体，深埋或烧毁。增施磷、钾肥可促使蚕豆根系发达，植株健壮，增强抗病能力。适时播种，防冻防虫。（3）化学防治。要早防早治，发病前或发病初期施药控制发病中心。每亩用 50%多菌灵 1 kg 加细土 20 kg，拌成药土，撒入蚕豆种植穴中；或用 50%敌克松 500 倍液泼浇土壤。发病前或发病初期喷 40%多·硫 SC 500 倍液，或

50%农利灵 WP 1 000 倍液，或 50%扑海因 WP 1 500倍液，或 50%腐霉利 WP 1 500～2 000 倍液，隔 10 d 喷 1 次，连续喷 2～3 次。

参考文献

王淑英，赵学懿. 蚕豆赤斑病和轮斑病防治时期研究初报[J]. 甘肃农业科技，1997(5)：37-38

蚕豆褐斑病
Broad bean brown spot

褐斑病是蚕豆的一种常见病害。各地均有发生。病株率 20%～30%，对产量影响不大；发病严重时病株率达 80%以上，植株出现大量死亡，对产量和质量为害严重。

【典型症状】 为害叶片、茎秆及豆荚。(1) 叶片。叶片上病斑圆形或椭圆形，深褐色，后中央变为灰白色，上有排列成轮心状的小黑点，病斑周围组织坏死变黑（图 20-18，19）。(2) 茎、荚及种子。茎部病斑大，圆形，周围为褐色，中部灰白色；荚上病斑周缘黑色，中部暗褐色；受害种子表面有褐色或黑色污斑（图 20-20，21）。

图 20-18　蚕豆褐斑病，病叶症状

图 20-19　蚕豆褐斑病，病叶背面症状

图 20-20　蚕豆褐斑病，病荚症状

图 20-21　蚕豆褐斑病，病粒症状

【致病病原】 病原为蚕豆叶壳二孢菌 *Ascochyta fabae* Spegazzini.，属半知菌亚门真菌。(1) 形态和大小。分生孢子器球形，直径 90～100 μm。分生孢子长椭圆形或卵形，大小（12～15）μm×（4～5）μm。(2) 特性。病原生长适温 20～26 ℃，最高 35 ℃，最低 8 ℃。

【病害循环】 (1) 越冬与初侵染源。病原以菌丝在种子或病残体上越冬，或以分生孢子器在蚕豆上越冬，成为第 2 年的初侵染源。(2) 传播特点。病原借风雨传播蔓延。

【发生规律】 生产上种子未经消毒，偏施氮肥，播种过早及在阴湿地种植，发病重。

【防治措施】 (1) 种子消毒。播种前用 56 ℃温水浸种 5 min。(2) 农业防治。选用无病豆荚。单独脱粒留种。适时播种，不宜过早，提倡高畦栽培，合理施肥，适当密植，增施钾肥。(3) 化学防治。发病前或发病初期喷 30%绿叶丹 WP 800 倍液，或 50%琥胶肥酸铜 WP 500 倍液，或 47%加瑞农 WP 600 倍液，或 80%新万生 WP 500～600 倍液，或 14%络氨铜 AS 300 倍液，或 77%氢氧化铜 WP 500 倍液，隔 10 d 喷 1 次，连续喷 1～2 次。

蚕豆轮纹病
Broad bean cercospora leaf spot

轮纹病为蚕豆的一种常见病害。各地均有分布。病株率为10%～20%，严重时30%～60%，明显降低蚕豆的产量和质量。

【典型症状】 主要为害叶片，有时也为害茎、叶柄和豆荚。积水的部位先发病。(1) 叶片。叶尖或叶缘先产生圆形或近圆形小斑，红褐色，扩大后褐色，周缘红褐色，病健部分界明显。发病后期病斑常腐烂穿孔，叶片坏死。湿度高时，病斑上有灰黑色霉层（图20-22，23）。(2) 叶柄、茎和豆荚。病斑长梭形，灰黑色，边缘深赤色，后期从病部扭折。豆荚上生小黑色凹陷斑（图20-24）。

图20-22 蚕豆轮纹病，发病叶片症状

图20-23 蚕豆轮纹病，后期症状

图20-24 蚕豆轮纹病，发病豆荚

【致病病原】 病原为蚕豆尾孢 *Cercospora fabae* Fautrey，属半知菌亚门真菌。(1) 形态和大小。菌落初为白色，渐呈浅灰至深灰色或深橄榄色至黑色。中间稍凸起，边缘具1、2条轮纹，不产孢。分生孢子梗褐色束状，由叶面抽出，具隔膜0～5个，不分枝，大小（15.8～99.4）μm×（4.6～6.9）μm。分生孢子无色透明，顶生，细长，直或弯，鞭形至倒棒状，具隔膜1～15个，大小（56～64）μm×（3.8～4.2）μm。(2) 特性。病菌生长发育适温25 ℃，最高31 ℃，最低6 ℃。

【病害循环】 病原以分生孢子座随病叶遗落在土表或附着在种子上越冬。第2年条件适宜时产生分生孢子通过风雨传播形成初侵染，再产生大量分生孢子，进行再侵染。

【发生规律】 春季多雨潮湿易发病。土壤黏重，排水不良或缺钾发病重。

【防治措施】 (1) 种子消毒。播种前用56 ℃温水浸种5 min。(2) 农业防治。适时播种，不宜过早，提倡采用高畦栽培，适当密植，增施有机肥。(3) 化学防治。发病前或发病初期喷30%碱式硫酸铜SC 500倍液，或30%氧氯化铜SC 800倍液，或50%多·霉威WP 1 000～1 500倍液，隔10 d喷1次，连续喷1～2次。

蚕豆炭疽病
Broad bean anthracnose

炭疽病是蚕豆的一种普通病害。分布较广，多零星发生。严重时病株率可达20%左右，在一定程度上影响产量。

【典型症状】 主要为害叶片和豆荚，偶尔为害茎。(1) 叶片。病斑初散生小点，深红褐色；后病斑中间浅褐色，边缘红褐色，近圆形，大小3～7 mm，多在叶脉范围内，常数个病斑汇合后成大斑块。后期病斑上产生黑色小点，空气潮湿时病斑破裂穿孔（图20-25）。(2) 茎秆和叶柄。先出现红褐色小斑，逐渐扩展到1 cm大小的梭形至长形病斑，病斑中间为暗灰色，四周为褐色，下陷龟裂，后呈锈褐色条斑。(3) 豆荚。发病初期产生红褐色至黑褐色小斑，逐渐扩大，最后形成多角形或圆形病斑，病斑中央灰色，四周红褐色（图20-26）。湿度大时，病斑上产生红色黏稠物和黑色小点。病原穿透豆荚，使种子染病，在种子表面形成黄褐色至红褐色凹陷病斑，外缘颜色由深变淡，有时病部产生白色菌丝或粉红色霉状物。

图 20-25　蚕豆炭疽病，发病叶片症状

图 20-26　蚕豆炭疽病，发病豆荚

【致病病原】 病原为豆刺盘孢菌 *Colletotrichum lindemuthianum*（Sacc. et Magn.）Briosi et Cav.，属半知菌亚门真菌。

【病害循环】 病原主要以菌丝潜伏在种皮下或以菌丝体随病残体在地面上越冬。带病种子使幼苗子叶或嫩茎发病。在病部产生的分生孢子，通过昆虫及风雨传播蔓延，进行再侵染。

【发生规律】（1）气候条件与发病。高湿有利于发病。生产上温凉多湿，多雨多露或多雾，夜间冷凉，易发病。（2）栽培管理与发病。地势低洼，密度过大，土壤黏重，发病均较重。

【防治措施】（1）种子消毒。用 40%福尔马林 200 倍液浸种 30 min，然后冲净晾干播种。或用种子重量 0.3%的 50%福美双 DP，或 0.2%的 50%四氯苯醌，或 0.2%的 50%多菌灵 WP 拌种。（2）农业防治。收获后及时清除病残体。重病田实行 2～3 年轮作。适时早播，深度适宜，间苗时注意剔除病苗，加强肥水管理。使用充分腐熟的有机肥。（3）化学防治。旧架杆应在插架前用 50%代森铵 AS 1 000 倍液喷淋灭菌。发病前或发病初期喷 80%炭疽福美 WP 900 倍液，或 50%苯菌灵 WP 1 500 倍液，或 50%多菌灵 WP 600 倍液，或 80%新万生 WP 500 倍液，或 30%碱式硫酸铜 SC 400 倍液，或 1∶1∶240 倍式波尔多液，隔 7～10 d 喷 1 次，连续喷 2～3 次。采收前 3 d 停止用药。

蚕豆霜霉病
Broad bean downy mildew

霜霉病是蚕豆的一种重要病害。

【典型症状】 叶片染病初期出现浅黄色斑，轮廓不明显，斑上杂有赤色或赤褐色小斑点或不规则小斑痕，后期浅黄色斑块不断扩大至整个叶面（图 20-27）。叶片背面密生浅紫色霉层，染病叶片由黄色变成青褐色，从植株下部向上部扩展，最终导致全株干枯死亡（图 20-28）。

图 20-27　蚕豆霜霉病，病叶

图 20-28　蚕豆霜霉病，病株

【致病病原】 病原为蚕豆霜霉 *Peronospora viciae*（Berk.）de Bary，属鞭毛菌亚门真菌。孢囊梗单生或束生，大小（250～500）μm×（6～9）μm，

分枝4～8次。孢子囊椭圆形至短椭圆形，浅黄色。卵孢子球形，膜黄色，具网状突起，直径26～40 μm。

【病害循环】 病原以卵孢子在病残体或种子上越冬。条件适宜时病原从子叶下的胚茎侵入，随生长点向上蔓延，进入芽或真叶，形成系统侵染。发病后产生大量病原借风雨传播蔓延，进行多次再侵染。

【发生规律】 雨季气温20～24 ℃发病重。

【防治措施】 （1）种子消毒。用种子量0.3%的35%甲霜灵拌种剂拌种。（2）农业防治。实行2年以上轮作。清洁田园，病残体集中深埋或烧毁，及时耕翻土地。按配方施肥，合理密植。（3）化学防治。发病前或发病初期喷1∶1∶200倍式波尔多液，或90%霜疫灵WP 500倍液，或60%琥·乙膦铝WP 500倍液，或72%霜脲·锰锌WP 800～1 000倍液，或69%安克·锰锌WP或WG 1 000倍液，隔10 d喷1次，连续喷1～2次。

蚕豆茎基腐病 Broad bean stem wilt

茎基腐病是蚕豆的一种重要病害。发生普遍，常与枯萎病混合发生。

【典型症状】 病害从苗期开始，到开花结荚期为高峰期。病株茎基逐渐变黑下陷，木质部变褐，直至萎蔫枯死（图20-29）。

图20-29　蚕豆茎基腐病

【致病病原】 病原为燕麦镰孢 *Fusarium avenaceum*（Fr.）Sacc. 和蚕豆燕麦镰孢 *F. avenaceum*（Fr.）Sacc. f. sp. *fabae*（Yu）Yamamoto，均属半知菌亚门真菌。菌丝白色，带洋红色，棉絮状。大型分生孢子蠕虫形至丝状，大小（4.76～6.7）μm×（3.5～4.2）μm。菌核深蓝色，直径0.2～2.5 mm，不产生厚垣孢子。

【病害循环】 病原以菌丝体及厚垣孢子随病残体在土壤中越冬，可成为第2年的初侵染源。种子可带菌，经种皮传播。

【发生规律】 播种时遇有阴雨连绵的年份，死苗严重。地下水位高或田间积水，田间持水量高于92%发病最重。

【防治措施】 （1）种子消毒。播前用56 ℃温水浸种5 min。或用50%多菌灵WP 700倍液浸种10 min。（2）农业防治。实行3年以上轮作。选择地势高燥，排水好的田块种植，施用充分腐熟的有机肥，在蚕豆生育过程中不要缺肥、缺水。加强排灌，防止土壤过干过湿。收获后及时清洁田园。（3）化学防治。用50%多菌灵WP 1份与50份细干土混匀撒在苗基部，用量为150 g。在发病初期，向植株茎基部喷淋50%多菌灵WP 600倍液，隔7～10 d喷1次，连续喷2～3次。

蚕豆根腐病 Broad bean thielaviopsis root rot

根腐病是蚕豆的一种主要病害。各地均有发生。

【典型症状】 主要为害根和茎基部，引起全株枯萎。主根和茎基部发病，开始表现为水渍状，后发展为黑色腐烂，侧根枯朽，皮层易脱离，烂根表面有致密的白色霉层（图20-30），以后变成黑色颗粒。病茎水分蒸发后，变灰白色，表皮破裂如麻丝，内部有时也有鼠粪状黑色颗粒（图20-31）。

图20-30　蚕豆根腐病，根部腐烂

图 20-31　蚕豆根腐病，根部变黑

【致病病原】 病原为根串珠霉 *Thielaviopsis basicola*（Berk. et Br.）Ferr.，属半知菌亚门真菌。(1) 形态和大小。分生孢子梗瓶状，小梗长 49.8～139.4 μm。分生孢子圆筒形，无色，大小 (19.9～22.4) μm×(4.9～7.4) μm。厚垣孢子基部 1～2 个细胞无色，其余部位褐色，圆筒形，大小 (9.9～14.9) μm×(7.4～9.9) μm。(2) 寄主。这种病原可以侵染蚕豆、豌豆、番茄、黄瓜、芹菜、莴苣、大豆、菜豆等。

【病害循环】 病原随病残体在土壤中越冬。第 2 年在田间进行初侵染和再侵染。

【发生规律】 一般在蚕豆花期发病严重。

【防治措施】 (1) 种子消毒。用种子重量 0.25%的 20%三唑酮 EC 拌种，或用种子重量 0.2%的 75%百菌清 WP 拌种。(2) 农业防治。干旱时及时灌水，多雨时疏沟排水；合理轮作，不偏施氮肥；合理密植，确保通风透光良好，增强植株抗病能力，减轻病害。(3) 化学防治。苗期用 50%多菌灵 1 000 倍液灌根，或用 70%托布津 800～1 500 倍液，或 65%代森锌 WP 600 倍液喷雾。

蚕豆枯萎病 Broad bean fusarium wilt

蚕豆枯萎病又称萎蔫病，是蚕豆的一种重要土传病害。发生较严重，轻者减产 10%～30%，重者达 50%以上。

【典型症状】 在开花期或接近开花期开始发病。植株各部位均可受害。(1) 叶片。病叶初呈淡绿色，逐渐变为浅黄色，叶缘尤其是叶尖部分常变黑焦枯。叶片自下向上逐渐变黄枯萎，病叶常扭折、弯曲，干枯脱落。(2) 茎基。病株茎基部有黑褐色病斑，稍凹陷，潮湿时常产生粉红色霉层，茎基部病斑逐渐向上发展，致使茎上部分嫩尖倾斜或下垂，最后整个植株枯死（图 20-32）。(3) 根系。侧根和主根上均产生褐色至黑褐色条纹，逐渐发展，可导致主根变黑，皮层腐烂，主根呈干腐状，须根全部坏死并消失。病株根系弱小，极易拔出。剖开病茎，可见维管束变黑。

图 20-32　蚕豆枯萎病

【致病病原】 病原为蚕豆尖镰孢霉 *Fusarium oxysporum* Schl. f. sp. *fabae* Yu et Fang.，属半知菌亚门真菌。(1) 形态和大小。菌丝无色或淡色，在病株上或培养基上易产生大量分生孢子座。大型分生孢子无色，弯曲，镰刀形，两端狭窄，中部稍宽，顶端细胞长而尖锐，有脚胞，3～7 隔，多数为 5 隔，大小 (44～65) μm×(3.5～4.4) μm。小型分生孢子卵圆形或长圆形，0～1 隔，大小 (9.3～14.8) μm×(3.2～3.4) μm，极少产生。(2) 特性。在马铃薯葡萄糖琼脂培养基上菌丝絮状，红色至深红色。基质浅珊瑚红色。菌丝生长最适温度为 24～26 ℃，最高为 35 ℃，最低为 5～6 ℃，酸碱度范围为 pH 4.5～8.9，最适为 pH 5.8～6.7。在偏酸性的培养基上菌丝生长旺盛。孢子萌发所需温度与菌丝生长相近，在 24～28 ℃时，48 h 内萌发率可达 100%，10 ℃时孢子萌发率低于 30%，30 ℃以上时，孢子萌发率锐减。(3) 寄主。病原除侵染蚕豆外，还可侵染菜豆和豌豆。

【病害循环】 病原主要以菌丝体在田间病残体上越冬，病原在土壤中至少可存活 3 年，是第 2 年初侵染的主要来源。种子表面也可带菌，种子内部不带菌。播种带菌的种子引起幼苗发病。病苗在植株生长期间主要以分生孢子通过流水、农具等传播，从伤口侵入植株须根，再扩展到主根，在维管束组织的导管中生长发育，并向上蔓延。

【发生规律】 土壤含水量低于 65%时发病重。缺肥及酸性土壤发病重。

【防治措施】 (1) 种子消毒。播种前种子用 56 ℃温水浸种 5 min。或用种子重量 0.25%的 20%三唑酮 EC 拌种；或用种子重量 0.2%的 75%百菌清 WP 拌种。(2) 农业防治。实行 3 年以上轮作，水田实行 2 年以上轮作。选择土壤含水量高于 70%田块种植。

参考文献

陈占全.蚕豆枯萎病在我省主产区发病为害调查研究[J].青海农林科技,1999(3):14-17

（四）白菜类蔬菜病害

21. 大白菜病害

大白菜病毒病 Chinese cabbage virus disease

大白菜病毒病又叫孤丁病、抽风病，是大白菜的一种主要病害。各地均有分布。发病率5%～15%，轻度影响白菜生产；发病严重时病株率可达20%，对生产有明显影响。

【典型症状】 苗期发病较重。(1) 苗期。病苗心叶的叶脉透明，沿叶脉褪绿，叶片皱缩，向一边弯曲，有时叶脉上产生褐色的坏死斑或条斑。成株期叶片皱缩凸凹不平，呈黄绿相间的花叶（图21-1），叶脉上也有褐色坏死斑点或条斑，病株矮化（图21-2）。发病严重的植株停止生长，常在包心前死亡。(2) 成株。有些感病植株虽能结球，而且外表与健株无差别，但剥开外叶，常见到叶片上有许多灰色或黑色的坏死斑点（图21-3）。主要表现坏死条斑，并出现裂痕，病株严重矮化、畸形，不结球。受害较轻的，病株畸形，矮化较轻，有时只呈现半边皱缩，能部分结球。重病株的根多不发达，须根较少，病根切面显黄褐色。

图21-1 大白菜病毒病，花叶症状

图21-2 大白菜病毒病，叶脉坏死型

图21-3 大白菜病毒病，灰色坏死斑点

【致病病原】 病原为目前已知为害十字花科蔬菜的主要毒源芜菁花叶病毒（TuMV）、黄瓜花叶病毒（CMV）、烟草花叶病毒（TMV）、萝卜花叶病毒（RMV）。

【病害循环】 (1) 越冬与初侵染源。在华北和东北等地区，病毒在窖内储藏的白菜、甘蓝、萝卜等采种株上越冬，也可以在宿根作物如菠菜及田边杂草上越冬。春季传到十字花科蔬菜上，再经夏季的甘蓝、白菜等传到白菜和秋萝卜上。长江流域及华东地区，病毒可以在田间生长的十字花科蔬菜、菠菜及杂草上越冬，引起第2年十字花科蔬菜发病。(2) 传播特点。芜菁花叶病毒和黄瓜花叶病毒可以由蚜虫和汁液接触传染。但田间病毒传播主要是蚜虫。萝卜蚜、桃蚜、甘蓝蚜及棉蚜等都有传毒能力。多数地区以桃蚜和菜缢管蚜传毒为主，新疆则以甘蓝蚜为主。蚜虫在病株上短时间吸食后即具有传毒能力。蚜虫1次吸毒后，保持传毒能力的时间不长，只要1次或连续在几株上吸食后即失去其传毒的能力，说明这些病毒与蚜虫的关系是非持久性的，病毒是随着蚜虫取食通过口器机械地传入健株内。有翅蚜比无翅蚜活动能力强、范围广，传病作用也较大。有翅蚜发生和迁飞的时间与病毒病的发生有密切的关系。病株种子不传病。

【发生规律】 (1) 寄主抗性。青帮儿品种比白帮儿品种抗病。病害发生及为害严重程度与白菜受侵的生育期关系很大。幼苗7叶以前最感病，受侵染以后多不能结球，为害严重；后期受侵染发病轻。侵染愈早，发病愈重，为害也愈大。(2) 气候条件与发病。苗期气温高、干旱，病毒病发生常较严重。因为高温干旱对蚜虫活动有利，并且不利于白菜生长，抗病性弱。(3) 栽培管理与发病。十字花科蔬菜互为邻作，病毒病能相互传染，发病重。播种期早的发病重。土温高、土壤湿度低的，病毒病发生较重。

【防治措施】 (1) 农业防治。选种抗病品种。播种时尽量避开蚜虫传毒期和高温天气。大白菜苗期多浇水，及时施肥。秋季栽培采取银灰膜避蚜。注意剔除病苗、弱苗。(2) 化学防治。从苗期开始注意防治传播介体蚜虫，可用吡虫啉、胜蚜等防治蚜虫。

大白菜细菌性角斑病
Chinese cabbage bacterial angular leaf spot

细菌性角斑病是大白菜的一种重要病害。各地均有分布。发病率10%～20%，轻度影响白菜生产；严重时病株率60%以上，显著影响白菜的产量和质量。

【典型症状】 发病初期在叶片背面出现水渍状病斑，稍凹陷。病斑的发展受叶脉限制，同时叶肉细胞崩解，所以病斑呈现膜状不规则角斑，病斑的大小不等，病斑相对应的叶面呈灰褐色油渍状(图21-4)。湿度大时，叶背病斑上溢出污白色菌脓；干燥时，病部易干、质脆，呈开裂或穿孔状。病原主要为害叶片薄壁组织，叶脉不易受害。

图21-4 大白菜细菌性角斑病，病叶

【致病病原】 病原为丁香假单胞白菜斑点病致病变种细菌 *Pseudomonas syringae* pv. *syringae* van Hall.，属假单胞杆菌。4 ℃能生长，超过41 ℃不能生长，生长最适温度25～28 ℃。

【病害循环】 病原可在种子及病残体上越冬。借风雨、灌溉水传播蔓延。

【发生规律】 苗期至莲座期阴雨或降雨天气多，雨后此病易发生和蔓延。

【防治措施】 (1) 种子消毒。用50 ℃温水浸种20 min，也可用0.4%种子干质量的50%福美双WP拌种。(2) 农业防治。选用抗病高产品种；与非十字花科蔬菜轮作2年以上；减少田间病源，培育壮苗，提高抗病能力；实行高垄栽培，做高垄，垄高10～15 cm，垄长25 m。清除田边地头杂草，减少虫源。增施有机肥和磷、钾肥，施肥的原则是前重后轻。前期小水勤灌，中期实行稳水、足水灌溉，切忌大水漫灌，通过科学的水肥管理促进白菜根系发育，使植株健壮。(3) 化学防治。发病初期喷施72%农用链霉素WP 3 000倍液，或新植霉素WP 4 000倍液喷雾，或50%利得WP 800～1 000倍液，或75%百菌清WP 500倍液，或58%甲霜锰锌WP 500倍液，轮换使用可兼治大白菜黑斑病。每隔7～10 d喷1次，连续喷3次。

大白菜细菌性褐斑病
Chinese cabbage bacterial brown spot

细菌性褐斑病是大白菜的一种常见病害。

【典型症状】 为害叶片和叶帮。发病时叶片上形成不规则的病斑，病斑为褐色，边缘的颜色较深，中间稍浅，病斑四周褪绿发黄，病斑大小差异较大（图 21-5）。发病后期病斑相互汇合，形成较大的斑块；叶脉染病变为褐色，病脉附近叶肉组织变为黄白色，病斑多的全叶或大半叶褐变（图 21-6）；湿度大时叶片呈水浸状腐烂，干燥后变白干枯。

图21-5　大白菜细菌性褐斑病，叶片症状

图21-6　大白菜细菌性褐斑病，叶脉症状

【致病病原】 病原为铜绿假单胞菌 *Pseudomonas aeruginosa*（Schroeter）Migul.，属假单胞杆菌属细菌。适宜生长温度 30～35 ℃，41 ℃能生长。

【病害循环】 病原在自然界中广泛分布，是土壤腐生菌，多从伤口侵入。

【发生规律】 生长季节遇连阴雨天气或田间湿度大，气温高，病害扩展迅速，能造成为害。

【防治措施】（1）农业防治。选育抗病品种。清除田间病残体，集中深埋或烧毁。进行 2 年以上轮作。（2）化学防治。发病初期开始喷 72%农用硫酸链霉素 SPX 3 000～4 000 倍液，或 47%加瑞农 WP 900 倍液。隔 10 d 喷 1 次，连续喷 2～3 次。

大白菜细菌性叶斑病 Chinese cabbage bacterial leaf spot

细菌性叶斑病是大白菜的一种普通病害。各地均有分布。零星发生，病株率 20%～30%时，对产品质量和产量都有影响。

【典型症状】 主要为害叶片。发病叶片背面先出现水浸状小斑点，之后叶面也出现直径 2～5 mm 黄褐色圆形坏死病斑，病斑边缘颜色较深，可以连接成大斑块。天气干燥时，病斑质脆，易开裂，引起叶片干枯死亡（图 21-7）。

图 21-7　大白菜细菌性叶斑病，发病叶片背面症状

【致病病原】 病原为菊苣假单胞菌 *Pseudomonas cichorii*（Swingle）Stapp.，属细菌。4 ℃能生长，最适生长温度 25～28 ℃，41 ℃不能生长。

【病害循环】 病原在种子或病残体上越冬，为初侵染源。在田间借雨水和灌溉水传播蔓延。

【发生规律】 温度 25～27 ℃，阴雨连绵，有利于发病或流行。

【防治措施】（1）农业防治。实行轮作；选用抗病品种；使用无病种子；加强田间管理。（2）化学防治。发病初期喷 14%络氨铜 AS 350 倍液，或新植霉素 4 000～5 000 倍液。隔 7～10 d 喷 1 次，连续喷 2～3 次。

大白菜类细菌性黑斑病 Chinese cabbage bacterial black spot

【典型症状】 主要为害叶片。病叶上出现水浸状小斑点，暗绿色，大小 1 mm 左右，后变成浅黑至黑褐色病斑，有些病斑沿脉发展（图 21-8）。病斑的中间色深，发亮具油光状，数个病斑常汇合成不规则坏死大斑，严重时叶脉变褐，叶片变黄脱落或扭曲变形。

【致病病原】 病原为丁香假单胞菌斑点致病变种 *Pseudomonas syringae* pv. *maculicola*（Mcculloch）Young et al.，属假单胞杆菌属细菌。

图 21-8　大白菜类细菌性黑斑病

【病害循环】 病原主要在种子上或土壤及病残体上越冬，在土壤中可存活 1 年以上。

【发生规律】 主要在莲座期至结球期侵染，雨后易发病。

【防治措施】 参见大白菜细菌性叶斑病。

图 21-9　大白菜黑腐病，叶片“V”字形大斑

图 21-11　大白菜黑腐病，叶球发病腐烂

【致病病原】 病原为甘蓝黑腐黄单胞菌甘蓝黑腐致病变种 *Xanthomonas campestris* pv. *campestris*（Pammel）Dowson.，属黄单胞杆菌。（1）形态和大小。在 PDA 平板培养基上培养 48 h，菌落近圆形，初呈淡黄色，后变蜡黄色，边缘完整，略凸起，薄或平滑，具光泽，有黏性。菌体短杆状，大小为（0.7～3.0）μm×（0.4～0.5）μm，极生单鞭毛，菌体单生或链生。（2）特性。病原生长发育最适温度 25～30 ℃。

大白菜黑腐病 Chinese cabbage black rot

黑腐病是为害大白菜的一种主要病害。各地均有分布。病株率为 20%左右，轻度影响生产；病重地块发病率可达 100%，明显影响产量和质量。

【典型症状】（1）幼苗。幼苗发病，子叶呈水浸状，根髓部变黑，枯萎死亡。（2）成株。叶片上出现叶斑或黑脉。叶斑多从叶缘向内扩展形成“V”字形黄褐色枯斑，病斑周围淡黄色（图 21-9）。病斑沿脉向里扩展时形成大块黄褐色斑或网状黑脉（图 21-10）。空气干燥时病部干脆易裂，空气潮湿时病部腐烂（图 21-11）。（3）叶梗。叶梗发病时引起维管束变黑坏死（图 21-12）。

图 21-10　大白菜黑腐病，叶片病斑

图 21-12　大白菜黑腐病，叶梗发病

【病害循环】（1）越冬与初侵染源。病原主要在种子、病株或病残体上越冬。为害幼苗时从子叶边缘的气孔侵入，为害成株从叶片水孔或伤口侵入。（2）传播特点。病原借种子、带菌菜苗、肥料、农具和暴风雨传播。

【发生规律】（1）气候条件与发病。以夏秋季高温多雨季节发病重。高温、高湿利于发病。（2）栽培管理与发病。连作地，肥水管理不当，偏施氮肥，缺肥早衰，植株上伤口多，发病重。

【防治措施】 （1）种子消毒。用干种重量0.3%的50%福美双，或75%百菌清拌种；或用温汤（50 ℃，25～30 min）浸种，可明显减轻发病。（2）农业防治。选用抗病的青帮、直筒形品种。与非十字花科作物隔年轮作，邻作也忌十字花科作物。夏季大白菜播期可适当提前，秋冬大白菜播期可适当延后。尽量选温室或大棚育苗。除去病苗、弱苗。收获后及时清洁田园，清除土中植株病残体及周围十字花科杂草。深翻土地，减少病源。施足有机肥，增施磷、钾肥，施用充分腐熟的圈肥。生长期及时浇水，做好开沟排水，不留积水。拔出病、残、弱、密的植株。（3）化学防治。发病初期及时喷20%龙克菌 SC 500 倍液，或 77%可杀得 DF 800 倍液，或 10%世高 WG 2 000 倍液，或 30%菌必克 WP 800 倍液进行防治。安全间隔 20 d。

参考文献

解永梅，张成玲，赵永强，等. 山东省大白菜黑腐病病原的鉴定及其生物学特性的研究[J]. 山东农业科学，2007(6)：68-70

大白菜软腐病 Chinese cabbage soft rot

软腐病是大白菜的一种主要病害，被列为大白菜三大病害之一。一般从莲座期到包心期开始发病，且发病最重。

【典型症状】 发病症状表现主要有基腐型、心腐型和外腐型 3 种类型。（1）基腐型。植株外围叶片在烈日下顶端萎垂，日落后又能恢复，持续几天后，病株外叶平贴地面，心部或叶球外露（图 21-13）。发病严重的植株，结球小，叶柄基部和根茎处心髓组织完全腐烂，轻碰病株即倒落，充满灰黄色黏稠物，臭气四溢（图 21-14）。（2）心腐型。病原由菜帮基部伤口侵入菜心，形成水浸状湿润区，逐渐扩大后，变为淡灰褐色，发病组织呈黏滑软腐状（图 21-15）。菜心部分叶球腐烂，结球外部无病状（图 21-16）。（3）外腐型。病原由叶柄外部叶片边缘或叶球顶端伤口侵入，引起外叶边缘焦枯（图 21-17），或在多雨条件下顶叶腐烂，在天气转晴干燥时腐烂叶片干枯呈薄纸状（图 21-18）。

【致病病原】 病原为胡萝卜软腐欧文氏菌胡萝卜软腐致病型细菌 *Erwinia carotovora* subsp. *carotovora* (Jones) Bergey et al.，属于欧氏杆菌属的细菌。此菌在培养基上的菌落为灰白色，圆形或不定型，边缘清晰，稍带荧光。在 pH 5.3～9.2 均可生长，pH 7.2 最适。病原在缺氧条件下也能生长发育，不耐阳光和干燥，在日光下曝晒 2 h，大部分死亡，脱离寄主在土中只能存活 15 d 左右。

图 21-13 大白菜软腐病，苗期基腐型

图 21-14 大白菜软腐病，田间症状

图 21-15 大白菜软腐病，心腐型

图 21-16 大白菜软腐病，心腐型

图 21-17 大白菜软腐病，包心期外腐型

图 21-18 大白菜软腐病，苗期外腐型

【病害循环】 (1) 越冬与初侵染源。病原主要在病株、土中病残体和害虫体内越冬。从菜株伤口侵入。(2) 传播特点。借雨水、灌溉水、带菌肥料、昆虫等传播。

【发生规律】 (1) 品种与发病。直筒形品种发病轻。(2) 伤口与发病。主要是叶柄上的自然裂口，多发生在久旱遇雨、浇水过量、蹲苗过度以后，是侵染的主要途径，虫伤也是重要途径。昆虫一方面可造成伤口，另一方面有的昆虫体内外带菌。(3) 气候条件与发病。多雨伤口不易愈合，发病较重。白菜苗期长期高温干旱，土温偏高，自然裂口增加，病害加重。(4) 栽培管理与发病。平畦地面易积水，土中氧气缺乏，故发病重。与茄科或瓜类蔬菜轮作，则发病重。白菜播期早，包心也早，感病期也提前，发病一般都较重，尤其雨水偏多年份更明显。

【防治措施】 (1) 农业防治。避免将白菜与茄科、瓜类及十字花科蔬菜连作。避免将白菜种在低洼、黏重的地块上。种前应深耕晒田，高垄或高畦种植。增施底肥，及时追肥。适时播种，使包心期避开雨季。发现重病株，应及时收获或拔除。保持土壤应该见干见湿。另外防虫是防治软腐病的关键措施。(2) 化学防治。发病初期用生石灰和硫黄 (50∶1) 混合粉 150 g/m^2，土壤消毒。发病前或发病初期，用药处理轻病株及周围株为重点，注意施在接近地表的叶柄及茎基部。药剂选用农用链霉素 200 mg/L，或 47%加瑞农 WP 700～750 倍液，或 70%敌克松 500～1 000 倍液等。

大白菜霜霉病
Chinese cabbage downy mildew

霜霉病是大白菜的一种主要病害，被列为大白菜三大病害之一。发病猛，蔓延快。

【典型症状】 整个生育期均可感染该病，尤其是苗期和包心期较易发病。为害叶片、花和种荚。(1) 幼苗。病叶上有白色霜状的霉层，严重时幼苗变黄枯死。(2) 成株。下部叶片背面出现水浸状淡黄色病斑，周缘不明显，一段时间后叶背面出现白色霜霉，叶片正面出现褪绿变黄的病斑，渐转为黄色至黄褐色，高温条件下变为黄褐色枯斑 (图 21-19)。病斑发展受叶脉限制，严重时病斑汇合，叶片变黄干枯。(3) 采种株。采种株可以引起叶片、花梗、花器和种荚发病。受害花梗肥肿变曲，又称为龙头病。(4) 种荚。种荚被害呈淡黄色，上生白霉，瘦小，不结实或结实不良。

图 21-19 大白菜霜霉病，发病叶片症状

【致病病原】 病原为寄生霜霉 *Peronospora parasitica* (Pers.) Fr.，属鞭毛菌亚门真菌。

【病害循环】 (1) 越冬与初侵染源。病原在土壤中越冬或者是混在种子上传播，在温暖地区可终年为害。发病后在病斑上产生孢子囊进行再侵染。(2) 传播特点。在南方病原主要以孢子囊及游动孢子借气流或雨水传播侵染。

【发生规律】 平均气温 16 ℃左右易发病流行，高湿多雨利于发病。此外，天气多露、多雾也有利于病原侵入。菜株叶片开始衰老进入发病阶段，多在生长中后期发病。白菜苗期子叶最易发病，真叶较抗病。

【防治措施】 (1) 种子消毒。消毒可使用的药剂有35%阿普隆DP、25%瑞毒霉WP、70%乙膦铝·锰锌WP，采用以种子重量0.4%的药粉干拌。(2) 农业防治。避免与十字花科蔬菜连作及邻作。清除病残体和深翻晒垡，深沟窄墒栽培，适期早播，错开发病高峰期，加强土、肥、水管理。(3) 化学防治。出现中心发病株时应及时喷药保护，老叶背面也应喷到。阴雨天应隔5～7 d后再继续喷药。常用药剂50%甲霜灵·锰锌600倍液，或75%科能WP 600倍液，或78%科博WP 600倍液，或1.5亿活孢子/g木霉菌WP 200～300倍液，或60%灭克WP 1 000倍液，或40%霜疫灵WP 150～200倍液，或75%百菌清WP 500倍液，或72.2%普力克AS 600～800倍液，或64%杀毒矾WP 500倍液。

大白菜猝倒病 Chinese cabbage damping-off

【典型症状】 白菜出苗后，在茎基部近地面处产生水渍状斑，后缢缩折倒，湿度大时病部或土表生白色棉絮状物（图21-20）。

图21-20 大白菜猝倒病，发病苗症状

【致病病原】 多种病原菌引起，主要有瓜果腐霉 *Pythium aphanidermatum* (Eds.) Fitzp.、异丝腐霉 *P. diclinum* Tokunaga、宽雄腐霉 *P. dissotocum* Drechsler.、畸雌腐霉 *P. irregulare* 和刺腐霉 *P. spinosum* Sawada.。

病害循环、发生规律、防治措施参见青菜猝倒病。

大白菜白斑病 Chinese cabbage cercosporella leaf spot

白斑病是白菜的一种普通病害。一般年份发病率20%～40%，重病地块或重病年份病株率可达80%～100%，对生产影响较大。

【典型症状】 主要为害叶片。病初叶上散生灰褐色细小斑点，后渐扩大呈圆形病斑，病斑中部渐变为灰白色，边缘有淡黄绿色晕圈（图21-21）。潮湿时病斑背面生一层淡淡的灰霉，后期病斑呈白色半透明薄纸状，易破裂穿孔。严重时许多病斑连成一片，引起叶片干枯死亡（图21-22）。

图21-21 大白菜白斑病，叶片症状

图21-22 大白菜白斑病，叶片症状

【致病病原】 病原为白斑小尾孢 *Cercosporella albo-maculans* (Ell. Ev.) Sacc.，属半知菌亚门真菌。

【病害循环】 病原主要以分生孢子梗基部的菌丝或菌丝块附着在地表的病叶中，或以分生孢子黏附在种子上越冬。病原借雨水飞溅传播到白菜叶片上，进行初侵染和多次再侵染。

【发生规律】 长江流域春秋雨季均有发生。北方从8月中下旬开始，9月份为发病盛期。植株生长衰弱易发病。

【防治措施】 (1) 种子消毒。在50 ℃温水浸种 20 min，然后立即移入冷水中冷却，晾干后播种。(2) 农业防治。选用抗病品种。与非十字花科蔬菜隔年轮作。清沟沥水；适期播种，增施有机肥；收获后及时清除田间病残体。(3) 化学防治。发病初期喷 50%多·福 WP 600～800 倍液，或 75%百菌清 600 倍液，或 25%多菌灵 WP 400～500 倍液，或 40%多·硫 SC 800 倍液，或 50%多霉灵 WP 800 倍液，或 65%万霉灵 WP 1 000 倍液，或 50%苯菌灵 WP 1 500 倍液。隔 15 d 喷 1 次，连续喷 2～3 次。

大白菜黑胫病 Chinese cabbage black leg

大白菜黑胫病又称根朽病。各地均有分布，零星发生。

【典型症状】 为害茎、根、种荚和叶片。(1) 幼苗。幼苗发病在子叶和真叶上出现淡褐色病斑，渐变为灰白色；病茎上出现长形微凹陷的病斑，病斑的边缘为紫色。发病重时引起幼苗枯萎死亡。(2) 成株。茎上病斑为长条形，略凹陷，边缘紫色，中间褐色，病斑着生黑色小粒点（图 21-23）。根部病斑为长条形，紫黑色，能引起侧根腐烂，植株枯死（图 21-24）。老叶发病出现圆形病斑，病斑中央灰白色，边缘浅褐色，略凹陷（图 21-25）。

【致病病原】 病原为黑胫茎点霉 *Phoma lingam* (Tode ex Schw.) Desm.，属半知菌亚门真菌；有性阶段为十字花科小球腔菌或斑点小球腔菌 *Leptosphaeria maculans* (Desm.) Ces. & de Not.，属半知菌亚门真菌。

【病害循环】 (1) 越冬与初侵染源。病原在种子或病组织中越冬，也可在土壤中、病残体、堆肥和杂草上越冬。病原在种子内能存活 3 年以

图 21-23 大白菜黑胫病，茎上病斑

图 21-24 大白菜黑胫病，发病株根部症状

图 21-25 大白菜黑胫病，叶片病斑

上，在土壤中能存活 2～3 年。(2) 传播特点。病原借雨水、灌溉水传播。

【发生规律】 潮湿多雨，雨后高温，白菜最易发病。

【防治措施】 (1) 种子消毒。播种前用种子重量的 0.4%的 50%琥胶肥酸铜 WP 或 50%福美双 DP 拌种。也可以采取温汤浸种法进行种子消毒。(2) 农业防治。用无病土壤育苗；移栽时注意淘汰病苗。实行轮作。(3) 化学防治。苗床用 40%拌种灵 DP 8 g/m² 和 40%福美双 8 g/m² 等量混合后拌入 40 kg 细土，配成药土，将 1/3 药土撒在畦面上，播种后将其余药土覆盖在种子上。发病初期喷 60%多·福 WP 600 倍液，或 40%多·硫 SC 500～600 倍液，隔 9 d 喷 1 次，连续喷1～2 次。

大白菜炭疽病 Chinese cabbage anthracnose

炭疽病是大白菜的一种重要病害。分布很广，

以长江流域各省为害较重。

【典型症状】 为害叶片、叶柄和叶脉，也可为害花梗、种荚。病初叶上现苍白色水浸状小斑点（图 21-26），后扩大为灰褐色圆斑，病斑边缘褐色稍凸起，后期成为中央极薄半透明状的灰白色病斑，易穿孔（图 21-27）。叶脉上病斑多为褐色长椭圆形，明显凹陷（图 21-28，29）。发病严重时引起叶片早枯；潮湿时病部产生红色黏状物。

图 21-26　大白菜炭疽病，叶片初期病斑

图 21-27　大白菜炭疽病，叶片后期病斑

图 21-28　大白菜炭疽病，苗期叶梗病斑

图 21-29　大白菜炭疽病，成株期叶梗病斑

【致病病原】 病原为希金斯刺盘孢 *Colletotrichum higginsianum* Sacc.，属半知菌亚门真菌。

【病害循环】 病原在病残体和种子上越冬，可通过雨水传播。

【发生规律】（1）气候条件与发病。该病属高温、高湿型病害，发生时期主要受温度影响，发病程度受降雨量及降雨次数影响。秋季多雨有利于发病，并易造成植株软腐，加重为害。（2）栽培管理与发病。种植过密，地势低洼，通风透光差，发病重。

【防治措施】（1）种子消毒。用种子重量的 0.4%的 50%多菌灵 WP 拌种；播种前用 50 ℃温水浸种 10 min。（2）农业防治。清沟沥水，防止田间积水。合理施肥，增施磷、钾肥；收获后及时深翻土地，加速病残体的腐烂。（3）化学防治。发病初期喷 25%溴菌清 WP 500 倍液，或 30%绿叶丹 WP 500 倍液，或 70%甲基托布津 WP 500～600 倍液，或 70%甲基托布津 WP 1 000 倍液加 75%百菌清 WP 1 000 倍液，或 80%炭疽福美 WP 800 倍液，或 33%粉霉灵 WP 1 000 倍液。隔 7～10 d 喷 1 次，连续喷 2～3 次。

大白菜褐腐病 Chinese cabbage brown rot

褐腐病是大白菜的一种主要病害。各地均有分布。对生产有一定影响。

【典型症状】 大白菜叶柄外壁接近地面菜帮上，生有褐色或黑褐色凹陷斑，周缘不大明显（图 21-30）。湿度大时，病斑上现褐色或黄褐色蛛网状菌丝及菌核，发病重的叶柄基部逐渐腐烂，或病叶发黄脱落（图 21-31）。

图 21-30　大白菜褐腐病，发病叶帮症状

图 21-31　大白菜褐腐病，发病株

【致病病原】 病原为立枯丝核菌 *Rhizoctonia solani* Kühn.，属半知菌亚门真菌。有性阶段称丝核薄膜革菌 *Pellicularia filamentosa*（Pat.）Rogers.，属担子菌亚门真菌。生长发育适温 28～32 ℃。菌核在 27～30 ℃及足够湿度条件下，1～2 d 即萌发，产出菌丝，6～10 d 后又形成新菌核。寄主有白菜等十字花科蔬菜、甘蓝、黄瓜、菜豆、葱、莴苣、茼蒿及茄科蔬菜。

【病害循环】 (1) 越冬与初侵染源。病原主要以菌核随病残体在土中越冬，在土壤中营腐生生活，可存活 2～3 年。(2) 传播特点。菌核萌发后产生菌丝，与白菜受害部接触后引起发病。可借雨水、灌溉水、农具及带菌肥料传播扩大为害。

【发生规律】 菜地积水或湿度大，通透性差，栽植过深，培土过多过湿，施用未充分腐熟的有机肥发病重。

【防治措施】 (1) 农业防治。摘除近地面的病叶，携出田外深埋或销毁。(2) 化学防治。发病初期喷 12%绿乳铜 AS 600 倍液，或 40%拌种双 DP 500 倍液。隔 10 d 喷 1 次，连续喷 2～3 次。

大白菜黑斑病 Chinese cabbage alternaria leaf spot

大白菜黑斑病又称黑霉病，是大白菜的一种常见病害。

【典型症状】 (1) 叶片。主要为害叶片。病叶上现较小的直径 2～6 mm 暗褐色病斑，圆形或近圆形，有明显的同心轮纹，外围有黄色晕圈，病斑上生黑色霉状物（图 21-32，33）；多雨天气，病斑内部常脱落穿孔。(2) 叶柄、茎部和种荚。出现长梭形、暗褐色病斑。严重时，叶柄腐烂、病叶枯黄。

图 21-32　大白菜黑斑病，叶面症状

图 21-33　大白菜黑斑病，叶背症状

【致病病原】 病原为芸薹链格孢 *Alternaria brassicae*（Berk.）Sacc.，属半知菌亚门真菌。

病害循环、发生规律、防治措施参见青菜黑斑病。

大白菜假黑斑病
Chinese cabbage black spot

假黑斑病是大白菜的一种病害。发生普遍，对生产影响小。

【典型症状】 主要为害衰弱的叶片，病斑近圆形、浅灰褐色，湿度大时有灰黑色霉层（图 21-34）。

图 21-34　大白菜假黑斑病，病叶

【致病病原】 病原为细交链格孢 *Alternaria alternata* Nees. 属半知菌亚门真菌。

病害循环、发生规律、防治措施参见白菜假黑斑病。

大白菜黄叶病
Chinese cabbage yellows

黄叶病是大白菜的一种普遍病害，对产生有一定的影响。

【典型症状】 定苗或栽植后生长缓慢，半边叶片褪绿，使半株或整株叶片萎蔫，似缺水状，拔起病株，须根少（图 21-35）。主根维管束变褐。老叶叶脉间褪色变黄，叶脉四周保持深绿色，叶缘失水皱缩且向内卷曲，引起植株萎缩或枯死（图 21-36）。

【致病病原】 病原为芥属黄萎镰孢霉 *Fusarium oxysporum* f. sp. *conglutinans* （Wollenw） Snyd. et Hans.，属半知菌亚门真菌。

病害循环、发生规律、防治措施参见青菜黄叶病。

图 21-35　白菜黄叶病，根部木质化死亡

图 21-36　大白菜黄叶病，病株发黄

大白菜烧心病
Chinese cabbage tip burn

大白菜烧心病又称干烧心，是大白菜的一种重要的生理性病害。各地都有不同程度的发生。发病率在 2%～28%之间。

【典型症状】 多发生于莲座期至结球期。（1）莲座期。心叶顶部边缘呈半透明水浸状，之后病斑扩展，叶缘逐渐变干黄化，向外翻卷、枯萎、皱缩成白色干带，呈干纸状；叶组织呈水浸状，叶脉暗褐色，病处汁液发黏，但无臭味，病部与健部界限清晰，有时出现干腐或湿腐，发病严重时，外叶生长快而内叶生长慢，致使外叶直立，心叶矮小，丧失食用价值（图 21-37）。（2）结球期。叶球中部的叶片发病，发病后叶球的外观正常，但切开后可见到心叶边缘焦枯，叶球虽可生长，但包球不紧，发病严重的则空心，有的受腐败性细菌侵染而腐烂，在大白菜储藏期病部还继续扩展（图 21-38）。

图 21-37 大白菜烧心病，莲座期症状

图 21-38 大白菜烧心病，结球期症状

【发生规律】 特别是春、夏大白菜发病较重。过去一直认为烧心病是由于生理缺钙引起的，现在则认为土壤中活性锰严重缺乏也会造成烧心病。

【防治措施】 一般直筒形品种较耐病。应尽量避免与吸钙量多的作物连作，如甘蓝、大豆、番茄等。灌水宜在早晚进行，莲座期保持见干见湿，结球期应经常保持湿润。增施有机肥。氮、磷、钾肥应配合施用。大白菜莲座期叶面喷施钙、锰肥，每隔 5～7 d 喷 1 次，连喷 3～5 次。喷施钙肥可用 1%过磷酸钙溶液、0.5%氯化钙溶液、脐腐速克灵 300～400 倍液；喷施锰肥可用 0.7%硫酸锰溶液、70%代森锰锌 500～800 倍液，或 58%甲霜灵·锰锌 200 倍液。

22. 青菜病害

P青菜病毒病 Padchoi virus disease

病毒病是青菜的一种主要病害。各地均有分布。发病率5%～15%，轻度影响青菜生产，发病严重时病株率可达20%，对生产有明显影响。

【典型症状】 主要发生在苗期。生产可见到2种症状。(1)畸形花叶型。表现为叶片出现明脉及沿脉失绿，花叶、皱缩、畸形（图22-1）。(2)坏死斑点型。表现为叶片上出现黄褐色至灰褐色的斑点，大小不等，圆形或近圆形，也有斑点为不规则形，中央明显凹陷，边缘有黄色晕圈，随病情的发展，叶片黄化坏死（图22-2）。

图22-1 青菜病毒病，畸形花叶型

图22-2 青菜病毒病，坏死斑点型

【致病病原】 目前已知的主要毒源有芜菁花叶病毒（TuMV）、黄瓜花叶病毒（Cucumber mosaic virus，CMV）、烟草花叶病毒（TMV）、萝卜花叶病毒（Radish mosaic virus，RMV）。单独或复合侵染。

【病害循环】 (1)越冬与初侵染源。病原在宿根植物或杂草上越冬。(2)传播特点。TuMV和CMV可以由蚜虫和汁液接触传染，田间病毒传播主要是蚜虫。

【发生规律】 苗期气温高、干旱，病毒病发生常较严重。在同样受侵染的情况下，土温高、土壤湿度低的，病毒病发生较重。十字花科蔬菜互为邻作，病毒病能相互传染，发病重。

【防治措施】 (1)农业防治。苗期多浇水，及时施肥，促使植株生长良好，增强抗病能力。同时由于田间湿度大，不利于有翅蚜的活动。(2)化学防治。青菜出苗后喷施加水1 000倍的氧化锌或硫酸锌，或高锰酸钾，或尿毒。隔7 d喷1次，共喷3次，对病毒有一定的抑制作用。

P青菜黑腐病 Padchoi black rot

黑腐病是青菜的一种主要病害。各地均有分布。病株率为20%左右，轻度影响生产，病重地块发病率可达100%，明显影响产量和质量。

【典型症状】 (1)幼苗。子叶水浸状，根髓部变黑，枯萎死亡（图22-3）。(2)叶片。病斑多从叶缘向内扩展形成“V”字形黄褐色枯斑，病斑周围有淡黄色的晕环。随病情的发展，病斑形成大块黄褐色斑。空气干燥时病部干脆易裂，空气潮湿时病部腐烂，最后引起植株萎蔫死亡（图22-4）。

【致病病原】 病原为甘蓝黑腐黄单胞菌甘蓝黑腐致病变种 *Xanthomonas campestris* pv. *campestris*（Pammel）Dowson.，属黄单胞杆菌。在5～30 ℃范围内均可生长，以25～30 ℃为适宜温度，50 ℃时10 min就可致死。这种病原可以侵染十字花科植物等。

图 22-3 青菜黑腐病，苗期发病症状

图 22-4 青菜黑腐病，成株期叶片发病症状

【病害循环】（1）越冬与初侵染源。病原主要在种子、病株或病残体上越冬。为害幼苗时从子叶边缘的气孔侵入，为害成株从叶片水孔或伤口侵入。（2）传播特点。病原借种子、带菌菜苗、肥料、农具和暴风雨传播。

【发生规律】（1）气候条件与发病。以夏秋季高温多雨季节发病重。高温、高湿利于发病。（2）栽培管理与发病。连作地，肥水管理不当，偏施氮肥，缺肥早衰，植株上伤口多，发病重。

【防治措施】（1）种子消毒。用干种重量0.3%的50%福美双或75%百菌清拌种；或用50 ℃水浸种25～30 min。（2）农业防治。深翻土地，减少病源。施足有机肥，增施磷、钾肥，施用充分腐熟的圈肥。生长期及时浇水，做好开沟排水，不留积水。（3）化学防治。发病初期及时喷20%龙克菌SC 500倍液，或77%可杀得DF 800倍液，或10%世高WG 2 000倍液，或30%菌必克WP 800倍液进行防治。安全间隔期20 d。

青菜细菌性角斑病 Padchoi bacterial angular leaf spot

角斑病是青菜的一种重要病害。发病率10%～20%，轻度影响青菜生产。严重时病株率60%以上，显著影响青菜的产量和质量。

【典型症状】发病初期在叶片背面出现水渍状病斑，稍凹陷。病斑的发展受叶脉限制，呈现膜状不规则角斑，病斑的大小不等。湿度大时，叶背病斑上溢出污白色菌脓；干燥时，病部易干、质脆，呈开裂或穿孔状（图 22-5）。

图 22-5 青菜细菌性角斑病

【致病病原】病原为丁香假单胞菌丁香致病型 *Pseudomonas syringae* pv. *syringae* van Hall.，属细菌。特征特性参见青花菜细菌性黑斑病。

【病害循环】（1）越冬与初侵染源。病原可在种子及病残体上越冬。（2）传播特点。病原借风雨、灌溉水传播蔓延。

【发生规律】阴雨或降雨天气多，雨后易见此病发生和蔓延。多发生在夏秋季露地栽培的地块。

【防治措施】参见大白菜细菌性角斑病。

青菜软腐病 Padchoi soft rot

软腐病是青菜的一种主要病害。各地都有发生，为零星发生，对生产有影响。发病严重时病株率可达20%以上。

【典型症状】菜心部位先发病。发病部位为浸润半透明状褐色，后变为黏滑软腐状（图 22-6），最后菜株枯死，病部水分蒸发呈干缩状（图 22-7）。有的从茎基部或肥厚叶柄处发病，引起全株萎蔫。

【致病病原】病原为胡萝卜软腐欧文氏菌胡萝卜软腐致病型细菌 *Erwinia carotovora* subsp. *carotovora* (Jones) Bergey et al.，属杆菌。参见大白菜软腐病。

图 22-6　青菜软腐病，黏滑软腐

图 22-7　青菜软腐病，菜株枯死

图 22-8　青菜猝倒病，幼苗缢缩折倒

图 22-9　青菜猝倒病，白色棉絮状物

【病害循环】（1）越冬与初侵染源。病原主要在病株、土中病残体和害虫体内越冬。（2）传播特点。借雨水、灌溉水、带菌肥料、昆虫等传播。

【发生规律】 植株在出现伤口后被侵染发病。

【防治措施】（1）农业防治。平整土地，清沟整畦，采取高畦栽培；实行沟灌，严防大水漫灌。农事操作中避免植株形成伤口。及时中耕锄草，保持土壤一定湿度。（2）化学防治。发病初期用生石灰和硫黄（50∶1）混合粉 150 g/m^2，土壤消毒。

青菜猝倒病 Padchoi damping-off

猝倒病是青菜的一种常见病害。

【典型症状】 青菜出苗后，在茎基部近地面处产生水渍状斑，后缢缩折倒（图 22-8），湿度大时病部或土表生白色棉絮状物（图 22-9）。

【致病病原】 病原为瓜果腐霉 *Pythium aphanidermatum*（Eds.）Fitzp.、异丝腐霉 *P. diclinum* Tokunaga、宽雄腐霉 *P. dissotocum* Drechsler.、畸雌腐霉 *P. irregulare* 和刺腐霉 *P. spinosum* Sawada.，均属鞭毛菌亚门真菌。

【病害循环】 病原以卵孢子在病残体或 12～18 cm 表土层中越冬，并在土中长期存活。此外，也可以菌丝在土中营腐生生活。春天遇有适宜条件萌发产生孢子囊，以游动孢子或直接长出芽管侵入寄主。病原侵入后，在皮层薄壁细胞中扩展，菌丝蔓延于细胞间或细胞内，后在病组织内形成卵孢子越冬。田间的再侵染主要靠病苗上产出孢子囊及游动孢子，借灌溉水或雨水溅附到贴近地面的根茎上，引致更严重的损失。

【发生规律】 南方气温高、雨量多的地区或反季节栽培该病易流行。育苗期出现低温高湿条件，利于发病。

【防治措施】（1）种子消毒。用种子重量 0.2%的 75%百菌清 WP 拌种。（2）化学防治。发病时喷 25%瑞毒霉 WP 800 倍液。

青菜霜霉病 Padchoi downy mildew

霜霉病是青菜的一种常见病害。零星发生，对生产无明显影响。严重发病时会影响产量，尤其对质量影响较大。

【典型症状】 整个生育期都可发病，主要为害叶片。病叶的病斑初为浅绿色、后渐变黄褐坏死，不规则形，受叶脉限制渐变为多角形（图 22-10），叶片的背面产生灰白色霜状霉层（图 22-11）。严重时病斑汇合，叶片变黄干枯（图 22-12）。

图 22-10　青菜霜霉病，叶面症状

图 22-11　青菜霜霉病，叶背白色霜霉

图 22-12　青菜霜霉病，后期叶面症状

【致病病原】 病原为寄生霜霉 *Peronospora parasitica*（Pers.）Fr.，属鞭毛菌亚门真菌。

【病害循环】 病原在土壤中越冬或者是混在种子上传播，在温暖地区可终年为害。在南方病原主要以孢子囊及游动孢子借气流或雨水传播侵染。发病后，在病斑上产生孢子囊进行再侵染。

【发生规律】 平均气温 16 ℃左右易发病流行，高湿多雨利于发病。此外，天气多露、多雾也有利于病原侵入。菜株叶片开始衰老进入发病阶段，多在生长中后期发病。青菜苗期子叶最易发病，真叶较抗病。

【防治措施】 参见大白菜霜霉病。

青菜白粉病
Padchoi powdery mildew

白粉病是青菜的一种普通病害。发生普遍，为害不重，对生产无明显影响。严重发病时，叶片枯死，影响产量。

【典型症状】 为害叶片、茎、花器及种荚。病初叶上出现圆形放射状粉斑，之后布满各部，病部长出白色霉层，发病重引起黄化早枯（图 22-13）。

图 22-13　青菜白粉病，病部白色霉层

【致病病原】 病原为十字花科白粉菌 *Erysiphe cruciferarum*（Opiz）Junell，属子囊菌亚门真菌。

【病害循环】 病原随病残体越冬，条件适宜时借气流传播，形成初侵染。病部产生菌丝直接侵入植株表皮，为害迅速流行。

【发生规律】 温暖地区全年可发病。雨水偏少的年份发病重。

【防治措施】 （1）农业防治。选用抗病品种。施足基肥，增施磷、钾肥。（2）化学防治。发病初期喷 33%粉霉净 WP 1 000 倍液，或 15%粉锈宁 WP 2 000 倍液，或 40%多・硫 SC 600 倍液。隔 7～10 d 喷 1 次，连续喷 1～2 次。

青菜白斑病
Padchoi cercosporella leaf spot

白斑病是青菜的一种普通病害。发病率 20%～40%，重病地块或重病年份病株率可达 80%～100%，对生产影响较大。

【典型症状】 主要为害叶片。病初叶上散生灰褐色细小斑点，后渐扩大呈圆形病斑，病斑中部渐变为灰白色，边缘有淡黄绿色晕圈（图 22-14）。潮湿时病斑背面生一层淡淡的灰霉，后期病斑呈白色半透明薄纸状，易破裂穿孔。严重时许多病斑连成一片，引起叶片干枯死亡。

图 22-14　青菜白斑病，发病叶片症状

【致病病原】 病原为白斑小尾孢*Cercosporella albo-maculans*（Ell. et Ev.）Sacc.，属半知菌亚门真菌。这种病原可侵染青菜、萝卜、芥菜、芜菁等。

【病害循环】 病原主要以分生孢子梗基部的菌丝或菌丝块附着在地表的病叶中，或以分生孢子黏附在种子上越冬。借雨水飞溅传播到青菜叶片上进行初侵染和多次再侵染。

【发生规律】 长江流域春秋雨季均有发生。北方从 8 月中下旬开始，9 月份为发病盛期。植株生长衰弱易发病。

【防治措施】 （1）种子消毒。用 50 ℃温水浸种 20 min，然后立即移入冷水中冷却，晾干后播种。（2）农业防治。选用抗病品种。与非十字花科蔬菜隔年轮作。清沟沥水；适期播种，增施有机肥；收获后及时清除田间病残体。（3）化学防治。发病初期喷 50%多·福 WP 600～800 倍液，或 75%百菌清 600 倍液，或 25%多菌灵 WP 400～500 倍液，或 40%多·硫 SC 800 倍液，或 50%多霉灵 WP 800 倍液，或 65%万霉灵 WP 1 000 倍液，或 50%苯菌灵 WP 1 500 倍液。隔 15 d 喷 1 次，连续喷 2～3 次。

青菜白锈病
Padchoi white rust

白锈病是青菜的一种常见病害。各地均有分布，长江流域发生严重。发病率 10%左右，发病严重时可达到 50%以上，严重影响产量和质量。

【典型症状】 （1）叶片。病初叶背现淡黄色斑点，稍后叶表皮拱起，斑点变成乳白色，最后病斑处的叶表皮破裂反卷，散出白色粉末状物；病斑增多叶片枯萎脱落（图 22-15）。（2）茎、花梗和花。发病后膨大扭曲形成畸形，不结实。

图 22-15　青菜白锈病，叶片症状

【致病病原】 病原为白锈菌 *Albugo candida*（Pers.）O. kuntze.，属鞭毛亚门真菌。

【病害循环】 病原以菌丝体在留种株或病残组织中或以卵孢子随同病残体在土壤中越冬。病原萌发后产生游动孢子，借雨水溅射到青菜下部叶片上，从气孔侵入，完成初侵染。发病部位不断产生孢子囊和游动孢子，进行再侵染，使病害蔓延扩大。

【发生规律】 低温多湿，通风透光不良，发病重。发病地连作，偏施氮肥，发病重。

【防治措施】 （1）农业防治。与非十字花科蔬菜进行隔年轮作。收获后及时清除田间病残体。（2）化学防治。发病初期喷 25%甲霜灵 WP 800 倍液，或 50%甲霜铜 WP 600 倍液，或 58%甲霜灵·锰锌 WP 500 倍液，或 64%杀毒矾 WP 500 倍液。隔 10～15 d 喷 1 次，连续喷 1～2 次。

青菜褐斑病
Padchoi brown spot

褐斑病是青菜的一种常见病害。各地均有分布。一般发病率 30%左右，严重时发病率可达到 50%以上，对质量有明显影响。

【典型症状】 主要发生在外叶上，初生水浸状圆形或近圆形小斑点，扩大后成为多角形或不规则形浅黄白色斑（图 22-16）。病斑大小 0.5～6 mm。有的受叶脉限制呈多角形，病斑略凸起。

图 22-16　青菜褐斑病，病叶症状

【致病病原】 病原为芸薹生尾孢菌 *Cercospora brassicicola* P. Hennings.，属半知菌亚门真菌。病原发育适温 25～30 ℃。病残体上的病原，往往随叶片腐烂而死亡。

【病害循环】 病原主要由菌丝块在病残体上越冬，也可以随种子传播。每当温暖多雨天气出现，病部产生大量分生孢子随风飞散到青菜叶片上进行初侵染和再侵染。

【发生规律】 重茬地，与早熟相邻的田块易发病，尤其氮肥施用过多，田间湿度高的黏土地或下湿地、背阴或排水不良地块发病重。

【防治措施】 (1) 种子消毒。用种子重量 0.4%的 50%多菌灵 WP 拌种；播种前种子用 50 ℃温水浸种 10 min。(2) 农业防治。种植抗病品种。实行轮作。清沟沥水，防止田间积水；合理施肥，增施磷、钾肥。收获后及时深翻土地，加速病残体的腐烂。(3) 化学防治。发病初期喷 25%溴菌清 WP 500 倍液，或 70%甲基托布津 WP 500～600 倍液，或 80%炭疽福美 WP 800 倍液，或 33%粉霉灵 WP 1 000 倍液。隔 7～10 d 喷 1 次，连续喷2～3 次。

青菜假黑斑病
Padchoi black spot

假黑斑病是青菜的一种普通病害。发生普遍，一般不会造成太大的为害。

【典型症状】 主要为害叶片。衰弱叶片和种荚易发病，病斑近圆形、浅灰褐色，湿度大时有灰黑色霉层。严重时病斑汇合引起叶片干枯，常与黑斑病混合发生（图 22-17）。

图 22-17　青菜假黑斑病

【致病病原】 病原为细交链格孢 *Alternaria alternata* Nees.，属半知菌亚门真菌。

【病害循环】 病原在留种母株、种子、病残体上或在土壤中越冬。病原借气流传播蔓延，形成再侵染。

【发生规律】 青菜生长中后期或反季节栽培时遇连阴雨天气，易发病和流行。

【防治措施】 (1) 农业防治。实行轮作；收获后清洁田园；施用腐熟的堆肥。(2) 化学防治。发病初期喷 75%百菌清 WP 500～600 倍液，或 68%精甲霜灵・锰锌 WG 300 倍液，或 40%灭菌丹 WP 400 倍液，或 50%扑海因 WP 或其复配剂 1 000 倍液。

青菜黑斑病
Padchoi alternaria leaf spot

青菜黑斑病又称黑霉病，各地均有发生。流行年份可造成减产 20%～30%，重病地块发病率可达到 100%。

【典型症状】 主要为害叶片。(1) 叶片。病斑先为褪绿色，后为暗褐色，圆形或近圆形，有明显的同心轮纹，直径 2～6 mm，外围有黄色晕圈，上生黑色霉状物（图 22-18，19）。潮湿天气，病斑内部常脱落穿孔。严重时病斑相互汇合，形成大斑，但原始病斑的同心圆仍保特独立（图 22-20）。最后植株从上向下，叶片整片或半片干枯。(2) 叶柄、茎部和种荚。出现长梭形、暗褐色病斑。严重时，叶柄腐烂、病叶枯黄、种荚瘦小并污染种子（图 22-21）。

图 22-18 青菜黑斑病，叶片症状

图 22-19 青菜黑斑病，萝卜链格孢引起叶片症状

图 22-20 青菜黑斑病，汇合成大斑

图 22-21 青菜黑斑病，叶柄症状

【致病病原】 病原为芸薹链格孢 *Alternaria brassicae*（Berk.）Sacc.、甘蓝链格孢 *A. brassicicola*（Sch.）Wilt. 及萝卜链格孢 *A. raphani* Groves Skoloko.，均属半知菌亚门真菌。芸薹链格孢病原分生孢子梗榄褐色，单生或几根束生，个别分枝，2～7 个分隔，由基部向上渐细，顶端钝圆，大小（50～135）μm×（6.3～12.5）μm。分生孢子倒棍棒形，孢身具 9～23 个横隔膜，0～3 个纵隔膜，灰榄褐色，大小（150～325）μm×（17.5～30）μm。

【病害循环】（1）越冬与初侵染源。病原在病残体、采种株及种子表面越冬，成为初侵染来源。病原能在水中存活 1 个月，能在土中存活 3 个月。由植株叶片气孔或表皮直接侵入为害。（2）传播特点。病原通过气流、雨水传播。

【发生规律】（1）气候条件与发病。田间发病最适温度是 13～15 ℃，相对湿度为 72%～85% 时，易发病；低温、高湿易发病；多雨、多雾天气，病害会迅速传播。（2）栽培管理与发病。连作、早播、缺肥、植株生长弱的地块，发病重。

【防治措施】（1）种子消毒。用相当于种子重量 0.3%的 25%瑞毒霉 WP，或 0.4%的 75%百菌清 WP 拌种。或播种前将种子用 50 ℃温水浸泡 25 min，冷却晾干后播种。（2）农业防治。与非十字花科蔬菜轮作 1～2 年。雨后及时清沟排渍，中耕松土，提高土壤温度，抑制病原生长。收获后，清洁田园，深翻晒土，消灭越冬病原。（3）化学防治。参见青菜黑斑病。

青菜炭疽病 Padchoi anthracnose

炭疽病是青菜的一种重要病害。分布很广，以长江流域各省为害较重。

【典型症状】 为害叶片、叶柄和叶脉，也可为害花梗、种荚。病初叶上现苍白色水浸状小斑点，后扩大为灰褐色圆斑，边缘褐色稍凸起，后期成为中央极薄半透明状的灰白色病斑，易穿孔（图 22-22）。叶脉和叶柄上病斑多为褐色长椭圆形，明显凹陷（图 22-23）。发病严重时引起叶片早枯；潮湿时病部产生红色黏状物。

【致病病原】 病原为希金斯刺盘孢 *Colletotrichum higginsianum* Sacc.，属半知菌真菌。（1）形态与大小。菌丝无色透明，具隔膜。分生孢子梗倒钻形，无色，单胞，基部较宽，顶端细窄，大小（9.5～19）μm×（3～4.5）μm。分生孢子盘散生，大部分埋在寄主的表皮下，黑褐色，有数根刺毛，基部粗大，色深，顶端渐细，有 3～

5个隔膜，大小（80～155）μm×（5～7.5）μm。（2）寄主。这种病原可侵染青菜、萝卜、芜菁、芥菜等十字花科蔬菜。

图 22-22　青菜炭疽病，病叶症状

图 22-23　青菜炭疽病，叶帮症状

【病害循环】 病原在病残体和种子上越冬，可通过雨水传播。

【发生规律】 （1）气候条件与发病。该病属高温、高湿型病害，发生时期主要受温度影响，发病程度受降雨量及降雨次数影响。秋季多雨有利于发病，并易造成植株软腐，加重为害。（2）栽培管理与发病。种植过密，地势低洼，通风透光差，青菜发病重。

【防治措施】 （1）种子消毒。用种子重量的0.4%的50%多菌灵WP拌种；播种前种子用50 ℃温水浸种10 min。（2）农业防治。清沟沥水，防止田间积水。合理施肥，增施磷、钾肥；收获后及时深翻土地，加速病残体的腐烂。（3）化学防治。发病初期喷25%溴菌清WP 500倍液，或30%绿叶丹WP 500倍液，或70%甲基托布津WP 500～600倍液，或70%甲基托布津WP 1 000倍液加75%百菌清WP 1 000倍液，或80%炭疽福美WP 800倍液，或33%粉霉灵WP 1 000倍液。隔7～10 d喷1次，连续喷2～3次。

青菜尻腐病
Padchoi bottom rot

尻腐病是青菜的一种重要病害。分布广泛。病株率为20%～30%时，对产量和质量有一定的影响。

【典型症状】 主要为害叶柄和叶。多从外层叶柄的基部开始发病，开始发病仅为黄褐色的小点，渐发展成水渍状的腐烂斑，黄褐色至暗褐色，中央颜色较深，病斑上有不明显的轮纹（图22-24）。叶片上的病斑圆形至椭圆形，浅褐色，随着病情的发展，病部腐烂穿孔，周围有较宽的深黄色的晕环。发病严重时，整片叶坏死腐烂。

图 22-24　青菜尻腐病

【致病病原】 病原为丝核薄膜革菌 *Pellicularia filamentosa*（Pat.）Poger，属担子菌亚门真菌。病原子实体为坚密薄层，干燥时呈白色至淡黄色。担孢子卵圆形至长圆形，多数一端稍尖，另一端钝圆，大小（6～9）μm×（2.5～7.5）μm。无性时期为立枯丝核菌 *Rhizoctonia solani* Kühn，属担子菌亚门真菌。

【病害循环】 病原在病部或土中越冬。发病后病部菌丝扩展，病情不断蔓延扩大。菌核在27～30 ℃及足够湿度条件下，1～2 d即萌发，产出菌丝，6～10 d后又形成新菌核。

【发生规律】 天气湿闷，多风多雨，都易引起青菜发病。地势低洼，种植过密，易引起青菜发病。

【防治措施】 （1）农业防治。不在发生水稻纹枯病的地块种植，不能用病稻草覆盖；适度浇水，避免田间湿度过大；及时拔除中心病株。（2）化学防治。发现中心病株后喷洒14%络氨铜AS 350倍液，隔7～10 d喷1次，连续喷2～3次。

青菜绵腐病 Padchoi pythium rot

绵腐病是青菜的普通病害，零星发生。雨季发病较重。

【典型症状】 为害茎基部和叶柄。发病初期茎基部呈水渍状软腐，并很快向周围蔓延，在茎基部和叶柄形成不规则形的大病斑，发病组织腐烂，同时在病部长出白色浓密的絮状霉团（图 22-25）。苗期发病，能引起大片死亡。

图 22-25　青菜绵腐病

【致病病原】 病原为瓜果腐霉 *Pythium aphanidermatum* (Eds.) Fitzp.，属鞭毛菌真菌。

【病害循环】 病原主要以卵孢子随病残体在土壤中越冬。条件适宜时卵孢产生芽管，膨大后形成孢子囊，再释放游动孢子，以雨水传播到植株上，形成初侵染。高温高湿，病原产生孢子囊和游动孢子，形成再侵染。

【发生规律】 高温高湿，利于发病。相对湿度在 85%以上时，温度 25～30 ℃，发病严重。多雨季节易发病流行。病地连作，地势低洼，排水不良，偏施氮肥，发病重。

【防治措施】 (1) 农业防治。选择地势高燥，易于排水的地块种植。生长期内要注意清沟排水，使土壤适度干燥。出现病株立即拔除。施足底肥，增施磷、钾肥。收获后及时清除植株病残体。(2) 化学防治。用 64%杀毒矾 WP 500 倍液，或 72%霜脲·锰锌 WP 800 倍液，或 69%安克·锰锌 WP 600～800 倍液，或 72.2%普力克 AS 800 倍液。隔 7～10 d 防治 1 次，共防治 1～2 次。

青菜菌核病 Padchoi sclerotinia rot

菌核病是青菜的一种普通病害。各地均有发生，老菜地发生较重，保护地中发生较重，露地也有零星发生。

【典型症状】 各生长时期都有发生。病原多从茎基部开始侵染。病部初为黄褐色，后变为淡白色，最后腐烂，无臭味（图 22-26）。病株上可见到白色菌丝和黑色鼠粪状菌核（图 22-27）。苗期可以造成大片倒伏，病株间长满白色菌丝，病株腐烂。

图 22-26　青菜菌核病，茎基部发病

图 22-27　青菜菌核病，菌核

图 22-28　青菜菌核病，子囊盘

【致病病原】 病原为核盘菌 *Sclerotinia sclerotiorum*（Lib.）de Bary.，属子囊菌亚门真菌。

【病害循环】 病原主要以菌核在种子上、有机肥中越冬，并能在土壤中存活多年。春秋季病原萌发侵染种株。菌核无休眠期，但抗逆力很强，温度 18～22 ℃，有光照及足够水湿条件，菌核即萌发，产生菌丝体或子囊盘（图 22-28）。菌核萌发时先产生小突起，约经 5 d 伸出土面形成子囊盘，开盘经 4～7 d 放射孢子，后凋萎。

【发生规律】 (1) 气候条件与发病。当气温在 20 ℃左右，相对湿度在 85%以上时，发病严重。多雨季节易发病流行。(2) 栽培管理与发病。病地连作，地势低洼，排水不良，偏施氮肥，发病重。

【防治措施】 (1) 种子消毒。播种前筛去菌核，用 10%食盐水漂种，除去浮在水面的菌核和杂质，反复 2～3 次。(2) 农业防治。实行轮作。施足底肥，增施磷、钾肥。清沟排水，使土壤适度干燥。出现病株立即拔除。(3) 化学防治。发病初期喷药保护，药剂可选用 50%腐霉利 WP 2 000倍液，或 50%扑海因 WP 1 500 倍液，或 50%农利灵 WP 1 000 倍液，或 40%多·硫 SC 500～600 倍液。施药重点是茎基部、老叶及地面。

P 青菜灰霉病 Padchoi gray mold

灰霉病是青菜的一种普通病害。各地均有分布。主要在保护地中发生，严重时对产量和质量都有影响。

【典型症状】 为害叶片及花序。发病部位变淡褐色，逐渐腐烂，潮湿时病部长出灰色霉状物。下部近地面的叶片发病严重（图 22-29）。

图 22-29 青菜灰霉病

【致病病原】 病原为灰葡萄孢菌 *Botrytis cinerea* Pers.，属半知菌亚门真菌。

【病害循环】 病原以菌丝体、菌核在土壤中或以分生孢子在病残体上越冬。第 2 年随气流、露水或农事操作传播蔓延。

【发生规律】 低温、高湿季节易发病。

【防治措施】 (1) 农业防治。清沟沥水，增施有机肥和磷、钾肥，避免偏施氮肥。收获后及时清理田间病残物。(2) 化学防治。发病初期喷 50%农利灵 WP 1 000～1 500 倍液，或 50%扑海因 WP 1400～1 500 倍液，或 50%多霉灵 WP 800～900 倍液。隔 7～10 d 喷 1 次，连续喷 2～3 次。

P 青菜黑胫病 Padchoi black leg

青菜黑胫病又称根朽病，是青菜的一种普通病害。各地均有发生。

【典型症状】 为害茎、根、种荚和叶片。(1) 幼苗。幼苗发病在子叶和真叶上出现淡褐色病斑，渐变为灰白色；病茎上出现长形微凹陷的病斑，病斑的边缘为紫色。发病重时引起幼苗枯萎死亡。(2) 成株。茎上病斑为长条形，略凹陷，边缘紫色，中间褐色，病斑着生黑色小粒点（图 22-30）。根部病斑为长条形，紫黑色，能引起侧根腐烂，植株枯死（图 22-31）。老叶发病出现圆形病斑，病斑中央灰白色，边缘浅褐色，略凹陷。

图 22-30 青菜黑胫病，成株期叶帮发病症状

图 22-31　青菜黑胫病，根部发病症状

【致病病原】 病原为黑胫茎点霉 *Phoma lingam*（Tode ex Schw.）Desm.，属半知菌亚门真菌；有性阶段为十字花科小球腔菌或斑点小球腔菌 *Leptosphaeria maculans*（Desm.）Ces. & de Not.，属半知菌亚门真菌。

【病害循环】（1）越冬与初侵染源。病原在种子或病组织中越冬，也可在土壤中、病残体、堆肥和杂草上越冬。病原在种子内能存活 3 年以上，在土壤中能存活 2～3 年。（2）传播特点。病原借雨水、灌溉水传播。

【发生规律】 潮湿多雨，雨后高温，青菜最易发病。

【防治措施】（1）种子消毒。播种前用种子重量 0.4%的 50%琥胶肥酸铜 WP 或 50%福美双 DP 拌种。也可以采取温汤浸种法进行种子消毒。（2）农业防治。用无病土壤育苗；移栽时注意淘汰病苗。实行轮作。（3）化学防治。苗床用 40%拌种灵 DP 8 g/m² 和 40%福美双 8 g/m² 等量混合后拌入 40 kg 细土，配成药土，将 1/3 药土撒在畦面上，播种后将其余部药土覆盖在种子上。发病初期喷 60%多·福 WP 600 倍液，或 40%多·硫 SC 500～600 倍液，隔 9 d 喷 1 次，连续喷 1～2 次。

青菜黄叶病 Padchoi yellows

黄叶病是青菜常病害，零星发生。

【典型症状】 定苗或栽植后生长缓慢，半边叶片褪绿，使半株或整株叶片萎蔫，似缺水状，拔起病株，须根少（图 22-32）。主根维管束变褐。老叶叶脉间褪色变黄，叶脉四周保持深绿色，叶缘失水皱缩且向内卷曲，引起植株萎缩或枯死（图 22-33）。

图 22-32　青菜黄叶病，病根症状

图 22-33　青菜黄叶病，病株

【病害循环】 病原在土壤中生存。

【发生规律】 干旱年份当土壤温度过高，引起根系灼伤，使根系逐渐木栓化，次生根延伸缓慢，易诱发病害。

【防治措施】（1）农业防治。播种要避开高温干旱季节；蹲苗要适度，防止苗期土壤干旱，确保根系正常发育。（2）化学防治。用多·硫 SC 600～700 倍液，或 50%甲基托布津 WP 500 倍液，或 50%混杀硫 SC 500 倍液灌根。隔 10 d 灌 1 次，连续灌 1～2 次。

23. 黄心乌病害

黄心乌黑腐病
Yellow heart cabbage black rot

黑腐病是黄心乌的一种主要病害。病株率为20%左右，轻度影响生产。

【典型症状】 病斑多从叶缘向内扩展形成“V”字形黄褐色枯斑，病斑周围红黄色（图 23-1）。病斑沿脉向里扩展时形成大块黄褐色斑或网状黑脉。空气干燥时病部干脆易裂，空气潮湿时病部腐烂。

图 23-1　黄心乌黑腐病

【致病病原】 病原为野油菜黄单胞菌野油菜黑腐病致病型 *Xanthomonas campestris* pv. *campestris* (Pammel) Dowson.。

病害循环、发生规律、防治措施参见青菜黑腐病。

黄心乌细菌性黑斑病
Yellow heart cabbage bacterial black spot

细菌性黑斑病是黄心乌的一种重要病害。

【典型症状】 主要为害叶片、茎和种荚。(1) 叶片。发病初期叶片上出现水浸状小斑点，初为暗绿色，后变为深灰色或黑褐色，病斑中间色深，油光状，发亮（图 23-2）。发病严重时病斑汇合成不规则形大斑，叶脉变褐，叶片常扭曲变形（图 23-3）。(2) 茎和荚。产生深褐色不规则条状斑。

图 23-2　黄心乌细菌性黑斑病，心叶发病症状

图 23-3　黄心乌细菌性黑斑病，发病叶片症状

【致病病原】 病原为丁香假单胞菌斑点致病变种 *Pseudomonas syringae* pv. *maculicola* (Mcculloch) Young et al.。

病害循环、发生规律、防治措施参见青菜细菌性黑斑病。

黄心乌软腐病
Yellow heart cabbage soft rot

软腐病是黄心乌的一种普通病害。

【典型症状】 黄心乌心部先发病，发病部位为浸润半透明状褐色，后变为黏滑软腐状（图 23-4），最后菜株枯死，病部水分蒸发呈干缩状。有的从茎基部或肥厚叶柄处发病，引起全株萎蔫。

图 23-4　黄心乌软腐病

【致病病原】 病原为胡萝卜软腐欧文氏菌胡萝卜软腐致病型 *Erwinia carotovora* subsp. *carotovora* (Jones) Bergey et al.，属细菌。

病害循环、发生规律、防治措施参见青菜软腐病。

黄心乌霜霉病
Yellow heart cabbage downy mildew

霜霉病是黄心乌的一种主要病害。

【典型症状】 下部叶片背面出现水浸状淡黄色病斑，散布小黑点，周缘不明显，叶背面出现白色霜霉，叶片正面出现褪绿变黄的病斑，渐转为黄色至黄褐色，高温条件下变为黄褐色枯斑（图 23-5）。

图 23-5　黄心乌霜霉病

【致病病原】 病原为寄生霜霉或芸薹霜霉 *Peronospora parasitica* (Pers.) Fr.，属鞭毛菌亚门真菌。

病害循环、发生规律、防治措施参见青菜霜霉病。

黄心乌黑斑病
Yellow heart cabbage alternaria leaf spot

黑斑病是黄心乌的一种主要病害。

【典型症状】 黄心乌生长中后期发生，主要为害叶片。病叶上现较小的直径 2～6 mm 的暗褐色病斑，圆形或近圆形，有明显的同心轮纹（图 23-6），外围有黄色晕圈，上生黑色霉状物（图 23-7）。

图 23-6　黄心乌黑斑病，叶片病斑

图 23-7　黄心乌黑斑病，黑色霉状物

【致病病原】 病原为芸薹链格孢 *Alternaria brassicae* (Berk.) Sacc.，属半知菌亚门真菌。

病害循环、发生规律、防治措施参见青菜黑斑病。

黄心乌叶腐病
Yellow heart cabbage rhizoctonia leaf rot

叶腐病是黄心乌的一种普通病害。

【典型症状】 主要为害叶片。病初叶上现水浸状病斑，湿腐，早露未干时，病部呈暗绿色，干燥时病部呈红褐色；叶片腐烂（图 23-8）。

图 23-8 黄心乌叶腐病

【致病病原】 病原为立枯丝核菌 *Rhizoctonia solani* Kühn，属担子菌亚门真菌。

【病害循环】 病原在病部或土中越冬。发病后病部菌丝扩展，病情不断蔓延扩大。

【发生规律】 天气湿闷，多风多雨，都易引起发病。地势低洼，种植过密，易引起发病。

【防治措施】 （1）农业防治。避免在发生水稻纹枯病的地块种植，菜上不能用病稻草覆盖；适度浇水，避免田间湿度过大；及时拔除中心病株烧毁。（2）化学防治。发现中心病株喷洒 14%络氨铜 AS 350 倍液，隔 7～10 d 喷 1 次，连续喷2～3 次。

24. 叶芥菜病害

叶芥菜黑腐病
Leafmustard black rot

黑腐病是叶芥菜的一种主要病害。病株率为20%左右，轻度影响生产。

【典型症状】 病斑多从叶缘向内扩展形成"V"字形黄褐色枯斑，病斑周围红黄色。病斑沿叶脉向里扩展时形成大块黄褐色斑或网状黑脉。空气干燥时病部干脆易裂，空气潮湿时病部腐烂（图 24-1）。

图 24-1　叶芥菜黑腐病

【致病病原】 病原为野油菜黄单胞菌野油菜黑腐病致病型 *Xanthomonas campestris* pv. *campestris*（Pammel）Dowson.。

病害循环、发生规律、防治措施参见青菜黑腐病。

叶芥菜霜霉病
Leafmustard downy mildew

霜霉病是叶芥菜的主要病害。

【典型症状】 下部叶片背面出现水浸状淡黄色病斑，散布小黑点，周缘不明显，叶背面出现白色霜霉，叶片正面出现褪绿变黄的病斑，渐转为黄色至黄褐色，高温条件下变为黄褐色枯斑（图 24-2）。

图 24-2　叶芥菜霜霉病

【致病病原】 病原为寄生霜霉或芸薹霜霉 *Peronospora parasitica*（Pers.）Fr.，属鞭毛菌亚门真菌。

病害循环、发生规律、防治措施参见青菜霜霉病。

叶芥菜黑斑病
Leafmustard alternaria leaf spot

黑斑病是叶芥菜的主要病害。

【典型症状】 叶芥菜生长中后期发生，主要为害叶片。病叶上现较小的直径 2～6 mm 的暗褐色病斑，圆形或近圆形，有明显的同心轮纹，外围有黄色晕圈，上面生黑色霉状物（图 24-3）。

图 24-3　叶芥菜黑斑病

【致病病原】 病原为芸薹链格孢 *Alternaria brassicae*（Berk.）Sacc.，属半知菌亚门真菌。此外，某些季节或地区还可见到甘蓝链格孢 *A. brassicicola*（Sch.）Wilt. 及萝卜链格孢 *A. raphani* Groves Skoloko.。

病害循环、发生规律、防治措施参见青菜黑斑病。

（五）甘蓝类蔬菜病害

25. 青花菜病害

青花菜病毒病 Broccoli mosiac

病毒病是青花菜的主要病害。各地均有发生。严重时病株率可达60%～80%，严重影响产量和质量。

【典型症状】 苗期发生较重。(1) 苗期。叶片上产生近圆形褪绿病斑，直径2～3 mm，发黄。以后整个叶片颜色变淡，或出现浓淡相间的绿色斑驳。随病情发展，叶片皱缩、扭曲畸形，最后全株坏死。(2) 成株。嫩叶出现浓淡不均匀斑驳，在老叶背面有时还产生黑褐色坏死斑，或伴有叶脉坏死（图25-1），最后病株矮化畸形，叶柄歪扭，内外叶比例严重失调，轻则花球变小，重则不结球（图25-2）。

【致病病原】 病原为芜菁花叶病毒 Turnip mosaic virus（TuMV）、花椰菜花叶病毒 Cauliflower mosaic virus（CaMV）。(1) 形态和大小。

图 25-1　青花菜病毒病，明脉

图 25-2　青花菜病毒病，矮化畸形

芜菁花叶病毒粒体线状，大小（700～800）nm×（12～18）nm。花椰菜花叶病毒粒体为正20面体，直径50.3 nm。(2) 特性。芜菁花叶病毒钝化温度55～60 ℃经10 min，稀释限点1 000倍，体外存活期48～72 h。花椰菜花叶病毒圆形至椭圆形，钝化温度75～80 ℃经10 min，稀释限点1 000倍，体外存活期5～7 d。(3) 寄主。这种病原可以侵染十字花科蔬菜、菠菜、茼蒿、芥菜等。

【病害循环】 芜菁花叶病毒在自然条件下主要靠蚜虫传毒，也可通过汁液接触传毒。花椰菜花叶病毒在田间主要靠蚜虫进行非持久性传毒，种子不能传毒。

【发生规律】 在冷凉条件下表现比较重的症状。

【防治措施】 (1) 农业防治。选用抗病品种。合理轮作。采用遮阳网或无纺布覆盖栽培技术，增施有机肥，高温干旱季节勤浇水和防治蚜虫，控制病害发生与传播。喷施复合叶面肥，抑制发病，增强植株抗病能力。(2) 化学防治。发病初期，每亩每次用60%吗啉胍·乙铜TA 60～80 g，加水稀释成1 200～1 800倍液，叶面喷雾，以后每隔7 d喷1次药，连续喷3～4次。喷抗毒丰300倍液，病毒1号油EC 500倍液，隔10 d喷1次，连续喷2～3次。苗期防治蚜虫十分重要。

青花菜黑腐病 Broccoli black rot

黑腐病是青花菜的一种重要病害。该病一旦发生，感染面积较大，使花球失去商品价值。

【典型症状】 从苗期至结球期都发病，为害叶片和花球。苗期发病，子叶呈水浸状，后迅速枯死或蔓延到真叶。发病初期叶缘出现褐色斑点，逐步布满整个叶缘，外观形成一道圆弧形波状黄（红）褐色带（图25-3，4）。病斑向内和两侧扩展，形成"V"字形黄褐色或红褐病斑，叶脉坏死变黑（图25-5）。发病时若在5～10片真叶期，最下部叶片开始表现萎蔫变黄，随后整个植株逐渐凋萎（图25-6）。茎和根部受害时维管束变黑。空气潮湿时病部组织腐烂，空气干燥时病部干而脆。

图25-3 青花菜黑腐病，叶缘发病

图25-4 青花菜黑腐病，叶缘发病

图25-5 青花菜黑腐病，"V"字形病斑

图25-6 青花菜黑腐病，下部叶片发黄

【致病病原】 病原为甘蓝黑腐黄单胞菌甘蓝黑腐致病变种 *Xanthomonas campestris* pv. *campestris* (Pammel) Dowson.，属黄单胞杆菌。

【病害循环】 (1) 越冬与初侵染源。病原在种子内或随病残体遗留在土壤中越冬，成为初侵染源。病原从幼苗子叶或真叶的叶缘水孔侵入，还可从伤口侵入，并迅速进入维管束，引起叶片基部发病，并从叶片维管束蔓延到茎部维管束引起系统侵染；采种株染病，细菌由果柄处维管束侵入，进入种子皮层或经荚皮的维管束进入种脐，使种内带菌。(2) 传播特点。带菌种苗、农具及暴风雨均可传播。

【发生规律】 (1) 发病时期。9月上旬至收获期为发病高峰期。(2) 气候条件与发病。高温高湿条件，叶面结露、叶缘吐水，利于病原侵入。如气温在16～28 ℃，连续降雨20 mm以上，15～20 d后就开始发病。(3) 栽培管理与发病。与十字花科连作，肥水管理不当，偏施氮肥，植株徒长或早衰，害虫猖獗或暴风雨频繁易发病。反季节栽培遇上述条件发病更重。

【防治措施】 (1) 种子消毒。用52 ℃热水浸种2～3 min，或用0.1%硫酸铜液浸种5 min。用种子重量0.3%的50%扑海因WP，或50%福美双WP拌种。(2) 农业防治。提倡水旱轮作，避免与其他十字花科蔬菜尤其是花椰菜等连作。避免积水，降低田间湿度，种植不能太密，注意通风。增施有机肥。（3）化学防治。苗床消毒用50%代森铵800～1 000倍液喷湿土壤或多菌灵800倍液浇灌苗床。发病初期可选用72%农用硫酸链霉素SPX 3 000～4 000倍液，或8%菌克毒克AS 800～1 000倍液，或47%加瑞农WP 750倍液，或50%代森胺AS 1 000倍液喷雾或灌根，每隔5～7 d喷1次，连续喷3～4次。收获前15 d必须停止用药。

青花菜细菌性角斑病 Broccoli bacterial black spot

青花菜细菌性角斑病又称细菌性黑斑病，是青花菜的一种主要病害。主要发生在反季节栽培中。

【典型症状】 主要为害叶片，茎、花梗以及种荚也会出现症状，从小苗至成株均可发生。初在中、下部叶片的叶柄两侧出现油浸状坏死小斑，灰褐色，稍凹陷，边缘发紫，逐步发展成多角形至不规则形病斑，膜状灰褐至暗褐色，油浸状，具有光泽。后期病斑汇合形成1.5～2 cm大病斑。空气潮湿时叶背病斑表面溢出污白色菌脓，后期呈膜状腐烂（图25-7，8）。干燥时病斑呈灰白色，易破裂穿孔。多个病斑连片，常使叶片皱缩畸形，最后死亡干枯。叶脉发病可引起叶面皱缩。严重时病害亦侵染叶柄，形成长椭圆形或条形病斑，显著凹陷，黑褐色，略具光泽。

图25-7 青花菜细菌性角斑病，叶面症状

图25-8 青花菜细菌性角斑病，叶背症状

【致病病原】 病原为丁香假单胞菌叶斑病致病型 *Pseudomonas syringae* pv. *maculicola* (McCulloch) Young, Dye & Wilkie，属细菌。（1）形态和大小。菌体杆状或链状，无芽孢，具1～5根极生鞭毛。（2）特性。革兰氏染色阴性，好气性。发育适温25～27 ℃，最高29～30 ℃，最低0 ℃，48～49 ℃经10 min致死，适应酸碱度范围pH 6.1～8.8，最适为pH 7。

【病害循环】 （1）越冬与初侵染源。病原主要在种子、土壤及病残体上越冬，在土壤中可存活1年以上。主要在莲座期至现蕾开花期，从气孔和伤口侵入机体，进行初侵染和再侵染。（2）传播特点。病原借风、雨、露等传播。

【发生规律】 病原适宜在高温、高湿下活动，台风暴雨或洪涝侵袭，造成叶片伤口多，病害容易流行。长期灌水以及偏施、迟施氮肥的菜地发病较重。

【防治措施】 （1）种子消毒。用种子重量0.4%的50%琥胶肥酸铜WP拌种。（2）农业防治。选用抗病品种，与非十字花科蔬菜进行2年以上轮作。合理灌水，注意减少植株伤口。收获后及时清除田园。深沟高畦栽培，严禁大水漫灌，雨后及时排水，降低田间湿度。避免过量、过迟施用氮肥。增施磷、钾肥，以提高植株抵抗力。发现少量病株及时拔除。收获后及时清除病残物，集中深埋或烧毁。（3）化学防治。发病初期用72%农用硫酸链霉素SPX 3 000～4 000倍液，或47%加瑞农WP 900倍液，或10%世高WG 2 000倍液等药交替喷雾，间隔7～10 d喷1次，连喷2～3次。

青花菜细菌性斑点病 Broccoli bacterial leaf spot

细菌性斑点病是青花菜的一种重要病害。分布广泛，露地栽培发生较重。一般发病率30%左右，重病地发病率可达80%。

【典型症状】 主要为害叶片。叶背面先出现暗绿色小点，水渍状。逐渐发展成近圆形的坏死斑，灰褐色至暗褐色，中央明显凹陷，边缘常有水渍状暗绿色晕环（图25-9）。叶面上病斑为不规则形，灰褐色至暗褐色，边缘颜色较深，油渍状。多个病斑相互连接成坏死斑块，干燥时易破碎、穿孔，导致叶片坏死（图 25-10）。发病严重时植株全部叶片均可染病。

图 25-9　青花菜细菌性斑点病，叶面症状

图 25-10　青花菜细菌性斑点病，叶面症状

【致病病原】 病原为假单胞杆菌菊苣假单胞杆菌荧光类群细菌 *Pseudomonas cichorii*（Swingle）Stapp.。菌体短杆形，或呈链状连接，大小 0.8 μm×(1.6～2.5) μm，具 1～4 根鞭毛。

【病害循环】 （1）越冬与初侵染源。病原在种子内或随病残体越冬，成为初侵染源。（2）传播特点。通过雨水、浇水以及农事操作传播。

【发生规律】 多在夏秋多雨季节发生。高温高湿利于发病。长期多雨、多雾，田间结露时间长，发病重。管理粗放，土壤贫瘠，发病重。

【防治措施】 参见青花菜细菌性角斑病。

青花菜软腐病 Broccoli bacterial soft rot

软腐病是青花菜的一种重要病害。一般造成50%的损失，发病严重年份病株率可达 30%～40%，对产量有明显影响。

【典型症状】 多发生在植株生长中后期，特别是花球形成期。主要为害花球，也能为害主茎和叶片。发病部位先呈浸润半透明状，之后病部变为褐色，软腐（图 25-11，12），溢出污白色菌脓（图 25-13），用手触压病组织内充满黄褐色黏滑物质，有恶臭味。主茎和叶片发病，多从采收后的伤口或受伤的叶开始发病，初在病部形成暗绿色水渍状斑，很快向上下扩展成不规则形大斑，同时病组织变软溃烂，叶柄或植株倒塌，并散发出恶臭气味。

图 25-11　青花菜软腐病，花球发病

图 25-12　青花菜软腐病，软腐

图 25-13　青花菜软腐病，污白色菌脓

【致病病原】 病原为胡萝卜软腐欧文氏菌胡萝卜软腐致病型细菌 *Erwinia carotovora* subsp. *carotovora*（Jones）Bergey et al.，属杆菌。（1）形态和大小。菌落灰白色，圆形或不定型；菌体短杆状，大小（0.5～1.0）μm×(2.2～3.0) μm，周生鞭毛 2～8 根。（2）特性。革兰氏染色阴

性。适温 25～30 ℃，最高 40 ℃，最低 2 ℃，致死温度 50 ℃经 10 min。(3) 寄主。这种病原可以侵染十字花科、茄科、百合科、伞形花科及菊科蔬菜。

【病害循环】 (1) 越冬与初侵染源。病原在田间病株上或土中未腐烂的病残体以及害虫体内越冬，并可在土壤中存活较长时间。病原从伤口侵入，从春到秋在田间辗转为害。(2) 传播特点。通过雨水、灌溉水、带菌肥料、昆虫等传播。

【发生规律】 (1) 气候条件与发病。久旱遇雨易形成伤口，造成发病。(2) 栽培管理与发病。病害的发生与伤口多少有关，蹲苗过度、浇水过量，都会形成伤口，造成发病。地表积水、土壤中缺少氧气时，不利根系发育，伤口也易形成木栓化，这时发病重。

【防治措施】 (1) 农业防治。选用丰产优质、商品性好的耐病品种。与非十字花科蔬菜轮作。采用深沟高畦栽培，田间防止雨后积水。收获后彻底清除植株残体，尽早翻地整地，促进病残体腐烂分解。适时浇水施肥和防治虫害，减少各种伤口。花球形成后适时采收，减少损失。(2) 化学防治。在发病初期，用硫酸链霉素或农用链霉素 3 000～4 000 倍液，或 47%加瑞农 WP 800～1 000 倍液，或 72.2%普力克 AS 500～1 000 倍液，或丰护胺 WP 800～1 000 倍液喷雾，发病初期 7～10 d 喷 1 次，发病盛期 5～7 d 喷 1 次，连续喷 2～3 次，重病田可采用药液灌根方式。

青花菜霜霉病 Broccoli downy mildew

霜霉病是青花菜的一种主要病害。各地均有分布。发生普遍。发病率 15%～30%，严重时可达到 80%以上，明显影响产量和质量。

【典型症状】 (1) 幼苗。在茎叶上出现白色霜状霉，幼苗渐枯死。(2) 叶片。老叶最易受害，病叶出现边缘不明显的黄色病斑（图 25-14），逐渐扩大，因受叶脉限制呈多角形或不规则黄褐色至黑褐色的病斑（图 25-15），叶背病斑上有黑褐色斑点，较为明显并稍突起，高湿时叶背面产生散生白色霉层（图 25-16，17，18），严重时叶片枯黄脱落。(3) 花球。初期花球主轴和肉质花梗表皮内出现灰褐色斑点或斑块，多时连接成片。横切主轴或花梗可见微管束完好，但心髓部水渍状、褐色。天气潮湿时，主轴和花梗表面长出白色霜霉。严重时花梗缩短，致使整个花球表面凹凸不平，甚至花球表面也出现坏死斑块，小花球逐渐褐腐。发病后期掰开大花球，几乎所有花梗内部均大片变褐（图 25-19）。

图 25-14 青花菜霜霉病，叶缘黄色斑

图 25-15 青花菜霜霉病，叶片病斑

图 25-16 青花菜霜霉病，叶片白色霉层

图 25-17 青花菜霜霉病，叶背白色霉层

图 25-18 青花菜霜霉病，叶背后期霉层

图 25-19 青花菜霜霉病，花梗发褐

【致病病原】 病原为寄生霜霉 *Peronospora parasitica*（Pers.）Fr.，属鞭毛菌亚门真菌。（1）形态和大小。菌丝无色，无隔膜；孢囊梗从病组织气孔伸出，单生或2～4根束生，无色，无分隔，大小（175～655）μm×（7.5～20）μm；孢子囊无色，单胞，球形或卵形，大小（7.5～30）μm×（15～27）μm。卵孢子球形，单胞，黄褐色，有厚壁，表面光滑，直径26～48 μm。（2）特性。孢子囊形成的最适温度为8～12 ℃，孢子囊形成适温8～21 ℃，相对湿度为90%～95%；卵孢子的形成适温为10～15 ℃，相对湿度为70%～75%。萌发适温7～13 ℃，侵染适温为16 ℃左右，20～24 ℃有利于吸器形成。菌丝在植株体内生长发育最适温度20～24 ℃，3～4 d后又产生孢子囊。

【病害循环】（1）越冬与初侵染源。在冬季寒冷的地区，病原以卵孢子随病残体在土壤中或以菌丝体在种株上越冬，成为第2年春菜的初侵染源。病原由气孔侵入。种子也可带菌引起幼苗发病。（2）传播特点。病原以孢子囊在田间通过风雨传播。

【发生规律】（1）品种与发病。品种对病害的抗性不同，优秀、绿雄90等品种基本不染病，晚生圣绿为高感病品种。（2）气候条件与发病。温度是发病的重要条件，病原生长适温为20～24 ℃。当平均气温16 ℃左右时叶片最易发病，高温高湿有利于病害的发生和流行。气温忽高忽低，温差较大，光照不足，空气湿度较大常引起植株表面结露，导致病害流行。花球发病的决定性因素是雨水，连续5 d以上阴雨天气极易产生花球侵染。

【防治措施】（1）种子处理。用种子重量0.3%的35%甲霜灵WP或50%福美双WP拌种。（2）农业防治。选择抗病品种，针对花球发病，目前可选用优秀、绿雄90等高抗品种。避免与十字花科蔬菜连作。深翻晒土，深沟高畦，沟渠畅通，雨后及时排水，严防大水漫灌，尽量降低田间湿度。（3）化学防治。发病初期开始喷药，特别是花球在现蕾后遇连续阴雨天气更需喷药。常用药剂有58%瑞毒霉·锰锌WP 600倍液，或64%杀毒矾WP 500倍液，或72%霜脲·锰锌WP 800倍液，或69%安克·锰锌WP 600～800倍液，或72.2%普力克AS 800倍液，或68.75%易保WG 1 000倍液等，隔7～10 d喷1次，连续喷2～3次。为减缓病原产生抗药性，以上药剂最好交替使用。收获前15 d禁止使用农药。

青花菜猝倒病 Broccoli seedling damping-off

猝倒病是青花菜的一种普通病害。各地都有发生。严重时显著影响育苗。

【典型症状】 种子发芽后出土前发病，形成烂种；出土后茎基部呈水渍状病斑，变软，表皮易脱落，病部缢缩，迅速扩展绕茎一周，菜苗倒伏。开始时个别幼苗发病，几天后即以此为中心向外蔓延，最后引起成片幼苗猝倒（图25-20）。

图 25-20 青花菜猝倒病

【致病病原】 病原主要有瓜果腐霉 *Pythium aphanidermatum* (Eds.) Fitzp.、异丝腐霉 *P. diclinum* Tokunaga、宽雄腐霉 *P. dissotocum* Drechsler.、畸雌腐霉 *P. irregulare*、刺腐霉 *P. spinosum* Sawada.，属鞭毛菌亚门真菌。适温 25 ℃，最高 35 ℃，最低 5 ℃，在 5～20 ℃释放游动孢子。

【病害循环】 病原在表土层越冬，并在土中长期存活。

【发生规律】 适宜发病地温为 10 ℃。育苗期出现低温、高湿条件，利于发病。

【防治措施】 (1) 种子消毒。用种子重量 0.2%的 40%拌种双 DP 拌种，或用种子重量 0.2%～0.3%的 75%百菌清 WP 拌种，或用 70%代森锰锌干悬粉剂拌种，或 60%防霉宝 WP 拌种。(2) 农业防治。选择地势高、排水良好、土质肥沃的无病土壤作苗床。基肥施用充分腐熟的有机肥。播种要均匀，不宜过密。合理控制苗床温湿度，苗床浇水应视土壤湿度和天气而定，避免苗床湿度过大，苗床浇水后要加强通风，降低湿度。(3) 化学防治。苗床可选用 25%甲霜灵 DP 9 g/m^2 和 70%代森锰锌 1 g/m^2，加细土 5 kg 拌匀，进行苗床消毒。施药前一次浇透底水，水渗下后取 1/3 药土撒在畦面上，播种后再把其余 2/3 药土覆盖在种子上面，对杀菌防病有一定的作用。可选用 98%恶霉灵 WP 3 000 倍液，或 72%普力克 AS 600～800 倍液，或 77%可杀得 WP 600 倍液，或 69%安克 WP 3 000 倍液，每隔 7～10 d 喷雾 1 次，连续喷 2～3 次，药剂需交替使用。

青花菜立枯病
Broccoli rhizoctonia rot

青花菜立枯病在成株期又称为褐腐病，是青花菜苗期的一种重要病害。苗期发生普遍，一般发病率 5%～30%，重病地发病率更高，成株期多造成朽根或茎基腐病，对产量影响较大。

【典型症状】 主要为害茎基部。(1) 苗期。刚出土幼苗及成株均会发病，育苗中后期发生多。病部产生椭圆形暗褐色病斑，软化、收缩，变细后折倒。病情发展比较缓慢，早期病苗白天萎蔫，夜间可恢复，病斑逐渐凹陷，扩大后绕茎一周，最后病部收缩干枯，整株死亡（图 25-21）。病部常有淡褐色蛛丝网状霉，但不明显。(2) 成株期。根部、茎部和叶柄腐烂变褐，形成根朽或脱帮，植株失水萎蔫后枯死（图 25-22）。叶片发病时，先是下部叶片发病，并向上发展，在叶片上沿叶缘向内形成“V”字形坏死褐斑。严重时，叶面上散生不规则形的褐色坏死斑，叶片腐烂。

图 25-21 青花菜立枯病，苗期发病

图 25-22 青花菜立枯病，大苗期发病

【致病病原】 病原为立枯丝核菌 *Rhizoctonia solani* Kühn.，属半知菌亚门真菌。(1) 形态和大小。病菌不产生孢子，以菌丝体传播和繁殖。初生菌丝无色，后为黄褐色，具隔，粗 8～12 μm，分枝基部缢缩，老菌丝常呈一连串桶形细胞。菌核近球形或无定形，0.1～0.5 μm，无色或浅褐至黑褐色。(2) 特性。病原发育适温 24 ℃，最高 40～42 ℃，最低 13～15 ℃，适宜 pH 3～9.5。

【病害循环】 (1) 越冬与初侵染源。病原以菌丝体在土中越冬，且可在土中腐生 2～3 年。菌丝能直接侵入寄主，形成初侵染。(2) 传播特点。通过水流、农具传播。

【发生规律】 播种过密、间苗不及时、温度过高易诱发本病。

【防治措施】 (1) 种子消毒。用种子重量 3% 的 75%WP 百菌清拌种。(2) 农业防治。春季栽培的宜选择生长前期对低温不大敏感的品种，适期播种，不宜过早或过迟。(3) 化学防治。发病初期用 20%甲基立枯磷 EC 1 200 倍液，或 5%井冈霉素 AS 1 500 倍液，或 15%恶霉灵 AS 450 倍液，或 72.2%普力克 AS 800 倍液加 50%福美双 WP 800 倍液喷淋，每亩用量为 3 L。

青花菜黑斑病 Broccoli black leaf spot

青花菜黑斑病又称黑霉病，是青花菜的一种普通病害。各地均有分布。近年在一些地区的发病率达到 60%左右，发病较重的田块病株率高达 100%。

【典型症状】 主要为害叶片、茎、叶柄。叶片发病多从外叶开始，初为水渍状小点，后发展为褐色至黑色小点，温度高时病斑迅速扩大为灰褐色圆形病斑（图 25-23）。在潮湿条件下，病斑较大，直径 5～30 mm，病斑有黑色霉状物（图 25-24），叶片病斑多时，汇合成大斑。叶片病斑发生很多时，容易变黄早枯。一般在生长中后期，如遇连续阴雨天气，或肥力不足，则发病严重。茎和叶柄染病，病斑长梭形，呈暗褐色条状凹陷，具轮纹。

【致病病原】 病原为甘蓝链格孢 *Alternaria brassicicola* (Schweinitz) Wilts.，属半知菌亚门真菌。(1) 形态和大小。分生孢子长卵形或倒棍

图 25-23 青花菜黑斑病，叶面病斑

图 25-24 青花菜黑斑病，叶面病斑生黑色霉状物

棒状，棕褐色，具横隔 3～10 个，纵隔 0～4 个，分生孢子链生，常 8～10 个连成一串，大小 (15～90) μm×(6.25～17.5) μm，喙胞短，色泽较深。(2) 特性。分生孢子的萌发温度范围为 1～40 ℃，适温为 28～31 ℃，菌丝生长适温为 25～27 ℃。

【病害循环】 (1) 越冬与初侵染源。病原以菌丝体及分生孢子在病残体上、土壤中、采种株上以及种子表面越冬，成为田间发病的初侵染来源。(2) 传播特点。分生孢子借风雨传播，萌发产生芽管，从寄主气孔或表皮直接侵入。环境条件合适时，病斑上能产生大量的分生孢子，田间借风雨传播，重复侵染，蔓延为害。

【发生规律】 (1) 发病时期。南方多发生在 3 月份及 10～11 月份。北方多发生于 5～6 月份及秋季。(2) 气候条件与发病。在温度为 17～25 ℃的高湿条件下易发病。特别在连续阴雨时最易发病。(3) 栽培管理与发病。肥料不足、生长衰弱、管理不善发病重。

【防治措施】 (1) 种子处理。用 50 ℃温水浸种 20～30 min 后立即移入冷水中降温，晾干后播种。用种子重量 0.2%～0.3%扑海因拌种，也可用根腐灵 200 倍液浸种 20 min 后，再用清水冲洗干净后播种。(2) 农业防治。采用与非十字花科蔬菜隔年轮作。及时做好清园工作，清除病残体。种植地块要求排水通畅；土壤要进行深耕翻晒，定植地筑成深沟高畦，沟深 30 cm，在秋季雨水多时可起到排渍作用。15 m 宽的畦栽 2 行，适当增加株距，有利于通风降湿。保护地栽培，当早春定植时昼夜温差大，白天 20～25 ℃，夜间 12～15 ℃，相对湿度高达 80%以上，利于此病的发生和蔓延。应重点调整好棚内温湿度，尤其是定植初期，闷棚时间不宜过长，防止棚内湿度过大温度过高。(3) 化学防治。发病初期喷 50%扑海因

WP 1 200 倍液，或 50%农利灵 WP 1 500 倍液，或 2%农抗 120AS 200 倍液，或 50%克菌丹 WP 400 倍液，或 80%新万生 WP 800 倍液，或 75%百菌清 WP 600 倍液。结合防治细菌性病害，还可选用 47%加瑞农 WP 600～800 倍液喷雾，隔 10～15 d 喷 1 次，根据病情防治 1～3 次。保护地栽培在发病初期每亩喷撒 5%百菌清 DPC 1 kg，隔 7～9 d 喷 1 次，连续防治 3～4 次。也可用 45%百菌清 FU 或 15%速克灵 FU，每亩 200～250 g 熏 1 夜，次日清晨及时放风排烟。

青花菜褐斑病 Broccoli alternaria leaf spot

褐斑病是青花菜的一种普通病害。分布较广。病株率在 20%以下，对生产无明显影响，仅个别田块或特殊年份为害较重。

【典型症状】 主要为害叶片。一般先从下部老叶开始发病。发病初期在叶片上产生圆形或近圆形的病斑，病斑略带有同心轮纹，褐色至黑褐色，有的四周现黄色晕圈，在湿度较大的条件下病斑上长出灰黑色霉层（图 25-25）。发病严重时，病叶枯黄脱落。

图 25-25 青花菜褐斑病，病斑

【致病病原】 病原为芸薹链格孢 *Alternaria brassicae*（Berk.）Sacc.，属半知菌亚门真菌。

【病害循环】 病原以菌丝体或分生孢子在病残体上越冬，也可以在留种株上及种子表面越冬，成为第 2 年初侵染源。病原分生孢子借气流传播，再侵染使病害蔓延。

【发生规律】 多在夏秋露地种植时发生。（1）气候条件与发病。病原在 10～35 ℃都能生长发育，但常要求较低的温度。在生长中后期，遇连阴雨天气发病重。（2）栽培管理与发病。肥力不足，发病重。

【防治措施】 （1）种子消毒。用种子重量 0.4%的 70%甲基托布津 WP，或 40%拌种双 WP，或 75%卫福 WP，或 50%扑海因 WP 拌种。（2）农业防治。选用无病土育苗，使用充分腐熟的有机肥。播种不宜过密，覆土不宜过厚。摘除近地面的病叶，携出田外深埋或销毁。（3）化学防治。旧苗床用 2.5 g/m^2 的 70%土菌消 WP 或 1.5 g/m^2 的 98%恶霉灵 SPX 加 25%多菌灵 WP 2.5 g/m^2，或单用 50%利克菌 WP 3～6 g 加拌细土 60～120 g，2/3 均匀覆盖在待播种苗床表面，1/3 药土撒盖种子。发病初期喷 50%农利灵 WP 1 000 倍液，或 50%扑海因 WP 800 倍液，或 30%倍生 EC 1 200 倍液，或 40%拌种双 DP 500 倍液，隔10 d 喷 1 次，连续喷 2～3 次。

青花菜黑胫病 Broccoli black leg

青花菜黑胫病又称根朽病，是青花菜的一种普通病害。

【典型症状】 主要为害幼苗，苗期、成株期均可受害。（1）苗期。子叶、真叶和幼茎上形成白色圆形或椭圆形病斑，病斑上生有很多小黑点。茎基溃疡，病株易折断干枯，严重的引起病苗死亡。病轻苗移栽后，茎基病斑向根部蔓延，形成黑紫色条状斑，使主根和侧根腐朽引起病苗死亡，病根部维管束变黑（图 25-26）。（2）成株。叶片上产生不规则至多角形病斑，中间灰白色，病斑上着生许多黑色小粒点。

图 25-26 青花菜黑胫病，茎基溃疡

【致病病原】 病原为黑胫茎点霉 *Phoma lingam*（Tode ex Schw.）Desm.，属半知菌亚门

真菌。分生孢子器埋生寄主表皮下，深黑褐色，直径100～400 μm。分生孢子长圆形，无色透明，内含2油球，大小（3.5～4.5）μm×（1.5～2）μm。

【病害循环】（1）越冬与初侵染源。病原在种子、土壤、病残体上或十字花科蔬菜种株上越冬。病原可在土壤中的病残体上存活多年。气温20 ℃产生分生孢子，进行初侵染和再侵染。（2）传播特点。在田间主要靠雨水或昆虫传播蔓延。

【发生规律】（1）气候条件与发病。高温高湿有利于发病，育苗期湿度大发病较重。定植后天气潮湿多雨或雨后高温，易引起该病的流行。（2）栽培管理与发病。带菌种子未经过消毒就播种的地块发病重。病地连作，浇水过多，施入带菌的粪肥发病重。

【防治措施】（1）种子消毒。从无病株上选留种子，采用50 ℃温水浸种20 min。用种子重量0.4%的50%琥胶肥酸铜WP或50%福美双WP拌种。（2）农业防治。与非十字花科作物实行3年以上轮作。（3）化学防治。发病初期喷洒60%多·福WP 600倍液，或40%多·硫SC 500～600倍液，或70%百菌清WP 600倍液，隔9 d喷1次，连续喷1～2次。及时防治地下害虫。

图 25-27 青花菜灰霉病，叶缘发病，形成“V”字形

图 25-28 青花菜灰霉病，花球内部

青花菜灰霉病 Broccoli gray mold

灰霉病是保护地青花菜的一种重要病害，主要在老菜区冬春保护地内发生，以冬季和早春温室发生较为普遍，发病率15%～60%，轻者对生产无影响，重病棚室则造成一定损失。

【典型症状】 在苗期、成株期均有发生。（1）苗期。幼苗呈水浸状腐烂，上生灰色霉层。（2）成株。多从距地面较近的叶片始发，初为水浸状，湿度大时，病部迅速扩大，呈褐色至红褐色，病株茎基部腐烂后，引致上部茎叶凋萎，且从下向上扩展（图25-27）。（3）储藏期。易染病引起水浸状软腐，病部遍生灰霉，后产生小的近圆形黑色菌核（图25-28）。

【致病病原】 病原为灰葡萄孢菌 *Botrytis cinerea* Pers.，属半知菌亚门真菌。（1）形态和大小。灰葡萄孢菌分生孢子梗长，色淡，较细，具分枝，分枝末端略膨大呈球形，其上布满短的小梗。小梗上生分生孢子，似葡萄状，分生孢子色淡，聚集在一起则为灰色，孢子卵圆形，单胞。（2）特性。该菌5～30 ℃均可萌发，适温13～29 ℃，适宜相对湿度90%以上。（3）寄主。这种病原可以侵染辣椒、葡萄、番茄、黄瓜、草莓、莴苣、韭菜、花生等100多种蔬菜。

【病害循环】 病原主要以菌核随病残体在地上越冬。适应力强，在自然条件下，分生孢子经138 d仍具萌发能力，在温暖的南方可以安全越冬。当环境适宜时，菌核萌发产生菌丝，菌丝上长出分生孢子梗及分生孢子，分生孢子借气流或雨水传播，产出芽管侵入寄主为害，又在病部产生分生孢子进行再侵染，当遇到恶劣条件时，又产生菌核越冬或越夏。

【发生规律】 当气温20 ℃，相对湿度连续保持在90%以上，寄主处于感病阶段，此病易发生和流行。

【防治措施】（1）农业防治。小高畦地膜覆盖栽培，采取滴灌、膜下滴灌。发病初期加强放风管理，适当提高管理温度，上午棚温尽可能保持在20～25 ℃，下午适当延长放风，以降低空气湿度。同时注意及时清除老黄及坏死叶片。收获后和定植前彻底清除棚室内病残体。（2）化学防治。种植前用烟雾剂熏烟灭菌。发病初期可选用

50%扑海因 WP 或 50%农利灵 WP 800～1 200 倍液，或 50%敌菌灵 WP 400～500 倍液，或 45%特克多 SC 1 200 倍液，或 40%施加乐 SC 800～1 000 倍液，或 65%甲霜灵 WP，50%溶菌灵 WP 600～800 倍液喷雾。

青花菜菌核病 Broccoli stem rot

【典型症状】 主要为害茎基部、花球、叶柄、叶片。幼苗受害后，在近地面的茎基部出现水渍状病斑，很快坏腐或猝倒。成株受害后，多在近地表的茎、叶柄或叶片上出现水渍状淡褐色的病斑（图 25-29），引起花球或茎基部软腐，患病处在高湿条件下会长出白色棉毛状菌丝和黑色鼠粪状的菌核，但无臭味（图 25-30）。

图 25-29 青花菜菌核病，叶柄和叶片发病

图 25-30 青花菜菌核病，花梗发病

【致病病原】 病原为核盘菌 *Sclerotinia sclerotiorum* (Libert) de Bary，属子囊菌亚门真菌。菌核初为白色，后表面变黑，大小（1.3～14）mm×(1.2～5.5) mm。子囊盘褐色，杯状或盘状，成熟后为暗红色。子囊无色，棍棒形。子囊孢子椭圆形，单胞，大小（10～15）μm×(5～10) μm。

【病害循环】 （1）越冬与初侵染源。病原主要靠菌核留在土壤中或混杂在种子中越夏或越冬。菌核在干燥的土中能存活多年，在潮湿的土壤中只能存活 1 年，在水中经 1 个月即腐烂死亡。（2）传播特点。当条件适宜时菌核萌发，产生子囊孢子，借气流和浇水传播。在棚室中主要通过病组织上的菌丝与健株接触传播，使病害蔓延。

【发生规律】 病原发育最适宜温度为 20 ℃。在相对湿度 85%以上时有利于发病。排水不良、通透性差、偏施氮肥的条件下，发病重。

【防治措施】 （1）种子处理。用 10%食盐水或 10%～20%硫铵液漂种，除去浮在水面的菌核和杂质，反复 2～3 次后再行播种。（2）农业防治。播种前把床温调到 55 ℃处理 2 h，可以有效杀死土壤中菌核。前茬收获后进行一次深耕，将菌核深埋土中，使其不能抽生子囊或子囊盘不能出土，减少子囊孢子的传播。高畦种植，合理密植，有利于通风透光，同时开好排水沟，降低田间湿度，增强植株生长势，合理使用氮肥，增施磷、钾肥，提高抗病性。（3）化学防治。发病初期可选用 50%速克灵 WP 1 000 倍液，或 50%农利灵 WP 1 000 倍液，或 50%扑海因 WP 1 000 倍液，或 50%托布津 WP 1 000 倍液喷雾，每 7～10 d 喷 1 次，连续喷 2～3 次，重病田可适当增加 1～2 次。

青花菜焦蕾和黄化 Broccoli button burn and yellows

青花菜焦蕾和黄化是一种生理性病害，对产品的质量影响较大。

【典型症状】 青花菜花蕾出现焦枯（图 25-31），呈灰褐色，或者有的花蕾出现黄化（图 25-32），表现花球松散，花蕾枯萎或黄化。

图 25-31 青花菜焦蕾

图 25-32 青花菜黄化

【发生规律】（1）气候条件与发病。这种现象多出现在早春栽培中。由于青花菜的生长前期处在低温期，当遇上较低温度时，花芽开始分化，形成蕾早，产生小花球。而在生长后期进入高温期，或者是由于棚室中的温度过高，花蕾的发育受到抑制，则出现焦蕾和黄现象。（2）栽培管理与发病。青花菜采取反季节栽培，由于气候条件易满足青花菜的生殖生长，但植株的自身发育尚不足，因此发病重。

【防治措施】（1）品种选择。选择生长前期对低温不大敏感的中早熟品种或早熟种，如绿岭、上海 1 号、绿帝、青绿、早生绿等。（2）农业防治。适期播种，播种过早因定植后气温低，植株遇低温花芽即分化，这时营养不良，叶少、叶小，致提早现蕾，则花球小；播种过晚，气温迅速回升，花蕾发育期正值高温期容易出现高温障碍，产生焦蕾。培育壮苗主要是温度管理，播种后夜温保持在 12 ℃以上，白天 30 ℃以下。5～6 片真叶时要适时定植，过晚幼苗老化，花球小。每亩定植 3 000 株左右。采收期处在高温阶段的，一定要适时采收，而且要安排在早晨进行，以避免枯蕾、黄化，延长花球新鲜时间。

青花菜夹叶花球
Broccoli sporophyll exceptional growth

【典型症状】花梗上的小叶从花球中间长出来，这种花球称为夹叶花球（图 25-33）。该花球外观差，球面凹凸不平，商品价值低。

【发生原因】秋季播种过早、春季播种过晚。花芽分化期所需的低温不够，或花芽分化后及花球增长期遇连续异常高温天气（白天 30 ℃以上，夜间 22 ℃）。氮肥过多，营养生长过旺。

图 25-33 青花菜夹叶花球

【防治措施】确保适期播种，防止花球增长期的氮肥过剩。根据植株大小、气候条件采取相应技术管理措施，使花芽分化处于适宜的低温条件下。定植时忌用小老苗，不宜过密。

青花菜不良花球
Broccoli undesirable ball-flower

【典型症状】小花球（图 25-34）、花球易变紫色（图 25-35）、花球大小不匀、散花（图 25-36，37）。

图 25-34 青花菜不良花球，小花球

图 25-35 青花菜不良花球，花球紫色

图 25-36　青花菜不良花球，散花

图 25-37　青花菜不良花球，采收过迟

【发生规律】　光照不足，植株易徒长，花球变小。肥力不足，营养生长不良会过早完成春化，形成小花球。苗期温度如超过 25 ℃，植株易徒长而形成高脚苗、弱苗。定植后遇低温易早期显蕾形成小花球，莲座期温度高于 26 ℃，植株呼吸消耗增加，加大基部叶片的脱落和短缩茎的伸长，造成植株徒长，推迟显球，所以此时要有一定的昼夜温差，以利于营养的积累。花球增长期温度高于 20 ℃，则花球发育不良，花球大小不匀，品质变劣，反之温度过低，花球易变紫色。在莲座期缺磷会造成提早现球，甚至影响花球的增长而形成小花球。采收不及时造成散花。

【防治措施】　选择适宜的优良品种，适期播种，使各生育期温度适宜。选择疏松肥沃保肥力强的园田地栽培青花菜，施足底肥，加强田间管理，根据植株不同时期生育特点，结合浇水适量施不同比例的氮、磷、钾肥，特别在幼苗期及花芽分化前后要充分供给磷肥。在花球增长期遇低温，一是要考虑盖球防冻，二是对过小花球的植株考虑假植。

青花菜散形花球 Broccoli ball-flower looseness

【典型症状】　在一个花球上部分花蕾发育迟缓，使花球发散（图 25-38）。

【发生规律】　由于花芽分化后营养生长过旺，生殖生长受到抑制；或花芽分化期遇高温，使花芽分化不完全；或育苗后期，定植后遇低温，也可致使花芽发育不良造成散形花球。主根受损、根系发育不良也可使植株生长发育受到影响而造成散花球。

图 25-38　青花菜散形花球并发软腐病

【防治措施】　培育适龄壮苗，定植后，春季浇水要适量，勤中耕，提高地温；秋季及时浇缓苗水，降低地温，中耕疏松土壤，促进缓苗。保持田间湿度适宜，使根系充分扩展和活动，防止根腐病的发生。同时要保持肥力均匀，切忌一次追肥量过大。

青花菜花茎空心 Broccoli ball-flower stem craze

【发生规律】　土壤过肥，引起花茎空心，花球松散。生长期间缺硼也会引起花茎中心开裂或空心（图 25-39）。

图 25-39　青花菜叶脉开裂

【防治措施】 青花菜整个生育过程，施肥要均匀适量。青花菜对硼、钼、镁等微量元素有特殊要求，所以除供给充足的氮、磷、钾三要素外，还要根据植株生长发育状况适量补施微量元素，特别是硼和钼的需求量较高，如发现症状要及时进行叶面喷施钼肥和硼肥。

青花菜冻害
Broccoli freezing injury

【典型症状】 在育苗期、早熟栽培或反季节越冬栽培时，可发生冻害。苗期发生冻害，受害轻叶片变白或呈薄纸状，受害重的似开水烫过（图 25-40）。

图 25-40 青花菜冻害

【发生规律】 在育苗期、早熟栽培或反季节越冬栽培时遇低温。

【防治措施】（1）农业防治。控氮增磷、钾，促根系发育，增强抗寒力。覆盖保护。将秸秆、树叶、谷壳、草木灰等铺在青花菜行间或覆土 3～5 cm 把心叶盖住。中耕培土，疏松土壤，提高地温。控制早薹早花，寒流后及时查苗，注意清沟和培土，解冻时撒施一次草木灰或谷壳灰。（2）化学防治。必要时可喷洒抗霜素 1 号和抗霜剂 1 号。轻微受害的田块可喷洒促丰宝Ⅱ号 600～800 倍液。

青花菜茎瘤病
Broccoli stem gall

茎瘤病是一种生理性病害，仅在部分地区发生，一旦发生，病株率很高，对青花菜的生产有很大的影响。

【典型症状】 表现根茎部异常肿大，形成瘤状突起，表面粗糙，以后破裂变褐，表面粗糙。植株长势衰弱（图 25-41）。

图 25-41 青花菜茎瘤病

【发生原因】 可能有几种原因：一是除草剂应用不当。二是 2，4-D 丁酯造成的药害。三是用未腐的粪浇灌。

【防治措施】 针对病因，采取相应的措施。发生后加强管理，增施肥料，增强生长势。

26. 花椰菜病害

花椰菜病毒病 Cauliflower virus disease

病毒病是花椰菜的一种主要病害。各地均有发生。严重时病株率可达60%～80%，严重影响产量和质量。

【典型症状】 受害幼叶初生褪绿圆斑，对光检视非常明显，受害叶片呈现斑驳或花叶症状，在受害的老叶背面有黑色坏死环斑。病株发育迟缓，结球迟，叶球小且疏松。病害严重时，叶面畸形、皱缩，叶脉坏死，植株矮化甚至死亡（图26-1）。

图 26-1　花椰菜病毒病，不结花球

【致病病原】 病原有多种病毒，包括黄瓜花叶病毒（CMV）、芜菁花叶病毒（TPMV）及烟草花叶病毒（TMV）等，病毒可以单独侵染为害，也可复合侵染。

【病害循环】 芜菁花叶病毒在自然条件下主要靠蚜虫传毒，也可通过汁液接触传毒。花椰菜花叶病毒在田间主要靠蚜虫进行非持久性传毒，种子不能传毒。

【发生规律】 病害发生与寄主生育期、气候、栽培制度、播种期和品种等因素有密切关系。高温干旱蚜虫数量多，田间管理粗放，幼苗发育不良，病毒病发生较重。花椰菜病毒病高峰期为6月底至7月下旬。

【防治措施】 （1）农业防治。选用抗病品种。合理轮作。采用遮阳网或无纺布覆盖栽培技术，增施有机肥，高温干旱季节勤浇水和防治蚜虫，控制病害发生与传播。喷施复合叶面肥，抑制发病，增强植株抗病能力。（2）化学防治。在花椰菜发病初期选用20%毒克星WP 1 000倍液，或40%克毒宝SPX 1 000倍液，或95%病毒必克700倍液均匀喷雾。隔10 d喷1次，连续喷2～3次。蚜虫是病毒病传播媒介，要及时用吡虫啉等药加以防治，彻底切断毒源。

花椰菜黑腐病 Cauliflower black rot

黑腐病是花椰菜的一种重要病害，一旦发生，感染面积较大，为害极大。

【典型症状】 幼苗受害子叶呈水浸状，逐渐变褐枯萎或蔓延至真叶，使叶片的叶脉呈现小黑点或长短不等的细黑条。成株期发病，病原由水孔侵入引起叶缘发病，在叶缘形成"V"字形枯斑，逐渐向内扩展，病斑周围组织变黄，形成较大坏死区或不规则黄褐色大型斑，边缘有黄色黑圈，该部叶脉坏死变黑（图26-2）。该病流行时叶缘多处受侵染，引起整片叶枯死或造成外叶局部或全部腐烂。天气干燥时，病斑干枯或形成穿孔。花球受害一般从花梗开始，颜色变成灰黑色，最后小花球呈灰黑色干腐状。受黑腐病为害的植株容易遭到软腐病原等再次侵染而加速腐烂。

图 26-2　花椰菜黑腐病

【致病病原】 病原为甘蓝黑腐黄单胞菌甘蓝黑腐致病变种 *Xanthomonas campestris* pv. *campestris* (Pammel) Dowson.，属黄单胞杆菌。在 5～30 ℃范围内均可生长，以 25～30 ℃为适宜温度，50 ℃时 10 min 就可致死。

【病害循环】 (1) 越冬与初侵染源。病原随种子、病残体在土壤中越冬，成为第 2 年的初侵染源。病原在自然条件下随种子或病残体可存活2～3 年。播种带病种子，病原从幼苗子叶边缘的水孔侵入而引起幼苗发病。土壤中的病原靠雨水、昆虫传播，多从叶缘水孔或虫咬伤口侵入。(2) 传播特点。带病种子是黑腐病远距离传播的主要途径。生长期间病原通过病菜苗、肥料、风雨和农具等进行传播。

【发生规律】 (1) 发病时期。每年 7 月下旬至 8 月下旬为发病高峰期。(2) 气候条件与发病。高温高湿条件，叶面结露、叶缘吐水，利于病原侵入。如气温在 16～28 ℃，连续降雨 20 mm 以上，15～20 d 后就开始发病。(3) 栽培管理与发病。高温多雨、早播、与十字花科蔬菜连作、管理粗放、虫害重的地块病害重。

【防治措施】 (1) 种子消毒。播前晒种 2～3 h 后用 50 ℃温水浸种 12 h，或用种子质量 0.3%的 50%福美双 WP 拌种。(2) 农业防治。选用抗病品种。与非十字花科蔬菜轮作 2 年以上。施石灰杀菌和调节土壤酸碱度。垄作或深沟高畦栽培，雨后及时排水。畦面覆盖稻草。发现中心病株应及时拔除，及时清除田间病残体。施足基肥，注意有机复合肥与速效化肥合理配合使用。在花球长到拳头大小时，适当控制浇水，追施草木灰、钾肥等。(3) 化学防治。土壤消毒。①夏季翻土晒白，用 40%乙酸铜（土菌灵）WP 500 倍液进行消毒。定植前每亩用 50%多菌灵 WP 4～5 kg 喷洒地面，翻入地下 10 cm 处。中心病株拔除后四周用 77%可杀得 DF 800 倍液喷雾。②播种前每亩田间拌土撒施抗生菌 3 号 0.75～1.0 kg 与抗生菌号 2.0～2.5 kg，或浇灌 0.4%武灵菌素 50 倍液。③发病初期及时喷 20%龙克菌（噻菌铜）SC 500 倍液，或 77%可杀得 DF 800 倍液，或 47%加瑞农 WP 700 倍液，或 10%世高 WG 2 000 倍液，或 30%菌必克 WP 800 倍液进行防治。安全间隔 20 d。

参考文献

李关发. 越夏花椰菜两种常见细菌病害的诊断与综合防治[J]. 中国蔬菜，2008(4)：58-59

花椰菜细菌性黑斑病
Cauliflower bacterial black spot

花椰菜细菌性黑斑病又称细菌性角斑病，是花椰菜反季节栽培中的最主要病害。

【典型症状】 主为害叶片、叶柄、花梗，多从外围老叶开始发病。叶片上病斑大小不等，近圆形或不规则形，边缘色深而中间色稍浅，病斑周围组织褪绿发黄。发病严重时病斑连接成块，致使局部或整片叶褐变，湿度大时病部呈水状腐烂，干燥后变白、干枯（图 26-3）。

图 26-3 花椰菜细菌性黑斑病

【致病病原】 病原为丁香假单胞菌叶斑病致病型 *Pseudomonas syringae* pv. *maculicola* (McCulloch) Young，Dye & Wilkie.，属细菌。特征特性参见青花菜细菌性黑斑病。

【病害循环】 (1) 越冬与初侵染源。腐生性强，可在病残体上或土壤中越冬。条件适宜时侵染花椰菜。(2) 传播特点。发病后病部产生的分生孢子，在田间借风雨传播进行多次再侵染。病原从伤口、气孔侵入。

【发生规律】 (1) 气候条件与发病。病原发育适温 30～35 ℃。生长后期如遇高温、阴雨天气或田间湿度大，则扩展迅速。(2) 栽培管理与发病。肥水不足、生长衰弱、管理不善的田块发病重。

【防治措施】 参见花椰菜黑腐病。

花椰菜软腐病
Cauliflower bacterial soft rot

软腐病是花椰菜的一种主要病害，受害重的田块产量损失高达40%～50%。

【典型症状】 发病初期，根部或茎部的横切面出现淡黄色至茶黄色的斑点，纵剖面出现淡黄色至茶黄色的条纹（图26-4）。田间症状主要发生在生长中期，中午叶片萎蔫，早晚可恢复，生长停滞，叶色暗绿。到了后期，中午萎蔫的叶片，早晚不能恢复，病株腐烂，发出恶臭味。

图26-4 花椰菜软腐病

【致病病原】 病原为胡萝卜软腐欧文氏菌胡萝卜软腐致病型细菌 *Erwinia carotovora* subsp. *carotovora* (Jones) Bergey et al.，属杆菌。参见青花菜软腐病。

【病害循环】 (1) 越冬与初侵染源。病原主要在土壤、病残体及害虫体内越冬，带有病残体的未腐熟肥料也是侵染源。病原在阳光下暴晒2 h以上大部分死亡。在有机质堆肥丰富的土壤中，病原可活40个月。病原从寄主的伤口、自然孔侵入，在薄壁组织中繁殖，病原在花椰菜幼苗期从根部根毛区侵入寄生，潜伏在维管束组织中。(2) 传播特点。第2年通过雨水、灌溉水、施肥、昆虫（跳甲、小菜蛾）等传播。

【发生规律】 (1) 发病时期。特别是夏季栽培发生严重，发病高峰期在7月下旬至8月中旬。(2) 气候条件与发病。久旱遇雨易形成伤口，造成发病。(3) 栽培管理与发病。病害的发生与伤口多少有关，蹲苗过度、浇水过量，都会形成伤口，造成发病。地表积水、土壤中缺少氧气时，不利根系发育，伤口也易形成木栓化，这时发病重。

【防治措施】 (1) 种子消毒。用50 ℃温水浸种20 min；也可用72%农用硫酸链霉素SPX 1 000倍液浸种2 h，稍微晾干后播种。(2) 农业防治。选用抗病品种，如庆农系列品种抗病性较好，可作为夏秋栽培的主要品种。选择未发生过软腐病的地块育苗，最好采用营养钵育苗。与非十字花科作物实行2～3年以上轮作。播种前和移栽前，在整地时用熟石灰或高锰酸钾进行土壤消毒。定植前深翻晒白，清洁土壤。选择地势高燥、排水良好的地块，采用深沟高畦栽培。夏秋季栽培采用遮阳网覆盖。及时拔除病株，田间的病株残体集中深埋于地势低洼处，并施入石灰杀灭病原。禁止大水浸灌和跑马水，雨天及时排水，防止长时间浸水，保持土壤通风透气。施肥应施用充分腐熟有机肥。中耕松土和除草不宜过深，田间农事操作尽量不造成伤口。(3) 化学防治。苗期在移栽时施1～2次即可，大田期在发病初期施药，每隔7～10 d防治1次，连续防治2～3次。药剂选用20%噻菌铜SC 500倍液，或72%农用硫酸链霉素SPX 3 500倍液，或50%代森铵AS 800～1 000倍液，或高锰酸钾1 000倍液等灌根或喷淋。另外，要及时防治小菜蛾、菜青虫、蚜虫和地下害虫等。

参考文献

王隆都. 夏播花椰菜软腐病的发生与无公害防治技术[J]. 现代园艺，2006(9)：33-34

花椰菜霜霉病
Cauliflower downy mildew

霜霉病是花椰菜的主要病害。各地均有分布。发生普遍。发病率15%～30%，严重时可达到80%以上。

【典型症状】 主要发生在苗期、成株期叶片上。幼苗受害叶片背面出现白毛霜霉状物，正面症状不明显，严重时叶片、幼茎变黄枯死。成株期最初叶片正面出现淡绿色或黄绿色水渍状斑点，后扩大成淡黄或灰褐色，潮湿时病斑背面长有白色霜霉状物即病原的孢囊梗和孢子囊（图26-5）。

图 26-5　花椰菜霜霉病

【致病病原】 病原为寄生霜霉 *Peronospora parasitica*（Pers.）Fr.，属鞭毛菌亚门真菌。（1）形态和大小。菌丝无色，无隔膜；孢囊梗从病组织气孔伸出，单生或2～4根束生，无色，无分隔，大小（175～655）μm×（7.5～20）μm；孢子囊无色，单胞，球形或卵形，大小（7.5～30）μm×（15～27）μm。卵孢子球形，单胞，黄褐色，有厚壁，表面光滑，直径26～48 μm。（2）特性。菌丝体发育最适温度20～24 ℃，孢子囊形成和萌发的最适温度为7～16 ℃，病原侵入适温为16 ℃。

【病害循环】 （1）越冬与初侵染源。病原以卵孢子随病残体遗留在土壤中越冬，或以菌丝体在田间留种株内越冬。条件适宜时，卵孢子萌发形成芽管侵染花椰菜幼苗，引起初侵染。（2）传播特点。病原借风雨传播行再次侵染。

【发生规律】 当气温15～24 ℃、多雨、大雾或田间积水、湿度大时均有利霜霉病的发生。发病高峰期在9月份。

【防治措施】 （1）种子处理。用种子重量0.3%的35%甲霜灵WP或50%福美双WP拌种。（2）农业防治。选择抗病品种。避免与十字花科蔬菜连作。深翻晒土，深沟高畦，沟渠畅通，雨后及时排水，严防大水漫灌，尽量降低田间湿度。（3）化学防治。发病初期开始喷药，特别是花球在现蕾后遇连续阴雨天气更需喷药。常用药剂有25%阿米西达833～1 250倍液，58%甲霜灵·锰锌WP 800倍液，64%杀毒矾WP 500倍液，72%霜脲·锰锌WP 800倍液，69%安克·锰锌WP 600～800倍液，72.2%普力克AS 800倍液。隔7～10 d喷1次，连续喷2～3次。为减缓病原产生抗药性，以上药剂最好交替使用。收获前15 d禁止使用农药。

花椰菜猝倒病 Cauliflower seedling damping-off

猝倒病是花椰菜的普通病害。各地都有发生。

【典型症状】 种子发芽后出土前发病，形成烂种；出土后茎基部呈水渍状病斑，变软，表皮易脱落，病部缢缩，迅速扩展绕茎一周，菜苗倒伏（图26-6）。

图 26-6　花椰菜猝倒病

【致病病原】 病原主要有瓜果腐霉 *Pythium aphanidermatum*（Eds.）Fitzp.、异丝腐霉 *P. diclinum* Tokunaga、宽雄腐霉 *P. dissotocum* Drechsler.、畸雌腐霉 *P. irregulare*、刺腐霉 *P. spinosum* Sawada.，属鞭毛菌亚门真菌。

病害循环、发生规律、防治措施参见青花菜猝倒病。

花椰菜黑根病 Cauliflower rhizoctonia rot

花椰菜黑根病又称为立枯病，成株期称褐腐病，是花椰菜的重要病害。苗期造成死苗，成株期多造成生长不良，对产量影响较大。

【典型症状】 主要为害茎基部。（1）苗期。主要在苗期发生，成株期也会发生。主要为害植株根茎部，使病部变黑（图26-7）。有些植株感病部位缢缩，潮湿时可见其上有白色霉状物。植株染病后，数天内即见叶萎蔫、干枯，整株死亡。定植后一般停止发展，但个别田块可造成继续死苗（图26-8）。（2）成株期。根部、茎部和叶柄腐烂变褐，形成根朽或脱帮，植株失水萎蔫后枯死

（图 26-9，10）。叶片发病时，先是下部叶片发病，并向上发展，在叶片上沿叶缘向内形成“V”字形坏死褐斑。严重时，叶面上散生不规则形的褐色坏死斑，叶片腐烂。

图 26-7　花椰菜黑根病，根茎部变黑

图 26-8　花椰菜黑根病，死苗

图 26-9　花椰菜黑根病，根朽

图 26-10　花椰菜黑根病，植株萎蔫枯死

【致病病原】　病原为立枯丝核菌 *Rhizoctonia solani* Kühn，属半知菌亚门真菌。

【病害循环】　病原主要借菌丝和菌核在土壤或病残体内越冬和存活。土壤中的菌丝不休眠，营腐生生活。病原寄主范围广，一旦进入菜田，则较难除净。在田间病原的传播主要靠接触传染，即植株的根茎、叶接触病土时，便会被菌丝侵染。有水膜存在条件下，与病部接触的健叶也会染病。种子、农具以及带菌堆肥等都可传播蔓延。

【发生规律】　病原菌丝生长适应的范围较广，当土壤湿度在 20%～60%时，腐生能力最强。菌核的萌发需要高湿，一般湿度达 98%才能萌发，侵入时需要保持一定时间的自由水或湿度近 100%。土壤温度高，湿度大，有利于病害的发生，如过高过低的土温、黏重而潮湿的土壤，均有利病害发生。播种过密、间苗不及时、温度过高易诱发本病。

【防治措施】　参见青花菜立枯病。

花椰菜黑斑病
Cauliflower black leaf spot

花椰菜黑斑病又称黑霉病，是花椰菜的一种普通病害。严重年份发病率高达 65%～85%，直接影响花椰菜商品球的产量和品质。

【典型症状】　主要为害叶片、叶柄、花梗和种荚。该病大多发生在外叶上，温度高时病斑迅速扩大为灰褐色圆形病斑，直径 5～30 mm，轮纹不明显。发病严重时，叶片上可达数十个病斑，密布叶面，叶片病斑多时，病斑会合成大斑，或致叶片变黄早枯。茎、叶柄染病，病斑呈纵条形。受害叶片、茎、叶柄在潮湿情况下均长出黑色霉状物（图 26-11）。

【致病病原】　病原为甘蓝链格孢 *Alternaria brassicicola*（Schweinitz）Wilts.，属半知菌亚门真菌。参见青花菜黑斑病。

图 26-11　花椰菜黑斑病

【病害循环】（1）越冬与初侵染源。以菌丝体或分生孢子在土壤中、病残体上、留种株上或分生孢子黏附在种子表面越冬，或菌丝体在种子内部越冬，成为田间发病的初侵染源。病原在水中可存活 1 个月，在土壤中可存活 3 个月，在土表可存活 1 年。（2）传播特点。越冬的分生孢子或菌丝体产生的分生孢子借风雨、气流传播，萌发时产生芽管从寄主气孔或表皮直接侵入，环境条件适合时，在病斑上产生分生孢子，进行再侵染，使病害蔓延。

【发生规律】（1）发病时期。南方多发生在 3 月份从及 10～11 月份。北方多发生于 5～6 月份及秋季。（2）气候条件与发病。在温度为 17～25 ℃的高湿条件下易发病。特别在连续阴雨时最易发病。（3）栽培管理与发病。肥料不足，生长衰弱，管理不善，大田连作发病重。

【防治措施】参见青花菜黑斑病。

花椰菜褐斑病 Cauliflower alternaria leaf spot

褐斑病是花椰菜的一种普通病害，分布较广。

【典型症状】主要为害叶片。一般先从下部老叶开始发病。发病初期在叶片上产生圆形或近圆形的病斑，病斑略带有同心轮纹，褐色至黑褐色，有的四周现黄色晕圈，在湿度较大的条件下病斑上长出灰黑色霉层；发病严重时，病叶枯黄脱落（图 26-12）。

【致病病原】病原为芸薹链格孢 *Alternaria brassicae*（Berk.）Sacc.，属半知菌亚门真菌。

病害循环、发生规律、防治措施参见青花菜褐斑病。

图 26-12　花椰菜褐斑病

花椰菜菌核病 Cauliflower stem rot

【典型症状】主要为害茎基部、叶片及花球，受害部的边缘先呈不明显的水渍状褐色不规则病斑，然后慢慢软腐（图 26-13），生成白色或灰白色棉絮状菌丝体（图 26-14），并形成黑色鼠粪状菌核（图 26-15）。茎基部叶片或叶柄发病，而后蔓延至茎部，茎部病斑由褐色变白色或灰白色，病茎皮层腐烂，干枯后病组织表面纤维破裂成乱麻状，茎内中空长出白色菌丝并夹杂着黑色菌核。往往伴随着软腐细菌，发出恶臭。

图 26-13　花椰菜菌核病，病部软腐

图 26-14　花椰菜菌核病，白絮状菌丝体

图 26-15 花椰菜菌核病，形成菌核

【致病病原】 病原为核盘菌 *Sclerotinia sclerotiorum* (Libert) de Bary.，属子囊菌亚门真菌。参见青花菜菌核病。

【病害循环】 (1) 越冬与初侵染源。病原以菌核在土壤、种子、病残体、堆肥中越冬或越夏。(2) 传播特点。条件适宜时萌发产生子囊盘，盘中的孢子成熟后弹射出，随风传播，侵染植株。

【发生规律】 病原的菌核萌发适温 5～20 ℃，以 15 ℃最适宜，相对湿度要求在 70%以上，菌丝不耐干燥，相对湿度 70%以下发病轻，低温高湿有利该病害发生。

【防治措施】 参见青花菜菌核病。

花椰菜花球散花 Cauliflower ball-flower looseness

【典型症状】 表现正常的花椰菜花球白色，半球形，直径 15～25 cm，表面呈颗粒状，质地肥嫩细密。花椰菜花球散花则是组成花球的内部花柄伸长、离散，致使花球松散，失去商品价值（图 26-16）。

图 26-16 花椰菜花球散花

【发生原因】 很多因素都能引起花椰菜花球散花，最主要的原因是高温、干旱、采收过迟、强光直射、植株生长严重衰弱以及花球瘦小等，都容易引起花椰菜花球散花。

【防治措施】 选用花球不易散花的品种。做好水分管理，适时浇灌，雨后及时排水。加强肥水管理，促进花椰菜的长势强健，减少花球散花。及时折叶或捆叶遮花。适时采收，并留 3～4 片绿叶保护花球。

花椰菜毛花 Cauliflower lanatoside

【典型症状】 毛花是指花球表面形成绒状物。

【发生原因】 多是采收过迟，或者遇到较高温度而引起花芽进一步分化，促使花柄伸长、萼片等花器形成（图 26-17）。花球成熟期遇到大雾天也易发生，早熟品种更易发生毛花现象。

图 26-17 花椰菜毛花

【防治措施】 根据品种特性，适期播种和定植，加强肥水管理，适时采收等，可以减少毛花的产生。

花椰菜青花 Cauliflower sporophyll exceptional growth

【典型症状】 花球表面花枝上绿色苞片或萼片突出生长，使花球呈绿色，称为青花现象（图 26-18）。

图 26-18 花椰菜青花

【发生原因】 花球膨大期阳光直射花球表面，花球先由白变黄，后变青色，降低了食用和商品价值。

【防治措施】 平衡施肥，配方施肥；在多雨年份，要控制植株旺长。

花椰菜紫花 Cauliflower Purple ball-flower

【典型症状】 花球表面呈紫色（图 26-19）。

图 26-19 花椰菜紫花

【发生原因】 花球显露后，突然降温，正常的生理机能遭破坏，代谢功能紊乱，糖苷转化为花青素。

【防治措施】 对晚熟品种栽培者，及时注意天气预报，遇强降温天气前叶面喷 1%的红糖水加 0.4%的磷酸二氢钾。

花椰菜缺钼 Cauliflower molybdenum deficiency

【典型症状】 叶片狭长条状，叶片边缘弯曲，凹凸不整齐，幼叶和叶脉失绿，称为“鞭尾症”，严重的不结球（图 26-20）。

图 26-20 花椰菜缺钼

【发生原因】 钼与其他微量元素相反，它对植物的有效性随土壤 pH 增加而增加。因此，一般 pH 6.5 以上的土壤很少缺钼，而酸性土壤和富含铁的土壤则易发生缺钼。土壤有效态钼小于 0.1 mg/kg，植株表现缺钼。

【防治措施】 改良土壤，防止土壤酸化。每亩喷施 0.05%～0.1%的钼酸铵水溶液 50 kg，分别在苗期与开花期各喷 1～2 次。

花椰菜缺硼 Cauliflower boron deficiency

【典型症状】 表现叶片肥厚，茎部变成空洞，有时叶脉内侧有浅褐色粗糙粒点排列花球上出现褐色斑点，花枝上有浅褐色粗糙粒点排列，花球质地变硬，带有苦味（图 26-21）。

图 26-21 花椰菜缺硼

【发生规律】 土壤干燥影响对硼的吸收，易发生缺硼；土壤有机肥施用量少，在土壤 pH 高的田块也易发生缺硼；施用过多的钾肥，影响了对硼的吸收，易发生缺硼。

【防治措施】 可用 0.1%～0.2%硼砂水溶液叶面喷施，隔 1 周后再喷施 1 次。也可在花椰菜定植时，每亩用 1～1.5 kg 硼砂加入点根肥施入，或在浇肥时亩用 1～1.5 kg 硼砂同时浇施。

27. 甘蓝病害

C 甘蓝病毒病 Cabbage virus disease

病毒病是甘蓝的一种主要病害。病株率10%～50%，病重时严重影响甘蓝的正常生产，制种田为害严重。

【典型症状】 苗期发病叶片上产生褪绿斑病，新叶明脉，轻微花叶，叶片及冬前叶球变小。第2年春天定植后发病的，叶片皱缩，质硬而脆，新叶明脉，轻微花叶。老叶背面有黑色坏死斑，严重者叶面畸形，叶脉坏死（图27-1，2）。根系不发达，生长缓慢。抽薹推迟，且薹短缩，分枝减少，植株矮化。花梗扭曲畸形，花蕾发育不良或花瓣畸形，不结荚或果荚瘦小且弯曲变形；籽粒不饱满，发芽率降低。严重减产，甚者在抽薹前即枯死。

图 27-1 甘蓝病毒病，黑色坏死斑

图 27-2 甘蓝病毒病，黑色坏死斑

【致病病原】 主要由芜菁花叶病毒（TuMV）引起，在某些地区花椰菜花叶病毒（CaMV）和烟草花叶病毒（Tobacco mosaic virus，TMV）也有相当比率，仅次于TuMV。芜菁花叶病毒（TuMV），病毒粒体线状，大小（700～800）nm×（12～18）nm。CaMV病毒粒体为正20面体，直径50.3nm，在其寄主的细胞质内装配。

【病害循环】 （1）越冬与初侵染源。病毒在窖藏的大白菜、甘蓝、萝卜或越冬菠菜上越冬。冬季栽植十字花科蔬菜，病毒则在植株体内越冬。（2）传播特点。通过蚜虫或汁液接触传毒，在田间自然条件下主要靠蚜虫传毒。

【发生规律】 （1）气候条件与发病。气温15～20℃，相对湿度75%以下，易发病。（2）栽培管理与发病。播种早，毒源或蚜虫多，菜地管理粗放，地势低不通风，土壤干燥，缺水缺肥，发病重。

【防治措施】 （1）农业防治。选种抗病品种。发现病株及时拔除。播期要避开高温及蚜虫猖獗季节。土温升高要多浇水，地温稳定。（2）化学防治。发病初期喷60%吗啉胍·乙铜片剂1 200～1 800倍液，隔7 d喷1次药，连续喷3～4次。还可以喷抗毒丰300倍液，或病毒1号油EC 500倍液，隔10 d喷1次，连续喷2～3次。苗期注意防治蚜虫。

参考文献

刘佳，冯兰香.北京地区甘蓝病毒病种群鉴定及变化分析[J].中国蔬菜，1994(2)：23-2

C 甘蓝黑腐病 Cabbage black rot

甘蓝黑腐病又称黑霉病，是甘蓝的一种主要病害。

【典型症状】 主要为害叶片、叶球或球茎。

子叶发病呈水浸状，后迅速枯死或蔓延到真叶。发病初期，首先是从叶缘开始，叶边缘叶脉先端出现很小的“V”字形黄（红）褐斑点，逐步布满整个叶缘，外观形成一道圆弧形宽 0.3～1.5 cm 波状黄（红）褐“亮”带（图 27-3，4）。发病时若在 5～10 片真叶期，最下部叶片开始表现萎蔫变黄，随后整个植株逐渐凋萎（图 27-5）。如发生在莲座期，多数同时在球体上呈现黑色斑点，直径 2 mm 左右，结球松软而不坚实，失去商品价值（图 27-6）。

图 27-3　甘蓝黑腐病，发病株

图 27-4　甘蓝黑腐病，“V”字形病斑

图 27-5　甘蓝黑腐病，下部叶片溯腐

图 27-6　甘蓝黑腐病，叶球外叶病斑

【致病病原】 病原为甘蓝黑腐黄单胞菌甘蓝黑腐致病变种 *Xanthomonas campestris* pv. *campestris*（Pammel）Dowson.，属黄单胞杆菌。(1) 形态和大小。菌体杆状，大小（0.7～3.1）μm×（0.4～0.5）μm，极生鞭毛 1 根，无芽孢。(2) 特性。革兰氏染色阴性反应。生长发育最适温度 25～30 ℃，致死温度 51 ℃经 10 min，耐酸碱度范围 pH 6.1～6.8，最适 pH 6.4。不抗酸，好气。(3) 寄主。这种病原可以侵染甘蓝类蔬菜、大白菜、胡萝卜等多种十字花科蔬菜。

【病害循环】 (1) 越冬与初侵染源。病原可在种子内或随病残体在土壤中越冬。从幼苗子叶或真叶的叶缘水孔侵入，形成初侵染。还可通过伤口侵入，并迅速进入维管束引起叶片基部发病。采种株上病原由果荚柄维管束进入果荚，使种子带菌。(2) 传播特点。病原通过种子和菜苗、农具及暴风雨传播。

【发生规律】 (1) 气候条件与发病。黑腐病的发病条件与温度、湿度、光照等环境条件有关。在 16～28 ℃范围内连续降雨 20 mm 以上，15～20 d 后甘蓝类蔬菜开始发病或病情指数明显增加。低光照能打破甘蓝类蔬菜对黑腐病的抵抗性。(2) 栽培管理与发病。黑腐病的寄主范围很广，为害所有的十字花科蔬菜。凡与十字花科蔬菜连作的甘蓝发病重。土壤排水功能差，易造成大面积病害流行；轮作次数（年数）少，易于病原重茬感染；氮肥施用量大，有机肥及钾肥和微量元素锌、锰、钼等施用少，土壤缺素较重，植株抗病力减弱，且土壤微生物环境不平衡，有利于病原存活及繁殖。(3) 虫害与发病。虫害与甘蓝类蔬菜黑腐病的发生有关。虫害重的发病重，虫传病株率可达 85%。有研究表明，从虫体获得的病原接种于甘蓝上能正常发病，并表现典型的黑腐病症状。

【防治措施】 (1) 种子消毒。种子消毒处理可用 50 ℃温水浸种 20 min，或用 50%代森铵 200

倍液浸种 15 min，或用链霉素 1 000 倍液浸种 2 h。洗净晒干后播种。（2）农业防治。选用黑叶平顶的抗病品种。发病严重的地块与非十字花科蔬菜实行2～3 年轮作，如与辣椒、番茄轮作。适时播种，适度蹲苗。高垄高畦栽培，雨后及时排水，防止土壤过湿过涝。合理施肥，促进植株健壮生长，提高抗病能力。甘蓝收获后，及时清除残根败叶，田外深埋或烧毁。深翻土壤，整地晒田，减少菌源。（3）化学防治。苗床用 40％福美双 WP 8～10 g/m^2 与适量细干土掺匀，将 1/3 撒在畦面上，播种后再将余下的 2/3 覆盖在种子上。用 50％代森铵 800～1 000 倍液喷湿土壤，或多菌灵 800 倍液浇灌苗床。发病初期和易发病期间每亩喷 28％消菌灵 DP 120 g，或 27％铜高尚 SC 100 mL，或 14％络氨铜 AS 350 倍液，或 60％琥·乙膦铝 WP 600 倍液，或 77％氢氧化铜 WP 500 倍液，或 72％农用硫酸链霉素 SPX 4 000 倍液，或丰灵高效生物杀菌剂 1 000～1 800 倍液。或用上述药剂灌根。隔 7～10 d 喷灌 1 次，连续灌 2～3 次。不同农药交替使用效果更佳。

参考文献

肖崇刚，刘灼均，蔡岳松．甘蓝黑腐病病原细菌学研究[J]．西南农业大学学报，1996，18(2)：162-164

甘蓝细菌性黑斑病 Cabbage bacterial black spot

【典型症状】 叶片叶背面出现大量的小型病斑，病斑的边缘淡褐或紫色，个别大病斑直径可达 0.4 cm。病斑可以相互联合，形成较大的坏死斑，但原先的小病斑边缘还依稀可见（图 27-7）。每个斑点发生在气孔处。病原还可为害叶脉，致叶片生长变缓叶面皱缩，进一步扩展，引起叶片脱落。

图 27-7　甘蓝细菌性黑斑病

【致病病原】 病原为丁香假单胞菌叶斑病致病型 *Pseudomonas syringae* pv. *maculicola* (McCulloch) Young，Dye & Wilkie.，属假单胞杆菌科细菌。病原的发育适温为 25～27 ℃，最高为29～30 ℃，最低 0 ℃。

【病害循环】 病原在土壤及病残体上越冬，种子可以带菌。病原可以在土壤中存活。当条件适宜时，特别是植株上有伤口时，为病原的侵入提供了机会。

【发生规律】 下雨后病原被激活，为病原的传播也提供了条件，易发病。

【防治措施】 （1）种子消毒。用种子重量 0.4％的 50％琥胶肥酸铜 WP 拌种。（2）农业防治。与非十字花科蔬菜进行 2 年以上轮作。收获后及时清除病残物，集中深埋或烧毁。建立无病留种地。发现少量病株及时拔除。（3）化学防治。发病初期喷 14％络氨铜 AS 300 倍液，或 60％琥·乙膦铝 WP 500 倍液，或 0.5∶1∶100 倍式波尔多液。

甘蓝软腐病 Cabbage bacterial soft rot

软腐病是甘蓝的一种主要病害。各地均有发生。

【典型症状】 多在包心期发病。发病部位先呈浸润半透明状，之后病部变为褐色，软腐、下陷，生污白色菌脓，触摸有黏滑感，有恶臭味（图 27-8，9）。开始发病时病株在阳光下出现萎蔫，早晚恢复，一段时间后不再恢复，使叶球外露。

图 27-8　甘蓝软腐病，叶球发病

图 27-9　甘蓝软腐病，叶球发病后期干腐

【致病病原】 病原为胡萝卜软腐欧文氏菌胡萝卜软腐致病型细菌 *Erwinia carotovora* subsp. *carotovora*（Jones）Bergey et al.，属杆菌。参见青花菜软腐病。寄主有十字花科、茄科、百合科、伞形花科及菊科蔬菜。

【病害循环】（1）越冬与初侵染源。病原在田间病株上或土中未腐烂的病残体以及害虫体内越冬，并可在土壤中存活较长时间，病原从春到秋在田间辗转为害。从伤口侵入。（2）传播特点。通过雨水、灌溉水、带菌肥料、昆虫等传播。

【发生规律】（1）气候条件与发病。久旱遇雨易发病。（2）栽培管理与发病。病害的发生与伤口多少有关，蹲苗过度、浇水过量，都会形成伤口，造成甘蓝发病。地表积水、土壤中缺少氧气时，不利甘蓝根系发育，伤口也易形成木栓化，发病重。

【防治措施】（1）农业防治。不与茄科、瓜类及其他十字花科蔬菜连作。加强栽培管理，避免在菜株上造成伤口；避免连作；实行深沟窄畦栽培，注意排水；早期发现病株，连根拔除，将其深埋，病穴用石灰消毒。（2）化学防治。发病初期喷链霉素 200～300 万 U 或氯霉素 200～300 万 U，或抗菌剂“401”0.5 kg 加水 250～300 kg 喷雾。也可以用敌克松原粉 0.5 kg 加水浇根。要及早彻底治虫。

甘蓝霜霉病
Cabbage downy mildew

霜霉病是甘蓝的一种重要病害。各地均有分布。发病率 20%左右，严重时达 80%以上，对生产有明显影响。

【典型症状】（1）幼苗。在茎叶上出现白色霜状霉，幼苗渐枯死。（2）成株。病叶上的病斑淡绿色，以后病斑的颜色渐变为黑色至紫黑色，微微凹陷。病斑受叶脉限制呈不规则形或多角形，叶背上病斑呈现白色霜状霉层（图 27-10）。在高温下容易发展为黄褐色的枯斑。病重时病斑汇合后叶片变黄枯死。生长期中老叶受害后有时病原也能系统侵染进入茎部，在储藏期间继续发展达到叶球内，使中脉及叶肉组织上出现黄色不规则形的坏死斑，叶片干枯脱落。

图 27-10　甘蓝霜霉病，叶背白色霉层

【致病病原】 病原为寄生霜霉 *Peronospora parasitica*（Pers.）Fr.，属鞭毛菌亚门真菌。参见青花菜霜霉病。

【病害循环】 病原在病残体和土壤中越冬，次年萌发侵染春菜，如小白菜、萝卜和油菜等。病原也能在采种株上越冬。冬季田间种植十字花科蔬菜的地区，病原则直接在寄主体内越冬。发病后，在病斑上产生孢子囊进行再侵染。

【发生规律】 在气温稍低（16 ℃）、昼夜温差大、多雨高湿或大雾的条件，易发病流行。连作、田间积水、脱肥等情况下甘蓝发病重。

【防治措施】（1）种子消毒。播种前用种子重量 0.4%的 50%福美双 WP 或 75%百菌清 WP 拌种。（2）农业防治。与非十字花科作物 3 年轮作，并应防止与十字花科作物邻近。苗床注意通风透光，不用低湿地作苗床，结合间苗摘除病叶和拔除病株。低湿地采用高垄栽培，合理灌溉施肥。收获后清园深翻。（3）化学防治。定植后用 80%代森锰锌 600 倍液喷雾预防病害发生。发病初期或出现中心病株时应立即喷药保护，特别是老叶背面应喷到。药剂可选用 70%双星疫宝 WP 600 倍液，或 66.8%霉多克 WP 600 倍液，或 70%品润 DF 500 倍液，或 75%百菌清 WP 600 倍液，或

72%霜脲·锰锌 600～800 倍液，或 40%乙膦铝 WP 150～200 倍液，或 69%安克·锰锌 500～600 倍液，交替、轮换使用，隔 7～10 d 喷 1 次，连续喷 2～3 次。保护地最好用 45%百菌清 FU 熏烟，每次用药 110～180 g，隔 7 d 熏 1 次，连续熏3～4 次。

参考文献

李德友，李桂莲，王天文，等. 高海拔地区反季节甘蓝霜霉病调查及药剂防治试验[J]. 西南农业学报，2007，20(4)：666-668

甘蓝猝倒病 Cabbage damping-off

猝倒病是甘蓝苗期一种常见病害。

【典型症状】 常见症状有死苗和猝倒 2 种。(1) 死苗。发生在播种后发芽出土前。种子尚未出土前遭受病原侵染。(2) 猝倒。幼苗出土后真叶尚未展开前，幼苗基部出现水浸状病斑，变软，继而缢缩成细线状，导致幼苗地上部失去支撑能力而造成幼苗贴伏地面（图 27-11）。湿度大时，病株附近常常长出白色棉絮状菌丝。

图 27-11 甘蓝猝倒病

【致病病原】 病原为瓜果腐霉 *Pythium aphanidermatum*（Eds.）Fitzp.、异丝腐霉 *P. diclinum* Tokunaga.、宽雄腐霉 *P. dissotocum* Drechsler.、畸雌腐霉 *P. irregulare*.、刺腐霉 *P. spinosum* Sawada.，均属鞭毛菌亚门真菌。此外，甘蓝链格孢 *Alternaria brassicicola*（Schw.）Wilts 也是该病病原。(1) 形态和大小。异丝腐霉菌落在 PDA 培养基上呈外密内疏圈状，在 PCA 上呈近似放射状。孢子囊菌丝状，具膨大或稍膨大的侧枝，顶生或间生；藏卵器球形，顶生或间生，偶见 2～4 个串生，大小 15～24 μm。宽雄腐霉在 PDA 上菌丝疏密呈圈状，在 PCA 上呈放射状，无气生菌丝。孢子囊丝状或略膨大呈分枝状，泄管长，顶端形成泡囊。藏卵器球形至亚球形，顶生或间生，顶生时顶端常具一段外延菌丝，直径 20～24.5 μm。(2) 特性。病原生长适宜地温 15～16 ℃，温度高于 30 ℃受到抑制；适宜发病地温为 10 ℃。宽雄腐霉适温 25 ℃，最高 35 ℃，最低 5 ℃，在 5～20 ℃释放游动孢子。(3) 寄主。这种病原可以侵染茄果、瓜类、豆类、甘蓝类等蔬菜。

【病害循环】 (1) 越冬与初侵染源。病原在表土层越冬，能在土壤里腐生并存活 2～3 年。当条件适宜时进行初期侵染。(2) 传播特点。病原主要通过风、雨和流水传播。

【发生规律】 多发生在连续阴雨后骤然暴晴的条件下。育苗期出现低温、高湿条件，利于发病。南方气温高、雨量多的地区，该病易流行。反季节栽培，该病易流行。

【防治措施】 (1) 种子消毒。用种子重量 0.3%的 65%代森锰锌 WP 拌种。(2) 农业防治。床土消毒首先应选用无病新土。苗床应选择地势高，地下水位低，排水良好的地块。播种要均匀，出苗后尽量不浇水，必须浇水时，可用喷雾器喷洒湿润地表，避免大水浸灌。当幼苗长到 2～3 片真叶时进行分苗，分苗时最好用育苗铲。分苗后适当控水，并进行分次覆土。(3) 化学防治。幼苗发病后立即拔除病苗，并喷施 25%瑞毒霉 WP 800 倍液，或 64%杀毒矾 WP 500 倍液，或 72.2%的普力 AS 500 倍液。隔 7～10 d 喷 1 次，连喷 2～3 次。

甘蓝黑根病 Cabbage rhizoctonia rot

甘蓝黑根病又称立枯病，是甘蓝的一种重要病害，分布较广，发生较普遍，病株率 10%～30%，严重时达 80%，显著影响甘蓝产量和品质。

【典型症状】 主要侵染幼苗根颈部，使病部变黑、缢缩，潮湿时可见其上有少许白色霉状物。植株发病后不久即可见叶片萎蔫、干枯，继而造成整株死亡（图 27-12）。病苗一般定植后停止发展，但个别田仍可继续死苗。

【致病病原】 病原为立枯丝核菌 *Rhizoctonia solani* Kühn.，属半知菌亚门真菌。有性阶段称丝核

图 27-12　甘蓝黑根病，苗期发病症状

薄膜革菌 *Pellicularia filamentosa*（Pat.）Rogers，属担子菌亚门真菌。病原菌特征特性参见青花菜立枯病。

【病害循环】 病原主要在土壤和病残体内越冬，病原腐生性较强，在土壤中可腐生较长时间。种子也有可能带菌传病。在田间主要由接触传染，幼苗根、茎接触病土即可被土中病原侵染，在有水膜存在的条件下病健部接触也可传染。种子、农具及带菌堆肥等都可使病害传播蔓延。

【发生规律】 发病与土壤温湿度关系密切，一般土温过低或过高，以及黏重而潮湿的土壤均有利发病。

【防治措施】（1）种子消毒。用种子重量0.3%的50%福美双拌种。（2）农业防治。选择地势较高、排水良好的地块做床育苗。施用腐熟粪肥，播种不要过密，覆土不宜过厚。苗期要做好防冻保温，水分补充宜多次少洒，经常放风换气。出现病苗及时拔除。（3）化学防治。用20%甲基立枯磷1 000倍液，或60%多·福500倍液，或75%百菌清600倍液，或铜氨混剂400倍液喷雾。另外，有研究指出，叶面喷施1125肥药双效剂可以提高植株免疫力，并植物表面形成保护膜，能够显著提高防治甘蓝类黑根病，促进保鲜，降低残留毒量，延缓衰老和延长货架期的目的。

参考文献

肖和忠，杨秀芹，刘卫东，等．1125肥药双效剂对甘蓝黑根病的防治效果[J]．浙江林学院学报，2007，24(4)：468-472

甘蓝黑胫病
Cabbage black leg

甘蓝黑胫病又称根朽病、根腐病、黑根子病等，是甘蓝的一种重要病害。各地均有分布，东北、华北、西北地区发病重。重病年份损失常达30%～40%。

【典型症状】 苗期发病，子叶、幼茎和真叶均出现灰色病斑，上生黑色小粒点。茎基部因溃疡容易折断，最后导致全株枯死。病苗移栽后，向茎基和根部蔓延，形成黑紫色条斑（图 27-13）。成株期发病，叶上产生不定型或圆形病斑，中央灰白色，上生许多小黑点。花梗、花荚上病状与茎上相似。储藏期发病，叶球可发生干腐症状（图 27-14）。将病茎或根部纵切，可见到变黑的维管束。

图 27-13　甘蓝黑胫病，成株期根部症状

图 27-14　甘蓝黑胫病，叶球干腐

【致病病原】 病原为黑胫茎点霉 *Phoma lingam*（Tode ex Schw.）Desm.，属半知菌亚门真菌。（1）形态和大小。分生孢子器深黑褐色，埋生，直

径 100～400 μm。分生孢子无色，长圆形，大小 (3.5～4.5) μm× (1.5～2) μm。(2) 寄主。这种病原可以侵染甘蓝、花椰菜、白菜、芜菁甘蓝、苤蓝等。

【病害循环】 病原以菌丝体在病残体上或十字花科蔬菜种株上越冬。种子、土壤和有机肥均可带菌。菌丝体在土中可存活 2～3 年，在种子内可存活 3 年。第 2 年 20 ℃左右时产生分生孢子，在田间主要靠雨水和昆虫传播。带病的种子，播种后可直接侵害子叶造成发病，随后侵染幼茎。病原侵入后，可以侵害薄壁组织和维管束，使病情扩展。

【发生规律】 高温高湿有利于病害发展，例如育苗期有雨水或湿度过大时，病害发生较重。湿润多雨或雨后高温，病害易流行；干旱条件下，病害受抑制或不发生。种子可以带菌，如果育苗期湿度大，易流行。长期连作，施入没有充分腐熟的有机肥，都会使病原得以积累，易引起发病。

【防治措施】 (1) 种子消毒。若种子带菌，可用 50 ℃温水浸种，再浸到冷水中冷却，然后捞出晾干播种。(2) 农业防治。与非十字花科蔬菜轮作 3 年以上。选用无病种子，一般从无病株上选留种子；选择 3 年以上未种过十字花科蔬菜的地作苗床。采用高垄或半高垄栽培，以利于排水。浇水不宜过多；密度不宜过大；早分苗、早定植，注意防止伤根。严格剔除病苗，可将其带出田外深埋或烧毁。(3) 化学防治。旧苗床应换用无病土或用药处理，用 50%多菌灵 WP 8 g/m²，加半干的细土施入苗床内，1/3 的药土盖在种子上。发病初期喷 70%代森锰锌 WP 400～500 倍液，或 50%代森锌 WP 500 倍液，或 50%多菌灵 WP 600～800 倍液，或 75%百菌清 WP 500～600 倍液。隔 5～6 d 喷 1 次，连喷3～4 次。喷植株时，要结合喷地面，以提高防效。

甘蓝灰霉病 Cabbage gray mold

灰霉病是甘蓝的一种普通病害。发病较轻时对生产影响不大，重病地块发病率可达 30%～40%，对产量和质量有一定影响。

【典型症状】 苗期、成株期均有发生。(1) 苗期。发病时幼苗呈水浸状腐烂，生有灰色霉层。(2) 成株。发病从距地面较近的叶片始发，初为水浸状，湿度大时病部迅速扩大，呈褐色至红褐色，病株茎基部腐烂后，引致上部茎叶凋萎（图 27-15)。叶片发病多从叶片或叶尖开始，向内扩展，叶球呈灰白色腐烂，杂有黄色或褐色斑块，发病部位常产有黑色菌核（图 27-16)。(3) 储藏期。易染病引起水浸状软腐，病部遍生灰霉，后产生小的近圆形黑色菌核。

图 27-15 甘蓝灰霉病，叶片始发

图 27-16 甘蓝灰霉病，叶球始发

【致病病原】 病原为灰葡萄孢 *Botrytis cinerea* Pers.，属半知菌亚门真菌。

【病害循环】 病原以菌核随病残体在地上越冬。条件适宜时，菌核萌发，产生分生孢子，借气流或雨水传播，形成初侵染和再侵染。当遇到恶劣条件时，又产生菌核越冬或越夏。

【发生规律】 当气温 20 ℃，相对湿度连续保持在 90%以上，寄主处于发病阶段，此病易发生和流行。

【防治措施】 (1) 农业防治。加强保护地或露地田间管理，严密注视棚内温湿度，及时降低棚内及地面湿度。(2) 化学防治。发病时及时喷洒 50%腐霉利 WP 2 000 倍液，或 50%扑海因 WP 1 000～1 500 倍液，或 50%农利灵 WP 1 000～1 500 倍液，或 40%多·硫 SC 600 倍液，隔 7～10 d 喷 1 次，连续喷 2～3 次。棚室栽培在发病初期亩施 10%腐霉利 FK 200～250 g，或 6.5%甲霉灵 DPC 1 kg。

甘蓝黑斑病 Cabbage alternaria leaf spot

甘蓝黑斑病又称黑霉病，是甘蓝的一种主要病害。分布广泛。发病率 30%左右，严重时达 100%，明显影响产量和质量。

【典型症状】 (1) 子叶。先出现点状病斑，褐色，后扩大发展为褪绿的病斑，子叶干枯，严重时造成死苗。(2) 叶片。先是出现圆形病斑，褪绿，后转为暗黑色，病斑扩大到直径 5～10 mm 时变为淡褐色，有明显的同心轮纹，生黑褐色霉状物。病斑变薄，有时破裂。后期病斑汇合成大病斑，叶片枯死。全株叶片由外向内干枯（图 27-17）。(3) 叶柄。病斑椭圆或梭形，暗褐色，凹陷，表面生褐色霉层，引起叶柄腐烂。(4) 种荚。病斑近圆形，中央为灰白色，边缘为褐色，周围淡褐色。潮湿时病斑上出现褐色霉状物，种荚瘦小。

图 27-17　甘蓝黑斑病，叶片症状

【致病病原】 病原为甘蓝链格孢 *Alternaria brassicicola* (Schweinitz) Wilts.，属半知菌亚门真菌。芸薹链格孢 *A. brassicae* (Berk.) Sacc.，也是甘蓝黑斑病的病原。

【病害循环】 病原以菌丝体或分生孢子在土壤中、病残体上、留种株上及种子表面越冬，成为第 2 年初侵染源。病原借气流传播，形成再侵染，使病害蔓延。

【发生规律】 (1) 气候条件与发病。病原在 10～35 ℃都能生长发育，但常要求较低的温度。在有一定菌源的条件下，遇连阴雨天，排水不良，或雨前雨后灌水，播种的密度过大，对病害的流行都可起促进作用。(2) 栽培管理与发病。肥力不足，大田改种甘蓝类蔬菜，发病重。

【防治措施】 (1) 种子消毒。种子用 50 ℃温水浸种 20～30 min，晾干后播种。(2) 农业防治。增施基肥，注意氮、磷、钾配合，避免缺肥。及时摘除病叶。与非十字花科作物隔年轮作。(3) 化学防治。发病前或发病初期，可选用 70%代森锌 WP 400～500 倍液，或 75%百菌清 WP 500～600 倍液，或 50%扑海因 WP 1 500 倍液，或 47%加瑞农 WP 600～800 倍液，或 80%新万生 WP 600 倍液，或 50%腐霉利 WP 2 000 倍液喷雾。隔 7～10 d 喷 1 次，连续喷 2～3 次。

甘蓝黄叶病 Cabbage fusarium wilt

甘蓝黄叶病又称黄蔫病、萎黄病，是甘蓝的一种土传性病害。局部地区发生严重，山西省晋中一般地块发病率 15%～20%，连作 3 年以上的地块可达 50%，减产幅度在 10%～50%之间。

【典型症状】 甘蓝移栽后 1 周即可发病。初发病植株呈萎蔫状态，心叶变矮，叶片由紫红色变为枯黄色，叶基变褐。叶柄和根部维管束呈黑色。色变是由于根部感病后向叶缘扩展形成的结果，从而导致植株叶片从下而上逐渐脱落。特点是发病早，扩展快，病情重。发病早的植株很快死亡，迟缓的较正常植株结球小 1/3～2/3（图 27-18）。

图 27-18　甘蓝黄叶病

【致病病原】 病原为芥属黄萎镰孢霉 *Fusarium oxysporum* f. sp. *conglutinans* (Wollenw) Snyd. Hans.，属半知菌亚门真菌。菌丝初白色，后渐变成褐色至粉红色；有大、小 2 型分生孢子。大型分生孢子圆筒形，大小 (25～33) μm×(3.5～5.5) μm。小型分生孢子卵形至椭圆形，单胞，大小（6～15）μm×（2.5～4）μm。寄主有甘蓝、芥蓝、花椰菜等十字花科蔬菜。

【病害循环】 病原在土壤中生存。干旱年份当土壤温度过高，引起根系灼伤，使根系逐渐木栓化，次生根延伸缓慢，易诱发病害。

【发生规律】 干旱年份易诱发病害。

【防治措施】 （1）农业防治。选用抗病品种。实行3年以上轮作。播种要避开高温干旱季节。蹲苗要适度，防止苗期土壤干旱，确保根系正常发育。（2）化学防治。用多·硫SC 600～700倍液，或50%甲基托布津WP 500倍液，或50%苯菌灵WP 1 500倍液灌根，隔10 d喷1次，连续灌1～2次。

参考文献

赵永胜，郭庆．甘蓝黄叶病在寿阳县发生[J]．中国植保导刊，2004，25(4)：34

甘蓝菌核病
Cabbage sclerotinia disease

菌核病是甘蓝的一种重要病害。分布较广。发病率5%～10%，重病地块可达30%左右，明显影响产量和质量。

【典型症状】 主要为害茎基部、叶片、叶球及种荚。受害部位初呈边缘不规则的水渍状病斑，后病组织软腐，紫褐色（图27-19）。在潮湿环境下，病部迅速腐烂，并产生白色棉絮状菌丝体和黑色鼠粪状菌核（图27-20，21）。茎基部病斑环茎一周后致使全株枯死，病部形成黑色鼠粪状菌核（图27-22）。

图27-19 甘蓝菌核病，叶球面发病初期

图27-20 甘蓝菌核病，叶球面开始形成菌核

图27-21 甘蓝菌核病，叶球面形成的菌核

图27-22 甘蓝菌核病，茎基部发病状

【致病病原】 病原为核盘菌 *Sclerotinia sclerotiorum* (Libert) de Bary，属子囊菌亚门真菌。参见青花菜菌核病。

【病害循环】 病原主要靠菌核留在土壤中或混杂在种子中越夏或越冬。菌核在干燥的土中可存活3年，在潮湿的土壤中可存活1年。当条件适宜时菌核萌发，产生子囊盘，待其中子囊孢子成熟后弹射出来，借气流传播。首先侵染衰老叶片，然后通过菌丝向健康部分转移为害。

【发生规律】 菌核一般在2～4月份及10～12月份萌发；北方菜区多在冬春季萌发。排水不良、通透性差、偏施氮肥或遇霜害、冻害或肥害的条件下，发病重。

【防治措施】（1）种子消毒。用10%食盐水或10%～20%硫铵液漂种，除去浮在水面的菌核和杂质，反复2～3次后再行播种。播种前把床温调到55 ℃处理2 h，可以有效杀死土壤中菌核。（2）农业防治。实行轮作，最好是水旱轮作。施足底肥，增施磷、钾肥，不要偏施氮肥；加强开沟排水，使土壤适度干燥。病株立即拔除，收集菌核烧毁或深埋。（3）化学防治。发病初期喷药保护。喷药选用50%氯硝铵 WP 800倍液，或40%多·硫 SC 500倍液，或70%甲基托布津 WP 500～600倍液，或50%扑海因 WP 1 000～1 500倍液，或50%腐霉利 WP 2 000倍液，或40%菌核净 WP 500倍液。隔10 d喷1次，连续喷2～3次，重点喷洒植株茎基部、老叶及地面。

图 27-23　甘蓝水肿病，初期水肿

甘蓝水肿
Cabbage hydroncus

【典型症状】 叶片上出现许多小的灰褐色的疣样的生长物（图27-23），叶表皮破裂，露出叶肉（图27-24）。该症状易被误认为是由沙子或害虫造成叶片损伤而引起的。

【发生规律】 甘蓝在温暖天气生长时，突然遇到冷夜袭击时易发病，这种情况出现时，叶片吸水快于失水则把叶表皮胀破，致叶细胞暴露出来后木栓化，而形成水肿状。

【防治措施】 适期定植，不宜过早。遇有寒流侵袭熏烟升温。在寒冷季节，可喷洒植物抗寒剂K3或抗逆增产剂，每亩100～300 mL。

图 27-24　甘蓝水肿病，木栓化

28. 紫甘蓝病害

P 紫甘蓝黑腐病 urple cabbage black rot

黑腐病是紫甘蓝的一种主要病害。

【典型症状】 幼苗发病后子叶呈水浸状。成株发病多从外叶叶缘开始逐渐向内发展，或由虫害伤口侵染，向四周发展，形成“V”字形或不规则形黄褐色坏死斑，最后病叶变黑色坏死（图28-1）。

图 28-1 紫甘蓝黑腐病

【致病病原】 病原为甘蓝黑腐黄单胞菌甘蓝黑腐致病变种 *Xanthomonas campestris* pv. *campestris* (Pammel) Dowson.，属黄单胞杆菌。

病害循环、发生规律参见甘蓝黑腐病。

【防治措施】 (1) 种子处理。播前用 50 ℃温水浸种 20 min，取出后用冷水降温，晾干后播种。也可按每 100 g 种子用 1.5 g 漂白粉（有效成分）加少量水与种子搅匀，置入容器内密闭 16 h 后播种。(2) 农业防治。对发病严重地块，最好与非十字科蔬菜实行 2～3 年轮作。从无病地或无病株采种。清洁田园，施用腐熟的有机肥。中耕时防止伤根，在露水干后进行间苗、定苗等农事操作。发病后切忌浇大水。(3) 化学防治。发病初期及时喷施 72%新植霉素，或农用链霉素 AS 2 000 倍液，或 50%琥珀酸铜 WP 500 倍液，每隔 7～10 d 防治 1 次，连喷 2～3 次。

P 紫甘蓝软腐病 urple cabbage bacterial soft rot

软腐病是紫甘蓝的一种主要病害。各地均有发生。

【典型症状】 多在包心期发病。发病部位变褐色，软腐、下陷，叶球外露，生污白色菌脓，触摸有黏滑感，有恶臭味（图 28-2，3）。

图 28-2 紫甘蓝软腐病

图 28-3 紫甘蓝软腐病

【致病病原】 病原为胡萝卜软腐欧文氏菌胡萝卜软腐致病型细菌 *Erwinia carotovora* subsp. *carotovora* (Jones) Bergey et al.，属杆菌。参见青花菜软腐病。

病害循环、发生规律、防治措施参见甘蓝软腐病。

紫甘蓝菌核病
Purple cabbage Sclerotinia disease

菌核病是紫甘蓝的一种重要病害。

【典型症状】 主要为害茎基部。受害部位呈湿腐状，紫褐色。在潮湿环境下，病部迅速腐烂，并产生白色棉絮状菌丝体和黑色鼠粪状菌核（图28-4）。

图 28-4 紫甘蓝菌核病

【致病病原】 病原为核盘菌 *Sclerotinia sclerotiorum*（Libert）de Bary，属子囊菌亚门真菌。参见青花菜菌核病。

病害循环、发生规律、防治措施参见甘蓝菌核病。

紫甘蓝裂球
Purple cabbage cracking core

紫甘蓝裂球是一种生理性病害。

【典型症状】 紫甘蓝在栽培时易发生叶球开裂，影响甘蓝的外观品质和商品性，诱发病害，影响储藏和运输（图 28-5）。

图 28-5 紫甘蓝裂球

【发生规律】 紫甘蓝裂球与品种有极大关系，在水分充足的情况下，甘蓝叶球开裂主要是品种遗传性决定的。水分不足，甘蓝结球小，且疏松不紧实；若水分过多或连降暴雨，易造成叶球开裂。

【防治措施】 选用耐裂球的紫甘蓝品种，如宝石马特、旭光。在高寒和高山地区，灌水困难，多利用当地夏天短，昼夜温差大的特点，栽培中晚熟品种，使苗期和莲座前期渡过春、夏干旱季节，安排其在夏、秋雨涝季节结球。栽培紫甘蓝，应据天气、土壤和苗情按要求灌水。适时收获。

紫甘蓝干烧心病
Purple cabbage tip burn

紫甘蓝干烧心病是一种生理性病害。

【典型症状】 在结球过程中叶球心叶边缘组织坏死，内部发生褐变或细菌趁机侵入，造成内部组织进一步变质或坏死（图 28-6，7）。

图 28-6 紫甘蓝干烧心病

图 28-7 紫甘蓝干烧心病

【发生规律】 主要是植株组织的内部缺钙引起。品种间抗性差异较大，在田间施氮过多会抑制对钙的吸收。

【防治措施】 选用抗病品种；合理施肥，施用腐熟的堆肥。注意防治蚜虫。

29. 芥蓝病害

芥蓝病毒病
Kailan virus disease

病毒病是芥蓝的一种主要病害，分布广泛，发病率20%～30%，严重时可达80%，对产量和品质有较大的影响。

【典型症状】 各生育期都会发生，如果在生长前期发生，对产量和质量影响较大。病株表现花叶、畸形。发病重时，会出现全株褪绿变黄，植株矮化，叶片变小，并且可以引起植株枯死（图29-1，2）。

图 29-1 芥蓝病毒病，畸形

图 29-2 芥蓝病毒病，坏死

【致病病原】 病原有多种病毒，参见青花菜病毒病，主要是芜菁花叶病毒（TuMV）。

病害循环、发生规律、防治措施参见青花菜病毒病。

芥蓝黑腐病
Kailan black rot

黑腐病是芥蓝的一种主要病害，发病率20%～30%，对产量和品质有一定影响。

【典型症状】 主要为害叶片。播种期多引起烂种而缺苗，子叶发病呈水浸状，后迅速枯死或蔓延到真叶。成株发病初多从叶缘或叶片上的伤口开始，叶边缘叶脉先出现坏死病斑，“V”字形，淡黄褐斑，病健交界不明显，边缘有黄色晕圈（图29-3）。病原进入叶柄维管束，呈灰褐色坏死或腐烂，渐蔓延到整株，引起植株萎蔫坏死，严重时主茎呈黄褐色坏死干腐。

图 29-3 芥蓝黑腐病，病叶症状

【致病病原】 病原为甘蓝黑腐黄单胞菌甘蓝黑腐致病变种 *Xanthomonas campestris* pv. *campestris*（Pammel）Dowson.，属黄单胞杆菌。参见青花菜黑腐病。

病害循环、发生规律、防治措施参见青花菜黑腐病。

芥蓝软腐病
Kailan soft rot

软腐病是芥蓝的一般病害，各地均有发生。

【典型症状】 各生育期均可以发生，主要从伤口处开始发病。发病株开始出现暗绿色的水渍状病症，软腐，后变为黄褐色腐烂（图 29-4）。

图 29-4　芥蓝软腐病

【致病病原】 病原为胡萝卜软腐欧文氏菌胡萝卜软腐致病型细菌 *Erwinia carotovora* subsp. *carotovora*（Jones）Bergey et al.，属杆菌。

病害循环、发生规律、防治措施参见青花菜软腐病。

芥蓝黑斑病 Kailan black spot

芥蓝黑斑病又称黑霉病，是芥蓝的一种主要病害。各地均有发生。发病率一般在 30%左右，严重时发病率可达 100%，对生产有显著的影响。

【典型症状】 各地生育期都有发生，主要为害叶片。从下部叶片开始发病，逐渐向上发展。发病初期在病部产生水渍状褐色坏死小斑，逐渐变成很小的近圆形斑，中心黄褐色，边缘紫褐色。随病情发展，病斑呈略带轮纹的大中型坏死斑，边缘不明显，有黄绿色晕环（图 29-5）。空气潮湿，病斑的正反表面都生出呈轮纹分布的灰黑色霉状物，即病原分生孢子梗和分生孢子。多个病斑相互连接，使叶片黄化早衰，提早枯死（图 29-6）。

图 29-5　芥蓝黑斑病，病叶初期症状

图 29-6　芥蓝黑斑病，病叶后期症状

【致病病原】 病原为甘蓝链格孢 *Alternaria brassicicola*（Schweinitz）Wilts.，属半知菌亚门真菌。参见青花菜黑斑病。

病害循环、发生规律参见青花菜黑斑病。

【防治措施】（1）农业防治。增施基肥，注意氮、磷、钾配合，避免缺肥，增强寄主抗病力。及时摘除病叶，减少菌源。（2）化学防治。掌握在发病前开始喷药，药剂可以选用 75%百菌清 WP 500～600 倍液，40%大富丹及 80%新万生 WP 600 倍液，50%扑海因 WP 1 500 倍液，50%速克灵 WP 2 000 倍液。每隔 7～10 d 防治 1 次，连续防治 2～3 次。

芥蓝霜霉病 Kailan downy mildew

霜霉病是芥蓝的一种主要病害，保护地栽培中发生普遍，一般发病率在 20%左右，重病田病株率可达 100%，明显影响芥蓝的产量和质量。

【典型症状】 各生育期都可发生，以苗期发病较重，主要为害叶片。初期在叶片背面形成灰褐色小点，空气潮湿时呈水渍，以后渐扩大成不规则形灰褐至灰白色凹陷病斑，病斑上长出稀疏霉层。叶面病斑初为浅绿色小点，渐发展成灰白色至黄褐色不规则形坏死斑，随病情的发展，多数叶片叶肉组织坏死，最后叶片黄枯死亡（图 29-7，8）。

图 29-7　芥蓝霜霉病，大斑型

图 29-8　芥蓝霜霉病，小斑型

【致病病原】 病原为寄生霜霉 *Peronospora parasitica*（Pers.）Fr.，属鞭毛菌亚门真菌。参见青花菜霜霉病。

病害循环、发生规律、防治措施参见青花菜霜霉病。

芥蓝菌核病
Kailan stalk break

菌核病是芥蓝的一种重要病害。老菜地发生较多。

【典型症状】 各生育期都可发生。一般是从下部叶片和茎基部始发病，发病叶片呈灰绿色的湿腐状病症，湿度大时病部长出絮状白色菌丝，叶片很快腐烂。

【致病病原】 病原为核盘菌 *Sclerotinia sclerotiorum*（Libert） de Bary，属子囊菌亚门真菌。参见青花菜菌核病。

病害循环、发生规律、防治措施参见青花菜菌核病。

（六）绿叶类蔬菜病害

30. 芹菜病害

芹菜病毒病 Celery mosaic

芹菜病毒病又称花叶病，是芹菜的一种主要病害，各地均有分布，发生普遍。严重地块减产30%左右。

【典型症状】 芹菜从苗期至成株期均可发病。(1) 苗期。出现黄色花叶或系统花叶（图30-1），发病早的所生嫩叶上出现斑驳或呈花叶状，病叶小，有的扭曲或叶片变窄；叶柄纤细，植株矮化。(2) 成株期。病后表现的症状有叶片变色黄化（图30-2）、畸变（图30-3）、植株矮化（图30-4）等。通常叶片症状与植株矮化复合出现，以叶畸变引起的植株矮化最为严重。

图30-1　芹菜病毒病，花叶

图30-2　芹菜病毒病，黄化株

图30-3　芹菜病毒病，蕨叶株

图30-4　芹菜病毒病，矮化株

【致病病原】 病原有黄瓜花叶病毒（CMV）、芹菜花叶病毒 Celery mosaic virus（CeMV）、马铃薯Y病毒 Potato virus Y（PVY）和芜菁花叶病毒 Turnip mosaic virus（TuMV）。（1）黄瓜花叶病毒。球状颗粒，直径 28～30 nm。病毒汁液稀释限点1 000～10 000 倍，钝化温度 60～70 ℃经 10 min，体外存活期 3～4 d。（2）芹菜花叶病毒。粒体线状，长 750～800 nm，寄主范围较窄，钝化温度 55～60 ℃经 10 min，稀释限点 250 倍，体外存活期 6 d。通过汁液传染，胡萝卜蚜和桃蚜均可引起非持久性传播。（3）马铃薯Y病毒。粒体弯曲，长杆状，质粒大小 11 nm×730 nm。钝化温度 52～62 ℃，稀释限点 100～1 000 倍，体外存活期 2～3 d。（4）芜菁花叶病毒。粒体线条状，大小（12～18）nm×（700～800）nm。钝化温度 56～60 ℃，体外存活期 1～4 d，稀释限点 2 000～3 000 倍。

【病害循环】 病原在田间主要通过蚜虫传播，也可通过人工操作接触摩擦传毒。

【发生规律】 发生为害与季节和气温的变化关系十分密切。夏天高温季节（16～28 ℃）发病率局部地区高达 100%。冬季 5～15 ℃除育苗地发病较高外，平均发病率较低。栽培管理条件差，干旱，蚜虫数量多，发病重。

【防治措施】 （1）种子消毒。种子播前用 10%磷酸三钠浸种 40 min，然后水洗再催芽播种。（2）农业防治。清洁田园，及早清除田间杂草及病残体，发现病株及时拔除，并集中烧毁，以减少毒源。适度密植，保持田间通风透光，及时排水，增施有机肥，避免偏施氮肥。（3）化学防治。苗期喷施 10%混合脂肪酸水 EC 100 倍液，同时喷施农抗 120 调节剂 4 000 倍液。发病初期喷施 25%毒克星 WP 500～800 倍液，或病毒必克 600～1 000 倍液，或 1.5%植病灵 EC 500～600 倍液等抗病毒药剂，可一定程度抑制病毒病的发展。及早防治蚜虫，可选用 50%抗蚜威 WP 2 000～3 000 倍液等喷雾防治。

参考文献

李省印，常杨生，常宗堂. 芹菜病毒病症状分析与毒原种类鉴定[J]. 西北农林科技大学学报（自然科学版），2004，32（7）：85-88，92

芹菜细菌性叶斑病
Celery bacterial leaf spot

细菌性叶斑病是芹菜的一种重要病害。病株率为 5%～20%，严重时发病率达 80%，影响芹菜的产量和质量，在部分地区发生。

【典型症状】 从苗期至收获期均可发病，主要为害芹菜叶片，严重时可为害茎秆。初期在叶片上形成淡褐色、水渍状、不规则形小斑点，以后病斑发展受叶脉限制，逐渐发展呈多角形病斑（图 30-5）。后期病斑颜色为深褐色，严重时叶片上数个病斑相连形成大型病斑，导致叶片枯死。有时病斑沿叶脉发展，造成叶片扭曲畸形。

图 30-5 芹菜细菌性叶斑病

【致病病原】 病原为菊苣假单胞杆菌 *Pseudomonas cichorii* (Swingle) Stapp.。在肉汁胨培养基上菌落为白色或略带黄色，不规则形，平铺于培养基表面，边缘光滑。经革兰氏染色呈阴性，菌体短杆状或呈链状连接，大小为（0.6～0.8）μm×（1.5～2.6）μm，有极生鞭毛 1～4 根。

【病害循环】 病原在种子或植株病残体上越冬，成为初侵染源。在田间借雨水或灌溉水传播。病原菌从叶背气孔侵入。

【发生规律】 田间湿度大，有利于病原的侵染、传播和蔓延。田间发病需借助风雨冲刷，使叶片呈水渍状利于叶片上的病原侵入。棚室或田间湿度大，易发病和蔓延。种植密度大的田块发病重。

【防治措施】 （1）种子处理。用 48 ℃的温水浸泡种子 30 min，浸种时应不断搅动，将种子捞出后用清水淘洗，晾干后播种。温汤浸种对芹菜种子发芽率稍有影响，因此播种量应增加 10%～20%。（2）农业防治。前茬芹菜收获后，将病株、烂叶彻底清出田外并集中销毁。加强栽培管理，增强植株的抗病性。浇水时做好渠道规划，避免病原从有病田传到无病田。(3) 化学防治。苗期防治是关键，常用药剂有 72%农用硫酸链霉素 SPX 3 000 倍液，或新植霉素 4 000～5 000 倍液，或 14%络氨铜 AS 400 倍液，或每亩用 2%加收米（春雷霉素）150 mL 对水 70 kg。以上药剂可交替使用，以免产生抗药性。

参考文献

丁爱云，郑继法，金绪德. 山东芹菜细菌性叶斑病病原鉴定与防治研究[J]. 山东农业科学，1997(4)：26-27

芹菜细菌性叶枯病
Celery bacterial leaf blight

【典型症状】 叶缘病斑水渍状，占叶面 1/3 以上，后发展到整个叶片，叶片呈褐色枯死（图 30-6，7）。

图 30-6 芹菜细菌性叶枯病，病叶初期病斑

图 30-7 芹菜细菌性叶枯病，后期症状

【致病病原】 病原为绿黄假单胞菌 *Pseudomonas viridiflava*（Burkholder）Dowson，属细菌。

【病害循环】 病原可在杂草及其他作物上越冬，成为初侵染源。

【发生规律】 在气温低湿度大时，芹菜易发病。

【防治措施】 (1) 农业防治。棚室栽培时要采用生态防治法，及时放风排湿，尽量缩短叶面结露持续时间。(2) 化学防治。发病初期喷 72%农用硫酸链霉素 SPX 4 000 倍液，或 56%靠山 WG 600～800 倍液，或 77%氢氧化铜 WP 500 倍液，或 30%氧氯化铜 SC 800 倍液，或 30%碱式硫酸铜 SC 400 倍液。隔 7～10 d 喷 1 次，连续喷 2～3 次。

芹菜软腐病
Celery bacterial soft rot

芹菜软腐病又称腐烂病，是芹菜的一种常见病害，各地均有分布。发病率 5%～10%，对生产有一定的影响。重病地块发病率可达到 30%以上，明显影响产量。

【典型症状】 主要发生在叶柄基部或茎上，一般先从柔嫩多汁的叶柄组织开始发病，发病初期叶柄基部出现水渍状纺锤形或不规则形凹陷病斑（图 30-8），以后病斑呈黄褐色或黑褐色腐烂并发臭（图 30-9），干燥后呈黑褐色，最后只剩维管束，严重时生长点烂掉，甚至全株枯死（图 30-10）。苗期主要表现是心叶腐烂坏死，呈“烧心”状（图 30-11）。

图 30-8 芹菜软腐病，初期病斑

图 30-9　芹菜软腐病，后期症状

图 30-10　芹菜软腐病，后期症状

图 30-11　芹菜软腐病，苗期发病

【致病病原】 病原为胡萝卜软腐欧氏杆菌胡萝卜软腐致病型 *Erwinia carotovora* subsp. *carotovora* (Jones) Bergey et al.。(1) 形态和大小。短杆状，大小 (0.5～1.0) μm×(2.2～3.0) μm，周生鞭毛 2～8 根，无荚膜。革兰氏染色阴性。(2) 特性。本菌生长发育最适温度 25～30 ℃，最高40 ℃，最低 2 ℃，致死温度 50 ℃经 10 min，在 pH5.3～9.2 均可生长，其中 pH7.2 最适，不耐光或干燥，在日光下暴晒 2 h，大部分死亡，在脱离寄主的土中只能存活 15 d 左右，通过猪的消化道后则完全死亡。(3) 寄主。这种病原可以侵染芹菜、番茄、马铃薯、葱、甘蓝、萝卜等多种蔬菜。

【病害循环】 病原在土壤中越冬。从伤口侵入，借雨水或灌溉水传播蔓延。生长后期湿度大的条件下发病重。

【发生规律】 保护地和露地均有发生。夏、秋露地较常见，冬季保护地发病更为严重。种植密度和土壤湿度过大，连作或与十字花科、茄科等蔬菜轮作，机械损伤或昆虫为害，芹菜容易发病。

【防治措施】 (1) 种子消毒。用菜丰宁 B_1 拌种。(2) 农业防治。实行 2 年以上轮作，轮作作物以大麦、小麦、豆类和葱蒜类为宜，忌与十字花科、茄科及瓜类等蔬菜轮作。合理密植，起宽垄种植，以便于浇水和排水；发病期减少浇水或暂停浇水。播种或定植前提早耕翻整地，改进土壤性状，提高肥力、地温，促进病残体腐解。定植、松土或锄草时避免伤根，防止病原由伤口侵入。发现病株及时挖除，并撒入石灰消毒。(3) 化学防治。发病前或发病初期喷 72%农用硫酸链霉素 SPX 3 000～4 000 倍液，或 14%络氨铜 AS 350 倍液，或敌克松 TF 500～1 000 倍液。隔 7～10 d 喷 1 次，连续喷 2～3 次。注意喷药时应以轻病株及其周围植株为重点，喷在接近地表的叶柄及茎基部上。

芹菜斑枯病 Celery late blight

芹菜斑枯病又称晚疫病、叶枯病，俗称火龙，是芹菜的一种主要病害，各地均有分布。引起生长期落叶和储藏期腐烂，损失很大。发病田块达 50%～60%，平均减产 15%～30%，是制约芹菜优质安全生产的关键因素之一。

【典型症状】 主要为害叶片，也为害叶柄、茎和种子。分为大斑型和小斑型。华南地区只发生大斑型，东北地区则以小斑型为主。(1) 大斑型。先发生在老叶上，再向新叶上扩展。叶上病斑圆形，初为淡黄色油浸状斑（图 30-12），后变为淡褐色或褐色，边缘明显，病斑上散生少数小黑点，即为分生孢子器（图 30-13）。为害严重时，全株叶片变为褐色干枯状。茎及叶柄受害，病斑均呈长圆形，稍凹陷，中央密生黑色小粒点（图 30-14）。(2) 小斑型。病斑中央黄白色或灰白色，边缘聚生有很多黑色小粒点，病斑边缘黄色，大小不等（图 30-15，16）。叶柄或茎部上的病斑为褐色，长圆形稍凹陷，中部散生黑色小点。

图 30-12　芹菜斑枯病，大斑型初期症状

图 30-13　芹菜斑枯病，大斑型后期症状

图 30-14　芹菜斑枯病，病斑上有小黑点

图 30-15　芹菜斑枯病，小斑型叶部症状

图 30-16　芹菜斑枯病，小斑型后期症状

【致病病原】 病原为芹菜壳针孢菌 *Septoria apiicola* Speg.，属半知菌亚门真菌。(1) 形态和大小。分生孢子器埋生，大小（87～155.4）μm×（25～56）μm。器孢子长线形，无色，具隔膜 0～7 个，大小（35～55）μm×（2～3）μm。(2) 特性。分生孢子萌发温度范围 9～28 ℃，该菌在低温下生长较好，发育适温 20～27 ℃，高于 27 ℃生长发育趋缓。菌丝体和分生孢子致死温度 48～49 ℃经 30 min。(3) 寄主。这种病原可以侵染芹菜、根芹、野生芹。

【病害循环】 病原以菌丝体潜伏在种皮内越冬，也可在病残体上越冬。潜伏在种皮内的菌丝可存活 1 年以上。在适宜的温、湿度条件下，产出分生孢子借风雨、牲畜及农具传播；带菌种子可作远距离传播。

【发生规律】 (1) 气候条件与发病。在适宜温湿度下，潜育期约为 8 d；在 20～25 ℃和多雨的情况下，病害发生严重，并能迅速蔓延和流行；白天干燥，夜间有雾，或温度过高过低时，发病重。(2) 栽培管理与发病。重茬地、低洼地发病重；浇水多，排水不良，田间积水，种植过密，土地贫瘠，生长势差，发病重。

【防治措施】 (1) 种子消毒。可采用 48～50 ℃ 温水浸种 30 min，再在冷水中浸 20 min，晾干后播种。(2) 农业防治。除施足底肥外，应及时追肥，防止缺肥。严禁大水漫灌，雨后应注意排水。保护地栽培应注意通风排湿。与其他蔬菜实行 2～3 年轮作，病害明显减轻。病初应摘除病叶和底部老叶，收获后清除病残体，并进行深翻。保护地栽培要注意降温排湿，白天控温 15～20 ℃，高于 20 ℃要及时放风，夜间控制在 10～15 ℃，缩小日夜温差，减少结露。(3) 化学防治。苗高 2～3 cm 时，施药保护。保护地栽培亩施 45%百菌清 FU 200～250 kg，或喷撒 5%百菌清 DPC 1 kg。露地栽培可选用 75%百菌清 WP 600 倍液，或 60%琥·乙膦铝 WP 500 倍液，或 64%杀毒矾 WP 500 倍液，或 40%多·硫 SC 500 倍液，或 47%加瑞农

WP 500 倍液。隔 7～10 d 喷 1 次，连续2～3 次。

参考文献

陈雪,李宝聚,傅俊范,等.芹菜斑枯病和叶斑病的识别与防治[J].中国蔬菜,2007(9):53-54

芹菜叶斑病
Celery early blight

芹菜叶斑病又称早疫病、斑点病，是芹菜的一种主要病害。各地普遍发生。严重地块减产30%～50%。

【典型症状】 主要为害叶片，也可为害叶柄和茎。(1) 叶片。叶缘先发病，逐步蔓延到整个叶片。病斑初为黄绿色水渍状小点（图 30-17），后扩展成近圆形或不规则灰褐色坏死斑，边缘不明显，呈深褐色，不受叶脉限制。空气湿度大时病斑上产生灰白色霉层，即病原分生孢子梗和分生孢子，严重时病斑扩大成斑块，最终导致叶片变黄枯死（图 30-18）。(2) 茎或叶柄。茎或叶柄受害时，病斑椭圆形，开始时为黄色（图 30-19），逐渐变成灰褐色凹陷，茎秆开裂，后缢缩、倒伏（图 30-20）。温度高时亦产生灰白色霉层。

图 30-17　芹菜叶斑病，叶片早期发病症状

图 30-18　芹菜叶斑病，叶片晚期发病症状

图 30-19　芹菜叶斑病，叶柄发病症状

图 30-20　芹菜叶斑病，潮湿时叶柄发病快，引起折断

【致病病原】 病原为芹菜尾孢菌 *Cercospora apii* Fres.，属半知菌亚门真菌。(1) 形态和大小。子实体两面生，暗褐色。分生孢子梗束生，榄褐色，顶端色淡，大小 (30～87.5) μm×(2.5～5.5) μm。分生孢子鞭形，无色，正直或弯曲，顶端较尖，向下逐渐膨大，至基部近截形，具隔膜3～19 个，大小 (55.9～217.5) μm×(3.1～5.6) μm。(2) 特性。病原生长发育温度范围是15～32 ℃，菌丝发育适温 25～30 ℃，分生孢子形成适温 15～20 ℃，萌发适温 28 ℃。病原发育需高湿度，分生孢子萌发和产生芽管侵入则需有水滴存在。(3) 寄主。这种病原可以侵染芹菜、鸭儿芹。

【病害循环】 (1) 越冬与初侵染源。病原以菌丝体附着在种子或病残体上及病株上越冬。春季条件适宜时，从气孔或表皮直接侵入。(2) 传播特点。通过风雨及农具或农事操作传播；带菌种子可作远距离传播。

【发生规律】 (1) 气候条件与发病。以夏、秋发病重，高温多雨或高温干旱，但夜间结露重，持续时间长，易发病。(2) 栽培管理与发病。大水漫灌，田间积水，排水不良地块易发病。棚室栽培易发病，若初期出现高温多湿小气候也易发病。缺水缺肥，通风不良，植株长势弱，发病重。

【防治措施】（1）种子消毒。播种前要用48 ℃温水浸种30 min，待捞出后晒干再播种。（2）农业防治。实行轮作可有效减轻病害。浇水时勿大水漫灌，发病后要控制浇水量。棚室内湿度大时，要适当通风排湿；白天温度控制在15～20 ℃，夜间温度控制在10～15 ℃，以减少叶面结露。随时摘除病叶，带出田外烧毁或深埋，以减少病原，控制病害蔓延。（3）化学防治。发病前可用2%农抗120 AS 150倍液，隔7 d喷1次，连续喷3～4次；或每亩用3.3%特克多FU 50 g熏烟。发病初期选择晴天喷药，常用药剂有50%灭菌灵WP 800倍液，50%利得WP 600～800倍液，50%扑海因WP 500～600倍液，50%多菌灵WP 800倍液，50%甲基托布津WP 500倍液，77%可杀得WP 500倍液，每隔7 d防治1次，共防治3～4次。棚室栽培，每亩用5%百菌清DPC 1 kg，或45%百菌清FU 200 g熏烟，每隔9 d左右防治1次，连续或交替施用2～3次。

参考文献

[1] 陈雪，李宝聚，傅俊范，等. 芹菜斑枯病和叶斑病的识别与防治[J]. 中国蔬菜，2007(9)：53-54

[2] 申玉香，李洪山，乔华. 芹菜叶斑病的发生特点及其化学防治[J]. 安徽农业科学，2007，35(33)：10760-10761，10763

芹菜黑斑病 Celery alternaria leaf spot

芹菜黑斑病又称假黑斑病，是芹菜的一种普通病害。病株率10%～20%，对生产无明显影响；严重发病地块发病率可达60%以上，对生产有一定的影响。

【典型症状】主要为害叶片。叶片发病初期，出现水渍状浅褐色小斑点，后发展成近圆形坏死病斑，黄褐色至深褐色，边缘的颜色较深，清晰，病斑大小6～8 mm（图30-21）。病斑易开裂破碎，空气潮湿时中部产生稀疏的黑霉（图30-22）。

【致病病原】病原为细交链格孢 *Alternaria tenuis* Nees，属半知菌亚门真菌。分生孢子倒棍棒状，喙胞不明显或短，具横隔膜3～4个，有的仅有横隔膜无纵隔膜。

图30-21 芹菜黑斑病，病叶症状

图30-22 芹菜黑斑病，病叶症状

【病害循环】病原随病残体在土壤中越冬。第2年通过风或雨水溅射传到植株上。

【防治措施】（1）农业防治。定植初期闷棚时间不宜过长，防止棚内湿度过大温度过高。（2）化学防治。棚室栽培在发病前或发病初期，每亩用45%百菌清FU或10%速克灵FU 200～250 g，分4～5处于傍晚暗火点燃闭棚过夜，每隔7 d熏1次，连熏3次。发病初期于傍晚每亩用喷粉器喷撒5%百菌清DPC 1 kg，隔9～11 d喷1次，连续喷2～3次。露地栽培喷施80%新万生WP 600倍液，或50%扑海因WP 1 000倍液，或64%杀毒矾WP 500倍液。隔9 d喷1次，连续喷3～4次。

芹菜立枯病 Celery rhizoctonia rot

立枯病是芹菜苗期的一种常见病害。发病普遍。

【典型症状】多发生在育苗中期。发病初期幼苗白天萎蔫，夜间恢复。严重时病斑扩展到茎基部，造成茎收缩，地上部分枯死，但不倒伏。病苗根部或根颈部变为红褐色，发病严重时大量死苗（图30-23）。

【致病病原】病原为立枯丝核菌 *Rhizoctonia solani* Kühn，属半知菌亚门真菌。立枯丝核菌可分为十多个菌丝汇合群，AG2-2引起根腐病，AG2-2

图 30-23　芹菜立枯病，田间症状

的担孢子还可引起叶枯病。(1) 形态和大小。该菌群是一种不产孢的丝状真菌，其菌丝形态与一些子囊菌、担子菌非常接近，该菌有菌丝汇合现象。菌丝在汇合前常相互诱引，形成完全汇合或不完全汇合及接触汇合 3 种汇合状态。(2) 特性。病原发育适宜温度 24 ℃，最高 40～42 ℃，最低 13～15 ℃。

【病害循环】 病原以菌丝体或菌核在土中越冬，且可在土中腐生 2～3 年。病原能直接侵入植株，并通过水流、农具传播。

【发生规律】 播种过密，间苗不及时，温度过高，易诱发该病。

【防治措施】 (1) 种子消毒。用种子重量 0.2%的 40%拌种双拌种。(2) 农业防治。种苗不能过密，注意排湿通风，畦面要经常撒些干细土，防止苗床或育苗盘高温高湿条件出现。苗期喷施 0.1% ～ 0.2% 磷酸二氢钾，可增强抗病力。(3) 化学防治。育苗前苗床可用 50%的多菌灵 DP 9～10 g/m^2，加细土 15 kg 拌匀配成药土。播种前把 1/3 的药土做垫土，将种芽播在垫土上，2/3 的药土做盖土，盖在种芽上。这种下垫、上盖的方法，预防病害效果明显。苗床中发现个别死苗时要及时拔掉，并用 75%的百菌清 700 倍液全床喷洒消毒。

芹菜黑腐病 Celery black rot

芹菜黑腐病又称基腐病。一般减产 10%，重者达 30%。

【典型症状】 主要发生在近地面芹菜根茎部和叶柄基部。发病初期病部成灰褐色，扩展后变成暗绿色至黑褐色（图 30-24）。严重时受害部位变黑腐烂，腐烂处一般不向上、下扩展，病部常生出许多小黑点（图 30-25）。

图 30-24　芹菜黑腐病，初期症状

图 30-25　芹菜黑腐病，后期症状

【致病病原】 病原为芹菜茎点霉 *Phoma apiicola* Kleb.，属半知菌亚门真菌。(1) 形态和大小。菌丝初无色，老熟后黑色。分生孢子器埋生，后外露，球形，黑色。分生孢子单胞，长椭圆形，无色，大小 (3.0～3.8) μm×(1.0～1.6) μm。(2) 特性。病原生长发育和分生孢子萌发温限 5～30 ℃，16～18 ℃最适。(3) 寄主。这种病原可以侵染芹菜、根芹菜。

【病害循环】 病原以菌丝附在病残体或种子上越冬。播种带病的种子，长出幼苗即猝倒枯死。借风雨或灌溉水传播，从植株表皮侵入，形成初侵染和再侵染。

【发生规律】 发病最适温度在 18 ℃左右，多雨潮湿情况下发病重。移栽病苗易引起该病流行。高湿地、连作地、黏土地发病均重。

【防治措施】 (1) 种子消毒。用 48 ℃温水浸 20～30 min 后移入冷水中冷却，捞出晾干再播种。(2) 农业防治。选用抗病品种，如冬芹、美芹、文图拉芹、上海大芹等品种较抗病。实行 2～3 年轮作，最好水旱轮作。采用高畦栽培，开好排水沟，避免畦沟积水，勤浇浅灌，防止大水漫灌及雨后田间积水，避免田间湿度过高。采用遮阳网覆盖。合理施肥，增施磷、钾肥，避免偏施多施氮肥，造成植株徒长。合理密植，田间芹菜株距保持 5～7 cm 较适宜。及时清除田间病株及病残体。叶面用 0.1%磷酸二氢钾喷施，促进植株健壮生长。(3) 化学防治。发病初期喷 56%靠山 WG 800～1 000 倍液，或 36%甲基托布津 SC 500 倍液，或 50%多菌灵 WP 600 倍液，或 50%苯菌灵 WP 1 500 倍液，或 30%氧氯化铜 SC 800 倍液，或 30%碱式硫酸铜 SC 400 倍液，或 40%百菌清 SC 600 倍液。隔 7～10 d 喷 1 次，连续喷 2～3 次，施药时应注意将药液喷在植株基部效果较好。

芹菜叶点病 Celery phyllosticta leaf spot

叶点病是棚室栽培芹菜的一种主要病害。

【典型症状】 主要为害叶片。老叶发病多始于叶尖或叶缘，发病初期先出现水渍状褪绿小斑点，后逐渐扩大成不规则形或半圆形大斑，中间灰白色，边缘青褐色，不明显（图 30-26）。湿度大时，病斑背面长出子实体，后期病斑上密集黑色小粒点（图 30-27）。严重时病斑连片，引起叶片干枯。

图 30-26 芹菜叶点病，初期症状

图 30-27 芹菜叶点病，后期症状

【致病病原】 病原为芹菜叶点霉 *Phyllosticta apii* Halst，属半知菌亚门真菌。病原分生孢子器埋生于寄生组织中，后期部分外露，褐色，扁球形，壁薄，内壁产生分生孢子。分生孢子椭圆形，无色，单胞。

【病害循环】 病原以分生孢子器在病残体上越冬。播种带病的种子可使芹菜发病；病部产生的病原借风雨传播，直接从植株表皮侵入。

【发生规律】 连阴雨多，降雨量集中，发病重。棚室为害较重。栽植病苗易引起该病流行。

【防治措施】 (1) 农业防治。选用耐病品种。实行 2～3 年轮作。采用高畦栽培，开好排水沟，避免畦沟积水；采用遮阳网覆盖。(2) 化学防治。常用药剂有 56%靠山 WG 800～1 000 倍液，或 36%甲基托布津 SC 500 倍液，或 50%多菌灵 WP 600 倍液，或 60%防霉宝 WP 800～900 倍液，或 50%苯菌灵 WP 1 500 倍液，或 30%氧氯化铜 SC 800 倍液，或 30%绿得保 SC 400 倍液。隔 7～10 d 喷 1 次，连续喷 2～3 次。

芹菜灰霉病 Celery gray mold

灰霉病是棚室栽培芹菜的一种重要病害。病株率 20%左右，严重时病株率可达 50%以上，对生产有一定的影响。

【典型症状】 芹菜心叶或下部叶片、叶柄或枯黄外叶先发病，发病初期为水渍状，后期病部软化、腐烂或萎蔫，病部长出灰色霉层（图 30-28，29，30）。

【致病病原】 病原为灰葡萄孢 *Botrytis cinerea* Pers.，属半知菌亚门真菌。(1) 形态和大小。分生孢子梗细长，深褐色，单生或丛生，大小 (1 250～3 340) μm×(11～22) μm。分生孢子单胞无色，卵形或椭圆形，大小 (5～12.5) μm×(3～9.5) μm。(2) 特性。弱寄生菌，可在有机物上腐生。

【病害循环】 病原主要以菌核在土壤中或在病残体上越冬或越夏。条件适宜时病原借气流、雨水、露珠及农事操作传播，进行初侵染和再侵染。从植株伤口或衰老的器官及枯死的组织上侵入。

图 30-28　芹菜灰霉病，发病叶片症状

图 30-29　芹菜灰霉病，发病叶柄症状

图 30-30　芹菜灰霉病，茎基部发病症状

【发生规律】 (1) 气候条件与发病。气温 20 ℃左右，相对湿度持续 90%以上，易发病。(2) 栽培管理与发病。主要发生在冬春棚室中。连作重茬、土壤带菌率高，浇水时间、水量把握不好，放风时间太早，是引起病害流行的重要原因。

【防治措施】 (1) 农业防治。种植芹菜密度不宜过大。及时摘除病叶、病茎。发现灰霉病病苗要及时拔除。晴天上午稍晚放风，当棚温升至 33 ℃时开始放风，当棚温降至 20 ℃时关闭通风口，以减缓夜间棚温下降。阴天打开通风口换气。浇水宜在上午进行，发病初期应适当节制浇水。(2) 化学防治。发病初期喷 50%速克灵 WP 1 000～1 500 倍液，每隔 7～10 d 喷 1 次，共喷 3～4 次；或用 65%硫菌·霉威 WP 1 000～1 500 倍液、50%克菌丹 WP 1 000 倍液，50%扑海因 WP 1 000～1 500 倍液，50%农利灵 WP 1 500 倍喷雾。棚室栽培每亩用 15%的速克灵 FU 200 g，或用 45%百菌清 FU 250 g，于傍晚闭棚点燃熏蒸，隔 7～8 d 再熏 1 次。

芹菜菌核病 Celery stem rot

芹菜菌核病是芹菜保护地栽培中的一种主要病害。病株率 10%左右，引起全株腐烂，对产量有一定影响。

【典型症状】 为害芹菜茎、叶。病害常先在叶部发生，形成暗绿色病斑，潮湿时表面生白色菌丝层（图 30-31），后向下蔓延，引起叶柄及茎发病（图 30-32）。病处初为褐色水渍状，后形成软腐或全株溃烂，表面生浓密的白霉（图 30-33），最后形成鼠粪状菌核（图 30-34）。

图 30-31 芹菜菌核病，茎叶发病症状

图 30-32　芹菜菌核病，茎基发病初期症状

图 30-33　芹菜菌核病，茎基发病症状

图 30-34　芹菜菌核病，菌核形成初期和后期

【致病病原】 病原为核盘菌 *Sclerotinia sclerotiorum*（Lib.）de Bary，属子囊菌亚门真菌。子囊盘初为淡黄褐色，盘状，后变为褐色。子囊无色，椭圆形或棍棒形，大小（91～125）μm×（6～9）μm。子囊孢子椭圆形，单胞，排成一行，大小（9～14）μm×（3～6）μm。

【病害循环】 病原以菌核在土壤或混杂在种子中越冬，成为初侵染源。第 2 年当条件适合时病原产生子囊孢子，借风雨等传播。子囊孢子借风雨传播，侵染老叶或花瓣，田间再侵染多通过菌丝进行。菌丝可以通过病健组织的直接接触或间接接触，进行传播和蔓延。

【发生规律】 该病在低温潮湿条件下易发生，温度为 15 ℃，相对湿度在 85%以上时，有利于该病的发生与流行。

【防治措施】（1）种子消毒。种子消毒可用 10%盐水洗种，再用清水反复洗种子几次，晾干后再播种。（2）农业防治。从无病地或无病株上采种。轮作倒茬，可与葱蒜类实行轮作。清洁田园。夏季高温休闲期间，深翻土壤 40 cm，起高垄 30 cm。灌水，铺盖地膜，密闭棚室 10～15 d。用无病土培育壮苗。施腐熟有机肥，增施磷、钾肥。采用地膜覆盖或应用无滴棚膜。保护地注意通风降湿，及时清除病株。深翻土地，把子囊盘埋入 10 cm 以下土中。棚室内湿度达到 85%以上时，棚温可控制在 22～25 ℃；如湿度不大，棚温可控制在芹菜生长最适宜温度 15～20 ℃范围内；棚内夜温不要超过 15 ℃。棚室内杜绝大水漫灌，更不要造成畦内积水。棚内湿度大时要适当延长通气时间，加大通风量。（3）化学防治。药剂防治突出一个“早”字，要在发病初期及时喷药防治，隔 7～8 d 喷 1 次，连续喷 2～3 次即可，药剂可选用 40%菌核净 WP 1 000 倍液，或 50%腐霉利 WP 1 000～1 500 倍液，或 70%甲基托布津 WP 1 000～1 500 倍液，或 50%多菌灵 WP 500 倍液。棚室内每亩用 10%FU 腐霉利或 45%百菌清 FU 250 g，熏 1 夜。

芹菜根结线虫病
Celery root-knot nematode

根结线虫病是芹菜的一种重要病害，在局部地区发生，南方发生更为普遍，发病地块病株率 40%～60%，重病地块发病率可达 100%，显著影响产量和质量。

【典型症状】 为害根部，表现为植株生长发育受阻，颜色不正常，湿度大时，植株萎蔫。幼苗期主要侵害主根，成株期多侵害幼嫩侧根和细根。在根部形成大小不等、链珠状或葫芦状肿瘤，初为乳白色至乳黄色，以后变褐腐烂（图 30-35）。

图 30-35　芹菜根结线虫病

【致病病原】 病原为南方根结线虫 *Meloidogyne incognita* Chitwood，属植物寄生线虫。参见番茄根结线虫病。寄主有番茄、黄瓜、芹菜等。

【病害循环】 病原以成虫、2 龄幼虫或卵随病残体遗留土壤中越冬。可存活 1～3 年。以幼虫侵入寄主，刺激根部细胞增生，形成根结或瘤。线虫发育至4龄时交尾产卵，雄虫离开寄主进入土中。卵在根结里孵化发育，2龄后离开卵壳，进入土中进行再侵染或越冬。初侵染源主要是病土、病苗及灌溉水。

【发生规律】 发病适宜温度为25～30 ℃，10 ℃时停止活动。主要分布在土表10 cm土层内。成虫喜温暖湿润环境。南方发生更为普遍，受害更重。棚室栽培提高了土温，增加了土壤湿度，更易于根结线虫的繁殖。地势高燥、土质中性沙质，易发病；重茬地发病重。

【防治措施】 （1）农业防治。采用无线虫的土壤育苗或播种前用药剂处理土壤，培育无病苗，严防定植病苗。线虫多分布在5～10 cm的土层内，深翻土层25 cm以上，可将大部分线虫翻到深层。收获前彻底清除病残体，将埋在土层内的须根全部挖出，深埋或烧毁。（2）化学防治。定植前用10%的益舒丰1～1.5 g/m²，开沟穴施；用1.8%的虫螨克或6.73%的阿维虫清1～1.5 mL对水6 kg，土壤消毒。

芹菜心腐病 Celery heart rot

芹菜心腐病是一种生理性病害，保护地栽培易发病。

【典型症状】 发病初期心叶生长点的柔嫩组织由绿变成褐色，然后扩展到心叶枯焦，最后心叶全部枯死（图30-36）。遇到潮湿的环境，心叶部受杂菌感染会腐烂（图30-37）。

图30-36 芹菜心腐病

图30-37 芹菜心腐病

【发生规律】 生理性缺硼和钙是造成心腐病的主要原因。一般情况下缺硼会引起缺钙。芹菜是需要肥料较高的蔬菜，但也会发生因肥料浓度过浓，如氮、钾肥施入过多，或土壤中盐分浓度过高，或高温、低温、干旱，都会造成芹菜对硼和钙素吸收受到阻抑，产生心腐病。

【防治措施】 用15 kg清水先将美林高效钙50 g助剂溶于水中，再加50 g美林高效钙溶解后，于发病初期喷在心叶上。栽培中应注意多种肥料配合施用，不要造成硼和钙的缺乏。注意水分供应，低温时要进行适当的保温。

31. 香芹病害

P 香芹花叶病 Parsley mosaic

花叶病是香芹的一种普通病害。各地均有分布。发生普遍。以夏、秋季栽培发病重。

【典型症状】 从苗期至成株期均可发病。出现黄色花叶或系统花叶，叶片变色黄化，畸变，植株矮化等（图 31-1）。

图 31-1　香芹花叶病

【致病病原】 病原有黄瓜花叶病毒（CMV）、芹菜花叶病毒 Celery mosaic virus（CeMV）、马铃薯 Y 病毒 Potato virus Y（PVY）和芜菁花叶病毒 Turnip mosaic virus（TuMV）。参见芹菜病毒病。

【病害循环】 病原在田间主要通过蚜虫传播，也可通过人工操作接触摩擦传毒。

发生规律、防治措施参见芹菜病毒病。

P 香芹软腐病 Parsley bacterial soft rot

软腐病是香芹的一种普通病害。各地均有发生。对产量有一定的影响。

【典型症状】 香芹软腐病主要发生在茎基部、叶柄和叶上。病原多从伤口侵入，发病部位先出现水浸状坏死，深褐色，后呈湿腐状，变黑发臭（图 31-2）。

图 31-2　香芹软腐病

【致病病原】 病原为胡萝卜软腐欧文氏菌胡萝卜软腐致病型 *Erwinia carotovora* subsp. *carotovora* (Jones) Bergey et al.，属细菌。

【病害循环】 病原在土壤中越冬，从伤口侵入，借雨水或灌溉水传播蔓延。

【发生规律】 该病在生长后期湿度大的条件下发病重。以采收后发病较多。

【防治措施】 参见芹菜软腐病。

P 香芹斑枯病 Parsley late blight

斑枯病是香芹的一种主要病害。各地均有发生。对品质有较大的影响。

【典型症状】 主要为害叶片，严重时也可为害叶柄，多在生长的中后期发病。开始时叶片上出现水渍状的圆形小病斑，暗绿色，后发展成黄褐色坏死病斑，病斑的中心颜色浅，边缘颜色深（图 31-3）。发病后期病斑上有小黑点（图 31-4）。参见芹菜斑枯病。

【致病病原】 病原为芹菜壳针孢菌 *Septoria apiicola* Speg.，属半知菌亚门真菌。

【病害循环】 （1）越冬与初侵染源。病原菌潜伏在种皮内越冬，也可在病残体上越冬。潜伏

图 31-3　香芹斑枯病，叶斑前期

图 31-4　香芹斑枯病，叶斑后期

图 31-5　香芹叶斑病，叶片病斑

图 31-6　香芹叶斑病，叶柄发病

在种皮内的菌丝可存活 1 年以上。(2) 传播特点。病原菌借风雨、牲畜及农具传播；带菌种子可作远距离传播。

【发生规律】 在 20～25 ℃和多雨的情况下，病害发生严重，并能迅速蔓延和流行。白天干燥，夜间有雾，或温度过高过低时，发病重。重茬地，低洼地发病重；浇水多，排水不良，田间积水，发病重。种植过密，土地贫瘠，生长势差，发病重。

【防治措施】 参见芹菜斑枯病。

香芹叶斑病 Parsley early blight

叶斑病是香芹的一种普通病害。病株率 20%～30% 时，对产品的品质和产量有一定的影响。

【典型症状】 主要为害叶片、叶柄和茎。发病初期，叶片出现不规则形或近圆形小病斑，橄榄色至褐色，边缘明显，扩展后中央灰色，病斑上着生黑色小粒点（图 31-5）。严重的，病斑汇合成片，致叶片干枯。叶柄和茎发病，病斑为条状或长椭圆形褐色斑，稍凹陷（图 31-6）。严重时整个植株枯黄。

【致病病原】 病原为芹菜尾孢 *Cercospora apii* Fres.，属半知菌亚门真菌。

【病害循环】 (1) 越冬与初侵染源。病原主要以菌丝体潜伏在种皮内，或随病残体留在土中越冬。种皮内的菌丝可存活 1 年以上。在湿度大有水滴条件下，分生孢子萌发，产生芽管后从气孔或直接穿透表皮侵入。(2) 传播特点。种子带菌可作远距离传播。菌丝上产生分生孢子梗和分生孢子借风、雨、农具及农事操作传播蔓延。

【发生规律】 属高温高湿病害，温暖高湿利于发病。主要发生在露地栽培的植株上，夏秋季发生较多。生产上 20～25 ℃和多雨条件下发病重。昼夜温差大，结露重，易发病。

【防治措施】 参见芹菜叶斑病。

香芹根腐病 Parsley early fusarium root rot

根腐病是香芹的一种普通病害。各地均有发生。发生严重时对产量有较大的影响。

【典型症状】 苗期发病根系变褐腐烂，土壤潮湿时根茎部产生少量白霉。成株期发病，先是外叶萎蔫褪色，后全株萎蔫坏死（图 31-7），根茎部和根系变色，初为红褐色至黄褐色（图 31-8），后变成褐色至黑褐色腐烂（图 31-9）。土壤和空气湿度大时病部产生少量白色霉状物，后变粉红色。

图 31-7　香芹根腐病，植株枯死

图 31-8　香芹根腐病，发病株病根纵切

图 31-9　香芹根腐病，根系腐烂

【致病病原】 病原为一种镰孢霉 *Fusarium* sp.，属半知菌亚门镰刀菌。

【病害循环】 病原的菌丝体和厚垣抱了在病残体或土壤中越冬，第 2 年病原萌发产生分生孢子，直接侵染植株根部。病原可随雨水、灌溉水传播，从伤口侵入致病。病部不断产生分生孢子进行再侵染。

【发生规律】 全生育期均可发生。病原广泛存在，条件适宜时即发病。排水不良、地势低洼或水肥管理不当，易发病。

【防治措施】 (1) 农业防治。加强肥水管理，施用充分腐熟的有机肥，切忌漫灌，提倡高畦种植。实行与非伞形花科和茄科蔬菜轮作，尤其是水旱轮作。及时铲除病株，病穴撒生石灰灭菌，或用 2%生石灰水或 50%退菌特 WP 600 倍液浇灌病区。(2) 药剂防治。发病初期选用 98%恶霉灵 WP 200 倍液，45%特克多悬浮剂 1 000 倍液，50%多菌灵 WP 500 倍液浇根，每隔 5～7 d 浇 1 次，共浇 1～3 次。

香芹根结线虫病

Parsley root-knot nematode

根结线虫病是香芹的一种主要病害，对产量有较大的影响。

【典型症状】 植株地上部分生长不良，矮化、叶片变黄（图 31-10），根上形成瘤状突起（图 31-11）。

图 31-10　香芹根结线虫病，发病株

【致病病原】 病原为南方根结线虫 *Meloidogyne incognita* Chitwood，属植物寄生线虫。

病害循环、发生规律、防治措施参见芹菜根结线虫病。

图 31-11　香芹根结线虫病，病株根系

香芹肥害
Parsley fertilizer injury

【典型症状】 植株叶片，尤其是嫩叶易受害。发病时叶缘褪绿变黄，最后叶缘发白干枯（图 31-12）。受害重时，叶片呈水渍状，后变褐干枯，或在叶面上产生许多白色坏死斑点，导致叶片枯焦（图 31-13）。此病常大面积一起发生。

【发生原因】 此病属生理性病害，主要由于施肥方法不当或施肥过量，肥料在分解过程中产生氨气和亚硝酸而造成植株生理功能受阻。

【防治措施】 避免过量施肥，施肥后注意覆土。避免偏施氮肥，施用有机肥时应充分腐熟。棚室内施肥后应注意通风换气。

图 31-12　香芹肥害

图 31-13　香芹肥害

香芹白化变异
Parsley moisture stress

【典型症状】 整株或植株的一侧叶片或少数叶片全部呈白色，无叶绿素形成。或叶片初期绿色，以后局部褪绿而均匀变白或变黄。病叶细弱，叶片薄而软，易折断（图 31-14）。

图 31-14　香芹白化变异

【发生原因】 此病为生理性病害，主要是由于遗传基因发生变异，使植株不能进行正常光合作用，从而表现出部分叶片变白或黄化。

【防治措施】 不需防治。

32. 茴香病害

茴香病毒病 Fennel mosaic

病毒病为茴香的一种常见病害。发病率可达10%～30%，明显影响茴香生产。

【典型症状】 全株受害。早发病的植株表现矮缩，生长明显受抑，不抽薹或结果少而小。叶片呈畸形皱缩，或花叶斑驳状，迟感染的植株叶片也呈花叶皱缩，抽薹开花结实颇受影响（图 32-1）。

图 32-1 茴香病毒病

【致病病原】 病原为芹菜花叶病毒 1 号（Apium virus 1）和黄瓜花叶病毒（CMV），单独或复合侵染引起。参见芹菜病毒病。

【病害循环】 病原均在活体寄主植物上存活越冬。可借汁液和蚜虫传染，土壤不能传染，种子是否带毒尚未明确。

【发生规律】 夏、秋种植或春季干旱此病较重。利于蚜虫繁殖的生态条件，利于本病发生。

【防治措施】 参见芹菜病毒病。

茴香细菌性疫病 Fennel bacterial common blight

【典型症状】 主要为害地上部。发病初期在叶片上出现水渍状小斑点，后侵入叶脉、叶柄及枝条（图 32-2）。

图 32-2 茴香细菌性疫病

【致病病原】 病原为油菜黄单胞菌芫荽致病变种 *Xanthomonas campestris* pv. *coriandri*（Srinivasan，Patel et Thirumalachar）Dye.，属细菌。

【病害循环】 病原在病残组织及土壤中越冬。病原借灌溉水、肥料、农具等进行传播。病株地上部也可借风、雨接触传染，多从伤口侵入而引起发病。

【发生规律】 栽植过密，通风透光不良，高温、高湿条件，易诱发该病。

【防治措施】 （1）农业防治。发现病株及时挖除，集中深埋或烧毁。施用充分腐熟的有机肥。（2）化学防治。发病初期喷 30%氧氯化铜 SC 800 倍液，或 60%膦·乙膦铝 WP 500 倍液，或新植霉素 4 000～5 000 倍液，或 72%农用硫酸链霉素 SPX 4 000 倍液，或 1∶1∶200 倍式波尔多液。每隔 7～10 d 喷 1 次，连续喷 2～3 次。

茴香软腐病 Fennel soft rot

软腐病是茴香的一种常见病害。多零星发生，发生严重时对产量有明显影响。

【典型症状】 从幼苗基部叶柄和茎基开始侵染，使幼苗呈水渍状软腐，并很快向上蔓延。发病幼株折倒，引起邻近株发病腐烂，严重地块成片发病（图 32-3）。

图 32-3　茴香软腐病

【致病病原】 病原为胡萝卜软腐欧氏杆菌胡萝卜软腐病亚种 *Erwinia carotovora* subsp. *carotovora*（Jones）Bergey et al.。

【病害循环】 病原随病残体在土壤中越冬。由伤口侵入。病原借雨水、灌溉水及昆虫传播。

【发生规律】 阴雨天或露水未落干时整枝打杈，或虫伤多发病重。

【防治措施】 发病初期喷 25%络氨铜 AS 500 倍液，或 50%琥胶肥酸铜 WP 500 倍液，或 72%农用硫酸链霉素 SPX 4 000 倍液。

茴香叶枯病
Fennel gray spot

【典型症状】 主要为害茎、叶、花梗和果实。叶片发病初生黄色小点，扩大后成近圆形病斑，大小 1～2 mm，中央灰色，边缘褐色；茎和叶柄发病病斑椭圆形，中心部灰色，四周褐色；严重时病斑密密麻麻致叶片黄枯，病部生灰色霉状物，即病原分生孢子梗和分生孢子（图 32-4）。

图 32-4　茴香叶枯病

【致病病原】 病原为茴香短胖孢 *Cercosporidium punctum*（Lacroix）Deighton，属半知菌亚门真菌。

【病害循环】 病原以菌丝和分生孢子在病部越夏或越冬。第 2 年产生分生孢子借风雨传播蔓延。7～8 月发病，病部又产生分生孢子进行再侵染，一直延续到收获。

【发生规律】 高温高湿发病重。栽植过密、通风透光差及氮肥施用过量发病重。

【防治措施】 (1) 农业防治。选择地势平坦，有机肥充足，通风良好地块栽植菠菜，适当浇水，精细管理，提高植株抗病力。收获后及时清除病残体，集中深埋或烧毁，以减少菌源。(2) 化学防治。发病初喷 30%碱式硫酸铜 SC 400～500 倍液，或 1∶0.5∶160 倍式波尔多液，或 75%百菌清 WP 700 倍液，或 50%多·霉威 WP 1 000～1 500 倍液。每隔 7～10 d 喷 1 次，连续喷 2～3 次。

茴香菌核病
Fennel sclerotinia rot

菌核病是茴香的一种重要病害，以老菜区发生较多，发生严重时发病率可达 30%以上，明显影响产量和质量。

【典型症状】 主要为害茎和叶柄。被害株呈凋萎状，病部呈褐色湿润状，后变软腐烂（图 32-5），表面缠绕蛛丝状霉（图 32-6），后期病部表面及茎腔内产生黑褐色鼠粪状菌核。

图 32-5　茴香菌核病，软腐

图 32-6 茴香菌核病，蛛丝状霉

图 32-7 茴香枯萎病

【致病病原】 病原为核盘孢 *Sclerotinia sclerotiorum*（Lib.）de Bary，属子囊菌亚门真菌。子囊盘初为淡黄褐色，后变褐色。生有很多平行排列的子囊及侧丝。子囊椭圆形或棍棒形，无色，大小（91～125）μm×（6～9）μm；子囊孢子单胞，椭圆形，排成一行，大小（9～14）μm×（3～6）μm。

【病害循环】 病原以菌核和菌丝体随病残体遗落土中越冬。在适宜条件下，菌核萌发形成子囊盘，子囊盘产生子囊孢子进行初侵染，借气流传播蔓延。病部产生的菌丝体通过接触扩大为害。

【发生规律】 田间有马齿苋、灰藜等杂草时，菌核病能侵染这些杂草并传播到蔬菜上引起发病。病地连作，植地低洼，偏施过施氮肥，植株柔弱，易发病。

【防治措施】 参见芹菜菌核病。

茴香枯萎病 Fennel fusarium wilt

【典型症状】 叶片发黄，植株瘦弱矮小，有时在花期出现烂根现象。后期叶片变黄干枯，根部发黑，侧根少（图 32-7）。

【致病病原】 病原为尖镰孢 *Fusarium oxysporum* Schlecht.，属半知菌亚门真菌。子座灰褐色。分生孢子有 2 种类型：大型分生孢子镰刀形，弯曲，大小（19～45）μm×（2.5～5）μm。小型分生孢子 1～2 个细胞，卵形或肾脏形，大小（5～26）μm×（2～4.5）μm。

【病害循环】 病原随病残体在土壤中或种子上越夏或越冬，未腐熟的粪肥也可带菌。病原从根部伤口或根尖直接侵入，侵入后经薄壁细胞到达维管束，在维管束中，病原产生镰刀菌素等有毒物质，堵塞导管，引起叶片萎蔫枯死。病原随雨水及灌溉水传播。

【发生规律】 高温多湿利于发病。土温 25～30 ℃，土壤潮湿，肥料未充分腐熟，地下害虫多，易发病。

【防治措施】（1）农业防治。与百合科蔬菜、禾本科作物实行 3～5 年轮作。配方施肥，提高植株抗病力。雨后及时排水，严禁大水漫灌。（2）化学防治。病穴及邻近植株进行灌根，药剂选用 50%苯菌灵 WP 1 500 倍液，或 46%琥·乙膦铝 WP 400 倍液，或 36%甲基托布津 SC 400 倍液，或 20%甲基立枯磷 EC 900～1 000 倍液。隔 10 d 喷 1 次，连续喷 2～3 次。

茴香菟丝子 Fennel chinese cuscuta

菟丝子为寄生性种子植物。多在新开菜田或管理粗放的地区为害，发病重时显著影响产量和质量。

【典型症状】（1）被害株症状。在植株上有黄色丝状物缠绕茎叶部，致植株黄化，生长缓慢，严重影响生长（图 32-8）。（2）菟丝子形态。

茎细弱，黄化，无叶绿素，茎与寄主的茎接触后产生吸器，附着在寄主表面吸收营养，花白色，花柱 2 条，头状，萼片具脊，脊纵行，萼片现出棱角，萼片背面具纵脊，雄蕊与花冠裂开互生，蒴果成熟后被花冠全部包住，破裂时呈周裂（图 32-9）。

图 32-8　茴香菟丝子，缠绕茎叶部

图 32-9　茴香菟丝子，花

【致病病原】 为害茴香的菟丝子为中国菟丝子（*Cuscuta chinese*），属寄生性种子植物。

【病害循环】 菟丝子种子可混杂在寄主种子内及随有机肥在土壤中越冬，其种子外壳坚硬，经 1～3 年才发芽，在田间可沿畦埂地边蔓延，遇合适寄主即缠茎寄生为害。

【防治措施】 精选种子，防止菟丝子种子混入。深翻土地 21 cm，以抑制菟丝子种子萌发。摘除菟丝子藤蔓，带出田外烧毁或深埋。在菟丝子幼苗未长出缠绕茎之前锄灭。厩肥经高温发酵处理后再施入田中，使菟丝子种子失去发芽力或沤烂。

33. 菠菜病害

S菠菜病毒病
Spinach mosaic

病毒病是菠菜的一种主要病害。各地均有发生。通常零星发生，对生产无明显影响。发生严重时发病率可达到30%以上，显著影响菠菜的产量和品质。

【典型症状】 最初为心叶叶脉褪绿，称明脉症。随病情的发展，出现3种症状。(1) 花叶型。病株叶片上出现许多黄色斑点，逐渐发展成不规则的深绿和浅绿相间的花叶（图33-1）。叶片边缘向下卷，病株无明显矮化。(2) 矮化型。病株除出现花叶症状外，叶片还变窄、皱缩并有瘤状突起，心叶卷缩，植株严重矮化（图33-2）。(3) 坏死型。病株叶片上有坏死斑，甚至心叶坏死，导致全株死亡。

图33-1　菠菜病毒病，花叶

图33-2　菠菜病毒病，矮化

【致病病原】 病原为黄瓜花叶病毒（CMV）、芜菁花叶病毒（TuMV）或甜菜花叶病毒（BMV），单独或复合侵染引起。黄瓜花叶病毒球状，直径28～30 nm。芜菁花叶病毒线状，大小（700～800）nm×（12～18）nm。甜菜花叶线条状，大小730 nm×12 nm。黄瓜花叶病毒寄主范围39科117种植物；芜菁花叶病毒寄主十字花科蔬菜、菠菜、茼蒿、芥菜及荠菜、车前草等杂草。

【病害循环】 病毒在菠菜及菜田杂草上越冬，由蚜虫或汁液接触进行传播蔓延。

【发生规律】 干旱及蚜虫发生量大发病重。

【防治措施】 田间铺挂银灰膜条避蚜。及时清洁田园，铲除田间杂草，拔除病株。选择通风良好，远离萝卜、黄瓜的地块种植。做到适时播种，避免过早。遇有春旱或秋旱要多浇水，可减少发病。施足有机肥，增施磷、钾肥。及时防治蚜虫。

S菠菜霜霉病
Spinach downy mildew

霜霉病是菠菜的一种主要病害。各地均有分布。病株率10%～30%，严重时病株率可达60%以上，显著影响产量和质量。

【典型症状】 主要为害叶片。受害部位初为淡绿色水渍状圆形小点，边缘不明显，渐发展为较大的黄色圆形病斑；后期扩大呈不规则形，叶背病斑上产生灰白色霉层，再变为紫灰色（图33-3）；病斑从植株下部向上发展，干旱时病叶枯黄，潮湿时腐烂。系统侵染的病株易呈萎缩状，叶背有大量紫灰色霉层；严重时一片叶上病斑多达数十个，全叶枯黄（图33-4）。

【致病病原】 病原为菠菜霜霉菌 *Peronospora spinaciae*（Greb.）Lavb.，属鞭毛菌亚门真菌。孢囊梗从气孔伸出，大小200～450 μm。孢囊梗无色，分枝与主轴成锐角，分枝3～6次。孢子囊卵形，半透明，顶生，无乳状突，单胞，大小（18～34）μm×（16～24）μm。卵孢子球形，黄褐色，具厚膜，大小24～38 μm。

图 33-3 菠菜霜霉病

图 33-4 菠菜霜霉病

【病害循环】 病原以菌丝在被害的植株和种子上或在病残体内越冬。第 2 年春天借气流、雨水、农具、昆虫及农事操作传播蔓延。

【发生规律】 春季及秋末冬初发生较重。当气温为 7～16 ℃，在多雨多雾潮湿的环境下易发病。种植密度过大，田间积水，播种过早，发病重。

【防治措施】 （1）农业防治。早春在菠菜田内发现系统侵染的萎缩株，要及时拔除。重病区应实行 2～3 年轮作。加强栽培管理，做到密度适当，科学灌水。（2）化学防治。用 72%克露 WP 800～1 000 倍，或 52.5%抑快净 WG 2 000～2 500 倍，或 64%安克·锰锌 WP 1 000 倍液，或 50%安克 WP 3 000 倍液，或 58%甲霜灵·锰锌 WP 800 倍液，或 72.2%普力克 AS 800 倍液，隔 7～10 d 进行叶面喷雾，连续喷 2～3 次。由于上述药剂均为内吸剂，具有治疗作用，在发病初期或盛期能有效地控制病害。棚室栽培，每亩喷施 5%百菌清粉尘 1 kg，或每个标准棚用 45%百菌清 FU 100 g，于傍晚闭棚后熏烟，次日早晨通风，隔 7 d 熏 1 次，连续熏 3～6 次。

菠菜猝倒病 Spinach damping-off

猝倒病是早春播种菠菜的一种主要病害。

【典型症状】 幼苗茎基部呈水渍状，浅褐色，后发生基腐，幼苗尚未凋萎已猝倒，不久全株枯萎死亡（图 33-5）。

图 33-5 菠菜猝倒病

【致病病原】 病原为瓜果腐霉 *Pythium aphanidermatum*（Eds.）Fitzp.，属鞭毛菌亚门真菌。瓜果腐霉菌丛白色绵状，菌丝体发达，具分枝，无隔膜，菌丝宽 3～7 μm。游动孢子囊顶生，膨大成不规则形。

【病害循环】 （1）越冬与初侵染源。病原以卵孢子在 12～18 cm 表土层越冬，并在土中长期存活。春天遇有适宜条件萌发产生孢子囊，以游动孢子或直接长出芽管侵入寄主。（2）传播特点。田间再侵染主要靠病苗上产出孢子囊及游动孢子，借灌溉水或雨水溅射传播蔓延。

【发生规律】 多发生在土壤潮湿和连阴雨多的地方，与其他根腐病共同为害。

【防治措施】 用种子重量 0.2%的 40%拌种双 DP 拌种，或种子重量 0.2%～0.3%的 75%百菌清 WP，或 70%代森锰锌 WP 或 60%多菌灵 WP 拌种。发病时喷 25%甲霜灵 WP 800 倍液。

菠菜炭疽病 Spinach anthracnose

炭疽病是菠菜的一种主要病害。各地均有分布。露地发病较重，发病率 20%左右，严重时发病率可达 40%以上，明显影响菠菜的产量。

【典型症状】 主要为害叶片及茎。（1）叶片。先出现淡黄色污点，后渐扩大成圆形或椭圆形病斑，灰褐色，有轮纹，病斑中央有小黑点（图 33-6）。（2）采种株。主要发生于茎部，病斑梭形或纺锤形，密生黑色轮纹状排列的小粒点。

图 33-6 菠菜炭疽病

【致病病原】 病原为菠菜刺盘孢 *Colletotrichum spinaciae* Ell. et Halst.，属半知菌亚门真菌。

【病害循环】 病原以菌丝在病组织内或黏附在种子上越冬，成为第 2 年的初侵染源。春天条件适宜时借风雨传播，由伤口或穿透表皮直接侵入，经几天潜育又进行再侵染。

【发生规律】 降雨多，地势低洼，栽植过密，植株生长不良，发病重。

【防治措施】 (1) 种子消毒。种子用 52 ℃温水渍 20 min，后移入冷水中冷却，晾干后再播种。(2) 农业防治。实行 3 年以上轮作。做到合理密植，避免大水漫灌。适时追肥，注意氮、磷、钾配合。清洁田园，及时清除病残体，携出田外烧毁或深埋。(3) 化学防治。每亩棚室每次可用 6.5%甲霉灵超细粉尘 1 kg 喷粉。露地栽培常用药剂有 50%溴菌清 WP 500 倍液，或 50%多菌灵 WP 700 倍液，或 40%多·硫 SC 600 倍液，或 80%炭疽福美 WP 800 倍液。隔 7～10 d 喷 1 次，连续喷 3～4 次。

菠菜斑点病
Spinach leaf mold

菠菜斑点病又称叶霉病，是保护地菠菜的一种主要病害，严重影响菠菜的品质和产量。

【典型症状】 主要侵害叶片。叶片上初呈褐色圆形斑，中央淡褐色，略凹陷；病斑边缘褐色，稍隆起，直径约 4 mm；病斑上可长出黑褐色霉层（图 33-7）。

【致病病原】 病原为变异芽枝孢 *Cladosporium variablile* (Cooke) de Vries.，属半知菌亚门真菌。分生孢子梗生在叶面，每束 1～3 根，曲折，孢痕明显，一般每节具孢痕 2 个，淡橄褐色，先端色较淡，具横隔膜 0～6 个，大小（18.6～217.6）μm×（3.4～6.1）μm。分生孢子短杆状至长卵状或倒棒状，淡橄褐色，具横隔膜 1～5 个，表面有密集的微刺，大小（8.5～40.8）μm×（5.1～10.2）μm。

图 33-7 菠菜斑点病

【病害循环】 病原以菌丝体潜伏在病部越冬。病原靠气流传播蔓延，进行初侵染和再侵染。

【发生规律】 天气温暖多雨，田间湿度大，偏施过施氮肥，发病重。

【防治措施】 (1) 农业防治。收获后及时清除病残体，集中烧毁或深埋。合理密植，适量灌水，雨后及时排水。(2) 化学防治。常用药剂有 36%甲基托布津 SC，或 50%混杀硫（甲基托布津加硫黄）SC 500 倍液，或 40%多·硫 SC 600 倍液。

菠菜叶斑病
Spinach cercospora leaf spot

菠菜叶斑病又称白斑病，是菠菜的一种常见病害。通常病株率 10%～30%，严重时达 60%以上，明显影响菠菜生产。

【典型症状】 主要为害叶片。先从下部叶片开始发病。发病初期叶片上出现圆形至近圆形病斑，直径为 0.5～3.5 mm；病斑中间褪绿，外缘淡褐至紫褐色，边缘清晰，扩展后逐渐发展为白色斑；湿度大时，有些病斑上可见灰褐色霉状物。有些病斑中间破裂，有的病斑长出灰色霉状物（图 33-8）。

图 33-8 菠菜叶斑病

【致病病原】 病原为甜菜生尾孢 *Cercospora beticola* Sacc.，属半知菌亚门真菌。

【病害循环】 病原以菌丝体随病残体在土壤中越冬。春天借风雨传播蔓延，进行初侵染和再侵染，不断扩大为害。

【发生规律】 生长势弱，温暖高湿条件，易发病。地势低洼，窝风，管理不善发病重。

【防治措施】 (1) 农业防治。选择地势平坦，有机肥充足，通风良好地块栽植菠菜，适当浇水，精细管理。收获后及时清除病残体，集中深埋或烧毁，以减少菌源。(2) 化学防治。发病初期喷75%百菌清 WP 700 倍液，或 50%多霉灵 WP 1 000～1 500 倍液。隔 7～10 d 喷 1 次，连续喷 2～3 次。

菠菜心腐病 Spinach heart rot

心腐病是菠菜的一种重要病害。各地均有发生。发生严重时病株率可达 20%，影响菠菜的产量和质量。

【典型症状】 主要为害菠菜的茎基部，叶、茎和根均可受害。种子带菌的菠菜发芽后未出土即发病，出土后幼苗茎基变褐、缢缩，引致猝倒或腐烂，造成缺苗断垄。大苗发病根茎处变褐，缢缩，植株外叶黄化，心叶坏死，或半边黄化半边坏死，最后腐烂（图 33-9）。发病后病茎基部产生不明显的小黑点。

图 33-9 菠菜心腐病

【致病病原】 病原为甜菜茎点霉 *Phoma betae* (Oud.) Frank.，属半知菌亚门真菌。(1) 形态和大小。分生孢子器球形至扁球形，暗褐色，埋生于表皮下，后部分突出表皮。分生孢子圆形至椭圆形，单胞无色。厚垣孢子壁厚，圆形，无色。(2) 特性。病原发育适温为 27 ℃，分生孢子形成和发育温度为 3～35 ℃，适宜温度为 23～25 ℃，适宜湿度为 95%～100%。

【病害循环】 病原以菌丝体和分生孢子器随病残体在土壤中越冬。也可以菌丝体或分生孢子在种子上存活。以分生孢子通过风雨或浇水传播，形成初侵染和再侵染。

【发生规律】 土壤干燥，根茎受伤或施肥不当，土壤盐碱重，植株生长不良，均有利于发病。

【防治措施】 (1) 种子消毒。播种前用 52 ℃温水浸种 30 min。用种子重量 0.3%的 50%扑海因 WP 拌种。(2) 农业防治。选择排灌方便的壤土种植，施用充分腐熟的有机肥。适时浇水、施肥，及时拔除初期病苗；防止大水漫灌，控制病虫害发生。

34. 番杏病害

番杏猝倒病 New zealand spinach damping-off

猝倒病是番杏苗期一种主要病害。

【典型症状】 幼苗茎基部呈水渍状，浅褐色，后发生基腐，幼苗尚未凋萎已猝倒，不久全株枯萎死亡（图 34-1）。

图 34-1 番杏猝倒病

【致病病原】 病原为瓜果腐霉 *Pythium aphanidermatum*（Eds.）Fitzp.，属鞭毛菌亚门真菌。

病害循环、发生规律、防治措施参见菠菜猝倒病。

番杏叶斑病 New zealand spinach phyllosticta leaf spot

【典型症状】 主要为害叶片，叶片上生淡褐色至暗褐色近圆形或不规则形病斑，大小 3～5 mm，病斑边缘色较深，后期病部生少量小黑点，即病原菌的分生孢子器（图 34-2，3）。

【致病病原】 病原为藜叶点霉 *Phyllosticta chenopodii* Sacc.，属半知菌亚门真菌。

【病害循环】 病原以分生孢子器随病残体在土壤里越冬。翌春条件适宜时产出分生孢子，借风雨进行初侵染和再侵染。

图 34-2 番杏叶斑病，叶面症状

图 34-3 番杏叶斑病，叶背症状

【发生规律】 天气温暖多雨或田间湿度大或偏施过施氮肥发病重。

【防治措施】 (1) 农业防治。与瓜类、茄果类、十字花科类、豆类蔬菜实行轮作。选择排水良好的地块种植。施入充分腐熟的有机肥，增施磷、钾肥。选择晴天浇水，防止大水漫灌，田间不能积水。保护地要加强通风，降低温度。发现病叶及时摘除，收获后清洁田园。(2) 化学防治。发病初期喷施 70%甲基托布津 WP 1 000 倍液，或 50%多菌灵 WP 800 倍液，或 40%多·硫 SC 500～600 倍液。隔 7 d 喷 1 次，连续喷 2～3 次。

番杏黑斑病 New zealand spinach alternaria leaf spot

【典型症状】 主要为害叶片，病斑圆形或近圆形，淡褐色至褐色，直径 2～6 mm，微具同心轮纹，病斑上生黑色的霉状物，即病原菌分生孢子梗和分生孢子（图 34-4，5）。

图 34-4　番杏黑斑病，叶面症状

图 34-5　番杏黑斑病，叶背症状

【致病病原】 病原为桂竹香链格孢 *Alternaria cheiranthi*（Lib.）Wiltsh.，属半知菌亚门真菌。

【病害循环】 病原以菌丝或分生孢子在种子或病残体上越冬。春天病原借气流或雨水及农事操作进行传播，经气孔或伤口侵入，也可直接穿透表皮侵入进行初侵染和再侵染。

【发生规律】 多雨年份或田间湿度高利于发病。

【防治措施】 参见番杏叶斑病。

番杏炭疽病
New zealand spinach anthracnose

炭疽病是番杏的一种主要病害。各地均有分布。发生普遍，露地发病较重。

【典型症状】 主要为害茎，发生于茎部，病斑梭形或纺锤形，密生黑色轮纹状排列的小粒点，引起植株生长衰弱，并导致病斑上部茎枯死，发病茎上病斑长出淡淡霉层（图 34-6）。叶片出现圆形病斑，中央淡褐色，边缘褐色（图 34-7）。

图 34-6　番杏炭疽病，发病茎部症状

图 34-7　番杏炭疽病，发病叶片

【致病病原】 病原为菠菜刺盘孢 *Colletotrichum spinaciae* Ell. et Halst.，属半知菌亚门真菌。

【病害循环】 病原以菌丝在病组织内或黏附在种子上越冬，成为第 2 年的初侵染源。春天条件适宜时借风雨传播，由伤口或穿透表皮直接侵入，经几天潜育又进行再侵染。

【发生规律】 降雨多，地势低洼，栽植过密，植株生长不良，发病重。

【防治措施】 （1）种子消毒。播种前种子用 52 ℃温水渍 20 min，后移入冷水中冷却，晾干后再播种。（2）农业防治。种植早熟一代杂种。实行 3 年以上轮作。做到合理密植，避免大水漫灌。适时追肥，注意氮、磷、钾配合。清洁田园，及时清除病残体，携出田外烧毁或深埋。（3）化学防治。参见菠菜炭疽病。

番杏沤根
New zealand spinach moisture stress

沤根是番杏的一般性生理性病害，各地均有发生。发生严重时可以造成幼苗或成株死亡。

【典型症状】 病初期根系表皮变褐或呈水渍状，新根很少或者没有新根。严重时部分或全部根系腐烂（图 34-8）。地上部分叶色变淡至萎蔫枯死（图 34-9）。

【发生原因】 主要由于土壤长时间过度潮湿，植株根系缺氧而无法进行正常的生理活动所致。

【防治措施】 中耕松土，改善土壤通透性。控制浇水，防止土壤长时间浸水。施用充分腐熟的有机肥。

图 34-8　番杏沤根，根部特征

图 34-9　番杏沤根，植株枯死

35. 豆瓣菜病害

W豆瓣菜丝核菌腐烂病 Watercress rhizoctonia rot

【典型症状】 为害叶片和茎。叶片病斑椭圆形至不定型，灰褐色至灰绿色或灰白色，多从叶尖或叶缘开始，湿度大时斑面现蛛丝状霉即菌丝体（图 35-1）。发病严重的叶片枯白，不能食用。茎部染病产生褐色不定型斑，病情严重可绕茎一周，致茎部缢缩、变褐粘地，后期病部可见菌核（图 35-2）。

【致病病原】 病原为丝核菌 *Rhizoctonia solani* Kühn，属半知菌亚门真菌。

图 35-1　豆瓣菜丝核菌腐烂病

【病害循环】 病原以菌丝体或菌核在土壤、田间杂草或其他寄主上越冬，借水流或灌溉水传播，进行初侵染。病部产生的菌丝，通过叶片接触或菌丝的匍匐攀缘进行再侵染，使病害由点片发生逐渐蔓延扩大。

【发生规律】 通常早春至初夏天气温暖，降雨多，雾露重，有利该病发生；偏施过施氮肥，植株长势过旺，发病重。

【防治措施】 （1）农业防治。避免偏施过施氮肥。（2）化学防治。发病初期喷洒 50%扑海因 WP 1 500 倍液，50%农利灵 WP 1 000 倍液，5%田安 AS 300～400 倍液，5%井冈霉素 AS 50～100 mg/kg，连续喷施 2～3 次，隔 7～10 d 1 次。

图 35-2　豆瓣菜丝核菌腐烂病

36. 蕹菜病害

蕹菜病毒病
Waterspinach mosaic

病毒病是蕹菜的一般性病害。各地均有分布。为害较轻。当病株率达到60%以上时，会影响到产品的质量。

【典型症状】 各生长期都会发病，主要发生在叶片上，苗期发病会对生产带来较大的损失。发病症状变化较大。主要表现为叶片变小、畸形（图36-1）、皱缩（图36-2），叶质粗厚（图36-3），有的病株矮化（图36-4），生长受阻，并会产生坏死现象（图36-5，6）。有的叶片表现黄绿斑驳、花叶或网状花叶等（图36-7）。

图 36-1　蕹菜病毒病，蕨叶形

图 36-2　蕹菜病毒病，皱缩

图 36-3　蕹菜病毒病，叶片变厚

图 36-4　蕹菜病毒病，植株矮化

图 36-5　蕹菜病毒病，坏死

图 36-6　蕹菜病毒病，环斑坏死

图 36-7　蕹菜病毒病，花叶

【致病病原】　病原为烟草花叶病毒（TMV）、黄瓜花叶病毒（CMV）和甜菜曲顶病毒（BCTV），单独或复合侵染引起。

【病害循环】　病原可经汁液、蚜虫或叶蝉以及种子传毒。

【发生规律】　田间农事操作和有利于虫媒活动的天气，对发病有利。

【防治措施】（1）农业防治。田间可采用遮阳网降低田间温度，切忌温度过高。（2）化学防治。播种前苗床用50%甲基托布津 WP 8～9 g/m² 消毒，与筛好的细土充分拌匀，撒在床面上，然后播种育苗。

蕹菜细菌性叶枯病
Waterspinach bacterial leaf blight

细菌性叶枯病是蕹菜的一种重要病害。部分地区发生。一旦发病，病株率很高，对产量和质量都有明显的影响。

【典型症状】　主要为害叶片。病原多从叶缘开始侵染，初期沿叶缘向里呈黄褐色至褐红色，形成半圆形或不规则形坏死斑，以后发展成大型的坏死病斑（图 36-8）。也有的病斑是从叶面发生，形成不定型的坏死枯斑。病情严重时，几个病斑连到一起，叶片枯死（图 36-9）。

图 36-8　蕹菜细菌性叶枯病，发病初期

图 36-9　蕹菜细菌性叶枯病，发病后期

【致病病原】病原为一种细菌。

【病害循环】病原能由种子传播，幼苗期即可发病。

【发生规律】　主要在夏秋露地上发生。雨水多，雨量大，或田间积水，发病严重。

【防治措施】（1）种子处理。用种子重量0.3%的47%加瑞农 WP 拌种。（2）农业防治。合理浇水和施肥，雨后及时排水。（3）化学防治。发病初期喷47%加瑞农 WP 600 倍液，或77%可杀得 WP 500 倍液。隔7～10 d 喷1次，连续喷2～3次。

蕹菜白锈病
Waterspinach white rust

白锈病是蕹菜的一种重要病害。一般年份减产15%左右，发病严重时减产40%～60%，影响商品外观和食用价值。

【典型症状】　主要为害叶片和茎，也为害根。（1）叶片。①蕹菜白锈菌引起的症状为最初叶面出现淡黄绿至黄色斑点，病斑渐扩大，逐渐变为褐色；叶背面对应着生白色隆起状疱斑，近圆形或椭圆形至不规则形，有时连接成较大的疱斑，后期疱斑破裂散出白色孢子囊（图 36-10，11）。②旋花白锈菌引起的症状为疱斑沿叶脉发展，叶片受害严重时病斑密集，病叶出现皱缩畸形，叶片脱落（图 36-12，13）。（2）茎部。旋花白锈菌引起的白锈病，可以为害茎部，形成畸形肿瘤，内含大量卵孢子。病茎上部叶片停止生长，严重影响产量。

【致病病原】　病原为蕹菜白锈菌 *Albugo ipomoeae aquaticae* Saw 和旋花白锈菌 *Albugo ipomoeae-panduranae*（Schw.）Swingle，属鞭毛菌亚门真菌。（1）蕹菜白锈菌。孢子囊梗无色，棍棒状，

图 36-10　蕹菜白锈病，蕹菜白锈菌引起叶面症状

图 36-11　蕹菜白锈病，蕹菜白锈菌引起叶背症状

图 36-12　蕹菜白锈病，旋花白锈菌引起叶面症状

图 36-13　蕹菜白锈病，旋花白锈菌引起叶背症状

不分枝，大小（35～62.5）μm×（15～25）μm。孢子囊无色，椭圆形至扁椭圆形，串生，大小（15.9～25.0）μm×（12.5～22.1）μm。（2）旋花白锈菌。孢囊梗棍棒状，顶部较大，楔足明显，大小（20～78）μm×（8～27）μm。孢子囊短圆筒形或近球形，无色，中央膜稍厚，大小（12.5～24.3）μm×（12.5～21.6）μm；卵孢子淡黄色至暗褐色，平滑或成熟时外壁具瘤状突起，大小（35～51.4）μm×（31.3～42.7）μm，藏卵器无色，散生或群生，大小（46～61）μm×（41～52）μm。（3）寄主。这种病原可以侵染旋花科蔬菜。

【病害循环】 病原落到土壤中越冬。在适宜环境条件下萌发，借助气流飘移到叶片上，并侵染而引起发病，可重复侵染蕹菜，引起病害流行。

【发生规律】 温暖潮湿有利发病。在气温23～27 ℃，连阴雨湿度大发病重。叶片纤弱幼嫩阶段易被侵染。当播种过密而植株徒长纤弱，偏施氮肥，浇水过多又不均匀，连作时易发病。

【防治措施】 （1）种子消毒。种子用150～200倍磷酸二氢钾液浸种6～8 h，再用干种子重量0.3%的25%甲霜灵拌种剂拌种。（2）农业防治。病原仅局限于侵染旋花科蔬菜，隔年轮作可大大减少土中的卵孢子数量。清除田间病株和病残体。开沟排水，田间不能积水，降低湿度。植株过密应及时疏株，以利通风降湿，大棚栽培还应做好通风换气工作。浇水应安排在晴天上午进行。施足基肥，追肥不偏施氮肥，增施磷、钾肥。（3）化学防治。出现零星病株时喷15%粉锈宁 WP 1 500倍液，或50%萎锈灵 EC 800倍液，或10%世高 WG 1 200倍液，或58%甲霜灵·锰锌500倍液，或64%杀毒矾 WP 500倍液，或72.2%普力克 AS 800倍液。隔7～10 d喷1次，连续喷2～3次。

蕹菜轮斑病
Waterspinach phyllosticta leaf spot

轮斑病是蕹菜的一种重要病害。一般病株率5%～15%，对产量影响不大；发病较重的田块病株率可达60%，减产30%～40%。

【典型症状】 为害叶片，叶柄和嫩茎有时也受到侵染。发病初期叶片上出现点状病斑，褐色，后扩大为圆形、椭圆形或不规则形的大病斑，浅褐至红褐色，有较明显同心轮纹（图 36-14）。后期产生较稀疏的黑色小点，即病原分生孢子器（图 36-15）。叶柄和嫩茎发病时病斑为椭圆形的凹陷病斑，易从病部折断。

图 36-14 蕹菜轮斑病，叶片病斑

图 36-15 蕹菜轮斑病，病斑生小黑点

【致病病原】 病原为蕹菜叶点霉菌 *Phyllosticta ipomoeae* Ell. et Kell.，属半知菌亚门真菌。(1) 形态和大小。分生孢子器球形或扁球形，生于叶斑两面，埋藏于寄主组织内，孔口突破表皮外露；分生孢子卵形或椭圆形，无色，单胞。(2) 寄主。这种病原可以侵染蕹菜、甘薯等旋花科植物。

【病害循环】 病原在病残体内越冬。病原随雨水溅淋，近地面叶片先发病，并进行多次再侵染。

【发生规律】 在 6 月初始发，雨水多的年份，生长郁蔽田块发病重。

【防治措施】 (1) 农业防治。发病重的病田，要实行 1～2 年轮作。冬收获后应彻底清除病残落叶，并适当深翻土壤。(2) 化学防治。发病初期喷 70%甲基托布津 WP 600 倍液，或 50%敌菌灵 WP 400 倍液，或 40%多硫胶悬剂 500 倍液，或 45%特克多 SC 600 倍液。也可每亩用 5%百菌清 DP 1 kg 喷粉防治。

蕹菜叶斑病 Waterspinach leaf spot

叶斑病是蕹菜的一种常见病害。

【典型症状】 主要为害叶片。(1) 柱盘孢引起的叶斑病。病斑黄色至黄褐色，开始病斑的边缘不明显，病斑圆形或不规则形，后期病斑颜色渐深，四周有较宽的黄色晕圈，病斑较大（图 36-16）。(2) 茄匍柄霉引起的叶斑病。病斑多为圆形，边缘光滑，病斑小而多，深褐色，叶斑中央灰白色，有轮纹，有黄色晕圈，斑点脱落后呈穿孔状（图 36-17）。(3) 帝纹假尾孢引起的叶斑病。病斑圆形或近圆形，边缘不光滑，呈褐色至深褐色，有清晰轮纹，中央灰白色（图 36-18）；病情严重时，病斑多相互汇合在叶片上形成大块状焦枯，病斑比茄匍柄霉引起的叶斑病大。

图 36-16 蕹菜叶斑病，柱盘孢引起

图 36-17 蕹菜叶斑病，茄匍柄霉引起

图 36-18 蕹菜叶斑病，帝纹假尾孢引起

【致病病原】 病原为柱盘孢 *Cylindrosporium* sp.、茄匍柄霉 *Stemphylium solani* Weber、帝纹假尾孢 *Pseudocercospora timorensis* (Cooke)

Daghton.，均属半知菌亚门真菌。(1) 柱盘孢。分生孢子盘由分生孢子梗集生而成；分生孢子梗短线状，单胞，无色，排列成栅状，直或略弯；分生孢子线形至长棍棒状，直立或弯，引起叶斑或穿孔。(2) 茄匐柄霉。分生孢子梗暗色，单生或2～5 根丛生，大小 (130～200) μm×(4～7) μm，有分隔；分生孢子浅黄褐色，长方形至椭圆形，具砖格状分隔，近于网状，中间分隔处缢缩，有些孢子表面具极短毛刺状物，具乳头样短喙，大小 (45～50) μm×(20～25) μm，长宽比约 2∶1。(3) 帝纹假尾孢。子座生在气孔下，不发达，褐色；分生孢子梗淡榄褐色，成簇密生，稍屈曲，偶尔分枝，大小 (5～50) μm×(2.5～5) μm；分生孢子无色至浅褐色，圆筒形或倒棍棒状，直或略弯曲，0～5 个隔膜，基部呈倒长圆锥状，且底平切状，大小 (20～100) μm×(2～4) μm。

【病害循环】 (1) 越冬与初侵染源。在南方病原菌辗转传播蔓延。病原菌以菌丝体或分生孢子座在病残体或植株上越冬。春天进行初侵染。(2) 传播特点。病原菌借气流、风雨或昆虫传播，进行再侵染。

【发生规律】 潮湿多雨季节或反季节栽培发病重。

【防治措施】 (1) 农业防治。收获后及时清洁田园，扫除枯枝残叶，以减少菌源积累。(2) 化学防治。发病期喷施 75%百菌清 WP 600 倍液，或 50%扑海因 WP 1 500 倍液，或 64%杀毒矾 WP 500 倍液，或 50%琥胶肥酸铜 WP 500 倍液，或 60%琥·乙膦铝 WP 500 倍液，或 1∶1∶100 倍式波尔多液，或 30%氧氯化铜 SC 800 倍液。每隔 7～10 d 喷施 1 次，连续喷 3～4 次。采收前 7 d 停止用药。

蕹菜褐斑病
Waterspinach leaf spot

褐斑病是蕹菜的一种常见病害。

【典型症状】 甘薯生球腔菌引起的褐斑病先出现褐色圆形叶斑，四周具褐色晕圈，扩展后有同心轮纹，斑面上散生黑色小粒点 (图 36-19)。甘薯尾孢菌引起的褐斑病初为黄褐色小点，后扩展成圆形至椭圆形，或不规则形黑褐色病斑，直径 4～8 mm，边缘明显。发病重的，病斑相互连接，病叶黄枯而死 (图 36-20)。

图 36-19 蕹菜叶斑病，甘薯生球腔菌引起

图 36-20 蕹菜褐斑病，甘薯尾孢菌引起

【致病病原】 病原有甘薯生球腔菌 *Mycosphaerella ipomoeaecola* Hara.、甘薯尾孢菌 *Cercospora ipomoeae* Wint. 等，属子囊菌亚门真菌。甘薯生球腔菌子囊座球形至扁球形，大小 60～120 μm，孔口直径 20～25 μm；子囊圆筒形至棍棒形或长卵形，大小 (45～65) μm×(12～15) μm；子囊孢子纺锤形或长椭圆形，双胞，大小 (14～18) μm×(6～7) μm。

【病害循环】 病原以子囊果或菌丝体在植株病部越冬。病原接触到蕹菜的叶片、茎上，引起初侵染，产生叶斑。

【发生规律】 天气多雨潮湿易发病。反季节栽培，蕹菜易发病。

【防治措施】 (1) 农业防治。提倡施用腐熟的堆肥；及时清除病残体，集中深埋或烧毁，以减少初侵染源。(2) 化学防治。常用药剂有 70%代森锰锌 DF 500 倍液，或 36%甲基托布津 SC 600 倍液，或 50%多菌灵 WP 600～700 倍液，或 50%苯菌灵 WP 1 500 倍液。隔 7～10 d 喷 1 次，连续喷 2～3 次。

蕹菜炭疽病 Waterspinach anthracnose

【典型症状】 主要为害叶片及茎部，幼苗受害可引起死苗（图 36-21）。发病叶片上的病斑近圆形，暗褐色，斑面微有轮纹，病斑上密生小黑点；病斑扩大并汇合，引起叶片变黄干枯（图 36-22）；茎上病斑近椭圆形，稍下陷 。

图 36-21　蕹菜炭疽病，苗期症状

图 36-22　蕹菜炭疽病，叶片症状

【致病病原】 病原为刺盘孢菌 *Colletotrichum* spp.，属半知菌亚门真菌。

【病害循环】 病原以菌丝体和分生孢子盘在病组织内越冬。病原借雨水溅射传播，初次侵染和再侵染。

【发生规律】 高温多雨，施用氮肥过多，植株生长势过旺，茎叶交叠郁蔽，蕹菜易发病。

【防治措施】 (1) 农业防治。结合采收，及时采摘上市，改善植株通透性。(2) 化学防治。发病初期喷 70%多菌灵 WP 800～1 000 倍液，或 50%福美双 DP 600～800 倍液，或 40%多·硫 SC 500～600 倍液，或 30%氯氧化铜 700 倍液。隔 10 d 喷 1 次，连续喷 2～3 次。采收前 5 d 停止用药。

蕹菜根腐病 Waterspinach fusarium root rot

【典型症状】 苗期至成株期均可发病，以成株期发病较重。发病初期植株稍萎蔫，根茎部变为褐色至黑褐色略凹陷，表皮呈湿腐状，湿度大时病部生出稀疏的稍带粉红色的霉状物。严重株经半个月左右后枯死（图 36-23）。

图 36-23　蕹菜根腐病

【致病病原】 病原为腐皮镰孢菌 *Fusarium solani* (Mart.) App. et Wollenw.，属半知菌亚门真菌。

【病害循环】 病原在土壤中及病残体上越冬，并可在土壤中存活 5～6 年，为主要侵染源。病原从根部伤口侵入。病原借雨水或灌溉水传播蔓延，进行再侵染。

【发生规律】 高温高湿易发病。连作地，低洼地，黏土地，发病重。

【防治措施】 (1) 农业防治。采用高畦栽培，平整土地。施用充分腐熟的堆肥。(2) 化学防治。发病时喷 50%甲基托布津 WP 500 倍液，或 50%多菌灵 WP 500 倍液，或 50%苯菌灵 WP 1 500 倍液。

蕹菜腐败病 Waterspinach rhizoctonia rot

【典型症状】 全株性病害。发病初期叶片上出现水渍状病斑，后渐扩展至叶柄和茎部，产生褐色病斑，并引起腐烂（图 36-24）；后期在叶柄或茎上产生大量暗褐色菌核。

图 36-24　蕹菜腐败病

【致病病原】 病原为立枯丝核菌 *Rhizoctonia solani* Kühn.，属半知菌亚门真菌。

【病害循环】 病原在土壤中越冬，并可在土壤中腐生 2～3 年。病原能直接侵入植株，通过水流、农具传播。

【发生规律】 播种过密，间苗不及时，温度过高，易诱发该病。

【防治措施】 （1）种子消毒。用种子重量 0.2%的 40%拌种双拌种。（2）农业防治。防止苗床或育苗盘高温高湿条件出现。（3）化学防治。发病时喷 20%甲基立枯磷 EC 1 200 倍液，或 5%井冈霉素 AS 1 500 倍液，或 10%恶霉灵 WS 300 倍液，或 15%恶霉灵 AS 450 倍液。

蕹菜灰霉病 Waterspinach gray mold

灰霉病是蕹菜的一种普通病害。严重发生时对生产有一定的影响。

【典型症状】 主要为害叶片和茎。（1）叶片。病初先出现浅褐色不规则形斑点，扩展后形成淡褐色水渍状大斑，并在叶背病斑上产生灰色霉层（图 36-25，26）。发病严重时病叶变黑褐色腐烂，干燥条件下失水发黑，可见很多灰色霉状物。（2）茎。发病时出现植株倒伏（图 36-27，28）。

图 36-25　蕹菜灰霉病，叶片中间发病

图 36-26　蕹菜灰霉病，叶尖发病

图 36-27　蕹菜灰霉病，嫩茎叶发病

图 36-28　蕹菜灰霉病，茎发病引起倒伏

【致病病原】 病原为灰葡萄孢菌 *Botrytis cinerea* Pers.，属半知菌亚门真菌。参见青花菜灰霉病。

【病害循环】 病原在病残体上越冬。棚室中或温暖地区无明显越冬或越夏期。春天借气流和雨水传播，进行初侵染和再侵染。

【发生规律】 在低温高湿条件下易流行，温暖高湿条件下病情扩展也较快。棚室中发病较重。

【防治措施】 (1) 农业防治。避免低温高湿条件出现，提温降湿是防病的根本措施。收获后及时清除病残体，集中烧毁或深埋。合理浇水和施肥，雨后及时排水，防止发病条件出现。(2) 化学防治。发病初期喷 65%甲霜灵 WP 1 500 倍液，或 50%腐霉利 WP 1 500～2 000 倍液，或 45%特克多 SC 4 000 倍液，或 75%百菌清 WP 600～800 倍液。隔 7～10 d 喷 1 次，连续喷 2～3 次。

37. 落葵病害

落葵病毒病
Malabar spinach mosaic

病毒病为落葵的一种普通病害，分布较广，但发生不普遍。零星发生，对生产无明显影响。个别地块发病较重，病株率达 60%以上。

【典型症状】 全株发病。病株叶片变小，皱缩，叶面呈泡状突起，叶背面叶脉也明显突起，有的甚至变形弯曲（图 37-1）。早发病的植株明显矮化，产量大减（图 37-2）。

图 37-1　落葵病毒病，叶片斑驳变小

图 37-2　落葵病毒病，植株矮化

【致病病原】 病原尚未见报道。

【病害循环】 本病的传播途径不明。在广州地区 5 月份后始发，田间发病株率可高达 100%。

【发生规律】 高温少雨条件下发病重。

【防治措施】 参见蕹菜病毒病。

落葵苗腐病
Malabar spinach seedling rot

苗腐病是落葵的一种重要病害。发生较普遍，通常零星发生。发病率 3%～5%。病情较轻，个别苗床发病严重，引起菜苗成团坏死。

【典型症状】 主要为害幼苗茎基部，幼苗子叶期至茎蔓硬化之前为发病盛期。病害多在地面以上的下部茎上发生，病部呈灰黑到青紫色软腐（图 37-3，4），苗自病部腐烂而萎倒，叶片极易脱落，病株或病叶变黑腐烂后，其贴地叶面上可长出白色至灰色，长而松散的霉层（图 37-5）。采收期间病害多发生在基部老叶上，致叶片变黑腐烂，地表以下的茎或根很少受侵染。

图 37-3　落葵苗腐病，茎部发病

图 37-4　落葵苗腐病，叶片发病

图 37-5　落葵苗腐病，病株倒伏

【致病病原】 病原为瓜果腐霉 *Pythium aphonidermatum*（Eds.）Fitz.，属鞭毛菌亚门真菌。(1) 形态和大小。在 PSA 平板 28 ℃下培养 24 h 菌丝生长 33 mm。菌丝白色絮状，菌落背面无色，有葡萄菌丝和气生菌丝，前者生长很快，后者生长缓慢。(2) 特性。病原生长温度为 10～42 ℃，最适温度为 30～35 ℃。

【病害循环】 病原以菌丝体和卵孢子在土壤中越冬。条件适宜时萌发侵入植株。发病后病原主要通过病健株的接触和菌丝攀缘扩大为害，借雨水和灌溉水传播，使病害不断扩大。

【发生规律】 温暖多湿的年份和季节，易发病。田地低洼积水、湿度高、密度大、施氮肥多的情况下，发病严重。

【防治措施】 (1) 农业防治。采用营养钵育苗，用无病新土或大田土育苗。肥料充分腐熟。分次间苗和晚定苗，及时发现病株并拔除，病穴撒适量消石灰灭菌。浇水安排在上午，严防大水漫灌，雨后及时排水。加强水肥管理，施足基肥。(2) 化学防治。在苗床上喷洒 72.2%普立克 AS 600 倍液，或 50%溶菌灵 WP 600 倍液，或 98%恶霉灵 WP 2 500 倍液。发病时应及时清除病株和附近病土，喷施 70%乙膦·锰锌 WP 500 倍液，或 60%琥·乙膦铝 WP 500 倍液，或 64%杀毒矾 WP 500 倍液，或 18%甲霜胺·锰锌 WP 600 倍液，或 68%精甲霜灵·锰锌 WG 300 倍液，或 72%霜脲·锰锌或克露 WP 800 倍液，或 69%安克·锰锌 WP 1 000 倍液。隔 7～10 d 喷 1 次，连续喷 2～3 次。

参考文献

黄业东，倪守延，胡涌波，等. 落葵三种病害的诊断鉴定[J]. 安徽农业大学学报，1995，22(4)：387-392

落葵紫斑病

Malabar spinach ramularia leaf spot

紫斑病是落葵的一种重要病害，发生普遍，为害严重。

【典型症状】 整个生长期间都会发生为害，主要为害叶片，也能侵染叶柄、茎和分枝。(1) 叶片。初期出现褪绿小圆点或不规则形的斑点，后变褐色，逐渐扩大呈圆形或不规则形病斑，中部凹陷，呈灰白色或黄褐色，其上散生稀疏大小不均的黑色小粒点，病斑边缘呈紫红色（紫茎落葵）或暗褐色（青茎落葵）（图 37-6，7），有的病斑后期脱落穿孔。病斑直径一般 4～5 cm，最大的 7～8 cm，受害重的病叶变黄枯死脱落。(2) 叶柄。病斑为褐色小圆点，后逐渐扩大成圆形、椭圆形或条形斑，中部凹陷，呈黄褐色，后变淡褐色，其上散生黑色小粒点，病斑边缘呈深褐色。(3) 茎秆。与叶柄症状相似。

图 37-6　落葵紫斑病，红茎落葵叶片病状

图 37-7　落葵紫斑病，青茎落葵叶片病状

【致病病原】 病原为一种柱隔孢菌 *Ramularia* sp.，属半知菌亚门真菌。菌丝无色，分枝，具隔；分生孢子梗无色，常成簇地从落葵气孔伸出，较简单，个别具分枝；分生孢子卵形或圆柱状，无

色，单胞或双胞，壁薄。

【病害循环】 南方菜区终年发病，北方菜区病原随病残体遗落土表越冬。病原借气流及雨水溅射传播进行再侵染。

【发生规律】 与气候条件密切相关。气温较高，降雨日多，相对湿度较大，普遍发生流行。管理粗放，植株耐病性减退，发病明显加重。营养生长阶段发病较重，在生殖生长阶段则发病较轻。

【防治措施】 (1) 种子消毒。播种前种子用 55 ℃温水浸种 15 min 或 52 ℃温水浸种 30 min。(2) 农业防治。收获后及时清除病株残体，集中烧毁或深埋，及时摘除病叶。重茬栽培发病率高，避免连作，前茬最好是葱、蒜、药芹菜等。施用充分腐熟的有机肥，避免肥料带菌传播病害。避免偏施或过量施氮肥。选择地势高或采用高畦起垄栽培，合理密植，浇水要适量，要开好排水沟，雨后及时排水，以降低土壤和株间湿度。(3) 化学防治。在育苗时，用 50%多菌灵或 75%治萎灵与细土按 1∶200 比例拌匀，后撒在苗床上或放于营养钵中。发病初期喷 45%噻菌灵 WP 800～1 000 倍液，或 70%甲基托布津 WP 800～1 000 倍液，或 70%复合百菌清 WP 600～800 倍液，或 50%腐霉利 WP 1 500 倍液，或 27%高脂膜乳剂 80～100 倍液，或 2%农抗 120 AS 200 倍液。隔 7～10 d 喷 1 次，连续喷2～3 次。采收上市前 7～10 d 停止用药。

落葵蛇眼病
Malabar spinach phyllosticta leaf spot

蛇眼病是落葵的一种重要病害，分布广泛，病株率高，对产量和质量有明显影响。

【典型症状】 主要为害叶片。初期病叶上产生水渍状的小点，渐发展成白色的圆形小斑，质薄，病斑凹陷，易穿孔，边缘紫红色（图 37-8）。发病后期病斑上产生黑色小点。严重时病斑可以布满叶片，不能食用（图 37-9）。

【致病病原】 病原为叶点霉 *Phyllosticta* sp.，属半知菌亚门真菌。分生孢子器球形至扁球形，褐色，具孔口，大小差异大，直径 43.5～145 μm，以 70～80 μm 的居多，分生孢子成熟时从孔口呈卷须状或带状涌出，单胞，无色，卵圆形至椭圆形，较细小，大小 (3.77～5.8) μm×2.9 μm。

图 37-8 落葵蛇眼病，叶片发病症状

图 37-9 落葵蛇眼病，叶片发病症状

【病害循环】 北方地区以菌丝体和分生孢子器在病残体上或遗落在土壤中越冬，春天释放出分生孢子传播蔓延。南方地区病原辗转传播为害，无明显越冬期。病原借雨水溅射进行初侵染和再侵染。

【发生规律】 生长期遇雨水频繁，空气和田间湿度大或田间积水，易发病。南方地区 8～9 月份常与其他叶斑病混合发生。反季节栽培易发病。

【防治措施】 (1) 农业防治。收获后及时清除病残体，集中烧毁或深埋。选择地势高燥地块种植，雨后清沟排渍，以降低田间湿度。实行轮作倒茬，避免连作。(2) 化学防治。发病初期开始喷药。每亩喷对好的药液 50 L，连续防治 2～3 次。采收前 5 d 停止用药。药剂选用 30%氧氯化铜 SC 800 倍液，或 30%碱式硫酸铜 SC 400 倍液，或 40%多·硫 SC 500 倍液，或 70%甲基托布津 WP 1 000 倍液加 75%百菌清 WP 1 000 倍液。

落葵黑斑病
Malabar spinach alternaria black leaf spot

落葵黑斑病又称褐色圆斑病，是落葵的一种

重要病害。分布广泛，发生普遍。发病率10%以下，严重时可达80%～100%，对生产有较大的影响。

【典型症状】 只在叶片上发生。自苗后期到牵蔓以后整个生长期的大叶均可发生，嫩梢上的嫩叶则极少染病。病斑自叶缘或叶面开始，初为针头大小的紫红色斑，略扩大后中央为黄白色小点，后扩大或圆形或近圆形的病斑，中央黄白色，外缘为紫褐色宽环圈，与病斑中及病健部界明显（图37-10）。

图 37-10　落葵黑斑病，叶片病斑特征

【致病病原】 病原为细交链孢霉 *Alternaria tenuis* Nees.，属半知菌亚门真菌。（1）形态和大小。分生孢子梗簇生，暗褐色，较短粗，或呈不规则棍棒形，具2～9个隔膜，大小（27.5～110）μm×(2.75～4.5) μm，顶端着生分生孢子。分生孢子倒棒状或圆筒状，淡黄色，大小（9.5～40）μm×(5～11.25) μm，具纵隔1～6个，多数3～4个；横隔1～5个，多为3个。具短喙，仅为孢子身长的一半，喙多无隔，少数1～2个隔，无色。（2）特性。病原分生孢子在3～40 ℃下均能萌发，以25～30 ℃为最适。菌丝生长温度范围为0～37 ℃，以25 ℃最适。菌丝生长发育最适pH6.5～6.7。（3）寄主。这种病原可以侵染西瓜、甜瓜、番茄、花生、大豆、棉花、落葵、小麦等8科14种植物。

【病害循环】 病原主要以菌丝体及分生孢子在病残体中越冬，也可黏附在植株表面越冬。病原以分生孢子借风雨传播，进行初侵染和再侵染。孢子从伤口侵入。

【发生规律】 春、秋季节雨水多，田间高湿，有利于病害的发生。主要在露地发病。棚室内长期高湿，发病严重。

【防治措施】 （1）种子消毒。用种重0.3%的50%扑海因WP或50%农利灵WP拌种。（2）农业防治。收获后清洁田园，清除病残体。（3）化学防治。发病初期喷50%扑海因WP 1 000～1 500倍液，或75%百菌清WP 600倍液，或68%精甲霜灵·锰锌WG 300倍液，或64%杀毒矾WP 400倍液，或70%乙膦·锰锌WP 500倍液。隔10 d喷1次，连续喷2～3次。

参考文献

黄业东，倪守延，胡涌波，等.落葵三种病害的诊断鉴定[J].安徽农业大学学报，1995，22(4)：387-392

落葵茎腐病
Malabar spinach stem rot

茎腐病是落葵的一种重要病害。各地均有分布。零星发病，发病率在10%左右，病苗死亡率在30%～40%。对生产有轻度影响，发病严重时幼苗成片萎蔫枯死，明显影响产量和品质。

【典型症状】 主要发生在苗期。直播苗从子叶出土后到真叶出现时即开始发病，移栽苗在缓棵期及活棵后发病。病害在苗的茎基部发生，先于茎的一侧出现红色至红褐色、病健交界处为黄褐色的凹陷病斑，然后向两侧扩展，当茎基被病斑环绕后，便缢缩，折倒死亡（图37-11）。但不少病株病斑并不迅速扩展，植株照常存活。

图 37-11　落葵茎腐病

【致病病原】 病原为立枯丝核菌 *Rhizoctonia solani* Kühn.，属半知菌亚门真菌。（1）形态和大小。菌丝呈锐角或直角分枝，分枝处缢缩，分枝不远处有分隔。幼嫩菌丝中有多核现象，菌丝直径5.60～8.96 μm，平均7.09 μm。菌核不规则形，黑褐色。（2）特性。菌丝在10～38 ℃都能生长，以28 ℃左右生长最快。

【病害循环】 病原以菌丝体随病残体或在土中越冬，且可在土中腐生2～3年。菌丝能直接侵入为害，通过水流、带菌肥料、带菌土、农具传播。

【发生规律】 播种过密，间苗不及时，温度过高，反季节栽培，易诱发该病。

【防治措施】 (1) 种子消毒。用种子重量0.2%的40%拌种双拌种。(2) 农业防治。育苗畦防止高湿条件出现。田间发现病株，要立即连根挖除，集中深埋或烧毁，以减少菌核形成后落入土中。施用充分腐熟的堆肥，增施过磷酸钙有减轻发病的作用。(3) 化学防治。苗床用40%拌种灵与福美双1∶1混合后施药8 g/m²。发病前或发病初期喷淋20%甲基立枯磷EC 1 200倍液，或36%甲基托布津SC 500倍液，或5%井冈霉素AS 1 500倍液，或10%恶霉灵水悬剂300倍液，或15%恶霉灵AS 450倍液。隔7～10 d喷1次，连续2～3次。

参考文献

黄业东，倪守延，胡涌波，等. 落葵三种病害的诊断鉴定[J]. 安徽农业大学学报，1995，22(4)：387-392

落葵炭疽病
Malabar spinach anthracnose

炭疽病是落葵的一种重要病害。分布较广，零星发生，严重时病株率达40%以上。

【典型症状】 主要为害叶片，偶尔为害叶柄和茎。病斑褐色，略隆起，其四周有不大明显的浅褐色至黄褐色晕圈。病斑中部为黄白色，后变为灰白，稍下陷，有时可见不大明显的轮纹。斑面组织易破裂，或脱落成穿孔（图37-12）。

图 37-12 落葵炭疽病

【致病病原】 病原为刺盘孢菌 *Colletotrichum* sp. 和丛刺盘孢菌 *Vermicularia* sp.，属半知菌亚门真菌。

【病害循环】 病原以菌丝体随病残组织或在病株上越冬。病原借风雨传播蔓延，田间发病后又进行多次再侵染，引起病害蔓延。

【发生规律】 气温25～30 ℃，湿度80%以上，阴雨天气多，易发病。

【防治措施】 (1) 农业防治。施用充分腐熟的堆肥。发现病叶立即摘除。(2) 化学防治。发病初期喷36%甲基托布津SC 500倍液，或30%碱式硫酸铜SC 500倍液，或80%新万生WP 500～600倍液。隔10 d喷1次，连续喷2～3次。

落葵褐斑病
Malabar spinach cercospora leaf spot

褐斑病为落葵的一种重要病害。分布较广，常与蛇眼病混合发生。发病后病株率高，病叶率常达50%以上，明显影响产品质量。

【典型症状】 主要为害叶片，全生长期均可发病，以中后期发病最盛。叶片上的病斑初为紫红色的小点，后发展成不定型的病斑，边缘紫红色，中央灰白色至黄色，病斑外围略呈辐射状，中央略凹陷，潮湿时在病斑表面产生灰褐绒霉状物（图37-13）。严重时叶片上病斑密布，不能食用。

图 37-13 落葵褐斑病，叶片症状

【致病病原】 病原为尾孢菌 *Cercospora* sp.，属半知菌亚门真菌。

【病害循环】 病原以菌丝体和分生孢子随病残体遗落土表越冬。南方菜区田间寄主终年存在，病原辗转传播为害。第2年病原以分生孢子进行初侵染，病部产生的孢子借气流及雨水溅射传播进行再侵染。

【发生规律】 雨水频繁的年份或季节发病重。

【防治措施】 (1) 农业防治。适当密植，避免浇水过量及偏施过施氮肥。(2) 化学防治。喷洒75%百菌清WP 1 000倍液加70%甲基托布津WP 1 000倍液，或40%多·硫SC 600倍液，或40%万多福WP 800～1 000倍液，或50%腐霉利WP 2 000倍液。

落葵灰霉病
Malabar spinach gray mold

灰霉病是落葵的一种常见病，多雨地区易发病。

【典型症状】 生长中期叶片和叶柄开始发病。发病初期呈水渍状，在适宜温湿度条件下迅速蔓延引起叶萎蔫腐烂（图37-14），病茎易折倒或腐烂，病部可见灰色霉层（图37-15）。

图37-14　落葵灰霉病，叶片腐烂

图37-15　落葵灰霉病，病茎折倒

【致病病原】 病原为灰葡萄孢菌 *Botrytis cinerea* Pers.，属半知菌亚门真菌。

【病害循环】 病原菌以菌核、菌丝体或分子孢子随病残体遗留在土壤中越冬或越夏，成为第2年的初侵染源。棚室或田间靠分生孢子飞散进行传播蔓延。

【发生规律】 湿度对该病流行影响较温度大。棚内低温高湿，通风不良发病重。

【防治措施】 (1) 农业防治。及时通风降湿，避免棚室中形成发病条件。合理密植，减少荫蔽，适时中耕除草，避免争肥抢光，及时摘叶调整株形，改善通风透光条件，降低湿度。及时清除病虫残体，及时摘除病叶，装在塑料袋内，带出田间，集中处理，防止病原再次侵染。(2) 化学防治。保护地每亩施用10%速克灵FU 250 g，或50%速克灵WP 1 500～2 000倍液喷雾。发病初期每亩施用5%百菌清DPC 1 kg喷粉，或6.5%甲霉灵超细粉尘剂1 kg。也可以喷50%农利灵WP 1 000倍液，或40%多·硫SC 500倍液，或36%甲基托布津SC 500倍液。

落葵软腐病
Malabar spinach bacterial soft rot

软腐病是落葵的一种普通病害。分布较广。对落葵生产有一定影响。

【典型症状】 主要为害叶片和嫩茎。病部初呈水渍状，后湿腐，迅速向周围扩散，幼嫩茎叶倒折。有时散发出恶臭气味（图37-16）。

图37-16　落葵软腐病

【致病病原】 病原为胡萝卜软腐欧氏杆菌胡萝卜软腐致病型 *Erwinia carotovora* subsp. *carotovora* (Jones) Bergey et al.，属细菌。

【病害循环】 病原随病残体在土壤中越冬。病原借雨水、灌溉水及昆虫传播，由伤口侵入。

【发生规律】 多在夏秋季多雨天气发生。种植密度和土壤湿度过大，连作或与十字花科、茄科等蔬菜类轮作，机械损伤或昆虫为害易发病。

【防治措施】（1）农业防治。早整枝、打杈，避免阴雨天或露水未干之前整枝。（2）化学防治。必要时喷洒25%络氨铜AS 500倍液，或50%琥胶肥酸铜WP 500倍液，或72%农用硫酸链霉素SPX 4 000倍液。

落葵根结线虫病
Malabar spinach root-knot nematode

根结线虫病为落葵的一种重要病害。部分地区发生。发病后病株率常达80%以上，明显影响落葵生产。

【典型症状】整个生长期都会发生为害。子叶期地下部根系上即可见到瘤状虫瘿，地上部症状表现。（1）根。主根变短变小，侧根、须根减少。在根的顶端生成形态各异、大小不同的瘤状虫瘿，其数量少则几个，多则100个甚至200多个，形状呈粟米粒状，串珠状，直径1～2 mm。虫瘿上有一至数条毛根。严重受害株虫瘿及次生虫瘿密度大、数量多，形成根结团。瘤状虫瘿呈乳白色、褐色或黑色，手指触压不易破碎，略有弹性感，浅水浸泡2 d后虫瘿即软化（图37-17，18）。（2）茎。主茎节间明显缩短，植株变矮。（3）叶部。真叶皱缩变小。当幼苗出现1～2片真叶时，叶片边缘一般呈黄绿色，向下卷或向上卷，中部凸起或凹陷，呈汤匙或茶匙状。成株期叶片边缘转为绿色、墨绿色，严重受害株生长后期中、下部叶片萎黄脱落（图37-19，20）。

图37-17 落葵根结线虫病，根部症状

图37-18 落葵根结线虫病，根部症状

图37-19 落葵根结线虫病，发病株症状

图37-20 落葵根结线虫病，田间出现大量死株

【致病病原】病原为根结线虫 *Meloidogyne* spp.，其中南方根结线虫 *Meloidogyne incognita* (Kofoid & white) Chitwood. 为优势种。

【病害循环】病原线虫以2龄幼虫或根结里的卵随病残体留在土壤中越冬。春天条件适宜时，越冬卵孵化出幼虫或越冬幼虫继续发育。在一个生长季节，繁殖3～5代，在保护地条件下或南方可终年繁殖。繁殖几个世代，以对数进行增值，繁殖数量大，一旦发病很易大量积累，造成较大为害。借病苗、病土及灌溉水传播，线虫也能靠自身在土壤中蠕动进行短距离传播。

【发生规律】 土温 20～30 ℃，相对湿度 40%～70%利其繁殖，土壤疏松、连作地易发病。该病一旦进入棚室往往重于露地，因此，生产中应特别注意。

【防治措施】 (1) 农业防治。重病田应与禾本科及水生蔬菜实行 2～3 年轮作，也可与芦笋、韭菜、辣椒、大葱等抗、耐线虫的蔬菜进行轮作。发病田淹水 60 d，可使土壤中的线虫窒息或死亡。棚室可在拉秧后的 7、8 月份挖沟灌水覆地膜后，密闭 15～20 d，可杀灭土壤中线虫。收获后深翻，深达 20 cm 以上，不仅可把活动在土壤表层的大量线虫翻到 20 cm 以下，还可消灭部分越冬虫源，深层土翻到表层经日晒后很易干燥，不利线虫活动，也可减少虫源。(2) 化学防治。播种或分苗前 15～20 d，在土壤湿度较大情况下，隔 30 cm 打深 50 cm、直径 3 cm 的洞，每洞灌敌敌畏 5 mL 后覆土熏闷 7 d 以上。每亩用 98%～100%必速灭 MG 5～6 kg，撒施或沟施，深度 20 cm，施药后立即覆土，有条件可洒水封闭或覆盖塑料薄膜，熏闷 7 d 后松土通气，然后播种，可有效杀灭土中根结线虫。每亩穴施或沟施 5%米乐尔 GR、6%克线丹 GR、20%丙线 GR 或 10%克线磷 GR 3～4 kg。

参考文献

赖贝元.落葵新病害根结线虫病初步鉴定[J].广东农业科学,1997(2):38-39

38. 茼蒿病害

茼蒿病毒病
Garden chrysanthemum mosaic

病毒病是茼蒿的一种重要病害。各地均有分布。零星发生时对生产影响不大，重发地块对产量有明显影响。

【典型症状】 全株受害，病株矮缩，叶片卷曲或皱缩，呈轻花叶或重花叶，褪绿或叶色浓淡不均，呈斑驳或皱缩状。有的出现坏死斑（图 38-1）。

图 38-1　茼蒿病毒病

【致病病原】 病原为菊花 B 病毒 Chrysanthemum virus B（CVB）、黄瓜花叶病毒（CMV），单独或复合侵染。

【病害循环】 两种病原均可借汁液或昆虫传播，种子和土壤不能传毒。CMV 主要在多年生宿根植物上越冬，蚜虫开始活动或迁飞，成为传播病毒的主要介体。

【发生规律】 在毒源存在的条件下，任何有利于蚜虫繁殖活动的天气条件和田间生态条件的出现，都有利于该病发生。

【防治措施】 症状出现时，连续喷 20%毒克星 WP 500 倍液，或抗毒丰 250～300 倍液，或 1.5%植病灵乳剂 1 000 倍液，或 5%菌毒清 AS 200～300 倍液，连喷数次，隔 5～7 d 喷 1 次，前密后疏。注意防除传毒蚜虫。

茼蒿炭疽病
Garden chrysanthemum anthracnose

炭疽病是茼蒿的一种主要病害。各地均有分布。病株率 20%～30%，严重时病株率 50%以上，对产量和质量有明显影响。

【典型症状】 主要为害叶片和茎。(1) 叶片。病初叶上先出现黄白色至黄褐色小斑点，后扩展为不定型或近圆形褐色病斑，边缘稍隆起，直径为 2～5 mm（图 38-2）。(2) 茎。发病时出现纵裂、稍凹陷、呈椭圆形或长条形的褐色病斑，湿度大时病部溢出红褐色物质（图 38-3）。

图 38-2　茼蒿炭疽病，发病叶症状

图 38-3　茼蒿炭疽病，发病茎症状

【致病病原】 病原为菊刺盘孢 *Colletotrichum chrysanthemi*（Hori.）Saw.，属半知菌亚门真菌。分生孢子盘浅盘状丛生，刚毛具 1～3 个隔膜，大小（47～80）μm×（4～4.5）μm；分生孢子梗短圆筒形，大小13 nm×5 nm；分生孢子圆筒形，大小（16～19）μm×（4～5）μm。

【病害循环】 病原以菌丝体和分生孢子盘在病残体上存活越冬。病原以分生孢子进行初侵染和再侵染。病原借雨水、灌溉水、棚室内的滴水及昆虫活动传播蔓延。

【发生规律】 春秋季露地栽培发病较重。保护地昼夜温差大，结露时间长，或雾多雾大，发病重。病地重茬，低洼积水，磷、钾肥不足，易发病。

【防治措施】 （1）农业防治。与非菊科蔬菜实行2～3年轮作。清沟沥水，防止大水漫灌。施用腐熟的堆肥，避免偏施过施氮肥。保护地要加强通风，降低湿度。（2）化学防治。发病初期喷80%炭疽福美WP 600～800倍液，或50%灭霉灵WP 600～800倍液，或40%多·福·溴菌WP 400～500倍液，或50%利得WP 600～800倍液，或80%新万生WP 500～600倍液。隔7～10 d喷1次，连续喷2～3次。棚室栽培可用FU或DPC防治。

茼蒿霜霉病
Garden chrysanthemum downy mildew

霜霉病是茼蒿的一种主要病害。重发地块发病迅速，影响植株生长及产品质量，降低商品价值。

【典型症状】 主要为害叶片。病害发生初期，先在植株下部老叶上产生淡黄色近圆形或多角形病斑，逐渐向中上部蔓延，后期病斑变为黄褐色，病重时多数病斑连成一片，叶片发黄枯死（图38-4）。空气湿度大时，病斑背面产生白色霉层，即病原的孢子梗及孢子囊。

图38-4　茼蒿霜霉病

【致病病原】 病原为冠菊霜霉 *Peronospora chrysanthemi coronarii*（Saw.）Lto et Tokun.，属鞭毛菌亚门真菌。（1）形态和大小。孢囊梗有5～8次叉状分枝，大小（420～780）μm×（11～15）μm。孢子囊椭圆形，大小（38～56）μm×（18～28）μm。（2）特性。病原不抗高温，孢子萌发适宜温度为6～10 ℃，侵染适宜温度为15～17 ℃。

【病害循环】 病原以菌丝体在种子内或秋播越冬菊科蔬菜及菊科杂草上潜伏越冬，或以卵孢子随病残体在土壤里越冬。以孢子囊借风、雨、昆虫等传到叶片上。孢子囊多间接萌发，释放出游动孢子，待形成休止孢子后，产生芽管，以气孔侵入为主。茼蒿发病后，病部产生大量孢子囊进行重复侵染。

【发生规律】 春末或秋季若遇昼夜温差大、结露时间长或雾多、阴雨则病害发生严重。种植过密、群体过大、氮肥使用过多、茼蒿生长过旺、通风透光不良、灌水过多或排水不良、田间湿度过大，病害发病均重。

【防治措施】 （1）种子消毒。播种前可用种子重量0.2%～0.3%的35%瑞毒霉拌种剂拌种；或用种子量0.3%～0.4%的50%福美双WP拌种。（2）农业防治。选择非菊科蔬菜茬口地种植茼蒿，重病地块应与其他非菊科蔬菜进行2～3年以上轮作。收获后清除病株残体。种植密度要合理，避免密度过大，株内郁蔽，不利于通风散湿。要重施基肥，增施有机肥。浇灌时不宜大水漫灌。要适时放风排湿。大雨过后，要及时排水，降低田间湿度。（3）化学防治。发病前喷80%新万生WP 400～600倍液，或78%科博WP 400～500倍液等保护性杀菌剂。发病初期及时喷40%三乙膦酸铝WP 250倍液，或58%甲霜灵·锰锌WP 500倍液。隔7～10 d喷1次，连续喷2～3次。棚室种植每亩可使用百菌清FU 350 g熏烟。

茼蒿叶斑病
Garden chrysanthemum phyllosticta leaf spot

茼蒿叶斑病又称叶点霉黑点病，是茼蒿的一种常见病害。

【典型症状】 只为害叶片。病斑呈圆形至椭圆形，也有的病斑呈不规则形，灰褐色，斑面上微有轮纹，病斑边缘为紫褐色（图 38-5，6）。潮湿时病斑表面有黑色霉状物。后期病斑连成片，叶片枯死。

图 38-5　茼蒿叶斑病，病叶叶面症状

图 38-6　茼蒿叶斑病，病叶背面症状

【致病病原】 病原为菊叶点霉 *Phyllosticta chrysanthemi* Ellis et Dearn.，属半知菌亚门真菌。分生孢子器球形，埋生，后外突；分生孢子梗短小；分生孢子椭圆形，单胞，无色或色浅，大小 (4～5) μm×(2.5～3) μm。

【病害循环】 病原主要以菌丝体和分生孢子器随病残体遗落土中越冬。病原靠雨水溅射传播蔓延进行初侵染和再侵染。

【发生规律】 (1) 气候条件与发病。温暖多湿的天气，病害容易发生。昼夜温差大，结露时间长，或雾大雾多，易发病。(2) 栽培管理与发病。病地重茬栽培，发病重。低洼地，排水不良，种植过密，浇水过多，缺少肥料，发病重。

【防治措施】 (1) 农业防治。与瓜类、茄果类、十字花科类、豆类蔬菜实行轮作。选择排水良好的地块种植。施入充分腐熟的有机肥，增施磷、钾肥。选择晴天浇水，防止大水漫灌，田间不能积水。保护地要加强通风，降低温度。发现病叶及时摘除，收获后清洁田园。(2) 化学防治。发病初期喷施 2% 农抗 BO-10 AS 200 倍液，或 50% 复方甲基托布津 WP 800 倍液，或 70% 甲基托布津 WP 1 000 倍液，或 50% 多菌灵 WP 800 倍液，或 50% 苯菌灵 WP 1 000～1 500 倍液，或 40% 多·硫 SC 500～600 倍液，或 65% 甲霉灵 WP 800～1 000 倍液。隔 7 d 喷 1 次，连续喷 2～3 次。保护地栽培每亩喷 6.5% 甲霉灵 DPC 1 kg，隔 7 d 喷 1 次，共喷 2～3 次。

茼蒿叶枯病
Garden chrysanthemum leaf blight

茼蒿叶枯病是茼蒿的一种主要病害。各地均有分布。病株率 10%～20%，对产量和质量有一定影响。发病严重时病株率可达 40% 以上，明显影响产量和质量。

【典型症状】 只侵染叶片。病斑为圆形或不规则形，中央淡灰色，边缘褐色，湿度大时正背面具黑色霉状物（图 38-7）。后期病斑相互融合成片，致叶片枯死（图 38-8）。

图 38-7　茼蒿叶枯病，叶片症状

图 38-8　茼蒿叶枯病，叶片症状

【致病病原】 病原为菊尾孢 *Cercospora chrysanthemi* H. et Wolf，属半知菌亚门真菌。分生孢子梗丛生，暗褐色或淡榄褐色，略弯曲，具隔膜

2～5 个，大小（45～80）μm×6 μm；分生孢子无色，鞭形，直或稍弯曲，具隔膜 3～14 个，大小（60～132）μm×（3.5～4.5）μm。

【病害循环】 病原主要以子座或菌丝块在病叶上越冬。第 2 年条件适宜，产生分生孢子，借气流传播蔓延。

【发生规律】 主要在春秋季露地栽培时发生。南方冬春温暖、雾大露重，易发生。

【防治措施】（1）农业防治。实行轮作；加强田间管理。（2）化学防治。发病初期喷 40%多·硫 SC 500 倍液，或 50%苯菌灵 WP 1 500～1 600 倍液，或 50%扑海因 WP 1 500 倍液。隔 7～10 d 喷 1 次，连续喷 2～3 次。

39. 莴笋病害

A 莴笋病毒病 Asparagus lettuce mosaic

病毒病是莴笋的一种常见病害，以夏秋季发病较严重，对产量有明显影响。

【典型症状】 （1）苗期。苗期发病，叶片上出现不规则病斑，淡绿色，明脉，以后发展为黄绿相间花叶，有的叶片出现不明显的坏死斑点，褐色（图 39-1）。（2）成株。成株期发病，有的表现为细脉变褐，出现褐色坏死斑点（图 39-2），叶片皱缩，叶缘下卷成筒状，植株矮化（图 39-3）。

【致病病原】 已知病原体有莴苣花叶病毒 Lettuce mosaic virus（LMV）、蒲公英黄花叶病毒 Dandelion yellow mosaic virus（DYMV）和黄瓜花叶病毒（CMV）。各地均有分布，发生普遍，露地栽培为害重，发病率可达 60%以上。

【病害循环】 （1）越冬与初侵染源。毒源来自田间越冬的带毒莴苣或种子。播带病毒的种子引起苗期发病。（2）传播特点。在田间通过蚜虫或汁液接触传染，桃蚜传毒率最高，萝卜蚜、棉蚜、大戟长管蚜也可传毒。

【发生规律】 当旬均温 18 ℃以上，长时间干旱，病害扩展迅速。肥料不足，管理粗放，田间杂草丛生，发病重。

【防治措施】 （1）农业防治。适期播种无病种子。播前播后及时铲除田间杂草。施入的有机肥要充分腐熟，增施磷、钾肥；及时浇水，特别是天气干旱时要勤浇。（2）化学防治。苗期喷施 5%菌毒清 AS 300 倍液或抗毒剂 1 号 AS 300 倍液，或 NS-10%混合脂肪酸水 EC 100 倍液，或高锰酸钾 1 000 倍液，隔 10 d 喷 1 次，连续喷 3～4 次。重点防治传播体介蚜虫。

图 39-1 莴笋病毒病，发病株症状

图 39-2 莴笋病毒病，病叶坏死斑

图 39-3 莴笋病毒病，病叶皱缩

A 莴笋腐败病 Asparagus lettuce bacterial leaf spot

莴笋腐败病又称黑腐病、细菌性叶斑病，是

莴笋的一种常见病害。

【典型症状】 主要为害肉质茎，也为害叶片。(1) 肉质茎。病斑纺锤形，稍凹陷，浅绿色，后转为蓝绿色至褐色，病部软化，植株塌陷、萎蔫，最后枯死（图 39-4）。(2) 叶片。常在叶缘处产生淡褐色“V”字形病斑。条件适宜时，病斑迅速扩大到大半个叶片，叶脉坏死变黑，叶片枯黄，但不软腐（图 39-5）。最后，病叶变淡褐色干枯呈薄纸状。

图 39-4　莴笋腐败病，病株

图 39-5　莴笋腐败病，病叶症状

【致病病原】 病原为莴苣细菌叶斑病黄单胞菌 *Xanthomona scampestris* pv. *vitians*（Brown）dye.，属细菌。

【病害循环】 (1) 越冬与初侵染源。病原在病残体上或种子内越冬。第 2 年从幼苗叶片的气孔或叶缘水孔、伤口处侵入，细菌侵入后形成系统侵染。(2) 传播特点。远距离传播主要靠种子，在田间借雨水、昆虫、肥料传播蔓延。

【发生规律】 最适生长温度 26～28 ℃。高温高湿条件下易发病。地势低洼、重茬及害虫为害重的地块发病重。

【防治措施】 (1) 农业防治。与葱蒜类、禾本科作物实行 2～3 年以上轮作。施用充分腐熟的堆肥。雨后及时排水，防治地下害虫。(2) 化学防治。发病初期开始喷 30%氧氯化铜 SC 800 倍液，或 30%绿得保 SC 300～400 倍液，或 50%琥胶肥酸铜 WP 500 倍液，或 70%琥·乙膦铝 WP 500 倍液，或 72%农用硫酸链霉素 SPX 3 500～4 000 倍液。隔 10 d 喷 1 次，连续喷 1～2 次。

莴笋叶焦病
Asparagus lettuce leaf burnt

叶焦病是莴笋的一种常见病害。

【典型症状】 多从叶尖处发病，叶缘变褐坏死，组织脱落（图 39-6）。叶片失水后表现叶色淡，脉焦或叶脉间坏死，叶片水分严重不足，出现叶焦或叶缘烧焦或干枯（图 39-7）。

图 39-6　莴笋叶焦病，初期

图 39-7　莴笋叶焦病，后期

【致病病原】 病原为菊苣假单胞菌 *Pseudomonas cichorii* Horii（Swingle）Stapp，属细菌。菌体杆状，具多根极生鞭毛。生长适温 30 ℃。

病害循环、发生规律、防治措施参见生菜叶焦病。

莴笋叶缘坏死病
Asparagus lettuce leaf edge decays

莴笋叶缘坏死病又称细菌性斑点病、根腐病。是莴笋的一种常见病害。

【典型症状】 主要为害叶片。叶缘先发病，发病初期病部呈水渍状，后期变干呈薄纸状，叶缘病斑宽0.5～1.5 cm，叶片其他部分现红褐色斑点，有的数个病斑连片（图39-8），有的全株迅速干枯或落叶（图39-9）。

图39-8 莴笋叶缘坏死病，发病株早期症状

图39-9 莴笋叶缘坏死病，发病株后期症状

【致病病原】 病原为边缘假单胞菌边缘致病变种 *Pseudomonas marginalis* pv. *marginalis*（Brown）Stevens.，属细菌。生长适温25～26 ℃，最高38 ℃，最低0 ℃。

【病害循环】 病原在土壤中越冬。靠土壤或空气进行传播。

【发生规律】 早春和晚秋发病重。气温低，湿度高条件下，易发病。

【防治措施】（1）农业防治。与百合科蔬菜进行轮作。配方施肥，实行畦作或高垄栽培，采用地膜覆盖；避免或减少病株与健株接触。田间可采用遮阳网，降低田间温度，切忌温度过高。（2）化学防治。播种后1个月开始喷47%加瑞农WP 1 000倍液，或30%绿得保SC 400倍液。隔10 d喷1次，连续喷2～3次。

莴笋软腐病
Asparagus lettuce bacterial soft rot

软腐病是莴笋的一种重要病害。各地均有发生。

【典型症状】 主要为害叶片和茎，根部也可受害。病原从茎基部或叶柄处侵入，至全株萎蔫，病部渗出黏液，散发出臭味（图39-10）。症状先从叶片表现出来，病原多从叶缘侵入，叶片初呈水渍状，污绿色，软腐（图39-11）。感染植株白天萎蔫，傍晚恢复正常，严重时不能恢复。最后叶片腐烂，植株塌陷。解剖观察茎髓部空洞化，发出恶臭气味，最后茎部腐烂死亡（图39-12）。

图39-10 莴笋软腐病，发病株

图39-11 莴笋软腐病，叶片先出现症状

图39-12 莴笋软腐病，发病株后期症状

【致病病原】 病原为胡萝卜软腐欧氏杆菌 *Erwinia carotovora* subsp. *carotovora* (Jones) Bergey et al.，属杆菌。参见青花菜软腐病。

【病害循环】 (1) 越冬与初侵染源。病原可侵染多种蔬菜，可遗留在田间病残体上越冬，也可随寄主种株在窖内越冬，混入粪便也可越冬。(2) 传播特点。病原通过雨水、灌溉水、肥料、昆虫等传播，从伤口侵入。机械伤、虫伤、病痕及自然孔口都是重要的侵入途径。

【发生规律】 (1) 气候条件与发病。在 2～40 ℃ 范围内都可发病，在高温、高湿情况下发病重，病情扩展快。(2) 栽培管理与发病。病虫害发病重，或施肥不当烧根，均会引起发病。棚室内高温，特别是大水漫灌，病情加重。

【防治措施】 (1) 农业防治。尽量避免连茬，也不要与油菜、芹菜等连茬。高畦覆地膜栽培，做好肥、水管理，施肥应避免烧根，灌水要均匀，防止大水漫灌。(2) 化学防治。定植后喷施 14% 络氨铜 AS 300～350 倍液。发病初期及时喷 72% 农用链霉素 3 000～4 000 倍液，或 14%络氨铜 AS 300～350 倍液，或 77%氢氧化铜 WP，或 47%加瑞农 WP 800 倍液，或 60%琥·乙膦铝 WP 500 倍液。注意喷射近底部的部分，每隔 7～10 d 喷 1 次，连续喷 2～3 次。

图 39-13 莴笋霜霉病，发病叶片

图 39-14 莴笋霜霉病，长出白色霉层

图 39-15 莴笋霜霉病，发病株

莴笋霜霉病 Asparagus lettuce frost mold

莴笋霜霉病俗称火风，是莴笋一种主要病害。各地均有分布。南方多雨地区发生重。为害严重。

【典型症状】 幼苗到成株都能发病，主要为害叶片。下部老叶先发病，病斑淡黄色，近圆形，受到叶脉限制，多发展为三角形（图 39-13）。在潮湿的环境下，病斑的背面产生白色霜霉层，即病原菌的孢囊梗及孢子囊（图 39-14）。发病后期，病斑变为黄褐色，多个病斑连成一片，叶片发黄枯死（图 39-15）。一般天气干旱时病叶枯萎，潮湿时腐烂。

【致病病原】 病原为莴苣盘梗霉菌 *Bremia lactucae* Regel，属鞭毛菌亚门真菌。(1) 形态和大小。孢囊梗从气孔伸出，无色，单生或束生，有 4～6 次分枝。孢囊梗顶端成小碟状，大小 3.0～5.0 μm。孢子囊无色，椭圆形，单胞，大小 (14.28～19.9) μm×(14.28～25.7) μm。(3) 寄主。这种病原可以侵染结球莴苣、莴笋、菊苣、生菜和几种野生菊科植物。

【病害循环】 (1) 越冬与初侵染源。病原在秋莴笋上或土壤中越冬，还可在一些多年生菊科杂草上或附着在种子上越冬。病原在气温高的地区病原无明显越冬现象。(2) 传播特点。病原主要由风传播，其次通过雨水和昆虫传播。

【发生规律】 气温在 15～17 ℃，多雾多雨时发病最重。温度降低则发病较少。在阴雨连绵的春末或秋季发病重。栽植过密，定植后浇水过早过多，土壤潮湿或排水不良，易发病。

【防治措施】 (1) 农业防治。实行 2～3 年轮作，可与豆科、百合科、茄科蔬菜轮作。选用抗病品种，凡植株带紫红或深绿色的品种表现抗病，如红皮莴笋、尖叶子、青麻叶莴笋较抗病。合理密植，增加中耕次数，降低田间湿度；实行沟灌，避免漫灌；加强排水，避免田间积水或过湿。分苗和定植时发现病株要淘汰，带出田外深埋；收获后清除田间病残体集中烧毁或深埋。(2) 化学防治。初期喷洒 40%三乙膦酸铝 WP 200～250 倍液，或 58%甲霜灵・锰锌 500 倍液、64%杀毒矾 500 倍液、69%安克锰锌 WP 1 000 倍液。隔 7～10 d 喷 1 次，连续喷 3～4 次。

莴笋菌核病

Asparagus lettuce sclerotinia rot

菌核病是莴笋的一种主要病害。各地均有分布。尤以长江流域及南方沿海各省比较严重，重病者可成片枯死或腐烂。特别是近年来保护地栽培的发展，为害明显加重。

【典型症状】 主要发生在莴苣地上茎部和叶片上，以春季莴苣生长中后期发病为主。(1) 叶片。先从中部的叶片发病。刚开始在叶尖呈现水浸状褪绿斑点，后逐步向下扩展，病叶逐渐软腐（图 39-16)。由于莴苣生长中后期，叶片已比较紧凑，病叶软腐后搭在下面的叶片上，从而迅速感染其他叶片。(2) 茎部。病斑扩大侵入茎部后，最先呈现不规则圆斑，稍凹陷，逐渐发展到环茎腐烂，导致整个植株烂掉（图 39-17)。在潮湿时病叶上产生棉絮状的菌丝体，特别是靠近茎基部的叶片表现明显（图 39-18)，后期菌丝体交织成白色颗粒，白色颗粒逐渐变成不规则的鼠粪状菌核（图 39-19)。

图 39-16　莴笋菌核病，苗期发病株症状

图 39-17　莴笋菌核病，病茎症状

图 39-18　莴笋菌核病，发病株症状

图 39-19　莴笋菌核病，发病株腐烂后形成菌核

【致病病原】 病原为核盘菌 *Sclerotinia sclerotiorum* (Lib.) de Bary，属子囊菌亚门真菌。(1) 形态和大小。菌核表面黑色，内部白色。菌核萌发产生子囊盘，具柄，初呈乳白色小芽状，后展开成盘状，褐色或暗褐色。子囊棍棒状，内含8个子囊孢子。子囊孢子单胞，无色，椭圆形，大小（9～14）μm×（3～6）μm。（2）特性。菌核在吸足水分后，在温度5～20 ℃下均可萌发，15 ℃最适。（3）寄主。这种病原可以侵染莴苣、白菜、萝卜、番茄、茄子、辣椒、马铃薯、黄瓜、菜豆、胡萝卜等。

【病害循环】 病原以菌核随病残体遗留在土壤中越冬，菌核在潮湿土壤中存活1年左右。菌核萌发后，借气流传播蔓延。初侵染系由子囊孢子萌发后产生芽管从衰老的或局部坏死的组织上侵入。当病原获得更强的侵染能力后，直接侵害健康茎叶。病健叶经接触菌丝即传病。

【发生规律】 相对湿度高于85%时，病害发生重。湿度低于70%，病害明显减轻。春秋天气温暖、多雨、湿度大有利于发病。栽培密度过大，通风透光条件差，排水不良的低洼地块，偏施氮肥，连作地，发病重。

【防治措施】 （1）农业防治。有条件的地方可与百合蔬菜轮作3年上；不能实行轮作可以利用夏天高温季节进行土壤消毒。培育适龄壮苗，苗龄6～8片真叶为宜。施用充分腐熟的堆肥。带土定植，提高盖膜质量，使膜紧贴地面，避免杂草滋生。适期使用黑色地膜覆盖。增施磷、钾肥。在子囊盛期中耕，有杀灭病原作用。清除病残株及下部病叶。收获后进行1次深耕，使多数菌核埋在6 cm土层以下。（2）化学防治。定植后发病前可用3.5%噻菌特FU进行烟熏，每亩用250 g，傍晚进行，隔7 d喷1次，连续熏3～4次。定植前几天喷20%三唑酮EC 4 000～5 000倍液，或定植后发病前喷70%甲基托布津WP 700倍液，或50%扑海因WP 1 000～1 500倍液，或50%腐霉利或农利灵WP 1 500倍液，或40%菌核净WP 500倍液，或20%甲基立枯磷EC 1 000倍液。隔7～10 d喷1次，连续喷3～4次。

莴笋褐斑病
Asparagus lettuce cercospora brown leaf spot

褐斑病是莴笋的一种普通病害。各地均有分布。多在秋季露地发生，春季和保护地也有发生。病株率10%左右，对生产无明显影响。严重时发病率可达30%以上。

【典型症状】 为害叶片。病斑先呈水渍状，渐发展为圆形或规则形、暗灰色、大小不等的病斑。有的病斑为深褐色，有水渍状晕圈（图39-20）。潮湿时病斑上生出色暗灰色霉状物。发病严重时病斑相互汇合，病叶变褐干枯。

图39-20 莴笋褐斑病

【致病病原】 病原为莴苣褐斑尾孢霉 *Cercospora longissima*（Cugini in Herb）Sacc和香蕉褐斑尾孢霉 *C. hayi* Calponzos，均属半知菌亚门真菌。

【病害循环】 病原以菌丝体和分生孢子丛在病残体上越冬。病原借气流及雨水溅射传播蔓延，进行初侵染和再侵染。

【发生规律】 通常多雨或雾大露重的天气，有利于发病。植株生长不良，偏施氮肥长势过旺，会加重发病。

【防治措施】 （1）农业防治。结合采摘叶片收集病残体带出田外深埋。清沟排渍，避免偏施氮肥。（2）化学防治。发病初期喷40%多·硫SC 500倍液，或50%扑海因WP 1 500倍液，或60%琥·乙膦铝WP 500倍液。隔10～15 d喷1次，连续喷2～3次。

莴笋黑斑病
Asparagus lettuce stemphylium leaf spot

莴笋黑斑病又称轮纹病、叶枯病，是莴笋的一种普通病害。各地均有分布。病株率20%左右，对产量无明显影响；严重时病株率达30%～50%，对产量和质量有一定影响。

【典型症状】 主要为害叶片。发病后叶片上出现褐色斑点，圆形或近圆形，后渐扩大为3～15 mm，褐色或灰褐色，病斑上有同心轮纹（图39-21）。茎上的病斑与叶片病斑相似（图39-22）。

图 39-21　莴笋黑斑病，病叶症状

图 39-22　莴笋黑斑病，病茎症状

【致病病原】 病原为微疣匍柄霉 *Stemphylium chisha*（Nish.）Yamamoto，属半知菌亚门真菌。

【病害循环】 病原可在土壤中的病残体或种子上越冬。在温湿度适宜时，产生分生孢子进行侵染，孢子可通过风雨传播，进行再侵染。

【发生规律】（1）气候条件与发病。温暖潮湿，阴雨天及结露持续时间长，病害易流行。（2）栽培管理与发病。在土壤肥力不足，植株生长衰弱时，发病重。

【防治措施】（1）农业防治。实行轮作，不与菊科蔬菜连作。及时摘除老叶、病叶，并将病残体集中烧毁或深埋。（2）化学防治。发病前或发病初期喷75%百菌清WP 600倍液，或50%扑海因WP 1 500倍液，或40%克菌丹WP 400倍液，或70%乙膦·锰锌WP 500倍液，或50%甲基托布津WP 500倍液。隔10 d喷1次，连续喷2～3次。

莴笋轮斑病
Asparagus zonate spot

【典型症状】 主要为害采种株叶片。发病初期在叶片上产生小的近圆形亮绿色斑，后扩展汇合在一起，形成直径1～12 mm的大病斑，病斑中心浅灰褐色，具明显轮纹，病斑边缘灰褐色，病健交界不明显（图39-23），后期病斑中心组织脱落成穿孔状（图39-24）。

图 39-23　莴笋轮斑病，病叶症状

图 39-24　莴笋轮斑病，病叶后期穿孔

【致病病原】 病原为匍柄霉 *Stemphylium botryosum* f. sp. *lactucum* Padhi et Snyder，属半知菌亚门真菌。

【病害循环】 病原以子囊座随病残体在土中越冬，借气流传播蔓延，进行初侵染和再侵染。病原为弱寄生菌，长势弱的植株及冻害或管理不善，易发病。

【防治措施】（1）农业防治。选用耐寒性品种，可减轻发病。（2）化学防治。发病初期开始喷洒50%琥胶肥酸铜WP 500倍液，或14%络氨铜AS 300倍液，或58%甲霜灵·锰锌WP 500倍液，或77%可杀得可湿性微粒粉剂50倍液，或47%加瑞农WP 800倍液，或56%靠山WG 800倍液。每亩喷对好的药液 50 L，每隔 7～10 d 喷 1 次，连续喷 2～3 次。采收前 3 d 停止用药。

莴笋灰霉病 Asparagus lettuce gray mold

灰霉病是莴笋的主要病害。各地均有分布。一般病株率在 20%～30%，发病严重地块在 80% 以上，损失率可达到 50%以上。

【典型症状】 苗期至成株期均可发病。(1) 苗期。病部呈水渍状腐烂，长有灰色霉层（图 39-25）。(2) 成株。发病多始于近地面的叶片，开始为水渍状，以后迅速扩大，呈黄褐色，病斑上有轮纹，病斑上生出灰褐或灰绿色霉层（图 39-26）；叶柄基部开始呈水渍状，红褐色，后基部腐烂，引起上部茎叶萎蔫；根颈发病开始呈水渍状，并向四周扩展，引起茎部腐烂，天气干燥，病株逐渐干枯死亡，霉层由白变灰变绿（图 39-27）。(3) 留种株。花器或花柄受害后呈水渍状腐烂。

图 39-25　莴笋灰霉病，苗期叶片腐烂

图 39-26　莴笋灰霉病，叶片上灰色霉层

图 39-27　莴笋灰霉病，茎部腐烂

【致病病原】 病原为灰葡萄孢 *Botrytis cinerea* Pers.，属半知菌亚门真菌。

【病害循环】 病原以菌核或分生孢子随病残体在土壤中越冬，病原借气流传播蔓延。遇有适宜温度及叶面有水滴条件，病原从伤口或衰弱的组织上侵入进行初侵染和再侵染，后逐渐形成菌核越冬。

【发生规律】 气温 20～25 ℃的条件下易发病。露地栽培在梅雨季节后发生普遍。棚室栽培为害较为严重。植株衰弱或受低温侵袭，相对湿度高于 94%及适温易发病。

【防治措施】 (1) 农业防治。与百合科蔬菜实行 2 年以上轮作。收获后及时处理病残体，集中烧毁或深埋。及时深翻，减少菌源。保护地栽培要加强通风，降低湿度，防止叶面结露。施足充分腐熟的有机肥，增施磷、钾肥。(2) 化学防治。苗床期喷施 42%特克多 SC 3 000～5 000 倍液，以培养无病苗。发病前每亩用 3.5%噻菌特 FU，或 10%腐霉利 FU，或 15%灰霉灵 FU 250 g，于傍晚熏烟防治，隔 7 d 熏 1 次，连续 3～4 次。或喷 5%灭霉灵 DPC，或 6.5%甲霉灵 DPC，或 5%利得 DPC，每亩每次 1 kg。露地栽培可喷 42%特克多 SC 1 000～2 000 倍液，或 50%灭霉灵 WP 800 倍液，或 50%利得 WP 800 倍液，或 50%多菌灵 WP 800 倍液，或 70%甲基托布津 WP 600～800 倍液，或 50%腐霉利 WP 2 000 倍液，或 50%扑海因 WP 1 500 倍液，或 50%农利灵 WP 1 000 倍液，或 65%甲霉灵或 50%多霉灵 WP 1 000 倍液。隔 7～10 d 喷 1 次，连续喷 3～4 次。

莴笋褐腐病
Asparagus lettuce brown rot

褐腐病是莴笋的一种要病害。各地均有发生。以露地栽培发病较重，可以造成较大的损失。

【典型症状】 生长的中后期发生。发病始于植株下部的茎基部，发病组织呈黄褐色，水渍状（图 39-28，29），后茎基部腐烂，植株萎蔫死亡（图 39-30）。

图 39-28　莴笋褐腐病，基部发病

图 39-29　莴笋褐腐病，病部特征

图 39-30　莴笋褐腐病，植株枯死

【致病病原】 病原为立枯丝核菌 *Rhizoctonia solani* Kühn.，属半知菌亚门真菌。

病害循环、发生规律、防治措施参见生菜褐腐病。

40. 生菜病害

生菜叶焦病
Lettuce leaf burnt and ill

叶焦病是生菜的一种重要病害。各地均有分布。病株率为30%～50%，重病地块可达80%以上，显著影响生菜的产量和质量。

【典型症状】 外侧叶片或心叶边缘变褐色，有的坏死，有的波及到叶脉。叶片失水后表现叶色淡，脉焦或叶脉间坏死，叶片水分严重不足，出现叶焦或叶缘烧焦或干枯（图40-1）。

图 40-1　生菜叶焦病

【致病病原】 病原为菊苣叶斑病假单胞菌 *Pseudomonas cichorii* Horii (Swingle) Stapp.，属细菌。生长适温30 ℃。

【病害循环】 病原可为害多种蔬菜。在叶片失水情况下，被病原侵染后引起健康组织病变，病原在坏死组织里繁殖蔓延。

【发生规律】 遇有高温低湿时，会使叶片中水分耗尽，使叶片边缘细胞死亡。根系吸收水分过少时，也会产生类似的症状，使水分运输受到抑制。根系生长弱，土壤干燥和低温，盐分浓度高等诸因素，均可使植株水分吸收受阻，尤其是成株，由于叶片多且大，失水多易出现焦边症状。

【防治措施】 保持土壤湿润和含水量适宜，避免温度过高过低，可防止该病发生和蔓延。保护根系功能正常，相对湿度不宜长时间过高，尽量保持湿度正常，增加空气流通，有助于阻止叶片受到伤害。通风适当，使叶中水分散失适宜。提倡施用充分腐熟的堆肥。

生菜叶缘坏死病
Lettuce leaf edge decays disease

生菜叶缘坏死病又称细菌性斑点病、根腐病。

【典型症状】 主要为害叶片。叶缘先发病，发病初期病部呈水渍状，后期变干呈薄纸状，叶缘病斑宽0.5～1.5 cm，叶片其他部分现红褐色斑点，有的数个病斑连片，有的全株迅速干枯或落叶（图40-2）。

图 40-2　生菜叶缘坏死病

【致病病原】 病原为边缘假单胞菌边缘致病变种 *Pseudomonas marginalis* pv. *marginalis* (Brown) Stevens.，属细菌。生长适温25～26 ℃，最高38 ℃，最低0 ℃。

【病害循环】 病原在土壤中越冬。靠土壤或空气进行传播。

【发生规律】 早春和晚秋发病重。气温低，湿度高条件下，易发病。

【防治措施】 （1）农业防治。与百合科蔬菜进行轮作。配方施肥，实行畦作或高垄栽培，采用地膜覆盖；避免或减少病株与健株接触。田间可采用遮阳网，降低田间温度，切忌温度过高。

（2）化学防治。播种后 1 个月开始喷 47%加瑞农 WP 1 000 倍液，或 30%绿得保 SC 400 倍液。隔 10 d 喷 1 次，连续喷 2～3 次。

生菜软腐病 Lettuce bacterial soft rot

软腐病是生菜的一种重要病害。各地均有发生。

【典型症状】 软腐病主要发生于生菜生长的中后期，以基部的叶片发病较多。病原主要从植株基部叶片的伤口侵入，发病叶片初呈水渍状，后变褐，软腐，叶片腐烂（图 40-3）。发病植株白天萎蔫，傍晚恢复正常，严重时不能恢复。病原侵染很快，最后茎部腐烂死亡，发出恶臭气味（图 40-4）。在干燥条件下，腐烂的病叶失水变干呈薄纸状（图 40-5）。湿度大时整个叶片至整个叶球烂光。

图 40-3　生菜软腐病，叶片发病

图 40-4　生菜软腐病，病株腐烂

图 40-5　生菜软腐病，干燥病叶

【致病病原】 病原为胡萝卜软腐欧氏杆菌胡萝卜软腐亚种细菌 *Erwinia carotovora* subsp. *carotovora*（Jones）Bergey et al. 。病原菌体杆状。

【病害循环】（1）越冬与初侵染源。病原可侵染多种蔬菜，可以在遗留在田间病残体上越冬，也可随寄主种株在窖内越冬，混入粪便也可越冬。机械伤、虫伤、病痕及自然孔口都是重要的侵入途径。（2）传播特点。病原通过雨水、灌溉水、肥料、昆虫等传播。

【发生规律】（1）气候条件与发病。田间病原菌的普遍存在，只要有发病条件，病害很快发生，并迅速发展。在 2～40 ℃范围内都可发病，在高温、高湿情况下发病重，病情扩展快。（2）栽培管理与发病。病虫害重或施肥不当烧根，均会引起发病。棚室内高温，特别是大水漫灌，病情加重。

【防治措施】 参见莴笋软腐病。

生菜腐败病 Lettuce bacterial leaf spot

生菜腐败病又称黑腐病、细菌性叶斑病，

【典型症状】 常在叶缘处产生淡褐色“V”字形病斑。条件适宜时，病斑迅速扩大到大半个叶片，叶脉坏死变黑，叶片枯黄，但不软腐（图 40-6）。最后，病叶变淡褐色干枯呈薄纸状（图 40-7）。

图 40-6　生菜腐败病，叶片病斑

图 40-7　生菜腐败病，后期症状

【致病病原】 病原为莴苣细菌叶斑病黄单胞菌 *Xanthomona scampestris* pv. *vitians* (Brown) Dye。

病害循环、发生规律、防治措施参见莴笋腐败病。

生菜褐腐病 Lettuce brown rot

褐腐病是生菜的一种要病害。各地均有发生。以露地栽培发病较重，可以造成较大的损失。

【典型症状】 一般是在生长的中后期发生。发病始于植株下部的茎基部，发病组织呈黄褐色，水渍状，并渐沿叶柄向上发展，使整个外叶发褐腐烂（图 40-8）。湿度大时，外叶褐色软腐，茎基部和叶柄产生淡淡的灰白色蛛丝状菌丝。空气干燥时，病株浅褐色枯死萎。定植后发病，植株生长衰弱，根部发育不良，侧根很少，植株呈黄萎状（图 40-9）。

图 40-8 生菜褐腐病，发病株茎基部症状

图 40-9 生菜褐腐病，早期发病株

【致病病原】 病原为立枯丝核菌 *Rhizoctonia solani* Kühn.，属半知菌亚门真菌。

【病害循环】 (1) 越冬与初侵染源。病原主要借菌丝和菌核在土壤或病残体内越冬和存活。土壤中的菌丝不休眠，营腐生生活。(2) 传播特点。在田间病原传播主要靠接触传染，即植株的根茎、叶接触病土时，便会被菌丝侵染。

【发生规律】 该病原菌丝生长适应的范围较广，当土壤湿度在 20%～60%时，均能生长。土壤温度高，湿度大，有利于病害的发生，如过高过低的土温、黏重而潮湿的土壤，均有利病害发生。

【防治措施】 (1) 种子处理。用种子重量 0.4%的 40%拌种双 WP，或 50%百菌灵 WP 拌种。(2) 农业防治。用充分分腐熟的有机肥。采收期最好是设法避开高温多雨季节。夏秋季种植，采用遮阳网遮荫降温。(3) 化学防治。发病初期喷 50%扑海因 WP 1 200 倍液，或 50%农利灵 WP 1 500 倍液，或 2%农抗 120 AS 200 倍液，或 80%新万生 WP 800 倍液，或 75%百菌清 WP 600 倍液。结合防治细菌性病害，还可选用 47%加瑞农 WP 600～800 倍液喷雾，隔 10～15 d 喷 1 次，根据病情喷 1～3 次。保护地栽培，在发病初期每亩喷撒 5%百菌清 DPC 1 kg，隔 7～9 d 喷 1 次，连续喷 3～4 次。

生菜灰霉病 Lettuce gray mold

灰霉病是生菜的一种主要病害。各地均有分布。病株率在 20%～30%，发病严重地块在 80%以上，损失率可达到 50%以上。

【典型症状】 多近地面的叶片或茎开始发病，逐渐向上发展，可以引起全株萎蔫死亡，最后呈腐烂状。叶柄基部开始呈水渍状，红褐色，后基部腐烂，引起上部叶片萎蔫（图 40-10）；根颈发病开始呈水渍状，并向四周扩展，引起茎部腐烂（图 40-11）。叶片发病开始呈水渍状，黄褐色，病斑上生出灰褐或灰绿色霉层，有时有轮纹。

【致病病原】 病原为灰葡萄孢 *Botrytis cinerea* Pers.，属半知菌亚门真菌。发育适温 20～25 ℃。

图 40-10 生菜灰霉病，叶柄基部发病

图 40-11　生菜灰霉病，根颈发病

【病害循环】 (1) 越冬与初侵染源。病原以菌核或分生孢子随病残体在土壤中越冬，病原借气流传播蔓延。(2) 传播特点。遇有适宜温度及叶面有水滴条件，病原从伤口或衰弱的组织上侵入进行初侵染和再侵染，后逐渐形成菌核越冬。

【发生规律】 露地栽培在梅雨季节后发生普遍。棚室栽培为害较为严重。植株衰弱或受低温侵袭，相对湿度高于94%及适温易发病。

【防治措施】 参见莴笋灰霉病。

生菜菌核病 Lettuce sclerotinia disease

菌核病是生菜的一种主要病害。各地均有分布。尤以长江流域及南方沿海各省比较严重，重病者可成片枯死或腐烂。特别是近年来保护地栽培的发展，为害明显加重。

【典型症状】 主要为害茎基部，发病部位开始为水渍状，黄褐色，逐渐发展到整个茎基部，发褐，腐烂，植株烂掉（图 40-12）。潮湿时，病部产生浓密的白色絮状的菌丝团，后期菌丝体交织成白色颗粒，白色颗粒逐渐变成不规则的鼠粪状菌核（图 40-13）。

图 40-12　生菜菌核病，茎基部水渍状

图 40-13　生菜菌核病，病部生白色絮状物

【致病病原】 病原为核盘菌 *Sclerotinia sclerotiorum*（Lib.）de Bary，属子囊菌亚门真菌。

病害循环、发生规律、防治措施参见莴笋菌核病。

生菜褐斑病 Lettuce cercospora brown leaf spot

褐斑病是生菜的普通病害。各地均有分布，多在秋季露地发生，春季和保护地也有发生。病株率10%左右，对生产无明显影响。发病严重时发病率可达30%以上。

【典型症状】 主要为害叶片。发病叶片先呈水渍状小点，浅黄色，渐发展为圆形或椭圆形病斑，褐色，病斑大小不等，3～14 mm（图 40-14，15）。早期发病中心常变成 1～2 mm 的灰白色小斑。严重时病斑相互汇合，形成大斑，叶片枯死。湿度大时，会长出淡淡的灰褐色霉层。

【致病病原】 病原为莴苣褐斑尾孢霉 *Cercospora longissima*（Cugini in Herb）Sacc.，属半知菌亚门真菌。

图 40-14　生菜褐斑病，叶面症状

图 40-15　生菜褐斑病，叶背症状

【病害循环】 病原以菌丝体和分生孢子丛在病残体上越冬。借气流及雨水溅射传播蔓延进行初侵染和再侵染。

【发生规律】 通常多雨或雾大露重的天气有利发病。植株生长不良，偏施氮肥长势过旺，会加重发病。

【防治措施】 (1) 农业防治。结合采摘叶片收集病残体带出田外深埋。清沟排渍，避免偏施氮肥。(2) 化学防治。发病初期喷 40%多·硫 SC 500 倍液，或 50%扑海因 WP 1 500 倍液，或 60%琥·乙膦铝 WP 500 倍液。隔 10～15 d 喷 1 次，连续喷 2～3 次。

生菜顶腐病

Head garden lettuce tip-burn

顶腐病是生菜的一种重要病害，分布广泛，露地和棚室都有发生，往往是在收获期发生，对产量和质量影响较大。

【典型症状】 主要为害叶片。外层叶片的叶缘发黄枯死，并不断向内部发展，叶片的叶肉组织失水，发白变薄，当多层叶片发病时，最后使植株萎蔫、坏死，失去食用价值（图 40-16）。

图 40-16　生菜顶腐病

【发生原因】 顶腐病是一种生理性病害，主要是由于生长期间高温，形成生理性缺钙。

【防治措施】 参见大白菜烧心病。

41. 苋菜病害

苋菜病毒病
Amaranth mosaic

病毒病为苋菜的一种主要病害。分布广泛。病株率10%～20%，重病地可达60%以上，显著影响苋菜生产。

【典型症状】 全株受害。病株叶片卷曲或皱缩，有的出现轻花叶，有的出现坏死斑（图41-1）。

图41-1 苋菜病毒病

【致病病原】 病原为千日红病毒Gomphrean virus（GV）、黄瓜花叶病毒（CMV）。单独或复合侵染引起。

【病害循环】 2种病毒均在寄主活体上存活越冬，借汁液传染。CMV还可借蚜虫传染。

【发生规律】 在毒源存在条件下，利于传毒虫媒繁殖活动的生态条件，利于本病发生。田间采收等农事操作造成汁液传染致病害蔓延。

【防治措施】 参见菠菜病毒病。

苋菜炭疽病
Amaranth anthracnose

炭疽病为苋菜的一种普通病害。分布较广。病株率20%左右，严重的可达50%以上，影响苋菜生产。

【典型症状】 为害叶片和茎。（1）叶片。发病初期，叶片上出现点状病斑，暗绿色，水渍状，后病斑扩大，呈灰褐色，圆形，直径2～4 mm，边缘褐色，略微隆起（图41-2）。严重的病斑汇合，引起叶片早枯，后期病斑上生有黑色小粒点，湿度大时病部溢出黏状物。（2）茎部。病斑褐色，长椭圆形，略凹陷（图41-3）。

图41-2 苋菜炭疽病，病叶症状

图41-3 苋菜炭疽病，病茎症状

【致病病原】 病原为溃突刺盘孢菌*Colletotrichum erumpens* Sacc. var. *amaranthi* Teng.，属半知菌亚门真菌。分生孢子盘黑色，丛生，直径60～300 μm；周围有黑褐色刚毛，顶端色浅，基部略宽，具1～3个横隔膜，大小（50～200）μm×（4～6）μm；分生孢子梗圆筒形，短而不分枝，大小（14～20）μm×3 μm；分生孢子卵圆形或椭圆形，单胞，无色，大小（18～26）μm×（3～

4.5) μm。

【病害循环】 病原在病残体和种子上越冬。第2年春天条件适宜时病原通过雨水飞溅或冲刷进行传播和蔓延。

【发生规律】 气温28～32 ℃，多雨，利于该病发生和流行。种植过密，偏施速效氮肥，通风透光不良发病重。

【防治措施】 (1) 农业防治。适当密植，清沟排渍。合理施肥，提高植株抗病力。(2) 化学防治。发病初期喷36%甲基托布津SC 500倍液，或80%炭疽福美WP 800倍液。隔7～10 d喷1次，连续喷2～3次。

苋菜白锈病
Amaranth white rust

白锈病是苋菜的一种主要病害，影响苋菜的外观，降低品质和产量。

【典型症状】 主要为害叶片。发病初期叶片的正面出现点状病斑，淡黄绿色至黄色点，后渐发展为凹陷小黄斑，不规则形(图41-4)，叶片背面产生白色疱状孢子堆，圆形至不定型，疱状孢子堆破裂散出白色孢子囊(图41-5)。严重时疱斑密布叶上或联合，叶片凹凸不平，易引起叶片脱落。茎秆被害时肿胀畸形，比正常茎增粗1～1.5倍。

图41-4 苋菜白锈病，发病叶面症状

图41-5 苋菜白锈病，发病叶背症状

【致病病原】 病原为苋白锈菌 *Albugo bliti* (Biv) O. Kuntze.，属鞭毛菌亚门真菌。(1) 形态和大小。孢子堆埋生，成熟隆起，散出大量白粉状孢子囊。孢囊梗短棒状，无色，栅状排列，大小(25～56) μm×(12～17) μm。孢子囊球形，无色，大小(14～24) μm×(8～19) μm。卵孢子近球形，暗褐色，直径45～58 μm。(2) 特性。孢子囊萌发适宜温度为20～35 ℃，最适温度为25～30 ℃。

【病害循环】 病原以卵孢子随病残体在土壤中越冬。在温暖地区，病原以孢子囊完成周年循环。第2年卵孢子萌发，引起发病，并借气流或雨水溅射传播蔓延，形成再侵染，完成病害周年循环。

【发生规律】 幼嫩叶片，有利于病原的入侵。病害的发生与湿度关系密切。在寄主表面有水膜时，有利于病原侵入。阴雨连绵的天气及偏施氮肥发病重。连作发病早而且重，隔年轮作可减少土壤中的卵孢子数，间隔1年可减少84%。栽植密度大、地势低洼均有利于发病。偏施氮肥发病重。

【防治措施】 (1) 种子消毒。播种前种子最好先在阳光下晒1～2 d，以杀灭种子表皮杂菌，然后用50%多菌灵WP 2 000倍液浸种15～20 min。播前用种子重量0.2%～0.3%的25%甲霜灵可湿性粉剂或64%杀毒矾WP拌种。(2) 农业防治。最好与禾本科如水稻等实行2～3年轮作。选择抗病品种。采用条播或垄作，及时清理、疏除过密株，以利通风排渍和降湿；合理灌溉，宜小水勤浇，不宜大水漫灌；采用配方施肥，注意增施磷、钾肥，避免偏施氮肥。当发现田间病株时已有部分疱斑破裂，孢子囊已散出，此时进行药剂防治效果已不明显。宜采用塑料膜袋将已发病株植器官包住摘下带出田外销毁或深埋，可有效控制该病大发生。(3) 化学防治。发病前或初期喷64%杀毒矾WP 500倍液，或68%精甲霜灵·锰锌WG 300倍液，或50%甲霜铜WP 600～700倍液，或60%甲霜铝铜WP 500～600倍液，或77%氢氧化铜WP 800～1 000倍液，或72.2%霜霉威AS 600倍液。每5～7 d喷1次，连续喷2～3次。上述药剂注意交替轮用。采收前15～20 d应停止用药。

苋菜幼苗猝倒病
Amaranth seedling damping-off

【典型症状】 自播种至幼苗出土后均可发生，可造成烂种烂芽，幼苗出土后不久染病，茎基部出现水渍状黄褐色病变，后缩成线状，有的表皮脱落，终致病苗尚青绿而倒地，故称猝倒（图41-6）。

图 41-6　苋菜幼苗猝倒病

【致病病原】 见菠菜猝倒病。

【发生规律】 病原发育温度范围为 10～30 ℃，喜高湿，任何不利于幼苗发育的温度兼高湿条件，均利于该病发生。

【防治措施】 播前土壤消毒，甲霜灵加代森锰锌（9∶1）混剂采用药土护苗的办法进行。出苗后喷施 25%甲霜灵 WP 1 000 倍液或高锰酸钾 600～1 000 倍液，连喷 2～3 次（7～10 d 喷 1 次），可预防发病，发病后继续喷淋药剂控制病害蔓延。

苋菜褐斑病
Amaranth phyllosticta leaf spot

苋菜褐斑病为苋菜的一种普通病害。分布广泛，病株率 20%～30%，严重的可达 50%以上，影响苋菜生产。

【典型症状】 主要为害叶片。叶片病斑圆形或不定型，黄褐色，发病后期病斑中部褪为灰褐色至灰白色，病健部分界明晰，病斑两面均可见密生小黑点（图 41-7）。

图 41-7　苋菜褐斑病，叶片症状

【致病病原】 病原为苋叶点霉菌 *Phyllosticta amaranthi* Ell. et Kell.，属半知菌亚门真菌。

【病害循环】 （1）越冬与初侵染源。病原以菌丝体和分生孢子器在病株上或遗落土中的病残体上越冬。（2）传播特点。第 2 年春天病原进行初侵染，并通过风雨传播，进行多次再侵染，病害得以蔓延扩大。

【防治措施】 无需专门防治，可结合防炭疽病进行兼治。

苋菜灰霉病
Amaranth gray mold

灰霉病是苋菜的一种普通病害，病情很轻，对生产无明显影响，个别棚室发病较重影响苋菜质量。

【典型症状】 发病初期，先出现点状病斑，浅褐色，不规则形，后扩展成润湿的大斑，淡褐色。潮湿时病部产生灰色霉层（图 41-8）。

图 41-8　苋菜灰霉病

【致病病原】 病原为灰葡萄孢菌 *Botrytis cinerea* Pers.，属半知菌亚门真菌。参见芹菜灰霉病。

病害循环、发生规律、防治措施参见芹菜灰霉病。

苋菜斑点病
Amaranth leaf mold

斑点病是苋菜的一种主要病害，主要在保护地中发生。严重影响苋菜的品质和产量。

【典型症状】 叶片上初呈褐色圆形斑，中央淡褐色，略凹陷；病斑边缘褐色，稍隆起，直径约 4 mm（图 41-9）。

【致病病原】 病原为变异芽枝孢 *Cladosporium variablile* （Cooke） de Vries。参见菠菜斑点病。

病害循环、发生规律、防治措施参见菠菜斑点病。

图 41-9 苋菜斑点病

（七）葱蒜类蔬菜病害

42. 葱类病害

葱病毒病
Onion yellow dwarf disease

病毒病是葱的一种主要病害。田间病株率为10%左右，严重的高达30%～50%。

【典型症状】 初发期生出的新叶嫩薄，叶色变浅，心叶上出现淡黄色斑，叶面凹凸不平，叶尖黄化，叶面上黄绿色斑驳或黄色长条状病斑（图42-1），呈螺旋状扭曲，叶片下垂变黄，有的叶片向一侧扭曲，植株萎缩，且葱棵越长越小（图42-2）。

图 42-1 葱病毒病，叶片症状

图 42-2 葱病毒病，发病株

【致病病原】 病原为葱黄条病毒 Walsh onion yellow stirp virus（WoYSV）。病毒粒子长700～1 600 nm，平均长度728 nm，直径15 nm。

【病害循环】 病毒在田间主要靠多种蚜虫以非持久性方式或汁液摩擦接种传毒。

【发生规律】 高温干旱、管理条件差、蚜量大、与葱属植物邻作的发病重。

【防治措施】 （1）农业防治。精选葱秧，剔除病株，不要在葱类采种田或栽植地附近育苗及邻作。春季育苗应适当提早。育苗如与蚜虫迁飞期吻合，应在苗床上覆盖灰色塑料膜或尼龙纱。增施有机肥，适时追肥，喷施植物生长调节剂，增强抗病力。管理时避免接触病株，防止人为传播。（2）化学防治。葱田若仍有少量病株出现，可用0.5%抗病素1号300～400倍液，或25%抗病毒1号WP 300倍液，或1.5%的植病灵400倍液，彻底防治。苗期用40%乐果和80%敌敌畏混合液1 000倍液，加少量洗衣粉或废豆浆，防治传播介体蓟马和蚜虫。

葱锈病 Onion rust

葱锈病是葱的一种主要病害。各地均有分布。春、夏、秋季均有发生，以秋季发病最重，导致葱叶提早枯死，产量下降，严重时绝收，对产量和质量有严重影响。

【典型症状】 主要发生在葱叶上，也有在叶鞘上发生。发病初期叶片上出现零星白色突起的小泡点，后发展成圆形、椭圆形或梭形小斑。单个病斑大小为（2～3）mm×（3～5）mm，泽色由白转黄，表皮开裂（图 42-3）。裂开的表皮下有橙黄色粉末，这是病原的夏孢子（图 42-4）。秋末及冬季发生的病斑，由白色转为黑褐色，表皮裂开后散出紫褐色粉末，这是病原的冬孢子。但夏季发生的病斑，如叶片不枯死，植株能长到冬季，同样产生冬孢子堆，但冬孢子堆不在原病斑的中心，而在扩大后的病斑边缘。发病后病斑处叶片表皮破裂，生长受阻。严重时葱叶上布满病斑破裂后留下的疤痕，不仅水分大量损耗，腐生菌又大量侵入，不久即枯死和腐烂（图 42-5）。

图 42-3　葱锈病，病叶症状

图 42-4　葱锈病，病原夏孢子

图 42-5　葱锈病，田间发病症状

【致病病原】 病原为葱柄锈菌 *Puccinia allii*（DC.）Rudolphi 和葱锈菌 *P. Porri*（Saw）Wint，属担子菌亚门真菌。两种病原的夏孢子和冬孢子形态基本相同，但寄主范围有明显差异。（1）形态和大小。夏孢子为单细胞，淡褐色，椭圆形至圆形，表面有稀疏的细刺，橙黄色或黄褐色，大小（19.2～32）μm×（16～25.9）μm。冬孢子为双胞，和柄连在一起呈棍棒状。单个细胞的形态为长椭圆形或近球形，深褐色或黑褐色。顶胞的顶端略突起，色泽较淡。冬孢子的大小（19～26）μm×（15～20）μm，壁厚 1～2 μm。（2）特性。萌发适温 9～18 ℃，高于 24 ℃萌发率明显下降，潜育期 10 d 左右。（3）寄主。两种病原的区别，葱柄锈菌只寄生于葱属植物，而葱锈菌除葱属外，还寄生于大蒜等。

【病害循环】 病原以冬孢子在病残体上越冬。病原随气流传播，从寄主表皮或气孔侵入，进行初侵染和再侵染。

【发生规律】 锈病的发生喜欢低温高湿的气候条件，孢子萌发的最适合温度是 9～18 ℃，潜伏期是 10 d。当气温在 24 ℃以上时，发病受到影响。因而春、秋两季连阴多雨、气温较低时，发病严重。如果冬季温暖多湿，有利于孢子的越冬，来年春季锈病严重。在夏季，如果低温多雨，则秋季发病严重。田地肥力不足，植株生长不良也是发病严重的一个因素。

【防治措施】 （1）农业防治。提高土壤肥力，多施磷、钾肥，增强植株的抗病能力。发病重的田块，应提前收获，并避免在附近种植葱蒜类蔬菜。大棚栽培要注意保温除湿，控制发病条件。（2）化学防治。发病初期应及时喷 25%菌通散（三唑酮）EC 800 倍液，或用 12.5%禾果利（烯唑醇）WP 1 500 倍液喷雾，每隔 10 d 喷药 1 次，连续喷 2～3 次。

参考文献

黄绍岗.葱类锈病简介[J].广西植保,1994(3):44

葱白色疫病 Onion white tip

葱白色疫病又称白尖病。

【典型症状】 葱整个生育期均可发病。发病叶鞘、叶身出现周边不明显的油渍状暗绿色病斑，逐渐扩大至 5～10 cm 的大型油浸状青白色大病斑。病斑中央白色至灰白色，病斑扩展至叶端逐渐干枯下垂（图 42-6，7）。

图 42-6　葱白色疫病

图 42-7　葱白色疫病

【致病病原】 病原为葱疫霉 *Phytophthora porri* Foister.，属鞭毛菌亚门真菌。

【病害循环】 病原主要以厚垣孢子在土壤中越冬。第 2 年春天条件适宜时借灌溉水或风雨传播。

【发生规律】 多雨季节发病重，夏季连阴雨天气多易发病。暴雨过后排水不及时，地头积水、氮肥过多或植株徒长发病重。

【防治措施】 （1）农业防治。发病地 2～3 年内不宜种植葱蒜类蔬菜。收获后注意清除病残体，集中深埋或烧毁。采用高畦或起垄栽培，及时中耕培土，尽量避免葱秧与水接触。少追速效氮，以增强植株抗病性。（2）化学防治。发病初期喷 60％琥·乙膦铝 WP 500 倍液，或 72％克露 WP 800 倍液，或 72％霜脲·锰锌 WP 800 倍液，或 72％克霜氰 WP 800 倍液。隔 10 d 喷 1 次，连续喷 1～2 次。

葱霜霉病 Onion downy mildew

霜霉病是葱类蔬菜的一种重要病害。各地均有发生。北方大葱发病轻，南方洋葱发病重。由于近年葱地多肥、多水、连作等，导致葱霜霉病日趋严重。一般年份零星发生，大发生年份造成叶片大面积干枯死亡，地块减产 30％～50％。

【典型症状】 发病始于外叶中部或叶尖，很快向上、向下、向心叶发展。发病严重的叶片扭曲畸形、枯黄矮缩、变肥增厚。湿度大时病株表面遍生灰白色绒霉，无明显单个病斑，这是该病的重要特征，也是鉴别该病的重要依据（图 42-8）。中上部叶片受害时，在干旱的情况下，病部以上组织逐渐干枯下垂，易从病部折断枯死。在潮湿的情况下，病叶易腐烂。遇上风雨时，发病的叶片便掉落到根际土面，干燥后皱缩扭曲。中下部叶片发病时，病部上方叶片下垂干枯，病害

图 42-8　葱霜霉病，病叶白色霉层

迅速蔓延，叶片似开水烫伤，随后枯黄凋萎。假茎早期发病后，其上部生长不平衡，致使植株向被害一侧弯曲。假茎晚期发病后，病部易开裂，严重影响种子成熟。

【致病病原】 病原为葱霜霉菌 *Peronospora schleidenii* Ung.，属鞭毛菌亚门真菌。(1) 形态和大小。叶片表面的霉状物为病原的孢囊梗，孢囊梗由气孔伸出，呈二叉状锐角分枝 4～5 次，孢子囊纺锤形或长卵形，有乳头状突起，大小为 (59～71) μm×(21～31) μm；在病叶和鳞茎表皮组织内形成卵孢子，卵孢子球形、厚壁、黄褐色，直径 45～60 μm。(2) 特性。子囊形成的最适温度为 15 ℃，不耐干燥，寿命短，萌发适温为 10 ℃。(3) 寄主。这种病原可以侵染大葱、洋葱、冬葱、分葱、细香葱、韭葱和韭菜，但不为害大蒜。

【病害循环】 (1) 越冬与初侵染源。病原主要靠菌丝体潜伏在鳞茎上越冬，或以卵孢子在土壤中病残体上或附着在种子表面越冬，成为第 2 年的初次侵染源。第 2 年病原萌发，从植株的气孔侵入或以菌丝体在寄主体内蔓延引起发病。(2) 传播特点。田间病株上产生大量的孢子囊，借助气流、雨水、昆虫、农事操作进行传播。孢子囊经传播一旦接触到寄主感病部位，条件适宜时几个小时就可萌发、侵入，其潜伏期较短，条件适宜时只有 3～5 d。生长季节可重复多次侵染。

【发生规律】 霜霉病的发生喜欢低温高湿的气候条件，发病的最适温度是 15 ℃，在这样的温度条件下，病原的潜伏期是 5～10 d。在春季和初夏，如遇白天温暖，夜晚凉爽，连阴多雨的天气，有利于病害的发生，尤其是连续的重雾天，常会发生霜霉病的大流行。地势低洼，土壤黏重，大水漫灌，过于密植，生长不良的地块发病也重。

【防治措施】 (1) 种子消毒。可用 50 ℃温水浸种 25 min，待种子冷却后晾干再播种。也可用种子重量 0.3%～0.4% 的 50% 福美双 WP 拌种。(2) 农业防治。重病地与非葱类蔬菜实行 2～3 年轮作。选择地势高燥、易排水的地块种植，低洼地要实行高畦或高垄栽培。多施腐熟有机肥作底肥，及时追肥，适量灌水，雨后排水。及时清除田间残体。(3) 化学防治。田间发病前喷药保护。一般在 4 月上旬应选用 75%百菌清 WP 600 倍液，或 70%代森锰锌 WP 600 倍液喷雾 1～2 次。发病初期喷 68%精甲霜灵・锰锌 WG 300 倍液，或 64%杀毒矾 WP 500 倍液，或 80%三乙膦酸铝 WP 400 倍液。病害流行盛期，则应及时换用高效治疗性药剂。可用 50%安克锰锌 WP 1 000 倍液，或 72.2%霜霉威 AS 800 倍液，或 72%霜脲・锰锌 WP 600 倍液喷雾。一般每隔 5～7 d 喷 1 次，连续喷 3～4 次。注意在发病期如遇雨，或有大雾、重露天气，以及浇水后，应及时喷一遍药，防止病情加重。

参考文献

[1] 吴家全,王杏涛.大葱霜霉病的发生及其防治[J].蔬菜,2007(8):24

[2] 黄征.葱蒜类蔬菜真菌病害调查及其病原鉴定[J].中国农学通报,2007,25(5):326-329

葱疫病
Onion phytophthora blight

葱疫病为葱的普通病害，分布较广。发病重时造成局部或较大面积葱坏死腐烂，在一定程度上影响葱生产。

【典型症状】 为害叶片，根、茎也可被害。叶片患部初呈暗绿色水渍状斑，温湿条件适宜时，病斑迅速扩展，重病田枯死部位常达葱管长的一半，甚至 2/3（图 42-9）。当病斑扩展到叶片的一半时，呈湿腐状，并导致葱叶下垂。受害部位黄化干枯，只残留两层膜状表皮。葱茎部受害，根盘处呈水渍状浅褐色至暗绿色腐烂。根部受害，根毛少，变褐腐烂。湿度大时病部长出白色稀疏霉层。

图 42-9　葱疫病，病株

【致病病原】 病原为烟草疫霉 *Phytophthora nicotianae* Breda.，属鞭毛菌亚门真菌。

【病害循环】 病原以卵孢子、厚垣孢子或菌丝体在病残体内越冬。借风雨传播，从表皮直接侵入，进行初侵染和再侵染。

【发生规律】 阴雨连绵的雨季易发病。种植密度大，地势低洼，田间积水，植株徒长的田块，发病重。

【防治措施】 (1) 农业防治。与非葱蒜作物实行 2 年以上轮作。田间应彻底清除病残体，减少田间菌源。在排水良好的地块栽植，采用深沟高畦。雨后及时排水，做到合理密植，通风良好。采用配方施肥，增强作物抗病力。(2) 化学防治。发病初期喷施 58%瑞毒霉·锰锌 WP 500 倍液，或 70%锌·乙铝 WP 500 倍液，或 72.2%普力克 AS 700 倍液，隔 7～10 d 喷 1 次，根据病情连喷 2～3 次。

葱紫斑病 Onion alternaria leaf spot

葱紫斑病是葱类的一种主要病害。各地均有分布。直接影响葱叶的食用价值和葱籽的产量。

【典型症状】 主要侵害叶和花梗。发病初期呈水浸状白色点斑，病斑迅速扩大形成宽 1～3 cm、长 2～4 cm 纺锤形的凹陷斑，先为淡褐色，随后变为褐色至青紫色，周围具有黄色晕圈。此后有的逐渐褪色并形成同心轮纹，湿度大时斑面上产生黑褐色煤粉状霉（图 42-10）。如病斑围绕叶或花梗扩大，可使之从病斑处折断。

图 42-10 葱紫斑病

【致病病原】 病原为葱链格孢 *Alternaria porri* (Ell.) Ciferri，属半知菌亚门真菌。(1) 形态和大小。分生孢子梗单生或丛生，长度达 120 μm 左右，顶生一个分生孢子。分生孢子棍棒状或长椭圆形，黄褐色，8～12 个横隔膜、0 至数个纵隔膜，(110～280) μm×(15～20) μm。(2) 特性。分生孢子萌发适温 24～27 ℃，病原发育适温 6～34 ℃。(3) 寄主。这种病原可以侵染葱属植物。

【病害循环】 (1) 越冬与初侵染源。南方地区多以分生孢子在葱类作物上辗转为害。北方寒冷地区以菌丝体在寄主体内或病残体上越冬。(2) 传播特点。借气流或雨水传播，从气孔、伤口或表皮侵入，潜育期 1～4 d。伤口是病原侵入的重要途径，因此，蓟马严重发生的时，可使发病加重。

【发生规律】 (1) 气候条件与发病。发病条件为温暖多湿，低于 12 ℃则不发病。发病适温为 25～27 ℃，低于 12 ℃则不发病。温暖多湿的夏季发病重。(2) 农业防治。沙质土、旱地、旱苗或老苗、缺肥以及葱蓟马为害重的田块，发病重。

【防治措施】 (1) 种子消毒。病原可附着在种子上传播，故应认真在播前做好种子消毒，可用 50%福美双 WP、50%多菌灵 WP 或 50%托布津 WP，按种子重量的 0.4%进行药剂拌种。(2) 农业防治。施足基肥，加强田间管理。实行 2 年以上轮作。(3) 化学防治。发病初期喷 75%百菌清 WP 500～600 倍液，或 64%杀毒矾 WP 500 倍液，或 58%甲霜灵·锰锌 WP 500 倍液。隔 7～10 d 喷 1 次，连续喷 3～4 次。可任选上述农药一种与 80%敌敌畏 EC 或 90%敌百虫晶体 1 000 倍液，或 2.5%溴氰菊酯或 20%速灭杀丁 EC 3 000 倍液喷雾混用，以兼治葱蓟马。

参考文献

黄征. 葱蒜类蔬菜真菌病害调查及其病原鉴定[J]. 中国农学通报，2007，25(5)：326-329

葱黑斑病 Onion leaf blight

【典型症状】 主要为害叶和花茎。叶片发病先出现的病斑初黄白色，褪绿，长圆斑，迅速向上下扩展，变为黑褐色，边缘具黄色晕圈，病斑上略有轮纹。后期病斑上产生浓密的黑短绒层。病情严重时叶片变黄枯死（图 42-11）。

【致病病原】 病原为匐柄霉菌 *Stemphylium botryosum* Wallroth.，属半知菌亚门真菌。分生孢子梗丛生，有膨大为节状的环痕。分生孢子长圆形或椭圆形，淡褐色至褐色，有砖格状隔膜，表面有微刺。

图 42-11　葱黑斑病

图 42-12　葱灰霉病，潮湿时长出灰霉

【病害循环】 病原以子囊座随病残体在土中越冬。借气流传播蔓延。

【发生规律】 长势弱的植株，发生冻害，管理不善，易发病。

【防治措施】 (1) 农业防治。重病田最好与禾本科作物进行 3 年以上轮作。田间的枯株落叶要清理干净。育苗期要清理病苗、弱苗。定植后在发病前及时摘除老叶、病叶，拔除病株。施用充分腐熟的有机肥，避免偏施氮肥。高温季节不可大水漫灌。(2) 化学防治。发病初期喷 50%扑海因 WP 1 500 倍液，或 64%杀毒矾 WP 500 倍液，或 75%百菌清 WP 600 倍液。隔 10 d 喷 1 次，连续喷 2～3 次。

葱灰霉病 Onion gray mold

葱灰霉病是大葱的一种常见病害，分布广泛。

【典型症状】 由葱腐葡萄孢引起的病斑在叶上为白色斑点，斑点梭形至长椭圆形，纵径 1～5 mm，病斑多时汇集成斑块，使半叶或全叶卷曲、枯焦，潮湿时枯叶上生大量灰色的霉层，多由叶尖向下发展，逐渐连成片，使葱叶卷曲枯死。由大蒜盲种葡萄孢引起的病斑初为污白色，后变为灰褐色，病部生砖褐色的霉层（图 42-12）。

【致病病原】 病原为葱腐葡萄孢 *Botrys allii* Munn 和大蒜盲种葡萄孢 *Botrytis porri* Buchw.，均属半知菌亚门真菌。葱腐葡萄孢分生孢子梗短，通常无分枝或分枝极少，分生孢子椭圆形，大小 (8～10) μm×(5～6) μm。大蒜盲种葡萄孢在 PDA 上菌落灰色，气生菌丝不发达，分生孢子梗较多，分生孢子椭圆形至倒卵形，群体亮灰色，单个浅褐色，大小 (10.8～14.9) μm×(8.1～10.8) μm，其特征是在 PDA 或其他培养基上形成大型不规则菌核，直径 20～30 mm。

【病害循环】 病原随气流、雨水、灌溉水传播蔓延。

【发生规律】 低温高湿是发生和流行的条件。

【防治措施】 (1) 农业防治。收获后及时清除病残体，集中起来深埋或销毁。切勿摘下后不经处理随意乱扔，以免病原继续繁殖。多雨地区实行高畦栽培，防止田间积水。棚室栽培要注意通风换气。(2) 化学防治。发病初期喷 50%腐霉利 WP 1 500 倍液，或 50%扑海因 WP 1 500 倍液，或 64%杀毒矾 WP 500 倍液，或 75%百菌清 WP 600 倍液。隔 10 d 喷 1 次，连续喷 2～3 次。

参考文献

黄征. 葱蒜类蔬菜真菌病害调查及其病原鉴定[J]. 中国农学通报，2007，25(5)：326-329

葱白腐病 Onion white rot

葱白腐病是大葱的一种重要病害，分布较广。多数地区发病较轻，局部地区发生较重，染病率达 10%以上，影响大葱生产。

【典型症状】 整个生育期均可发病。初染病时外叶叶尖呈条状或叶尖向下逐渐变黄后扩展到叶鞘及内叶，植株生长衰弱，严重时整株变黄、枯死（图 42-13）。拔出病株可见鳞茎表皮呈水渍状病斑，茎基部变软，鳞茎变黑腐烂，田间成团枯死，形成一个个病窝，并不断扩大蔓延，最后成片枯死（图 42-14）。

图 42-13　葱白腐病，发病株

图 42-14　葱白腐病，假茎症状

【致病病原】 病原为白腐小核菌 *Sclerotium cepivorum* Berk.，属子囊菌亚门真菌。(1) 形态和大小。菌核球形，外表黑色，内部紧密，浅红色，大小 (0.3～1.0) μm×(0.3～1.4) μm。分生孢子球形，透明，直径 1.6～2.0 μm。(2) 寄主。这种病原可以侵染大葱、大蒜、洋葱和韭菜。

【病害循环】 病原以菌核在土壤中或病残体上越冬。遇到根系分泌物刺激后萌发，侵染根或茎。春季条件适宜时，营养菌丝经过雨水、农事操作等扩展传播，进而引起发病。

【发生规律】 白腐病病原喜温暖高湿环境。当降水偏多、田间湿度大时，有利于菌丝的扩展和侵染。通常土壤瘠薄、管理粗放、病残株清理不及时、低洼地、排水不良的田块发病较重。

【防治措施】 (1) 种子消毒。播前用种子重量 0.3%的 50%扑海因 WP 拌种。(2) 农业防治。实行 3～4 年轮作，发病田避免连作。发现病株及时挖除深埋。(3) 化学防治。播种 5 周后用 50%多菌灵 WP 500 倍液，或 50%甲基托布津 WP 600 倍液，或 50%扑海因 WP 1 000～1 500 倍液灌淋根茎。

葱小菌核病 Onion sclerotinia rot

小菌核病是葱的一种普通病害，通常发病较轻，发生严重时使部分植株死亡或造成鳞茎腐烂。

【典型症状】 主要为害叶片和花梗。发病初期，先是叶片或花梗尖端变色，逐渐向下扩展，引起葱株局部或全部枯死，仅残留新叶。剥开病叶，可见白色棉絮状气生菌丝，病部表皮下散生黄褐色或黑色小菌核（图 42-15）。

图 42-15　葱小菌核病

【致病病原】 病原为大蒜核盘菌 *Sclerotinia allii* Saw.，属子囊菌亚门真菌。

【病害循环】 病原以菌核随病残体在土壤中越冬。春秋两季借气流弹射传播或直接产生菌丝，传播蔓延。

【发生规律】 气温达到 14 ℃，高湿或雨季，易发病。

【防治措施】 (1) 农业防治。收获后及时清除病残体，集中深埋或烧毁。与非葱类作物实行 2～3 年轮作。雨后及时排水、降低湿度。(2) 化学防治。发病初期喷 40%多・硫 SC 500 倍液，或 50%甲基托布津 WP 400～500 倍液，或 50%扑海因 WP 1 000～1 500 倍液。隔 7～10 d 喷 1 次，连续喷 2～3 次。

葱软腐病 Onion bacterial soft rot

软腐病是洋葱的一种主要病害。发病率 10%左右，严重时可达 20%以上，显著影响洋葱生产。

【典型症状】 (1) 鳞茎膨大期。在 1～2 片外叶的下部产生半透明灰白色斑，叶鞘基部软化腐败，外叶倒折，病斑向下扩展；假茎部发病初期呈水渍状，后内部开始腐烂，散发出恶臭。（2）储藏期。多从鳞茎颈部开始发病，手压病部有软化感，鳞片呈水浸状，并流出白色、黄褐色或黑褐色带有臭味的汁液（图 42-16）。若鳞茎中心部发病则软化腐烂。

图 42-16　洋葱软腐病

【致病病原】 病原为胡萝卜软腐欧氏杆菌胡萝卜软腐致病型 *Erwinia carotovora* subsp. *carotovora* (Jones) Berg. et al.。

【病害循环】 病原在鳞茎中越冬，也可在土壤中腐生。通过肥料、雨水或灌溉水传播蔓延，经伤口侵入。蓟马、种蝇也可传病。

【发生规律】 收获期遇雨易发病。低洼连作地或植株徒长易发病。基肥不充分腐熟造成烧根为诱发条件。

【防治措施】 （1）农业防治。与非葱类作物进行 2～3 年轮作。用无病床土培育壮苗，适期早栽，勤中耕，浅浇水，及时排水。施充分腐熟的有机肥，防止氮肥施用过多。（2）化学防治。发病初期喷 50%琥胶肥酸铜 WP 500 倍液，或 77%氢氧化铜 WP 500 倍液，或 72%农用链霉素 WP 4 000 倍液，隔 7～10 d 喷 1 次，共喷 2～3 次。及时防治葱地种蝇幼虫。

43. 大蒜病害

大蒜病毒病 Garlic mosaic

病毒病又称大蒜花叶病，是大蒜的一种重要病害。各地均有分布，是造成大蒜品种退化的主要原因之一。发生普遍，减产幅度20%～45%。

【典型症状】 (1) 花叶病毒病。病株的叶片变小，叶脉出现黄条点，以后连成黄绿相间的条纹（图43-1），心叶变细，抽出后呈淡黄色褪绿畸形叶，心叶被包住，难于伸展，严重时植株明显矮化（图43-2）。病株鳞茎球较小，蒜瓣及须根减少，严重时蒜瓣僵硬。(2) 褪绿条斑病毒病。在2～3叶期发病，病株上出现明显的黄色褪绿条斑（图43-3）；成株发病植株呈不同程度的矮化，瘦弱，纤细，叶片无光泽，蜡质消失，呈半卷曲状，有的上下叶片捻在一起卷曲成筒状；心叶不能抽出，病株不能抽薹，薹上具明显的褪绿块斑，病株根短且少，黄褐色。

【致病病原】 病原为大蒜花叶病毒 Garlic mosaic virus (GMV)、大蒜潜隐病毒 Garlic latent virus (GLV)、大蒜褪绿条斑病毒 Garlic chlorosis streak virus。(1) 形态和大小。大蒜花叶病毒。粒体线状，长约750 nm。稀释限点100～1 000倍，钝化温度55～60 ℃，体外存活期2～3 d。大蒜褪绿条斑病毒。线状物，长度不等，短的430nm，长者2 100 nm，其中700～950 nm的占50%以上，平均1 059 nm，钝化温度70～75 ℃，体外存活期7～8 d，稀释限点1 000～3 000倍。(2) 寄主。这种病原可以侵染大蒜。

【病害循环】 播种带毒鳞茎，出苗后即染病。田间主要通过桃蚜、葱蚜等进行非持久性传毒，以汁液摩擦传毒。

【发生规律】 管理条件差，蚜虫发生量大，与其他葱属植物连作或邻作发病重。红皮大蒜发病程度高于白皮大蒜。

图 43-1　大蒜病毒病，花叶型

图 43-2　大蒜病毒病，病株

图 43-3　大蒜病毒病，褪绿条斑型

【防治措施】（1）农业防治。严格选种，选不带毒的蒜种，不在发病地留种，最好采用脱毒大蒜生产种；消灭大蒜植株生长期及蒜头储藏期限的传毒媒介蚜虫，防止病毒的重复感染。实行轮作换茬，避免与大蒜及其他葱类作物连作；加强水肥管理，防止早衰，提高大蒜的抗病能力；从幼苗期开始，对种田进行严格选择，发现病株及时拔除，以减少病害传播。（2）化学防治。发病初期喷 1.5%植病灵乳剂 1 000 倍液，或 20%毒克星 WP 500 倍液，或 10%混合脂肪酸 AS 100 倍液，或抗毒剂 1 号 AS 250～300 倍液。及时喷施 10%吡虫啉 WP 3 000 倍液，或 10%蚜虱净 WP 300 g 等防治蚜虫。

大蒜紫斑病 Garlic alternaria leaf spot

【典型症状】 主要为害叶片，初在叶片出现白色稍凹陷的小斑点，中央呈浅紫色，扩大后呈椭圆形或纺锤形（图 43-4）。阴雨天，病斑上出现黑色霉状物，常形成同心轮纹，严重时，病斑逐渐扩大，致全叶枯黄，病叶易从病斑处折断（图 43-5）。

图 43-4　大蒜紫斑病，病叶症状

图 43-5　大蒜紫斑病，生黑色霉状物

【致病病原】 病原为香葱链格孢 *Alternaria porri*（Ell.）Ciferri，属半知菌亚门真菌。（1）形态和大小。分生孢子梗淡褐色，单生或束生，大小（30～100）μm×（4～9）μm；分生孢子长棍棒状，褐色，大小（60～130）μm×（15～20）μm。（2）特性。分生孢子萌发适温 24～27 ℃，病原生育适温 6～34 ℃。

【病害循环】 病原以菌丝体附着在寄主或病残体上越冬。借气流或雨水传播。从气孔、伤口或直接穿透表皮侵入，潜育期 1～4 d。病原萌发和侵入需具露珠或雨水。

【发生规律】（1）气候条件与发病。高湿利于分生孢子的萌发，干旱利于分生孢子的传播，是该病发生的主要因素。（2）栽培管理与发病。采用平畦点播，浇水后易积水，田间湿度大，利于该病的发生。连作、邻作田未破坏病原物的活动场所，利于病原菌滋生，造成病害的严重发生。种植密度过大，单株所占空间小，不利于植株的通风、透光，造成植株衰弱，易发病。

【防治措施】（1）农业防治。与马铃薯、小麦、十字花科等作物轮作 3 年以上。采用覆膜高畦栽培方式，可有效减少土壤中病残体上病原物借雨水传播的机会，提高地温、保墒、减少灌水次数，可减轻病害。施足基肥、增施磷钾肥，促使壮苗，提高大蒜的抗病能力。合理密植，利于植株通风透光。严禁大水浇灌，雨后及时排涝，预防病害的发生和蔓延；采摘蒜薹，尽量避免划伤叶片，防止病原从伤口侵入。（2）化学防治。发病初期喷 75%百菌清 WP 500～600 倍液，或 64%杀毒矾 WP 500 倍液，或 68%精甲霜灵·锰锌 WG 300 倍液，或 50%扑海因 WP 1 500 倍液。隔 7～10 d 喷 1 次，连续喷 3～4 次。

大蒜叶枯病 Garlic tip blight

【典型症状】 主要为害叶和花梗。（1）叶片。病叶多从下部叶片叶尖开始发病扩展（图 43-6）。病斑初为白色小圆点；扩大后呈不规则形或椭圆形，为灰白色或灰褐色。病部生黑色霉状物（图 43-7）。严重时病叶枯死。（2）花梗。花梗受害易从病部折断，最后病部散生许多黑色小粒点。受害植株前期长势弱，后期矮黄萎缩，迟抽薹或不抽薹。

图 43-6　大蒜叶枯病，发病症状

图 43-7　大蒜叶枯病，生黑色霉状物

【致病病原】 病原为枯叶格孢腔菌 *Pleospora herbarum*（Pers. et Fr.）Rabenhorst，属半知菌亚门真菌。分生孢子梗从气孔伸出，暗色，大小（30～110）μm×（3～6）μm。分生孢子灰色或暗黄褐色，椭圆形，大小（22～40）μm×（18～22）μm。子囊壳球形或扁球形，直径 180～250 μm。子囊无色，椭圆形或棍棒状。子囊孢子黄褐色，纺锤形或椭圆形，大小（25～45）μm×（10～15）μm。

【病害循环】 病原主要以菌丝体或子囊壳随病残体遗落土中越冬。气温回升后引起初侵染和再侵染。

【发生规律】 该病发生主要受气象条件的影响。发病的适宜温度为 15～20 ℃，在多雨、高温条件下感染迅速，发病猛，传播快。早播的蒜田，因 8～9 月份气温高，正值降水高峰期，易发病，往往成为适播蒜田的传染源。地势低洼，稻后蒜田，容易积水的田块发病重；瘦田瘦地，肥力不足的蒜地发病重。

【防治措施】（1）农业防治。及时清除被害叶，加强田间管理，合理密植，雨后及时排水。（2）化学防治。发病初开始喷 75%百菌清 WP 600 倍液，或 50%扑海因 WP 1 500 倍液，或 64%杀毒矾 WP 500 倍液。隔 7～10 d 喷 1 次，连续喷 3～4 次。

大蒜煤斑病
Garlic cladosporium blight

煤斑病是大蒜的一种普通病害。各地均有发生。

【典型症状】 从苗期到鳞茎膨大期均可发病，主要为害叶片。发病初期，叶片上出现灰白色的点状病斑，随着病情的发展，逐渐扩大成椭圆形或梭形病斑，病斑中央为枯黄色，边缘红褐色，外围黄色，最后叶尖扭曲枯死。湿度大时病斑产生绒毛状，干燥时呈粉状（图 43-8）。

图 43-8　大蒜煤斑病

【致病病原】 病原为葱芽枝孢菌 *Cladosporium allii*（Ellis. & Martin）P. M. Kirk. & Cromptom.，属半知菌亚门真菌。

【病害循环】 病原以菌丝及分生孢子在病残体上越冬或越夏，越冬的地方要求干燥。播种时随肥料进入田间，成为初侵染源；也可以在高海拔地区田间生长的大蒜植株上越夏，随风传播。

【发生规律】 病原萌发的温度范围 0～30 ℃，以 10～20 ℃最快。空气相对湿度 100%和有自由水存时有利于萌发。植株生长不良，阴雨潮湿多露天气及生长后期发病重。

【防治措施】（1）农业防治。及时清除病残体。施入的有机肥要充分腐熟。（2）化学防治。发病初期开始喷 65%代森锌 WP 400～600 倍液。隔 7～10 d 喷 1 次，连续喷 2～3 次。

大蒜锈病
Garlic rust

大蒜锈病是大蒜的主要病害。各地均有分布。发生普遍。发病率可达 10%～30%，在发病严重蒜田病株率高达 80%，对产量和质量有明显的影响。

【典型症状】 主要为害叶片和假茎。发病初期，叶片表皮下产生椭圆形稍隆起橙黄色小斑点，即夏孢子堆，不久表皮破裂，散出橙黄色粉末即夏孢子（图 43-9），后期病部形成黑褐色疱斑即冬孢子堆。发病严重时叶片布满锈粉，发黄枯死（图 43-10）。

图 43-9 大蒜锈病，夏孢子堆

图 43-10 大蒜锈病，发病症状

【致病病原】 病原为葱柄锈菌 *Puccinia allii* (DC.) Rudolphi，属担子菌亚门真菌。夏孢子黄色，椭圆形，大小（23～28）μm×（18～32）μm；冬孢子长圆形或卵圆形。寄主有大蒜、洋葱、韭菜等。

【病害循环】 （1）越冬与初侵染源。病原多以夏孢子在留种葱和越冬青葱及大蒜病组织上越冬。（2）传播特点。第 2 年入夏形成多次再侵染，这时正值蒜头形成或膨大期，为害严重。收获后病原侵染葱或其他植物，气温高时则在病组织内越夏。

【防治措施】 （1）农业防治。选用抗锈病品种，如紫皮蒜、舒城蒜。避免葱蒜混种，注意清洁田园。适时晚播，合理施肥，减少灌水次数，杜绝大水漫灌。（2）化学防治。出现发病中心时喷 15%粉锈宁 WP 1 500 倍液，或 20%粉锈宁 EC 2 000 倍液，或 97%敌锈钠 WP 300 倍液，或 25%敌力脱 EC 3 000 倍液。隔 10～15 d 喷 1 次，连续喷 1～2 次。

大蒜白腐病 Garlic white rot

大蒜白腐病又称大蒜菌核病，是大蒜的一种主要病害。各地均有发生，西北地区发生重。

【典型症状】 生长期和储藏期均可发病。大蒜萌发期，带菌蒜种在表皮下形成黑色菌核，严重的直接导致蒜种不发芽或生根不良，随后蒜种表面呈水渍状凹陷，软化腐烂，表面形成白色菌丝和球形菌核（图 43-11）。大蒜幼苗返青期受侵染的植株叶片发黄，长势极弱，由下部叶片向上部叶片发展（图 43-12），植株在田间极易拔出，其根部已软化腐烂，根以及腐烂的鳞茎表面附有大量白色菌丝和黑色球形菌核，受害严重的植株很快枯死，造成田间缺苗（图 43-13）。进入蒜薹生长期，蒜薹、蒜瓣已开始分化，随着田间植株抗病能力的增强以及气温升高，不再出现大量死苗，但受侵染植株长势较弱，生长不良。大蒜收获后储藏期间，带菌蒜瓣上的病原以菌丝形态潜伏，少数在蒜瓣表面形成浅褐色凹斑。

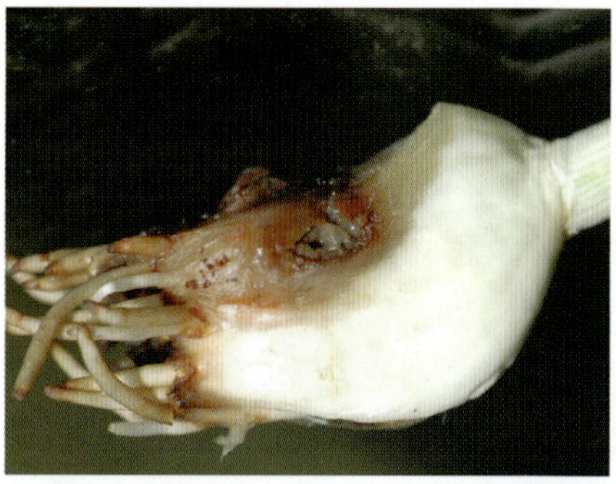

图 43-11 大蒜白腐病，蒜苗根部发病

图 43-12 大蒜白腐病，病株

图 43-13　大蒜白腐病，田间发病

【致病病原】 病原为白腐小核菌 *Sclerotium cepivorum* Berk.，属半知菌亚门真菌。(1) 形态和大小。菌丝在 PDA 培养基上生长 5～7 d 就可形成小菌核。菌核为黑色，球形或扁球形，表面光滑，大小 (0.29～1.36) μm×(0.25～0.99) μm，条件适宜时，菌核萌发形成菌丝。菌核在 10～20 ℃ 下易于形成，萌发适宜温度为 7～24 ℃。菌核抗逆存活能力较强，干燥情况下存放 1 年，条件适宜仍可萌发，在土壤中可以存活较长时间。(2) 特性。在 PDA 培养基上生长呈白色，绒毛状，较为稀疏。菌丝生长最适温度为 12～19 ℃，6 ℃ 或 25 ℃ 生长均受到抑制，30 ℃ 以上停止生长。(3) 寄主。这种病原可以侵染大蒜、大葱、洋葱和韭菜。

【病害循环】 (1) 越冬与初侵染源。病原在地面越冬，借雨水或灌溉水传播，直接从根部或近地面处侵入，引起发病。(2) 传播特点。地温 12.5 ℃左右，适合于白腐病原菌核的形成和菌丝生长，潜伏于蒜种上的菌丝很快显症，在蒜种表面形成黑色球形菌核。第 2 年 3 月下旬正值大蒜幼苗返青期，开始浇头水，此时植株抗病能力较弱，而 5～20 cm 地温平均 7～8 ℃，又正适合于白腐病原菌核萌发侵染和菌丝的生长，土壤中菌核随流水迅速萌发在田间不断形成再侵染，为害植株造成田间大量死苗；4 月中下旬达到死苗高峰期，进入 5 月份以后，随着地温的升高以及植株抗病能力的增强，田间为害减轻，逐渐不再死苗。

【发生规律】 在高温季节湿度不大的条件下，扩展缓慢。当气温低于 20 ℃，湿度大持续时间长，易流行。早春生长瘦弱的蒜田易发病，进入雨季后病势扩展迅速。

【防治措施】 (1) 种子处理。播种前用蒜重 0.5%～1%的 50%甲基托布津 WP 拌种，拌种时应严格控制药量，药量过大会抑制大蒜根的萌发和生长。(2) 农业防治。实行轮作 3～4 年以上，或与水田轮作最好，切忌连作。早春追肥提苗，以增强蒜株抗病力。发现病株及时挖除，最好掌握在形成菌核前进行。(3) 化学防治。发病初期用 50%甲基托布津 WP 600 倍液，或 50%多菌灵 WP 500 倍液，或 50%扑海因 WP 1 000～1 500 倍液灌淋根茎。或喷淋 20%甲基立枯磷 EC 1 000 倍液。隔 10 d 灌 1 次，连续 1～2 次。储藏期也可用上述杀菌剂喷雾，其中以 50%扑海因 WP 效果好。另外，对外观无病斑症状的蒜种在 17～18 ℃条件下保湿培养 5～7 d，可使外观不显症的带菌蒜种表现出病状，进行有效地剔除。

大蒜干腐病
Garlic fusarium basal rot

大蒜干腐病是大蒜整个生长期和储藏期的一种土传病害，以储藏期为害更重。

【典型症状】 病株叶片从叶尖迅速萎枯（图 43-14），根大部分腐烂，鳞茎基部有病斑，纵向切开鳞茎，可见病斑内部呈半水渍状腐烂（图 43-15），并向内向上蔓延扩展，病情发展缓慢。在大蒜收获季节，对新侵染的蒜头不易辨别，这些带病蒜头，在后期加重为害造成腐烂。储运期间多自侵染的根部开始发病，蔓延至基部，致使蒜瓣黄褐，逐渐干缩，病部可产生橙红色霉层（图 43-16）。

图 43-14　大蒜干腐病，叶尖萎枯

图 43-15　大蒜干腐病，根腐烂

图 43-16　大蒜干腐病，储藏中发病

【致病病原】 病原为洋葱尖镰孢菌 *Fusarium oxysporum* f. sp. *cepae*（Hana）Snyder et Hansen.，属半知菌亚门镰孢属真菌。(1) 形态和大小。菌丝细弱，白至桃红色，通常带有紫色。分生孢子有大、小两型。小孢子长在由菌丝直接侧生的小梗上，单胞，卵形至长椭圆形，直立或弯曲，大孢子偶尔串生，长在有分枝的分生孢子梗上或孢子座上，薄壁，3～5 隔，梭形至镰刀形，两端尖锐。厚垣孢子球形，表面平滑或粗糙，顶生或间生，为单个，但也有少数对生或串生。(2) 特性。病原生长温度范围为 4～35 ℃，以25～28 ℃为最适宜。(3) 寄主。这种病原可以侵染大蒜。

【病害循环】 病原以菌丝体、厚垣孢子等在土壤中越冬。田间操作，施用未腐熟肥料以及种蝇为害等造成茎基部及根部伤口，有利于病原的侵入。

【发生规律】 发病适温为 28～32 ℃。大蒜在接近成熟时遇土壤高温病害最重。储运期间温度在 28 ℃左右时，大蒜最易腐烂，而 8 ℃时却很轻。

【防治措施】 (1) 农业防治。选择无病、无伤、饱满圆整的蒜头留种。播前选用洁白、无病虫、无霉蒂的蒜瓣，剔除过小、畸形的蒜瓣。轮作避免连作，实行 3～5 年以上轮作。田间操作注意防止造成伤口。施用充分腐熟粪肥。适期种蒜。适时采收，过迟采收容易腐烂，起土时要防止刀伤和断茎；蒜头出土后，立即清除泥土，消净蒜蒂，摊晒 2～3 d，切忌遭雨淋。注意控制储运期间温度，最好不超过 8 ℃。(2) 化学防治。田间发现萎黄植株用 80%敌百虫可溶 DP 1 000 倍液及时进行湿土浇灌，消灭种蝇和蛆害。

大蒜灰叶斑病 Garlic gray leaf spot

【典型症状】 主要为害叶片。发病初期，叶片上的病斑淡褐色，长椭圆形，后变为灰白色，病斑上生有微细灰黑色霉状物（图 43-17）。严重时病斑会合，引起叶片局部枯死（图 43-18）。

图 43-17　大蒜灰叶斑病，病叶症状

图 43-18　大蒜灰叶斑病，叶片枯死

【致病病原】 病原为蒜尾孢菌 *Cercospora duddiae* Welles.，属半知菌亚门真菌。

【病害循环】 病原以菌丝块在寄主病残体上越冬。第2年产生分生孢子进行传播蔓延。

【发生规律】 日暖夜凉、雾大、露重的天气发病重。

【防治措施】 (1) 农业防治。收获后及时清除病残体，雨后及时排水。(2) 化学防治。发病初期喷50%琥胶肥酸铜WP 500倍液，或77%氢氧化铜WP 500倍液，或75%百菌清WP 600倍液，或47%加瑞农WP 600～700倍液。隔10 d喷1次，连续喷1～2次。

大蒜叶疫病 Garlic leaf blight

叶疫病是大蒜的一种重要病害。

【典型症状】 主要为害叶片、叶鞘。(1) 尖枯型。发病叶片的尖端呈深褐色，并有许多深紫褐色平行的斑纹，严重时病斑占全叶的1/3～4/5，后期叶片干枯死亡（图43-19）。(2) 叶斑型。发病初期在叶片上出现短条状病斑，略凹陷，后扩大为梭形至长椭圆形病斑，组织坏死，凹陷，多为紫褐色，中央色较深（图43-20）。

图 43-19 大蒜叶疫病，叶尖型

图 43-20 大蒜叶疫病，叶斑型

【致病病原】 病原为黄花菜匍柄霉菌 *Stemphylium vesicarium* (Wallr.) Simons.，属半知菌亚门真菌。

【病害循环】 病原以分生孢子和菌丝体在病残体上越冬。病原可以直接侵染大蒜。

【发生规律】 7月中旬至下旬有连续12 mm以上的降雨3次以上，日均温24～28 ℃，该病大流行。

【防治措施】 (1) 农业防治。收获后及时清除病残体，集中烧毁或深埋。实行轮作、秋灌、深翻。(2) 化学防治。发病初期开始喷50%腐霉利WP 1 000倍液，或60%防霉宝WP 800倍液，或50%多霉灵WP 1 000倍液。隔10 d喷1次，连续喷2～3次。

大蒜疫病 Garlic phytophthora blight

【典型症状】 主要为害叶片。发病初期，叶片的中部和叶尖出现苍白色的病斑，水渍状，边缘浅绿色，病斑扩展快，叶片垂萎（图43-21）。湿度大时病斑发生腐烂，并长出稀疏灰白色霉。

图 43-21 大蒜疫病

【致病病原】 病原为葱疫霉 *Phytophthora porri* Foister，属鞭毛菌亚门真菌。孢子囊倒洋梨形，大小 (31～82) μm×(23～52) μm。卵孢子球形，大小22~39 μm。

【病害循环】 病原以菌丝体和厚垣孢子在病株地下部分或在土壤中越冬。病原借风雨和灌溉水传播蔓延，进行初侵染和再侵染。

【发生规律】 (1) 气候条件与发病。相对湿度高于95%，并有水滴存在条件下，易发病。露地大蒜在多雨季节发病重。(2) 栽培管理与发病。棚室大蒜放风不及时，或浇水过量，形成高温、高湿环境，发病重。发病后蔓延很快，短时间内可引起全田毁灭。

【防治措施】 (1) 农业防治。选用抗性强的品种。发病地2～3年内不要种植葱蒜类蔬菜。蒜地不能积水,高畦栽培有利于排涝,防止湿气滞留。收获后要及时清除病残体,集中深埋或烧毁。施用充分腐熟的堆肥,少施氮肥。(2) 化学防治。发病初期喷68%精甲霜灵·锰锌WG 300倍液,或64%杀毒矾WP 400～500倍液,或69%安克·锰锌WP 1 000倍液。

大蒜软腐病 Garlic bacterial soft rot

【典型症状】 从脚叶开始由外向内发黄,后逐渐向上部叶片蔓延(图43-22),地下茎基部呈黄褐色软腐状,根系亦出现黄褐色腐烂,有臭味,植株一拨即断。后期轻病株停止软腐,可生出3～5条新根,并有3～5片新叶尚绿,但植株生长停滞,瘦弱矮小,无产量;重病株全部叶片枯黄,根系软烂,整株塌地而死。

图43-22 大蒜软腐病,叶片发病症状

【致病病原】 病原为胡萝卜软腐欧氏杆菌胡萝卜软腐致病型 *Erwinia carotovora* subsp. *carotovora* (Jones) Berg. et al.。(1) 形态和大小。短杆状,大小(0.9～1.5)μm×(0.5～0.6)μm,周生鞭毛4～5根。(2) 特性。病原生长适宜生存温度4～39 ℃,25～30 ℃最适,50 ℃经10 min致死。(3) 寄主。这种病原可以侵染葱、白菜、甘蓝、芹菜、胡萝卜、马铃薯等。

【病害循环】 病原主要在土中尚未腐烂的病残体上存活越冬。进入雨季引起大蒜软腐。

【发生规律】 田间地势低洼、降雨及浇水多、排水不良、田间湿度大处发病重,阴沟阳畦方式栽培的发病重,抗寒性差的大蒜品种发病重,播种过早及施化肥过多而年前生长过旺的发病重。

【防治措施】 (1) 种子处理。用77%多宁WP 100 g,对水3 kg,拌种50 kg,拌种时做到均匀一致,晾干播种。(2) 农业防治。精细整地,整平地面,不留低洼积水处;施足有机肥,增施磷、钾肥。(3) 化学防治。发病较重的地块,在播种时用77%多宁600倍液喷入播种沟内,每亩喷药液100 kg,随后播种。发病初期喷77%多宁600倍液,或3%中生菌素800倍液。隔7～10 d喷1次,连喷2～3次。

大蒜红腐病 Garlic fusarium rot

红腐病是大蒜储藏期的一种重要病害。

【典型症状】 被害鳞茎1个或几个蒜瓣上产生褐变,呈不规则凹陷,上生淡红色霉状物(图43-23)。后期病斑四周变褐软化(图43-24)。

图43-23 大蒜红腐病

图43-24 大蒜红腐病

【致病病原】 病原为腐皮镰孢 *Fusarium solani* (Marr.) App. et Wollenw.,属半知菌亚门真菌。

【病害循环】 病原以菌丝体和分生孢子在病残体上越冬。秋冬条件适宜时侵入鳞茎,病原借空气传播进行再侵染。

【发生规律】 连作地块生产的鳞茎发病重。病害发生的适宜温度为25～30 ℃。

【防治措施】 （1）农业防治。抓好鳞茎采收和储运，尽量避免遭受机械损伤，以减少伤口，不宜在雨后、重雾或露水未干时采收。加强储藏期管理，储存温度控制在5～9 ℃，相对湿度90%左右。（2）化学防治。储藏窖可用10 g/m^{2}硫黄密闭熏蒸24 h。采收前一周喷洒70%甲基托布津WP 1 000倍液，或50%苯菌灵WP 1 500倍液。

44. 韭菜病害

韭菜软腐病 Chinese chives bacterial soft rot

【典型症状】 为害叶片及茎部。叶片初生灰白色半透明病斑，扩大后病部及茎基部软化腐烂（图 44-1），并渗出黏液，散发恶臭，严重时成片倒伏死亡（图 44-2）。

图 44-1 韭菜软腐病，叶片腐烂

图 44-2 韭菜软腐病，倒伏死亡

【致病病原】 病原为胡萝卜软腐欧氏菌胡萝卜软腐致病变种 *Erwinia carotovora* subsp. *carotovora* (Jones) Bergey et al.，属细菌。（1）形态和大小。菌体短杆状，大小（1.2～3.0）μm×（0.5～1.0）μm。（2）特性。病原发育适温 2～40 ℃，最适温度 25～30 ℃。50 ℃经 10 min 致死，适应 pH5.3～9.3，最适 pH7.3。（3）寄主。这种病原可以侵染韭菜、葱、蒜等。

【病害循环】 病原主要随病残物遗落土中或在未腐熟堆肥中越冬。在田间借雨水、灌溉水以及昆虫活动传播蔓延，从伤口或自然孔口侵入。病原发育适温 2～40 ℃，最适温度 25～30 ℃。

【发生规律】 温暖多湿、降雨频繁的季节容易发病。病地连作，低洼积水，土质黏重的田块发病重。

【防治措施】 （1）农业防治。种植细叶韭菜、大叶韭菜、阔叶韭菜、天津卷毛、马蔺韭、791 韭菜等耐热、耐风雨的品种。（2）化学防治。发病时及时喷碱式硫酸铜 SC 300～400 倍液，或 50%琥胶肥酸铜 WP 500 倍液，或 72%农用硫酸链霉素 SPX 4 000 倍液，或 47%加瑞农 WP 800～1 000 倍液，或 56%靠山 WG 800 倍液。隔 7～10 d 喷 1 次，连续喷 2～3 次。

韭菜灰霉病 Chinese chives gray mold

灰霉病是保护地韭菜的一种重要病害。轻病田可减产 10%～30%，重病田可造成毁棚绝产，严重影响春节上市韭菜的产量与品质。

【典型症状】 主要发生在叶片上。（1）白点型。初期叶面上生白色至浅灰褐色的小点，一般正面多于叶背面，斑点扩大后呈椭圆形至梭形，在湿度大时表面生稀疏的霉层，后期病斑互相联合成大片枯死斑，引起半叶或全叶枯死，潮湿时枯叶表面密生灰色至灰褐色的绒毛状霉层（图 44-3）。（2）湿腐型。有时病叶上不产生白点（图 44-4）。（3）干尖型。由割茬的刀口处向下腐烂，开始呈水渍状，后变为淡绿色，有褐色轮纹，病斑为半圆形至"V"字形，以后病部继续向下扩展 2～3 cm，病叶黄褐色，湿度大时生灰色或灰绿色绒毛状霉层（图 44-5）。

图 44-3　韭菜灰霉病，白点型

图 44-4　韭菜灰霉病，湿腐型

图 44-5　韭菜灰霉病，干尖型

【致病病原】 病原为葱鳞葡萄孢菌 *Botrytis squamosa* Walker，属半知菌亚门真菌。(1) 形态和大小。菌丝无色。分生孢子梗从叶内伸出，淡灰色，大小 (208～1 216) μm×(9.6～19.2) μm。分生孢子椭圆形，浅褐绿色，透明，光滑，大小 (12.5～25) μm×(8.75～18.5) μm。(2) 特性。病原生长的温度范围是 15～30 ℃，菌丝生长的适温是 15～21 ℃。温度升高产生菌核，27 ℃产生菌核最多。(3) 寄主。这种病原可以侵染韭菜、葱、蒜等蔬菜。

【病害循环】 病原以病叶上的灰霉传播，韭菜收割时将病原散落在土表。病原对湿度要求较严格，在大棚相对湿度 84%以下时，孢子不能萌发。相对湿度 92%～95%时利于病原萌发。

【发生规律】 秋末冬初韭菜扣棚后始见发病，棚室内的生态条件有利于发病。品种间对此病抗性差异明显。

【防治措施】 (1) 农业防治。每亩施草木灰 800 kg 左右，生石灰 100 kg，翻入土中，做畦浇水，覆盖塑料膜，盖严 10～15 d。在晴好天气下温室大棚中 20 cm 土层温度可达 52 ℃以上，3～5 d 后就可杀死土壤中病原。韭菜收割后清除病株残体。白天棚室温度达 30 ℃以上时，中午要放风2～3 h。多施有机肥和饼肥。采用浇小水或滴灌，严格控制棚室相对湿度不高于 84%。(2) 化学防治。扣棚后每亩用 45%百菌清 FU 250～300 g，杀灭棚内残存的病原。收割后 6～8 d 喷 50%腐霉利 WP 1 500 倍液，或 50%扑海因 WP 1 000～1 500 倍液，或 50%的农利灵 WG 1 000 倍液，或 50%多菌灵 WP 800 倍液，每次每亩喷施药液 50 kg，隔 5～7 d 喷 1 次，连喷 2～3 次。每亩也可选用 5%百菌清 DPC 1 kg，或 6.5%万霉灵 DPC 1 kg，使用喷粉器均匀喷粉。

韭菜疫病
Chinese chives phytophthora blight

疫病是韭菜的一种重要病害。病株率达 7%～11%，严重的达 2.3%。

【典型症状】 韭菜各个部位均能被侵染，以假茎和鳞茎受害最重。(1) 叶片。发病初期为暗绿色水渍状，当病斑扩展到叶子的一半时，全叶变黄、下垂、软腐 (图 44-6)；湿度大时病部产生稀疏的灰白色霉状物。(2) 假茎。假茎发病，呈浅褐色软腐，叶鞘易剥下；剥去外部腐烂叶鞘后保湿，假茎上可长出灰白色稀疏霉层。(3) 鳞茎。鳞茎发病，根盘部呈水浸状浅褐色至暗褐色腐烂；纵切鳞茎内部组织呈浅褐色，生长受抑制，影响植株储存养分。(4) 根部。根部受害呈褐色，腐烂，根毛减少，影响水分吸收，根的寿命缩短，很少发新根，生长势明显减弱。

【致病病原】 病原为烟草疫霉菌 *Phytophthora nicotianae* Breda.，属鞭毛菌亚门真菌。(1) 形态和大小。在固体培养基上菌落呈棉絮状，气生菌丝发达；菌丝较平直，粗 3～8 μm，菌丝膨大体球形或不规则，单生或串生或聚集成簇；孢子囊椭

图 44-6 韭菜疫病

圆至卵圆形，(29～64) μm×(21～47) μm，平均 41.2 μm×27.5 μm，不脱落；厚垣孢子球形、近球形，直径 21～43 μm，顶生，量大；藏卵器球形，直径 23～58 μm，壁光滑；卵孢子多充满藏卵器；雄器围生，筒形或近圆形，(11～26) μm×(12～31) μm，平均 16.8 μm×17.3 μm。(2) 特性。菌丝生长最低温度 10 ℃，最适温度为 28～31 ℃，最高温度 37 ℃。(3) 寄主。这种病原可以侵染茄果类、葱蒜类等。

【病害循环】 病原以卵孢子在土壤中病残体上越冬。条件适宜时侵染寄主后发病，并借风雨传播蔓延进行重复侵染。

【发生规律】 发生的最适温度为 25～32 ℃，高湿利于发病，土壤含水量大，空气湿度大发病重。一般 7 月上旬下部叶开始发病，7 月末 8 月上旬病情发生严重。棚室放风排湿不及时，发病重。

【防治措施】 (1) 农业防治。选用抗病品种。选择排灌方便的地块，施足基肥，精细平整，整修好田间排水系统，以防积水，引起湿度过大。棚室等保护地栽培，注意及时放风排湿。注重轮作换茬，忌连年种植。(2) 化学防治。发病初期喷 25%瑞毒霉 WP 600～700 倍液，或 69%安克·锰锌 WP 1 000 倍液，或 40%疫霜灵 WP 200 倍液，或 75%百菌清 WP 500～600 倍液喷雾，每亩用药液 40～50 kg，隔 6～8 d 喷雾 1 次，交替用药，连续喷 2～3 次。

（八）根菜类蔬菜病害

45. 萝卜病害

萝卜病毒病
Radish mosaic

病毒病是萝卜的一种主要病害。各地均有发生。病株率10%左右，严重发病时可达30%，对产量和质量有较大的影响。

【典型症状】 病毒病的症状比较复杂，大体可分为两类型。一种是心叶明脉，逐渐形成花叶斑驳，叶片皱缩，畸形，严重病株出现疱疹状叶。另一症状是叶片上出现许多直径2～4 mm的圆形黑斑，茎、花梗上产生黑色条斑。不同的病原引起的症状是不同的。芜菁花叶病毒使叶面叶绿素分布严重不均，形成深绿与浅绿相间明显花叶（图45-1），严重时叶片凹凸不平，引起畸形或矮化（图45-2）。黄瓜花叶病毒单独侵染萝卜症状轻微，叶绿素分布稍有不均，显轻花叶症（图45-3）。萝卜耳突花叶病毒引起叶片沿脉向内皱缩成耳突状，并产生轮纹花叶症（图45-4）。萝卜花叶病毒引起叶部黄绿色花叶，有的沿细脉现浓绿色线状凹凸，叶面多皱缩变形(图45-5)，茎荚染病生椭圆形浓绿斑，结实期变为褐色（图45-6）。

图45-1　萝卜病病毒，芜菁花叶病毒引起的花叶

图45-2　萝卜病病毒，植株矮小

图45-3　萝卜病毒病，黄瓜花叶病毒引起的花叶症状

图45-4　萝卜病病毒，萝卜耳突花叶病毒引起叶片皱缩

图 45-5　萝卜病毒病，萝卜花叶病毒引起叶脉坏死，叶肉黄化

图 45-6　萝卜病病毒，萝卜花叶病毒引起茎部症状

【致病病原】 病原主要有芜菁花叶病毒（TuMV）、黄瓜花叶病毒（CMV）、萝卜耳突花叶病毒（Radish enation mosaic virus，REMV）、萝卜花叶病毒（Radish mosaic virus，RMV）。

【病害循环】 病毒主要在病株和种子中越冬，均可通过汁液摩擦传毒。此外，REMV 和 RMV 可由黄条跳甲、黄瓜十一叶甲传毒。TuMV 和 CMV 由桃蚜、萝卜蚜传毒。

【发生规律】 田间管理粗放，高温干旱年份，蚜虫、跳甲发生量大，植株抗病力差发病重。

【防治措施】 （1）农业防治。根据茬口和市场需求选用抗病品种，青皮系统较抗病。秋茬萝卜干旱年不宜早播。高畦直播，苗期多浇水，降低地温。适当晚定苗，选留无病株。与大田作物间套种，明显减轻病害。（2）化学防治。发病初期喷 20%病毒星 WP 500 倍液，或 1.5%植病灵 2 号 EC 1 000 倍液。隔 10 d 喷 1 次，连续喷 3～4 次。苗期防治蚜虫和跳甲。

萝卜黑腐病
Radish black rot

萝卜黑腐病俗称黑心、烂心，是萝卜的一种重要病害。各地均有发生。萝卜根内部变黑，失去商品性，能造成很大损失。生长期和储藏期均可引起为害。

【典型症状】 主要为害叶和根。（1）叶片。幼苗期发病子叶呈水浸状，根髓变黑腐烂。叶片发病，叶缘多处产生黄色斑，后变“V”字形向内发展，叶脉变黑呈网纹状，逐渐整叶变黄干枯。病原沿叶脉和维管束向短缩茎和根部发展，最后使全株叶片变黄枯死（图 45-7）。（2）根。萝卜肉质根受侵染，透过日光可看出暗灰色病变。横切维管束呈放射线状变黑褐色，重者呈干缩空洞（图 45-8）。该病维管束溢出菌脓，可与缺硼引起的生理性变黑相区别。

图 45-7　萝卜黑腐病，叶片症状

图 45-8　萝卜黑腐病，肉质根干缩空洞

【致病病原】 病原为野油菜黄单胞杆菌野油菜黑腐病致病型 *Xanthomonas campestris* pv. *campestris* (Pammel) Dowson. 属细菌。（1）形态和大小。菌体杆状，极生单鞭毛，无芽孢，有荚膜，菌体单生或链生，革兰氏染色阴性。（2）特性。病原生长发育最适温度 25～30 ℃，最高 39 ℃，最低 5 ℃，致死温度 51 ℃经 10 min，耐酸碱度范围 pH 6.1～6.8，最适 pH 6.4。（3）寄主。这种病原可以侵染萝卜、白菜类、甘蓝等多种十字科花蔬菜。

【病害循环】 （1）越冬与初侵染源。病原在种子或病残体上越冬。（2）传播特点。播种带菌种子，病株在地下发病，病苗不能出土，或出苗后不久即死亡。在田间通过灌溉水、雨水及虫伤或农事操作传播，病原从叶缘水孔或叶面伤口侵入。

【发生规律】 (1) 气候条件与发病。平均气温15～21 ℃，多雨、结露时间长易发病。(2) 栽培管理与发病。十字花科重茬地、地势低洼、排水不良、播种早、发生虫害的地块发病重。

【防治措施】 (1) 种子消毒。50 ℃温水浸种30 min，或60 ℃干热灭菌6 h。用种子重量0.4%的50%琥胶肥酸铜WP拌种；用种子重量0.2%的50%福美双WP或35%甲霜灵拌种剂拌种，用清水冲洗后晾干播种。(2) 农业防治。适时播种，不宜过早。苗期小水勤浇，降低土温，及时间苗、定苗。(3) 化学防治。播种时每亩穴施50%福美双WP 750 g，对水10 L后拌入100 kg细土后撒入穴中。发病初期喷72%农用硫酸链霉素SPX 3 000～4 000倍液，或46%加瑞农WP 700倍液，或14%络氨铜AS 300倍液，或2%农抗751 AS 80倍液，隔7～10 d喷1次，连续喷3～4次。另外，及早防治黄条跳甲、蚜虫等害虫。

萝卜细菌性斑点病 Radish bacterial angular leaf spot

细菌性斑点病是萝卜的一般性病害。各地均有发生。个别年份会暴发。

【典型症状】 各生育期都会发生，以苗期至生长中期发病较多。病叶从下向上发展。开始时，病叶上产生水渍状的小点，中央凹陷，灰白色至灰褐色，半透明。随病情的发展，病斑继续扩大，并相互汇合成大小等的不规则形坏死斑，半透明，边缘墨绿色，略具光泽（图45-9）。湿度大时，病斑多呈灰褐色或褐色油渍状，有的可产生乳白色菌液。干燥时质脆，呈开裂或穿孔状。

【致病病原】 病原为假单胞杆菌菊苣假单胞杆菌荧光类群细菌 *Pseudomonas cichorii* (Swingle) Stapp.。菌体短杆形，或呈链状连接，大小0.8 μm×(1.6～2.5) μm，具1～4根鞭毛。

【病害循环】 病原在种子内或随病残体越冬，成为初侵染源。通过雨水、浇水以及农事操作传播。

【发生规律】 高温高湿利于发病。长期多雨、

图 45-9　萝卜细菌性斑点病

多雾，田间结露时间长，发病重。管理粗放，土壤贫瘠，发病重。

【防治措施】 参见萝卜细菌性角斑病。

萝卜软腐病 Radish bacterial soft rot

软腐病是萝卜的一般性病害。各地都有发生。零星发生，主要为害肉质根。

【典型症状】 主要为害根茎，叶柄、叶片也会发病。(1) 根部。根部多从根尖开始发病，出现油渍状的褐色病斑，发展后使根变软腐烂（图45-10，11），继而向上蔓延使心叶变黑褐色软腐，烂成黏滑的稀泥状（图45-12）。肉质根在储藏期染病亦会使部分或整个变黑褐软腐。采种株染病常使髓部溃烂变空。植株所有发病部位除黏滑烂泥状外，均发出一股难闻的臭味。(2) 叶柄或叶片。叶柄或叶片发病亦先呈水浸状软腐。

图 45-10　萝卜软腐病，发病株

【致病病原】 病原为胡萝卜软腐欧文氏菌胡萝卜软腐致病型 *Erwinia carotovora* subsp. *carotovora* (Jones) Bergey et al.。(1) 形态和大小。菌体短杆状，大小 (0.5～1.0) μm×(2.2～3.0) μm，周生鞭毛2～8根，无荚膜，不产生芽孢。(2) 特性。革兰

图 45-11 萝卜软腐病，根尖部发病

图 45-12 萝卜软腐病，根颈部发病

氏染色阴性。生长发育最适温度 25～30 ℃，最高 40 ℃，最低 2 ℃，致死温度 50 ℃经 10 min，在 pH 5.3～9.2 均可生长，其中 pH 7.2 最适。（3）寄主。这种病原可以侵染十字花科蔬菜、茄科、百合科、伞形花科及菊科蔬菜。

【病害循环】 病原主要在土壤中生存。条件适宜时从伤口侵入进行初侵染和再侵染。

【发生规律】 土壤黏重、湿度过大、植株体表机械伤、虫伤、自然伤口较多发病就会重些；与寄主作物如十字花科、茄科等作物连作或邻作病原来源多亦发病较重。

【防治措施】 萝卜软腐病的防治应以加强耕作和栽培控病措施为主，适当配合施药。参见青菜软腐病。

萝卜霜霉病
Radish downy mildew

霜霉病是萝卜的一种主要病害，造成产量和品质严重下降。

【典型症状】 全生育期均可发病，从植株下部向上扩展。（1）叶片。病初叶上生淡绿色水浸状小斑点。扩大后，病斑受叶脉限制形成多角形或不规则形，直径 3～7 mm，淡黄色至黄褐色（图 45-13）。湿度大时，叶背或叶两面长出白霉，叶背的白霉更加浓密（图 45-14）。病斑连片可引起叶片干枯（图 45-15）。叶缘上卷是其重要的特征（图 45-16）。（2）茎部。发病处现黑褐色不规则状斑点。（3）根部。受害部位表面产生灰褐色或灰黄色稍凹陷的斑痕，储藏时极易引起腐烂。（4）采种株。主要为害种荚，产生淡褐色不规则形病斑，上有白色霉状霉层。

图 45-13 萝卜霜霉病，叶片上病斑

图 45-14 萝卜霜霉病，叶背的白霉

图 45-15 萝卜霜霉病，叶片干枯

图 45-16 萝卜霜霉病，叶缘上卷

【致病病原】 病原为寄生霜霉菌 *Peronospora parasitica*（Pers.）Fr.，属鞭毛菌亚门真菌。

【病害循环】 病原在病残体、土壤中或采种株体内越冬，冬季田间种植十字花科蔬菜的地区，病原在寄主体内越冬，并在病残体、土壤和种子表面越夏。病原经风雨传播蔓延，从植株表面侵入，经 3～5 d 潜育又在病部产生病原进行再侵染。

【发生规律】 平均气温在 16 ℃左右病害易流行，高湿有利于病原萌发和侵入，多雨条件下往往病重。

【防治措施】 （1）种子消毒。播种前可用种子重量 0.4%的 50%福美双 WP 或 75%百菌清 WP 拌种。（2）农业防治。与非十字花科作物隔年轮作。苗床注意通风透光，不用低湿地作苗床；低湿地采取高畦垄作。（3）化学防治。发病初期或出现中心病株时，应立即喷药保护。可交替使用以下药剂：64%杀毒矾 WP 500 倍液，或 58%雷多米尔 WP 500 倍液，或 72%克露 WP 750 倍液。喷药后天气干燥，可不必再喷药，如阴天、多雾、多露，应隔 5～7 d 再继续喷药 1～2 次。

萝卜褐腐病
Radish rhizome rot

褐腐病是萝卜的一种普通病害。各地均有发生。一般零星发生，严重时发病率可达 30%～40%，引起死苗、烂株、烂根，显著影响产量和质量。

【典型症状】 各生育期都会发病，为害植株各部位。（1）苗期。主要为害根茎部，开始时形成水渍状小斑，之后病部缢缩，灰白色至灰褐色，菜苗从下而上萎蔫死亡。（2）成株期。多从下部叶缘或叶柄发病，形成水渍状小斑，浅灰色，渐发展成半圆形或近圆形坏死斑，灰褐色至暗褐色，边缘颜色较浅（图 45-17）。随着的病情发展，病部渐褐腐，在病组织表面产生灰褐色至黄褐色小斑，很快扩大成不规则的坏死斑，边缘黄褐色，中央暗褐色（图 45-18）。病部组织溃烂开裂、坏死腐烂，形成空腔（图 45-19，20）。

图 45-17 萝卜褐腐病，成株期上部叶片发病症状

图 45-18 萝卜褐腐病，成株期叶片发病症状

图 45-19 萝卜褐腐病，肉质根发病初期症状

【致病病原】 病原为立枯丝核菌 *Rhizoctonia solani* Kühn，属半知菌亚门真菌。

【病害循环】 病原以菌丝体在土中越冬，且可在土中腐生 2～3 年。菌丝能直接侵入寄主，通过水流、农具传播。

【发生规律】 播种过密、间苗不及时、温度过高易诱发本病。

图 45-20 萝卜褐腐病，生长中期根茎部发病症状

【防治措施】（1）种子消毒。用 3%的 75%百菌清 WP 拌种。（2）农业防治。春季栽培的宜选择生长前期对低温不大敏感的品种，适期播种，不宜过早或过迟。（3）化学防治。发病初期喷 20%甲基立枯磷 EC 1200 倍液，或 5%井冈霉素 AS 1 500 倍液，或 15%恶霉灵 AS 450 倍液，或 72.2%普力克 AS 800 倍液加 50%福美双 WP 800 倍液喷淋，用量为 3 L/m^2。

萝卜黑斑病 Radish black spot

黑斑病是萝卜的一种普通病害。各地均有分布。严重时病株率可达 80%～100%，影响产量和质量。

【典型症状】主要为害叶片。发病叶片先出现黑褐色稍隆起的小圆斑，后扩大到直径 3～6 mm，病斑边缘为苍白色，中间淡褐至灰褐色（图 45-21），湿度大时病斑上生有淡黑色霉状物（图 45-22）。病部发脆易破碎，发病重时病斑汇合引起叶片局部枯死（图 45-23）。采种株叶、茎和荚均可发病，茎及花梗上病斑多为黑褐色椭圆形。

图 45-21 萝卜黑斑病，发病初期症状

图 45-22 萝卜黑斑病，病斑长出黑霉

图 45-23 萝卜黑斑病，病叶上病斑连片症状

【致病病原】病原为萝卜链格孢 *Alternaria raphani* Groves et Skoloko 和芸薹链格孢 *A. brassicae* (Berck.) Sacc.，均属半知菌亚门真菌。

【病害循环】病原以菌丝或分生孢子在病叶或种子上越冬，为初侵染源。种子上病原在种子发芽时侵入根部。

【发生规律】参见青菜黑斑病。

【防治措施】（1）种子消毒。用种子用量 0.4%的 50%福美双 WP，或 40%灭菌丹 WP，或 75%百菌清 WP，或 50%扑海因 WP 拌种。（2）农业防治。实行轮作。收获后及时翻晒土地，清洁田园，减少田间菌源。（3）化学防治。发病前喷 75%百菌清 WP 500～600 倍液，或 50%扑海因 WP 1 000 倍液，或 50%腐霉利 WP 1 500 倍液，或 58%甲霜灵·锰锌 WP 500 倍液，或 64%杀毒矾 WP 500 倍液，或 40%大富丹 WP 600 倍液，或 40%灭菌丹 WP 600 倍液，或 80%新万生 WP 600 倍液。隔 7～10 d 喷 1 次，连续喷 3～4 次。

萝卜拟黑斑病 Radish alternaria leaf spot

【典型症状】叶片上的病斑为圆形至椭圆形，

黑褐色，直径2～5 mm，有同心轮纹，湿度大时病部生有黑灰色霉状物（图45-24）。

图45-24 萝卜拟黑斑病

【致病病原】 病原为甘蓝链格孢 *Alternaria brassicicola*（Sch.）Wilt.，属半知菌亚门真菌。

【病害循环】 病原主要以菌丝在病残体、留种株上或种子表面越冬。病原借气流传播进行初侵染和再侵染。温暖地区病原可在田间辗转为害。

【发生规律】 天气冷凉高湿发病较重。偏施过施氮肥会加重受害。

【防治措施】 （1）种子消毒。用种子重量0.4%的50%扑海因WP或75%WP百菌清拌种。（2）农业防治。实行轮作。收获后及时翻晒土地清洁田园。施用腐熟的堆肥，加强田间管理。（3）化学防治。发病前喷药，药剂可选用50%扑海因WP 1 000倍液，或75%百菌清WP 500～600倍液，或64%杀毒矾WP 500倍液，或68%精甲霜灵·锰锌WG 300倍液，或40%灭菌丹WP 400倍液。隔7～10 d喷1次，连续喷3～4次。采收前7 d停止用药。

萝卜白斑病 Radish cercosporella leaf spot

白斑病是萝卜的一种常见病害。

【典型症状】 为害叶片。发病初期叶片散生灰白色圆形斑，扩大后呈浅灰色圆形至近圆形，直径2～6 mm，病斑周缘有浓绿色晕圈，严重时病斑连成片，引起叶片枯死。生育后期病斑背面长出灰色霉状物（图45-25）。

图45-25 萝卜白斑病

【致病病原】 病原为白斑小尾孢 *Cercosporella albo maculans*（Ell. et Ev.）Sacc.，属半知菌亚门真菌。（1）形态和大小。分生孢子梗多单生，无色，弯曲，从气孔伸出，大小（10～50）μm×（1.75～3）μm。分生孢子棒状，无色，大小（35～82.5）μm×（2.25～2.75）μm。（2）寄主。这种病原可以侵染白菜类蔬菜、萝卜、芥菜、芜菁等。

【病害循环】 病原附着病叶在地表或在种子上越冬。只要条件适宜病原即可萌发从气孔侵入，形成初侵染，病斑上产生病原并借雨水飞溅传播，进行多次再侵染。

【发生规律】 北方菜区盛发于8～10月份；长江中下游及湖泊附近菜区，春、秋两季均可发生，尤以多雨的秋季发病重。适宜发病温度为11～23 ℃，雨后易发病。

【防治措施】 （1）农业防治。实行3年以上轮作。选用抗病品种。注意平整土地，减少田间积水。适期播种，增施基肥。（2）化学防治。发病初期喷25%多菌灵WP 400～500倍液，或65%甲霉灵WP 1 000倍液，或50%甲基托布津WP 500倍液，或50%苯菌灵WP 1 500倍液。隔15 d喷1次，连续喷2～3次。

萝卜炭疽病 Radish anthracnose

【典型症状】 为害叶片、茎或荚壳。（1）叶片。病初叶上现针尖大小的水浸状小斑点，渐扩大成直径为2～3 mm的褐色小斑，小斑间相互汇合形成深褐色大病斑，叶片病斑会开裂或穿孔，引起叶片黄枯（图45-26，27）。（2）茎和荚。病斑近圆形或梭形，稍凹陷（图45-28，29）。湿度大时病部产生淡红色黏质物。

图 45-26　萝卜炭疽病，叶片症状

图 45-27　萝卜炭疽病，叶背症状

图 45-28 萝卜炭疽病，叶柄症状

图 45-29　萝卜炭疽病，茎症状

【致病病原】 病原为希金斯刺盘孢 *Colletotrichum higginsianum* Sacc.，属半知菌亚门真菌。

【病害循环】 病原以菌丝体或分生孢子在种子或病残体上越冬。通过雨水冲刷或雨滴溅射传播蔓延，形成初侵染和再侵染。

【发生规律】 秋季高温、多雨季节发病重。

【防治措施】 (1) 种子消毒。50 ℃温水浸种 20 min 后移入冷水中冷却，晾干后播种。(2) 化学防治。发病初期喷洒 50%甲基托布津或 50%多菌灵 WP 500 倍液，或 25%苯菌灵 WP 600～700 倍液，或 50%多·硫 SC 600～700 倍液，或 2%农抗 120 AS 150 倍液，或 2%武夷菌素 (BO-10) AS 150～200 倍液。隔 7～8 d 喷 1 次，连续喷 2～3 次。

萝卜黑根病 Radish black root

【典型症状】 在根部出现症状，病部外皮变成紫黑色（图 45-30），病部缩小并开裂（图 45-31），变色部位似辐射状条纹向里扩展，引起组织变硬，无食用价值（图 45-32）。

图 45-30　萝卜黑根病，外皮紫黑色

【致病病原】 病原为萝卜丝囊霉 *Aphanomyces raphani* Kendr.，属鞭毛菌亚门真菌。

【病害循环】 病原可在土壤中营腐生生活。春天土壤中水分充足时，病原穿透幼苗子叶下轴或根部外皮层侵入，潜育一段时间后发病。

【发生规律】 土壤温度低，出苗缓慢，有利于病原侵入，易发病。排水不良、土壤黏重及反季节栽培，发病重。

【防治措施】 (1) 农业防治。用无病新土育

图 45-31 萝卜黑根病，开裂

图 45-32 萝卜黑根病，肉质变硬

苗。选择地势高、地下水位低、排水良好的地做苗床，播前灌足底水，出苗后尽量不浇水。(2) 化学防治。苗床施用 50%拌种双 DP 7 g/m^2，与 75%百菌清 WP 1 g 混合后，加细土 4～5 kg 拌匀后即成药土，播种前苗床浇透底水，水渗下后，取 1/3 药土撒在畦面，播种后再把其余药土覆盖在种子上面。发病初期喷 20%甲基立枯磷 EC 1200 倍液，或 72%克露 WP 1 000 倍液，或 72.2%普力克 AS 400 倍液，或 15%恶霉灵 AS 450 倍液。

萝卜肉质根开裂
Radish taproot cracking

萝卜肉质根开裂是一种生理性病害。

【典型症状】 多在萝卜生长中后期发生，多沿肉质根纵向开裂，或横向开裂，裂口较深，长短不一。严重时整个根开裂。也有的在叶柄处横裂，或在根头处开裂（图 45-33）。

图 45-33 萝卜肉质根开裂

【发生规律】 主要原因是由于水分供应不均。在萝卜生长前期，若出现高温干旱，土壤水分供应不足时，可使肉质根的皮层组织老化。中后期若温度适宜，水分供应充足，肉质根中部的木质部再度膨大，但因周皮细胞跟不上生长的速度，便形成开裂。

【防治措施】 均衡供水，在肉质根膨大期使土壤保持一定的水分，不要过干过湿。

萝卜糠心
Radish pithiness

糠心是萝卜的一种生理性病害。不仅使肉质根重量减轻，组织绵软，而且使风味变淡，食用价值降低。

【典型症状】 萝卜生长中后期，由于肉质根迅速膨大，木质部的一些远离输导组织的薄壁细胞，因缺乏营养物质的供应，最初表现为组织衰老，形成海绵状（图 45-34）。糠心的萝卜皮色发暗，表皮呈凹凸状，用手指弹动发出“梆梆”的声响。

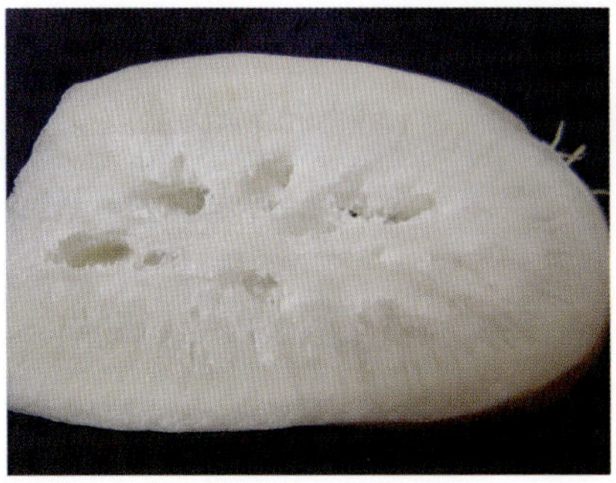

图 45-34 萝卜糠心

【发生规律】 薄壁细胞大、肉质软、淀粉和糖含量少的品种，易糠心。肉质根膨大快，地上部分与地下部分比例下降，易糠心。夜温过高，易引起糠心；肉质根形成期间如果光照不足，同化物减少，茎叶生长受限制，易糠心；肉质根膨大初期水分供应过足，而膨大后期遇干旱，易糠心。肉质根膨大初期如果供肥过多，尤其是偏施氮肥，易糠心。栽培密度小时植株生长旺盛，肉质根膨大快，易糠心。播种期过早，气温和地温均高，特别是播种后1～30 d的高地温，易糠心。由于抽薹时肉质根里的营养物质进行转化，并向生长点输送，肉质根内部因缺乏营养而出现糠心现象。另外，收获过迟以及在储藏中发芽会使萝卜糠心。

【防治措施】 选用不易糠心的品种。适期播种，合理密植。科学施用肥水。防止先期抽薹，避免萝卜在营养生长期间通过春化和光照阶段。适期采收，合理储藏。

46. 胡萝卜病害

胡萝卜花叶病 Carrot mosaic

花叶病是胡萝卜的一种普通病害。一般零星发生，对产量无明显影响，发生严重时影响产量。

【典型症状】 胡萝卜苗期或生长中期发生。轻者形成明显斑驳花叶，或产生大小为 1～2 mm 的红斑，心叶一般不显症，重者呈严重皱缩花叶，有的叶片扭曲畸变（图 46-1）。

图 46-1　胡萝卜花叶病

【致病病原】 病原为胡萝卜花叶病毒 Carrot mosaci virus、胡萝卜杂色矮缩病毒 Carrot motley dwarf virus、胡萝卜薄叶病毒 Carrot thinleaf virus、胡萝卜斑驳病毒 Carrot mottle virus 及萝卜红叶病毒 Carrot red leaf virus。

【病害循环】 5 种病毒的传毒虫媒为埃二尾蚜和胡萝卜微管蚜及桃蚜。病毒可随肉质根在窖内或野生胡萝卜上越冬，通过汁液摩擦和蚜虫传毒。

【发生规律】 发病适温 20～25 ℃，蚜虫数量多发病重。

【防治措施】 (1) 农业防治。生长期间满足供给肥水，促进植株生长，增强抗病力。把肉质根置于 36 ℃条件下处理 39 d，可使病毒钝化。清洁田园，及时清理病残株，深埋或烧毁。及早防治蚜虫，减少传毒机会。(2) 化学防治。发病初期开始用抗毒丰 250～300 倍液，或 20% 毒克星 WP 500 倍液，或 1.5% 植病灵 1 000 倍液喷雾。每隔 7 d 喷 1 次，连喷 3～4 次。

胡萝卜软腐病 Carrot soft rot

【典型症状】 胡萝卜在储藏期间易发病。主要为害肉质根，发病初期产生水渍状斑（图 46-2），后变浅褐色，湿度大时病部长出羊毛状灰白色菌丝，肉质根腐烂（图 46-3）。

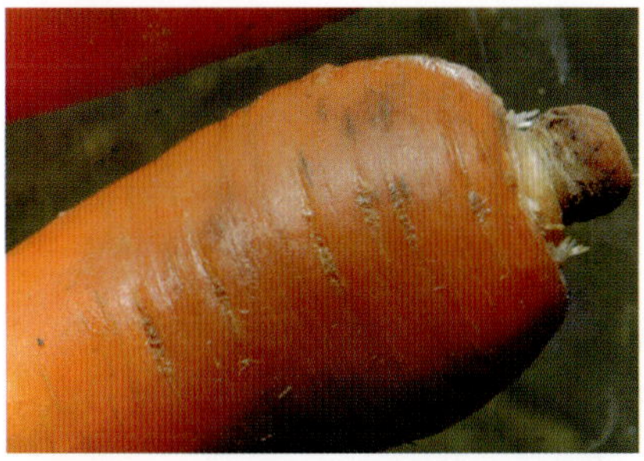

图 46-2　胡萝卜软腐病，水渍状斑

图 46-3　胡萝卜软腐病，灰白色菌丝

【致病病原】 病原为匍枝根霉 *Rhizopus stolonifer* (Ehrenb.) Lind.，属接合菌亚门真菌。

【病害循环】 由伤口或从生活力衰弱部位侵入。病原在腐烂部产生孢子囊，散放出孢囊孢子，借气流传播蔓延。

【发生规律】 在田间气温 22～28 ℃，相对湿度高于 80%适于发病。生产上降雨多或大水漫灌，湿度大易发病。

【防治措施】（1）农业防治。加强肥水管理，严防大水漫灌，雨后及时排水，保护地要注意放风降湿。（2）化学防治。发病后及时喷 30%绿得保 SC 300～400 倍液，或 36%甲基托布津 SC 500 倍液，或 50%多菌灵 WP 600 倍液，或 25%苯菌灵 EC 800 倍液。采收前 3 d 停止用药。

胡萝卜黑腐病 Carrot alternaria black rot

黑腐病是胡萝卜的一种重要病害。造成严重减产，对品质的影响很大。

【典型症状】主要为害肉质根，也为害叶片。肉质根受害初期形成不规则形或圆形、稍凹陷的黑色小病斑，上生黑色霉状物，后随着病情的不断发展，不仅病斑逐渐扩大，且迅速向肉质根内部深入，最后使整个肉质根变黑腐烂。叶片受害，初呈无光泽的红褐色条斑，后变黄枯死，病部也生黑色绒毛状霉层（图 46-4）。

图 46-4　胡萝卜黑腐病

【致病病原】病原为胡萝卜黑腐链格孢菌 *Alternaria radicina* Meier，Drech. et Ed.，属半知菌亚门真菌。分生孢子梗褐色，单生或束生，大小（25～92.5）μm×（5～12.5）μm。分生孢子深褐色，串生，椭圆形，大小（17.5～52.5）μm×（5～17.5）μm。

【病害循环】病原以分生孢子或菌丝体在病残体上越冬，特别是在肉质根上越冬更多。病原以分生孢子借气流传播蔓延。秋播胡萝卜9～10月份在肉质根开始膨大期间，病原从伤口侵入。

【发生规律】气温在 20 ℃左右，相对湿度 80%以上，有利于病原生长与发育。秋季及初冬天气温暖，多雨，多雾，湿度大，植株过密，利于发病。肉质根膨大期，地下害虫为害严重，造成的伤口多，易发病。

【防治措施】（1）种子处理。播前用种子重量 0.3%的 50%福美双 WP 或 75%百菌清 WP 拌种。（2）农业防治。清理田间病株残体，深埋或烧毁。收获和装运过程中，不要给肉质根造成损伤。入窖前要把病、伤、残苗剔除，并在阳光下晒 2～3 d。窖内要用硫黄或百菌清烟雾剂熏蒸消毒。入窖后要每隔一段时间检查 1 次，发现病株应及时取出。（3）化学防治。发病初期喷 75%百菌清 WP 600 倍液。隔 7～10 d 喷 1 次，连续喷 2～3 次。

胡萝卜绵腐病 Carrot cottony leak

绵腐病是胡萝卜的一种普通病害，零星发病，储藏也有发生，可以造成胡萝卜腐烂。

【典型症状】全生育都能发生，苗期从根茎和叶柄处发生，呈水渍状腐烂，表面长出白霉。块根发病，症状基本相同（图 46-5）。

图 46-5　胡萝卜绵腐病

【致病病原】病原为大子疫霉 *Phytophthora megasperma* Drecbs.，属鞭毛菌亚门真菌。

【病害循环】病原以卵孢子随病残体上在土壤中越冬。越冬后病原可以直侵入植株根部。

【发生规律】多雨，湿度大，地势低洼，利于发病。

【防治措施】参见瓠瓜绵腐病。

47. 牛蒡病害

牛蒡花叶病 Burdock mosaic

【典型症状】 主要为害成株。发病后植株叶片颜色浓淡不均匀，呈黄绿相间的斑驳状，有时叶片皱缩不展，植株矮小，一般不会出现死苗现象，但病株地下根生长缓慢（图 47-1）。

图 47-1 牛蒡花叶病

【致病病原】 病原为牛蒡花叶病毒 Burdock mosaic virus。

【病害循环】 病原在多种寄主植物或病株残体中越冬，并长期存活。田间靠汁液摩擦接触或辣根长管蚜传毒。

【发生规律】 主要发生在秋播牛蒡上。4 月上旬始见病株，5 月中旬病情稳定，停止发展。干旱利于发病，栽培粗放、基肥不足、植株生长势弱、排水通风不良等，均利于病害发生。

【防治措施】 发病初期开始喷洒 5%菌毒清 WP 或 20%病毒宁水溶性 DP 500 倍液，隔 7～10 d 喷 1 次，连续防治 2～3 次。采收前 5 d 停止用药。及时防治传播介体蚜虫。

牛蒡白粉病 Burdock powdery mildew

白粉病是牛蒡的一种主要病害。

【典型症状】 主要为害叶片。发病初期在叶片面上产生稀疏的白色粉状霉斑，随后粉状霉斑逐渐扩展，霉层增厚，形成浅灰白色粉状霉层平铺在叶面上（图 47-2）。条件适宜时相互连成片，叶片黄化枯萎。发病后期子囊逐渐成熟，菌丝体开始消退，霉层上出现黑色小粒，即病原菌的闭囊壳（图 47-3）。

图 47-2 牛蒡白粉病，叶片症状

图 47-3 牛蒡白粉病，发病后期

【致病病原】 病原为单囊白粉菌 *Sphaerotheca fuliginea* (Sxhlecht.) Poll.，属子囊菌亚门真菌。闭囊壳球形或扁球形，暗褐色，附属丝菌丝状，有隔，8～15 根。闭囊壳内仅生有 1 个子囊，子囊广卵形或近球形，无色，内含 8 个子囊孢子。子囊孢子椭圆形或卵圆形，无色或淡黄色，分生孢子串生，单生，无色，椭圆形。寄主有牛蒡、莴苣、莴笋、蒲公英等菊科植物。

【病害循环】 病原以闭囊壳在牛蒡等寄主病残体上或以菌丝体在保护地内活体莴苣等寄主上越冬。4～6 月份病原借气流传播进行初侵染和再侵染。病原通过气流传播落到健叶上，条件适宜时孢子萌发，直接侵入表皮细胞，并在表皮细胞里形成吸胞吸取营养，叶面上匍匐着的菌丝体在寄主外表皮上不断扩展，产生大量分生孢子进行重复侵染。晚秋在病部再次形成闭囊壳越冬。

【发生规律】 一年有两个发病时段，第1时段5月中旬出现发病高峰，第2时段7月上旬至8月上旬出现发病高峰。牛蒡重茬田、种植过密、通风不良、氮肥偏多、地上部生长过旺、牛蒡叶片等组织过嫩的田块发病较重。

【防治措施】 （1）农业防治。收获后及时清除病残体，集中深埋或烧毁。与非菊科作物实行2～3年轮作。适当增施有机肥和磷、钾肥，避免偏施氮肥。雨季到来前疏通排水沟，在行间沟内加铺塑料薄膜，有利于排水。（2）化学防治。发病初期的傍晚，每亩交替喷洒20%三唑酮EC，或12.5%烯唑醇WP，或12%腈菌唑EC 20～25 mL，或50%翠贝DF 10～12.5 g，或40%氟硅唑EC 4.5～5.5 mL，对水40～50 kg，药量和水量应根据牛蒡植株大小而增减，隔15～20 d喷1次，连喷2～3次。

牛蒡黑斑病 Burdock alternaria leaf spot

黑斑病是牛蒡的一种常见病害。一般病株率在10%～30%，对牛蒡生产无明显影响；病株率可达50%以上时，对生产有一定的影响。

【典型症状】 主要为害叶片。多在叶尖、叶缘和叶片中间产生近圆形或不规则形褐色坏死病斑，空气潮湿时病斑呈水渍状，迅速发展成大斑（图47-4）。后期在病斑上产生灰黑色霉状物，即病原的子实体。有时病斑略呈轮纹状，空气干燥，病斑穿孔或破裂。

【致病病原】 病原为交链孢 *Alternaria* sp.，属半知菌亚门真菌。菌丝褐色，有分隔。分生孢子梗2～6根丛生，基部细胞膨大，顶端色淡，偶有1个分枝，具3～5个隔膜，大小为(32～68) μm×(3～69) μm。分生孢子倒棍棒状，暗褐色，单生或串生。孢身至喙逐渐变细。孢身具4～9个横隔，0～2个纵隔，隔膜处常缢缩。

图 47-4　牛蒡黑斑病

【病害循环】 病原以菌丝体和分生孢子随病叶及残体在土壤内越冬，成为初侵染源。种子亦可带菌。当条件适宜时病原即萌发侵染，引起发病。病部产生的病原经风雨、气流传播，形成再侵染。

【发生规律】 高温、高湿利于发病。田间植株荫蔽，空气湿度高，或管理不当、缺肥、植株生长衰弱等，病害发生较重。6～9月份高温、多阴雨天气，病害发展迅速。

【防治措施】 （1）农业防治。收获后及时清除田间病叶残体，集中处理。重病地块实行与非菊科作物轮作。适当增施底肥，生长期及时追肥，防止田间积水。（2）化学防治。发病初期喷75%百菌清WP 500倍液，或50%敌菌灵WP 500倍液，或70%代森锰锌600倍液，或46%加瑞农WP 600倍液，或50%扑海因WP 1 000倍液。隔10～15 d防治1次，根据病情防治1～3次。

牛蒡轮纹病 Burdock ascochyta leaf spot

轮纹病是牛蒡的一种普通病害。一般病株率30%～50%，对生产无明显影响；严重时会对生产形成一定的影响。

【典型症状】 主要为害叶片，初在叶片上出现褪绿小点，逐渐发展成暗褐色至红褐色近圆形坏死斑，以后中央转变成灰白色，边缘不整齐，微具轮纹，后期病斑上产生黑褐色颗粒状小点，即病原分生孢子器（图47-5）。

【致病病原】 病原为壳二孢 *Ascochyta lappae* Kab. et Bub.，属半知菌亚门真菌。病原分生孢子器叶面生，初埋生于病叶组织内，后突破表皮，

图 47-5 牛蒡轮纹病

近圆形至扁球形，器壁膜质，有孔口。分生孢子双胞，无色。

【病害循环】 病原以分生孢子器在病株残体上越冬。第 2 年春天条件适宜时，分生孢子借气流传播引起发病。

【发生规律】 温暖多雨有利于发病。主要在夏、秋季发生为害。

【防治措施】 （1）农业防治。收获后彻底清除病残落叶，集中妥善处理，减少田间菌源。适当稀植，加强田间管理，雨后注意排水，及时除草和追肥。（2）化学防治。雨季来前或发病初期施药防治，可选用 70％甲基托布津 WP 600 倍液，或 80％新万生 WP 800 倍液，或 50％扑海因 WP 1 500 倍液，或 45％特克多 SC 1 200 倍液喷雾。

牛蒡敌敌畏药害
Burdock DDV injury

牛蒡敌敌畏药害为一般性生理伤害，偶有发生，通常对生产无明显影响，严重时在一定程度上影响生产。

【典型症状】 敌敌畏药害，多在着药多或生长旺盛的功能叶上显现症状。轻时在叶面或沿叶缘出现不规则褪绿斑块，严重时多形成白色至浅褐色不规则坏死斑，严重影响叶片进行正常光合作用（图 47-6）。

图 47-6 牛蒡敌敌畏药害

【发生原因】 敌敌畏使用浓度过大，抑制叶片叶绿素形成。

【防治措施】 控制敌敌畏使用浓度。

（九）薯芋类蔬菜病害

48. 生姜病害

姜瘟病 Ginger bacterial wilt

姜瘟病又称姜腐烂病、姜青枯病，是生姜最为严重的一种土传病害。为害损失率20%～30%，重病田损失可达70%以上，严重影响产量和品质。

【典型症状】 主要侵害姜根部、地下茎和地上茎，多在茎基部先发病。（1）地下茎。病部初为水渍状，黄褐色（图48-1），失去光泽后，内部组织逐渐软化腐烂，仅留残存外皮。剖开根茎或茎基部，可见维管束变褐色，用手挤压可从维管束溢出污白色的菌脓，而后内部组织逐渐软化腐烂，皮层也逐渐变色，后期产生恶臭（图48-2）。被害根部也呈黄褐色，终至全部腐烂。（2）地上部分。在发病初期叶片萎缩、下垂、无光泽，叶片自下而上变枯黄色（图48-3），边缘卷曲。茎呈暗紫色，内部组织变褐腐烂，残留纤维（图48-4）。

图 48-1 姜瘟病，发病姜病茎

图 48-2 姜瘟病，病茎切面

图 48-3 姜瘟病，地上部分发病

图 48-4 姜瘟病，地上部枯死

【致病病原】 病原为青枯假单胞杆菌 *Pseudomonas solanacearum*（Smith）Smith，属细菌。有学者鉴定安徽的姜瘟病原主要为罗尔青枯菌 *Ralstonia solanacearum*（Smith）Yabuuchi et al.。(1) 形态和大小。菌体短杆状，单细胞，两端圆，单生或双生，大小（0.9～2.0）μm×（0.5～0.8）μm，极生鞭毛1～3根，在琼脂培养基上菌落圆形或不正形，稍隆起，污白色或暗色至黑褐色，平滑具亮光。(2) 特性。革兰氏染色阴性。病原能利用多种糖产生酸，不能液化明胶，能使硝酸盐还原。从10～40 ℃均可生长，发病的适宜温度为20～30 ℃，耐pH 6～8，最适pH 6.6。(3) 寄主。这种病原可以侵染50多个科的数百种植物。

【病害循环】 (1) 越冬与初侵染源。病原在土壤及种姜内越冬，并可在土壤内存活3年。土壤中的病原和带菌姜种是主要的侵染源。病原自伤口侵入，也可由茎、叶侵入维管束，向下扩展至根茎，并进入薄壁组织，造成组织崩溃和腐烂，全株死亡。(2) 传播特点。土壤中的病原是近距离传播的主要途径，带菌姜种是远距离传播的主要途径。含有病原的有机肥、被病原污染的灌溉用水均可以传播姜瘟病。播种病姜后，在田间零星发病，通过流水和地下害虫传播，造成全田发病，蔓延十分迅速。

【发生规律】 (1) 气候条件与发病。日均气温20 ℃左右时开始发生，最适发病气温25～30 ℃。5 cm地温25 ℃以上时，病害易于流行。降水会加剧病害的发生和发展。(2) 栽培管理与发病。施肥不足，追肥过量，氮肥过多，发病重。发病始期灌水过多，利于发病；长期灌水的田块比灌跑马水的田块发病重。前茬为番茄、茄子、辣椒、马铃薯、花生的田块，发病重。黏重土壤，地势低洼，排水不良，易发病。水旱轮作，利于减轻病害的发生。

【防治措施】 (1) 种姜消毒。播种前用20%噻菌铜SC 500倍液，或75%的敌克松800倍液，或50%消菌灵WP 1 000倍液，或64%的杀毒矾400倍液，或农用硫酸链霉素150倍液浸泡30 min。或用0.5%的石灰水、50%的多菌灵WP 800倍液浸泡5～6 h，捞出晾干。再用清水将湿润的新鲜草木灰包裹已经浸过的姜种，然后进行催芽。(2) 农业防治。选择地势高燥、土壤疏松、排水良好的地块。与葱、蒜或粮食作物轮作。不能与番茄、茄子、辣椒、马铃薯等茄科作物轮作，也不宜与花生、芝麻轮作。结合晒姜、困姜挑选，淘汰瘦弱、姜肉变色或发软的姜块。催芽后结合掰姜，进一步选择鲜亮、粗壮、姜芽顶部圆钝、基部有根尖突起的健壮姜块播种。基肥要以腐熟的有机肥为主，减少化学氮肥的用量。发现病株及时拔除。防止农事操作和地下害虫对植株造成的机械损伤。(3) 化学防治。铲除病株，淋洒药剂防病控病，做到齐苗灌穴，药剂可用50%消菌灵WP 1 000倍液，或20%噻菌铜SC 500倍液，或10%菌立克AS 500倍液，或45%施纳宁SC 400～600倍液，或77%可杀得WP 600倍液，或72%农用硫酸链霉素SPX 4 000～5 000倍液，每穴0.5～1 L。每隔7～10 d防治1次，连续防治3次。

参考文献

[1]刘铭，张敏，戢俊臣，等. 中国姜瘟病的研究进展[J]. 中国农学通报，2005，21(6)：337-340，357

[2]陈莉，高智谋，杨自保，等. 安徽省姜瘟病病原鉴定及有效药剂筛选[J]. 安徽农业科学，2007，35(18)：5479，5516

[3]张京聪，张芳，张进美，等. 姜螟、姜瘟病综合防治技术研究[J]. 山东农业大学学报(自然科学版)，2007，38(3)：394-398

生姜细菌性叶斑病
Ginger bacterial leaf spot

姜腐烂病又称姜细菌叶枯病或烂姜，是生姜的一种重要病害。部分地区发生。

【典型症状】 发病叶片出现黄色近圆形小斑点，周围褪绿黄化。湿度大时，病斑周围出现绿色水渍状扩展晕圈，后水渍状斑块变黄，近圆形病斑逐渐变成不规则形黄褐色斑，病斑中央变灰白色枯死，甚至出现穿孔（图48-5）。严重时叶片病斑连成一片，病叶边缘发黄萎蔫、翻转，甚至枯死。镜检新鲜病姜叶片的水渍状斑块，可见其上有细菌溢流。

【致病病原】 病原为甘蓝黄单胞菌姜致病变种 *Xanthomonas campestris* pv. *zingibericola*（Ren et Fang）Bradbury。(1) 形态和大小。菌体短杆状，大小为（0.65～0.73）μm×（1.52～1.86）μm，菌体鞭毛单根极生，有荚膜，不产生芽孢，在NA培养基上，28 cm条件下培养2～3 d出现黄色圆形、隆起、光滑的菌落，不具流动性。(2) 特性。革兰氏染色

图 48-5 姜细菌性叶斑病

呈阴性反应。适宜生长温度 25～30 ℃，最高 30～39 ℃，好氧。

【病害循环】 (1) 越冬与初侵染源。病原随病残体遗留在田间或在种姜内越冬。从伤口或叶片上的水孔侵入，沿维管束向上、下蔓延。(2) 传播特点。通过种姜进行远距离传播。病原借灌溉水、地下害虫、风雨以及农事操作传播。

【发生规律】 夏秋高温多雨季节易发生。

【防治措施】 (1) 种子消毒。种姜收获后先晾晒几天，后放在 20～33 ℃温度条件下热处理 7～8 d，促其伤口愈合。发现病姜及时剔除后。必要时切开种姜用 1∶1∶100 倍式波尔多液浸 20 min，也可用草木灰封住伤面。(2) 农业防治。种姜储藏时窖温控制在 12～15 ℃为宜。选择高燥、通风好的田块种姜，低洼地应做畦或起高垄。发现病株即时拔除，集中深埋或烧毁，病穴撒施石灰消毒。严防病田的灌溉水流入无病田。有条件时可应与水稻等禾本科作物实行 2～3 年轮作。(3) 化学防治。发病初期浇灌 72%农用硫酸链霉素 SPX 4 000 倍液，或抗菌剂 401 AS 800～1 000 倍液，或 70%敌克松 WP 600 倍液，或 50%琥胶肥酸铜 WP 500 倍液，或 30%碱式硫酸铜 SC 400 倍液。注意防治地下害虫。

参考文献

符贤英，谭志琼，宋卡魏，等. 姜细菌性叶斑病的症状及病原菌鉴定[J]. 广东农业科学，2007(11)：62-64

姜块茎腐烂病
Ginger fusarium rhizome rot

姜块茎腐烂病又称姜枯萎病，是生姜的一种常见病害。

【典型症状】 主要为害块茎部，表现为块茎腐烂变褐，植株枯状。发病块茎不呈水渍状半透明状，挤压患部可以渗出清液，块茎表面长有菌丝体。植株地上部分表现为心叶枯死（图 48-6）。

图 48-6 姜块茎腐烂病，心叶枯死

【致病病原】 病原为镰孢菌 *Fusarium* sp.，属半知菌亚门真菌。

【病害循环】 病原均以菌丝体和厚垣孢子随病残体遗落土中越冬。带菌的肥料、姜种块和病土产生主要菌源。病部产生的分生孢子借雨水溅射传播再侵染。

【发生规律】 连作地块，排水不良，土质黏重，施用未充分腐熟的土杂肥，易发病。

【防治措施】 (1) 种子消毒。用 50%多菌灵 WP 300～500 倍液浸种姜 1～2 h，捞起后拌草木灰下种。(2) 农业防治。常发地或重病地宜实行轮作，有条件最好实行水旱轮作。选高燥地块或高畦深沟栽培。提倡施用充分腐熟的有机肥。适当增施磷、钾肥。注意田间卫生，及时收集病残株烧毁。(3) 化学防治。发病初期于病穴及其四周植穴淋施药剂，以控制病害蔓延。药剂可选用 50%多菌灵 WP 500 倍液，或 10%双效灵 AS 200～300 倍液，或 70%琥·乙膦铝 WP 300～400 倍液，或 50%苯菌灵 WP 1 500 倍液。

生姜叶枯病
Ginger leaf spot

【典型症状】 主要为害叶片。叶片上的病斑为黄褐色枯斑，逐渐扩展到整个叶面，病部生出黑色小粒点，即病原子囊座（图 48-7）。严重时全叶变褐枯萎。

图 48-7 生姜叶枯病

【致病病原】 病原为姜球腔菌 *Mycosphaerella zingiberi* Shirai et Hara.，属子囊菌亚门真菌。

【病害循环】 病原以子囊座或菌丝在病叶上越冬。春天产生子囊孢子，借风雨、昆虫或农事操作传播蔓延。

【发生规律】 高温、高湿的条件，利于发病。连作地，植株长势过密，通风不良，氮肥过量、植株徒长，发病重。

【防治措施】 （1）农业防治。重病地要与禾本科或豆科作物进行 3 年以上轮作。施用充分腐熟的有机肥。适量浇水，注意降低田间湿度。秋冬要彻底清除病残体，田间发病后及时摘除病叶集中深埋或烧毁。（2）化学防治。发病初期喷 5%菌毒清 AS 500 倍液，或 50%多菌灵 WP 800 倍液，或 70%甲基托布津 WP 1 000 倍液。隔 7～10 d 喷 1 次，连续喷 2～3 次。

生姜纹枯病
Ginger summer blight

生姜纹枯病又称立枯病，是生姜的一种普通病害。分布广泛，零星发生。病株率可达 10%～30%，明显影响生产。

【典型症状】 主要为害叶鞘，也为害叶片。叶鞘上病斑灰绿色圆形，后扩大成不规则形或长圆形；叶片上病斑水浸状，扩大后呈云纹状不规则的大型病斑，软化腐烂（图 48-8）。湿度大时病斑处产生白色蛛丝状的菌丝体，后期菌丝集结形成菌核。

图 48-8 生姜纹枯病

【致病病原】 病原为立枯丝核菌 *Rhizoctonia solani* Kühn，属半知菌亚门真菌。有性态为亡革菌 *Thanatephorus cucumeris*（Frank）Donk，属担子菌亚门真菌。菌丝体初无色，渐变褐色，粗 10～14 μm，有分枝，分枝处稍缢缩。菌核圆形，褐色，直径 1 至数毫米。

【病害循环】 病原主要以菌核遗落土中或以菌丝体、菌核在杂草和田间其他寄主上越冬。条件适宜时，菌核萌发产生菌丝进行初侵染，病部产生的菌丝又借攀缘接触进行再侵染。

【发生规律】 高温多湿的天气易诱发本病。田间郁蔽，高湿，偏施氮肥，易诱发病害。前作水稻纹枯病严重的地块，发病重。

【防治措施】 （1）农业防治。前作水稻纹枯病严重的田块不能种姜。选择高燥地块种姜；清沟排渍，降低田间湿度。不能用稻秆作姜地覆盖物。（2）化学防治。发病初期喷淋或浇灌，可选用 5%井冈霉素 AS 500 倍液、33%纹霉净 WP 250 倍液、30%菌核净 WP 1 000 倍液、40%禾枯灵 1 000 倍液。隔 10 d 喷 1 次，连喷 2～3 次，注意喷匀喷足。

生姜白星病
Ginger phyllosticta leaf spot

姜白星病又称斑点病，是姜的一种主要病害。病株率 30%～50%，重病地可达 80%以上，明显影响姜的生产。

【典型症状】 主要为害叶片。发病初期叶片上的病斑很小，开始为淡褐色，有淡黄色的晕环，之后病斑发展为梭形或长圆形，长 2～5 mm，病斑中部变薄，呈浅黄色或灰白色，边缘红褐色。后期病斑变薄，易破裂或穿孔（图 48-9）。病部可见针尖大的小黑点。

图 48-9　生姜白星病

【致病病原】 病原为姜叶点霉菌 *Phyllosticta zingiberi* Hori，属半知菌亚门真菌。分生孢子器球形至扁球形，具孔口，黑褐色，直径 50～120 μm。分生孢子椭圆形，单胞，无色，大小（5～9）μm×（2.5～3.5）μm。

【病害循环】 病原主要以菌丝体和分生孢子器随病残体遗落土中越冬。病原借雨水溅射传播蔓延，以分生孢子进行初侵染和再侵染。

【发生规律】 温暖多湿，株间郁蔽有利于本病发生。田间湿度大或植地连作，有利病害的发生。

【防治措施】（1）农业防治。避免连作，不要在低洼地种植，注意清沟排渍，做好清洁田园工作。避免偏施过施氮肥，注意增施磷、钾肥及有机肥。收获后及时清理植株病残体。（2）化学防治。发病初期喷 70%甲基托布津 WP 1 000 倍液加 75%百菌清 WP 1 000 倍液，隔 7～10 d 喷 1 次，连续喷 2～3 次。

生姜炭疽病 Ginger colletotrichum leaf spot

炭疽病为生姜的一种重要病害，发生较普遍，少数地区发病较重。

【典型症状】 主要为害叶片。病斑先出现在叶尖和叶缘，初为水渍状褐色小斑，后扩展成梭形、椭圆形或不定型病斑，斑面云纹明显或不明显，斑边缘有黄色变色部，病健分界不清晰（图 48-10）。发病后期数个病斑联合成斑块，叶片变褐变枯，严重影响光合作用。当空气潮湿时，斑面会出现小黑点，即病原的分孢盘及分生孢子（图 48-11）。

图 48-10　姜炭疽病，发病株

图 48-11　姜炭疽病，病斑出现小黑点

【致病病原】 病原为辣椒刺盘孢 *Colletotrichum capsici*（Syd.）Buller et Bisby 和盘长孢状刺盘孢 *C. gloeosporioides* Penz.，均属半知菌亚门真菌。参见辣椒炭疽病。

【病害循环】（1）越冬与初侵染源。病原以菌丝体和分生孢子盘在病部或随病残体在土中越冬。南方病原在田间寄主作物上辗转传播为害，无明显越冬期。（2）传播特点。病原借雨水溅射或小昆虫活动传播，进行初侵染和再侵染源。

【发生规律】 连作地，田间湿度大，偏施氮肥，生长势过旺，利于发病。雨水多，发生重。

【防治措施】（1）姜种处理。要精选无病害姜种，剔除变黑、变烂、变干的种姜。下种前用 70%甲基托布津 800 倍液浸 8～10 min，然后捞出晾干再下种。（2）农业防治。选择土层深厚、有机质丰富、地势干燥、排水良好的地块，实行高垄深沟栽培，避免连作或前作为茄科作物。实行 2

年以上轮作。在施足氮肥的基础上，增施磷、钾肥和有机肥，增强其抗逆性。采收后要及时清除病株残体，并集中深埋。（3）化学防治。发病初期，用75%百菌清 WP 1 000 倍液，或70%甲基托布津 WP 1 000 倍液，或 50%施保功 WP 1 200 倍液喷雾防治。隔 10～15 d 喷 1 次，防治 2～3 次，注意喷匀喷足。

生姜根腐病 Ginger root rot

姜根腐病又称绵腐病、真菌性软腐病，是生姜的一种重要病害。分布广泛，通常零星发生，严重时可造成块茎大批腐烂。储运期也可发病。

【典型症状】 主要为害茎基部和块茎。发病初植株下部近地面的茎叶出现黄褐色病斑，病情发展后软腐，很快向上发展，地上部茎叶黄化萎凋后枯死（图 48-12）。地下部块茎感病也软腐（图 48-13）。湿度大时茎基部和块茎表面会产生白色菌丝。

图 48-12 姜根腐病，茎叶黄化枯死

图 48-13 姜根腐病，茎软腐

【致病病原】 病原为结群腐霉 *Pythium myriotylum* Drechsler.，属鞭毛菌亚门真菌。孢子囊丝状或瓣状，长 346 μm。藏卵器无色至浅黄色，球形，壁薄且平滑，顶生或侧生，个别间生，柄直。卵孢子无色或浅黄色，近球形，不满器，大小19～32 μm，内生储物球多个。

【病害循环】 病原以菌丝体在种姜或病残体上越冬。病原借雨水溅射或灌溉水传播，进行初侵染和再侵染。

【发生规律】 通常日暖夜凉的天气，地势低洼积水，土壤含水量高，土质黏重，有利于病害的发生。种植带菌的种姜和连作，发病重。

【防治措施】 （1）姜种处理。用 50%瑞毒霉 WP 8 000～1 000 倍液浸种，晾干后下种。（2）农业防治。选留健种，实行轮作。（3）化学防治。在出苗后至始病期，用 50%瑞毒霉可湿粉 8 000～1 000 倍液，或 64%杀毒矾 WP 500 倍液浇灌，隔 10 d 后再灌 1 次，采收前半个月停止用药。

49. 马铃薯病害

马铃薯病毒病 Potato mosaic

马铃薯病毒病在我国分布较广，为害也较严重。感染病毒的马铃薯，通过块茎积累，使块茎品质变劣，产量逐年降低，减产20%～50%，严重的达80%以上。

【典型症状】 (1) 普通花叶病。有轻花叶、坏死性叶斑、矮化以及植株由下向上枯死，块茎变小（图49-1）。(2) 条斑花叶病。发病株初期叶片呈斑驳花或有枯斑，后期发展成叶脉坏死，有时主茎上出现褐色条斑，叶片完全坏死，但不脱落；有些品种无坏死，但枯株矮小，茎叶变脆，花叶并聚丛生（图49-2）。(3) 卷叶病。病枝叶边缘向上翻卷，叶片黄绿色，严重时呈筒状，但不表现皱缩。叶质厚而脆，呈皮革状，有时叶背呈紫色，重病植株矮小，个别株早枯（图49-3）。(4) 纤块茎病。又称纺锤形块茎病，植株正常或矮化，少分枝，叶与茎夹角变小，顶叶直立，叶缘呈波状或向上卷，叶片较小，色浓绿，僵硬变脆，背面有时变紫。块茎变长，一头尖，呈纺锤状，表现光滑，但有时龟裂。芽眼较多而平浅，有时突起。

图49-1 马铃薯病毒病，普通花叶病

图49-2 马铃薯病毒病，条斑花叶病

图49-3 马铃薯病毒病，卷叶病

【致病病原】 病原为马铃薯X病毒 Potato virus X (PVX)、马铃薯V病毒 Potato virus V (PVV)、马铃薯卷叶病毒 Potato leafroll Virus (PLRV) 和类病毒。(1) 马铃薯X病毒。引起普通花叶病。病毒粒体为弯杆状，长480～580 nm。病毒稀释限点100 000～1 000 000倍，钝化温度68～75 ℃，体外存活期1年以上，靠汁液传播。(2) 马铃薯V病毒。引起条斑花叶病。病毒粒体弯杆状，钝化温度52～62 ℃，汁液和蚜虫均可传播。(3) 马铃薯卷叶病毒。引起卷叶病。病毒粒体球形，直径25 nm。该病毒寄主范围主要是茄科植物，在马铃薯上引起卷叶症，病毒稀释限点10 000倍，钝化温度70～80 ℃，体外存活期12～24 h，2 ℃低温下存活4 d，主要靠蚜虫传播。(4) 类病毒。引起纤块茎病。钝化温度60～65 ℃，可以通过伤口、汁液、接种以及蚜虫、马铃薯甲虫传播。

【病害循环】 感染病毒的马铃薯，病毒通过块茎可代代相传。传播途径一是汁液摩擦传播，如种薯切块，病、健株接触摩擦，农事劳动与植株的反复接触。二是以蚜虫传播。

【发生规律】 25 ℃以上高温，可降低马铃薯对病毒的抵抗力。高温还有利于传毒昆虫的繁殖、迁飞，加速病毒病的传播扩展。

【防治措施】 (1) 农业防治。采用无毒种薯，各地要建立无毒种薯繁育基地，推广茎尖组织脱毒。在无霜期短的地区，可将正常的春播推迟到夏播留种；在无霜期长的地区，一年种两茬马铃薯，以秋播马铃薯作种。适时播种，高畦栽培，合理用肥，拔除病株，勤中耕培土。(2) 化学防治。在留种地及时防治传播介体蚜虫。

马铃薯早疫病 Potato early blight

马铃薯早疫病又称夏疫病、轮纹病、干枯病，是马铃薯的一种主要病害。各地均有分布。明显影响生产。

【典型症状】 主要为害叶片。(1) 叶片。发病初期叶片上出现褐黑色的小斑点，然后病斑逐渐扩大，多为卵圆形或多角形，有同心轮纹，病健界明显（图 49-4）。病斑干枯，不呈现水浸状，严重时病斑连成一片，整个叶片枯死。天气潮湿时，病斑上生黑色绒毛状霉层。一般是下部叶片先发病，向上部蔓延（图 49-5）。(2) 块茎。块茎很少发病，病块茎上病斑褐黑色圆形或不规则形，略下凹，边缘清楚（图 49-6），病斑下的薯肉呈褐色干腐（图 49-7）。

图 49-4 马铃薯早疫病，叶片上病斑

【致病病原】 病原为茄链格孢菌 *Alternaria solani* (Ell. et Mart.) Jones et Grout.，属半知

图 49-5 马铃薯早疫病，病斑生黑色霉层

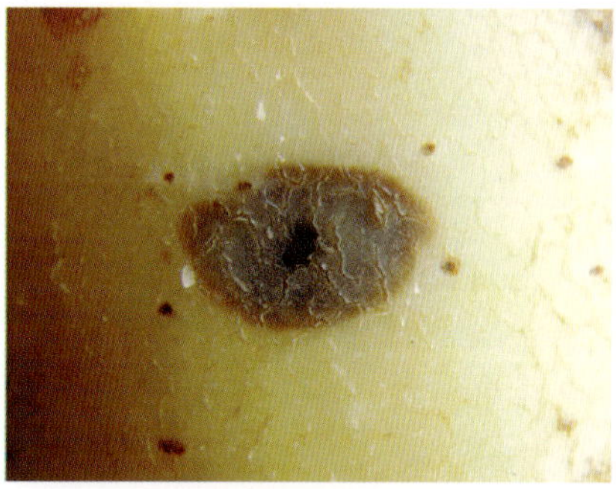

图 49-6 马铃薯晚疫病，块茎病斑

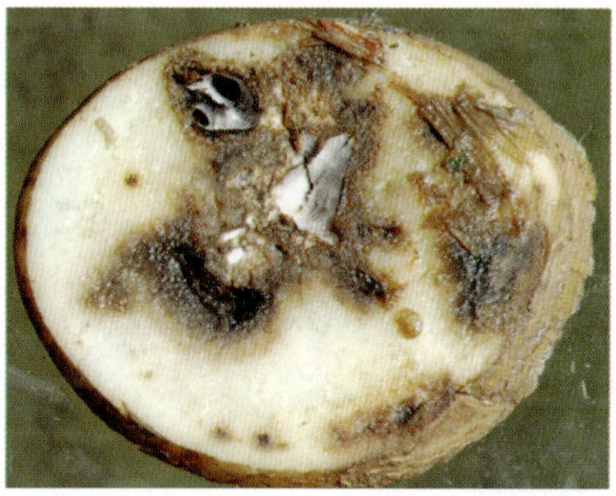

图 49-7 马铃薯晚疫病，发病块茎干腐

菌亚门真菌。(1) 形态和大小。菌丝丝状，有隔膜。分生孢子梗从气孔伸出，暗褐色，具隔膜1～4个，大小 (30.6～104) μm×(4.3～9.19) μm。分生孢子长卵形或倒棒形，淡黄色，大小 (85.6～146.5) μm×(11.7～22) μm（图 49-8）。(2) 特性。病原发育温限 1～45 ℃，26～28 ℃最适。分生孢子在6～24 ℃水中经 1～2 h 即萌发，在 28～30 ℃水中萌发时间只需 35～45 min。每个孢子可产生芽管 5～10 根。(3) 寄主。这种病原可以侵染马铃薯、番茄、茄子等茄科植物。

【病害循环】 病原以菌丝或分生孢子在病残上越冬，也可以在病薯上越冬，土壤可以带菌。病原借风、雨传播，从气孔、伤口或直接侵入。

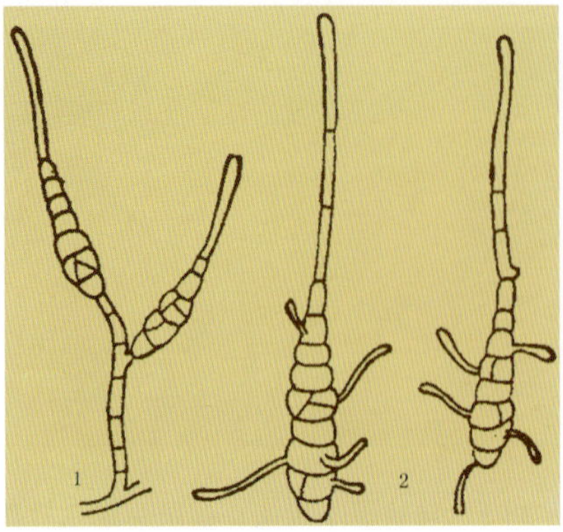

图 49-8　马铃薯早疫病病原

1. 分生孢子梗和分生孢子　2. 分生孢子萌发

（据《中国农作物病虫害》）

【发生规律】（1）气候条件与发病。高温多湿，阴雨多雾，植株生长衰弱，有利于早疫病的蔓延和侵染，发病较重。（2）栽培管理与发病。过早或过晚栽培，发病都较重。氮肥和磷肥施用过多时，易发病，钾肥则增强抗病性。

【防治措施】（1）农业防治。选用早熟耐病品种。适当提早收获。选择土壤肥沃的高燥田块种植，增施有机肥，推行配方施肥，提高寄主抗病力。（2）化学防治。发病前开始喷洒 80%新万生 WP 600 倍液，或 75%百菌清 WP 600 倍液，或 64%杀毒矾 WP 500 倍液，或 77%氢氧化铜 WP 500 倍液。隔 7～10 d 喷 1 次，连续喷 2～3 次。

马铃薯晚疫病
Potato late blight

马铃薯晚疫病是马铃薯的一种主要病害。各地均有分布。发生普遍，为害严重。

【典型症状】 主要为害叶片、叶柄、茎及块茎。（1）叶片。叶尖和叶缘先出现水渍状斑点；潮湿时很快扩大，病斑与健康部位交界处有白色稀疏的霉轮，叶背更为明显（图 49-9）。严重时病斑扩展到主脉或叶柄，使叶片萎蔫下垂，最后整个植株变为焦黑，呈湿腐状。天气干燥时，病斑干枯成褐色，不产生霉轮（图 49-10）。（2）薯块。病斑不规则形，稍微下陷，淡褐色或紫色，病斑下面的薯肉呈深度不同的褐色坏死部分。病薯很容易为其他病原侵染而发生并发症，常常由于细菌感染而形成软腐病。（3）茎部。很少直接被病原侵染，但病斑可顺叶柄扩展至茎部，在皮层上形成长短不一的褐色条斑，潮湿条件下病斑也可发生白色霉层。

图 49-9　马铃薯晚疫病，发病叶片症状

图 49-10　马铃薯晚疫病，病斑干枯成褐色

【致病病原】 病原为致病疫霉 *Phytophthora infestans*（Mont.）de Bary.，属鞭毛菌亚门真菌。（1）形态和大小。菌丝分枝，无色，无隔，较细，多核。孢囊梗从气孔伸出，无色，单根或多根成束。孢囊梗较菌丝稍细，分枝上有结节状膨大处，大小（624～1 136）μm×（6.27～7.46）μm。孢子囊顶生或侧生，无色，卵形或近圆形。（2）特性。菌丝发育适温 24 ℃，最高 30 ℃，最低 10～13 ℃。孢子囊形成温限 3～36 ℃，相对湿度高于 91%；最适温度18～22 ℃，相对湿度 100%。孢子囊萌发，10 ℃条件下需 3 h，15 ℃下需 2 h。20～25 ℃下 1.5 h 芽管才能侵入。（3）寄主。这种病原可以侵染番茄、马铃薯。

【病害循环】（1）越冬与初侵染源。病原以菌丝体在马铃薯块茎中越冬。带菌种薯是主要的初侵染来源。（2）传播特点。病薯产生的病原借土壤水分扩散，在病薯与健薯上繁殖。病原可通过耕作传到地表，被雨水溅到植株下部叶片上，侵染底叶，形成中心病株。中心病株上病原在附近植株的下部叶片进行再侵染，逐渐形成发病中心。田间病株上病原落到地面，随雨水或灌溉水进入土中，萌发芽管从伤口、皮孔或芽眼侵入为害块茎。

【发生规律】 (1) 品种与发病。在适宜的气候条件，晚疫病是否流行，还取决于品种类型。早熟品种不抗病，晚熟品种较抗病。(2) 气候条件与发病。日暖夜凉高湿的气候条件是诱因。当空气相对湿度达到 85%～90% 时，温度为 10～13 ℃，病原开始侵入寄主体内后，蔓延最快，潜育期最短的温度是 20～30 ℃。多雨年份，空气潮湿，或温暖多雾条件下发病重。

【防治措施】 (1) 农业防治。选用健康种薯。低洼地块要注意开沟排水；结合中耕培土，阻止病原渗入块茎。(2) 化学防治。晚疫病流行性较强，要早防治，出现发病条件时要提前喷药预防，药剂选用 40%霜疫灵 WP 200 倍液，或 58%甲霜灵·锰锌 WP 500～600 倍液，或 64%杀毒矾 WP 500 倍液，或 60%琥·乙膦铝 WP 500 倍液，或 69%安克·锰锌 WP 1 000 倍液。隔 7～10 d 喷 1 次，连续喷 2～3 次。

马铃薯茎基腐病 Potato rhizoctonia rot

马铃薯茎基腐病又称立枯丝核菌病，是马铃薯的一种主要病害。各地均有分布。发病率 5%～10%，严重发病率可达到 20%以上，常造成缺苗断垄，影响生产。

【典型症状】 主要为害幼芽、茎基部及块茎。幼芽发病，出苗前种薯腐烂形成芽腐，造成缺苗。出土后发病，初期植株下部叶子发黄，茎基形成褐色凹陷斑，大小 1～6 cm。病斑上或茎基部常覆有紫色菌丝层，有时茎基部及块茎生出大小不等、形状各异、块状或片状、散生或聚生的菌核（图 49-11）；轻病株症状不明显，重病株可形成立枯或顶部萎蔫，或叶片卷曲以及茎叶纹枯、坏死等（图 49-12）。还导致严重减产和品质变劣以及马铃薯储藏期腐烂。

【致病病原】 病原为立枯丝核菌 *Rhizoctonia solani* Kühn，属半知菌亚门真菌。

【病害循环】 病原以病薯上的或留在土壤中的菌核越冬。带病种薯是第 2 年初侵染源，也是远距离传播主要途径。病原在田间由雨水、灌溉水、带菌农具、堆肥传播，形成反复侵染。

【发生规律】 该病发生与春寒及潮湿条件有关。播种早，或播后土温较低发病重。苗床或棚室温度高，土壤水分多，施用未腐熟肥料，以及通风不良、光线不足，最易发病，并造成流行。

图 49-11　马铃薯茎基腐病，茎基发病

图 49-12　马铃薯茎基腐病，植株萎蔫

【防治措施】 (1) 种子消毒。选用无病种薯。播种前用福尔马林 200 倍液浸种 10 min。或用 50%扑海因 WP 600～800 倍液浸种 10 min。(2) 农业防治。生长期加强管理，增施钾肥，提高植株抗病能力。播种时地温不低于 10 ℃。

马铃薯粉痂病 Potato powdery scab

马铃薯粉痂病是马铃薯的一种重要病害。部分地区分布。减产 5%～10%，严重时减产 20%以上。

【典型症状】 主要为害块茎和根部。(1) 块茎。表皮上先产生褐色小点，外围有半透明晕环，以后小斑渐隆起成大小不等的疱状斑，表面破裂，散出大量暗褐色粉状物（图 49-13）。病斑破裂后表皮反卷，病斑中央下陷，外围常具有木栓化斑环（图 49-14）。（2）根部。于根的一侧长出豆粒大小单生或聚生的瘤状物。

图 49-13　马铃薯粉痂病，疱状斑

图 49-14　马铃薯粉痂病，表皮反卷

【致病病原】　病原为马铃薯粉痂菌 *Spongospora subterranea*（Wallr.）Lagerh.，属藻状菌纲霜霉目白锈科真菌。

【病害循环】　（1）越冬与初侵染源。病原以休眠孢子囊球随种薯或病残体在土壤中越冬，休眠孢子囊能在土中存活 4～5 年。条件适宜时产生游动孢子，从根毛、皮孔或伤口侵入，生长后期在病组织内形成海绵状孢子囊球，休眠孢子囊球又落入土中越冬或越夏。（2）传播特点。远距离传播主要依靠种薯。田间传播主要通过浇水、病土、病肥等。

【发生规律】　土壤温度 18～20 ℃，湿度 90%左右，pH 4.7～5.4，适宜病原生长发育，田间发病重。生长期间降雨多，夏季凉爽，有利于发病。

【防治措施】　（1）种薯消毒。用 2%盐酸溶液或 40%福尔马林 200 倍液浸种 5 min，或用 40%福尔马林 200 倍液将种薯浸湿。再用塑料布盖严闷2 h，晾干播种。（2）农业防治。选留无病种薯，把好收获、储藏、播种关，剔除病薯。病区实行 5 年以上轮作。增施基肥或磷、钾肥，多施石灰或草木灰，改变土壤 pH 值。加强田间管理，提倡采用高畦栽培，避免大水漫灌，防止病原传播蔓延。

马铃薯枯萎病 Potato fusarium wilt

【典型症状】　初地上部出现萎蔫，剖开病茎、薯块维管束变褐，湿度大时，病部常产生白色至粉红色菌丝（图 49-15）。

图 49-15　马铃薯枯萎病

【致病病原】　病原为尖镰孢菌 *Fusarium oxysporum* Schl.，属半知菌亚门真菌。

【病害循环】　病原以菌丝体或厚垣孢子随病残体在土壤中或在带菌的病薯上越冬。第 2 年病部产生的分生孢子借雨水或灌溉水传播，从伤口侵入。

【发生规律】　田间湿度大，土温高于 28 ℃易发病。重茬地、低洼地易发病。

【防治措施】　（1）农业防治。与禾本科作物或绿肥等进行 4 年轮作。选择健薯留种，施用腐熟有机肥，加强水肥管理，可减轻发病。（2）化学防治。必要时可浇灌 12.5%增效多菌灵浓可溶剂 300 倍液。

马铃薯疮痂病 Potato scab

疮痂病是马铃薯的一种重要病害。除了土壤极酸地区外，各地均有发生。严重影响马铃薯品质和产量。

【典型症状】　主要为害块茎。受害块茎开始产生褐色小点，后扩大成圆形或不规则形的疮痂状硬斑（图 49-16）。

图 49-16　马铃薯疮痂病

【致病病原】　病原为疮痂链霉菌 *Streptomyces scabies*（Thaxter）Waks. et Henrici.，属放线菌。菌体细长，有分枝，末端常呈螺旋状。孢子圆筒形，大小（1.2～1.5）μm×（0.8～1.0）μm。生长发育温度为 25～30 ℃。

【病害循环】　病原能在土壤中腐生，也能在种薯上越冬。种薯和土壤均可传病，由皮孔及伤口侵入块茎。

【发生规律】　秋季发病重，中性或微碱性沙壤土发病重。病薯长出的植株极易发病。品种间抗病性有差异，白色薄皮品种易发病。

【防治措施】　（1）种薯消毒。播前用 40%福尔马林 120 倍液浸种 4 min。（2）农业防治。利用原种繁殖生产用种。多施有机肥或绿肥。与葫芦科、豆科、百合科蔬菜进行 5 年以上轮作。选择保水好的菜地种植，结薯期遇干旱应及时浇水。防止切刀传播病原，接触过病薯的切刀必须严格消毒。

马铃薯干腐病
Potato dry rot

干腐病是马铃薯储藏期的一种重要病害。发生普遍。损失率 10%～20%，严重时可达 30%以上。

【典型症状】　为害块茎。病斑多在块茎脐部，初期病部表面暗色凹痕，薯皮皱缩。发病重的块茎，病部边缘呈浅灰色或粉红色多泡状突起，剥去表皮，病组织呈淡褐色至黑色粒状并有暗红色斑。髓部有空腔，干燥时白色菌丝充满空腔。湿度大时，发病部位呈肉红色糊状物，无特殊气味（图 49-17）。湿度低时内部患病组织呈褐色并变干，至干硬而皱缩。

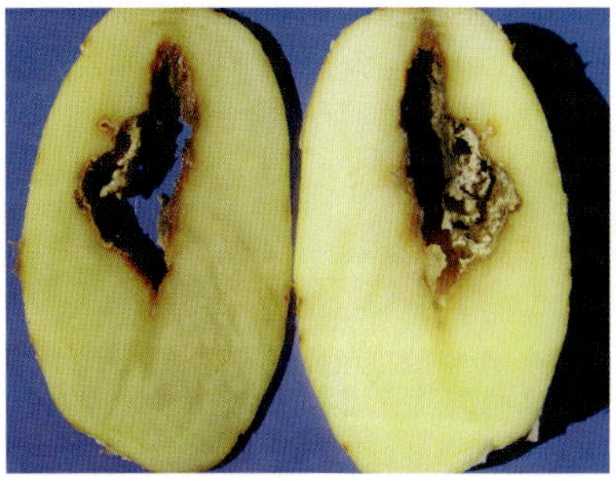

图 49-17　马铃薯干腐病

【致病病原】　病原为深蓝镰孢菌 *Fusarium coeruleum*（Lib.）Sacc. 和腐皮镰孢霉 *Fusarium solani*（Mart.）App. et Wollenw.，均属半知菌亚门真菌。（1）形态和大小。菌丝白色，絮状或卷毛状。在 PSA 培养基表面形成大量肉色粉状孢子堆，菌落透光看时呈放射状，并使培养物呈肉红至淡橙红色，或称之为硫色。分生孢子弯曲，拟纺锤形，披针形，背腹面明显，具有显著的顶端和足细胞，成熟时具分隔，在不同基质和不同培养条件下分生孢子大小有差异。厚垣孢子极稀疏，间生，球形，单生或呈短串状着生，或生于大型分生孢子的细胞中。（2）特性。菌丝生长率 52.75 mm；菌丝适宜生长温度为 20～25 ℃。在 PSA 培养基 23.5 ℃，每天 12 h 光照的生长箱中培养 3 d 即形成大量硫色粉状孢子堆；在 30 ℃下培养 7 d，产生大量畸形分生孢子及次生分生孢子，随培养时间推移，菌落呈不规则形；35 ℃下培养 7 d 后，将培养皿移 20 ℃，病原可正常生长。

【病害循环】　病原菌主要存在于病残组织、土壤中。主要通过伤口、表皮擦伤处侵入，也可通过其他病害所造成伤口侵入，还可通过块茎皮孔、芽眼等自然伤口侵入。

【发生规律】　被侵染的种薯腐烂，污染土壤，污染的土壤又会附在收获的块茎表面。储藏后前 2 个月发病较轻，2 个月后随着储藏时间延续，该病为害逐渐加重。窑藏马铃薯较窖藏马铃薯发病重，当窖温较高、湿度较大时，大量储藏的薯块发病较重。翻窖、倒窖次数多，易造成新的机械损伤，对该病原的侵入提供了有利条件，发病重。

【防治措施】　新薯入窖储藏前要将内杂物清扫干净，并用点燃的硫黄粉熏蒸。入窖时严格剔除病、伤和虫咬的块茎，并在阴凉通风的地方预储堆放 3 d 左右，使块茎表面水分充分蒸发，使伤口愈合，形成木栓层，防止病原的侵入。在储藏前用多菌灵、甲霜灵锰锌等药剂处理块茎，也可在储藏期间使用烟雾剂处理，烟雾剂处理可使病薯病害部位表层干枯，可有效防止病原向邻近块茎侵染。

马铃薯白绢病 Potato southern blight

【典型症状】 主要为害块茎。薯块上密生白色丝状菌丝，并有棕褐色圆形菜子状小菌核，切开病薯皮下组织变褐（图 49-18）。

图 49-18　马铃薯白绢病

【致病病原】 病原为齐整小核菌 *Sclerotium rolfsii* Sacc.，属半知菌亚门真菌。(1) 形态和大小。菌丝无色，具隔膜；菌核初白色，后黄褐色，直径 0.5～3 mm。(2) 特性。菌核抗逆性强，耐低温，在－10 ℃或通过家畜消化道后尚可存活，自然条件下经 5～6 年仍具萌发力，但在水中仅能存活 3～4 个月。(3) 寄主。这种病原可以侵染马铃薯、烟草、番茄等。

【病害循环】 病原以菌核在土壤中越冬。第 2 年通过雨水、土壤及病株进行传播蔓延。在湿度大的储藏窖，也易见发病。

【发生规律】 菌丝不耐干燥，高温多湿、酸性土壤、沙质土壤、连作，易发病。

【防治措施】 (1) 农业防治。与禾本科作物轮作，水旱轮作效果更好。有机肥要充分腐熟并深施。收获后深翻土层。早期发现病株及时拔除，并在病株穴内撒施石灰粉。采用滴灌或膜下暗灌，加强棚内通风，控制棚内湿度。(2) 化学防治。发病地区应从育苗开始防治，用 50%福美双 WP 10 g/m² 与 500 g 细土混匀后，播种时底部先垫1/3药土，另 2/3 覆盖在种子上面。发病初期喷 50%腐霉利 WP 1 000 倍液，或 50%扑海因 WP 1 000 倍液，或 50%苯菌灵 WP 1 500 倍液，或 50%利得 WP 800 倍液，或 80%多菌灵 WP 600 倍液，或 36%甲基托布津 SC 400 倍液。隔 7～10 d 后再施1 次。

50. 山药病害

山药炭疽病 Chinese yam leaf spot

炭疽病是山药的一种主要病害，造成山药连片落叶、枯死，严重地影响了山药的产量和品质。

【典型症状】 主要为害山药的茎、叶，也可为害叶柄和零余子。(1) 叶片。病斑近圆形、椭圆形和不规则形，边缘褐色至黑褐色，中部颜色较浅，病斑稍凹陷，潮湿时叶正面轮生橘黄色黏质小点，后变黑色（图 50-1）。圆形病斑大小 0.6～2.1 cm，椭圆形病斑 (0.6～1.5) cm×(0.6～2.1) cm，不规则病斑 (0.4～1.6) cm×(0.6～2.0) cm。(2) 叶柄。与茎部症状相似，造成落青叶。(3) 茎部。初为黑色小点，逐渐扩大至长条形不规则斑。边缘褐色至黑褐色，中部颜色较浅，病斑明显凹陷，潮湿时轮生橘黄色黏质小点，后变黑色（图 50-2）。病斑环绕茎时导致病部以上植株枯死，圆形病斑大小 0.3～0.8 cm，椭圆形病斑 (0.3～0.5) cm×(0.4～0.8) cm，不规则病斑 (0.3～0.6) cm×(0.4～0.8) cm。(4) 零余子。与叶、茎症状相似。病斑圆形、椭圆形，黑褐色，凹陷较茎部更深，病部散生或微呈轮纹状橘黄色黏质小点（潮湿时）和黑色小点（干燥时）。圆形病斑大小 0.6～0.8 cm，椭圆形病斑 (0.6～1.2) cm×(0.8～1.0) cm。

图 50-1　山药炭疽病，叶片病斑

图 50-2　山药炭疽病，发病茎

【致病病原】 病原为辣椒炭疽菌 *Colletotrichum capsici*、胶孢炭疽菌 *Colletotrichum gloeosporioides* Penz 和薯蓣盘长孢菌 *Gloeosporium pestis* Massee，均属半知菌亚门真菌。(1) 形态和大小。胶孢炭疽菌在 PDA 培养基平板上形成圆形菌落，菌落正面灰白色，背面橘黄色，正面和背面均有同心轮纹，菌丝灰白色、绒毛状。培养 5 d 左右，可看见明显的橘红色、黏质的分生孢子团。分生孢子盘圆盘形，褐色，无刚毛，直径为 80～250 μm。分生孢子直，单胞，长椭圆形或圆筒形，两端钝圆，大小为 (12.5～20.0) μm×(3.5～5.0) μm。(2) 特性。孢子萌发的适温为 20～30 ℃，最适 25 ℃，高于 40 ℃和低于 5 ℃不能萌发。相对湿度在 70%～100%均能萌发，在水滴中萌发率最高，低于 60%不萌发。萌发最适 pH 4～6，高于 pH 8 不萌发，光照有利于孢子萌发。

【病害循环】 两种病原均以菌丝体和分生孢子盘在病株上或遗落土中的病残体上越冬，以分生孢子进行初侵染和再侵染。病原借雨水溅射或小昆虫活动传播蔓延。

【发生规律】 (1) 气候条件与发病。发病的温度范围在 25～30 ℃，凡雨季来临早、雨量大、雨日多的年份，发病早，传播蔓延快，为害重。(2) 栽培管理与发病。重茬连作年限长，老产区比新产区发病重。偏施氮肥，植株徒长，柔嫩，易感病。支架低矮，通风透光不良，田间排水不畅，土壤温度过高的田块发病明显偏重。通风、透光条件差，空气湿度大，易发病。防治不及时，延误了最佳防治时期，发病重。

【防治措施】 (1) 农业防治。选择土质疏松，地势高燥，土层深厚肥沃，排灌方便，通气透水，保水保肥性能好，光照充足，土质上下均匀的轻沙质土壤种植。选择色泽鲜艳，顶芽饱满或休眠萌动，无病斑、无伤口，大小适宜的优质栽子，并进行播前处理。山药不宜连作，一般隔 3 年轮作 1 次，可与禾本科作物轮作。种植前最好进行冬耕冻垡，使土质疏松。采用地膜覆盖栽培，可降低田间湿度，促进山药生长，减少病原物传播。以底肥为主，多施有机肥，增施磷、钾肥，并配以适量的铁、锌等。发病初期及时摘除病叶，拔掉病株，秋后及时清洁田园，把病残体集中深埋或烧毁。(2) 化学防治。生长期喷药重在预防，防治山药炭疽病关键是要抓“早”，第 1 次用药一定要在山药甩秧上架后、发病前施药。持续干旱可间隔 15 d 左右，遇雨或连续 3 d 以上大雾可缩短 5～7 d，全季一般需喷药 3～5 次。发病前和生长前期用 80% 新万生 1 000 倍液，或 77% 可杀得 WP 500～600 倍液，或 70% 代森·锰锌 WP 1 000 倍液等药剂进行保护。发病初期和山药生长后期选用 75% 甲基托布津 WP 1 200 倍液，或 50% 多菌灵 500 倍液，或 70% 甲基托布津 WP 与 75% 百菌清 WP 混用的 1 000 倍液。以上药剂轮换交替使用。

参考文献

[1]朱桂宁，蔡健和，胡春锦，等. 广西山药炭疽病病原菌的鉴定与 ITS 序列分析[J]. 植物病理学报，2007，37(6)：572-577

[2]黄云，王洪波，李庆，等. 山药炭疽病研究-Ⅰ炭疽病的症状及其病原鉴定[J]. 西南农业大学学报(自然科学版)，2004，26(1)：44-46，54

[3]王洪波，黄云，杨群芳. 山药炭疽病研究-Ⅱ病原菌的生物学特性[J]. 西南农业大学学报(自然科学版)，2004，26(3)：352-355

[4]黄秀丽，张艳秋. 黄淮地区山药炭疽病发生及无公害防治技术[J]. 安徽农业科学，2005，33(2)：280

山药褐斑病
Chinese yam phyllosticta leaf spot

山药褐斑病又称灰斑病或褐斑落叶病，是山药的一种常见病害。

【典型症状】 主要为害叶片。叶斑出现在叶片两面，近圆形至不规则形，大小因寄主不同而异，一般 2～21 mm，叶斑中心灰白色至褐色，常有 1～2 个黑褐色细线轮纹圈，有的四周具有黄色至暗褐色水浸状晕圈，温度高时病斑上生有灰黑色霉层（图 50-3，4）。叶背色较浅，为害重。

图 50-3　山药褐斑病，叶片病斑

图 50-4　山药褐斑病，叶片病斑后期

【致病病原】 病原为薯蓣叶点霉 *Phyllosticta dioscoreae* Cooke.，属半知菌亚门真菌。分生孢子器近球形，黑褐色。分生孢子卵形，单胞，无色。

【病害循环】 病原以菌丝体和分生孢子器在病叶上或随病残体遗落土中越冬。温湿度适宜时，病原主要借助风和雨水传播，进行初侵染和再侵染。

【发生规律】 温暖多湿，生长期风雨频繁，山药架内封闭，通风透光条件差，空气湿度大，易发病。

【防治措施】 (1) 农业防治。设计畦向时要考虑种植地的通透性，避免株行间郁蔽高湿。连阴雨天注意清沟排渍。收获后及时清除病残体，集中烧毁。(2) 化学防治。雨季到来时喷洒 75% 百菌清 WP 600 倍液，或 50% 多菌灵 WP 600 倍液，或 50% 甲基托布津·硫黄 SC 800 倍液。发病初期喷70%甲基托布津WP 1 000倍液加75%百菌清WP 1 000倍液，或70%甲基托布津WP 1 000倍液加30%氧氯化铜SC 600倍液，或40%多·硫SC 500倍液。每隔10 d喷1次，连续喷1～2次。

山药斑枯病
Chinese yam septoria leaf spot

苗期和秋季发生较普遍。

【典型症状】 主要为害叶片，发病初期叶面上生褐色小点，后病斑呈多角形或不规则形，大小6～10 mm，中央褐色，边缘暗褐色，上生黑色小粒点，即病原分生孢子器（图50-5）。病情严重的，病叶干枯，全株枯死。

图50-5 山药斑枯病

【致病病原】 病原为薯蓣壳针孢 *Septoria dioscoreae* J. K. Bai & Lu，属半知菌亚门真菌。分生孢子器球形至近球形，生于叶面，散生或聚生，突破表皮外露，器壁膜质，暗褐色，大小90～144 μm；分生孢子倒棍棒状，近圆柱形，正直或略弯曲，宽窄不一，无色，透明，具隔膜2～14个，基部钝圆形，顶端较钝，大小（60～70）μm×（4～6）μm。

【病害循环】 病原以分生孢子器在病叶上越冬。春天温湿度条件适宜时，分生孢子器释放出的分生孢子借风雨传播，进行初侵染和多次再侵染，使病害不断扩展。

【防治措施】 （1）农业防治。注意田间卫生，收获时彻底收集病残物烧毁。抓好以肥水管理为中心的栽培防病。增施磷、钾肥和有机肥，避免偏施过施氮肥，高畦深沟，清沟排渍，定期喷植宝素等生长促进剂，使植株壮而不旺，稳生稳长。（2）化学防治。发病及时喷70%甲基托布津WP 1 000倍液加75%百菌清WP 1 000倍液，或25%溴菌清WP 500倍液，或50%苯菌灵WP 1 000倍液，或50%复方硫菌灵WP 1 000倍液，或30%氧氯化铜SC 800倍液。10～15 d喷1次，连续喷2～3次，注意喷匀喷足。

山药斑纹病
Chinese yam cylindrosporium leaf spot

山药斑纹病又称白涩病、柱盘孢褐斑病，是山药的一种主要病害。

【典型症状】 发病初期叶面上出现黄色或黄白色病斑，边缘不十分明显，蔓延扩大后呈现褐色不规则形，叶脉失绿呈透明状，状如潜叶蝇钻蛀细小隧道（图50-6）。发病后期病斑边缘微凸起，中间淡褐色，上生小黑点，有些病斑能形成穿孔，严重时致叶片枯死（图50-7）。在叶柄和茎上，也可形成圆形病斑。

图50-6 山药斑纹病，发病叶片

【致病病原】 病原为薯芋柱盘孢 *Cylindrosporium dioscoreae* Miyabe et S. Ito.，属半知菌亚门真菌。分生孢子盘生于叶两面，初埋生，聚生或散生，大小200～250 μm；分生孢子梗线形长圆柱状，无色，单胞，正直或略弯不分枝，大小（20～25）μm×（2～2.5）μm；分生孢子针状，两端较圆或一端尖，正直或略弯，单细胞，两端圆，无隔膜或具少数隔膜，无色，透明，大小（37～40）μm×（2.5～3）μm。

图 50-7　山药斑纹病，发病株

【病害循环】 病原以分生孢子座或菌丝在病残体上越冬，成为第 2 年初侵染源，发病后又产生分生孢子，遇有适宜温湿度条件，经 1～2 d 潜育，分生孢子即可萌发进行再侵染。

【发生规律】 湿度大、多雨发病重。该病于 7 月中、下旬开始发生，8 月发生重，一直延续到收获。

【防治措施】 （1）种子处理。用 50%多菌灵 WP 500 倍液浸泡 30 min。（2）农业防治。轮作换茬可有效地减轻或避免病害发生。种植山药 3 年以后，必须进行轮作。轮作作物以禾本科作物为好。选择地势高燥、肥沃疏松、排水良好的沙质土壤种植。冬前深翻，利用太阳热或薄膜密封消毒土壤。高畦深沟、短行栽培，雨季注意排水。不施未腐熟肥料，多施有机肥，增施磷、钾肥。（3）化学防治。6 月下旬发病前宜用 77%可杀得 WP 或 50%福美双 WP 500 倍液，或 70%代森锰锌 WP 1 000 倍液，或 50%扑海因 WP 1 000～1 500 倍液。发病初选用 12.5%烯唑醇 WP 2 500 倍液，或 70%甲基托布津 WP 1 200 倍液，或 50%多菌灵 WP 500 倍液喷施。轮流交替用药，一般需喷药 4～6 次。

山药根腐病 Chinese yam fusarium root rot

根腐病是山药的一种主要病害。发病严重时病株率可达 50%以上，严重影响山药的产量与品质。

【典型症状】 主要为害山药的地下块茎。块茎受害首先出现水渍状小斑点或黄褐色坏死，逐渐发展成黄褐色、深褐色病斑，组织内部腐烂。高温多雨季节病害发展迅速，有时病部表面产生白色至粉红色霉状物，即病原的分生孢子丛。染病植株多叶色不正（图 50-8），叶脉附近褪绿或叶缘坏死，最后全株死亡（图 50-9），带菌块茎储藏时也易腐烂。

图 50-8　山药根腐病，叶片症状

图 50-9　山药根腐病，发病株

【致病病原】 病原为镰孢菌 *Fusarium dioscoreae* Miyabe et S. Ito.，属半知菌亚门真菌。

【病害循环】 病原以分生孢子或菌丝体的形式，在土壤中或病残体上越冬。

【发生规律】 高温多雨条件利于发病，天气时晴时雨、土壤积水、通透性差、地下害虫活动频繁的地块发病重。

【防治措施】 （1）栽子处理。栽前用 50%多菌灵 WP 800～1 000 倍液，或 25%咪鲜胺 WP 600 倍液，或高锰酸钾 1 000～1 200 倍液浸种 15 min

或喷洒，进行灭菌处理，以减少或避免种苗带菌。(2) 农业防治。地块选择通透性好、易于排灌的地块作栽培地。前茬山药收获后，深翻土壤，晒土晾地，下茬栽培山药隔行挖沟。及时清除染病块茎以及病残体，减少田间菌源。重病地块实行与非薯芋类蔬菜2～3年轮作。施用充分腐熟的有机肥，增施菌肥、磷肥、钾肥，增强植株的综合抗性。防治地下害虫。多雨季节及时清沟排水，防止土壤板结。进入块茎膨大期，经常保持土壤湿润。避免高温干燥造成块茎损伤。(3) 化学防治。用80%重茬保 WP 800倍液，或50%清土 WP 800～1 000倍液，或50%地菌虫杀 WP 600倍液交替灌根。发病初期每7 d灌1次，连灌3～4次。

山药青霉软腐病
Chinese yam penicillium soft rot

青霉软腐病是山药储藏期中常的一种重要病害。

【典型症状】 主要为害块茎。初期在块茎的伤口产生大小不等的白色絮状菌丝团，后渐发展成浅蓝色霉层，病部软化，最后干缩（图50-10）。

图 50-10　山药青霉软腐病

【致病病原】 病原为青霉 *Penicillium chrysogenum* Thom.，属半知菌亚门真菌。

【病害循环】 病原广泛存在于各种环境中。条件适宜时可直接侵染。

【发生规律】 温度偏高，湿度大时容易发病。有伤口，发病重。

【防治措施】 选地势高燥的地块种植，生长期内要加强管理，适时浇水，防治地下害虫。收获时避免产生伤口。储藏时注意通风降湿。

51. 甘薯病害

甘薯病毒病 Sweet potato virus disease

甘薯病毒病又称花叶病，生产中为害较重。各地均有发生，以江苏、四川、山东等省发生较重。

【典型症状】 (1) 甘薯羽状斑驳病毒病。先是新叶明脉，有的表现为褪绿半透明斑点，然后在明脉周围变紫褐色，形成紫色环状病斑，典型的发展成羽状紫色斑纹（图 51-1）；有的仅表现为紫色斑驳，或与中脉平行的褪绿脉带，后期在老叶上出现沿叶脉组织坏死（图 51-2）。(2) 甘薯潜隐病毒病。苗床期症状轻微或不明显，田间生长前期和秋季气温较低时症状明显。而夏季高温时症状消失呈隐症现象。出现黄绿相间、深绿与浅绿相间的花叶。叶片小，叶面皱缩不平(图 51-3)。严重的在叶片上有疱斑。(3) 甘薯花叶病。引起轻微的褪绿花叶，深浅相间（图 51-4）。

图 51-1 甘薯病毒病，紫环斑病叶

图 51-2 甘薯病毒病，紫褐色病斑坏死

图 51-3 甘薯病毒病，甘薯潜隐病毒病

图 51-4 甘薯病毒病，花叶型

【致病病原】 病原为甘薯羽状斑驳病毒 Sweet potato feathery mottle virus (SPFMV)、甘薯潜隐病毒 Sweet potato latent virus (SPLV)、烟草普通花叶病毒 Tobacco mosaic virus（TMV）。甘薯羽状斑驳病毒，病毒粒体弯曲线状，长度为 800～850 nm。甘薯潜隐病毒，病毒粒体线状，长度为 750 nm。烟草普通花叶病毒，病毒粒体棒状，长度为 339 nm。

【病害循环】 (1) 越冬与初侵染源。病毒主要随种薯越冬。种薯、种苗是田间发病的主要侵染来源，种薯带毒使苗床薯苗发病。(2) 传播特点。远距离传播主要通过带病种薯、种苗随调运而传播，田间主要通过蚜虫传播，TMV 主要通过人工操作经汁液传播，如苗床上拔苗及大田管理均可传播。桃蚜、豆蚜、苹果黄蚜、棉蚜等都可传播，其中以桃蚜、豆蚜传毒能力最强。带病种苗移栽作为田间的毒源中心病株，随蚜虫在田间的取食活动而将病毒逐渐向四周扩展，使病害逐渐加重。

【发生规律】 （1）气候条件与发病。凡移栽后短期内气候干旱，返苗慢，生长势弱，发病重，干旱对蚜虫取食活动有利，传毒几率高，发病重；而气候湿润、返苗快、生长势强，症状轻微，蚜虫活动也受到抑制，发病轻。（2）病原因素与发病。上年病毒病发生严重，甘薯带毒率高，种苗带毒也高，田间发病率也高。

【防治措施】 精选无病种薯，培育无病壮苗。增施有机肥，促进甘薯植株生长，增加抗病力，减轻为害，结合生长季节拔除病株，及时治蚜防病，减少田间病毒的再侵染。种植脱毒种薯种苗，这是目前迅速发展起来的一项有效的防病增产措施。

甘薯软腐病 Sweet potato soft rot

软腐病是甘薯储藏期的一种主要病害。各地均有发生。

【典型症状】 病原先从伤口侵入薯块内部发展，病薯软腐、多水、手不易拿起。后软腐面积呈水渍状扩大，流出淡黄色汁液（图 51-5）。受害薯肉淡黄白色，并散发出芳香酒味。后期病部长出灰白色霉状物，霉状物逐渐变暗色或黑色，最后病部表面长出大量灰黑色菌丝及孢子囊，黑色霉毛污染周围病薯，形成一大片霉毛，病情扩展迅速，2～3 d 整个薯块即呈软腐状，发出恶臭味（图 51-6）。若周围薯块无严重伤口，则病原无法侵入到薯块的内部。

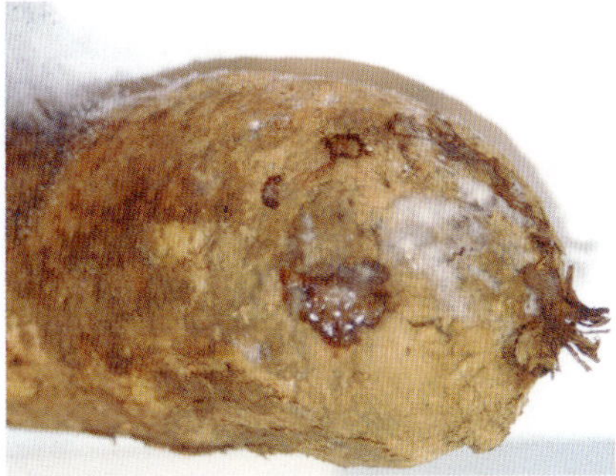

图 51-5 甘薯软腐病，软腐

图 51-6 甘薯软腐病，黑色霉层

【致病病原】 病原为匍枝根霉（黑根霉）*Rhizopus stolonifer*（Ehr ex Fr.）Vuill.，属接合菌亚门真菌。菌丝无色，老熟后变暗褐色。孢囊梗簇生，直立，暗褐色。子囊孢子单胞，大小11～14 μm。

【病害循环】 病原菌广泛存在于空气中，可附着在被害薯块上或在储藏窖越冬。条件适宜时，病原由伤口侵入，后产生孢子囊借气流传播进行再侵染。

【发生规律】 发病适温 15～25 ℃，相对湿度 76%～86%，薯块有伤口或受冻易发病。

【防治措施】 （1）农业防治。适时收获，夏薯应在霜降前后收完，秋薯应在立冬前收完。收薯时要小心操作，避免形成伤口。薯块水汽晾干后入窖。提倡使用新窖，旧窖要清理干净，或将窖壁刨一层土。必要时用 15 g/m^2 硫黄熏蒸。加强窖藏管理，注意换气及防冻。（2）化学防治。种用薯块入窖前可用 50%多菌灵 WP 500 倍液或 50%甲基托布津 WP 500 浸蘸薯块 1～2 次，晾干后入窖。

甘薯黑斑病 Sweet potato black rot

甘薯黑斑病又称黑疤斑病，是甘薯的一种重要病害。各地均有发生。病薯含有毒素，牲畜误食较多则可引起中毒，得气喘病，严重的可致死。

【典型症状】 主要为害块根及幼苗茎基部，不为害绿色部位。（1）苗期。受害重的幼苗未出土即烂在土中。出土后的病苗生长不旺，茎基部形成黑褐色梭形或椭圆形病斑，稍凹陷。病斑初期有灰色霉层，以后逐渐产生黑色刺状物或黑色粉状物，后病斑逐渐扩大，苗基部全部变黑，形成黑根而死亡。(2) 大田期。病苗移植到大田后，病重的幼苗，地下部分逐渐变黑腐烂，不能扎根；病轻的幼苗在接近土表处形成少量新根，但生长衰弱，遇干旱易枯死，形成缺苗断垄。即使成活，结薯也较少。薯块染病初呈黑色小圆斑，扩大后呈不规则形轮廓明显略凹陷的黑绿色病疤(图 51-7)，病疤上初生灰色霉状物，即菌丝和分生孢子(图 51-8)。后产生黑色刺毛状物，即子囊壳及厚垣孢子。病斑下层组织呈黑绿色，全薯变苦，不能食用。(3) 储藏期。薯块靠接触传染，蔓延迅速，病害常使全窖发病腐烂。薯块上症状与大田症状相似，唯病斑可深入薯内 2～3 mm，色泽较初期略浅。

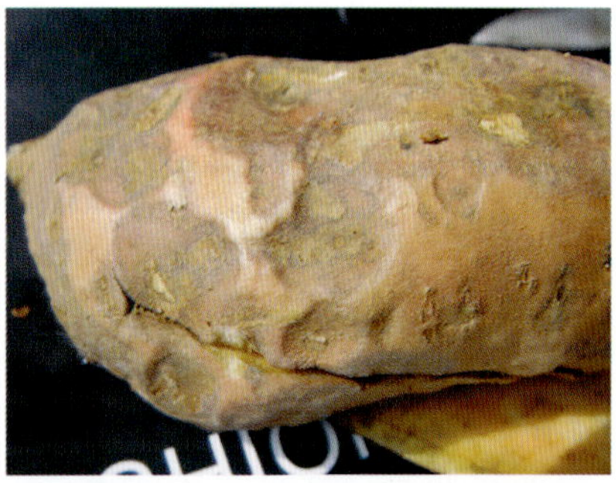

图 51-7　甘薯黑斑病，薯块病斑

图 51-8　甘薯黑斑病，薯块病斑后期

【致病病原】 病原为甘薯长喙壳菌 *Ceratocystis fimbriata* Ellis. et Halsted，属于囊菌亚门真菌。(1) 形态和大小。菌丝无色，老熟后变为深褐色。子囊壳基部球形，内生子囊。子囊梨形，每个子囊中有 8 个子囊孢子。子囊孢子钢盔状，单胞，无色，大小 (4.5～7.8) μm×(3.5～4.7) μm。分生孢子圆筒形，无色，单胞，大小 (9.3～50.6) μm×(2.8～5.6) μm。厚垣孢子椭圆形，暗褐色，大小 (10.3～18.9) μm×(6.7～10.3) μm。(2) 特性。病原生长适温 23～29 ℃，最适酸碱度 pH 6.6。分生孢子寿命较短；厚垣孢子和子囊孢子寿命较长。病原具生理分化现象。

【病害循环】 (1) 越冬与初侵染源。病原以厚垣孢子和子囊孢子在储藏窖或苗床及大田的土壤内越冬，也有的以菌丝体附在种薯或以菌丝体潜伏在薯块内越冬。病原能直接侵入幼苗根基，也可从薯块上伤口、皮孔、根眼侵入，发病后再频繁侵染。(2) 传播特点。病薯、病苗、病土和带病肥料均可传播，以带病种薯传病为主，其次是病苗。还可通过人畜、昆虫、鼠类和农具等传播。窖藏中病害的蔓延主要是病、健薯接触，空气、水滴、昆虫和鼠类传播子囊孢子和分生孢子引起再侵染。病害主要由病原的分生孢子和子囊孢子传播。特别是子囊孢子在储藏中大量产生，成为窖中病害流行的主要病源。

【发生规律】 发病的最适温度为 25～27 ℃，最高 35 ℃，最低 8 ℃。结薯后期多雨，生理开裂多，病情也加重。储藏期窖温高，湿度大，通风不好时发病重。地势低洼、土壤黏重的重茬地，易发病。大田期地下害虫多，病情重；储藏期薯块伤口多时，易引起烂窖。

【防治措施】 采用以繁育无病种薯为基础，培育无病壮苗为中心，安全储藏为保证的防治策略。(1) 农业防治。选用抗病品种。建立无病留种田，入窖种薯认真精选，严防病薯混入传播蔓延。精选种薯，严格剔除有病斑、伤口、受冻害的薯块。育苗时要尽量用新苗床，如用旧苗床，则应将带菌土壤全部清除。采取高剪苗，在距地面 7～10 cm 处剪取栽插，可减少薯苗带菌机会，减轻为害。加强苗床管理，培育无病壮苗。重病田实行 3 年以上轮作，可有效减轻发病。一般与小麦、玉米、水稻、高粱、谷子和棉花轮作较好。(2) 种薯处理。先把种薯装筐，在 40～45 ℃的温水中浸 1～2 min，取出后放入 45～50 ℃的温水中，浸种 10 min。浸种时，种薯不能露出水面，并应上下左右移动薯筐，使水温一致。浸种后要立即上床排种，边排种边盖沙土，以免被风吹受冻，而且苗床温度不能低于 20 ℃。还可以用 50%多菌灵 WP 1 000 倍液、50%甲基托布津 WP 1 000 倍液、45%代森铵 AS 300 倍液或 80% 402 抗菌剂 1 500 倍液浸种薯或幼苗

10 min，然后播种。种薯入窖前浸种也可有效减轻储藏期发病。

甘薯黑根病
Sweet potato black root

甘薯黑根病是甘薯的一种普通病害。各地均有发生。会影响食用价值。

【典型症状】 主要为害成熟薯块，多在晚秋发生，储藏期内也会有大批发生。发病初期薯块表面产生淡褐色至黑色不规则形凹陷斑，后期在病斑上产生黑色霉层，即分生孢子梗和分生孢子（图 51-9）。病斑仅限于薯块表层，不深入组织内部（图 51-10）。

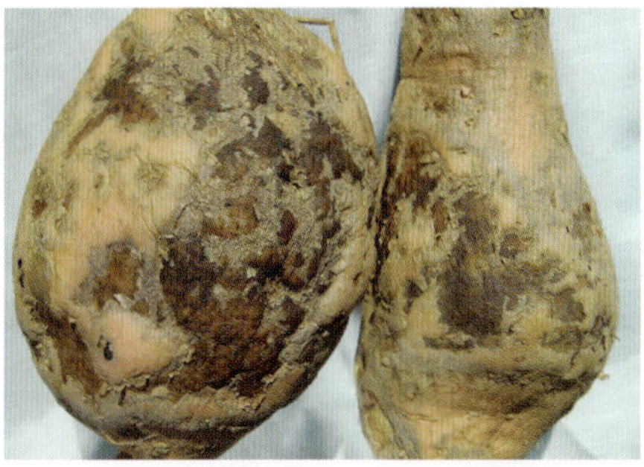

图 51-9　甘薯黑根病，薯块病斑

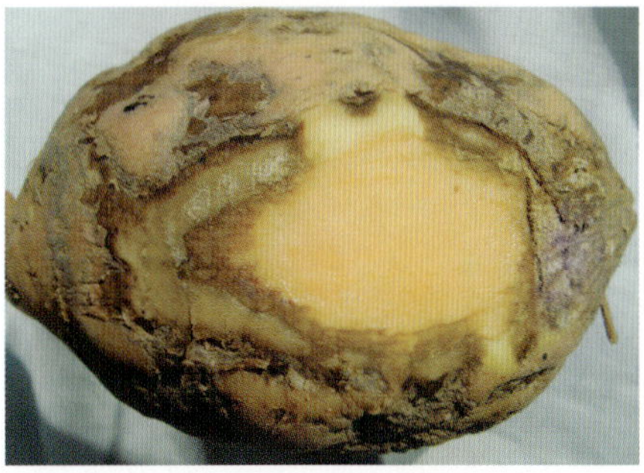

图 51-10　甘薯黑根病，病斑不深入内部

【致病病原】 病原为烟草拟黑根霉 *Thielaviopsis basicola* Ferr.，属半知菌亚门真菌。病原分生孢子生于小梗顶端，圆筒形，无色，大小 (8～30) μm×(3～6) μm。

【病害循环】 病原以菌丝体或分生孢子随病残组织在土壤中越冬，也可以在薯表面越冬。22 ℃最适于病原生长。

发生规律、防治措施参见甘薯黑斑病。

甘薯黑痣病
Sweet potato tar spot

黑痣病是甘薯的一种普通病害。各地均有发生。病薯易失水，逐渐干缩，影响质量和食用价值。

【典型症状】 主要为害薯块的表皮，初生浅褐色小斑点，后扩展成黑褐色近圆形至不规则形大斑。发病重的病部硬化，产生微细龟裂（图 51-11）。病斑仅限于皮层，不深入组织内部（图 51-12）。湿度大时，病部长出灰黑色霉层。

图 51-11　甘薯黑痣病，薯块病斑

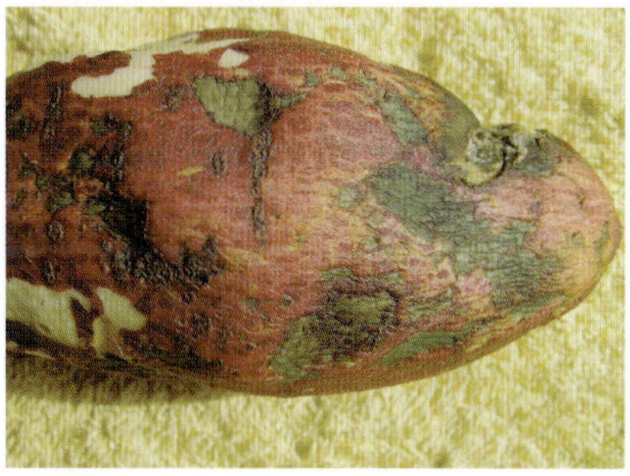

图 51-12　甘薯黑痣病，病斑仅在表皮

【致病病原】 病原为薯毛链孢 *Monilochaetes infuscans* Ell. et Halst. ex Harter，属半知菌亚门真菌。

【病害循环】 (1) 越冬与初侵染源。病原主要在病薯块上及薯藤上或土壤中越冬。育苗时引致幼苗发病。(2) 传播特点。病原通过病薯、病苗、带菌粪肥、雨水等传播。病原菌可直接侵入薯块表皮。

【发生规律】 发病温限 6～32 ℃，温度较高利于其发病。夏秋两季多雨易发病。土质黏重、地势低洼或排水不良及盐碱地发病重。

【防治措施】 (1) 农业防治。实行3年以上轮作，避免连作。建立无病留种田，选用无病种薯，培育无病壮苗。必要时采用高畦或起垄种植。雨后及时排水，减少土壤湿度。(2) 种苗处理。移栽时用50%多菌灵WP 1 000倍液或50%甲基托布津WP 1 000倍液浸苗10 min，然后移栽。

甘薯青霉病 Sweet potato blue mould

青霉病是甘薯的一种普通病害。各地均有发生。影响食用价值。

【典型症状】 主要在储藏期内发生。发病初期薯块表面产生颗粒状白霉，以后转为灰绿色霉层，即分生孢子梗和分生孢子（图51-13）。随病情的发展，霉层四周产生大片水渍状扩展区，病薯组织软化，散发出酒精气味。

图51-13 甘薯青霉病

【致病病原】 病原为青霉 *Penicillium* sp.，属半知菌亚门真菌。

病害循环、发生规律、防治措施参见甘薯软腐病。

甘薯叶斑病 Sweet potato phyllosticta blight

甘薯叶斑病又称斑点病或叶点病。各地均有发生。是甘薯叶部的一种常见病害。

【典型症状】 主要为害叶片。病斑圆形至不规则形，初为红褐色，后转为灰白色至灰色，边缘稍隆起，斑面上散生小黑点，即病原菌分生孢子器（图51-14）。严重时病斑密布或相互汇合，致叶片局部或全部干枯。

图51-14 甘薯叶斑病

【致病病原】 病原为甘薯叶点霉 *Phyllosticta batatas* (Thum) Cooke，属半知菌亚门真菌。分生孢子器近球形，具孔口，直径100～125 μm；分生孢子梗短，卵圆形或椭圆形，单胞，无色，大小(2.6～10) μm×(1.7～5.8) μm。

【病害循环】 (1) 越冬与初侵染源。在北方地区，病原菌以菌丝和分生孢子器随病残体遗落土中越冬。在南方周年种植甘薯的温暖地区，病原辗转传播为害，无明显越冬期。(2) 第2年条件适宜时，散出分生孢子借风雨传播蔓延。发病后，病叶上形成的分生孢子可借雨水溅射进行初侵染和再侵染。

【发生规律】 (1) 气候条件与发病。生长期内雨水多，发病重。(2) 农业防治。田间湿度大或植地低洼积水，易发病。

【防治措施】 (1) 农业防治。选择地势高燥地块种植，雨后及时排除田间积水，降低田间湿度。收获后及时清除病残体烧毁。重病田实行轮作，避免连作。(2) 化学防治。发病初期及时喷洒药剂防治，隔7 d左右1次，连续防治2～3次。药剂可选用70%甲基托布津WP 1 000倍液、65%代森锌WP 500倍液、75%百菌清WP 1 000倍液、30%绿叶丹WP 600倍液、80%新万生WP 600倍液、50%苯菌灵WP 1 500倍液或40%多·硫SC 500倍液。

甘薯褐斑病 Sweet potato cercospora brown spot

【典型症状】 主要为害叶片，初在叶上产生浅褐色小点（图51-15），后扩展成圆形坏死斑，中央黄褐色，边缘红褐色至暗褐色，周围有黄晕

（图 51-16）。空气潮湿时病斑表面产生灰褐色绒霉，病叶随病害发展而黄化枯死。

图 51-15　甘薯褐斑病，发病初期浅褐色小点

图 51-16　甘薯褐斑病，发病后期圆形坏死斑

【致病病原】 病原为甘薯叶尾孢霉 *Cercospora ipomoeae* Wint，属半知菌亚门真菌。

【病害循环】 病原菌以菌丝体随病叶越冬。病原借雨水和气流传播侵染。

【发生规律】 生长期多雨、多露有利于发病。

【防治措施】 （1）农业防治。实行隔年轮作。加强水分管理，防止田间湿度过大。当田间出现零星病株时，及时摘除病叶或拔除病株带出田外销毁。收获后清除田间病残体，集中烧毁，以减少越冬菌源。（2）化学防治。发病初期喷洒药剂防治，每隔 7～10 d 喷 1 次，连续防治 2～3 次。常用药剂有 15%三唑酮 WP 1 500倍液、50%萎锈灵 EC 800 倍液、10%世高 WG 1200 倍液、58%甲霜灵·锰锌 500 倍液、64%杀毒矾 WP 500 倍液、72.2%普力克 AS 800 倍液。

甘薯枯萎病
Sweet potato fusarium wilt

甘薯枯萎病又称蔓割病、萎蔫病、枯病、茎腐病等。各地均有发生。大田发病越早，产量损失越大。

【典型症状】 （1）茎蔓。茎蔓受害时茎基部膨大，纵向破裂，暴露髓部，横剖茎蔓可见维管束变为黑褐色，裂开部位呈纤维状（图 51-17）。苗期茎蔓发病，主茎基部叶片先发黄变质。（2）薯块。薯块染病时蒂部呈腐烂状，横切病薯上部，维管束呈褐色斑点。近收获期病薯表面产生圆形或近圆形稍凹陷浅褐色斑。叶片从下向上逐渐变黄后脱落，最后全蔓干枯而死。储藏期薯块病部四周水分丧失，呈干瘪状。

图 51-17　甘薯枯萎病

【致病病原】 病原为尖镰孢菌甘薯专化型 *Fusarium oxysporum* f. sp. *batatas*（Wollenweber）Snyderet Hansen.，属半知菌亚门真菌。分生孢子有大、小两型。大型分生孢子纤细，圆筒形；小型分生孢子单胞，卵圆形至椭圆形。厚垣孢子褐色，球形。这种病原可以侵染甘薯、烟草、马铃薯、番茄、棉花、玉米、大豆等多种作物。

【病害循环】 （1）越冬与初侵染源。病原以菌丝和厚垣孢子在病薯内或附着在土中病残体上越冬，在土中可存活 3 年。条件适宜时，病原多从伤口侵入，沿导管蔓延。（2）传播特点。病薯、病苗是远距离传播的主要途径，近距离传播主要靠流水和农具。

【发生规律】 土温 27～30 ℃，降雨次数多，降雨量大利于该病流行。连作地、沙地或沙壤土发病重。

【防治措施】 （1）农业防治。有机肥要充分腐熟后才可施用。发现病株及时拔除。重病区或田块与水稻、大豆、玉米等实行 3 年以上轮作。（2）种薯处理。先把种薯装筐，在40～45 ℃的温水中浸1～2 min，取出后放入45～50 ℃的温水中，浸种10 min。浸种时种薯不能露出水面，并应上下左右移动薯筐，使水温一致。浸种后要立即上床排种，边排种边盖沙土，以免被风吹受冻，而且苗床温度不能低于 20 ℃。此外，还可以用 70%甲基托布津 WP 700 倍液浸薯种 10 min。(3) 化学防治。必要时喷洒 30%绿叶丹 WP 800 倍液或 50%苯菌灵 WP 1 500 倍液。

甘薯瘟病
Sweet potato blast

甘薯瘟病又称细菌性枯萎病、青枯病、细菌性萎蔫病、薯瘟、烂头等，是甘薯的一种毁灭性病害。一般发病田产量损失 20%～30%，重病田达 70%～80%，个别严重田块甚至绝收。

【典型症状】 (1) 苗期。用病薯育苗当苗高 15 cm 左右时开始凋萎，幼苗基部呈水渍状，逐渐变成黄褐至黑褐色，严重的青枯死亡（图 51-18）。病苗维管束变黄变褐，地下细根变黑，蜕皮腐烂，发展到茎基部皮层和髓部，变黑腐烂蜕皮，只残留丝状维管束组织，茎变中空。(2) 成株期。大田生长期病苗栽后不发根，几天后死掉。健苗栽后蔓长 30 cm 左右时，病原从伤口侵入，叶片暗淡无光，中午萎蔫。茎基和入土部分，特别在有伤口的地方，呈黄褐色或黑褐色水渍状，最后全部腐烂，有臭味，茎内有时有乳白色的浆液（图 51-19）。生长后期茎蔓各节已长出不定根，叶片不萎蔫（图 51-20）。多数须根出现水渍状，用手拉易掉皮，仅留下线状纤维。(3) 薯块。发病薯块初期不表现症状，外表不易识别是否感病。如剖视薯块纵切面，可以看到维管束变淡黄色或褐色到黑色，并呈条纹状（图 51-21）。病原可以从薯块的一端开始侵入，也可能从薯块的须根处侵入；横切面可见维管束组织成一淡黄色或褐色的小斑点，发出刺鼻臭辣味。后期整个薯块软腐或一端腐烂，有脓液状白色或淡黄色菌液，带有刺鼻臭味（图 51-22）。

图 51-18　甘薯瘟病，病苗青枯死亡

图 51-19　甘薯瘟病，发病株

图 51-20　甘薯瘟病，病叶不萎蔫

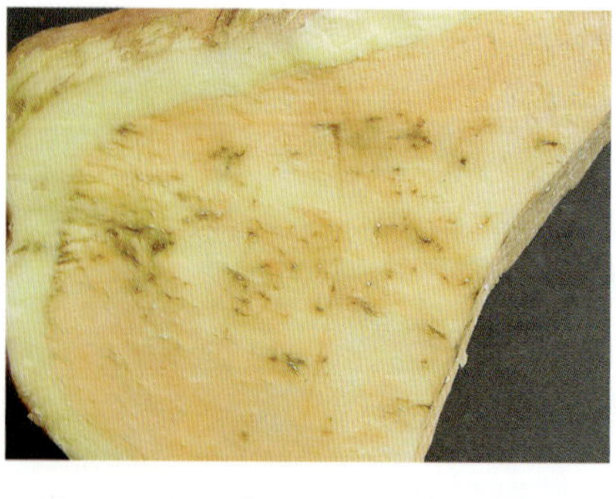

图 51-21　甘薯瘟病，维管束变褐色

图 51-22　甘薯黑斑病，薯块横切面

【致病病原】 病原为青枯假单胞杆菌甘薯致病型 *Pseudomonas solanacearum* pv. *batatae* (Smith) Smith。(1) 形态和大小。菌体短杆状，单胞，具极生鞭毛 1 或多根，大小 (0.9～2) μm×(0.5～0.8) μm。(2) 特性。病原生长适温为 27～30 ℃，高于 40 ℃或低于 20 ℃均不利于生长。致死温度为 58～60 ℃，菌株间致病力存在分化，生化特性也有差异。病原存活力较强，在旱地可存活 2 年以上，病地经水淹半年病原才完全死亡。

【病害循环】 (1) 越冬与初侵染源。病薯和病苗是甘薯瘟病的主要初次侵染来源，带菌土壤和有病的其他寄主植物也是侵染重要来源。病原经由伤口和侧根侵入，进入维管束组织繁殖，沿维管束组织向上扩展。从感病的地下茎部蔓延到藤头而侵入薯块，引起薯块发病。(2) 传播特点。病原田间近距离传播主要靠灌溉水，其次为带病薯种、病苗、带菌肥料、中耕等农事活动；远距离传播则借种薯、种苗的调运。甘薯小象甲也可携带病原传播。

【发生规律】 (1) 气候条件与发病。病原适宜在高温高湿条件下繁殖为害，适温范围是 20～40 ℃，病原在温度为 27～35 ℃、湿度 80%以上，雨水频繁的条件下，繁殖得最快。(2) 栽培管理与发病。山坡旱地发病轻，平地洼地发病重，黏重的水稻土比疏松沙壤土发病重，微酸性的土壤发病较重。连作地、与茄科作物轮作的地块，发病重。秋薯比冬薯发病重。轻病地在灌水后病情扩展迅速。

【防治措施】 (1) 检疫。加强检疫，严格控制病区种苗、种薯外调。(2) 农业防治。选用抗病品种。建立无病留种田，繁育无病种苗。实行水旱轮作或旱地轮作 2 年以上。不用病藤、病薯作牲畜饲料或堆沤土杂肥，适当增施磷、钾肥。合理灌溉，切勿浸灌和串灌。拔除初发中心病株，带出田外烧毁，病穴撒施石灰。发病严重时开隔离沟封锁发病中心。(3) 化学防治。必要时可用高锰酸钾 600 倍液、20%喹菌酮 1 000 倍液、30%氧氯化铜 800 倍液或 77%可杀得 800 倍液喷洒或淋施病株。

甘薯茎线虫病
Sweet potato stem nematode

甘薯茎线虫病又称糠腐茎线虫病、糠心病、空心病、糠梆子等。是甘薯的一种毁灭性病害。华北、华东以及华北北部地区较为普遍。不仅能在田间为害，而且还能造成储藏时烂窖。

【典型症状】 主要为害薯块，也可为害薯苗、薯蔓基部及粗根，不为害叶和细根。(1) 幼苗。发病轻的不易和健苗区别，发病重时表现苗稀、矮黄，纵剖茎基部可见褐色空隙，剪断后不流白浆或很少。后期发病表皮破裂成小口，髓部呈褐色干腐状，剪开无白浆。(2) 茎蔓。主蔓基部的表皮出现黄褐色裂纹，渐成褐色，髓部呈白色干腐，严重时基蔓短，叶变黄或主蔓枯死。有时为害能透过韧皮部，致蔓基表皮黄褐皲裂，翻蔓时很易折断。(3) 薯块。因感染来源不同，症状也有不同，可分为糠心型、裂皮型及混合型 3 种。①糠心型。糠心型为病秧传染。线虫由秧茎内侵入块根顶部。初期秧基及块根纵剖面出现棉絮状白色糠道，有的由于感染杂菌，变成褐白或黑褐色相间糠腐。后渐渐向下部及四周扩散，使薯块内全部褐白相间糠腐。有的内部虽已糠空，但外表无明显变化，只是重量减轻（图 51-23）。②裂皮型。裂皮型为土壤传染。线虫直接用吻针刺破外表皮，侵入薯块为害。初外皮褪色，后变青，稍凹陷或有小裂口，皮下组织变褐干糠，不流浆。以后感染杂菌，入侵处呈现一块块褐色病斑，出现龟裂小口，皮层下失水、发干呈粉状，最先侵入处呈现褐白色相间的糠腐。最后糠腐部位逐渐扩大，外皮呈现大龟裂和暗褐色晕片或呈水肿状。③混合型。在两个传染方式都具备的情况下，后期严重发作时，便成为两种症状分不清的混合型。

【致病病原】 病原为马铃薯腐烂线虫 *Ditylen-*

图 51-23 甘薯茎线虫病，薯块糠心型

chus destructor Thorne。雌、雄线虫均为细长蠕虫形，尾端稍尖，雌虫体比雄虫略粗大。卵椭圆形，大小 62.4 μm×31.96 μm，无色。幼虫与成虫相似，体形较成虫小。

【病害循环】 (1) 越冬与初侵染源。线虫以卵、幼虫和成虫在薯块上越冬，也可以幼虫和成虫在土壤和肥料内越冬。线虫能直接通过表皮或伤口侵入，沿髓或皮层向上活动，营寄生生活。(2) 传播特点。主要通过种薯、秧苗、土壤、粪肥传播，其他病苗床、流水、人畜和农具的携带也能传播。其中种薯和秧苗是关键传播环节，不仅在近距离中而且在远距离中都是传病的主要途径。

【发生规律】 品种间抗病性有明显差异。贫瘠土壤、湿润、疏松的沙质土利于其活动为害。为害的盛期在薯块生长阶段的最后 1 个月左右。

【防治措施】 (1) 检疫。加强检疫，严禁病种薯、病苗调运。(2) 农业防治。选用抗病品种。建立无病留种田，选用无病薯种或高剪苗，防止秧苗带线虫。有机肥要充分腐熟后才可施用。收获后及时清除病残体，以减少菌源。收获入窖时小心操作，减少薯块伤口。入窖时严格剔除伤、病、虫、杂薯块。提倡与烟草、水稻、棉花、高粱等作物轮作。(3) 物理防治。采用热水浸秧苗。摆齐幼苗根端，把苗子下半段浸入 46～48 ℃热水中 10 min，注意不能浸到叶子。或先在 45 ℃热水中浸 5 min，立即移入 50 ℃热水中浸 4 min，以杀死表层的线虫，然后立即在冷水中一过，随即栽插。(4) 化学防治。育苗前，用 50% 辛硫磷 EC 100 倍液浸种 15 min。移栽前可用 50%辛硫磷 EC 100 倍液浸根部 10 min，再移栽到大田，防效可达 80%。每亩施 5%茎线灵 GR 1～1.5 kg，撒在薯秧茎基部，然后覆土浇水。另外，还可用 5%茎线灵 GR 穴施，每穴施药 1 g，穴施盖土后栽种甘薯，防治效果达到 85%以上。

52. 菊芋病害

菊芋褐斑病
Topinamber cercospora brown spot

褐斑病是菊芋的一种常见病害。分布较广，发生较普遍。一般病株率 30%～50%，严重时病株 100%，影响菊芋正常生长。

【典型症状】 主要为害叶片。发病初期叶片上出现近圆形至不规则形浅褐色小斑，边缘多不明显（图 52-1）。后渐呈多角形至不规则形灰褐至红褐色坏死斑，空气潮湿时病斑正背面产生灰褐色霉状物，即病原的分生孢子梗和分生孢子（图 52-2）。发病后期多个病斑相互连接成片，使叶片早衰枯黄死亡。

图 52-1 菊芋褐斑病，发病初期

图 52-2 菊芋褐斑病，发病后期

【致病病原】 病原为尾孢霉 *Cercospora helianthicola* Chupp et Viegs，属半知菌亚门真菌。病原子实体叶两面生。分生孢子梗 2～10 根束生，褐色，顶端色淡而渐狭，顶端近截形，孢痕显著，具 1 个至多个隔膜，大小为（94.5～428.5）μm×（4.5～6.3）μm。分生孢子鞭形，无色透明，正直至弯曲，基部近截形至截形，顶端略尖，隔膜多，不明显，大小为（85.5～289.5）μm×（2.5～5）μm。

【病害循环】 （1）越冬与初侵染源。病原以菌丝体在病残体上越冬。春天暖和湿度合适时，分生孢子借气流传播引起侵染。发病后可产生大量分生孢子，进行再侵染。（2）传播特点。病原借气流、雨水扩散蔓延，反复侵染。

【发生规律】 多在生长中后期发生。温暖多雨利于发病。

【防治措施】 参见山药褐斑病。

菊芋斑枯病
Topinamber spot blight

斑枯病为菊芋的一种普通病害。部分地区发生。病株可达 60%～90%，染病叶片常早衰而提前枯死，在一定程度上影响产量。

【典型症状】 主要侵害叶片，多在生长中后期发生。初期在叶片上出现褪绿小斑点，以后变成褐色坏死斑，圆形至不规则形，边缘多不整齐，空气潮湿略呈水渍状，后期病斑上长出许多黑色小粒点，即病原的分生孢子器。发病后期，病斑相互连接成大斑，叶片枯死（图 52-3）。

图 52-3 菊芋斑枯病

【致病病原】 病原为向日葵褐斑菌 *Septora helianthi* Ell. et Kell，属半知菌亚门真菌。病原分生孢子器多生于叶面，凸出表皮，球形至亚球形，暗褐色，大小为（79.5～168.4）μm×（45.8～141.5）μm。分生孢子丝状，无色透明，略弯，基部稍钝，顶端略尖，3～5个隔膜，大小为（42～73）μm×（2.5～3.5）μm。

【病害循环】（1）越冬与初侵染源。病原以分生孢子器随病残体遗落在土壤中越冬，萌发形成初侵染。（2）传播特点。发病后产生分生孢子，借风雨传播，使病害扩展蔓延。

【发生规律】 以秋季发病较重。秋季多雨、田间缺肥利于发病。

【防治措施】（1）农业防治。收获后彻底清除病株残体，集中处理，减少田间菌源。增施有机肥，中后期适当追肥，避免后期脱肥，提高植株抗病力。（2）化学防治。发病初期进行药剂防治，参见山药斑枯病。

菊芋白粉病 Topinamber powdery mildew

白粉病是菊芋的一种常见病害。各地均有分布，病株率30%～60%，对产量影响不明显；严重时病株率100%，植株叶片由下向上早衰枯死，明显影响产量。

【典型症状】 主要为害叶片，在叶片上形成大小不等的白色粉斑（图52-4）。以后相互连接成片，颜色由白转灰，病部叶肉组织随病情发展黄化坏死（图52-5），最后在病部形成黑色小粒点，即病原的子囊壳（图52-6）。

图52-4 菊芋白粉病，病叶白色粉斑

图52-5 菊芋白粉病，发病株

图52-6 菊芋白粉病，后期病叶黄化坏死

【致病病原】 病原为单囊白粉菌 *Sphaerothecn fuliginea*（Schl.）Poll.，属子囊菌亚门真菌。病原闭囊壳直径70～119 μm，壳壁细胞特大，直径12～31 μm。附属丝5～10根，菌丝状，褐色，有隔膜。子囊短椭圆至拟球形，（48～96）μm×（51～75）μm。子囊孢子8个，无色透明，椭圆形，大小为（14～27）μm×（11～19）μm。

【病害循环】（1）越冬与初侵染源。病原以闭囊壳在病残体上越冬，翌春由子囊孢子引起初侵染。（2）传播特点。发病后病斑上产生分生孢子借风雨传播，不断形成再侵染。

【发生规律】 天气干旱，病情严重。

【防治措施】 参见牛蒡白粉病。

53. 芋病害

芋细菌性斑点病
Taro bacterial spot

【典型症状】 主要为害叶片。初生褐色圆形或近圆形小斑点，四周有黄色晕环，扩展后变为暗褐色，后期病斑中间变为灰白色，四周黑褐色，病部易穿孔（图 53-1）。

图 53-1 芋细菌性斑点病

【致病病原】 病原为芋假单胞菌 *Pseudomonas colocasiae*（Takimoto）Okabe et Goto.，属细菌。（1）形态和大小。菌体短杆状，两端钝圆，有单极生鞭毛 1 根。在 PDA 培养基上产生圆形菌落。（2）特性。发育温限 4～37 ℃，适温为 28 ℃。

【病害循环】 病原主要在种子上或土壤及病残体上越冬。在土壤中可存活 1 年以上，随时均可侵染。

【发生规律】 雨后易发病。

【防治措施】（1）农业防治。发现少量病株及时拔除。（2）化学防治。发病初期开始喷 30% 碱式硫酸铜 SC 300 倍液，或 60% 琥·乙膦铝 WP 500 倍液，或 0.5∶1∶100 倍式波尔多液。

芋疫病
Taro phytophthora blight

芋疫病又称芋瘟，是芋的一种主要病害。发生普遍。病株率 10%～30%，对产量有一定程度影响；严重时发病率可达 50% 以上，对产量和质量有明显的影响。

【典型症状】 主要侵害叶片、叶柄及球茎。叶片上初生病斑呈圆形，黄褐色（图 53-2），扩大后呈浓淡相间的同心轮纹，汇合后呈不规则的大病斑，叶背面更明显（图 53-3），病斑周缘有暗绿色和黄色水浸状环带（图 53-4）。后期病斑中央枯烂，严重时组织腐烂，只残留主脉（图 53-5）。高温高湿下病斑长出稀薄的白色粉末状霉，组织坏死，常分泌黄色至黄褐色的液滴（图 53-6）。叶柄受害，上生大小不等的黑褐色不规则斑，病斑周围组织褪黄，病斑连片并绕柄扩展，终至叶柄腐烂倒折，叶片全萎（图 53-7）。

图 53-2 芋疫病，病斑初黄褐圆形

图 53-3 芋疫病，叶背症状

图 53-4 芋疫病，病斑缘水浸状

图 53-5 芋疫病，叶片腐烂

图 53-6 芋疫病，黄褐色液滴

图 53-7 芋疫病，叶柄腐烂倒折

【致病病原】 病原为芋疫霉 *Phytophthora colocasiae* Racib.，属鞭毛菌亚门真菌。菌丝无分隔，分枝处近乎直角，分枝的基部较窄。孢囊梗 1 至数枝，自叶片气孔冲出，短而直，无色，胞膜薄，顶端具乳头状突起，下端具一短柄，大小 (45～145) μm×(15～21) μm。游动孢子大小 (17～18) μm×(10～12) μm，肾状，单胞，无色，无胞膜，中部一侧具两根鞭毛，在水中能游动。

【病害循环】 (1) 越冬与初侵染源。病原主要以菌丝体在种芋球茎内或病残体上及水芋上越冬。南方田间芋株终年存在，初侵染源主要来自遗落田间的零星病株。北方地区的初侵染源主要是带菌种芋。种植带菌种芋，长出的芋株便成为中心病株。(2) 传播特点。病原借助风雨辗转传播为害。

【发生规律】 主要在夏、秋两季发病。高温多雨有利于发病。连作、低洼、排水不良、种植过密、通风透光不良、施氮过多的地块，发病均重。陆芋较水芋易发病，陆芋中红芽芋、白芽芋较香芋易发病。

【防治措施】 (1) 农业防治。该病只为害芋，实行轮作可以有效防止该病的发生。不用有病田的茎块作来年的种茎。雨季加强排水，避免在低洼地种芋，合理密植注意田间通风，不偏施氮肥。收获时彻底清除病残体。(2) 化学防治。田间潮湿度大的田块施药预防。可用 1∶1∶240 倍式波尔多液，或速可宁 500 倍液喷药 1 次。发病初期发现中心病株后应连同块茎整株拔起烧毁，全田施药防治。药剂可选用 75％百菌清 WP 600 倍液，或 70％甲基托布津 WP 500 倍液。每 7 d 用药 1 次，连用 3～4 次。喷药时一定要使药液均匀洒在叶面、叶背、叶柄及块茎处。

芋污斑病 Taro leaf mold

芋污斑病是芋的一种主要病害，各地都有分布。发病率 60％～80％，严重时达 100％，部分叶片枯死，对生产有一定的影响。

【典型症状】 主要为害叶片。病斑多在叶正面，圆形或不规则形，初呈淡褐色，边缘不明显。后渐扩大变淡褐色至暗褐色，叶背面病斑呈淡黄褐色，后呈绒毛状，似污渍状（图 53-8）。病斑直径 0.3～1 cm。潮湿时病斑生暗色霉层，即分生孢子梗和分生孢子。病重时病斑布满全叶，叶片枯黄（图 53-9）。一般从老叶开始发病，后蔓延至新叶。顶叶很少发病。

图 53-8　芋污斑病，病叶污渍状

图 53-9　芋污斑病，叶片枯黄

【致病病原】 病原为芋芽枝菌 *Cladosporium colocasiae* Saw，属半知菌亚门真菌。分生孢子梗单生或数枝丛生，丝状，略弯曲，基部稍粗，暗褐色，具 3～6 横隔膜，大小（60～160）μm×（4.5～6）μm。分生孢子卵形至纺锤形，或长椭圆形，单胞或双胞，无色至淡色，大小（12～18）μm×（6.5～8）μm。

【病害循环】（1）越冬与初侵染源。病原以菌丝体和分生孢子在病残体上越冬。条件适宜时病原以分生孢子进行初侵染。（2）传播特点。病原借气流或雨水溅射传播蔓延，病部不断产生分生饱子进行再侵染，使病害得以蔓延扩大。

【发生规律】（1）气候条件与发病。温度和湿度是影响发病的重要因素。温度在 24 ℃左右、伴有下雨时，田间出现零星病叶，温度升高到 26～28 ℃时，田间形成发病高峰期。（2）栽培管理与发病。密度过大，管理不善，尤其是长期深灌和偏施氮肥，植株生长过旺，发病重。增施过磷酸钙、草木灰、硫酸钾等磷、钾肥发病轻。

【防治措施】（1）农业防治。种芋最好在早霜后的晴天采收，晾晒 1～2 d 后进行窖藏。清洁田园，集中处理病叶，加强肥水管理，合理施肥、清沟排渍。（2）化学防治。发病初期喷 50%甲基托布津 WP 600 倍液，或 75%百菌清 WP 600 倍液，或 40%多·硫 SC 500 倍液，或 30%氧氯化铜 SC 700 倍液，喷洒时雾滴要细，并加入 0.2%洗衣粉以增加展着力。

芋枯萎病
Taro fusarium wilt

芋枯萎病又称干腐病，是芋的一种重要病害。各地均有分布。零星发生，严重时病株率可达到 20%，引起植株倒伏死亡。

【典型症状】 主要为害茎部，引起枯萎或腐烂。发病轻时症状不明显，先是生长慢，老叶黄化迅速。发病重时表现生长不良，变为黄绿色，秋季提早干枯或茎叶倒伏（图 53-10），剥开球茎，皮层变红。横剖可见红色小斑点，严重的大块变为红褐色，造成干腐或中空。

图 53-10　芋枯萎病

【致病病原】 病原为茄病镰孢 *Fusarium solani*（Martius）App. et Wr.，属半知菌亚门真菌。（1）形态和大小。分生孢子散生或生在假头状体上或孢子座、黏孢子团中，群集呈褐白色或土黄色、绿色至深褐色。大型孢子纺锤形稍弯曲，两端圆，基部在长轴斜向具微小凸起，具隔膜 3～5 个，3 个隔膜的大小（19～50）μm×（3.5～7）μm，5 个隔膜的（32～68）μm×（4～7）μm。厚垣孢子间生或顶生，褐色球形至洋梨形，单生，单胞者大小 8 μm×8 μm，双胞（9～16）μm×（6～10）μm，平滑或有小瘤。（2）寄主。这种病原可以侵染芋、甘薯、马铃薯的块茎，黄瓜，甜瓜的果实。

【病害循环】 病原以厚垣孢子在土壤中被害的残体上存活或越冬。种球内越冬的病原随第 2 年栽芋引起发病，球茎中母芋带菌率高，子芋次之，孙芋最低。该病不仅在田间侵染蔓延，储运期间也可扩展。

【发生规律】 多在夏秋季发生。气温 28～30 ℃ 时易发病。连作地栽培。地下害虫多，易诱发此病。管理粗放、土壤过干或过湿，发病重。

【防治措施】 (1) 种子消毒。必要时种芋可用 50%多菌灵 WP 500 倍液浸种芋 30 min，晾干后直接播种。(2) 农业防治。从无病地或无病株上留种，选用无病种芋，最好用孙芋或子芋，尽量少用母芋。实行 3 年以上轮作，收获后及时清除病残体，携出田外深埋或烧毁。采用高畦或起垄栽培，南方畦面铺稻草或麦秸，以降低地温。

芋灰斑病 Taro cercospora leaf spot

【典型症状】 主要为害叶片。叶片上的病斑为圆形，大小 1～4 mm，深灰色，病斑四周褐色（图 53-11）。病斑正、背面生出黑色霉层。

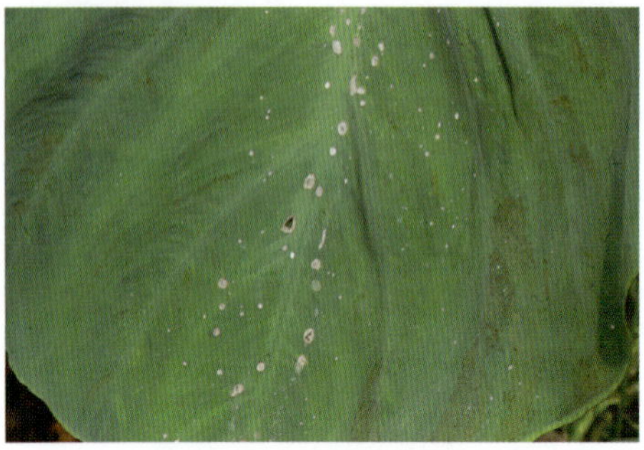

图 53-11 芋灰斑病

【致病病原】 病原为芋尾孢 *Cercospora caladii* Cooke.，属半知菌亚门真菌。

【病害循环】 病原以菌丝体和分生孢子座在病残体上越冬。病原借气流或风雨传播蔓延，以分生孢子进行初侵染和再侵染。

【发生规律】 高温多雨的年份或季节，易发病。连作地或植株过密通透性差的田块，发病重。

【防治措施】 (1) 农业防治。注意田间卫生，收获时或生长季节收集病残物深埋或烧掉。重病地实行轮作。合理密植，管好水肥。(2) 化学防治。发病初期喷 50%苯菌灵或 50%多・霉威 WP 1 500 倍液，隔 15 d 喷 1 次，连续 1～2 次。

芋轮斑病 Taro target spot

轮斑病是芋的一种普通病害。部分地区发生。通常病株零星分布，对生产无明显影响；重病地块发病率可达 20%以上，对产量和质量有一定的影响。

【典型症状】 主要为害叶片，多从叶缘或叶面外围开始侵染。初期在叶缘或叶面生浅褐色水渍状小点，以后扩展成半圆形、近圆形或不定型黄褐至灰褐色坏死病斑，具有同心轮纹，外围常具有较宽浅黄色晕环，后期病斑上轮生小黑点，即病原的分生孢子器（图 53-12）。空气干燥，病斑破裂穿孔。

图 53-12 芋轮斑病

【致病病原】 病原为壳二孢 *Ascochyta* sp.，属半知菌亚门真菌。病原分生孢子器球形至扁球形，器壁褐色，初埋生，以后突破寄主表皮部分外露，具有孔口。分生孢子椭圆形，无色，双细胞，分隔处略缢缩。

【病害循环】 病原以分生孢子器随病叶遗留在土壤中越冬。条件适宜时产生分生孢子形成初侵染。发病后病部产生分生孢子，借雨水传播，进行再侵染。

【发生规律】 高温、高湿有利于发病。多在夏秋季发病。生长期多雨，土壤贫瘠，植株生长衰弱适宜发病。

【防治措施】 参见番茄灰斑病。

芋黄萎病
Taro verticillium wilt

黄萎病是芋的一种重要病害。部分地区发生。通常病株零星分布，轻度影响生产，重病地块病株可达 30%以上，可造成植株成片枯死，显著影响产量和质量。

【典型症状】 主要侵染维管组织，形成全株性发病，多从外叶开始显症。发病初期叶脉间出现许多浅绿褐色边缘模糊的不规则小斑，以后沿叶缘向里黄化坏死，最后变褐，终致病叶卷曲枯死（图 53-13）。纵剖叶柄，可见维管束变色。随病害发展，病株叶片由外向里萎蔫枯死。

图 53-13 芋黄萎病

【致病病原】 病原为轮枝霉 *Verticillium* sp.，属半知菌轮枝霉真菌。病原分生孢子梗直立，分枝，初次分枝 2 出，二次分枝轮生，顶层小，梗下部膨大，尖端细削，分生孢子单生，很快脱落，单细胞，卵圆形至长椭圆形，大小为（4～10）μm×（2.5～4）μm。

【病害循环】 病原以休眠菌丝或厚垣孢子随病残体在土壤中越冬。条件适宜时从根部伤口或幼根侵入。病原通过风雨、流水、带菌土壤和堆肥传播。

【发生规律】 土壤温度变化大，地势低洼，过度偏沙，施用未腐熟有机肥，地下害虫严重，或田间管理不当，土壤过干过湿，雨后长时间积水，有利于病害发生与发展。连作地块发病较重。品种间抗病性存在着差异。

【防治措施】 （1）农业防治。重病地区实行与葱蒜类、禾谷类作物轮作，最好水旱轮作。（2）化学防治。重病地种植前每亩用 50%多菌灵 WP 或 70%萎福双 WP 2～4 kg，拌细土均匀撒施在种植穴内。发病初期用 20%萎锈灵 EC 4 000 倍液，或 50%多菌灵 WP 400 倍液，或 75%萎福双 WP 600 倍液浇根。

芋黑斑病
Taro alternaria black spot

黑斑病是芋的一种常见病害。各地均有发生。病株率 30%～50%，在一定程度上影响生产；严重时病株率达 60%～80%，部分叶片因病枯死，明显影响产量和品质。

【典型症状】 主要为害叶片，初在叶片上出现浅黄色坏死小点，以后扩展成近“鱼形”病斑，略具同心轮纹，大小变化较大（图 53-14），后期在病斑上产生黑褐色霉层，即病原的分生孢子梗和分生孢子（图 53-15）。严重时叶片上病斑密布，相互连接致叶片枯死。

图 53-14 芋黑斑病，叶片病斑

图 53-15 芋黑斑病，生黑色霉层

【致病病原】 病原为细交链孢 *Alternaria tenuis* Nees.，属半知菌霉真菌。

病害循环、发生规律、防治措施参见落葵黑斑病。

芋叶疫病
Taro leaf blight

【典型症状】 主要为害叶片，发病时叶片边缘出现水渍状病斑，污绿色，干后灰褐色，病健部清晰（图 53-16，17）。

图 53-16 芋叶疫病

图 53-17 芋叶疫病

【致病病原】 病原为一种疫霉菌 *Phytophthora* sp.，属鞭毛菌亚门真菌。

【病害循环】 病原在病株组织内或田间越冬。借水流传播蔓延。

【发生规律】 高温多雨的季节发生。

【防治措施】 发现病株及时拔除，补植新苗。发病初期，喷洒 70%乙膦·锰锌 WP 500 倍液，或 70%霜脲锰锌 WP 800 倍液。

（十）水生菜类病害

54. 莲藕病害

莲藕病毒病
Lotus root virus disease

【典型症状】 病株较健株矮，叶片变细，有的病叶呈浓绿斑驳，皱缩；有的叶片局部褪黄，叶畸形皱缩（图 54-1）；有时病叶包卷不易展开（图 54-2）。在病田中，常见植株受蚜虫群集叶背或叶柄处为害。

图 54-1 莲藕病毒病，叶片褪黄皱缩

图 54-2 莲藕病毒病，病叶不易展开

【致病病原】 病原为黄瓜花叶病毒（CMV）。（1）形态和大小。病毒粒体球状，直径 28～30 nm。（2）特性。病毒汁液稀释限点 1 000～10 000 倍，钝化温度 60～70 ℃，10 min。体外存活期 3～4 d，不耐干燥，在指示植物普通烟、黄瓜上均现系统花叶。（3）寄主。这种病原可以侵染 39 科 117 种植物。

【病害循环】 病毒在多年生宿根植物上越冬。通过蚜虫进行传毒。

【防治措施】（1）农业防治。选种抗病种品。挖除病株，以防扩大传染。（2）化学防治。发病初期喷 20%毒克星 WP 500 倍液，或 5%菌毒清 WP 500 倍液，或 20%病毒宁水溶性 DP 500 倍液，或 0.5%抗毒剂 1 号 AS 250 倍液。隔 10 d 喷 1 次，连续 2～3 次。在蚜虫迁飞高峰期及时杀蚜防病。

莲藕腐败病
Lotus root rhizome rot

莲藕腐败病俗称“藕瘟”，是莲藕的一种重要病害。各地均有分布。一般发病率 20%左右，严重时达 40%以上。造成植株枯死，明显影响产量和质量。

【典型症状】 主要为害地下茎，并造成地上部叶片和叶柄枯萎。将发病的地下茎横剖检视，可见近中心处的导管部分呈浅褐色至褐色，变色部分渐次扩展蔓延至新生的地下茎。后期病茎被害部变成褐色至紫黑色不规则斑，重病茎腐烂，不腐烂的病部纵皱状。病茎初生的叶片色泽淡绿，并从叶缘开始发生褐色干枯，最后整叶卷枯，叶柄亦随之枯死，以致近顶端处呈弯曲状(图 54-3)。重病田一片枯黄，似火烧状。剖开地下茎，可见藕节上生蛛丝状菌丝体和粉红色黏质物，此乃病原分生孢子团。

图 54-3 莲藕腐败病，病叶

【致病病原】 病原主要为尖孢镰孢莲专化型 *Fusarium oxysporum* Schl. f. sp. *nelumbicola* (Nis. & Wat.) Booth. Comb.，此外还有串珠镰孢菌、腐皮镰孢菌、半裸镰孢菌和接骨木镰孢菌等。

【病害循环】 (1) 越冬与初侵染源。病原以菌丝体和小型分生孢子在种藕内越冬，以厚垣孢子在土壤中越冬。带病种藕和带病土壤是主要的初侵染来源。受伤藕根、藕节或生长点是病原再次侵染的主要途径。(2) 传播特点。带病种藕长出的秧苗成为发病中心，中心病株产生的孢子随水流传播，感染其他植株。

【发生规律】 (1) 品种与发病。浅根性品种发病轻，深根性的品种发病重。如仙玉莲北方藕品种发病轻，鄂莲系列做藕种的发病重，作为收获早期商品藕的发病轻。同一品种出藕上市越早，表现病害越轻。冬、春季节田间湿润的发病轻，田间断水干裂的发病重。(2) 气候条件与发病。日照少、阴雨或暴雨频繁，地上藕叶受伤多，发病重。(3) 栽培管理与发病。带病的种藕和连作多年的病藕田发病重，随着莲藕连作年限的增加，有明显加重发生的趋势。带病种藕做种或从病田内直接留种的地块病害发病重。多年的藕田土壤比较肥沃，土壤黏重，通气性差，pH 5 左右，偏酸性，冬季土壤干裂，莲藕生长势减弱，地下茎生长受阻，病害重。单施化肥或偏施氮肥，施未腐熟发酵的有机肥的发病重。

【防治措施】 (1) 种藕消毒。种藕在播种前用 50%多菌灵 WP 或 70%甲基托布津 WP 800 倍液加 75%百菌清 WP 800 倍液喷雾，覆盖塑料薄膜密封闷种 24 h，晾干后移栽。(2) 农业防治。因地制宜选用抗病品种，对留做种用的藕要加强管理，越冬期和春季要实行有水层管理。对发病田实行 2 年以上轮作，尤其是实行病田藕茬换种大蒜、芹菜、旱稻等作物轮作。整地时每亩用生石灰 50～100 kg，然后进行深翻耕地，冬闲冻垡。有机肥与化肥相结合，氮肥与磷、钾微肥相结合。藕的生长前期，由于气温相对较低，且藕生长的立叶少，灌水层 5～10 cm，中期高温季节水深宜 10～20 cm，后期又适当浅，约 5 cm，以便长藕和氧气交换。(3) 化学防治。每亩用 50%多菌灵 WP 600 倍液加 75%百菌清 WP 600 倍液浅水层喷洒地上部叶柄，或 58%甲霜灵·代森锰锌 WP 800 倍液喷洒，隔 7～10 d 喷 1 次，连续防治 2～3 次。

莲藕根腐病
Lotus root pythium rhizome rot

根腐病是莲藕的一种重要病害。各地均有分布。发生较普遍。

【典型症状】主要为害茎节。从茎节部开始发病，向里扩展蔓延，形成不规律水渍状病，病部变褐。病部表面产生稀疏的白色菌丝层，最后茎节全部腐朽，不能食用（图 54-4)。

图 54-4 莲藕根腐病

【致病病原】 病原为一种腐霉 *Pythium* sp.，属鞭毛菌亚门真菌。

病害循环、发生规律、防治措施参见莲藕腐败病。

莲藕尾孢褐斑病
Lotus cercospora leaf spot

莲藕尾孢褐斑病又称斑纹病，是莲藕的一种主要病害。各地均有分布。发生较普遍。莲藕发病后减产30%左右，重者减产60%～80%，甚至绝收。

【典型症状】 为害叶片。叶上初现褐色小点，扩大后呈圆形、椭圆形或不规则形，略呈轮纹状，病斑可达8 mm（图54-5）。病斑正面浅黄褐色，边缘深褐色，背面淡青灰色。病健分界明显，黄晕较宽。多数病斑密生或愈合时叶片焦枯（图54-6）。

图 54-5　莲藕尾孢褐斑病，叶片病斑

图 54-6　莲藕尾孢褐斑病，病斑连成片

【致病病原】 病原为睡莲尾孢菌 *Cercospora nymphaeacea*（Cke. et Ell.）Deighton.，属半知菌亚门丝孢纲丛梗孢目的真菌。分生孢子梗散生或密集呈束状，淡榄褐色，不分枝，隔膜不明显，孢子痕小，大小（10～50）μm×（2.5～4.5）μm。分生孢子细鞭状，无色，直或弯，隐约可见分隔，大小（25～130）μm×（2.0～3.5）μm。

【病害循环】 病原以菌丝体和分生孢子座在病残体上越冬，以分生孢子进行初侵染。病原借气流或风雨传播蔓延，进行再侵染。

【发生规律】（1）气候条件与发病。温度越高，降雨越多，发病越重。高温多雨尤其暴风雨频繁的年份或季节易发病。（2）栽培管理与发病。浮叶发病重。深水田发病重。连作地或藕株过密通透性差的田块发病重。春、夏、秋季都可发病，以夏、秋季病害较重。

【防治措施】（1）农业防治。结合冬前割茬，彻底清理病残老叶。加强肥水管理，病害常发区要增施磷、钾肥和锌肥，适时适度排水晒田，促进根系生长，增强植株抗病能力。（2）化学防治。发病初期可选用50%敌菌灵WP 500倍液，或40%氟硅唑EC 1 000倍液，或70%甲基托布津WP 600倍液，或40%的异稻瘟净WP 600倍液喷雾，隔7～15 d喷1次，连喷2～6次。

莲藕假尾孢褐斑病
Lotus root pseudocercospora brown spot

【典型症状】 主要为害叶片。发病初期病叶上生出小褐点，后形成圆形病斑，大小2～5 mm，边缘色深（图54-7）。湿度大时生有黑色霉状物，即病原菌分生孢子梗和分生孢子。

图 54-7　莲藕假尾孢褐斑病

【致病病原】 病原为睡莲假尾孢 *Pseudocercospora nymphaeacea*（Cke. et Ell.）Deighton.，属半知菌亚门真菌。子实体生在叶面，子座小，球形，暗褐色，生在气孔下，大小15～36 μm，分生孢子梗10～20根簇生或单生，淡榄褐色，不分枝，顶端略狭，隔膜不明显，具0～1个膝状节，大小（20～98）μm×（2.5～4）μm，产孢细胞合轴生，孢痕不明显；分生孢子长且窄，线形，直或弯，顶端较尖，隔膜不明显，近无色，脐点不明显，大小（8.62～106）μm×（2～3.5）μm。

病害循环、发生规律、防治措施参见莲藕尾孢褐斑病。

莲藕黑斑病 Lotus root alternaria leaf spot

莲藕黑斑病又称莲藕褐纹病、莲藕叶斑病，是莲藕的一种主要病害。各地均有分布。病株率30%～60%，发病程度较轻，对生产无明显影响；重病田发病率可达80%以上，明显影响莲藕产量和质量。

【典型症状】 为害叶片。叶上初生黄褐色针头状小点，后扩大为圆形或不定型的轮纹状病斑。大小5 mm左右，栗褐色或黄色，背面较正面明显，病斑边缘清晰，黄晕细窄（图54-8）。发病严重时病斑汇合，使叶片大块焦枯。

图54-8 莲藕黑斑病，发病叶片

【致病病原】 病原为莲链格孢菌 *Alternaria nelumbii*（Ell. et Ev.）Enlows et Rand.，属半知菌链格孢霉真菌。分生孢子梗褐色，单生或2～6根丛生，隔膜1～3个，屈膝状节0～1个，无分叉，大小（50～90）μm×（5.0～7.0）μm。分生孢子近椭圆形至椭圆形，浅色至褐色，具纵分隔0～4个，横分隔1～6个，分隔处稍缢缩，喙不明显或短，孢身（35～66）μm×（10～16）μm。

【病害循环】 病原以菌丝体和分生孢子丛随病残体或在采种株上存活越冬。病原借风雨传播，进行初侵染和再侵染。

【发生规律】 春、夏、秋季都可发病，多在夏季和秋季发病。高温多雨，易发病。莲藕生长期暴风雨较多，植株生长衰弱，田间水温高于35℃，易发病。偏施氮肥、害虫数量多，则病害发生严重。

【防治措施】 （1）农业防治。与水稻等禾本科作物实行2～3年轮作。选用无病藕留种。收藕后及时清除病残体，集中烧毁。在大风、暴雨来临前，把藕田水灌足、灌深，防止狂风造成伤口。（2）化学防治。发病初期喷75%百菌清WP 500～600倍液，或64%杀毒矾WP 400～500倍液，或58%瑞毒霉·锰锌WP 500倍液。每7～10 d喷1次，共喷2～3次。喷药时先喷田块中间植株，后喷四周植株。因叶片上蜡质较多，应选择无风晴天喷药。

莲藕炭疽病 Lotus root anthracnose

莲藕炭疽病是莲藕的一种普通病害。分布较广，发生较普遍。通常发病较轻，病株率30%左右，对生产影响不明显；严重时病株率可达60%以上，明显影响莲藕产量。

【典型症状】 为害叶片。病斑圆形或不规则形，具同心轮纹，略凹陷，斑面红褐色，背面色较浅。病健交界处波纹状。迎光观察半透明，黄绿色（图54-9）。幼叶上病斑紫黑色，轮圈不明显。斑上生黑色小粒点，即病原分生孢子盘。

图54-9 莲藕炭疽病

【致病病原】 病原为盘长孢状刺盘孢 *Colletotrichum gloeosporioides*（Penz.）Sacc.，属半知菌亚门真菌。（1）形态和大小。子囊壳近球形，散生，大小（180～190）μm×（132～144）μm；子囊棍棒形，大小（48～77）μm×（7～12）μm。子囊孢子单行排列，无色，单胞，长椭圆形，直或微弯，大小（15～26）μm×4.8 μm。分生孢子盘黑褐色，圆形或扁圆形，90～250 μm，刚毛鲜见。分生孢子单胞，无色，短圆柱形或近椭圆形，大小（5.6～11.3）μm×（2.3～5.0）μm。多数有油点2个，个别3个。分生孢子团橘红色。（2）特性。

分生孢子在10～35 ℃萌发；20～28 ℃萌发势强，孢子萌发最适相对湿度为100%。

【病害循环】病原以菌丝体和分生孢子座随病残体越冬。以分生孢子进行初侵染和再侵染，借风雨或气流传播。

【发生规律】高湿高温利于发病。暴风雨频发年份和季节发病重。连作地或藕株过密通透性差的田块发病重。

【防治措施】（1）农业防治。重病地实行轮作，收获后和生长期及时清除病残体。（2）化学防治。发病初期喷25%溴菌清WP 600倍液，或25%咪鲜胺WP 1 200倍液，或10%世高WG 6 000倍液，或50%甲基托布津WP 800倍液加75%百菌清WP 800倍液，或80%炭疽福美WP 800倍液。隔7～10 d防治1次，连续2～3次。

莲藕烂叶病
Lotus root phyllosticta leaf spot

烂叶病是莲藕的一种普通病害。分布较广，部分地区发生较重。通常病株率30%～50%，轻度影响生产，重病田病株率80%以上，明显影响莲藕生产。

【典型症状】为害叶片。叶片上初生褪绿小斑，扩大后成近圆形或不规则形病斑，呈红褐与暗褐相间的轮纹，侧脉淡黑褐色，与轮纹交织成网状，边缘波纹状，黄晕较宽。病斑背面色较浅，淡灰黄色。单病斑直径可达7 cm以上，病斑常可愈合、破裂穿孔或脱落穿孔（图54-10）。病斑上众生黑色小粒，即该菌分生孢子器。

图54-10 莲藕烂叶病

【致病病原】病原为喜温叶点霉 *Phyllosticta hydrophila* Speg.，属半知菌亚门真菌。（1）形态和大小。分生孢子器初埋生于叶表皮下，后突破表皮，棕黑色，近球形或扁球形，具孔口，大小（60～240）μm×（50～195）μm。分生孢子椭圆形或纺锤形，略弯，两端渐窄小，各含1个油点，单胞，无色，大小（5～8.75）μm×（2.5～3.75）μm。（2）特性。病原生长适温20～25 ℃。

【病害循环】病原以分生孢子器在病残体上越冬。条件适宜时产生分生孢子，借雨水、风和害虫传播，形成初侵染和再侵染。

【发生规律】进入8月份高温、多雨或暴风雨季节，植株长势弱的老叶易发病。江苏、浙江7月始发，9～10月受害重。老叶、浮叶受害较重。偏施氮肥，长势茂盛郁蔽的田块发病重。

【防治措施】（1）农业防治。零星发病时，可及时摘除病叶带出田外处理。（2）化学防治。发病初期喷36%甲基托布津SC 500倍液加70%多菌灵WP 800～1 000倍液加0.1%洗衣粉，或75%百菌清WP 1 000倍液加50%多菌灵WP 1 000倍液，或1∶1∶100倍式波尔多液，或30%碱式硫酸铜SC 400～500倍液。

莲藕灰斑病
Lotus root grey speck

灰斑病是莲藕的普通病害。各地都有分布，轻微发生。

【典型症状】为害叶片。叶片上初生褐色小点，扩大后呈紫色圆斑，后期变为灰白色或棕褐色，周边有暗褐色线状环带（图54-11）。病健处分界明显。病斑上生许多黑色小点即分生孢子器。病斑破裂后剩下纤维。

图54-11 莲藕灰斑病

【致病病原】 病原为叶点霉菌 *Phyllosticta* sp.，属半知菌亚门真菌。分生孢子器初埋生，后期突破表皮，褐色，近球形或扁球形。在培养条件下，分生孢子器 30～151 μm。分生孢子单胞，无色，圆形或椭圆形，大小（5～6.9）μm×（2.5～5）μm。

病害循环、发生规律、防治措施参见莲藕烂叶病。

莲藕棒孢褐斑病 Lotus root brown leaf spot

棒孢褐斑病是莲藕的一种主要病害。各地均有分布。发生较普遍，病株率 30%～50%，轻度影响莲藕生产。严重时发病率可达 80%以上，明显影响正常生产。

【典型症状】 主要为害莲藕的叶片和叶柄。莲藕生长中后期发病较普遍，严重发生时病斑汇合，叶片焦枯。叶上病斑散生，也为害叶柄。初生褪绿小点，褐黄色，扩大后呈近圆形或不定型，暗褐色，中心有灰白色小点（图 54-12）。边缘清晰但不齐整。晕圈浅黄色，叶背稍淡。病斑直径大小 2～10 mm。潮湿时斑面生褐色绒毛状霉层。

图 54-12 莲藕棒孢褐斑病

【致病病原】 病原为山扁豆生棒孢 *Corynespora cassiicola*（Berk. et Curt.）Wei.，属半知菌亚门真菌。分生孢子梗无色至淡色，散生，少见分枝，基部膨大，大小（75～135）μm×（7.5～14）μm，4～14 个隔膜。分生孢子顶生，无色至淡色，偶有串生现象，其间有无色单细胞连接体连接。分生孢子有 2 种类型：一种呈圆柱形，（35～165）μm×（6～14）μm，2～9 个分隔。另一种为倒棍棒形，大小（50～125）μm×（10～20）μm，4～10 个隔膜。

【病害循环】 病原随病残组织越冬。条件适宜时产生分生孢子，进行初侵染和再侵染。

【发生规律】 莲藕生长期气温 20～30℃，阴雨较多，易发病。

【防治措施】 （1）农业防治。在无病田块中选择前端肥大的 2～3 节藕作种藕。收获时或生长季节收集病残物深埋烧掉。重病地实行轮作。合理密植，管好水肥，改善通风透光条件，施足腐熟有机肥，增施钾肥，播种后宜灌浅水。不要折断叶柄，以免雨水或塘水灌入叶柄通气孔，引起地下茎腐烂。（2）化学防治。发病初期用 50%甲基托布津 WP 800 倍液加 75%百菌清 WP 800 倍液，或 50%多菌灵 WP 800 倍液加 75%百菌清 WP 800 倍液混合喷洒。隔 7～10 d 喷 1 次，连续 2～3 次。

莲藕叶腐病 Lotus root sclerotium leaf rot

叶腐病是莲藕的一种重要病害。发生较普遍。病叶率 30%左右时，对产量有一定影响；严重田块发病率可达 40%以上，明显影响莲藕生产。

【典型症状】 主要为害浮贴水面的叶片。病斑形状不定型，有的呈“S”形，有的形如蚯蚓状，褐色或黑褐色。坏死部后期出现白色皱球状菌丝团，后生茶褐色球状的小菌核。发病重时叶片变褐腐烂，难以抽离水面（图 54-13）。

图 54-13 莲藕叶腐病

【致病病原】 病原为喜水小核菌（球小菌核）*Sclerotium hydrophilum* Sacc.，属半知菌亚门真菌。菌核球形，椭圆形至洋梨形，初白色，后变黄褐色或黑色，表面粗糙，大小（315～681）μm×（290～664）μm，外层的深褐色细胞大小（4～

14) μm×(3～8) μm，内层无色至浅黄色，结构疏松，组织里的细胞大小 3～6 μm。

【病害循环】 病原以菌核随病残株遗落在土壤中越冬。第 2 年菌核漂浮水面，气温回升后菌核萌发产生菌丝侵害叶片。

【发生规律】 发病适温 25～30 ℃。当温度高于 39 ℃，低于 15 ℃不利发病。夏秋高湿多雨季节，易发病。

【防治措施】 (1) 农业防治。采收时清除病残株，集中深埋或烧毁。(2) 化学防治。发病初期喷 50%多菌灵 WP 800 倍液，或 70%甲基托布津 WP 800 倍液，或 50%混杀硫 SC 600 倍液，或 30%碱式硫酸铜 SC 500 倍液，或 65%甲霜灵 WP 600 倍液，或 40%施加乐 SC 500 倍液，或 40%菌核利 WP 500 倍液，或 50%扑海因 WP 1 000 倍液。每隔 10 d 喷 1 次，连续 2～3 次，均匀喷下部叶片。

55. 荸荠病害

荸荠秆枯病 Chufa stem rot

【典型症状】 为害叶鞘和叶状茎。最初产生暗绿色水渍状病斑，接着形成绿豆大小的灰黑色病斑，梭形、椭圆形或不规则形。天气潮湿时病斑上生灰色霉层。随病斑继续扩大，纵向扩展远大于横向，形成枯黄色的长条形大斑，最后病斑横向绕叶状茎一圈，引起整个叶状茎枯死（图 55-1）。枯黄色大斑上散生黑点或黑短条线，为病原的分生孢子盘（图 55-2）。湿度大时这些黑点或短条线上生大量分生孢子。

图 55-1　荸荠秆枯病，叶状茎枯死

图 55-2　荸荠秆枯病，散生黑点

【致病病原】 病原为荸荠柱盘孢 *Cylindrosporium eleocharidis* Lentz.，属半知菌亚门真菌。菌丝初期无色，后转灰色至深褐色。在 PSA 培养基上形成圆形菌落，菌落正面有绒状气生菌丝，中央略隆起，其余地方平坦，鼠灰色，边缘无色至白色。菌落背面墨绿色，后为深褐色。在培养基上病原不易形成分生孢子。在植株上病原的分生孢子盘平行于叶状茎表面，不凸出，呈长短不一的黑短条线。分生孢子盘上着生分生孢子梗，短棒状丛生，平行排列不分枝，大小平均 12 μm×5 μm。分生孢子梗上着生分生孢子，分生孢子无色，单胞，两头尖，向一边弯曲呈月牙形，大小平均 58 μm×4 μm，分生孢子内部可见数个滴状物。

【病害循环】 病原以菌丝体在病组织里越冬。条件适宜产出分生孢子，孢子萌发产生芽管，从气孔或穿透表皮直接侵入。经 6～13 d 潜育，病部又产生分生孢子，借风雨传播蔓延，进行再侵染。

【发生规律】 生长茂密的田块发病重。雨水多、湿度大，发病重。栽插密度大，透光不良，荸荠长势弱，同时增加了植株间的湿度，加重发病。田间管理不当，常会导致严重发病。在安徽省 6 月中下旬开始有发生，但不重。9 月份发生严重，到 10 月份逐渐停止发展。

【防治措施】 （1）球茎处理。用 50%甲基托布津 WP 800 倍液，于育苗前把种球茎浸泡 18～24 h，定植前再把荠苗浸泡 18 h。（2）农业防治。合理稀植，使荸荠在 9 月中旬封行。氮、磷、钾配合一起使用，改变重基肥轻追肥的做法，做到整个生长期内均衡施肥。9 月底施 1 次重肥，以利结荠。（3）化学防治。以预防为主，8 月下旬是施药适期。每隔 7～10 d 施 1 次药，到 10 月初止。药剂用 70%甲基托布津 1 000 倍液，或每亩用 50%果病克或 36%粉霉灵 100 g，对水 50 kg 喷雾，力求喷雾均匀周到。对于已发病的田块，可酌情加大药量到每亩用药 150 g。如 9 月遇风雨，雨止后即应喷药保护。

参考文献

王文相，张爱芳，徐瑞琳，等. 荸荠秆枯病的发生与防治[J]. 安徽农业科学，1999，27(4)：378-379

荸荠枯萎病
Chufa fusarium blight

荸荠枯萎病俗称“荸荠瘟”，是荸荠的一种毁灭性病害。国内首先在浙江发现，成为当地荸荠一种新的毁灭性病害。

【典型症状】 主要为害茎基部，引起茎基发黑腐烂，导致地上部分枯死（图 55-3）。病原可沿着匍匐茎蔓延到下一丛。发黑的茎基保湿一夜可长出白色霉层（图 55-4）。地上部分枯死有两种形式。一是秧田期至 8 月份大田中的黄枯，先是部分叶片黄枯，继而整丛枯死，枯死的叶状茎是橘黄色的。二是 9 月份以后的青枯死，9 月份气温降低，有利于病害发展，地下茎基很快腐烂，地上部分迅速失水，表现为青枯。青枯叶状茎易拉起，底部有时有微红色的霉层，即病原的分生孢子。

图 55-3　荸荠枯萎病，地上部分枯死

图 55-4　荸荠枯萎病，长出白色霉层

【致病病原】 病原为尖镰孢菌荸荠专化型 *Fusarium oxysporium* Schl，属半知菌亚门真菌。气生菌丝茂盛，初期白色，渐变成肉色、淡紫至紫色。分生孢子有大小 2 型。大型分生孢子镰刀形或纺锤形，基部有足细胞，1～6 分隔，多数有 3 隔，大小为（14.5～49.5）μm×(2.0～3.8) μm。小型分生孢子卵圆、椭圆或棍棒形，0～1 隔，假头状聚生，大小为（4.8～14.3）μm×(2.5～3.8) μm。厚垣孢子球形，大多单生、顶生，少数成串，直径为 9.0～11.5 μm。产孢细胞为瓶梗状，不分枝，长度为（8.0～19.5）μm×(2.5～3.0) μm。

【病害循环】 病原可由种荠和土壤带菌，成为第 2 年的侵染源。种荠带菌可引起秧田期发病，并可随球茎作为蔬菜或种球的调运进行远距离传播。

【发生规律】 (1) 发病时期。6 月中下旬始见发病株，整个 7～8 月份由于气温高，病害发展较慢，一直处于零星发生阶段。9 月份适于病害发展，病害开始迅速发展，表现为暴发性，9 月下旬至 10 月上旬为该病的高峰期。(2) 菌源因素与发病。种荠带菌，可引起秧苗发病，秧苗带菌可导致以后的大田病重。上年发病重的田块，发病就重。(3) 栽培管理与发病。氮肥过量，造成荸荠生长嫩绿，降低荸荠的抗病力。田间分蘖过多，植株密闭，造成光照不足，通风不良，发病重。长期深水不利于荸荠根系发育，降低抗性，易于发病。过度烤田使土壤开裂通气，有利于病原生长，因为该菌的好气性，从而诱发该病暴发。

【防治措施】 (1) 农业防治。种荸荠要求个头大，荠芽发育一致，无伤无病斑，色泽鲜亮。大田实行稻荠轮作。移栽后 15 d 开始晒田，晒田需要适度，以田间表面泥巴结面又不开裂为宜。(2) 化学防治。5～7 月在种苗田每隔 15 d 防治一次。移栽本田从 8 月中旬至 10 月下旬，细心进行田间观察，一旦发现中心病株，立即进行喷药防治，隔 5 d 后再防治一次。药剂选用 50%多硫合剂（灭病威）、5%代森锰锌、2.5%苯环唑（敌力脱）、10%世高等。

参考文献

[1]鲁红学，周燚，赵明敏，等. 荸荠枯萎病病原鉴定及生物学特性[J]. 湖北农业科学，2006，45(6)：753-754

[2]王文相，张爱芳，徐瑞琳，等. 荸荠枯萎病的发生与防治[J]. 安徽农业科学，2000，28(2)：194-195

56. 茭白病害

茭白纹枯病 Water bamboo sheath blight

纹枯病是茭白的一种主要病害。各地均有分布。病株率30%～50%，重病田发病率可达到80%以上，严重影响茭白的生产。

【典型症状】 主要为害叶片和叶鞘，主要发生在分蘖期至结茭期。发病初期叶片上出现圆形至椭圆形的病斑，后扩大为不定型，云纹斑状。病斑中部在露水干后呈草黄色，湿度大时呈墨绿色，边缘深褐色，病健部分界明显（图56-1）。

图 56-1 茭白纹枯病

【致病病原】 病原为立枯丝核菌 *Rhizoctonia solani* Kühn.，属半知菌无孢目真菌。(1) 形态和大小。初生菌丝无色，老熟时变为褐色，菌丝有分枝、分隔；分枝与主枝多成锐角或近直角，分枝菌丝基部均有明显的缢缩现象，距分枝不远处有一横隔膜，菌丝直径为4～11 μm；菌丝的每个细胞具有多个细胞核，为3～5个。病原在PDA培养基上，菌落生长初期，菌丝稀疏，紧贴于培养基表面，初为白色，后逐渐变为淡褐色；3～4 d后菌落表面有白色疏松球状菌丝团形成，后变为大小和形状不一的灰色或近黑色菌核，内部为褐色，比较一致；菌核分布于全皿。(2) 特性。病原生长温度5～35 ℃，适温20～25 ℃。相对湿度95%以上利于分生孢子侵入。(3) 寄主。这种病原可以侵染茭白、水稻等。

【病害循环】 (1) 越冬与初侵染源。病原主要以菌核遗落土中，或以菌丝体和菌核在病残体或杂草及田间其他寄主上越冬，成为初侵染源。(2) 传播特点。再侵染主要靠田间病株，病原借菌丝攀缘，或菌核借水流传播。

【发生规律】 (1) 品种与发病。植株比较矮小、分蘖多、生长势弱的品种有利于纹枯病的发生和蔓延。早熟品种比晚熟品种更有利于发病。(2) 气候条件与发病。田间遗落的菌核数量多，高温多湿发病重。适于20～25 ℃的温度和95%以上的相对湿度，适于发病。江苏7月中旬至8月中旬气温高、降雨多、田间湿度大，且植株生长旺盛、基部通风透光性比较差，是田间茭白纹枯病发生的主要时期。(3) 栽培管理与发病。长期深灌及偏施氮肥的茭田，发病重。

【防治措施】 (1) 农业防治。实行合理轮作，对难以轮作的老茭田，加强田园清理工作，增施石灰，降酸增钙等。保持一定的栽植密度，避免过度密植。适时、适度晒田。肥料管理上，施足基肥，及早追肥，增施磷、钾肥，避免过施和偏施氮肥，提高茭白抗性，减轻为害。(2) 化学防治。发病初期喷用5%井冈霉素SL 800～1 000倍液，或50%甲基托布津WP 800倍液，或23%满穗SC 1 000倍液，或12.5%稀唑醇（禾果利）WP 2 500倍液。隔10～15 d喷1次，视病情连续用药2～3次。

参考文献

徐强，曹碚生. 茭白纹枯病研究进展[J]. 长江蔬菜，2003(11)：35-37

茭白瘟病
Water bamboo pyricularia leaf spot

茭白瘟病又称灰心斑病，是茭白的一种重要病害。分布较广，发病率30%～50%，严重时可达70%～80%，影响茭白生产。

【典型症状】 为害叶片、叶鞘和茭笋，田间症状表现差异较大。(1) 叶片和叶鞘。初为针尖大小黄褐至橙黄色小点，以后发展成近椭圆形至狭梭形斑，暗绿色至浅红褐色，边缘模糊，常具有浅黄色至浅褐色晕环（图56-2）。有时病斑中央褪色，呈灰白色，边缘暗褐至红褐色。(2) 茭笋。病害严重时茭笋也可受害，在其表面产生圆形至椭圆形褐色病斑，边缘不明晰，略向上下扩散，中央黄褐至灰褐色。湿度大时发病部位均产生灰绿色霉层。

图 56-2　茭白瘟病

【致病病原】 病原为稻梨孢霉 *Pyricularia grisea* Saccardo.，属半知菌亚门真菌。分生孢子梗3～5枝成簇，无色至浅褐色，大小（112～456）μm×（3～4）μm。分生孢子无色，倒梨形，群集时呈灰绿色，大小（17～33）μm×（6.5～11）μm。

【病害循环】 病原以菌丝体和分生孢子在茭墩或田间的病叶上越冬。病原借风雨传播蔓延。

【发生规律】 高湿利于分生孢子形成、飞散和萌发。在田间高湿持续24 h以上，利于发生和流行。土壤温度低，连阴雨，光照不足，发病重。

【防治措施】 (1) 农业防治。结合冬前割茬，收集病残老叶，集中烧毁。做好冬季施腊肥，春施发苗肥；注意增施磷、钾肥和锌肥，适时适度晒田。(2) 化学防治。发病初期喷50%扑海因WP 600倍液，或40%异稻瘟净WP 600倍液，或40%多·硫SC 400倍液。每亩喷对好的药液80 L，要求喷周到。隔10 d喷1次，连续3～5次。

茭白胡麻斑病
Water bamboo helminthosporium leaf spot

茭白胡麻斑病又称叶枯病，是茭白的一种主要病害。发病株茭白瘦小，减产15%～30%。特别是在大棚覆盖栽培发生普遍，蔓延迅速，发病率达50%，严重大棚叶片发病率高达90%以上。

【典型症状】 主要为害叶片，叶鞘也可发生。(1) 叶片。初为针头状褐色小点，后扩大为圆形、椭圆形和梭形病斑，其大小和形状如芝麻粒，中间变灰白至黄色，边缘深褐色，外围有黄色晕围（图56-3）。严重时病斑密密麻麻布满叶片，且相互愈合成块状，造成较大的坏死区，致死叶片由叶尖或叶缘向下逐渐枯死。(2) 叶鞘。病斑大而少。多雨潮湿时，病部两面产生黑霉，即病原的分生孢子梗和分生孢子。

图 56-3　茭白胡麻斑病

【致病病原】 病原为菰长蠕孢菌 *Helminthosporium zizaniae* Nishik.，属半知菌亚门真菌。(1) 形态和大小。分生孢子梗数枝丛生，黄褐色至绿褐色，大小（150～275）μm×（7.4～9.5）μm；分生孢子倒棍棒状，黄褐色至褐绿色，具横隔5～8个，胞壁较厚，脐明显凸出，大小（40～165.8）μm×（12.3～29.3）μm。(2) 特性。病原生长温度5～35 ℃，最适温度28 ℃；分生孢子萌发适温为28 ℃，需要高湿条件，尤其在水滴或水膜中萌发更好。病原抗逆力强，干燥条件下可存活数年。

【病害循环】 病原以菌丝和分生孢子在茭白残体上越冬。病原随风雨侵染茭白叶片，病叶上不断产生分生孢子进行再侵染。

【发生规律】（1）气候条件与发病。病害蔓延与温度密切相关，气温在15 ℃以下，病害仅零星发生，扩展缓慢。气温在20～32 ℃时，即5月中旬至7月上旬的梅雨期，病情迅速蔓延，病叶率急剧上升，7月中旬后，进入35 ℃以上的高温干旱天气，病情有所抑制。8月中旬后，秋雨期来临，气温下降，病害进入第2个流行期，也是全年的发病高峰期。（2）栽培管理与发病。凡连作多年，土壤偏酸缺钾缺锌，长期灌深水，缺氧还原性强，管理粗放或长势衰弱的植株，极易发病成灾。

【防治措施】（1）农业防治。实行轮作，夏茭收获后换茬。在种后20 d左右和植株封行前各耘田1次。结合冬前割茬，收集病残老叶集中烧毁，减少菌源。加强肥水管理，做好冬季施腊肥，春施发苗肥，特别注意增施磷、钾肥和锌肥，适时适度晒田，提高根系活力，增强茭株抵抗力。茭白生长期间应经常剥除植株基部黄叶、病叶和无效分蘖，以减少菌源并改善株间通风透光条件。收获后及时清除残体，集中烧毁。（2）化学防治。发病初期喷12.5%烯唑醇 WP 2 000倍液，或12.5%烯唑醇 EC 1 500～2 000倍液，或25%敌力脱 EC 2 000～3 000倍液，或50%扑海因 WP 600倍液，或40%异稻瘟净 WP 600倍液，或40%多·硫SC 400倍液。隔10 d喷1次，连续3～5次，孕茭前停止用药。

茭白黑粉病 Water bamboo rhizome smut

黑粉病是茭白的一种主要病害，各地均有发生。导致茭白产量和品质下降。

【典型症状】（1）叶片。生长势明显减弱，叶肉内充满黑粉菌厚垣孢子，挤压叶片，使其变宽，逐渐发展成黄绿色泡状突起，有的表皮枯黄破裂，散发黑色粉状物。（2）叶鞘。初期叶鞘上病斑为深绿色小圆点，发展成椭圆形瘤状突起，后期叶鞘充满黑粉孢子团，使得叶鞘发黑。（3）茭肉。黑粉菌厚垣孢子充斥茭白组织，使得中间鼓胀突起，茭肉变短，体表多有纵沟，较粗糙，长到老也不开裂，严重的茭肉全被厚垣孢子充满，有的整个茭肉充满灰黑色粉（图56-4），切开茭肉可见黑色孢子堆（图56-5，6）。

图 56-4 茭白黑粉病，茭肉充满黑粉

图 56-5 茭白黑粉病，横切茭肉

图 56-6 茭白黑粉病，纵切茭肉

【致病病原】 病原为茭白黑粉菌 *Ustilago esculenta* P. Henn.，属担子菌亚门真菌。孢子堆生于茎秆内部，病茎显著地膨大，形成纺锤形或长圆形的菌落，内部形成椭圆形长达12 mm黑褐色的孢子堆。孢子球形或近圆形，壁暗褐色，密生细刺，大小(6～12) μm×(4.6～7) μm。

【病害循环】（1）越冬与初侵染源。病原以厚垣孢子团随种茭墩或以菌丝体和厚垣孢子团随病株残体在土壤中越冬。在第2年茭白生长期适宜的条件下，冬孢子萌发产生厚垣孢子，再由厚垣孢子产生小孢子侵入茭白嫩茎，随着茭白的生长扩展到生长点。首先从嫩茎、叶鞘及叶片伤口、气孔或表皮进行初侵染，几天后出现症状，以后产生厚垣孢子团，不断向健康叶片、叶鞘及邻近植株蔓延，再侵染。(2) 传播特点。病原主要通过雨水或田间水传播，气流或株间接触也可传播。

【发生规律】 (1) 气候条件与发病。气温在25～32℃，相对湿度在80%以上的条件下，利于病害的发生与蔓延。在高温、多雨季节发病重。(2) 栽培管理与发病。连作田块，分蘖过多，造成过密的郁蔽高湿环境发病重。肥力不足，植株生长弱，灌水不当等均会加重病害的发生。

【防治措施】 (1) 种子消毒。春季要将种苗老墩地上部割去，压低茭墩，以便降低分蘖节位。若引进怀疑带菌种苗，需用25%多菌灵WP加75%百菌清WP（1∶1）600倍液浸蔸消毒处理，消灭种苗带菌。(2) 农业防治。发生过茭白黑粉病的田块应与旱地作物实行隔年轮作，能有效地控制病害的发生。在无病田留种，选用健壮不带菌的优良茭种育苗和栽种。在茭白老墩萌芽初期，疏除过密分蘖，使养分集中，萌芽分蘖整齐一致，便于田间水层管理。施足腐熟的有机肥作基肥，避免偏施氮肥，以防植株徒长。按不同生育阶段管好水层。及时摘除下部黄叶、病叶，带出田外销毁。(3) 化学防治。发病初期喷3%多氧清WP 600倍液，或1∶1.5∶250倍式波尔多液，或25%三唑酮WP 1 000倍液，或25%多菌灵WP加75%百菌清WP（1∶1）600倍液。隔7 d喷雾1次，连续3～4次，若在多雨季节喷药防治，注意雨后及时补喷。

（十一）食用菌病害

57. 蘑菇病害

M蘑菇褐腐病 Mushroom tan rot

蘑菇褐腐病又称湿泡病、白腐病、疣孢霉病等，是蘑菇的一种常见病害。一旦发生则很快蔓延，轻者可影响菇质，造成减产；重者造成严重减产甚至绝收。

【典型症状】 在菇蕾形成期最容易发病，只感染子实体，不感染菌丝体。发病初期在菇床上生出白色绒毛状菌丝团，侵染蘑菇子实体形成类似马勃状的组织块，初期白色，后逐渐变为黄褐色，渗出褐色液体（图 57-1）。在子实体生长中后期被侵染，多在菇柄基部形成绒毛状菌丝团，致蘑菇畸形，最后变软腐烂，散发出恶臭气味（图57-2）。

图 57-1　蘑菇褐腐病，病部黄褐色

【致病病原】 病原为疣孢霉 *Mycogone perniciosa* Magn.，属半知菌亚门真菌。

【病害循环】 （1）越冬与初侵染源。病原生活在有机质丰富的土壤中，带菌覆土是该病的主要初侵染源。菇床、废料或培养料均可带菌。（2）传播特点。发病后病原主要通过喷水传播引起再侵染，也可以通过气流、工具和害虫等传播。

图 57-2　蘑菇褐腐病，子实体腐烂

【发生规律】 病原对环境适应性强，菌丝生长和孢子形成最适温度为 25 ℃，高温高湿、通风不良有利于病害发生和迅速扩展。

【防治措施】 （1）农业防治。选用无病覆土。从无蘑菇废料的地区取土，选用的覆土置于阳光下暴晒。培养料进行二次发酵，保持温度 50～52 ℃持续 4～6 d，杀灭培养料中的病原孢子。发病初期停止喷水，改善菇房通风条件，降低菇房湿度，温度应控制在 15 ℃以下。及时清除病残体及其他废弃物，烧毁或深埋，减少再侵染。（2）化学防治。覆土消毒。病土应严格消毒，可用巴斯德灭菌法（60 ℃）处理 1 h。所用工具及物品需用 4% 福尔马林溶液消毒灭菌。

M 蘑菇褐斑病 Mushroom tan disease

蘑菇褐斑病又称干泡病、干腐病、轮枝霉病等，是蘑菇的一种主要病害，严重发生时可导致绝收。

【典型症状】 蘑菇各生育期均可发生。菇蕾形成初期感病，生长发育受阻，形成一团未分化的白色组织块，不能形成菌柄和菌盖，后期菇体不腐烂，无褐色汁液渗出，也不散发恶臭味，有别于褐腐病。菌盖菌柄分化期染病，菌盖朵形不完整，菌柄加粗变褐，外层组织干裂，病菇上可产生一层细细的灰色病原菌丝，后病菇干燥变褐，不腐烂。子实体分化完全后感病，菌盖顶部长出丘疹状小凸起，或在菌盖表面形成浅褐色近圆形病斑，后逐渐扩大并凹陷，空气潮湿时长出灰白色霉状物（图 57-3）。病菇内部组织干燥，呈黄褐色皮革状，具弹性。

图 57-3　蘑菇褐斑病

【致病病原】 病原包括几种，常见的有菌生轮枝霉 *Verticillium fungicola* (Preuss) Hassedr.、菌褶轮枝霉 *V. lamellicola* (F. E. V. Sm) W. Gams 和蘑菇轮枝霉 *V. psalliotae* Tresch.，均属半知菌亚门真菌。

【病害循环】 (1) 越冬与初侵染源。病原广泛存在于自然界的土壤、有机物内，经覆土或培养料等传入菇房，引起初侵染。(2) 传播特点。发病后产生分生孢子，靠害虫、工具、水流等传播扩散，进行再侵染。

【发生规律】 高温高湿及通风不良，有利于该病发生。

【防治措施】 (1) 农业防治。保持菇房及周围环境的清洁卫生。培养料采用二次发酵处理法，以杀灭培养料中的病原。做好病虫害防治工作，防止害虫带菌传播。发病后，停止喷水，加强菇房通风，及时清除病残体，深埋或烧毁。(2) 化学防治。覆土消毒，参照蘑菇湿泡病防治时的消毒方法。有条件的地方也可采用 70～75 ℃蒸汽消毒 30 min。及时清除病菇后，向病区喷药，药剂可选用 50%多菌灵 WP 500 倍液。

M 蘑菇猝倒病 Mushroom damping off

蘑菇猝倒病又称枯萎病、萎缩病、镰孢霉病，是蘑菇的一种常见病害。

【典型症状】 子实体受害后，生长发育受阻或停止生长，色泽淡黄，菇柄由外向内逐渐变褐，致菌柄髓部干枯，菌蕾无法发育成菇体，后整个菇体都呈黄褐色萎缩，枯萎死亡，一般不腐烂（图 57-4）。潮湿时，病菇菌柄基部可长出白色菌丝，后逐渐变成粉红色。

图 57-4　蘑菇猝倒病

【致病病原】 病原为镰孢菌属 (*Fusarium*) 多种真菌，常见的有腐皮镰孢霉 *F. solani* (Mart.) Sacc.，伞菌镰孢霉 *F. agaricorum* Saraz.，砖红镰孢霉 *F. lateritium* Nees.，尖镰孢霉 *F. oxysporum* Schl. 等。

【病害循环】 病原广泛存在于自然界中，可随覆土、培养料等进入菇房，条件适宜时形成初侵染。后产生分生孢子，通过气流、喷水传播，进行再侵染。

【发生规律】 菇房内通风不良、高温高湿、覆土太厚均有利于发病。

【防治措施】 (1) 农业防治。改善通风条件；发病后及时除去病菇和病土；做好菇房清洁卫生。做好覆土消毒工作，用 70 ℃蒸汽进行蒸汽消毒 30 min。(2) 化学防治。发病初期清除病菇后，喷 25%多菌灵 WP 500 倍液或 80%甲基托布津 800 倍液。

M 蘑菇绿霉病 Mushroom trichoderma

蘑菇绿霉病又称木霉病，是蘑菇的一种重要病害。

【典型症状】 发病初期，先在菌柄一侧出现淡褐色的水渍状斑，后扩展到菌盖，在菌盖上产生小的褐斑，边缘模糊，病斑逐渐扩大并在病斑上长出灰白色霉层，病部明显腐烂。严重时病斑可扩展至整个子实体，病原菌丝包裹整个子实体，颜色由灰白色逐渐变成浅绿色，最终使整个子实体腐烂（图 57-5）。

图 57-5　蘑菇绿霉病

【致病病原】 病原包括几种，常见的有绿色木霉 *Trichoderma viride* Pers. 和康氏木霉 *T. koningii* Oud.，均属半知菌亚门真菌。

【病害循环】 (1) 越冬与初侵染源。木霉广泛存在于自然界中，在菌种瓶内或播种后的菌块及采菇后的菇根上易发病。其分解纤维素能力强，不仅与蘑菇争夺营养，而且还分泌毒素影响蘑菇菌丝的定植及子实体的形成。(2) 传播特点。通过气流、水滴、昆虫等进行传播扩散。

【发生规律】 高温高湿，利于该病的发生。

【防治措施】 (1) 农业防治。保持菇房清洁卫生，控制空气湿度并保持良好的通风条件。尽量选择低温干燥的季节栽培，减少发病。挖瓶压块后，菌丝愈合阶段用塑料膜覆盖，通气适量，注意降湿。后期塑料膜不可揭起过早，以防愈合中的菌块受侵。多雨年份或季节要特别注意菇房通风降湿，勤翻堆，加大堆垛面积和距离，以减少感染的机会。发现木霉污染时，应及时挖除病土和病株并销毁。(2) 化学防治。菌种袋或菌种块局部发病时，可用 1%克霉灵或 0.5%多·福·溴菌、0.1%施保功、0.1%扑海因、2%甲醛溶液注射或涂抹。菇床培养料发生木霉时，可在受污染的料面上撒一层石灰粉，以防止病原蔓延。

M 蘑菇菌盖斑点病 Mushroom pileus spot

蘑菇菌盖斑点病又称凹斑病、丝枝霉病，是蘑菇的一种主要病害。

【典型症状】 主要为害蘑菇子实体。主要在菌盖上产生淡褐色至暗褐色近圆形病斑，稍凹陷，边缘不明显，可连接成较大的病斑，菌肉发生溃烂（图 57-6，7）。有时病斑上有裂纹。湿度大时，表面产生灰白色霉状物。

图 57-6　蘑菇菌盖斑点病

图 57-7　蘑菇菌盖斑点病

【致病病原】 病原为蛛网丝枝霉中国变种 *Aphanocladium aranearum* (Petch) W. Gams var. *sinense* J. D. Chen 和白丝枝霉 *A. album* (Preuss) W. Gams.，均属半知菌亚门真菌。

【病害循环】 病原在自然界中广泛分布，一般随覆土带入菇房，形成初侵染。发病后病菇产生分生孢子，通过喷水或气流等传播，进行再侵染。

发生规律、防治措施参见蘑菇褐斑病。

M 蘑菇干腐病
Mushroom dry rot

【典型症状】 病菇畸形，茶褐色，菌盖常常歪斜，菌柄基部稍膨大。病菇逐渐萎缩干枯，内部组织也逐渐变褐，但不腐烂（图 57-8）。折断菌柄，在菌盖着生的部位可以看到许多小褐点或褐色的病区。将菌柄纵向剖开，也可发现一条条暗褐色的变色组织。

图 57-8 蘑菇干腐病

【致病病原】 病原为假单胞杆菌属细菌 *Pseudomonas* sp.。病原特征特性、发病规律等尚待研究。

【病害循环】 一般认为干腐病病原是沿蘑菇菌丝传播的，若菌丝相连，病害就会迅速蔓延。菇袋、菇箱栽培的，如果袋、箱之间的菌丝没有接触，病害就不会相互传播。

【防治措施】 隔断病区的培养料，防止病区和健康区之间蘑菇菌丝相互连接。目前尚无有效的化学药剂防治该病。

M 蘑菇软腐病
Mushroom soft rot

蘑菇软腐病又称霜霉病、湿腐病，是蘑菇的一种常见病害。严重时明显影响蘑菇产量和质量。

【病害循环】 蘑菇全生育期均可染病。病斑多从菇柄基部开始，逐渐向上蔓延至菌盖。病部初呈水渍状淡红褐色至褐色不规则形，无明显边缘，后生出蛛丝状白色菌丝，逐渐覆盖整个菌盖和附近覆土（图 57-9）。后期，菌丝逐渐变成淡红色，病菇逐渐变褐发软腐烂（图 57-10）。

图 57-9 蘑菇软腐病

图 57-10 蘑菇软腐病

【致病病原】 病原为树状指孢霉 *Cladobotryum dendroides*（Bull）W. Gums et Hooz.，属半知菌亚门真菌。

【发生规律】 病原是一种土壤习居菌，喜潮湿而富含有机质的土壤，采用菜园含水量高的土壤作覆土，发病严重。同时覆土表面的菌丝不断生长扩展，导致发病更重。低温高湿有利于病原孢子萌发和菌丝生长。

【病害循环】 病菌在土壤中存活，可通过培养料和覆土或借气流，进入菇床。发病后通过喷水、采菇者，昆虫等进行传播再侵染。

【防治措施】 (1) 农业防治。用 70 ℃蒸汽进行覆土消毒；改善通风条件，降低空气相对湿度，发病初期停止喷水；发病后及时除去病菇和病土，用石灰粉撒在病区表面，以控制病害蔓延。(2) 化学防治。药剂可选用 50%多菌灵 WP、70%甲基托布津 WP 500 倍液、2%～5%的福尔马林溶液。

M 蘑菇细菌性斑点病
Mushroom bacteroidal spot disease

蘑菇细菌性斑点病又称锈斑病、细菌性褐斑病，是蘑菇的一种重要病害。发生普遍。

【典型症状】 病原多从水分多的部位开始侵

染，发病部位局限于菌盖上，病斑浅褐色，后逐渐变为暗褐色凹陷斑，病斑可连接成片（图 57-11）。空气干燥时，凹陷的斑点干枯开裂，形成不对称子实体。菌柄上偶尔发生纵向的凹陷斑，菌肉变色部分一般很浅，不超过皮下 3 mm。有时蘑菇采收后才出现病斑，特别是在变温条件下，水分凝聚在菌盖表面时，容易发病，严重影响品质。

图 57-11　蘑菇细菌性斑点病

【致病病原】 病原为托拉斯假单胞杆菌 *Pseudomonas tolasii* Paine。除为害蘑菇外，还可以为害平菇。

【病害循环】 病原广泛存在于自然界，可以在空气中飘浮或存在于蘑菇覆土及病菇上，通过培养料、覆土、水滴、气流等进行传播。

【发生规律】 高温高湿条件下最容易发生，特别是菌盖表面较长时间保持一层水膜的条件下，病原很快就可以完成侵染而产生病斑。

【防治措施】 (1) 农业防治。培养料充分发酵，覆土进行消毒处理。加强菇房通风，降低菇房空气湿度，防止菇盖表面积水和土面过湿。发现病菇及时清除并烧毁，暂停喷水。(2) 化学防治。病区喷药防治，药剂可选用漂白粉 500～600 倍液，链霉素 5 000～8 000 倍液，47%加瑞农 WP 600～800 倍液，或 5%石灰水上清液。

蘑菇病毒病 Mushroom virus disease

蘑菇病毒病又称顶枯病、褐色蘑菇病、菇脚渗水病、法国蘑菇病，是蘑菇的一种主要病害。能造成很大损失。

【典型症状】 全生育期均可发病，症状多样，不易诊断。播种带毒菌种，蘑菇发育早期即发病，菇床上菌丝生长缓慢，发菌不匀，出菇少或不出菇，严重影响产量。蘑菇菌丝体生长期，带毒孢子降落在菇床上萌发引起发病，表现为第一潮菇生长正常，以后几潮病菇逐渐增多，产量逐渐下降。病菇子实体表现出各种症状：菌柄伸长或弯曲，往往发育过早，早开伞；病菇菌盖小而歪斜，出现柄粗盖小的子实体；菌柄中央膨大成鼓槌状或梨状，有水渍状条纹或褐色斑点，甚至有腐烂斑点（图 57-12）；菌盖半球形，菌柄上粗下细呈“钉头状”。

图 57-12　蘑菇病毒病

【致病病原】 病原为几种病毒，分别称为蘑菇病毒 1 号（MV_1）、蘑菇病毒 2 号（MV_2）、蘑菇病毒 3 号（MV_3）、蘑菇病毒 4 号（MV_4）、蘑菇病毒 5 号（MV_5）。

【病害循环】 病毒可以通过病菇孢子、菌丝体等传播扩散。带毒蘑菇孢子降落到健康的菇床上萌发，然后与健康菌丝联结，即可使健康的蘑菇感染病毒病。

【发生规律】 使用带毒菌种及菇床上潜伏有带毒菌丝或孢子是引起发病的主要原因。

【防治措施】 至今尚无药剂可以防治，因此，防止病毒病的发生是控制该病的最关键措施，应利用一切有利的农业措施防止病毒病的发生。生产前菇房彻底消毒，生产后及时清除废料，做好菇房的清洁卫生。培育无病毒菌种。主要从无病毒感染的菇床上挑选种菇。预防带毒的孢子感染菇床。接种后最好用地膜或旧报纸覆盖床面，防止带毒的孢子落入床面。对于个别发病的蘑菇，应及时清除。

蘑菇线虫病 Mushroom nemathelminthiasis

线虫病是蘑菇的一种重要病害。局部地区发

生严重。

【典型症状】 蘑菇受侵染后，菌丝变得稀疏、黏稠，逐渐死亡，此时用强光手电筒或日光照射料层表面，可见许多闪亮的白色纤细状物在不停摇摆，即线虫。随着病区扩大，培养料成片发黑、变湿，逐渐下陷，并散发出一种特殊的腥臭味。病区不出菇或只有零星的蘑菇，造成严重减产。

【致病病原】 病原为线虫，常见的种类有食真菌茎线虫 *Ditylenchus myceliophagus* 和堆肥滑刃线虫 *Aphelenchoides composticola*.。

【病害循环】 线虫广泛存在于自然界中，其体长不超过 1 mm，活动范围很小，一般需要水膜存在。当环境不利时，有的可潜伏休眠，某些个体在休眠 3 年后还可以复活。在休眠阶段，线虫对不利的环境因素有很强的抵抗力。当环境适宜时，休眠的线虫开始活动，可以通过工具、灌溉水、覆土及培养料等带入菇房或在菇房里扩散，繁殖速度很快。

【防治措施】 （1）农业防治。高温处理培养料。进行常规的堆制和二次发酵，能杀死培养料内的线虫及虫卵，是防止线虫孳生和繁殖的有效措施。使用洁净水。灌溉、保湿、配农药等要用自来水、井水等洁净水，不用沟塘水。控制料层的湿度，加强通风换气，使料层比正常栽培偏干些，可抑制线虫的繁殖，控制线虫发生。发现线虫时，将病区周围划沟与未发病部分隔离，对病区停止浇水，使其干燥。有条件的地方也可蒸汽消毒：在密闭的条件下通入蒸汽，在 50～60 ℃下消毒 1 d。（2）化学防治。用甲醛 150～200 g/100 kg 的毒土覆盖消毒土壤。药物处理之前覆土喷水预湿，可提高防效。对已发生线虫病的菇房，可喷洒 50～100 倍的氨水。在覆土土壤和菇房被线虫严重为害时，可选用 3% 米乐尔 GR 800 倍液喷洒。

蘑菇菌丝徒长 Mushroom mycelium vain growth

【典型症状】 菇床覆土以后，菌丝生长旺盛，并不断向覆土表面生长，绒毛状菌丝大量冒出土层，浓密成团，严重时在土表形成密集的、不透水的“菌被”或“菌皮”状菌丝体，推迟出菇或始终不产生蘑菇子实体，严重影响蘑菇产量（图57-13）。

图 57-13　蘑菇菌丝徒长

【发生规律】 这种现象常发生于蘑菇调水以后，主要由菇房温度过高，通风不良，空气湿度和二氧化碳浓度偏高所致。播种期偏早，播种后温度较长时间处于 20～25 ℃，有利于菌丝生长而不利于子实体形成，也容易导致菌丝徒长现象的发生。制种时如果母种菌丝为气生型菌丝，转管时又将生长旺盛的气生菌丝移到腐熟过度、含水量 60%以上的培养料中制备生产种，菌丝在瓶口上部生长过密，甚至密集成块，这样的菌种到菇床后，也容易徒长。

【防治措施】 加强蘑菇生产管理是防治该病的主要途径。制种时挑选半基内半气生菌接种。适期播种，出菇期菇房温度控制在 13～16 ℃，适当喷水，并加强通风。如果菌丝已出现徒长，程度轻的，重新覆盖一层土，并在早晚天气凉时喷水；如菌丝已连接成片，则用齿耙轻轻耙破连接的菌被，同时加强通风，降低空气湿度。如果菌被中有生长不良的菇蕾，可用竹签在菌被处插几个小孔，增加透气性，促使菇蕾健壮生长。

蘑菇畸形 Mushroom malformation

盖小柄大、歪斜、菌盖龟裂、子实体不分化等，统称为畸形菇。发病轻者，降低蘑菇品质；发病种者，严重减产甚至绝收。

【病害循环】 常见畸形菇的种类有：①菌盖不规则。菌盖高低不平，菌盖形状不圆整，菌盖边缘向上翘起，菌盖产生水锈斑，菌盖向一边歪斜伸出，菌盖开裂。菌盖小或薄，菌柄细长或中部膨大。②空心白根菇。菇柄疏松变白，严重时髓部收缩、中空。③硬开伞。子实体生长发育未成熟，菌盖、菌柄就分离裂开，露出粉红色菌褶，不该开伞而提前开伞。④薄皮早开伞。蘑菇子实体柄细、盖薄、提早开伞的现象。⑤地雷菇。菇蕾在覆土层或料内形成，迟迟不出菇，形似地雷（图 57-14）。

图 57-14　蘑菇畸形

【发生规律】 （1）菌盖不规则。覆土过厚，土粒粗大，土质硬，长时间偏干，或机械作用使子实体受挤压而产生。（2）盖小或薄。菌柄细长或中部膨大，菇房温度过高且通风不良，二氧化碳浓度超过 0.3%时引起盖小柄长；温度过低或受轻微药害则易引起盖小柄粗。（3）空心白根菇。在蘑菇生产期，房内湿度低，土层干燥，迅速生长的子实体得不到充足的水分，则菌柄髓部变白甚至中空。（4）硬开伞。气温突然下降到 18 ℃以下，昼夜温差超过 10 ℃，生长于土层内的菌柄与菌盖生长不均衡。（5）薄皮早开伞。养分、水分供应不足，出菇期间遇高温高湿和通风不良等恶劣环境，或出菇密度大，子实体生长快，成熟早。（6）地雷菇。培养料过湿，或混有泥土，而覆土表面却过干。

【防治措施】 覆土质量要好，土粒粗细要符合要求，覆土后要及时调水，可减少不规则菌盖的产生。控制菇房温度，使温度处在 13～16 ℃，并注意经常通风换气，可防止菌盖小菌柄畸形菇的出现。白天及时喷水，使空气相对湿度保持在 90%，早晚喷水后及时通风，降低菇棚温度，可防止空心白根菇症状的出现。加强菇房保温，注意天气变化，减少温差，保证菇房内空气相对湿度在适宜范围内，可防止硬开伞症状的出现。栽培料发酵要彻底，喷水后及时通风，防止菇表面积水，保持菇棚气温适宜。加强水分管理，喷水要适时、缓慢，并保持覆土相对湿度在 85%左右，促使菌丝向土面生长。

蘑菇死菇
Mushroom lose plant

死菇是蘑菇的一种重要的生理性病害。各地时有发生。严重影响蘑菇的产量。

【典型症状】 菇床上的小蘑菇萎缩，变黄，最后死亡，严重时甚至成片或成批死亡（图 57-15）。

图 57-15　蘑菇死菇

【发生规律】 蘑菇子实体形成以 13～16 ℃为宜。过高的温度不适合子实体生长发育，但适于菌丝的生长，造成子实体的营养倒流回菌丝，小菇则缺乏营养而枯萎死亡；出菇前菌丝生长过快，出菇部位过高，土表面形成的了实体过多，会有部分小菇死亡；出菇后需水量大，若覆土层没有及时补足水分，会造成覆土层和培养料水分蒸发量大，幼菇因缺水而大批死亡；菇房通风不良，会造成严重缺氧，再遇高温、高湿的环境，会闷死大量菇蕾；昼夜温差大，菌盖边缘出现黄斑，继而硬开伞或死亡；农药的不当使用容易产生药害，使小菇死亡。

【防治措施】 结合当地气候条件，合理安排栽培季节，使出菇期避开高温。加强对菇房温湿度的控制，使其有利于子实体的形成，防止不利于蘑菇生长发育的温湿度条件的出现。菇蕾形成和生长期，适时适量喷水，改善通风条件，避免菇房缺氧和过密而造成的养分供应不足。合理使用农药，控制用药次数和用药量。

58. 平菇病害

C 平菇青霉病 Cap fungus blue mold

平菇青霉病又称绿霉病，是平菇的一种常见病害。一般零星发病，严重时明显影响平菇产量和品质。

【典型症状】 该病首先发生在生长衰弱的幼菇或采菇后遗留在菇床上的菇根、菇桩上。幼菇发病一般从顶端向下出现黄褐色枯萎。病部表面产生绿色粉状霉层，霉层下面菌肉腐烂。病原逐渐向周围蔓延，侵害周围健菇的菇柄基部，再向上发展，导致健菇表面长出绿霉而腐烂（图58-1，2）。

图 58-1　平菇栽培基被青霉侵染

图 58-2　平菇青霉病

【致病病原】 病原为青霉 *Penicillium* sp.。这种病原除为害平菇外，还可为害蘑菇、香菇、金针菇等食用菌的子实体，同时也是多种食用菌制种和带料栽培中的竞争性病害的病原。

【病害循环】 霉菌为弱寄生菌，广泛存在于自然界中，可寄生或腐生于多种有机质上，很难侵害健壮的平菇子实体。

【发生规律】 当培养料 pH 4 左右时，含水量不足，空气湿度低，菇蕾缺乏营养而生长瘦弱时，就容易受病原侵害而发病。如果菇床上残留有菇根时就更有利于发病。

【防治措施】 （1）农业防治。控制培养料呈中性至弱碱性，使其有利于平菇菌丝生长而又抑制青霉生长。用石灰水调节 pH 值最为经济。及时清除采收后留在菇床上的菇根及菇床上生长衰弱的幼菇，防止病害发生。发现病菇及时清除。清除时应防止青霉孢子及菌丝飞散。（2）化学防治。病害发生初期，可喷洒 25%多菌灵 WP 500 倍液，或 50%多·福·溴菌 WP 800 倍液，或 50%施保功 WP 1 500 倍液，50%扑海因 WP 1 500 倍液。

C 平菇软腐病 Cap fungus soft rot

【典型症状】 主要为害平菇。多从菌柄基部开始发病，逐渐向上扩展，少数从菌盖开始发病，最后子实体呈浅褐色水渍状软腐（图 58-3）。发软的子实体表面黏滑、湿润，无臭味。

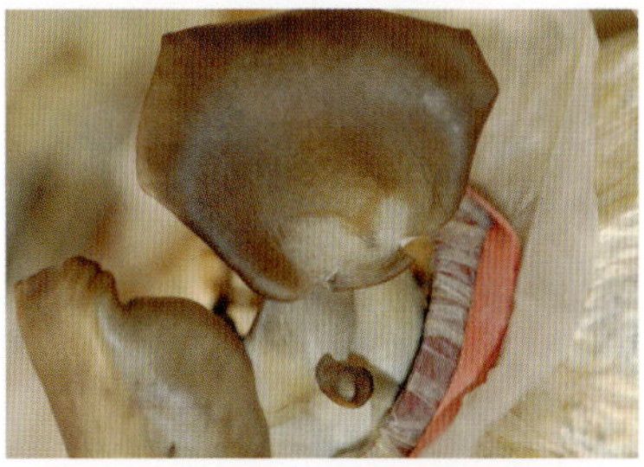

图 58-3　平菇软腐病

【致病病原】 病原为高大毛霉 *Mucor mucedo* (L.) Fres.，属接合菌亚门接合菌纲毛霉目毛霉科真菌。

【病害循环】 病原是弱寄生菌，可生活在许多有机物上，空气中也漂浮着大量孢囊孢子。当遇到衰弱的平菇子实体时，在适宜的条件下即萌发成菌丝，侵害子实体导致发病。

【发生规律】 菇房高温、高湿、通风不良、喷水过多以及子实体成熟后未及时采收，均有利于发病。

【防治措施】 加强通风，防止菇房高温、高湿。及时采收成熟的子实体。防治害虫，以免传播病原。

平菇病毒病 Cap fungus virus disease

病毒病是平菇的一种重要病害。各地普遍发生。可造成明显减产。

【典型症状】 病菇在菌丝体生长阶段无明显症状，在子实体原基形成后，染病子实体表现出多种畸形，常见类型有：菌柄膨大呈近球形或泡状，不形成菌盖或只形成很小的菌盖，或只在近球形子实体顶端保留菌盖的痕迹，后期产生裂缝，露出白色菌肉；菌柄变扁而弯曲，表面凹凸不平，或有瘤状突起，菌盖小、畸形，边缘波浪形或具深缺刻；菌盖、菌柄表面有明显的水渍状条纹或条斑，菌盖皱褶，子实体瘦小（图 58-4）。

图 58-4　平菇病毒病，菌柄肥大

【发生规律】 病毒粒子存在于菌丝细胞内。带毒菌种是菇房发病的初侵染源，带病毒的平菇孢子落到床面也引起发病，可通过带毒菌丝传播。

【防治措施】 参见蘑菇病毒病。

平菇萎菇 Cap fungus withered

萎菇是平菇的一种常见生理性病害。

【典型症状】 菌盖向下逐渐皱缩干瘪，萎缩死亡（图 58-5）。

图 58-5　平菇萎菇

【发生规律】 主要因培养料过干、空气湿度过低导致平菇生理失水，正常生长受到影响而死亡。

【防治措施】 加强水分管理，避免培养料过干。出现萎菇时，立即向培养料中大量注水，使培养料吸入足够的水分，促进新子实体生长。

平菇幼菇萎缩干枯病 Cap fungus bud kraurosis

幼菇萎缩干枯病多发生在水分管理技术水平差的菇床上。

【典型症状】 幼菇及菇丛生长瘦弱，从菇顶向下萎缩枯死，分化形成的小菌盖及菌柄皱缩干瘪（图 58-6，7）。

图 58-6　平菇幼菇萎缩干枯病

图 58-7　平菇幼菇萎缩干枯病

【发生规律】 该病是生理性病害，由生理性缺水和空气湿度过低引起。不当的管理导致菇床含水量过低，或出菇期空气湿度过低等，使幼菇失水干枯死亡。

【防治措施】 加强水分管理，调节好培养料的含水量，出菇期保持菇房85%～90%的空气相对湿度。出现幼菇萎缩时立即喷水，必要时覆盖塑料薄膜保湿。

59. 香菇病害

香菇褐腐病 Champignon brown rot

【典型症状】 主要为害香菇子实体，受害子实体停止生长。初期在菌盖或菌柄上出现不定型褐色病斑，后软化并迅速扩展，使子实体变褐坏死，最终腐烂，散发出恶臭气味（图 59-1，2）。

图 59-1　香菇褐腐病

图 59-2　香菇褐腐病

【致病病原】 病原为荧光假单胞杆菌 *Pseudomonas fluorescens* Migula.，属细菌。

【发生规律】 该病多发于含水量多的段木或菌筒上，温暖高湿利于病害发生。气温 20 ℃时发病明显，气温降低，发病轻微。病原主要通过被污染的水、工具或接触病菇的手进行传播。

【防治措施】 搞好菇场的卫生、消毒工作，保持菇场清洁卫生。使用清洁的水喷洒。接触过病菇的手未经消毒处理，不要再接触其他的段木、菌筒。搞好菇场的排水和通风。

香菇蛛网丝枝霉病 Champignon aphanocladium mildew

【典型症状】 病原主要侵染菌盖。发病初期，在菌盖上出现褐色稍凹陷近圆形病斑，边缘颜色较深，中间灰白（图 59-3，4）。后菌肉逐渐腐烂，干燥时病斑出现裂纹；潮湿条件下，病斑表面长出灰白色霉状物，即病原分生孢子梗和分生孢子。

图 59-3　香菇蛛网丝枝霉病

图 59-4　香菇蛛网丝枝霉病

【致病病原】 病原为蛛网丝枝霉中国变种 *Aphanocladium aranearum* （Petch） W. Gums var. *sinense* J. D. Chen，均属半知菌亚门真菌。

【病害循环】 病原在自然界中广泛分布，一般随覆土带入菇房，形成初侵染。发病后病菇产生分生孢子，通过喷水或气流等传播进行再侵染。

【规律发生】 菇房高温、高湿和通风不良有利于发病。

【防治措施】 香菇生长期注意通风换气，防治菇房较长时间出现高温、高湿。生产期做好害虫防治工作，防止害虫带菌传播。及时清除病菇，深埋或烧毁，防止病原孢子的产生和扩大传播。发病后停止喷水，1～2 d后对菇床喷药处理。药剂可选用2%福尔马林或1%漂白粉。

香菇绿霉病 Champignon green mold

绿霉病是香菇的一种主要病害。发生较为普遍，显著影响香菇产量和质量。

【典型症状】 发病初期，多在菌盖或菌柄的一侧产生微褐色水渍状病斑，逐渐扩大，在菌盖和菌柄上产生明显的褐色凹陷病斑。后在病斑上长出白色霉层，病斑部位明显腐烂。严重时，绿色菌丝将整个子实体包裹，引起子实体腐烂（图 59-5）。除为害香菇子实体外，还可污染菌种和培养料（图 59-6）。

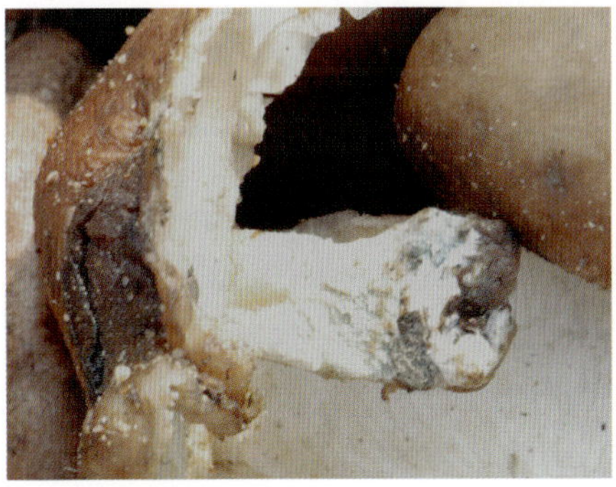

图 59-5 香菇绿霉病

图 59-6 香菇培养基被绿霉污染

发生规律、防治措施参见蘑菇绿霉病。

香菇畸形菇 Champignon deformity

畸形菇是香菇的一种重要生理性病害。明显影响产品质量。

【典型症状】 菇体表现出各种不正常的现象：(1) 菌盖异常型。菌盖有缺口，边缘呈波浪形，盖顶下陷，盖缘内卷或呈钟状，盖上生有角状、须状和小盖等附属物。(2) 菌柄异常型。菌柄膨大呈球棍状，基部膨大上端扁窄，菌盖很小或无。(3) 子实体联合型。两个子实体的菌盖和菌柄联在一起，或菌柄、菌盖无区分，有时没有菌褶。

【发生规律】 除部分遗传原因外，子实体畸形主要由菇房内生态条件差和管理不当引起。如光照不足，温度不够，通风不良，CO_2 等有害气体浓度过高，或者割袋出菇不及时，造成机械挤压。

【防治措施】 菇棚的分布与朝向，应充分考虑能方便通风。管理上应加强通风换气，注意调节光线。及时割袋出菇，揭膜时勿使卷起的薄膜压住菇床边缘子实体。出菇期，保持菇房相对湿度 90%左右。常规菇脱袋时间宜在气温连续 3 d 低于 16 ℃进行。防治病虫杂菌时，不宜将农药直接喷到子实体上，以减少因药害而造成的畸形。

60. 鸡腿菇病害

鸡腿菇红粉病 Coprinus comatus thichothecium

红粉病为鸡腿菇生产中的主要病害，除直接为害子实体外，也经常大面积发生在覆土表面。

【典型症状】 子实体受害，多从生长衰弱或未及时采摘的子实体菌盖顶端或菌柄基部开始，病部初生白色霉状物，后逐渐变为粉红色（图 60-1）。随病害发展迅速蔓延，最后子实体腐烂坏死（图 60-2）。床面上发病，初期产生白色纤细的絮状或蛛丝状菌丝，后因产生分生孢子而逐渐变为粉红色，霉层稀疏（图 60-3）。

图 60-1 鸡腿菇红粉病，发病前期

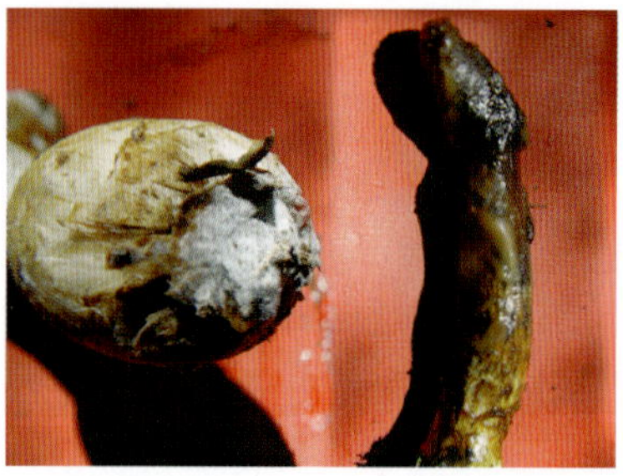

图 60-2 鸡腿菇红粉病，发病后期

【致病病原】 病原为单端孢霉 *Thichothecium roseum*（Bull.）Link.，属半知菌亚门真菌。

【病害循环】 病原是一种腐生菌，也具有较弱的寄生能力，只能寄生于长势弱的鸡腿菇上。单端孢霉分布广泛，在玉米秸秆、腐烂的果蔬和

图 60-3 鸡腿菇红粉病，发病后期

土壤中普遍存在，其分生孢子通过培养料或覆土传带，或通过气流传播进行初侵染。

【发生规律】 高温、高湿有利于发病。

【防治措施】 （1）农业防治。搞好菇房及其周围环境的清洁卫生，选用新鲜、干燥、无霉变的原料做培养料，做好高温杀菌工作。（2）化学防治。出菇前发病，可喷药控制病害蔓延。药剂可选用 70%甲基托布津 WP 500 倍液，50%多·福·溴菌 WP 800 倍液，或 25%溴菌清 WP 500 倍液。同时加强通风，降温排湿。

鸡腿菇绿霉病 Coprinus comatus thichoderma

绿霉是鸡腿菇的一种重要竞争性杂菌。对产量和质量有明显的影响。

【典型症状】 病原主要感染培养料，也为害子实体。培养料被感染后，病原的菌丝和分生孢子快速增长，吸收大量的水分和养分，抑制鸡腿菇菌丝的生长，在培养料表面产生大量的灰绿色至黄绿色的分生孢子（图 60-4）。随病害发展迅速蔓延，鸡腿菇菌丝和子实体坏死，后不再出菇。

【致病病原】 病原为绿色木霉 *Thichoderma viride* Pers. 和康氏木霉 *T. koningii* Oud.，属半知菌亚门真菌。

病害循环、发生规律、防治措施参见木霉。

图 60-4　鸡腿菇绿霉病

X鸡爪菌 Xylaria

鸡爪菌是鸡腿菇的一种重要的竞争性杂菌。常发生于鸡腿菇出菇阶段的中后期，轻者造成减产，重者造成2～3茬菇完全绝收。

【典型症状】 菇床上出现白色菌丝团，成束，向上生长，初为洁白色后呈红褐色。子实体初期为浅褐色或棕红色，内部白色木质化、有异味。子实体成熟后，子座呈灰褐色至黑色，子座表面后突起的子囊壳，不分枝或2～3次分枝，形状似鸡爪（图60-5，6）。

图 60-5　鸡爪菌

图 60-6　鸡爪菌

【致病病原】 “鸡爪菌”学名叫叉状炭角菌 *Xylaria furcata* Fr.，属子囊菌亚门真菌。

【病害循环】 鸡爪菌生于栽培鸡腿菇的覆土层上，其孢子通过菌种、空气、覆土、喷水、培养料、昆虫等携带传播。

【发生规律】 在夏秋温度较高时，其孢子大量萌发与鸡腿蘑争夺养分造成为害。

【防治措施】 (1) 农业防治。培养料要经过充分发酵，在发酵前各种成分都要打碎、磨细并暴晒3～7 d。栽培场地要轮作。鸡腿菇收获完毕后必须彻底清理床面，有条件的要实行1年以上轮作从而减轻病虫害为害。如果春茬种植鸡腿菇后，紧连着种植秋茬，往往会引起“鸡爪菌”大发生。覆土处理要科学。一般来说，覆土要选择远离栽培场地从未种过鸡腿菇地块的土壤，最好是20 cm以下的深层土。覆土过筛并加入1%石灰粉，每100 kg土喷施1 000倍甲醛溶液5～10 kg，起堆，用塑料膜压实严闷24 h才能使用。每茬菇出完后要及时把剩余的菇脚及残体清除掉，铺平床面，需要补水时喷施pH 8～8.5的石灰水。及时清除病原。对床面出现“鸡爪菌”的，要及时连带下面的培养基一块清除掉，放入塑料袋中带出棚外进行深埋。(2) 化学防治。发生鸡爪菌的部位四周撒施生石灰粉，并用50%多菌灵700～800倍液或75%百菌清500～700倍液进行喷雾处理，一般3～4 d即可得到有效控制。

C鸡腿菇干裂 Coprinus comatus season check

【典型症状】 干裂主要症状有：菌盖提前开伞，呈放射状开裂，或形成不规则裂口；菌柄从基部纵向开裂，并向外鼓起形成空柄（图60-7）。

图 60-7　鸡腿菇干裂

【发生规律】 主要由于菇房空气过度干燥，温度偏高，使子实体表面失水过多而收缩，最后开裂。

【防治措施】 加强温湿度管理，适时喷水，适量通风。

61. 杏鲍菇病害

杏鲍菇青霉病 Pleurotus eryngii penicillium

青霉病是杏鲍菇的一种常见病害。零星发生，严重时显著影响产量和质量。

【典型症状】 病原多侵染生长衰弱的子实体和幼菇，也可为害菌种。子实体受害后多在病部形成边缘白色、中央灰绿色至淡蓝色的绒霉斑，以后变为灰绿色粉状霉。病斑逐渐由小变大，连接成片。随病害发展子实体渐呈黄褐色枯萎死亡，霉层下面组织腐烂（图 61-1）。

图 61-1　杏鲍菇青霉病

【致病病原】 病原为青霉菌 *Penicillium* sp.，属半知菌亚门真菌。

【病害循环】 青霉菌为寄生菌，可寄生或腐生于多种有机质上。

【发生规律】 生长正常的食用菌一般会发病，只有当培养料酸性过强、含水量低、空气干燥以及菇蕾丛生、水分和养分供应不足、幼菇生长衰弱的情况下，或残留在菇床的菇根未及时清除，才会引起发病。

【防治措施】 （1）农业防治。拌料时加入干料重 1%的生石灰，适当加水，调节好培养料的酸碱度。采完第 1 潮菇后喷施 2%的石灰水上清液，保持培养料的弱碱性。及时清除床面衰弱的幼菇和采收后残留在菇床上的菇根。

（2）化学防治。发病期喷施 50%多·福·溴菌 WP 800 倍液，或 50%施保功 WP 1550 倍液，或 50%扑海因 WP 1 500 倍液。

杏鲍菇畸形 Pleurotus eryngii deformity

【典型症状】 畸形是杏鲍菇生产中的一种常见的生理性病害。其症状表现主要有：柄盖不协调，即菌盖小（图 61-2），菌柄细长，外观差（图 61-3）；菌盖和菌柄开裂（图 61-4）。

图 61-2　杏鲍菇畸形菇

图 61-3　杏鲍菇畸形菇

【发生规律】 柄盖不协调主要是菇房内二氧化碳浓度过高所致。通常发生于突然高温天气，由于菌体代谢旺盛，产生较多的二氧化碳，在通风不良的情况下容易造成二氧化碳浓度过高。菌体开裂主要是由于温差大而湿度过低，菌盖表皮细胞生长停滞而内部正常生长造成。

图 61-4 杏鲍菇畸形菇

【防治措施】 加强菇房温湿度控制，根据天气变化情况及时采取措施，保持菇房内相对稳定的温度，同时注意通风，以增加氧气进入、排除二氧化碳，并调节菇房空气湿度，以 85%～90% 为宜。

62. 竞争性杂菌

T木霉 richoderma

木霉又称绿霉，是食用菌栽培中分布广、寄主多、致病力强、为害大的一种杂菌，几乎所有的食用菌在不同生产阶段都能受到侵染。发生轻时局部范围少出菇或出现斑点菇，重时导致整批菌种报废或整床培养料毁坏。

【典型症状】 培养料感染后，初期在菇床上长出白色棉絮状的致密菌丝（图 62-1），逐渐向四周扩展形成无定型菌落，以后从菌落中央到边缘逐渐产生分生孢子，使菌落由浅绿色逐渐变成深绿色粉状（图 62-2，3）。菌落扩展很快，特别是在高温、高湿条件下，数天内可遍及整个菇床，导致绝收。木霉也可直接为害菇体。菌丝受害后呈褐色，逐渐死亡（图 62-4）。子实体受害后先在柄部出现褐色水渍状病斑，逐渐扩展到菌盖呈褐色凹陷，菌盖表面出现绿色霉层，最后整个菇体腐烂。

图 62-1　木霉污染培养基

图 62-2　木霉污染培养基

图 62-3　木霉污染培养基

图 62-4　猴头病子实体被木霉侵染

【致病病原】 为害食用菌的木霉种类主要有绿色木霉 *Trichoderma viride* Pers. 和康氏木霉 *T. koningii* Oud.。

【病害循环】 (1) 越冬与初侵染源。为害方式是：污染培养料，与菇争夺营养；分泌毒素，毒害菇的菌丝；缠绕或切断菇的菌丝。(2) 传播特点。木霉广泛分布于朽木、植物残体、有机肥、空气和土壤中，栽培菇房、带菌的工具和废料等场所是主要初侵染源。以分生孢子通过气流、水滴、昆虫等传播，进行再侵染。

【发生规律】 高温、高湿、通气不良和偏酸环境适宜病原生长繁殖。菌丝生长温度 4～42 ℃，最适生长温度 25～30 ℃。高湿对菌丝生长和孢子萌发均有利，孢子萌发要求相对湿度 95% 以上。

通常接种时消毒不严格、生产环境不干净容易染病，采菇时遗留的残根极易被侵染。

【防治措施】 (1) 农业防治。清洁生产场所。做好菌种生产场所及工具的消毒工作，保持周围环境洁净。防止消毒时使用甲醛过量，以免甲醛变成甲酸形成酸性环境。根据病原和食用菌的生长条件要求不同，尽可能利用不适宜木霉生长而有利于食用菌生长的环境条件，先让食用菌发菌良好，形成竞争优势。控制空气湿度并保持良好的通风条件。尽量选择低温干燥的季节栽培，减少发病。挖瓶压块后，菌丝愈合阶段用塑料膜覆盖，通气适量，注意降湿。后期塑料膜不可揭起过早，以防愈合中的菌块受侵。多雨年份或季节要特别注意菇房通风降湿，勤翻堆，加大堆垛面积和距离，以减少感染。发现木霉污染时，应及时挖除病土和病株并销毁，同时注意把死菇、菇根清除干净。(2) 化学防治。菌种袋或菌种块局部发病时，可用1%克霉灵、0.5%多·福·溴菌、0.1%施保功、0.1%扑海因、2%甲醛溶液注射或涂抹。菇床培养料发生木霉时，可直接在污染料面上撒一层石灰粉，控制病情。必要时用克霉灵、多·福·溴菌、施保功或食用菌专用万力拌料防治。

青霉 Penicillium

青霉又称蓝绿霉，是食用菌制种和栽培过程中常见的污染性杂菌，在一定条件下也可引起食用菌子实体的病变，影响食用菌的产量和质量。

【典型症状】 培养面料发生青霉时，初期菌丝为白色，菌落近圆形至不定型，略呈粉末状（图 62-5）。后期菌落由白转绿或蓝色，菌落边缘有较窄的白色菌丝边（图 62-6）。青霉可分泌毒素致食用菌子实体坏死。

【致病病原】 为害食用菌的青霉为圆弧青霉 *Penicillium cyclopium* Westl.，产黄青霉 *P. chrysigenim* Thom.，绳状青霉 *P. funiculosum* Thom.，产紫青霉 *P. purpurogenum* Stoll.，赭色青霉 *P. ochraceum* (Baim.) Thom.，指状青霉 *P. digitatum* Sacc.，软毛青霉 *P. puberulum* Baim.，均为半知菌青霉真菌。

【病害循环】 病原广泛存在，腐生或弱寄生。

图 62-5　青霉污染培养基，菌落不定型

图 62-6　青霉污染培养基，菌落边缘有白边

可产生大量分生孢子借水、气流传播，可发生多次再侵染。带菌的原料也是生料栽培的重要初侵染源。

【发生规律】 培养料呈酸性较易发病。

【防治措施】 (1) 农业防治。做好接种室、培养室及生产场所的消毒灭菌工作，保持卫生，加强通风换气。调节培养料的酸碱度，抑制青霉的发生。(2) 化学防治。菌袋局部发病可注射15%甲醛溶液，段木发病可用石灰水洗刷，菇床上发病可用1%克霉灵或0.5%多·福·溴菌、0.1%施保功、0.1%扑海因喷雾防治。

黄瘤孢霉 Sepedonium

黄瘤孢霉又称黄霉菌。主要为害蘑菇。多发生在秋菇或越冬菇的培养料中，也可以为害子实体，造成子实体污染，明显影响食用菌的产量和质量。

【典型症状】 病原初期形成白色疏松树状菌落，继而在培养料内出现金黄色粉末状孢子，严重时料上形成一层厚厚的金黄色孢子（图 62-7）。发病后培养料内发出一种浓厚的霉味。出菇明显减少。

【致病病原】 病原为黄瘤孢 *Sepedonium chrysospermum* (Bull.) Fr.，属半知菌亚门真菌。

图 62-7　黄瘤孢霉

图 62-8　可变粉孢霉

菌丝有横隔、分枝、匍匐，近无色，粗3～3.5 cm。孢梗短，大多分枝。分生孢子顶生于孢梗短枝的顶端，球形，有小疣，初无色，后呈黄色至金黄色，数量极多，直径 12～18 μm，形成大量黄色粉末。

【发生规律】 病原广泛分布于土壤中。常腐生在菇床的培养料上，也可寄生于大型真菌的子实体中。通过带菌的培养料、覆土或病原孢子借气流进入菇床，形成初侵染。培养料过厚、过湿、过度腐熟有利于发病。菇房通风不良、高湿等也有利于发病。

【防治措施】 培养料进行二次发酵，防止过度腐败熟，上料不宜过厚，避免培养料过湿。搞好菇房和生产专用地的清洁卫生，尽可能杜绝污染源。注意菇房通风换气，避免高湿条件的出现。

可变粉孢霉 Oidium

可变粉孢霉又称棉絮状杂菌，多发生在蘑菇、平菇、草菇的菇床上。

【典型症状】 发病初期，在培养料表面或覆土缝隙中长出成团的棉絮状的白色菌丝体，严重时铺满细土表面。后白色菌丝萎缩，逐渐由丝状变成灰白色粉状，最后灰白色粉状菌丝变为橘红色颗粒状（分生孢子堆）（图 62-8）。在病原较多的地方，食用菌菌丝生长受到抑制，已形成的菇蕾和幼菇枯萎死亡。

【病害循环】 越冬与初侵染源。可变粉孢霉 *Oidium variabilis* 主要生活在土壤和粪块中，带菌覆土和培养料为主要初侵染源，条件适宜时便萌发形成棉絮状菌丝

【发生规律】 该菌喜 pH 中性环境，对湿度要求不严格。生长温度为 10～25 ℃，最适生长温度为 20 ℃。如果培养料前发酵不合格，又未进行后发酵，或草料未充分腐熟，尤其是培养料含水量偏高和通气不良时，发生严重。

【防治措施】 (1) 农业防治。选用新鲜无霉变的培养料。培养料进行二次发酵，利用高温灭菌。(2) 化学防治。栽培用覆土需经太阳暴晒和熏蒸消毒处理，也可拌入干料重量 0.2%～0.3% 的 25%多菌灵 WP。一旦发现病原后，可用多菌灵或甲基托布津（1∶500）喷施。

指孢霉 Dactylium

指孢霉又称蛛网病、树枝状轮枝孢霉病、树枝状指孢霉病，是食用菌的主要竞争菌，在培养料上普遍发生，明显影响食用菌的产量和品质。

【典型症状】 先在床面覆土表面出现白色珠网状菌丝，如不及时处理，很快蔓延形成一层很厚的白色棉絮状菌丝被，将菇床表面覆盖，使食用菌菌丝严重受阻，子实原基不能形成(图 62-9)。菌被形成较迟时，菇床上子实体被病原包围，棉絮状菌丝和病原孢子可长到子实体的菌柄及部分菌褶上，使子实体停止生长，失去光泽，以后多从菌柄基部开始出现黄褐色或淡褐色软腐症状(图 62-10)。侵染子实体从菌柄开始，直至菌盖，先呈水浸状，渐变褐变软，直至腐烂。

图 62-9　指孢霉，发生初期

图 62-10 指孢霉，为害平菇

【致病病原】 病原为指孢霉 *Dactylium dendroides* Fries，属半知菌亚门真菌。

【病害循环】 病原生活在土壤中，特别是在有机质含量高的土壤中较多。

【发生规律】 病原随覆土、培养料进入菇床。在菇房中主要以气流、水滴传播。

【防治措施】 (1) 农业防治。拌料时用清洁净的水。菇床上出现白色菌被后及时扒去菌被，并注意加强通风，停止喷水 1～2 d。(2) 化学防治。局部发生时，喷洒 20%龙克菌 SC 300～400 倍液，或 40%多菌灵 SC 800 倍液，或甲基托布津 800 倍液。也可在病床表面撒 0.2～0.4 cm 厚石灰粉。

胡桃肉状菌 Dichliomyces

胡桃肉状菌是蘑菇和金针菇上最顽固的竞争性霉菌。它不仅跟蘑菇菌丝争夺养分和空间，而且还会侵害菌丝，造成菌丝死亡

【典型症状】 胡桃肉状菌最初菌源来自于覆土的土壤，但初侵染后的蘑菇场地容易存在其子囊果和子囊孢子，孢子能侵入菌种瓶内，侵染蘑菇菌种和金针菇菌袋。被侵染的菌袋带有漂白粉气味。在菇床上，胡桃肉状菌早于蘑菇发生，则可导致毁灭性减产。胡桃肉状菌菌丝白色，随着菌龄增加变成黄白色。在培养料中初为丛状的茂密的白色小菌丝，后逐渐形成子囊果。子囊外形呈胡桃肉状或是牛脑状（图 62-11）。菌块成熟时变暗红色。

【致病病原】 病原为胡桃肉状菌 *Dichliomyces microspora* (Diehl. et Lambert) Gilkey，属子囊菌亚门真菌。

【发生规律】 子囊孢子萌发的温度为16～35 ℃，

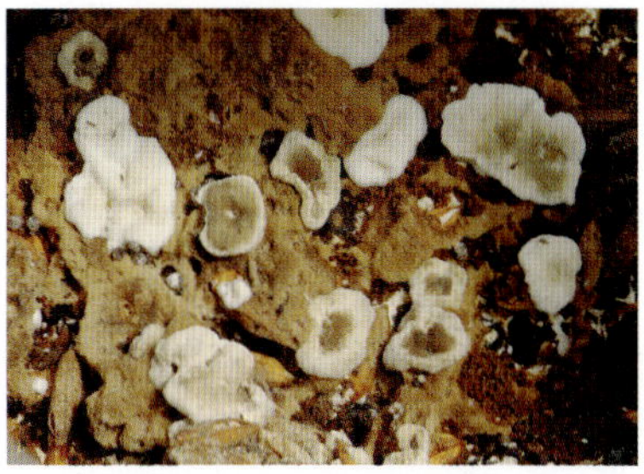

图 62-11 胡桃肉状菌

最适温度是 30 ℃。在蘑菇生长菌丝刺激下而萌发。凡潮湿萌发的孢子不耐高温，通常在 60 ℃下 30 min 可被杀灭。但干燥的孢子在80 ℃下处理 120 min 也不易死亡。当菇房温度控制在 18 ℃以下，孢子不易萌发为害。

【防治措施】 (1) 适温播种。在有发生过胡桃肉状菌病害的菇房，在秋播时尤其要注意。应适当推迟播种期，当气温稳定在 25 ℃左右开始播种。在湿度由高向低发展的季节里播种出菇是比较安全的。(2) 提高二次发酵期的温度和时间。在二次发酵时控制料温 70 ℃下保持 12 h 或 80 ℃下 2 h 可杀死子囊孢子。(3) 保证菌种的纯度与活力。菌种不带此菌，又具有活力，能快速地占领培养料，也可减低发菌程度。(4) 土壤处理。有条件的地方土壤应用蒸汽消毒，有效地控制病原。注意菇房通风，避免高温高湿；当菇床出现症状，要及时停水，进行通风，挖除病灶，撒上多菇丰干粉，让其干燥。待温度降至 18 ℃时开始浇水催菇。熟料栽培，对于高温蘑菇可用熟料袋栽发菌、脱袋覆土的方式，防止胡桃肉状菌为害。

束梗孢霉 Doratomyces

束梗孢霉也称黑须霉，是食用菌生产中常见的竞争菌。

【典型症状】 主要发生在培养基上，病原菌落呈现烟灰色，由菌落向外产生长胡须或刚毛状囊丝。菌落着生部位食用菌菌丝不能生长，培养料发黑腐烂（图 62-12）。

【致病病原】 病原为柄矛束梗孢霉 *Doratomyces stemonitis* (Pers. ex Fr.) Mortton G. Smith，属半知菌亚门真菌。

【病害循环】 病原广泛存在于土壤、植物残体、粪便及堆肥中。

图 62-12　束梗孢霉

【发生规律】 培养料含水量偏高，空气湿度大，有利于发病。

【防治措施】 (1) 农业防治。搞好菇场环境卫生，清理并隔离污染物。(2) 化学防治。培养料要彻底消毒，菇床覆土用 5%福尔马林熏蒸处理。结合防治其他病害，用 0.1%干料重的甲基托布津或扑海因处理。

脉孢霉 Neurospora

脉孢霉又称红色面包霉或链孢霉、串珠霉，引起的病害称为粉霉病、红面包霉病、链孢霉病。是菌种生产中最为严重的病害。

【典型症状】 脉孢霉是一种顽强、速生的气生霉菌。培养料受污染后很快会在料的表面形成橙红色至粉红色的霉层，即病原的分生孢子堆(图 62-13)。在塑料袋内，霉层可通过孔隙很快布满袋外。潮湿棉塞上，霉层可厚达 1 cm 以上(图 62-14)。在高温高湿的条件下，1～2 d 内病原可传遍整个培养室。

图 62-13　红色脉孢霉

【致病病原】 病原为脉孢霉 *Neurospora sitophila* Shear et Dodge.，属子囊菌亚门真菌。通常为微白粉霉状，菌丝有隔，分枝，网状。产孢菌丝呈双叉状分枝，分生孢子梗较短，直接从菌丝

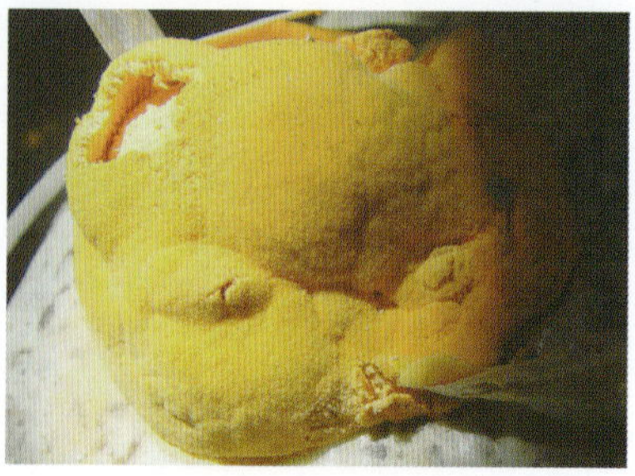

图 62-14　红色脉孢霉

上长出；分生孢子串生成链，单细胞，易脱落，卵形，红色和橙红色。

【病害循环】 链孢霉喜高温高湿，氧气充足时生长迅速。主要以分生孢子通过气流进行传播。

【发生规律】 脉孢霉来势猛，蔓延快，为害很大，一旦发生，难以治理，一般进行掩埋或焚烧；分生孢子萌发比其他霉菌菌丝快。气生菌丝抗性强，有力，能穿透棉塞，挤破菌袋。

【防治措施】 (1) 农业防治。搞好菌种生产各环节消毒灭菌工作，保持接菌室、培养室和周围环境的清洁。选用新鲜、干燥、无霉变的原料作为培养料，杜绝病原侵染。装袋时清除粗枝硬物，防止刺破培养袋。高压灭菌时棉塞要包紧薄膜或牛皮纸，以防牛皮纸受潮。菌种局部感染，可拔掉棉塞将瓶口和棉塞都经火焰灭菌，棉塞蘸石灰后再塞上。棉塞、胶布有较厚粉红色霉层时，及时滴上适量的甲醛或煤油后用薄膜包扎，使霉层糜烂死亡。菌袋受污染后，可在背阴的地方挖土 30～40 cm 将菌袋整齐排好用湿润土壤覆盖，待 10～15 d 病原消失。严重污染的菌种或菌袋应及时消除，深埋或烧毁。(2) 化学防治。用 70%甲基托布津 WP 500 倍液或 50%多丰 WP 600 倍液喷洒培养室地面、墙壁、培养架。

黏菌 Myxomycetes

黏菌是食用菌生产上的重要竞争性杂菌，主要污染培养料和段木，与食用菌竞争空间和营养，同时还可为害食用菌菌丝和孢子，显著影响食用菌生产。

【典型症状】 黏菌常在食用菌菇床、菌筒及段木上发生，初期为黏菌的营养体生长扩展阶段，侵染后半天即可在床面上出现一团黏稠的液体，颜色因黏菌种类不同而异，有白色、黄白色、鲜

黄色或土灰色等，此液体就是黏菌的营养体。其营养体没有固定的形状，是由一团多核的、无细胞壁的、裸露的原生质所组成，叫原生质团（图 62-15）。因此其菌落没有菌丝，而呈黏稠状的液体向四周扩展。扩展的前缘多呈扇状或羽毛状，边缘清晰，与食用菌菌丝不易区分。其下面的堆肥变潮湿并逐渐腐烂，蘑菇菌丝生长受抑或逐渐消失。若在覆土后发生，覆土层变潮湿并板结，不出菇或长出的蘑菇其菌柄基部常呈水渍状软腐。当其进入繁殖阶段形成子实体时，则形状固定且形成细胞壁，并产生大量孢子（图 62-16）。

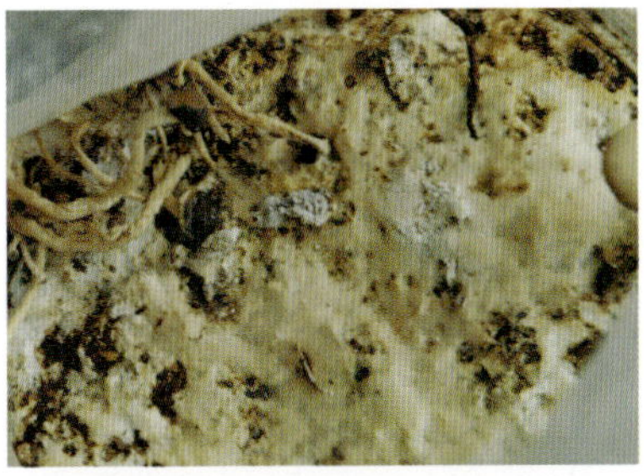

图 62-15　黏菌，发生初期

图62-16　黏菌，黏菌子实体（针箍菌）

【致病病原】 为害食用菌的黏菌 Myxomycetes 种类繁多，是一类低等菌，发生在菇床上的黏菌包括绒孢菌 *Physarum polycephalum* Schw.，煤绒菌 *Fuligo septica*（L.）Wigg.，发网菌 *Stemonitis splendens* Rost.，粉瘤菌 *Lycogala epidendrum*（L.）Fr.，钙丝菌 *Badhamia utricularis*（Bull.）Berk 等多种。

【病害循环】 黏菌广泛存在于自然界，喜欢生活在有机质丰富的潮湿环境，在树林中的枯枝落叶或死亡树桩上较多。通过土壤、堆肥带菌或空气中沉降下来的孢子进行初侵染，发病后通过营养体自身蠕动、昆虫、喷水或气流等进行再侵染。

【发生规律】 适宜黏菌生长的温度为22～25 ℃，空气相对湿度 95%～100%，pH 5.5～6.5。菇房高温高湿，通风不良，培养料含水量偏高、有机质丰富，有利于黏菌生长繁殖。菇床上一旦发生黏菌为害，在条件适宜时，其黏稠菌落一天可扩展几厘米至十几厘米，甚至可覆盖大片菇床。

【防治措施】 （1）农业防治。使用无污染、生活力强的高质量菌种。菌种使用前要认真检查，棉花塞染菌、有异味或太干、太湿、太老的菌种都不宜使用。发现黏菌，及时铲除。清除完黏菌菌体及邻近培养料，控制喷水，加强通风。室外畦栽应适当增加光照，防止栽培场所长期处于阴湿状态。（2）化学防治。覆土用甲醛熏蒸灭菌，注意避免过量施用甲醛，以防甲醛转化为甲酸形成酸性环境。采用石灰半量式波尔多液（硫酸铜：生石灰：水为 1：0.5：100）拌培养料。每 50 L 清水加入 10 L 波尔多液的稀释液。也可用 45%特克多 SC 3 000～4 000 倍液拌料。菇床上发生黏菌时，也可用上述药剂在病处喷洒，10 d 左右 1 次，防治 1～2 次。

粪生帚霉 Scopulariopsis

粪生帚霉又称白色石膏霉，是食用菌重要竞争性杂菌。常发生于蘑菇菇床上，也可在草菇、凤尾菇菇床上发生。其产孢量大，传播迅速，常引起二次感染，严重影响食用菌生产。

【典型症状】 常发生在蘑菇播种前后，先在培养料内出现白色菌丝，后扩展至覆土层内及床面上。在覆土层表面初生白色、具光泽斑块状的浓密菌落，后变为白色石膏状的粉状物，逐渐变为褐黄色，最后变成淡红色粉状颗粒（图 62-17）。菌落下的培养料几乎被该菌所占据，食用菌菌丝不能生长。但病原菌丝被消灭后，食用菌菌丝仍能恢复生长。

图 62-17　粪生帚霉（石膏霉）

【致病病原】 病原粪生帚霉 *Scopulariopsis fimicola*（Cost. et Matr.）Vuill.，属半知菌亚门丛梗孢目丛梗孢科真菌。

【病害循环】 主要生长在土壤中，也可生长在植物残体上，以孢子随气流、培养料及覆土进入菇床。

【发生规律】 该菌喜潮湿偏碱的环境，凡培养料偏湿、偏碱或播种前后菇房通风不良的情况下极易发生。

【防治措施】 (1) 农业防治。培养料要经过二次发酵，保持温度在 57～60 ℃经 2～6 h。培养料中适当添加石膏粉，可改善基物的空隙性和通气性，防止偏湿偏碱。(2) 化学防治。覆土用甲醛熏蒸处理。菇床局部发生时，可喷洒 15%醋酸溶液或 2%甲醛溶液，也可将过磷酸钙直接撒在发病的培养料上，以控制该菌扩散。

鬼伞 Coprinus comatus

鬼伞是一类生活条件和草菇极相似的腐生真菌。常发生在栽培草菇的草堆上，是草菇栽培中最常见、为害最大的一种竞争性杂菌，造成草菇减产，甚至绝收。

【典型症状】 培养料面上长出菌柄细长、菌盖呈弹头状至卵状的伞菌，菌盖颜色因种类不同而异，表面大多有鳞片毛，菌柄中空。老熟时菌盖展开，菌褶逐渐变色，由白变黑，最后菌盖自溶成墨汁状，孢子在墨汁中（图 62-18，19，20）。

图 62-18 鬼伞

图 62-19 鬼伞

图 62-20 灰盖鬼伞

【致病病原】 鬼伞种类主要有墨汁鬼伞 *Coprinus atramentarius*（Bull. ex Fr.）Fr.、光头鬼伞 *C. fuscesens*（Schaeff.）Fr.、粪鬼伞 *C. sterquilinus* Fr.、长根鬼伞 *C. macrorhizus*（Pers. ex Fr.）Rea. 等。属担子菌纲伞菌目伞菌科真菌。

【病害循环】 鬼伞一般生长于粪堆、肥土及植物残体上，在受潮霉变的稻草、麦秆、棉籽壳、废棉等培养料原料中带有大量鬼伞类孢子，使用这种原料，未经堆制发酵或发酵不良，没有完全杀死鬼伞类孢子，栽培后就容易导致鬼伞大量发生，这是鬼伞的主要初侵染源。另外，旧草帘或未经消毒的草帘往往也隐匿着大量的鬼伞类孢子，使用后易发生鬼伞。鬼伞类生长速度很快，子实体自溶后，其孢子随墨汁传播，引起再侵染。

【发生规律】 鬼伞喜高温、高湿、偏酸性的生长环境，如果培养料发酵过度，pH 呈酸性时，极易诱发鬼伞大量发生。在营养上，鬼伞对氮素的要求高于草菇，培养料中添加麦皮、米糠及尿素过多，或添加未经腐熟的禽畜粪，在发酵时易产生大量的氨，既抑制了草菇菌丝的生长，又有利于鬼伞的发生，可加重鬼伞的为害。

【防治措施】 (1) 农业防治。搞好栽培场地的环境卫生，新老菇房的室内外都要经过严格消毒处理。选用新鲜、无霉变的原料，使用前暴晒2～3 d，杀灭残留在原料中的鬼伞类孢子和其他杂菌。控制培养料中的氮素比例。添加含氮量高的辅助材料比例不宜过大，一般麦皮以5%、腐熟的禽畜粪以5%～10%为宜。原料要经堆制和高温发酵，使料温达60 ℃，保持3 d，并及时翻堆。培养料可适当添加石灰粉，调节pH达8～9。选用优质适龄生长旺盛的菌种进行接种，栽培种的菌龄以20～30 d为宜。播种时适当增加菌种用量，加强草菇的菌种优势，使其优先占领培养料，从而抑制杂菌的生长。(2) 化学防治。菇床上一旦发生鬼伞的子实体，应及时摘除，病区可用5%的石灰水消毒，防止孢子继续传播为害。

地碗菌 Peziza

地碗菌为食用菌的重要竞争性杂菌，经常发生在蘑菇、平菇及生料栽培金针菇的菇床上，大量消耗培养料中的养分。

【典型症状】 食用菌播种后，在菇床表面长出近圆形、颗粒状子实体，如绿豆至黄豆般大小，颜色因种类不同而异。长大后，顶端开口形成杯状或碗状的子实体，半透明，近无柄(图62-21)。后期颜色变深，边缘开裂成花瓣状。严重时培养料面上子实体密集丛生，食用菌菌丝的生长受到抑制，出菇少或不出菇。

图 62-21 地碗菌

【致病病原】 地碗菌种类主要有疣孢褐地碗菌 *Peziza badia* Pers 和土生硬皮盘菌 *P. astracoderma* Korf.，属子囊菌亚门盘菌纲盘菌目盘菌科盘菌属真菌。

【病害循环】 地碗菌平时生活于土壤及有机质上，其子囊孢子可随培养料及覆土进入菇床，也可随气流飘散到菇床上，形成初侵染和再侵染。

【发生规律】 在培养料有机质丰富、菇房湿度大、通风不良的情况下，该菌极易发生。

【防治措施】 (1) 农业防治。覆土消毒。高温杀菌、覆土暴晒、甲醛熏闷、漂白粉拌土等，都可有效杀灭覆土中携带的病原。培养料进行高温堆制和二次发酵，利用高温杀死培养料中的病原。及时检查菇床，当害菌发生时，应立即挖出并补填经过消毒处理的新料，以防止此菌的蔓延。对摘除的子囊果应立即烧埋，以防交叉感染。(2) 化学防治。必要时也可在床面喷洒0.2%漂白粉、50%扑海因WP 1 200倍液，或50%多菌灵WP 500倍液。

二、蔬菜虫害

- （一）食叶性害虫
- （二）刺吸式害虫
- （三）钻蛀性害虫
- （四）地下害虫
- （五）螨类和软体动物
- （六）食用菌害虫

（一）食叶性害虫

63. 蛾类害虫

小菜蛾 Diamond back moth

小菜蛾 *Plutella xylostella*（L.）属鳞翅目菜蛾科，又称菜蛾、方块蛾、小青虫、两头尖。各地均有发生，南方为害重。小菜蛾繁殖力强，世代周期短，易产生抗药性，是十字花科蔬菜上最普遍最严重的害虫之一。为害甘蓝、花椰菜、白菜、油菜、萝卜等十字花科蔬菜。偶尔也可为害马铃薯、葱、姜、番茄等。国内分布所有省、区，东、南、西、北向均靠近边境线，是分布范围最广的农业害虫。

【形态特征】（1）成虫。灰褐色小蛾，体长6～7 mm，翅展12～15 mm。雄虫体色较深；前翅灰黑色或赭褐色，翅后缘从翅基到外缘有呈三度曲波状的黄褐色带；腹部末端圆钳状，抱握器微张开(图 63-1)。雌蛾色淡，灰褐色；前翅前缘淡黄或灰白色，后缘波纹色浅，呈灰黄色；腹部末端圆筒形(图 63-2)。雌雄前翅缘毛均长，特别是靠近外缘处更长。后翅均为银灰色。停息时两翅覆盖于体背成屋脊状，前翅缘毛翘起，两翅结合处由三度曲波纵带组成的3个连串的斜方块（图63-4）。（2）卵。椭圆形，稍扁平，一端稍倾斜。大小为0.5 mm×0.3 mm，初产时乳白色，后变为黄绿色，具光泽。（3）幼虫。共4龄，初为深褐色，后变为黄绿色至绿色（图63-5，6）。末龄幼虫体长约10 mm，纺锤形（图63-6）。头部黄褐色，前胸背板上有由淡褐色无毛的小点组成的2个“U”形纹，体上着生有稀疏的长而黑的刚毛。臀足向后超过腹部末端。（4）蛹。长5～8 mm，颜色多变，有绿、灰黑、粉红、黄白等色（图63-7）。肛门周缘有钩刺3对，腹末有小钩4对。近羽化时，复眼变黑，翅芽上有三度曲波状纹明显可见。蛹外被薄茧（图63-8）。

图 63-1　小菜蛾，雄成虫

图 63-2　小菜蛾，雌成虫

图 63-3　小菜蛾，成虫背面观

图 63-4　小菜蛾，低龄幼虫

图 63-5　小菜蛾，3 龄幼虫

图 63-6　小菜蛾，末龄幼虫

图 63-7　小菜蛾，黄绿色蛹

图 63-8　小菜蛾，绿色蛹

【生活习性】（1）成虫。成虫昼伏夜出，白天仅在受惊扰时，在株间作短距离飞行。成虫产卵期可达 10 d，平均每雌产卵 100～200 粒，卵散产或数粒在一起，多产于叶背脉间凹陷处。成虫有趋光性，夜出活动，活动高峰为 19～23 时，在植株间短距离飞翔产卵。（2）幼虫。幼虫活泼、动作敏捷，受惊时向后剧烈扭动、倒退或吐丝下落。1 龄幼虫潜叶钻食叶肉，2 龄幼虫啃食叶肉残留上表皮，成为透明的斑块。在留种田除取食嫩叶外还啃食嫩茎、钻食幼荚、食空种荚。进入 4 龄期为老熟幼虫，老熟幼虫在叶脉附近结薄茧化蛹，蛹期为 9 d。

【典型症状】 初龄幼虫仅能取食叶肉，留下表皮，叶片上形成透明的斑块，3～4 龄幼虫可将菜叶食成孔洞和缺刻，严重时全叶被吃成网状（图 63-9）。幼虫常集中为害心叶，影响包心。在留种菜上，为害嫩茎、幼种荚和子粒，影响结实。

图 63-9　小菜蛾，为害甘蓝状

【发生规律】（1）发生世代。华北地区每年发生 4～6 代，合肥每年发生 10～11 代，广东 20 代。（2）越冬。长江及其以南地区无越冬、越夏现象。长江以北地区，成虫在十字花科蔬菜、留种蔬菜及田边杂草中越冬，幼虫多数在菜心里越冬，蛹多数在菜株中部或叶片背面越冬。（3）发生时期。在北方于5～6月份及 8 月份呈 2 个发生高峰，以春季为害重，长江流域和华南各省以3～6月份和8～11月份为2次高峰期。秋季重于春季。(4) 环境因素。菜蛾的发育适宜温度为20～30℃。高温干燥的条件有利于小菜蛾发生。十字花科蔬菜种植面积大、复种指数高的地区小菜蛾发生严重。(5) 天敌。菜蛾绒茧蜂，姬蜂。

【防治措施】 (1) 农业防治。避免十字花科蔬菜周年连作，以免虫源周而复始发生。对苗田加强管理，及时防治，避免将虫源带入本田。蔬菜收获后，要及时处理残株落叶，及时翻耕土地，可消灭大量虫源。(2) 生物防治。释放菜蛾绒茧蜂，姬蜂。每亩放性引诱剂诱芯7个，把塑料膜4个角绑在支架上盛水，诱芯用铁丝固定在支架上弯向水面，距水面1～2 cm，塑料膜距蔬菜10～20 cm，诱芯每30 d换1个。(3) 物理防治。利用趋光性，在成虫发生期，采用频振式杀虫灯，或黑光灯，可诱杀大量小菜蛾，减少虫源。(4) 化学防治。卵孵化盛期至2龄前喷药，每亩用2.4%阿维·高氯微乳剂30 mL，或5%丁烯氟虫腈EC 40 mL，或2.5%多杀霉素EC 60～80 mL，或5%氟啶脲EC 60 mL，或5%印楝素EC 100 mL，或10%虫螨腈SC 15～30 mL，1.8%阿维菌素EC 30～50 mL对水20～50 L，4.5%高效氯氰菊酯EC 15～30 mL，或10%高效氯氰菊酯EC 20～30 mL对水40～50 L，2.5%联苯菊酯EC 50～60 mL对水20～50 L，48%毒死蜱EC 100～150 mL对水20～50 L喷雾，或80%易福EC 2 000～3 000倍液喷雾防治，3龄后用80%易福EC 1 000倍液。

参考文献

[1]汪恩国，郑永利. 浙江临海小菜蛾成虫数量季节消长规律[J]. 昆虫知识，2007，44(2)：271-274

[2]申洪利，陆建高. 防治蔬菜小菜蛾大区示范报告[J]. 天津农林科技，2008(1)：9-11

菜螟 Cabbage webworm

菜螟 *Hellula undalis* Fabricius 属鳞翅目螟蛾科，又称菜心野螟、萝卜螟、甘蓝螟、卷心菜螟、白菜螟、菜剜心野螟。为害甘蓝、花椰菜、白菜、萝卜等。各地均有发生。

【形态特征】 (1) 成虫。体长7～9 mm，翅展15～20 mm，体灰褐色或黄褐色。前翅有灰白色的内横线和外横线，各线呈波浪形，灰褐色镶边，因而成双重线纹，外缘有一列小黑点。翅中部有一深褐色肾形斑，镶有白边。后翅灰白色，近外缘稍带褐色。(2) 卵。椭圆形，长约0.3 mm，扁平，表面有不规则网纹，初产时淡黄色，后逐渐出现红色斑点，孵化前橙黄色。(3) 幼虫(图63-10)。共5龄。老熟幼虫体长12～14 mm。头部黑色，有“八”字形裂纹。体淡黄绿色，体背有不明显的灰褐色纵纹。各节生有毛瘤，中、后胸各6对，横排成1行。腹部各节背面及侧面有2排毛瘤，前排8个，后排2个。腹足趾钩双序单列缺环形。(4) 蛹。长约8 mm，黄褐色，翅芽顶端、触角和足皆长达第5腹节，腹部背面隐约可见5条纵纹，腹末生有2对刚毛。(5) 茧。长椭圆形，外附泥土。

图63-10 菜螟，幼虫

【生活习性】 (1) 成虫。成虫夜出活动，对黑光灯的趋光性较弱，飞翔力也弱。在上海地区5月下旬至6月上旬始见。成虫喜欢选择在嫩菜叶和茎上产卵，散产，以心叶上最多。适宜的环境条件下，每头雌蛾平均产卵量可达约200粒，繁殖系数极高。(2) 幼虫。初龄幼虫孵化后，大多潜入心叶面表皮下，啃食叶肉。2龄后钻出潜叶表皮，在叶上活动。3龄后多再次钻入菜心，食害心叶，吐丝将心叶缠结，藏身其中。高龄幼虫蛀入茎髓为害。幼虫有转株为害习性，1头幼虫可转株为害4～5株。

【典型症状】 幼虫是钻蛀性害虫，为害蔬菜幼苗期心叶及叶片，幼苗生长点被破坏后停止生长，萎蔫死亡初孵幼虫潜叶为害，隧道宽短；2龄后穿出叶面；3龄吐丝缀合心叶，在内取食，使心叶枯死并且不能再抽出心叶；4～5龄可由心叶或叶柄蛀入茎髓或根部，蛀孔显著，孔外缀有细丝，并有排出的潮湿虫粪。受害苗枯死或叶柄腐烂。幼虫3龄以后，钻入菜心，吐丝将心叶缠结一团，受害部出现其排出的潮湿虫粪，引起腐烂，所在田间常同期引发细菌性软腐病的泛滥。通常，田间幼虫发育到4～5龄时菜农才明白发生的是虫灾。

【发生规律】（1）发生世代。在北京、山东每年发生3～4代，合肥发生5～6代。上海发生6～7代。（2）越冬。以老熟幼虫在地面吐丝缀合土粒、枯叶做成丝囊越冬。（3）发生时期。春天越冬幼虫入土6～10 cm深做茧化蛹。（4）环境因素。该虫喜高温低湿环境。

【防治措施】（1）农业防治。耕翻土地，杀灭在表土或枯叶残株内的越冬幼虫。适当调整播种期，使菜苗3～5片真叶期与菜螟盛发期错开。田间灌水，增大田间湿度，抑制虫害发生。（2）化学防治。成虫盛发期和幼虫孵化期喷48%毒死蜱EC 1 000～1 500倍液，或2.5%鱼藤酮EC 1 000倍液，或5%抑太保EC 2 000～3 000倍液，或5%锐劲特SC 1 000～1 200倍液。2%广豆根总碱微乳剂防治十字花科蔬菜害虫，亩用药量为25～33.3 mL，在田间十字花科蔬菜害虫低龄幼虫始盛期，菜苗初见心叶被害时及时用药，每亩对水50 kg进行常规喷雾，注意施药部位应尽量喷到菜心叶上。

参考文献

[1]朱佩瑾，李惠明，程仲谋，等.有关菜螟的发生与测报防治技术的建议[J].上海蔬菜，2005(3):57-58

[2]赵小华，陆致平.2%广豆根总碱微乳剂对甘蓝菜螟的防治效果[J].上海农业科技，2007(5):129

瓜绢螟 Indian cabbage moth

瓜绢螟 *Diaphania indica* (Saunders) 属鳞翅目螟蛾科绢野螟属。又称瓜螟、瓜绢野螟、棉螟蛾、瓜绢螟、印度瓜野螟。是为害瓜类的主要害虫。使瓜类生产常年损失达30%左右，严重时可达60%以上。为害食性杂，可为害西瓜、黄瓜、苦瓜、甜瓜、丝瓜、冬瓜、番茄、茄子、棉、桑、木槿和锦葵等植物。国内分布河南、湖北、江西、贵州、广西、云南、江苏、浙江、福建、四川、广东和台湾等省区。

【形态特征】（1）成虫（图63-11，12）。翅面白色带丝绢般闪光。头部及胸部浓墨褐色。触角黑褐色，长度接近翅长。下唇须下侧白色，上部褐色。胸部领片及翅基片深褐色，末端鳞片白色细长。胸部背面黑褐色，腹部背面1～4节白色，5～6节黑褐色，腹部左右两侧各有一束黄褐色臀鳞毛丛。翅白色半透明，闪金属紫光。前翅沿前缘及翅面及外缘有一条淡墨褐色带，翅面其余部分为白色三角形，缘毛墨褐色。后翅白色半透明有闪光，外缘有一条淡墨褐色带，缘毛墨褐色。（2）卵。卵扁平，椭圆形表面有网纹。（3）幼虫（图63-13，14，15）。老熟幼虫体长23～26 mm，头部、前胸背板淡褐色，胸腹部草绿色，亚背线呈两条较宽的乳白色纵带，气门黑色。（4）蛹（图63-16）。长约14 mm，深褐色，头部光整尖瘦，翅端达第6腹节。外被薄茧。

图63-11 瓜绢螟，雄成虫

图63-12 瓜绢螟，雌成虫和卵

图63-13 瓜绢螟，低龄幼虫

图 63-14 瓜绢螟，4 龄幼虫

图 63-15 瓜绢螟，老熟幼虫

图 63-16 瓜绢螟，蛹

图 63-17 瓜绢螟，为害西瓜

图 63-18 瓜绢螟，为害黄瓜

图 63-19 瓜绢螟，为害冬瓜

图 63-20 瓜绢螟，为害苦瓜

【生活习性】 (1) 成虫。成虫夜间活动，稍有趋光性，卵产于叶片背面，散产或几粒在一起。成虫寿命 6～14 d。(2) 卵。卵期为 5～7 d。(3) 幼虫。幼虫共 4 龄，3 龄后卷叶取食，幼虫期为 9～16 d。(4) 蛹。化于卷叶中，蛹期 6～9 d。

【典型症状】 以幼虫取食为害。初孵幼虫为害叶片时，先取食叶片下表皮及叶肉，仅留上表皮；虫龄增大后，将叶片吃成缺刻，仅留叶脉（图 63-17，18）。虫量大时，可将整片瓜地叶片吃光（图 63-19）；幼虫可为害瓜果，取食瓜的表皮，呈花斑，或将整个瓜的表皮吃掉呈麻皮状，而后钻入瓜内，取食皮下瓜肉，使瓜腐烂变质（图63-20）。

【发生规律】 (1) 发生世代。在益阳一年发生6～7代，安徽安庆地区发生4代，上海地区发生4～5代。(2) 越冬。以老熟幼虫或蛹在枯叶或表土越冬。(3) 发生时期。4月底开始羽化，5月份出现幼虫为害。7～9月份为盛发期，世代重叠，为害严重。

【防治措施】(1) 农业防治。人工摘除卷叶、蛀果，带出田外集中销毁。收获后及时清洁田间，以减少虫源。避免在前茬为瓜茄类作物的田片种植。实行水旱轮作，但要避开与葫芦科、茄科作物轮作。(2) 化学防治。0.9%集琦虫螨克 EC 1 500～2 000 倍液，2%千虫尽可湿性(阿维·苏) 1 500 倍液，或 48%毒死蜱 EC 1 000 倍液，或克特灵 WP 500 倍液，或 0.5%阿维菌素 EC 2 000 倍液。克特灵、阿维菌素属微生物杀虫剂，高效低毒，不污染环境，昆虫对其不易产生抗性。试验表明，印楝素对瓜绢螟具有多种生物活性，主要表现在对幼虫的拒食、成虫产卵的忌避、生长发育的抑制和一定的毒杀活性。

参考文献

[1]文范纯. 瓜绢螟生活习性研究与防治试验[J]. 吉林蔬菜，2007(2):48-49

[2]刘奎. 瓜绢螟发育起点温度和有效积温[J]. 中国蔬菜，2004(1):38-39

[3]张俊宏,陈青,潘志孝. 防治瓜绢螟高效无公害药剂筛选试验[J]. 热带农业科技,2004,27(3):15-17

甜菜螟 Hawaiian beet webworm

甜菜螟 *Hymenia recurvalis* Fabricius 属鳞翅目螟蛾科。又称为甜菜白带野螟、甜菜叶螟、白带螟蛾、青布袋。分布北起黑龙江、内蒙古，黄河中下游发生多。为害苋菜、黄瓜、玉米、甘薯、甘蔗、甜菜等。各地均有分布。

【形态特征】(1) 成虫(图 63-21，22)。翅展24～26 mm。体棕褐色；头部白色，额有黑斑；胸部背面黑褐色，腹部环节白色；翅棕褐色，前翅中室有一条斜波纹状宽白带，边缘黑色。外缘有一排细白斑点；后翅也有一条黑缘白带，缘毛黑褐色与白色相间；双翅展开时，白带相接呈倒八字形。(2) 幼虫(图 63-23，24)。1 龄幼虫黄白色，2 龄以后幼虫淡绿色，光亮透明，老熟幼虫桃红色，长 2.5～3.5 cm，两头细，中间粗，近似纺锤形，趾钩双序外侧缺环式。幼虫额部上方的“人”字形凹纹明显，幼虫前胸和中胸背面气门上线上方至亚背线下方左右有各 2 块圆形黑色斑块，随着虫龄增大，斑块增大，至 5 龄时形成 2 条几乎连续的黑色宽条带，前方一直连到头。(3) 蛹。长 9～11 mm，宽 2.5～3 mm，黄褐色，臀棘上有钩刺 6～8 根。

图 63-21 甜菜螟，雄成虫

图 63-22 甜菜螟，雌成虫

图 63-23 甜菜螟，低龄、高龄幼虫和卵

图 63-24 甜菜螟，老熟幼虫桃红色

【生活习性】（1）成虫。成虫飞翔力弱，卵散产于叶脉处，常2～5粒聚在一起。每雌平均产卵88粒。卵历期3～10 d。（2）幼虫。幼虫孵化后昼夜取食。幼龄幼虫在叶背啃食叶肉，留下上表皮成天窗状，蜕皮时拉一薄网。3龄后将叶片食成网状缺刻。幼虫共5龄，发育历期11～26 d。幼虫老熟后变为桃红色，开始拉网，24 h后又变成黄绿色，多在表土层做茧化蛹，也有的在枯枝落叶下或叶柄基部间隙中化蛹。（3）蛹。多在表土层做茧化蛹。

【典型症状】 幼虫吐丝卷叶，在其内取食叶肉。幼龄幼虫在叶背啃食叶肉，留下上表皮成天窗状，3龄后将叶片食成网状缺刻（图63-25）。

图 63-25　甜菜螟，为害苋菜

【发生规律】（1）发生世代。山东每年发生3代，陕西发生2代，南京地区发生2～3代。有世代重叠现象。（2）越冬。9月底或10月上旬开始越冬。以老熟幼虫吐丝做土茧化蛹，在田间杂草、残叶或表土层中越冬。

【防治措施】（1）农业防治。结合田间管理，剪除带虫枝叶。（2）物理防治。设置黑光灯诱杀成虫。（3）化学防治。幼虫大量发生时，喷施0.5%阿维菌素 EC 2 000倍液，或20%氰戊菊酯 EC 3 000倍液，或15%杜邦安打 SC 3 000倍液或2.5%保得 EC 2 000倍液。

B 豆蚀叶野螟
Bean leaf webber

豆蚀叶野螟 *Lamprosema indicata* Fabricius 属鳞翅目螟蛾科，又称豆卷叶螟、大豆卷叶虫。长江以南发生较重。为害豇豆、菜用大豆、菜豆、扁豆、豌豆等豆科蔬菜。北起吉林、内蒙古，南、东向达国境线，西限自宁夏、甘肃、青海折入四川、云南。长江以南较为常见。国外分布于日本、越南、印度、斯里兰卡、新加坡及非洲、北美洲、中美洲、南美洲。

【形态特征】（1）成虫。体长10 mm左右，体黄褐色，胸部两侧附有黑纹。前翅外缘黑色，内横线、中横线、外缘线黑色波浪状，内横线外侧具黑色点1个；后翅生有2条黑横线，外缘也为黑色，翅展开时与前翅内、外横线相连（图63-26）。（2）卵。末龄幼虫体长15～17 mm，头部及前胸背板淡黄色，前胸侧板具1黑色斑，胸部、腹部浅绿色，气门圈黄色，沿亚背线、气门上线、下线和基线处具小黑纹。（3）幼虫。长0.7 mm，椭圆形，淡绿色（图63-27）。（4）蛹。长12 mm，纺锤形，褐色，外被薄茧（图63-28）。（5）茧。长17 mm左右，椭圆形，薄丝质，白色。

图 63-26　豆蚀叶野螟，成虫

图 63-27　豆蚀叶野螟，幼虫

图 63-28　豆蚀叶野螟，蛹

【生活习性】（1）成虫。成虫昼伏夜出，夜间交配，白天喜潜伏在叶背面隐蔽，有趋光性。多产卵于叶片背面。（2）幼虫。初孵幼虫先在叶背取食，后吐丝把2～3片豆叶向上卷折。幼虫活泼，受惊时迅速倒退。老熟后可在其中化蛹，亦可落地在落叶中化蛹。

【典型症状】 幼虫将单个叶片卷成筒状，或将邻近的2～3片叶连叠起来做成筒状，并藏于其中啃食叶片组织，使叶片呈缺刻或穿孔，后期可蛀食豆荚或豆粒。

【发生规律】（1）发生世代。河北、山东一年发生2～3代，江西4～5代，广东5代。（2）越冬。以末龄幼虫或蛹在枯叶里内越冬。（3）发生时期。山东越冬代成虫于4月中旬至5月中下旬羽化，个别延续到6月初羽化。5月中下旬是第1代幼虫盛发期，为害春播大豆。6月中旬进入第1代成虫盛发期。6～9月份在田间可见各虫态，有时9月豆田还可见很多幼虫。

【防治措施】（1）农业防治。及时清除田间落花、落荚，并摘除被害的卷叶和豆荚，以减少虫源。（2）物理防治。在豆田架设黑光灯，诱杀成虫。（3）化学防治。用2.5%溴氰菊酯1 000倍液，或48%毒死蜱EC 1 000倍液，或52.25%农地乐EC 2 500倍液，或10%氯氰菊酯EC 2 000倍液，或2.5%三氟氯氰EC 1 000倍液喷雾防治。

豆卷叶野螟 Bean pod borer

豆卷叶野螟 *Sylepta ruralis* Scopoli 属鳞翅目螟蛾科，又称郁金野螟蛾。是华北和东北地区菜用大豆的重要害虫。为害大豆、绿豆、菜豆、苧麻。各地均有分布。

【形态特征】（1）成虫。体长约12 mm，翅展22～24 mm，全体黄白色，前翅上有暗灰色花纹，外横线、中横线、内横线呈波状，中横线和内横线间有2个较深的斑纹；后翅也有2条波状纹（图63-29）。（2）卵。卵乳白色，长约1 mm，扁椭圆形。（3）幼虫。老熟幼虫体绿色，白色刚毛细长，背血管暗绿色，较明显（图63-30）。（4）蛹。长约13 mm，刚化蛹时绿色，后变褐色（图63-31）。

图63-29 豆卷叶野螟，成虫

图63-30 豆卷叶野螟，幼虫

图63-31 豆卷叶野螟，化蛹初期绿色

图63-32 豆卷叶野螟，幼虫卷叶为害

【生活习性】（1）成虫。成虫有趋光性，卵多产在叶背。（2）幼虫。初孵幼虫取食叶肉，3龄后卷叶为害。幼虫极活泼。稍受惊扰就迅速倒退。

【典型症状】 幼虫食叶。低龄幼虫不卷叶，3龄后幼虫把叶横卷成筒状，隐匿其中取食（图63-32）。

【发生规律】（1）发生世代。每年发生 2～3 代。（2）越冬。以 3、4 龄幼虫在卷叶里吐丝结茧越冬。

【防治措施】参见豆蚀叶野螟。

紫苏野螟 Perilla leaf roller

紫苏野螟 *Pyrausta phoenicealis* Hübner 属鳞翅目螟蛾科。为害胡萝卜、紫苏、糙苏、丹参、泽兰等。分布在河北、安徽、浙江、福建、台湾。

【形态特征】（1）成虫。体长 6～7 mm；翅展 13～15 mm。头部橘黄色，头两侧具白条纹，触角微毛状，下颚须黄褐色，下唇须向前平伸，上侧黄褐色，下侧白色，胸部、腹部的背面黄褐色，腹面、足白色。前翅充满紫红色，内横线波状纹向外倾斜。内侧有 1 条朱红色带，外缘线、内缘线朱红色。后翅的顶角深红褐色，从前缘到臀角上方具斜线 1 条。（2）卵。扁圆形，灰白色或浅黄色。（3）幼虫。末龄幼虫体长 16～18 mm，分青绿和紫红 2 种色型。头部浅褐色，具深褐色点状纹，沿背中线、气门下线两侧及腹中线生断续白色带。前胸背板两侧和后缘黑色，中后胸及 1～8 腹节各有 3 对黑色毛片（图 63-33）。（4）蛹。棕黄色。

图 63-33 紫苏野螟，幼虫侧面和背部

【生活习性】（1）成虫。成虫产卵前期 3 d，产卵期 10 d 左右，每雌产卵 180 粒，把卵产在叶背面。（2）卵。夏天卵经 3 d 孵化。（3）幼虫。幼虫期 10～15 d，幼虫喜吐丝把叶卷成筒状，虫体藏在筒中剥食叶片（图 63-34）。进入末龄后常出筒活动，把嫩枝咬断。（4）蛹。老熟后在叶内或土缝中结薄茧化蛹。蛹期 6～9 d。

【典型症状】植株叶片被剥食，枝梢被折断，受害率高达 50%。

图 63-34 紫苏野螟，幼虫吐丝为害

【发生规律】（1）发生世代。每年发生 3 代。（2）越冬。以 4 龄幼虫在残叶或土缝内结茧越冬。（3）发生时期。春天 4～5 月份化蛹。越冬代成虫于 5 月份中下旬始见，交配产卵、孵化幼虫，7～8 月份为害重。8～9 月份部分第 2 代末龄幼虫及第 3 代幼虫，陆续滞育越冬。

【防治措施】参见豆蚀叶野螟。

棉大卷叶螟 Cotton leaf roller

棉大卷叶螟 *Sylepta derogata* Fabricius 属鳞翅目螟蛾科，又称棉卷叶螟、棉大卷叶虫、棉野螟蛾、棉卷叶野螟、裹叶虫、包叶虫。为害秋葵、苋菜，以及棉花、苘麻、芙蓉、木棉、木槿、梧桐、扶桑花等。国内除西北外，其他各地均有发生。以淮河以南，特别是长江流域发生较多。

【形态特征】（1）成虫。体长 8～14 mm，翅展 22～30 mm，全体黄白色，有闪光。前、后翅外缘线、亚外缘线、外横线、内横线均为褐色波纹状。中央接近前缘处有似“OR”形褐纹，在“R”纹下有中线一段。（2）卵。卵长约 0.12 mm，宽约 0.09 mm，青绿色，椭圆形，略扁，初产时乳白色，后渐转为淡绿色，孵化前呈灰白色。（3）幼虫。末龄幼虫体长约 25 mm，头扁平灰色，并有不规则的深紫色斑点。胸足黑色，腹足半透明，尾足背面黑色。背线暗绿色，气门线稍淡。化蛹前变成桃红色（图 63-35，36）。（4）蛹。长 12～14 mm，棕红色，第 4 腹节气门特别大。初化蛹时淡绿色，后渐转深。

【生活习性】（1）成虫。成虫多在夜间羽化，尤以后半夜最盛，白天不大活动，受惊扰时才稍

图 63-35　棉大卷叶螟，低龄幼虫

图 63-36　棉大卷叶螟，老熟幼虫

稍移动，多藏在叶背和杂草丛中，21～22 时活动最盛，有趋光性。(2) 卵。卵散产于叶背，以叶脉边缘最多，叶面极少。每雌可产卵 70～200 粒。卵多在夜间孵化。(3) 幼虫。老熟幼虫以丝将尾端黏于叶上，化蛹于卷叶内。

【典型症状】 初孵幼虫群集在叶背取食叶肉，留下表皮，2 龄以后开始分散，3 龄后吐丝将棉叶卷成喇叭状，藏身其中食叶成缺刻或孔洞。严重的吃光全部棉叶，继续为害棉铃苞叶或嫩蕾，造成严重为害。

【发生规律】 (1) 发生世代。辽宁每年发生 3 代，黄河流域 4 代，长江流域 4～5 代，华南 5～6 代。(2) 越冬。以老熟幼虫在棉秆或地面枯卷叶、田间杂草根际处越冬，棉田附近老树皮裂缝中也有。(3) 发生时期。在长江流域，越冬幼虫在第 2 年 4 月下旬化蛹。第 1 代在其他寄主上为害，第 2 代有少量迁入棉田。长江流域 8 月中旬到 9 月初是为害盛期。春夏干旱，秋季多雨年份发生最多。(4) 环境因素。生长茂密的地块，靠近房屋、树木等避风的地方发生较多。

【防治措施】 发生卷叶时，结合整枝捏死卷叶内幼虫。在幼虫 1～2 龄未卷叶时期喷药防治。

草地螟 Beet webworm

草地螟 *Loxostege sticticalis* Linnaeus，属鳞翅目夜蛾科，又称黄绿条螟、甜菜网螟、网锥蛾野螟。为害甜菜、甘蓝、大豆、豌豆、扁豆、马铃薯、小麦、燕麦、玉米、高粱、向日葵、亚麻、瓜类、胡萝卜、葱、洋葱、茴香、藜科、蓼科、菊科杂草等。

【形态特征】 (1) 成虫。体长 8～10 mm，翅展 14～26 mm，体淡灰褐色，前翅灰褐色，外缘有淡黄色的条纹，顶角内侧前缘有一不明显的三角形淡黄色小斑。沿外缘有明显的淡黄色波状纹，外缘有类似前翅外缘的条斑。静止时两翅叠合成三角形，触角鞭状（图 63-37）。(2) 卵。初产时乳白色，有珍珠光泽，后逐渐变为浅黄褐色。(3) 幼虫。初孵化的幼虫身体淡黄色，老熟幼虫体长 25 mm，灰绿色至黑色，头部黑色，躯体有明显的褐色背线，两侧有黄色的线条，腹部为黄绿色，每节各有瘤状突起 2 对，分列在背线两侧。

图 63-37　草地螟，成虫

【典型症状】 初孵幼虫取食叶肉，残留表皮，长大后可将叶片食成缺刻或仅留叶脉，使叶片呈网状。大发生时，也为害花和幼荚。

【生活习性】 (1) 成虫。成虫飞翔力弱，喜食花蜜，卵散产于叶背主脉两侧，常 3～4 粒在一起，以距地面 2～8 cm 的茎叶上最多。(2) 幼虫。初孵幼虫多集中在枝梢上结网躲藏，取食叶肉，3 龄后食量剧增。

【发生规律】 每年发生 2～4 代。以老熟幼虫在土内吐丝做茧越冬。

【防治措施】 幼虫 3 龄之前，均匀喷雾 2.5% 敌杀死 EC 2 000～2 500 倍液，或用 2.5%功夫 EC

1 800～2 000 倍液，或用 20%杀灭菊酯 EC 1 000～1 500 倍液，或 2.5%保得 EC 2 000 倍液，或 50%辛硫磷 EC 1 500 倍液，或 20%三唑磷 EC 700 倍液。

银纹夜蛾 Three-spotted phytometra

银纹夜蛾 *Argyrogramma agnata* Staudinger 鳞翅目夜蛾科，又称黑点银纹夜蛾、豆银纹夜蛾、菜步曲。为害甘蓝、花椰菜、白菜、萝卜、莴苣、茄子、胡萝卜等蔬菜，大豆、豌豆等作物，以及泡桐、油桐等。国内遍布于所有省、区，其中以黄淮长江流域受害较重。

【形态特征】 (1) 成虫。成虫体长 14～17 mm，翅展 32 mm 左右。体色灰褐色。前缘深褐色，其上有条银色横纹。翅中央有一“U”字形银色纹和一近三角形银色斑点，二纹靠近但不相连。后翅暗褐色，有金属光泽（图 63-38）。(2) 卵。直径 0.4～0.5 mm。初产乳白色，后为淡黄至紫色，从顶端向四周放射出隆起纹。(3) 幼虫。幼虫头胸小，尾节粗，体青绿色。老熟幼虫体长 30 mm 左右。第 1、2 对腹足退化消失，行走时体背拱曲。背面有白色细小的纵线 6 条（图 63-39）。(4) 蛹。体长 18～20 mm，纺锤形，第 1～5 腹节背面前缘灰褐色，腹部体端延伸为方形臀棘，上生钩状齿 6 根（图 63-40）。蛹外被薄茧（图 63-41）。

图 63-38 银纹夜蛾，成虫

图 63-39 银纹夜蛾，幼虫

图 63-40 银纹夜蛾，幼虫为害扁豆

图 63-41 银纹夜蛾，蛹

【生活习性】 (1) 成虫。成虫白天可以活动，尤以午后活动最盛，趋光性不强，卵产于菜叶背面，3～6 粒一堆。(2) 幼虫。初孵化幼虫群集叶背取食叶肉剩下表皮，能吐丝下垂，3 龄后分散为害，食量渐大。幼虫有假死性。抗药力弱。老熟幼虫在叶上做白色薄茧化蛹。

【典型症状】 幼虫食叶，将菜叶吃成孔洞或缺刻，并排泄粪便污染菜株。1～2 龄幼虫有群集性，常数十头隐居于叶背啃食叶肉，3 龄后分散，为害加剧，常爬到植株上部，将叶片、嫩尖、花蕾、嫩荚全部吃光，有时钻蛀到荚里为害子粒，有假死性。

图 63-42 银纹夜蛾，蛹被有薄茧

【发生规律】 (1) 发生世代。东北、河北、山东每年发生 2～5 代，上海、杭州、合肥发生 4 代左右。闽北地区 6～8 代。(2) 越冬。各地均以蛹在枯叶上、土表等处越冬。(3)发生时期。4～5月间出现幼虫。(4)环境因素。纯作发生重，而间作和同穴发生轻。增施微肥发生轻。晚播发生重。钾素多发生轻。磷素多发生轻。氮素多发生重。覆膜栽培有利于发生。(5)天敌。白僵菌、绿僵菌以及捕食性的瓢虫、蜘蛛、蜻蜓、青蛙及稻苞虫黑瘤姬蜂等。

【防治措施】(1)农业防治。及时清除田间落叶，消灭虫蛹。利用幼虫的假死性，可摇动植物，使虫掉在地下集中消灭。(2)生物防治。在幼虫发育的1～2龄期，喷施苏云金杆菌或Bt EC，每克含活孢子量100亿以上。加水800～1 000倍防治，在气温20 ℃以上时防治效果良好。(3)物理防治。用黑光灯可大量杀死银纹夜蛾成虫，使虫害率下降。(4)化学防治。幼虫3龄期以前喷药防治。首选无公害农药如25%灭幼脲3号SC 500～1 000倍液，或5%抑太保EC 3 000～4 000倍液。也可选用10%吡虫啉EC 1 500倍液，或2.5%氟氯氰菊酯EC 3 000～4 000倍液，或10%联苯菊酯EC 6 000～8 000倍液，或21%增效氰·马EC 3 000～4 000倍液，或40%菊马EC 2 000～3 000倍液。隔10～15 d喷1次，连续1～2次。

甘蓝夜蛾 Cabbage armyworm

甘蓝夜蛾 *Mamestra brassicae*(L.)属鳞翅目夜蛾科，又称甘蓝夜盗蛾。各地都有分布，以北方发生较重。多食性害虫，主要为害甘蓝、白菜等十字花科蔬菜，以及瓜类、豆类、茄果类蔬菜和甜菜等。除福建、台湾、广东三省未见外，其余各省、区均有分布。

【形态特征】(1)成虫。体长18～25 mm，棕褐色，前翅具有明显的肾状纹和环状纹，后翅外缘具有1小黑斑(图63-43)。(2)卵。卵半球形，顶部具一棕色乳突，表面具纵脊和横格，初产时黄白色，渐变成褐色，孵化前变成紫黑色。(3)幼虫。幼虫共6龄，初孵时体色稍黑，体上有黑毛，体长约2 mm；2龄体长8～9 mm，呈绿色；1～2龄幼虫仅有2对腹足；3龄体长12～13 mm，体呈绿黑色，有明显的黑色气门线；老熟幼虫体长40 mm左右，头部黑褐色，胴部腹面淡绿色，背面具绿黄与棕褐两大色斑，各节背面具倒八字黑色条纹(图63-44)。(4)蛹。长20 mm左右，赤褐色，臀刺较长，深褐色，末端着生2根长刺，刺从基部到端部逐渐变细，末端膨大呈球形。

图63-43 甘蓝夜蛾，成虫

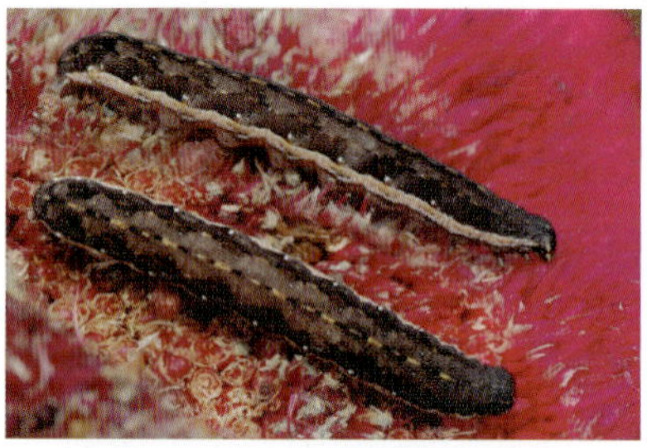

图63-44 甘蓝夜蛾，幼虫

【生活习性】 成虫昼伏夜出，对黑光灯及糖醋液有较强趋性。卵多产于叶背，单层成块。每头雌虫可产卵4～5块，500～1 000粒。

【典型症状】 具有群集性、夜出性、暴食性，初孵幼虫集中在叶背取食，啃食叶肉，使叶片残留表皮，呈密集的“小天窗”状。幼虫稍大后可将叶片食成孔洞或缺刻，并迁移分散；4龄后白天隐伏在心叶、叶背或植株根部附近表土中，夜间出来取食；高龄的幼虫可钻入叶球内为害，并排出粪便，降低商品价值。

【发生规律】(1)发生世代。黑龙江每年发生2代，山西太原发生3代，内蒙古、北京、天津等发生2～3代，四川、重庆1年发生3～4代，长江流域每年发生4代。(2)越冬。以蛹在土中越冬，气温达15～16 ℃时越冬蛹羽化出土。(3)发生时期。山东为6～7月份，黑龙江及新疆在8～9月份，湖南、四川在4～5月份和9～10月份。(4)环境因素。平均温度18～25 ℃，相对湿度70%～80%，适宜该虫生长发育。成虫喜欢在高大茂密的作物上产卵，所以水肥条件好，长势旺盛的蔬菜地受害重。

【防治措施】(1)农业防治。菜田秋耕或冬耕，杀灭部分虫蛹。卵块和2龄前幼虫在菜叶上，易发现，及时摘除。(2) 生物防治。成虫发生期用糖醋盆诱杀成虫。卵期可人工释放赤眼蜂，每亩放蜂点6~8个，每次释放2 000~3 000头，持续2~3次。在幼虫钻入叶球前喷洒苏云金杆菌制剂。(3) 物理防治。采用多佳频振式杀虫灯或黑光灯诱杀成虫。(4) 化学防治。在幼虫3龄前施药，每亩用2.5%高效氟氯氰菊酯EC 20~30 mL对水20~50 L，或用2.5%虫酰肼EC 20~30 mL对水20~50 L喷雾。也可以用5%卡死克可分散液剂1 000~2 000倍液。

参考文献

张筱秀，连梅力，李唐，等. 甘蓝夜蛾生物学特性观察[J]. 山西农业科学，2007，35(6)：96-97

红棕灰夜蛾 Muberry caterpillar

红棕灰夜蛾 *Polia illoba* Butler 属鳞翅目夜蛾科，又称苜蓿紫夜蛾。为害茄子、胡萝卜、甜菜、草莓、枸杞、菊、茼蒿、菜豆、草食蚕、豌豆、苜蓿、大豆、豇豆、桑、黑莓等。分布黑龙江、内蒙古、河北、华东、中南地区、甘肃、江西等省区。

【形态特征】 (1) 成虫。体长15~18 mm，翅展38~42 mm。棕色至红棕色，腹部褐色，腹端具褐色长毛。前翅上褐色剑纹粗大；环纹灰褐色，圆形；肾纹不规则，灰褐色；外线棕褐色，锯齿形。后翅大部分红棕色，基部色淡，缘毛白色。足红棕色，各足跗节均有白色环(图63-45)。(2) 卵。卵半球状，宽0.65 mm，高0.4 mm，初产时浅绿色，后变紫褐色。(3) 幼虫。初孵幼虫浅灰褐色，腹部紫红色，全体布有大而黑的毛片，足呈尺蠖状；3龄幼虫绿色或青绿色(图63-46)；4龄后出现红棕色型，6龄时基本都成为红棕色(图63-47)。末龄幼虫体长35~45 mm，头宽3~3.5 mm，具褐色网纹，单眼黑色，前胸盾褐色，背线和亚背线各具1纵列黄白色小圆斑，边缘棕褐色，每节每列5~7个(图63-48)。毛片圆形黑色；气门线黑褐色，沿上方具深褐色圆斑；气门下线浅黄色至黄色。(4) 蛹。长18~20 mm，宽6~7 mm，深褐色，蛹体较粗糙，臀棘短粗，末端分叉。

图63-45 红棕灰夜蛾，成虫

图63-46 红棕灰夜蛾，3龄幼虫

图63-47 红棕灰夜蛾，4龄后幼虫

图63-48 红棕灰夜蛾，幼虫头部特征

【生活习性】 (1) 成虫。成虫有趋光性。(2) 幼虫。1、2龄幼虫群聚在叶背取食叶肉，有的钻入花蕾中取食；3龄后分散，4龄时出现假死性，白天多栖息在叶背或心叶上；5、6龄进入暴食期，末龄幼虫食毁草莓的嫩头、蕾花、幼果等，影响草莓第2年产量。老熟幼虫在土内3~6 cm处化蛹。

【典型症状】 幼虫食叶成缺刻或孔洞，严重时可把叶片食光。也可为害嫩头、花蕾和浆果。

【防治措施】 (1) 物理防治。成片安置黑光灯，进行测报和防治。(2) 化学防治。每亩用 5% 氯氰菊酯 EC 50～60 mL，或 10% 氯氰菊酯 EC 30～75 mL，对水 20～40 L 喷雾，有效期 5～10 d，每代施药 1～2 次。

梨剑纹夜蛾 Sorrel dagger moth

梨剑纹夜蛾 *Acronicta rumicis* Linnaeus 属鳞翅目夜蛾科。为害白菜、玉米、蓼、梨、桃、苹果等。北起黑龙江、内蒙古、新疆，南抵台湾、广东、广西、云南。

【形态特征】 (1) 成虫。体长约 14 mm，翅展 32～46 mm。头部及胸部棕灰色杂黑白毛；跗节黑色有淡褐色环；腹部背面浅灰色，基部毛簇微带黑色。前翅基线黑色粗短，末端曲向内线，内线为双线黑色波曲，环形纹灰褐色有黑边，肾形纹淡褐色，有一黑条纹从前缘脉达肾纹，外线双线黑色，锯齿形。后翅棕黄色，边缘较暗，缘毛白褐色。(2) 卵。卵半球形，初产乳白色，后变为红褐色。(3) 幼虫。幼虫体长约 30 mm，黑褐色，背线为黄白色点刻及黑斑一列，亚背线有一列白点，气门上线灰褐色，气门下线紫红色间有黄斑，腹面紫褐色，腹部第 1、第 8 节背面隆起，各节有黑褐色短毛丛。围气门片黑色，胸足、腹足黄褐色（图 63-49）。(4) 蛹。长约 16 mm，黑褐色（图 63-50）。

图 63-49　梨剑纹夜蛾，幼虫

【生活习性】 幼虫食性杂，可生活在多种低矮植物上。

【典型症状】 幼虫食叶。

【发生规律】 每年发生 2 代。以蛹越冬。6 月中旬羽化。

图 63-50　梨剑纹夜蛾，蛹

【防治措施】 零星发生，不单独防治。

甜菜夜蛾 Beet armyworm

甜菜夜蛾 *Spodoptera exigua* Hübner 属鳞翅目夜蛾科，又称贪夜蛾、白菜褐夜蛾、玉米叶夜蛾。是一种世界性害虫，各地均有发生。为害甘蓝、花椰菜、白菜、萝卜、莴苣、大葱、番茄、青椒等 170 多种蔬菜和作物。

【形态特征】 (1) 成虫。体长 8～10 mm，体灰褐色，头和胸有黑点。前翅灰褐色，基线前段可见双黑纹；内横线双线黑色，波浪形外斜（图 63-51）。(2) 卵。卵圆球状，白色，成块产于叶面或叶背，外面覆有雌蛾脱落的白色绒毛，因此不能直接看到卵粒（图 63-52）。(3) 幼虫。幼虫 5 龄，少数 6～7 龄。1～3 龄虫体长0.1～8 mm，体色由淡绿到浅绿，头黑色渐呈浅褐色；2 龄时前胸背板有一个倒梯形斑纹；3 龄时气门后出现白点。4 龄虫体长 9～14 mm，体色开始多变，有绿、暗绿、黄褐、黑褐等色（图 63-53）。前胸背板斑纹呈“口”字形，背线有不同颜色或不明显，气门线下为黄白色或绿色，有时带粉红色的纵带出现并直达腹末，气门后白点明显，后两项是该虫区别其他夜蛾的征态。老熟幼虫体长可达22～30 mm，体色变化很大，由绿色、暗绿色、黄褐色、褐色至黑褐色；背线有或无，颜色亦各异。较明显的特征为：腹部气门下线为明显的黄白色纵带，有时带粉红色，此带直达腹部末端，不弯到臀足上，是别于甘蓝夜蛾的重要特征，各节气门后上方具一明显白点。体长约 10 mm，黄褐色。中胸气门显著外突。臀棘上有刚毛 2 根，其腹面基部亦有 2 根极短的刚毛。(4) 蛹。体长约 10 mm，黄褐色。

图 63-51　甜菜夜蛾，成虫

图 63-52　甜菜夜蛾，卵块

图 63-53　甜菜夜蛾，幼虫

【生活习性】（1）成虫。成虫夜间活动。雌成虫产卵和卵块孵化时间主要集中在 20 时至次日 8 时。（2）幼虫。幼虫共 5 龄。3 龄前群集为害，食量小；4 龄后食量大增，昼伏夜出，有假死性。虫口过大时幼虫可互相残杀。幼虫发育历期 11～39 d。老熟幼虫入土，吐丝筑室化蛹，蛹发育历期 7～11 d（图 63-54）。幼虫表皮光滑，药液喷洒时不容黏附，特别是 3 龄以后幼虫，对许多常用药很易产生抗药性。

【典型症状】 初孵幼虫结疏松网在叶背群集取食叶肉，受害部位呈网状半透明的窗斑，干枯后纵裂。3 龄后幼虫开始分群为害，可将叶片食成孔洞、缺刻，严重时全部叶片被食尽，整个植株

图 63-54　甜菜夜蛾，高龄幼虫潜入土中化蛹

死亡。4 龄后幼虫开始大量取食，蚕食叶片，啃食花瓣，蛀食茎秆及果荚。

【发生规律】（1）发生世代。广东每年发生 10～11 代，长江以北地区每年发生 4～5 代，山东烟台、青岛、菏泽每年发生 5 代。（2）越冬。以蛹在土室内越冬，在亚热带和热带地区全年可生长繁殖为害。（3）发生时期。7～8 月份为害较重。（4）环境因素。最适宜的温湿度 20～23 ℃，相对湿度 50%～75%。成虫有趋光性。

【防治措施】（1）农业防治。在蛹期结合农事需要进行中耕除草、冬灌，深翻土壤。早春铲除田间地边杂草，破坏早期虫源滋生、栖息场所，这样有利于恶化其取食、产卵环境。在虫卵盛期结合田间管理，提倡早晨、傍晚人工捕捉大龄幼虫，挤抹卵块，这样能有效地降低虫口密度。有试验表明，人工摘除卵块 3 次和人工捕捉幼虫 3 次对甜菜夜蛾的控制效果能达到 70%～93%。（2）生物防治。使用 Bt 制剂进行防治及保护利用腹茧蜂、叉角历蝽、星豹蛛、斑腹刺益蝽等天敌的生物防治方法。卵的优势天敌有黑卵蜂、短管赤眼蜂等；幼虫优势天敌有绿僵菌。（3）物理防治。在成虫始盛期，在大田设置黑光灯、高压汞灯及频振式杀虫灯诱杀成虫，同时利用性诱剂诱杀成虫。（4）化学防治。施药时间应选择在清晨最佳。用 5%抑太保 EC 1 500～3 000 倍液，或 1.8%虫螨克 EC 2 000～3 000 倍液等生物农药对甜菜夜蛾具有较理想的防治效果。幼虫孵化盛期，于上午 8 时前或下午 6 时后喷施 5%夜蛾必杀 EC 1 000～2 000 倍液与菊酯伴侣 500 倍混合液，或 2.5%高效氟氯氰菊酯 EC 1 000 倍液加卡死克 EC 500 倍混合液，或 5%高效氯氰菊酯 EC 1 000 倍液加 5%卡死克可分散液剂分散液剂 500 倍混合液，或 10%夜蛾净 1 000～1 500 倍液。

参考文献

曾伟.蔬菜田甜菜夜蛾生物学特性的调查研究[J].中国植保导刊,2008,28(2):22-24

银锭夜蛾 Macdunnoughia crassisigna

银锭夜蛾 *Macdunnoughia crassisigna* Warr. 属鳞翅目夜蛾科。为害大豆和十字花科蔬菜如白菜、莴苣以及青椒、茄子、菜豆、胡萝卜、牛蒡、蓖麻、菊等多种植物。各地均有发生。

【形态特征】 (1) 成虫(图 63-55)。体长 13～16 mm，翅展 30～37 mm。头、胸灰褐色，后胸有毛簇，甚大。前翅基线褐色，其外侧灰白色，内线在中室后银白色，内斜，其外缘褐色，肾纹外侧有一银色纵线，中室后方的马掌形斑实心银色，与银点相连成一凹槽形，外线褐色，近后缘处略带银色，亚端线褐色，锯齿形，端线褐色，端区有一灰白色细带。后翅黄褐色，端区色暗。腹部及足黄褐色。(2) 卵。卵乳白色，孵化前变灰黑色。馒头形，直径 0.6 mm，有纵脊、横脊。(3) 幼虫(图 63-56)。幼虫共 5 龄，个别 6 龄。1 龄时体浅黄绿色，有较长稀疏的黑毛。头黑色。前胸背板骨化，淡褐色。腹部 1～7 节，各节均有黑毛瘤 6 个，前 4 后 2，呈两横排，后期毛瘤变小，不明显，毛瘤上长有黑毛。腹部第 8 节背面隆起，第 9、10 节显著缩小。胸足 3 对，腹足 2 对，着生于第 5、6 腹节，臀足 1 对，均已发育完全，呈淡褐色。2 龄时体绿色，头变淡黄色，上有黑短毛，并可见单眼。前胸盾消失。3 龄时头两侧出现黑褐色斑，触角微露。从前胸至腹末隐约可见白色的背线、亚背线。腹部 1～3 节，各节体两侧均有一黑色大毛瘤，腹部其余几节也有毛瘤，但不明显。气门筛白色，围气门片黑色。胸足节间出现褐色。4 龄时背线和亚背线均为断续的白点组成的双线，气门线白色，较宽。在气门线上侧黑毛瘤间的体色逐渐变深，似深绿色纵线。体腹面及背部其余处仍为浅绿色。5 龄时腹部两侧黑毛瘤消失。胸部黑毛瘤间的绿色变浅。前期身体布满毛瘤，凡在背线、亚背线上的毛瘤，下部浅绿色，顶部白色。体侧及其余部位的毛瘤和体色相同均浅绿色。后期，背线、亚背线渐消失，气门线变窄呈黄白色，毛瘤变小，渐消失。(4) 蛹。蛹体长 17.0～18.3 mm，宽 5.1～5.7 mm。初蛹绿色，腹面逐渐变黄绿色，体背节间出现褐色，后期腹面浅黄褐色，背面褐色。羽化前可见翅面灰白色锭纹。腹末钩状毛 6 根，中间 2 根长，其余 4 根短。

图 63-55　银锭夜蛾，成虫

图 63-56　银锭夜蛾，幼虫

【生活习性】 (1) 成虫。成虫昼伏夜出傍晚活动，白天多静伏在植株间或草丛中，受惊后常作短距离飞翔。成虫有趋光性及趋向蜜源植物活动和取食的习性。调查可见，成虫若补充营养寿命可达 8～10 d，否则只有 2～3 d，并且只有补充营养后成虫才能产卵。因此多数成虫羽化后 3～4 d 经补充营养才能性成熟和产卵。(2) 卵。卵散产于叶背，室内饲养观察可见，每雌虫一生可产 200～400粒卵。(3) 幼虫。初孵幼虫多群集在叶背啃食叶肉，留下上表皮。稍大后为害幼嫩部分造成孔洞或缺刻。幼龄幼虫吐丝下垂转移为害，受惊易落，有假死性。4～5 龄进入暴食期，可将叶片吃光仅剩叶柄。幼虫行动活泼，由于第 1、2 对腹足退化，故行走时背拱曲呈弓形。幼虫老熟后多在叶背吐丝做白色薄茧，并化蛹于其中，蛹期 8～9 d。

【典型症状】 叶片食成孔洞或缺刻，影响植株生长，并排泄粪便污染菜株，对产量和质量造成较大影响。

【发生规律】 (1) 发生世代。在吉林省长春地区一年发生2代。(2) 越冬。以蛹在枯枝落叶间、土缝中、土块下等隐蔽场所越冬。(3) 发生时期。5月下旬始见成虫羽化，6月中旬至下旬进入越冬代成虫盛发期，成虫盛期基本上也是产卵盛期。7月中旬至下旬为第1代幼虫发生为害盛期。8月上旬至中旬为第1代成虫盛发期。8月中旬至下旬为第2代幼虫盛期。由于化蛹和越冬场所较分散，所以成虫羽化期较长，有较明显的世代重叠现象。9月上旬至中旬老熟幼虫陆续转移到田间隐蔽场所化蛹，随即进入越冬状态。

【防治措施】 参见小菜蛾。

参考文献

路红，徐伟，陈日曌，等. 银锭夜蛾生物学特性的研究[J]. 吉林农业大学学报，1999，21(3)：26-28

斜纹夜蛾 Tobacco caterpillar

斜纹夜蛾 *Prodenia litura* (Fabricius) 属鳞翅目夜蛾科，又称莲纹夜蛾、莲纹夜盗蛾，俗称乌头虫、夜盗蛾。为一种食性很杂的暴食性害虫，为害多种蔬菜和农作物。分布国内所有省区。长江流域及其以南地区密度较大，黄河、淮河流域可间歇成灾。

【形态特征】 (1) 成虫。体长14～20 mm，翅展35～40 mm，体深褐色，胸部背面有白色丛毛，腹部侧面有暗褐色丛毛。前翅灰褐色，内、外横线灰白色波浪形，中间有3条白色斜纹，后翅白色（图63-57）。(2) 卵。卵扁平半球形，初产时黄白色，后转淡绿，孵化前紫黑色，外覆盖灰黄色绒毛。(3) 幼虫。老熟幼虫体长35～50 mm，幼虫共分6龄（图63-58）。头部黑褐色（图63-59），胸腹部的颜色变化大，如土黄色、青黄色、灰褐色等（图63-60），从中胸至第9腹节背面各有1对半月形或三角形黑斑。(4) 蛹。长15～30 mm，红褐色，尾部末端有1对短棘（图63-61）。

图63-57 斜纹夜蛾，成虫

图63-58 斜纹夜蛾，低龄幼虫

图63-59 斜纹夜蛾，头部特征

图63-60 斜纹夜蛾，不同体色幼虫

图63-61 斜纹夜蛾，蛹

【生活习性】 (1) 成虫。成虫昼伏夜出，以晚上 8～12 时活动最盛，有趋光性和需要补充营养，对糖、酒、醋液及发酵物质有趋性。卵多产在植株中部叶片背面的叶脉分叉处，每雌产卵 3～5 块，每块 100 多粒。(2) 幼虫。大发生时幼虫有成群迁移的习性，有假死性。高龄幼虫进入暴食期后，白天躲在阴暗处或土缝中，多在傍晚后出来为害，老熟幼虫在 1～3 mm 表土内或枯枝败叶下化蛹。

【典型症状】 初孵幼虫群集为害，2 龄后逐渐分散取食叶肉，4 龄后进入暴食期，5～6 龄幼虫占总食量的 90%。幼虫咬食叶片、花、花蕾及果实，食叶成孔洞或缺刻，严重时可将全田蔬菜吃成光秆（图 63-62，63）。每年的 7～10 月份发生最重。

图 63-62　斜纹夜蛾，为害番茄

图 63-63　斜纹夜蛾，为害豇豆

【发生规律】 (1) 发生世代。华北地区每年发生 4～5 代，长江流域每年发生 5～6 代，福建每年发生 6～9 代。(2) 发生时期。为害严重时期为 6～9 月份，长江流域多在 7～8 月份大发生。(3) 环境因素。一种喜温性害虫，发育适宜温度 28～30 ℃。

【防治措施】 (1) 农业防治。清除田间及地边杂草，灭卵及初孵幼虫。利用成虫产卵成块，初孵幼虫群集为害的特点，结合田间管理进行人工摘卵和消灭集中为害的幼虫。(2) 物理防治。用糖醋液或胡萝卜、豆饼等发酵液，加少许红糖、敌百虫进行诱杀。利用成虫的趋光性、趋化性进行诱杀。采用黑光灯、频振式灯诱蛾。(3) 化学防治。最佳防治期是卵盛孵期至 2 龄幼虫始盛期。药剂可用 10%除尽（螨腈）SC 1 500 倍液，或 0.8%方除（甲胺基阿维菌素）EC 1 500 倍液，或 15%安打 SC 4 000 倍液，或 5%美除（虱螨脲）EC 800 倍液，或 2.5%菜喜（多杀毒素）SC 1 200 倍液，或 48%毒死蜱 EC 800～1 000 倍液，或 2.5%天王星（联苯菊酯）EC 2 000 倍液，或 5%抑太保（氟啶脲）EC 2 000 倍液进行防治，防效均可达 90%以上。为了延缓该虫的抗药性，应注意不同农药交替使用，少用拟除虫菊酯类药剂，采用低容量喷雾，除了植株上要均匀着药以外，植株根际附近地面要同时喷透，以防漏治滚落地面的幼虫。

参考文献

[1]陈斌，周小毛，柏连阳，等. 斜纹夜蛾防治研究进展[J]. 江西农业学报，2008，20(3)：52-54

[2]丁晓丽，张洪进，杨燕涛. 通州地区蔬菜斜纹夜蛾发生特点及综防技术[J]. 中国植保导刊，2008，28(3)：20-22

莴苣冬夜蛾
Lettuce noctuid

莴苣冬夜蛾 *Cucullia fraterna* Butler 属鳞翅目夜蛾科。为害莴苣。黑龙江、内蒙古、新疆、江西、辽宁、吉林、浙江等省区。

【形态特征】 (1) 成虫。成虫体长 20 mm 左右，翅展 46 mm。头部、胸部灰色，颈板近基部生黑横线 1 条。腹部褐灰色。前翅灰色或杂褐色，翅脉黑色；内横线黑色呈深锯齿状；肾纹黑边隐约可见；中横线暗褐色，不清楚；缘线具 1 列黑色长点。后翅黄白色，翅脉明显，端区及横脉纹暗褐色。(2) 卵。卵半圆形，有纵棱及横道，乳白色至浅黄色。(3) 幼虫。末龄幼虫体长 45 mm 左右，头黑色，头盖缝灰白色。气门线、背线黄色，各体节两侧在两线之间各具近梭形大黑斑 1 个，斑外有浅黄色环，各节间生哑铃状黑斑。腹面黑色，节间也有黑黄相间点块。围气门片、气门筛黑色，气门后具小黑点 1 个。胸足及腹足基部黑色

(图 63-64)。(4) 蛹。蛹长 23 mm 左右，红褐色，化蛹时作一土茧。

图 63-64　莴苣冬夜蛾，幼虫

【典型症状】 为害莴苣、生菜嫩叶及花。

【发生规律】 在辽宁、吉林一年发生 2 代，以蛹越冬，幼虫 6 月下旬至 9 月初出现。

【防治措施】 参见斜纹夜蛾。

毛胫夜蛾 Mocis undate

毛胫夜蛾 *Mocis undata* (Fabricius) 属鳞翅目夜蛾科，又称鱼藤毛胫夜蛾、云纹夜蛾。为害大豆、鱼藤等。分布河北、河南、江苏、浙江、江西、福建、台湾、广东、云南等地。

【形态特征】 (1) 成虫。体长 18～22 mm，翅展 46～50 mm。头胸、前翅暗褐色。前翅内线较粗，褐色外斜，末端的外侧具一黑斑点，中线褐色波浪状，外线黑色，环纹系棕色小圆点，在 Cuz 脉处内折明显，达肾纹后缘，肾纹大，灰褐色，亚端线浅褐色，波浪形，在翅脉间具黑点，端线黑色；后翅暗褐黄色，外线黑褐色，翅外缘中部具一褐斑(图 63-65)。(2) 卵。乳白色至灰绿色，半圆形，大小 1 mm。(3) 幼虫。末龄幼虫体长 50～57 mm，细长，具 3 对胸足，2 对腹足，1 对尾足。头黄褐色，具点刻构成纵条纹，腹部土黄色，亚背线、气门线紫褐色细点线，在第 1 腹节亚背面具 1 块黄白色眼形斑。体色变化大 (图 63-66)。(4) 蛹。长 20～24 mm，宽 5～6 mm，黄褐色至红褐色。体表具白粉。

【典型症状】 幼虫在植株上部为害叶柄或食叶成缺刻或孔洞，严重时把叶吃光，致大豆落花、落荚，影响产量。

【发生规律】 山东一年发生 3 代，一代发生在 7 月为害春大豆，第二代于 8 月中至 9 月上旬发生，为害夏大豆，第三代 9 月中至 10 月上旬发生，以第二代为害重，河南郑州 7 月中旬为害重。幼虫行动迟缓，有吃卵壳的习性，末龄幼虫吐丝缀叶化蛹。

图 63-65　毛胫夜蛾，成虫

图 63-66　毛胫夜蛾，幼虫

【防治措施】 参见斜纹夜蛾。

焰夜蛾 Rose budworm

焰夜蛾 *Pyrrhia umbra* (Hufnagel) 属鳞翅目夜蛾科，又称豆黄夜蛾、烟火焰夜蛾。为害大豆、豇豆、扁豆、白菜、油菜、烟草、荞麦等。国内分布北起黑龙江、内蒙古、新疆，南界稍过长江，东面滨海岸，西向止于新疆和西藏。

【形态特征】 (1) 成虫。体长 12～16 mm，翅展 32～35 mm。触角丝状，头部与胸部黄褐色。翅基片有一黑纹，前翅淡黄色，布赤褐色细点，翅面各线明显，外线至外缘带呈紫灰色；基线赤褐色，直达亚中褶；内横线锯齿形；剑纹黄色，端部有赤褐边；环纹黄色，赤褐色边；肾纹黄色，中央一淡黑斑，边缘黄褐色，外斜至肾纹后端，折角内斜；外线黑棕色，后半与中线平行；亚端线浅黑色，锯齿形，稍间断；端线淡褐色。外线至亚端线一段有 3 个白点。后翅淡黄色，外缘黄色，内接黄黑色带，无明显波纹。翅脉及横脉纹稍黑，端区具一黑色大斑，端线褐色。腹部褐色有黄毛。(2)卵。圆形或扁圆形，直径 0.8 mm，初产白色或略带黄色，后呈绿白色。(3)幼虫。老熟幼虫体长 24～30 mm；头淡黄色。虫体绿白色(图 63-67)、黄白色(图 63-68)或灰黑色 3 种。体绿白色的老熟幼虫背上有两条污白色的纵带，亚背线暗绿白色或暗黄白色，气门下线白色。体灰黑色幼虫，背上有两条灰黑色纵带，每节背面的纵带上有排列成“八”字形的黑点。臀足比 4 对腹足发达，趾钩为双序中带。(4)蛹。长 12～17 mm，长椭圆形，红褐色。腹端具 2 根坚硬的紫红色臀棘，尖端黄白色。

图 63-67　焰夜蛾，绿白体色幼虫

图 63-68　焰夜蛾，黄白体色幼虫

【生活习性】 成虫在上午和夜晚羽化，白天羽化后从土中爬上地面，稍停即可飞到隐蔽处。成虫夜间活动频繁，飞翔能力强。卵产于幼叶正面或背面、脉间或叶脉基部。单粒散产。幼虫不活泼，喜在中上部叶片上为害。幼虫共 4 个龄期，1 龄历期 2～3 d，2 龄历期 5～6 d，3 龄历期 7～8 d，4 龄历期 9～10 d。

【典型症状】 幼虫取食叶片，形成孔洞或缺刻，严重时将叶片吃光。也可为害花器。

【发生规律】 在山东薛城每年发生 2 代，以蛹在土中越冬。4 月下旬越冬蛹开始羽化，同期即可见到卵。5 月初第一代幼虫开始孵化，6 月上旬为孵化盛期。6 月初开始化蛹，6 月中旬为化蛹盛期。第 1 代蛹历期 14 d 左右。6 月下旬有第 1 代成虫出现，7 月下旬为成虫羽化盛期。6 月下旬见卵，6 月末第 2 代幼虫出现。7 月下旬第 2 代老熟幼虫开始落地化蛹，8 月下旬为化蛹盛期。蛹在土里直到第 2 年 3 月，长达 9 个月之久。

【防治措施】 参见红棕灰夜蛾。

参考文献

王先炜.焰夜蛾生物学特性及其防治[J].昆虫知识.1997,34(1):15-18

棉铃虫 Cotton bollworm

棉铃虫 *Heliothis armigera* Hübner 属鳞翅目夜蛾科，又称棉铃实夜蛾。受害重时被害率 45%，减产 30%。为害番茄、茄子、辣椒、白菜、南瓜等多种蔬菜，可为害 200 多种植物。各地均有发生。

【形态特征】 (1)成虫。体长 14～18 mm，翅展 30～38 mm，灰褐色。前翅具褐色环状纹及肾形纹，肾纹前方的前缘脉上有 2 条褐纹，肾纹外侧为褐色宽横带，端区各脉间有黑点，后翅黄白色或淡褐色，端区褐色或黑色(图 63-69)。(2)卵。卵约 0.5 mm，半球形，乳白色，具纵横网格。(3)幼虫。老熟幼虫体长 30～42 mm，体色变化很大，由淡绿、淡红至红褐乃至黑紫色，常见为绿色型及红褐色型(图 63-70，71)。头部黄褐色，背线、亚背线和气门上线呈深色纵线，气门白色，腹足趾钩为双序中带(图 63-72)。(4)蛹。长17～21 mm，黄褐色，臀棘钩刺 2 根(图 63-73)。

图 63-69　棉铃虫，成虫

【生活习性】 (1)成虫。成虫多在 19 时至次日凌晨 2 时羽化，白天隐伏，觅食、交尾、产卵多在黄昏和夜间进行，具强趋光性和趋化性，2～3年生的杨树枝对成虫的诱集能力很强。成虫

图 63-70　棉铃虫，不同体色幼虫

图 63-71　棉铃虫，不同体色幼虫

图 63-72　棉铃虫，幼虫气门线

图 63-73　棉铃虫，蛹

羽化后当晚即可交配，2～3 d 后开始产卵，每雌终身可产卵 1 000 粒左右，最多可达 3 000 粒。卵散产，喜产于生长茂密、花蕾多的棉花上，产卵部位选择嫩尖、嫩叶等幼嫩部分。(2) 幼虫。初孵幼虫取食卵壳，第 2 天开始为害生长点和取食嫩叶。幼虫有转株为害习性，转移时间多在 9 时及 17 时左右。3 龄以上幼虫有自相残杀习性。老熟幼虫在入土化蛹前数小时停止取食，从棉株上滚落地面，多在落地处寻找疏松干燥的土壤钻入。

【典型症状】 以幼虫蛀食蕾、花、果，偶也蛀茎，并且食害嫩茎、叶和芽。蕾受害后苞叶张开，变成黄绿色，2～3 d 后脱落。幼果常被吃空或引起腐烂而脱落，成果被蛀食果肉，蛀孔多在蒂部，雨水、病原易侵入引起腐烂、脱落。

【发生规律】 (1) 发生世代。内蒙古、新疆年每年发生 3 代，华北 4 代，长江以南 5～6 代，云南 7 代。(2) 越冬。以蛹在土中越冬。(3) 发生时期。在华北于 4 月中下旬开始羽化，5 月上中旬为羽化盛期；第 1 代卵见于 4 月下旬至 5 月末，以 5 月中旬为盛期，第 1 代成虫见于 6 月初至 7 月初，盛期为 6 月中旬；第 2 代卵盛期也为 6 月中旬，7 月份为第 2 代幼虫为害盛期，7 月下旬为第 2 代成虫羽化和产卵盛期；第 4 代卵见于 8 月下旬至 9 月上旬，所孵幼虫于 10 月上中旬老熟，入土化蛹越冬。(4) 环境因素。棉铃虫为喜温喜湿性害虫。以蛹在土中越冬，初夏气温稳定在 20 ℃和 5 cm 深的土温稳定在 23 ℃以上时，越冬蛹开始羽化。成虫产卵适温为 23 ℃以上。幼虫发育适宜温度为 25～28 ℃，相对湿度 75%～90%。

【防治措施】 (1) 农业防治。冬耕冬灌，消灭越冬蛹。结合整枝，及时打顶和打叉，可有效地减少卵量。盛发期适时去除植株下部的老叶。在菜田种植玉米诱集带。田间用杨树枝把诱蛾，杨树枝把以新枯萎的、有清香气味的效果最好。(2) 物理防治。用黑光灯或频振式杀虫灯诱杀成虫。(3) 化学防治。在卵高峰后第 3～4 天和第 6～8 天分别喷洒 Bt EC，或苏云金芽孢杆菌制剂，或棉铃虫核型多角体病毒。孵化盛期至 2 龄盛期施药，每亩用 5%氯氰菊酯 EC 50～60 mL，或 10%氯氰菊酯 EC 30～75 mL，对水 20～40 L 喷雾，有效期 5～10 d，每代施药 1～2 次。

黏虫 Oriental armyworm

黏虫 *Mythimna separata* Walker 属鳞翅目夜蛾科，又称天马、剃枝虫等。间歇性猖獗的杂食性害虫，常间歇成灾。大发生时，若防治不及，可将蔬菜叶片全部食光，造成大幅度减产甚至绝收。为害食性杂，为害多种蔬菜。可为害 16 科

104 种以上的植物。尤其喜食禾本科植物，为害豆类、白菜等蔬菜以及主要为害麦类、水稻、甘蔗、玉米、高粱等禾谷类粮食作物。各地均有发生。

【形态特征】（1）成虫。体长 15～17 mm，翅展 36～40 mm。头部与胸部灰褐色，腹部暗褐色。前翅灰黄褐色、黄色或橙色，变化很多，内横线往往只现几个黑点，环纹与肾纹褐黄色，界限不显著，肾纹后端有一个白点，两侧各有 1 个黑点。后翅暗褐色，向基部色渐淡（图 63-74）。（2）卵。卵长约 0.5 mm，半球形，初产白色渐变黄色，有光泽。卵粒单层排列成行成块。（3）幼虫。老熟幼虫体长 38 mm，头红褐色，头盖有网纹，额扁，两侧有褐色粗纵纹，略呈“八”字形，外侧有褐色网纹。体色常因食料和环境不同，变化甚大，由淡绿至浓黑（图 63-75）。（4）蛹。长约 19 mm，红褐色（图 63-76）。

图 63-74　黏虫，成虫

图 63-75　黏虫，幼虫

【生活习性】（1）成虫。成虫产卵于叶尖或嫩叶、心叶皱缝间，常使叶片成纵卷。（2）幼虫。初孵幼虫腹足未全发育，所以行走如尺蠖。5～6 龄幼虫进入暴食期。幼虫共 6 龄。老熟幼虫在根际表土 1～3 cm 做土室化蛹。

【典型症状】 初龄幼虫仅能啃食叶肉，使叶片呈现白色斑点；3 龄后可蚕食叶片成缺刻，大发生时可将叶片全部食光，造成严重损失。

图 63-76　黏虫，蛹

【发生规律】（1）发生世代。华南地区每年发生 6～8 代，长江流域每年发生 5～6 代，淮河流域每年发生 4～5 代，华北地区每年发生 3～4 代。（2）越冬。长江以南以幼虫及蛹在稻田越冬，在华南终年繁殖。

【防治措施】（1）农业防治。可采用糖醋盆或杨树枝把诱杀成虫。（2）物理防治。采用频振式杀虫灯或黑光灯诱杀成虫。（3）化学防治。幼虫低龄期，每亩用 48% 毒死蜱 EC 40～60 mL，对水 20～40 kg 喷雾，或 30～40 mL 采取超低量喷雾。或每亩用 40% 灭虫清 EC 30 mL 对水喷雾。

白脉黏虫
White vein armyworm

白脉黏虫 *Leucania venalba*（Moore）属鳞翅目夜蛾科。分布在华北、中南、华南等地。为害麦、稻、粟、玉米等禾谷类粮食作物及棉花、豆类、蔬菜等 16 科 104 种以上植物。

【形态特征】（1）成虫。成虫体长 11～13 mm，翅展 27～29 mm，前翅黄褐色，中脉总干白色，直达翅基部，白色线条四周具黑暗纹（图 63-77）。（2）卵。卵长 0.6 mm，椭圆形至馒头形，表面具细网纹。（3）幼虫。幼虫浅青色至污黄绿色，头部黄褐色，上生褐色“八”字纹。颅侧区具网状细纹，靠近单眼外侧部分的颜色较深，呈黑褐色，余为浅黄褐色，气门筛浅黄褐色，四周黑色。（4）蛹。蛹与黏虫近似，但尾端外侧的 1 对钩刺基部膨大明显。

图 63-77 白脉黏虫，成虫

【典型症状】 幼虫食叶，大发生时可将作物叶片全部食光，造成严重损失。因其群聚性、迁飞性、杂食性、暴食性，成为全国性重要农业害虫。常与黏虫混合发生混合为害。

【发生规律】 华北发生代数不详。广东每年发生 5～6 代，福建每年发生 6 代，以幼虫及蛹越冬。

【防治措施】 参见黏虫。

八点灰灯蛾 Creatonotus transiens

八点灰灯蛾 *Creatonotus transiens*（Walker）属鳞翅目，灯蛾科。为害油菜、菜心、白菜、甘蓝等十字花科蔬菜和玉米、大豆、桑、茶、柑橘等。西北、华中、华东、华南、西南及台湾。

【形态特征】 (1) 成虫。雌蛾体长 20～23 mm，翅展 50～60 mm；雄蛾稍小，体长约 16 mm，翅展约 46 mm。头、胸白色，稍带褐色。触角与复眼黑色。前翅白色，除前缘及翅脉外均为褐色，中室端有 4 个黑点。后翅灰白色，近外缘有 4～5 个黑色亚端点，雄虫则无。腹背橘黄色，背中纵列 6 个黑点（图 63-78）。腹面白色，有黑点 2 列。背腹面黄白两色相交处有 1 列黑点（图 63-79）。(2) 卵。乳白色至黄色，球形，底稍平。(3) 幼虫。初孵时体灰黄色。2～4 龄幼虫胴部呈黄黑相间，腹部第 2～6 节气门上线区橙黄色，背线淡黄色。体各节生有黑色毛瘤，上疏生黑色长毛。5 龄后体色加深，6 龄后黑色，体长 45 mm，头及胸盾板黑色，密生黑色毛簇。体各节均有毛瘤，多少不一，各瘤均密生黑色长毛。气门白色。腹足黑色，趾钩 19～25 个，呈中带排列。(4) 蛹。长 18～22 mm，初土黄色，后转深褐，将羽化变黑褐色。翅芽伸达第 3 腹节。各腹节背面着生有黄色小圆点，自第 1 节具 2 点起向后逐增多，至第 5 节多达 14 点。尾端具臀棘 10～22 根。蛹外被灰白色薄茧。

图 63-78 八点灰灯蛾，成虫腹背特征

图 63-79 八点灰灯蛾，成虫前翅特征

【生活习性】 (1) 成虫。成虫夜间活动，有趋光性。(2) 幼虫。孵化后在叶背取食，末龄幼虫多在地面爬行并吐丝黏叶结薄茧化蛹，也有的不吐丝在枯枝落叶下化蛹。

【典型症状】 以幼虫食叶呈缺刻或孔洞，影响产量和品质。

【发生规律】 每年发生 2～3 代。以幼虫越冬。3 月份开始活动，5 月中旬成虫羽化。

【防治措施】 (1) 农业防治。耕翻土地，消灭表土或枯叶残株内的越冬幼虫。(2) 化学防治。成虫盛发期和幼虫 2 龄前喷 25% 灭幼脲 3 号 SC 500～600 倍液，或 40% 氰戊菊酯 EC 3 000 倍液，或 2.5% 功夫 EC 2 000 倍液，或 20% 灭扫利 EC，或 2.5% 王星 EC 3 000 倍液，或 20% 绿·马 EC 2 000 倍液。

参考文献

黄旭正. 八点灰灯蛾及其防治方法[J]. 广西植保，1994(3):19

白雪灯蛾 Spilosoma niveus

白雪灯蛾 *Spilosoma niveus*（Ménétriés）属鳞翅目灯蛾科。分布于东北、青海、陕西、内蒙古、河北、河南、山东、浙江、湖北、江西、湖南、福建、广西、四川、云南。

【形态特征】 （1）成虫。雄蛾翅展55～70 mm，雌蛾 70～80 mm，体白色，背面、侧面各具黑点 1 列（图 63-80）。（2）卵。卵淡绿色。（3）幼虫。幼虫体红褐色，节间处色较暗，密被灰黄色长毛（图 63-81）。（4）蛹。纺锤形，暗褐色。

图 63-80　白雪灯蛾，成虫

图 63-81　白雪灯蛾，幼虫

【典型症状】 幼虫食叶成缺刻或孔洞。

【防治措施】 参见八点灰灯蛾。

红缘灯蛾 Red-costate tiger moth

红缘灯蛾 *Amsacta lactinea*（Cramer）属鳞翅目灯蛾科，又称红袖灯蛾、红边灯蛾。各地均有发生。为害白菜、萝卜、菜豆、玉米等多种植物。

【形态特征】 （1）成虫。雌蛾体长 24～31 mm，翅展 65～71 mm。雄蛾体长 20～27 mm，翅展 56～65 mm。头红色。两翅基片中前方各有一黑点。前后翅粉白色，前翅前缘鲜红色呈一条红边，前后翅中室端各有一黑点（图 63-82）。雄蛾后翅外缘有 2 个黑点，雌蛾的有 3 个或 1 个或没有。腹部背面黄色，但第 1 节为白色。腹面白色。前足腿节外侧红色，内侧白色。胫节外侧白色，内侧褐色。附节白色，但基部黑色。（2）卵。产成块，无绒毛覆盖，淡黄色，卵粒扁圆形，大小约 0.7 mm，表面有圆形微凹纹，卵顶有一个凹纹成孔状、黑色。（3）幼虫。幼小时体带黄色，毛瘤红色，体毛较稀。长大时毛长而密，老熟幼虫体长 45～55 mm，体本色棕褐或黄褐，每节有 12 个毛瘤，上密生黑色丛毛，将虫体完全遮盖，连背中线也看不到（图 63-83，84）。（4）蛹。体长约 26 mm，黑棕色，形似橄榄（图 63-85）。

图 63-82　红缘灯蛾，成虫

图 63-83　红缘灯蛾，幼虫

图 63-84　红缘灯蛾，幼虫

【生活习性】 幼虫孵化后群集为害，3 龄后分散为害。幼龄幼虫行动敏捷。

图 63-85　红缘灯蛾，蛹

【典型症状】 幼虫孵化后先咬食叶片下表皮和叶肉，留下表皮和叶脉，受害叶面出现斑驳的枯斑。3 龄以后蚕食叶片，咬成缺刻。爬行迅速。幼虫有转株为害习性。

【发生规律】 (1) 发生世代。河北每年发生 1 代，合肥每年发生 2 代。(2) 越冬。以蛹越冬。(3) 发生时期。5～6 月份开始羽化，卵成块产于叶背。

【防治措施】 参见八点灰灯蛾。

参考文献

[1]黄旭正.红缘灯蛾的识别及防治[J].广西植保,1994(3):15-16

[2]赵永根.剑兰上红缘灯蛾发生为害与综合防治研究初报[J].中国农技推广,2007,23(8):41-42

黄领麻纹灯蛾 Mulberry tiger moth

黄领麻纹灯蛾 *Spilarctia imparilis* Butler 属鳞翅目，灯蛾科。分布在湖南、云南、贵州等省。为害茄子、菊芋、薄荷、草莓等。

【形态特征】 (1) 成虫。雌虫触角黑色，翅黄白色，翅展 53 mm，前翅前缘具 5 个黑色斑，后翅近外缘处有 3 块暗色斑。雄虫较雌虫小，翅暗黑色，腹部背面、前胸橙黄色。(2) 卵。卵块数层。(3) 幼虫。末龄幼虫体长 40～45 mm，头红褐色，有光泽，背中线上黄色白带明显，各体节有褐色毛瘤。胸足黑色，腹足红色（图 63-86，87）。(4) 蛹。长 12～15.6 mm，宽 4.2～4.5 mm，红褐色，幼虫结白色至浅红色茧化蛹。

【生活习性】 (1) 成虫。趋光性强，产卵成堆。(2) 幼虫。初孵幼虫吐丝群聚，仅食叶肉，3 龄后幼虫开始分散。

【典型症状】 幼虫食叶成缺刻或孔洞，严重的仅留下叶脉。

图 63-86　黄领麻纹灯蛾，幼虫

图 63-87　黄领麻纹灯蛾，幼虫

【发生规律】 (1) 发生世代。昆明每年发生 1 代。(2) 越冬。以蛹越冬。(3) 发生时期。成虫 6 月下旬开始羽化，7 月进入羽化盛期，7 月上、中旬即可见初孵幼虫，9 月上旬老熟幼虫开始化蛹。

【防治措施】 参见八点灰灯蛾。

人纹污灯蛾 White tiger moth

人纹污灯蛾 *Spilarctia subcarnea* (Walker) 属鳞翅目，灯蛾科，又称红腹白灯蛾、人字纹灯蛾。为害白菜、甘蓝、花椰菜、萝卜等十字花科蔬菜及瓜类、豆类、马铃薯、玉米等。各地均有发生。

【形态特征】 (1) 成虫。雄虫体长17～20 mm，翅展 46～50 mm；雌虫体长20～23 mm，翅展 55～58 mm；雄虫触角短、锯齿状；雌虫触角羽毛状；头、胸黄白色，腹部背面呈红色；前翅黄白色，后翅红色或白色，前后翅背面均为淡红色（图 63-88）。(2) 卵。扁圆形，淡绿色，直径 0.6 mm 左右。(3) 幼虫。头部黑色，胴部淡黄褐色，背线不明显，亚背线暗绿色；体上密生棕黄色长毛。

【生活习性】 成虫有趋光性。卵产在叶背呈块状，每块有卵数十粒至百余粒不等；初孵幼虫有群集性，稍后分散，老熟幼虫受振动后即落地，有假死性。

图 63-88　人纹污灯蛾，成虫

图 63-89　稀点雪灯蛾，成虫

【发生规律】 一年发生 2～6 代，以蛹在表土或枯枝落叶内越冬；翌春 4～6 月份成虫羽化，第 1 代幼虫在 5～6 月份开始为害。

【防治措施】（1）农业防治。冬耕，杀灭越冬虫蛹。（2）物理防治。悬挂黑光灯，诱捕成蛾。（3）化学防治。幼虫活动期，可喷施 40%毒死蜱 EC 1 500 倍液，或 1%灭虫灵 EC 1 000～2 000 倍液，或 24%百灵 AS 800～1 500 倍液。

稀点雪灯蛾 White-wing blake-dotted moth

稀点雪灯蛾 *Spilosoma urticae*（Esper）属鳞翅目灯蛾科。为害番茄、茄子、辣椒、桑、玉米、棉花、花生、小麦、谷子、大豆、甘薯、茄子、辣椒、瓜类、薄荷、桃等。国内分布北起黑龙江、内蒙古、新疆，其北缘靠近北部边境线，南抵浙江、贵州，东面临海，西向新疆，并自甘肃折入四川，止于盆地西缘。

【形态特征】（1）成虫。雄蛾体长 12.5～16 mm，翅展 35～38 mm；雌蛾体长 14.5～18 mm，翅展 39.5～42 mm。体、翅白色，下唇须上方黑色，下方白色。触角黑褐色，复眼长而光滑，黑褐色，口器暗黄色。前翅中室、肩角及内横线、外横线、亚端线处有黑点，后翅前足、中足腿节上方黄色，后足白色有黑环腹部黄色，背中央有黑色点纹 7 个，侧面、亚侧面有黑色点纹 5 个（图 63-89）。（2）卵。圆球形，直径0.7～0.8 mm，初产时乳白色，渐变为淡黄色，孵化前呈黄褐色。（3）幼虫。共 6 龄。初孵幼虫黄褐色，4 龄后变为橙黄色或暗褐色。（4）蛹。椭圆形，长 11.4～15.5 mm，黑褐色，节间黄色，化蛹时结一薄茧。

【生活习性】（1）成虫。成虫羽化后第 2 天傍晚即开始交尾、产卵，卵产在叶背或茎部，卵成块产。成虫趋光性强，用黑光灯可诱到，成虫白天喜欢栖息在植物丛中叶背面，晚上飞出活动。（2）幼虫。初孵幼虫只啃食叶肉，3 龄后把叶片食成缺刻或孔洞，4～6 龄进入暴食阶段。上午幼虫栖息在叶背面或土块及枯枝落叶下，下午开始取食，傍晚最盛。

【典型症状】 幼虫食叶成缺刻或孔洞，严重的仅留叶脉。可将幼苗全部吃光，造成缺苗断垄。

【发生规律】（1）发生世代。河北、山东每年发生 3 代。（2）越冬。以蛹在土内越冬。（3）发生时期。4 月中至 5 月上旬始见成虫，第 1 代幼虫于 5 月上旬至 6 月中旬为害，幼虫共 6 龄，第 1 代成虫于 6 月中旬始见，第 2 代幼虫期在 6 月中旬至 8 月上旬，第 2 代成虫始发于 8 月下旬，第 3 代幼虫发生在 8 月中旬至 9 月中旬，9 月中旬后化蛹越冬。

【防治措施】（1）农业防治。适当密植，注意通风透光，可减少着卵，降低幼虫密度。套种玉米的地区要适当晚播，尽量避开该虫发生及为害盛期。（2）化学防治。每亩用 50%辛硫磷 EC 100 mL，对水拌细干土 15 kg，傍晚撒施毒土，也可用上述杀虫剂于傍晚喷洒，效果也很好。必要时可用 48%毒死蜱 EC 1 000 倍液喷雾防治。采收前 7 d 停止用药。

参考文献

樊树龙，刘彦斌，乔飞，等. 春播玉米田稀点雪灯蛾暴发原因及防治初探[J]. 陕西农业科学，2007(5)：147-148

星白雪灯蛾 Red-belly black-dotted arctud

星白雪灯蛾 *Spilosoma menthastri*（Esper）属鳞翅目灯蛾科，又称红腹灯蛾、黄腹灯蛾、星白灯蛾。各地均有发生，为害十字花科蔬菜、茄科、豆类、玉米等多种蔬菜。

【形态特征】（1）成虫。体长 15 mm 左右，翅展 33～46 mm。体白色，触角暗褐色。胸足具黑纹，腿节上方黄色或红色。腹部背面除基节和端节外黄色或红色（图 63-90），背面、侧面和亚侧面各有 1 列黑点。前翅散生黑点，数量变异极大（图 63-91）。（2）卵。半球形，初产为乳白色，后变成灰黄色，表面有网状纹。（3）幼虫。体土黄色至深褐色，头黑色，背面有灰色或灰褐色纵带，密生棕黄色至黑褐色长毛，气门白色，腹足土黄色（图 63-92）。（4）蛹。深棕色，较粗短。外被黄色丝茧，缀有幼虫体毛。

图 63-90　星白雪灯蛾，成虫腹部特征

图 63-91　星白雪灯蛾，成虫

图 63-92　星白雪灯蛾，幼虫

【生活习性】（1）成虫。成虫有趋光性，在羽化后 3～4 d 开始产卵，成块产于叶背，每块数十粒至百余粒，每雌可产 400 余粒，经 5～6 d 孵化。（2）幼虫。初龄幼虫群集为害，3 龄后开始分散，受惊有假死习性，幼虫共 7 龄，发育历期 40～50 d，老熟后在地表结茧化蛹。

【典型症状】幼虫食叶，严重时仅存叶脉，也为害花、果。

【发生规律】（1）发生世代。在我国华北地区、华东地区，每年发生 2～3 代。（2）越冬。第 2 代老熟幼虫从 9 月份开始，向沟坡、道旁等处转移化蛹越冬。（3）发生时期。每 3～4 月份羽化，以第 2 代幼虫发生期 8～9 月份为害较重。

【防治措施】（1）物理防治。采用频振式杀虫灯或黑光灯诱杀成虫。（2）化学防治。卵孵化盛期至 2 龄前喷药，每亩用 4.5%高效氯氰菊酯 EC 20～30 mL，对水 600～750 L，或 1.8%阿维菌素 EC 30～50 mL，对水 600～750 L 喷雾。

古毒蛾 Rusty tussock moth

古毒蛾 *Orgyia antiqua* Linnaeus 属鳞翅目毒蛾科。为害草莓、豆类、苹果等。分布在黑龙江、吉林、辽宁、河北、内蒙古、山东、山西、河南、甘肃、宁夏、西藏。

【形态特征】（1）成虫。雌成虫纺锤形，体长 10～20 mm，头胸部较小，体肥大。雄成虫体长 10～12 mm。（2）卵。卵圆形稍扁，直径约 0.9 mm，白色或淡褐色。（3）幼虫。幼虫共 5～6 龄。幼虫体长 25～36 mm，头黑褐色，体黑灰色，有红、白灰纹，胴部有红色和淡黄毛瘤。前胸橘黄色，其两侧及第 8 腹节背面中央各有一束黑而长的毛（图 63-93）。（4）蛹。雄 10～12 mm，锥形（图 63-94）。（5）茧。茧丝质较薄，灰黄色。

图 63-93　古毒蛾，幼虫

【生活习性】初孵幼虫群集于芽、叶上取食，能吐丝下垂借风力传播。

【典型症状】幼虫食叶呈缺刻和孔洞，严重时把叶片食光。

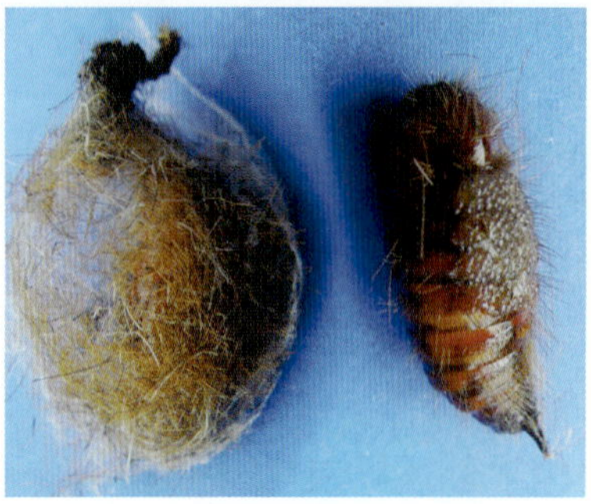

图 63-94　古毒蛾，茧和蛹

【发生规律】（1）发生世代。东北北部每年发生 1 代，华北 3 代。（2）越冬。以卵在茧内越冬。雌虫将卵产在茧内，偶有产于茧上或附近的。

【防治措施】（1）农业防治。冬春人工摘除卵块。（2）化学防治。发生初期喷洒 10%吡虫啉 WP 1 500 倍液或 2.5%功夫菊酯 EC 2 000 倍液、40%氰戊菊酯 1 000 倍液、2.5%溴氰菊酯 2 000 倍液，或隔 10 d 喷 1 次，控制为害，如需兼治其他害虫，则应全面喷药。采收前 7 d 停止用药。

豆毒蛾 Soybean tussock moth

豆毒蛾 *Cifuna locuples* Walker 属鳞翅目毒蛾科，又称肾毒蛾。为害豆科蔬菜、莴苣等。各地均有发生。

【形态特征】（1）成虫。雄成虫翅展 34～40 mm，雌成虫翅展 45～50 mm。触角褐黄色，栉齿褐色；下唇须、头、胸和足深黄褐色；腹部褐黄色；后翅淡黄色带褐色。（2）卵。半球形，淡青绿色（图 63-95）。（3）幼虫。幼虫体长 40 mm 左右，头部黑褐色，有光泽，上生褐色次生刚毛，体黑褐色。前胸背板黑色，有黑色毛；前胸背面两侧各有一黑色大瘤，上生向前伸的长毛束。第 1～4 腹节背面有暗黄褐色短毛刷（图 63-96，97）。（4）蛹。红褐色，背面有长毛（图 63-98）。

【生活习性】卵产于叶上，幼龄幼虫集中为害，仅食叶肉，以后分散为害。

【典型症状】幼虫蚕食叶片，影响作物生长发育。

【发生规律】（1）发生世代。长江流域每年发生 3 代。（2）越冬。以幼虫越冬。（3）发生时期。4 月份开始为害，5 月份老熟幼虫以体毛和丝作茧化蛹，6 月份第 1 代成虫出现。

【防治措施】（1）物理防治。灯光诱杀成虫。（2）化学防治。3 龄前喷洒 10%吡虫啉 WP 2 500 倍液，或 50%敌乐合剂 1 000 倍液，或 50%辛硫磷 EC 1 000～1 500 倍液。

图 63-95　豆毒蛾，卵

图 63-96　豆毒蛾，低龄幼虫

图 63-97　豆毒蛾，高龄幼虫

图 63-98　豆毒蛾，蛹和茧

双线盗毒蛾
Cashew hairy catepillar

双线盗毒蛾 *Porthesia scintillans*（Walker）属鳞翅目毒蛾科，又称棕夜黄毒蛾、桑褐斑毒蛾。为害豇豆、丝瓜、辣椒、菜豆、甘薯等。安徽及以南地区均有发生。

【形态特征】（1）成虫。雄成蛾体长 9～12 mm，雌蛾体长 17～19 mm。头部和颈板橙黄色，胸部浅黄棕色，腹部褐黄色。（2）卵。卵黄色，半球形。（3）幼虫。末龄幼虫体长 17～25 mm，头淡褐，胸部、腹部暗棕色。后胸背板还有 1 对红色毛突，体上毛瘤上有黑长毛（图 63-99）。

图 63-99　双线盗毒蛾，幼虫

【生活习性】（1）成虫。傍晚或夜间羽化，成虫夜出，白天栖息在叶背。（2）幼虫。雌成蛾产卵在叶背，卵半球形黄色呈块状，上盖黄色茸毛。初孵幼虫有群集性，食叶下表皮和叶肉，3 龄后分散为害豇豆荚或瓜果成孔洞。

【典型症状】 幼虫食害叶、豆荚、果实，严重时叶片仅剩网状叶脉，豆荚和果实成缺刻或孔洞，影响产量和质量。

【发生规律】（1）发生世代。南方各省均有发生，福建每年发生 3～4 代。（2）越冬。以幼虫在寄主叶片间越冬。（3）发生时期。6～7 月份发生数量多。

【防治措施】（1）农业防治。及时清除田间残株落叶，集中深埋或烧毁。合理密植，使田间通风透光，可减少为害。（2）化学防治。幼虫 3 龄前喷 25%灭幼脲 3 号 SC 500～600 倍液，或 50%杀螟松 EC 1 000 倍液，或 2.5%速灭杀丁EC 2 000～3 000 倍液，或 50%辛硫磷 EC 1 000 倍液，或 10%吡虫啉 WP 1 500 倍液。采收前 7 d 停止用药。

小白纹毒蛾
Small tussock moth

小白纹毒蛾 *Notolophus australis* posticus Walker 属鳞翅目毒蛾科，别名毛毛虫、刺毛虫等。为害草莓、大豆等 70 多种作物。

【形态特征】（1）成虫。雄体长 24 mm，黄褐色，前翅具暗色条纹；雌虫翅退化，全体黄白色，呈长椭圆形，体长约 14 mm。（2）卵。卵白色，光滑。（3）幼虫。幼虫体长 22～30 mm。头部红褐色，体部淡赤黄色，全身多处长有毛块，且头端两侧各具长毛 1 束，胸部两侧各有黄白毛束 1 对，尾端背方亦生长毛 1 束（图 63-100）。腹部背方具忌避腺。幼虫老熟后，在叶或枝间吐丝、结茧化蛹。（4）蛹。体黄褐色。

图 63-100　小白纹毒蛾，幼虫

【生活习性】（1）成虫。成虫羽化后因不善飞行，雌蛾常攀附在茧上，等待雄蛾飞来交尾，把卵产在茧上，块状，卵块上常覆有雌蛾体毛。（2）幼虫。初孵幼虫有群栖性，虫龄长大后开始分散，有时可见 10 余头幼虫聚在一起，老熟幼虫在叶或枝间吐丝作茧化蛹，茧上常覆有幼虫体毛，雄虫常小于雌虫。

【典型症状】 初孵幼虫群集叶上，后逐渐分散，取食花蕊及叶片。叶片被食成缺刻或孔洞。

【发生规律】（1）发生世代。台湾每年发生 8～9 代。（2）发生时期。3～5 月份发生多。

【防治措施】 参见豆毒蛾。

大造桥虫
Mugwort looper

大造桥虫 *Ascotis selenaria* Schiffermüller et Denis 属鳞翅目尺蛾科。为害棉花、豆类、茄子、

青椒、白菜、莴苣、蕹菜、柑橘、梨等。全国各地。

【形态特征】（1）成虫。成虫体长 15～20 mm，体色变异很大，有黄白、淡黄、淡褐、浅灰褐色，一般为浅灰褐色，散布有黑褐及淡黄色鳞片（图 63-101）。触角细长，超过前翅前缘中部，雄成虫触角淡黄色，羽毛状，雌成虫触角暗灰色，丝状。（2）卵。青绿色，长椭圆形，壳面附有许多凸粒。（3）幼虫。老熟幼虫体长 38～49 mm，黄绿色，圆筒形，表皮光滑。头黄褐至褐绿色。背线宽，淡青至青绿色，由前胸直达尾端。腹部第 2～5 节背面前半部有一深黑色的短纵纹，以第 2 节为最长最黑。在短纵纹后端两侧均有一黑粒突起，其上有一黑毛（图 63-102）。（4）蛹。长约 14 mm，长圆形，深褐色有光泽，尾端尖，臀棘 2 根。

图 63-101　大造桥虫，成虫

图 63-102　大造桥虫，幼虫

【生活习性】（1）成虫。成虫昼伏夜出，飞翔力弱，趋光性强。卵多产在地面、土缝及草秆上，大发生时枝干、叶上都可产。（2）幼虫。初孵幼虫能吐丝随风飘移，形似嫩枝。

【典型症状】幼虫食叶片、嫩茎。

【发生规律】长江流域每年发生 4～5 代。以蛹在土中越冬。

【防治措施】不单独采取防治措施。

豆天蛾
Bean hawk moth

豆天蛾 *Clanis bilineata stingtauica* Mell 属鳞翅目天蛾科，又称大豆天蛾。除西藏未见外，其他各省区均有发生。为害豆科作物。

【形态特征】（1）成虫。体长 40～45 mm，翅展 100～120 mm。体和翅为黄褐色，头和胸部有较细的暗褐色背线，腹部背面各节后缘有棕黑色横纹（图 63-103）。（2）卵。卵椭圆形，长2～3 mm，初产时黄白色，逐渐转为褐色。（3）幼虫。老熟幼虫体长约 90 mm，黄绿色，体表密生黄色小突起。胸足橙褐色。腹部两侧各有 7 条向背后倾斜的黄白色条纹，臀背具尾角一个（图 63-104，105）。（4）蛹。长约 50 mm，红褐色。

图 63-103　豆天蛾，成虫

图 63-104　豆天蛾，低龄幼虫

图 63-105　豆天蛾，高龄幼虫

【生活习性】（1）成虫。成虫飞翔力很强，但趋光性不强，喜在空旷而生长茂密的豆田产卵，卵散产于第3、第4片豆叶背面。（2）幼虫。幼虫共5龄。幼虫4龄前白天多藏于叶背，夜间取食；4～5龄幼虫白天多在豆秆枝茎上为害，并常转株为害。

【典型症状】豆天蛾别名豆虫，以幼虫取食大豆叶，低龄幼虫吃成网孔和缺刻，高龄幼虫食量增大；严重时，可将豆株吃成光秆，使之不能结荚，影响产量。

【发生规律】（1）发生世代。黄淮流域每年发生1代，长江流域和华南地区每年发生2代。（2）越冬。以老熟幼虫在9～12 cm土层越冬，越冬场所多在豆田及其附近土堆边、田埂等向阳地。（3）发生时期。第2年春天移动至表土层化蛹。一代发生区在6月中旬化蛹，7月上旬为羽化盛期，7月中下旬至8月上旬为成虫产卵盛期。7月下旬至8月下旬为幼虫发生盛期，9月上旬幼虫老熟入土越冬。

【防治措施】（1）农业防治。深耕土壤，消灭越冬虫源。夏播大豆播种前进行土壤深耕，把蛹消灭在羽化之前。清晨在豆田附近的高粱、玉米等作物和杂草上捕捉成虫。（2）物理防治。用黑光诱杀成虫。（3）化学防治。在幼虫3龄前喷4.5%高效氯氰菊酯EC 1 500～2 000倍液，或50%辛硫磷EC 1 000倍液，或20%杀灭菊酯2 000倍液，或21%增效氰·马EC 3 000倍液，或25%灭幼脲3号SC 1 000倍液，均有较好的效果。

参考文献

刘志红，李桂亭，吴福中，等. 豆天蛾的研究进展[J]. 安徽农业科学，2005，33(6)：1101-1102

甘薯天蛾
Sweet potato hornworm

甘薯天蛾 *Herse convolvuli*（Linnaeus）属鳞翅目天蛾科，又称旋花天蛾、白薯天蛾、甘薯叶天蛾。该虫为偶发性害虫。为害甘薯、蕹菜、牵牛花、月光花等旋花科植物以及芋艿、葡萄、楸树、扁豆和赤小豆等。全世界及国内各地均有分布。

【形态特征】（1）成虫。体长50 mm，体翅暗灰色；肩板有黑色纵线；腹部背面灰色，两侧各节有白、红、黑3条横线；前翅内横线、中横线及外横线各为2条深棕色的尖锯齿状带，顶角有黑色斜纹；后翅有4条暗褐色横带，缘毛白色及暗褐色相杂（图63-106）。（2）卵。卵球形，直径2 mm，淡黄绿色。（3）幼虫。1～3龄幼虫体色为绿色，4龄幼虫的体色变化最多，有绿色型、多种黑色斑纹的黑色条纹型，5龄幼虫体色可分为三大类，即绿色型、黑色条纹型和褐色型，其中黑色条纹型的斑纹变化形式最多。①绿色型。头黄绿色；胸腹部明显为绿色，腹部1～8节，各节的侧面有黄褐色斜纹1条，气门杏黄色；尾角杏黄色，末端为黑色。主要特征是胸腹部为绿色，腹部没有黑色斜纹。②黑色条纹型。头黄褐色；腹部有明显的黑色斜纹；气门黄色；多数尾角末端为黑色，前端红棕色，仅极少数尾角全部为黑色。主要特征是腹部有黑色斜纹（图63-107）。③褐色型。体色褐色，胸腹部有浅色的条纹，但不明显；尾角为黑色。主要特征是虫体是褐色而不是绿色，没有明显的斜纹（图63-108）。（4）蛹。长56 mm，朱红色至暗红色。

图63-106　甘薯天蛾，成虫

图63-107　甘薯天蛾，黑色条纹型幼虫

【生活习性】成虫白天潜伏，黄昏后外出觅食、交尾、产卵等。成虫羽化1 d后即交尾产卵，卵多散产在嫩叶的叶背边缘处。成虫具有趋光性，

图 63-108　甘薯天蛾，褐色型幼虫

飞翔力强。

【典型症状】 幼虫轻度发生时造成叶片缺刻，重度发生时吃光全部叶片。影响作物生长发育。

【发生规律】 (1) 发生世代。北京每年发生1～2代，安徽省每年发生3～4代。(2) 越冬。以蛹在土下10 cm深处越冬。(3) 发生时期。5、6月份越冬蛹羽化成成虫，第1代幼虫发生于5月下旬至6月下旬，此后每隔1个月左右发生1代。(4) 环境因素。干旱时趋向低洼潮湿地带或降雨地区；若连续雨水，潮湿过大，则飞向高地，故常形成局部地区大发生。

【防治措施】 (1) 农业防治。随田间管理人工除灭。利用成虫趋光性，用振频诱虫灯诱杀。深耕土壤，把蛹消灭在羽化之前。(2) 化学防治。发生严重的地区，于幼虫3龄前每亩喷洒2.5%敌百虫粉1.5～2 kg，或80%敌百虫晶体2 000倍液喷雾。

参考文献

[1]李有志，文礼章，王继东．长沙地区甘薯天蛾发生规律研究[J]．湖南农业大学学报(自然科学版)2004，30(1)：50-52

[2]李有志，文礼章，马骏，等．甘薯天蛾幼虫生物学特性[J]．湖南农业大学学报(自然科学版)，2005，31(6)：660-664

芋双线天蛾 Striped back hawk moth

芋双线天蛾 *Theretra oldenlandiae* Fabricius 属鳞翅目天蛾科。别名红仙花天蛾、雀纹双线天蛾。为害甘薯、水芋、葡萄、山核桃、凤仙花、芍药等。全国均有发生。

【形态特征】 (1) 成虫。体长25～35 mm，翅展50～65 mm，体褐绿色。头胸两侧缘毛灰白色，胸部背线灰褐色，两侧具黄白色纵条。前翅灰褐绿色，前翅顶角至后缘基部具较宽的浅黄色斜带1条，斜带内外具黑、白条纹数条，中室端有1黑点；后翅黑褐色，横带灰黄色，缘毛白色。(2) 卵。卵浅黄绿色，圆形。(3) 幼虫。幼虫有绿色、褐色型2种。绿色型体草绿色，胸部两侧各具排列整齐的黄色小圆斑9个，腹部1～7节两侧具斜纹，背两侧各生一黄色眼状斑，其中第1、2节眼斑中间有红点1个。褐色型体褐色，其他与绿色型相同(图63-109)。(4) 蛹。黄褐色，长35～45 mm。

图 63-109　芋双线天蛾，幼虫

【生活习性】 (1) 成虫。成虫昼伏，羽化后当晚交尾，卵多产在叶背。(2) 幼虫。幼虫共5龄，初孵幼虫在叶背啃食表皮呈透明斑，2龄后啃出小孔，3龄后食叶成大缺刻，4龄后进入暴食期。

【典型症状】 幼虫取食叶片。

【发生规律】 (1) 发生世代。每年发生4～5代。该虫有世代重叠现象。(2) 越冬。以蛹越冬。(3) 发生时期。5～10月份是幼虫为害期。

【防治措施】 (1) 农业防治。结合中耕除草，捕杀幼虫。(2) 物理防治。利用黑光灯诱杀成虫。(3) 化学防治。在3龄前喷洒90%敌百虫晶体800倍液或50%辛硫磷EC 2 000倍液。

甘薯麦蛾 Sweet potato leaf-folder

甘薯麦蛾 *Brachmia macroscopa* Meyrick 属鳞翅目，麦蛾科，又称甘薯卷叶虫。为害蕹菜、甘薯及其他旋花科植物。除青海、西藏外的国内各省区都有分布。长江以南薯田中，密度普遍较高。国外分布于朝鲜、日本、菲律宾、越南、老挝、缅甸、印度及欧洲。

【形态特征】 (1) 成虫。成虫体长约6 mm，翅展约 15 mm。头胸部暗褐色，前翅狭长，暗褐色或锈褐色，上有 2 个褐色环纹，环纹中有 1 黑褐色小点，外缘有一列小黑点。后翅宽，淡灰色，缘毛甚长（图 63-110）。(2) 卵。卵椭圆形，长约 0.6 mm。初产时淡黄色，后变为淡褐色，卵表具细纵横脊纹。(3) 幼虫。末龄幼虫体长约 15 mm，头稍扁，黑褐色。前胸背板褐色，两侧具暗色倒“八”字形纹。中胸至第 2 腹节背面黑色，第 3 腹节以后各节底色为乳白色，亚背线黑色（图 63-111）。(4) 蛹。蛹长 7～9 mm，纺锤形，头钝尾尖。

图 63-110　甘薯麦蛾，成虫

图 63-111　甘薯麦蛾，幼虫

【生活习性】 (1) 成虫。成虫趋光性强，且行动活泼，白天潜伏于田间的隐蔽处，夜间进行交尾、产卵，卵通常产在叶脉之间，也有少数卵产于新芽和嫩茎上。(2) 幼虫。幼虫分为 4 龄，其中 1 龄幼虫只在叶面剥食叶肉，不卷叶，但吐丝下坠；2 龄幼虫开始吐丝卷叶，并在卷叶内取食叶肉为害；3 龄以后，幼虫的食量大增，卷叶程度也增大，且有转株为害的习性。幼虫也取食嫩茎和嫩梢。被害叶片叶肉被吃尽后，只留下白色的表皮，似薄膜状。

【典型症状】 以幼虫吐丝卷叶，在卷叶内取食叶肉，留下白色表皮，状似薄膜（图 63-112）。幼虫除为害叶片外，尚能为害嫩茎和嫩梢。发生严重时，叶片大量卷缀，整个呈现“火烧”现象。

图 63-112　甘薯麦蛾，幼虫为害蕹菜

【发生规律】 (1) 发生世代。北京每年发生 3～4 代，安徽每年发生 4～5 代，江西每年发生 5～7 代，福建每年发生 8～9 代。(2) 越冬。以蛹在残叶中越冬。(3) 发生时期。越冬蛹于 6 月上旬开始羽化，6 月下旬在田间即出现幼虫卷叶为害，8 月中旬以后田间虫口密度增大，为害加重，10 月份后熟幼虫化蛹越冬。

【防治措施】 (1) 农业防治。清除田间枯叶杂草，消灭越冬虫。田间初见幼虫卷叶为害时，用手捏杀新卷叶中的幼虫。(2) 化学防治。幼虫初卷叶时，用 90% 敌百虫结晶 1 000～1 500 倍液，或 20% 除虫脲 SC 1 500～2 000 倍液，或 Bt EC（100 亿孢子/mL）400～600 倍液。用 48% 毒死蜱 EC 1 000～1 500 倍液防治时，施药后 7 d 方可采收。

参考文献

[1]熊松根.甘薯麦蛾的发生和防治[J].江西植保,2007,30(1):32

[2]冷德训,秦韶梅,孙秀丽,等.蕹菜田甘薯麦蛾的发生与防治[J].西北园艺,2006(7):33

扁豆羽蛾
Bonavist plume moth

扁豆羽蛾 *Sphenarches anisodactylus* Walker 属鳞翅目羽蛾科。为害扁豆。华中、华东均有发生。

【形态特征】 (1) 成虫。体长 6～7 mm，翅展 13～16 mm，浅褐色（图 63-113，114）。前翅在中部分成两支，前支具 4 个不规则的深褐色或褐色斑块，后支末端似笔尖状，具与前支相对应的斑纹。后翅分为 3 支，第 1、2 支分叉于翅基 1/3 处，第 2、3 支分叉于近基部。

(2) 卵。卵 0.48 mm×0.32 mm，卵圆形，初产淡绿色，渐变黄白色。(3) 幼虫。老熟幼虫体长 8～10 mm，头宽0.8 mm。头黑褐，体紫红带绿色或污绿带赤色。体表具刺状刚毛和末端呈铲状的毛。腹足细长，具趾钩 7 枚，但臀足的趾钩为 8 枚。(4) 蛹。长7～8 mm，体色变化大，绿色至枯褐色。各节具细密的横皱纹、明显的枝刺和刚毛。末端尖削具多根钩刺。

图 63-113 扁豆羽蛾，成虫

图 63-114 扁豆羽蛾，成虫

【生活习性】 (1) 成虫。成虫将卵散产于花蕾、花萼及花轴的嫩茎上。(2) 幼虫。幼虫只在蕾、花、果外面啃食，不蛀入为害，老熟后就在为害处附近化蛹，多为悬蛹。

【典型症状】 幼虫食害花蕾、花瓣和豆荚。

【防治措施】 零散发生，不用单独采取防治措施。

64. 蝶类害虫

菜粉蝶 Cabbage butterfly

菜粉蝶 *Pieris rapae*（Linnaeus）属鳞翅目粉蝶科，又称菜白蝶、白粉蝶。幼虫称菜青虫。是蔬菜上最常见的重要害虫之一。为害油菜、甘蓝、花椰菜、白菜等十字花科植物。尤其偏嗜含有芥子油糖苷、叶表光滑无毛的甘蓝和花椰菜。全国各地均有分布。国外分布于世界各大洲。

【形态特征】（1）成虫。成虫体长 12～20 mm，灰黑色；翅展 45～55 mm，白色项角灰黑色，雌蝶前翅有 2 个显著的黑色圆斑，雄蝶仅有 1 个显著的黑斑（图 64-1，2）。（2）卵。卵瓶状，高约 1 mm，宽约 0.4 mm，表面具纵背及网格，初产卵乳白色，后变橙黄色（图 64-3）。（3）幼虫。幼虫体色青绿，背线淡黄色，腹面绿白色，体表密布小黑色毛瘤，沿气门线有黄色斑。幼虫共有 5 龄（图 64-4，5，6）。（4）蛹。蛹体长 18～21 mm，纺锤形，中间膨大而有棱角状突起，蛹体有绿色、棕褐色等色型（图 64-7）。

图 64-1　菜粉蝶，成虫翅正面

图 64-2　菜粉蝶，成虫翅背面

图 64-3　菜粉蝶，卵

图 64-4　菜粉蝶，低龄幼虫

图 64-5　菜粉蝶，高龄幼虫

图 64-6　菜粉蝶，老熟幼虫

图 64-7　菜粉蝶，蛹

图 64-8　菜粉蝶，为害甘蓝

图 64-9　菜粉蝶，为害白菜

【生活习性】 成虫以晴天日照强的中午前后活动最盛。在蜜源植物和产卵寄主之间频繁飞翔，进行取食交配产卵活动。

【典型症状】 幼虫食叶，2 龄前食叶肉，留下一层透明的表皮；3 龄后可蚕食叶片，轻则虫孔累累，重则仅剩叶脉，影响植株生长发育和包心，还能诱发软腐病（图 64-8，9）。

【发生规律】 （1）发生世代。菜粉蝶在北部地区每年发生 3～5 代，南方地区每年发生 5～9 代。（2）越冬。以滞育蛹在菜地附近的屋墙、树干、风障、枯草和残株落叶等荫蔽处过冬。（3）发生时期。春天越冬蛹陆续羽化为成虫。（4）环境因素。菜青虫发育的最适宜温度为 20～25 ℃，相对湿度 76%左右。其发生形成春、秋 2 个高峰。

【防治措施】 （1）农业防治。春菜收获后及时清除田间残株败叶，并耕翻土地，消灭附着在上面的卵、幼虫和蛹。压低夏季虫口密度，减轻秋菜受害程度。春季结球甘蓝等十字花科蔬菜宜选用生长期短的品种，并配合地膜覆盖等早熟栽培技术，使收获期提前以避开菜粉蝶发生盛期，减轻为害。（2）生物防治。已知天敌在 70 种以上，如卵期的广赤眼蜂，幼虫期的菜粉蝶绒茧蜂，蛹期的蝶蛹金小蜂、广大腿小蜂等。捕食性天敌有胡蜂、隐翅虫、猎蝽、黄蜂、花蝽、步甲、草岭、瓢虫、蜘蛛等。（3）化学防治。用 2.5%鱼藤酮 EC 600 倍液，或 0.65%茴蒿素 AS 400～500 倍液喷雾，或 5%定虫隆 EC 、5%氟虫脲 EC 、5%伏虫隆 EC 2 000 倍液，喷药时应比化学药剂提前 3 d 左右。或选用 20%杀灭菊酯 EC 300 倍液，或 18%阿维・烟碱 AS 50 mL/亩，或 1.8%阿维菌素 EC 30～50 mL/亩对水 20～50 L，或 2.5%功夫 EC 3 000 倍液，或 10%联本菊酯 EC 3 000 倍液，或 5.7%百树得 EC 2 000 倍液，或 50%辛硫磷

EC 1 000 倍液，或 24%万灵 AS 1 000 倍液等喷雾防治。

东方菜粉蝶 Indian cabbage white

东方菜粉蝶 *Pieris canidia* Sparrman 属鳞翅目粉蝶科。为害油菜、甘蓝、花椰菜、芥蓝、菜心、白菜、萝卜等十字花科植物。北起黑龙江、内蒙古，南、东均达国境线，西限自陕西、甘肃折入四川、云南，并西延至西藏。国外分布于朝鲜、日本、菲律宾、越南、老挝、柬埔寨、泰国、缅甸、印度、孟加拉国、新加坡、巴基斯坦、阿富汗。

【形态特征】 (1) 成虫。翅展 43～52 mm。体背黑色，着生白色茸毛，腹面白色。翅面粉白色。前翅前缘有细黑色线，翅基部布满黑色鳞片，顶角宽黑褐色与外缘中部黑褐色菱形斑相连，中域有两个黑斑，下方近后缘处 1 个模糊。后翅前缘有 1 个黑色大斑，外缘脉端有三角形黑色斑（图 64-10）。反面前翅仅中域有 2 个斑，较正面大而色浓，近翅基靠近前缘有黑色鳞片，后翅无斑纹，中后部布有稀疏的黑色鳞片，肩角细狭，黄色（图 64-11）。(2) 幼虫。幼虫与菜青虫相似，虫体暗绿色，体背黑褐色的毛瘤周围有墨绿色的圆斑，所以粗看似乎毛瘤特别大。各腹节气门线上有 2 个黄斑，其一为环状围绕气门，背中线鲜黄色（图 64-12）。(3) 蛹。蛹和菜粉蝶蛹相似，但头前的中突起呈管状而长（图 64-13）。

图 64-10 东方菜粉蝶，成虫

图 64-11 东方菜粉蝶，成虫

图 64-12 东方菜粉蝶，幼虫

图 64-13 东方菜粉蝶，蛹

【典型症状】 幼虫食叶残留表皮或食成孔洞，还排出大量的虫粪，污染叶面。

【发生规律】 在南方于菜粉蝶混杂发生，但数量少。

【防治措施】 在防治菜粉蝶时可兼治此虫，不单独采取防治措施。

斑喙豆粉蝶 Asian pale clouded yellow

斑喙豆粉蝶 *Colias erate* Esper 属鳞翅目粉蝶

科。又称黄粉蝶、黄纹粉蝶、纹黄蝶、迷黄蝶、星黄蝶、豆粉蝶。分布东北、华北、华中，为害豆科蔬菜及豆科其他作物。

【形态特征】 （1）成虫。中型黄蝶，体长约20 mm，翅展约50 mm。雄虫翅黄色，前翅顶角有一群黑斑，其中杂有黄斑（图64-14）。雌虫有2种类型，一种类型与雄虫同色，另一种类型底色为白色（图64-15，16）。（2）卵。卵纺锤形，有纵脊28条，横脊约60条，瓣饰5～6个，有副瓣4～5圈。（3）幼虫。幼虫体绿色，多黑色短毛，毛基呈黑色小隆起，气门线黄白色。（4）蛹。蛹前端突起短，腹面隆起不高。

图 64-14 斑喙豆粉蝶，成虫（雄）翅反

图 64-15 斑喙豆粉蝶，成虫（雌）翅反

图 64-16 斑喙豆粉蝶，成虫（雌）翅正

【典型症状】 幼虫食害豆叶。

【发生规律】 （1）发生世代。每年发生4～6代。（2）越冬。以幼虫越冬。（3）发生时期。早春及6～7月份常见成虫飞翔于紫云英、苜蓿、豆类作物花中。

【防治措施】 零星发生，不单独采取防治措施。

茴香凤蝶 Yellow swallowtail bottomerfly

茴香凤蝶 *Papilio machaon* Linnaeus 属鳞翅目，凤蝶科。各地均有发生。为害茴香、胡萝卜、芹菜等伞形花科蔬菜。

【形态特征】 （1）成虫。成虫体黄色，体长24～32 mm，背脊为黑色宽纵纹；前、后翅有黑色及黄色斑纹，后翅近外缘为蓝色斑纹，并在近后缘处有一红斑。（2）卵。球形，淡黄色，孵化前呈紫黑色。（3）幼虫。老熟幼虫体长52～55 mm，绿色，头部具黑纵纹，胸、腹各节背面具短黑横斑纹（图64-17）。（4）蛹。黄褐色，具条纹，头上有2个角状突起，胸背及胸侧亦具突起。

图 64-17 茴香凤蝶，幼虫

【生活习性】 卵散产于叶面。幼虫夜间活动取食，受触动时从前胸伸出臭角，渗出臭液。

【典型症状】 幼虫食叶，食量很大，影响作物生长。

【发生规律】 （1）发生世代。每年发生2代。（2）越冬。以蛹在灌丛树枝上越冬。（3）发生时期。第2年春天4～5月间羽化，第1代幼虫发生于5～6月份，成虫于6～7月间羽化，第2代幼虫发生于7～8月份间。

【防治措施】 菜田零星发生时，可不单独采取防治措施。数量较多时，在幼龄幼虫期喷洒常用杀虫剂。

P 小红蛱蝶
ainted lady

小红蛱蝶 *Cynthia cardui* Linnaeus 鳞翅目蛱蝶科，又称赤蛱蝶、花蛱蝶、斑赤蛱蝶、姬赤蛱蝶、麻赤蛱蝶。为害豆类、麻类、牛蒡等。

各地均有发生。

【形态特征】 (1) 成虫。体长 15 mm，翅展 50 mm；前翅黑褐色，顶角有若干小白斑，翅中有红黄色横带，基部与后缘密生暗黄色鳞片（图 64-18）。(2) 卵。卵椭圆形，绿色。(3) 幼虫。体深褐，背线黑色；气门下线较粗，黄色，有瘤状突起（图 64-19）。(4) 蛹。蛹圆锥形。

图 64-18 小红蛱蝶，成虫

图 64-19 小红蛱蝶，幼虫

【生活习性】 成虫于 9～10 月份间大量出现。

【典型症状】 幼虫将叶片卷起取食，严重时将叶片吃成网状。成虫吸食番茄汁液。

【防治措施】 零星发生，偶为害豆科蔬菜，不必单独防治。

R 直纹稻弄蝶
ice skipper

直纹稻弄蝶 *Parnara guttata* Bremer et Grey 属鳞翅目弄蝶科。又称稻弄蝶、一字纹稻弄蝶、稻包虫。为害茭白、水稻、玉米、高粱、大麦、谷子、竹子、芦苇、白蜡、稗、狗尾草等。分布我国广大地区、日本、朝鲜、马来西亚等。

【形态特征】 (1) 成虫。翅展 40 mm，翅面黑色，前翅一般有 7～8 个半透明斑排列成半圆形；后翅中域有 4 个白斑连成斜列（图 64-20）。晴天时在花丛中易采到，数量较多。(2) 卵。褐色，半球形，直径 0.9 mm，初灰绿色，后具玫瑰红斑，顶花冠具 8～12 瓣。(3) 幼虫。幼虫一般 5 龄。初孵幼虫头黑色，体灰绿色，2～3 龄后头色渐变淡褐色。老熟幼虫体长 36～40 mm，绿色，纺锤形，头淡褐或红褐色，头大，前胸收窄呈颈状。头正面中央有“山”字形纹，前胸背有一条黑褐色横纹。老熟时第 4～7 腹节两侧各有白色粉状物（图 64-21）。被蛹淡黄褐色，头顶平滑，第 5、6 腹节中央各有一倒“八”字形纹。(4) 蛹。淡黄色，长 22～25 mm，近圆筒形，头平尾尖（图 64-22）。

图 64-20 直纹稻弄蝶，成虫

图 64-21 直纹稻弄蝶，幼虫

【生活习性】 (1) 成虫。成虫昼伏夜出，清晨羽化，卵散产。(2) 幼虫。初孵幼虫先咬食卵壳，爬至叶尖或叶缘，吐丝缀叶结苞取食，清晨或傍晚爬至苞外，末龄幼虫多缀叶结苞化蛹。

图 64-22 直纹稻弄蝶，蛹

【典型症状】 幼虫将叶片卷成圆筒状苞，潜伏在其中取食为害。

【发生规律】 (1) 发生世代。每年发生 2～8 代，从北往南发生世代数逐渐增加。(2) 环境因素。冬春气温低或前一个月雨量大，雨日多易流行。

【防治措施】 (1) 农业防治。利用幼虫结苞不活泼的特点，进行人工采卵灭幼虫。(2) 生物防治。保护利用寄生蜂、蓝蝽等天敌昆虫。(3) 化学防治。每亩用 90%敌百虫晶体 100 g，或 20%杀虫双 200 g，或 50%杀螟松 50 g，对水 40～50 kg，于傍晚喷雾。

65. 瓢虫类害虫

茄二十八星瓢虫
Eggplant lady beetle

茄二十八星瓢虫 *Henosepilachna vigintioctopunctata*（Fabricius）属鞘翅目瓢虫科，又称酸浆瓢虫。分布广泛，为害茄子、番茄、青椒、马铃薯等茄科蔬菜及葫芦科蔬菜。国内各省区均有分布，特别是长江以南，有时密度很高。国外分布于日本、印度、巴布亚新几内亚、澳大利亚。

图 65-1　茄二十八星瓢虫，成虫

图 65-3　茄二十八星瓢虫，幼虫

【生活习性】（1）成虫。成虫以上午 10 时至下午 4 时最为活跃，午前多在叶背取食，下午后转向叶面取食。成虫有假死性，并可分泌黄色黏液。（2）幼虫。幼虫夜间孵化，共 4 龄，2 龄后分散

【形态特征】（1）成虫。成虫体长 7～8 mm，半球形，赤褐色，密披黄褐色细毛。前胸背板前缘凹陷而前缘角突出，中央有一较大的剑状斑纹，两侧各有 2 个黑色小斑（有时合成一个）。两鞘翅上各有 14 个黑斑，鞘翅基部 3 个黑斑后方的 4 个黑斑不在一条直线上，两鞘翅合缝处有 1～2 对黑斑相连（图 65-1）。（2）卵。卵长 1.4 mm，纵立，鲜黄色，有纵纹。（3）幼虫。幼虫体长约 9 mm，淡黄褐色，长椭圆状，背面隆起，各节具黑色枝刺（图 65-2，3）。（4）蛹。蛹长约 6 mm，椭圆形，淡黄色，背面有稀疏细毛及黑色斑纹。尾端包着末龄幼虫的蜕皮（图 65-4）。

图 65-2　茄二十八星瓢虫，低龄幼虫

图 65-4　茄二十八星瓢虫，蛹

为害。

【典型症状】 成虫、幼虫食害叶片、果实和嫩茎。被害叶片仅留叶脉及上表皮，形成许多不规则透明的凹纹，后变为褐色斑痕（图 65-5，6，

7)；受害果被啃食的部分会变硬，并有苦味，失去商品价值。

图 65-5 茄二十八星瓢虫，为害茄果

图 65-6 茄二十八星瓢虫，为害茄子叶片

图 65-7 茄二十八星瓢虫，为害番茄叶片

【发生规律】 (1) 发生世代。合肥、武汉地区每年发生 3～4 代，华北、东北地区每年发生 2 代。(2) 越冬。以成虫群集越冬。(3) 发生时期。5 月开始活动，6 月上中旬为产卵盛期。

【防治措施】 (1) 农业防治。利用成虫越冬时群居的习性，查清越冬场所，可大批消灭越冬成虫。利用成虫、幼虫的假死性，进行人工捕杀。摘除卵块。(2) 化学防治。成虫迁移、幼虫未分散前和孵化盛期防治。3.5%锐丹 EC 对茄二十八星瓢虫幼虫、成虫均有良好的防治效果，击倒性强，持效期长，药效可达 14 d 以上，每亩用药量 30～40 mL，对水 40 kg 喷施。或每亩用 10%氯氰菊酯 EC 30～50 mL，对水 20～50 L 喷雾，或用 5%顺式氯氰菊酯 EC 20～40 mL 对水 20～50 L 喷雾，或用 5%抑太保 EC 30～60 mL 对水 40～50 L 喷雾。

马铃薯瓢虫 Potato lady beetle

马铃薯瓢虫 *Henosepilachna vigintioctomaculata* (motschulsky) 属鞘翅目瓢虫科，又称二十八星瓢虫。各地都有发生，以北方地区发生重。为害马铃薯、茄子、青椒、豆类、瓜类、玉米、白菜等蔬菜。北起黑龙江、内蒙古，南至福建、云南，西向由陕西、甘肃折入四川、云南，东接国境线，长江以北比较常见，黄河以北尤多。国外分布于朝鲜、日本、俄罗斯、澳大利亚。

【形态特征】 (1) 成虫。体长为 6.6～8.3 mm，体瓢形拱起，体背黄褐至红褐色，被黄灰色细毛，黑斑上的毛为黑色。头部无斑或中央有 2 个相连的黑斑，复眼黑色。前胸背板前缘凹入而两角突出，有 7 个黑色斑点，一般中央前方的 2 个黑点相互汇合，或于其后方的一个黑点汇合而成中央的黑斑，两侧各有 2 个黑点，或两黑点相连而成侧斑；有些个体黑斑扩大相连而成一个大斑，占前胸背板的大部分，只留浅色的前缘及外缘。两鞘翅会合处的黑斑有 1 对或 2 对相接触。雌性第 5 腹板后缘平截，第 6 腹板中央纵裂，雄性第 5 腹板后缘稍凹入，第 6 腹板后缘有圆形凹入（图 65-8）。(2) 卵。卵纺锤形，长约 1.3 mm。初产时鲜黄色，后渐变为黄褐色，常 20～30 粒排在叶片背面。(3) 幼虫。末龄幼虫体长 7.5 mm 左右，宽约 3 mm，纺锤形。胸、腹部中央膨大，头呈淡黄色，口器及单眼均为黑色。体被黑色分枝刺状突起。刚孵幼虫淡黄色，以后体表呈黑斑（图 65-9）。(4) 蛹。蛹长 7 mm，宽5 mm。黄白色，呈扁平椭圆形，全体被棕色细毛，老熟时可显黑色斑纹，腹面平坦；末端为幼虫蜕皮所包。

【生活习性】 (1) 成虫。成虫产卵于马铃薯叶片的背面。越冬成虫寿命较长，雄虫为 276～350 d，雌虫为 239～349 d。成虫有明显的假死性，一遇惊扰即假死落地，并可分泌黄色黏液。早晚静止，白天活动，常以中午前后，当气温 25 ℃左右时，最适其飞翔活动，早晚则停栖叶背。(2) 幼虫。初孵幼虫群集叶背 6～7 h 静止不动，以后开始为害，2 龄以后开始分散，3～4 龄食量

图 65-8　马铃薯瓢虫，成虫和蛹

图 65-9　马铃薯瓢虫，低龄幼虫

图 65-10　马铃薯瓢虫，为害马铃薯

图 65-11　马铃薯瓢虫，为害马铃薯

图 65-12　马铃薯瓢虫，为害黄瓜

逐增，4 龄食量最大。幼虫大部分在叶背停栖，取食叶肉，不甚活动。

【典型症状】 成虫、若虫取食叶片、果实和嫩茎，被害叶片仅留叶脉及上表皮，形成许多不规则透明的凹纹，后变为褐色斑痕（图 65-10），过多会导致叶片枯萎（图 65-11）；被害果上则被啃食成许多凹纹，逐渐变硬，并有苦味，失去商品价值（图 65-12）。

【发生规律】 (1) 发生世代。北方一年发生 1～2 代，武汉 4 代。(2) 越冬。成虫在发生地附近背风向阳、冬季较暖、湿度适中的石缝、树洞、杂草灌木根际、墙缝、屋檐土中等处群集越冬。(3) 发生时期。于 5 月开始活动，为害马铃薯或苗床中的茄子、番茄、青椒苗。6 月上中旬为产卵盛期，6 月下旬至 7 月上旬为第 1 代幼虫为害期，7 月中下旬为化蛹盛期，7 月底 8 月初为第 1 代成虫羽化盛期，8 月中旬为第 2 代幼虫为害盛期，8 月下旬开始化蛹，羽化的成虫自 9 月中旬开始寻求越冬场所，10 月上旬开始越冬。(4) 环境因素。越冬基数和死亡率是决定第 1 代大发生的基础。马铃薯瓢虫发生的最重要因素是夏季高温。28 ℃以上即使孵化也不能发育至成虫。马铃薯瓢虫成虫如不取食马铃薯，便不能正常繁殖和发育，幼虫不取食马铃薯，发育亦不正常。

【防治措施】 参见茄二十八星瓢虫。

66. 甲虫类害虫

Y 黄足黄守瓜 Yellow melon leaf beetle

黄足黄守瓜 *Aulacophora femoralis* chinensis Weise 属鞘翅目叶甲科，又称瓜守、黄虫、黄萤。是瓜类蔬菜的主要害虫。为害瓜类，尤喜南瓜、西瓜、黄瓜、蒲瓜等。已知为害植物 19 科 69 种以上，以为害瓜类蔬菜为主。各地均有分布。国外分布于朝鲜、日本、俄罗斯、越南。

【形态特征】 (1) 成虫。体长约 9 mm，长椭圆形，除前、中、后胸及腹部腹面为黑色外，虫体其他部位为黄色，前胸背板长方形，鞘翅基部比前胸阔（图 66-1，2）。(2) 卵。长 1 mm，近球形，黄色，表面具六角形蜂窝状网纹，近孵化时

图 66-1 黄足黄守瓜，成虫

图 66-2 黄足黄守瓜，成虫交尾

灰白色。(3) 幼虫。初孵白色，以后头渐变为褐色。老熟时体长约 12 mm，头部黄褐色，前胸背板黄色，体黄白色，臀板腹面有肉质突起，上生微毛。(4) 蛹。长 9 mm，纺锤形，乳白带有淡黄色。

【生活习性】 (1) 成虫。稍有群集性。成虫喜阳光，飞翔力强，有假死性。成虫取食叶片时以身体为半径旋转咬食一圈，再食圈内叶片，在叶片上留下环形食痕或孔洞。雌虫一生交配多次。交尾 1～2 d 开始产卵，每雌产卵 250～400 粒。卵大多成堆，或散产于寄主根际附近湿土凹陷处。(2) 幼虫。幼虫孵化后即钻入土内，寻找寄主组织为害，先吃支根、主根及茎基。3 龄后可蛀入主根或近地的根茎内部上下蛀食，一株食尽后又食他株。老熟后即在为害部位附近做土茧化蛹。

【典型症状】 成虫主要为害瓜苗的叶、嫩茎、花和果实。成虫取食叶片时，以身体为中心、身体为半径旋转咬食一圈，然后在圈内取食，在叶片上形成一个环形或半环形食痕或圆形孔洞（图 66-3）。幼虫在土里为害根部，低龄幼虫为害细根，3 龄以后食害主根，钻食在木质部与韧皮部之间，此时可使地下部分萎蔫致死。贴地生长的瓜果也可被幼虫蛀食，引起瓜果内部腐烂，失去食用价值。

图 66-3 黄足黄守瓜，成虫为害状

【发生规律】 (1) 发生世代。年平均 9～16 ℃气温的地区年发生 1 代；年平均气温在 16～23 ℃的地区年发生 2 代；年平均气温在 20～25 ℃的地

区年发生 3～4 代。(2) 越冬。以成虫潜伏在避风向阳的田埂土坡缝隙中、土块下或杂草落叶中越冬。(3) 发生时期。越冬成虫在第 2 年 3 月底至 4 月上旬开始活动。在华北约为 5 月中旬，江苏、武汉为 4 月下旬至 5 月上旬。年发生 1 代的地区越冬成虫 5～8 月产卵，5 月下旬至 6 月上旬为产卵盛期，6～8 月为幼虫为害期。8 月成虫羽化。10～11 月份陆续转入越冬场所越冬。

【防治措施】 (1) 农业防治。在幼苗出土后用纱网覆盖的同时，在植株周围撒播苋菜、落葵、蕹菜等早春蔬菜。在揭去纱网、引蔓上架的同时，先拔去瓜苗附近的部分早春蔬菜，然后在其周围的土面上撒一层约 1 cm 厚的草木灰或稻谷壳，或锯木屑，防止成虫产卵和幼虫为害瓜苗植株根部。将纱窗布剪成长 50～60 cm、宽 30～40 cm 方块，用线缝成高 30～40 cm、直径 15～18 cm 的圆筒，一端用针线缝合，当幼苗出土后 1～2 d 内，将幼苗罩住，避开严重为害期。(2) 化学防治。瓜类作物对许多药剂敏感，易发生药害，尤其苗期抗药力弱，用药应十分慎重。于成虫发生期，选用 10%氯氰菊酯 EC 1 500～3 000 倍液喷雾，或亩用 5%顺式氯氰菊酯 EC 10～20 mL，对水 200～500 L 均匀喷雾。防成虫还可用 90%敌百虫 EC 1 000 倍液，或 20%氰戊菊酯 EC 2 000 倍液，或 10%氯氰菊酯 EC 2 000 倍液。防幼虫用 90%敌百虫 EC 1 500 倍液，或 50%辛硫磷 EC 2 500 倍液灌根。

黄足黑守瓜
Black yellow legged melon leaf beetle

黄足黑守瓜 *Aulacophora lewisii* Baly 属鞘翅目叶甲科，又称柳氏黑守瓜、黄胫黑守瓜、黑瓜叶虫。为害瓜类蔬菜为主。分布黄河以南地区。

【形态特征】 (1) 成虫。体长 5.5～7 mm，宽 3～4 mm。全身仅鞘翅、复眼和上颚顶端黑色，其余部分均呈橙黄或橙红色（图 66-4）。(2) 卵。黄色，球形，表面有网状皱纹。(3) 幼虫。幼虫黄褐色，胴部各节均有明显瘤突，上生刚毛。(4) 蛹。灰黄色，头顶、前胸及腹节均有刺毛，腹末左右具指状突起，上附刺毛 3～4 根。

图 66-4 黄足黑守瓜，成虫

【生活习性】 成虫昼间交尾，产卵于土面缝隙中，聚成小堆。幼虫食害瓜类根部，老熟时建成土室，在其中化蛹。

【典型症状】 成虫吃食叶片成环形或半环形缺刻（图 66-5），还能为害嫩茎、花器及幼瓜（图 66-6），幼虫为害根部，是苗期毁灭性害虫。

图 66-5 黄足黑守瓜，成虫为害叶片状

图 66-6 黄足黑守瓜，成虫为害瓠瓜花

【发生规律】 本种比黄守瓜发生迟，为害作物的种类较少，以丝瓜、苦瓜受害较烈，一些年份发生严重。喜湿好热，成虫耐热强，稍有假死性。

【防治措施】 参见黄足黄守瓜。

斑鞘豆叶甲 Bean leaf beetle

斑鞘豆叶甲 *Colposcelis signata*（Motschulsky）属鞘翅目叶甲科，又称小翅黄猿叶虫。为害大豆等豆类作物、苹果、白三叶草等。分布辽宁、黑龙江、河北、陕西、江苏、安徽、浙江、福建、台湾、广东、广西、四川、云南等地。

【形态特征】（1）成虫。成虫体长 1.5～2.2 mm，宽 0.8～1.5 mm，长圆形。体背面淡棕黄色，腹面黑色。头部棕色，刻点粗大较密。触角丝状，黄色，第 1 节膨大，末端 5 节稍粗，末节端部黑色。前胸背板棕色，宽稍大于长，略呈六角形，背面刻点较深。小盾片三角形，表面光亮。翅鞘淡棕黄色，基部稍宽于前胸，肩胛部隆起，呈一个小的圆球状，翅鞘基部中间呈一个大的椭圆形隆起，淡黄色，光亮无刻点，十分显著。翅鞘面上排列成不规则的纵行，基半部刻点大而清楚，端半部刻点细小或近于消失。足淡黄色（图 66-7）。（2）卵。长椭圆形，长 0.4～0.5 mm，白色至淡黄色。（3）幼虫。幼虫体长约 3.6 mm，头、前胸背板黄褐色，胴部乳白色。

图 66-7　斑鞘豆叶甲，成虫

【生活习性】（1）成虫。成虫大部分羽化后在土中 2～10 cm 处直接越冬。豆苗出土后，越冬成虫出土为害。成虫善跳，喜欢在 10～16 时活动，白天在叶上取食，夜间潜伏在土块下或土缝内。（2）幼虫。5 cm 处土温 25.3 ℃，幼虫期约 50 d，老熟幼虫在土中做土室化蛹，蛹期 8 d。

【典型症状】 成虫为害豆叶片、地下茎部、子叶及嫩芽，受害叶片呈现缺刻、孔洞、破碎或幼苗枯萎。幼虫为害幼苗和根部表皮及须根，影响幼苗的生长发育。

【发生规律】（1）发生世代。北方地区每年发生 1 代。河南焦作市一年发生 2 代。（2）越冬。以成虫在土中越冬。（3）发生时期。5 月中旬始见，6 月上、中旬进入盛期。5 月下旬产卵，6 月中、下旬至 7 月初进入盛期，6 月孵化出幼虫，持续到 8 月，7 月下旬至 8 月中旬化蛹，9 月上旬进入末期。8 月上旬第 1 代成虫始见。

【防治措施】 参见二条叶甲。

参考文献

冯晓三，陈相兰，李东来，等. 斑鞘豆叶甲的生物学特性和防治研究初报[J]. 森林病虫通讯，1996(2)：32-33

大猿叶甲 Cabbage leaf beetle

大猿叶甲 *Colaphellus bowringi* Baly 属鞘翅目叶甲科。又称呵罗虫、文猿叶甲、乌壳虫、白菜掌叶甲、弯腰虫。分布在内蒙古、东北、甘肃、青海、河北、山西、山东、陕西、江苏及华南、西南各省。主要为害白菜、油菜等多种十字花科作物。国内除西藏、新疆外，各省、区均有发生。国外分布于朝鲜、日本、印度、越南。

【形态特征】（1）成虫。长椭圆形，体长 4.7～5.2 mm，体蓝黑色，略具金属光泽。头部刻点粗且密，前胸背板拱凸，宽约为长的 2 倍。小盾片半圆形，光亮无点刻。鞘翅上具极粗深的皱状刻点，中间隆起，翅端尤为明显。腹部末端略尖（图 66-8）。（2）卵。长约 1.5 mm，宽 0.6 mm，长椭圆形，表面光滑。（3）幼虫。共 4 龄。老熟幼虫体长约 7.5 mm，头黑色，胴部灰黄褐色，各节有灰褐色大小肉瘤约 20 个，排成 2 横列，气门下线、基线上肉瘤明显（图 66-9）。（4）蛹。长约 6.5 mm，黄褐色，半球状，腹部各节侧面各具 1 丛黑色短小刚毛，腹部末端有 1 对叉状突起。

图 66-8　大猿叶甲，成虫

图 66-9　大猿叶甲，幼虫

【生活习性】（1）成虫。成虫把卵产在根际附近土缝内、土块上或心叶里。（2）幼虫。幼虫期 20 d 左右，共 4 龄，幼虫受惊扰时分泌出黄色液体或卷曲落地，老熟后落地入土做土室化蛹。

【典型症状】 成、幼虫喜食菜叶，咬食叶片成缺刻或孔洞，严重的成网状，只剩叶脉。成虫常群聚为害。苗期发生较重时，可造成严重的缺苗断垄甚至毁种。

【发生规律】（1）发生世代。长江以北每年发生 2 代，长江流域 2～3 代，广西 5～6 代。（2）越冬。以成虫在菜田土缝、表土层 15 cm 深处枯枝落叶下越冬。（3）发生时期。越冬代成虫于第 2 年 4 月活动。5 月第 1 代幼虫发生。气温 26 ℃时成虫入土蛰伏夏眠近 3 个月，8～9 月份成虫又外出交配产卵，发生第 2 代幼虫。10 月后开始越冬。

【防治措施】（1）农业防治。收获后及时清洁田园，消灭越冬越夏成虫。利用成、幼虫假死性，进行振落扑杀。成虫越冬前，在田间、地埂、畦埂处堆放菜叶杂草引诱成虫，集中杀灭。（2）化学防治。孵盛期喷 5%卡死克可分散液剂 2 000 倍液，或 16%顺丰 3 号 EC 1 500 倍液，或 50%复果 EC 1 000 倍液，或 50%辛硫磷 EC 1 500 倍液。采收前 9 d 停止用药。

参考文献

[1]刘家骧，周惟敏，关明卓，等. 大猿叶甲发生规律与防治[J]. 内蒙古农业科技，1998(1)：29-30

[2]高渊，龚惠良. 大猿叶甲对不同食料的趋性初探[J]. 江苏农业科学，2003(3)：67

小猿叶甲
Daikon leaf beetle

小猿叶甲 *Phaedon brassicae* Baly 属鞘翅目叶甲科。又称猿叶甲、白菜猿叶甲、乌壳虫。为害白菜、萝卜、芥菜、花椰菜、莴苣、胡萝卜、洋葱、葱等。国内分布北起辽宁、内蒙古，南至台湾、海南及广东、广西、云南，东部滨海，西向沿河北、山西、陕西斜向甘肃，折入四川、云南。国外分布于朝鲜、日本、印度、越南。

【形态特征】（1）成虫。体长 2.8～4 mm，卵圆形，蓝黑色，有绿色金属光泽。头小，深嵌入前胸，刻点深密。触角基部 2 节的顶端带棕色，触角向后伸展达鞘翅基部，端部 5 节明显加粗。前胸背板短，宽为长的 2 倍以上。鞘翅刻点排列规则，每翅 8 行半，肩瘤外侧还有一行相当稀疏的刻点（图 66-10）。（2）卵。长椭圆形，一端较钝，初产时鲜黄色，后变暗黄色，大小（1.2～1.8）mm×（0.45～0.55）mm（图 66-11）。（3）幼虫。初孵时淡黄色，后变暗褐色。老熟幼虫长约 7 mm，头部黑色，胴部灰褐色，各节有大型黑色肉疣 8 个，排成一横列，肉瘤上有几条黑色长毛（图 66-12）。（4）蛹。体长 3.4～3.8 mm，近半球形，淡黄色；前胸背板中央无纵沟，腹末不分叉。

图 66-10　小猿叶甲，成虫

图 66-11　小猿叶甲，卵

图 66-12　小猿叶甲，幼虫

【生活习性】（1）成虫。成虫寿命长，平均约 2 年。成虫具假死性，受惊后假死落地，其后翅退化，无飞翔能力。略有群集性，日夜均可取食，常与大猿叶甲混合发生。卵散产于叶基部，以叶柄上最多，产前咬孔，一孔一卵，横置其中。卵期约 7 d。4 月份成虫和幼虫混合为害最烈，5 月中旬气温渐高，成虫蛰伏越夏。8 月下旬又开始活动，9 月上旬产卵，12 月中下旬成虫越冬。成虫寿命长，平均约 2 年。（2）幼虫。幼虫喜在心叶取食，昼夜活动，以晚上为甚。具假死性，受惊后即缩足落地。老熟幼虫入土 3 cm 左右筑土室化蛹，蛹期 7～11 d。

【典型症状】 同大猿叶甲。

【发生规律】（1）发生世代。在长江流域年发生 3 代，春季 1 代，秋季 2 代。在广东年发生 5 代，无明显越冬现象。（2）越冬。长江流域以成虫在枯叶下或根隙越冬，广东无明显越冬现象。（3）发生时期。2 月底 3 月初成虫开始活动，3 月中旬产卵，3 月底孵化，4 月份成虫和幼虫混合为害最烈，下旬化蛹及羽化。5 月中旬气温渐高，成虫蛰伏越夏。8 月下旬又开始活动，9 月上旬产卵，9～11 月盛发，各虫态均有，12 月中下旬成虫越冬。

【防治措施】 参见大猿叶甲。

参考文献

[1]李伟丰，古德就，陈亦根，等．蔬菜品种对小猿叶甲生物学特性影响的研究[J]．华南农业大学学报，2000，21(11)：38-40

[2]王小平，周兴苗，朱芬，等．小猿叶甲成虫越冬和越夏：滞育和休眠同时存在[J]．昆虫知识，2007，44(5)：652-655

双斑萤叶甲 Double-spotted leaf beetle

双斑萤叶甲 *Monolepta hieroglyphica*（Motschulsky）属鞘翅目叶甲科，又称双斑长跗萤叶甲。各地均有发生。为害豆类、胡萝卜、十字花科蔬菜、马铃薯、苜蓿、花生、玉米、高粱、粟、马铃薯等。北起黑龙江、内蒙古，南至台湾及广东、广西、云南，东至边境线，西达宁夏、甘肃、四川、云南均有分布。国外分布于朝鲜、日本、俄罗斯、菲律宾、越南、缅甸、印度、马来西亚、新加坡、印度尼西亚。

【形态特征】（1）成虫。体长 3.6～4.8 mm，宽 2～2.5 mm，长卵形，棕黄色。头和前胸背板色较深，有时橙红色，上唇、触角第 3 至末节、足胫节、跗节均为黑褐色，中、后胸腹板黑色。触角 11 节，约为体长的 2/3。前胸背板宽大于长，表面拱起，刻点细密。小盾片倒三角形，黑色。鞘翅刻点细弱，每个鞘翅基半部有一近圆形的淡色斑，周围黑色，后缘黑色部分向后突成角状，淡色斑的后外侧角无黑色部分。腹端外露，雄虫末节腹板后缘分为 3 叶，雌虫完整（图 66-13，14）。（2）卵。椭圆形，约 0.6 mm×0.4 mm，初产时棕黄色，表面有近正六角形网纹。（3）幼虫。共 3 龄。

图 66-13　双斑萤叶甲，成虫

图 66-14　双斑萤叶甲，成虫

老熟幼虫体长约 6 mm，白色，少数黄色，表面具排列规则的毛瘤和刚毛。头、前胸盾板和臀板骨化色深，胸足 3 对，腹部各节有较深的横褶。(4) 蛹。纺锤形，白色，长 2.8～3.5 mm，体表有刚毛。触角向外侧伸出，绕前、中足与翅芽之间隙向腹面弯转。腹部末端具向外弯曲的臀棘 1 对，前、中足外露，后足大部分被后翅所盖。

【生活习性】 (1) 成虫。成虫有群集性和弱趋光性，在一株上自上而下地取食，日光强烈时常隐蔽在下部叶背或花穗中。成虫飞翔力弱，只能飞 2～5 m，早晚气温低于 8 ℃或风雨天喜躲藏在植物根部或枯叶下，气温高于 15 ℃成虫活跃。(2) 幼虫。幼虫期约 30 d，在土下 3～8 cm 处生活，以杂草根为食，喜食禾本科植物。幼虫老熟后即在土下做土室化蛹，蛹期 7～10 d。

【典型症状】 成虫食叶片和花，形成缺刻或孔洞。

【发生规律】 (1) 发生世代。每年发生 1 代。(2) 越冬。以卵在土中越冬。(3) 发生时期。5 月开始孵化。幼虫期 30 d 左右，在 3～8 cm 土中活动或取食作物根部及杂草。7 月初始见成虫，一直延续到 10 月，成虫期 3 个多月，7～8 月份进入为害盛期。(4) 环境因素。干旱年份发生重。

【防治措施】 (1) 农业防治。及时铲除田边、地埂、渠边杂草，秋季深翻灭卵，可减轻受害。(2) 药剂防治。发生严重的可喷 50%辛硫磷 EC 1 500 倍液，或 90%敌百虫 EC 1 500 倍液。菜用大豆对辛硫磷敏感，不宜加大药量。

二条叶甲 Two-striped leaf beetle

二条叶甲 *Paraluperodes suturalis nigrobilineatus* (Motschulsky) 属鞘翅目叶甲科，又称黑条罗萤叶甲、二黑条萤叶甲、大豆异萤叶甲、大豆二条叶甲、二条黄叶甲、二条金花虫。在全国各地均有发生，为害大豆等豆科植物以及水稻、甜菜、大麻、甜瓜等。分布北起黑龙江、内蒙古，南至台湾、海南、广东、广西、云南，东面邻接国境线，西向沿河北、河南、陕西西斜，进入四川、云南。南北局部地区，密度较大。国外分布于朝鲜、日本、俄罗斯、菲律宾、越南。

【形态特征】 (1) 成虫。体长 3 mm 左右，椭圆形至长卵形，淡黄色。触角基部 2 节色浅，其余节黑褐色，有时褐色。前胸背板长宽近相等，两侧边向基部收缩，中部两侧有倒“八”字形凹纹。鞘翅黄褐色，中央各有一条略弯曲的黑色纵条纹，鞘翅两侧近平行，翅面稍隆凸，刻点细。足黄褐色，各足胫节基部外侧具有深褐色斑纹（图 66-15，16）。(2) 卵。圆形，长约 0.6 mm，初产时乳白色，后变黄褐色。(3) 幼虫。末龄幼虫体长 4～5 mm，乳白色，头部和臀板黑褐色。胸足 3 对，褐色。(4) 蛹。裸蛹，乳白色，长 3～4 mm，腹部末端具向前弯曲的刺钩。

图 66-15　二条叶甲，成虫

图 66-16　二条叶甲，成虫刚从土中孵化出

【生活习性】 (1) 成虫。成虫活泼善跳，有假死性，白天藏在土缝中，早、晚为害，成虫把卵产在豆株四周土表，每雌产卵 300 粒，卵期 6～7 d。(2) 幼虫。幼虫孵化后就近在土中为害根瘤，末龄幼虫在土中化蛹，蛹期约 7 d，成虫羽化后取食一段时间，于 9～10 月份入土越冬。

【典型症状】 成虫取食叶片和嫩茎，咬成孔洞，也为害幼苗胚轴、生长点，甚至将叶片吃光，使整株幼苗枯死。有时还为害花、荚、雌蕊等，致结荚数减少。幼虫在土中为害根瘤，致根瘤成空壳或腐烂，造成植株矮化，影响产量和品质。

【发生规律】（1）发生世代。东北、华北、安徽、河南一带每年发生3～4代。（2）越冬。多以成虫在杂草及土缝中越冬。（3）发生时期。浙江越冬成虫于4月上、中旬开始活动，4月下旬至5月下旬为害春大豆，6月为害夏大豆，7月中下旬又为害大豆花及秋大豆幼苗。河南于5月中旬为害幼苗，7月上中旬为害豆花。东北4月下旬至5月上旬始见成虫，5月中下旬为害刚出土豆苗或甜菜苗；黑龙江为害豆叶，6月进入为害盛期。

【防治措施】（1）农业防治。秋收后及时清除豆田杂草和枯枝落叶，集中烧毁或深埋，如能结合秋翻效果更好。（2）化学防治。翻耕土壤时，结合处理地下害虫，用地舒适或敌百虫粉拌毒土每亩10～15 kg。成虫发生期，每亩用10%氯氰菊酯EC 1 500～3 000倍液，或5%顺式氯氰菊酯EC 1 500～3 000倍液喷雾防治。防治幼虫，可用90%敌百虫EC 1 500倍液，或50%辛硫磷EC 2 500倍液灌根。大豆对辛硫磷敏感，不宜加大药量。

参考文献

冯明义，杨林，周立珍. 神农架胶股蓝二条叶甲严重发生原因及综合防治技术[J]. 湖北植保，2004(4)：33

甘薯叶甲
Sweet potato leaf beetle

甘薯叶甲 *Colasposoma dauricum* Mannerheim属鞘翅目叶甲科，又称甘薯金花虫、甘薯华叶虫、番薯鸠、红苕蛀虫、剥皮虫、牛屎虫等。包括甘薯叶甲指名亚种 *C. dauricum* Mannerheim和甘薯叶甲丽鞘亚种 *C. dauricum auripenne* Motschulsky。为害甘薯、蕹菜、小旋花等。甘薯叶甲指名亚种多分布于东北、华北、西北、华中、西南等地，甘薯叶甲丽鞘亚种则分布于华南、西南、华东、台湾等地。国外分布于朝鲜、日本、越南、老挝、柬埔寨、泰国、缅甸、印度、马来西亚、印度尼西亚。

【形态特征】（1）成虫。甘薯叶甲指名亚种成虫体长约6 mm，宽约5 mm，短椭圆形，体色多变异，有蓝紫、蓝绿、绿色、黑色、紫铜色、青铜色、蓝色以及鞘翅紫铜色带蓝三角形斑（图66-17）。甘薯叶甲丽鞘亚种为典型的南方型（图66-18）。体具金属光泽。头部弯向下方，具较大刻点，触角11节，线状。前胸背板隆起。鞘翅上的刻点略较前胸背板上的大而稀疏。（2）卵。卵长圆形，长约1 mm。初产时淡黄色，后微呈黄绿色，透过卵壳可以见到胚胎。（3）幼虫。幼虫体长9～10 mm，黄白色，头部淡黄褐色，体粗短，圆筒形，通常弯曲成“C”形，全身密被细毛，胸足3对。（4）蛹。裸蛹，体长5～7 mm。初蛹时为乳白色，短椭圆形。复眼始为乳白色，后渐变暗黄色、灰色至黑色。后足腿节末端有黄褐色刺1个。腹部末端有刺6根。

图66-17　甘薯叶甲指名亚种，成虫

图66-18　甘薯叶甲丽鞘亚种，成虫

【生活习性】（1）成虫。成虫羽化后先在土室里生活几天，后出土为害，尤以雨后2～3 d出土最多，10时和16～18时为害最烈，中午隐蔽在土缝或枝叶下。每雌平均产卵118粒，多的600粒。成虫有假死习性，遇扰便落地或潜入土缝里不食不动。耐饥力很强。成虫飞翔力很差，寿命颇长。（2）幼虫。初孵幼虫孵化后潜入土中啃食薯块的表皮，相对湿度低于50%，幼虫停止活动，土温低于20 ℃，幼虫钻入土层深处造室越冬，幼虫期约10个月，蛹期15 d左右。

【典型症状】 成虫为害甘薯、蕹菜幼苗顶端嫩叶、嫩茎，致幼苗顶端折断，幼苗枯死。幼虫为害土中薯块，把薯表吃成弯曲伤痕，甚至蛀食薯块内部，造成弯曲隧道，影响薯块膨大。被害薯块变黑发苦，不能食用，不耐储藏。

【发生规律】 (1) 发生世代。江西、福建、浙江、四川每年发生1代。(2) 越冬。以幼虫在土下15～25 cm处越冬，四川、福建有的在甘薯内越冬，浙江尚见当年羽化成虫在石缝及枯枝落叶里越冬。(3) 发生时期。浙江幼虫在第2年5月下旬始蛹，6月中旬进入盛期，6月下旬成虫盛发，大量为害。7月上中旬交尾产卵。

【防治措施】 (1) 农业防治。利用该虫假死性，于早、晚在叶上栖息不大活动时，震落塑料袋内，集中消灭。(2) 化学防治。在成虫羽化盛期遇到大雨时，往往田间虫口突增，是喷药灭虫的最好时机。喷洒50%辛硫磷EC 1 500倍液，或30%氧乐氰EC 3 000倍液，或5%氯氰菊酯EC 2 000倍液，或20%绿·马EC 1 500倍液，或0.6%苦参烟碱1 000倍液。采收前5 d停止用药。

韭萤叶甲 Galeruca reichardti

韭萤叶甲 *Galeruca reichardti* Jacobson 属鞘翅目叶甲科。又称愈纹萤叶甲、韭叶甲、蒜萤叶甲。分布辽宁、内蒙古、甘肃、新疆、河北、山西、山东、四川等省区。为害韭、葱、大蒜、白菜。

【形态特征】 (1) 成虫。体长9～11 mm，宽约6.3 mm，深黄褐色，卵圆形并向端部稍放宽。眼圆形，黑褐色，触角线状12节。小盾片大，半圆形，密布刻点，每鞘翅约有3条纵隆线。前胸背板和鞘翅边缘均稍向上翘起。后翅较大，膜质。雌虫臀板露出翅外（图66-19）。(2) 卵。长0.2 mm，宽0.15 mm，近短圆柱形，黑褐色，聚产成块。(3) 幼虫。老熟幼虫体长13 mm，深灰褐色，近纺锤形，稍弯向腹部。头黑色，坚硬有光泽，胴体12节，每体节上有毛瘤10～16个；有3对胸足，无腹足。(4) 蛹。体长10 mm，浅黄色，长卵形。

图66-19 韭萤叶甲，成虫

【生活习性】 (1) 成虫。成虫越冬出土后即开始取食，飞翔力不强，但爬动灵活；成虫在根际土表或寄主心叶处产卵，卵聚产成块。成虫耐饥力很强，春季的成虫可耐饥10～15 d，夏秋季耐饥力更强，1个月不取食仍可存活。成虫有2个为害时期，即春季越冬后出土为害期和秋季羽化后为害期。(2) 幼虫。幼虫有假死性、受惊后常坠地蜷缩。幼虫行动敏捷，爬行较快，大龄幼虫受惊后可分泌黄色液体，以保护自己，乘机逃逸。幼虫期较长，有的甚至可长达3个多月。幼虫老熟后爬至根际表土层先吐少量丝将身体缠绕，然后在其中化蛹。

【典型症状】 成虫蚕食叶片、叶鞘和嫩茎，为害较轻时叶片出现缺刻和孔洞，为害严重时叶片、叶鞘和茎秆残破不堪，甚至被吃光。幼虫在土中食害根和鳞茎。

【发生规律】 (1) 发生世代。每年发生1代。(2) 越冬。以成虫在根际土壤中，少数在隐蔽的残秆落叶下越冬。(3) 发生时期。4月初越冬成虫出土活动，爬至寄主叶片和茎部取食。4月上中旬开始产卵，产卵持续时间较长，4月中旬卵开始孵化，4月中旬至6月为幼虫为害期，在韭菜和葱地可一直延到7月；在蒜地最早5月中旬就开始化蛹，6月中下旬大量化蛹，6月上中旬成虫陆续羽化，大蒜地羽化的成虫，一部分迁至韭菜、葱地，一部分就在蒜地土中越夏，秋季当蒜出苗后，为害蒜苗，一直到11月成虫开始越冬。

【防治措施】 (1) 农业防治。收获后及时翻耕土地，或将虫体翻至土表被雨水冲刷或日晒、鸟兽啄食；成虫产卵期和化蛹期勤锄地，亦可杀伤虫体。及时清除菜地残体、落叶及杂物，深埋或销毁处理，以消灭成虫隐蔽场所。可利用幼虫假死性，抖动植株捕捉或碾死幼虫。(2) 化学防治。越冬成虫出土期、幼虫孵化盛期和秋季成虫羽化期，可结合防治根蛆和葱蓟马等害虫，喷洒90%敌百虫 SPX 1 000 倍液，或 50%辛硫磷 EC 1 100 倍液；还可结合防治根蛆幼虫用 50%辛硫磷 EC 1 000 倍液浇灌。

葱黄寡毛跳甲 Onion flea bettle

葱黄寡毛跳甲 *Luperomorpha suturalis* Chen 属鞘翅目叶甲科。是葱、韭菜的主要害虫。严重田块韭菜根全部被食掉，是造成大面积韭菜黄化不绿，甚至死亡，品质和产量严重降低的根本原因。为害大葱、洋葱、韭菜、大蒜等。分布吉林、内蒙古、河北、山西、江苏、安徽等地。

【形态特征】 (1) 成虫。体长 3.3～4.2 mm，宽 1.5 mm，长圆形，体色变异大，多为棕红色。头黑色，中、后胸腹面棕黑色，触角基 3 节棕色，其余棕黑色；鞘翅四周黑色。雄虫触角特长，伸展至鞘翅末端且粗壮。雄虫前足第 1 跗节膨大呈卵状（图 66-20）。(2) 幼虫。幼虫体长约 1 mm，黄白色，略横扁，稍弯，头黄褐色，前口式，头上具黑色弧形斑。(3) 蛹。白色。

图 66-20　葱黄寡毛跳甲，成虫

【典型症状】 成、幼虫均为害幼虫分散或集中在韭根中，取食须根，叶片枯黄、凋萎或生长不良。成虫喜食嫩韭叶，沿叶缘的一边取食大部分韭叶，残余另一边叶片，粪便呈黑色小点附在其上；取食大葱叶片多在叶尖部位，导致葱干枯。幼虫为害根部，根部受害后地上症状不明显。

【发生规律】 (1) 发生世代。山东每年发生 2 代。(2) 越冬。以幼虫在根部周围土壤中 10 cm 深处越冬。(3) 发生时期。3 月上旬移至 5～10 cm 处为害，5 月上旬开始化蛹，5 月中旬成虫始见，幼虫龄期不整齐，春季虫量大，5 月中旬至 11 月上旬一直延续不断。(4) 环境因素。降雨或浇水 2～3 d 后成虫大量羽化出土，卵多产在土下根际处，产卵期约 1 个月，每雌产卵 175 粒。

【防治措施】 (1) 农业防治。冬灌或春灌可杀灭部分幼虫。施用充分腐熟的有机肥，发现韭蛆为害时不要再追施粪稀，应改用化肥。(2) 化学防治。成虫盛发期，喷 75%辛硫磷 EC 1 000 倍液。幼虫盛发期，灌 75%辛硫磷 800 倍液或 Bt EC 400 倍液与 50%辛硫磷 EC 1 000 倍液混合后灌根。采收前 7 d 停止用药。

参考文献

潘秀美，夏玉堂. 葱黄寡毛跳甲生活习性研究[J]. 昆虫知识，1994，31(2)：109

黄曲条跳甲 Striped flea beetle

黄曲条跳甲 *Phyllotreta striolata* (Fabricius) 属鞘翅目叶甲科，又称菜蚤子、黄曲条菜跳甲、黄条跳甲、地蹦子。世界性害虫，为害严重。为害甘蓝、白菜、油菜等十字花科植物，也可为害茄果类、瓜类、豆类蔬菜。国内各省区均有发生。

【形态特征】 (1) 成虫。黑色甲虫，虫体较小，体长 1.8～2.4 mm，鞘翅上各有一条黄色纵斑，中部狭而弯曲，后足腿节膨大，善于跳跃（图 66-21）。(2) 卵。长约 0.3 mm，椭圆形，淡黄色，半透明。(3) 幼虫。老熟幼虫长圆筒形，黄白色，各节具不显著肉瘤，生有细毛。(4) 蛹。蛹椭圆形，长约 2 mm，乳白色，头部隐于前胸下面，胸部背面有稀疏的褐色刚毛。

图 66-21　黄曲条跳甲，成虫

【生活习性】 成虫善于跳跃，高温时还能飞翔，中午前后活动最盛。成虫有趋光性，对黑光灯敏感，成虫寿命长，产卵期达 30～45 d，致使发生不整齐，世代重叠。卵散产于植株周围湿润的土隙中或细根上。每头雌虫平均产卵 200 粒左右。卵孵化需要较高的湿度。幼虫共 3 龄。

【典型症状】 成虫和幼虫自春到秋都能为害，以苗期受害最重。成虫咬食叶片成无数细密孔眼，呈百孔千疮，严重的叶片萎缩干枯，影响蔬菜生长（图 66-22，23）。幼虫取食根部，剥食菜根的表皮，呈凹凸斑块，使植株凋萎枯死，萝卜块根受害，造成许多黑褐色虫斑，严重影响质量和产量。此外，成虫还能传播白菜软腐病。

图 66-22　黄曲条跳甲，为害白菜

图 66-23　黄曲条跳甲，为害豇豆

【发生规律】 (1) 发生世代。每年发生 4～8 代，东北及华北每年发生 4～5 代，上海每年发生 7 代左右，华南每年发生 7～8 代。(2) 越冬。以成虫在地面的菜叶反面或残株落叶及杂草丛中越冬。(3) 发生时期。10 ℃以上开始活动、取食。(4) 环境因素。春秋季发生较重，秋季重于春季，湿度高的田块重于湿度低的田块。

【防治措施】 (1) 农业防治。尽量避免十字花科蔬菜连作。彻底铲除菜地周边的杂草，清除残株落叶。有条件的菜地，每茬收获后，菜地灌水 1 周左右再放干整地种植；播种前每亩施入生石灰 100～150 kg，然后深翻晒土，即可消灭幼虫和蛹。(2) 物理防治。利用成虫具有趋光性及对黑光灯敏感的特点，使用黑光灯诱杀具有一定的防治效果。(3) 化学防治。在整地时，每亩撒施 3%毒死蜱 GR 或 3%辛硫磷 GR 1.0～1.5 kg，可杀死幼虫和蛹。在幼龄期用 48%毒死蜱 EC 1 000 倍液，或 50%辛硫磷 EC 2 000 倍液，或 50%马拉硫磷 EC 800 倍液等药液淋根，也可每亩撒施 3%米乐尔 GR 或 3%辛硫磷 GR 1.5～2.0 kg，可杀死幼虫。防治成虫时，尽可能做到大面积同一时间进行。药剂可选用 48%毒死蜱 EC 1 000 倍液，或 50%跳甲绝 EC 1 000 倍液，或 80%敌敌畏 EC 1 000 倍液，或 10%氯氰菊酯 EC 2 000 倍液，或 2.5%溴氰菊酯 EC 3 000 倍液。喷药宜于早、晚进行，并注意药剂的轮换使用，蔬菜采收前 15 d 停止用药。

参考文献

李建宇，邱良妙，王海，等. 黄曲条跳甲的化学防治研究[J]. 福建农业学报，2007，22(1)：15-18，

油菜蚤跳甲
Cabbage flea beetle

油菜蚤跳甲 *Psylliodes punctifrons* Baly 属鞘翅目叶甲科，又称菜蓝跳甲。各地均有发生。为害十字花科植物。分布北起河北、山西、陕西、甘肃、新疆，南至台湾、福建、广西、云南，东面滨海，西至甘肃、新疆、陕西、青海、四川、西藏。

【形态特征】 (1) 成虫。体长 2.5～3.2 mm，长卵形，全体蓝黑色，具金属光泽。头部和尾部稍尖狭。触角丝状，10 节，紧贴于复眼内缘，其基部远离，长为体长的 1/3～1/2，基部至端部逐渐增大，基部 2 节黄色，端部黄褐至褐色。头顶刻点显著。前胸背板长方形，宽大于长，其上密布细刻点。小盾片无刻点，略具紫色光泽。鞘翅有纵列刻点 11 行，刻点较浅而细。前、中足黄褐色，后足仅腿节黑色，膨大特化为跳跃足，其余各节黄褐色（图 66-24）。(2) 卵。卵圆形，淡黄白色至黄色，长 0.6～0.7 mm，宽 0.3 mm。(3) 幼虫。

初孵幼虫灰色至灰白色，以后逐渐变为白色或黄白色。老熟幼虫体长6.0～8.0 mm。头部和臀板黄褐色至褐色。胴部各节上均有褐色小突起，其上生有短毛。腹末有一分叉。胸足明显，呈灰褐色。(4) 蛹。裸蛹，乳白色至灰褐色。卵圆形，长约3.0 mm，腹末较尖，具深色一分叉，表皮有淡褐色小突起及短毛。

图 66-24 油菜蚤跳甲，成虫

【生活习性】 幼虫转移或潜到根、茎、分枝或上部未脱落的叶中继续为害。幼虫期约1个月，蛹期18 d。5月下旬羽化为成虫。秋季油菜出苗后又迁入为害。

【典型症状】 幼虫蛀入根茎，并向上钻入叶组织，可见潜道，引起油菜青干而死。成虫啃食油菜叶、豆荚表皮，造成许多斑痕，把叶面边缘咬成溃疡状小洞，被害处留下许多排泄物（图 66-25）。

图 66-25 油菜蚤跳甲，成虫为害白菜状

【发生规律】 (1) 越冬。病原以成虫在土缝中或心叶及枯叶下越冬。(2) 发生时期。早春成虫把卵产在油菜根部四周表土中，3月中旬孵化出幼虫开始为害根茎，夏季主要为害叶片，当植株抽薹开花基部老叶陆续干枯时，转移到土层下或杂草上越夏，秋菜出苗后又迁入为害。

【防治措施】 秋季10月中、下旬，在成虫产卵前喷药，每亩用2.5%辛硫磷DP 700 g对水喷施。

参考文献

贺春贵，潘峰，王国利，等. 油菜蚤跳甲的为害分级及习性[J]. 甘肃农业大学学报，2000，35(4)：377-381

黑额光叶甲 Smaragdina nigrifrons

黑额光叶甲 *Smaragdina nigrifrons* (Hope) 属鞘翅目肖叶甲科，为害玉米、粟、白茅属、蒿属等。分布辽宁、河北、北京、陕西、山西、山东、河南、江苏、安徽、浙江、湖北、江西、湖南、福建、台湾、广东、广西、重庆、四川、贵州等地。

【形态特征】 体长约7 mm；长卵形，头漆黑，前胸红褐色，具光泽；小盾片、鞘翅红褐色；鞘翅有2条较宽的黑色横带，一条在鞘翅基部，另一条位于中后部（图 66-26，27）。

图 66-26 黑额光叶甲，成虫

图 66-27 黑额光叶甲，成虫

【典型症状】 成虫为害玉米花丝和叶片，影响受精。

【防治措施】 发生量较少，不需单独防治。

甘薯台龟甲 Iponoea tortoise beetle

甘薯台龟甲 *Taiwania circumdata*（Herbst）属鞘翅目铁甲科，又叫甘薯小龟甲、甘薯青绿龟甲。为害甘薯、蕹菜及旋花科植物。我国南方各省区有发生。

【形态特征】（1）成虫。体长 5 mm 左右；绿色带有金属光泽；前胸前缘弧度较浅平，明显不及后缘深；鞘翅具黑斑，变异较大，也有无斑者；两翅盘区一般具有一共同的"U"形黑斑，中缝上常有一条相当宽的黑带（图 66-28）。（2）卵。长椭圆形，长约 1 mm，深绿色，卵外有淡黄色胶质卵膜，膜表面有许多横纹，中央有 2 条褐色纵向隆起线。（3）幼虫。老熟时体长约 5 mm，体长椭圆形，淡绿色，体背中央有隆起线。

图 66-28 甘薯台龟甲，成虫

【生活习性】 刚羽化的成虫不善动，经 1～2 d 后方可活动取食。白天活动，但在中午烈日下，多隐蔽在植株基部，有假死性。成虫羽化 1 周后交配产卵，卵多产在叶脉附近，多为 2 粒并排。幼虫蜕的皮壳都粘在尾须端部排成串，并能举动。老熟幼虫多栖息在薯叶隐蔽处不吃不动。

【典型症状】 1～2 龄幼虫食量极小，仅啃食一面表皮及叶肉，残留另一面表皮，形成透明斑，3 龄以后及成虫食量加大，造成孔洞和缺刻，严重时将叶片吃光，造成缺苗。

【发生规律】（1）发生世代。浙江一年发生 4 代，四川 5 代，广东 5～6 代。（2）越冬。以成虫在田边杂草、枯枝落叶、石缝、土缝中越冬。于 5 月中、下旬集中在甘薯上为害，并交配、产卵，直至 10～11 月可完成 4～5 个世代。全年以 6 月中、下旬至 8 月中、下旬为害最重。

【防治措施】（1）物理防治。清洁田园，作物采收后及时清除田间残株、落叶及杂草，可减少一部分越冬虫源。（2）化学防治。参见黄曲条跳甲。

枸杞负泥虫 Ten-spotted lema

枸杞负泥虫 *Lema decempunctata* Gebler 属鞘翅目负泥虫科。又称十点叶甲。主要分布在北方地区。为害枸杞。

【形态特征】（1）成虫。体长 5～6 mm，头胸狭长，鞘翅宽长，触角黑色棒状，复眼硕大突出，头及前胸背板黑色，前胸背板长圆筒形两侧中央溢入。背面中央近后缘处有凹陷，鞘翅黄褐色，有近圆形黑斑 10 个，少数 2、4、8 个或全无。足黄色、爪黑色（图 66-29，30）。（2）卵。橙黄色，长圆形，长 1 mm 左右，孵化前呈黄褐色。（3）幼虫。幼虫体长 1～7 mm，灰黄或灰绿色，自己的排泄物背负于体背，使身体处于一种黏湿状态。头黑色，有强烈反光，前胸背板黑色，中间分离，胸足 3 对，腹部各节的腹面有吸盘 1 对，用以身体紧贴叶面（图 66-31）。（4）蛹。体长 5 mm，淡黄色，腹端有刺毛 2 根。

图 66-29 枸杞负泥虫，成虫

【典型症状】 暴食性食叶害虫，食性单一，主要为害枸杞的叶子，以 3 龄以上幼虫为害严重。

图 66-30 枸杞负泥虫，成虫

图 66-31 枸杞负泥虫，幼虫

幼虫移动性差，多以虫源寄主为中心呈辐射状向四周扩散蔓延。具有群集为害的特点。

【发生规律】（1）越冬。病原以蛹在土壤中 2～3 cm 深处越冬。（2）发生时期。4 月下旬开始活动，5 月初芽萌动时，越冬蛹开始羽化，5 月中旬、6 月初达到盛期，羽化后的成虫一边补充营养一边交尾产卵，卵产于叶面或叶背，以“人”字排列，每列 4～30 粒。成虫可存活 100 d 左右。7 月中、下旬是成虫交尾产卵末期，也是老熟幼虫结茧化蛹盛期。8 月初 1 代成虫达到羽化盛期，羽化后的成虫取食、交尾、产卵。8 月中、下旬 2 代幼虫达为害高峰。9 月初老熟幼虫开始到 2 cm 深的土壤中吐白丝结茧化蛹越冬。

【防治措施】（1）农业防治。清理田园，人工铲除生长于田埂、地头的野生枸杞，消除虫源基地。春、秋两季修剪整枝。夏季要适时耕翻铲园，清除杂草。合理施肥，注重氮、磷、钾等营养元素的均衡，增加投肥量以提高树势。早春和晚秋灌水灭虫。（2）化学防治。越冬代成虫开始活动时期，每亩用 50%辛硫磷 EC 200 mL 加适水，拌成毒土，撒入枸杞园中，然后中耕。低龄幼虫期可选用 1.8%阿维菌素 EC 2 000 倍液，或 25%灭幼脲 SC 5 000 倍液，或 2.5%溴氰菊酯 EC 2 000 倍液等喷雾，视虫情共喷 3～5 次，间隔 10 d 左右。

参考文献

[1]王中武，孟庆珍. 枸杞负泥虫生物学特性研究[J]. 吉林农业科技学院学报，2006，15(2)：10-11

[2]徐林波，刘爱萍，王慧. 枸杞负泥虫的生物学特性及其防治措施[J]. 中国植保导刊，2007，27(9)：25-27

67. 象甲类害虫

蒙古灰象甲 Mongolian gray weevil

蒙古灰象甲 *Xylinophorus mongolicus* Faust 属鞘翅目象虫科，又称象鼻虫、蒙古土象。食性较杂，能食害多种果木及农作物，大约 36 科 89 种。分布北起黑龙江、内蒙古、新疆，南至淮河附近，东达国境线，西至新疆。东北、内蒙古密度较大。

【形态特征】 (1) 成虫。体长 4～6 mm，体色有土灰、土灰夹杂黑斑纹和暗黑 3 种，以土灰色的发生较普遍。口吻长而突出，中央有沟。后翅退化，两鞘翅愈合不能活动。鞘翅卵圆形，有 22 条纵沟，沟间有断断续续的黑线（图 67-1，2）。(2) 卵。长椭圆形或长筒形，两端钝圆，长 0.9～10 mm，初产卵为黄白色，经 2～6 d 变为黑色，有光泽。(3) 幼虫。成熟幼虫为乳白色，长 6 mm 左右，体形似蛴螬，但胸足较短。(4) 蛹。长 5～6 mm，椭圆形。

图 67-1　大灰象甲，成虫

图 67-2　大灰象甲，成虫

【生活习性】 成虫有群居性，常常数头聚集于苗眼中集取食。此外还有假死性，受惊动时假死不动。

【典型症状】 成虫取食刚出土幼苗子叶、嫩芽、心叶，常群集为害，严重的可把叶片吃光，咬断茎顶造成缺苗断垄或把叶片食成半圆形或圆形缺刻。

【发生规律】 (1) 发生世代。东北、华北每 2 年发生 1 代，黄海地区每 1～1.5 年发生 1 代，以成虫或幼虫越冬。(2) 越冬。春天均温近 10 ℃时，卵产在表土层中。

【防治措施】 (1) 农业防治。在受害重的田块四周挖封锁沟，沟宽、深各 40 cm，内放新鲜或腐败的杂草诱集成虫集中杀死。(2) 化学防治。成虫出土为害期喷洒或浇灌 45% 马拉硫磷 EC 1 000 倍液，或 35% 顺丰 2 号 EC 1 000 倍液，或 4.5% 高效顺反氯氰菊酯 EC，50% 辛・氰 EC 2 000～3 000 倍液。

绿鳞象甲 Green weevil

绿鳞象甲 *Hypomeces squamosus* Fabricius 属鞘翅目象甲科。又称蓝绿象、绿绒象虫、棉叶象鼻虫、大绿象虫等。为害大豆、花生、玉米、烟、麻、茶、油茶、柑橘、棉花、甘蔗、桑树等。分布北起吉林、内蒙古，但一般在淮河以南较常见，长江以南发生普遍。

【形态特征】 (1) 成虫。体长 15～18 mm，全体黑色，密披墨绿、淡绿、淡棕、古铜、灰、绿等闪闪有光的鳞毛，有时杂有橙色粉末（图 67-3）。(2) 卵。椭圆形，长约 1 mm，黄白色，孵化前呈黑褐色。(3) 幼虫。初孵时乳白色，成长后黄白色，长 13～17 mm，体肥多皱，无足。(4) 蛹。长约 14 mm，黄白色。

图 67-3 绿鳞象甲，成虫

【生活习性】（1）成虫。成虫白天活动，飞翔力弱，善爬行，有群集性和假死性。（2）幼虫。幼虫孵化后钻入土中 10～13 cm 深处取食杂草。

【典型症状】 成虫食叶成缺刻或孔洞。

【发生规律】（1）发生世代。长江流域一年发生 1 代，华南 2 代。（2）越冬。以成虫或老熟幼虫越冬。

【防治措施】（1）农业防治。成虫出土高峰期人工捕杀。（2）化学防治。参见蒙古灰象甲。

68. 蝗虫类害虫

短额负蝗 Brevis front grasshopper

短额负蝗 *Atractomorpha sinensis* I. Boliva 属直翅目蝗科。食性杂，能为害白菜、甘蓝、萝卜、豆类、茄子、马铃薯等各种蔬菜及农作物等 100 余种植物。除新疆、西藏外，各省区均有发生。

【形态特征】 （1）成虫。体长 20～30 mm，头至翅端长 30～48 mm。体绿色或褐色（冬型）（图 68-1，2，3）。头尖削，绿色型自复眼起向斜下有一条粉红纹，与前、中胸背板两侧下缘的粉红纹衔接。体表有浅黄色瘤状突起；后翅基部红色，端部淡绿色；前翅长度超过后足腿节端部约 1/3。（2）卵。长圆筒形，端部钝圆。长 4.5～5.0 mm，宽 1.0～1.2 mm。卵块外被褐色网状丝囊，卵粒斜列囊内成 4 纵行。（3）蝻。分为 4 个龄期。1 龄蝻平均体长 6.75 mm，无翅芽。2 龄蝻平均体长 11.48 mm，翅芽呈贝壳型。3 龄蝻平均体长 14.93 mm，翅芽为贝壳重叠型或扇形。4 龄蝻平均体长 18.65 mm，翅芽尖端部向背方曲折（图 68-4）。

图 68-1　短额负蝗，雌成虫

图 68-2　短额负蝗，雄成虫

图 68-3　短额负蝗，越冬成虫

图 68-4　短额负蝗，蝻

【生活习性】 喜栖于地被多、湿度大、双子叶植物茂密的环境，在灌渠两侧发生多。

【典型症状】 成虫和若虫多栖息在茎叶上取食（图 68-5）。影响作物生长发育，降低蔬菜商品价值。

图 68-5　短额负蝗，为害空心菜状

图 68-6　散居型飞蝗，成虫

【发生规律】（1）发生世代。南昌每年发生 2 代，少数 3 代，华北每年发生 1 代。（2）越冬。以卵在沟边土中越冬。（3）发生时期。5 月下旬至 6 月中旬为孵化盛期，7～8 月份羽化为成虫。

【防治措施】（1）生物防治。在路边、沟旁植树引诱鸟类，保护蜘蛛、蚂蚁、蛙类等天敌。充分发挥天敌的控制作用。（2）化学防治。将蝗蝻消灭在 3 龄以前。在选用化学农药防治时，最好采用毒饵防治。可选用 1.8%阿维菌素 EC 2 000～4 000 倍液、0.5%苦参碱 AS 500～1 000 倍液、5%氟虫脲可分散液剂 1 000～1 500 倍液，均可达到防效 90%左右。

散居型飞蝗 Asiatic migratory locust

散居型飞蝗 *Locusta migratoria* L. phase solitaria 属直翅目蝗科，又称散居型亚洲飞蝗、蝗虫、蚂蚱、青头郎。为害甘蓝、白菜等各种蔬菜及农作物。各地均有发生。

【形态特征】（1）成虫。体长 40～53 mm，头、胸及后足腿节绿色，余为褐色；前胸背板的中隆线作弧形隆起（图 68-6）。（2）卵。长约 6 mm，长椭圆形，中间略弯。初产浅黄至肉红色，倾斜排列。（3）蝻。共 5 龄，末龄若虫触角 24～25 节，前胸背板后缘向后拱出十分明显，翅芽很大，伸达第 4～5 腹节。

【典型症状】成虫及若虫食叶，影响作物生长发育并降低蔬菜商品价值。

【发生规律】（1）发生世代。每年发生 1 代。（2）越冬。以卵在土中越冬。（3）发生时期。6～9 月份散见于菜田零星为害。

【防治措施】参见短额负蝗。

中华稻蝗 Chinese rice grasshopper

中华稻蝗 *Oxya chinensis*（Thunberg）属直翅目蝗科。为害豆类等多种蔬菜。为害荸荠、豆类、水稻、玉米、高粱、棉花、芦苇等禾本科和莎草科植物。各地均有分布，以长江流域和黄淮地区发生较重。

【形态特征】（1）成虫。雄成虫体长 15～33 mm，雌虫 19～40 mm，体黄绿、褐绿、绿色，前翅前缘绿色；头宽大，卵圆形，头顶向前伸，颜面隆起宽，两侧缘近平行（图 68-7，8，9，10）。（2）卵。卵粒呈黄色，有光泽，卵粒长 4.5～5 mm，宽 1.3～1.6 mm。卵块长圆形，顶部有平盖，长 7～16 mm，宽 6～10 mm，每块有卵 8～51 粒，卵块内卵粒排列较整齐，鱼鳞状。（3）幼虫。幼虫一般为 6 龄，少数 5 龄或 7 龄。1 龄体长 6～8 mm，无翅芽；2 龄体长 9.5～12 mm，翅芽不明显；3 龄翅芽明显，翅脉隐约可见，前翅芽略呈三角形，后翅芽圆形；4 龄体，前翅芽向后延伸，狭长而端尖；5 龄翅芽向背面翻折，伸达腹部第 1～2 节；老龄蝗蝻体呈绿色，前胸背板后伸，较头部为长（图 68-11）。

【生活习性】（1）成虫。成虫多在早晨羽化，在性成熟前活动频繁，飞翔力强，以 8～10 时和 16～19 时活动最盛。对白光和紫光有明显趋性。产卵环境以湿度适中、土质松软的田埂两侧最为适宜。成虫嗜食禾本科和莎草科植物。（2）幼虫。低龄若虫在孵化后有群集生活习性，就近取食田埂、沟渠、田间道边的禾本科杂草，3 龄以后开始

图 68-7 中华稻蝗，绿色型成虫

图 68-8 中华稻蝗，褐绿型成虫

图 68-9 中华稻蝗，褐色型成虫

图 68-10 中华稻蝗，成虫交尾状

图 68-11 中华稻蝗，蛹

分散，迁入田边稻苗，4、5 龄若虫可扩散到全田为害。

【典型症状】 成虫和若虫食叶成缺刻，严重时吃光全叶，仅残留主脉。

【发生规律】 （1）发生世代。北方一年发生 1 代，南方一年发生 2 代。（2）越冬。以卵块在田埂、荒滩、堤坝等土中 1.5～4 cm 深处或杂草根际、稻茬株间越冬。（3）发生时期。广州 3 月下旬至 4 月上旬越冬卵孵化，南昌 5 月上中旬，湖北汉川 5 月中下旬，北京 6 月上旬，吉林省 7 月上中旬。安徽安庆地区，第 1 代卵于 5 月上中旬孵化，第 2 代卵于 8 月上中旬孵化，数量较少。

【防治措施】 （1）农业防治。重发地区组织人力铲埂、翻埂杀灭蝗卵，具明显效果。保护青蛙、蟾蜍。（2）化学防治。3 龄前稻蝗群集在田埂、地边、渠旁取食杂草嫩叶，及时喷洒 50%辛硫磷 EC 或马拉硫磷 EC 1 500 倍液。

参考文献

[1]王维，魏朝明. 中华稻蝗生物学特性及综合防治的研究[J]. 安徽农业科学，2005，33(5)：785-786

[2]王华弟，徐志宏，冯志全，等. 中华稻蝗发生规律与防治技术研究[J]. 中国农学通报，2007，23(8)：387-390

棉蝗 Catton locust

棉蝗 *Chondracis rosea* de Geer 属直翅目蝗科。又称大青蝗。分布广泛。食性杂，为害豆科、旋花科、禾本科等多科作物。北起辽宁、内蒙古、山西、陕西，南至台湾、海南。

【形态特征】 体黄绿色，头顶中部、前胸背板沿中隆线以及前翅臀脉域有黄色纵条纹。后去股节内侧黄色，胫节和跗节红色。前胸背板粗糙，中隆线较高，侧面看呈弧形，背被 3 条横沟明显割断，后缘呈直角形。前、后翅发达，近伸达后足胫节的中部，后足胫节背面有 1 列短刺（图 68-12，13）。

图 68-12 棉蝗，成虫

图 68-13 棉蝗，蝻

【生活习性】成虫多产卵于较坚硬、干燥的土壤中。若虫有 6 龄，1～2 龄常群集为害。

【典型症状】成虫和若虫取食叶片和嫩芽。

【发生规律】每年发生 1 代。以卵在土中越冬。

【防治措施】通常零星发生，不需进行专门防治。严重发生时可在 3 龄前喷洒 50%辛硫磷 EC 或马拉硫磷 EC 1 500 倍液。

红褐斑腿蝗 Catantops pinguis

红褐斑腿蝗 *Catantops pinguis*（Scal），属直翅目蝗科。食性杂，为害多科作物。各地均有发生。

【形态特征】（1）成虫。体中型；雄虫体长 22～26 mm，雌虫体长 30～34 mm；雄虫前翅长 20～23 mm，雌虫前翅长 24～26 mm。虫体通常为暗褐色（图 68-14）。（2）卵。卵囊近长圆形，直或略弯曲，卵室部分较粗，无卵囊盖。卵粒较直立或略弯曲，中部较粗，长 4.0～5.6 mm，宽 1.2～1.5 mm，土黄色或粉红色，卵壳厚而坚硬，表面粗糙与卵囊纵轴近平行，呈不规则多层堆积排列。（3）蝻。蝗蝻有 6 个龄期，1 龄无翅芽，体色浅绿发白；4 龄翅芽三角形，体色浅绿发白；6 龄翅芽翻背压第 4 腹节，体色浅绿发白（图 68-15）。

图 68-14 红褐斑腿蝗，成虫

图 68-15 红褐斑腿蝗，蝻

【典型症状】 成虫、幼虫取食叶片成缺刻和孔洞，甚至只剩叶脉。有时也为害花和青铃，造成脱落。

【发生规律】（1）发生世代。石家庄地区每年发生 1 代。（2）越冬。以成虫越冬。（3）发生时期。4 月上中旬开始交尾，4 月下旬至 6 月下旬产卵，蝗卵 6 月中下旬至 8 月上旬孵化，蝗蝻 8 月上中旬末羽化，9 月中旬末达羽化盛期，成虫 12 月上旬进入越冬休眠期，第 2 年 5 月中下旬开始死亡。80%以上的成虫在向阳地杂草中越冬，少数在枯枝落叶或秸秆堆中越冬。

【防治措施】（1）农业防治。秋冬季清除枯枝落叶。于成虫产卵盛期和卵孵化前，对春作物田进行深锄。清晨进行人工捕捉，可压低虫源基数。成虫产卵期观察发现，捕捉 1 头雌虫等于消灭 20～40 头蝗蝻，还可将捕捉的大蝻和成虫用作鸡饲料。（2）化学防治。在 3 龄前喷洒 50%辛硫磷 EC 1 500 倍液，或 90%敌百虫 1 000 倍液。

芋蝗 Dasheen grasshopper

芋蝗 *Gesonula punctifrons*（Stal）属直翅目蝗总科。为害水稻、芋类、莲藕、野生水仙、甘蔗、玉米等植物。分布浙江、江西、福建、广东、广西、台湾、四川、云南等省区。

【形态特征】 (1) 成虫。雌虫体长 19～22 mm，雄成虫 17～18 mm，体黄绿色。复眼的后方、前胸背板侧片的上端具黑褐色纵条纹。前翅黄绿色，后翅基部淡蓝色。后足腿节黄绿色，下膝侧片红色，基部红色。头短于前胸背板（图 68-16）。(2) 卵。长 4～5 mm，长圆筒形，初产淡黄色，渐变为深黄色，卵块状。(3) 若虫。若虫初孵浅绿色，后渐变为黄绿色。

图 68-16　芋蝗

【生活习性】 成虫白天活动，中午天气炎热时，多在叶面上飞跳，很少取食。

【典型症状】 以成、若虫啃食叶片成缺刻或食叶肉留下表皮。

【发生规律】 (1) 发生世代。每年发生 1～3 代。(2) 越冬。以成虫在枯枝落叶下越冬。(3) 发生时期。第 2 年 3 月下旬至 4 月上旬开始活动，5、6 月产卵，产卵于叶柄中下部，蛀孔分泌出黄褐色胶液，每雌产卵 8～10 块，每块有卵 6～18 粒左右，卵期 20～32 d，若虫 6 龄，历期 30 多 d，到 10～11 月陆续进入越冬期。

【防治措施】 (1) 农业防治。芋蝗产卵盛期在产卵孔处刮杀未孵化的虫卵，当卵孔已光滑，流出锈褐色汁液时，卵已孵化或近孵化，只要刮杀的时间掌握准确，可减轻为害。(2) 化学防治。在成、若虫盛期喷药防治，可喷洒 50%辛硫磷 EC 1 500 倍液，或也可以每亩用 90%杀虫丹原粉 3～4 g 对水喷雾。

中华蚱蜢 Acrida cinerea

中华蚱蜢 *Acrida cinerea* Thunb. 属直翅目蝗科，别名尖头大蚱蜢。为害甜玉米、绿豆类、茄果类蔬菜及水稻、棉花等作物。各地均有发生。

【形态特征】 雄虫体长 45 mm，雌虫 70 mm。体色多变，通常绿色或枯黄色。头圆锥形，明显长于前胸背板。颜面强烈向后倾斜，颜面隆起在中单眼处缢缩，有明显纵沟。头顶长，有明显的中隆线，触角剑状。前翅发达，明显超过后足股节端部。后翅略短于前翅（图 68-17，18）。

图 68-17　中华蚱蜢，成虫

图 68-18　中华蚱蜢，蛹

【典型症状】 成虫及若虫取食叶片成缺刻。

【发生规律】 (1) 发生世代。北方地区年发生 1 代。(2) 越冬。以卵在土中越冬。(3) 发生时期。5～6 月份开始孵化，7、8 月为产卵盛期。

【防治措施】 零星少量发生，不需专门防治。

笨蝗 Haplotropis brunneriana

笨蝗 *Haplotropis brunneriana* Saussure 属直翅目蝗科。为害禾本科、豆科、十字花科、旋花科、菊科等多种作物。各地均有发生。

【形态特征】 (1) 成虫。雄体长 28～37 mm，雌 34.5～49 mm，体褐色，表面有粗而密的颗粒和隆线，复眼后端有黑纹，前胸背板的前、后缘淡黄色，沿中隆线两侧有黑斑，腹部两侧有暗色纵带。前胸背板中隆线呈片状隆起。前翅极小，鳞片状，长仅达第 1 腹节。腹部第 2 节背板前下角有发达的摩擦板（图 68-19）。(2) 卵。卵囊近椭圆形，无胶质部分，长 12～15 mm，深褐色。卵粒长约 8 mm，黄色，8～15 粒直立排列在卵囊中，胶结坚实。(3) 蛹。雄有 5 龄，雌有 6 龄。1 龄蛹体粗笨，土黄褐色，前胸背板隆起，高出头顶，随龄期增加，隆起愈显著，斑纹亦增多而近似成虫（图 68-20）。

图 68-19　笨蝗，成虫

图 68-20　笨蝗，蛹

【生活习性】 食性杂，食量大，动作迟钝，不喜跳跃，不能飞翔，极易捕捉。

【发生规律】 (1) 发生世代。一年发生 1 代。(2) 越冬。以卵在土中越冬。(3) 发生时期。一般 4 月孵化，6 月见成虫，6 月底开始产卵，直至 7 月底。卵产在向阳山坡或田埂上。

【防治措施】 参见中华稻蝗。

69. 螽蟖类害虫

K 广露螽蟖 Kuwayamaea saporensis

广露螽蟖 *Kuwayamaea saporensis* Matsumura et Shiraki 属直翅目螽蟖科。各地均有发生。为害白菜、萝卜、葱、瓜类、豆类等蔬菜。

【形态特征】 由头至翅端长31～33 mm，草绿色，背脊有紫橙色纵纹。触角紫橙色，间有短白斑。头顶、前胸背板紫橙色（图69-1）。

图 69-1 广露螽蟖，成虫

【典型症状】 成虫、若虫食叶。

【防治措施】 （1）物理防治。灯光诱杀成虫。（2）化学防治。苗期每亩用50%辛硫磷EC 25～40 mL，拌30～40 kg炒香的麦麸、豆饼或棉籽饼，拌时要适当加水，然后撒施于田间。

Y 黄脊螽蟖 Yellow-back katydid

黄脊螽蟖 *Deracantha* sp. 属直翅目螽蟖科。各地均有分布。为害白菜、萝卜、葱、蒜、韭、辣椒。

【形态特征】 体绿色，背脊黄色，触角着生于复眼下方，后足跗节第3节短于第2节，前、后足胫节背面两侧均具端刺（图69-2）。

图 69-2 黄脊露螽，成虫

【典型症状】 成虫、若虫食叶。

【防治措施】 参见广露螽蟖。

70. 叶蜂类害虫

菜叶蜂 Cabbage sawfly

菜叶蜂有 5 种，黑翅菜叶蜂 *Athalia lugens* proxima (Klug)、黄翅菜叶蜂 *Athalia rosae* japonensis（Rhower）、新疆菜叶蜂 *A. rosae* (Linne.)、黑斑菜叶蜂 *A. nigromaculata* Cameron 和日本菜叶蜂 *A. japonica* (Klug)，属膜翅目叶蜂科。为害芜菁、油菜、白菜、甘蓝、萝卜、芥菜等十字花科蔬菜。黄翅菜叶蜂分布在全国各地；黑翅菜叶蜂分布在江苏、安徽、浙江、江西、福建、台湾、四川、云南等省；新疆菜叶蜂主要分布在新疆；黑斑菜叶蜂主要分布在西藏；日本菜叶蜂主要分布在台湾、广西、四川、云南、陕西。

【形态特征】（1）黄翅菜叶蜂。体长 6～8 mm，头部和中、后胸背面两侧为黑色，其余橙黄色。触角 9 节，黑色，雄虫基部 2 节淡黄色。翅基半部黄褐色，越往端部黄色越浅，前缘有一黑带与翅痣相连。腹部橙黄色，雌虫腹末有短小的黑色产卵器。足橙黄色，但胫节端部及各跗节端部为黑色（图 70-1）。卵近圆形，长约 0.8 mm，卵壳光滑，初产时乳白色，后变淡黄色。幼虫共 5 龄。初龄虫灰蓝色，后渐呈绿黑色，老熟幼虫体长约 15 mm，头部黑色，胴部蓝黑色，各体节具很多皱纹及许多小突起，胸部较粗，腹部较细（图 70-2）。蛹体长 8～10 mm，头部黑色。蛹体初为黄白色，后转橙色。（2）黑翅菜叶蜂。体长 6～8 mm，体黑色有光泽，头、触角黑色，前胸背板中央有一黑斑，除胸部背板、后小盾片黑色外，其余橙黄色。翅烟黑色，半透明，足黄色（图 70-3）初龄虫灰蓝色，后渐呈绿黑色，末龄幼虫体长 16 mm 左右，头部黑色多毛。体蓝黑色，胸足 3 对，腹足 7 对，尾足 1 对（图 70-4）。（3）新疆菜叶蜂。体长 6.5～9 mm，体橘黄色，有光泽。头黑色，触角黑褐色。胸部除中胸盾片、后胸黑色外，余为橙黄色。翅透明，微呈浅黄色。腹部和足橙黄色。卵椭圆形，大小 1 mm×0.5 mm。老熟幼虫体长 25 mm，圆筒形，体褐绿色或墨绿色，各体节上具小型瘤呈皱褶状，气门灰白色。蛹黄色，长

图 70-1　黄翅菜叶蜂，成虫

图 70-2　黄翅菜叶蜂，幼虫

图 70-3　黑翅菜叶蜂，成虫

图 70-4 黑翅菜叶蜂，幼虫

7～9 mm，腹部卵黄色。蛹外被圆筒形土茧。(4) 黑斑菜叶蜂。触角 10 节，前翅烟黑色，尤其是前翅基半部及前缘明显，除第 1 腹节背板为黑色外，第 2～7 腹节背板两侧各具一黑斑，前翅基部微呈淡黄色，均是黑斑菜叶蜂的重要特征。(5) 日本菜叶蜂。体长约 7 mm，腹部大部分橙黄色，两侧无黑斑，前翅基部黑色，第 1 腹节背板黑色，3 对足的腿节都多少带有黑色。

【发生规律】(1) 黄翅菜叶蜂。在北方一年发生 5 代，以预蛹在土中茧内越冬。幼虫早晚活动取食，有假死习性。(2) 黑翅菜叶蜂。一年发生代数不详。(3) 黑斑菜叶蜂。在西藏以末龄幼虫在杂草根部、石块下、菜地旁缝隙中吐丝结茧越冬。(4) 新疆菜叶蜂。新疆一年发生 2～4 代，以老熟幼虫在地下 7～15 cm 处土茧内越冬。

【典型症状】 幼虫为害叶片成孔洞或缺刻，为害留种株花和嫩荚，少数咬食根部，虫口密度大时，仅几天即可造成严重损失。

【防治措施】 (1) 农业防治。收获后及时翻耕土地、中耕除草，将一部分越冬幼虫翻至地表或机械破坏，消灭一部分虫源。适当提前播种，避开幼虫盛发期，可减轻受害。人工振落利捕杀幼虫。(2) 化学防治。幼虫发生期喷洒 20%灭幼脲三号胶悬剂 1 000 倍液，或 20%氰戊菊酯 EC 3 000液，或 2.5%溴氰菊酯 EC 3 000 倍液，或 5.7%百树菊酯 EC 3 000～4 000 倍液，或 10%二氯苯醚菊酯 EC 3 000 倍液，或 50%辛硫磷 EC 1 500 倍液，或 90%晶体敌百虫 1 000 倍液。采收前 7～10 d 停止用药。

（二）刺吸式害虫

71. 蚜虫类害虫

瓜蚜 Catton aphid

瓜蚜 *Aphis gossypii* Glover 属同翅目蚜科。具多食性，主要为害瓜类，还为害茄科、豆科、十字花科、菊科等蔬菜。各地均有分布。

【形态特征】 （1）无翅蚜。雌蚜体长 1.5～1.9 mm，体色在春秋两季温度较低时为深绿色（图 71-1），体形稍大，夏季高温为淡绿色，体形较小（图 71-2），体表常有霉状薄蜡粉。雄蚜体长 1.3～1.9 mm，狭长卵形，绿色、灰黄色或赤褐色。（2）有翅蚜。有翅胎生雌蚜体长 1.2～1.9 mm，黄色、浅绿色或深绿色。有翅 2 对；头胸大部为黑色，腹部两侧有 3～4 对黑斑，触角短于身体（图 71-3）。（3）若蚜。共 4 龄，体长0.5～1.4 mm，形如成蚜，复眼红色，体被蜡粉，有翅若蚜 2 龄现翅芽。（4）有翅性母蚜。有翅，体黑色，腹部腹面微带绿色。产卵雌蚜有翅，体长 1.4 mm，草绿色，透过表皮可看到腹中的卵。（5）卵。长约 0.5 mm，椭圆形，初产时橙黄色，后变黑色。（6）干母。体长 1.6 mm，卵圆形，暗绿色至黑绿色，无翅。

【生活习性】 瓜蚜繁殖能力强，早春晚秋 10 d 左右 1 代，夏天 4～6 d 1 代，无翅胎生雌蚜的繁殖期约 10 d，每雌蚜产若蚜 60～70 头，所以在短期内种群可迅速扩大。

【典型症状】 成虫和若虫多群集在叶背、嫩茎和嫩梢刺吸汁液。梢受害，叶片卷缩，生长点枯死，严重时在瓜苗期能造成整株枯死（图 71-4）。成长叶受害，干枯死亡。蚜虫为害还可引起煤烟病，影响光合作用，更重要的是可传播病毒病，植株出现花叶、畸形、矮化等症状，受害株早衰。

图 71-1　瓜蚜，无翅蚜和若蚜

图 71-2　瓜蚜，无翅蚜

图 71-3　瓜蚜，有翅蚜

图 71-4　瓜蚜，为害黄瓜

【发生规律】（1）发生世代。辽宁北部地区瓜蚜每年可繁殖 20 世代左右，长江流域 20～30 代，可终年辗转于保护地和露地之间繁殖为害。（2）越冬。以卵在夏枯草、车前草、苦荬菜等草本植株以及花椒、木槿、石榴等木本植物上越冬。（3）发生时期。每年 4 月份，当 5 d 平均气温达到 6 ℃时，越冬卵孵化为干母，达 12 ℃时开始胎生干雌，在越冬植株上繁殖 2～3 代后产生的翅蚜，5 月份迁飞到菜园、瓜田。6～7 月份出现为害高峰。（4）环境因素。繁殖的适温为 16～22 ℃。干旱或暑热期间，小雨或阴天气温下降，对种群繁殖有利，种群数量迅速增多，暴风雨常使种群数量锐减。密度大或当营养条件恶化时，产生大量有翅蚜并迁飞扩散。

【防治措施】（1）农业防治。经常清除田间杂草，彻底清除瓜类、蔬菜残株病叶等。保护地可采取高温闷棚法，方法是在收获完毕后不急于拉秧，先用塑料膜将棚室密闭 3～5 d，消灭棚室中的虫源，避免向露地扩散，也可以避免下茬受到蚜虫为害。（2）生物防治。我国已记载的瓜蚜天敌就有 213 种，其中体内寄生的蚜茧蜂科、蚜小蜂科、跳小蜂科和金小蜂科共 26 种（图 71-5）。捕食性天敌有瓢虫（图 71-6）、草蛉、食蚜蝇、食蚜瘿蚊、食蚜螨、花蝽、猎蝽、姬蝽等。还有菌类如蚜霉菌（图 71-7）等。（3）物理防治。利用有翅蚜对黄色、橙黄色有较强的趋性。取一长方形硬纸板或纤维板，板的大小为 30 cm×50 cm，先涂 1 层黄色广告色，晾干后，再涂 1 层黏性黄机油（加少许黄油）或 10 号机油，每亩设置 2～3 块，当黏满蚜虫时，需及时再涂黏油。利用银灰色对蚜虫有驱避作用，用银灰色薄膜代替普通地膜覆盖，而后定植或播种。隔一定距离挂 1 条 10 cm 宽的银膜，与畦平行。（4）化学防治。傍晚密封棚室，每亩用灭蚜粉 1 kg，或 10％杀瓜蚜烟雾剂 0.5 kg，或 22％敌敌畏烟雾剂 0.3 kg，或 10％氰戊菊酯烟雾剂 0.5 kg。喷药可用 25％天王星 EC 2 000 倍液，或 2.5％功夫 EC 4 000 倍液，或 20％灭扫利 EC 2 000倍液，或 10％吡虫啉 WP 1 000～2 000 倍液，或 20％好年冬 EC 1 000～1 500 倍液等。

图 71-5　瓜蚜，被寄生蜂寄生

图 71-6　七星瓢虫，成虫

图 71-7　桃蚜，被真菌感染

桃蚜 Green peach aphid

桃蚜 *Myzus persicae*（Sulzer）属同翅目蚜科，又称烟蚜、桃赤蚜、菜蚜、腻虫。是蔬菜的一种重要害虫，为害茄科、十字花科、豆科和蔷薇科等蔬菜。已知寄主达 352 种。各地均有分布。

【形态特征】（1）成虫。有翅胎生雌蚜体长约 2 mm，头黑色，额瘤显著，向内倾斜，复眼赤褐色。胸部黑色，腹部暗绿色，有黑色斑纹。腹管绿色，端部色深，长圆筒形，尾片圆锥形，近端部绕缩，侧面各有 3 根刚毛（图 71-8）。无翅胎生雌蚜体长约 2 mm，全体绿色，或黄绿色（图 71-9），或桃红色（图 71-10）。头部额瘤显著，向内倾斜。腹管和尾片同有翅胎生雌蚜。（2）卵。卵长椭圆形，长 1～1.2 mm，初产时淡绿色，后变漆黑色，有光泽。（3）若蚜。若蚜近似无翅胎生雌蚜，体较小（图 71-11）。

图 71-8　桃蚜，有翅蚜成虫

图 71-9　桃蚜，无翅蚜

图 71-10　桃蚜，无翅蚜

图 70-11　桃蚜，胎生雌蚜

【生活习性】 对黄色、橙色有强烈的趋性，而对银灰色有负趋性。

【典型症状】 成虫和若虫刺吸汁液，使叶片卷缩变形，植株生长不良（图 71-12）。还能传播病毒病。

图 71-12　桃蚜，为害番茄

【发生规律】（1）发生世代。华北地区年发生 10 余代，在南方则可多达 30～40 代，世代重叠极为严重。（2）越冬。以无翅胎生雌蚜在近地面的叶背面越冬，或在菜心里和产卵越冬。（3）发生时期。在温室内终年繁殖为害。4 月下旬产生有翅蚜，迁飞至已定植的甘蓝、花椰菜上继续胎生繁殖。（4）环境因素。发育最适宜温度为 24 ℃，高于 28 ℃时不利于桃蚜的生长繁殖，春秋两季呈 2 个发生高峰。

【防治措施】 参见瓜蚜。

豆蚜 Cowpea aphid

豆蚜 *Aphis craccivora* Koch 属同翅目蚜科，

又称苜蓿蚜、花生蚜。为害豇豆、菜豆、豌豆、蚕豆、苜蓿、苕子等豆科作物。国内分布除西藏未见报道外，其余各省区均有发生。

【形态特征】 (1) 成虫。成虫可分为有翅胎生雌蚜和无翅胎生雌蚜2种。有翅胎生雌蚜体长为1.5～1.8 mm，黑色或黑绿色，有光泽(图71-13)。触角6节，第1～2节黑褐色，3～6节黄白色，节间带褐色，第3节较长，上有4～7个感觉圈，排列成行。翅基、翅痣和翅脉均为橙黄色，后翅具中脉和肘脉。腹部第1～6节背面各有硬化条斑，第1、7节各具腹侧突1对。腹管细长，黑色，有覆瓦状花纹。尾片乳突状，黑色，明显上翘，两侧各生刚毛3根。无翅胎生雌蚜体长1.8～2.0 mm，体较肥胖，黑色或紫黑色有光泽，体被甚薄的蜡粉(图71-14)。触角6节，约为体长的2/3，第1、2、6节及第5节末端黑色，其余黄白色，腹部第1～6节背面隆起，有一块灰色斑，分节界限不清。各节侧缘有明显的凹陷。足黄白色、胫节、腿节端部和跗节黑色。腹管细长，黑色，约为尾片2倍。(2) 卵。长椭圆形，初产下为淡黄色，后变草绿色至黑色。(3) 幼虫。与成蚜相似。若蚜体小，灰紫色，体节明显，体上具薄蜡粉(图71-15)。

图 71-13　豆蚜，有翅胎生雌蚜

图 71-14　豆蚜，无翅胎生雌蚜

图 71-15　豆蚜，无翅蚜

【生活习性】 成虫、若虫有群集性，常群集为害(图71-16)。豆蚜繁殖力强，条件适宜时，4～6 d即可完成1代，每头无翅胎生雌蚜可产若蚜100多头，因此极易造成严重为害。

图 71-16　豆蚜，群集为害

【典型症状】 成虫和若虫刺吸嫩叶、嫩茎、花及豆荚的汁液，使叶片卷缩发黄，嫩荚变黄，严重时影响生长，造成减产(图71-17，18)。

图 71-17　豆蚜，为害豇豆

图 71-18 豆蚜，为害蚕豆

【发生规律】（1）发生世代。山东、河北一年发生 20 代，广东、福建 30 多代。（2）越冬。主要以无翅胎生雌蚜和若蚜在背风向阳的山坡、沟边、路旁的荠菜、苜蓿、菜豆和冬豌豆的心叶及根茎交界处越冬，也有少量以卵在枯死寄主的残株上越冬。（3）发生因素。春末夏初气候温暖，雨量适中有利于该虫发生和繁殖。旱地、坡地及生长茂密地块发生重。主要天敌有瓢虫、食蚜蝇、草蛉（图 71-19，20）等。

图 71-19 草蛉，幼虫

【防治措施】（1）农业防治。清除田间地头的杂草、残株、落叶并烧毁，以减少虫口密度。（2）化学防治。首选 25％避蚜雾水溶性分散剂

图 71-20 草蛉，成虫

1 000 倍液喷雾，对防治蚜虫有特效，并可以保护天敌。也以可选用 10％吡虫啉 WP 2 000 倍液，或 20％好年冬 EC 1 500 倍液，或 21％增效氰马 EC 6 000 倍液，或 20％蚜克星 EC 1 000 倍液。

萝卜蚜 Turnip aphid

萝卜蚜 *Lipaphis erysimi*（Kaltenbach）属同翅目蚜科，又称菜蚜。为害萝卜、白菜、油菜等十字花科作物。各地均有分布。

【形态特征】（1）有翅蚜。体长约 1.6 mm，长椭圆形。头胸部黑色，腹部黄绿色，薄被蜡粉。触角第 3～5 节依次有圆形次生感觉圈。第 1～6 腹节各有独立缘斑，腹管前后斑愈合，第 1 节有背中窄横带，第 5 节有小型中斑，第 6～8 节各有横带，第 6 节横带不规则（图 71-21）。（2）无翅蚜。体长约 2.0 mm，长椭圆形，绿色或黑绿色，被薄粉。表皮粗糙，有菱形网纹。腹管长筒形，淡黑色，顶端收缩（图 71-22）。

【生活习性】对黄色有强烈的趋性，而对银灰色有负趋性。

【典型症状】以成蚜、若蚜密集在叶背、茎

图 71-21　萝卜蚜，有翅蚜

图 71-22　萝卜蚜，无翅蚜

枝和花轴上刺吸汁液（图 71-23），破坏叶肉和叶绿素，苗期叶片受害卷曲、发黄，植株矮缩、生长缓慢，严重时叶片枯死（图 71-24）。此外，萝卜蚜还可传播病毒病。

图 71-23　萝卜蚜，聚集为害

图 71-24　萝卜蚜，为害状

发生规律和防治措施参考瓜蚜。

甘蓝蚜 Cabbage aphid

甘蓝蚜 *Brevicoryne brassicae*（Linnaeus）属同翅目蚜科，又称菜蚜。为害多种十字花科蔬菜。各地均有发生。

【形态特征】（1）有翅蚜。体长约 2.2 mm，头和胸部黑色，复眼赤褐色。腹部黄绿色，有数条很明显的暗绿色横带，两侧各有 5 个黑点，全身覆有明显的白色蜡粉，无额瘤（图 71-25）。（2）无翅蚜。体长 2.5 mm 左右，全身暗绿色，被有较厚的白蜡粉，复眼黑色，触角无感觉孔，无额瘤，腹管短于尾片，尾片近似等边三角形，两侧各有 2～3 根长毛（图 71-26）。

图 71-25　甘蓝蚜，有翅型成虫

图 71-26　甘蓝蚜，无翅型成虫

【生活习性】 偏嗜叶面光滑无毛的甘蓝、花椰菜类。

【典型症状】 喜在叶面光滑、蜡质较多的甘蓝类蔬菜上刺吸植物汁液，造成叶片卷缩变形，植株生长不良，并因大量排泄蜜露，污染叶面，降低蔬菜商品价值（图 71-27）。甘蓝蚜还能传播病毒病，造成的损失远远大于蚜害本身。

图 71-27 甘蓝蚜，为害状

【发生规律】（1）发生世代。华北地区每年发生 10 余代。（2）越冬。以卵在蔬菜上越冬。（3）发生时期。4 月份孵化，先在越冬寄主嫩芽上胎生繁殖，而后产生有翅蚜迁飞至已经定植的甘蓝、花椰菜苗上，继续胎生繁殖为害，在春、秋形成 2 次发生高峰。（4）环境因素。繁殖的适宜温度为 16～17 ℃，低于 14 ℃或大于 18 ℃，产仔数均趋于减少。

【防治措施】参见瓜蚜。

葱蚜 Onion aphid

葱蚜 *Neotoxoptera formosana*（Takahashi）属同翅目蚜科。又称台湾韭蚜、葱小瘤蚜。为害韭菜、野蒜、葱、洋葱。台湾、北京、四川等地均有发生。

【形态特征】（1）有翅孤雌蚜。体长卵圆形，长 2.2 mm，宽 0.8 mm，活体黑色，有光泽，翅脉镶边，似脉粗且发黑。头部及前、中、后胸背片黑色，中胸有侧斑和缘斑。腹部淡褐色，有褐色缘斑。腹管光滑、花瓶状，中部膨大，端部收缩。足细长，后股节 0.88 mm。翅脉深褐色，镶边褐色，翅脉两侧的镶边宽度达 0.1 mm（图 71-28）。其余特征同无翅孤雌蚜。（2）无翅孤雌蚜。体长 2.0 mm，宽 1.2 mm，体卵圆形，黑色或黑褐色，头部、前胸黑色，中胸、后胸具黑缘斑，腹部色；腹部微具瓦纹，背毛短，腹管淡色。额瘤圆隆起外倾，粗糙。腹管花瓶状，光滑。

【典型症状】群聚于葱、蒜的叶片为害，虫量大时，也可在葱、蒜假茎的苞叶上吸食。葱、蒜叶上成若蚜基本布满全叶时才会有部分蚜虫爬行转移。被害的幼嫩叶片可致扭曲，全株各叶均有葱蚜时，生长受阻，虫量大时，叶片逐渐干枯，严重时可致全株死亡。

图 71-28 葱蚜，有翅蚜

【发生规律】在 10 ℃以下，成、若蚜活动缓慢，15～25 ℃时，活动正常，达 30 ℃时剧烈爬行，到 35 ℃时全部死亡。蒜、葱收获后，葱蚜随种葱、种蒜进入室内，有的可爬至田边洞穴等阴凉处，以无翅孤雌蚜越夏，且能在种葱、种蒜上缓慢繁殖。秋季葱、蒜种植时，越夏后的葱蚜可随种葱、种蒜带入种植地。进入秋末，有翅蚜产生，迁飞扩散。冬季气温低，繁殖慢，不易造成为害。

【防治措施】参见瓜蚜。

大豆蚜 Soybeam aphid

大豆蚜 *Aphis glycines* Matsumura 属同翅目蚜科。是菜用大豆的主要害虫。苗期发生若不及时防治，轻者减产 20%～30%，重者减产达 50% 以上。为害第 1 寄主鼠李、老鸽眼，第 2 寄主大豆、野大豆等。国内广泛分布，一般北部省区发生较重。

【形态特征】（1）成虫。有翅孤雌蚜长 1.2～1.6 mm，长椭圆形，头、胸黑色，额瘤不显著。触角长 1.1 mm，第 3 节有次生感觉圈 3～8 个，一般 5～6 个，排成一行。腹部黄绿色，腹管黑色，圆筒状，基部宽为端部宽的 2 倍，有瓦状纹，腹管内侧基部左右各有 1 个黑斑，尾片圆锥形，与腹同色，有 7～10 根长毛，臀板末端钝圆，与体色相同，多毛（图 71-29）。无翅孤雌蚜长 1.3～1.6 mm，长椭圆形，黄色或黄绿色，腹部第 1 和第 7 节有钝圆锥状突起。额瘤不显著，触角比躯体短，第 4、5 节末端和第 6 节黑色，第 6 节鞭部为基部长 3～4 倍，第 5 节末端及第 6 节各有一原生感觉圈。腹管基部灰色，端半部黑色，基部略宽，有瓦状纹。尾片圆锥形，有 7～10 根长毛，臀板有细毛（图 71-30）。（2）幼虫。若虫形态与成虫基本相似，腹管短小。

图 71-29　大豆蚜，有翅蚜和无翅蚜

图 71-30　大豆蚜，无翅蚜

【典型症状】 吸食大豆嫩枝叶的汁液，造成大豆茎叶卷缩，根系发育不良，分枝结荚减少。此外还可传播病毒病。

【发生规律】（1）发生世代。东北每年发生10多代，山东20多代。（2）越冬。以卵在鼠李和圆叶鼠李枝条上芽侧或缝隙中越冬。（3）发生时期。均温高于10 ℃，越冬卵孵化为干母，后孤雌胎生繁殖后代。6月下旬到7月中旬进入为害盛期，7月下旬出现淡黄色小型大豆蚜，蚜量开始减少，8月下旬至9月上旬气温下降，大豆蚜进入后期繁殖阶段。（4）环境因素。旬均温22～25 ℃，相对湿度低于78%有利其大发生。

【防治措施】 参见瓜蚜。

玉米蚜 Cornleaf aphid

玉米蚜 *Rhopalosiphummaidis*（Fitch）同翅目蚜科，又称玉米缢管蚜，俗称麦蚰、腻虫、蚁虫等。是玉米上常见的害虫，影响玉米的产量和品质。为害玉米、高粱、小麦、大麦、水稻等作物，另外还可为害马唐、狗尾草、牛筋草、稗草、雀稗等37种禾本科杂草。发生地区相当广泛，新疆、青海、西藏未见发生报道。

【形态特征】（1）无翅雌蚜。无翅雌蚜一般体长为1.8～2.2 mm。若蚜体色为淡绿色，成蚜为暗绿色，复眼为红褐色，触角6节；第3、4、5节没有感觉圈，腹管圆筒形，基部周围有黑色的晕纹，尾片乳突状，尾片及腹管均为黑色（图71-31）。（2）有翅胎生雌蚜。有翅胎生的雌蚜体长为1.8～2.0 mm，翅展为5.5 mm，体色为深绿色，头胸部黑色稍亮，复眼为暗红褐色，腹部颜色较深，近于黑绿色，腹部第3、4节两侧各有1个黑色小点；其头部触角6节，长度为体长的一半左右；第3节触角有圆形感觉圈14～18个，呈不规则排列，第4节有感觉圈2～7个，第5节有1～3个；翅透明，前翅中脉分为二叉，足为黑色；腹管为圆筒形，端部呈瓶口状，暗绿色且较短；尾片两侧各着生刚毛2根（图71-32）。（3）卵。椭圆形。

【典型症状】 以成、若蚜刺吸植株汁液。苗期蚜虫群集于叶片背部和心叶造成为害（图71-33）。玉米孕穗期，成、若蚜聚结在雄花花萼及穗梗上、雌穗苞叶花丝及其上下邻叶上为害（图71-34）。蚜量大时，形成“黑穗”，使玉米雄花不能发育成熟和难以散粉、授粉，造成玉米雌穗出现明显的少行缺粒和“秃顶”（图71-35）。

图 71-31　玉米蚜，无翅蚜

图 71-32　玉米蚜，有翅蚜

图 71-33 玉米蚜，群集叶背为害

图 71-34 玉米蚜，群集穗部为害

图 71-35 玉米蚜，为害状

【发生规律】（1）发生世代。长江流域一年发生 20 多代。（2）越冬。冬季以成、若蚜在大麦心叶或以孤雌成、若蚜在禾本科植物上越冬。（3）发生因素。适温高湿，即旬平均气温 23 ℃左右，相对湿度 85%以上，玉米正值抽雄扬花期时，最适于玉米蚜的增殖为害，而暴风雨对玉米蚜有较大控制作用。杂草较重发生的田块，玉米蚜也偏重发生。有研究表明，室内恒温条件下，测得 25 ℃ 时玉米蚜的内禀增长率最高，死亡率最低，而温度高于 25 ℃时，生殖能力降低，死亡率增高。在夏季高温条件下，玉米蚜常生活在玉米的心叶中或叶鞘下，十分有利于其生长、发育和繁殖。在 8 月上旬，玉米正值抽雄期，平均气温为 26.5 ℃，由于气温和营养条件适宜，玉米蚜的种群数量达到高峰，9 月份由于气温下降和营养条件的恶化，种群数量开始下降。（4）天敌。异色瓢虫、七星瓢虫、龟纹瓢虫、食蚜蝇、草蛉和寄生蜂等。

【防治措施】（1）农业防治。提早播种，能避开蚜虫繁殖的盛期。（2）化学防治。用玉米种子重量 0.1%的 10%吡虫啉 WP 浸拌种，播后 25 d 防治苗期蚜虫、蓟马、飞虱效果优异。玉米进入拔节期，喷 50%辛硫磷 EC 1 000 倍液。玉米大喇叭口末期选用 10%吡虫啉 WP 2 000 倍液，或 10%赛波凯 EC 2 500 倍液，或 2.5%保得 EC 2 000～3 000 倍液。

黍蚜 Grain aphid

黍蚜 *Phopalosiphum padi*（Linnaeus）属同翅目，蚜科，又称粟缢管蚜、小米蚜、麦缢管蚜、禾谷缢管蚜。为害第 1 寄主桃、李、榆叶梅、稠李，第 2 寄主玉米、高粱、麦类、水稻、狗牙根等。一种世界性的禾谷类作物害虫。国内分布十分普遍。

【形态特征】（1）无翅孤雌蚜。无翅蚜体长约 1.9 mm，腹部橄榄绿至黑绿色，杂以黄绿色纹，被有薄粉。触角 6 节，黑色，长超过体之半。中额瘤隆起，喙粗壮，较中足基节长。腹管基部周围有淡褐或铁锈色斑。腹管圆筒形，长 0.26 mm，末、中部稍粗壮，近顶端部呈瓶口状溢缩。尾片长 0.16 mm，有毛 4 根（图 71-36）。（2）有翅孤雌蚜。体长 2.1 mm，长卵形，头、胸黑色，腹部深绿色，具黑色斑纹。触角第 3 节具圆形次生感觉圈 19～28 个，第 4 节 2～7 个。前翅中脉分支 2 次。第 7、8 节腹背具中横带。腹管黑色（图 71-37）。

图 71-36 黍蚜，无翅蚜

图 71-37 黍蚜，有翅蚜

【发生规律】（1）发生世代。一年发生10～20代。（2）越冬。北方寒冷地区禾谷缢管蚜产卵于稠李、桃、李、榆叶梅等李属植物上越冬，翌春繁殖后迁飞到禾本科植物上。（3）发生因素。禾谷缢管蚜在30 ℃左右发育最快，喜高湿，不耐干旱。

【典型症状】以成、若虫吸食叶片、茎秆和嫩穗的汁液，不仅影响植株正常生长，还会传播病毒病。

【防治措施】参见玉米蚜。

豌豆修尾蚜 Vicia aphid

豌豆修尾蚜 *Megoura japonica*（Matsumura）属同翅目蚜科，又称蚕豆修尾蚜。为害豌豆、蚕豆、大豆等。各地均有发生。

【形态特征】（1）无翅蚜。体长3.7～4 mm，宽1.6～1.7 mm。活体草绿色，头和前胸黑色，中胸背具不规则横带，各胸节具大缘斑，后胸具断续中侧小斑。体表具网纹和曲横纹，头部有14根毛。中额平，额瘤隆起外倾（图71-38）。（2）有翅蚜。头和胸均黑色，腹部色浅。1～6腹节有缘斑（图71-39）。

图 71-38 豌豆修尾蚜，无翅蚜

图 71-39 豌豆修尾蚜，有翅蚜

【典型症状】该病主要在植株嫩梢和叶背上为害，引起新生叶卷曲，节间缩短，抑制生长，影响产量。

【发生规律】每年发生数代，4～6月间为害蚕豆。

【防治措施】参见瓜蚜。

胡萝卜微管蚜 Celery aphid

胡萝卜微管蚜 *Semiaphis heraclei* Takahashi 属同翅目蚜科。各地均有分布。为害第1寄主为金银花、黄花、忍冬、金银木、莺树等。第2寄主为芹菜、茴香、香菜、胡萝卜、白芷、当归、香根芹、水芹等多种伞花科植物。

【形态特征】（1）有翅蚜。体长1.5～1.8 mm，宽0.6～0.8 mm。黄绿色，有薄粉。头和胸黑色，腹部淡色。第2～6腹节均有黑色缘斑。触角黑色，腿节端部4/5黑色，中额瘤突起。（2）无翅蚜。体长2.1 mm，宽1.1 mm；黄绿至土黄色，有薄粉；头部灰黑色，胸、腹部淡色；前胸背有皱纹，缘瘤部明显（图71-40）。

图 71-40 胡萝卜微管蚜

【典型症状】成虫和若虫吸食嫩梢的汁液，使幼叶卷缩，降低产量和品质。茴香苗被害后卷缩呈乱发状。胡萝卜受害后常成片枯黄。

【发生规律】 (1) 发生世代。每年发生10～20代。(2) 越冬。以卵在忍冬属植物金银花等枝条上越冬。(3) 发生时期。3月中旬至4月上旬孵化，4月至5月严重为害芹菜和忍冬属植物，5～7月间迁移至伞形花科蔬菜上严重为害。10月间产生有翅蚜和雄蚜由伞形花科植物向忍冬属植物上迁飞。10～11月份雌、雄蚜交配，产卵越冬。

【防治措施】 参见瓜蚜。

莴苣指管蚜 Taiwan lettuce aphid

莴苣指管蚜 *Uroleucon formosanum* Takahashi 属同翅目蚜科。为害莴苣、苦菜、苦荬菜等。各地均有发生。

【形态特征】 无翅孤雌蚜体长3.3 mm，宽1.4 mm，纺锤状；体土黄色或红黄褐色至紫红色，头顶骨化深色，腹部毛基斑黑色，体表光滑，背毛粗短；触角和喙细长，腹管长管状。尾片色浅，长锥形。无翅胎生雌蚜头、胸黑色，腹部色浅（图71-41）。

图71-41 莴苣指管蚜

【生活习性】 喜群集嫩梢、花序及叶反面，遇震动，易落地。

【典型症状】 成虫和若蚜群集嫩梢、花序及叶背面吸食汁液（图71-42）。

图71-42 莴苣指管蚜，群集

【发生规律】 (1) 发生世代。每年发生10～20代。(2) 越冬。以卵越冬。(3) 发生时期。北方地区在6～7月份为发生为害盛期；10月下旬发生有翅雄蚜和无翅雌蚜。(4) 环境因素。早春干母孵化，在20～25 ℃条件下4～6 d可完成1代，每头孤雌蚜平均可胎生若蚜60～80头。最适大量繁殖的温度为22～26 ℃，相对湿度为60%～80%。

【防治措施】 参见瓜蚜。

莲缢管蚜 Water lily aphid

莲缢管蚜 *Rhopalosiphum nymphaeae* (Linnaeus) 属同翅目蚜科。为害莲藕、慈姑、菱角、芋、绿萍等。为害第1寄主桃、李等；第2寄主莲、睡莲、眼子菜、香蒲、川泽泻、慈姑等水生植物。各地均有发生。

【形态特征】 (1) 成蚜。具6个形态型，以无翅胎生雌蚜、有翅胎生雌蚜常见。无翅胎生雌蚜体长2.5 mm，宽1.6 mm，卵圆形，褐色至褐绿色或深褐色，额瘤不明显，被薄蜡粉，胸腹背面具小圆圈连成的网纹，腹管长筒形，中部、顶部缢缩，端部膨大（图71-43，44）。有翅胎生雌蚜体长2.3 mm，宽1.0 mm，体背全骨化，长卵形；触角、头、胸黑色，腹部褐绿色至深褐色；额瘤不明显，腹管长筒形。(2) 卵。长0.55～0.71 mm，长卵圆形，黑色。(3) 若蚜。若蚜4龄，体形与无翅胎生雌蚜相似，但体小。

图71-43 莲缢管蚜

图71-44 莲缢管蚜

【典型症状】 主要为害浮叶、嫩叶、立叶、叶梗、花薹、花瓣等，致使叶片发黄，生长不良。

【发生规律】 (1) 发生世代。湖北全年发生25～27代，世代重叠。(2) 越冬。雌蚜交尾产卵于桃、李、杏、梅等枝条的叶芽、分枝和树皮下越冬。(3) 发生时期。越冬卵在第2年3月初当日平均气温稳定在12 ℃时孵化，在桃、李等植株上繁殖4～5代。4月下旬至5月上旬产生有翅蚜迁至第2植株莲、睡莲等水生植物上繁殖，到10月中下旬产生有翅雌性母蚜迁回越冬植株。(4) 环境因素。适宜温度、高湿的环境繁殖快，为害重，高温干燥天气不利于繁殖发育。长期积水，植株生长茂密的田块蚜虫密度高。大雨对它有冲刷致死作用。蚜虫发育与繁殖的适宜温度为20～25 ℃，25 ℃以上生长受抑，繁殖缓慢，并转到潮湿的水生植物上越夏，33 ℃以上停止繁殖。

【防治措施】 (1) 农业防治。相同类型的莲藕连片种植，避免慈姑田和莲藕田插花混杂栽植，春夏慈姑不宜混栽。及时清除杂草及田间浮萍、绿萍和眼子菜等水生植物。合理密植，减轻田间郁闭度，降低湿度。(2) 化学防治。药剂防治可选用40%克蚜星EC 800倍液，或35%卵虫净EC 1 500倍液，或20%好年冬EC 800倍液，或2.5%溴氰菊酯EC 2 000倍液，或20%速灭杀丁EC 2 000～3 000倍液，或50%抗蚜威WP 2 000～3 000倍液，或10%吡虫啉WP 1 500倍液。喷药后隔5～7 d再喷1次。

参考文献

杨文成，杨红. 莲缢管蚜的发生情况及防治方法[J]. 植保技术与推广，2001，21(7)：15-16

72. 粉虱类害虫

烟粉虱 Cotton whitefly

烟粉虱 *Bemisia tabaci*（Gennadius）属同翅目粉虱科小粉虱属，又称棉粉虱、甘薯粉虱，是一种食性杂、分布广的小型刺吸式口器害虫，是我国蔬菜生产上的重要害虫。为害茄科、十字花科、葫芦科、豆科、锦葵科、棉花、烟草、番薯、木薯等 74 科 500 余种。分布广东、广西、云南、四川、山东、辽宁等 20 多个省区。

【形态特征】 烟粉虱有近 10 种生物型，其中以 A、B 型常见。(1) 成虫。体长 1 mm 左右，翅白色，腹部黄色。静止时两翅略呈“八”字形，从上方可见黄色的腹部（图 72-1）。(2) 拟蛹。淡绿至黄色，体缘自然倾斜，无蜡丝（图 72-2），被寄生后成为黄褐色至深褐色。(3) 卵。长椭圆形（图 72-3）。成虫在幼嫩叶上产卵，卵多产于叶背，无规则排列，上覆盖有蜡粉，肉眼较难分辨。(4) 若虫。共 5 龄，淡黄至灰黄色。1 龄若虫末端有 2 对明显的刚毛；2 龄以后若虫固定在叶片背面取食不动，扁卵形，似介壳虫。5 龄停止取食，扁卵形，长约 0.8 mm，背面稍隆起（图 72-4）。

图 72-1　烟粉虱，成虫

图 72-2　烟粉虱，成虫和蛹

图 72-3　烟粉虱，卵

图 72-4　烟粉虱，成虫和若虫

【生活习性】 成虫卵产在植株的嫩叶上，烟粉虱卵以卵柄从气孔插入叶片组织中，与寄主植物保持水分平衡，极不易脱落。一张叶片上可看到 3 种虫态，即卵、若虫和成虫。繁殖能力强，繁殖速度快，9～10 月份期间 20～25 d 可完成 1 代。

【典型症状】 烟粉虱以成虫和若虫吸食寄主植物叶片的汁液，造成被害叶褪绿、变黄，甚至全株枯死，严重影响产量。此外，烟粉虱还分泌大量蜜露，堆积于叶面和果实上，引起煤污病，降低商品价值。烟粉虱 B 型的若虫所分泌的唾液能造成一些植物如西葫芦、番茄、绿花菜的生理紊乱，番茄表现为不均匀成熟，绿花菜表现为白茎；在西葫芦上果实表现为不均匀成熟，叶子呈现银叶反应，初期为沿叶脉变白，以后全叶变为银白色或银色，是鉴别烟粉虱B型的稳定性状。

【发生规律】 (1) 发生世代。烟粉虱在温室可发生10余代，露地蔬菜生产条件下每年发生6～11代，世代重叠严重。(2) 越冬。以各个虫态在温室蔬菜上越冬为害，第2年转向大棚及露地蔬菜上，成为初始虫源。(3) 发生时期。烟粉虱虫口密度起初增长较慢，春末夏初数量上升，秋季上升迅速达到高峰。9月下旬为害达到高峰。10月下旬以后随着气温的下降，虫口数量逐渐减少。

【防治措施】 (1) 农业防治。烟粉虱天敌包括寄生性天敌和捕食性天敌，如蚜蜂属（图72-5）、浆角蚜属、小蜂属及瓢虫（图72-6）、草蛉（图72-7）和小花蝽（图72-8）等。(2) 物理防治。对烟粉虱虫量小、为害轻的地块应尽量少用化学农药防治，宜采用黏板诱杀成虫的方法加以控制，以保护天敌。将1 m×0.2 m废旧纤维板或硬纸板用油漆涂成橙黄色，再涂上黏机油，每亩地设置30块以上，置于行间，与植株高度相同，诱杀成虫。当板面黏满虫时，及时重涂黏油，7～10 d重涂1次。(3) 化学防治。选用25%优乐得2 000倍液，或1.8%爱福丁3 000倍液，或10%吡虫啉1 500倍液，或25%扑虱灵1 000倍液，或3.5%锐丹EC 1 200倍液，或25%阿克泰WG 7 500倍液。上述农药应轮换使用，不可随意提高使用浓度。

图72-5 烟粉虱天敌，蚜茧蜂

图72-6 烟粉虱天敌，瓢虫

图72-7 烟粉虱天敌，草蛉

图72-8 烟粉虱天敌，小花蝽成虫和若虫

温室白粉虱

Greenhouse whitefly

温室白粉虱 *trialeurodes vaporariorum* (Westwood) 同翅目粉虱科，又称小白蛾子。蔬菜保护地栽培中为害日益严重。为害的损失达1/3，严重的可高达70%。为害47科200多种植物，其中受害较重的蔬菜有黄瓜、番茄、茄子、辣椒、生菜等。各地均有发生。

【形态特征】 (1) 成虫。体长0.8～1.4 mm。淡黄白色到白色，雌雄均有翅，翅面覆有白色蜡粉，停息时双翅在体上合成屋脊状，翅端半圆状遮住整个腹部，沿翅外缘有一排小颗粒（图72-9）。(2) 卵。长椭圆形，长径0.2～0.25 mm，侧面观长椭圆形，基部有卵柄，从叶背的气孔插入植物组织中；卵产于叶背面，初产时为淡绿色，覆有蜡粉，而后渐变褐色，孵化前呈黑色。(3) 若虫。1龄若虫体长约 0.29 mm，长椭圆形；2龄约 0.37 mm；3龄约 0.51 mm，淡绿色或黄绿色，足和触角退化，紧贴在叶片上营固着生活；4龄若虫又称伪蛹，体长 0.7～0.8 mm，椭圆形，初期体扁平，逐渐加厚，中央略高，黄褐色，体背有长短不齐的蜡丝，体侧有刺。

图 72-9　温室白粉虱，成虫

图 72-10　温室白粉虱，群集叶背为害

图 72-11　温室白粉虱，引起煤污病

【生活习性】 成虫对黄色有强烈趋性，但忌白色、银白色，不善于飞翔。在田间先一点一点发生，然后逐渐扩散蔓延。田间虫口密度分布不均匀，成虫喜群集于植株上部嫩叶背面并在嫩叶上产卵，极不易脱落。随着植株生长，成虫不断向上部叶片转移，因而植株上各虫态的分布就形成了一定规律：最上部嫩叶以成虫和初产的淡黄色卵为最多；稍下部的叶片多为深褐色的卵；再下部依次为初龄若虫、老龄若虫、蛹。

【典型症状】 成虫和若虫群集在叶片背面，口器刺入叶肉（图 72-10），吸取植物汁液，造成叶片褪绿枯萎，果实畸形僵化，引起植株早衰，影响减产。繁殖力强，繁殖速度快，种群数量大，群聚为害，能分泌大量蜜液，严重污染叶片和果实，往往引起煤污病的大发生，使蔬菜失去商品价值（图 72-11）。

【发生规律】 (1) 发生世代。每年可发生 10 余代。(2) 越冬。北方地区不能越冬，大棚也不能越冬，而以各种虫态在日光温室内越冬并繁殖。(3) 发生时期。早春温室内虫口密度较小，随气温回升以及温室通风，白粉虱逐渐向露地迁移扩散，7～8 月份虫口数量增加较快，虫口密度最大，9 月中旬，气温开始下降；白粉虱又向温室内转移，因为内外迁飞，使得防治很困难。

【防治措施】 (1) 农业防治。苗房和生产温室分开。育苗前彻底熏杀残余虫口，清理杂草和残株，在通风口密封尼龙纱，控制外来虫源。避免黄瓜、番茄、菜豆混栽。温室、大棚附近避免栽植黄瓜、番茄、茄子、菜豆等粉虱发生严重的蔬菜。提倡种植白粉虱不喜食的十字花科蔬菜，以减少虫害。(2) 生物防治。人工释放丽蚜小蜂。(3) 物理防治。白粉虱对黄色敏感，有强烈趋性，可在温室内设置黄板诱杀成虫。方法是利用废旧的纤维板或硬纸板，用油漆涂为橙皮黄色，再涂上一层黏油，置于行间可与植株高度相同。(4) 化学防治。扣棚后将棚的门、窗全部密闭，用 35%的吡虫啉烟雾剂熏蒸大棚，也可用灭蚜灵、敌敌畏熏蒸，消灭迁入温棚内越冬的成虫。当被害植物叶片背面平均有 10 头成虫时，进行喷雾防治。选用 25%的扑虱灵 WP 2 500 倍喷雾，或 10%吡虫啉 WP 1 000 倍液，或 0.3%的印楝素 EC 1 000 倍液。

73. 飞虱类害虫

白背飞虱 White-backed planthopper

白背飞虱 *Sogatella furcifera* Horvath 属同翅目飞虱科。为害茭白、水稻以及白菜、萝卜等。各地均有发生。

【形态特征】 (1) 成虫。成虫有长翅型和短翅型两种。长翅型连翅体长 3.8～4.6 mm，短翅型体长 2.5～3.5 mm。头顶长方形，显著突出于复眼前方，小盾板中央姜黄色或黄白色，两侧为黑褐色，前翅淡黄褐色，透明，翅斑黑褐色（图 73-1，2）。(2) 卵。卵形似香蕉，长 0.8 mm，宽 0.2 mm。初产时乳白色，后变黄色，并出现红色眼点，将孵化时眼点变为红褐色。(3) 若虫。共 5 龄，体形近橄榄形。头尾较尖，落水后后足向两侧平伸成“一”字形。有深浅 2 型。1 龄若虫灰褐或灰白色，无翅芽，腹背有清晰的“丰”字形浅色斑纹；2 龄若虫灰褐或淡灰色，无翅芽（图 73-3）；3 龄若虫灰黑与乳白相嵌，胸部背面有灰黑色不规则斑纹，边缘清晰，翅芽明显出现（图 73-4）；4 龄若虫前后翅芽长度近相等，斑纹清晰；5 龄若虫前翅芽超过后翅芽的尖端。

图 73-1 白背飞虱，雌成虫

图 73-2 白背飞虱，雄成虫

图 73-3 白背飞虱，2 龄若虫

图 73-4 白背飞虱，3 龄若虫

【生活习性】 该虫长翅成虫飞翔力强，田间虫口密度高时即迁飞转移。

【典型症状】 成虫和若虫刺吸汁液，引起黄叶或枯死，其排泄物覆盖叶面形成煤污状。为害茭白时，雌虫产卵痕初呈水渍状，后分泌白绒状蜡粉，出现伤口后失水，植株成团枯萎，成片枯死，不能结茭。

【发生规律】 新疆、宁夏每年发生1～2代，东北2～3代，淮河以南3～4代，长江流域4～7代，岭南7～10代，海南南部11代，属迁飞性害虫。最初虫源从南方迁来。迁入期从南往北推迟，有世代重叠。

【防治措施】（1）农业防治。防治茭白田白背飞虱时，于卵孵化前火烧茭白枯叶或全面割除，彻底清除田边塘沟杂草。（2）化学防治。茭白封垄前，夏茭越冬代2～3龄若虫盛发时喷洒10%吡虫啉WP 1 500倍液，或每亩用药量为15 g。

灰飞虱 Small brown planthopper

灰飞虱 *Laodelphax striatellus* Fallén 属同翅目飞虱科。分布在我国各省，长江中下游及华北发生多。为害茭白、水稻、小麦、大麦、玉米、高粱、甘蔗、稗草等。

【形态特征】（1）成虫。成虫长翅型体长（连翅）4～5 cm，短翅型体长2.4～2.6 cm，具翅斑。雄虫体黑褐色，雌虫淡黄色，头顶稍突出，额黑褐色，中胸背板雄虫为黑褐色，仅后缘淡黄色（图73-5）。雌虫则中部淡黄色，两侧色较深（图73-6）。（2）卵。卵长椭圆形，稍弯曲。卵帽外露，在产卵痕内排列成念球状，卵条内卵粒成簇或双行排列。卵粒初产时为乳白色，半透明，孵化前出现紫红色眼点。（3）若虫。灰褐色，腹部背面两则色稍深，中央色浅淡（图73-7）。

图 73-5　灰飞虱，雄成虫

图 73-6　灰飞虱，雌成虫

图 73-7　灰飞虱，若虫

【生活习性】（1）成虫。成虫有明显趋嫩绿、茂密习性，长翅型成虫有趋光性。成虫产卵多在下午，卵产于叶鞘及叶片基部的中脉两侧。（2）幼虫。越冬若虫3月出蛰取食麦苗和杂草，羽化后多为短翅型成虫，繁殖1代后产生长翅型成虫，迁移至棉田为害。

【典型症状】 成、若虫吸食茭白等寄主汁液，引起黄叶或枯死。

【发生规律】（1）发生世代。湖北、四川、江苏、浙江、上海每年发生5～6代，福建7～8代，北方4～5代。（2）越冬。在福建、两广、云南冬季3种虫态可见，其他地区多以3、4龄若虫在麦田、绿肥田等处禾本科杂草上越冬。（3）发生时期。早春均温高于10 ℃越冬若虫羽化。发育适温15～28 ℃，冬暖夏凉易发生。

【防治措施】 参见白背飞虱。

长绿飞虱 Green slender planthopper

长绿飞虱 *Saccharosydne procerus*（Matsumura）属同翅目飞虱科。为害茭白、野茭白、水稻等。分布于南、北方茭白、水稻种植区。

【形态特征】（1）成虫。雄虫体长5～6 mm，雌虫 5～7 mm，细长，体淡绿色，眼黑色或红褐色；前胸背板、中胸小盾片各具纵脊 3 条，整个中胸的长度与头顶前胸之和相等，雌虫外生殖器常分泌白绒状蜡粉状物（图 73-8）。(2) 卵。长 0.7～1 mm，香蕉状，初半透明，乳白色至灰黄色。(3) 若虫。若虫共 5 龄，初乳白色稍透明，1 龄后有蜡粉，腹端拖出的 5 根蜡丝似白绒状物（图 73-9）。

【典型症状】 成、若虫刺吸茭白汁液，被害叶出现黄白色至浅褐或棕褐色斑点，后叶片从叶尖向基部逐渐变黄干枯，排泄物覆盖叶面形成煤污状，雌虫产卵痕初呈水渍状，后分泌白绒状蜡粉，出现伤口后失水，植株成团枯萎，成片枯死，不能结茭。

图 73-8 长绿飞虱，成虫

图 73-9 长绿飞虱，若虫

【发生规律】 (1) 发生世代。吉林每年发生 3 代，江苏、江西、浙江、湖北、上海每年发生 4～5 代，2、3 代后世代重叠。(2) 越冬。以滞育卵在秋茭白、野茭白等寄主叶脉、叶鞘内或枯叶中越冬。(3) 发生时期。湖北越冬卵于 4 月上中旬开始孵化，4 月下旬至 5 月上旬进入盛期，6 月上旬始见成虫。第 1 代发生期在 6 月上旬至 7 月下旬，第 2 代 7 月上旬至 9 月上旬，第 3 代 8 月中旬至 10 月中旬。

【防治措施】 参见白背飞虱。

74. 蓟马类害虫

葱蓟马 Onion thrips

葱蓟马 *Thrips alliorum*（Priesner）属缨翅目蓟马科，又称韭菜蓟马、葱带蓟马。为害大葱、蒜、马铃薯、烟草、棉花以及桑、桃、梨、杏、枣等。国内分布遍于所有省区。

【形态特征】（1）成虫。体长 1.0～1.3 mm，体黄褐色，背面色深。复眼紫红色，单眼 3 个，呈三角形排列，单眼间鬃靠近三角形连线外缘。触角 7 节，灰褐色，第 2 节色较浓。前胸背板两后角各有粗而长的鬃 1 对。翅狭长，淡黄色，透明，前翅端半部有前脉端鬃 4～6 根，后脉鬃 14～17 根，均匀排列。下腹部第 2～8 节背面前沿各有栗色横纹 1 条（图 74-1）。（2）卵。长约 0.12 mm，黄绿色，肾形。（3）若虫。略似成虫，共 4 龄。1 龄若虫体长约 0.37 mm，白色透明；2 龄若虫体长 0.9 mm，浅黄至深黄色（图 74-2）；3 龄若虫（前蛹）和 4 龄若虫（伪蛹）与 2 龄若虫相似，但不活动，有明显的翅芽。

图 74-1 葱蓟马，成虫

图 74-2 葱蓟马，若虫

【生活习性】（1）成虫。成虫活泼，飞翔能力强，多在上午 9 时前和下午 4 时以后聚集在叶片上为害。雌虫可行孤雌生殖，将卵产于葱、蒜叶肉组织中。（2）幼虫。初孵幼虫集中在叶基部为害，稍大即分散。

【典型症状】 被害叶面形成密集小白点或长条形斑纹，严重时葱叶扭曲枯黄，大蒜嫩叶及受害新根停止生长（图 74-3）。

图 74-3 葱蓟马，为害状

【发生规律】（1）发生世代。东北每年发生 3～4 代，山东 6～10 代，长江流域 10 代以上。每代历期 20 d 左右。（2）越冬。以成、幼虫及伪蛹在枯叶或土中越冬。（3）发生时期。河南、山东、江苏 5 月中下旬至 6 月上中旬进入为害盛期。（4）环境因素。在 25 ℃左右，相对湿度 60%以下时，有利于葱蓟马发生，高温高湿则发生量较少。

【防治措施】（1）农业防治。减少初孵若虫隐匿场所。用腐熟厩肥作基肥，苗期追施磷钾肥，促使植株健壮，增强植株抗性，加速伤口愈合。加强中耕管理，及时灌水和中耕除草，清洁田园，恶化蓟马的生存环境。（2）化学防治。幼苗期、花芽分化期喷 4.5%高效氯氰菊酯 EC 2 000 倍液。初发期喷 1.8%阿维菌素 EC 2 500～3 000 倍液，或 60%劲丹 SPX 3 000 倍液，隔 7 d 喷 1 次，连续 3～4 次。

黄蓟马
Honeysuckle thrips

黄蓟马 *Thrips flavus* Schrank 属缨翅目蓟马科，又称菜田黄蓟马、瓜亮蓟马、节瓜亮蓟马。为害多种蔬菜和农业作物。为害大豆、瓜类、茄子、葱、油菜、棉花、甘薯、玉米、百合、紫云英等。分布南方各省，北线大致以淮河为界。

【形态特征】（1）成虫。体长 0.9～1.1 mm，全体黄色。头宽大于长，短于前胸。触角 7 节，单眼间鬃位在单眼三角形连线的外缘。前胸背板中部约 28 根鬃，后胸盾片网状纹中具 1 对明显的钟形感觉器。前翅的端半部具上脉端鬃 3 条，前缘鬃约 26 根；中胸腹板内叉骨有长刺，后胸无刺。腹部第 3～8 节背面前缘各具一黄色横纹，腹部背板第 5～8 节两侧有微弯梳，第 8 节后缘梳完整，梳毛细而排列均匀，第 2 节两侧缘各有纵排鬃 4 根（图 74-4）。（2）卵。卵长椭圆形，长 0.2 mm，肾形。（3）若虫。黄白色，1～2 龄若虫无翅芽，行动活泼。3 龄若虫（前蛹）触角向两侧弯曲，复眼红色，鞘状翅芽伸达第 3、4 腹节。4 龄若虫（伪蛹）触角往后折于头背上，鞘状翅芽伸达腹部近末端，行动迟钝。

图 74-4　黄蓟马，成虫和若虫

【生活习性】晴天成虫喜在茸毛中取食，把卵散产在叶肉组织内。

【典型症状】成虫、若虫锉吸心叶、嫩梢、嫩叶、花及幼果的汁液，受害叶变硬或缩小，节间缩短，植株生长缓慢。菜用大豆受害，引起叶片变黄脱落，豆荚萎缩，籽粒干瘪。

【发生规律】（1）越冬。病原以成虫潜伏在土块下、土缝中或枯枝落叶间越冬，少数以若虫越冬。（2）发生时期。4 月份开始活动，5～9 月份进入为害期，秋季受害重。（3）环境因素。发育适温 25～30 ℃，暖冬利于其发生。

【防治措施】（1）农业防治。用营养土方育苗，适时栽植，避开为害高峰期。幼苗出土后，用薄膜覆盖代替禾草覆盖，能大大降低虫口。清除田间附近野生茄科植物，也能减少虫源。（2）化学防治。选用 5% 吡虫啉 EC 1 500～2 000 倍液，或 1.8% 阿维菌素 4 000～5 000 倍液，或 45% 马拉硫磷 EC 1 000 倍液，或 10% 甲氰菊酯 EC 1 000～1 500 倍液喷雾。

节瓜蓟马
Palm thrips

节瓜蓟马 *Thrips palmi* Karny 属缨翅目蓟马科。节瓜蓟马又名瓜亮蓟马、棕榈蓟马。为害节瓜、冬瓜、黄瓜、番茄、茄、菠菜和豆类等蔬菜。分布华中和华南地区。

【形态特征】（1）成虫。体长 1 mm，金黄色，头近方形，复眼稍突出，单眼 3 只，红色，排成三角形，单眼间鬃位于单眼三角形连线外缘，触角 7 节，翅 2 对，周围有细长的缘毛，腹部扁长（图 74-5）。（2）卵。长 0.2 mm，长椭圆形，淡黄色。（3）若虫。若虫黄白色，共 3 龄，复眼红色。

图 74-5　节瓜蓟马，成虫

【生活习性】（1）成虫。成虫活泼、敏捷、能飞喜跳，白天隐藏在瓜苗生长点和幼瓜的茸毛内。（2）卵。产于寄主生长点、嫩叶、幼瓜和幼苗组织内。（3）若虫。初孵若虫即可活动取食，活动范围小，1～2 龄多在幼嫩部位活动，2 龄末有自然落地钻入土中 3～5 cm 的习性，4 龄若虫羽化为成虫。

【典型症状】成、若虫刺吸心叶、嫩茎、幼果汁液，使被害植株嫩芽、叶卷缩，心叶不能展开，出现丛生现象；幼果畸形，严重时造成落瓜。被害瓜皮粗糙有斑痕，极少茸毛，或带有褐色波纹，或瓜皮布满“锈皮”，呈畸形。

【发生规律】（1）发生世代。在广州地区一年发生 20 代以上。(2) 越冬。以成虫在茄科、豆科蔬菜及杂草上，或土块、土缝中，或枯枝落叶间越冬，还有少数以若虫越冬。(3) 发生时期。当气温回升 12 ℃时，越冬虫开始活动，先在冬茄作物取食繁殖，6 月上中旬可转移到黄瓜、丝瓜、茄子、豇豆上为害。(4) 环境因素。沙壤土菜田，含水量在 9%～18%时，对化蛹、羽比较合适。

【防治措施】 参见黄蓟马。

稻蓟马 Rice thrips

稻蓟马 *Stenchaetothrips biformis* Bagnall 属缨翅目蓟马科。为害茭白、水稻、大麦、小麦、玉米、甘蔗、看麦娘、游草、双穗雀稗等禾本科植物。各产稻区均有发生。

【形态特征】 (1) 成虫。体长 1.0～1.3 mm，褐色至黑褐色，触角 7 节，第 2 节端部褐，第 3、4 节色淡，其余各节褐色；单眼间鬃短，位于三角形连线外缘，复眼后鬃长；前翅深灰色，近基部色淡，上脉端鬃 3 条，下脉鬃 11～13 条（图 74-6）。(2) 卵。肾形，长约 0.26 mm，宽 0.1 mm，初产时白色透明，近孵化时呈浅黄色并有小红眼点。(3) 若虫。共 4 龄，4 龄若虫又称蛹，长 0.8～1.3 mm，淡黄色，触角折向头与胸部背面（图 74-7）。

图 74-6 稻蓟马，成虫

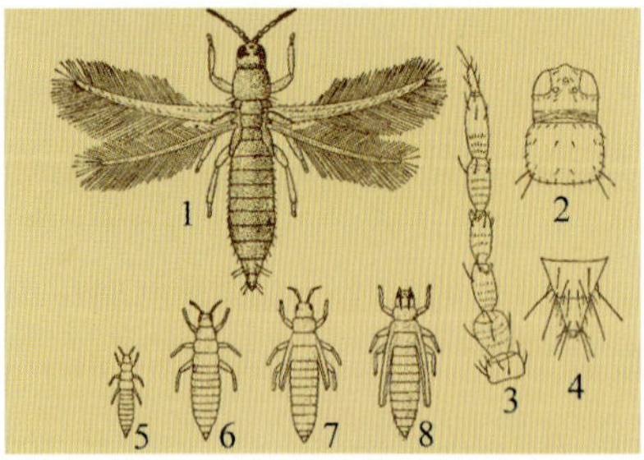

图 74-7 稻蓟马，线图

1. 成虫 2. 头和前胸 3. 触角
4. 腹部末端 5～8. 第 1～4 龄幼虫

（据浙江农业大学《农业昆虫学》）

【生活习性】 成虫营两性或孤雌生殖。成虫活泼，羽化后 1～2 d 即产卵，2～8 d 进入产卵盛期，卵多产在嫩叶组织里，产卵适温 18～25 ℃。

【典型症状】 成虫和若虫以锯吸式口器锉破叶面吸食汁液，导致受害叶产生黄白色微细色斑，叶尖两翼向内卷曲，叶片发黄。

【发生规律】 (1) 发生世代。每年发生 10～20 代，第 2 代后开始出现世代重叠。(2) 越冬。以成虫在茭白、麦类、看麦娘等禾本科植物上越冬。(3) 发生时期。第 1 代成虫进入茭白田后即产卵，成虫盛发与产卵盛期同时出现。5～6 月份，卵期 8 d 左右，若虫期 8～10 d。(4) 环境因素。气温高于 27 ℃虫口减少。

【防治措施】 (1) 农业防治。苗期铲除有虫株，带出田外沤肥或深埋，可减少虫源。(2) 化学防治。喷洒 2.5%高效氟氯氰菊酯 EC，或 20%吡虫啉 WP 2 500～4 000 倍液。

黄胸蓟马 Yellow chest thrips

黄胸蓟马 *Thrips hawaiiensis*（Morgan）属缨翅目蓟马科，又称夏威夷蓟马。为害瓜类、豇豆、四季豆、空心菜、辣椒、茄子、番茄、蚕豆、十字花科蔬菜。分布江苏、江西、湖南、四川、重庆以南地区，南至中国台湾、海南及广东、广西、云南，东面滨海，西达四川、云南、西藏。

【形态特征】 (1) 成虫。体长 1.5 mm 左右。头及前胸黄褐色，中、后胸淡褐色，腹部褐色。触角 7 节，只有第 3 节色淡，其余各节褐色。前胸背板前角有短粗鬃 1 对，后角 2 对。前翅淡褐色，前翅基部透明无色，前翅上脉基鬃 4+3 根，端鬃 3 根，下脉鬃 15～16 根。腹部腹板具附鬃，第 5 至第 8 节两侧有微弯梳，第 8 节背板后缘梳两侧退化。足为黄色（图 74-8）。(2) 卵。椭圆形，长约 0.28 mm，宽 0.14 mm，淡黄色，半透明。(3) 若虫。初孵幼虫体长约 0.4 mm，体白色。后变淡黄色至橘黄色，体长平均长 0.7 mm。体型与成虫相似，无翅，眼较退化，触角节数较少，腹部稍尖。

【生活习性】 成、若虫隐匿花中，受惊时，成虫振翅飞逃。雌成虫产卵于花瓣或花蕊的表皮下，有时半埋在表皮下。成、若虫取食时，用口器锉碎植物表面吸取汁液，但口器并不锐利，只能在植物的幼嫩部位锉吸。

图 74-8　黄胸蓟马，成虫

【典型症状】 以成虫和若虫锉吸植物的花、子房及幼果汁液，花被害后常留下灰白色的点状食痕。为害严重的花瓣卷缩，使花提前凋谢，影响结实及产量。

【发生规律】（1）发生世代。每年发生 10 多代，热带地区每年发生 20 多代，在温室可常年发生。（2）越冬。以成虫在枯枝落叶下越冬。（3）发生时期。3 月初开始活动为害。

【防治措施】 参见黄蓟马。

75. 蝽类害虫

菜蝽
Cabbage bug

菜蝽 *Eurydema dominulus*（Socopoli）属半翅目蝽科，又称河北菜蝽、云南菜蝽、斑菜蝽、花菜蝽、姬菜蝽、萝卜赤条蝽。为害甘蓝、花椰菜、白菜、萝卜、油菜、芥菜等十字花科蔬菜。各地均有发生。

【形态特征】（1）成虫。成虫体长 6～9 mm，宽 3～5 mm，椭圆形。体橙黄或橙红色。头部黑色，侧缘上卷，橙红色或橙黄色（图 75-1，2，3）。前胸背板橙红色，有 6 块黑斑，2 个在前，4 个在后。小盾板具橙黄或橙红 Y 形纹，交会处缢缩。革片具橙黄或橙红色曲纹，在翅外缘形成 2 黑斑；膜片黑色，具白边。腹部腹面黄白色，具 4 纵列黑斑。足黄、黑相间。（2）卵。杯形，黄褐色，有黑褐色纹（图 75-4）。（3）幼虫。末龄若虫全身为褐色，头部黑色，腹背有黑褐色条斑和点斑（图 75-5）。

图 75-1　菜蝽，成虫（橙红色）

图 75-2　菜蝽，成虫（橙黄色）

图 75-3　菜蝽，成虫（黄色）交尾

图 75-4　菜蝽，卵

图 75-5　菜蝽，幼虫

【生活习性】 3 月下旬开始活动，4 月下旬开始交配产卵。一般每雌产卵 100 余粒，多于夜间产在叶背，单层成块。初孵若虫群集在卵壳四周，1～3 龄有假死性。高龄若虫适应性、耐饥力都较强。

【典型症状】 成虫和若虫刺吸蔬菜汁液，尤喜刺吸嫩芽、嫩茎、嫩叶、花蕾和幼种荚。害虫的唾液对植物组织有破坏作用，在被刺处留下黄白色至微黑色斑点。幼苗子叶期受害会引起萎蔫；甚至枯死；花期受害则能引起不能结荚或籽粒不饱满。菜蝽还能传播软腐病。

【发生规律】 一年发生2～3代。以成虫在石块下、土缝、落叶、枯草中越冬。

【防治措施】 (1) 农业防治。及时冬耕和清洁田园，成虫出蛰前彻底清除田间杂草、落叶，以消灭部分越冬成虫。发现卵块应及时摘除。(2) 化学防治。越冬成虫出蛰前及低龄若虫期，喷洒灭杀毙EC 3 000倍液，或20%增效氯氰菊酯EC 3 000倍液，或2.5%溴氰菊酯EC 3 000倍液，或2.5%功夫菊酯EC 3 000倍液，或1.8%阿维菌素EC 3 000倍液，或2.5%灭杀毙EC 3 000倍液，或50%辛氰EC 3 000倍液，或20%甲氰菊酯EC 3 000倍液，或90%敌百虫晶体800倍液。

横纹菜蝽 Transverse striation stink bug

横纹菜蝽 *Eurydema gebleri* Kolenati 属半翅目蝽科。别名乌鲁木齐菜蝽、盖氏菜蝽。为害十字花科蔬菜等多种作物及杂草。分布北、东、西向靠近国境线，南至江苏、安徽、湖北、贵州、云南。偏北局部地方，密度颇高。

【形态特征】 (1) 成虫。体长6～9 mm，宽3.5～5 mm，椭圆形，黄色或红色，全体密布刻点。头蓝黑色，前端圆两侧下凹，侧缘上卷，边缘红黄色，复眼前方具一红黄色斑。前胸背板上具6个蓝黑色斑，前2个三角形，后4个横长；中央具一黄色隆起十字形纹。小盾片蓝黑色，上具"Y"形橘黄色斑，末端两侧各具一黑斑。前翅革区末端有1个横置黄白斑（图75-6，7）。(2) 卵。圆柱形，高约1 mm，直径0.7 mm，初白色，带黑褐色，近孵化时粉红色。(3) 若虫。共5龄。末龄若虫体长5 mm左右，头、触角、胸部黑色，头部具三角形黄斑，胸背具橘红色斑3个。形态似成虫。

【生活习性】 成虫可多次交尾产卵，卵多呈双行，产在叶背，4～13粒1块，初孵若虫群集在卵壳四周，1～3龄有假死性。

图 75-6 横纹菜蝽，成虫

图 75-7 横纹菜蝽，成虫交尾

【典型症状】 成、若虫在油菜等蔬菜叶片、茎、花上吸食汁液，致被害处呈现黑色坏死斑。

【发生规律】 (1) 发生世代。北方每年发生2～3代。(2) 越冬。以成虫在菜地、河沟两岸石块下越冬。(3) 发生时期。3月上旬开始取食并交尾产卵，5月上旬可见各龄若虫及成虫，成虫可多次交尾产卵，卵多呈双行，产在叶背，4～13粒1块，初孵若虫群集在卵壳四周，1～3龄有假死性。江苏至云南以北地区6～7月间盛发至秋末，常群集为害茎叶。

【防治措施】 (1) 农业防治。成虫出蛰前彻底清除菜园及附近田边等的杂草、落叶，压低虫源，减轻受害。(2) 化学防治。参见菜蝽。

斑须蝽 Sugarbeet stink bug

斑须蝽 *Dolycoris baccarum* (Linnaeus) 属半翅目蝽科，又称细毛蝽、臭大姐。各地均分布。为害多种蔬菜。

【形态特征】 (1) 成虫。雌成虫长11.0～12.5 mm，雄虫9.9～10.6 mm。椭圆形，赤褐色或灰黄色，全身被有细毛和黑色小刻点。雌虫触角5节，黑色，第1节短而粗，第2～5节基部黄白色，形成黄黑相间的“斑须”。喙细长，紧贴于头部腹面。小盾片三角形，末端鲜明的淡黄色为该虫的显著特征。前翅革质部淡红褐至红褐色，膜质部透明，黄褐色。足黄褐色，散生黑点（图75-8）。（2）卵。长圆筒形，初产为黄白色，孵化前为黄褐色，眼点红色，有圆盖。（3）幼虫。若虫共5龄。初孵若虫为鲜黄色，后变为暗灰褐或黄褐色，全身被有白色绒毛和刻点。触角4节，黑色，节间黄白色，腹部黄色，背面中央自第2节向后均有一黑色纵斑，各节侧缘均有一黑斑（图75-9）。

图75-8　斑须蝽，成虫

图75-9　斑须蝽，若虫

【生活习性】 卵多产在植株上部叶片正面或花蕾、果实的苞片上，多行整齐排列。初孵若虫群聚为害，2龄后扩散为害。

【典型症状】 成虫和若虫刺吸嫩叶、嫩茎及果、穗汁液，造成落花。茎叶被害后，出现黄褐色斑点，严重时叶片卷曲，嫩茎凋萎。

【发生规律】 （1）发生世代。每年发生2代。（2）越冬。以成虫在杂草、枯枝落叶、植物根际、树皮下越冬。（3）发生时期。4月初开始活动，4月中旬交尾产卵，4月底5月初幼虫孵化，第1代成虫6月初羽化，6月中旬为产卵盛期。

【防治措施】 参见菜蝽。

茶翅蝽 Yellow-brown stink bug

茶翅蝽 *Halyomorpha picus* Fabricius 属半翅目椿科，又称臭木椿象、臭木蟟、茶色蝽。为害草莓、梨、苹果、海棠、桃、李、杏、山楂、樱桃、梅、柑橘、柿、石榴等。国内仅宁夏、新疆、青海未见。

【形态特征】 （1）成虫。茶翅蝽成虫体长12～16 mm，宽6.5～9.0 mm。体色淡黄色至灰褐色，具黑刻点，背面金绿色。触角黄褐色，喙伸达第1腹节中部。头部侧缘有明显的弯曲。前胸背板有5个隐约的小黄点。翅褐色。腹面淡红褐色。（图75-10，11）。（2）卵。卵长约1 mm，短圆筒形，灰白色，卵块最少为28粒，卵排列呈六边形。（3）幼虫。似成虫，体小无翅，腹部背面有黑斑（图75-12，13）。

图75-10　茶翅蝽，成虫

图75-11　茶翅蝽，成虫

图 75-12　茶翅蝽，卵和初孵幼虫

图 75-13　茶翅蝽，若虫

【生活习性】 成虫和若虫受到惊扰或触动时即分泌臭液，并逃逸。

【典型症状】 成虫和若虫均吸食嫩叶、嫩茎和果实的汁液，严重时造成叶片枯黄，提早落叶，树势衰弱。被害嫩梢停止生长，果实受害部分停止发育，形成果面凹凸的"疙瘩果"。对套塑膜袋和纸袋的果实亦有一定为害，严重影响果实品质及外观。

【发生规律】 (1) 发生世代。每年发生 1 代。(2) 越冬。以成虫在空房、屋角、檐下、树洞、土缝、石缝及草堆等处越冬。(3) 发生时期。北方 5 月上旬陆续出蛰活动，6 月上旬至 8 月产卵，多产于叶背，卵期 10～15 d。7 月上旬出现若虫。6 月中、下旬为卵孵化盛期，8 月中旬为成虫盛期。9 月下旬成虫陆续越冬。

【防治措施】 (1) 农业防治。利用成虫喜欢在室内、场院、石缝、草堆等处越冬的习性，人工捕杀。在成虫产卵盛期摘除叶上的卵块或若虫团。(2) 化学防治。参见菜蝽。

稻绿蝽
Southern green stink bug

稻绿蝽 *Nezara viridula* (Linnaeus) 属半翅目蝽科。为害番茄、马铃薯、白菜、甘蓝以及豆科蔬菜等作物。分布吉林以南地区。

【形态特征】 (1) 成虫。雌虫体长 11～13.5 cm，雄虫体长 9.5～12 cm。成虫有全绿型、黄肩型和点绿型 3 种表现型。全绿型个体全绿，小盾片基部有 3 个小白点排成横行 (图 75-14)。黄肩型个体两复眼之间的前端及前盾片两侧角之间的前侧区均为黄色，其余同全绿型个体 (图 75-15)。点绿型个体为黄色，前盾片有 3 个绿点排成横行，小盾片基部也有 3 个绿点排成横行，小盾片未端和前翅革片中央各有 1 个绿点共 3 个排成横行 (图 75-16)。以全绿型占绝对优势，黄肩型所占比例不大，点绿型在 8 月以后出现，数量极少，越冬前体色由全绿色变为紫褐色，越冬后取食不久又转为绿色。(2) 卵。卵圆桶形，有盖，卵顶内缘有一周小白刺，数十粒排成块状。卵初产淡黄色，随后卵盖上出现红色"丫"形纹。(3) 若虫。共 5 龄。1 龄体长 1.5 cm，初孵时橘黄色，腹部两侧边缘各有 6 个黑点。2 龄体长 2～3 cm，全体黑色。3 龄体长 4～5 cm，体背黑色，头前方有黄色竖线两条。4 龄体长 5.5～7 cm，翅芽与小盾片比 3 龄长。5 龄体长 8～12 cm，前后翅芽明显 (图 75-17)。

图 75-14　稻绿蝽，全绿型成虫

图 75-15　稻绿蝽，黄肩型成虫

图 75-16　稻绿蝽，点绿型成虫

图 75-17　稻绿蝽，若虫

【生活习性】 卵成块产于寄主叶片上，规则地排成 3～9 行，每块 60～70 粒。1～2 龄若虫有群集性，若虫和成虫有假死性，成虫并有趋光性和趋绿性。

【典型症状】 成虫和若虫吸食汁液，影响作物生长发育，造成减产。

【发生规律】 (1) 发生世代。北方地区年发生 1 代，四川、江西年发生 3 代，广东年发生 4 代，少数 5 代。(2) 越冬。以成虫在杂草、土缝、林木灌丛中越冬。

【防治措施】 (1) 农业防治。冬季清除田园杂草地被，消灭部分成虫。灯光诱杀成虫。(2) 化学防治。参见菜蝽。

二星蝽

White spotted globular bug

二星蝽 *Stollia guttiger* (Thunberg) 属半翅目蝽科。为害豇豆、茄子、大豆、棉花、胡麻、麦类、水稻、高粱、甘薯等。各地均有分布。

【形态特征】 成虫体长 4.5～5.6 mm，宽 3.3～3.8 mm，头全部黑色，少数个体头基部具浅色短纵纹，喙浅黄色，长达后胸端部。触角浅黄褐色，具 5 节，前胸背板侧角短，背板的胝区黑斑前缘可达前胸背板的前缘，小盾片末端多无明显的锚形浅色斑，在小盾片基角具 2 个黄白色光滑的小圆斑，胸部腹面污白色密布黑色点刻，腹部腹面黑色，节间明显，气门黑褐色，足淡褐色，密布黑色小点刻（图 75-18，19）。二星蝽和广二星蝽（黑腹蝽）是两种极为常见而又比较近缘的蝽类，食性也相近似，两者的区别见表 75-1。

图 75-18　二星蝽，成虫

图 75-19　二星蝽，若虫

表 75-1　二星蝽与广二星蝽的比较鉴别

二星蝽	广二星蝽
翅长达于腹末，几乎全覆盖，形状较钝	翅长超过腹末，形状较尖
小盾片上两侧角的白点较大，为“斑”	小盾片上两侧角的白点较小，为“点”
前胸背板两侧角较锐，略突出	前胸背板两侧角较钝，不突出
体卵圆形	体卵形，较狭长

【生活习性】 卵产于叶背面、穗芒或托叶上，数十粒排成 1～2 纵行，有的不规则，成虫有趋光性。江苏、福建 8 月中旬至 9 月中旬，成虫爬行在大豆荚或叶柄上，不爱飞行。

【典型症状】 成、若虫吸食大豆茎、叶柄、芽和荚上的汁液，致植株结荚少，籽粒不饱满。

【发生规律】（1）发生世代。山西每年发生4代。（2）越冬。以成虫在杂草丛中、枯枝落叶下越冬。（3）发生时期。3～4月份开始活动为害。

【防治措施】参见菜蝽。

瓜褐蝽 Chinese pocket bug

瓜褐蝽 *Aspongopus chinensis* Dallas 属半翅目蝽科，又称九香虫、黑兜虫、臭屁虫。为害节瓜、冬瓜、南瓜、丝瓜等。国内分布大致以淮河为北限。国外分布越南、老挝、缅甸、印度、锡金、印度尼西亚。

【形态特征】（1）成虫。体长16.5～19 mm，宽9～10.5 mm，紫黑或黑褐色，稍有铜色光泽，密布刻点，头部边缘略上翘（图75-20）。（2）卵。似腰鼓形，初产时天蓝色，后变暗绿，近孵化时土黄色。卵表面密被白绒毛。（3）若虫。1龄若虫长3 mm，椭圆形。2龄若虫体长4.3 mm，触角基部3节黑，端部第4节橙红色。3龄若虫体长5.5～6.5 mm。4龄若虫体长8.5～10 mm，头及前胸背板暗黄褐色至黑褐色，腹部土黄色，翅芽伸过腹部背面第2节前缘。前胸背板侧缘及翅芽的前、外缘具暗橘红色的窄边。5龄若虫体长11～14.5 mm，翅芽伸过腹部背面第3节前半部，小盾片显现。

图75-20　瓜褐蝽，成虫

【生活习性】成、若虫常几头或几十头集中在瓜藤基部、卷须、腋芽和叶柄上为害，初龄若虫喜欢在蔓裂处取食为害。成、若虫白天活动，遇惊坠地，有假死性。

【典型症状】小群成、若虫栖集在瓜藤上吸食汁液，造成瓜藤枯黄、凋萎，对植株生长发育影响很大。

【发生规律】（1）发生世代。每年发生1～3代。（2）越冬。以成虫在土块、石块下或杂草、枯枝落叶下越冬。（3）发生时期。发生1代的地区4月下旬至5月中旬开始活动，随之迁飞到瓜类幼苗上为害，尤以5月、6月间为害最盛。6月中至8月上旬产卵，卵串产于瓜叶背面。6月底至8月中旬幼虫孵化，8月中旬至10月上旬羽化，10月下旬越冬。发生3代的地区，3月底越冬成虫开始活动。

【防治措施】（1）农业防治。利用瓜褐蝽喜闻尿味的习性，于傍晚把用尿浸泡过的稻草插在瓜地里，成虫闻到尿味就会集中在草把上，第2天清晨集中草把深埋或烧毁。（2）化学防治。参见菜蝽。

麻皮蝽 Yellow marmorated stink bug

麻皮蝽 *Erthesina fullo* Thunberg 属半翅目蝽科，又称黄霜蝽、黄斑蝽。为害草莓、苹果、梨、山楂、李、桃、杏、樱桃、葡萄、枣、柿、柑橘、石榴、龙眼多种植物。各地均有发生。

【形态特征】（1）成虫。体长21～24.5 mm，宽约10 mm。体背面黑褐色，密布黑色刻点和细碎不规则黄斑。头部较狭长，侧叶与中叶末端约等长，有一条黄白色线从中片延伸至小质片（图75-21）。（2）卵。长2.09 mm，宽约1.70 mm，竖立，近球形。（3）若虫。共5龄。各龄若虫体扁，洋梨形，前端较窄，后端宽圆，全身侧缘具浅黄色狭边（图75-22）。

图75-21　麻皮蝽，成虫

图 75-22　麻皮蝽，若虫

【生活习性】 成虫飞行力强，有假死性，受惊扰时分泌臭液。

【典型症状】 成、若虫吸食叶片、嫩梢及果实汁液，引起刺吸点以上叶脉变黑，叶肉组织颜色变暗枯死。

【发生规律】 每年发生 1 代。以成虫于草丛或树洞、皮裂缝及枯枝落叶下及墙缝、屋檐下越冬。

【防治措施】 (1) 农业防治。秋末初春，在成虫越冬场所，人工捕杀成虫。利用成虫、若虫喜白天活动、正午活动高峰时人工捕杀。(2) 化学防治。在成虫产卵前进行较好。药剂参见菜蝽。

赤条蝽
Red-striped stink bug

赤条蝽 *Graphosoma rubrolineata* (Westwood) 属半翅目，蝽科。为害胡萝卜、芹菜、茴香、洋葱、葱等蔬菜作物。各地均有发生。

【形态特征】 (1) 成虫。体长 8～11 mm，宽 7 mm；体背为橙红色或橙黄色与黑色相间的纵条纹。头部小，两侧及中央基部为红色，复眼红色，其他部位为黑色（图 75-23，24）。触角 5 节，较细（图 75-25）。喙黑，基节黄褐色。前胸背板宽，有 5 条橙红色纵纹。腹部橙红色（图 75-26）。足为棕黑色，腿节有红色斑纹。(2) 卵。卵长约 1 mm，桶形，初期乳白色，后变浅黄褐色，卵壳上被白色绒毛。(3) 若虫。末龄若虫体长 8～10 mm，体红褐色，其上有纵条纹，外形似成虫，无翅仅有翅芽，翅芽达腹部第 3 节，侧缘黑色，各节有橙红色斑。

【生活习性】 成虫不善飞，爬行迟缓，在早晨有露水时基本不活动，怕阳光。成虫交配时间在上午 9 时以前及傍晚。卵均产在花序背面的小枝梗上，块状，排列整齐，排成 2 行，每块约 10 枚。若虫可顶卵盖而出，卵壳仍能久留原处，初孵若虫稍有群集的习性。若虫从 2 龄开始分散为害。

图 75-23　赤条蝽，成虫

图 75-24　赤条蝽，成虫

图 75-25　赤条蝽，触角

图 75-26　赤条蝽，腹部

【典型症状】 成虫和若虫喜密集于种子部位，特喜于胡萝卜花序上。以针状口器插入花序组织内刺吸汁液。花序被害后，呈点片状褐色斑，种子干瘪，严重影响制种质量与产量。

【发生规律】（1）发生世代。在内蒙古、河北、山西、江苏、江西等省区每年发生 1 代。（2）越冬。以成虫在枯枝落叶、杂草丛中或土块下越冬。（3）发生时期。每年 4 月中下旬开始活动，5 月上旬至 7 月下旬产卵，若虫于 5 月中旬至 8 月上旬孵出，6 月下旬开始羽化为成虫，8 月下旬至 10 月中旬陆续进入越冬。

【防治措施】（1）农业防治。在秋季或冬季，对赤条蝽发生重的田块彻底耕翻一遍，可消灭部分越冬成虫，同时消除了早春害虫的滋生场所。在种植面积少时，可人工捉虫摘卵。（2）化学防治。在卵孵化盛期用 1%阿维菌素 EC 2 000 倍液，将喷头放入种花下方均匀喷雾。

小皱蝽 Cyclopelta parva

小皱蝽 *Cyclopelta parva* Distant 属半翅目蝽科，又称刺槐蝽。为害刺槐、大豆等多种豆科植物。

【形态特征】（1）成虫。体长 12～15 mm，黑褐色。前胸背板大而平坦，上有横皱纹；中胸小盾片发达，上部有 1 个较明显的黄点；胸部背面红褐色，两侧各有 6 个小黄点（图 75-27）。（2）卵。桶形，有卵盖，长 0.8～1 mm。初产时米黄色，近孵化时粉红色或黑褐色。（3）若虫。初孵时体淡红色，蜕皮后胸部黄褐色，腹部黄色。中央有 1 行褐色疣状突起。复眼红色（图 75-28）。

图 75-27 小皱蝽，成虫

图 75-28 小皱蝽，若虫

【生活习性】卵产在枝条上，排列紧密，纵向成行，围绕枝条一圈。卵经半月左右孵化。若虫共 5 龄，经 55 d 左右羽化为成虫。成虫和幼虫均有群集性和假死性。成虫受惊能分泌毒液腐蚀人的皮肤。

【典型症状】成虫、若虫多群集在枝干的幼嫩部位为害。被害叶片发黄、早落，枝条受害部位瘤肿、龟裂、腐烂，重者枯死（图 75-29）。

图 75-29 小皱蝽，群集为害

【发生规律】（1）发生世代。每年发生 1 代。（2）越冬。以成虫在杂草里或石块下越冬。（3）发生时期。每年 3 月中、下旬出蛰，但出蜇期不整齐。6 月成虫交尾、产卵。

【防治措施】参见菜蝽。

长肩棘缘蝽 Slender rice bug

长肩棘缘蝽 *Cletus trigonus*（Thunberg）属半翅目缘蝽科。为害甜玉米、茭白、水稻等。分布长江流域、河南、云南、贵州等省。

【形态特征】（1）成虫。长肩棘缘蝽前胸背板前半部色浅，侧角呈细刺状向两侧伸出。成虫体长 7.5～8.8 mm，宽 4～5 mm（图 75-30）。（2）卵。近菱形，初乳白色，后渐变黄。（3）若虫。末龄若虫黄褐色，腹部背面有小黑纹，前胸背板侧角向后偏外延伸成针状。

图 75-30 长肩棘缘蝽

【典型症状】 成、若虫刺吸汁液。

【发生规律】 (1) 发生世代。长江流域每年发生 2～3 代。(2) 越冬。以成虫在枯枝落叶或枯草丛中越冬。(3) 发生时期。3～4 月份开始产卵，卵多产在叶、穗或茎上。

【防治措施】 (1) 农业防治。结合秋季清洁田园，认真清除田间杂草，集中处理。(2) 化学防治。参见菜蝽。

稻棘缘蝽 Rice spiny coreid

稻棘缘蝽 *Cletus punctiger* (Dallas) 属半翅目缘蝽科。为害甜玉米、茭白、大豆、水稻、小麦等。各地均有发生。

【形态特征】 (1) 成虫。体长 9.5～11 mm，宽 2.8～3.5 mm，体黄褐色，狭长，刻点密布。复眼褐红色，单眼红色 (图 75-31，32)。(2) 卵。长 1.5 mm，似杏核，全体具珠泽。(3) 若虫。若虫共 5 龄，黄褐色带绿，腹部具红色毛点，前胸背板侧角明显生出，前翅芽伸达第 4 腹节前缘 (图 75-33)。

图 75-31 稻棘缘蝽，成虫

图 75-32 稻棘缘蝽，成虫交尾

图 75-33 稻棘缘蝽，若虫

【生活习性】 成虫交配把卵产在寄主的茎、叶或穗上。早熟或晚熟生长茂盛稻田易受害，近塘边、山边及与其他禾本科、豆科作物近的稻田受害重。

【典型症状】 成、若虫吸食汁液，影响籽粒成熟。

【发生规律】 (1) 发生世代。安徽每年发生 2 代，江西、浙江 3 代。(2) 越冬。以成虫在杂草根际处越冬，3 代区越冬成虫 3 月下旬出现，4 月下旬至 6 月中下旬产卵。第 1 代若虫 5 月上旬至 6 月底孵出，6 月上旬至 7 月下旬羽化，6 月中下旬开始产卵。

【防治措施】 (1) 农业防治。结合秋季清洁田园，认真清除田间杂草，集中处理。(2) 化学防治。参见菜蝽。

大稻缘蝽 Large paddy bug

大稻缘蝽 *Leptocorisa acuta* (Thunberg) 属半翅目缘蝽科，又称稻蛛缘蝽、稻穗缘蝽、异稻缘蝽。为害水稻、玉米、豆类、小麦、甘蔗及多种禾本科植物。分布江西、广东、广西、海南、云南、台湾等省区。

【形态特征】（1）成虫。体长16～19 mm，宽2.3～3.2 mm，草绿色，体上黑色小刻点密布，头长，向前伸直。触角第1节端部略膨大。喙伸达中足基节间，末端黑。前胸背板长，刻点密且显著，浅褐色。前翅革质部前缘翌绿色，余茶褐色，膜质部深褐色（图75-34）。（2）卵。黄褐至棕褐色，长1.2 mm，宽0.9 mm，顶面观椭圆形。（3）若虫。共5龄。末龄若虫体长14～15 mm，翅芽达第3腹节后缘，嗅腺扁圆形带红色。

图 75-34　大稻缘蝽，成虫

【生活习性】成、若虫喜在白天活动，中午栖息在阴凉处。

【典型症状】成、若虫吸食汁液，影响籽粒成熟。

【发生规律】（1）发生世代。云南年生3～4代，海南文昌4代，广西4～5代。（2）越冬。成虫在田间或地边杂草丛中或灌木丛中越冬。（3）发生时期。在云南、海南越冬成虫3月中下旬开始出现，4月上中旬产卵，6月中旬2代成虫出现为害茭白和水稻，7月中旬进入3代，8月下旬发生4代，10月上中旬个别出现5代。

【防治措施】（1）农业防治。结合秋季清洁田园，认真清除田间杂草，集中处理。（2）化学防治。参见菜蝽。

斑背安缘蝽
Spot-back bug

斑背安缘蝽 *Anoplocnemis binotata* Distant 属半翅目缘蝽科。为害大豆、柑橘等。分布黄河以南地区。

【形态特征】成虫体长20～24 mm。黑褐至黑色，被白色短毛。触角基部3节黑色，第4节基半部赭红色，端半部红褐色，最末端赭色。复眼黑色，前胸背板中央具纵纹，小盾片有横皱纹，前翅革片棕褐色（图75-35）。

图 75-35　斑背安缘蝽，成虫

【典型症状】成、若虫吸食叶片及嫩枝汁液，使叶片变黑，豆粒萎缩，嫩芽枯萎。

【发生规律】（1）发生世代。长江以北每年发生1代，长江以南每年发生2代。（2）越冬。以成虫在寄主附近的枯枝落叶下越冬。（3）发生时期。4月中、下旬开始活动、交尾，5月上旬至7月中旬产卵，6月底到7月下旬成虫陆续死亡。第1代若虫从5月中旬到7月底孵化，6月中到8月底羽化为成虫。

【防治措施】参见菜蝽。

红背安缘蝽
Red-back bug

红背安缘蝽 *Anoplocnemis phasianas* Fabricius 属半翅目缘蝽科。各地都有发生。为害大豆、豇豆、菜豆、绿豆、四季豆、瓜类、花生、紫穗槐、黑荆树等。分布北起辽宁，南至台湾、海南及广东、广西、云南，东面滨海，西达河北、山西、陕西、甘肃、四川、西藏。局部地方密度较大。

【形态特征】（1）成虫。体长20～27 mm，宽8～10 mm，棕褐色，粗壮，被微毛。头小，似长方形。复眼棕黑色，单眼红色，触角第4节棕黄色，其余棕褐色。喙棕褐色，端部黑色，伸至第2胸节腹面1/2稍后处。前胸背板前缘凹入，前角尖刺状，侧缘直形，侧角圆，后缘稍凸，其前方微拱起，中央具一条浅色纵向带纹。小盾片后角稍尖细，其上有3条横置凸纹（图75-36）。（2）卵。

略呈腰鼓状，长 2.2～2.6 mm，横置，下方平坦。初产时淡褐色，以后变为暗褐色，被白粉。(3) 幼虫。1 龄若虫体长 3～4 mm，黑色，形似蚂蚁。2 龄体长 5～6 mm，黑色。3 龄体长 7～9 mm，黑或灰黑色（图 75-37）。4 龄体长 10～14 mm，灰黑或灰褐色。5 龄体长 15～18 mm，灰褐或黄褐（图 75-38）。触角除第 2、3 节端部为黑色外，其余为红褐色。翅芽伸达腹部背面第 3 节后缘或第 4 节前缘。

图 75-36　红背安缘蝽，成虫

图 75-37　红背安缘蝽，3 龄若虫

图 75-38　红背安缘蝽，5 龄若虫

【生活习性】 成、若虫常群集在嫩茎或豆荚上取食，遇惊坠地，有假死性。雌成虫产卵于茎秆及附近的杂草上，聚生横置，纵列成串。

【典型症状】 成、若虫刺吸豆荚、嫩芽汁液，致豆粒萎缩，嫩芽枯萎，影响产量和品质。

【发生规律】 (1) 发生世代。长江以北每年发生 1 代，长江以南每年发生 2 代。(2) 越冬。成虫在寄主附近的枯枝落叶下越冬。(3) 发生时期。第 2 年 4 月中、下旬开始活动、交尾，5 月上旬至 7 月中旬产卵，6 月底到 7 月下旬成虫陆续死亡。第 1 代若虫从 5 月中旬到 7 月底孵化，6 月中到 8 月底羽化为成虫。

【防治措施】 参见菜蝽。

点蜂缘蝽 Riptortus pedestris

点蜂缘蝽 *Riptortus pedestris* Fabricius 属半翅目缘蝽科。为害大豆、花生、芝麻、蚕豆、豇豆、豌豆、丝瓜、白菜等。分布北起黑龙江，南抵台湾。

【形态特征】 (1) 成虫。体长 15～17 mm。体形狭长，黄褐至黑褐色。头在复眼前部呈三角形，后部细缩如颈。头、胸部两侧的黄色光滑斑纹呈点斑状或消失。前胸背板及前、中、后胸侧板具颗粒状黑色小突。前胸背板前叶向前倾斜，前缘具领片，后缘有 2 个弯曲，侧角呈刺状。前翅稍长于腹末，膜片淡棕褐色。腹部侧接缘稍外露，黄黑相间。腹下散生许多不规则的小黑点。后足腿节粗大，有黄斑，腹面具 4 个较长的刺和几个小齿，基部内侧无突起，后足胫节向背面弯曲（图 75-39）。(2) 卵。橘黄色，半卵圆形，长约 1.3 mm，宽约 1 mm。附着面弧状，上面平坦，中间有一条不太明显的横形带脊。(3) 若虫。共 5 龄，1～4 龄体似蚂蚁。5 龄若虫长 12～14 mm，形态与成虫相似，但翅较短。

图 75-39　点蜂缘蝽，雄成虫

图 75-40 点蜂缘蝽，雌成虫

【典型症状】 成虫和若虫刺吸汁液。

【发生规律】 南昌每年发生3代。3月下旬开始活动，4月下旬至6月上旬产卵。卵多散产于叶背、嫩茎和叶柄上。

【防治措施】 参见菜蝽。

条蜂缘蝽 Legume pod bug

条蜂缘蝽 *Riptortus linearis* Fabricius 属半翅目缘蝽科，又称白条蜂缘蝽、豆缘蝽象。为害蚕豆、豌豆、菜豆、绿豆、大豆、豇豆等，亦为害水稻、麦类、高粱、玉米、红薯、棉花、甘蔗、丝瓜等。分布国内北至江苏、河南、陕西、甘肃，南抵台湾、海南。

【形态特征】 (1) 成虫。体长13～15 mm，宽3 mm，体狭长，棕黄色。头在复眼前部呈三角形，复眼大且向两侧突出，黑色。前胸背板向前下倾，前缘具领，后缘呈2个弯曲，侧角刺状，表面及胸侧板密布疣点和刻点。头、胸两侧有光滑完整的带状黄色横条斑。腹部背面浅黄棕色，各节端部有黑色斑(图75-41)。(2) 卵。半卵圆形，正面平坦，附着面弧状。(3) 若虫。1～4龄若虫体似蚂蚁，腹部膨大，但第1腹节小。5龄若虫体长10～11.3 mm，灰褐或黑褐色，前翅芽达第2腹节的中部。

图 75-41 条蜂缘蝽，成虫

【生活习性】 成虫和若虫白天极为活泼，早晨和傍晚稍迟钝，阳光强烈时多栖息于植株叶背。初孵若虫在卵壳上停息半天后即开始取食。成虫交尾多在上午进行。卵多产于叶柄和叶背，少数产在叶面和嫩茎上，散生。

【典型症状】 成虫和若虫均喜欢刺吸花果或种荚汁液，也可为害嫩茎、嫩叶。被害蕾、花凋落，果荚不实或形成瘪粒；嫩茎、嫩叶变黄，受害严重时植株死亡、不结实，对产量影响很大。

【发生规律】 (1) 发生世代。每年发生3代。(2) 越冬。以成虫在枯草丛中、树洞和屋檐下等处越冬。(3) 发生时期。越冬成虫3月下旬开始活动，4月下旬至6月上旬产卵，5月下旬至6月下旬陆续死亡。第1代若虫5月上旬至6月中旬孵化，6月上旬至7月上旬羽化为成虫，6月中旬至8月中旬产卵。

【防治措施】 参见菜蝽。

筛豆龟蝽 Globular stink bug

筛豆龟蝽 *Megacopta cribraria* Fabricius 属半翅目龟蝽科。为害菜豆、扁豆等豆科蔬菜及大豆、绿豆等豆科作物。分布河北、山西以南的东部各省区。

【形态特征】 (1) 成虫。体长4.3～5.4 mm，近卵圆形，淡黄褐色或黄绿色，密布黑褐色小刻点；复眼红褐色；前胸背板有1列刻点组成的横线；小盾片发达（图75-42）。(2) 卵。略呈圆桶状，具卵盖。若虫淡黄绿色，密被黑白混生的长毛。(3) 若虫。若虫共5龄，3龄后体形如龟状，胸腹各节两侧向外前方扩展呈半透明的半圆薄板。

图 75-42 筛豆龟蝽，成虫

【生活习性】 成虫、若虫均有群集性。

【典型症状】 以成虫及若虫在茎秆、叶柄和果荚上群集吸食汁液，影响植株生长发育，叶片枯黄，茎秆瘦短，株势早衰，豆荚不实（图 75-43）。

图 75-43 筛豆龟蝽，成虫聚集为害

【发生规律】 (1) 发生世代。每年发生 1～2 代。(2) 越冬。以成虫在寄主附近的枯枝落叶下越冬。(3) 发生时期。4 月上旬开始活动，4 月中旬开始交尾，4 月下旬至 7 月中旬开始产卵。卵产于叶片、叶柄、托叶、荚果和茎秆上呈 2 纵行。

【防治措施】 参见菜蝽。

红脊长蝽 Red-spine bug

红脊长蝽 *Tropidothorax elegans* (Distant) 属半翅目长蝽科，又称黑斑红长蝽。为害瓜类、油菜、白菜等蔬菜作物。各地均有发生。

【形态特征】 (1) 成虫。体长 8～11 mm，长椭圆形，头部、触角和足为黑色，体赤黄色；前胸背板后缘中部稍向前凹入，纵脊两侧各有一个近方形的大黑斑；小盾片为三角形，黑色。(2) 卵。为长卵形，初产时乳黄色，逐渐变为赭黄色（图 75-44）。(3) 若虫。1 龄若虫体长约 1 mm，被有白色或褐色的长绒毛，头部、胸部和触角为紫褐色，腹部为红色。2 龄若虫体长约为 2 mm，被有黑褐色的刚毛，体为黑褐色。3 龄若虫体长为 3.7～3.8 mm，触角为紫黑。4 龄若虫体长约为 5 mm，前翅芽达第 2 腹节的前缘。5 龄若虫体长为 6.1～8.5 mm，前胸背板后部的中央有一突起，其两侧为漆黑色，翅芽漆黑（图 75-45）。

图 75-44 红脊长蝽，成虫

图 75-45 红脊长蝽，若虫

【生活习性】 成虫怕强光，以上午 10 时前和下午 5 时后取食较盛。卵成堆产于土缝里、石块下或根际附近的土表。

【典型症状】 成虫和若虫群集于嫩茎、嫩瓜、嫩叶上，刺吸汁液，刺吸处呈褐色斑点，严重时植株枯萎。

【发生规律】 (1) 发生世代。每年发生 2 代。(2) 越冬。以成虫越冬。(3) 发生时期。4 月中旬成虫开始活动。

【防治措施】 (1) 农业防治。清理菜地，进行冬耕，消灭部分越冬成虫。人工摘除卵块。(2) 化学防治。每亩用 10%高效氯氰菊酯 EC 10～15 mL，对水 40～50 L 喷雾。每亩用 35%硫丹 EC 80～150 mL，加水喷雾。

豆突眼长蝽 Small bean bug

豆突眼长蝽 *Chauliops fallax* Scott 属半翅目长蝽科。为害大豆、绿豆、豇豆、菜豆、葛刀豆、赤豆、山绿豆等。分布华北、华东、华中、西南各省。

【形态特征】 成虫体长 3 mm，宽约 1.1 mm，体短厚，体壁坚实，红褐至黑褐色，密布大刻点。头、前胸背板栗褐色至黑褐色（图 75-46）。

图 75-46　豆突眼长蝽，成虫

【典型症状】 成、若虫吸食叶片汁液，出现黄白小点，后扩大连成不规则形黄褐斑，豆株生长迟缓，造成叶片萎蔫或脱落，导致减产，严重的可致失收。

【发生规律】 湖南每年发生 3 代，江西每年发生 4 代。以成虫在土缝、石隙及落叶下越冬。4 月份开始活动。

【防治措施】（1）农业防治。冬季清除田园杂草地被，消灭部分成虫。灯光诱杀成虫。（2）化学防治。成虫和若虫为害期，用 1%阿维菌素 EC 2 000 倍液，将喷头放入种花下方均匀喷雾。

苜蓿盲蝽 Alfalfa plant bug

苜蓿盲蝽 *Adelphocoris lineolatus* Goeze 属半翅目盲蝽科。食性很杂，为害豆科牧草、豆类、棉、麻、蔬菜、果树、树木、杂草等 30 多科 100 多种植物。主要发生在淮河以北地区。

【形态特征】（1）成虫。体形大，长 8～8.5 mm，宽 2.5 mm。头小三角形，端部突向前。触角褐色丝状，比体长，4 节，基部粗壮，第 2 节最长，3、4 节色深。前胸脊板后半部有 2 个黑色圆斑，小盾片中央有 2 个对应的半丁字形褐色纹（图 75-47，48）。（2）卵。卵淡黄色，卵盖平坦，黄褐色大而厚，一端有一小突起。（3）若虫。暗绿色，全身被黑色刚毛。刚毛着生在黑色毛基片上。触角黄色，末端较深。足淡绿色，腿节上有黑斑，胫节上有黑刺。

图 75-47　苜蓿盲蝽，成虫

图 75-48　苜蓿盲蝽，成虫

【生活习性】 成虫多在夜间把卵产在光滑的嫩茎或叶柄上。

【典型症状】 成、若虫刺吸寄主芽叶、花蕾、果实等的汁液，被害部位出现黑点。

【发生规律】（1）发生世代。河南每年发生 3～4 代，湖北每年发生 4 代。（2）越冬。以卵在枯死的苜蓿秆、杂草秆、棉叶柄内越冬。

【防治措施】（1）生物防治。用频振式杀虫灯诱杀。（2）化学防治。幼虫期喷 20%速可杀 EC 2 000 倍液，或 4%蚜虱速克 EC 2 000 倍液，或 21%铃蚜速灭 EC 2 000 倍液，或 30%灭虫多 EC 3 000 倍液等。

三点盲蝽 Adetphocoris fasciatico

三点盲蝽 *Adetphocoris fasciatico* Uis Reuter 属半翅目盲蝽科。食性很杂，为害豆科牧草、豆类等 30 多科 100 多种植物。主要分布在淮河以北。

【形态特征】（1）成虫。体狭长 6.5～7 mm，宽 2～2.2 mm，体褐色，被黄细毛。头小三角形，向前突。触角黄褐色，约与体等长，4 节，第 2 节最长，第 3 节次之。前胸背板后缘有一黑色横纹，前缘有 2 黑斑。小盾片与 2 个楔片呈 3 个明显的黄绿色斑。足赭红色，胫节褐色有刺，腿节有黑斑（图 75-49，50）。（2）卵。卵略弯，淡黄色，卵盖椭圆形、暗绿色，中央凹陷，一端有指状突起。（3）若虫。体色鲜橙黄色，体被黑细毛，头褐色，触角第 2、3、4 节基部淡青色，其余褐红色。足淡青色，有赭红色斑点。

图 75-49　三盲点蝽，成虫

图 75-50　三盲点蝽，成虫

【生活习性】 成虫飞翔力不强，高温下活动稍强，有向光性。

【发生规律】（1）发生世代。华北、西北棉区一年发生 3 代，干旱年份只发生 1 代。世代重叠。（2）越冬。以卵在洋槐、柳、榆、杏等有疤痕的树皮内越冬。（3）发生因素。三点盲蝽发育的适宜温度为 20～35 ℃，最适温度为 25 ℃左右，相对湿度为 60%以上。因此，降雨的年份发生为害较重。

【防治措施】 参见苜蓿盲蝽。

中黑盲蝽 Black striped plant bug

中黑盲蝽 *Adetphocoris suturatis* Jak. 属半翅目盲蝽科。食性很杂，为害棉花、大豆、苕子、苜蓿、胡萝卜、马铃薯、向日葵等。主要分布在黄河以南地区。

【形态特征】（1）成虫。体长 7 mm，宽 2.5 mm，体表覆一层褐茸毛，头小，红褐色，三角形。前胸背板近中央有 2 个黑色圆斑，小盾片、爪片内缘与端部、楔片内方、革片近膜区部分都呈黑褐色（图 75-51，52）。（2）卵。卵淡黄色，长形略弯，卵盖长椭圆形，中央下陷而平坦，卵盖一侧有一指状突起。（3）若虫。头钝三角形，触角比体长，第 1 节棍棒状，橙黄色。足红色，腿节及胫节有稀疏黑点。

图 75-51　中黑盲蝽，成虫

图 75-52　中黑盲蝽，成虫

【生活习性】 若虫行动迅速，且有趋向开花植物为害果实的习性，行动隐蔽，遇惊即跌落地上转移他处。成虫善飞，喜在正开花的植物上为害。中黑盲蝽在作物间转移能力强。

【发生规律】（1）发生世代。长江流域地区大多年发生 4 代，下游南部棉区有时发生 5 代。世代重叠。（2）越冬。以卵在茎秆中越冬。（3）环境因素。若虫发育起点温度 9 ℃，对高温敏感，35 ℃ 以上时，死亡率高达 50%以上。

【防治措施】参见苜蓿盲蝽。

绿盲蝽 Green plant bug

绿盲蝽 *Lygocoris lucorum* Meyer-Dur 属半翅目盲蝽科。各地均有发生。

【形态特征】（1）成虫。体长为 5～5.5 mm，宽 2.5 mm，雌虫稍大。黄绿至浅绿色，全身被细毛。前胸背板无斑纹，有微弱小刻点。小盾片、前翅革片、爪片绿色，膜质部暗灰色（图 75-53，54）。（2）卵。卵长茄形，初产白色，后成淡黄色，上端有乳白色卵盖，中央凹陷两端较突起。（3）若虫。初孵若虫短而粗，取食后呈绿色或黄绿色，触角第 1 节膨大。5 龄若虫体色鲜绿色，密被黑细毛、触角淡黄色，末端稍深，翅尖达腹部第 5 节。足绿色，胫节着生黑色微毛，有刺。

图 75-53　绿盲蝽，成虫

图 75-54　绿盲蝽，成虫

【生活习性】成虫寿命长，飞行力强，喜食花蜜。

【发生规律】（1）发生世代。黄河流域棉区年发生 4～5 代，长江流域棉区发生 5 代。（2）越冬。以卵在寄主植物残茬、茎秆、断枝切口处越冬。（3）环境因素。绿盲蝽喜湿，6～8 月降雨偏多有利于其发生为害。靠近苜蓿、玉米或树木的棉田受害早而重。

【防治措施】参见苜蓿盲蝽。

甘薯跳盲蝽 Halticus minutus

甘薯跳盲蝽 *Halticus minutus* Reuter 属半翅目盲蝽科。又称小黑跳盲蝽、花生跳盲蝽。为害蕹菜、豇豆、菜豆、大豆、花生、白菜、萝卜、黄瓜、丝瓜、茄子、甘薯等。

【形态特征】（1）成虫。体长约 2.1 mm，黑色。头黑色有光泽；触角细长，黄褐色。前胸背板短宽，前缘和侧缘直，后缘向后突出呈弧形。小盾片为等边三角形。前翅革区黑褐色，膜区烟色。足黄褐至黑褐色，后足腿节特别粗、内弯。腹部黑色具白色毛（图 75-55，56）。（2）卵。香蕉形，浅绿色至桃红色。（3）若虫。初孵时桃红色，后变灰褐色，具紫色斑点。

图 75-55　甘薯跳盲蝽，成虫

【生活习性】成虫能飞善跳，卵产在寄主叶脉两侧的组织里，卵盖常有粪便覆盖。若虫孵化后与成虫在成长的叶片背面为害。高温期停止取食。

【典型症状】成虫和若虫在寄主作物的成长叶片上刺吸汁液，刺吸处留下灰绿色小点。产卵于叶脉两侧组织内，有些外露，卵盖上覆盖粪便。

【发生规律】湖南年发生 5 代，以卵在寄主植物组织中越冬。喜欢在湿度大的菜地为害。夏季完成一个世代约 25 d。田间发生世代重叠，第 1 代

图 75-56　甘薯跳盲蝽，成虫

5 月至 7 月下旬，第 2 代 6 月下旬至 8 月下旬，第 3 代 7 月下旬至 9 月下旬，第 4 代 8 月中旬至 10 月下旬，第 5 代 9 月中旬至 12 月中旬，以最后一代产的卵越冬。

【防治措施】 在防治其他害虫时兼防。在发生量大时喷药防治，参见苜蓿盲蝽。

赤须盲蝽 Rice leafbug

赤须盲蝽 *Trigonotylus coelestialium*（Kirkaldy）属半翅目盲蝽科，又称赤角盲蝽。为害豆类、甜菜等。除台湾、海南、西藏外的各省区均有分布。

【形态特征】（1）成虫。成虫身体细长，长 5～6 mm，宽 1～2 mm，鲜绿色或浅绿色。头呈三角形，顶端向前突出，头顶中央具一纵沟，复眼银灰色，触角红色（图 75-57，58）。（2）卵。卵口袋形，长 1 mm 左右，宽 0.4 mm，白色透明，卵盖上具突起。（3）若虫。5 龄若虫体长 5 mm 左右，黄绿色，触角红色，略短于体长，翅芽超过腹部第 3 节。

图 75-57　赤须盲蝽，成虫

【生活习性】（1）成虫。成虫于上午 9 时至 17 时活跃，夜间或阴雨天多潜伏在植株中下部叶背面。（2）幼虫。初孵若虫在卵壳附近停留片刻后，便开始活动取食。

图 75-58　赤须盲蝽，成虫

【典型症状】 赤须盲蝽成、若虫在玉米叶片上刺吸汁液，进入穗期还为害玉米雄穗和花丝，致叶片初呈淡黄色小点，稍后呈白色雪花斑布满叶片。

【发生规律】 华北地区一年发生 3 代。以卵越冬。

【防治措施】 参见菜蝽。

76. 蝉类害虫

黑尾叶蝉 Green rice leafhopper

黑尾叶蝉 *Nephotettix bipunctatus* Fabricius 属同翅目叶蝉科。为害茭白、慈姑、水稻、小麦、大麦，并在看麦娘、李氏禾、结缕草、稗草等杂草上寄生。分布长江中上游和西南各省。

【形态特征】 （1）成虫。成虫体长 4.5～6 cm，黄绿色。在头冠二复眼间有一黑色横带。前翅鲜绿色，雄虫翅末 1/3 处为黑色，雌虫翅端部淡褐色。雄虫胸、腹部腹面及腹部背面全为黑色；雌虫腹面淡褐色，腹部背面灰褐色（图 76-1）。（2）卵。卵长长约 1 cm，长椭圆形，微弯曲。初产时乳白色，后由淡黄转为灰黄色，近孵化时出现 2 个红褐色眼点。（3）若虫。黄白色至黄绿色。若虫共 5 龄，第 3 龄前体两侧褐色，第 3 龄后出现翅芽。

图 76-1　黑尾叶蝉

【生活习性】 成虫把卵产在叶鞘边缘内侧组织中，每雌产卵 100～300 粒。若虫喜栖息在植株下部或叶片背面取食，有群集性，3～4 龄虫尤其活跃。越冬若虫多在 4 月羽化为成虫，迁入茭白或稻田为害。

【典型症状】 取食和产卵时刺伤寄主茎叶，破坏输导组织，受害处呈现棕褐色条斑，植株发黄或枯死。

【发生规律】 华东地区每年发生 5～6 代。以 3～4 龄若虫及少量成虫在绿肥田边、塘边、河边的杂草上越冬。

【防治措施】 （1）生物防治。注意保护利用天敌昆虫和捕食性蜘蛛。（2）化学防治。每亩用 10%吡虫啉 WP 240 g，加水 60 L，喷雾防治。

小绿叶蝉 Small green leafhopper

小绿叶蝉 *Empoasca flavescens* Fab 属同翅目叶蝉科，又称桃叶蝉、桃小浮尘子、桃小叶蝉、桃小绿叶蝉等。为害茄子、菜豆、大蒜、白菜类、甘蓝类蔬菜以及棉花、桃、杏、李、樱桃、梅等。各地均有发生。

【形态特征】 （1）成虫。体长 3.3～3.7 mm，淡黄绿至绿色，复眼灰褐色，无单眼，触角刚毛状，末端黑色。前胸背板、小盾片浅鲜绿色，常具白色斑点。前翅半透明，略呈革质，淡黄白色，周缘具淡绿色细边。头背面略短，向前突（图 76-2）。（2）卵。长椭圆形，略弯曲乳白色。（3）若虫。若虫体长 2.5～3.5 mm，与成虫相似（图 76-3）。

图 76-2　小绿叶蝉，成虫

【生活习性】 成虫和若虫喜白天活动，在叶背刺吸汁液或栖息。成虫善跳，可借风力扩散。

图 76-3　小绿叶蝉，幼虫

【典型症状】 成虫和若虫吸汁液，被害叶初现黄白色斑点渐扩大成片，严重时全叶苍白早落。

【发生规律】（1）发生世代。每年发生 4～6 代。（2）越冬。以成虫在落叶、杂草或低矮绿色植物中越冬。（3）发生时期。6 月虫口数量增加，8～9 月严重为害。（4）环境因素。旬均温 15～25 ℃ 适其生长发育，28 ℃以上及连阴雨天气虫口密度下降。

【防治措施】（1）农业防治。冬春季清洁田园，清除落叶及杂草，减少越冬虫源。（2）化学防治。若虫孵化盛期及时喷洒 20%扑虱灵 EC 1 000 倍液，或 20%叶蝉散 EC 800 倍液，或 10%吡虫啉 WP 2 500 倍液。

大青叶蝉
Green leafhopper

大青叶蝉 *Tettigella viridis* Linnaeus 属同翅目大叶蝉科。又称青大叶蝉、大浮尘子、大绿浮尘子、菜蚱蜢、大青衣虫、青头虫、瞎碰。为害白菜、甘蓝、花椰菜、萝卜、菜豆、番茄、茄子、马铃薯、莴苣、芹菜、胡萝卜、菠菜等。各地均有发生。

【形态特征】（1）成虫。体长 7～10 mm，雌虫体略大。体青绿色，头淡黄色，颜面淡褐色。复眼黑色，有光泽。头部背面有 2 个单眼，两单眼间有 2 个多边形黑斑（图 76-4）。颊区在唇基缝处有一小形黑斑，触角窝上方有 1 块黑斑（图 76-5）。（2）卵。长约 1.6 mm，宽约 0.4 mm，长卵形，中间稍弯曲。初产时卵为淡黄色，近孵化时可见红色眼点。（3）若虫。老龄时体长 6～7 mm，初孵时灰白色，渐渐变为淡黄绿色，胸、腹部背面有 4 条暗褐色纵纹，外形似成虫，但翅未发育完整，仅具翅芽。

图 76-4　大青叶蝉，成虫

图 76-5　大青叶蝉，成虫

【生活习性】 卵产于寄主叶背主脉组织中，卵痕月牙状，每处有卵 3～15 粒，排列整齐。初孵幼虫有群集性。在早晨或黄昏气温低时，成虫、若虫皆潜伏不动，午间气温高时较为活跃。成虫趋光性极强。

【典型症状】 成虫和若虫刺吸叶片汁液，造成叶片褪色、畸形、卷缩，甚至全叶枯死。此外，还可传播病毒病。

【发生规律】（1）发生世代。北京每年发生 3 代。（2）越冬。以卵在树枝皮内越冬。（3）发生时期。4 月份孵化，第 1 代成虫出现于 5 月中下旬，第 2 代 6 月末至 7 月末，第 3 代 8 月中旬至 9 月中旬。

【防治措施】（1）农业防治。防除菜田内及附近杂草。（2）物理防治。成虫有趋光性，在成虫发生期，设置黑光灯诱杀。重点抓住第 1、2 代，因第 3 代成虫产卵时，气温低，活动力小，诱杀效果差。（3）化学防治。发生量大时，喷施 20%甲氰菊酯 EC 1 500～2 000 倍液，或 10%吡虫啉 WP 3 000 倍液。隔 10 d 喷 1 次，连喷 2～3 次。

（三）钻蛀性害虫

77. 潜叶蝇类害虫

V 美洲斑潜蝇
Vegetable leafminer

美洲斑潜蝇 *Liriomyza sativae*（Blanchard）属双翅目潜蝇科。又称蔬菜斑潜蝇、蛇形斑潜蝇、甘蓝斑潜蝇等。是一种严重为害蔬菜生产的害虫。为害多种蔬菜，以黄瓜、菜豆、番茄、白菜、油菜、芹菜、茼蒿、生菜等受害最重。我国1994年在海南首次发现，现各地均有发生。

【形态特征】（1）成虫。小型蝇类，体长1.3～2.3 mm，胸背面亮黑色有光泽，腹部背面黑色，侧面和腹面黄色，臀部黑色（图77-1）。雌虫体形较雄虫稍大，雄虫腹末圆锥状，雌虫腹末短鞘状。颚、颊和触角亮黄色，眼后缘黑色。中胸背板亮黑色，小盾片鲜黄色，足基节、腿节黄色，前足黄褐色，后足黑褐色，腹部大部分黑色，但各背板的边缘有宽窄不等的黄色边（图77-2）。翅无色透明，翅长1.3～1.7 mm，翅腋瓣黄色，边缘及缘毛黑色，平衡棒黄色（图77-3）。（2）卵。椭圆形，大小为（0.2～0.3）mm×（0.1～0.15）mm，米色，稍透明，肉眼不易发现，常产于叶表皮下的栅栏组织内。（3）幼虫。蛆形，分为3个龄期，1龄幼虫几乎是透明的，2～3龄变为鲜黄色，老熟幼虫可达3 mm，腹末端有1对形似圆锥的后气门（图77-4）。（4）蛹。椭圆形，大小为（1.3～2.3）mm×（0.5～0.75）mm，腹部稍扁平，初化蛹时颜色为鲜橙色，逐渐变暗黄（图77-5）。后气门三叉状。

图77-1　美洲斑潜蝇，成虫

图77-2　美洲斑潜蝇，成虫腹部特征

图77-3　美洲斑潜蝇，成虫

【生活习性】（1）成虫。成虫以产卵器刺伤叶片，吸食汁液，雌虫把卵产在部分伤孔表皮下。（2）幼虫。幼虫在叶片组织内取食，形成弯曲状

图 77-4　美洲斑潜蝇，幼虫

图 77-5　美洲斑潜蝇，蛹

蛇形蛀道。幼虫老熟后从蛀道顶端咬破钻出，在叶片上或滚落在土壤中化蛹。

【典型症状】 以幼虫为害蔬菜为主。雌成虫刺伤叶片取食和产卵，幼虫在蔬菜叶片内取食叶肉，使叶片布满不规则蛇形白色虫道（图 77-6）。受害后叶片逐渐萎蔫，上下表皮分离、枯落，最后全株死亡。鉴定美洲斑潜蝇，幼虫蛀食叶肉形成潜道，潜道不规则蛇形盘绕，不超过主脉（图 77-7）；黑色虫粪交替排列在潜道的两侧。

图 77-6　美洲斑潜蝇，为害丝瓜的虫道特征

【发生规律】 雌虫把卵产在部分伤孔表皮下，卵经 2～5 d 孵化，幼虫期 4～7 d，末龄幼虫咬破叶表皮在叶外或土表下化蛹，蛹经 7～14 d 羽化为成虫，夏季 2～4 周完成 1 世代，冬季 6～8 周完成 1 世代。

图 77-7　美洲斑潜蝇，为害芹菜的虫道特征

【防治措施】 (1) 农业防治。及时清除菜园残株、残叶及杂草，处理虫害残体。合理布局瓜菜品种，间作套种美洲斑潜蝇非寄主植物或不易感虫的苦瓜、葱、蒜等。(2) 生物防治。往棚内释放姬小蜂、潜蝇茧蜂等寄生蜂对斑潜蝇防治率较高。(3) 物理防治。在大棚内每隔 2 m 吊 1 片黄板（规格 20 cm × 2 cm）于作物叶片顶端略高 10 cm 处，黄板上涂凡士林和林丹粉的混合物诱杀成虫。(4) 化学防治。①在苗期 2～4 片叶或 1 片叶上有 3～5 头幼虫时，于上午 8 时 30 分至 11 时进行喷药防治。喷药于露水未干前进行，可选用 52.25%农地乐 EC，或 48%毒死蜱 EC，或 1.8%虫螨克 EC，或 0.9%爱福丁 EC 和 4.5%高效氯氢菊酯，以及生物农药 Bt。②在越冬代成虫羽化盛期，用诱杀剂点喷部分植株，可用甘薯或胡萝卜煮液为诱饵，以 0.05%敌百虫 WP 为毒剂制成。每隔 5 d 点喷 1 次，共喷 5～6 次。③始见幼虫潜蛀的隧道时，用威敌内吸杀虫剂或 48%毒死蜱 EC，每隔 7～10 d 喷 1 次，共喷 2～3 次，可杀死潜伏在叶片内的幼虫。

南美斑潜蝇
South America leafminer

南美斑潜蝇 *Liriomya huidobrensis* (Blanchard) 属双翅目潜蝇科斑潜蝇属。叶片受害率可达 10%～80%，造成减产，严重时甚至绝收。为害蚕豆、豌豆、马铃薯、小麦、大麦、油菜、烟草等 19 科 84 种植物。分布云南、贵州、四川、青海、新疆、山东、河北、北京等 20 多个省区。

【形态特征】 (1) 成虫。体长 1.8～2.2 mm，

额明显突出于眼，橙黄色，上眶稍暗，内外顶鬃着生处色暗，中胸背板亮黑色，中鬃较粗壮，排列成不规则的 4 行（图 77-8）。胸部中侧片下方 1/2～3/4 为黑色，仅上方为黄色；足基节黄色，有黑纹，腿节基本为黄色，但具黑色条纹，直至几乎全黑色（图 77-9）；胫节、跗节棕黑色，中室较大。（2）卵。椭圆形，乳白色，微透明，散产于叶片表皮之下。（3）幼虫。幼虫蛆状，初孵时为半透明，后为乳白色，口针黑色，老熟幼虫体长 2.3～3.2 mm，幼虫后气门突具 6～9 孔。（4）蛹。初蛹为乳白色，后变为黄褐或黑褐色，腹面略扁平，椭圆形（图 77-10）。

图 77-8　南美斑潜蝇，成虫

图 77-9　南美斑潜蝇，成虫

图 77-10　南美斑潜蝇，蛹

【生活习性】 雌成虫用产卵器刺伤叶片，形成刺伤点，作为取食和产卵的场所；雄虫以雌虫产生的刺伤点取食。羽化高峰为 7～14 时，早晚行动迟缓，9～16 时活跃。刚出蛹壳的成虫体软色淡黄，有趋光性。雄虫比雌虫先羽化，羽化后 24 h 内交尾。雌虫多在羽化后 24～72 h 内产卵，产卵前期因寄主、温度不同而异，可长达 5 d。卵散产在叶柄、叶脉及叶面表皮下刺伤点内。幼虫孵化后立即取食，直至准备出叶前才停止取食。幼虫 4 龄。一个潜道内只有 1 头幼虫。老熟幼虫准备化蛹时停止取食，常在叶背潜道末端爬出粘在叶背或落入土中化蛹。

【典型症状】 幼虫沿叶脉潜食叶肉，形成潜道。幼虫为害时，既取食叶片背面叶肉上层的栅栏组织，又取食下层的海绵组织，而且多从主脉基部开始为害，形成弯曲较宽（15～20 mm）的虫道。虫道沿叶脉伸展，但不受叶脉限制，若干条虫道连成一片，形成取食斑，后期叶片变枯黄（图 77-11）。幼虫还为害嫩茎、叶柄，在表皮下纵向取食，使植株生长缓慢，重者茎尖枯死。老熟幼虫多从叶背面钻出，落地化蛹。

图 77-11　南美斑潜蝇，为害不受叶脉限制

【发生规律】 （1）发生世代。广东 1 年可发生 14～17 代，北京地区每年可发生 8 代左右，乌鲁木齐每年可发生 7 代。世代重叠严重。（2）越冬。在我国南方可终年发生，无越冬现象；北方地区以蛹在土壤中越冬，或在保护地内越冬。（3）发生因素。南美斑潜蝇发育最适温度 20～25 ℃，温度升至 30 ℃以上时，虫口密度下降。炎夏高温多雨季节田间虫量很少，直至 9 月气温降低，虫量逐渐回升。

【防治措施】 （1）检疫。植物检疫是防止该虫传播的有效方法。重点对蔬菜收购点、集贸市场进行检疫。（2）农业防治。合理安排茬口，避免与其寄主作物连作。认真处理前茬作物的残体、枝茎及落叶等，清除地边杂草，集中烧毁。合理密植，增加田间通透性。生长期间，经常摘除植株中、下部老黄脚叶及有虫叶片，集中深埋、沤肥或烧毁。收获后，灌水浸泡和深耕 20 cm 以上均能消灭虫蛹，两者结合进行效果更好。(3) 物理防治。设置黄板诱杀成虫。参见美洲斑潜蝇。(4) 生物防治。保护和利用自然天敌。在北京地区发现美洲斑潜蝇天敌 17 种，7～9 月自然天敌起主要控制作用，田间自然寄生率可达 60%～90%。此阶段应慎重使用化学农药。(5) 化学防治。在成虫发生高峰期推后 5 d 或田间虫叶率达到 5%～10%时，喷洒药剂防治成虫和幼虫。药剂要交替使用。可选用 1.8%阿维菌素 EC 3 000 倍液，或 40%绿菜宝 EC 1 000 倍液，或 50%蝇蛆净 WP 2 000 倍液，或 20%斑潜净 EC 1 500 倍液，或 10%安绿宝 EC 1 000 倍液，或 48%毒死蜱 EC 1 000 倍液，或 25%杀虫双 AS 500 倍液，或 5%抑太保 EC 2 000 倍液，或 10%除虫脲 SC 3 000 倍液，或 25%灭幼脲 SC 2 500 倍液，或 10%除尽 EC 5 000 倍液，或 1%甲氨基阿维菌素苯甲酸盐 EC 2 000～3 000 倍液，或 6%绿浪 AS 1 000 倍液。

番茄斑潜蝇 Tomato leafminer

番茄斑潜蝇 *Liriomyza bryoniae* Kaltenbach 属双翅目潜蝇科，又称瓜斑潜蝇。高杂食性害虫，是危险的六小害虫之一。为多食性害虫，为害茄科、葫芦科、十字花科等 36 科以上的植物。嗜食番茄、瓜类、莴苣、豆类，以及甘蓝、油菜、白菜、茼蒿、莴苣等。各地均有分布。

【形态特征】 (1) 成虫。成虫为灰黑色的小蝇，翅长约 2 mm，大小与美洲斑潜蝇相近，稍小于南美斑潜蝇。头部大部分为黄色，额区亮黄色，头内、外顶鬃着生处黄色，成虫内、外顶鬃均着生在黄色区；眼眶浅褐灰色，上眶鬃 2 根等长，下眶鬃 2 根；触角第 3 节圆形，黄色。中胸背板黑色有光泽，盾沟前有背中鬃 1 根，沟后 3 根，中鬃呈现不规则 4 行；小盾片半圆形，黄色，两侧黑褐色；翅亚前缘脉末端变为一皱褶，并终止于前缘脉折断处，中室较小，中脉 M_{3+4} 后段为中室段长度的 2～2.5 倍；胸部和腹部除前、中足之间为黑色外，其余均为黄色；足腿节黄色，常有易变的暗褐色条纹，胫节、跗节褐色。腹部各背节黑褐色（图 77-12）。(2) 卵。卵为米色，稍透明，长 0.2～0.3 mm。(3) 幼虫。老熟幼虫 3 mm，淡黄色，后气门有短柄状突起，周围具小气孔 9～12 个。(4) 蛹。为卵形，腹面稍平，橙黄色，大小 1.7～2.3 mm。

图 77-12 番茄斑潜蝇，成虫

【生活习性】 成虫有趋黄性，卵多产在基部叶片，偏喜成熟的叶片，由下向上。每雌产卵量约 183 粒。老熟后咬破表皮在叶外或土表下化蛹。该虫在田间分布属扩散型，发生高峰期，全田被害。成虫寿命 10～14 d，卵期 13 d 左右，幼虫期 9 d 左右，蛹期 20 d 左右。

【典型症状】 幼虫孵化后潜食叶肉，呈曲折蜿蜒的食痕，苗期 2～7 叶受害多，严重的潜痕密布，致叶片发黄、枯焦或脱落（图 77-13）。虫道的终端不明显变宽，是该虫与线斑潜蝇、南美斑潜蝇、美洲斑潜蝇相区别的一个特征。

图 77-13 番茄斑潜蝇，为害状

【发生规律】 (1) 发生世代。华南地区每年发生 25～26 代。(2) 发生时期。主要有两次发生高峰期，一次在 3～6 月，4 月达到高峰；第 2 次高峰在 10～12 月，10 月进入高峰，种群密度上半年高于下半年，7～9 月份雨季发生少。(3) 环境因素。4 月和 10 月均温 25～27 ℃，降雨少适其发生。成虫寿命 10～14 d，卵期 13 d 左右，幼虫期 9 d 左右，蛹期 20 d 左右。

【防治措施】(1) 农业防治。参见美洲斑潜蝇。(2) 生物防治。释放姬小蜂、反颚茧蜂、潜蝇茧蜂等，这 3 种寄生蜂对斑潜蝇寄生率较高。施用昆虫生长调节剂类，可影响成虫生殖、卵的孵化和幼虫蜕皮、化蛹等。(3) 物理防治。用黄板诱集（图 77-14）。(4) 化学防治。施用 40%七星宝 EC 600～800 倍液，在发生高峰期 5～7 d 喷 1 次，连续 2～3 次。用昆虫生长调节剂 5%抑太保 2 000 倍液，或 5%卡死克可分散液剂 2 000 倍液，对潜蝇科成虫具不孕作用，用药后成虫产的卵孵化率低，孵化幼虫死亡。选用 25%增效磷噻硫 EC 1 000 倍液，或 75%赛灭净 WP 5 000 倍液，或 2.8%第灭宁 EC 1 000 倍液，或 50%辛硫磷 EC 1 000 倍液。发生高峰期 5～7 d 喷 1 次，连续 2～3 次。采收前 7 d 停止用药。

图 77-14　防治成虫用的黄板

V 豌豆彩潜蝇 Vegetable leafminer

豌豆彩潜蝇 *Chromatomyia horticola* Goureau 属双翅目潜蝇科，又称豌豆植潜蝇、豌豆潜叶蝇，俗称叶蛆、叶夹虫。为害豌豆、菜豆、豇豆、红小豆、甘蓝、白菜、莴苣、番茄等 22 科 30 多种植物。各地均有发生。

【形态特征】(1) 成虫。额黄色，触角黑色。中脚背板（包括小盾片）黑灰色。翅长 2.2～2.6 mm，前缘脉仅伸达 R_{4+5} 蜕。翅透明，但有虹彩反光。平衡棒黄白色。足除腿节端部黄白色外，均为黑色（图 77-15）。(2) 卵。长约 0.3 mm，长椭圆形，乳白色。(3) 幼虫。幼虫共 3 龄，老熟幼虫黄色，长约 3 mm，体表光滑透明，前气门成叉状前伸，后气门每侧有 3 个孔突和开口，在叶片内化蛹（图 77-16）。(4) 蛹。长 2.5 mm 左右，长椭圆形，黄至黑褐色。

图 77-15　豌豆彩潜蝇，成虫

图 77-16　豌豆彩潜蝇，幼虫和蛹

【生活习性】(1) 成虫。成虫很活跃，白天活动，出没于寄主间，进行摄食、交配和产卵，受惊扰时在株间飞翔或在原株上爬行。成虫吸食花蜜，或靠雌虫以产卵器刺破叶片，从刺孔中吸取汁液。每头雌虫在同一叶片上只产卵 1～2 粒，常在嫩叶叶背边缘。在自然条件下，有选择健壮植株产卵的习性。(2) 幼虫。幼虫孵化后，很快就能取食叶肉，边食边向前钻，随着虫体的增大，隧道越来越大。老熟后即在潜道末端化蛹。

【典型症状】以幼虫在叶片表皮下的柔软组织中取食，食去叶肉，仅留上下表皮，形成灰白色的蛇形潜道，内有黑色虫粪，影响生长，为害严重时叶片组织几乎全部受害，叶上布满潜道，引起整个叶片枯死（图 77-17，18）。幼虫还能潜食嫩荚及花梗，造成落花，影响结荚。

图 77-17　豌豆彩潜蝇，为害叶片状

图 77-18　豌豆彩潜蝇，叶背面可见幼虫

【发生规律】（1）发生世代。华北每年发生4～5代，安徽每年发生10～12代，福建每年发生13～15代。（2）越冬。淮河秦岭以南至长江流域，以蛹越冬为主，少数以幼虫和成虫越冬，南岭以南无越冬现象。（3）发生时期。4～5月份为发生盛期，6～7月份因温度较高，虫口密度迅速下降，为害轻微，迁飞到瓜类、苜蓿和杂草上生活；8月以后又逐渐转移到白菜、萝卜上继续繁殖为害。（4）环境因素。成虫较耐低温，幼虫和蛹的发育适温也较低。高温是抑制豌豆潜叶蝇在夏季为害的主要因素，7月份气温高于32 ℃时难以存活，最适温度为22 ℃左右。

【防治措施】（1）农业防治。清除田间寄主，摘除有虫残体。作物收获后，要及时清除田间败叶。早春潜叶蝇大量发生之前，及时铲除田间、田边杂草，同时结合中耕除草，摘除豌豆下部虫量较多的叶片，将其集中处理。（2）物理防治。在成虫始盛期，采用灭蝇纸或诱杀板诱杀成虫，设置诱杀板以每亩15个诱杀点为宜，把潜叶蝇成虫防治在产卵以前。（3）化学防治。必须抓住产卵盛期至孵化初期的关键期，即田间成虫大量飞翔，豌豆新叶背面有灰白色小点或初见为害状时用药。喷雾要均匀，以叶片湿润而不流水为宜，特别注重叶背喷药，喷药时间为无风晴天上午和下午进行。用20%斑潜净微乳剂2 000倍液、4.5%高效氯氰菊酯1 500倍液、2.5%蛴虱速杀高渗EC 1 500倍液、1.8%集琦虫螨克EC 2 500倍液喷雾防治。

菜潜蝇 Serpentine leafminer

菜潜蝇 *Liriomyza brassicae* Railey 属双翅目潜蝇科，又称甘蓝斑潜蝇。为害菜心、小白菜、芥蓝、芥菜、椰菜等十字花科蔬菜，偶尔也为害豌豆和番茄。

【形态特征】（1）成虫。为体长约2 mm灰黑色的小型蝇。具前翅1对，膜质，近透明；后翅退化为平衡棍（图77-19）。（2）幼虫。幼虫蛆状，形似尖椒，乳白色至黄白色（图77-20）。

【生活习性】幼虫老熟后自为害处钻出，在叶表或弹入土中近表层处化蛹。

图 77-19　菜潜蝇，成虫

图 77-20　菜潜蝇，蛹

【典型症状】成虫产卵于菜叶组织内，孵出的幼虫即在叶肉与表皮之间潜食，形成弯弯曲曲的白色线状食痕（图77-21）。为害严重时叶片潜痕密布，致叶片黄化或焦枯，不能食用。

图 77-21　菜潜蝇，虫道

【发生规律】（1）发生世代。年发生世代不详，估计该虫在台湾年发生世代至少也有20代。（2）发生时期。每年以4～6月份为发生盛期。

【防治措施】在成虫发生高峰期及初见为害时，喷施5%抑太保EC2 000～3 000倍液，或5%

卡死克可分散液剂 2 000 倍液，或 50%辛硫磷 EC 1 000 倍液，或巴丹 SPX 2 000 倍液，5～7 d 喷 1 次，连喷 2～3 次。

葱斑潜蝇 Onion leafminer

葱斑潜蝇 *Liriomyza chinensis*（Kato）属双翅目潜蝇科，又称葱潜叶蝇、韭菜潜叶蝇。为害百合科葱属的葱、韭菜、大蒜、洋葱等作物，以大葱、韭菜受害最重。大葱的被害株可高达 70%～80%，严重的达到 100%。

【形态特征】（1）成虫。雌虫体长 2～2.5 mm，雄虫 1.75～2.0 mm。成虫头部黄色，复眼蓝绿色且有金属光泽；触角 3 节，黄色。胸部灰黑色，仅肩部、翅基部和背板两侧淡黄色，背中鬃 2 行。足黄色，仅基节基部黑色。前翅无色透明，后翅平衡棒黄色。腹部黑色，节间膜及边缘黄色（图 77-22）。（2）卵。长椭圆形，浅米黄色。（3）幼虫。初龄幼虫体乳白色，口钩黑色，老熟幼虫体浅黄色，身体柔软透明，体表光滑。幼虫腹末端有一对管状的后气门，后气门有 8 个气门孔（图 77-23）。（4）蛹。围蛹，椭圆形，初为淡黄色，后变为黄褐色，壳坚硬。

图 77-22 葱斑潜蝇，成虫

图 77-23 葱斑潜蝇，幼虫

【生活习性】 成虫活泼，飞翔于葱株间或栖息于叶筒端。幼虫在叶组织中的隧道内能自由进退，并在叶筒内外迁移于为害部位。成熟幼虫即在蛀道中化蛹。

【典型症状】 雌成虫先用产卵器在叶片上刺孔，然后通过刺孔取食。取食孔呈白色圆形斑点或圆形刻点，多沿叶片纵向排列整齐，也有分散的，当成虫发生量大时，大葱叶片上布满密密麻麻的取食孔（图 77-24）；成虫产卵孔与取食孔明显不同，呈细长椭圆形，多数十几粒呈双列倒“八”字形排列在葱叶上。幼虫潜食叶肉组织，形成潜道（图 77-25）。在大葱、大蒜、洋葱叶形成的典型潜道是连续的且比较直；当某一部位幼虫较多时，很多潜道汇合形成潜食斑（图 77-26）。幼虫为害韭菜时多在心芽及韭白部分，韭菜受害后常导致地上部韭苗腐烂枯死。幼虫潜道及成虫取食孔都可降低寄主植物的光合作用，严重影响作物生长，造成叶片提前枯死，产量降低。特别是葱、韭叶片受害后，不仅造成严重减产，而且降低甚至丧失食用价值，其商品性大大降低，损失严重。

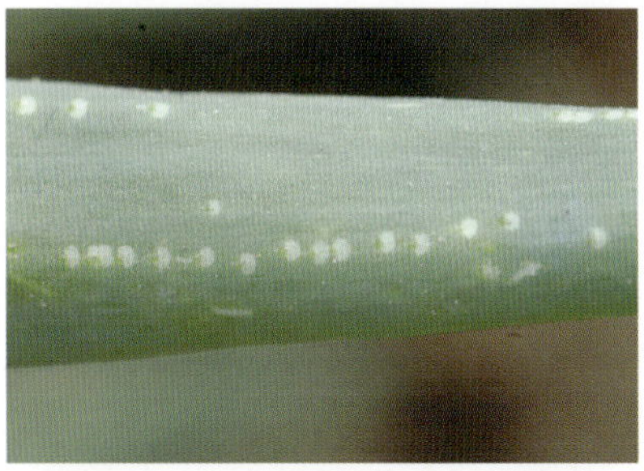
图 77-24 葱斑潜蝇，成虫取食孔

图 77-25 葱斑潜蝇，幼虫潜道

图 77-26 葱斑潜蝇，幼虫为害状

【发生规律】 7～8月份盛发，为害严重，直至9～10月份尚继续为害，使葱株枯萎。

【防治措施】 (1) 农业防治。葱斑潜蝇食性较窄，只取食百合科的葱、韭菜、大蒜等，成虫迁飞能力不强，因此应提倡该类作物与非寄主作物1年以上的轮作。(2) 化学防治。着重抓住5～9月份田间成虫盛发期至低龄幼虫期的防治。对育苗葱田，应从4月下旬开始，对越冬代成虫、1代幼虫进行重点防治。叶面喷雾可选用0.9%爱福丁EC 2 000倍液，或0.6%齐螨素EC 1 500倍液，或1%阿维·高氯EC 1 500倍液，或58%齐·柴EC 1 000倍液，或48%毒死蜱EC 1 500倍液。老熟幼虫脱叶落地化蛹时，选用50%辛硫磷EC 1 000倍液，或48%毒死蜱EC 1 500倍液，或1%阿维·高氯EC 1 500倍液，或每亩用3%米乐尔GR 1.5 kg撒施。

豆叶东潜蝇 Soybean leafminer

豆叶东潜蝇 *Japanagromyza tristella* Thomson属双翅目潜蝇科。分布北京、河南、河北、山东、江苏、福建、四川、陕西、广东、云南。为害大豆及豆科蔬菜。

【形态特征】 (1) 成虫。小型蝇，翅长2.4～2.6 mm。体黑色。(2) 幼虫。幼虫体长约4 mm，黄白色（图77-27）。

图77-27 豆叶东潜蝇，幼虫

【典型症状】 幼虫在叶片内潜食叶肉，仅留叶表（图77-28），在叶面上呈现直径1～2 cm的白色膜状斑块（图77-29）。

【发生规律】 (1) 发生世代。河南每年发生3代以上。(2) 发生时期。7～8月份发生多，幼虫老熟后入土化蛹。(3) 环境因素。多雨年份发生重。

图77-28 豆叶东潜蝇，为害状

图77-29 豆叶东潜蝇，为害状

【防治措施】 (1) 农业防治。加强田间管理，注意使其通风透光。(2) 化学防治。药剂防治参见豌豆彩潜蝇。

豆秆黑潜蝇 Soybean fly

豆秆黑潜蝇 *Melanagromyza sojae* (Zehntner) de Meijere属双翅目潜蝇科。分布北起吉林，南至台湾。为害大豆及其他豆科作物。

【形态特征】 (1) 成虫。体长1.8～2.2 mm，黑色，有蓝绿色光泽，复眼暗红色。触角3节，其背中央生有角芒1根。前翅内横脉位于中室中部稍近端部。(2) 卵。椭圆形，乳白色，稍透明（图77-30）。(3) 幼虫。幼虫体长约3 mm，圆筒形。(4) 蛹。长筒形，棕黄色。

图77-30 豆秆黑潜蝇，幼虫和蛹

【生活习性】 成虫吸食花蜜，雌虫还常以腹末刺伤叶片吸食汁液。卵多单产在叶背主脉附近表皮下。幼虫孵化后即在叶内蛀食，后经叶脉、叶柄蛀入茎秆为害（图 77-31），并可蛀入根部。

图 77-31 豆秆黑潜蝇，为害状

【典型症状】 幼虫钻蛀为害，造成茎秆中空，造成植株生长不良。

【发生规律】 每年发生 4～13 代。以蛹在豆茎内越冬。

【防治措施】 （1）农业防治。及时处理秸秆和根茬，深翻豆田，减少越冬虫源。（2）化学防治。在大豆出苗后成虫发生时喷药。药剂可选用 50%辛硫磷 EC 1 000 倍液、2.5%保得 EC 3 000 倍液。

瓜实蝇 Melon fly

瓜实蝇 *Dacus cucurbitae* Coquillett 属双翅目实蝇科，又称黄瓜实蝇、瓜小实蝇、瓜大实蝇、瓜蛆。为害苦瓜、丝瓜、黄瓜等葫芦科作物。分布于江苏、福建、海南、广东、广西、贵州、云南、四川、湖南、台湾等地。

【形态特征】 （1）成虫。体形似蜂，黄褐色至红褐色，体长 7～9 mm，宽 3～4 mm，翅长 7 mm，雌虫比雄虫略小，初羽化成虫体色较淡，体大小不及产卵成虫的一半。复眼茶褐色或蓝绿色，有光泽，复眼间有前后排列的 2 个褐色斑，触角黑色，后顶鬃和背侧鬃明显。前胸背面两侧各有一黄色斑点（图 77-32）。（2）卵。细长，乳白色，长 0.8～1.3 mm。（3）幼虫。幼虫蛆状，初为乳白色，长 1.1 mm；老熟幼虫米黄色，长 10～12 mm，前小后大，尾端最大，呈截形。口钩黑褐色（图 77-33）。（4）蛹。初为米黄色，后变为黄褐色，长约 5 mm，圆筒形。

图 77-32 瓜实蝇，成虫

图 77-33 瓜实蝇，幼虫

【生活习性】 （1）成虫。成虫白天活动，飞翔迅捷。雨天及休息时常静伏于叶背、杂草丛中或瓜棚下，夜间不活动。田间成熟苦瓜裂口处常见成虫聚集在红色瓜瓤上。喜为害绿白型苦瓜，对绿色型苦瓜为害相对较轻。成虫以产卵器刺入瓜皮产卵。若卵孵化期汁液未干，孵化出的幼虫可从产卵孔爬入瓜内为害，反之，卵不能孵化而死亡。（2）幼虫。老熟幼虫可头尾相接弹跃出瓜体，落于地面即钻入土中化蛹。

【典型症状】 成虫以产卵管刺入幼瓜表皮内产卵，幼虫孵化后即钻进瓜内取食，受害瓜先局部变黄，而后全瓜腐烂变臭，大量落瓜，即使不腐烂，刺伤处凝结着流胶，畸形下陷，果皮硬实，瓜味苦涩，品质下降。

【发生规律】 （1）发生世代。每年发生 3～4 代，世代重叠现象明显。（2）越冬。以蛹在土中越冬。（3）发生时期。第 1 代在 4～5 月，主害黄瓜；第 2 代在 6～7 月，主害黄瓜和苦瓜；第 3 代在 8～9 月，主害苦瓜和丝瓜。以第 2、3 代为害较重。第 2 年 4 月羽化出成虫，开始活动。

【防治措施】（1）农业防治。人工摘除受害瓜，并收集烂瓜、落瓜，深埋处理。（2）化学防治。对土面浇50%辛硫磷EC 800倍液，以防蛹羽化。用香蕉皮、菠萝皮或煮熟发酵的老南瓜、甘薯等能发生酸甜气味的物质30～40份作基本诱剂，以香精1份或食糖1份作补助诱剂，以90%敌百虫晶体0.5份作毒剂。三者混合加水调成糊状毒饵，涂在纸片上或装入容器中，挂在瓜棚下，每亩设20个点，毒饵要经常更换。成虫盛发期，可选用21%灭杀毙EC 4 000倍液，或20%氰戊菊酯EC 3 000倍液，或90%敌百虫晶体1 000倍液，喷雾防治。每3～5 d喷1次，连续2～3次。

78. 蛾类害虫

烟青虫 Tobacco budworm

烟青虫 *Heliothis assulta* Guenée 属鳞翅目夜蛾科，又称烟夜蛾、烟实夜蛾。为害蚕豆、豌豆、青椒、番茄、南瓜、烟草、玉米等。分布河北、山东、河南、山西、陕西、安徽、江苏、湖北、浙江、四川、云南。

【形态特征】 （1）成虫。体长约 15 mm，翅展 27～35 mm，黄褐色，前翅上有几条黑褐色细横线、肾状纹和环状纹，较棉铃虫清晰；后翅黄褐色，外缘的黑褐色宽带稍窄。（2）卵。卵较扁，淡黄色，卵壳上有网状花纹，卵孔明显。（3）幼虫。老熟幼虫体形大小及体色变化与棉铃虫相似。体侧深色纵带上的小白点不连成线，分散成点（图 78-1）。体表小刺较棉铃虫短，圆锥形，体壁柔薄较光滑。（4）蛹。赤褐色，纺锤形，体长体色与棉铃虫相似，腹部末端的 1 对钩刺基部靠近（图 78-2）。

【生活习性】 （1）成虫。成虫产卵多在夜间，前期卵多产在寄主植物上中部叶片背面的叶脉处，后期多在果面或花瓣上。（2）幼虫。初孵幼虫在植株上爬行觅食花蕾，2～3 龄以后蛀果为害，也可转株转果为害。低龄幼虫日平均蛀果 1～1.5 个，高龄幼虫日均蛀果 2～3 个。在蛀果为害时，1 个椒果内只有 1 头幼虫，密度大时有自相残杀的特点。幼虫白天潜伏夜间活动，有假死性，老熟后脱果入土化蛹。

图 78-1　烟青虫，幼虫

图 78-2　烟青虫，蛹

【典型症状】 以幼虫蛀食蕾、花、果为主，也食害嫩茎、叶和芽，在辣椒田内，幼虫取食嫩叶，3～4 龄才蛀入果实，可转果为害（图 78-3）。果实被蛀引起腐烂和落果。

图 78-3　烟青虫，为害状

【发生规律】 （1）发生世代。华北、华东地区每年发生 2 代。（2）越冬。以蛹在土中越冬。（3）发生时期。5 月开始羽化。幼虫主要有 3 个发生高峰期，即6月上中旬、7月下旬和8月中下旬。(4) 环境因素。辣椒的早熟品种上产卵少，幼虫蛀果率低，为害轻，而中、迟熟品种叶色浓绿、生长好、现蕾早的田块产卵多，为害严重。

【防治措施】 参见棉铃虫。

茄黄斑螟 Eggplant borer

茄黄斑螟 *Leucinodes orbonalis* Guenée 属鳞翅目螟蛾科，又称茄白翅野螟、茄螟。为害茄子、辣椒等茄果类蔬菜。分布华中、华南和西南等地。

【形态特征】 (1) 成虫。体长6.5～10 mm，翅展18～32 mm。体翅均白色，前翅有4个明显的大黄斑，中室顶端下侧与后缘相接成1个红色三角状，翅顶角下方有1个黑色眼形斑。后翅中室有1个大黑点，两侧有1小黑点，并有较明显的暗褐色后横线及2～3个浅黄斑。(2) 卵。呈乳白至灰黑色，似水饺状，脊上有锯齿状物2～5个。(3) 幼虫。幼虫体长15～18 mm，老熟时多呈粉红色，低龄幼虫黄白色，各节均有6个黑褐色毛斑、2个瘤突（图78-4，5）。(4) 蛹。长8～9 mm，浅黄褐色，外被深褐色长椭圆形不规则的茧。

图78-4 茄黄斑螟，幼虫

图78-5 茄黄斑螟，幼虫

【生活习性】 (1) 成虫。成虫夜间活动，但趋光性不强，卵散产于茄株的上、中部嫩叶背面。(2) 幼虫。夏季老熟幼虫多在茄株中上部缀合叶片化蛹，秋季多在枯枝落叶、杂草、土缝内化蛹。

【典型症状】 幼虫主要为害果实、嫩茎及花蕊、子房，引起枝梢枯萎、落花、落果及果实腐烂，失去食用价值（图78-6，7）。

图78-6 茄黄斑螟，幼虫为害状

图78-7 茄黄斑螟，幼虫为害状

【发生规律】 (1) 发生世代。在合肥年发生5代。(2) 越冬。以幼虫越冬。(3) 发生时期。5月份开始出现幼虫为害，7～9月份为害最重，尤以8月中下旬为害秋茄最烈。

【防治措施】 (1) 农业防治。及时摘除被蛀食的嫩梢及茄果。收获后应尽早处理茄秆，处理残株并翻耕土地，消灭越冬虫源。(2) 生物防治。用诱芯诱杀成虫，每个诱芯含人工合成性诱剂50 μg，穿铁丝吊在水盆上方距水面（水中含洗衣粉）1 cm，每盆诱虫半径可达100 m，有效诱蛾期1个月。(3) 化学防治。幼虫发生期喷施5%卡死克可分散液剂2 000倍液，或48%毒死蜱EC 1 500倍液，或21%灭杀毙EC 4 000倍液，或2.5%功夫EC 4 000倍液等。

豆荚野螟
Bean pod borer

豇豆荚螟 *Maruca testulalis* Geyer 属鳞翅目螟蛾科，又称豇豆螟、豆螟蛾、大豆卷叶螟、大豆螟蛾。为害大豆、豇豆、绿豆、扁豆及刺槐、葛等豆科植物。国内分布北起内蒙古，南至台、琼、粤、桂、滇，东面滨海，西向自陕、甘、宁入川、滇、藏。华中、华南诸省发生密度大。

【形态特征】 (1) 成虫。体长 10～16 mm，翅长 25～28 mm。体灰褐色，前翅黄褐色，前缘色较淡，在中室部有 1 个白色透明带状斑，在室内及中室下面各有 1 个白色透明的小斑纹。后翅近外缘有 1/3 面积色泽同前翅，其余部分为白色半透明，有若干波纹斑。前后翅都有紫色闪光（图 78-8）。雄虫尾部有灰黑色毛 1 丛，挤压后能见黄白色抱握器 1 对。雌虫腹部较肥大，末端圆筒形。(2) 卵。椭圆形，长 0.6 mm，宽约 0.4 mm。初产时淡黄绿色，后逐渐变成淡黄色，近孵化时卵的顶部出现红色的小圆点。卵壳表面有近六角形网状纹。(3) 幼虫。老熟幼虫体长 18 mm，体黄绿色，头部及前胸背板褐色。中、后胸背板有黑褐色毛片 6 个，排成两列，前列 4 个各生有 2 根细长的刚毛，后列 2 个无刚毛（图 78-9，10）。腹部各节背面上的毛片位置同胸部，但各毛片上都着生 1 根刚毛。腹足趾钩为双序缺环。(4) 蛹。体长约 13 mm，初化蛹时黄绿色，后变黄褐色。头顶突出。复眼浅褐色，后变红褐色。翅芽伸至第 4 腹节的后缘，羽化前在褐色翅芽上能见到成虫前翅的透明斑纹。蛹体外被白色有薄丝茧。

图 78-8　豆荚野螟，成虫

图 78-9　豆荚野螟，幼虫

图 78-10　豆荚野螟，幼虫活动过程

【生活习性】 (1) 成虫。成虫有弱趋光性，卵散产于嫩荚、花蕾和叶柄上，卵期 2～3 d。(2) 幼虫。幼虫共 5 龄，初孵幼虫蛀入嫩荚或花蕾取食，造成蕾、荚脱落；3 龄后蛀入荚内食害豆粒，每荚 1 头幼虫，少数 2～3 头，被害荚在雨后常致腐烂。幼虫亦常吐丝缀叶为害。幼虫期 8～10 d。老熟幼虫在叶背主脉两侧做茧化蛹，亦可吐丝下落土表或落叶中结茧化蛹。

【典型症状】 幼虫为害豆叶、花及豆荚，常卷叶为害或蛀入荚内取食幼嫩的种粒，荚内及蛀孔外堆积粪粒（图 78-11）。受害豆荚味苦，不堪食用。

图 78-11　豆荚野螟，为害豇豆

【发生规律】 (1) 发生世代。在华北地区年发生 3～4 代，华中地区 4～5 代，华南地区 7 代。(2) 越冬。以老熟幼虫在土表或在浅土层内结茧化蛹越冬。(3) 发生时期。每年 6～10 月为幼虫为害期。(4) 环境因素。对温度适应范围广，7～31 ℃都能发育，但最适温为 28 ℃，相对湿度为 80%～85%。

【防治措施】 (1) 农业防治。及时清除田间落花、落荚，并摘除被害的卷叶和豆荚，以减少虫源。(2) 生物防治。在豆田架设频振杀虫灯，诱杀成虫。(3) 化学防治。在卵孵化始盛期或在豇豆开花盛期喷药，可选用 20%绿得福 EC 1 500 倍液，或 0.36%苦参碱 WP 1 000 倍液，或 25%菜喜 SC 1 000 倍液，或 48%毒死蜱 EC 1 500 倍液。上述药剂最好交替使用，严格掌握农药安全间隔期。喷药时一定要均匀喷到豆科蔬菜的花蕾、花荚、叶背、叶面和株干至湿润有滴液为度。

豆荚斑螟 Limabean pod borer

豆荚斑螟 *Etiella zinckenella* (Treitschke) 属鳞翅目螟蛾科，又称豆荚螟、大豆荚螟。为害大豆、豇豆、豌豆、菜豆、扁豆、绿豆、刺槐等豆科作物。国内除西藏未见报道外，其余各省、区均有。黄河以南以及甘肃、青海多数地方，密度均相当高。

【形态特征】 (1) 成虫。体长 12～14 mm，翅展 20～24 mm，体灰褐色或暗黄褐色。复眼圆形，黑色。前翅狭长，灰褐色，覆有深褐色、黄色及白色鳞片，沿前缘有 1 条白色纵带，近翅基有 1 条黄褐色月牙形横带。后翅黄白色（图 78-12）。(2) 卵。椭圆形，乳白至红色，表面密布网纹。(3) 幼虫。体长 14～18 mm，背面紫红色，腹面绿色。前胸背板上有“人”字形黑斑，两侧各有黑斑 1 个，后缘中央有 2 个小黑斑（图 78-13）。(4) 蛹。长约 10 mm，腹端尖细，并有 6 个细钩。老熟幼虫体长 14～18 mm，紫红色，腹面及胸背两侧青绿色。前胸背板在 1～3 龄时有黑色“山”字形纹，4～5 龄时有黑色“人”字形纹并在两侧各有 1 个黑斑，后缘中央有 2 个小黑斑。背线、亚背线、气门线和气门下线明显。

图 78-12　豆荚斑螟，成虫

图 78-13　豆荚斑螟，幼虫

【生活习性】 (1) 成虫。成虫昼伏叶背，夜晚活动，趋光性弱，飞翔力不强。卵主要产在豆荚上。(2) 幼虫。幼虫孵化后在荚上爬行或吐丝悬垂转荚，选荚后先在荚上吐丝作一小白丝囊，从丝囊下蛀入荚内，潜入豆粒中取食。幼虫老熟后离荚入土，结茧化蛹。

【典型症状】 以幼虫取食花、荚和豆粒为主，严重时整个豆荚被吃空。

【发生规律】 (1) 发生世代。江苏、安徽每年发生 4～5 代，广东每年发生 7～8 代。(2) 越冬。以老熟幼虫在大豆本田及晒场周围土中越冬。(3) 发生时期。4～5 代区 4 月上旬为化蛹盛期，4 月下旬至 5 月中旬开始羽化，6～9 月份为为害盛期。

【防治措施】 (1) 农业防治。及时清除田间落花、落荚，并摘除被害的卷叶和豆荚，以减少虫源。及时翻耕整地除草松土，杀死越冬幼虫和蛹。有条件的地区可采用冬、春灌水。(2) 生物防治。在豆田架设黑光灯，诱杀成虫。(3) 化学防治。每亩用 10%高效氯氰菊酯 EC 10～25 mL，对水 30～50 L 均匀喷雾。或从现蕾开始，隔 10 d 喷蕾、花 1 次，可控制为害，如需兼治其他害虫，则应全面喷药。

S大豆食心虫 Soybean moth

大豆食心虫 *Leguminvora glycinivorella* (Mats) 属鳞翅目小卷叶蛾科。又名大豆蛀荚蛾、豆荚虫、小红虫。分布北起黑龙江、内蒙古、新疆，南抵台湾、浙江、江西、贵州、云南，东接国境线，西达新疆、云南。是东北、华北几省很重要的大豆害虫。

【形态特征】 (1) 成虫。体长5～6 mm，翅展12～14 mm，体暗灰色。前翅前缘内侧有3个纵裂黑斑。腹部纺锤形，黑褐色（图78-14）。(2) 卵。椭圆形，稍扁平，刚产下时为乳白色，孵化前变为黄褐色或橘红色，表面有光泽。(3) 幼虫。共4龄。初孵化时的幼虫橙黄色，头部黑色；入荚后2龄幼虫呈乳白色，3龄幼虫体色黄白，4龄幼虫初为淡黄，后变为橘红色，头部黄褐色，体长8～9 mm（图78-15）。(4) 蛹。长纺锤形，体长6 mm左右，赤褐色，翅黄褐色，眼黑褐色，腹部各节背面有一排并列的小刺，尾部有突出（图78-16）。

图78-14　大豆食心虫，成虫

图78-15　大豆食心虫，幼虫

图78-16　大豆食心虫，蛹

【生活习性】 幼虫孵化后，很快钻入豆荚内为害，在荚内为害20～30 d以后老熟。大豆收割前后，幼虫在豆荚边缘穿孔脱荚，落地后入土越冬。在土壤中生活达10个月之久。

【典型症状】 以幼虫蛀入豆荚，咬食豆粒，轻者沿瓣缝将豆粒咬成沟，重者把豆粒吃掉大半，豆荚内充满粪便，降低产量和质量（图78-17）。

图78-17　大豆食心虫，为害状

【发生规律】 (1) 发生世代。每年发生1代。(2) 越冬。以老熟幼虫在土中结茧越冬。(3) 发生时期。8月上旬出现成虫。成虫交尾后产卵于大豆嫩荚上。8月份少雨，蛹的羽化受抑制。(4) 环境因素。当土壤含水量为20%～30%时都能羽化，20%时最适羽化，但高达50%时，则完全不能羽化。前作大豆连作受害重，轮作发生轻，轮作比连作可减少虫食率40%以上。低洼地比平地、岗地发生重，旱年尤为明显。

【防治措施】 (1) 农业防治。实行远距离大区轮作；及时翻耙豆茬和豆后麦茬地；适期早播，适期早收。(2) 化学防治。当8月上、中旬在成虫初盛期，雌雄数近似1∶1并出蛾团时，施药防治。施药时间以上午为宜，重点喷洒植株上部。药剂可选用2.5%保得EC 2 000～4 000倍液，或5.7%氟氯氰菊酯EC 2 000～5 000倍液，或2.5%功夫

EC 2 000～4 000 倍液，或 2.5% 天王星 EC 2 000～4 000 倍液。

大螟 Rice stem borer

大螟 *Sesamia inferens* Walker 属鳞翅目夜蛾科。分布于中国东部辽宁以南的地区。为害茭白、水稻、玉米、甘蔗等。全国各稻区均有分布，长江以南发生偏重。

【形态特征】 (1) 成虫。成虫体长 12～15 cm，翅展 27～30 cm，雌蛾身体较大。头胸部灰黑色，腹部淡褐色，前翅近长方形，淡灰褐色，外缘色深，从翅基到外缘有一条暗褐色纵线纹，条纹上下各有 2 个小黑点。雄蛾触角栉齿状，雌蛾为丝状。(2) 幼虫。幼虫一般 5 龄，少数 6～7 龄。3 龄前胸背面鲜黄色（图 78-18），3 龄紫红色。趾钩单序在内侧排成半环（图 78-19）。(3) 卵。卵呈扁球形，顶部稍凹，直径 0.5 cm，高约 0.3 cm，表面有放射状细隆线。初产时白色，后变为淡黄色，再变淡红色，卵化前变为灰褐色。卵粒在叶鞘内侧，呈带状排成 2～3 行或散生。(4) 蛹。雄蛹体长 13～14 cm，雌蛹 15～18 cm。初为淡黄色，后变黄褐色，背面颜色较深，头胸部有白粉状分泌物（图 78-20）。2～7 腹节除近后缘处，均有黑褐色圆形小刻点，臀基明显黑色，在背面和腹面各有 2 个小型角质突起。

图 78-18　大螟，低龄幼虫

图 78-19　大螟，高龄幼虫

图 78-20　大螟，蛹

【生活习性】 (1) 成虫。常在茭白上产卵，平均每雌可产 240 粒，卵期 5～14 d。(2) 幼虫。幼虫孵化后即蛀害寄主。3 龄前有群集性，常十余头聚于一个叶鞘内，将叶鞘内层食去，并侵到心叶，致成枯心。3 龄后分散。幼虫期约 35 d，在叶鞘间化蛹，蛹期约 9 d。

【典型症状】 幼虫蛀茎及食害心叶，造成枯心苗、枯茎，导致减产。

【发生规律】 (1) 发生世代。在江、浙一带年发生 3～4 代。(2) 越冬。以幼虫在寄主根部附近或土缝内越冬。(3) 发生时期。3～4 月份可见成虫。

【防治措施】 (1) 农业防治。大螟严重发生区，可在冬季或早春齐泥割掉茭白残株，并铲除田边杂草，消灭越冬螟虫。(2) 化学防治。可选用杀虫双、三唑磷、吡虫啉、特杀螟等。

二化螟 Asiatic rice borer

二化螟 *Chilo suppressalis* Walker 属鳞翅目螟蛾科。广泛分布于各省区。为害水稻、茭白、玉米、甘蔗、小米、芦苇、蚕豆、油菜等。在南北稻区普遍发生。

【形态特征】（1）成虫。雄蛾体长 10～12 cm，翅展 20～25 cm，头、胸部背面淡褐色，复眼黑色或淡黑色，下唇须向前伸，前翅近长方形，黄褐色或灰褐色，翅面散布褐色小黑点，中室顶端有紫黑色斑点 1 个，其下方有斜行排列的同色斑点 3 个，外缘有 7 个小黑点。后翅白色，有绢丝状反光。（2）卵。卵扁平，椭圆形，长约 1.2 cm，宽约 0.7 cm。初产为乳白色，渐变为乳黄色、黑褐色、灰黑色。卵块大多数呈长椭圆形，由数粒至数百粒卵粒组成，排列呈鱼鳞状（图 78-23）。（3）幼虫。多为 6 龄，也有 5 龄或 7 龄，极少为 8 龄。老熟幼虫淡褐色，体长 20～30 cm，体背有 5 条褐色纵线，是识别的重要特征（图 78-21，22）。（4）蛹。蛹长 11～17 cm，圆筒形，初化时为淡黄褐色，腹部背面尚有 5 条棕色纵纹。

图 78-21　二化螟，幼虫背有 5 条纵纹

图 78-22　二化螟，幼虫侧面

图 78-23　二化螟，卵块

【生活习性】（1）成虫。成虫趋光性不强，二化螟在茭白植株上产卵部位以叶片为主，大多数产于叶片背面，少数产于叶鞘上。叶片上的卵块高度与叶枕距离在 30 cm。（2）幼虫。初龄幼虫有群集性，长大后逐渐分散，从叶腋蛀入茎中。

【典型症状】幼虫蛀食茭白植株的叶鞘、茎和肉，严重影响了茭白的产量和品质。

【发生规律】（1）发生世代。长江流域年发生 2～3 代，华南 4 代，海南岛 5 代。（2）越冬。绝大多数二化螟以老熟幼虫在茭白残茬薹管中越冬，极少数在叶鞘中越冬。因薹管为活体，越冬幼虫能继续取食，并在不同节间转移。越冬幼虫以 6 龄幼虫为主。（3）发生时期。3 月底 4 月初开始有少量越冬幼虫化蛹，4 月中、下旬为化蛹高峰期，至 5 月上旬末结束化蛹。化蛹期约 10 d。4 月中旬初，有少量蛹开始羽化，至 4 月中旬末下旬初进入羽化高峰期。羽化高峰期持续至 5 月初，5 月上旬尚有少量蛹羽化。

【防治措施】（1）农业防治。二化螟严重发生区，可在冬季或早春齐泥割掉茭白残株，并铲除田边杂草，消灭越冬螟虫。（2）化学防治。可选用杀虫双、三唑磷、倍硫磷、丙硫磷、苏云金杆菌（Bt 9201）菌剂等。幼虫 2 龄期喷 1.1%百部·楝·烟 EC（绿浪）1 000 倍液。

荸荠白禾螟 Mat-rush pyralid

荸荠白禾螟 *Scirpophaga praelata* Scopoli 属鳞翅目螟蛾科，是荸荠上的主要害虫，在荸荠产区猖獗为害，可造成损失 30%，甚至绝收。

【形态特征】（1）成虫。雄虫 23～26 mm，雌虫 40～42 mm。全体白色，仅雌蛾臀鳞丛棕褐色，雄蛾后翅反面暗褐色（图 78-24）。（2）卵。近圆形，0.15 mm×0.12 mm，数十粒至数百粒结成椭圆形卵块，覆有棕褐色绒毛。（3）幼虫。幼虫初孵时长 1.5～2 mm，黑色。老熟幼虫体长 15 mm，黄白色略带灰色。（4）蛹。长 13～15.5 mm，宽 2.8～3.4 mm，圆筒形，初期乳白色，渐变淡黄色，复眼褐色。

图 78-24　荸荠白禾螟，成虫

【生活习性】（1）成虫。成虫大部分成对栖息在荸荠叶状茎上部，雌蛾在上，雄蛾在下，易于观察。成虫飞翔能力不强，在田间扩散能力较弱。成虫有一定的趋光性，但不宜用黑光灯测报。成虫寿命 3～7 d。（2）幼虫。幼虫多于上午 8～10 时孵化出来，孵化后首先爬至叶尖，后吐丝随风飘散，扩散能力强，在田间分布均匀，不像二化螟或三化螟那样形成枯心团。幼虫扩散后即蛀孔钻入叶状茎，历时 1 h 多，蛀孔有趋嫩趋湿的习性。蛀孔部位可在叶状茎各处，但以下部为多。幼虫蛀孔伤口易受一种真菌侵染造成以蛀孔为中心的一段枯死，橘黄色，在田间十分显眼。幼虫历期 16～28 d，越冬代可达 6 个月。（3）卵。卵块多产在叶状茎的顶部 5～20 cm 处，卵块长椭圆形，上盖黄褐色绒毛，酷似三化螟的卵块。卵块初产时淡黄褐色，临孵化时为黑褐色，卵期 4～7 d，秋季气温低时可达十几天。（4）蛹。老熟幼虫在茎基部叶状茎内化蛹，先在化蛹部位上方 1～3 cm 处咬一椭圆形羽化孔，后吐丝作茧，大小为 5 mm×24 mm，茧体内白色，外为鲜黄色，在茧体内化蛹，雌蛹体形大，乳白色，雄蛹体小，色暗，特别是前胸背板呈灰黑色。

【典型症状】幼虫蛀食茎秆。为害初期，植株茎尖部褪绿枯萎，自上而下逐渐变红转黄，茎秆变褐腐烂，最后全株枯死。在分蘖分株期受害，主茎分蘖减少，苗数不足；在结球期受害，茎秆枯死，影响球茎膨大，使品质下降，产量锐减。

【发生规律】（1）发生世代。每年发生 4 代，有的年份有不完全的 5 代。（2）越冬。以幼虫在枯死的叶状茎中结薄茧越冬。（3）发生时期。越冬幼虫于 4 月上旬气温升高后爬出薄茧活动，到田埂边看麦娘、茵草等禾本科杂草上取食。到 5 月上、中旬田间自生荸荠苗出土后，幼虫又转移到自生荸荠上取食。少数可转到荸荠苗上为害。到 5 月中、下旬这些幼虫就在自生荸荠内化蛹。越冬代蛾于 5 月下旬始见，6 月上旬盛发，6 月中旬末终见，第 1 代幼虫集中为害秧苗，有利于围歼。第 1 代蛾于 7 月初始见，中旬盛发，下旬终见，其幼虫前期为害秧苗，后期为害大田荠苗，以后 2 代蛾和 3 代蛾世代重叠，自 8 月初开始到 10 月上、中旬田间蛾量不断。

【防治措施】参见二化螟。

亚洲玉米螟 Asian corn borer

亚洲玉米螟 *Ostrinia furnacalis*（Guenée）属鳞翅目螟蛾科。是世界性的蛀食性大害虫。食性很杂，确认的寄主植物约 25 种，栽培作物中主要为害玉米、高粱、谷子、棉花、大麻等，也能取食小麦、大麦、马铃薯、豆类、向日葵、甘蔗、甜菜、番茄、茄子等。各地均有发生。

【形态特征】（1）成虫。成虫黄褐色。雄蛾体长 10～14 mm，翅展 20～26 mm。触角丝状，灰褐色，复眼黑色。前翅内横线为暗褐色波状纹，内侧黄褐色，基部褐色。雌蛾比雄蛾体形大，体长 13～15 mm，翅展 25～34 mm，体色浅，前翅淡黄色，线纹与斑纹均淡褐色。后翅灰白或淡灰褐色。后翅基部有翅缰，雄蛾 1 根，较粗壮；雌蛾 2 根，稍细。（2）卵。卵长约 1 mm，宽约 0.8 mm，短椭圆形，扁平，略有光泽。一般 20～60 粒产在一起，构成不规则的鱼鳞状卵块。（3）幼虫。幼虫初孵化时长约 1.5 mm，头壳黑色，体乳白色，半透明。末龄幼虫体长 20～30 mm，宽 3～3.5 mm，头壳深棕色，体淡灰褐或淡红褐色，有纵线 3 条，以背线较明显。胸部第 2、3 节背面各有 4 个圆形毛瘤，腹部第 1 至第 8 节背面各有 2 列横排毛瘤。第 9 腹节具毛瘤 3 个，中央一个较大。胸足黄色，腹足趾钩为三序缺环（图 78-25）。（4）蛹。蛹纺锤形，黄褐色至红褐色，体长 15～18 mm，体背密布细小波状横皱纹。第 5、6 节腹面各有足的痕迹 1 对，臀棘黑褐色，端部有 5～8

根向上弯曲的1组刺毛。雄蛹腹部较瘦削，尾端较尖，生殖孔在第7腹节气门后方，开口于第9腹节腹面。雌蛹腹部较雄蛹肥大，尾端较钝圆，交尾孔在第7腹节，开口于第8腹节腹面（图78-26）。

图 78-25　亚洲玉米螟，幼虫

图 78-26　亚洲玉米螟，蛹

【生活习性】（1）成虫。昼伏夜出，有趋光性，飞翔力强。卵散产于叶背，每块卵20～60粒，每头雌蛾能产卵10～20块，共计产卵300～600粒。（2）幼虫。幼虫孵出后，先群集在卵壳上取食卵壳，约经1 h即开始爬行分散，通过风吹或被触动，即吐丝下垂，转移到其他部位或扩散到邻近植株上为害。

【典型症状】 玉米心叶期幼虫取食叶肉或蛀食未展开的心叶，抽穗后钻蛀茎秆，引起雌穗发育受阻而减产，蛀孔处易倒折。穗期蛀食雌穗、嫩粒，造成籽粒缺损霉烂，品质下降（图78-27）。

【发生规律】（1）发生世代。每年发生1～6代。（2）越冬。以末代老熟幼虫在作物或野生植

图 78-27　亚洲玉米螟，为害甜玉米

物茎秆或穗轴内越冬。第2年春天即在茎秆内化蛹。（3）发生时期。各代蛾期大致分为越冬代4月下旬至6月中旬，第1代6月中旬至7月中旬，第2代7月上旬至8月中旬，第3代8月中旬至9月下旬，第4代10月中旬至11月上旬。6月中旬见幼虫发生，7～8月份在藜蒿上暴发成灾，10月上、中旬还有大量的幼虫为害。（4）环境因素。温度25℃，相对湿度90%，对产卵、孵化及幼虫存活极为有利，暴雨则可造成初孵幼虫大量死亡。

【防治措施】（1）农业防治。在越冬幼虫未羽化前收集茎秆集中烧毁，消灭越冬虫源。尽量避免与玉米、棉花混作，减少桥梁寄主田和残存基数。（2）生物防治。保护田间赤眼蜂、寄生蝇、姬蜂、茧蜂、白僵菌等天敌来联合控制玉米螟。在螟卵初孵盛期放松毛虫赤眼蜂、玉米螟赤眼蜂来消灭螟卵。（3）物理防治。选用20 W黑光灯或玉米螟性诱剂诱杀。也可在开阔地用200 W或400 W的高压汞灯，灯距100 m或200 m诱杀，2种诱杀方法均以集中连片效果好。（4）化学防治。1龄幼虫期防治效果好。每亩用武大绿洲毒克星3号40 mL，或25%杀虫双AS 500倍液，或0.9%虫螨克EC 2 000倍液，或2.5%溴氰菊酯EC 500倍液，或Bt EC 500倍液，或21%灭杀毙EC 2 500倍液，或90%敌百虫晶体1 000倍液，或20%灭扫利EC 1 000倍液。在卵块孵化高峰期喷5%抑太保EC或25%灭幼脲3号SC 1 000倍液，可任选一种药剂喷雾。重点喷在叶片反面，间隔7～10 d喷1次药液，连防1～3次。

79. 象甲类害虫

蚕豆象 Broadbean weevil

蚕豆象 *Bruchus rufimanus* Boheman 属鞘翅目豆象科，我国大部分省份都发生。为害蚕豆。国内分布北起黑龙江、内蒙古，南至中国台湾、广东、广西、云南，东达边境线，西达陕西、宁夏、甘肃、青海，折入四川、云南。

【形态特征】 (1) 成虫。体长 4.5～5 mm，身体椭圆形，前胸背板两侧中央的尖齿向外，复眼黑色、U形，触角锯齿形，鞘翅上密被茸毛，并排列成一定花纹（图 79-1，2）。(2) 卵。长约 0.6 mm，椭圆形，一端略尖，半透明，淡橙黄色。(3) 幼虫。老熟幼虫体长 5.5～6 mm，体乳白色，但腹背面有红褐色明显的背线。(4) 蛹。长 5～5.5 mm，椭圆形，淡黄色，腹部较肥大，前胸与翅上密生细皱纹，前胸背板侧缘的齿突不明显。

图 79-1　蚕豆象，成虫

图 79-2　蚕豆象，成虫

【生活习性】 (1) 成虫。豆开花结荚时，越冬成虫飞到田间交尾，产卵于刚发育的嫩荚上，卵孵化后，幼虫钻入种子内生长，成虫如果羽化早，在蚕豆收获前且气候温和，即爬出豆粒，飞向田间觅场所越冬；如羽化迟，在蚕豆收获后就一同带入仓内继续为害，羽化为成虫后，从种子内穿小孔飞出，躲藏越冬。蚕豆飞翔力强，有假死性，能耐饥 4～5 个月。(2) 幼虫。幼虫孵化后即蛀入豆荚鲜豆粒内取食为害，幼虫期 90～120 d，5 月下旬至 7 月上旬是幼虫发生盛期。

【典型症状】 幼虫蛀食新鲜蚕豆粒，在豆粒内蛀成空洞，受害率很高，受害后造成减产，豆种生活力下降，影响发芽。被蛀食后的豆子有苦味，对品质有较大的影响。

【发生规律】 (1) 发生世代。每年发生 1 代。(2) 越冬。以成虫越冬，越冬场所多在储藏的蚕豆中、仓库中、房屋的角落及蚕豆包装物的缝隙内，少数在田间作物的遗株、野草或砖石下越冬。

【防治措施】 (1) 农业防治。可将豌豆种子放在光烈日下晒种，可杀死种子中的害虫；也可以用烧开的水，烫种子 25 s，也可杀死种子中豌豆象，对种子发芽率无影响。(2) 化学防治。卵孵化后幼虫即蛀入豆荚，务必在卵孵化前喷 4.5%高效氯氰菊酯 EC 1 000～1 500 倍液，或 0.6%灭虫灵Ⅰ EC 1 000～1 500 倍液，或 70%敌百虫晶体 1 000 倍液喷雾，并尽量使每个豆荚均匀着药以提高防治效果。

绿豆象 Chinese cowpea bruchid

绿豆象 *Callosobruchus chinensis* (Linnaeus) 属鞘翅目豆象科。为害菜豆、豇豆、扁豆、豌豆、蚕豆、绿豆、赤豆。国内各地均有发生，局部地区密度很高。国外遍布于除澳大利亚外的世界各大洲。

【形态特征】 (1) 成虫。成虫体长 2～3 mm，近卵形。雄虫触角栉齿状，雌虫锯齿状，均 11 节。前胸背板三角形，后缘中央有 1 对瘤状突起，鞘翅近方形，腹部肥大，腹末平截，臀板外露，后腿节腹面末端有齿突 2 个，内侧的齿长而直，端部圆形。鞘翅赤褐色。暗色型雄虫鞘翅在基部、中部，端部有黑褐至黑色 3 条横纹，明色型雄虫鞘翅除基部和中部外侧各具 1 个黑斑。前胸背板后缘中央白毛斑呈 2 个椭圆形或桃形或“山”字形。臀板全为白毛，或仅中央具白毛纵带。雌虫体色较雄虫淡，翅上斑纹不如雄虫明显（图 79-3，4）。(2) 卵。椭圆形，长约 1 mm，宽约 0.5 mm。淡黄色，半透明，略有光泽。(3) 幼虫。长约 3.5 mm，肥大，背隆起而弯曲，乳白色，胸足退化呈肉突状，上唇较唇基长。(4) 蛹。体长 3.4～3.6 mm，椭圆形，黄色，头部向下弯曲，足和翅痕明显。

图 79-3 绿豆象，雌成虫（左）和雄成虫（右）

图 79-4 绿豆象，活动状态

【生活习性】 成虫可在仓内豆粒上或田间豆荚上产卵。成虫善飞翔，并有假死习性。幼虫孵化后即蛀入豆荚豆粒。

【典型症状】 幼虫蛀荚，食害豆粒，或在仓内蛀食储藏的豆粒（图 79-5，6）。

图 79-5 绿豆象，为害状

图 79-6 绿豆象，为害状

【发生规律】 (1) 发生世代。每年发生 4～5 代，南方可发生 9～11 代。(2) 越冬。成虫与幼虫均可越冬。

【防治措施】 参见蚕豆象。

豌豆象 Pea weevil

豌豆象 *Bruchus pisorum* (Linnaeus) 属鞘翅目豆象科。为害豌豆、扁豆。除黑龙江未见外，其他各省区均有。国外除澳大利亚外，已遍布于世界各大洲。

【形态特征】 (1) 成虫。成虫体长 4～5 mm，宽 2.6～2.8 mm；椭圆形，黑色；触角基部 4 节，前、中足胫节、跗节为褐色或浅褐色；头具刻点，被淡褐色毛；小盾片近方形，后缘凹，被白色毛；臀板覆深褐色毛，后缘两侧与端部中间两侧有 4 个黑斑，后缘斑常被鞘翅所覆盖。雄虫中足胫节末端有 1 根尖刺，雌虫则无（图 79-7）。(2) 卵。橘红色。(3) 幼虫。幼虫复变态，共 4 龄，老熟幼虫体长 4.5～6 mm，短而肥胖多皱褶，略弯成“C”形，乳白色，头黑色，胸足退化成小突起，无行动能力。(4) 蛹。长 5.5 mm，初为乳白色，后转淡褐色。

图 79-7 豌豆象，成虫

【生活习性】（1）成虫。成虫飞翔力强，卵多产于荚上。在叶丛和花苞内交配。孵化后的幼虫先蛀食豆荚，然后蛀入豆粒内为害，豆粒表面上留有小黑点。（2）幼虫。幼虫不活泼，但蛀入豆荚、豆粒能力很强。随着豆粒的长大，幼虫逐渐老熟。一粒中只有 1 头幼虫存活。豌豆收获后，幼虫随豆粒带入仓内继续为害。化蛹前，将豆粒蛀成圆孔。

【典型症状】 幼虫蛀害豆荚，取食豆粒，影响产量，并且受害豆荚气味难闻，不能食用。

【发生规律】（1）发生世代。每年发生 1 代。（2）越冬。8 月中旬在豆粒内陆续羽化成虫，蛰伏其中越冬。如豆粒受到扰动，成虫常自豆粒中爬出，迁移到仓库缝隙及包装物等空隙处越冬。（3）发生时期。6 月上旬开始活动，在豌豆始花后的田间取食，6 月中旬豌豆始荚后，开始交尾产卵，产卵盛期为 6 月中旬到 6 月底。孵盛期为 6 月下旬。

【防治措施】 参见蚕豆象。

（四）地下害虫

80. 蛾类害虫

小地老虎 Black cutworm

小地老虎 *Agrotis ypsilon* Rottemberg 属鳞翅目夜蛾科，又称土蚕、地蚕、黑土蚕、黑地蚕。为世界性害虫，国内各地皆有不同程度发生。长江流域、东南沿海雨量丰富，气候湿润，发生最重。是一种迁飞性、暴食性害虫，为害各种蔬菜及农作物幼苗，以豆类、茄果类、瓜类、十字花科蔬菜为害最重。

【形态特征】 (1) 成虫。体长 16～23 mm，翅展 42～54 mm，深褐色，前翅有内横线、外横线将其分为 3 段，肾状斑、环行纹、棒状纹明显。后翅灰白色，腹部灰色。老熟幼虫体长 42～47 mm，头黄褐色，体灰黑色。体背粗糙，布满龟裂状皱纹和黑色微小颗粒（图 80-1）。(2) 幼虫。幼虫共分 6 龄。老熟幼虫体长 42～47 mm，头黄褐色，体灰黑色。体背粗糙，布满龟裂状皱纹和黑色微小颗粒（图 80-2）。(3) 蛹。长 18～23 mm。赤褐色，有光泽（图 80-3）。

图 80-1　小地老虎，成虫

图 80-2　小地老虎，幼虫

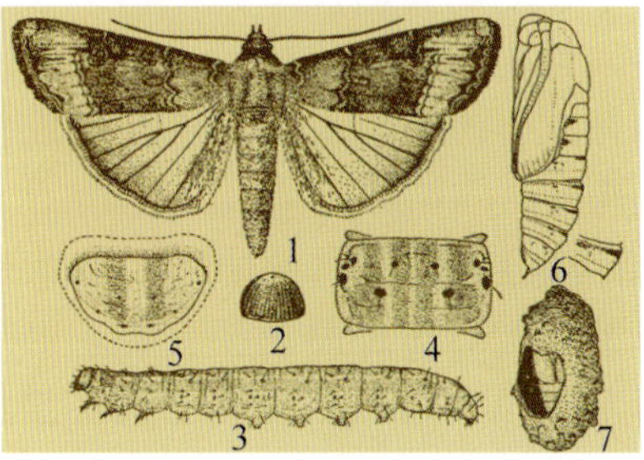

图 80-3　小地老虎，线图

1. 成虫　2. 卵　3. 幼虫　4. 幼虫第 4 腹节　5. 幼虫末切背板　6. 蛹　7. 土茧

（据浙江农业大学《农业昆虫学》）

【生活习性】 (1) 成虫。成虫昼伏夜出，尤以黄昏后活动最盛，并交配产卵，卵产在 5 cm 以下矮小杂草上。成虫对黑光灯及糖醋酒等趋性较强。(2) 幼虫。幼虫 3 龄前大多在叶背和叶心里昼夜取食而不入土；3 龄后的幼虫有假死性和互相残杀的特性，白天潜伏在浅土中，夜出活动取食。苗小时齐地面咬断嫩茎，拖入穴中。5～6 龄进入暴食期，占总取食量的 95%。老熟幼虫有假死习性，受惊缩成环形。老熟幼虫潜入土内筑室化蛹。

【典型症状】 刚孵化的幼虫常常群集在幼苗

上的心叶或叶背上取食，把叶片咬成小缺刻或网孔状。幼虫 3 龄后把蔬菜幼苗近地面的茎部咬断，还常将咬断的幼苗拖入洞中，其上部叶片往往露在穴外，使整株死亡，造成缺苗断垄（图 80-4）。

图 80-4　小地老虎，为害状

【发生规律】（1）发生世代。年发生代数由北至南不等，北京 3～4 代，安徽、江苏 5 代。（2）越冬。在长江流域能以老熟幼虫、蛹及成虫越冬；在广东、广西、云南则全年繁殖为害，无越冬现象。（3）环境因素。喜温暖及潮湿的条件，最适发育温区为 13～25 ℃，在河流湖泊地区或低洼内涝、雨水充足及常年灌溉地区，如属土质疏松、团粒结构好、保水性强的壤土、黏壤土、沙壤土均适于小地老虎的发生。尤在早春菜田及周缘杂草多，可提供产卵场所；蜜源植物多，可为成虫提供补充营养的情况下，将会形成较大的虫源，发生严重。

【防治措施】（1）农业防治。杂草是地老虎的产卵场所和初龄幼虫的重要食源，也是幼虫转移到作物为害的桥梁。春播前应精耕细耙，清除蔬菜地内杂草，可消灭部分虫卵。可用泡桐叶或莴苣叶置于田内，清晨捕捉幼虫。当利用性诱剂或糖醋酒诱杀液诱杀成虫，既可作为简易测报手段，又能减少蛾量。蔬菜大棚宜在小地老虎成虫迁入期（2 月底）前覆膜，揭膜通风处应在落日前封闭，以防成虫入棚产卵。大棚施用的露天灰肥或覆盖用枯草，应沤制或喷药处理后再入棚，防止小地老虎卵随肥、草入棚。及时清除蔬菜残株烂叶，减少其发酵物对成虫的诱集。（2）化学防治。1～2 龄幼虫抗药力低，多在植株嫩心为害，防治适期应 1～2 龄幼虫盛期，用喷雾或毒土法防治。喷雾法是在蔬菜后茬田挖翻前，用 90％敌百虫晶体，或 50％辛硫磷 EC 1 000～1 500 倍或菊酯类农药 1 500 倍液喷雾。毒土法用菊酯类农药，配制成毒砂，50％辛硫磷 EC 0.5 kg 加水拌细土 50 kg，每亩用量为 20 kg，顺行撒施于幼苗根际附近。3 龄后田间断茎株率超过 1％时，可用毒饵或毒草诱杀，用 90％敌百虫晶体 0.5 kg 加水 2.5～5 kg，喷拌 50 kg 碾碎炒香的棉子饼或麦麸；50％辛硫磷 EC 50 mL，拌棉籽饼或麦麸 5 kg。毒草可用 0.25 kg 敌百虫晶体拌和铡碎的鲜草或蚕豆茎叶 30～50 kg，每亩用毒饵 5 kg，毒草 15～20 kg，于傍晚撒在作物行间。

黄地老虎
Yellow cutworm

黄地老虎 *Agrotis segetum* Schiffer Müller 属鳞翅目夜蛾科。为杂食性害虫。各地均有发生，北方发生较多，是新疆的重要地下害虫。

【形态特征】 体长 15～18 mm，翅展 35～45 mm，体淡灰褐色。老熟幼虫体长 40～50 mm，土黄色或灰褐色（图 80-5）。

图 80-5　黄地老虎，幼虫

【生活习性】 成虫日伏夜出，天亮前寻潜所隐蔽，趋光性和趋食性均较强，夜出采食花蜜补充营养，取食后 2～3 d 交配产卵。卵散产于湿润的土缝、土表和杂草田内。

【发生规律】 新疆福海县每年发生 2～3 代，以老熟幼虫越冬。开春后，越冬幼虫开始为害。5 月中下旬化蛹。

【防治措施】 参见小地老虎。

81. 蝇类害虫

S灰地种蝇 Seed maggot

灰地种蝇 *Delia platura*（Meigen）属双翅目花蝇科，又称灰种蝇、种蝇、地蛆、种蛆、菜蛆、根蛆。为害白菜、甘蓝、葱、瓜类等多种农作物、蔬菜、果树、林木。分布在全国各地。

【形态特征】（1）成虫。体长 4～6 mm，雄蝇暗黄色至暗褐色，胸部背面有 3 条黑色纵纹，是重要的鉴别特征。雌蝇灰色或灰黄色（图 81-1，2）。（2）卵。乳白色，长约 1 mm，长椭圆形。（3）幼虫。幼虫老熟幼虫体长 7～8 mm，乳白色略带浅黄色，头退化，仅有 1 个黑色口钩。整个体形前端细后端粗（图 81-3）。（4）蛹。长 4～5 mm，长椭圆形，红褐色或黄褐色。

图 81-1　灰地种蝇，成虫

图 81-2　灰地种蝇，成虫侧面

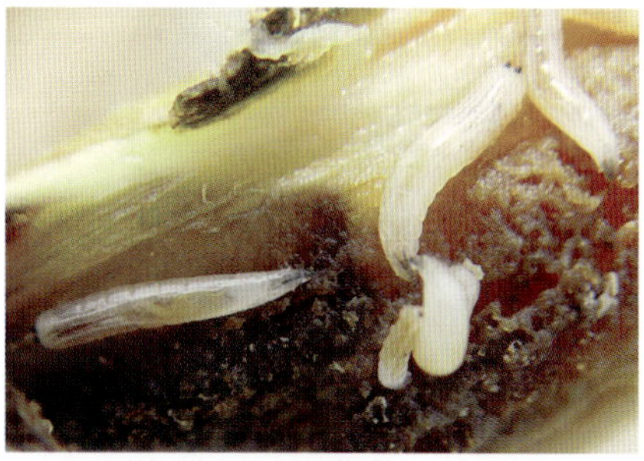

图 81-3　灰地种蝇，幼虫

【生活习性】 成虫以晴天中午前后最活跃，对未腐熟的粪肥及发酵饼肥有很强的趋性。没有灭虫的大棚内，可以各种虫态越冬并连续为害，无滞育现象。

【典型症状】 蝇蛆在土中为害播下的蔬菜种子，取食胚乳或子叶，引起种芽畸形、腐烂而不能出苗；在留种菜株上为害根部，引起根茎腐烂或枯死。

【发生规律】（1）发生世代。由北而南每年发生 2～6 代。以第 1 代为害最为严重。（2）越冬。以蛹在土中越冬。（3）发生时期。成虫于 3 月上、中旬飞入大棚，在黄瓜、甜瓜根部产卵，孵化出蛆即钻入黄瓜、甜瓜幼苗根茎部，蛀食心部组织，使幼苗萎蔫、死苗，造成缺苗、断垄。幼虫活动性很强，能在土中转株为害。

【防治措施】（1）种子处理。用 80%的敌百虫 DP 拌种，用药量为种子重量的 0.3%。（2）农业防治。要使用充分腐熟的有机肥，要做到均匀、深施、种肥隔开。已发生的大棚勤浇水，必要时浇大水。3 月上旬 1 个大棚内放 3～5 个小盘盛糖醋诱剂诱蝇。诱剂的配制是采用 1 份糖、2.5 份水，加少量敌百虫拌匀。（3）化学防治。成虫发生期，用灭杀毙 6 000 倍液，或 2.5%溴氰菊酯 3 000 液，或 20%菊・马 EC 3 000 倍液，每隔 7 d 防治 1 次，连防 2～3 次。防治幼虫用 50%辛硫磷 EC 或 90%敌百虫 1 000 倍灌根。

T萝卜地种蝇 Turnip root fly

萝卜地种蝇 *Delia floralis* Fallen 属双翅目花蝇科，又称萝卜种蝇、萝卜蝇、白菜蝇、根蛆、地蛆。为害白菜、萝卜等十字花科蔬菜。分布北起黑龙江、内蒙古、新疆，南至山东、河南、陕西。东面滨渤海，西向经由宁夏、甘肃、青海到达新疆。东北、华北、西北诸省、区密度均较大。

【形态特征】 (1) 成虫。体长约 7 mm。雄虫体略瘦小，暗灰褐色，头上两复眼间距离较小。胸部背面有 3 条黑色纵纹；腹部背中央有 1 条纵纹，各腹节间均有黑色横纹，在腹背上构成许多小方格。后足腿节外下方生有 1 列稀疏长毛（图 81-4）。雌虫全体黄褐色，胸、腹部背面无斑纹（图 81-5）。雄、雌虫前翅基背毛与盾间沟后背中毛大致等长。(2) 卵。长椭圆形，长约 1 mm，乳白色，稍弯，在弯内有 1 条纵凹陷，卵表面有网状纹。(3) 幼虫。老熟幼虫体长约 7 mm，乳白色，头退化，仅有 1 对黑色口钩。腹部末端有 6 对突起，其中第 5 对突起大而且分叉（图 81-6）。(4) 蛹。围蛹，长约 7 mm，椭圆形，红褐色或黄褐色，尾端可见 6 对突起（图 81-7）。

图 81-4　萝卜地种蝇，成虫

图 81-5　萝卜地种蝇，雌成虫

图 81-6　萝卜地种蝇，幼虫

图 81-7　萝卜地种蝇，蛹

【生活习性】 成虫羽化后产卵于菜苗周围地面上或心叶及叶腋上，经 5～14 d 孵化为蝇蛆，迅速钻入叶柄基部，而后向茎中钻蛀，幼虫期 35～40 d。

【典型症状】 蝇蛆蛀食菜株根部及周围菜帮。受害轻的菜株发育不良，呈畸形或外帮脱落，产量降低，品质变劣，不耐储藏；受害重的，蝇蛆蛀入菜心，不堪食用，甚至因根部完全被蛀而枯死。蛆害形成伤口引起软腐病的发生与流行（图 81-8）。

图 81-8　萝卜地种蝇，为害萝卜状

【发生规律】 (1) 发生世代。每年发生 1 代。(2) 越冬。以蛹越冬。(3) 环境因素。8 月份多雨潮湿有助于成虫的羽化及幼虫的孵化，发生较重。

【防治措施】（1）农业防治。秋菜地或当年的春菜地要深翻 20～25 cm，翻后及时整地，将土表处的蛹翻入土壤深处，使虫羽化出土困难。成虫对未腐熟的有机肥有较强的趋性，施入的有机肥必须经高温腐熟，施肥后要结合翻地及时将其翻入土中。草木灰对根蛆有一定的预防作用，在萝卜播种时，每穴施草木灰 10～15 g，与土壤混合后下籽、覆土。用糖、醋各 1 份，加水 2.5 份的比例混合，加入少量的敌百虫配成诱杀剂。7 月下旬成虫羽化初期在田间设置诱杀器皿，器皿可采用大碗或小盆等，加盖。每天下午 3 时开盖，次日 8 时将诱杀的成虫捡出。诱杀剂每隔 3 d 补充一些，10 d 更换 1 次。（2）化学防治。成虫发生期喷药，常用农药有 21%增效氰・马 EC（灭杀毙）6 000 倍液，或 2.5%溴氰菊酯 3 000 倍液，或 50%地蛆灵或 35%驱蛆磷 EC 2 000 倍液，或 20%氰・杀 EC 2 000 倍液，或 10%溴・马 EC 2 000 倍液。隔 7 d 喷 1 次，连续 2～3 次。幼虫发生期灌根，常用农药有 50%辛硫磷 EC 800 倍液，或 90%敌百虫晶体 1 000 倍液，或 50%乐果 1 000 倍液。

毛尾地种蝇 Smaller turnip maggot

毛尾地种蝇 *Delia planipalpis*（Stein）属双翅目花蝇科，又称小萝卜蝇、地蛆、根蛆。为害白菜、萝卜等十字花科蔬菜。分布在各地。

【形态特征】（1）成虫。前翅基背毛很长；雄蝇两复眼间额带的最狭部分比中单眼宽 2 倍；后足腿节的下方只有近末端部分有显著的长毛；雌蝇体长约 5.5 mm，从后面看腹部背面中央有暗色纵带，两侧具不规则的暗色花纹（图 81-9）。（2）幼虫。幼虫腹部末端有 6 对突起，第 6 对突起分成很浅的两叉（图 81-10）。

图 81-9　毛尾地种蝇，成虫

图 81-10　毛尾地种蝇，幼虫

【典型症状】蝇蛆钻蛀菜根引起生长受阻，会诱发软腐病（图 81-11）。

图 81-11　毛尾地种蝇，为害大白菜

【发生规律】（1）发生世代。每年发生 3 代。（2）越冬。以蛹越冬。（3）发生时期。3 代成虫发生时期分别为 5 月下旬至 6 月上旬、7 月及 8 月。成虫产卵于心叶、嫩叶或叶腋，很少产在土面上。春季多为害春萝卜和春白菜；8～10 月第 3 代幼虫常与萝卜地种蝇混合发生，为害秋白菜。

【防治措施】参见萝卜地种蝇。

葱蝇 Onion bulb fly

葱蝇 *Deliant iqua* Meigen 属双翅目，花蝇科。又称蒜蛆。主要为害百合科葱属的圆葱、大蒜、大葱、韭菜等。造成的损失在 20%～30%，严重者达 50%以上，是一种毁灭性害虫。

【形态特征】（1）成虫。前翅基背毛极短小，不及盾间沟后的背中毛的 1/2 长。雄蝇两复眼间额带最狭部分比中单眼狭；后足胫节的内下方中央（为全胫长的 1/3～1/2 部分），具成列稀疏而大致等长的短毛。雌蝇中足胫节的外上方有 2 根刚毛（图 81-12）。（2）幼虫。老熟幼虫腹部末端有 7 对突起，各突起均不分叉，第 1 对高于第 2 对，第 6 对显著大于第 5 对。

图 81-12 葱蝇，成虫

【生活习性】 雌虫晚上的活动力比早上强，中午寻找树荫或躲在缝隙中，多在晚上产卵；卵多产于植株鳞茎基部及附近土缝中，也产于叶腋间。雄虫羽化较雌虫早。成虫多在花器或潮湿、未腐熟的粪肥上取食。幼虫为植食性。

【典型症状】 葱蝇以幼虫在地下钻蛀寄主植物的鳞茎盘部分或地下根茎，造成寄主植物地下部分腐烂发霉，地上部分萎蔫，叶端枯黄或全株叶片变黄，直至死亡。对蔬菜产品的产量和质量影响极大。

【发生规律】 (1) 发生世代。葱蝇每年发生 2～4 代，山东、沈阳、甘肃、江苏等地均每年发生 3 代，发生 4 代以上的地区较少。(2) 越冬。以围蛹在根际周围 5～10 cm 土中越冬。(3) 发生时期。成虫于 4 月初开始羽化，4 月下旬至 5 月初为第 1 代幼虫为害高峰期，为害重；5 月下旬至 6 月初为第 1 代成虫发生盛期；6 月上中旬为第 2 代幼虫为害盛期，为害较轻；6 月底，田间大蒜已收获，以蛹在土中越夏；9 月初大蒜出苗后第 2 代成虫陆续羽化，9 月底至 11 月初为第 3 代幼虫为害期。(4) 环境因素。葱蝇发生的适宜日平均气温为 10～20 ℃；当 5 cm 土温为 19.5～24.5 ℃时，葱蝇的为害最重；土壤含水量较高时，幼虫的虫口密度较大，但过高，虫口密度又呈下降趋势。

【防治措施】 (1) 农业防治。选用饱满、无创伤、无霉烂抗虫品种，播后要盖麦秸、花生藤。合理施肥，不施未腐熟发酵的有机肥，若施用则一定盖土。秋耕可杀死 75% 的蛹，春耕可杀死 40% 的蛹。大蒜可与小麦、玉米、棉花轮作，圆葱与玉米间作，圆葱畦埂两侧各种 1 行胡萝卜，也可减少葱蝇的为害。适当调整播种期，大蒜应适期早播，使烂母期与葱蝇越冬代成虫产卵盛期错开，可减少为害。(2) 化学防治。堆肥诱集葱蝇在产卵高峰期，喷洒 90% 敌百虫晶体 500 倍或 80% 敌敌畏 EC 600 倍于肥堆上。75% 灭蝇胺 WP，或 40% 辛硫磷 EC，或 48% 毒死蜱 EC 3 000 倍液，于大蒜种植期土壤处理和发生期药剂灌根；5% 氟铃脲 EC 3 000 倍液，在葱蝇发生期灌根使用。

82. 蚊类害虫

韭菜迟眼蕈蚊 Bradysia odoriphaga

韭菜迟眼蕈蚊 *Bradysia odoriphaga* Yang et Zhang 属双翅目眼蕈蚊科。又称黄脚蕈蚊、韭蛆。为害百合科、菊科、藜科、十字花科、葫芦科、伞形科等 7 科 30 多种蔬菜。是韭菜、大蒜、葱的主要害虫，北方保护地韭菜受害最重，其次为大蒜、洋葱、瓜类和莴苣；可造成韭菜产量损失 30%～80%，蒜田经济损失超过 30%，是造成目前韭菜减产和农药残留超标的主要原因之一。北方各省区以及四川、湖北、浙江、江苏、安徽等省均有发生。

【形态特征】 (1) 成虫。小型蚊子，体长 2.0～5.5 mm，黑褐色，头小；复眼相接，触角丝状、16 节，有微毛（图 82-1）。(2) 卵。椭圆形，乳白色。(3) 幼虫。幼虫体细长，6～7 mm，头漆黑色有光泽，体呈白色透明。(4) 蛹。裸蛹，初期黄白色，后转黄褐色，羽化前呈灰黑色；头为铜黄色，有光泽。

图 82-1 韭菜迟眼蕈蚊

【生活习性】 成虫不取食，喜腐殖质，有趋光性，但喜在阴湿弱光环境下活动。上午最为活跃，同时也是交尾高峰，夜间不活动。新鲜韭菜植株、大蒜乙醇提取物、大蒜素及多硫化钙对成虫有明显的引诱作用。

【典型症状】 幼虫隐蔽式群居生活，在韭菜下部的鳞茎和柔嫩茎部蛀食为害，可造成缺苗断垄或成片死亡。

【发生规律】 (1) 发生世代。华北年发生 4～6 代，杭州 9 代，在保护地和菇房可周年发生。(2) 越冬。多以幼虫在韭菜根茎、鳞茎及根部周围土中群集越冬。(3) 发生时期。南方越冬幼虫第 2 年 2 月下旬开始化蛹，3 月中旬为羽化高峰；北方 3 月中、下旬开始化蛹，4 月上、中旬达羽化高峰，4～6 月、9 月下旬至 11 月虫量多，露地呈春秋季 2 个为害高峰。(4) 环境因素。7～8 月因幼虫不耐高温干旱，致虫量骤减。

【防治措施】 (1) 农业防治。施用充分腐熟的有机肥，当发生蛆害时避免用粪稀和硝酸铵作追肥。春秋季幼虫发生时，连续浇水 2～3 d，每天淹没畦面，杀灭根蛆。利用未腐熟粪肥或腐烂发霉的蒜瓣，捣碎后加入少量杀虫剂或用糖醋液来诱杀成虫。地面覆盖细沙和草木灰或用竹签剔开韭菜根际土壤，造成干燥环境，降低幼虫成活率和成虫羽化率，从而减轻为害。在冬季扣膜扒土晾根，既可打破休眠，又冻杀根蛆。(2) 物理防治。利用成虫的趋光性，用灯光诱杀成虫，在韭菜田或温室内设置普通日光灯，灯下挖一坑，坑内储水或放一装有水的水盆，可以诱杀韭蛆成虫。(3) 化学防治。防治成虫，每亩用 50%敌敌畏 EC 400 g 拌入 15 kg 细砂内，充分拌匀后于上午 11 时前顺垄撒施，施药时要闭棚，2 h 后通风。或在成虫羽化盛期喷 40%辛硫磷 EC，或 50%敌敌畏 EC 1 000～1 500 倍。隔 10 d 喷 1 次，连喷 2～4 次。灌根法防治幼虫，每亩施药量为 40%辛硫磷 EC 50～100 mL，或 48%毒死蜱 EC 250～500 mL，或 20%辛硫磷·毒死蜱 EC 400～600 mL。

黄斑大蚊 Yellow spotted crane fly

黄斑大蚊 *Nephrotoma* sp. 属双翅目大蚊科，又称土大蚊、蚕豆切蛆等。为害蚕豆、苜蓿、麦类、黄瓜、茄子、辣椒、番茄、草莓等。各地均有发生。

【形态特征】 (1) 成虫。体长15～19 mm，鲜黄色，具黑色斑纹。头部橙黄色，头顶中央具三角形黑斑。复眼黑色。腹部两侧鲜黄色，具黑褐色细纵纹（图 82-2，3）。(2) 卵。黑色长圆形，长1 mm左右，具光泽。(3) 幼虫。幼虫污黄色蛆形，体长25 mm左右，头尖小，常缩入胸部，口器黑色，前胸背板中央有浅色纵线，两侧暗褐色（图 82-4）。(4) 蛹。裸蛹长13～18 mm，长筒形。

图 82-2　黄斑大蚊，刚羽化的成虫

图 82-3　黄斑大蚊，成虫交尾

图 82-4　黄斑大蚊，幼虫

【典型症状】 幼虫在地下为害蚕豆、黄瓜、茄科蔬菜及草莓等种子和幼苗根茎部，阴雨天幼虫钻出地表切断贴地的叶柄或食害嫩叶。

【发生规律】 (1) 发生世代。甘肃和山东聊城地区每年发生3代。(2) 越冬。以中龄及老熟幼虫入土8～15 cm处越冬。(3) 发生时期。3月下旬开始活动，取食秧苗根部及新出土嫩芽，4月下旬开始化蛹，蛹期5～10 d，5月上、中旬成虫大量羽化，经5～8 h交配产卵，6月是1代幼虫为害期，7月中旬1代成虫出现。

【防治措施】 早春越冬幼虫开始为害时，在土表每亩撒施2.5%辛硫磷 DP 1 kg，然后锄入土中或灌水，使药液渗入土中。

83. 甲虫类害虫

小青花金龟
Citrus flower chafer

小青花金龟 *Oxycetonia jucunda* Faldermann 属鞘翅目花金龟科。别名小青花潜、银点花金龟、小青金龟子。为害葱以及山楂、苹果、梨、海棠、杏、桃、葡萄、柑橘、栗、葱等。国内除新疆未见外，其他各省区均有。国外分布于朝鲜、日本、俄罗斯、印度、孟加拉国、锡金、尼泊尔及北美洲。

【形态特征】 (1) 成虫。成虫体长 12～15 mm，暗绿色，常有青、紫等色闪光，头较长，前胸背板和鞘翅密生许多黄色茸毛，无光泽，鞘翅上有深浅不一的半椭圆条刻，并有黄白色斑纹，腹部两侧各有 6 个黄白色斑纹，臀板横列 4 个白斑，足皆为黑褐色（图 83-1）。(2) 卵。椭圆形，长 1.7～1.8 mm，宽 1.1～1.2 mm，卵初为乳白色，椭圆形，膨大后为球形，污白色。(3) 幼虫。老熟幼虫体长 32～36 mm，头宽 2.9～3.2 mm。头部较小，褐色，前顶毛每侧 4～5 根，后顶毛每侧 3～4 根，胴部乳白色，各体节多皱褶，密生茸毛，肛腹板上具有 2 列纵向排列的刺毛。(4) 蛹。裸蛹，长 14 mm，白色，心端为橙黄色。

图 83-1　小青花金龟，成虫

【生活习性】 成虫白天活动，春季 10～15 时，夏季 8～12 时及 14～17 时活动最盛，春季多群聚在花上，食害草莓的花瓣、花蕊、芽及嫩叶，致落花。成虫喜食花器，故随寄主开花早迟转移为害，成虫飞行力强，具假死性；风雨天或低温时常栖息在花上不动，夜间入土潜伏或在树上过夜，成虫经取食后交尾、产卵。卵散产在土中、杂草或落叶下。尤喜产卵于腐殖质多的场所。幼虫孵化后以腐殖质为食，长大后为害根部，但不明显，老熟后化蛹于浅土层。

【典型症状】 成虫喜食芽、花器和嫩叶及成熟有伤的果实；幼虫为害植物地下部组织。

【发生规律】 (1) 发生世代。每年发生 1 代。(2) 越冬。北方以幼虫越冬，江苏可以幼虫、蛹及成虫越冬。(3) 发生时期。以成虫越冬的第 2 年 4 月上旬出土活动，4 月下旬至 6 月盛发，以末龄幼虫越冬的，成虫于 5～9 月陆续出现，雨后出土多，安徽 8 月下旬成虫发生数量多，10 月下旬终见。

【防治措施】 以防治成虫为主，最好采取联防，即在春季采种的蔬菜和草莓开花期捕杀，必要时，张单震落，集中杀死，也可结合防治其他害虫，喷洒 25％喹硫磷 EC 1 000 倍液，或 16％顺丰 3 号 EC 1 500 倍液，采收前 7 d 停止用药。

斑青花金龟
Small green flower chafer

斑青花金龟 *Oxycetonia jucunda bealiae* Goryet Percheron 属鞘翅目花金龟科。分布在山西、江苏、浙江、江西、福建、广西、广东、云南、西藏、贵州、四川、湖南。为害茄等。

【形态特征】 成虫倒卵圆形，体长 11.7～14.4 mm，宽 6.8～8.2 mm，鞘翅基部最宽。形态与小青花金龟酷似，本种头黑色，前胸背板栗褐色至枯黄色，每侧具斜阔暗古铜色大斑 1 个，大斑中央具一小白绒斑，体上面无毛，鞘翅狭长，暗青铜色，后方略收狭，每鞘翅中段具一茶黄色近方形大斑（图 83-2）。

图 83-2　斑青花金龟，成虫

【典型症状】　参见小青花金龟。

【防治措施】　参见小青花金龟。

东北大黑鳃金龟 Northeast giant black chafer

东北大黑鳃金龟 *Holotrichia diomphalia* Bates 属鞘翅目鳃金龟科。幼虫称蛴螬，又称白地蚕、白土蚕。杂食性。各地均有发生。

【形态特征】（1）成虫。体长 16～21 mm，宽 8～11 mm，黑色或黑褐色，具光泽（图 83-3）。（2）卵。初产长椭圆形，白色稍带黄绿色光泽；发育后期呈圆球形。（3）幼虫。3 龄幼虫体长 35～45 mm，头宽 4.9～5.3 mm（图 83-4）。头部黄褐色（图 82-5），胴部乳白色。头部前顶刚毛每侧 3 根，成一纵列。肛门孔呈三射裂缝状，肛腹片后部复毛区散生钩状刚毛（图 83-6）。（4）蛹。为裸蛹，初期白色，渐转红褐色。

图 83-3　东北大黑鳃金龟，成虫

图 83-4　东北大黑鳃金龟，幼虫蛴螬

图83-5　东北大黑鳃金龟，幼虫头部特征

图 83-6　东北大黑鳃金龟，幼虫受惊后呈“C”形

【生活习性】（1）成虫。成虫有假死性和趋光性，并对未腐熟的厩肥有强烈趋性，昼间藏在土壤中，晚 8～9 时为取食、交配活动盛期。产于松软湿润的土壤内，以水浇地最多。（2）幼虫。蛴螬始终在地下活动，与土壤温湿度关系密切，当 10 cm 土温达 5 ℃时开始上升至表土层，13～18 ℃ 时活动最盛，23 ℃以上则往深土中移动。

【典型症状】　幼虫食害各种蔬菜苗根，引起幼苗致死，造成缺苗断垄。成虫仅食害树叶及部分作物叶片。

【发生规律】（1）发生世代。1～2 年发生 1 代。（2）越冬。以幼虫或成虫在土壤中越冬。（3）发生时期。每年的 5～7 月，成虫大量出现。（4）环境因素。土壤湿润时，蛴螬的活动性强，尤其小雨连绵的天气为害较重。

【防治措施】 （1）农业防治。在深秋或初冬翻耕土地，能杀灭部分害虫。施用腐熟的厩肥。蛴螬发生区，在不影响作物生长发育的前提下，对于灌溉要合理地加以控制。（2）化学防治。孵化盛期，用48%毒死蜱 EC 67 mL 加水 100 L 灌根。

沟金针虫 Grooved click beetle

沟金针虫 *Pleonomus canaliculatus* Faldemann 属鞘翅目叩头虫科，又称沟叩头虫、沟叩头甲等，为害各类蔬菜播下的种子、幼苗。

【形态特征】 （1）成虫。体栗褐色，虫体及翅鞘表面密生一层短茸毛；雌、雄成虫异型。雌成虫体扁圆形较粗大，体长 14～17 mm，宽 4～5 mm；触角 11 节，较虫体短，略长于前胸；前胸发达，背中央隆起较高；翅鞘表面有数条纵隆起线，后翅退化；足的跗节短小（图 83-7）。雄虫体细长，体长 15～18 mm，宽 3.5～4 mm；触角 12 节与虫体等长或略长；前胸背及翅鞘较平直，后翅发达；足的跗节细长。（2）幼虫。老熟幼虫体长 20～30 mm，细长筒形略扁，体壁坚硬而光滑，具黄色细毛，尤以两侧较密（图 83-8）。体黄色，前头和口器暗褐色，头扁平，上唇呈三叉状突起，胸、腹部背面中央呈一条细纵沟。尾端分叉，并稍向上弯曲，各叉内侧有 1 个小齿。各体节宽大于长，从头部至第 9 腹节渐宽（图 83-9）。

图 83-7　沟金针虫，雌成虫

图 83-8　沟金针虫，幼虫

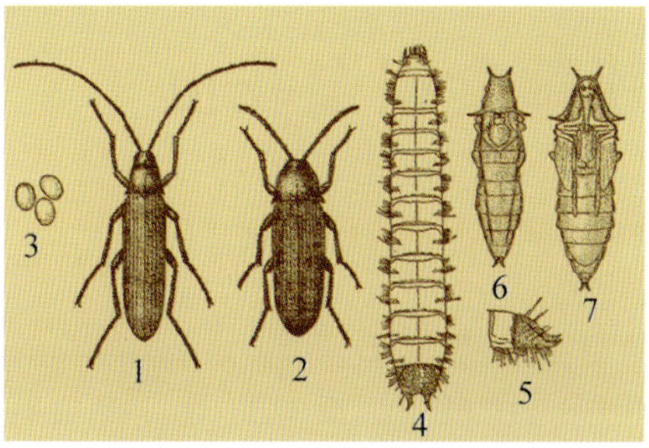

图 83-9　沟金针虫，线图

1. 雄成虫　2. 雌成虫　3. 卵　4. 幼虫　5. 幼虫腹部末端
6. 雄蛹（背面观）　7. 雌蛹（腹面观）
（据浙江农业大学《农业昆虫学》）

【生活习性】 （1）成虫。成虫白天潜伏于表土内，夜间出土交配产卵。雌虫无飞翔能力，雄成虫善飞，有趋光性。5 月上旬幼虫孵化，在食物充足的条件下，当年体长可至 15 mm 以上，到第 3 年 8 月下旬，老熟幼虫开始化蛹，9 月初羽化为成虫，并在土室中潜伏越冬。翌春越冬成虫出土活动，4 月中旬开始产卵。（2）幼虫。幼虫老熟，于 16～20 cm 深的土层内作土室化蛹。

【典型症状】 幼虫在土中取食播种下的种子、萌出的幼芽、菜苗的根部，致使作物枯萎致死，造成缺苗断垄，甚至全田毁种（图 83-10）。

图 82-10　沟金针虫，为害马铃薯枯死

【发生规律】 （1）发生世代。2～3 年发生 1 代。（2）越冬。以幼虫和成虫在土中越冬。（3）发生时期。越冬成虫于 3 月中旬至 4 月中旬为活动盛期。

【防治措施】 （1）农业防治。深翻改土，适时早播，在春季开始为害时浇水，可减轻为害。（2）化学防治。每亩用 50%辛硫磷 EC 1～1.5 kg，或 48%毒死蜱 EC 0.3～0.5 kg。当根部遭受为害时，用 48%毒死蜱 EC 1 500 倍液，或 37%高氯·马 EC 1 000 倍液，或 50%辛硫磷 EC 800 倍液，将喷雾器的喷头拧去旋水片，直接对着根部喷施。每 7～10 d 喷 1 次，连喷 2～3 次。

莲藕食根金花虫
Lotus root donacia lenzi schenfeldt

莲藕食根金花虫 *Donaca provsti* Fairmaire 又名食根叶甲、食根蛆、饭豆虫等。该虫有长腿叶甲和短腿叶甲 2 种，属鞘翅目叶甲科，是目前莲藕的主要地下害虫。随着农业结构的调整，水生蔬菜和籽莲种植面积的扩大，加上坐蔸莲田的增加，给越冬虫源创造了一定的场所，导致虫源基数增加，近年为害加重。

【形态特征】 （1）成虫。体长 5～9 mm，褐色，有金属光泽。头部铜绿色至紫黑色，中央有纵沟，腹面具厚密银白色绒毛，触角各节基部黄褐色，端部黑褐色，各节腿节部具蓝绿色光泽，第 2 节显著短于第 3 节，第 5 节长于以下各节。前胸背板铜绿色，正方形，具有纵沟，鞘翅有平行纵沟和刻点，端缘切平，臀板外露。（2）卵。长约 1 mm，长椭圆形，稍扁平，乳白色，后变淡黄色，卵块上覆盖有白色透明胶状物。（3）幼虫。幼虫体长 9～10 mm，体白色，蛆状，头部很小，胸部肥大，体形稍弯曲成纺锤形，胸足 3 对，无腹足（图 83-11）。尾端有对爪尾钩（图 83-12），钩在藕茎上或须根上不易掉落。（4）蛹。长 9 mm，白色外层包有红褐色胶质薄茧，形似饭豆状，所以群众称它为“饭豆虫”（图 83-13）。

图 83-11　莲藕食根金花虫，幼虫

图 83-12　莲藕食根金花虫，幼虫尾钩

图 83-13　莲藕食根金花虫，蛹

【生活习性】 （1）成虫。成虫趋光性不强，但行动活泼，稍有惊动，沿水面短距离飞行，或潜于水中逃跑。成虫羽化后即向上爬行，浮出水面，停息在贴水面的眼子菜或浮荷上，稍待片刻便能飞翔。羽化后 1～3 d 开始交配，以黄昏为盛，交配后 1～2 d 产卵，每头雌虫可产卵 3～4 块，每块 20～30 粒，卵多产于眼子菜叶缘或近水面的相关作物叶面上。卵块离开水面很快干缩，不能孵化。（2）幼虫。当秋季地温下降到 20 ℃以下，当年孵化的幼虫就下降到表土以下 15～19 cm 深处越冬，第 2 年春季气温稳定在 18 ℃以上时，再上升到表土 6～9 cm 处为害。老熟幼虫分泌胶状物形成蛹壳，附在莲根上化蛹。

【典型症状】 莲藕食根金花虫主要以幼虫为害莲藕的茎和根，被害的藕形成斑孔，品质差（图 83-14，15）。莲田前期受害，地下茎发育迟缓，植株生长矮小，甚至形成较长时期的浮叶，须根小而短，容易拔起，为害严重的莲田整片荷叶枯死。将泥土中藕根拔起，可见到根部附着大量的幼虫蛹茧。

图 83-14　莲藕食根金花虫，为害状

图 83-15　莲藕食根金花虫，为害状

【发生规律】（1）发生世代。南北各地莲藕食根金花虫每年发生代数没有明显的规律，多数地区以 1 代为主。（2）越冬。湖北越冬幼虫在莲田 15～18 cm 深处越冬。（3）发生时期。4 月下旬至 5 月上旬升到表土 6～9 cm 处为害莲茎根。5 月中旬至 6 月下旬化蛹，6 月份各虫态先后出现，6 月下旬至 7 月上旬为羽化盛期，成虫出现最多，并进入产卵期。23 ℃以上为害最重。（4）环境因素。常年渍水、水草滋生、眼子菜多、烂泥田、低洼湖田、山冲田、排水不良的莲田有利于幼虫的发生与为害，冷浸的冬泡田发生较重。同时，发生轻重还取决于土壤的湿度与眼子菜的多寡。

【防治措施】（1）农业防治。改造冬水田是防治莲田食根金花虫的根本措施。冬季排除藕田水，可减少越冬虫源，铲除田边杂草，消灭眼子菜，减少越冬寄主。为害重的莲田，在春耕整田时每亩施入新鲜生石灰 75～100 kg，或茶枯饼 40～50 kg，或菜子饼 50～100 kg。（2）生物防治。藕田套养泥鳅、黄鳝既能防治地蛆，又能提高产量。防效达 94%以上，莲藕增产率达 12%以上。于开春投放泥鳅和黄鳝苗，每亩投放泥鳅和黄鳝苗各 10 kg 左右。在幼虫发生高峰期少投放或不投放饵料，利用泥鳅和黄鳝的暴食期和幼虫为害高峰期相遇的特点，大量捕食幼虫。（3）化学防治。耕整莲田时每亩施入米都尔 1.5 kg 或辛硫磷 GR 3 kg 耖入泥中，杀死土中幼虫。5 月上旬用“藕虫清”DP（以阿维菌素为主要成分）加细土撒施，撒后 10 d 内田间保持 5 cm 以上的浅水层。为害初期，结合追肥拌入米都尔 1.5 kg 或辛硫磷 GR 3 kg，或甲（乙）六粉 2 kg，也可拌入细土 20 kg 均匀撒入莲田，有一定的防效。每亩施用 20%灭扫利 200 g 加生石灰 100 kg，能杀灭莲田的幼虫。

84. 蟋蟀类害虫

F 油葫芦
Field cricket

油葫芦 *Teleotryllus emma* Ohmachi & Matsuura 属直翅目蟋蟀科。为害白菜、甘蓝、毛豆等多种农作物。广泛分布。

【形态特征】 （1）成虫。雄成虫体长 22～24 mm，雌成虫 23～25 mm，体黑褐色，头顶黑色，复眼四周和面部橙黄色，从头背观两复眼内方的橙黄纹呈“八”字形。前胸背板黑褐色，1 对羊角形深褐色斑纹隐约可见；中胸腹板后缘中央具小切口。雄虫前翅黑褐色，长达尾端；后翅发达如长尾盖满腹端。雌虫前翅长达腹端，后翅发达伸出腹端如长尾。产卵管长于后足股节（图 84-1）。（2）若虫。与成虫相似（图 84-2）。

图 84-1　油葫芦，成虫

图 84-2　油葫芦，幼虫

【生活习性】 卵散产在杂草丛、田埂或坟地，深 2 cm。成虫和若虫昼间隐蔽，夜间活动，觅食、交尾。成虫有趋光性。

【典型症状】 食叶成缺刻或孔洞，有的咬食花荚或根。

【发生规律】 （1）发生世代。每年发生 1 代。（2）越冬。以卵在土中越冬。（3）发生时期。4～5 月孵化为若虫。若虫 5～8 月陆续羽化为成虫，9～10 月进入交配产卵期。

【防治措施】 （1）物理防治。利用成虫的趋光性诱杀成虫。（2）化学防治。苗期每亩用 50%辛硫磷 EC 40～60 mL，拌 450～600 kg 炒香的麦麸或豆饼或棉籽饼，拌时要适当加水，然后撒施于田间。或每亩用 50%辛硫磷 EC 50～60 mL，拌细土 1 000 kg，撒入田中。施药时要从田四周开始，向中间推进效果好。

C 蟋蟀
Cricket

蟋蟀 *Velarifictorus micado* Saussure 属直翅目蟋蟀科。分布在东北、华北、华东等地。为害多种蔬菜和农作物等。

【形态特征】 （1）成虫。雄成虫体长 13～16 mm，雌成虫 14～19 mm，黑褐色，头圆。头顶黑色，有反光，后头有 3 对橙黄纵纹。两单眼间橙黄色，横纹两端粗，中间缢缩。前翅较短，略接近腹端。雌蟋产卵管由中间向后直伸，俗称三尾子（图 84-3）。（2）卵。长圆形，光滑，黄色半透明，长 2.3～3.0 mm。（3）若虫。若虫灰褐色，具翅芽，似成虫（图 84-4）。

【典型症状】 咬食植物的叶片、嫩头，食成孔洞，有的咬食花、荚、果实及根。

图 84-3　蟋蟀，成虫

图 84-4　蟋蟀，幼虫

【发生规律】（1）发生世代。每年发生 1 代。（2）越冬。以卵越冬。（3）发生时期。越冬卵于 5、6 月孵化，7 月上中旬始见新羽化的成虫，8 月中下旬盛发。9～10 月进入产卵盛期。产在土内 1～1.5 cm 深处，分散不成块。

【防治措施】 参见油葫芦。

85. 蝼蛄及鼠妇

蝼蛄 African mole cricket

非洲蝼蛄 *Gryllotalpa africana* Palisot de Beaucois 属直翅目蝼蛄科，又称为小蝼蛄。华北蝼蛄 *Gryllotalpa unispina* Saussure 属直翅目蝼蛄科，又称大蝼蛄。各地均有发生。为害蔬菜及各类作物播下的种子和幼苗。

【形态特征】 (1) 非洲蝼蛄。成虫体长 30～35 mm，灰褐色，全身密布细毛。头圆锥形，触角丝状，前胸背板卵圆形，中间具一明显的暗红色长心脏形凹陷斑。前翅灰褐色，仅达腹部中部。后翅扇形，超过腹部末端。腹末具尾须 1 对。前足为开掘足，后足胫节背面内侧有 4 个距（图 85-1）。(2) 华北蝼蛄。体型比非洲蝼蛄大，体长 36～55 mm，黄褐色，前胸背板心形凹陷不明显，后足胫节背面内侧仅 1 个距或消失（图 85-2）。

图 85-1 非洲蝼蛄

图 85-2 华北蝼蛄

【典型症状】 成虫和若虫均在土中活动，取食播下的种子、幼芽或将幼苗咬断，受害的根部呈乱麻状，蝼蛄的活动将土表土窜成许多隧道，使苗根脱粒土壤失水而死，严重时造成缺苗断垄。

【发生规律】 (1) 发生世代。在北方地区 2 年发生 1 代，在南方 1 年 1 代。(2) 越冬。以成虫或若虫在地下越冬。(3) 发生时期。4 月开始上升到地表活动，5 月上旬至 6 月中旬是蝼蛄最活跃的时期；6 月下旬至 8 月下旬，天气炎热，钻入地下活动；9 月气温下降后再次上升到地表，形成第 2 次为害高峰；10 月中旬以后钻入土中越冬。

【防治措施】 (1) 农业防治。在深秋或初冬翻耕土地，能杀灭部分害虫。施用腐熟的厩肥。于蝼蛄发生期间，根据蝼蛄活动产生的新鲜隧道，在隧道的末端进行挖捕。(2) 物理防治。利用蝼蛄的趋光性，结合庭院的照明，可采用带罩的节能灯，灯下放一直径 50～70 cm 的洗衣水盆，盆内水深 10～15 cm，发生期间进行诱杀，可有效降低蝼蛄的虫口密度。(3) 化学防治。用拌药的麦种播于菜田的行间或垄背的两旁诱杀蝼蛄，兼治蛴螬、金针虫。方法是用 50%辛硫磷 EC 3 mL 加水 25～30 mL 拌 1 kg 麦种，晾干后播种，1 个月后将其铲除。

鼠妇 Pillbug

鼠妇 *Armadillidium vulgare* Latreille 属等足目鼠妇科，又称西瓜虫。各地均有发生。为害番茄、黄瓜、南瓜、瓠瓜、芥菜、小白菜、菜用大豆、菜豆、豇豆、苋菜、空心菜、莴苣、芹菜等蔬菜以及食用菌。

【形态特征】 (1) 成虫。体长 10～14 mm，体宽 5～6.5 mm，长椭圆形，灰褐色，头部具 1 对线状触角。雌成虫体背暗褐色，雄虫较青黑（图 85-3）。(2) 卵。近球形至卵形，黄褐色。(3) 幼虫。

初孵幼虫白色，半透明。

图 85-3 鼠妇，成虫

【生活习性】 该虫胎生繁殖，离开母体即可自由活动取食，取食后体壁颜色变深，身体增大。隔一段时间需钻入土中蜕皮，幼虫孵化后多随雌成虫群集在一起，多发生在阴暗潮湿处，对圈肥及腐草有趋性，有负趋光性和假死性，受惊后立即蜷缩成“西瓜”状。

【典型症状】 在田间主要为害幼苗和幼芽、嫩根，造成缺苗断垄（图 85-4）。

图 85-4 鼠妇，为害芹菜

【防治措施】 （1）农业防治。田园内不留杂草，在田埂、垄间堆集腐草诱杀。施用充分腐熟的有机肥。（2）化学防治。苗期虫量大时喷药，常用药剂有 20%虫死净 WP 2 000 倍液，或 10%吡虫啉 EC 1 500 倍液。

（五）螨类和软体动物

86. 螨类害虫

朱砂叶螨
Carmine spider mite

朱砂叶螨 *Tetranychus cinnabarinus*（Boisduval）属真螨目叶螨科，又称棉红蜘蛛。为害瓜类、豆类、玉米、高粱、粟、向日葵、桑树、草莓、棉花、枣、柑橘、黄瓜等。各地均有分布。

【形态特征】（1）成虫。雌成螨长 0.42～0.5 mm，宽约 0.3 mm，椭圆形。体背两侧具有一块三裂长条形深褐色大斑。雄成螨体长 0.4 mm，菱形，一般为红色或锈红色，也有浓绿黄色的，足 4 对（图 86-1，2）。（2）幼螨。卵孵化后为 1 龄，称幼螨，幼螨黄色，圆形，长 0.15 mm，透明，仅具 3 对足。（3）若螨。幼螨蜕皮后变为 2 龄，称前期若螨，前期若螨再蜕皮，为 3 龄，称后期若螨，若螨均有 4 对足。雄螨一生只脱 1 次皮，所以只有前期若螨。若螨体长 0.2 mm，与成螨相似，成螨具 4 对足。若螨前期体色淡，雌性若螨后期体色变红。（4）卵。近球形，直径 0.13 mm，初期无色透明，逐渐变淡黄色或橙黄色，孵化前呈微红色。

图 86-1　朱砂叶螨

【生活习性】 幼螨和前期若螨不甚活动。后期若螨则活泼贪食，有向上爬的习性。先为害下部叶片，而后向上蔓延。繁殖数量过多时，常在叶端群集成团，滚落地面，被风刮走，向四周爬行扩散。

图 86-2　朱砂叶螨

【典型症状】 虫体集聚成橘红至鲜红色的虫堆为害叶片。（图 86-3）。被害叶片上出现许多细小白点，导致失绿枯死（图 86-4，5），叶背有吐丝结网（图 86-6，7）。

图 86-3　朱砂叶螨，集聚为害

【发生规律】（1）发生世代。每年发生 10～20 代。（2）越冬。在华北以雌成螨在杂草、枯枝

图 86-4　朱砂叶螨，为害菜豆叶面特征

图 86-5　朱砂叶螨，为害西瓜叶片

图 86-6　朱砂叶螨，吐丝结集

图 86-7　朱砂叶螨，吐丝结集

落叶及土缝中越冬；在华中以各种虫态在杂草及树皮缝中越冬；在四川以雌成螨在杂草或豌豆、蚕豆等作物上越冬。(3) 发生时期。春天气温达 10 ℃以上时开始大量繁殖。(4) 环境因素。朱砂叶螨发育起点温度为 7.7～8.8 ℃，最适温度为 25～30 ℃，最适相对湿度为 35%～55%，因此高温低湿的 6～7 月为害重，尤其干旱年份易于大发生。温度达 30 ℃以上和相对湿度超过 70%时，不利于其繁殖，暴雨有抑制作用。

【防治措施】(1) 农业防治。秋末清除田间残株败叶，烧毁或沤肥；开春后种植前铲除田边杂草，清除残余的枝叶，可消灭部分虫源。天气干旱时，注意灌溉，增加菜田湿度，不利于其发育繁殖。(2) 化学防治。点片发生阶段喷 1.8%农克螨 EC 2 000 倍液，或 15%哒螨酮 EC 3 000 倍液，或 5%霸螨灵 SC 3 000 倍液，或 1.8%阿维菌素 EC 5 000 倍液，或 15%三唑锡 SC 1 500 倍液，或 20%灭扫利 EC 1 500 倍液，或 73%克螨特 EC 1 000～1 500 倍液，或 25%甲基克杀螨 WP 1 000～1 500 倍液，或 5%卡死克可分散液剂 1 000～1 500 倍液，或 2.5%天王星 EC 1 500 倍液，或 20%双甲脒 EC（螨克）1 500 倍液等。

截形叶螨
Ishil spider mite

截形叶螨 *Tetranychus truncatus* Ehara 属真螨目叶螨科。为害玉米、棉花、茄子、甘薯、木薯、豆类、瓜类等。各地均有发生。

【形态特征】(1) 成虫。雌螨体长 526 μm，宽 314 μm。体椭圆形，深红色，足及颚体白色，体侧有白斑。须肢端感器柱形，长约为宽的 2 倍，背感器约与端感器等长。气门沟末端呈"U"形弯曲。足爪间突裂开为 3 对针状毛，无背刺毛（图 86-8)。雄螨体长 366 μm，宽 190 μm。须肢端感器长柱形，其长约为宽的 2.5 倍，背感器较短。阳具柄部宽阔，弯向背面形成 1 个小型端锤，其背缘呈平截状，末端 1/3 处有 1 个凹陷，近侧突起圆钝，远侧突起。(2) 幼虫。幼螨黄色，圆形，长 0.15 mm，透明，具 3 对足（图 86-9)。

图 86-8　截形叶螨，成虫

图 86-9　截形叶螨，成虫和幼虫

【生活习性】 在植株上，先为害下部叶片，然后向上蔓延，繁殖数量过多时，常在叶端群集成团，滚落地面，被风刮走，扩散蔓延。

【典型症状】 若螨和成螨群聚叶背吸取汁液，使叶片呈灰白色或枯黄色细斑，严重时叶片干枯脱落，影响生长，缩短结实期，造成减产。

【发生规律】 (1) 发生世代。每年发生 10～20 代。(2) 越冬。以雌螨在枯枝落叶或土缝中越冬，在华中地区以各虫态在杂草丛中或树皮缝越冬。(3) 发生时期。早春气温达 10 ℃以上，越冬成螨即开始大量繁殖，多于 4 月下旬至 5 月上中旬迁入菜田，先是点片发生，随即向四周迅速扩散。(4) 环境因素。最适温湿度为 29～31 ℃及相对湿度 35%～55%。相对湿度超过 70%时不利于其繁殖。

【防治措施】 参见朱砂叶螨。

豆叶螨
Sagami spider mite

豆叶螨 *Tetranychus phaselus* Ehara 属蜱螨目叶螨科，俗称红、黄蜘蛛。为害菜豆、大豆等。分布北京、浙江、江苏、四川、云南、湖北、福建、台湾等省区。

【形态特征】 雌螨体长 0.46 mm，宽 0.26 mm。体椭圆形，深红色，体侧具黑斑。26 根背毛。雄螨体长 0.32 mm，宽 0.16 mm，体黄色有黑斑（图 86-10）。

图 86-10　豆叶螨，成虫

【生活习性】 冬季在豆科植物、杂草、茶树近地面叶片上栖息，全年世代平均天数为 41 d，

【典型症状】 豆叶螨在寄主叶背或卷须上吸食汁液，造成叶面出现白斑，严重时叶片干枯呈火烧状，造成严重减产。

【发生规律】 (1) 发生世代。北方每年发生 10 代左右，台湾每年发生 21 代。(2) 越冬。以雌成虫在缝隙或杂草丛中越冬。(3) 发生时期。5 月下旬开始发生，夏季是发生盛期，增殖速度很快，(4) 环境因素。发育适温 17～28 ℃，卵期 5～10 d，从幼螨发育到成螨需 5～10 d。降雨少，天气干旱的年份易发生。

【防治措施】 参见朱砂叶螨。

87. 软体动物类害虫

T灰巴蜗牛 Taper top snail

灰巴蜗牛 *Bradybaena ravida*（Benson）属腹足纲柄眼目巴蜗牛科，又称蜒蚰螺。保护地蔬菜迅速发展为蜗牛的栖息和越冬提供了适宜的环境，蜗牛的发生有加重的趋势。为害甘蓝、花椰菜、白菜、萝卜、豆类、马铃薯等蔬菜。各地均有发生。

【形态特征】（1）成贝。贝壳中等大小，呈圆球形，壳质稍厚，壳高 19 mm、宽 21 mm，有 5～6 个螺层，顶部几个螺层增长缓慢、略膨胀，体螺层急骤增长、膨大。壳面黄褐色或琥珀色，并具有细致而稠密的生长线和螺纹。壳顶尖，缝合线深。触角 2 对，其中后触角比较长，其顶端长有黑色眼睛。壳口呈椭圆形，口缘完整，略外折，锋利，易碎。轴缘在脐孔处外折，略遮盖脐孔，脐孔狭小，呈缝隙状（图 87-1，2）。（2）卵。圆球形，直径 2 mm，乳白色，有光泽，逐渐变成淡黄色，近孵化时，变成土黄色。（3）幼贝。浅褐色，体较小，形态特征与成贝相似。

图 87-1　灰巴蜗牛，成贝外壳特征

【典型症状】 主要取食蔬菜幼苗、叶、地下块茎及果实。蜗牛将蔬菜幼苗咬断，造成缺苗断垄，甚至整块地仅剩个别植株。为害叶片，造成缺刻、孔洞，严重时仅余叶脉。

图 87-2　灰巴蜗牛，成贝外壳特征

【发生规律】 每年繁殖 1～2 次，卵产于草根、农作物根部土壤中、石块下或土缝里。

【防治措施】 用药剂防治能起到较好的效果，每亩用 5% 梅塔 GR 14～30 g，或 2% 灭旱螺 GR 500 g，或 6%密达杀螺颗粒毒饵 500 g，或 6%蜗灭佳 GR 500 g，或 6%甲萘·四聚 GR 700 g，或 6%密达杀螺 GR 500 g，在日落后均匀撒在蔬菜行间及基部。

S同型巴蜗牛 Smooth top snail

同型巴蜗牛 *Bradybaena similaris*（Férussac）属巴蜗牛科。黄河流域以南均有发生。由于蔬菜棚室栽培的广泛应用，已由次要害虫上升为主要害虫。为害韭菜、白菜、萝卜、甘蓝、花椰菜、菜豆、莴苣、芹菜、菠菜等多种蔬菜。黄河流域以南均有发生。

【形态特征】（1）成贝。成贝头部发达，头上具有 2 对触角，眼在触角的顶端，口位于头部腹面，并具有触唇，足在身体腹面；螺壳呈扁圆球形，壳高 9.1～13.6 mm，壳宽 11.2～18.4 mm，螺层数有 5～6 层，壳质坚硬，黄褐色或红褐色，螺旋部低矮，体层较宽大，周缘中部有一条褐色带，壳口马蹄形，脐孔呈圆孔状（图 87-3，4，5）。（2）卵。圆球形，直径约 2 mm，乳白色有光泽，近孵化时变成土黄色。（3）幼贝。初孵幼贝螺壳高 0.8～1.7 mm，有 1～2 个螺层，5 个月后螺层增至4～5层，9个月后增至5～6层。

图87-3　同型巴蜗牛，成虫外壳特征

图87-4　同型巴蜗牛，成虫外壳特征

图87-5　同型巴蜗牛，成虫外壳特征

【典型症状】 初孵幼螺只取食叶肉，留下表皮，稍大个体则用齿舌将叶、茎舐磨成小孔或将其吃断（图87-6）。

图87-6　同型巴蜗牛，为害状

【发生规律】（1）发生世代。每年发生1代。（2）越冬。以成贝或幼贝在菜田作物根部、草堆、土缝里越冬。（3）发生时期。每年3月下旬越冬蜗牛陆续恢复活动，5～6月为交配产卵盛期。6～7月形成全年中第1个幼贝高峰，8～9月高温干旱部分幼贝死亡，到了9月下旬后，气温下降，蜗牛又恢复活动。（4）环境因素。喜阴湿天气，如遇雨天，昼夜活动为害；而在干旱情况下，白天潜伏，夜间活动。当温度在11.5～18.5 ℃，土壤含水量在20%～30%时对其取食活动生长发育有利，若温度高时，25 ℃以上，土壤含水量在10%～15%以下或40%以上，会引起死亡或生长受到抑制。

【防治措施】（1）农业防治。清洁田园，铲除田边地头杂草，并撒上生石灰，减少蜗牛的孳生地。在每年5～6月蜗牛产卵期间，中耕松土，可杀灭卵粒和幼贝，11月结合冬耕，使一部分越冬成贝或幼贝翻到地面冻死，减少虫口密度。人工捕捉，利用树叶、杂草、菜叶等诱集堆，天亮前蜗牛潜伏在诱集堆下，再集中捕捉。（2）化学防治。参见灰巴蜗牛。

野蛞蝓 Wild slugs

野蛞蝓 *Deroceras reticulatum*（Müller）属蛞蝓科，又称无壳蜒蚰螺、鼻涕虫。在北方棚室内的发生为害逐年加重。为害豆科、十字花科、茄科蔬菜和落葵、菠菜、生菜，以及棉、烟、杂草等。全地都发生，江南各地为适生区。

【形态特征】 体长约50 mm，扭曲不对称；头清晰可见，眼着生在触须顶端，体浅黄色，有深褐点条网络，套腔两侧圆形且有深色小点和斑纹；套腔和体躯不分区带；内脏囊被套腔盖住；呼吸孔的边缘灰色，同心具脊的套腔中心点位于中线右侧；脊棱短且断开，腹面具爬行足，黏液白色至乳白色（图87-7，8）。

【典型症状】 蛞蝓以齿舌刮食幼芽、嫩叶、嫩茎，幼苗受害可造成缺苗断垄，严重时成片被毁；成株期叶片出现缺刻或孔洞，严重时仅残存叶脉，植株受其排泄的粪便污染，易诱发菌类侵染而导致腐烂，降低产量和质量。

【发生规律】 从孵化到雌雄同体生殖腺分化为幼稚期；从雄生殖道发育到性成熟为幼期；从形成精子到雌生殖道发育至卵成熟及产卵进入成虫期。交配后8～10 d产卵，每雌产卵300粒，土

图 87-7 野蛞蝓

图 87-8 野蛞蝓

壤含水量 60%～85%利于其生殖。黏重土，低洼处蛞蝓多。喜温暖、潮湿环境，畏忌阳光，裸露在干燥条件下即死亡。成、幼体适宜活动的温度 15～25 ℃，相对湿度 85%以上，春、秋季多露或雨后发生为害重，夏季高温干旱或冬季潜入隐蔽处土下休眠。蛞蝓白天潜藏作物根部湿土下或阴暗处，夜晚活动取食，阴雨天可昼夜为害。

【防治措施】 （1）农业防治。棚室通风透光，清除田间及棚室周围杂草。用杂草、菜叶等在棚室内做诱集堆，天亮前集中捕捉。（2）化学防治。蔬菜出苗或移栽后，在蛞蝓发生初期，每亩用 6%密达 GR 500 g 拌细干土 15～20 kg，于傍晚均匀撒在受害植株的行间垄上；也可采取条施或点施，药点间距 40～50 cm 为宜，或每亩用 10%多聚乙醛 GR 1 kg 拌适量细干土撒施。

E 蚯蚓 Earthworm

蚯蚓种类较多，菜田中环毛蚓 *Pheretima* sp. 往往会形成为害。蚯蚓属环节动物，俗称曲蟮、地龙等（图 87-9）。各地有广泛分布。

图 87-9 蚯蚓

【发生规律】 环毛蚓生活在潮湿肥沃土壤中，白天多穴居在其表层，为害蔬菜。蚯蚓活动繁殖适宜的土壤温度为 15～25 ℃，适宜的土壤湿度为 50%；温度较低（0～5 ℃）或高温干燥季节，蚯蚓潜伏在地下深处休眠。

【典型症状】 春、秋季大雨或菜田、苗床浇水后，由于蚯蚓的地下隧道、洞穴灌进水而缺少氧气，直接阻碍蚯蚓用体表进行呼吸，常大量出穴在苗床或菜畦土表层穿行与爬行，把苗床钻得千疮百孔，使播下的种子不能出苗；或使菜苗根系松动，出现倒苗与悬空秧苗，在阳光照射下萎蔫、枯死，造成缺苗断垄或局部毁种。蚯蚓也可为害移栽后的各种蔬菜，严重时成片死亡。

【防治措施】 及时发现，用 0.1%茶枯水液，或 50%辛硫磷 EC 1 000 倍液，或 80%敌百虫 WP 1 200 倍液，或 48%毒死蜱 EC 2 000 倍液浇淋根部，每亩药液量 250～300 kg，可有效控制蚯蚓为害。常受蚯蚓为害的苗床，播种前每亩用 5%辛硫磷 GR 1～1.5 kg，或 2%乐果 DP 1～1.5 kg，或 10%二嗪磷 GR 2～3 kg，拌细土 30 kg，均匀撒施。

A 福寿螺 Apple snail

福寿螺 *Ampullarium crosseana* Hidalgo 瓶螺科，又称金宝螺、苹果螺、大瓶螺。为害莲藕、茭白、水稻、芡实、菱角、荸荠等蔬菜和空心菜、甘薯等作物。长江以南地区均有发生。

【形态特征】 体较田螺大 20 倍（图 87-10）。卵圆形，粉红或鲜红，其上具蜡粉状物覆盖，每一卵块由3～4层卵粒叠覆成葡萄串状，色泽鲜艳，十分醒目，卵期14 d左右（图87-11）。

图 87-10　福寿螺

图 87-11　福寿螺，卵

【生活习性】 福寿螺繁殖力强，扩散蔓延迅速，性成熟的雌螺交配后24 h即可产卵，产卵母螺寿命为4～8个月，平均6个月，连续产卵期2～4个月。卵于夜间产在水面以上干燥物体或植株的表面，如茭白茎秆、沟壁、墙壁、田埂、杂草等上，初孵化幼螺落入水中，吞食浮游生物等。

【典型症状】 孵化后稍长即开始啃食水生蔬菜及沟渠里的植物，尤喜幼嫩部分。在茭白田，4月份幼螺孵化后开始啃食茭白植株，尤其喜欢取食幼嫩部分包括茭白的小分蘖，茭白孕茭后转向为害茭白肉，用粗糙的舌头刮取茭白的肉质，影响茭白的品质，尤其是对四季茭白为害时期长、为害严重。

【发生规律】 幼螺发育3～4个月后性成熟，除产卵或遇有不良环境条件时迁移外，一生均栖于淡水中，遇干旱则紧闭壳盖，静止不动，长达3～4个月。气温下降，福寿螺钻入茭白丛基部或茭白田土表下2～3 cm的地方越冬，部分福寿螺在茭白田边的灌溉渠和附近的河道中越冬。

【防治措施】 （1）农业防治。加强检疫，严格控制扩散蔓延，未发生区禁止人为引入、饲养。茭白田中放鸭群来降低田间福寿螺的密度，是减少福寿螺为害的有效途径之一，特别在茭白采收后，对福寿螺发生区田块、沟渠，反复轮回放鸭子，茭白开始长出嫩芽时，不宜再放鸭群。春秋两季福寿螺产卵高峰期，组织人工摘卵捡螺。拾取的成、幼螺可喂鸡鸭等，也可作沤肥处理。茭白田中放一些对福寿螺有毒的植物如眼睛豆的树枝、烟叶、辣椒、星状花的叶片、楝树叶等植物的叶片。也可以在茭白田中放一些如芋头、香蕉、木瓜、喇叭花和旧报纸等引诱物来收集福寿螺，还可以在茭白田中插一些毛竹桩诱集福寿螺成螺产卵。在茭白田主要灌溉水进出口处放一张金属丝或毛竹编织的网，避免不同茭白田块之间的水因串灌而将福寿螺幼螺和成螺带进新茭白田。合理施肥，特别是氮、磷、钾平衡施肥促进茭白健壮生长，增强茭白植株对福寿螺为害的抵抗力。茭白生长期间应及时耘田除草，进入孕茭期要清除茭白植株的残枝枯叶，可明显减少茭白田福寿螺的卵量。（2）化学防治。每亩用茶籽饼3～5 kg粉碎后直接撒施到已耕好的田块或排水沟上，或用10 kg的茶麸撒施。每亩用5%梅塔GR在10头/m^2的密度下使用量为350～400 g，低于10头/m^2时用药量220 g左右，采取拌土撒施；或每亩用50 %螺敌WP 75 g拌土撒施、45%百螺敌WP 50～70 g拌土撒施；在10头/m^2的密度下每亩用6%密达GR 500 g拌土撒施，这些药剂适用于无公害或绿色茭白生产。70%贝螺杀WP虽然对福寿螺防效好，但由于对人皮肤有强烈刺激作用，对水生生物毒性大，使用时要注意安全、要慎重，不宜在套养鱼、虾等茭白田中使用。

薄球蜗牛 Truticiola ravida

薄球蜗牛 *Truticiola ravida* Benson属肤足纲柄眼目。又称刚蜗。为害草莓、白菜、豆类、玉米、花卉、果树等。分布上海、浙江等。

【形态特征】 （1）成贝。体灰黄褐色，螺壳上散生灰黑色斑纹，具5层螺层，头部有长、短触角各1对（图87-12）。（2）卵。圆球形，初为白色，孵化前变为灰黄色，有光泽。（3）幼贝。形态和颜色与成贝极相似，体形略小，螺层多在4层以下。

图 87-12 薄球蜗牛

【生活习性】 白天潜伏，傍晚或清晨取食，遇有阴雨天多整天栖息在植株上。4 月下旬到 5 月上中旬开始交配，卵成堆产在植株根茎部的湿土中，初产的卵表面具黏液，后干燥成块状。初孵幼贝群集为害，后分散。遇有高温干燥条件，蜗牛常把壳口封住，潜伏在潮湿的土缝中或茎叶下，待条件适宜时外出取食，11 月中下旬又开始越冬。

【典型症状】 靠舌头上的锉形组织和舌头两侧角质带状组织上布满的细小牙齿磨碎植物的茎、叶或根。

【发生规律】 上海、浙江一带每年发生 1 代，11 月下旬以成贝和幼贝在田埂土缝、残株落叶中越冬，3 月上中旬开始活动。

【防治措施】 (1) 农业防治。人工捕捉，集中杀灭。(2) 化学防治。用茶子饼粉 3 kg 撒施或用茶子饼粉 1～1.5 kg 加水 100 kg，浸泡 24 h 后，取其滤液喷雾；也可用 50% 辛硫磷 EC 1 000 倍液喷雾。每亩用 8% 灭蜗灵 GR 1.5～2 kg，碾碎后拌细土或饼屑 5～7 kg，于天气温暖、土表干燥的傍晚撒在受害株附近根部的行间，接触药剂的蜗牛分泌大量黏液而死亡。

琥珀螺 Amber snail

琥珀螺 *Succinea* sp. 属琥珀螺科琥珀螺属。为害多种蔬菜。各地均有发生。

【形态特征】 外形与椎实螺相似，壳质薄，螺旋部短，透明或半透明，易碎，有光泽，具螺层 3～4 个，体螺层增长快，黄色至琥珀色。缝合线浅，偏斜。壳口大，椭圆形，壳口高度大于壳口宽。卵白色，圆形颗粒（图 87-13）。

图 87-13 琥珀螺，成螺

【典型症状】 成、幼螺为害嫩芽、叶片和根，致茎叶破散，株形瘦缩，叶色变紫或腐烂死亡（图 87-14）。

图 87-14 琥珀螺，聚集为害芹菜

【发生规律】 生活在阴暗潮湿腐殖质丰富的草丛、灌木丛、沟渠里，以腐殖质和植物幼芽、嫩叶为食，每当傍晚、黄昏或雨后爬出来活动觅食、繁殖。可在水草、水面上飘浮运动（图 87-15），也可在陆地上生活。

【防治措施】 (1) 农业防治。冬季结合菜田平整土地、修整渠道时，将沟中泥污移至田埂顶，破坏其越冬场所灭螺。(2) 化学防治。每亩用 45% 三苯醋锡 WP 100 g，或 80% 聚乙醛 WP 300～400 g，或 70% 贝螺杀 50 g，加水喷施；也可以每亩用 8% 灭蜗灵 GR 1.5～2 kg 拌饼屑或细土

5～7 kg，于晴天傍晚撒在受害株基部，螺体接触药物后即分泌大量黏液而亡。

图 87-15 琥珀螺，漂浮水面

（六）食用菌害虫

88. 蚊蝇类害虫

N中华新蕈蚊 Neoempheria Sinica

中华新蕈蚊 *Neoempheria sinica* Wu et Yang. 属双翅目菌蚊科，又名大菌蚊，是菌蚊中较大的种类，为害平菇、蘑菇等。

【形态特征】 （1）成虫。黄褐色，体长 5～6 mm，头淡黄或黄色。单眼 2 个，复眼较大，约占头侧面的 1/2，靠近复眼的后缘有一前宽后窄的褐斑。触角褐色，中间到头后部有一条深褐色纵带直穿单眼中间。触角长 1.4 mm，基部 2 节黄色，均具毛，第 2 节毛比第 1 节毛长 1 倍多，鞭节褐色 14 节。下颚须 3 节，褐色，第 3 节短于第 1、第 2 两节之和。胸部发达，有毛，背板多毛并有 4 条深褐色纵带，中间两条长，呈"V"字形。前翅发达有褐斑，翅长 5 mm，宽 1.4 mm。足细长，基节和腿节均淡黄色，胫节和跗节黑褐色，胫节末端有 1 对距。腹部 9 节，1～5 节背板后端均有横带，中部连有纵带（图 88-1）。（2）卵。褐色，椭圆形，顶端尖，背面凹凸不平，腹面光滑。（3）幼虫。初孵幼虫体长 1～1.3 mm，老熟幼虫 10～16 mm。头黄色，胸及腹部淡黄色，共 12 节。从第 1 节至末节均有一条深色波状线连接。蛹初为乳白色，后逐渐变成淡褐色，最后变为深褐色。蛹体长 5 mm，宽 2 mm。

图 88-1　中华新蕈蚊

【生活习性】 成虫习性安静，常停下后很长时间不动，有趋光性，菇房的墙壁、玻璃上及灯光下容易见到。初孵化的幼虫到处爬行，头不停地摇动。幼虫期 5～7 d，平均 5.4 d，龄期 3～5 龄。幼虫有群居为害的习性，一丛平菇周围常有几十条幼虫。

【典型症状】 以幼虫蛀食菇类的原基和菇蕾，被害的原基及菇蕾先萎缩，后渐枯死。幼虫还蛀食子实体，将菌柄蛀成孔洞。有时也将菌褶吃成缺刻，被害子实体很快腐烂。

【发生规律】 成虫寿命 3～6 d，平均 4.5 d。室温 22.5～30.5 ℃，平均 28.4 ℃的条件下，在室内饲养完成一世代需 12～21 d，平均 13.2 d。雌虫卵量一般为 50～350 粒，少者 10 粒，多者 400 粒。在阴湿山洞和地沟栽培蘑菇时容易发生，受害也重。幼虫一般都在料面表面为害，不深钻料内。

【防治措施】 （1）农业防治。菇房的门窗和通气孔装纱门、纱窗，防治成虫飞入菇房在培养料或原基处产卵繁殖，减少虫源。人工捕捉。中华新蕈蚊有群居习性，因成虫和幼虫比较大，所以采菇后清理料面时应注意捕捉幼虫。成虫有趋光性，常常飞到菇房窗上或灯光附近停息或交尾，可用蝇拍扑打。（2）化学防治。发生严重时，喷洒敌百虫 1 000 倍液，对幼虫的致死率为 100%，而对蛹为 90%，500 倍的敌百虫液对幼虫和蛹的致死率均达 100%。

C小菌蚊 Sciophila

小菌蚊 *Sciophila* sp. 属双翅目菌蚊科，常在平菇的菇蕾及菇丛中为害，严重影响产量和质量。

【形态特征】 （1）成虫。雄成虫体长 4.5～5.4 mm，雌成虫体长 5～6 mm。体淡褐色，头深褐色，紧贴于隆凸的胸下。口器黄色，下颚须 4 节。触角丝状，共 16 节，基节、柄节粗壮，其余各节逐渐变细，1～3 节为黄褐色，从第 4 节起逐渐变褐色。复眼黑色，肾形，顶端逐步变窄。单眼3个，排成“一”字形，眼周围有黑圈。胸部有褐色毛，背板向上隆凸呈半球形。前翅发达，长3.8 mm，宽1.6 mm。平衡棒乳白色，足基节长而扁，转节上有黑斑；胫节有3行排列不规则的褐刺，胫端有距。腹部7节，雄虫外生殖器有一对显著的铗状抱握器。雌虫腹部末端简单，产卵器尖细（图88-2）。（2）卵。乳白色，椭圆形，长1 mm左右。（3）幼虫。灰白色，长筒形，老熟时长10～13 mm，头骨化为黄色，眼及口器的周围黑色，头的后缘有1条黑边。体分为12节，前3节有时有黑色花纹，各节腹面有2排小刺，腹部刺较多。蛹乳白色，长约6 mm，头紧紧贴在隆凸的胸部，复眼褐色，腹部9节，气门边缘有显著的黑斑。

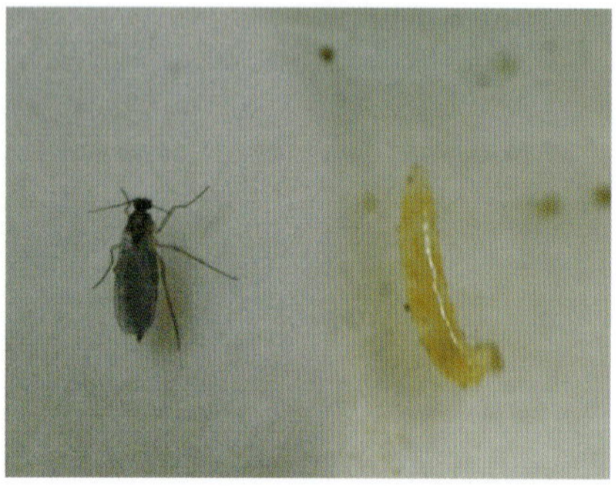

图88-2　小菌蚊

【生活习性】（1）成虫。成虫有趋光性，羽化后当天即可交尾。成虫活动能力强，也表现在交尾次数和交尾时间两方面：一对雌雄虫交尾1～7次，个别的交尾时间可长达284 min。（2）幼虫。幼虫有群居和吐丝结网的习性。老熟幼虫先在栽培块的表面或边角作一白色枣核形丝茧，幼虫在茧内化蛹。

【典型症状】幼虫活跃，群集为害食用菌菌丝及子实体。除了蛀食子实体外，还吐丝拉网将整个菇蕾及幼虫罩住，被丝网罩住的菇除被蛀食外还很快停止生长而萎缩，逐渐变黄后干枯。没有长出子实体的菌块，幼虫也为害菌丝，常常是数条幼虫活动于培养料的表面拉丝网并在网内为害菌丝。

【发生规律】温度在17.5～22.5 ℃下成虫寿命为3～14 d，一般为6～11 d。在17～24 ℃下，卵期3～5 d。孵化率不整齐，一堆卵通常2～4 d孵化完，个别的卵块5 d才孵化完。在23～32.8 ℃下，幼虫历期为11～14 d，幼虫龄期以4龄为主，个别也有3龄或5龄的。在17～22.8 ℃下，蛹期为2～8 d，一般3～4 d。在17～32.8 ℃下，小菌蚊完成一代需28 d左右。

【防治措施】参见中华新蕈蚊。小菌蚊蛹期常被一种姬蜂寄生，寄生率为50%以上，这种姬蜂为小菌蚊的天敌，应注意保护利用。

草菇折翅菌蚊 Allactoneuta valvaceae

草菇折翅菌 *Allactoneuta valvaceae* Yang et Wang，属双翅目菌蚊科，又称灰蕈蚊，因其停息时翅能纵折，故名折翅菌蚊，是草菇生产上的重要害虫。

【形态特征】（1）成虫。雄成虫体长5～5.5 mm，雌成虫体长6～6.5 mm。体黑灰色，有灰毛。头顶黑色有光泽，复眼大，深褐色，几乎占据了整个头部；触角长2 mm，共16节，1～6节为黄色，向端节逐渐变深褐色，柄节长为梗节的2倍；口器为黄色，下颚须4节，乳白色，有褐色毛，基节小，其余3节的长度比为2∶3∶4。胸部中胸背板黑色闪光，侧板有金属光泽，中胸后部有一些较长的刚毛，小盾片有4根刚毛。前翅发达，烟色，长4 mm、宽2 mm，翅脉深褐色，翅的顶角和外缘有轮廓不明显的褐斑；平衡棒为乳白色。足细长，基节的基部黑色，其余部分为黄色；前足和中足腿节为黄色，后足腿节为黑色，胫节有较长的黑刺，端距前足1根，中、后足2根，乳白色；跗节有爪。雄虫腹部第4背板沿其基部有一黄色较宽的横缢，第3、4腹节的腹板为黄色，其余各节被黑色鳞片。雌虫腹部粗大，第4节横缢也较雄虫的窄，仅第4节腹板为黄色（图88-3）。（2）卵。梭形，初产时乳白色，2～3 h后变为淡灰色，以后逐渐变为黑褐色，有条纹，长0.5 mm、宽0.16 mm。（3）幼虫。乳白色，初孵幼虫1.3～1.5 mm，老熟幼虫长15～16 mm，共12节，透过体壁可见内部消化道，头黑色三角形，胸部第1节背面有1对“八”字形褐色斑点（在4龄以上才出现）。蛹灰褐色，长5～6 mm，复眼灰褐色，腹部末端附有化蛹时幼虫脱下的头壳及皮。

图 88-3 草菇折翅菌蚊，成虫和蛹

【生活习性】 在露天栽培的草菇上发生量最大。(1) 成虫。成虫活泼，具趋光性，常在窗前、花草上飞行。自然交尾能力很强，常在空中交尾后落在花上或叶片上，也有边飞边交尾的。交尾时间长而频繁，从早到晚均可见到。喜在富含腐殖质的培养料的缝隙中产卵。成虫产卵最少 8 粒，最多 224 粒，平均 89.7 粒，每头雌虫最多产卵 6 次，散产或堆产。(2) 幼虫。幼虫怕光，喜欢潮湿及腐烂的环境，有群居现象，爬行时不断摇头，爬过处留有无色透明黏液，干后可见亮光。爬行很快，老龄幼虫有时有吃蛹的现象。蛹多在上午羽化。

【典型症状】 主要为害草菇。以幼虫取食草菇的菌丝体、子实体及培养料，严重影响草菇的产量和质量。

【发生规律】 发生于高温高湿季节，雌虫寿命 3～10 d，雄虫 2～8 d。卵产后 3～9 d 孵化，孵化的幼虫从腹面末端裂开的洞口爬出。幼虫一般 4 龄，历期 10～18 d。

【防治措施】 参见中华新蕈蚊。

平菇厉眼蕈蚊 *Lycoriella pleuroti*

平菇厉眼蕈蚊 *Lycoriella pleuroti* Yang et Zhang，属双翅目眼蕈蚊科。分布广泛，可为害平菇、蘑菇、香菇、金针菇、茶树菇、天麻、灵芝等多种食用菌。一般造成 15%～20% 的减产，严重的甚至会造成毁灭性的损失。

【形态特征】 (1) 成虫。雄成虫体长 3.3 mm 左右，黑褐色。头小，复眼很大，有毛。眼桥有小眼面 4 排，个别 3 排。触角 16 节，雄虫触角比雌虫的长，触角鞭节有明显的颈。翅淡烟色，长 2～2.8 mm，宽 0.9～1.1 mm。平衡棒有一斜列不整齐的刚毛。足黄褐色，跗节色较深，前足胫节端部有一根距，中、后足各有 2 根。胫梳为弧形。雄虫腹部末端尾器基节中央有瘤状突起，端节呈弧形内弯，顶端尖锐细长。雌虫体长 3.8 mm 左右，与雄虫相似，但触角较短，腹部中段粗大，向尾端渐细，腹端具 1 对尾须（图 88-4）。(2) 卵。椭圆形，长 0.23～0.27 mm，初产时乳白色，逐渐透明，孵化前头部变黑。(3) 幼虫。头黑色，胸及腹部为乳白色，共 12 节，初孵化幼虫体长约 0.6 mm，老熟幼虫为 4.6～5.5 mm。蛹，初为乳白色，后逐渐变成淡黄色，羽化前变褐色至黑色。长 2.3～3.1 mm。

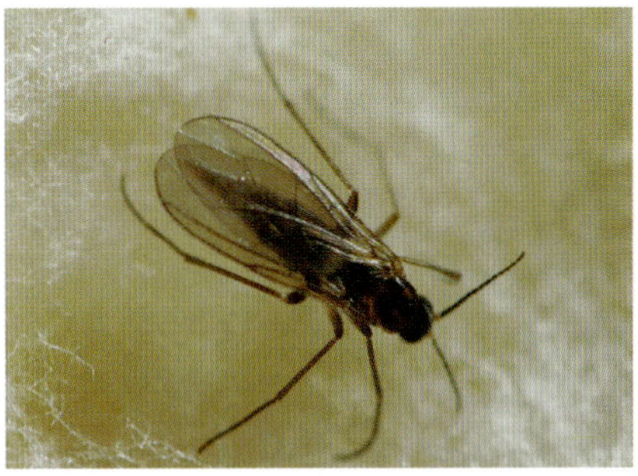

图 88-4 平菇厉眼蕈蚊，成虫

【生活习性】 (1) 成虫活跃，喜欢腐殖质，常在培养料袋上或大棚的薄膜上爬行或交尾；具趋光性，喜欢在菇房电灯周围飞翔或停在墙壁上，在有玻璃的菇房常常在窗上爬行或交尾。雌虫产卵量一般 50～100 粒，最多可达 250 粒，堆产或散产于培养料上或土面，产卵完雌虫死亡。(2) 幼虫。幼虫喜在腐殖质丰富的潮湿环境中生活，喜食菇类菌丝体、子实体原基，在为害菇蕾、子实体时常潜入其内蛀成孔洞。

【典型症状】 以幼虫为害食用菌的菌丝、子实体及培养料。在菌种瓶为害菌种时，一瓶菌种有数十头以上幼虫，最多时可达数百头，常把菌丝吃光，甚至连培养料也被吃成碎渣和粉末。为害子实体时，幼虫将菌柄蛀成空洞，菌盖的菌褶被吃光，并且排出粪便污染食用菌，被害菇完全失去商品价值（图 88-5）。

【发生规律】 在条件适宜的菇房该虫可整年发生。温度在 20～26 ℃时，卵期 3～5 d，幼虫期 9～17 d。在温度 13～21 ℃条件下，完成一代需 21～32 d。成虫寿命 3～5 d，多在傍晚羽化，雌虫多于雄虫，成虫羽化后即可交尾。一般先从基部

图 88-5　平菇厉眼蕈蚊，为害茶薪菇

向上为害，也常在菌褶内为害，严重时，菌柄被吃成海绵状，菌盖只剩上面一层表皮，进而枯萎腐烂。凡培养料处理及时、彻底的地区虫量少，为害轻，反之则为害重。

【防治措施】 参见中华新蕈蚊。

闽菇迟眼蕈蚊 Bradysia minpleuroti

闽菇迟眼蕈蚊 *Bradysia minpleuroti* Yang et Zhang，属双翅目眼蕈蚊科，又称尖眼菌蚊。是一种发生频繁、寄主广泛、食性杂的害虫，可为害蘑菇、平菇、香菇、茶树菇、金针菇、银耳、黑木耳等多种食用菌，显著影响食用菌产量和质量。

【形态特征】 (1) 成虫。雄成虫体长 2.7～3.2 mm，暗褐色，头部色较深。复眼大，肾圆形，有眼毛，眼桥小，眼面 3 排。触角褐色，长 1.2～1.3 mm，第 4 鞭节长是宽的 1.6 倍。下颚须基节较粗，有感觉窝，有毛 7 根，中节较短，毛 7 根，端节细长，毛 8 根。胸部黑褐色，翅淡烟色，长 1.8～2.2 mm、宽 0.8～0.9 mm，前缘脉 C 伸达脉 R_s 至 M_{1+2} 间的 2/3，C 脉上有双排大毛，径脉 R、R_1、R_s 上均具有一排大毛。平衡棒淡黄色，有斜列小毛。足的基节和腿节污黄色，转节黄褐色，胫节和跗节暗褐色，前足基节长 0.4 mm，腿节与胫节各长 0.6 mm，跗节长 0.7 mm，胫节的胫梳一排，梳 6 根，爪有齿 2 个。腹部暗褐色，尾器基节宽大，基毛小而密，中毛分开不连接，端节小，末端较细，内弯，有 3 根粗刺。雌虫较大，体长 3.4～3.6 mm，触角较雄虫短，长 1 mm，翅长 2.8 mm，宽 1 mm，腹部粗大，端部细长，阴道叉褐色，细长略弯，叉柄斜突，尾须粗短，端部圆（图 88-6）。(2) 卵。长圆形，初期为乳白色，渐渐变褐。幼虫蛆形，乳白色，头部黑色，有一较硬头壳，头部后端几乎与前胸等宽，胸腹部共 13 节。腹部最末一节常向外突出呈泡状。(3) 幼虫。初孵幼虫体长 0.6 mm 左右，老熟后长 8.5 mm。蛹长 3～3.5 mm，初期乳白色，两天后复眼为浅褐色，3 d 后呈黑色（图 88-7）。在薄茧内化蛹。

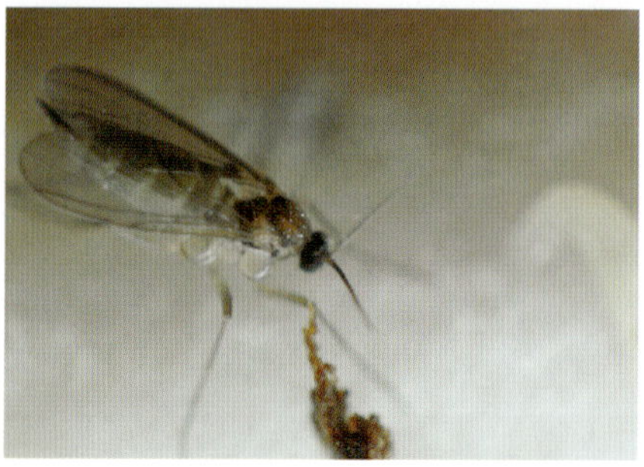

图 88-6　闽菇迟眼蕈蚊、成虫

图 88-7　闽菇迟眼蕈蚊，幼虫

【生活习性】 (1) 成虫。有趋光性，飞翔能力强。成虫羽化 4～5 h 后交尾。雌虫交尾后，翌日产卵于土缝或培养料中，每处产卵可达 40～219 粒，雌虫一生产卵量为 300 多粒。成虫寿命 3～4 d，长者为 7～9 d。在飞行转移时可携带病原菌及螨类。(2) 幼虫。共 5 龄，有群居和爬行时吐丝的习性。老熟幼虫爬行至土缝或料表面吐丝作茧。化蛹于薄茧内，预蛹期 1～2 d，蛹体变黑后在薄茧内不断摇动，离开薄茧到土表羽化。蛹期 5～6 d。

【发生规律】 闽菇迟眼蕈蚊喜在畜粪、垃圾、腐殖质和潮湿的菜园及花盆上繁殖，主要以幼虫为害蘑菇、平菇等多种食用菌，一般质地松软、柔嫩的品种受害较重。在温度 14～17 ℃，湿度 70%～85%的环境下，卵期为 5～6 d，幼虫期 16～18 d。在福州地区闽菇迟眼蕈蚊一般自 9 月下旬到第 2 年 3 月初，多聚集在野外潮湿的菜园地和花盆上，一般一个生活周期为 30～35 d。

【典型症状】 以幼虫在培养料表面取食，使之成为不适合食用菌生长的湿黏物。可把菌丝咬断吃光，使料面发黑，成松散米糠状。小菇蕾被害后，枯萎死亡。在子实体上，幼虫往往从接近料面的菌柄基部开始蛀入，先在基部的菌柄内部蛀食，随着子实体的生长，幼虫逐渐长大，继续沿菌柄向上钻蛀为害。受害轻者每朵菇有虫 3～5 头，菌柄内出现隧道，受害重者，每朵菇有虫 300～400 头，可把整个菌柄内部蛀空。菌柄外面留下许多针眼大小的虫孔。幼虫还可以继续为害菌褶、菌盖。有时成虫在菌盖上产卵，幼虫向下蛀食，被害子实体不能继续发育。

【防治措施】 参见平菇厉眼蕈蚊。

韭菜迟眼蕈蚊 Bradysia odoriphaga

韭菜迟眼蕈蚊 *Bradysia odoriphaga* Yang et Zhang，属双翅目眼蕈蚊科，又称韭蛆。可为害食用菌和韭菜。

【形态特征】 (1) 成虫。雄成虫体长 3.3～4.8 mm，黑褐色，头部小，复眼很大，被微毛，在头顶由眼桥将 1 对复眼相连，眼桥的宽度为 2～3 个小眼面；单眼 3 个；触角长约 2 mm，黑褐色，被毛，共 16 节，基部 2 节粗大，鞭节第 4 节长是宽的 2.4 倍左右，每节的顶部有细颈，下颚须 3 节；腹部粗壮，足细长，褐色，前足胫节端部有 1 根长距，中、后足胫端有 2 根距，前足胫端有 1 列横排的胫梳。翅烟色，前翅长 2.25～3.25 mm、宽 1～1.75 mm，脉褐色。腹部背板和腹板均为深褐色，腹端宽大，尾器的顶端弯突，有 6 根刺。雌虫体长 4～5 mm，一般特征与雄虫相似，但触角较短且细，长约 1.5 mm。腹部中段粗大，向端部细而尖，腹端有一分叉的尾须，腹面有阴道叉（图 88-8）。(2) 卵。乳白色，椭圆形，长 0.28 mm、宽 0.17 mm。近孵化时变白色透明，有一明显的黑点，为幼虫的头壳。(3) 幼虫。乳白色，头黑亮，共 12 节，老熟时体长 5～5.5 mm。蛹为裸蛹，雄蛹长 2.3 mm、雌蛹长 3.1 mm。初化的蛹乳白色，逐渐变为淡黄色，羽化前变深褐色。幼虫喜食腐殖质，喜潮湿环境，有时在菌料表面爬行。老熟幼虫在料快缝隙中化蛹，蛹期 2～6 d。

图 88-8 韭菜迟眼蕈蚊，成虫和幼虫

【生活习性】 成虫喜腐殖质，有趋光性，雄虫比雌虫活跃（图 88-9）。成虫多在傍晚至翌日上午羽化，羽化后爬行于料块上，翅未展平便可交尾。卵多产于料块缝隙间，堆产或散产，一头雌虫可产卵 200 余粒，少者几十粒。

图 88-9 韭菜迟眼蕈蚊，成虫聚集

【发生规律】 在菇房内周年均可发生，有世代重叠现象。成虫寿命随温度变化而定，一般在 25 ℃的室温下，寿命 5～7 d。雌雄比，上半年为 20∶1，下半年为 1∶1。一般卵端显示出黑点后，0.5～1 d 孵化出幼虫，20 ℃左右，卵期为 7～8 d。幼虫期随温度而变，在 18.5～24 ℃下，幼虫期为 18～20 d。如果被害料块菌丝已被吃光，料变黑疏松，也常在菌的废料内化蛹。

【典型症状】 以幼虫为害食用菌原基、菇蕾和菌褶，也常为害韭菜。

【防治措施】 参见平菇厉眼蕈蚊。

食菌瘿蚊 Mycophila fungicola

食菌瘿蚊 *Mycophila fungicola* Felt. 属双翅目瘿蚊科，又名嗜菇瘿蚊，主要为害蘑菇、平菇、银耳、木耳等多种食用菌，轻者减产和降低品质，重者绝收。

【形态特征】 (1) 成虫。为微弱细小的昆虫，雌虫体长平均为1.17 mm，雄虫长0.82 mm。成虫头部、胸部背面深褐色，其他为灰褐色或橘红色。头小，复眼大，左右相连，触角细长念珠状，11节，鞭节上有环毛，雄虫触角比雌虫长。前翅膜质透明有毛，翅脉只有3条纵脉和1条横脉。足细长，基节短、胫节无端距。腹部可见8节，雌虫腹部尖细，产卵器可伸缩，雄虫外生殖器发达，呈一对铗状抱握器。(2) 卵。略呈肾形，平均长0.3 mm、宽0.1 mm，初产为乳白色，逐渐变为淡黄褐色。(3) 幼虫。蛆状，纺锤形，体分13节，表皮透明、无足，体色因环境或发育期而不同，常为橘红色、橘黄色、淡黄、白色。幼虫在中胸腹面有一突出的剑骨，端部大而分叉，是识别的重要特征（图88-10）。蛹为裸蛹，平均长1.07 mm、宽0.29 mm，初蛹前端白色，半透明，后端腹部橘红色或淡黄色。

图88-10　食菌瘿蚊，幼虫

【生活习性】 真菌瘿蚊除能进行正常的两性生殖以外，还能进行幼体生殖（小幼虫直接在老幼虫体内形成），一旦条件适合，短期内可大发生。经幼体生殖的幼虫，在条件适宜时均可进行幼体生殖，这是一种无性繁殖方式，初生幼虫从卵或母体出来时，体内就已经有了未成熟的卵，但它没有供排卵的卵巢管，随着幼虫的生长，卵渐发育成熟，卵巢破裂后卵进入血腔，吸取营养发育成幼虫，幼虫取食母体内的组织，吃光后咬破雌虫体壁钻出。

【典型症状】 以幼虫为害各种食用菌。发菌期幼虫在料中为害，覆土后多数转移到覆土层为害绒毛状菌丝与子实体，菇蕾受害则发黄、萎缩而死。子实体出土后，虫数少时可达菇根上，虫口密度大时可扩散到整个菇体，经常可见菇体由于幼虫钻入而呈橘红色或淡红色。当菇少幼虫多时，覆土呈一层红色粉状物质，气温低幼虫即钻入菌肉的浅皮层。被害的子实体很快腐烂。幼虫喜潮湿，在潮湿处活动自由，在水中可存活多日，而在干燥条件下活动困难，靠身体蜷曲、张开的力量移动，或众多幼虫聚在一起成一红色球，以保护其生存。待环境适合时，球体瓦解，存活的幼虫继续繁殖。

【发生规律】 成虫的羽化高峰为12～13时，羽化后就能交尾、产卵，卵产于菇床土缝间。卵孵化前由白色变为淡褐色，温度在18 ℃，相对湿度在70%～80%时，卵期为4 d左右。在室温18～20 ℃及相对湿度68%～75%时，幼虫经过10～16 d，老熟幼虫进入料表层或土块表层作土茧化蛹。幼虫在培养料中休眠越冬。在羽化前蛹的复眼和翅芽变为黑色，蛹体不断左右摆动，离开土室，再过2～3 h便开始羽化，室温18～20 ℃，相对湿度68%～75%时，蛹期为6～7 d。

【防治措施】 参见平菇厉眼蕈蚊。

黑腹果蝇 Drosophila melanogaster

黑腹果蝇 *Drosophila melanogaster* 属双翅目果蝇科，是木耳生产上的重要害虫，主要为害黑木耳、白木耳、毛木耳等食用菌。其分布广泛，为害严重，常引起减产甚至绝收。

【形态特征】 (1) 成虫。黄褐色，体长3～5 mm，翅长7～9 mm。复眼有红、白两种变型，触角第3节圆形。雌虫腹部末端钝圆，颜色深，有黑色环纹5节；雄虫腹部末端尖细，颜色较浅，有黑色环纹7节。雌虫的前跗节前端表面有黑色鬃毛梳（图88-11）。(2) 卵。乳白色，长约0.5 mm，表面布满网格，背面前端具有1对触丝。(3) 幼虫。乳白色，蛆形，体长4.5～5.5 mm，头部尖，尾部具乳突。蛹为围蛹，初期为白色且软，后变为黄褐色，渐硬化。

【生活习性】 成虫喜欢在烂果或发酵物上取食和产卵。老熟幼虫爬至干燥的培养料袋壁上，于末龄幼虫的皮壳中化蛹。

【典型症状】 以幼虫钻蛀子实体为害，引起子实体萎缩或腐烂。木耳受害后耳片腐烂胶化，

图 88-11　黑腹果蝇

烂成鼻涕状。幼虫还取食菌丝和培养料，常使菌块表面发生水渍状腐烂，易导致杂菌污染。

【发生规律】 一年可发生多代。10～30 ℃都能正常产卵和繁殖，而以 20～25 ℃为最适温度，完成一代只需 12～15 d。温度升高至 30 ℃以上时，成虫不育或死亡。幼虫 3 龄。

【防治措施】 在防治上应以杀灭成虫为主。(1) 农业防治。搞好菇房周围的环境卫生，防止在周围繁殖。菇房及菇床的湿度不能过高，更应避免直接向菇体猛喷水，以减少大发生。(2) 物理防治。菇房的门窗要装上 60 目的尼龙纱，以防成虫飞入。(3) 化学防治。害虫发生严重时也可采用药剂防治，但必须尽量将菇采收后再喷药，可用的药剂有 90%敌敌畏 EC 1 000～1 200 倍液，50%辛硫磷 1 500～2 000 倍液，40%二嗪农 EC 1 000～1 200 倍液，食用菌专用杀虫剂（Ⅰ型）2 000 倍液。用药后对降低成虫密度和减少菇蕾被害率均有显著效果，且食用菌专用杀虫剂（Ⅰ型）不易造成药害。

89. 跳虫类害虫

短角跳虫 Folsomia fimeraria

短角跳虫 *Folsomia fimeraria* Linne. 属弹尾目短角圆跳虫科，又称角跳虫，是为害食用菌的跳虫之一。

【形态特征】 成虫体长 1.4 mm，白色，圆筒形。触角 4 节，与头部等长，第 1、2、3、4 节长度比为 3∶5∶5∶3。体全身密被细毛，间有少量长毛（图 89-1）。腹部 4～6 节愈合。足爪细长略弯曲，内缘中央有 1 枚小齿。弹器约与触角等长，端节小而向上弯曲，具 2 枚齿。

图 89-1　短角跳虫，成虫

【典型症状】 在菌丝生长期一般聚集在菌丝体的表面取食菌丝，毁坏菌种、片根，抑制发菌。子实体生长期则在菌褶内取食，也可在菌体表面各部位取食。被取食的菇体表面皱缩，不光滑，出现缺刻或孔道，菇体含水量减少，渐萎缩。此外，还可以传播病毒。

【生活习性】 成虫喜在枯枝落叶、堆肥等富有腐败物质及较阴湿的环境中生活。行动活泼，善于跳跃，常在培养料及子实体上迅速爬行。具明显的趋湿、趋暗和群集性，一个菌盖上少则几百头，多则数千头。发生量多时也聚集于覆土层上，一旦受惊，跳离躲入阴暗缝隙。体表具蜡质，雨后或浇水后有积水时，可成群结队浮于水面，仍跳跃自如。成虫常随培养料、覆土侵入菇房繁殖为害，在培养料缝隙、墙角等潮湿隐蔽处越冬。成虫产卵于培养料缝隙内、枯枝落叶等潮湿隐蔽处。常有多头成虫聚集产卵，卵呈堆状排列，从十几粒到几百粒不等。若虫孵化后爬行或跳跃，不久离开原处，钻入暗处，寻找寄主。

【发生规律】 一年发生 6～7 代，有世代重叠现象，生长季节各虫态同时存在。

【防治措施】 （1）农业防治。注意保持栽培场所的环境卫生，防止过湿和积水，并保持良好的通风透气。栽培前要将菇房彻底消毒，选用的覆土应以新的为佳，培养料及覆土均应暴晒 2～3 d，晒干备用。培养料提倡二次发酵，以高温杀死跳虫。（2）化学防治。出菇期发生跳虫，可喷洒 0.1%鱼藤精或 1∶（150～200）的除虫菊；床面无菇时，可喷洒 0.4%敌虫或 0.2%乐果乳剂，也可用 90%的敌百虫 1 000 倍液加少量糖蜜，放在浅碟里进行诱杀。采菇后可喷洒 90%敌百虫 1 000 倍液以减少跳虫数量。

【防治措施】 （1）灯光诱杀。在虫害菇房内安装几个 15 W 灯泡或黑光灯，下面放一盆水，向水中滴入煤油，尤其是在温度高、天气闷热，无风的夜晚，灯诱效果最好。（2）化学防治。用 57%辛硫磷 0.25 kg，麦麸 1.5～2.5 kg，加适量水（拌匀成团，撒出去又能散开），傍晚撒在菇床周围。用 500 mL 辛硫磷或 40%乐果 EC，加水拌培养料 500 kg 使用。

90. 螨类和软体动物

B 兰氏布伦螨 Brennandania lambi

兰氏布伦螨 *Brennandania lambi*（Krezal）属脾螨目微离螨科，是蘑菇生产上的重要害虫。在我国，大发生年一般可造成10%～20%的损失，严重发生时可导致绝收。

【形态特征】 （1）成螨。雌成螨黄白至红褐色，长椭圆形，第4对足4～5节，第3对足结节三角形，第4对足转节长方形，第1对足无爪，股节刚毛为“C”状，前足体背板有1对明显的刚毛。雄成螨体较雌螨小，短而宽阔，各足较粗壮，第4对足向内呈弧状弯曲（图90-1）。（2）卵。圆形，初产时呈乳白色，近孵化时淡黄色。（3）幼螨。白色，体较小，休眠体后半部逐渐隆起呈半球形，有3对足。

图 90-1 兰氏布伦螨

【生活习性】 兰氏布伦螨整个世代分为卵、幼螨（包括休眠体）、成螨3个阶段，以各种虫态在常温蘑菇房中越冬，在出蘑菇期繁殖一代约需要2周时间。（1）成螨。取食量大，取食约7 d之后，腹部逐渐膨大，活动性随之而减弱，最后静止于蘑菇菌丝较多的培养料表面，并开始产卵，数十粒卵堆叠在成螨腹部末端，产卵完毕成螨即死亡。幼螨不耐高温，35 ℃时即不能生存，但幼螨休眠体对高温忍耐度很强，在40 ℃以下时对它无显著影响，直至50 ℃才全部死亡。（2）幼螨。孵化后不久即开始为害，取食菌丝数天后，分泌黏液将身体黏附在菌丝较多的培养料上，停止取食进行休眠。幼螨休眠体体壁逐渐膨松。背面略微隆起呈半球状，接近蜕皮时体壁外观光亮并略带淡黄色，蜕皮后即为成螨。

【发生规律】 螨体微小，因此可附于昆虫体上扩散，也可随风飘散，还可以通过人体、工具等进行传播，局部发生后，很快就能扩散到其他床面，甚至整个菇房。

【典型症状】 以幼螨和成螨取食菌丝及子实体，常群集为害。蘑菇受害后，菌丝断裂老化，几乎无绒毛状菌丝，培养料发霉变臭。螨量大时，成团栖息于土表或爬满小蘑菇，为害幼菇致使其变黄僵死。

【防治措施】 （1）农业防治。杜绝菌种带螨是关键。经常用放大镜检查菌种瓶口周围，发生螨害的菌种必须经过低温冷冻或熏杀（可用50%敌敌畏的棉球塞好瓶口进行熏杀），确保其死亡方可使用。或者经过高温处理后抛弃菌种。菌种生产前，接种室、培养室彻底消毒，搞好室内外环境卫生，使菇房通风干燥。培养料要进行二次发酵，使料温应达到60～70 ℃，覆土材料也应经过高温处理。（2）化学防治。及时检查床面，发现为害应及时防治。菇房密封条件好的，可用磷化铝熏蒸，每立方米空间用磷化铝10 g（片剂3片）。毒饵诱杀。醋1份，糖5份，敌敌畏10份，拌进84份烤至焦黄的细米糠或麦麸中，拌好后均匀撒在菇床四周诱杀。药剂防治。可选用杀螨1号1 000～1 500倍液，或用80%敌敌畏1 000倍液喷洒床面。

L 蛞蝓 Land slug

蛞蝓是一类软体动物，隶属腹足纲蛞蝓科，又称鼻涕虫、水蜒蚰、黏液虫。其分布广泛，发生较普遍，可为害蘑菇、平菇、香菇、草菇、木耳、银耳等多种食用菌。近年来，在局部地区，蛞蝓对食用菌的为害日趋严重。

【形态特征】 蛞蝓无外壳，身体裸露。头部有触角2对，眼着生在第2对触角顶端。体背前段有外套膜，肌肉组织的腺体分泌黏液，爬行处留有白色发亮的痕迹。卵为圆形，透明，成堆。为害食用菌的蛞蝓种类主要有野蛞蝓 *Agriolimax agrestis* Linnaeus、双线嗜黏蛞蝓 *Phiolomycus bilineatus* Benson、黄蛞蝓 *Limax flacus* Linnaeus。(1) 野蛞蝓。体柔软，光滑，裸露无外壳。体表呈暗灰色或暗黑色，触角2对，黑色，头可收缩于外套膜内，外套膜起保护作用，外套膜为体长的1/3。分泌的黏液无色。一般体长15～40 mm，体宽3～6 mm。卵无色透明，圆形或椭圆形，长2 mm左右，宽1.0～1.5 mm，有弹性。卵与卵之间有胶状物粘连，一般成堆产在湿土缝中，每堆10～20粒。幼体与成体相似（图90-2）。(2) 双线嗜黏蛞蝓。体裸露，柔软无外壳。体为灰白色或淡黄褐色，背部中央有一条黑色斑点所组成的纵带，两侧也有一条色带，并有细小的黑色斑点，较背部者色深。外套膜覆盖全身。呼吸孔呈圆形，在体右侧距头部约5 mm处，右侧的一条色带从下方绕过呼吸孔。触角2对，蓝褐色。分泌的黏液乳白色。体前端较宽，后端狭长，尾端有一嵴状突起。体长35～47 mm，宽6～7 mm。卵圆梭形，透明。幼体与成体相似（图90-3）。(3) 黄蛞蝓。体裸露，柔软无外壳，深橙色或黄褐色，并有零星的浅黄色或白色斑点，靠近足部两侧较浅。触角淡蓝色，体背前端1/3处有一椭圆形外套膜，前半部游离，收缩时可覆盖头部，外套膜内有一石灰质盾板。分泌的黏液淡黄色。伸展时，体长可达120 mm，宽12 mm（图90-4）。

图 90-2 野蛞蝓

图 90-3 双线嗜黏蛞蝓

图 90-4 黄蛞蝓

【生活习性】 蛞蝓雌雄同体，异体受精，气候温暖潮湿的地区周年均可繁殖，以春、秋最盛。异体受精后可终生繁殖，少数可孤雌生殖。卵生，直接发育。成虫交配后2～3 d即可产卵，每天产1个卵堆，每个成体可产3～4个卵堆，每堆10～20粒。卵堆产于潮湿土壤缝隙中，在日光或潮湿空气中会很快自行爆裂，土壤干燥也不能孵化，卵期10 d左右。以成体或幼体越冬。蛞蝓畏光怕热，喜阴暗潮湿环境。在食用菌场地，白天多藏于土缝、石块下、草丛、草堆、枯枝落叶下。一般下午5点左右开始爬出活动，以后逐渐增多，到第2天上午9点左右陆续返回隐蔽处。阴雨天基本上全天进行为害。

【典型症状】 直接取食食用菌子实体，一般直接伏在子实体上啃食，将子实体咬成缺刻，严重影响食用菌质量（图90-5）。有的还常常啃食刚分化的食用菌原基，导致原基不能继续生长分化成子实体。有时在缺刻处会诱发霉菌和细菌。此外，蛞蝓爬行过的地方，常留下一条白色黏质痕迹，影响产品质量。

【发生规律】 在气温10～20 ℃时，特别是菇房或菇场过于潮湿时，尤为猖獗。不耐高温，夏季身体瘦小发育不良，一般晚上活动。除取食各种食用菌子实体外，还取食蔬菜、花卉和其他作物。

图 90-5　蛞蝓为害状

【防治措施】（1）农业防治。搞好栽培场所的环境卫生，经常打扫场地，清除场地垃圾、砖瓦、石块、枯枝落叶和杂草等，破坏蛞蝓的隐蔽场所。（2）物理防治。利用野蛞蝓昼伏夜出，阴雨天为害的特点，早晨或晚上进行人工捕捉，直接杀死或放在5%盐水里脱水死亡。在野蛞蝓经常出现的地方，傍晚用生石灰粉或草木灰撒成封锁带，蛞蝓爬过后会因身体失水而死亡，效果很好，但每隔2、3 d就要撒1次。（3）化学防治。在蛞蝓大量发生期，辅以药剂防治。药剂可选用10倍食盐水、碳酸氢铵1 000倍液或6%密达GR 1～1.5 g/m^2。

附录

农药剂型英文缩写对照表

气雾剂 AE
水溶粉剂 AF
水剂 AS
水溶液 AY
块剂 BF
笔剂 BJ
缓释剂 BR
拌种剂 BS
蟑香 CC
微囊粒剂 CG
微胶囊剂 CJ
微囊剂 CN
微囊悬浮剂 CS
可分散液剂 DC
干悬浮剂 DF
粉粒剂 DL
粉剂 DP
粉尘剂 DPC
干拌种剂 DS
泡腾粒剂 EA
饵粒 EB
乳油 EC
电热灭蚊液 EL
种子处理乳剂 ES
电热灭蚊浆 ET
水乳剂 EW
细粒剂 FG
烟雾剂 FK
烟片 FP
悬浮种衣剂 FS
悬浮拌种剂 FSB
悬浮浓缩剂 FSN
烟剂 FU
气体制剂 GA
干拌剂 GB
诱芯 GD
干粒剂 GF
大粒剂 GG
膏剂 GJ
颗粒剂 GR
脂膏 GS
干粉种衣剂 GZ
胶悬剂 JG
结晶粉 JJF
浸泡液 JP
桶混剂（液/固）KK
桶混剂（液/液）KL
桶混剂（固/固）KP
泡腾颗粒剂 KPP
液剂 LD
电热蚊香液 LV
蚊香 MC
微乳剂 ME
微粒剂 MG
防蛀剂 MP
防蛀片 MZ
浓乳剂 NE
油悬浮剂 OF
油剂 OL
油分散粉剂 OP
糊剂 PA
饵片 PB
窗纱涂剂 PC
涂抹剂 PF
漂浮粒剂 PG
泡腾片剂 PP

饵膏 PS
丸剂 PT
球剂 QJ
毒饵 RB
驱蚊霜 RC
饵剂 RG
胶饵 RJ
驱蚊乳 RK
驱虫片 RM
驱蚊露 RO
驱蚊液 RQ
热雾剂 RR
水乳种衣剂 RSC
驱虫带 RT
驱蚊花露水 RW
驱蚊片 RWQ
悬浮剂 SC
种衣剂 SD
悬乳剂 SE
喷射剂 SF
可溶粒剂 SG
可溶性粒剂 SGX
水面扩散剂 SKS
可溶液剂 SL
可溶性液剂 SLX
展膜油剂 SO
可溶粉剂 SP
可溶性粉剂 SPX
固液蚊香 SV
可湿粉种衣剂 SZ
片剂 TA
原药 TC
原粉 TF
母药 TK
滴加液 TKD
母液 TKL
母粉 TKP
追踪粉剂 TP
超低容量剂 ULV
电热蚊香浆 VA
电热蚊香片 VM
熏蒸剂 VP
湿粉 WF
水分散粒剂 WG
可分散粒剂 WJ
可溶性浓剂 WN
可湿性粉剂 WP
湿拌种剂 WS
可溶片剂 WT
可溶性片剂 WTX
水分散片剂 WZ
药笔 YB
蝇香 YC
种子处理剂 ZC
种子处理可分散粉剂 ZF

图书在版编目(CIP)数据

新版蔬菜病虫害防治彩色图鉴/郭书普编著. —北京:中国农业大学出版社,2010.4
ISBN 978-7-81117-971-2

Ⅰ.①新… Ⅱ.①郭… Ⅲ.①蔬菜-病虫害防治方法-图鉴 Ⅳ.①S436.3-64

中国版本图书馆 CIP 数据核字(2010)第 030940 号

书　　名 新版蔬菜病虫害防治彩色图鉴
作　　者 郭书普　编著

策划编辑 梁爱荣　董夫才　陆　强　　**责任编辑** 韩元凤
封面设计 郑　川　　**责任校对** 王晓凤　陈　莹
出版发行 中国农业大学出版社
社　　址 北京市海淀区圆明园西路 2 号　　**邮政编码** 100193
电　　话 发行部 010-62818525,8625　　读者服务部 010-62732336
编辑部 010-62732617,2618　　出　版　部 010-62733440
网　　址 http://www.cau.edu.cn/caup　　**e-mail** cbsszs@cau.edu.cn
经　　销 新华书店
印　　刷 北京鑫丰华彩印有限公司
版　　次 2010 年 4 月第 1 版　2016 年 5 月第 3 次印刷
规　　格 889×1 194　16 开本　51 印张　1 400 千字
定　　价 350.00 元